Das Tierreich.

Eine Zusammenstellung und Kennzeichnung der rezenten Tierformen.

Begründet von der Deutschen Zoologischen Gesellschaft.

Im Auftrage der

Preußischen Akademie der Wissenschaften zu Berlin

herausgegeben von

F. E. Schulze (†) fortgesetzt von **W. Kükenthal (†).**

Schriftleiter: **C. Apstein.**

„Πάντα ῥεῖ.“ *„Sine systemate chaos.“*

---

45. Lieferung.

Coleoptera.

Aphodiinae

bearbeitet von

Adolf Schmidt
Lehrer in Berlin

Mit 34 Abbildungen.

Berlin und Leipzig 1922
Vereinigung wissenschaftlicher Verleger
Walter de Gruyter & Co.
vormals G. J. Göschensche Verlagshandlung — J. Guttentag, Verlagsbuchhandlung
Georg Reimer — Karl J. Trübner — Veit & Comp.
Ausgegeben September 1922

Das Tierreich.

Im Auftrage der

Preußischen Akademie der Wissenschaften zu Berlin

herausgegeben von

F. E. Schulze (†) fortgesetzt von **W. Kükenthal** (†).

Schriftleiter: **C. Apstein.**

45. Lieferung.

Coleoptera

Aphodiinae

bearbeitet von

Adolf Schmidt

Lehrer in Berlin.

Mit 34 Abbildungen.

Berlin und Leipzig 1922

Vereinigung wissenschaftlicher Verleger

Walter de Gruyter & Co.

vormals G. J. Göschensche Verlagshandlung — J. Guttentag, Verlagsbuchhandlung
Georg Reimer — Karl J. Trübner — Veit & Comp.

Ausgegeben September 1922

Druck: August Hopfer, Burg Bz. Mgdbg.

Inhalt.

Die Literatur wurde bis 1914 berücksichtigt.

Literatur-Kürzungen.

Abeille — L'Abeille: Journal d'Entomologie publié par la Société entomologique de France. Paris. 8.

Act. Soc. Linn. Bordeaux — Actes de la Société Linnéenne de Bordeaux. Bordeaux, Paris, Londres. 8.

L. Agassiz, Lake Sup. — Lake Superior: its physical Character, Vegetation and Animals, compared with those of other and similar Regions. By Louis Agassiz. With a Narrative of the Tour, by J. Elliot Cabot and Contributions by other scientific Gentlemen. Boston. 1850. 8.

L. Agassiz, Nomencl. zool. — Nomenclator zoologicus, continens Nomina systematica Generum Animalium tam viventium quam fossilium. Auctore L. Agassiz. 1 Vol. & Index universalis. Soloduri. 1842—46, 46. 4.

Ahrens & Germar, Fauna Ins. Eur. — A. Ahrens, Fauna Insectorum Europae. fasc. 3 & sequ.: Cura E. F. Germar et F. Kaulfuss, E. F. Germar. fasc 1—24. Halae. 1813—48. 12.

Ann. Acc. Aspir. — Annali dell' Accademia degli aspiranti naturalisti. Napoli. 8.

Ann. Agric. — Annali del Ministero di Agricoltura Industria e Commercio. Roma, Firenze, Milano. 8.

Ann. gén. Sci. phys. — Annales générales des Sciences physiques. Bruxelles. 8.

Ann. Hofmus. Wien — Annalen des K. K. naturhistorischen Hofmuseums. Wien. 8.

Ann. Mus. Genova — Annali del Museo civico di Storia naturale di Genova. Genova. 8.

Ann. nat. Hist. — The Annals and Magazine of natural History, including Zoology, Botany, and Geology London. 8.

Ann. Soc. Agric. Lyon — Annales des Sciences physiques et naturelles, d'Agriculture et d'Industrie, publ. par la Société Royale |nationale||Impériale| d'Agriculture etc. de Lyon ([ser. 4 & sequ.:] Annales de la Société |Impériale| d'Agriculture, Histoire naturelle et Arts utiles de Lyon). Lyon, Paris. 8.

Ann. Soc. ent. Belgique — Annales de la Société entomologique de Belgique. Bruxellus. 8.

Ann. Soc. ent. France — Annales de la Société entomologique de France. Paris. 8.

Ann. Soc. Linn. Lyon — Annales de la Société Linnéenne de Lyon. Lyon, Paris. 8.

Annuaire Mus. St.-Pétersb. — Annuaire du Musée zoologique de l'Académie Impériale des Sciences de St.-Pétersbourg. St.-Pétersbourg. 8.

An. Soc. Españ. — Anales de la Sociedad Española de Historia natural. Madrid. 8.

Arch. Ins.-Gesch. — Archiv der Insectengeschichte. Zürich, Winterthur. 8.

Arch. Naturg. — Archiv für Naturgeschichte. Berlin. 8.

Atti Soc. Ital. — Atti della Società Italiana di Scienze naturali. Milano. 8.

Bedel, Faune Col. Bassin Seine — Louis Bedel, Faune des Coléoptères du Bassin de la Seine. Paris. 8.

Berlin. ent. Z. — Berliner entomologische Zeitschrift. Berlin. 8.

Ber. Ver. Oberösterr. — Ber. Ver Naturk. Oberösterreich.

Biol. Centralbl. — Biologisches Centralblatt. Erlangen (Leipzig). 8.

Biol. Centr.-Amer. — 'Biologia Centrali-Americana; or, Contributions to the Knowledge of the Fauna and Flora of Mexico and Central-America. Edited by F. Ducane Godman |and Osbert Salvin|. London. 4.

Bloch-Schneider, Syst. Ichthyol. — M. E. Blochii Systema Ichthyologiae Iconibus CX illustratum. Post Obitum Auctoris Opus inchoatum absolvit, correxit, interpolavit Jo. Gottlob Schneider. Berolini. 1801. 8.
Icones CX Systema Ichthyologicae M. E. Blochii illustrantes.

Boheman, Ins. Caffr — Insecta Caffrariae Annis 1838 –1845 A. J. A. Wahlberg collecta. Amici Auxilio suffultus descripsit Corolus H. Boheman. Holmiae. 8.

Boston J. nat. Hist. — Boston Journal of natural History Boston. 8.

Bouché, Naturg. Ins. — Naturgeschichte der Insekten, besonders in Hinsicht ihrer ersten Zustände als Larven und Puppen. Von P. Fr. Bouché. 1. Lieferung. Berlin. 1834. 8.

Brahm, Ins.-Kalend. — Nicolaus Joseph Brahm, Insekten-Kalender für Sammler und Oekonomen. *v.* 1, 2. Mainz. 1790, 1791. 8.

Broun, Man. N. Zealand Col. — Manuel of the New Zealand Coleoptera by Thomas Broun. Pars 1—7. Wellington. 1880—1893. 8.
(Colonial Museum & Geological Survey Department pars 1—4, New Zealand Institute pars 5—7)

Bull. Ac. Hippone — Bulletin de l'Académie d'Hippone. Bône. 8.

Bull. Indiana Dep. Geol. — Bulletin Indiana Department of Geology and Natural Resources Indianopolis. Indiana. 8.

Bull. Mus. Paris — Bulletin du Muséum d'Histoire naturelle. Paris. 8.

Bull. Soc. ent. France — Bulletin des Séances et Bulletin bibliographique de la Société entomologique de France. Paris. 8.

Bull. Soc. Moscou — Bulletin de la Société Impériale des Naturalistes de Moscou. Moscou. 8.

Bull. U. S. geol. Surv. — Bulletin of the United States geological and geographical Survey of the Territories. Washington. 8.

Canad. Ent. — The Canadian Entomologist. Toronto (London). 8.

Časopis České Spol. ent. — Časopis Ceské Společnosti entomologické. Acta Societatis entomologicae Bohemiae. Praze. 8.

CB. Ver. Regensb. — Correspondenz-Blatt des zoologisch-mineralogischen Vereines in Regensburg. Regensburg. 8.

T. Charpentier, Horae ent. — Horae entomologicae, adjectis Tabulis novem coloratis Auctore Toussaint de Charpentier. Wratislaviae. 1825. 4.

Col. Hefte — Coleopterologische Hefte. Herausgegeben unter Mitwirkung mehrerer Fachgenossen von E. v. Harold. München. 8.

Col. Rundsch. — Coleopterologische Rundschau. Spezial-Fachschrift rein coleopterologischer Interessen. Publikations Organ des Wiener Coleopterologen-Vereines. Erscheint am Anfang eines jeden Monates. Wien. 8.

Comolli, Col. nov. — De Coleopteris novis ac rarioribus minusve cognitis Provinciae Novocomi Auctore Antonio Comolli. Ticini Regii. 1837. 8.

Creutzer, Ent. Versuche — Entomologische Versuche von Christian Creutzer; mit 3 ausgemahlten Kupfertafeln von Sturm. Wien, Schaumburg. 1799. 8.

Dejean, Cat. Col. — Catalogue des Coléoptères de la Collection de [P. F. M Auguste] Dejean. Ed. 1—3. Paris. 1802, 21, 34, 35, 36, 37. 8.

Denk. Ak. Wien — Denkschriften der Kaiserlichen Akademie der Wissenschaften. — Mathematisch-naturwissenschaftliche Classe. Wien. 4.

Denk. Ges. Jena — Denkschriften der medicinisch-naturwissenschaftlichen Gesellschaft zu Jena. Jena. 4.

D. ent. Z. — Deutsche entomologische Zeitschrift herausgegeben von dem entomologischen Verein in Berlin (von der Deutschen entomologischen Gesellschaft). Berlin, London, Paris. 8.

Duftschmid, Fauna Austr. — Fauna Austriae. Oder Beschreibung der Österreichischen Insecten, für angehende Freunde der Entomologie. Von Caspar Duftschmid. *v.* 1—3. Linz. 1805, 12, 25. 8.

Échange — L'Échange |Revue Linnéenne||fondé par le Docteur Jacquet||Organe mensuel des Naturalistes de la Région Lyonnaise| contenant les Demandes d'Echange, d'Achat ou de Vente de Livres, Collections ou Objets d'Histoire Naturelle. Lyon. 8.

Enc. méth. – Encyclopédie méthodique, ou par Ordre de Matières; par une Société de Gens de Lettres, de Savans et d'Artistes. — Histoire naturelle. Tom. 4—10; Insectes (Entomologie). Paris, Liège (Paris). 1789, 90, 91, 92, 1811 [& 1812vii], 19 [& 1824vii], 25 [& 1828].[1]) 4.

Ent. monthly Mag. — The Entomologist's monthly Magazine. London. 8.

Ent. Nachr. — Entomologische Nachrichten Quedlinburg (Putbus) (Berlin). 8.

Ent. News Philad. — Entomological News [and Proceedings of the entomological Section of the Academy of natural Sciences of Philadelphia]. Philadelphia. 8.

Ent. Wochenbl. — Entomologisches Wochenblatt. (Insekten-Börse). Herausgegeben von C. Schaufuß und A. Frankenstein. Leipzig. 4.

Ent. Zeit. Stettin — Entomologische Zeitung Herausgegeben von dem entomologischen Vereine zu Stettin. Stettin. 8.

Erichson, Naturg. Ins. Deutschl. — Naturgeschichte der Insecten Deutschlands begonnen von W. F. Erichson, fortgesetzt von H. Schaum, G. Kraatz und H. v. Kiesenwetter. 1 Abtheilung. Coleoptera. *v.* 1—6. Berlin. Zwischen 1845—93. 8.

Erman, Reise — A. Erman, Reise um die Erde durch Nord-Asien und die beiden Oceane, in den Jahren 1828—30. — Naturhistorischer Atlas. Verzeichniss von Thieren und Pflanzen, welche auf einer Reise um die Erde gesammelt wurden. Berlin. 1835. 2.

Eschscholtz, Entomogr. — Entomographien von J Friedrich Eschscholtz. *v.* 1. Berlin. 1822. 8.

Étud. ent. — Études entomologiques, rédigées par Victor de Motschulsky Helsingfors. 8

Eugenies Resa — Kongliga Svenska Fregatten Eugenies Resa omkring Jorden under Befäl af C A. Virgin, Åren 1851—53. Vetenskapliga Iakttagelser . utgifna af K. Svenska Vetenskaps Akademien. Stockholm. 1858—68. 4.

Expl. Algérie — Exploration scientifique de l'Algérie pendant les Années 1840, 41, 42. Publiée par Ordre du Gouvernement et avec le Concours d'une Commission académique. — Sciences physiques. Zoologie. I—IV Histoire naturelle des Animaux articulés par H. Lucas. Partie 1—3, Atlas. Paris. 1849 [1845—49]. 4.

Exp. Morée — Expédition scientifique de Morée. Section des Sciences physiques. — Tom. 3 Partie I. Zoologie. Cum Atlas Paris. 1836 (1832, 33); 31—35. 4 & 2

J. C. Fabricius, Ent. syst. — Joh. Christ. Fabricii Entomologia systematica emendata et aucta. Secundum Classes, Ordines, Genera, Species adjectis Synonimis, Locis, Observationibus, Descriptionibus. Tom. 1—4. [Cum Ind.:] Index alphabeticus in J. C. Fabricii Entomologiam systematicam, emendatam et auctam, Ordines, Genera et Species continens. [Cum Suppl.:] Joh. Christ. Fabricii Supplementum Entomologiae systematicae. [Cum Ind Suppl.:] Index alphabeticus in J C. Fabricii Supplementum Entomologiae systematicae, Ordines, Genera et Species continens. Hafniae. 1792, 93, 93/94, 94; 96; 98; 99. 8.

Fabricius, Mant. Ins. — Joh Christ. Fabricii Mantissa Insectorum sistens eorum Species nuper detectas adiectis Characteribus genericis, Differentiis specificis, Emendationibus, Observationibus. Tom 1, 2 Hafniae. 1787. 8.

Fabricius, Spec. Ins. — Joh. Christ. Fabricii Species Insectorum exhibentes eorum Differentias specificas, Synonyma Auctorum, Loca natalia, Metamorphosin adiectis Observationibus, Descriptionibus. Tom. 1, 2 Hamburgi et Kilonii. 1781. 8.

J. C Fabricius, Syst. Eleuth. — Joh. Christ. Fabricii Systema Eleutheratorum secundum Ordines, Genera, Species: adiectis Synonymis, Locis, Observationibus, Descriptionibus. *v.* 1, 2. Kiliae. 1801. 8

J. C. Fabricius, Syst. Ent. — Jo. Christ. Fabricii Systema Entomologiae, sistens Insectorum Classes, Ordines, Genera, Species, adiectis Synonymis, Locis, Descriptionibus, Observationibus. Flensburgi et Lipsiae. 1775. 8.

Fedtschenko, Turkestan — Путешествіе въ Туркестанъ члена-основателя Общества А. П. Федченко, совершенное отъ Императорскаго Общества. Любителей

---

[1]) Cfr.: C. Davies Sherborn & B. B. Woodward in P zool. Soc. London, 1893 p. 583 & 1899 p. 595

Естествознанія по Порученію Туркестанскаго Генералъ-Губернатора К. П. Фонъ-Кауфмана. [Die Reise Fedtschenko's in Turkestan, auf Veranlassung des General-Gouverneurs K. P. Kauffmann herausgegeben von der Kaiserlichen Gesandtschaft der Freunde der Naturwissenschaften zu Moskau]. St. Petersburg, Moskau. 4

Ferret & Galinier, Voy. Abyss. — Voyage en Abyssinie dans les Provinces du Tigré, du Samen et de l'Amhara par [A.] Ferret et Galinier. Tom. 1—3; Atlas. Paris. 1847; 47/48. 8 & 2.

G. Fischer-Waldheim, Cat. Col. Sibir. — Catalogus Coleopterorum in Sibiria Orientali a cel. Gregorio Silide Karelin collectorum. Fischer-Waldheim. Moscou. 1842. 8.

G. Fischer-Waldheim, Lettre Pander — Lettre à le Dr. Pander, contenant une Notice sur un nouveau Genre d'Oiseaux et sur plusieurs nouveaux Insectes. G. Fischer-Waldheim. Moscou. 1821 8.

Fourcroy, Ent. Paris. — Entomologia Parisiensis; sive Catalogus Insectorum, quae in Agro Parisiensi reperiuntur; secundum Methodum Geoffraeanam in Sectiones Genera et Species distributus: Cui addita sunt Nomina trivialia et fere trecentae novae Species. Edente A. F. de Fourcroy Pars I, II. Parisiis. 1785. 12.

J. L. Frisch, Beschr. Ins. Teutschl. — Beschreibung von allerley Insecten in Teutsch-Land, nebst nützlichen Anmerkungen und nötigen Abbildungen von diesem kriechenden und fliegenden Innländischen Gewürme, zur Bestätigung und Fortsetzung der gründlichen Entdeckung, so einige von der Natur dieser Creaturen herausgegeben und zur Ergänzung und Verbesserung der anderen *v.* 1—13. Berlin. 1720—38. 8.

Gay, Hist. Chile — Historia fisica y politica de Chile segun Documentos adquiridos . . . y publicada bajo los Auspicios del supremo Gobierno por Claudio Gay. — Zoologia. Tom. 1—8; Atlas. Paris. 1847—54. 8 & 2.

Geer, Mém. Hist. Ins. — Mémoires pour servir à l'Histoire des Insectes. Par Charles de Geer. Tom 1—7. Stockholm. 1752, 71, 73, 74, 75, 76, 78. 4.

Gemminger & Harold, Cat. Col. — Catalogus Coleopterorum hucusque descriptorum synonymicus et systematicus auctoribus Gemminger und B. von Harold. *v.* 1—12. Monachia. 1868—76. 8.

Gen. Ins. — Genera Insectorum. Publiés par P. Wytsman. Bruxelles. 4.

Germar, Col. Spec. nov. — Coleopterorum Species novae aut minus cognitae, Descriptionibus illustratae, Auctore E. F. Germar. Halae. 1824. 8.

Germar, Reise Dalmat. — Reise nach Dalmatien und in das Gebiet von Ragusa von Ernst Friedrich Germar. Leipzig, Altenburg. 1817. 8.

J. F. Gmelin, Syst. Nat. — Caroli a Linné Systema Naturae per Regna tria Naturae, secundum Classes, Ordines, Genera, Species, cum Characteribus, Differentiis, Synonymis, Locis. Editio XIII, aucta, reformata. Cura Jo. Frid. Gmelin. — Tomus I. Pars 1—7 Lipsiae. 1788 [Pars 6 & 7: 1791]. 8.

Grenier, Cat. Col. France — Catalogue des Coléoptères de France par A. Grenier et Matériaux pour servir à la Faune des Coléoptères Français. Paris. 1863. 4.

Grimmer, Steierm. Col. — Steiermark's Coleopteren mit 106 neu beschriebenen Species von Karl Heinrich Benj. Grimmer. Grätz. 1841. 8.

Gyllenhal, Ins. Svec. — Insecta Svecica descripta a Leonardo Gyllenhal. Classis I. Coleoptera sive Eleuterata. *v.* 1. Pars [I]—IV Lipsiae. 1808, 10, 13, 27 8.

O. Heer, Fauna Col. Helvet. — Fauna Coleopterorum Helvetica Auctore Oswaldo Heer. *v.* 1 I—III. Turici. 1841 (1838—41). 12.

Hemprich & Ehrenberg, Symb. phys. — Symbolae physicae seu Icones et Descriptiones Corporum naturalium novorum aut minus cognitorum quae ex Itineribus per Libyam Aegyptum . . publico institutis Sumptu Friderici Guilelmi Hemprich et Christiani Godofredi Ehrenberg Studio Annis 1820—25 redierunt. Regis Jussu et Impensis publico Usui obtulit superstes C. G. Ehrenberg — Pars zoologica. *v.* 1—5. Berolini. 1828—45 2.

J. F. W. Herbst, Naturs. Ins. Käf — Natursystem aller bekannten in- und ausländischen Insecten; nach dem System des Ritters Carl von Linné bearbeitet (*v.* 1 von

C. G. Jablonsky), *v.* 2—10 fortgesetzt von J F. W. Herbst. *v.* 1—10 Berlin. 1785-1806. 8.

Heyden, Cat. Col. Sibir., suppl. — Catalog der Coleopteren von Sibirien mit Einschluss derjenigen des östlichen Caspi-Gebietes von Turcmenien, Turkestan, Nord-Thibet und des Amur-Gebietes bearbeitet von Lucas von Heyden. Suppl. 1—3. Berlin. 1893, 96, 98. 8.

Heyden, Reitter & Weise, Cat. Col. Eur. Caucas. — Catalogus Coleopterorum Europae, Caucasi et Armeniae rossicae. Auctoribus L. v. Heyden, E. Reitter & J. Weise cum aliis Sociis coleopterologicis. Editit Edmund Reitter. Ed. 1, 2. Berlin, Mödling usw. 1891, 1906. 8.

Hist. Madag. — Histoire physique, naturelle et politique de Madagascar. Publiée par Alfred Grandidier Paris. 4.

Horae Soc. ent. Ross. — Horae Societatis entomologicae Rossicae. Petropoli. 8.

Illiger, Verz. Käf. Preuss. — Verzeichniss der Käfer Preussens. Entworfen von Johann Gottlieb Kugelann. Ausgearbeitet von Johann Karl Wilhelm Illiger. Mit einer Vorrede . . . und dem angehängten Versuche einer natürlichen Ordnungs- und Gattungs-Folge der Insekten. Halle. 1798. 8.

J. Ac. Philad. — Journal of the Academy of natural Sciences of Philadelphia. Philadelphia. 8 (4).

Jacquelin, Gen. Col. Eur. — |Manuel entomologique| Genera des Coléoptères d'Europe comprenant leur Classification . par Camille Jacquelin du Val |[Tome 3.] continué ([Tome 4:] et) par L. Fairmaire| et plus de treize (quinze) (seize) cents Types . . dessinés . . par Jules Migneaux |et par Théophile Deyrolle|. Tome 1—4. Paris. 1857—68. 4.

Jahrb. Hamburg. Anst. — Jahrbuch der Hamburgischen wissenschaftlichen Anstalten. Hamburg 8.

Jahresh. Ver. Schles. Ins.-Kunde — Jahreshefte des Vereins für Schlesische Insektenkunde zu Breslau. 8.

J. Asiat. Soc. Bengal — Journal of the Asiatic Society of Bengal — [Vol. 34 & sequ.:] Part II, Natural History etc. Calcutta. 8.

J. Cincinnati Soc. — The Journal of the Cincinnati Society of natural History. Cincinnati. 8.

J. Ent. — The Journal of Entomology. Descriptive and geographical. London. 8.

J. N. York ent. Soc. — Journal of the New York entomological Society New York. 8.

Keating, Narr. Exp. — Narrative of an Expedition to the Source of St. Peter's River, Lake Winnepek, Lake of the Woods . . . performed in the Year 1823, . . . unter the Command of Stephen H. Long. Compiled from the Notes of Long, Say, Keating, and Cohhonn, by William H. Keating. *v.* 1, 2. London. 1824. (Philadelphia. 1825.) 8.

Klug & Erichson, Doubl. Verz. Senegal. Ins. — Doubletten-Verzeichnis von Senegallischen Insecten mit Diagnosen neuer Arten von Klug & Erichson. Berlin. 1842. 8.

Klug, Preisverz. Ins. — Preisverzeichniss vorräthiger Insecten-Doubletten des Königl. Zoolog. Museums in Berlin von J Ch. F. Klug. Berlin. 1829. 8.

Kolenati, Melet. Ent. — Fridericus A. Kolenati, Meletemata Entomologica. *v.* 1—5 Petropoli. 1845, 46. 8. [*v.* 6—8 in: Bull. Soc. Moscou, *v.* 29—32].

Küster, Käf. Eur. — Die Käfer Europas. Nach der Natur beschrieben von H. C Küster. Mit Beiträgen mehrerer Entomologen. *v.* 1—28. Nürnberg 1844—54. 12.

Laicharting, Verz. Beschr Tyrol. Ins. — Johann Nepomuk Edler von Laicharting zu Eichberg und Lüzelgnad, Tyrolischen Landmanns Verzeichnis und Beschreibung der Tyroler Insecten. *v.* 1, 2. Zürich. 1781, 84. 8.

F. Laporte-Castelnau, Hist. Ins. Col. — Histoire naturelle des Insectes Coléoptères, par M. Le Conte de Castelnau avec une Introduction renfermant l'Anatomie et la Physiologie des Animaux articulés par M. Brullé. *v.* 1, 2. Atlas. Paris. 1840. 8.

Latreille, Gen. Crust. Ins. — P. A. Latreille Genera Crustaceorum et Insectorum secundum Ordinem naturalem in Familias disposita, Iconibus Exemplisque plurimis explicata. *v.* 1—4 Parisiis et Argentorati. 1806, 07, 07, 09. 8.

Lepechin (Hase), Tageb. Reise Russ. Reich. — Lepechin, Tagebuch der Reise durch verschiedene Provinzen des Russischen Reiches in den Jahren 1768 und 1769. Aus dem Russischen übersetzt von M. Christian Heinrich Hase. *v.* 1—3. Altenburg. 1774, 75, 83. 4.

Linné, Fauna Svec., ed. 2 — Caroli Linnaei Fauna Svecica sistens Animalia Sveciae Regni: Mammalia, Aves, Amphibia, Pisces, Insecta, Vermes. Distributa per Classes & Ordines, Genera & Species, cum Differentiis Specierum, Synonymis Auctorum, Nominibus Incolarum, Locis Natalium, Descriptionibus Insectorum. Editio altera, auctior. Stockholmiae. 1761. 8.

Linn. ent. — Linnaea entomologica. Zeitschrift herausgegeben von dem entomologischen Vereine in Stettin. Berlin (Leipzig). 8.

Linné, Syst. Nat., ed. 10 — Caroli Linnaei Systema Naturae per Regna tria Naturae, secundum Classes, Ordines, Genera, Species, cum Characteribus, Differentiis, Synonymis, Locis. Editio X, reformata. — Tomus I. Holmiae. 1758. 8.

Linné, Syst Nat., ed. 12 — Caroli a Linné Systema Naturae per Regna tria Naturae, secundum Classes, Ordines, Genera, Species, cum Characteribus, Differentiis, Synonymis, Locis. Editio XII, reformata. — Tomus I. Pars 1, 2. Holmiae. 1766, 67. 8.

? *Long, Second Exp., ed. Leconte* —

Mag. Ent. Germar — Magazin der Entomologie, herausgegeben von Ernst Friedrich Germar. Halle. 8.

Mag. Ins.-Kunde — Magazin für Insektenkunde, herausgegeben von Karl Illiger. Braunschweig. 8.

Marsham, Ent. Brit. — Entomologia Britannica, sistens Insecta Britanniae indigena, secundum Methodum Linneanam disposita. Auctore Thoma Marsham. *v.* 1. Londini. 1802. 8.

Mém. Ac. Lyon — Mémoires de l'Académie Royale [Impériale] des Sciences, Belles-Lettres et Arts de Lyon. Section (Classe) des Sciences. Lyon, Paris. 8.

Mém. Ac. St.-Pétersb. — Mémoires de l'Académie Impériale des Sciences de St.-Pétersbourg. — [Sér. 6:] Sciences mathematiques, physiques et naturelles. St.-Pétersbourg. 4.

Mem. Com. Mapa geol. España — Memorias de la Comisión del Mapa geológico de España. Parte zool. Madrid. 4.

Mém. prés. Ac. St.-Pétersb. — Mémoires présentés à l'Académie Impériale des Sciences de Saint-Pétersbourg, par divers Savants, et lus dans ses Assemblées. St.-Pétersbourg. 4.

Mém. R. Soc. Agric. Torino —

Mém. Soc. ent. Belgique — Mémoires de la Société entomologique de Belgique. Bruxelles. 8.

Mém. Soc. Liège — Mémoires de la Société Royale des Sciences de Liège. Liège. 8.

Mém. Soc. Moscou — Mémoires de la Société Impériale des Naturalistes de Moscou ([Tome 1:] Mémoires de la Société des Naturalistes de l'Université Impériale de Moscou). Moscou. 4.

Tome 1—6: 1806—23. [sequ.: *N. Mém. Soc. Moscou.*]

Ménétriés, Cat. rais. — Catalogue raisonné des Objets de Zoologie recueillis dans un voyage au Caucase et jusqu'aux frontières actuelles de la Perse entrepris par E. Ménétriés. St. Pétersbourg. 1832. 8.

Misc. ent. — Miscellanea entomologica. Organe international bimensuel. Vienne (Narbonne). 8.

Monber. Ak. Berlin — Monatsberichte der Königlich Preußischen Akademie der Wissenschaften zu Berlin. Berlin. 8.

Mt. Ges. Zürich — Mittheilungen der naturforschenden Gesellschaft in Zürich. Zürich. 8.

Mt. Münch. ent. Ver. — Mittheilungen des Münchener entomologischen Vereins. München. 8.

O. F. Müller, Zool. Dan. Prodr. — Zoologiae Danicae Prodromus, seu Animalium Daniae et Norvegiae indigenarum Characteres, Nomina, et Synonyma imprimis popularium. Auctore Othone Friderico Müller. Havniae. 1776. 8.

E. Mulsant, Hist. nat. Col. France — Histoire naturelle des Coléoptères de France, par E. Mulsant. Paris, Lyon. 1842, 46. 8.

E. Mulsant, Opusc. ent. — Opuscules entomologiques par E. Mulsant. *v.* 1—14 Paris. 1852—70. 8.

Münch. kol. Z. — Münchener koleopterologische Zeitschrift. Organ für allgemeine Systematik der Koleopteren und für die Koleopteren-Fauna der paläarktischen Region. Gegründet, redigiert und herausgegeben von Karl Daniel und Joseph Daniel. München. 8.

N. Acta Ac. Leop. — Nova Acta Academiae Caesareae Leopoldino-Carolinae Germanicae Naturae Curiosorum. Verhandlungen der Kaiserlichen Leopoldinisch-Carolinischen Akademie der Naturforscher. Norimbergae (Erlangen) (Bonn). 4.

N. Ann. Mus. Paris — Nouvelles Annales du Muséum d'Histoire naturelle, ou Recueil de Mémoires. Paris. 4.

Naturaliste — Le Naturaliste. Paris. 4.

Natural. Sicil. — Il Naturalista Siciliano. Giornale di Scienze naturali. Palermo. 4.

Naturf. — Der Naturforscher. Halle. 8.

Naturh. Tidsskr. — Naturhistorisk Tidsskrift. Kjøbenhavn. 8.

N. Comment. Ac. Petrop. — Novi Commentarii Academiae Scientiarum Imperialis Petropolitanae. Petropoli. 4.

N. Mag. Ent. Fuessly — Neues Magazin für die Liebhaber der Entomologie. Herausgegeben von Joh. Casp. Fuessly. *v.* 1, 2. Zürich, Winthertbur. 1782, 85. 8.

N. Mag. Liebh. Ent. — Neuestes Magazin für die Liebhaber der Entomologie, herausgegeben von David Hinrich Schneider. *v.* 1. Heft I—V. Stralsund. 1791, 92, 92, 92, 94. 8.

N. Mém. Soc. Moscou — Nouveaux Mémoires de la Société Impériale des Naturalistes de Moscou. Moscou. 4.

Not. Leyden Mus. — Notes from the Leyden Museum. Leyden. 8.

N. Schr. Ges. Halle — Neue Schriften der naturforschenden Gesellschaft zu Halle. Halle. 8.

Occas. Papers Calif. Ac. — Occasional Papers of the California Academy of Sciences. San Francisco. 8.

Öfv. Finska Förh. — Öfversigt af Finska Vetenskaps-Societetens Förhandlingar. Helsingfors. 4 & 8.

Olivier, Ent. — Entomologie, ou Histoire naturelle des Insectes, avec leur Caractères génériques et spécifiques, leur Description, leur Synonymie, et leur Figure enluminée. Par [Antoine Guillaume] Olivier. Coléoptères. *v.* 1—7. Paris. 1789—1808. 4.

Orbigny, Voy. Amér. mérid. — Voyage dans l'Amérique méridionale, exécuté pendant les Années 1826—33 par Alcide d'Orbigny. Paris, Strasbourg. 1834—44. 4.

P. Ac. Philad. — Proceedings of the Academy of natural Sciences of Philadelphia. Philadelphia. 8.

Palisot, Ins. Afr. Amér. — Insectes recueillis en Afrique et en Amérique, dans les Royaumes d'Oware et de Benin, á Saint-Domingue et dans les États-Unis, pendant les Années 1786—97; par A.-M.-F.-J. Palisot de Beauvois. Paris. 1805. 2.

Pallas, Icon. Ins. — Icones Insectorum praesertim Rossiae Sibiriaeque peculiarium quae collegit et Descriptionibus illustravit Petrus Simon Pallas. Erlangae. 1781. 4.

P. Amer. phil. Soc. — Proceedings of the American philosophical Society held at Philadelphia, for promoting useful Knowledge. Philadelphia. 8.

Panzer, Deutschl. Ins. Fauna — Deutschlands Insectenfauna oder Entomologisches Taschenbuch für das Jahr 1795 von Georg Wolfgang Franz Panzer. Nürnberg. [Kalender und:] G. W. F. Panzeri Entomologia Germanica exhibens Insecta per Germaniam indigena secundum Classes, Ordines, Genera, Species adjectis Synonymis, Locis, Descriptionibus. 1. Eleuterata. Norimbergae. 1795. 16

Panzer, Faun. Ins. Germ. — G. W. F. Panzer, Faunae Insectorum Germaniae Initia. ([Heft 111—190:] Deutschlands Insecten, herausgegeben von G. W. F. Panzer, fortgesetzt von G. A. W. Herrich-Schäffer). Heft 1—110; 111—190. Nürnberg (Regensburg). [1793—1823]; [1829—44]. 16.

Paykull, Fauna Suec. — Gustavi Paykull, Fauna Suecica. Insecta. *v.* 1—3. Upsaliae. [1798, 99], 1800. 8.

P. ent. Soc. London—The Proceedings of the entomological Society of London. [Published with *Tr. ent. Soc. London*] London. 8.

Period. Bull. Dep. Agric. Ent. — U. S. Department of Agriculture. Division of Entomology. Periodical Bulletin. Washington. 8.
(Untertitel: Insect Life von E. V. Riley).

Peters, Reise Mossamb. — Naturwissenschaftliche Reise nach Mossambique auf Befehl Sr. Maj. des Königs Friedrich Wilhelm IV. in den Jahren 1842 bis 48 ausgeführt von W Peters. — Zoologie. *v.* 1, 3, 4, 5 Berlin. 1852, 82, 68, 62. 4.

M. Piller & Mitterpacher, Iter Poseg. — Iter per Poseganam, Sclaroniae Provinciam Mensibus Junio et Julio 1782 susceptum a Mathia Piller et Ludovico Mitterpacher. Budae. 1783. 4.

P. Linn. Soc. N. S. Wales — The Proceedings of the Linnean Society of New South Wales. Sydney. 8.

Preller, Käf. Hamburg — Die Käfer von Hamburg und Umgebung. Ein Beitrag zur nordalbingischen Insektenfauna von C. H. Preller. Hamburg. 1862. 16.

Preyssler, Verz. Böhm. Ins. — Joh. Daniel Preyssler, Verzeichnis Böhmischer Insekten. Erstes Hundert. *v.* 1. Prag. 1790. 4.

P. R. Soc. Victoria — Proceedings of the Royal Society of Victoria. New Series. Melbourne. 8.

Psyche — Psyche. Organ of (Published by) the Cambridge entomological Club (a Journal of Entomology). Cambridge, Mass. 8.

P. U. S. Mus. — Proceedings of the United States national Museum. Washington. 8.

Ramon, Hist. Cuba — Historia fisica, politica y natural de la Isla de Cuba por Ramon de la Sagra. — II. Parte. Historia natural. Tomo 7. Crustaceos, Aragnides é Insectos. Paris. 1856 [1857]. 2.

Redia — „Redia". Giornale di Entomologia pubblicato dalla R. Stazione di Entomologia agraria in Firenze. Firenze. 8.

Redtenbacher, Fauna Austr. Käf. — Fauna Austriaca. Die Käfer. Nach der analytischen Methode bearbeitet von Ludwig Redtenbacher. Wien. 1849 [1847, 48, 49]. Ed. 2. 1858 (1857, 58). 8.

Reise Novara — Reise der Österreichischen Fregatte „Novara" um die Erde in den Jahren 1857, 1858, 1859 unter den Befehlen des Commodore B. von Wüllerstorf-Urbair. Wissenschaftlicher Theil. — Zoologischer Theil. Wien. 1864—75. 4.

Rep. Expl. Railroad Pacif. Ocean — Reports of Explorations and Surveys, to ascertain the most practicable and economical Route for a Railroad from the Mississippi River to the Pacific Ocean. Made under the Direction of the Secretary of War, in 1853—56. Washington. 4.

Rep. Horn Exp. Centr.-Austral. — Report on the Work of the Horn scientific Expedition to Central Australia. London, Melbourne. 4.

Rep. Ins. N. York — Report on the injurious and other Insects of the State of New York. 8.

Rev. Ent. Franç. — Revue d'Entomologie publiée par la Société Française d'Entomologie. Caen. 8.

Rev. Ent. Russe — Revue Russe d'Entomologie rédigée par D. Glasunov, A. Jakovlev, N. Kokujev, N. Kusnezow, N. Shiriajev, A. Semenov et T. Tschitscherin. St. Pétersbourg. 8.

Rev. Mag. Zool. — Revue et Magasin de Zoologie pure et appliquée. Paris. 8.

Rev. zool. — Revue zoologique, par la Société Cuvierienne. Paris. 8.

Rev. zool. Afr. — Revue zoologique Africaine. Bruxelles. 8.

Rosenhauer, Beitr. Ins. Eur. — Beiträge zur Insecten-Fauna Europas. 1. Bändchen: enthält die Beschreibung von sechzig neuen Käfern aus Bayern, Tyrol, Ungarn . . . sowie die Käfer Tyrols, nach den Ergebnissen von vier Reisen zusammengestellt von Wilhelm Gottlob Rosenhauer. Erlangen. 1847. 8.

Rosenhauer, Thiere Andalus. — Die Thiere Andalusiens nach dem Resultate einer Reise zusammengestellt, nebst den Beschreibungen von 249 neuen oder bis jetzt noch unbeschriebenen Gattungen und Arten. Von Wilhelm Gottlob Rosenhauer Erlangen 1856. 8.

Rossi, Mant. Ins. — Mantissa Insectorum, exhibens Species nuper in Etruria collectas a Petro Rossio adjectis Faunae Etruscae Illustrationibus, ac Emendationibus. Tom. [1], 2. Pisa. 1792, 94. 4.

Royle, Ill. Himalaya — Illustrations of the Botany and other Branches of the Natural History of the Himalayan Mountains, and of the Flora of Cashmere By J. Forbes Royle. London. 1835—39. 4.

Russegger, Reis. — Reisen in Europa, Asien und Afrika, mit besonderer Rücksicht auf die naturwissenschaftlichen Verhältnisse der betreffenden Länder, unternommen in den Jahren 1835 bis 1841, von Joseph Russegger. *v.* 1I & II, 2I—III, 3, 4 Mit einem Atlas. Stuttgart. 1841, 43; 43, 45, 49; 1847; 48. 8 & 2.

SB. Ak. Wien — Sitzungsberichte der Kaiserlichen Akademie der Wissenschaften. — Mathematisch-naturwissenschaftliche Classe. Wien. 8.

Schenkling, Col. Cat. — Coleopterorum Catalogus auspiciis et auxilio W. Junk editus a S. Schenkling. Berlin. 8.

Schönherr, Synon. Ins. — Synonymia Insectorum, oder: Versuch einer Synonymie aller bisher bekannten Insecten; nach Fabricii Systema Eleutheratorum geordnet von C. J. Schönherr *v.* 1. Pars I—III & Appendix. Stockholm, Skara. 1806, 08, 17, 17. 8

Schrank, Enum. Ins. Austr. — Francisci de Paula Schrank, Enumeratio Insectorum Austriae indigenorum. Augustae Vindelicorum. 1781. 8.

Schrank, Fauna Boica — Fauna Boica. Durchgedachte Geschichte der in Baiern einheimischen und zahmen Thiere von Franz von Paula Schrank. Band 1, 2I, 2II, 3I, 3II. Nürnberg (Ingolstadt) (Landshut). 1798, 1801, 02, 03, 03. 8.

Schrank & Moll, Naturh. Briefe — Naturhistorische Briefe über Oesterreich, Salzburg, Passau und Berchtesgaden von Franz von Paula Schrank und Karl Ehrenbert von Moll. *v.* 1, 2. Salzburg. 1785. 8.

Schrenck, Reis. Amur-L. — Reisen und Forschungen im Amur-Lande in den Jahren 1854—56 im Auftrage der Kaiserl. Akademie der Wissenschaften zu St. Petersburg ausgeführt und in Verbindung mit mehreren Gelehrten herausgegeben von Leopold v. Schrenck. *v.* 1—4. St. Petersburg 1858—92. 4.

Scopoli, Ent. Carniol. — Joannis Antonii Scopoli Entomologia Carniolica exhibens Insecta Carnioliae indigena et distributa in Ordines, Genera, Species, Varietates. Methodo Linnaeana. Vindobonae. 1763. 8.

S. H. Scudder, Nomencl. zool. — Nomenclator zoologicus. An alphabetical List of all generic Names that have been employed by Naturalists for recent and fossil Animals from the earliest Times to the Close of the Year 1879. I. Supplemental List. II. Universal Index. By Samuel H. Scudder. Washington. 1882. 8.

Segonzac, Voy. Maroc — Segonzac, Voyages au Maroc (1899—1901). Avec Appendices astronomique, météorologique, géologique, botanique, entomologique etc. par Vaussay, Bonnet, Bedel, Ficheur et d'autres. Paris. 1903. 8.

Seidlitz, Fauna Balt. — Fauna Baltica. Die Käfer (Coleoptera) der Deutschen Ostseeprovinzen Rußlands von Georg Seidlitz. Ed. 2. Königsberg. 1891. 8.

Seidlitz, Fauna Transsylv. — Fauna Transsylvanica. Die Käfer Siebenbürgens von Georg Seidlitz. Königsberg. 1888—1891. 8.

Sjöstedt, Kilimandjaro — Wissenschaftliche Ergebnisse der schwedischen zoologischen Expedition nach dem Kilimandjaro, dem Meru und den umgebenden Massaisteppen Deutsch-Ostafrikas 1905—1906, unter Leitung von Yngve Sjöstedt, herausgegeben von der Königl. schwedischen Akademie der Wissenschaften. Upsala. 4.

A. D. Smith, Unknown Afr. Countries — Through unknown African Countries. The first Expedition from Somaliland to Lake Lamu by A. Donaldson Smith. London, New York. 1897. 8.

Soc. ent. — Societas entomologica. Organ für den internationalen Entomologenverein. Zürich. 4.

Stephens, Ill. Brit. Ent. — Illustrations of British Entomology; or a Synopsis of indigenous Insects: containing their generic and specific Distinctions; with an Account of their Metamorphoses, Times of Appearence, Localities, Food, and Economy, as far as practicable. By James Francis Stephens. Mandibulata: Vol. 1—7, Suppl. Haustellata: Vol 1—4, Suppl. London. 1827—46. 8.

J. F. Stephens, Man. Brit. Col. — A Manual of British Coleoptera, or Beetles; containing a brief Description .... By James Francis Stephens. London. 1839 8

J. Sturm, Deutschl. Fauna — Deutschlands Fauna in Abbildungen nach der Natur mit Beschreibungen von Jacob Sturm. — 5. Abtheilung. Die Insecten. 20—23. Bändchen. Fortgesetzt von J H. C. F. Sturm. 1—23. Bändchen. Käfer. Nürnberg. 1805—57. 16.

J. Sturm, Ent. Handb. — Verzeichnis meiner Insekten-Sammlung oder Entomologisches Handbuch für Liebhaber und Sammler. Von Jacob Sturm. *v.* 1. Nürnberg. 1800. 8.

Svenska Ak. nya Handl. — Kongliga Svenska Vetenskap Academiens nya Handlingar. Stockholm. 8

Term. Füzetek — Természetrajzi Füzetek [az Állat-, Növény-, Ásvány-, és Földtan Köréböl]. Kiadja a Magyar nemzeti Múzeum. Budapest. 8.

C. G. Thomson, Skand. Col. — Skandinaviens Coleoptera synoptiskt bearbetade of C. G. Thomson. *v.* 1—10. Lund. 1859—68. 8.

Tierreich — Das Tierreich. Begründet von der Deutschen Zoologischen Gesellschaft. Herausgegeben von der Preußischen Akademie der Wissenschaften zu Berlin. Berlin. 8.

Tijdschr. Ent. — Tijdschrift voor Entomologie. Uitgegeven door de Nederlandsche entomologische Vereeniging. Leiden, ... 8.

Tr. Amer. ent. Soc. — Transactions of the American entomological Society. Philadelphia. 8.

Tr. ent. Soc. London — The Transactions of the entomological Society of London. London. 8.

Tr. ent. Soc. N S. Wales — The Transactions of the entomological Society of New South Wales. Sydney. 8.

Tr. Kansas Ac. — Transactions of the Kansas Academy of Science. Topeka. 8.

Tr. Linn. Soc. London — The Transactions of the Linnean Society of London. — [Ser. 2:] Zoology. London. 4.

Tr. N. Zealand Inst. — Transactions and Proceedings of the New Zealand Institute. Wellington (Wellington, London). 8.

Tr. R. Soc. S. Austral. — Transactions and Proceedings and Report of the Royal Society of South Australia. Adelaide. 8.

Tr. S. Afr. Soc. — Transactions of the South African Philosophical Society. Cape Town. 8.

Verh. Ges. Wien — Verhandlungen der kaiserlich-königlichen zoologisch-botanischen Gesellschaft in Wien. Wien. 8.

Verh. Ver. Brünn — Verhandlungen des naturforschenden Vereins in Brünn. Brünn. 8.

Verh. Ver. Wien — Verhandlungen des zoologisch-botanischen Vereins in Wien. Wien. 8.

Villa, Col. Eur. — *Col. Eur., suppl.* — *Col. Eur., suppl. 2* — Coleoptera Europae dupleta in Collectione (Ant. et Jo. Bapt.) Villa. Mediolani. 1833.
Supplementum Coleopterorum Europae Dupletorum Catalogo Collectionis Villa. Mediolani. 1835.
Alterum Supplementum Coleopterorum Europae sive Additio ad Catalogum et Supplementum Dupletorum Collectionis Villa. Mediolani. 1838. 4.

Voet, Cat. syst. Col. 1766 — Catalogue raisonné ou systématique du genre des Insectes, qu'on appelle Coléoptères. (Descriptiones et Icones Coleopterorum etc.). Jean Eusèbe Voet. *v.* 1, 2. La Haye. 1766. 4

Voet (Panzer), Beschr. Ins. — Johann Euseb Voets Beschreibungen und Abbildungen hartschaaligter Insecten. Coleoptera Linn. Aus dem Original getreu übersetzt... von Georg Wolfgang Franz Panzer. [Teil 5 mit 2. Titel:] Beyträge zur Geschichte der Insekten. Herausgegeben von Georg Wolfgang Franz Panzer. *v.* 1—5. Nürnberg (Erlangen). 1785, 93, 94, 98, 1802. 4.

Voy. Pôle Sud — Voyage au Pôle Sud et dans l'Océanie sur les Corvettes l'Astrolabe et la Zélée; exécuté .... pendant les Années 1837—40, sous le Commandement de J Dumont-d'Urville; publié . sous la Direction supérieure de Jacquinot. — Zoologie, par Hombron et Jacquinot. Cum Atlas. Paris. 8 & 2.

Walckenaer, Faune Paris. — Faune Parisienne, Insectes. Ou Histoire abrégée des Insectes des Environs de Paris, classés d'après le Système de Fabricius; précédée d'un Discours sur les Insectes en général, pour servir d'Introduction à l'Étude de l'Entomologie; par C. A. Walckenaer. Tome 1, 2. Paris. 1802. 8.

F. Walker, List Col. Lord — List of Coleoptera collected by J. K. Lord in Egypt, Arabia and near the African Shore of the Red Sea. With Characters of the undescribed Species by Francis Walker. London. 1871 8.

Waltl, Reise Tyrol Spanien — Joseph Waltl, Reise durch Tyrol, Oberitalien und Piemont nach dem südlichen Spanien. Passau. 1835. 8.

Wasmann, Krit. Verz. myrmecoph. Arthrop. — Kritisches Verzeichniss der myrmecophilen und termitophilen Arthropoden. Mit Angabe der Lebensweise und mit Beschreibung neuer Arten von E. Wasmann. Berlin. 1894. 8.

Webb & Berthelot, Hist. Canar. — Histoire naturelle des Iles Canaries, par P. Barker Webb et Sabin Berthelot. Tome 1—3; Atl. Paris. 1835—50. 4 & 2. — Tome 2. Partie II. Zoologie. Paris. 1836—44. 4 & 2.

Wien. ent. Zeit. — Wiener entomologische Zeitung Wien. 8.

Wollaston, Cat. Col. Canar. — Catalogue of the Coleopterous Insects of the Canaries in the Collection of the British Museum by T. Vernon Wollaston. London. 1864. 8.

Wollaston, Col. Hesperid. — Coleoptera Hesperidum, being an Enumeration of the coleopterous Insects of the Cape Verde Archipelago by T. Vernon Wollaston. London. 1867 8.

Wollaston, Ins. Mader. — Insecta Maderensia; being an Account of the Insects of the Islands of the Madeiran Group by T. Vernon Wollaston. London. 1854. 4.

Z. Ent. Germar — Zeitschrift für die Entomologie, herausgegeben von Ernst Friedrich Germar. Leipzig. 8.

Zetterstedt, Ins. Lappon. — Insecta Lapponica descripta a Johanne Wilhelmo Zetterstedt. Lipsiae. 1840 (1838, 39, 40). 4.

Zichy, Dritte Asiat. Forschr. — Dritte Asiatische Forschungsreise des Grafen Eugen Zichy. — Band 2. Zoologische Ergebnisse .. Redigirt von G. Horváth. Budapest, Leipzig. 1901. 4.

Zool. — Zoologica. Original-Abhandlungen aus dem Gesammtgebiete der Zoologie. Stuttgart. 4.

Zool. Jahrb., Syst. — Zoologische Jahrbücher. — Abtheilung für Systematik, Geographie und Biologie der Thiere. Jena. 8.

Zool. Mag. — Zoologisches Magazin. Herausgegeben von C. R. W Wiedemann. Kiel. 8.

Zool. Rec. — The zoological Record. London. 8.

Zool. Voy. Erebus & Terror — The Zoology of the Voyage of H. M. S. Erebus & Terror, under the Command of Captain Sir James Clark Ross, during the Years 1839 to 1843. ... Edited by John Richardson and John Edward Gray. Vol. 2. Reptiles, Fishes, Crustacea, Insects, Mollusca. London. 1844—75. 4.

Systematischer Index.

[Neue Namen sind durch ein Kreuz (†) bezeichnet.]

Aphodiinae

Subfam. **Aphodiinae** Arrow

1758 *Scarabaeus* (part.), Linné, Syst. Nat., ed. 10 p. 348 | 1798 *Aphodius* (part.), Illiger, Verz. Käf. Preuß., p. 15 | 1842 „*Aphodiairis*", E. Mulsant, Hist. nat. Col. France, Lamell. p. 160 | 1870 „*Aphodieus*", E. Mulsant in: Ann. Soc. Agric. Lyon, ser. 4 *v.* 2 p. 283, 380 | 1892 *Aphodiini*, Reitter in: Verh. Ver. Brünn, *v.* 30 p. 156 | 1909 *Aphodiinae*, Arrow in: Tr. ent. Soc. London, p. 485.

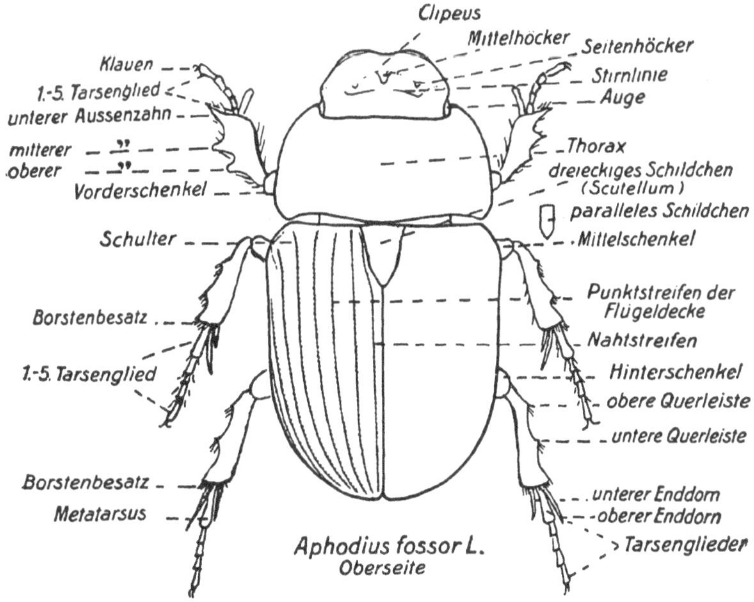

Fig. 1 (5/1).

Die Subfam. *Aphodiinae* gehört zu der Familie *Scarabaeidae*. Sie hat 9gliedrige Fühler mit freier, dreiblättriger, tomentierter Keule (bei Genus *Phycochus* nur 8gliedrig), versteckte Mundwerkzeuge, zwei Enddorne an Mittel- und Hintertibien und sechs Hinterleibssegmente.

Der Körper ist von länglicher Gestalt, Seiten parallel oder mehr oder weniger nach hinten verbreitert, er ist stärker oder schwächer gewölbt, meistens glänzend und unbehaart, seltener mit kürzeren oder längeren Haaren oder Borsten besetzt, vorzugsweise auf den Flügeldecken.

Der Kopf ist gewöhnlich nur geneigt, selten stärker herabgewölbt (*Ammoecius, Ataenius, Saprosites, Euparia*), er ist glatt, punktiert oder gekörnt, zwischen den Augen zeigt er eine vertiefte oder erhöhte Querlinie, die oft gehöckert ist; seltener ist derselbe mit kleinen Längs- oder Querkielen oder Haarbüscheln geziert. Der Clipeus, das ist der vordere Teil des Kopfes, ist abgerundet, abgestutzt, ausgerandet oder auch zugespitzt, er ist ganzrandig oder in zwei, vier oder zwölf Zähnchen ausgezogen. Die Wangen dringen nur wenig in den Vorderrand der Augen ein, sie sind in Größe und Form verschieden, infolgedessen überragen sie verschieden weit die Augen. Diese sind fein facettiert, meistens von oben sichtbar, sie zeigen eine stärkere oder schwächere Wölbung, sehr selten sind sie ganz flach.

Die Freßwerkzeuge (siehe Fig. 3 p. 9) sind unter dem Kopfe verborgen, sie bestehen aus der Oberlippe (Labrum), den beiden Oberkiefern (Mandibeln), den zwei Unterkiefern (Maxillen) mit den unbehaarten, viergliedrigen Kiefertastern (Maxillarpalpen) und den zum Kauen dienenden Laden (Malae), der Unterlippe (Labium) mit der Zunge (Lingua) und den einzeln behaarten, dreigliedrigen Lippentastern (Labialpalpen). Außer dem Kinn (Mentum), das die Mundwerkzeuge von untenher zum größten Teil bedeckt und stets ganz hornig ist, sind die übrigen Teile ganz oder teilweise häutig und bei den einzelnen Genera in der Form wenig abweichend. Sie ändern in der Beschaffenheit der Mahlfläche und höchstens noch in der Gestalt der Kauladen (Lobus maxillaris) deutlich ab.

Die Fühler sind ebenfalls unter dem Kopfrande eingefügt, sie sind 8- oder 9gliedrig, ihre drei letzten Glieder bilden immer eine dicht behaarte, freiblättrige Keule.

Das Halsschild oder der Thorax ist meistens breiter als der Kopf mit den Augen und breiter als lang, es ist stärker oder schwächer gleichmäßig herabgewölbt, manchmal mit Mittelfurche, Längsleisten oder Querwülsten versehen, seltener ist es seitlich und an der Basis ausgehöhlt, die Oberfläche ist immer feiner oder stärker punktiert, die Seiten sind fast immer, Basis und Vorderrand nur zuweilen gerandet.

Das Schildchen (Scutellum) ist dreieckig oder in der Basalhälfte parallelrandig und nach hinten zugespitzt, es fehlt nur selten.

Die Flügeldecken (Elytren) bedecken die Brust und den Hinterleib, meistens auch die Spitze desselben, das Pygidium. Ihre nach unten umgeschlagenen Seitenränder sind die Epipleuren, die gewöhnlich nur schmal sind. Die Flügeldecken sind fast immer deutlich länger als der Kopf und das Halsschild (Thorax) zusammen, sie sind parallel oder hinten verbreitert, ihre Spitze ist abgerundet oder abgestutzt, sie sind glatt, meistens jedoch punktiert-gestreift, ihre Zwischenräume sind eben, konvex oder gerippt, die Schultern sind abgerundet, winklig oder mit kleinem Dorn versehen. Zuweilen wird durch eine vertiefte Linie jederseits von dem Zwischenraume ein schmaler Streifen, der sekundäre Zwischenraum abgetrennt, zwischen ihnen liegt dann der primäre (Subgen. *Pleuraphodius* m.).

Die Unterseite ist fast immer glänzend, punktiert und behaart, sie zeigt das Prosternum, Mesosternum und Metasternum mit den drei Fußpaaren und den Hinterleib oder Abdomen. Das Prosternum ist vor den Vorderhüften (Coxa) in der Mitte mehr oder weniger gekielt und ragt oft hinter den Vorderhüften als behaarter Zapfen hervor. Das Mesosternum liegt gewöhnlich etwas vertieft und ist meistens durch dichte Punktierung matt. Das Metasternum ist kürzer oder länger, es flacht sich nach der Mitte zu ab und ist hier eben oder vertieft, fast immer aber mit vertiefter Mittellinie versehen.

Das Abdomen besteht aus 6 Ringen oder Segmenten, von denen oft nur 5 deutlich sichtbar und gewöhnlich auch von gleicher Breite sind, sie sind meistens gleichmäßig gewölbt, punktiert und behaart, seltener seitlich grubig vertieft, ihr Vorderrand ist glatt oder gerieft (Gen. *Dialytes* Har.), seltener in der ganzen Breite (Gen. *Odontolochus* nom. nov.). Die einzelnen Segmente greifen mit den Rändern unter und ermöglichen dadurch eine gewisse Beweglichkeit, selten sind sie verwachsen (Gen. *Proctophanes* Har., *Didactylia* H. Orb.).

Die Vorder- und Hinterhüften stehen zusammen, die letzteren sind gewöhnlich plattenförmig erweitert und bedecken dann das 1. Abdominalsegment zum größten Teil, seltener liegen sie vertieft (Gen. *Rhyparus* Westw., *Simogonius* Har.). Die Mittelhüften sind zuweilen weiter voneinander entfernt (*Simogonius* Har., *Odontolochus* nom. nov., *Dialytes* Har.), sie ragen schräg in das Metasternum hinein, am wenigsten schräg bei *Chaetopisthes* Westw., *Corythoderus* Klug. Die Vorderschenkel (Femur) sind konisch, meistens am dicksten, Mittel- und Hinterschenkel verbreitern sich gewöhnlich in der Mitte,

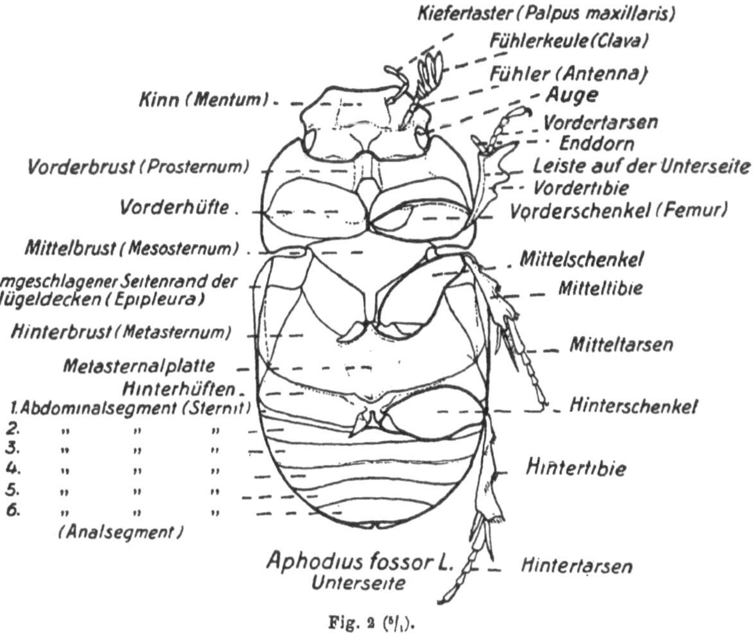

Fig. 2 (⁵/₁).

die letzteren zuweilen sehr stark, seltener sind dieselben sehr schmal und gebogen, dann überragen sie die Spitze des Hinterleibes (*Corythoderus* Klug, *Chaetopisthes* Westw.). Die Vordertibien sind nach vorn gleichmäßig verbreitert, seltener mehr parallel, manchmal am Innenrande vor der Spitze plötzlich verdickt, am Außenrande haben sie 1—4 größere Zähne, seltener viele kleine Kerbzähnchen (*Dialytes* Har.). Der Vorderrand ist meistens schräg abgeschnitten, selten gerade abgestutzt (*Dialytes* Har., *Sybax* Boh.), zuweilen ist derselbe in ein Zähnchen ausgezogen (*Rhyparus* Westw.). Am medialen Spitzenwinkel, neben der Einlenkung der Fußglieder, befindet sich ein Enddorn, der länger oder kürzer, zugespitzt oder abgestutzt ist, selten fehlt er ganz im männlichen Geschlecht (*Coptochirus* Har.). Die Mittel- und Hintertibien sind rundlich und zur Spitze verbreitert, seltener seitlich zusammengedrückt und parallelrandig, sie sind gerade oder gebogen (*Euparia* Serv., *Corythoderus* Klug, *Chaetopisthes* Westw.), am Lateralrande befinden sich zwei beborstete

Querleisten, die aber auch fehlen können (*Ataenius* Har., *Saprosites* Redt., *Chaetopisthes* Westw., *Corythoderus* Klug), ihr Endrand ist gewöhnlich beborstet und mit 2 Enddornen von verschiedener Länge und Form versehen. Die Füße sind 5gliedrig, das 1. und 5. Glied gewöhnlich verlängert; sie sind rundlich oder nach der Spitze dreieckig erweitert, das letzte Glied trägt 2 gebogene, hornige Klauen, nur bei *Sitiphus* Fairm. und *Sugrames* Reitt. 2 Borsten.

Die Farbe. Die Aphodiinen zeigen sich meistens in einem unscheinbaren Farbenkleide, dasselbe geht vom einfarbigen Weißgelb durch Braun zum Schwarz über, seltener ist die helle Färbung durch dunkle und die dunkle Färbung durch hellere Flecke oder Makeln unterbrochen.

Die Größe schwankt zwischen 2 und 15 mm.

Der Nutzen. Die Aphodiinen leben wohl größtenteils von tierischen Exkrementen. Sie befreien uns von diesen übelriechenden Stoffen nicht allein dadurch, daß das erwachsene Insekt und die Larve dieselben verzehren, sondern auch insofern, als sie diese Stoffe durchwühlen, sie infolgedessen zerkleinern, zerstreuen, sie mit dem Erdboden vermengen und so ihre Zersetzung bewirken. Die geringe Wirkung des einzelnen Tieres wird durch das große Heer derselben zu einem bedeutenden Erfolge geführt.

Die Lebensweise. Von den meisten Gattungen der Aphodiinen ist die Lebensweise bisher nicht bekannt. Die Arten der Gattung Aphodius legen ihre Eier in Exkremente, faulende Pflanzenstoffe oder Aas. Die auskriechenden Larven verzehren diese Stoffe und verpuppen sich in ihnen oder in der Erde unter denselben in einer kleinen Höhle. Die einzelnen Arten bevorzugen eine bestimmte Dungart. So findet sich *A. Zenkeri* Germ., *A. nemoralis* Er., *A. putridus* Herbst, *A. cervorum* Fairm. in Hirschkot, *A. cuniculorum* Mayet (*A. Bonnairei* Reitter) an Kaninchen-Exkrementen, *A. fossor* L., *A. pusillus* Herbst, *A. rufus* Moll, *A. scrofa* F., *A. serotinus* Panz., *A. tirolensis* Rosenh. im Kuhkot, *A. affinis* Panz., *A. contaminatus* Herbst, *A. sticticus* Panz. im Pferdekot, *A. scrutator* Herbst sucht die Exkremente der Kuh und des Pferdes, *A. immundus* F., *A. montanus* Er., *A. nitidulus* F., *A. praecox* Er. die des Schafes, *A. piceus* Gyll. die des Menschen. *Aphodius troglodytes* Hubb. lebt in den Erdhöhlen einer Landschildkröte (*Gopherus polyphemus*), und *A. porcus* legt seine Eier nach Chapman (Ent. monthly Mag. v. 5 1869 p. 275) in die Brutgänge von *Geotrupes stercorarius* L. *Heptaulacus sus* Herbst findet sich nur im Schweinedung. Über die Ernährungsverhältnisse von *Psammobius* Heer, *Rhyssemus* Muls., die sich in sandigen Gegenden vorfinden, sind Erfahrungen bisher nicht bekannt geworden. *Ataenius* Har. lebt sowohl an Exkrementen wie im Mulm der Bäume. Von *Euparia* berichtet Harold, daß sie bei Ameisen leben, während *Chaetopisthes* Westw., *Corythoderus* Klug und *Termitodius* Wasm. Gäste der Termiten sind.

Die Larve von *Aphodius rufipes* L. Die Gestalt ist walzenförmig und gekrümmt, an der Unterseite abgeplattet, sie ist weichhäutig und besteht aus 13 Ringen, die Afteröffnung ist quer, sie liegt auf der Oberseite des letzten Ringes. Die Ringe sind mit einer Querreihe von Borstenhaaren besetzt, die auf der Unterseite des letzten viel dichter stehen. Der Kopf ist hornig, bräunlich gefärbt, nach unten gebogen und einzeln behaart, die Oberlippe ist dreilappig und bewimpert, die Mandibeln sind nach der Spitze dunkler und zugespitzt, die linke zeigt in der Mitte einen ausgerandeten Zahn, die rechte einen einfachen, am Grunde haben beide einen kräftigen Mahlzahn. Die Fühler erreichen nicht ganz die Spitze der Oberkiefer, sie sind 5gliedrig, das erste Glied ist zylindrisch, die 3 folgenden sind zur Spitze keulig verdickt, das letzte und kürzeste ist stiftförmig. Die Unterkiefer haben 2 Kauladen, die laterale ist länglich, mit abgerundeter, einzeln beborsteter Spitze, ihre mediale Seite ist bürstenartig bewimpert, die mediale Kaulade endet in eine hornige Spitze. Die Kiefertaster sind 4gliedrig, sie nehmen an Dicke ab, das letzte ist zugespitzt. Die Lippentaster zeigen nur 2 Glieder, das erste ist verdickt, das folgende viel schwächer und zugespitzt. Die Füße sind 5gliedrig. Das 1. Glied ist verlängert, zylindrisch, das 2. ist viel kürzer, das 3. keulenförmig, das 4. ist fast ebenso lang wie das 3., aber mehr zylindrisch, das 5. ist lang, klauenförmig, die 3 letzten sind auf der Unterseite einzeln beborstet.

Das Ei von *Aphodius rufipes* L. Es hat eine mehr längliche als eiförmige Gestalt und ist an beiden Enden etwas abgestutzt.

Die Puppe. Sie ist von der weißlichgelben Farbe der Larve und läßt schon alle Teile des später entwickelten Insektes erkennen.

Das Geschlecht. Die meisten Gattungen lassen bei ihren Arten schon äußerlich die Geschlechter erkennen. Diese Unterschiede sind sehr mannigfacher Art, sie kommen z. B. zum Ausdruck durch verschiedene Form und Farbe des Körpers, durch die Bewaffnung des Kopfes mit Höckerchen, die ausschließlich dem Männchen zukommen oder doch wesentlich stärker bei ihnen ausgeprägt sind, durch einen Eindruck hinter dem Vorderrande des Halsschildes oder in der Form der Hinterwinkel desselben, durch die gezähnte Leiste auf der Unterseite der Vordertibien, die Verdickung derselben an der medialen Seite oder der Ausrandung derselben, ferner durch die Form des Enddorns der Vordertibien, das Fehlen desselben, die geringere Zahl der Lateralzähne, durch den rudimentären oder umgebogenen untern Enddorn der Mitteltibien oder durch die verdickten und verkürzten Tarsenglieder, wie auch durch die abweichende Form der Klauen daselbst, zuweilen auch durch die Form des untern Enddorns der Hintertibien, durch längere, dichtere Behaarung ihrer Medialseite oder auch durch die dornförmig ausgezogene Spitze des Hinterrandes dieser Tibien, ebenso auch durch die Form derselben überhaupt, ferner durch die Form der Metasternalplatte oder in den mit einem Zahn besetzten Mittel- und Hinterschenkeln oder auch der Mitteltibien. Manche Männchen haben die Hinterschenkel an der Basis punktiert und behaart oder auf dem letzten Abdominalsegment eine Grube oder einen Quereindruck. Auch die verschiedene Punktierung und Behaarung der Oberseite bieten Kennzeichen.

Die Verbreitung. Die Aphodiinen sind über die ganze Erde verbreitet. Die größte Ausdehnung unter ihnen weist die Gatt. *Aphodius* Ill. auf. Ihre Arten sind im Norden bis zum 70°, im Süden bis zum 45° noch zu finden.

Die Aphodiinae zerfallen in 5 Tribus, 43 Gattungen, 74 Untergattungen, 1137 sichere Arten, von denen 124 in 392 Unterarten zerfallen, und 4 unsichere Arten.

Bestimmungstabelle der Tribus der Aphodiinae:

1 { Kopf glatt, gekörnt, gehöckert, mit Quer- oder Längskielen oder Haarbüscheln, Thorax glatt, bis zur Seitenrandung gewölbt oder neben derselben verflacht, mit Quereindrücken, Querwülsten oder Längskielen, Basis selten seitlich ausgehöhlt; Schildchen vorhanden oder fehlend; Flügeldecken mit Punktstreifen oder Längsrippen; Beine kurz und kräftig, Hinterschenkel zuweilen lang und schmal, dann aber nicht stark gebogen, nicht die Abdomenspitze überragend, Mittel- und Hintertibien meistens distad deutlich erweitert, nur bei *Cnematoplutys* Ad. Schm. seitlich zusammengedrückt, am Endrand immer mit deutlichem Borstenbesatz und zwei Enddornen — 2

Kopf immer glatt; Thorax mit nach hinten vertiefter Längsfurche und Aushöhlung an Seiten und Basis, die schmale Mitte desselben ragt nach hinten in

2 mehr oder weniger deutliche Spitzen hervor; Schildchen fehlend; Flügeldecken mit 2—5 Rippen, die nach hinten breiter werden und sich verflachen; Beine lang und dünn, Mittel- und Hinterschenkel lang und schmal, gebogen, die Abdomenspitze überragend, Tibien seitlich stark zusammengedrückt, seitlich gesehen gleichbreit; Basis des Halsschildes mit Haartoment und Spitze der Flügeldecken zuweilen mit Haarbüscheln . . . . 5. Tribus **Corythoderina**

2 Hinterkopf mit Quer- oder Längskielen oder Haarbüscheln, nur bei *Stereomera* Arrow glatt; Thorax und Flügeldecken mit Längsrippen; Vordertibien außen mit 1 oder 2 größeren Zähnen; ein Schildchen nur bei *Notocaulus* Quedf. vorhanden . . . . . 4. Tribus **Rhyparina**

Hinterkopf glatt, höchstens mit 3 Tuberkeln; Vordertibien gewöhnlich mit 3 Außenzähnen; Thorax nie mit Längsrippen, höchstens mit Querwülsten — 3

3 Kopf immer gekörnt, immer ohne Tuberkeln auf der Nahtlinie; Thorax mit Querfurchen, die durch Querwülste getrennt werden, meist auch mit Längsfurche, zuweilen fehlen die Querwülste und es bleiben nur Spuren von Quereindrücken; Mittel- und Hintertibien ohne Querleisten; Fußglieder an den Hinterbeinen oft dreieckig verbreitert, besonders das 1. Glied, die Enddorne sind verbreitert oder abgestutzt, selten zugespitzt . . . . 3. Tribus **Psammobiina**

Kopf punktiert oder glatt, seltener gekörnt; Thorax ohne Querwülste, zuweilen mit schwachen Quereindrücken; Fußglieder nicht dreieckig erweitert, Enddorne der Hintertibien schmal, immer zugespitzt — 4

4 Kopf meistens nur geneigt, oft gehöckert, Wangen klein, mehr wagerecht liegend, Mittel- und Hintertibien immer mit Querleisten . . . . 1. Tribus **Aphodiina**

Kopf größer, mit den großen Wangen stark herabgebogen, immer ungehöckert; Tibien ohne Querleisten, zuweilen zeigen sich Spuren davon an den Mitteltibien . . . . 2. Tribus **Eupariina**

1. Tribus **Aphodiina** Reitter

1839 *Aphodiidae* (part.), J. F. Stephens, Man. Brit. Col., p. 159 | 1842 *Aphodiates, Ammoeciates, Pleurophorates* (part.), E. Mulsant, Hist. nat. Col. France, Lamell. p. 178, p. 160, p. 160 | 1892 *Aphodiina*, Reitter in: Verh. Ver. Brünn, *v.* 30 p. 157 | 1911 *Aphodiitae* + *Psammobiitae* (part.), Bedel, Faune Col. Bassin Seine, *v.* 4 fasc. 1 p. 43.

Der Körper ist länglich, stärker oder schwächer gewölbt, selten oberseits behaart. Der Kopf ist meistens nur geneigt, ganz glatt oder mit 3 Höckerchen, ist er stärker herabgewölbt, dann mit Querkiel, der Clipeus ist ganzrandig, ausgerandet, zahnartig zugespitzt oder mit 2, 4 oder 12 Zähnchen versehen, die Wangen überragen bald stärker, bald schwächer die Augen oder gar nicht. Halsschild zuweilen mit Längsfurche. Schildchen immer vorhanden, es ist dreieckig oder vorn parallelseitig. Flügeldecken meistens von der Breite des Halsschildes, sie sind punktiert-gestreift, ihre Zwischenräume sind eben, konvex oder rippenförmig. Vordertibien mit Enddorn, der nur selten beim Männchen fehlt, Lateralrand mit 3 größeren Zähnen. Mittel- und Hinterschenkel sind meistens kurz und kräftig, ihre Schienen haben gewöhnlich zwei deutliche, beborstete Querleisten, diese fehlen nur in der Gattung *Didactylia* H. Orb., der Endrand zeigt gleichlange oder ungleiche Borsten und 2 Enddorne, das Endglied der Tarsen hat Horn- oder Haarklauen.

Verbreitungsgebiet über die ganze Erde. Die Tribus zerfällt in 19 Gattungen, 74 Untergattungen, 779 sichere Arten, von denen 109 in 859 Unterarten zerfallen, und 2 unsichere Arten.

Bestimmungstabelle der Gattungen:

1	Kopf groß, halbkreisförmig, die Mitte des Vorderrandes in eine zahnförmige Spitze ausgezogen, Oberseite behaart	3. Gen. **Oxycorythus**
	Kopf meistens kleiner, nie in eine Spitze ausgezogen, Oberseite glatt oder behaart — 2	
2	Maxillartaster stark verlängert, viel länger als die Fühler, Kopf vorn breit verflacht, sein Vorderrand in 2 genäherte Zähnchen ausgezogen, Tarsen sehr lang, Flügeldecken schwarz mit roter Längsbinde	4. Gen. **Turanella**
	Maxillartaster nicht besonders lang, Kopf vorn nie breit verflacht, ohne 2 genäherte Zähnchen — 3	
3	Klauen aller Füße haarförmig	5. Gen. **Sugrames**
	Klauen normal, nie haarförmig — 4	
4	Kopf gekörnt, Clipeus mit 4 oder 12 Zähnchen — 5	
	Kopf punktiert, ohne oder mit 2 oder 4 Zähnchen, dann aber die Hinterschenkel stark verbreitert, zuweilen der Kopf gekörnt, dann aber ohne oder nur mit 2 Zähnchen und Querleiste, oder nur mit Querleiste — 6	
5	Clipeus 4zähnig, Hinterschenkel und Hintertibien stark verdickt	6. Gen. **Cnemisus**
	Clipeus 12zähnig, Hinterschenkel und Hintertibien nicht stark verdickt	7. Gen. **Apsteiniella**
6	Epipleuren von der normalen Breite und Lage abweichend — 7	
	Epipleuren immer schmal, bauchwärts liegend — 9	
7	Epipleuren sehr breit, wagerecht liegend, nach der Spitze nicht verschmälert — 8	
	Epipleuren weniger breit, zur Spitze verengt, von oben sichtbar, Pygidium frei	8. Gen. **Macroretrus**
8	Oberseite behaart, Flügeldecken punktiert-gestreift, Vordertibien normal	9. Gen. **Lorditomaeus**
	Oberseite mit gelblichem Überzug, Flügeldecken mit Rippen, Vordertibien mit dreieckiger, plattenförmiger Erweiterung	19. Gen. **Sybax**
9	Hinterschenkel an der unteren Kante mit langem Dorn	10. Gen. **Acanthaphodius**
	Hinterschenkel ohne Dorn — 10	
10	Mittel- und Hintertibien von der Basis zur Spitze dreieckig verbreitert, lateral ohne Querleisten, Vordertibien beim ♂ schlank, 2zähnig, beim ♀ 3zähnig, Bauchsegmente in der Mitte verwachsen	11. Gen. **Didactylia**
	Mittel- und Hintertibien mehr im untern Teile verbreitert, mit Querleisten, Vordertibien zur Spitze verbreitert, 3zähnig — 11	
11	Thoraxseiten gekerbt, nach Basis zu größer, wie gezähnt	12. Gen. **Caelius**
	Thoraxseiten nicht gekerbt — 12	

12	Pygidium groß, unbedeckt, von oben sichtbar, Thorax mit Längsfurche	13. Gen. **Proctophanes**
	Pygidium klein, bedeckt, Thorax mit oder ohne Längsfurche — 13	
13	Vordertibien anormal — 14	
	Vordertibien normal, nur bei *Drepanocanthus* medial plötzlich verdickt und dann parallel — 15	
14	Vordertibien beim ♂ parallelrandig, einwärts gebogen, am Lateralrande 2zähnig, oberer Zahn klein, unterer 2spitzig	14. Gen. **Harmodactylus**
	Vordertibien beim ♂ medial vor der Spitze mit stumpfem Winkel, Endzahn stark verlängert und abgestutzt, Enddorn fehlt, Tibia beim ♀ normal	15. Gen. **Coptochirus**
15	Flügeldecken mit Rippen besetzt, die seitlich bis an die Schulter oder bis zur Basis reichen — 16	
	Flügeldecken mit vertieften Punktstreifen, die seitlich immer verkürzt sind, ausgenommen *Harmogaster* — 18	
16	Rippen schmal, scharf, durch Querpunkte getrennt, glatt oder sehr kurz behaart — 17	
	Rippen breit und flach, meist durch 2streifige Zwischenräume getrennt, Oberfläche deutlich behaart, Thoraxbasis bewimpert	16. Gen. **Heptaulacus**
17	Vordertibien beim ♂ medial plötzlich verbreitert und dann parallel, Metatarsus dornförmig ausgezogen, Clipeus in beiden Geschlechtern tief ausgerundet .	17. Gen. **Drepanocanthus**
	Vordertibien in beiden Geschlechtern gleichmäßig verbreitert, Metatarsus normal, Clipeus nicht tief ausgerandet	18. Gen. **Oxyomus**
18	Flügeldecken mit 10 Zwischenräumen, Hinterleibsringe nicht verwachsen, Pygidium nicht nach unten vorgezogen	1. Gen. **Aphodius**
	Flügeldecken mit mehr als 10 Zwischenräumen, Hinterleibsringe verwachsen, Pygidium hervorgezogen .	2. Gen. **Harmogaster**

1. Gen. **Aphodius** Illiger

1798 *Aphodius,* Illiger, Verz. Käf. Preuß., p. 15.

Körper länglich, mehr oder weniger gewölbt, glänzend, selten matt, meistens unbehaart. Kopf punktiert, oft gehöckert, Clipeus jederseits abgerundet oder mit 2 oder 4 Zähnchen. Freßwerkzeuge: Die Oberlippe, der Unterseite des Kopfschildes fest anliegend, ist häutig und sehr breit, die Seiten sind gerundet, der bewimperte Vorderrand gerade, in der Mitte mit kleinem Einschnitt. Die Oberkiefer sind hornig, nach vorn in eine dreieckige, dünne Platte erweitert, die an den Rändern häutig ist, der äußere Rand ist gebogen, der innere mehr gerade und kurz bewimpert, am Grunde desselben befindet sich eine schräggestellte, feinriefige Mahlfläche, der Mahlzahn ist kräftig. Die Unterkiefer sind hornig und länglich, die äußere Kaulade (Mala exterior) ist nach vorn und innen gerichtet und dicht behaart, die innere Lade (Mala interior) ist viel kleiner und bewimpert, beide Laden sind häutig. Die Kiefertaster sind 4gliedrig und unbehaart, das 2. und letzte Glied fast gleichlang und verlängert. Das hornige, an der Unterseite einzeln lang behaarte Kinn ist am Vorderrande bewimpert und tief eingeschnitten, die 3gliedrigen Lippentaster sind einzeln behaart, die häutige Lippe ist tief gespalten, ihre Zipfel überragen das 1. Glied der Lippentaster. Thorax gewölbt, punktiert, selten mit Mittelfurche. Schildchen parallel oder dreieckig. Flügeldecken punktiert-gestreift, Zwischenräume eben oder konvex, selten mit Rippen, immer seitlich verkürzt. Beine kräftig, Tibien mit Querleisten, 2 Enddornen und Borstenbesatz. Klauen hornig (*Sitiphus* ausgenommen).

Die Fühler sind 9gliedrig. Das 1. Glied ist länger als die folgenden fünf, die 3 letzten bilden eine länglichrunde, dicht behaarte Keule.

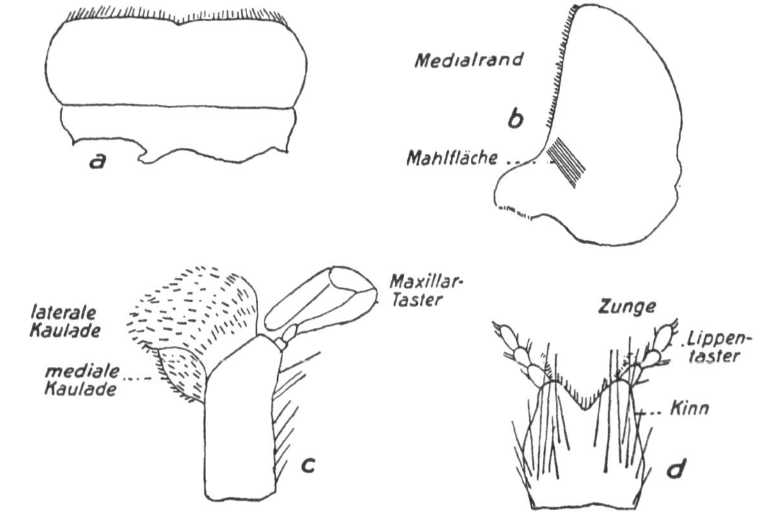

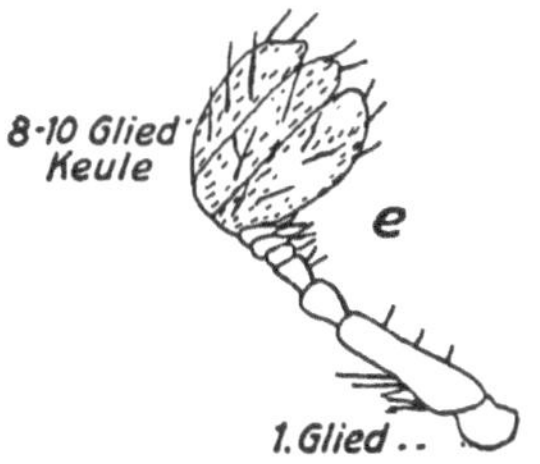

Fig. 3 ($^{30}/_{1}$). Aphodius rufipes.
a) Oberlippe (Labrum),
b) Oberkiefer (Mandibel),
c) Unterkiefer (Maxille),
d) Kinn und Lippentaster (Mentum und Labialpalpen),
e) Fühler (Antenne).

Überall vorkommend, vom hohen Norden bis zum äußersten Süden. 74 Untergattungen mit 686 Arten, von denen 108 in 357 Unterarten zerfallen; 57 Arten konnten keinem Subgen. zugewiesen werden.

Bestimmungstabelle der Subgenera (mit Ausnahme von *Aphodinus* Motsch.).

1	Schildchen groß, $^1/_5$—$^1/_3$ der Flügeldeckenlänge einnehmend — 2	
	Schildchen klein, etwa $^1/_{10}$ der Flügeldeckenlänge erreichend oder noch kleiner — 6	
2	Flügeldecken kaum länger als der Thorax, gelb mit schwarzer Makel, Schildchen breit dreieckig	a) Subgen. **Megatelus**
	Flügeldecken deutlich länger als der Thorax, einfarbig rot oder schwarz, letztere zuweilen mit hellen Längsstreifen oder gelbem Spitzenfleck, Schildchen lang dreieckig — 3	
3	Flügeldecken auf dem Rücken flach, Schildchen vertieft liegend	b) Subgen. **Colobopterus**
	Flügeldecken auf dem Rücken gewölbt, Schildchen nicht tiefer liegend — 4/5	

4/5	Kopf mit 3 Höckern, Thorax an der Basis gerandet, Hintertibien mit kurzen Borsten . . .	c) Subgen. **Teuchestes**
	Kopf ohne Höcker, Thorax ungerandet, Hintertibien am Spitzenrande mit ungleichen Borsten	d) Subgen. **Diapterna**
6	Flügeldecken mit sekundären und primären Zwischenräumen, letztere dachförmig oder gekielt, Kopf nie stark herabgewölbt, ungehöckert, oberseits einfarbig hell- oder dunkelbraun, unbehaart, höchstens mit kurzen Börstchen bekleidet, Thoraxbasis gerandet oder ungerandet, Schildchen dreieckig, Endborsten der Hintertibien ungleich	e) Subgen. **Pleuraphodius**
	Flügeldecken mit einfachen Zwischenräumen, ausgenommen einige afrikanische *Ammoecius*-Arten — 7	
7	Enddorn der Vordertibien beim ♂ in der Mitte des Medialrandes eingefügt, Thoraxbasis gerandet oder ungerandet, Schildchen dreieckig oder parallel, Endborsten der Hintertibien ungleich	f) Subgen. **Cinacanthus**
	Enddorn immer nahe der Spitze eingefügt — 8	
8	Thorax nach hinten deutlich verschmälert, Hinterwinkel abgestutzt oder ausgerandet, Kopf ungehöckert, Schildchen dreieckig, meistens sehr klein, Thoraxbasis gerandet, Endborsten der Hintertibien gleich und ungleich. Amerikanische Arten	g) Subgen. **Stenobronchus**
	Thorax am Hinterrande nicht deutlich schmaler — 9	
9	Thorax seitlich mehr oder weniger breit verflacht, in den Vorder- und Hinterwinkeln immer mit deutlichem Eindruck, oberseits unbehaart, Thoraxbasis gerandet und ungerandet, Schildchen dreieckig, Endborsten der Hintertibien ungleich. Amerikanische Arten	h) Subgen. **Platyderides**
	Thorax seitlich nicht oder nur bei behaarten Arten zuweilen verflacht (*Aphodaulacus* W. Koshant.) — 10	
10	Wangen durch einen deutlichen Einschnitt vom Kopfrande abgesetzt, lappig hervorragend, Kopf schwach gehöckert, Clipeus ausgerandet, jederseits gerundet, Thorax vorn ungerandet, Basis ohne oder mit feiner Randung oder nur mit Punktrand, Hintertibien nicht stark verdickt	i) Subgen. **Loboparius**
	Wangen wenig oder nicht abgesetzt, zuweilen deutlicher, dann aber der Kopf vollständig abgerundet oder der Thorax vorn gerandet — 11	
11	Zwischenräume der Flügeldecken konvex, oder wenigstens vor der Spitze, unverbunden auslaufend, zuweilen die 3 seitlichen verbunden, Kopf gehöckert oder mit Beule, Schildchen schmal dreieckig oder parallel, Endborsten gleich oder ungleich, Basis gerandet oder ungerandet	j) Subgen. **Pharaphodius**
	Zwischenräume zuweilen konvex, Kopf aber dann glatt und die Zwischenräume nicht frei auslaufend — 12	

12 Kopf stark herabgewölbt, ganz oder nur vorn körnig punktiert, mit deutlicher Querleiste und von dieser zum Vorderrande senkrecht abfallend, Basis des Halsschildes gerandet, Schildchen dreieckig, Endborsten der Hintertibien gleichlang oder ungleich . . . . k) Subgen. **Ammoecius**
Kopf nie stark herabgewölbt, vorn nicht senkrecht abfallend — 13

13 Oberseite schwarz oder braun, Kopf mit deutlich erhabener Stirnnaht, die nicht oder in Höcker geteilt ist, letztere sind dann aber stets quer, auch der mittelste, Thorax ringsum gerandet, Schildchen dreieckig, Endborsten der Hintertibien ungleich oder gleich . . . . l) Subgen. **Alocoderus**
Oberseite hellbraun, glatt und meistens wenig gewölbt, Beine mit verlängerten Tarsengliedern, Basis des Halsschildes gerandet, Schildchen dreieckig oder parallel, Endborsten der Hintertibien gleich oder ungleich . . . . m) Subgen. **Erytus**
Oberseite schwarz, Flügeldecken mit rötlicher Längsmakel oder hell- oder dunkelbraun, Halsschildbasis gerandet oder ungerandet, Schildchen dreieckig oder parallel, Endborsten der Hintertibien ungleich, Kopf runzlig, Clipeus fast immer gezähnt . . . . n) Subgen. **Mendidaphodius**
Aphodien mit anderen wie in Nr. 6—13 angegebenen Merkmalen — 14

14 Endborsten der Hintertibien immer ungleich, Schildchen dreieckig oder parallel, Halsschildbasis ungerandet oder gerandet — 15
Endborsten der Hintertibien immer gleichlang, Schildchen dreieckig oder parallel, Halsschildbasis gerandet oder ungerandet — 56

15 Endborsten der Hintertibien ungleich, Schildchen dreieckig, Basis ungerandet — 16
Endborsten der Hintertibien ungleich, Schildchen dreieckig, Basis gerandet — 32
Endborsten der Hintertibien ungleich, Schildchen parallel, Basis gerandet — 50

16 Die beiden Endzähne der Vordertibien verwachsen o) Subgen. **Symphodon**
Randzähne immer getrennt — 17

17 Thorax abweichend gebildet — 18
Thorax normal — 19

18 Thorax vorn rundlich verflacht, Verflachung vorn durch eine gekerbte Leiste oder hinten hoch begrenzt . . . . p) Subgen. **Hemicyclium**
Thorax mit deutlichem, nach vorn gerichteten Tuberkel oder mit 3 Längsvertiefungen . . . q) Subgen. **Craterocyphus**

19 Enddorne der Vordertibien in beiden Geschlechtern einwärts gebogen . . . . r) Subgen. **Aphodobius**
Enddorne höchstens beim ♂ einwärts gebogen — 20

20 7. und 9 Zwischenraum der Flügeldecken hinten vereinigt und als Wulst bis zum Spitzenrand verlängert . . . . s) Subgen. **Plagiogonus**
Flügeldecken ohne solchen Wulst — 21

21	Kopf groß, halbkreisförmig, mit scharfen Wangen, immer ohne Höcker, große, wenig gewölbte Arten	t) Subgen. **Acrossus**
	Kopf kleiner — **22**	
22	Kopf auffallend klein, ungehöckert — *A. (A.) suffertus* Ad. Schm. ausgenommen — schwarz oder schwarzbraun, Flügeldecken zuweilen heller, mit dunklen Längsmakeln, Vordertibien auf der Unterseite beim ♂ mit gezahnter Leiste und der untere Enddorn der Mitteltibien verkürzt, mit abgestutzter Spitze	u) Subgen. **Agolius**
	Kopf auffallend klein, unterer Enddorn der Mitteltibien verkürzt, aber zugespitzt	v) Subgen. **Neagolius**
	Kopf nicht auffallend klein — **23**	
23	Thorax mit deutlich abgestutzten Hinterwinkeln, Basis 2buchtig — **24**	
	Thoraxwinkel nicht abgestutzt — **25**	
24	Schwarz, Clipeus deutlich ausgebuchtet, Kopf ungehöckert	w) Subgen. **Gonaphodius**
	Braun, Clipeus abgestutzt oder sehr wenig ausgerandet. Südamerikanische Arten	x) Subgen. **Gonaphodiellus**
25	Wangen sehr klein und abgerundet, die Augen nicht überragend — **26**	
	Wangen weniger klein, die Augen überragend — **27**	
26	Kopf ungehöckert, Thoraxbasis 2buchtig, Flügeldecken fein gestreift, hell rotbraun, mit dunkler Nahtmakel, zuweilen auch Seiten dunkler . .	y) Subgen. **Biralus**
	Kopf mit Beule, Thorax und Flügeldecken mit dunklen Makeln, selten einfarbig braun oder schwarz. Afrikanische Arten	z) Subgen. **Adeloparius**
27	Flügeldecken mehr oder weniger behaart — **28**	
	Flügeldecken unbehaart — *A. (Limarus) hirtipennis* H. Luc. ausgenommen — **30**	
28	Große einfarbig braune Arten, Thorax sehr lang bewimpert, Hinterwinkel wenig angedeutet. Australische Arten	aa) Subgen. **Acrossidius**
	Schwarz, einfarbig oder mit helleren Flügeldecken — **29**	
29	Flügeldecken mit einzelnen großen, haartragenden Punkten neben den vertieften Streifen, Kopf ungehöckert, mit vertiefter Linie	bb) Subgen. **Aganocrossus**
	Flügeldecken mit dichter Behaarung, die zuweilen nur auf die Seiten beschränkt ist und mit heller Spitzenmakel, die aber auch fehlen kann, Metasternalplatte sehr kurz	cc) Subgen. **Trichaphodius**
	Flügeldecken niederliegend behaart, nur *A. (A.) fulviventris* Fairm. unbehaart und vollständig matt, mit Spitzenbeule, Tarsen sehr lang, Epipleuren vorn von oben sichtbar, Vordertibien ♂ 2-, ♀ 3zähnig	dd) Subgen. **Podotenus**
30	Flügeldecken mit schwarzen oder roten Makeln — **31**	
	Flügeldecken ungefleckt, kleine hellbraune oder rotbraune Arten, Kopf ungehöckert, fein wie der Thorax punktiert. Afrikanische und amerikanische Arten	ee) Subgen. **Blackburneus**

31	Schwarz, Flügeldecken mit roter Basal- und Spitzenmakel, Kopf ungehöckert	ff) Subgen. **Emadiellus**
	Schwarz, Flügeldecken hellbraun mit schwarzen Makeln, Kopf ungehöckert	gg) Subgen. **Calaphodius**
	Schwarz, Flügeldecken hellrotbraun, mit dunklen Flecken, selten einfarbig, dann aber aufstehend dicht behaart, Kopf immer deutlich gehöckert	hh) Subgen. **Limarus**
32	Vordertibien medial vor der Spitze beim ♂ dreieckig erweitert, Enddorn medial gebogen	ii) Subgen. **Drepanocanthoides**
	Vordertibien medial ohne Erweiterung — 33	
33	Clipeus 4zähnig	jj) Subgen. **Tetraclipeoides**
	Clipeus 2zähnig oder jederseits abgerundet — 34	
34	Thoraxseiten verflacht, Basis seitlich ausgehöhlt, mit zahnartiger Spitze dem 5. Zwischenraume gegenüber	kk) Subgen. **Coelotrachelus**
	Thorax ohne Aushöhlung an der Basis — 35	
35	Oberseite fast unpunktiert, auch in den Streifen der Flügeldecken	ll) Subgen. **Aphodiellus**
	Oberseite immer deutlich punktiert — 36	
36	Kopf rauh punktiert, Clipeus gezahnt, *A. (M.) scabriceps* L. Lec. ausgenommen, schwarz, Flügeldecken zuweilen mit roter Makel oder hell- oder dunkelbraun, Mittel- und Hintertibien am obern Spitzenrande einzeln lang behaart	n) Subgen. **Mendidaphodius**
	Kopf gewöhnlich feiner punktiert, wenn vorn stärker, dann die Stirnnaht gehöckert — 37	
37	Flügeldecken schwarz, mit 4 oder 6 rötlichen Makeln, die an der Basis oder vor der Spitze liegen, Kopf ungehöckert, nur bei *A. (E.) hypocrita* Muls. 3höckerig, Flügeldecken einfarbig gelbrot	mm) Subgen. **Emadus**
	Flügeldecken auf hellbraunem Grunde mit schwarzen Makeln, Längsstrichen oder Längsflecken, Stirnnaht gewöhnlich beim ♂ gehöckert	nn) Subgen. **Volinus**
	Flügeldecken ungefleckt, mit Nebelfleck, seltener mit schwarzen Makeln, dann aber deutlich behaart — 38	
38	Hinterwinkel des Halsschildes breit abgerundet, höchstens schwach angedeutet, Seiten sehr lang bewimpert, Flügeldecken unbehaart — 39	
	Hinterwinkel mehr oder weniger deutlich, Thorax nicht auffallend lang bewimpert — 41	
39	Kopf, Thorax und Schildchen schwarz, Flügeldecken braun, Zwischenräume mit einer Reihe großer Punkte in der Mitte . . .	oo) Subgen. **Paranimbus**
	Oberseite einfarbig braun, Clipeus ausgerandet, Zwischenräume ohne solche Punktreihe — 40	

40 Thorax vorn gerandet, Kopf aufstehend behaart, Ränder lang bewimpert, Vordertibien beim ♂ stark einwärts gebogen, Enddorn kaum länger als breit. Australische Art . . . . pp) Subgen. **Acrossoides**
Thorax vorn ungerandet, Ränder lang bewimpert, 2. Zwischenraum breiter als die umgebenden, Vordertibien beim ♂ normal, Enddorn schlank und zugespitzt. Südamerikanische Arten . . . . qq) Subgen. **Orodaliscoides**

41 Flügeldecken behaart, mit Nebelfleck oder dunklen Flecken — **42**
Flügeldecken unbehaart — **45**

42 Flügeldecken mit dunklen Flecken, Enddorne der Mitteltibien an Länge sehr verschieden — **43**
Flügeldecken mit Nebelfleck — **44**

43 Hinterwinkel abgerundet, Basis gerandet, Flügeldecken mit dunklen Makeln . . . rr) Subgen. **Nimbus**
Hinterwinkel stumpf, Basis des Halsschildes zuweilen gerandet, Flügeldecken mit dunklen Makeln . . . . ss) Subgen. **Aphodaulacus**

44 Flügeldecken mit Nebelfleck, in demselben dichter punktiert, Enddorne der Mitteltibien an Länge wenig verschieden . . tt) Subgen. **Melinopterus**

45 Hinterwinkel des Halsschildes abgestutzt, die Seiten desselben dicht hell bewimpert, Kopf schwach gehöckert, vorn etwas rauh punktiert . . . . uu) Subgen. **Phaeaphodius**
Hinterwinkel stumpf — **46**

46 Flügeldecken mit Nebelfleck, vor der Spitze immer mit heller Makel, Kopf schwach gehöckert . . . . vv) Subgen. **Nobius**
Flügeldecken ohne Nebelfleck, Oberseite mehr oder weniger punktiert — **47**

47 Oberseite dicht punktiert, Flügeldecken chagriniert und mehr oder weniger matt, zuweilen glänzend, dann aber dicht und so groß wie der Thorax punktiert . . . ww) Subgen. **Amidorus**
Flügeldecken immer nur fein punktiert und glänzend — **48**

48 Schwarze Arten, Flügeldecken zuweilen heller — **49**
Oberseite einfarbig kastanienbraun, Kopf ungehöckert. Amerikanische Arten . . . xx) Subgen. **Koshantschikovius**

49 Kopf vorn gewöhnlich rauh punktiert, nicht oder schwach gehöckert, unterer Enddorn der Mitteltibien beim ♂ verkürzt, mit umgebogener Spitze . . . . yy) Subgen **Pseudagolius**
Kopf vorn feiner punktiert, deutlicher oder nicht gehöckert, unterer Enddorn der Mitteltibien beim ♂ wenig verkürzt und zugespitzt . . . . zz) Subgen. **Pseudacrossus**

50 Flügeldecken gereiht behaart . . . . aaa) Subgen. **Trichonotulus**
Flügeldecken unbehaart — **51**

51 Hinterwinkel des Halsschildes beim ♂ breit gerundet, beim ♀ schwach angedeutet, schwarz, Flügeldecken rotbraun, Clipeus gezahnt oder stumpf abgerundet . . . . bbb) Subgen. **Orodaliscus**
Hinterwinkel abgestutzt oder deutlich — **52**

52 Hinterwinkel abgestutzt, einfarbig braun, Basalrand zuweilen unterbrochen . . . . . ccc) Subgen. **Phalacronothus**
Hinterwinkel deutlich — **53**

53 Clipeus gezahnt oder mit zahnartiger Spitze — **54**
Clipeus jederseits gerundet — **55**

54 Clipeus mit zahnartiger Spitze, Oberseite einfarbig schwarz (Stammart), zuweilen Flügeldecken mit roter Längsmakel . . ddd) Subgen. **Mecynodes**
Clipeus jederseits mit kleinem Zähnchen, oberseits schwarz oder kastanienbraun, Flügeldecken schmutziggelb, Naht dunkler, Kopf einfach punktiert . . . . eee) Subgen. **Esimaphodius**

55 Schwarz, Flügeldecken blaßgelb, hell- oder rötlichbraun, Nahtstreif immer, Spitze und Seiten zuweilen schwarz . . . . fff) Subgen. **Esymus**
Flügeldecken mit drei- oder viereckigem dunklen Skutellarfleck . . . . ggg) Subgen. **Mesontoplatys**
Schwarz, Flügeldecken mit kleinem rötlichen Schulter- oder Spitzenfleck . . . . . . hhh) Subgen. **Orodalus**

56 Endborsten der Hintertibien gleichlang, Schildchen dreieckig, Basis gerandet oder ungerandet — **57**
Endborsten der Hintertibien gleichlang, Schildchen parallel, Basis ungerandet oder gerandet — **65**

57 Basis gerandet — **58**
Basis ungerandet — **64**

58 Klauen haarförmig, Hintertibien sehr kurz, stark verdickt, Kopf bis zur Stirnlinie runzlig punktiert, Oberseite hellbraun iii) Subgen. **Sitiphus**
Klauen immer hornig — **59**

59 Kopf stark herabgewölbt, ohne Querleiste — **60**
Kopf weniger gewölbt, nur geneigt — **61**

60 Kopf rauh gekörnelt, Stirnnaht höchstens schwach gehöckert . . . . jjj) Subgen. **Mendidius**
Kopf nur vorn rauh, ungehöckert, Flügeldecken mit Schulterdorn . . . . kkk) Subgen. **Parammoecius**
Kopf ganz glatt, vorn mit einem gebogenen Quereindruck . . . . lll) Subgen. **Pseudammoecius**

61 Hinterwinkel des Halsschildes abgestutzt, mehr oder weniger ausgerandet, selten stumpf gerundet — **62**
Hinterwinkel des Halsschildes stumpf — **63**

62 Thorax vorn beim ♂ mit Eindruck, Kopf deutlich gehöckert . . . . mmm) Subgen. **Aphodius**
Thorax vorn beim ♂ ohne Eindruck, Kopf schwach oder nicht gehöckert . . . . . nnn) Subgen. **Loraphodius**

63	Oberseite schwarz, Flügeldecken zuweilen rötlichgelb, mit dunklen Makeln oder rotbraun, unterer Enddorn der Mitteltibien mit umgebogener Spitze	ooo) Subgen. **Agoliinus**
	Oberseite schwarz, Flügeldecken zuweilen mit rötlichen Makeln oder rotbraun mit dunkler Makel, unterer Enddorn zugespitzt . . .	ppp) Subgen. **Agrilinus**
	Oberseite hell- oder dunkelbraun, Thorax gewöhnlich dunkel mit hellem Rande .	qqq) Subgen. **Bodilus**
64	Thorax sehr dicht punktiert, einfarbig schwarz, Flügeldecken zuweilen heller, mit dunklen Makeln	rrr) Subgen. **Oromus**
	Thorax nur seitlich punktiert, hell- oder dunkelbraun, Flügeldecken mit dunkelumrandeter Spitzenmakel	sss) Subgen. **Trichaphodiellus**
65	Endborsten der Hintertibien gleichlang, Schildchen parallel, Basis ungerandet — 66	
	Endborsten der Hintertibien gleichlang, Schildchen parallel, Basis gerandet — 67	
66	Oberseite einfarbig schwarz oder mit gelbbraunen Flügeldecken, seltener ganz gelb- oder kastanienbraun, Kopf mit und ohne Höcker	ttt) Subgen. **Nialus**
67	Schwarz, Flügeldecken zuweilen mehr oder weniger rötlich, seltener die ganze Oberseite rötlichbraun	uuu) Subgen. **Calamosternus**

a) Subgen. **Megatelus** Reitter

1892 *Aphodius (M.),* Reitter in: Verh. Ver. Brünn, *v.* 30 p. 179 | 1910 *A. (M.)*, Ad. Schmidt in: Gen. Ins., fasc. 110 p. 26.

Kleine Arten mit großem Schildchen, Flügeldecken kurz, kaum länger als der Thorax. Glänzend, gewölbt, unbehaart, höchstens seitlich und an der Spitze mit kurzen Haaren bekleidet, schwarz, Flügeldecken gelb, mit mehr oder weniger ausgedehnter schwarzer Makel, die aber die Spitze immer frei läßt. Kopf klein, wenig gewölbt, punktiert, mit 3 Höckern oder einer Platte, nach vorn verschmälert, Clipeus abgestutzt oder schwach ausgerandet, jederseits abgerundet oder mit deutlichem Winkel, Seitenrand zuweilen gebuchtet, Wangen klein, gewöhnlich vom Kopfrande abgesetzt. Thorax breiter als der Kopf, meistens schmaler als die Flügeldecken, wenig breiter als lang, die Seiten schwach gerundet und wie die ausgerandeten oder abgeschrägten Hinterwinkel gerandet, Basis mit und ohne Rand, Oberfläche punktiert, ohne Mittelfurche. Schildchen dreieckig, fein punktiert. Flügeldecken kurz und breit, an der Spitze etwas abgestutzt, das Pygidium nicht ganz bedeckend, sie sind ohne Schulterdorn, aber punktiert-gestreift, nach der Spitze zu manchmal kurz behaart. Unterseite schwarz und glänzend, wenig punktiert und behaart, Beine heller. Vordertibien verbreitert, am Außenrande mit 3 Zähnen, von denen der obere selten undeutlich ist, dann befindet sich aber am Vorderrande neben der Einlenkung der Tarsen ein kleiner Zahn. Mittel- und Hinterschenkel kurz und kräftig, Tibien zur Spitze verbreitert, lateral mit 2 beborsteten Querleisten, am Spitzenrande mit 2 Enddornen und fast gleichlangen Borsten. Letztes Glied der Tarsen mit 2 deutlichen Klauen

6 Arten aus Afrika und Indien.

Bestimmungstabelle der Arten:

1	Halsschildbasis mit Rand — 2	
	Halsschildbasis ohne Rand — 4	
2	Schildchen glatt, neben dem Rande nicht gefurcht — 3	
	Schildchen neben dem Rande mit tiefer Furche . . .	3. **A. (M.) doriae**
3	Thorax deutlich punktiert, breiter als lang, Zwischenräume der Flügeldecken punktiert	1. **A. (M.) contractus**
	Thorax fast unpunktiert, länger als breit, Zwischenräume der Flügeldecken unpunktiert	2. **A. (M.) scolytoides**
4	Kopf nur mit Mittelerhöhung, Clipeus abgerundet, Thorax einzeln punktiert	4. **A. (M.) brahminus**
	Kopf mit 3 Tuberkeln, Clipeus jederseits mit scharfem Winkel, Thorax dichter punktiert — 5	
5	Thorax wenig ungleich punktiert, die dunkle Makel der Flügeldecken läßt die Basis, die Spitze, den 2. und 3. Zwischenraum frei	5. **A. (M.) bostrichoides**
	Thorax mit deutlich ungleichen Punkten, nur die Schulterbeule und Spitze der Flügeldecken gelbrot	6. **A. (M.) dimidiatus**

1. **A. (M.) contractus** Klug 1845 *A. c.*, Klug in: Ehrenberg, Symb. phys., Ins. fol. b. t. 42 f. 3 | 1862 *A. c.*, Harold in: Berlin. ent. Z., *v.* 6 p. 155, 157 | 1892 *A. (Megatelus) c.*, Reitter in: Verh. Ver. Brünn, *v.* 30 p. 180.

Körper kurz und breit, fast viereckig, gewölbt, glänzend, unbehaart, schwarz, Flügeldecken fahl gelbbraun, unter der Schulter rötlich, die Mitte der Seiten mit schwarzem Fleck, der bis zum 5. Zwischenraum reicht. Kopf hinten fein, vorn grob und tief punktiert, Stirnnaht in der Mitte mit querem, oben ausgerandetem Höcker, seitlich nur mit Andeutung eines solchen. Clipeus deutlich ausgerandet, jederseits abgerundet, Wangen klein und rundlich. Thorax kräftig entwickelt, so lang wie die Flügeldecken, seitlich stark herabgewölbt und bewimpert, einzeln punktiert, die Seiten, die sehr abgeschrägten und ausgerandeten Hinterwinkel und Basis gerandet. Schildchen schwarz, an der Basis punktiert. Flügeldecken vorn breiter als der Thorax, deutlich gestreift, Streifenpunkte an den Seiten deutlicher, Zwischenräume konvex, punktiert. Unterseite schwarz mit rotgelben Beinen, punktiert und behaart. Vordertibien lateral oft nur mit 2 deutlichen Zähnen, am Vorderrande mit kleinem, stumpfen Zähnchen. 1. Glied der Hintertibien so lang wie oberer Enddorn, nicht so lang wie die 3 folgenden Glieder. — L. 4—$4^1/_2$ mm.

Äthiopien, Ägypten, Nubien, Syrien.

2. **A. (M.) scolytoides** H. Luc. 1846 *A. s.*, H. Lucas in: Expl. Algérie, *v.* 2 p. 259 t. 24 f. 2 | 1862 *A. s.*, Harold in: Berlin. ent. Z., *v.* 6 p. 155, 159 | 1892 *A. (Megatelus) s.*, Reitter in: Verh. Ver. Brünn, *v.* 30 p. 180.

Unterscheidet sich von *A. (M.) contractus* Klug dadurch, daß der Thorax wenig länger als breit und auch noch vereinzelter punktiert ist, daß der Seitenfleck der Flügeldecken länger als breit ist, daß die Zwischenräume nicht punktiert sind. — L. $4^1/_2$ mm.

Algier.

3 **A. (M.) doriae** Har 1871 *A. d.*, Harold in: Col. Hefte, *v.* 8 p. 18 | 1910 *A. (Megatelus) d.*, Ad. Schmidt in: Schenkling, Col Cat., fasc. 20 p. 22.

Kurze und gedrungene Gestalt der vorigen Arten, glänzend schwarz, Flügeldecken hinten rotgelb, die schwarze Makel reicht seitlich bis hinter die Mitte, ihr Hinterrand schrägt sich nach dem Schildchen zu ab und erreicht dasselbe. Kopf hinten sehr fein, vorn viel gröber punktiert, Mittelhöcker quer und ausgerandet, Clipeus schwach ausgerandet, Wangen die Augen wenig überragend. Halsschild in der Mitte nicht sehr verbreitert, viel dichter als *A. (M.) contractus* Klug punktiert, Seiten, ausgerandete Hinterwinkel und Basis gerandet. Schildchen gefurcht wie bei *A. (A.) sulcatus* F. (nr. 523). Flügeldecken vorn tiefer gestreift, Zwischenräume hier stärker gewölbt, an Seiten und Spitze dichter punktiert als bei *A. (M.) contractus* Klug. Vordertibien mit 3 gekrümmten Zähnen, Vorderrand ohne Zähnchen. 1. Glied der Hintertibien länger als oberer Enddorn, so lang wie die 3 folgenden Tarsenglieder. Unterscheidet sich von *A. (M.) contractus* Klug durch ungleichere Punkte des Kopfes, schwächer erhabenen Mittelhöcker, dichter punktierten Thorax, mehr erhabene, dichter punktierte Zwischenräume, längeren Metatarsus. — L. 4 mm.

Abessinien.

4. **A. (M.) brahminus** Har. 1879 *A. b.*, Harold in: Col. Hefte, *v.* 16 p. 227 | 1892 *A. (Megatelus) scolytiformis*, Reitter in: Verh. Ver. Brünn, *v.* 30 p. 179 | 1913 *A. (M.) brahminus*, Ad. Schmidt in: Arch. Naturg., *v.* 79 A fasc. 11 p. 118.

Kurz und breit, glänzend schwarz, Spitze der Flügeldecken, 1. und 2. Zwischenraum fast ganz gelblich. Kopf hinten fast glatt, vorn fein punktiert, Clipeus wenig ausgerandet, jederseits abgerundet, Wangen klein, die Augen wenig überragend. Thoraxseiten in der Mitte gerundet erweitert und mit den ausgeschweiften Hinterwinkeln gerandet, Basis ohne Rand, Oberfläche vereinzelt grob punktiert. Schildchen in der Basalhälfte mit wenigen, feinen Pünktchen. Flügeldecken deutlich gestreift, Streifenpunkte sehr flach, Zwischenräume eben, punktiert, seitlich und an der Spitze deutlicher und ziemlich dicht. Unterseite glänzend, Seiten der Hinterbrust und des Abdomen deutlich punktiert, Metasternum mit Mittellinie, Prosternum hinter den vorderen Coxae als behaarter Zapfen hervorstehend. Vordertibien mit 3 kleinen, stumpfen Zähnen. Oberer Enddorn der Hintertibien $^1/_2$ so lang wie Metatarsus, dieser so lang wie 3 folgende Tarsenglieder. ♂. Mitte der Stirnlinie mit großer, querer Platte, die ganz oder ausgerandet ist, hinter derselben mit rundlicher Vertiefung. ♀. Stirnlinie in der Mitte nur leistenartig erhaben, Thorax dichter punktiert. — L. 4—4$^1/_2$ mm.

Birma, Syrien.

5. **A. (M.) bostrichoides** Har. 1860 *A. b.*, Harold in: Ann. Soc. ent. France, ser. 3 *v.* 8 p. 615 | 1892 *A. (Megatelus) b.*, Reitter in: Verh. Ver. Brünn, *v.* 30 p. 180.

Diese und die folgende Art unterscheiden sich von den vorhergehenden hauptsächlich durch die Beschaffenheit des Kopfes. Körper kurz, weniger breit, glänzend schwarz, die schmale Basis, die 3 ersten Zwischenräume und die Spitze gelblich. Kopf gleichmäßig fein punktiert, Stirnlinie mit 3 kleinen Höckerchen, Clipeus breit abgestutzt, sehr schwach ausgerandet, jederseits mit deutlichem Winkel, Seitenrand 2 buchtig, so daß zwischen den winkligen Wangen und dem Clipeuswinkel ein mittlerer Zipfel entsteht. Thorax an den Seiten erweitert, bewimpert und mit den abgeschrägten Hinterwinkeln gerandet, Basis ohne Rand, oberseits dicht, feiner und etwas stärker punktiert. Schildchen mit Ausnahme der Spitze punktiert. Flügeldecken deutlich gestreift, Streifenpunkte vorn sehr deutlich die Ränder der Zwischenräume kerbend, zur Spitze zu kleiner und flacher, Zwischenräume eben, deutlich und dicht punktiert. Unterseite wie bei voriger Art. Vordertibien mit 3 großen und spitzen Zähnen. Oberer Enddorn der Hintertibien kürzer als 1. Tarsenglied, dieses so lang wie die 3 folgenden Glieder. — L. 3$^1/_2$ mm.

Indien.

6. **A. (M.) dimidiatus** Roth 1851 *A. d*, Roth in: Arch Naturg., *v.* 17 I p. 133 | 1862 *A. d.*, Harold in: Berlin. ent. Z., *v.* 6 p. 155, 162 | 1892 *A (Megatelus) d.*, Reitter in: Verh. Ver. Brünn, *v.* 30 p 180

Schlanker, schmaler, glänzend schwarz, Schulterbeule, 1. Zwischenraum und Spitze der Flügeldecken rötlichgelb. Kopf etwas deutlicher als bei voriger Art punktiert, im übrigen übereinstimmend. Thorax ungleicher punktiert. Streifen der Flügeldecken, sowie Streifenpunkte feiner. 1. Glied der Hintertibien länger als oberer Enddorn, nicht so lang wie die 3 folgenden Tarsenglieder. — L. 4 mm.

Nordafrika.

b) Subgen. **Colobopterus** E. Mulsant

1842 *Aphodius (C.)* + *Coprimorphus* + *Eupleurus*, E. Mulsant, Hist. nat. Col. France, Lamell. p. 165, 168, 170 | 1892 *A. (Colobopterus)*, Reitter in: Verh. Ver. Brünn, *v.* 30 p. 177 | 1910 *A. (C)*, Ad. Schmidt in: Gen. Ins., fasc. 110 p. 17, 22.

Große und mittelgroße Arten, mit großem, gewöhnlich tieferliegendem Schildchen, Flügeldecken auf dem Rücken abgeflacht, an der Spitze mehr abgestutzt, Kopf oft nur mit deutlichem Mitteltuberkel. Körper breit, wenig konvex, einfarbig schwarz, selten mit gelbbraunen oder rötlichen Flügeldecken. Kopf flach, nach vorn gerundet verschmälert, hier fast immer ausgerandet, Oberfläche punktiert, Wangen meistens die Augen überragend, Stirnlinie gewöhnlich nur in der Mitte mit Höckerchen, der beim ♂ stärker entwickelt ist, seltener ist dieselbe auch vor den Augen querkielig erhaben. Thorax quer, mehr oder weniger stark gewölbt, Seiten und abgestutzte Hinterwinkel immer, Basis zuweilen gerandet, immer deutlich punktiert, beim ♂ zuweilen hinter dem Vorderrande in der Mitte mit Eindruck. Schildchen meistens sehr dicht punktiert und matt, mit scharfer Spitze. Flügeldecken nach hinten nicht erweitert, eher verjüngt, deutlich punktiert-gestreift, Zwischenräume wenig gewölbt, ausnahmsweise sind dieselben kielförmig. Unterseite in Farbe mit der Oberseite übereinstimmend, glänzend, zerstreut oder dichter punktiert und behaart. Hintertibien am Endrande mit gleichen und ungleichen Borsten. Die Geschlechtsunterschiede bestehen in der Bewaffnung des Kopfes, in dem Vorhandensein oder Fehlen eines Eindrucks auf dem Thorax und Metasternum, in der Form des Enddorns der Vordertibien und des untern Enddorns der Mitteltibien.

9 Arten aus dem paläarktischen, afrikanischen und amerikanischen Gebiet. (nr. 7—15).

Bestimmungstabelle der Arten:

1	Oberseite unbehaart, Thorax nie matt — 2	
	Oberseite behaart, Thorax durch dichte Punktierung matt, Zwischenräume der Flügeldecken stark konvex, fast gekielt	15 **A. (C.) latus**
2	Kopf mit 3 Höckerchen — 3	
	Kopf mit einem Mittelhöcker, der vor der Stirnlinie steht, die seitlichen sind höchstens sehr stumpf angedeutet — 5	
3	Oberseite glänzend — 4	
	Flügeldecken matt, nur die kielig erhabenen Dorsalzwischenräume glänzend	9 **A. (C.) antiquus**
4	Kopf ohne Querkiel, Flügeldecken und Abdomen rot	11 **A. (C.) scrutator**
	Kopf mit Querkiel, Flügeldecken schwarz, seitliche Streifen derselben schmaler als die dorsalen . .	10. **A. (C.) subterraneus**

5	Thorax vorn deutlich gerandet, Wangen gerade nach vorn gerichtet	12	A. (C.) senegalensis
	Thorax vorn nicht gerandet — 6		
6	Clipeus tief ausgerandet, jederseits beim ♂ in lange, beim ♀ in kürzere Zipfel ausgezogen, Wangen deutlich vom Kopfrande abgesetzt	13	A. (C.) ballioni
	Clipeus sehr schwach oder gar nicht ausgerandet — 7		
7	Nahtstreif unmittelbar hinter dem Schildchen dachförmig	14.	A. (C.) indagator
	Nahtstreif erst kurz vor der Spitze erhaben — 8		
8	Thorax an den Seiten heller, Flügeldecken nach hinten stark verschmälert, ihre Spitze glänzend .	8	A. (C.) maculicollis
	Thorax einfarbig schwarz, Flügeldecken nach hinten kaum verschmälert, an der Spitze matt	7	A. (C.) erraticus

7. **A. (C.) erraticus** (L.)

Diese Art zerfällt in 5 Unterarten:

7a. **A. (C.) erraticus erraticus** (L.) 1758 *Scarabaeus e.*, Linné, Syst. Nat., ed. 10 p. 348 | 1844 *Aphodius pensvallensis*, Melsheimer in: P. Ac. Philad., *v.* 2 p. 135 | 1847 *A. erraticus*, Erichson, Naturg Ins. Deutschl., Col. *v.* 3 p. 794 | 1879 *A. e.* var. *unicolor*, Dalla Torre in: Ber. Ver. Oberösterr., *v.* 10 p. 106 | 1888 *A. e.* var. *u.*, Schilsky in: D. ent. Z., *v.* 32 p. 318 | 1892 *A (Colobopterus) e*, Reitter in: Verh. Ver Brünn, *v.* 30 p. 178.

Schwarz, glänzend, Flügeldecken gelbbraun. Kopf dicht und fein punktiert, Clipeus abgerundet, schwach ausgerandet, Wangen sehr abgerundet, die Augen kaum überragend. Thorax quer, etwas gerundet nach hinten erweitert, die Seiten, die ausgerandeten Hinterwinkel und Basis gerandet, Oberfläche ziemlich dicht, fein und wenig größer punktiert. Schildchen scharfspitzig, hinten mit feinem Längskiel. Flügeldecken fein gestreift, ihre Zwischenräume etwas erhaben und dicht punktiert, die Naht vor der Spitze dachförmig. Unterseite fein punktiert und behaart. Hintertibien ungleich beborstet, oberer Enddorn dem 1. Tarsengliede an Länge gleich, dieses so lang wie die 3 folgenden Glieder. ♂ mit kleinem rundlichen Höckerchen. ♀ nur mit Andeutung eines solchen, dichter punktiertem Kopf und Thorax. — L. 6—9 mm.

Europa, Nordasien, Nordamerika, Nordafrika.

7b. **A. (C.) erraticus striolatus** Gebl. 1832 *A. s.*, Gebler in: N Mém. Soc. Moscou, *v.* 2 p. 50 | 1842 *Colobopterus erraticus* var *submaculatus*, E. Mulsant, Hist. nat. Col. France, Lamell. p. 166 | 1844 *Aphodius gonagricus*, Fischer-Waldheim in: Bull. Soc. Moscou, *v.* 17 p. 45 | 1861 *A. striolatus*, Harold in: Berlin. ent. Z., *v.* 5 p. 104 | 1879 *A. erraticus* var. *bistrigatus*, Dalla Torre in: Ber. Ver. Oberösterr., *v.* 10 p. 106 | 1888 *A. e* var. *b.*, Schilsky in: D ent. Z., *v.* 32 p. 318 | 1907 *A. (Colobopterus) e.* var. *striolatus*, Ad. Schmidt in: D ent Z., suppl. p. 23.

Flügeldecken im 2. und 4. Zwischenraume vor der Spitze mit einem mehr oder weniger dunklen Strich.

Vorkommen mit der Stammart

7c. **A. (C.) erraticus nebulosus** (Muls.) 1842 *C. e.* var. *n.*, E. Mulsant, Hist. nat. Col. France, Lamell. p. 166 | 1907 *Aphodius (C.) e.* var. *n.*, Ad. Schmidt in: D. ent. Z., suppl p. 23.

Flügeldecken mit einem Nebelfleck.

Vorkommen wie Stammart.

7d. **A. (C.) erraticus fumigatus** (Muls.) 1842 *C. e.* var *f.*, E. Mulsant., Hist. nat. Col. France, Lamell. p. 166 | 1879 *Aphodius e.* var. *melancholicus*, Dalla Torre in:

Ber. Ver. Oberösterr., *v.* 10 p. 106 | 1888 *A. e.* var *m.*, Schilsky in: D. ent. Z., *v.* 32 p. 318 | 1907 *A. (Colobopterus) e* var *fumigatus*, Ad. Schmidt in: D. ent. Z., suppl. p. 23.

Flügeldecken schwarzbraun, Seitenrand und Spitze nur heller.

Vorkommen wie Stammart.

7e. **A. (C.) erraticus limitinus** nom nov. Ad. Schm. 1879 *A. e.* var *lineatus* (non Wiedemann 1823), Dalla Torre in. Ber. Ver Oberösterr., *v.* 10 p. 106 | 1888 *A. e.* var. *taeniatus*, Schilsky in: D ent. Z., *v.* 32 p 306, 318 | 1907 *A. (Colobopterus) e.* var. *lineatus*, Ad. Schmidt in: D. ent. Z., suppl. 23.

Flügeldecken einfarbig fahlgelb, Naht dunkelbraun.

Vorkommen wie die Stammart.

8. **A. (C.) maculicollis** Reiche 1847 *A. m.*, Reiche in: Ferret & Galinier, Voy. Abyss., *v.* 3 p. 341 t. 20 f. 9 | 1851 *A macropterus*, Roth in: Arch. Naturg., *v.* 17 I p. 131 | 1859 *A. marginicollis*, Harold in: Berlin. ent. Z., *v.* 3 p. 204 | 1913 *A. (Colobopterus) maculicollis*, Ad. Schmidt in: Arch. Naturg., *v.* 79 A fasc. 11 p. 118.

Kopf und Thorax glänzend schwarz, letzterer an den Seiten heller, Flügeldecken wenig glänzend, gelbbraun, auf der Scheibe zuweilen dunkler. Kopf vorn breit verflacht, fein punktiert, mit feiner Stirnlinie, Clipeus abgestutzt oder schwach ausgerandet, Wangen stark abgerundet, seitlich nicht hervortretend. Thorax quer, an den Seiten wenig gerundet, stark herabgewölbt, bei gut entwickelten Exemplaren vorn abschüssig, die Seiten, die gerundeten Hinterwinkel und Basis gerandet, letztere zuweilen undeutlich, Oberfläche dicht, feiner und stärker punktiert, die größeren Punkte fehlen gewöhnlich vorn in der Mitte, oft zeigt sich eine schmale und glatte, manchmal vertiefte Mittellinie, die Seiten sind immer heller. Schildchen an den Seiten vertieft, in der Mitte breitkielig erhaben, fein und dicht punktiert, matt. Flügeldecken bräunlich, ihre Seiten gewöhnlich heller, fein gestreift, Streifenpunkte wenig bemerkbar, Zwischenräume bald flach, bald gewölbt, gewöhnlich dicht und deutlich punktiert, Nahtstreif vor der Spitze dachförmig gewölbt. Unterseite schwärzlich, Beine hell gelbbraun, punktiert und behaart. Hintertibien ungleich beborstet, oberer Enddorn gleich dem 1. Tarsengliede, dieses so lang wie die 3 folgenden Glieder. ♂. Vor der Stirnlinie mit kräftigem Höcker, Thorax vorn etwas verflacht. ♀. Kopf mit flacher Beule, Thorax nicht verflacht. — L. 5—8 mm.

Afrika.

9. **A. (C.) antiquus** Fald. 1835 *A. a.*, Faldermann in: Mém. prés. Ac. St.-Pétersb., *v.* 2 p. 367 | 1862 *A. a.*, Harold in: Berlin. ent. Z., *v.* 6 p. 396 | 1892 *A. (Colobopterus) a.*, Reitter in: Verh. Ver. Brünn, *v.* 30 p. 178.

Schwarz gefärbt, Kopf, Thorax und Kiele der Flügeldecken glänzend, Furchen der letzteren matt. Kopf vorn dicht, etwas querrunzlig punktiert, hinten einfach, feiner, Stirnlinie mit 3 Höckerchen, davor mit undeutlicher Querrunzel, Clipeus schwach ausgerandet, jederseits gerundet, Wangen stumpfwinklig die Augen überragend. Thorax seitlich wenig gerundet, mit feinen und viel stärkeren aber ungleich verteilten Punkten besetzt, die Seiten, die ausgerandeten Hinterwinkel und Basis gerandet, die Furche vor dem Basalrande mit Punktreihe. Schildchen durch dichte Punktierung matt. Flügeldecken breit gestreift, in den Streifen mit Querpunkten, Zwischenräume neben den Streifen durch eine vertiefte Linie schmal und flach abgesetzt — sekundäre Zwischenräume, — die Mitte ist kielförmig erhaben, Streifen und Seiten der Kiele matt, die glänzenden Kiele gereiht punktiert. Unterseite schwarz, glänzend, punktiert und behaart, Hintertibien kurz beborstet, oberer Enddorn nicht so lang wie der Metatarsus, dieser länger als 3 Tarsenglieder. ♂. Enddorn der

Vordertibien gleichbreit, unterer der Mitteltibien verkürzt, Metasternalplatte vertieft, deutlich punktiert. ♀. Enddorn der Vordertibien schmaler, zugespitzt wie der untere der Mitteltibien, Metasternum nicht vertieft, aber punktiert. — L. 6—8 mm.

Sibirien.

10. **A. (C.) subterraneus** (L.)

Diese Art zerfällt in 3 Unterarten:

10 a. **A. (C.) subterraneus subterraneus** (L.) 1758 *Scarabaeus s.*, Linné, Syst. Nat., ed. 10 p. 348 | 1842 *Eupleurus s.*, E. Mulsant, Hist. nat. Col. France, Lamell. p. 170 | 1847 *Aphodius s.*, Erichson, Naturg. Ins. Deutschl., Col. *v.* 3 p. 797 | 1861 *A. s.*, Harold in: Berlin. ent. Z., *v.* 5 p. 94 | 1892 *A. (Colobopterus) s.*, Reitter in: Verh. Ver. Brünn, *v.* 30 p. 178.

Kopf vorn stark und dicht, hinten viel feiner und zerstreuter punktiert, Stirnlinie mit 3 Höckerchen, die seitlichen quer, davor gewöhnlich mit Querkiel, Clipeus ausgerandet, jederseits gerundet, Wangen deutlich vom Kopfrande abgesetzt, gerundet hervorstehend. Thorax quer, schwach gerundet, an den Seiten, den ausgerandeten Hinterwinkeln und der Basis gerandet, Basalfurche mit Punktreihe, oberseits äußerst fein, nicht dicht punktiert, mit eingestreuten groben Punkten an den Seiten und der Basis. Schildchen rauh punktiert und matt. Flügeldecken gefurcht-gestreift, Furchen flach punktiert, die dorsalen Zwischenräume sind in der Mitte konvex, jederseits ist von ihnen durch eine vertiefte Linie ein schmaler, sekundärer Zwischenraum abgetrennt, die seitlichen Zwischenräume sind einfach, also ohne sekundäre Zwischenräume und flach. Unterseite schwärzlich, Beine rotbraun, punktiert und behaart. Metasternalplatte fein punktiert, mit Mittellinie. Hintertibien am Spitzenrande kurz beborstet, Enddorne ziemlich gleichlang, oberer fast so lang wie 1. Tarsenglied, dieses etwas länger als 3 folgende Glieder. ♂. Enddorn der Vordertibien kräftig, stumpf, Spitze laterad umgebogen. Thorax vorn in der Mitte mit rundlichem Eindruck, Metasternum vertieft. ♀. Enddorn schmaler, spitz, Thorax ohne Eindruck, Metasternum eben. — L. 6—7,5 mm.

Europa, Asien.

10 b. **A. (C.) subterraneus fuscipennis** (Muls.) 1842 *Eupleurus s.* var *f.*, E. Mulsant, Hist. nat. Col. France, Lamell. p. 171 | 1879 *Aphodius s.* var *fuscus*, + *A. s.* var. *rufus* + *A. s.* var. *ruber*, Dalla Torre in: Ber. Ver Oberösterr., *v.* 10 p. 106 | 1888 *A. s.* var. *ruber*, Schilsky in: D ent. Z., *v.* 32 p. 319 | 1908 *A. (Colobopterus) s.* var. *fuscipennis*, Ad. Schmidt in: D. ent. Z., suppl. p. 80.

Flügeldecken kastanienbraun.

Vorkommen mit der Stammart.

10 c. **A. (C.) subterraneus coerulescens** Har. 1861 *A. s.* var. *c.*, Harold in: Berlin. ent. Z., *v.* 5 p. 103 | 1908 *A. (Colobopterus) s.* var. *c.*, Ad. Schmidt in: D. ent. Z., suppl. p. 80.

Flügeldecken mit einem bläulichen Metallglanz.

München.

11. **A. (C.) scrutator** (Herbst)

Diese Art zerfällt in 8 Unterarten:

11 a. **A. (C.) scrutator scrutator** (Herbst) 1789 *Scarabaeus s.*, J. F. W. Herbst, Naturs. Ins. Käf., *v.* 2 p. 161 t. 16 f. 6 | 1789 *S. brevicornis*, Schrank in: Naturf., *v.* 24 p. 62 | 1789 *S. rubidus*, A G. Olivier, Ent., Col. *v.* 1 nr. 3 p. 77 t. 26 f. 224 | 1842 *Coprimorphus scrutator*, E. Mulsant, Hist. nat. Col. France, Lamell. p. 168 | 1847 *Aphodius s.*,

Erichson, Naturg. Ins. Deutschl., Col. *v.* 3 p. 796 | 1861 *A s.*, Harold in: Berlin. ent. Z., *v.* 5 p. 93 | 1892 *A. (Colobopterus) s.*, Reitter in: Verh. Ver. Brünn, *v.* 30 p. 177 | 1901 *C. s.*, Xambeu in: Rev. Ent. Franç., *v.* 20 p. 56 (Ei).

Kopf, Thorax und Unterseite schwarz, Flügeldecken, Abdomen und Tarsen rotbraun. Kopf vorn fein und stärker, hinten nur fein punktiert, Clipeus schwach ausgerandet, jederseits gerundet und aufgebogen, Wangen sehr gerundet, aber doch vom Kopfrande abgesetzt. Thoraxseiten etwas gerundet, nach hinten verbreitert, wie die ausgerandeten Hinterwinkel und die schwach gebuchtete Basis stark gerandet, Oberfläche mit feinen und viel stärkeren Punkten nicht sehr dicht besetzt, die Seitenbeule bleibt von größeren Punkten frei. Schildchen dicht punktiert, glänzend. Flügeldecken sehr deutlich gestreift, Streifenpunkte weniger deutlich. Unterseite punktiert und behaart. Hintertibien kurz beborstet, oberer Enddorn nicht so lang wie 1. Glied des Tarsus, dieses gleich dem übrigen Fuß. ♂. Kopf mit 3 Erhöhungen, die mittlere bildet ein spitzes Hörnchen, Thorax vorn rundlich eingedrückt. ♀. Kopf mit 3 kleinen Erhöhungen, Thorax ohne Eindruck. — L. 10—15 mm.

Mittel- und Südeuropa, Kaukasus.

11 b. **A. (C.) scrutator aequinoctialis** Har. 1861 *A. s.* var. *a.*, Harold in: Berlin. ent. Z., *v.* 5 p. 98 | 1908 *A. (Colobopterus) s.* var *a.*, Ad. Schmidt in: D ent. Z., suppl. p. 73.

Halsschild und Flügeldecken einfarbig dunkelgelbbraun.

Azoren.

11 c. **A. (C.) scrutator submaculatus** (Muls.) 1842 *Coprimorphus scrutator* var *submaculatus*, E. Mulsant, Hist. nat. Col France, Lamell. p. 169 | 1908 *Aphodius (Colobopterus) s.* var. *s.*, Ad. Schmidt in: D ent. Z., suppl p. 73.

Die helle Makel in den Vorderwinkeln des Halsschildes fast erloschen.

Vorkommen mit der Stammart.

11 d. **A. (C.) scrutator nigricollis** (Muls.) 1842 *Coprimorphus s.* var. *nigricollis*, E. Mulsant, Hist. nat. Col. France, Lamell. p. 169 | 1879 *Aphodius s.* var. *tristissimus*, Dalla Torre in: Ber. Ver. Oberösterr., *v.* 10 p. 106 | 1888 *A. s.* var. *t.*, Schilsky in: D. ent. Z., *v.* 32 p. 318 | 1908 *A. (Colobopterus) s.* var. *nigricollis*, Ad. Schmidt in: D. ent. Z., suppl. p. 73.

Thorax ganz schwarz.

Vorkommen wie die Stammart.

11 e. **A. (C.) scrutator brunnipes** (Muls.) 1842 *Coprimorphus s.* var. *b.*, E. Mulsant, Hist. nat. Col. France, Lamell. p. 169 | 1908 *A. (Colobopterus) s.* var. *b*, Ad. Schmidt in: D. ent. Z., suppl. p. 73.

Die 4 Hinterschienen und Tarsen bräunlich.

Frankreich.

11 f. **A. (C.) scrutator latemarginatus** D T. 1879 *A. s.* var. *l.*, Dalla Torre in: Ber. Ver. Oberösterr., *v.* 10 p. 106 | 1908 *A. (Colobopterus) s.* var. *l.*, Ad. Schmidt in: D. ent. Z., suppl. p. 73.

Seiten des Halsschildes breit rot.

Vorkommen mit der Stammart.

11 g. **A. (C.) scrutator angustemarginatus** D T. 1879 *A. s.* var. *a.*, Dalla Torre in: Ber. Ver. Oberösterr., *v.* 10 p. 106 | 1908 *A. (Colobopterus) s.* var. *a.*, Ad. Schmidt in: D. ent. Z., suppl. p. 73.

Der rote Seitenrand des Halsschildes nur schmal.

Vorkommen mit der Stammart.

11h. **A. (C.) scrutator angulatus** D. T. 1879 *A. s.* var. *a.*, Dalla Torre in: Ber. Ver. Oberösterr., *v.* 10 p. 106 | 1908 *A (Colobopterus) s.* var *a.*, Ad. Schmidt in: D. ent. Z., suppl. p. 73.

Thorax nur mit roten Vorderecken.

Vorkommen mit der Stammart.

12. **A. (C.) senegalensis** Klug

Diese Art zerfällt in 2 Unterarten:

12a. **A. (C.) senegalensis senegalensis** Klug 1835 *A. s.*, Klug in: Erman, Reise, Ins. p. 34 | 1847 *A. s.*, Reiche in: Ferret & Galinier, Voy. Abyss., Atlas, t. 20 f. 8 | 1861 *A. s.*, Harold in: Berlin. ent. Z., *v.* 5 p. 94, 98 | 1913 *A. (Colobopterus) s.*, Ad. Schmidt in: Arch. Naturg., *v.* 79 A fasc. 11 p. 119.

Kopf und Halsschild dunkel pechbraun bis schwärzlich, letzteres an den Seiten rötlichgelb, Flügeldecken heller oder dunkelbraun gefärbt. Kopf flach, feiner oder stärker punktiert, Clipeus schwach ausgerandet, Wangen klein, stark gerundet, die Augen überragend. Thorax quer, die Seiten wenig gerundet, diese sowie die schwach ausgerandeten Hinterwinkel und der Vorderrand gerandet, Oberseite feiner und stärker punktiert. Schildchen fein und wenig dicht punktiert, glänzend. Flügeldecken deutlich gestreift, an den Seiten kaum schmaler, Streifenpunkte nicht sehr tief, Zwischenräume flach, fein und zerstreut punktiert. Unterseite hellbraun, glänzend, Seiten der Hinterbrust und Abdomen punktiert und behaart. Metasternum glatt, mit Mittelfurche. Hintertibien ungleich beborstet, besonders seitlich, oberer Enddorn so lang wie 1. Tarsenglied, dieses den 3 folgenden an Länge gleich. ♂. Kopf vorn fein, hinten unpunktiert, Stirnlinie in der Mitte mit spitzem Tuberkel, Clipeus breit aufgebogen, Thorax viel breiter als die Flügeldecken, vorn abschüssig, mit breiter Aushöhlung, in der Mitte vorn ohne große Punkte. ♀. Kopf vorn sehr dicht, etwas rauh punktiert, hinten feiner, Thorax wenig breiter als die Flügeldecken, dichter punktiert, auch vorn, hier nicht abschüssig, ohne Eindruck, nur mit flacher Furche. — L. 9—11 mm.

Senegal, Alt-Calabar, Guinea, Capland, Abessinien

12b. **A. (C.) senegalensis principalis** Har. 1861 *A. p.*, Harold in: Berlin. ent. Z., *v.* 5 p. 94, 100 | 1913 *A. (Colobopterus) senegalensis* var. *p.*, Ad. Schmidt in: Arch. Naturg., *v* 79 A fasc. 11 p. 119

Unterscheidet sich von der Stammart durch größere, mehr längliche Gestalt, durch nicht ausgerandeten Clipealrand, durch dichter und stärker punktierte Flügeldecken. — L. 12—15 mm.

Vorkommen mit der Stammart.

13. **A. (C.) ballioni** Ad. Schm.

Diese Art zerfällt in 2 Unterarten:

13a. **A. (C.) ballioni ballioni** Ad. Schm. 1851 *A. thoracicus*, Roth (non Fischer-Waldheim 1842) in: Arch. Naturg., *v.* 17 I p. 131 | 1852 *A senegalensis*, Reiche (non Klug 1835) in: Ann. Soc. ent. France, ser 2 *v.* 10 p. 99 | 1861 *A. thoracicus*, Harold in: Berlin. ent. Z., *v.* 5 p. 94, 101 | 1906 *A. ballioni*, Ad Schmidt in: D. ent. Z., p. 411 | 1913 *A. (Colobopterus) b.*, Ad. Schmidt in: Arch. Naturg., *v.* 79 A fasc. 11 p. 119.

In Gestalt und Farbe dem *A. (C.) senegalensis* Klug ähnlich, Flügeldecken zuweilen aber dunkler, fast schwärzlich, hauptsächlich aber durch die tiefe Ausrandung des Clipeus und die abstehenden Wangen verschieden. Kopf fein, dicht punktiert, nach vorn stark verengt, seitlich der Ausrandung mehr oder weniger lappig hervorgezogen. Thorax an der Seite stark herabgewölbt, feiner und wenig stärker punktiert. Schildchen matt. Flügeldecken gleichmäßig gestreift, Streifenpunkte flach, Zwischenräume auf dem Rücken etwas konvex, sehr fein punktiert. Unterseite schwärzlich, Schenkel hellbraun, Tibien und Tarsen dunkler, Hintertibien am Endrande ungleich beborstet, oberer Enddorn an denselben kürzer als das 1. Glied der Tarsen, dieses den 3 folgenden gleich. ♂. Kopf sehr fein punktiert, mit spitzem Höckerchen, Thorax vorn abschüssig, mit Eindruck, Clipeus jederseits gezipfelt. ♀. Kopf sehr dicht punktiert, mit stumpfer Beule, Thorax vorn nur mit vertiefter Linie, dicht punktiert. — L. 8—9 mm.

Tigré, Choa, Abessinien, Orange.

13b. **A. (C.) ballioni abessinicus** Har 1861 *A. a.*, Harold in: Berlin. ent. Z., *v.* 5 p. 94, 102 | 1913 *A. (Colobopterus) ballioni* var. *a.*, Ad. Schmidt in: Arch. Naturg., *v.* 79 A fasc. 11 p. 119.

Oberseite matt, seidenglänzend, Zwischenräume der Flügeldecken vollkommen flach, etwas runzlig punktiert.

Abessinien.

14. **A. (C.) indagator** Mannerh. 1849 *A. i.*, Mannerheim in: Bull. Soc. Moscou, *v.* 22 I p. 233 | 1861 *A. apicalis*, Harold in: Berlin. ent. Z., *v.* 5 p. 93, 96 | 1892 *A. (Colobopterus) major*, Reitter (non C. O. Waterhouse 1875) in: Verh. Ver. Brünn, *v.* 30 p. 177 | 1892 *A (C.) indagator*, Reitter l. c., *v.* 30 p. 178 | 1913 *A. (C.) i.*, W. Koshantschikov in: Rev. Ent. Russe, *v.* 13 p. 258.

Schwarz, Abdomen und Flügeldecken zuweilen dunkel- oder schwarzbraun mit hellerer Spitze. Kopf sehr dicht, besonders vorn punktiert, Clipeus abgerundet, in der Mitte etwas abgestutzt, Stirnlinie in der Mitte mit Erhöhung, Wangen abgerundet, wenig oder nicht vom Kopfrande abgesetzt. Thorax quer, an den Seiten schwach erweitert und mit den ausgerandeten Hinterwinkeln und der Basis gerandet, Randung an letzterer zuweilen teilweise oder ganz fehlend, Oberseite feiner und gröber punktiert, vor dem Schildchen mit flachem Eindruck. Schildchen scharfspitzig, dicht punktiert. Flügeldecken flach gestreift, mit wenig sichtbaren Punkten in den Streifen, diese auf dem Rücken gewöhnlich breiter als seitlich, Nahtstreif hinter dem Schildchen dachförmig, Zwischenräume bald eben, bald konvex, feiner und zerstreuter oder deutlicher und dichter punktiert. Unterseite fein, ziemlich dicht punktiert und behaart, Schenkel neben dem Knie mit Haarpunktreihe. Hintertibien am Spitzenrande mit langen und kurzen Borsten besetzt, oberer Enddorn gleich dem 1. Tarsengliede, dieses reichlich so lang wie die 3 folgenden. ♂. Kopf mit kleinem runden Tuberkel, Thorax mit unbedeutendem Eindruck am Vorderrande, wenig zahlreich, groß punktiert, vorn in der Mitte ganz ohne größere Punkte, Metasternum flach vertieft und punktiert. ♀. Kopf mit angedeuteter Erhöhung, Thorax ziemlich dicht punktiert, punktiertes Metasternum nur mit Mittellinie. — L. 9—11 mm.

Sibirien.

15 **A. (C.) latus** Ad. Schm. 1911 *A l.*, Ad. Schmidt in: Ent. Zeit. Stettin, *v.* 72 p. 29 | 1913 *A. (Colobopterus) l.*, Ad. Schmidt in: Arch. Naturg., *v.* 79 A fasc. 11 p. 119.

Oberseite fein aufstehend behaart, schwarzbraun, wenig glänzend. Kopf flach, dicht rauh, etwas längsrunzlig punktiert, Stirnlinie mit kleinem Mittelhöcker, vor den Augen ist sie nur sehr wenig erhaben, Clipeus ausgerandet, jederseits gerundet, die rundlichen Wangen die Augen etwas überragend. Thorax zur Mitte schwach erweitert, Hinterhälfte mehr geradseitig, Oberfläche sehr dicht, zusammenfließend punktiert, mit flacher Mittellinie, Seiten und abgestutzte Hinterwinkel gerandet, Basis nur mit Punktreihe. Schildchen rauh punktiert. Flügeldecken breit gefurcht, Zwischenräume neben den Streifen mit feiner Linie wie *A. (C.) subterraneus* L. (nr. 10) und *A. (C.) antiquus* Fald. (nr. 9), Mitte derselben kielförmig erhaben. Unterseite schwarz, etwas glänzend, dicht punktiert und ziemlich lang behaart, auch die Schenkel. Hintertibien kurz beborstet, oberer Enddorn fast so lang wie der Metatarsus, dieser gleich den 3 folgenden Gliedern. — L. 4 mm.

Choa.

c) Subgen. **Teuchestes** E. Mulsant

1842 *Gen. T.* + *Otophorus,* E. Mulsant, Hist. nat. Col. France, Lamell. p. 176, 178 | 1892 *Aphodius (Teuchestes),* Reitter in: Verh. Ver. Brünn, *v.* 30 p. 178 | 1910 *A. (T.),* Ad. Schmidt in: Gen. Ins., fasc. 110 p. 24.

Mittelgroße, stark gewölbte Arten mit großem Schildchen, Kopf 3höckerig, glänzend, unbehaart, schwarz, Flügeldecken zuweilen gelbrot oder schwarz mit gelbem oder rötlichgelbem Spitzenfleck. Kopf wenig gewölbt, stärker oder schwächer punktiert, zuweilen mit Querkiel, immer mit deutlich gehöckerter Stirnlinie, Clipeus ausgerandet, jederseits gerundet oder mit mehr oder weniger deutlichem Winkel, Wangen deutlich, zuweilen durch einen Einschnitt vom Kopfrande abgesetzt. Thorax quer, vorn zuweilen beim ♂ mit Eindruck, Seiten etwas gerundet erweitert und wie die Basis gerandet, letztere zuweilen in der Mitte ohne Rand, Hinterwinkel mehr oder weniger abgeschrägt, meistens auch ausgerandet, Oberfläche deutlich punktiert. Schildchen in der ganzen Länge vertieft, seltener eben. Flügeldecken hinten nicht verbreitert, punktiert-gestreift, einfarbig schwarz oder mit gelblicher Spitzenmakel, seltener einfarbig rotbraun. Unterseite schwarz, glänzend, punktiert und behaart, Metasternum in der Mitte mit Mittelfurche. Vordertibien zur Spitze verbreitert, mit 3 Lateralzähnen, Enddorn in beiden Geschlechtern verschieden gestaltet. Hintertibien mit kurzen gleichlangen Borsten, zuweilen sind dieselben aber auch ungleich.

5 Arten, von denen 4 in 11 Unterarten zerfallen, aus dem paläarktischen, indischen, australischen und äthiopischen Gebiet (nr. 16—20).

Bestimmungstabelle der Arten:

1	Schildchen in der ganzen Breite längsvertieft, Flügeldecken schwarz, seltener mit gelbem Spitzenfleck	18. **A. (T.) brachysomus**
	Schildchen nicht ausgehöhlt — 2	
2	Schildchen eben, längs der Mitte mit tiefer Furche, Flügeldecken mit dunklem Fleck in der gelben Spitzenmakel	19. **A. (T.) dejeani**
	Schildchen eben, ohne Furche — 3	
3	Oberer Enddorn der Hintertibien viel kürzer als 1. Tarsenglied, Flügeldecken schwarz, mit rötlicher Schulter- oder Spitzenmakel	20. **A. (T.) haemorrhoidalis**
	Oberer Enddorn länger als 1 Tarsenglied — 4	
4	Schildchen von der Basis an verengt, unpunktiert, Hintertibien beim ♂ nicht verbreitert, schwarz, selten Flügeldecken rotbraun	16. **A. (T.) fossor**
	Schildchen vorn parallel, stark punktiert, Hintertibien beim ♂ stark verbreitert, Flügeldecken schwarz, einfarbig mit gelbem Spitzenfleck oder einfarbig rotbraun	17. **A. (T.) sorex**

16. **A. (T.) fossor** (L.)

Diese Art zerfällt in 2 Unterarten:

16 a. **A. (T.) fossor fossor** (L.) 1758 *Scarabaeus f.*, Linné, Syst. Nat., ed. 10 p. 348 | 1783 *S. triangulum*, Piller & Mitterpacher in: Iter Poseg., p. 97 t. 9 f 15 | 1842 *Teuchestes fossor*, E. Mulsant, Hist. nat. Col. France, Lamell. p. 176 | 1847 *Aphodius f.*, Erichson, Naturg Ins. Deutschl., Col. *v.* 3 p. 799 | 1862 *A. f.*, Harold in: Berlin. ent. Z., *v.* 6 p. 155, 166 | 1887 *A. (Teuchestes) f.*, G Horn in: Tr Amer ent. Soc., *v.* 14 p. 4 | 1892 *A (T) f*, Reitter in: Verh. Ver Brünn, *v.* 30 p. 179.

Biologie: 1853 F. Chapuis & Candège in: Mem. Soc. Liège, *v.* 8 p. 465 t. 4 f. 3 (Beschreibung und Abbildung der Larve) | 1874 Schioedte in: Naturh. Tidsskr., ser. 3 *v.* 9 p. 328 (Beschreibung der Larve) | 1876, 1877 Perris in: Ann. Soc. Linn. Lyon, ser. 2 *v.* 22 p. 367 (Beschreibung der Larve); ser. 2 *v.* 23 t. 3 f. 85—92 (Abbildung der Larve) | 1878 Kittel in: CB. Ver. Regensb., *v.* 32 p. 190 (Beschreibung der Larve) | 1892 Xambeu in: Ann. Soc. Linn. Lyon, ser. 2 *v.* 39 p. 157 (Beschreibung der Larve und Puppe) | 1900 Xambeu in: Rev. Ent. Franç., *v.* 19 p. 44. (Copulation und Eiablage.)

Schwarz, glänzend, stark gewölbt. Kopf fein punktiert, vorn mit Querrunzel, die mehr oder weniger deutlich ist, Stirnlinie gehöckert, Wangen stumpfwinklig, die Augen überragend, Clipeus deutlich ausgerandet, jederseits gerundet und aufgebogen. Thorax wenig gerundet erweitert, die Seiten, ausgerandete Hinterwinkel und Basis gerandet, Oberseite mit größeren, nicht groben Punkten bestreut. Schildchen undeutlich punktiert. Flügeldecken mit schwachen Punktstreifen, Zwischenräume eben, unpunktiert. Unterseite schwarz, glänzend, punktiert und behaart. Hinterschenkel nur neben der Unterkante mit Haarpunktreihe, Hintertibien kurz beborstet, oberer Enddorn gleich dem 1. Tarsengliede, dieses länger als die 3 folgenden. ♂. Enddorn der Vordertibien zur Spitze verbreitert, abgestutzt, 1. Glied der Mitteltarsen nach unten in eine Spitze ausgezogen, Stirn mit 3 deutlichen Höckern, der mittelste größer, zugespitzt, Thorax vorn mit Eindruck, seitlich nur mit wenigen Punkten. ♀. Enddorn der Vordertibien stumpf zugespitzt, 1. Glied der Mitteltarsen einfach, Stirnhöcker schwach, Thorax ohne Eindruck, überall mit größeren Punkten. — L. 10—13 mm.

Europa, Sibirien, Nordamerika, Algier.

16 b **A. (T.) fossor silvaticus** Ahr. 1812 *A. s*, Ahrens in: N. Schr. Ges. Halle, *v.* 2 II p. 33 | 1842 *Teuchestes fossor* var. *brunneus*, E. Mulsant, Hist. nat. Col. France, Lamell. p. 177 | 1869 *Aphodius f.* var. *silvaticus*, Gemminger & Harold, Cat. Col., *v.* 4 p. 1048 | 1892 *A. (Teuchestes) f.* var. *s.*, Reitter in: Verh. Ver. Brünn, *v.* 30 p. 179.

Flügeldecken braunrot.

Vorkommen mit der Stammart.

17. **A. (T.) sorex** (F.)

Diese Art zerfällt in 3 Unterarten:

17 a. **A. (T.) sorex sorex** (F) 1792 *Scarabaeus s*, J. C. Fabricius, Ent. syst., *v.* 1 p. 23 | 1862 *Aphodius s*, Harold in: Berlin. ent. Z., *v.* 6 p. 155, 167 | 1892 *A. (Teuchestes) s.*, Reitter in: Verh. Ver. Brünn, *v.* 30 p. 179.

Glänzend, hochgewölbt, schwarz, Flügeldecken rotgelb oder gelbbraun, höchstens Basis und Rand schmal geschwärzt. Kopf feiner und stärker, hinten zerstreuter punktiert, Stirnlinie mit 3 Höckern, davor eine Querrunzel, Clipeus ausgerandet, jederseits stumpfwinklig. Thorax mehr oder weniger gerundet, Seiten und ausgerandete Hinterwinkel gerandet, Basis in der Mitte ohne Rand, oberseits sehr fein und stärker punktiert. Schildchen vorn parallel, dann zugespitzt, ohne die Ränder deutlich punktiert. Flügeldecken mit flachen Streifenpunkten, Zwischenräume kaum gewölbt. Unterseite schwarz, glänzend, einzeln punktiert, Metasternum in der Mitte verflacht, fein punktiert. Hintertibien mit kurzen, zuweilen etwas ungleichen Borsten, oberer Enddorn länger als 1. Tarsenglied, dieses kaum so lang wie die folgenden 3 Glieder. ♂. Mitteltuberkel stärker entwickelt, Enddorn der Vordertibien zur Spitze verbreitert und schräg abgerundet, Thorax am Vorderrande mit rundlichem Eindruck, Hintertibien stark verbreitert. ♀. Tuberkel schwach, Enddorn zugespitzt, Thorax ohne Eindruck, dichter punktiert, Hintertibien normal. — L. 9—10 mm.

China, Ostindien, Australien, Natal, Kaffrarien, Kapkolonie, Abessinien.

17 b. **A. (T.) sorex analis** (F.) 1787 *Scarabaeus a.*, J. C. Fabricius, Mant. Ins., *v.* 1 p. 8 | 1862 *Aphodius sorex* var. *a.*, Harold in: Berlin. ent. Z., *v.* 6 p. 167 | 1892 *A. (Teuchestes) s.* var. *a.*, Reitter in: Verh. Ver. Brünn, *v.* 30 p. 179

Flügeldecken schwarz, Spitze gelbbraun.

Ostindien, China, Australien, Kaffrarien.

17 c. **A. (T.) sorex caffer** Wiedem. 1823 *A. c.*, Wiedemann in: Zool. Mag., *v.* 2 I p. 25 | 1862 *A. sorex* var. *c.*, Harold in: Berlin. ent. Z., *v.* 6 p. 167 | 1910 *A. (Teuchestes) s.* var. *c.*, Ad. Schmidt in: Schenkling, Col. Cat., fasc. 20 p. 52.

Flügeldecken einfarbig schwarz.

Kapkolonie, Limpopo, Choa.

18. **A. (T.) brachysomus** Solsky

Diese Art zerfällt in 2 Unterarten:

18 a. **A. (T.) brachysomus brachysomus** Solsky 1874 *A. b.*, Solsky in: Col Hefte, *v.* 12 p. 13 | 1875 *A major*, C. O. Waterhouse (non Reitter 1892) in: Tr. ent. Soc. London, p. 80 | 1892 *A. (Teuchestes) brachysomus*, Reitter in: Verh. Ver Brünn, *v.* 30 p. 179 | 1913 *A. (T.) b.*, W. Koshantschikov in: Rev. Ent. Russe, *v.* 13 p. 258.

Gewölbt, breit, glänzend, schwarz, Flügeldecken meistens vor der Spitze heller, zuweilen auch mit einem hellen Fleck an der Basis des 6. Zwischenraumes. Kopf feiner und stärker, hinten zerstreuter punktiert, Stirnlinie mit 3 Höckerchen, Clipeus schwach ausgerandet, jederseits abgerundet, Wangen stumpfwinklig, die Augen überragend. Thorax in der Mitte verbreitert, Seiten, ausgerandete Hinterwinkel und Basis deutlich gerandet, Oberfläche zerstreut grob punktiert, an den Seiten etwas dichter. Schildchen vorn parallel, in der ganzen Länge vertieft, fein punktiert. Flügeldecken punktiertgestreift, Streifenpunkte kerben die schwach gewölbten Zwischenräume. Unterseite glänzend, punktiert und behaart, Mittelschenkel einzeln grob, Hinterschenkel feiner punktiert, mit Haarpunktreihe neben der Unterkante, Metasternalplatte unpunktiert. Hintertibien kurz beborstet, dazwischen einzelne längere Borsten, oberer Enddorn gleich dem 1. Tarsengliede, dieses länger als die 3 folgenden. ♂. Stirnhöcker mehr entwickelt, Thorax vorn mit Grube, in der Mitte ohne größere Punkte. ♀. Stirnhöcker schwächer, Thorax einfach, Mitte mit größeren Punkten. — L. 8—10 mm.

Ostsibirien, Japan

18 b. **A. (T.) brachysomus quinquemaculatus** Ad. Schm. 1913 *A. (T.) b.* var. *q.*, Ad. Schmidt in: Arch. Naturg., *v.* 79 A fasc. 11 p. 119, 177.

Flügeldecken mit großem gelbem Spitzenfleck, einer kleinen Makel hinter der Schulter im 7. Zwischenraume und einer viel kleineren von derselben Farbe hinter der vorigen im 9. Zwischenraume.

Ningpo.

19. **A. (T.) dejeani** Har 1862 *A. d.*, Harold in: Berlin. ent. Z., *v.* 6 p. 155, 165 | 1913 *A. (Teuchestes) d.*, Ad. Schmidt in: Arch. Naturg., *v.* 79 A fasc 11 p. 119.

Schwarz, glänzend. Kopf fein, vereinzelt punktiert, vorn querrunzlig, Stirn mit 3 Höckern, die seitlichen quer, Clipeus ausgerandet, jederseits gerundet, Wangen klein und rundlich. Thorax erweitert sich in der Mitte, nach der Basis zu ist er geradseitig, oberseits einzeln grob und sehr fein punktiert, die Seiten, die ausgerandeten Hinterwinkel und Basis gerandet, letztere aber undeutlich. Schildchen in der Mitte mit tiefer Furche, die ebenen, nicht vertieften Seiten sehr einzeln punktiert. Flügeldecken deutlich gestreift, Streifenpunkte greifen die Ränder deutlich an, auch die seitlichen, vor der Spitze mit großer, gelber Makel, in der sich zuweilen ein kleiner schwarzer Fleck im 2.—4. Zwischenraume befindet. Unterseite schwarz, glänzend, wenig punktiert, Metasternalplatte breit verflacht. Die 4 Hinterschenkel rötlichgelb, Tibien und Tarsen dunkler, Hintertibien mit kurzen, gleichlangen Borsten besetzt, oberer Enddorn viel kürzer als 1. Tarsenglied, dieses deutlich länger als die 3 folgenden, fast so lang wie der übrige Fuß. ♂. Stirnhöcker sehr deutlich, Halsschild spärlich punktiert, am Vorderrande leicht eingedrückt, Enddorn der Vordertibien breit, stumpf zugespitzt. ♀. Stirnhöcker schwächer, Thorax ziemlich dicht punktiert, ohne Eindruck, Enddorn länger, zugespitzt. — L. 8 mm.

Kapkolonie.

20. **A. (T.) haemorrhoidalis** (L.)

Diese Art zerfällt in 4 Unterarten.

20 a. **A. (T.) haemorrhoidalis haemorrhoidalis** (L.) 1758 *Scarabaeus h.*, Linné, Syst. Nat., ed. 10 p. 348 | 1775 *S. granarius* var. *β*, J. C Fabricius, Syst. Ent., p. 16 | 1842 *Otophorus haemorrhoidalis*, E. Mulsant, Hist. nat. Col. France, Lamell. p. 173 | 1847 *Aphodius h.*, Erichson, Naturg. Ins. Deutschl., Col. *v.* 3 p. 800 | 1862 *A. triplagiatus*, Harold in: Berlin. ent. Z., *v.* 6 p. 163 | 1892 *A (Teuchestes) haemorrhoidalis*, Reitter in: Verh. Ver. Brünn, *v.* 30 p. 179.

Biologie: 1895 Xambeu in: Ann. Soc. Linn. Lyon, ser. 2 *v.* 42 p. 68 (Larve und Puppe).

Flacher gewölbt, schwarz, glänzend, die matte Spitze der Flügeldecken und zuweilen auch die Schulter braunrot. Kopf fein und etwas stärker, ziemlich dicht punktiert, Clipeus schwach ausgerandet, jederseits abgerundet, Wangen klein, rundlich. Thorax seitlich wenig gerundet erweitert, an den Seiten und der Basis gerandet, Hinterwinkel sehr abgeschrägt und schwach ausgerandet, oberseits ziemlich dicht, fein und stärker punktiert. Schildchen mit deutlichen Punkten. Flügeldecken punktiert-gestreift, an der Spitze mehr furchenartig, Streifenpunkte kerben nicht die Ränder der Zwischenräume, diese flach, zur Spitze gewölbt, fein punktiert. Unterseite schwarz, glänzend, punktiert und behaart. Hintertibien kurz beborstet, oberer Enddorn kürzer als 1. Tarsenglied, dieses länger als die 3 folgenden Glieder. ♂. Stirn mit 3 deutlichen Höckerchen. ♀. Stirn unbewaffnet. — L. 4—5 mm.

Europa, Kaukasus, Sibirien, Himalaya.

20 b. **A. (T.) haemorrhoidalis sanguinolentus** (Herbst) 1783 *Scarabaeus s.*, J. F. W. Herbst in: Arch Ins.-Gesch., *v.* 4 p. 6 t. 19 f. 4 | 1798 *Aphodius s.*, Illiger, Verz. Käf. Preuß., p. 23 | 1869 *A. haemorrhoidalis* var. *s.*, Harold in: Gemminger & Harold, Cat. Col., *v.* 4 p. 1049 | 1892 *A. (Teuchestes) h.* var. *s.*, Reitter in: Verh. Ver. Brünn, *v.* 30 p. 179.

Schulter und Spitze der Flügeldecken rötlich.

Vorkommen mit der Stammart.

20c. **A. (T.) haemorrhoidalis humeralis** (Muls.) 1842 *Otophorus haemorrhoidalis* var. *humeralis*, E. Mulsant, Hist. nat. Col. France, Lamell p. 174 | 1910 *A. (Teuchestes) h.* var *h.*, Ad. Schmidt in: Schenkling, Col. Cat., fasc. 20 p. 30.

Flügeldecken schwarz, nur die Schulter rötlich.

Vorkommen wie Stammart.

20d **A. (T.) haemorrhoidalis crudus** nom nov. Ad Schm. 1842 *Otophorus h.* var. *rubidus* (non A. G. Olivier 1789), E. Mulsant, Hist. nat. Col. France, Lamell p. 174 | 1910 *A. (Teuchestes) h.* var *r.*, Ad. Schmidt in: Schenkling, Col. Cat., fasc 20 p. 30.

Flügeldecken, Abdomen, Füße bräunlich oder rotbraun.

Frankreich, Kaukasus.

d) Subgen. **Diapterna** G. Horn

1887 *Aphodius (D.)*, G. Horn in: Tr. Amer. ent. Soc, *v.* 14 p. 4.

Mittelgroß, glänzend schwarz, Kopf unbewaffnet, Thorax an der Basis ohne Rand, Schildchen groß, schmal, dreieckig.

Flacher gewölbt als *Aphodius (Teuchestes)* Muls., fast gleichbreit, einfarbig schwarz, zuweilen Flügeldecken mit gelblichem Spitzenfleck oder gelben Längsstreifen. Kopf mehr oder weniger stark herabgewölbt, mit deutlicher Stirnlinie, aber ohne Tuberkeln, Oberfläche punktiert, Clipeus verflacht, schwach ausgerandet, jederseits gerundet. Thorax geradseitig oder wenig gebogen, Seitenrandung zuweilen sehr undeutlich, Basis in der Mitte ohne Rand, Hinterwinkel abgestutzt, oberseits grob punktiert. Schildchen schmal dreieckig, nicht tiefer liegend, glatt oder fein punktiert. Flügeldecken punktiert-gestreift. Unterseite punktiert und behaart. Vordertibien zur Spitze verbreitert, mit drei Randzähnen und Enddorn. Hintertibien ungleich beborstet, nur bei *A. (D.) troitzkyi* Jacobson sind die Borsten kurz und gleichlang.

4 Arten aus Amerika und Sibirien (nr. 21–24).

Bestimmungstabelle der Arten:

1	Clipeus jederseits mit stumpfem Zähnchen, dahinter mit Querkiel . . .	24. **A. (D.) troitzkyi**
	Clipeus jederseits abgerundet, ohne Querkiel — 2	
2	Schildchen längsvertieft, Flügeldecken schwarz oder mit hellen Längsstreifen . . .	21. **A. (D.) hamatus**
	Schildchen nicht vertieft — 3	
3	Flügeldecken einfarbig schwarz oder schwarzbraun, Thoraxseiten deutlich gerandet . . .	22. **A. (D.) dugesi**
	Flügeldecken mit großer gelber Spitzenmakel, Thoraxseiten ungerandet . . .	23. **A. (D.) erichsoni**

21. **A. (D.) hamatus** Say

Diese Art zerfällt in 2 Unterarten:

21a. **A. (D.) hamatus hamatus** Say 1824 *A. h*, Say in: Keating, Narr Exp., app. *v.* 2 p. 277, ed. Leconte, *v.* 1 p. 183 | 1848 *A. concavus* + *A pinguis*, S. S. Haldeman in: J. Ac. Philad., ser. 2 *v.* 1 p. 103 | 1850 *A. angularis*, *A. omissus*, *A. hyperboreus*, L. Le Conte in: L. Agassiz, Lake Super, p. 225 | 1860 *A. sagittarius*, Harold in: Ann. Soc. ent. France, ser. 3 *v.* 8 p. 615 | 1862 *A s*, Harold in: Berlin ent. Z., *v.* 6 p. 155, 163 | 1870 *A. validus* + *A. torpidus*, G Horn in: Tr. Amer. ent. Soc., *v.* 3 p. 112, 114 | 1874 *A. validus*, Harold in: Berlin. ent. Z., *v.* 18 p. 182 | 1887 *A. (Diapterna) hamatus*, G Horn in: Tr. Amer. ent Soc., *v.* 14 p. 5.

Einfarbig schwarz, Schulter und Spitze der Flügeldecken zuweilen heller, von kurzer, breiter Gestalt. Kopf nicht sehr dicht fein punktiert,

Clipeus breit abgestutzt und schwach ausgerandet, jederseits gerundet, Wangen stumpfwinklig die Augen überragend. Halsschild quer, mit schwach gerundeten Seiten, diese, sowie die stark abgeschrägten Hinterwinkel gerandet, die Abstutzung derselben bildet mit der Basis einen deutlichen Winkel, letztere zuweilen jederseits der Mitte gerandet, seitlich und vor der Basis mit großen, unregelmäßig verteilten Punkten. Schildchen in der Mitte längsvertieft. Flügeldecken punktiert-gestreift, Streifenpunkte greifen zuweilen die Ränder der Zwischenräume an, diese flach oder schwach konvex, fein punktiert. Unterseite schwarz, glänzend, fein punktiert und behaart. 1. Glied der Hintertibien kürzer als oberer Enddorn, so lang wie die 2 folgenden Tarsenglieder. ♂. Enddorn der Vordertibien schaufelartig verbreitert, Vorderschenkel lang bewimpert, unterer Enddorn der Mitteltibien verkürzt und abgestutzt, Enddorn der Hintertibien mit hakenförmig zurückgebogenem Fortsatz. ♀. Enddorn der Vordertibien und der untere an den Mitteltibien, welcher wenig kürzer als der obere ist, zugespitzt, Metatarsus der Hintertibien einfach. — L. 6—10 mm.

Nordamerika.

21b. **A. (D.) hamatus occidentalis** Horn 1870 *A. o.*, G. Horn in: Tr. Amer. ent. Soc., *v.* 3 p. 114 | 1887 *A. (Diapterna) hamatus* var. *o.*, G. Horn in: Tr. Amer ent. Soc., *v.* 14 p. 106.

Flügeldecken mit bräunlichem Dorsalfleck, der die Seiten erreicht, Basis, 2. Zwischenraum und Spitze gelbrot. Zuweilen ist der dunkle Fleck in Strichmakeln aufgelöst.

Vorkommen wie die Stammart.

22. **A. (D.) dugesi** Bates 1887 *A. d.*, H. Bates in: Biol. Centr.-Amer., Col *v.* 2 II p. 83 t. 6 f. 9 | 1913 *A. (Diapterna) d.*, Ad. Schmidt in: Arch Naturg., *v.* 79 A fasc. 11 p. 120

Kleiner, etwas länglicher als vorige Art, glänzend schwarz. Kopf fein punktiert, Clipeus schwach ausgerandet, Wangen stumpfwinklig. Thorax quer, fast geradseitig, parallel, die Seiten und abgeschrägte Hinterwinkel gerandet, Abschrägung derselben bildet mit der Basis einen weniger deutlichen Winkel, oberseits mit großen Punkten bestreut. Schildchen scharf zugespitzt, einzeln punktiert. Flügeldecken mit deutlichen Punktstreifen, Zwischenräume schwach, an der Spitze etwas stärker konvex, einzeln fein punktiert. Unterseite schwärzlich, Abdomen und Beine rotbraun, glänzend, punktiert und behaart. Metasternalplatte grubig vertieft. 1. Glied der Hintertarsen gleich dem obern Enddorn und den 3 folgenden Gliedern. ♂. Enddorn der Vordertibien schaufelförmig, Schenkel ohne dichte Wimpern, unterer Enddorn an den Mitteltibien kurz und stumpf, Metatarsus der Hintertibien hakenförmig. ♀. Enddorn der Vordertibien normal, stumpf zugespitzt, Thorax dichter punktiert. — L. 4 mm.

Mexico.

23. **A. (D.) erichsoni** Har. 1861 *A. e.*, Harold in: Berlin. ent. Z., *v.* 5 p. 104 | 1862 *A. e.*, Harold l. c., *v.* 6 p. 155 | 1913 *A. (Diapterna) e.*, W. Koshantschikov in: Rev. Ent. Russe, *v.* 13 p. 262.

Von der kurzen, breiten Gestalt des *A. (D.) hamatus* Say (nr. 21), glänzend schwarz, Flügeldecken an der Spitze mit großer, gelbroter Makel. Kopf deutlich und dicht punktiert, Clipeus ausgerandet, jederseits gerundet und aufgebogen, Wangen mehr rundlich abgesetzt. Thorax quer, nach hinten etwas erweitert, Seiten und lang abgeschrägte Hinterwinkel ungerandet, an der Basis mit deutlichem Winkel, letztere ungerandet, oberseits sehr fein punktiert und mit groben Punkten bestreut. Schildchen sehr schmal, an der Basis mit schwachem Eindruck, fein punktiert. Flügeldecken punktiert-gestreift, Zwischenräume etwas konvex, zerstreut und fein punktiert. Unterseite rotbraun, glänzend, punktiert und behaart. Metasternum mit Mittelfurche. 1. Glied der Hintertibien gleich dem obern Enddorn und den 3 folgenden Tarsengliedern. ♂. Enddorn der Vordertibien kurz und kräftig, stumpf, Vorderschenkel mit langem Haarbüschel, Thorax einzeln punktiert. Metatarsus der Hintertibien einfach. ♀. Enddorn der Vordertibien schlanker, zugespitzt, Thorax dichter punktiert. — L. 7 mm.

Brasilien.

24. **A. (D.) troitzkyi** Jacobson 1897 *A. t.*, G. Jacobson in: Horae Soc. ent. Ross., *v.* 31 p. 87 | 1913 *A. (Diapterna) t.*, W. Koshantschikov in: Rev. Ent. Russe, *v.* 13 p. 261.

♀. Schwarz, glänzend, gewölbt, von kurzer, breiter Gestalt. Kopf vorn und an den Seiten rauh, hinten viel feiner punktiert, mit erhabener Stirnleiste und davor mit kurzem Querkiel, von hier zum Vorderrande fast senkrecht abfallend. Thorax an den Seiten und Basis bis auf die Mitte gerandet, stark und fein, nicht sehr dicht punktiert, Hinterwinkel sehr schräg, schwach ausgerandet. Schildchen dreieckig, die Mitte der Basalhälfte deutlich, die übrigen Teile sehr fein und dicht punktiert. Flügeldecken breiter als der Thorax, seicht gestreift, Streifenpunkte greifen die Ränder der flachen Zwischenräume an, diese sehr fein, vereinzelt punktiert. Vordertibien an der Spitze gerade abgestutzt, Enddorn kurz, nicht sehr breit. Oberer Enddorn der Hintertibien gleich dem 1. Tarsengliede, dieses nicht ganz so lang wie die 3 folgenden Glieder. ♂ unbekannt. — L. 6 mm.

Minusinsk (Sibirien).

e) Subgen. **Pleuraphodius** Ad. Schmidt

1913 *Aphodius (P.)*, Ad. Schmidt in: Arch. Naturg., *v.* 79 A fasc. 11 p. 121.

Kleine, hell- oder schwarzbraune Arten, Kopf ungehöckert, Basis des Halsschildes gerandet oder ungerandet, Schildchen dreieckig oder parallel, Flügeldecken wenig glänzend, mit sekundären und gekielten primären Zwischenräumen, Endborsten der Hintertibien ungleich.

Länglich, wenig gewölbt, zuweilen kurz behaart. Kopf flach, die Mitte kaum erhaben, mit eingedrückter Stirnlinie, gleichmäßig dicht und fein punktiert. Clipeus wenig ausgerandet, jederseits abgerundet, Wangen klein. Thorax quer, ziemlich dicht, sehr fein oder ungleich punktiert, die Seiten immer, Basis nur zuweilen deutlich gerandet, Hinterwinkel stumpf abgerundet. Schildchen dreieckig oder parallel. Flügeldecken mit kleinem Schulterdorn, nach hinten wenig verbreitert, mit punktierten Streifen, von dem Raum zwischen 2 derselben wird durch eine vertiefte Linie jederseits ein schmaler, sekundärer Zwischenraum abgetrennt, so daß zwischen diesen der breitere primäre Zwischenraum übrig bleibt, dieser ist dachförmig oder gekielt, die Kanten der Kiele sind glänzend, ihre Seiten mehr matt. Unterseite und Beine heller, Seiten der Hinterbrust vorn chagriniert und matt, Abdomen fein punktiert und behaart. Die Hintertibien sind ungleich beborstet.

7 Arten aus Afrika und Asien (nr. 25—31).

Bestimmungstabelle der Arten:

1	Thorax in der Mitte äußerst fein, an den Seiten stärker punktiert, Basis mit kurzen Haaren bewimpert, Zwischenräume dachförmig	31. **A. (P.) confinis**
	Thorax gleichmäßig, nur bei *A. (P.) sulcipennis* Boh. in der Mitte zerstreuter punktiert, Basis ohne Bewimperung, Zwischenräume gekielt — 2	
2	Thorax sehr quer, fast 2 mal so breit wie lang, sehr flach und wenig dicht punktiert, Schildchen parallel	30. **A. (P.) tectoformibus**
	Thorax weniger quer, Schildchen dreieckig — 3	
3	Schildchen kurz dreieckig, nicht viel länger als breit, Thoraxbasis deutlich gerandet, Streifenpunkte deutlich	29. **A. (P.) mutilus**
	Schildchen reichlich 2 mal so lang wie breit, Basis undeutlich oder nicht gerandet — 4	
4	Flügeldecken kurz beborstet — 5	
	Flügeldecken kahl — 6	
5	Oberseite schwarzbraun, Thorax gleichmäßig, fein und dicht punktiert, Basis ungerandet	27. **A. (P.) montuosus**
	Oberseite hell rötlichgelb, Thorax wenig dunkler, zerstreuter, fast mittelstark punktiert, Basis gerandet	28. **A. (P.) pusio**
6	Die sekundären Zwischenräume stärker erhaben, fast in gleicher Höhe mit den primären, der 8. Streifen bis zur Basis reichend.	26. **A. (P.) lewisi**
	Die sekundären tiefer liegend, auch vor der Spitze, der 8. Streifen vorn deutlich abgekürzt . . .	25. **A. (P.) sulcipennis**

25. **A. (P.) sulcipennis** (Boh.) 1857 *Oxyomus s.*, Boheman, Ins. Caffr., *v.* 2 p. 362 | 1859 *Aphodius lineatosulcatus*, Harold in: Berlin. ent. Z., *v.* 3 p. 216 | 1913 *A. (Pleuraphodius) sulcipennis*, Ad. Schmidt in: Arch. Naturg., *v.* 79 A fasc. 11 p. 121.

Einfarbig hellbraun, unbehaart. Kopf fein, nicht sehr dicht punktiert, neben dem Rande schmal verflacht, die rundlichen Wangen die Augen überragend. Thorax geradseitig, nach hinten kaum verbreitert, in der Mitte zerstreuter als an den Seiten punktiert, Hinterwinkel stumpf abgerundet, Basis zuweilen mit feiner Randung. Schildchen mit dunklen Seiten und feinen Pünktchen. Flügeldecken zur Mitte wenig verbreitert, die Seiten der Kiele mit Punktreihe. Oberer Enddorn der Hintertibien etwas kürzer als 1. Tarsenglied, dieses nicht so lang wie die 3 folgenden. — L. 3—4 mm.

Südafrika.

26. **A. (P.) lewisi** C. O. Waterh. 1875 *A. l.*, C. O. Waterhouse in: Tr. ent. Soc. London, p. 92 | 1913 *A. (Pleuraphodius) l.*, Ad. Schmidt in: Arch. Naturg., *v.* 79 A fasc. 11 p. 121.

Etwas kleiner als die vorige Art, von derselben Farbe, oft aber die Scheibe des Halsschildes dunkler. Thorax in der Mitte nicht zerstreuter punktiert, immer an der Basis ungerandet. Seiten der Kiele deutlich chagriniert, ohne Punktreihe. Oberer Enddorn deutlich kürzer als 1. Tarsenglied, dieses den 3 folgenden gleich. — L. 2—3 mm.

Japan, Ceylon, Hinterindien.

27. **A. (P.) montuosus** Ad. Schm. 1911 *A. m.*, Ad. Schmidt in: Ent. Zeit. Stettin, *v.* 72 p. 16 | 1913 *A. (Pleuraphodius) m.*, Ad. Schmidt in: Arch. Naturg., *v.* 79 A fasc. 11 p. 121.

Schwarzbraun, Vorderkopf, Seiten des Halsschildes und der schmale Rand der Flügeldecken heller. Kopf gleichmäßig punktiert, Stirnlinie deutlich, aber wenig eingedrückt, Wangen etwas die Augen überragend. Thorax geradseitig, nach hinten schwach verbreitert, von oben gesehen hinter der Mitte schwach eingeschnürt, gleichmäßig und dicht, in der Mitte nach vorn etwas feiner punktiert, mit der Spur einer vertieften Längslinie vor dem Schildchen, Basis ungerandet. Flügeldecken in der Mitte schwach verbreitert, nur die Kanten der Kiele glänzend, Seiten derselben durch Chagrinierung matt, mit einer Reihe ein kurzes Börstchen tragender Punkte. Oberer Enddorn der Hintertibien kürzer als 1. Tarsenglied, dieses den 3 folgenden gleich. — L. 4 mm.

Britisch-Ostafrika.

28. **A. (P.) pusio** (H. Kolbe) 1908 *Oxyomus p.*, H. Kolbe in: Denk. Ges. Jena, *v.* 13 p. 125.

Durch die rötlichgelbe Färbung ausgezeichnet, länglich und schmal, wenig konvex, glänzend. Kopf mit kleiner Beule, an den Rändern verflacht, ziemlich dicht und deutlich punktiert, Stirnlinie vertieft, Clipeus wenig ausgerandet, jederseits abgerundet, Wangen sehr klein, die Augen nicht überragend. Thorax quer, die schwach gerundeten Seiten und Basis gerandet, Hinterwinkel stumpf abgerundet, vor dem Schildchen mit minimalem Längseindruck, oberseits kaum stärker als der Kopf, nicht dicht punktiert. Schildchen äußerst schmal. Die Zwischenräume der Flügeldecken scharfkielig, sie werden durch je eine Punktreihe getrennt. Unterseite glänzend, Metasternum sehr einzeln, Abdomen dichter punktiert und behaart. Oberer Enddorn der Hintertibien kürzer als 1. Tarsenglied, dieses nicht so lang wie die 3 folgenden Glieder. — L. 2,5 mm.

Kalahari.

29. **A. (P.) mutilus** Ad. Schm. 1911 *A. m.*, Ad. Schmidt in: Ent. Zeit. Stettin, *v.* 72 p. 17 | 1913 *A. (Pleuraphodius) m.*, Ad. Schmidt in: Arch. Naturg., *v.* 79 A fasc. 11 p. 121.

Oberseite hell kastanienbraun, Thorax in der Mitte etwas dunkler. Kopf sehr deutlich und dicht punktiert, Wangen die Augen wenig überragend. Thorax ziemlich dicht, an den Seiten noch gedrängter punktiert, Basis gerandet, Hinterwinkel abgerundet. Die Seiten der Kiele mit Punktreihe, nur fein chagriniert, daher mehr glänzend. Streifenpunkte deutlich, Schultern dicht punktiert. Metatarsus länger als oberer Enddorn, nicht so lang wie die 3 folgenden Tarsenglieder. — L. $3^1/_2$ mm.

Natal.

30. **A. (P.) tectoformibus** Ad. Schm. 1909 *A. t.*, Ad. Schmidt in: Not. Leyden Mus., *v.* 31 p. 115 | 1913 *A. (Pleuraphodius) t.*, Ad. Schmidt in: Arch. Naturg., *v.* 79 A fasc. 11 p. 121.

Durch das kürzere Halsschild, die nur stumpf gekielten dorsalen und konvexen seitlichen Zwischenräume ausgezeichnet. Oberseite einfarbig hellbraun. Stirnlinie deutlich eingedrückt, die Wangen ragen als kleine Spitze hervor. Thorax etwas ungleich, nicht sehr dicht punktiert, Basis ungerandet. Seiten der Kiele undeutlich chagriniert, mit feiner Punktreihe, der 8. Streifen nicht verkürzt. Oberer Enddorn ungefähr einhalb so lang wie 1. Tarsenglied, dieses gleich den 3 folgenden. — L. 3 mm.

Manila.

31. **A. (P.) confinis** Ad. Schm. 1911 *A. c.*, Ad. Schmidt in: Ent. Zeit. Stettin, *v.* 72 p. 7 | 1913 *A. (Pleuraphodius) c.*, Ad. Schmidt in: Arch. Naturg., *v.* 79 A fasc. 11 p. 121.

Von flacher, verhältnismäßig breiterer Gestalt als vorige Art, heller oder dunkler braun gefärbt. Kopf sehr fein, wenig dicht punktiert, Stirnlinie eingedrückt, Wangen abgerundet, die Augen nicht überragend. Thorax in der Mitte feiner und zerstreuter als der Kopf punktiert, seitlich etwas größere Punkte untermischt, Basis sehr fein, undeutlich gerandet, kurz bewimpert, Hinterwinkel stumpf abgerundet. Schildchen lang und schmal dreieckig. Zwischenräume der Flügeldecken leicht dachförmig gewölbt, fein chagriniert, jederseits mit Punktreihe. Oberer Enddorn der Hintertibien kürzer als 1. Tarsenglied, dieses nicht so lang wie die 3 folgenden. — L. 4—4$^1/_2$ mm.

Sansibar, Dar-es-Salaam.

f) Subgen. **Cinacanthus** Ad. Schmidt

1870 *Aphodius (Bodilus)* (part.), *A. (Endolus)*, [Sect.] *Biralus* (part.) + *Aphodius (Melinopterus)* (part.), E. Mulsant in: Ann. Soc. Agric. Lyon, ser. 4 *v.* 2 p. 518, 467, 569 | 1892 *A. (Melaphodius)* (part.), Reitter in: Verh. Ver. Brünn, *v.* 30 p. 238 | 1913 *A. (Cinacanthus)*, Ad. Schmidt in: Arch. Naturg., *v.* 79 A fasc. 11 p. 121.

Enddorn der Vordertibien beim ♂ in der Mitte des Medianrandes eingefügt, Gestalt wenig konvex, gelbbraun mit dunklerem Kopf und Thorax oder einfarbig rotbraun, zuweilen schwarz, mit oder ohne Schulterfleck.

Länglich, wenig gewölbt, meistens unbehaart. Kopf breit, nach vorn wenig verengt, mit mehr oder wenig deutlicher Längsbeule, ohne Höcker, aber mit deutlicher Stirnlinie, Clipeus ausgerandet, Wangen klein, mehr oder weniger die Augen überragend und bewimpert. Halsschild schwach gewölbt, die Seiten bewimpert, gerandet und schwach gerundet, Hinterwinkel deutlich, selten abgerundet, Basis mit und ohne Rand. Schildchen dreieckig oder an der Basis parallel. Flügeldecken ohne Schulterdorn, nach hinten schwach verbreitert, deutlich gestreift, Streifenpunkte zuweilen wenig sichtbar. Vordertibien zur Spitze verbreitert, lateral mit 3 Randzähnen, der Enddorn ist in der Mitte der Tibie, ungefähr dem obersten kleineren Randzahne gegenüber eingefügt, beim ♀ normal. Hintertibien mit ungleichen Randborsten.

Hierher gehören 11 Arten aus dem paläarktischen, äthiopischen und neotropischen Gebiet (32—42).

Bestimmungstabelle der Arten:

1	Clipeus deutlich ausgerandet, jederseits stumpf- oder scharfwinklig, lappig vorgezogen oder mit dornähnlichem Zähnchen — 2	
	Clipeus abgestutzt und schwach ausgerandet, jederseits breit gerundet, Flügeldecken hellbraun, Kopf und Thorax dunkler — 6	
2	Clipeus mit aufgebogenem, spitzen Zähnchen, Kopf rauh punktiert, Oberseite einfarbig rotbraun, Flügeldecken so stark wie Thorax punktiert	40. **A. (C.) militaris**
	Clipeus ohne scharfes Zähnchen — 3	
3	Clipeus beim ♂ in 2 lange Zipfel ausgezogen, beim ♀ nur schwachlappig, Flügeldecken mit Nebelfleck .	41. **A. (C.) lunifer**
	Clipeus scharfwinklig oder stumpf abgerundet — 4	

4 Clipeus mit scharfem Winkel, einfarbig schwarz, Flügeldecken zuweilen mit hellen Würfelflecken . . . 42. A. (C.) bicolor
Clipeus mehr oder weniger stumpf abgerundet — 5

5 Flügeldecken hellbraun, hinten tiefer gestreift, Zwischenräume hier konvex . . . . 32. A. (C.) penetrans
Flügeldecken schwarz oder dunkel rotbraun, mit großer rötlicher Schultermakel . . . . 33. A. (C.) edgardi

6 Apicalzahn der Vordertibien beim ♂ an der Spitze breit abgestutzt, Hinterwinkel des Halsschildes gerundet . . . . 34. A. (C.) hastatus
Apicalzahn zugespitzt, Hinterwinkel immer deutlich — 7

7 Flügeldecken dicht punktiert, beim ♂ sehr deutlich, beim ♀ undeutlicher behaart, 1. Zwischenraum sehr deutlich punktiert . . . . 35. A. (C.) gregarius
Flügeldecken kaum wahrnehmbar behaart, 1. Zwischenraum unpunktiert oder nur sehr fein — 8

8 Streifenpunkte die Ränder der Zwischenräume deutlich kerbend — 9
Streifenpunkte nicht kerbend — 10

9 Zwischenräume stark konvex, ihre Mitte kaum so breit wie die Furchen, neben den Streifen fein punktiert, Apicalzahn der Vordertibien laterad gebogen . . 36. A. (C.) pallididorsis
Zwischenräume schwach konvex, viel breiter als die Streifen, neben denselben deutlich punktiert, Apicalzahn nach vorn gerichtet . . . . 37. A. (C.) sordescens

10 Hinterwinkel des Halsschildes ausgerandet, Flügeldecken an den Seiten geschwärzt . . . . 38. A. (C.) anomalipus
Hinterwinkel stumpf abgerundet, Flügeldecken mit Scheibenfleck . . . . 39. A. (C.) tibialis

32 **A. (C.) penetrans** Ad. Schm. 1911 *A. p.*, Ad. Schmidt in: Ent. Zeit. Stettin, *v.* 72 p. 19 | 1913 *A. (Cinacanthus) p.*, Ad. Schmidt in: Arch. Naturg., *v.* 79 A fasc. 11 p. 121.

Gelbbraun, Scheibe des Halsschildes und schmale Naht dunkler, Flügeldecken fahl gelbbraun. Kopf ausgerandet, jederseits mit deutlichem, stumpfen Winkel, Oberfläche feiner und stärker, nicht sehr dicht punktiert. Thorax seitlich wenig gerundet, Seiten und stumpfe Hinterwinkel gerandet, Basis ohne Rand, oberseits wie der Kopf punktiert. Schildchen schmal, vorn parallel, mit dunklern Rändern und wenigen, feinen Punkten. Flügeldecken nach hinten tiefer gestreift, mit feinen Streifenpunkten, Zwischenräume flach, fein punktiert, vor der Spitze gewölbt. Oberer Enddorn der Hintertibien länger als 1. Tarsenglied. ♂. Vordertibien gleichbreit, Enddorn gegenüber dem oberen Randzahne eingefügt, Thorax in der Mitte ohne größere Punkte, Hintertibien vor der Spitze plötzlich verbreitert, Metatarsus gleich den 3 folgenden Gliedern. ♀. Vordertibien normal, Halsschild auch in der Mitte mit einzelnen größeren Punkten, Hintertibien gleichmäßig verbreitert, Metatarsus kürzer als die 3 folgenden Glieder. — L. 5 mm.

Somali-Land.

33. **A. (C.) edgardi** Solsky 1876 *A. e.*, Solsky in: Fedtschenko, Turkestan, *v.* 2 fasc. 11 p. 340 | 1892 *A. (Biralus) e.*, Reitter in: Verh. Ver. Brünn, *v.* 30 p. 244 | 1913 *A. (Cinacanthus) e.*, Ad. Schmidt in: Arch. Naturg., *v.* 79 A fasc. 11 p. 121.

Schwarz, gewölbt, glänzend, zuweilen dunkel rotbraun. Kopf flach, mit schwacher Beule, davor niedergedrückt, fein, undicht punktiert, Stirnnaht angedeutet, Clipeus deutlich ausgerandet, jederseits etwas stumpf gerundet,

Wangen bewimpert und abgerundet, die Augen nicht überragend. Thorax quer, fein punktiert, seine Seiten wenig gerundet, diese, sowie die abgerundeten Hinterwinkel und Basis gerandet. Schildchen an der Basis einzeln punktiert. Flügeldecken fein gestreift, mit feinen Streifenpunkten, Zwischenräume fast flach, fein punktiert, Schulter mit großer, rötlicher Makel. Unterseite schwarz, Schenkel heller, diese einzeln, fein punktiert, neben dem Knie mit einigen großen Haarpunkten. Seiten der Hinterbrust und Abdomen nicht dicht punktiert und behaart. Oberer Enddorn der Hintertibien länger als 1. Glied des Tarsus, dieses so lang wie die 2 folgenden Glieder. — L. 5—7 mm.

Turkestan.

34. **A. (C.) hastatus** Reitt. 1893 *A. (Melinopterus) h.*, Reitter in: Verh. Ver. Brünn, *v.* 31 p. 106 | 1913 *A. (Cinacanthus) h.*, Ad. Schmidt in: Arch. Naturg., *v.* 79 A fasc. 11 p. 121.

Länglich, wenig gewölbt, glänzend, gelbbraun, Thorax in der Mitte und die Naht der Flügeldecken dunkler, letztere an der Spitze fein behaart. Kopf breit abgestutzt, kaum ausgerandet, fein, wenig dicht punktiert, die Mitte schwach erhaben, Wangen bewimpert, deutlich die Augen überragend. Thorax quer, mit gerundeten Seiten, diese, sowie die abgerundeten Hinterwinkel und Basis, letztere aber sehr fein, gerandet, oberseits fein punktiert, Seiten und Basis mit wenigen, größeren Punkten, vor dem Schildchen mit feiner Mittellinie. Schildchen dreieckig, einzeln punktiert. Flügeldecken hinten etwas breiter, fein gestreift, Streifenpunkte deutlich, Zwischenräume konvex, neben dem Rande punktiert. Oberer Enddorn der Hintertibien gleich dem 1. Gliede des Tarsus, dieses fast so lang wie die 3 folgenden. Apikalzahn der Vordertibien beim ♂ stark nach vorn verlängert und breit abgestutzt, Enddorn medial zwischen dem 1. und 2. lateralen Randzahne eingefügt. ♀ unbekannt. — L. 7 mm.

Turkestan.

35. **A. (C.) gregarius** Har. 1871 *A. g.*, Harold in: Col. Hefte, *v.* 7 p. 112 | 1871 *A. maculicollis* (non Reiche 1847), Ballion in: Bull. Soc. Moscou, *v.* 43 II p. 333 | 1892 *A. (Melinopterus) gregarius*, Reitter in: Verh. Ver. Brünn, *v.* 30 p. 237 | 1911 *A. lineatosetosus*, Benderitter in: Bull. Soc. ent. France, p. 88 | 1911 *A. l.*, Bedel in: Bull. Soc. ent. France, p. 102 | 1913 *A. (Cinacanthus) gregarius*, Ad. Schmidt in: Arch. Naturg., *v.* 79 A fasc. 11 p. 121.

Länglich, wenig gewölbt, glänzend, hellbraun, Thorax mit dunklem Scheiben- und Seitenfleck, Flügeldecken deutlich behaart. Kopf in der Mitte beulig, fein punktiert, Clipeus leicht ausgerandet, Stirnnaht mit schwacher Andeutung von Tuberkeln, Wangen die Augen etwas überragend. Thorax nach hinten gerundet erweitert, Seiten und Basis gerandet, Hinterwinkel schwach abgestutzt, oberseits etwas größer als der Kopf punktiert, die Punkte in Größe kaum verschieden. Schildchen dreieckig, mit wenigen feinen Punkten und dunklen Rändern. Flügeldecken hinten etwas breiter, fein gestreift, schwach konvex. Oberer Enddorn länger als Metatarsus, dieser nicht gleich den 3 folgenden Tarsengliedern. ♂. Endzahn der Vordertibien spitz, an der Unterseite mit gelber Haarbürste, Thorax vorn wenig schmaler, in der Mitte ohne große Punkte, Zwischenräume der Flügeldecken neben den Streifen sehr dicht punktiert, dicht und deutlich behaart. ♀. Vordertibien ohne Haarbürste, Halsschild nach vorn deutlich verschmälert, auch in der Mitte deutlich punktiert, Zwischenräume neben den Streifen weniger dicht punktiert, kürzer und zerstreuter behaart. — L. 7—8 mm.

Südrußland, Nord- u. Zentralasien.

36. **A. (C.) pallididorsis** Reitt. 1887 *A. (Melinopterus) p.*, Reitter in: Horae Soc. ent. Ross., *v.* 21 p. 207, 224 | 1892 *A. (M.) p.*, Reitter in: Verh. Ver. Brünn, *v.* 30 p. 237 | 1913 *A. (Cinacanthus) p.*, Ad. Schmidt in: Arch Naturg., *v.* 79 A fasc. 11 p. 122.

Gelbbraun, Hinterkopf, Mitte desselben und des Halsschildes dunkel, Hinter- und Seitenrand in der Grundfarbe. Kopf breit abgestutzt, schwach ausgerandet, Mitte mit Längsbeule, sehr fein punktiert, Wangen bewimpert, die Augen überragend. Thorax quer, an den Seiten einzeln punktiert, nach hinten gerundet erweitert, Seiten und Basis gerandet, letztere sehr fein. Schildchen dreieckig, mit wenigen Punkten. Flügeldecken lang, hinten verbreitert, sehr deutlich gestreift, Streifenpunkte kerben deutlich die Ränder der stark konvexen Zwischenräume. Oberer Enddorn der Hintertibien länger als 1. Glied der Tarsen, dieses so lang wie die 3 folgenden Glieder. — L. 7 mm.

Chinesisch-Turkestan.

37. **A. (C) sordescens** Har. 1869 *A. s.*, Harold in: Abeille, *v.* 5 p. 431 | 1871 *A. s.*, Harold in: Berlin. ent. Z., *v.* 15 p. 255 | 1892 *A. (Bodilus) s.*, Reitter in: Verh. Ver. Brünn, *v.* 30 p. 194 | 1913 *A. (Cinacanthus) s.*, Ad. Schmidt in: Arch. Naturg., *v.* 79 A fasc. 11 p. 122.

Hellbraun, Kopf hinten und in der Mitte, Scheibe des Halsschildes und Naht dunkel. Kopf vorn wenig schmaler, leicht ausgerandet, fein und wenig dicht punktiert, Mitte fast ohne Punkte, Wangen stumpfwinklig, die Augen etwas überragend. Thorax in flachem Bogen nach hinten verbreitert, Hinterwinkel stumpf, oberseits sehr fein und vereinzelt punktiert, an den Seiten mit einigen etwas größeren Punkten. Schildchen dreieckig, einzeln punktiert. Flügeldecken deutlich gestreift, Zwischenräume schwach erhaben. Unterseite wie oben gefärbt, Schenkel heller, mit kurzer Haarpunktreihe, Seiten der Hinterbrust und des Abdomen punktiert und behaart, Metasternalplatte längsgrubig vertieft. Oberer Enddorn der Hintertibien gleich dem 1. Gliede der Tarsen, dieses kürzer als die 3 folgenden. — L. $5^1/_2$—6 mm

Sibirien.

38. **A. (C.) anomalipus** Péring. 1901 *A. a.*, Péringuey in: Tr. S. Afr. Soc., *v.* 12 p. 393 | 1913 *A. (Cinacanthus) a.*, Ad. Schmidt in: Arch. Naturg., *v.* 79 A fasc. 11 p. 122.

Glänzend, hellbraun, Thoraxscheibe wenig dunkler, Seiten mit schwarzer Makel, Flügeldecken an den Seiten hinter der Mitte geschwärzt, unbehaart. Kopf vorn leicht ausgerandet, feiner und stärker punktiert, in der Mitte mit deutlicher Längsbeule, Wangen bewimpert, die Augen deutlich überragend. Thorax quer, wenig gerundet an den Seiten, diese gerandet, Basis ohne Rand, an der Kante schmal geschwärzt, die Seiten und hinten mit vereinzelten größeren Punkten, Hinterwinkel abgestutzt und schwach ausgerandet. Schildchen schmal dreieckig, mit wenigen Pünktchen. Flügeldecken schwach verbreitert, stark gestreift, Streifenpunkte deutlich, Zwischenräume an der Spitze konvex. Enddorn der Hintertibien gleich dem 1. Tarsengliede, dieses so lang wie die 3 folgenden. Distaler Enddorn der Mitteltibien stark verkürzt beim ♂, mit der Spitze mediad gebogen, stumpf erscheinend. ♀ unbekannt. — L. 7 mm.

Südafrika.

39. **A. (C.) tibialis** Ad. Schm. 1908 *A. t.*, Ad. Schmidt in: Sjöstedt, Kilimandjaro, *v.* 1 pars 7 p. 55 | 1913 *A (Cinacanthus) t.*, Ad. Schmidt in: Arch. Naturg., *v.* 79 A fasc. 11 p. 122.

Glänzend, unbehaart, gelbbraun, Kopf ohne Vorderrand, ein großer rundlicher Fleck auf der Scheibe, der die Basis schmal, den Seitenrand breiter freiläßt, ein kleiner rundlicher Fleck in der Mitte des letzteren und Schildchen schwarz, Scheibe der Flügeldecken schwach dunkler. Kopf seitlich mit einzelnen Punkten, in der Mitte mit glatter Längsbeule, Clipeus ausgerandet, seitlich gerundet, Wangen mit Haarbüschel, rundlich, die Augen kaum überragend. Thorax quer, mit abgerundeten Seiten, bis um die gerundeten Hinterwinkel gerandet, Basis ohne Rand, oberseits mit zerstreuten, sehr feinen Punkten, nach den Seiten mit wenigen größeren besetzt. Schildchen vorn parallel, einzeln punktiert. Flügeldecken verbreitern sich nach hinten, sie sind deutlich vor der Spitze tiefer gestreift, Streifenpunkte fein und sehr flach. Oberer Enddorn der Hintertibien länger als 1. Tarsenglied, dieses gleich den 3 folgenden. ♂. Enddorn der Vordertibien nahe dem obern Lateralzahne eingefügt, verhältnismäßig lang. ♀ unbekannt. — L. 5 mm.

Meru-Niederung.

40. **A. (C.) militaris** L. Lec. 1858 *A. m.*, L. Le Conte in: P. Ac. Philad., p. 65 | 1887 *A. m.*, G. Horn in: Tr. Amer. ent. Soc., *v.* 14 p. 38 | 1913 *A. (Cinacanthus) m.*, Ad. Schmidt in: Arch. Naturg., *v.* 79 A fasc. 11 p. 121.

Durch rotbraune Färbung und die 2 spitzen Zähnchen am Clipeus ausgezeichnet. Kopf vorn rauh, hinten feiner punktiert, Stirnnaht vor den Augen deutlich erhaben, Wangen stumpfwinklig, die Augen überragend, sehr deutlich wie die Seiten des Kopfes bewimpert. Thorax wenig gerundet, quer, nicht grob punktiert, Seiten und Basis gerandet, Hinterwinkel gerundet und wie die Seiten bewimpert. Schildchen dreieckig, zuweilen auch an der äußersten Basis parallel. Flügeldecken etwas verbreitert, fein gestreift, Streifenpunkte undeutlich, Zwischenräume flach, etwas gereiht punktiert, die Punkte so groß wie die des Halsschildes. Unterseite punktiert und behaart. Oberer Enddorn an den Hintertibien so lang wie 1. Tarsenglied, dieses länger als 2 folgende. ♂. Vordertibien medial in der Spitzenhälfte etwas ausgerandet, Enddorn sehr klein, anliegend, deshalb leicht zu übersehen, letzter Lateralzahn in der Richtung der Tibia verlängert und dann laterad gebogen, Kopf nur vorn rauh punktiert, Thorax in der Mitte feiner punktiert. ♀. Vordertibien normal, Kopf bis zur Stirnlinie rauh, Thorax gleichmäßig punktiert. — L. 5 mm.

California, Nevada.

41. **A. (C.) lunifer** Solsky 1876 *A. l.*, Solsky in: Fedtschenko, Turkestan, *v.* 2 fasc. 11 p. 336 t. 1 f. 18 | 1892 *A. (Melaphodius) l.*, Reitter in: Verh. Ver. Brünn, *v.* 30 p. 238 | 1913 *A. (Cinacanthus) l.*, Ad. Schmidt in: Arch. Naturg., *v.* 79 A fasc. 11 p. 121.

Glänzend schwarz, Flügeldecken heller oder dunkler gelbbraun, die hellen Arten gewöhnlich mit Nebelfleck. Kopf und Thorax ziemlich gleichmäßig, nicht dicht punktiert, Wangen sehr stark abgerundet und sehr schmal, nach vorn gerichtet. Thorax gerundet, seine Seiten und Basis gerandet, letztere schwach ausgebogt, Hinterwinkel stumpf abgerundet. Schildchen dreieckig, neben den Rändern schwach vertieft, einzeln punktiert. Flügeldecken mit schwarzer Naht, nach hinten verbreitert, fein gestreift, Streifenpunkte fein, Zwischenräume flach, deutlich, aber nicht dicht punktiert. Unterseite schwarz, glänzend, punktiert und behaart, Beine heller. Oberer Enddorn der Hintertibien länger als 1. Tarsenglied. ♂. Kopf tief ausgebuchtet, jederseits in 2 lange, gekielte Zipfel ausgezogen, hinten fein punktiert, Thorax etwas fein punktiert, nach vorn nicht verschmälert, Metatarsus länger als die 2 folgenden Tarsenglieder. ♀. Kopf wenig tief ausgerandet, seitlich gerundet, Thorax vorn schmaler, Metatarsus kürzer als 2 Tarsenglieder. — L. 7 mm.

Taschkent.

42. **A. (C.) bicolor** Say 1823 *A. b.*, Say in: J. Ac. Philad., *v.* 3 p. 212 | 1887 *A. b.*, G. Horn in: Tr. Amer. ent. Soc., *v.* 14 p. 46 | 1913 *A. (Cinacanthus) b.*, Ad. Schmidt in: Arch. Naturg., *v.* 79 A fasc. 11 p. 121.

Unbehaart, glänzend, einfarbig schwarz, Flügeldecken zuweilen abwechselnd schwarz und rotgelb gewürfelt. Kopf mit Längsbeule, dicht und deutlich punktiert, Clipeus ausgerandet, jederseits scharfwinklig, Wangen abgerundet, die Augen wenig überragend. Thorax quer, die Seiten, stumpfe Hinterwinkel und Basis gerandet, oberseits ziemlich dicht, feiner und größer punktiert. Schildchen dreieckig, Basis einzeln punktiert. Flügeldecken an der Spitze matt, punktiert-gestreift, Streifenpunkte kerben die Ränder der Zwischenräume, diese konvex, fein punktiert. Oberer Enddorn der Hintertibien kürzer als das 1. Tarsenglied, dieses so lang wie 3 folgende Glieder. ♂. Metasternalplatte punktiert, seitlich mit Haarpunktreihe, Thorax seitlich gerundet, wenig dicht punktiert. ♀. Metasternalplatte nur punktiert, ohne Haarpunktreihe, Thorax geradseitig nach hinten verbreitert, dichter punktiert. Diese Art ist auffällig durch die hell rötlichbraune Färbung der Unterseite. — L. 4,5—6 mm.

Massachusetts, Canada bis Texas.

g) Subgen. **Stenobronchus** Ad. Schmidt

1843 *Oxyomus* (part.), Mannerheim in: Bull. Soc. Moscou, *v.* 16 p. 261 | 1913 *Aphodius (Stenotothorax)* (non S. H Scudder 1882), Ad. Schmidt in: Arch. Naturg., *v.* 79 A fasc. 11 p. 122 | 1916 *Stenobronchus*, Ad. Schmidt in: Arch. Naturg., *v.* 82 A fasc. 1 p. 99.

Thorax nach hinten verengt, an der Basis gerandet, Schildchen dreieckig, klein oder sehr klein.

Körper länglich-oval, schwarz, glänzend, unbehaart. Kopf kurz und breit, nach vorn bogig verengt, wenig gewölbt, Mitte beulig erhöht, einfach oder runzlig punktiert, Clipeus ausgerandet, jederseits gerundet oder gezähnt, Nahtlinie ungehöckert, Wangen groß, stumpfwinklig. Thorax zur Basis gerundet verschmälert, die Seiten und Basis gerandet, Hinterwinkel abgestutzt oder ausgerandet, Oberfläche deutlich punktiert. Flügeldecken mit kleinem Schulterdorn, nach hinten mehr oder weniger verbreitert, punktiert-gestreift, Epipleuren normal. Unterseite glänzend, punktiert und einzeln behaart. Vordertibien lateral 3zähnig, mit spitzem Enddorn an der Medialseite, Hintertibien mit ungleichen oder gleichen Endborsten. ♂. Enddorn der Vordertibien sehr spitz, mediad gebogen, beim ♀ Enddorn normal.

Hierher gehören 8 Arten aus Nordamerika (nr. 43—50).

Bestimmungstabelle der Arten:

1 { Schildchen sehr klein, bei angezogenem Thorax kaum sichtbar — 2
  { Schildchen etwas größer, immer deutlich sichtbar — 5

2 { Clipeus mit spitzem Zahn oder deutlichem Winkel — 3
  { Clipeus seitlich breit gerundet — 4

3 Clipeus spitz gezähnt, Thorax fein und etwas stärker, nicht dicht punktiert, 1. Glied an den Hintertarsen nicht so lang wie die 3 folgenden Glieder . . . 43. **A. (S.) nevadensis**
Clipeus mit kleinem Winkel, Thorax mit mikroskopisch feinen und groben, grübchenartigen Punkten bestreut, Metatarsus gleich den 3 folgenden Tarsengliedern . . . . 44. **A. (S.) gentilis**

4 Kopf vorn und seitlich rauh punktiert, Hinterwinkel des Halsschildes gerundet . . . . 45. **A. (S.) cribratulus**
Kopf fein und wenig stärker punktiert, Hinterwinkel ausgerandet . . . . 46. **A. (S.) cadaverinus**

5 Clipeus mit spitzem Zähnchen jederseits, Hinterwinkel des Halsschildes abgestutzt, Metatarsus länger als die 3 folgenden Glieder . . . . 47. **A. (S.) oblongus**
Clipeus seitlich gerundet — 6

6 Flügeldecken länglich, wenig verbreitert, deutlich punktiert-gestreift, Hinterwinkel des Halsschildes ausgerandet . . . . 48. **A. (S.) sparsus**
Flügeldecken oval, fein punktiert-gestreift, Thorax zahlreich grob punktiert, Hinterwinkel gerundet. Größere Art . . . . 49. **A. (S.) ovipennis**
Flügeldecken oval, stark punktiert-gestreift, Thorax mit wenigen groben Punkten, Hinterwinkel gerundet. Kleinere Art . . . . 50. **A. (S.) tragicus**

43. **A. (S.) nevadensis** Horn 1870 *A. n.*, G. Horn in: Tr. Amer. ent. Soc., *v.* 3 p. 121 | 1887 *A n.*, G. Horn l. c., *v.* 14 p. 23 | 1913 *A. (Stenotothorax) n.*, Ad. Schmidt in: Arch. Naturg., *v.* 79 A fasc. 11 p. 122.

Kopf rauh, querrunzlig, hinten feiner punktiert, nach vorn stark gerundet verengt, ausgerandet, jederseits mit dornähnlichem Zähnchen. Thorax quer, hinten stark verschmälert, Scheibe wenig gewölbt, feiner und etwas stärker, nicht sehr dicht punktiert, Seiten breit abgerundet, Hinterwinkel und Basis mit deutlicher Randung, vor dem Schildchen mit schwachem Längseindruck. Schildchen kaum wahrnehmbar. Flügeldecken nach der Mitte stark verbreitert, punktiert-gestreift, Streifenpunkte fein, Zwischenräume schwach konvex, fein punktiert. Hintertibien am Spitzenrande mit gleichen Borsten, Enddorne fast gleichlang, oberer so lang wie 1. Tarsenglied, dieses nicht ganz so lang wie die 3 folgenden. — L. 5,5—7,5 mm.

Nevada, Nordcalifornia.

44. **A. (S.) gentilis** Horn 1887 *A. g*, G. Horn in: Tr. Amer ent. Soc, *v.* 14 p. 24 | 1913 *A. (Stenotothorax) g.*, Ad. Schmidt in: Arch. Naturg., *v.* 79 A fasc. 11 p. 122.

Unterscheidet sich von der vorigen Art durch stärkere Punktierung und an der Basis weniger verengte Flügeldecken. Kopf vorn runzlig, hinten feiner punktiert, nur neben den Augen mit einigen großen Punkten. Clipeus jederseits der Ausrandung mit kleiner, winkliger Ecke. Thorax quer, seitlich herabgewölbt, mit deutlicher Randung an den Seiten und der Basis, Hinterwinkel abgerundet, oberseits mit sehr feinen und groben, ungleich verteilten Punkten besetzt, ein Eindruck vor dem Schildchen fehlt. Dieses sehr klein, dreieckig. Punkte der Flügeldeckenstreifen greifen die Ränder der Zwischenräume an, letztere kaum gewölbt, fein und einzeln punktiert. Hintertibien gleich beborstet, oberer Enddorn gleich dem 1. Tarsengliede, dieses so lang wie die 3 folgenden. — L. 7 mm.

San Francisco.

45. **A. (S.) cribratulus** nom. nov. Ad. Schm. 1878 *A. cribratus* (non E. Mulsant 1842), L. Le Conte in: Bull. U. S. geol. Surv., *v.* 4 II p. 455 | 1887 *A. c.*, G. Horn in: Tr. Amer. ent. Soc., *v.* 14 p. 24 | 1913 *A. (Stenotothorax) c.*, Ad. Schmidt in: Arch. Naturg., *v.* 79 A fasc. 11 p. 122.

Diese Art stimmt mit der vorigen in Gestalt, Skulptur und in dem Verhältnis des 1. Gliedes der Hintertibien zu den übrigen Gliedern überein, unterscheidet sich nur dadurch, daß der Clipeus neben der Ausrandung keine Ecke aufweist, sondern vollständig gerundet ist. — L. 4,5—7 mm.

California, Oregon.

46 **A. (S.) cadaverinus** (Mannerh.) 1843 *Oxyomus c.*, Mannerheim in: Bull. Soc. Moscou, *v.* 16 p. 261 | 1913 *Aphodius (Stenotothorax) c.*, Ad. Schmidt in: Arch. Naturg., *v.* 79 A fasc. 11 p. 122.

In der Gestalt gleicht diese Art den 2 vorhergehenden, aber der Kopf ist nicht rauh punktiert, sondern ziemlich dicht mit feinen und wenigen größeren Punkten besetzt. Clipeus ausgerandet, jederseits gerundet, Wangen kleiner. Thorax an den Seiten und der Basis gerandet, Seiten außerdem nach hinten zu zweimal flach ausgebuchtet. Schildchen klein, aber mehr sichtbar als bei den vorigen Arten. Flügeldecken punktiert-gestreift, Punkte in den Streifen greifen die Ränder schwach an, Zwischenräume sehr fein punktiert, fast flach. Hintertibien mit ungleichen Borsten, oberer Enddorn wenig kürzer als der Metatarsus, dieser länger als die 3 folgenden Glieder. — L. 7 mm.

California.

47. **A. (S.) oblongus** Say 1823 *A. o.*, Say in: J Ac Philad., *v.* 3 p. 215 | 1844 *A. badipes*, Melsheimer in: P. Ac. Philad., *v.* 2 p. 135 | 1887 *A. oblongus*, G. Horn in: Tr. Amer. ent. Soc., *v.* 14 p. 61 | 1913 *A. (Stenotothorax) o.*, Ad. Schmidt in: Arch. Naturg., *v.* 79 A fasc. 11 p. 122.

Länglich, wenig nach hinten verbreitert. Kopf stark gerundet verengt, vorn ausgerandet und jederseits mit spitzem Zähnchen, Oberfläche feiner und wenig stärker punktiert, Clipeus schwach querrunzlig. Thorax stark quer, zerstreut punktiert, die Punkte kaum stärker als die größeren des Kopfes, Seiten und Basis gerandet, letztere in der Mitte etwas hervorgezogen und jederseits ausgerandet, Hinterwinkel abgestutzt. Schildchen dreieckig, an der Basis mit einigen Punkten. Flügeldecken hinten breiter, punktiert-gestreift, Streifenpunkte deutlich, sie kerben schwach die Ränder, Zwischenräume sehr wenig gewölbt. Hintertibien mit kurzen, etwas ungleichen Borsten besetzt, Metatarsus etwas länger als oberer Enddorn, länger als die 3 folgenden Glieder. — L. 7—9 mm.

Canada, Mittlere der Vereinigten Staaten von Nordamerika, Rocky Mountains.

48. **A. (S.) sparsus** L. Lec. 1878 *A. s.*, L. Le Conte in: Bull. U S. geol. Surv., *v.* 4 II p. 458 | 1887 *A. s.*, G. Horn in: Tr. Amer. ent. Soc., *v.* 14 p. 62 | 1905 *A. blaisdelli*, Fall in: Ent. News Philad., *v.* 16 p. 129 | 1907 *A. b.*, Fall l. c., *v.* 18 p. 177 | 1913 *A. (Stenotothorax) sparsus*, Ad. Schmidt in: Arch. Naturg., *v.* 79 A fasc. 11 p. 122.

In der Gestalt dem *A. (S.) oblongus* Say sehr ähnlich, aber der Kopf ist zerstreuter und auch feiner punktiert, Hinterwinkel des Halsschildes sind ausgerandet, Streifenpunkte der Flügeldecken sind größer und kerben deutlich die Ränder der ebenen Zwischenräume, besonders an den Seiten, oberer Enddorn der Hintertibien deutlich kürzer als der Metatarsus, dieser ebenfalls länger als die 3 folgenden Glieder. Hauptsächlich unterscheiden sich beide Arten darin, daß der Clipeus bei *A. (S.) sparsus* jederseits vollständig gerundet ist. — L. 7 mm.

California.

49. **A. (S.) ovipennis** Horn 1870 *A. o.*, G. Horn in: Tr. Amer. ent. Soc., *v.* 3 p. 133 | 1887 *A. o.*, G. Horn l. c, *v.* 14 p. 63 | 1913 *A. (Stenotothorax) o.*, Ad. Schmidt in: Arch. Naturg., *v.* 79 A fasc. 11 p. 122.

Diese und die folgende Art haben ovale Flügeldecken, sie kommen in der Form derselben dem *A. (S.) nevadensis* Horn (nr. 43) näher. Kopf fein punktiert, mit einigen größeren Punkten neben den Augen, Clipeus ohne Zähnchen, gerundet. Thorax quer, mit Randung an Seiten und Basis, Hinterwinkel gerundet, oberseits grob, an den Seiten dichter punktiert. Schildchen klein, dreieckig. Flügeldecken fein gestreift, mit feinen Streifenpunkten, Zwischenräume flach. Hintertibien ungleich beborstet, 1. Glied länger als die 3 folgenden (ex Horn). — L. 7,5—8,5 mm.

California.

50. **A. (S.) tragicus** nom. nov. Ad. Schm. 1878 *A. humeralis* (non *A. h.* E. Mulsant 1842), L. Le Conte in: Bull. U. S. geol. Surv., *v.* 4 II p. 459 | 1887 *A. h.*, G. Horn in: Tr. Amer. ent. Soc., *v.* 14 p. 63 | 1913 *A. (Stenotothorax) h.*, Ad. Schmidt in: Arch. Naturg., *v.* 79 A fasc. 11 p. 122.

Unterscheidet sich von voriger Art durch geringere Größe, unpunktierten Kopf, durch stärkere Streifenpunkte und die gewölbten Zwischenräume der Flügeldecken (ex Horn). — L. 3,5 mm.

Michigan, Maryland.

h) Subgen. **Platyderides** Ad. Schmidt

1913 *Aphodius (Platyderus)* (non J F. Stephens 1828), Ad Schmidt in: Arch. Naturg., *v.* 79 A fasc. 11 p. 122 | 1916 *Platyderides*, Ad. Schmidt in: Arch. Naturg., *v.* 82 A fasc. 1 p. 99.

Größere, braune oder schwarze Arten, gewöhnlich flach gewölbt, mehr oder weniger glänzend, selten behaart, Thorax seitlich verflacht, Basis gerandet *A. (P.) arrowi* Ad. Schm. und *A. (P.) explanatus* Lec. oder ungerandet, Schildchen dreieckig, Endborsten ungleich.

Kopf flach, ungehöckert, nur bei *A. (P.) explanatus* Lec. mit schwachen Höckerchen und schwacher Beule, mehr oder weniger deutlich punktiert, Clipeus stärker oder schwächer ausgerandet, selten stumpfwinklig oder gezähnt, Wangen deutlich bewimpert. Thorax quer, meistens fein und wenig dicht punktiert, Hinterwinkel gewöhnlich deutlich und die Basis ungerandet, Seiten immer mehr oder weniger breit verflacht, zuweilen nur hinter den Vorder- und vor den Hinterwinkeln. Flügeldecken fein gestreift, bei *A. (P.) arrowi* (nr. 54) nur mit stärkeren Streifenpunkten, Zwischenräume gewöhnlich nur schwach konvex, nicht immer vollglänzend, fein punktiert. Unterseite mit der Oberseite gleichfarbig, wenig punktiert.

Hierher gehören sicher 16, vielleicht noch 3 weitere Arten aus Nord- und Mittelamerika (nr. 51—69).

Bestimmungstabelle der Arten, außer nr. 67—69:

1	Clipeus jederseits mit scharfem Winkel oder Zähnchen — 2
	Clipeus jederseits gerundet — 4
2	Clipeus scharfwinklig — 3
	Clipeus gezähnt, Oberseite einfarbig kastanienbraun 66. **A. (P.) rudis**

3 Thorax dicht punktiert, Hinterwinkel abgerundet, mit deutlichem Eindruck in denselben, Kopf und Thorax schwarz, Flügeldecken rötlichgelb . . . 51. **A. (P.) explanatus**
Thorax weniger dicht punktiert, Hinterwinkel stumpf, ohne Eindruck . . . . 52 **A. (P.) phaeopterus**

4 Hinterwinkel deutlich ausgerandet . . . . . . 53. **A. (P.) ochreipennis**
Hinterwinkel nicht ausgerandet — 5

5 Flügeldecken deutlich punktiert — 6
Flügeldecken kaum sichtbar punktiert — 10

6 Oberseite schwarz, Flügeldecken behaart — 7
Oberseite schwarz oder schwarzbraun, Flügeldecken heller, unbehaart — 8

7 Flügeldecken glänzend, mit starken, die Ränder kerbenden Punkten . . . . 54. **A. (P.) arrowi**
Flügeldecken matt, mit kaum sichtbaren Streifenpunkten . . . . 55. **A. (P.) pullatus**

8 Thorax an den Seiten sehr ungleich punktiert . 56. **A. (P.) depressiusculus**
Thorax an den Seiten gleichmäßig, fein punktiert — 9

9 Kopf vorn runzlig, Vordertibien deutlich verbreitert 57. **A. (P.) villosipes**
Kopf gleichmäßig fein punktiert, Vordertibien sehr schlank . . . . 58. **A. (P.) puncticeps**

10 Flügeldecken schmutzig hellbraun, lederartig matt, ♂ verdickte Mitteltarsen . . . . 59. **A. (P.) fuliginosus**
Flügeldecken mehr oder weniger glänzend, mit andern Geschlechtsdifferenzen — 11

11 1. Zwischenraum vollständig flach, hinten kaum schmaler, Zwischenräume flach, breitere Arten — 12
1. Zwischenraum nicht flach, hinten deutlich schmaler, Zwischenräume konvex, nur bei *A. (P.) högei* flach — 13

12 Oberseite hell rötlichbraun, Thorax seitlich nur einzeln punktiert . . . . 60. **A. (P.) haldemani**
Kopf und Thorax schwarzbraun, Flügeldecken dunkel rotbraun, Thorax grob bis zur Mitte hinauf, aber unregelmäßig verteilt punktiert . 61. **A. (P.) brevicollis**

13 Kopf nur mit einzelnen, wenig sichtbaren Punkten — 14
Kopf vorn schwach runzlig punktiert, hinten feiner, Thorax gleichmäßig und ziemlich dicht punktiert 62. **A. (P.) luridiventris**

14 Kopf und Thorax ohne die Seiten rotbraun, letztere gleichmäßig fein punktiert, Flügeldecken hellbraun, mit dunkler Naht . . . . 63. **A. (P.) luteolus**
Oberseite dunkelbraun, Flügeldecken wenig heller — 15

15 Thoraxseiten sehr ungleich punktiert, Zwischenräume der Flügeldecken eben . . . . . . 64. **A. (P.) högei**
Thorax fein, seitlich nur wenig dichter punktiert, Zwischenräume konvex . . . . 65. **A. (P.) mexicanus**

51 **A. (P.) explanatus** L. Lec. 1878 *A. e.*, L. Le Conte in: Bull. U. S. geol. Surv., *v.* 4 II p. 457 | 1887 *A. e.*, G. Horn in: Tr. Amer. ent. Soc., *v.* 14 p. 80 | 1913 *A. (Platyderus) e.*, Ad. Schmidt in: Arch. Naturg., *v.* 79 A fasc. 11 p. 122.

Schwarz, Kopf- und Thoraxrand rötlich, Flügeldecken rötlichgelb oder bronzebraun, stark gewölbt, länglich, glänzend, unbehaart. Kopf flach, mit schwacher Beule, fein und dicht punktiert, Clipeus deutlich ausgerandet, jederseits mit deutlichem Winkel, Wangen stumpfwinklig, die Augen überragend. Thorax breiter als die Flügeldecken, sehr dicht, fein und mittelstark punktiert, nach vorn feiner, vor dem Schildchen mit schwachem Eindruck, davor mit glatter Mittellinie, Seiten verflacht, vorn und hinten breiter, Hinterwinkel abgerundet, Seiten und Basis gerandet. Schildchen mit einigen Punkten. Flügeldecken hinten wenig breiter, fein gestreift, Streifenpunkte flach, an den Seiten deutlicher, Zwischenräume gewölbt, einzeln und fein, vor der Spitze deutlicher und dichter punktiert. Unterseite schwärzlich, Femur heller, Seiten des Metasternum und Abdomen deutlich punktiert und behaart, auch Femur mit einzelnen Haarpunkten, Metasternalplatte vertieft und punktiert. Endzahn der Vordertibien abgestutzt, oberer Enddorn an den Hintertibien etwas kürzer als das 1. Tarsenglied, dieses nicht gleich den 3 folgenden. ♂. Clipeus mit scharfer Ecke, Thorax gerundet nach hinten verbreitert, Enddorn der Vordertibien zur Spitze verbreitert, vorn gerundet abgestutzt. ♀. Clipeusecken stumpfer, Thorax weniger gerundet, Enddorn schmal und zugespitzt. — L. 7—8,5 mm.

Colorado.

52 **A. (P.) phaeopterus** L. Lec. 1878 *A. p.*, L. Le Conte in: Bull. U. S. geol. Surv., *v.* 4 II p. 456 | 1887 *A. p.*, G. Horn in: Tr. Amer. ent. Soc., *v.* 14 p. 31 | 1913 *A. (Platyderus) p.*, Ad. Schmidt in: Arch. Naturg., *v.* 79 A fasc. 11 p. 122.

Länglich, mäßig konvex, glänzend, pechbraun, Seiten des Kopfes, des Halsschildes und die Flügeldecken heller. Kopf einzeln punktiert, Stirnnaht seitlich mit kleiner Erhöhung, Clipeus ausgerandet, jederseits mit scharfem Winkel, Wangen stumpf. Thorax vorn etwas gerundet, hinten mehr parallel, neben den Seiten schmal verflacht, ohne Eindruck vor den Hinterwinkeln, diese stumpf, oberseits fein punktiert, mit großen Punkten an Seiten und Basis, Thorax breiter als die Flügeldecken. Diese nach hinten wenig breiter, fein gestreift, Zwischenräume konvex, fein punktiert, an der Spitze deutlicher. Unterseite einzeln punktiert. 1. Glied der Hintertarsen länger als die 3 folgenden Glieder (ex Horn). — L. 7 mm.

Idaho, Washington, Montana.

53. **A. (P.) ochreipennis** Horn 1871 *A. o.*, G. Horn in: Tr. Amer. ent. Soc., *v.* 3 p. 291 | 1887 *A. o.*, G. Horn l. c., *v.* 14 p. 33 | 1913 *A. (Platyderus) o.*, Ad. Schmidt in: Arch. Naturg., *v.* 79 A fasc. 11 p. 122.

Mäßig lang und konvex, schwärzlich, die Seiten von Kopf und Thorax heller, Flügeldecken rötlichgelb. Kopf zerstreut, fein punktiert, Clipeus ausgerandet, jederseits gerundet, Wangen stumpf. Thorax seitlich schwach verbreitert, mit Eindruck vorn und hinten, Hinterwinkel ausgerandet, feiner und gröber punktiert, aber dichter in den seitlichen Vertiefungen. Flügeldecken hinten verbreitert, fein gestreift, Zwischenräume schwach konvex, fein punktiert. Metasternum grob, Abdomen zerstreuter punktiert, Hinterschenkel mit einzelnen Punkten (ex Horn). — L. 6,5 mm.

California.

54 **A. (P.) arrowi** Ad. Schm. 1910 *A. a.*, Ad. Schmidt in: D. ent. Z., p. 353 | 1913 *A. (Platyderus) a.*, Ad. Schmidt in: Arch. Naturg., *v.* 79 A fasc. 11 p. 122.

Lang und schmal, schwarz, glänzend, konvex, Vorderrand des Kopfes rötlich. Kopf flach gewölbt, mit vertiefter Stirnlinie, deutlich und dicht punktiert, Clipeus ausgerandet, jederseits abgerundet, Wangen stumpf gerundet, die Augen überragend. Thorax an den Seiten rötlich durchscheinend, mittelstark und feiner, an den Seiten dichter punktiert, in der Mitte mit schwacher Längsfurche, die Seiten, abgerundete Hinterwinkel und Basis gerandet. Schildchen punktiert. Flügeldecken hinter der Mitte erweitert, fein gestreift, Streifenpunkte kerben sehr deutlich die Ränder der Zwischenräume, diese konvex, fein punktiert, Seiten und Spitze stärker, dichter und fein behaart. Metasternum an den Seiten groß, aber flach, Mitte desselben und Femora dichter punktiert und behaart, Abdomen matt, fein punktiert und behaart. Oberer Enddorn der Hintertibien kürzer als das 1. Tarsenglied, dieses nicht den 3 folgenden an Länge gleich. ♂. Thorax stärker gerundet, Vordertibien an der Spitze verbreitert, Enddorn mit mediad gebogener Spitze, unterer Enddorn der Mitteltibien abgestutzt und ausgerandet. ♀. Thorax weniger gerundet, Vordertibien gleichmäßig verbreitert, Enddorn, sowie der untere der Mitteltibien spitz. — L. 7—8 mm.

China.

55. **A. (P.) pullatus** Ad. Schm. 1913 *A. (Platyderus) p.*, Ad. Schmidt in: Arch. Naturg., *v.* 79 A fasc. 11 p. 123.

In den behaarten Flügeldecken, der konvexen Gestalt mit dem vorigen übereinstimmend, aber kleiner, gedrungener. Oberseite schwarz, Ränder des Kopfes und Halsschildes heller, Spitze der Flügeldecken düsterrot, Kopf, Thorax und Flügeldecken um das Schildchen herum glänzend. Kopf breit und kurz, nach vorn gerundet verengt, neben dem Rande breit verflacht, fein und dicht punktiert, Stirnnaht undeutlich, Clipeus leicht ausgerandet, jederseits abgerundet, Wangen an der Spitze abgerundet, die Augen weit überragend. Thorax hinten breiter, die Seiten schmal verflacht, vorn und hinten mit breitem Eindruck, fein und dicht punktiert. Schildchen matt, mit wenigen Punkten. Flügeldecken nach hinten verbreitert, dicht chagriniert, vollständig matt, Naht und Ränder der Zwischenräume glänzend, letztere flach, 2 reihig kurz behaart. Unterseite heller braun, mit einzelnen behaarten Punkten. Oberer Enddorn der Hintertibien gleich dem 1. Tarsengliede, dieses so lang wie die 3 folgenden. — L. 5 mm.

México.

56. **A. (P.) depressiusculus** Ad. Schm. 1878 *A. marginatus* (non Fischer-Waldheim 1842), L. Le Conte in: Bull. U. S. geol. Surv., *v.* 4 II p. 456 | 1887 *A. m.*, G. Horn in: Tr. Amer. ent Soc., *v.* 14 p. 32 | 1907 *A. depressiusculus*, Ad. Schmidt in: D ent. Z., p. 201 | 1913 *A. (Platyderus) d.*, Ad. Schmidt in: Arch. Naturg., *v.* 79 A fasc. 11 p. 123.

Mäßig lang und konvex, hinten etwas breiter, schwärzlich, Flügeldecken dunkelbraun. · Kopf mit einigen größeren Punkten an den Seiten, Clipeus schwach und breit ausgerandet, jederseits etwas stumpf. Thorax in schwachem Bogen nach vorn verengt, die Seiten etwas breit verflacht, fein und stärker punktiert, die großen Punkte fehlen in dem vordern Teile der Scheibe. Flügeldecken hinten breiter, Punkte in den Streifen dicht und fein, Zwischenräume konvex, fein punktiert. Metatarsus kürzer als die 3 folgenden Glieder (ex Horn). — L. 7,5—8 mm.

Nevada.

57. **A. (P.) villosipes** Har. 1862 *A. v.*, Harold in: Berlin. ent. Z., *v.* 6 p 380, 384 | 1863 *A. v.*, Harold l. c., *v.* 7 p. 330 | 1913 *A. (Platyderus) v.*, Ad. Schmidt in: Arch. Naturg., *v.* 79 A fasc. 11 p. 123.

Länglich, flach gewölbt, rotbraun, Außenrand des Kopfes und Thoraxseiten rötlich durchscheinend, Kopf kürzer, Thorax und Flügeldecken länger bewimpert, Oberseite glänzend. Kopf flach, mit schwacher Beule, an den Seiten runzlig punktiert, Clipeus ausgerandet, jederseits abgerundet, Wangen als kleine Spitze die Augen überragend. Thorax flach gewölbt, die Seiten verflacht, deutlich und zerstreut punktiert. Hinterwinkel stumpf. Schildchen erloschen punktiert. Flügeldecken verbreitert, fein gestreift, Zwischenräume konvex, fein, aber sichtbar punktiert. Unterseite etwas heller, einzeln punktiert und behaart. Oberer Enddorn der Hintertibien so lang wie das 1. Tarsenglied, dieses den 2 folgenden Gliedern an Länge gleich. ♂. Thorax nach hinten stärker verbreitert, unterer Enddorn der Mitteltibien stark nach außen gebogen, zur Spitze verbreitert und dann abgestutzt. ♀. Thorax weniger verbreitert, Enddorn normal. — L. 7 mm.

México.

58. **A. (P.) puncticeps** Har. 1862 *A. p.*, Harold in: Berlin. ent. Z., *v.* 6 p. 380, 383 | 1863 *A. p.*, Harold l. c., *v.* 7 p. 330 | 1913 *A. (Platyderus) p.*, Ad. Schmidt in: Arch. Naturg., *v.* 79 A fasc. 11 p. 123.

Schwarzbraun, Seiten des Halsschildes und Flügeldecken heller, flach gewölbt, Kopf und Thorax mehr glänzend. Kopf gleichmäßig, ziemlich deutlich punktiert, Stirnnaht angedeutet, Clipeus bewimpert, schwach ausgerandet, jederseits gerundet, Wangen winklig die Augen überragend. Thorax wenig gerundet erweitert, wie der Kopf fein und gleichmäßig, nicht sehr dicht punktiert, Hinterwinkel abgestutzt, vor diesen und hinter den Vorderwinkeln mit flachem Eindruck. Schildchen dunkelbraun, einzeln punktiert. Flügeldecken fein gestreift, Streifenpunkte fein, aber Zwischenräume leicht kerbend, diese konvex und fast 2reihig punktiert. Unterseite pechbraun, Femora viel heller, Seiten des Metasternum und Abdomen undeutlich punktiert und behaart, Metasternalplatte mit behaarter Grube. Oberer Enddorn gleich dem 1. Tarsengliede, dieses so lang wie das 2. — L. 5 mm.

México.

59. **A. (P.) fuliginosus** Har. 1863 *A. f.*, Harold in: Berlin. ent. Z., *v.* 7 p. 327, 330 | 1887 *A. f.*, H. Bates in: Biol. Centr.-Amer., Col. *v.* 2 II p. 90 t. 6 f. 21 (Gesamtbild) | 1913 *A. (Platyderus) f.*, Ad. Schmidt in: Arch. Naturg., *v.* 79 A fasc. 11 p. 123.

Schmutzig hellbraun, Thorax und Kopf dunkler, mehr glänzend als die Flügeldecken. Kopf mit flacher Längsbeule, hinten sehr fein punktiert, nach vorn etwas längsrissig, Clipeus abgestutzt, leicht ausgerandet, daneben abgerundet, ringsum gewimpert, Stirnnaht deutlich, Wangen winklig die Augen überragend. Thorax nach hinten geradlinig verbreitert, einzeln bewimpert, mit ziemlich breitem Eindruck in den Winkeln, weitläufig und fein punktiert, Hinterwinkel stumpf, ihre Spitze abgerundet, vor dem Schildchen mit der Spur einer vertieften Linie. Schildchen mit wenigen Punkten. Flügeldecken lang bewimpert, hinten verbreitert, deutlich gestreift, Streifenpunkte fein und dicht, nach hinten undeutlicher, Zwischenräume flach, dicht chagriniert, einzeln und sehr fein punktiert. Unterseite vereinzelt punktiert und behaart. Oberer Enddorn der Hintertibien so lang wie 1. Tarsenglied, dieses kürzer als die 3 folgenden. ♂. Enddorn der Vordertibien kurz, gleichbreit, abwärts gebogen und abgestutzt, Tarsen der Mittelbeine stark verdickt, 1. Glied derselben den 3 folgenden an Länge gleich, Klauenglied zur Spitze stark keulenförmig, laterale Klaue viel kräftiger, stark gekrümmt, Metasternalplatte grubig, an den Rändern behaart. ♀. Enddorn der Vordertibien spitz, Mitteltarsen normal. — L. 6—7 mm.

México.

60. **A. (P.) haldemani** Horn 1870 *A. politus* (non E. Mulsant 1870), G. Horn in: Tr. Amer. ent. Soc., *v.* 3 p. 128 | 1887 *A. haldemani*, G Horn l. c., *v.* 14 p. 33 | 1913 *A. (Platyderus) h.*, Ad. Schmidt in: Arch. Naturg., *v.* 79 A fasc. 11 p. 123.

Durch die glatte, fast unpunktierte Oberfläche dem *A. (Aphodiellus) impunctatus* C. O. Waterh. ähnlich, aber durch das dreieckige Schildchen und die ungerandete Basis verschieden. Länglich oval, flach gewölbt, hell rötlichbraun. Kopf breit, gewölbt, vorn niedergedrückt, unpunktiert, Wangen abgerundet, Clipeus breit ausgerandet, jederseits rundlich. Thorax und die abgerundeten Hinterwinkel breiter und stärker vertieft als bei voriger Art, die Seiten mit wenigen Punkten. Flügeldecken flach und fein gestreift, Streifenpunkte fein, an den Seiten und vor der Spitze verschwindend. Unterseite einzeln fein punktiert und behaart, oberer Enddorn der Hintertibien kürzer als das 1. Tarsenglied, dieses den 3 folgenden gleich. ♂. Enddorn der Vordertibien breit, an der Spitze abgestutzt. ♀. Enddorn mediad gebogen, spitz. — L. 8 mm.

Texas, Kansas.

61. **A. (P.) brevicollis** L. Lec. 1878 *A. b.*, L. Le Conte in: Bull. U. S. geol. Surv.; *v.* 4 II p. 455 | 1887 *A. b.*, G. Horn in: Tr. Amer. ent. Soc., *v.* 14 p. 32 | 1913 *A. (Platyderus) b.*, Ad. Schmidt in: Arch. Naturg., *v.* 79 A fasc. 11 p. 123.

In der Gestalt dem vorigen ähnlich, aber ganz anders gefärbt, Kopf und Thorax schwarzbraun, Flügeldecken dunkel rotbraun. Kopf seitlich fein rauh punktiert, Clipeus tiefer ausgerandet, jederseits weniger breit abgerundet. Thorax grob, längs der Basis fast bis zur Mitte punktiert, Scheibe vorn punktfrei, Hinterwinkel weniger abgerundet. Flügeldecken wie bei *A. (P.) haldemani* Horn gestreift. Unterseite ebenfalls nur einzeln punktiert und behaart. Enddorn der Hintertibien kürzer als das 1. Tarsenglied, dieses nicht so lang wie die 3 folgenden. — L. 8 mm.

Nebraska.

62. **A. (P.) luridiventris** Har. 1862 *A. l.*, Harold in: Berlin. ent. Z., *v.* 6 p. 380, 385 | 1863 *A. l.*, Harold l. c., *v.* 7 p. 330 | 1913 *A. (Platyderus) l.*, Ad. Schmidt in: Arch. Naturg., *v.* 79 A fasc. 11 p. 123.

Rotbraun, flach gewölbt, Kopf und Thorax mehr glänzend als die Flügeldecken, diese haben etwas Fettglanz, Ränder des Körpers lang bewimpert. Kopf flach, hinten fein, vorn runzlig punktiert, Clipeus leicht abgestutzt. Thorax mit schwach gerundeten Seiten, vorn schmaler, ziemlich dicht und gleichmäßig punktiert. Schildchen an der Wurzel punktiert. Flügeldecken noch einmal so lang wie Thorax, hinten bauchig erweitert, fein gekerbt-gestreift, Zwischenräume gewölbt, äußerst fein punktiert, der Länge nach nadelrissig. Unterseite dunkelbraun, Hinterleib und Füße gewöhnlich heller rotbraun, auch gelblich. Metasternalplatte seicht vertieft, ringsum behaart. 1. Glied der Hintertibien gleich den 2 folgenden Gliedern (ex Harold). — L. 7 mm.

México.

63. **A. (P.) luteolus** Horn 1887 *A. l.*, G. Horn in: Tr. Amer. ent. Soc., *v.* 14 p. 40 | 1913 *A. (Platyderus) l.*, Ad. Schmidt in: Arch. Naturg., *v.* 79 A fasc. 11 p. 123.

Länglich, flach gewölbt, glänzend. Kopf mit unbedeutender Beule, am Rande verflacht, sehr fein punktiert, Clipeus leicht ausgerandet, jederseits abgerundet, Wangen als kleine Spitze die Augen überragend. Thorax in flachem Bogen nach hinten erweitert, Hinterwinkel ungerandet, abgestutzt, oberseits fein, zerstreut punktiert, vor dem Schildchen mit kurzer, schwach vertiefter Längslinie, die Seiten vorn und hinten mit flachem Eindruck. Flügeldecken deutlich gestreift, Streifenpunkte schwach, die Ränder der Zwischenräume kerbend, diese etwas konvex, mikroskopisch fein punktiert. Unterseite hellbraun, glänzend, wie bei voriger Art punktiert und behaart. Oberer Enddorn der Hintertibien so lang wie das 1. Tarsenglied, dieses den 3 folgenden an Länge gleich. — L. 5 mm.

Neu-México.

64. **A. (P.) högei** Bates 1887 *A. h.* + var. *durangoensis*, H. Bates in: Biol. Centr.-Amer., Col. *v.* 2 II p. 90 | 1913 *A. (Platyderus) h.*, Ad. Schmidt in: Arch. Naturg., *v.* 79 A fasc. 11 p. 123.

Länglich, schmal, schwarz, glänzend, Flügeldecken heller kastanienbraun, wenig glänzend. Kopf breit und flach, sehr fein punktiert, Stirnlinie vertieft, Clipeus abgestutzt, unbedeutend ausgerandet, Wangen als kleine Spitze hervorstehend. Thorax schwach rundlich verbreitert, fein punktiert, seitlich mit größeren Punkten, Hinterwinkel stumpf-rundlich, vor denselben mit schmalerem, hinter den Vorderwinkeln mit breiterem rundlichen Eindruck. Schildchen mit einigen flachen Pünktchen. Flügeldecken schwach verbreitert, fein gestreift, mit undeutlichen Streifenpunkten, Zwischenräume schwach konvex. Unterseite dunkelrotbraun, glänzend, mit vereinzelten Haarpunkten, Metasternum vertieft, seitlich behaart. Oberer Enddorn der Hintertibien gleich dem 1. Tarsengliede, dieses kürzer als die 3 folgenden. — L. 5—6 mm.

México.

65. **A. (P.) mexicanus** Har. 1862 *A. m.*, Harold in: Berlin. ent. Z., *v.* 6 p. 380, 382 | 1863 *A. m.*, Harold l. c., *v.* 7 p. 330 | 1913 *A. (Platyderus) m.*, Ad. Schmidt in: Arch. Naturg., *v.* 79 A fasc. 11 p. 123.

Oberseite einfarbig dunkel kastanienbraun oder dunkelbraun, nicht vollglänzend, Unterseite und Schenkel heller. Kopf flach, äußerst fein punktiert, Clipeus breit abgestutzt, Wangen spitzwinklig die Augen überragend. Thorax vorn etwas gerundet, dann gerade nach hinten verbreitert, neben dem Seitenrande vorn und hinten flach eingedrückt, Hinterwinkel stumpf, auf der Scheibe mikroskopisch fein, an den Seiten wenig größer punktiert. Schildchen mit einigen undeutlichen Pünktchen. Flügeldecken verbreitert, fein gestreift, Streifenpunkte undeutlich, Zwischenräume konvex, höchst fein und einzeln punktiert. Unterseite mit einzelnen Haarpunkten, Metasternalplatte vertieft, an den Seiten behaart. Oberer Enddorn der Hintertibien so lang wie das 1. Tarsenglied, dieses kürzer als die 3 folgenden. — L. 5—6 mm.

México, Guatemala.

66. **A. (P.) rudis** L. Lec. 1878 *A. r.*, L. Le Conte in: Bull. U. S. geol. Surv., *v.* 4 II p. 458 | 1887 *A. r.*, G. Horn in: Tr. Amer. ent. Soc., *v.* 14 p. 31 | 1913 *A. (Platyderus) r.*, Ad. Schmidt in: Arch. Naturg., *v.* 79 A fasc. 11 p. 123.

Mäßig lang und konvex, dunkel kastanienbraun, glänzend. Kopf sparsam punktiert, in der Mitte fast glatt, Clipeus schwach ausgerandet, jederseits gezähnt. Thorax nach vorn nicht verschmälert, die Seiten schwach gebogen, deutlich verflacht, Hinterwinkel stumpf, sehr fein punktiert, mit zahlreichen größeren Punkten untermischt, diese fehlen aber längs der Mitte und neben dem Vorderrande. Flügeldecken schmaler als der Thorax, nach hinten verbreitert, fein gestreift, Zwischenräume flach, äußerst fein punktiert. Metatarsus so lang wie 3 Tarsenglieder (ex Horn). — L. 6,5 mm.

Colorado.

In dieses Subgenus sind jedenfalls auch folgende 3 Arten zu stellen:

67. **A. gravidus** Har 1863 *A. g.*, Harold in: Berlin. ent. Z., *v.* 7 p. 329, 330 | 1913 *A. (Platyderus) g*, Ad. Schmidt in: Arch. Naturg, *v.* 79 A fasc. 11 p. 123.

Dem *A. (P.) luridiventris* Har. (nr. 62) sehr ähnlich, aber verschieden durch breiteren Thorax, feiner gestreifte Flügeldecken und deren flache Zwischenräume, sowie durch matten Glanz. Sehr flach, länglich, schmutzig gelbbraun, Flügeldecken etwas heller. Kopf flach, hinten und in der Mitte fein, weitläufig punktiert, Seitenrand dichter, fast runzlig, Clipeus schwach abgestutzt, Wangen spitz. Thorax sehr flach, fast doppelt so breit wie lang, vorn schmaler, an den Seiten schwach gerundet, Basis leicht gebuchtet, oberseits gleichmäßig, wenig dicht, sehr fein punktiert. Schildchen braun, dreieckig, an der Basis punktiert. Flügeldecken hinten bauchig, sehr fein gestreift, mit schwachem Fettglanz, Zwischenräume flach, äußerst fein in unregelmäßigen Reihen punktiert. Unterseite und Beine schmutzig gelbbraun, letztere etwas heller. 1. Glied der Hintertibien gleich dem obern Enddorn und den 3 folgenden Gliedern (ex Harold). — L. 6—7 mm.

México.

68 **A. coquilletti** Linell 1896 *A. c*, Linell in: P. U S. Mus., *v.* 18 p. 722.

Glänzend, rotbraun, Seiten-, Basalrand des Halsschildes und Naht der Flügeldecken schwarz. Kopf konvex, fein punktiert, ohne Tuberkeln, Clipeus leicht rauh, in der Mitte eingedrückt und ausgerandet, jederseits gezähnt, Seiten bewimpert wie die des Halsschildes. Dieses an den Seiten breit verflacht, neben den stumpfen Hinterwinkeln mit deutlichem Eindruck, Basis gerandet, Scheibe fein, nicht sehr dicht, an den verflachten Seiten gröber punktiert. Flügeldecken mit feinen Streifen, Zwischenräume sehr deutlich punktiert. Hintertibien mit ungleichen Borsten. Metatarsus so lang wie 2 folgende Glieder (ex Linell). — L. 6,5 mm.

California.

69. **A. umbricollis** Fall 1907 *A. u.*, Fall & T. D A. Cockerell in: Tr. Amer. ent. Soc., *v.* 33 p. 245.

Von breiter, paralleler Gestalt, mäßig konvex, Kopf und Thorax ohne die Ränder schwarzbraun, Flügeldecken rötlich-gelbbraun. Kopf fein, dicht punktiert, nicht deutlich gehöckert, Clipeus breit ausgerandet. Thorax mit breit verflachten, gerundeten Seiten, Basis gebuchtet, ungerandet, fein, mäßig dicht punktiert, an den Seiten mit zahlreichen größeren Punkten untermischt. Flügeldecken sehr fein gestreift, Streifen fein und dicht punktiert, Zwischenräume nahezu flach, fein punktiert. Metatarsus etwas länger als 2 Tarsenglieder (ex Fall). — L. 5,5—6 mm.

Neu-Mexico.

i) Subgen. **Loboparius** Ad. Schmidt

1913 *Aphodius* (L.), Ad Schmidt in: Arch. Naturg., *v.* 79 A fasc. 11 p. 123.

Schwarz oder schwarzbraun, mit helleren Flügeldecken, Kopf mit seitlich stark hervortretenden Wangen, Clipeus immer mit mehr oder weniger lappig abgerundeten Ecken, nie halbkreisförmig (Subgen. *Symphodon*), Thoraxbasis fein gerandet oder mit Punktrand, Schildchen dreieckig, Borsten der Hintertibien gleichlang.

Körper kurz und gedrungen oder mehr länglich, Stirnlinie zuweilen gehöckert, fein punktiert, Clipeus ausgerandet, stärker oder schwächer lappig gerundet, Wangen durch mehr oder weniger tiefen Einschnitt vom Kopfrande abgesetzt, lateral deutlich hervorstehend. Thorax quer, seitlich herabgewölbt, hier einzeln bewimpert und deutlich bis um die stumpfen Hinterwinkel gerandet, Basis mit Punktreihe oder glatter Randung, oberseits deutlich punktiert. Schildchen dreieckig, zuweilen vorn verschmälert. Flügeldecken punktiertgestreift, Zwischenräume flach gewölbt, fein und meistens dicht punktiert. Unterseite punktiert und behaart. Enddorne der Hintertibien fast gleichlang, die Endborsten sind kurz.

Hierher gehören 2 Arten mit je 2 Unterarten aus Asien und Afrika (nr. 70, 71).

Bestimmungstabelle der Arten:

Körper kurz und breit, Thorax dicht und stark punktiert, Flügeldecken schwarz oder rotbraun	70. **A. (L.) globulus.**
Körper länglicher, Thorax wenig dicht punktiert, sehr fein gerandet, Flügeldecken gelbbraun	71. **A. (L.) auriculatus**

70. **A. (L.) globulus** Har.

Diese Art zerfällt in 2 Unterarten:

70a. **A. (L.) globulus globulus** Har. 1859 *A. g.*, Harold in: Berlin. ent. Z., *v.* 3 p. 207 | 1863 *A g.*, Harold l. c., *v.* 7 p. 331, 335 | 1913 *A. (Loboparius) g.*, Ad. Schmidt in: Arch. Naturg, *v.* 79 A fasc. 11 p. 123.

Schwarz, Thorax an den Seiten düster rötlich durchscheinend, Flügeldecken schwarzbraun mit helleren Seiten oder rotbraun. Kopf ziemlich dicht und fein punktiert, Stirnnaht mit Spuren von Tuberkeln. Clipeus deutlich ausgerandet, jederseits lappig abgerundet, Wangen durch deutlichen, flacheren oder tieferen Einschnitt vom Kopfrande abgesetzt, Thorax nach hinten etwas gerundet erweitert, mit größeren und kleineren Punkten besetzt, Hinterwinkel stumpf abgerundet, Basis meistens nur mit Punktrand. Schildchen dreieckig, scharf zugespitzt, mit flachen Punkten. Flügeldecken vor der Spitze kurz behaart, deutlich gestreift, die seitlichen Streifenpunkte greifen die Ränder der Zwischenräume an, diese fein punktiert, schwach konvex, vor der Spitze flach. Schenkel rötlichgelb, einzeln punktiert und behaart. Oberer Enddorn kürzer als der Metatarsus, dieser gleich den 3 folgenden Gliedern. ♂. Metasternalplatte dicht aufstehend behaart, Enddorn der Vordertibien kurz und breit, stumpfspitzig. ♀. Metasternalplatte nur punktiert, Enddorn länger, schlanker. — L. 4—5 mm.

China.

70b. **A. (L.) globulus bisectus** C. O. Waterh. 1875 *A. g.* var. *b.*, C. O. Waterhouse in: Tr. ent. Soc. London, p. 80 | 1913 *A. (Loboparius) g.* var. *b*, Ad. Schmidt in: Arch. Naturg., *v.* 79 A fasc. 11 p. 123.

Matt, schwarzbraun gefärbt.

Japan.

71. **A. (L.) auriculatus** Ad. Schm.

Diese Art zerfällt in 2 Unterarten:

71a. **A. (L.) auriculatus auriculatus** Ad. Schm. 1908 *A. a.*, Ad. Schmidt in: Soc. ent., *v.* 23 p. 53 | 1913 *A. (Loboparius) a.*, Ad. Schmidt in: Arch. Naturg., *v.* 79 A fasc. 11 p. 123.

Länglich, Kopf und Thorax schwarzbraun, ersterer vorn düster rötlich durchscheinend, letzterer an den Seiten rötlichgelb, Flügeldecken gelbbraun oder auch mehr gelblich. Kopf wie bei voriger Art, aber der Clipeus seitlich weniger lappig, auch die Wangen etwas weniger stark abgesetzt, sehr fein punktiert. Thorax wenig gerundet, nach vorn verengt, oberseits fein punktiert, dazwischen mit etwas größeren aber nicht sehr zahlreichen Punkten, Seitenrand wenig stärker als Basalrand, Hinterwinkel schwach ausgerandet. Schildchen dreieckig, vorn etwas eingeschnürt, mit feinen Pünktchen. Flügeldecken flach gestreift, Streifenpunkte kerben nicht die Ränder der Zwischenräume, diese auf dem Rücken fast flach, vor der Spitze etwas konvex, fein punktiert. Metasternum seitlich groß und zerstreut, in der Mitte feiner und dichter punktiert, auch die Schenkel nur mit feinen Punkten besetzt, Abdomen an den Seiten behaart. Oberer Enddorn der Hintertibien kürzer als der Metatarsus, dieser gleich den 3 folgenden Tarsengliedern. ♂. Metasternalplatte rundlich vertieft, Enddorn der Vordertibien breit, an der Spitze umgebogen. ♀. Metasternalplatte nicht vertieft, Enddorn schlanker, spitz. — L. $3\frac{1}{2}$—5 mm.

Usambara.

71 b. **A. (L.) auriculatus bimaculatopennis** Ad. Schm. 1911 *A. a.* var. *b.*, Ad. Schmidt in: Ent. Zeit. Stettin, *v.* 72 p. 30 | 1913 *A. (Loboparius) a.* var *b.*, Ad. Schmidt in: Arch. Naturg., *v.* 79 A fasc. 11 p. 123.

Thorax zerstreuter punktiert, Flügeldecken mit dunkler Seitenmakel, welche die Basis und Spitze freiläßt und sich mediad bis zum 2. Zwischenraum ausdehnt. — L. 4—5 mm.

Natal.

j) Subgen. **Pharaphodius** Reitter

1892 *Aphodius (P.)*, Reitter in: Verh. Ver. Brünn, *v.* 30 p. 172.

Mittelgroße und kleine Arten, schwarz, rot- oder gelbbraun gefärbt, Flügeldecken deutlich und tief gestreift, Zwischenräume unverbunden auslaufend, selten die 3 seitlichen verbunden, fast immer vor der Spitze deutlich konvex, Thoraxbasis nur bei *A. (P.) argutus* (nr. 88) gerandet, Schildchen meistens parallel, Endborsten gleich oder ungleich.

Kopf flach, gehöckert oder mit Beule, meistens deutlich punktiert, Clipeus ausgerandet, jederseits abgerundet, stumpfwinklig oder mit spitzem Zähnchen jederseits, Wangen deutlich, nicht groß. Thorax gerundet, nach der Mitte verbreitert, punktiert, Scheibe der hellen Arten dunkler, Seiten und Hinterwinkel immer gerandet, zuweilen auch bewimpert, Basis schwach gebuchtet, Hinterwinkel stumpf oder abgestutzt. Schildchen klein, parallel oder dreieckig, Flügeldecken meistens nach hinten verbreitert, punktiert-gestreift, Streifen nach hinten mehr vertieft und mehr furchenartig, Streifenpunkte greifen seltener die Zwischenräume an, diese fast immer deutlich gewölbt, vor der Spitze meistens stark konvex. Hinterschenkel kurz und breit, mit und ohne Punkte, Hintertibien gewöhnlich deutlich ungleich beborstet, ihr Borstenbesatz am Spitzenrande aus längeren oder kürzeren Borsten bestehend. Metatarsus meistens verlängert. Die Geschlechtsdifferenz beruht hauptsächlich auf dem abgestutzten Enddorn der Mitteltibien.

Verbreitungsgebiet: Alle Erdteile außer Europa.

Hierher gehören 29 Arten, von denen drei in 6 Unterarten zerfallen (nr. 72—100).

Bestimmungstabelle der Arten:

1	Clipeus jederseits gezahnt — 2	
	Clipeus ungezahnt, jederseits abgerundet oder mit stumpfem Winkel — 4	
2	Zwischenräume werden von den Streifenpunkten angegriffen — 3	
	Zwischenräume werden nicht angegriffen. Schwarz oder dunkelbraun, Seiten des Kopfes und Halsschildes rötlich durchscheinend	100. **A. (P.) discolor**
3	Schwärzlich, Kopf vorn mit stumpfem Querkiel, oberer Enddorn der Hintertibien etwas länger als 1. Tarsenglied, dieses so lang wie die folgenden 3 Glieder	97. **A. (P.) crenatus**
	Schwärzlich, Kopf ohne Querkiel, Schultern ohne Dorn, oberer Enddorn länger als 1. Tarsenglied, dieses den 2 folgenden gleich	98. **A. (P.) perfidus**
	Schwärzlich, Kopf ohne Querkiel, Schultern mit Dorn, oberer Enddorn gleich dem 1. Tarsengliede, dieses so lang wie die 2 folgenden Glieder .	99. **A. (P.) profundus**
4	Kopf mit deutlichem Mitteltuberkel, die seitlichen sind quer und schwächer — 5	
	Kopf nur mit länglicher oder rundlicher Beule — 13	
5	Clipeus stumpfwinklig, Flügeldecken matt, scharf konvex, Thorax fein und wenig größer an den Seiten punktiert, mit glatter Mittellinie . . .	74. **A. (P.) oleosus**
	Clipeus seitlich mehr oder weniger gerundet, Oberseite glänzend — 6	
6	Von den Seitenhöckern zieht schräg zum Vorderrande ein scharfer Kiel, Thorax vorn in der Mitte mit tieferem oder flacherem Eindruck .	75. **A. (P.) guineensis**
	Kopf ohne solche Kiele — 7	
7	Zwischenräume vor der Spitze nicht mehr erhaben als auf dem Rücken, in der ganzen Länge mehr flach, Streifen aber deutlich vertieft — 8	
	Zwischenräume in der ganzen Länge deutlich konvex, oder wenigstens vor der Spitze — 9	
8	Flügeldecken gelbbraun, mit geschwärzten Seiten und geschwärzter Spitze	76. **A. (P.) russatus**
	Flügeldecken schwarz, Zwischenräume ganz flach .	77. **A. (P.) acutus**
	Flügeldecken gelbbraun, Hintertibien hinter der Mitte plötzlich verbreitert	78. **A. (P.) curvodilatatus**
9	Die Ränder der Zwischenräume werden von den Streifenpunkten angegriffen — 10	
	Die Ränder der Zwischenräume werden nicht angegriffen — 11	
10	Oberseite einfarbig rotbraun, Thorax mit seichtem Eindruck in der Mitte des Vorderrandes, Zwischenräume stark gewölbt	73. **A. (P.) elongatulus**
	Oberseite schwarz, Thorax ohne Eindruck, Zwischenräume vorn wenig gewölbt	72. **A. (P.) putearius**
11	Schildchen breiter als die 2 ersten Zwischenräume, diese in der ganzen Länge stark konvex, Flügeldecken gelbbraun	79. **A. (P.) vernilis**
	Schildchen schmaler, Zwischenräume auf dem Rücken flacher als vor der Spitze — 12	

12	Schildchen sehr lang und schmal, Kopf deutlich punktiert, hinter dem Mittelhöcker ohne rundlichen Eindruck, Zwischenräume an der Spitze nicht viel schmaler als an der Basis, Flügeldecken rötlichbraun	80. **A. (P.) rubricosus**
	Schildchen weniger lang, Kopf zerstreut punktiert, hinten mit rundlichem Eindruck, Zwischenräume vor der Spitze viel schmaler, Flügeldecken schwarz- oder rotbraun	81. **A. (P) impurus**
13	Kopfbeule deutlich erhaben, weil jederseits durch Längsvertiefung begrenzt, die Beule erhebt sich unmittelbar an der Stirnnaht und zieht nach vorn — 14	
	Kopfbeule weniger erhaben, seitlich ohne Vertiefung, sie liegt zwischen Stirnnaht und Vorderrand — 18	
14	Clipeus deutlich ausgerandet, dahinter vertieft, Thorax in der Mitte mit dunkler Makel, Streifen der Flügeldecken hinten tiefer	82. **A. (P.) desertus**
	Clipeus kaum ausgerandet, Flügeldecken gelb- oder rotbraun, Thoraxscheibe dunkler — 15	
15	Streifenpunkte die Ränder der Zwischenräume kerbend — 16	
	Streifenpunkte die Ränder der Zwischenräume nicht kerbend — 17	
16	Flügeldecken rotbraun, Thorax dunkler, Streifenpunkte sehr deutlich kerbend, Enddorn der Vordertibien beim ♂ stumpf	83. **A. (P.) rugosostriatus**
	Oberseite hellbraun, Streifenpunkte schwächer kerbend, Enddorn spitz	84. **A. (P.) pallescens**
17	Kopf deutlich, Thorax an den Seiten mittelstark punktiert, Flügeldecken stark konvex . . .	85. **A. (P.) intercalaris**
	Kopf äußerst fein, Thorax seitlich fein und sehr einzeln punktiert, Flügeldecken vorn flach konvex	86. **A. (P.) massaicus**
18	Flügeldecken mit Schulterzahn — 19	
	Flügeldecken ohne Schulterzahn, Basis des Halsschildes nicht gerandet — 21	
19	Thoraxbasis ungerandet, zerstreut punktiert, die konvexen Zwischenräume sehr fein punktiert, seitlich behaart	87. **A. (P.) urostigmoides**
	Thorax an Basis gerandet — 20	
20	Thorax fein punktiert, Seiten und schmaler Raum längs der Basis stärker punktiert, Streifenpunkte greifen nicht die Ränder der Zwischenräume an	88. **A. (P.) argutus**
	Thorax fein und viel stärker, über die ganze Fläche gleichmäßig verteilt punktiert, Zwischenräume werden deutlich angegriffen	89. **A. (P.) lacunosus**
21	Zwischenräume deutlich angegriffen — 22	
	Zwischenräume nicht angegriffen — 24	
22	Thorax sehr ungleich, stark punktiert — 23	
	Thorax dicht und gleich groß, fein punktiert . .	90. **A. (P.) javanus**
23	Schwarz, einfarbig, Zwischenräume vor der Spitze gekielt, Streifenpunkte hier sichtbar	91. **A. (P.) anthrax**
	Flügeldecken hellbraun, Zwischenräume vor der Spitze nur konvex, Streifenpunkte hier verschwunden	92. **A. (P.) subcostatus**

24	Alle Zwischenräume bis zur Spitze deutlich — 25	
	Nicht alle Zwischenräume bis zur Spitze deutlich — 26	
25	Hellbraun, Kopf hinten und Thoraxmitte, zuweilen auch Scheibe der Flügeldecken dunkler . . .	93 **A. (P.) marginellus**
	Schwarzbraun, Flügeldecken feiner gestreift . .	94. **A. (P.) orientalis**
26	Flügeldecken rötlich gelbbraun, Naht, Seiten und Spitze schwarz, 4., 6. und 8. Zwischenraum vor der Spitze endigend	95. **A. (P.) discoidalis**
	Oberseite hell gelbbraun, Kopfrand und Schildchen schwarz, die 3 seitlichen Zwischenräume vor der Spitze verbunden	96 **A. (P.) atroscutellatus**

72. **A. (P.) putearius** Reitt.

Diese Art zerfällt in 2 Unterarten:

72a. **A. (P.) putearius putearius** Reitt. 1895 *A. (P.) p.*, Reitter in: Wien. ent. Zeit., *v.* 14 p. 208 | 1898 *A. puterrius*, Clouët in: Ann. Soc. ent. France, *v.* 67 p. 240.

Schwärzlich, gewölbt, glänzend, Kopf fein punktiert, Stirnnaht mit spitzem Mitteltuberkel, die seitlichen quer, Clipeus jederseits der Ausrandung stumpf abgerundet, Wangen stumpfrundlich die Augen überragend. Thorax deutlich, mittelstark, über die ganze Fläche unregelmäßig verteilt und zerstreut punktiert, Seiten und stumpfe Hinterwinkel gerandet, Basis mit nicht ganz geschlossener Punktreihe am Rande. Schildchen vorn parallel, mit Längseindruck. Flügeldecken schwach nach hinten verbreitert, Streifenpunkte greifen die Ränder der wenig erhabenen Zwischenräume an, Streifenpunkte zur Spitze feiner, Zwischenräume gewölbter. Unterseite glänzend, wie oberseits gefärbt, Femora heller, Seiten des Metasternum und Abdomen ziemlich dicht punktiert und behaart. Hintertibien wenig ungleich am Spitzenrande beborstet, oberer Enddorn etwas länger als das 1. Tarsenglied, dieses kaum so lang wie die 2 folgenden. — L. 6 mm.

China, Java.

72b. **A. (P.) putearius nigellus** Ad Schm 1909 *A. n.*, Ad Schmidt in: Not. Leyden Mus., *v.* 31 p. 114 | 1913 *A (Pharaphodius) putearius* var. *n.*, Ad. Schmidt in: Arch. Naturg., *v.* 79 A fasc. 11 p. 124.

Unterscheidet sich durch dichter und deutlicher punktierten Kopf, mehr abgerundeten Clipeus, stärker punktierte Streifen der Flügeldecken, die Streifenpunkte dringen tiefer in die Ränder ein, die Hintertibien sind kürzer beborstet, Metatarsus reichlich den 2 folgenden Gliedern gleich. — L. 6 mm.

Java.

73. **A. (P.) elongatulus** F. 1801 *A. e*, J C. Fabricius, Syst. Eleuth., *v.* 1 p. 68 | 1813 *A. testaceus*, Germar in: Mag Ent. Germar, *v.* 1 p. 118 | 1823 *A. cornutus*, Wiedemann in: Zool. Mag., *v.* 2 I p. 26 | 1858 *A. robustus*, F. Walker in: Ann. nat. Hist., ser. 3 *v.* 2 p. 207 | 1862 *A elongatulus*, Harold in: Berlin ent. Z., *v.* 6 p. 141, 149 | 1913 *A. (Pharaphodius) e.*, Ad. Schmidt in. Arch. Naturg., *v.* 79 A fasc. 11 p. 124.

Rotbraun, glänzend, gewölbt. Kopf fein, hinter der Stirnlinie äußerst fein punktiert und flach eingedrückt, Clipeus ausgerandet, jederseits stumpfwinklig, Wangen stumpf abgerundet, die Augen überragend. Thorax quer, die Seiten herabgewölbt, wenig gerundet, ziemlich dick gerandet, Hinterwinkel stumpf abgerundet, Basis ungerandet, oberseits zerstreut, deutlich punktiert, am Vorderrande mit flachem, rundlichen Eindruck. Schildchen parallel, vorn mit Längseindruck. Flügeldecken stark gestreift, Streifenpunkte greifen die Ränder der Zwischenräume an, letztere schwach konvex, vor der Spitze schmaler. Metasternum an den Seiten und das Abdomen dicht, fein punktiert und behaart, Mittel- und Hinterschenkel mit kurzer Haarpunktreihe neben dem Knie. Hintertibien lang, ungleich beborstet, oberer Enddorn derselben bis zur Mitte des 2. Tarsengliedes reichend, Metatarsus gleich den 2 folgenden Gliedern. ♂. Mitteltuberkel lang und spitz, unterer Enddorn der Mitteltibia sehr verkürzt, stumpf. ♀. Mittelhöcker kleiner, Enddorn spitz. — L. 7 mm.

China, Ostindien, Ceylon, Amerika.

74. **A. (P.) oleosus** Har. 1871 *A. o.*, Harold in: Berlin. ent. Z., *v.* 15 p. 257, 260 | 1913 *A (Pharaphodius) o.*, Ad. Schmidt in: Arch. Naturg., *v.* 79 A fasc. 11 p. 124.

Zeichnet sich durch die matten Flügeldecken aus. Schwarzbraun, Außenrand des Kopfes und Vorderwinkel des Halsschildes rötlich, unbehaart. Kopf fein punktiert, mit 3 winzigen Tuberkeln, der mittlere geht in die Scheitelbeule über, Clipeus ausgerandet, jederseits mit scharfem Winkel, Wangen die Augen überragend. Thorax fein punktiert, an den Seiten und vor der Basis mit etwas größeren Punkten, die glatte Mittellinie erreicht den Vorderrand, Basis in der Mitte etwas vorgezogen, ungerandet, Seiten und stumpf abgerundete Hinterwinkel gerandet. Schildchen dreieckig, an der Basis verschmälert. Flügeldecken nach hinten verbreitert, Streifen hier mehr vertieft, auf dem Rücken mit deutlichen Punkten, die nach der Spitze verschwinden, die Zwischenräume daselbst scharf konvex. Hintertibien ungleich, etwas kurz beborstet, oberer Enddorn gleich dem 1. Tarsengliede, dieses fast so lang wie die 3 folgenden. — L. 8 mm.

México.

75. **A. (P.) guineensis** Klug 1835 *A. g.*, Klug in: Erman, Reise, Ins. p. 34 | 1857 *A. ferrugineus*, Boheman, Ins. Caffr., *v.* 2 p. 331 | 1862 *A. bohemani*, Harold in: Berlin. ent. Z., *v.* 6 p. 148 | 1880 *A. b.*, Harold in: Mt. Münch. ent. Ver., *v.* 4 p. 156 | 1913 *A. (Pharaphodius) guineensis*, Ad. Schmidt in: Arch. Naturg., *v.* 79 A fasc. 11 p. 124.

An der eigentümlichen Skulptur des Kopfes kenntlich. Rotbraun, glänzend, stark gewölbt. Kopf nach vorn verschmälert, hier ausgerandet und jederseits gerundet, fein und einzeln punktiert, Stirnnaht mit 3 Höckerchen, das mittlere ist kräftig und spitz, die seitlichen sind quer, schwächer, sie verlängern sich nach vorn kielförmig, diese Kiele ziehen schräg mediad und erreichen fast den Vorderrand, Wangen abgerundet, deutlich die Augen überragend. Thorax seitlich deutlich gerundet erweitert, Seiten und stumpf abgerundete Hinterwinkel gerandet, Basis ohne Rand, seitlich und an der Basis mit einigen großen Punkten. Schildchen in der Basalhälfte parallel, längs eingedrückt. Flügeldecken stark punktiert-gestreift, die Streifenpunkte greifen die Ränder deutlich an, Zwischenräume an der Spitze scharf konvex. Unterseite heller, besonders die Schenkel. Seiten des Metasternum und Abdomen punktiert und unbehaart. Hintertibien ungleich beborstet, oberer Enddorn derselben in der Mitte etwas verbreitert, länger als das 1. Tarsenglied, dieses nicht so lang wie die 3 folgenden. ♂. Thorax vorn mit tiefer Grube, unterer Enddorn der Mitteltibia verkürzt, an der Spitze mediad gebogen. ♀. Thorax vorn kaum abgeflacht, Enddorn der Mitteltibia länger und spitz. — L. 5—7 mm.

Abessinien, Mozambique, Südrhodesia, Orange, Malange, Angola, Guinea, Kamerun, Togo, Senegal.

76. **A. (P.) russatus** Er. 1842 *A. r*, Erichson in: Klug & Erichson, Doubl. Verz. Senegal. Ins., p. 7 | 1857 *A. posticus*, Boheman, Ins. Caffr., *v.* 2 p. 347 | 1859 *A. russatus*, Erichson in: C. A. Dohrn in: Ent. Zeit. Stettin, *v.* 20 p. 84 | 1862 *A. r.*, Harold in: Berlin. ent. Z, *v.* 6 p. 142, 151 | 1913 *A. (Pharaphodius) r.*, Ad. Schmidt in: Arch. Naturg., *v.* 79 A fasc. 11 p. 124.

Durch hellbraune Färbung und die seitlich geschwärzten Flügeldecken unterschieden. Kopf hinten dunkel, fein punktiert, vorn ausgerandet, jederseits stumpf gerundet, Mittelhöcker rundlich, nicht sehr entwickelt, die seitlichen quer, Wangen abgerundet und die Augen überragend. Thorax mit dunkler Scheibe, wenig herabgewölbt, seitlich schwach gerundet, Seiten und stumpfe Hinterwinkel gerandet, die schwach 2buchtige Basis ohne Rand, oberseits mit einzelnen größeren Punkten. Schildchen vorn parallel, mit Eindruck. Streifen der Flügeldecken deutlich, Streifenpunkte vorn nur wenig sichtbar, weit vor der Spitze verschwindend, Zwischenräume flach, vor der Spitze verschmälert. Hinterbrust und Abdomen seitlich zerstreut punktiert und behaart. Der kurze Borstenbesatz an der Hintertibia zeigt nur an der Seite einige längere Borsten, oberer Enddorn länger als 1. Tarsenglied, dieses so lang wie die 2 folgenden. — L. 6 mm.

Senegal, Kap.

77 **A. (P.) acutus** Ad. Schm. 1908 *A. a.*, Ad. Schmidt in: Ent. Wochenbl., *v.* 25 p. 47 | 1913 *A. (Pharaphodius) a.*, Ad. Schmidt in: Arch. Naturg., *v.* 79 A fasc. 11 p. 124.

Schwarz, flach gewölbt, glänzend. Kopf vorn rötlich, fein und etwas stärker, an den Seiten ziemlich dicht, hinter der Stirnnaht nur fein punktiert, Mittelhöcker zugespitzt, seitliche quer, Wangen rundlich, die Augen überragend. Thorax quer, wenig gerundet an den Seiten, diese und die stumpf abgerundeten Hinterwinkel gerandet, Basis schwach gebuchtet, ungerandet. Schildchen etwas verlängert, vorn parallel mit Eindruck. Flügeldecken in der Mitte wenig verbreitert, schmal gestreift, hinten breiter und tiefer, die flachen Streifenpunkte greifen die Ränder nicht an, Zwischenräume flach. Metasternum seitlich und Abdomen ganz punktiert und behaart, Femora unpunktiert, oberer Enddorn der Hintertibia so lang wie das 1. Tarsenglied, dieses den 2 folgenden an Länge gleich. ♂. Vordertibia medial abgeschrägt, der mediale Rand bildet dadurch eine scharfe Schneide, unterer Enddorn der Mitteltibia verkürzt, stumpf zugespitzt, Thoraxseiten mit sehr vereinzelten größeren Punkten. ♀. Vordertibia und unterer Enddorn normal, Thorax etwas zahlreicher punktiert. — L. 6 mm.

Hinterindien.

78. **A. (P.) curvodilatatus** Ad. Schm. 1909 *A. c.*, Ad. Schmidt in: Soc. ent., *v.* 23 p. 177 | 1910 *A. c.*, Ad. Schmidt in: Gen. Ins., fasc. 110 p. 76 t. 1 f. 9 (Gesamtbild ♂) f 9a (Hinterbein ♂) | 1913 *A. (Pharaphodius) c.*, Ad. Schmidt in: Arch. Naturg., *v.* 79 A fasc. 11 p. 124.

Diese Art ist gekennzeichnet durch die Form der Hintertibia. Gelbbraun, Kopf und Thorax ohne die Seiten dunkler. Kopf deutlich ausgerandet, jederseits abgerundet, ziemlich dicht fein punktiert, Mittelhöcker spitz, seitliche quer, Wangen abgerundet, die Augen überragend. Thorax quer, an den Seiten gerundet und wie die stumpf abgerundeten Hinterwinkel gerandet, Basis ohne Rand, oberseits einzeln punktiert. Schildchen vorn eingeschnürt, längs eingedrückt. Flügeldecken fast parallel, punktiert-gestreift, Streifenpunkte sehr flach, greifen die Ränder der Zwischenräume nicht an, diese vorn schwach, vor der Spitze stärker konvex. Unterseite einzeln punktiert und behaart, Hinterfemur unpunktiert, Hintertibia hinter der Mitte plötzlich verdickt, beim ♂ deutlicher als beim ♀, am Spitzenrande mit fast gleichlangem Borstenbesatz, oberer Enddorn etwas länger als 1. Tarsenglied, dieses den beiden folgenden gleich. ♂. Thorax an den Seiten mit sehr wenigen größeren Punkten, unterer Enddorn der Mitteltibia verkürzt, an der Spitze schräg abgestutzt, Metasternalplatte verflacht, mit Mittelfurche. ♀. Thorax seitlich dichter punktiert, auch nach der Mitte zu mit größeren Punkten, Enddorn der Mitteltibia spitz, Metasternum nur mit Mittellinie. — L. 6 mm.

Kap, Britisch-Ostafrika.

79. **A. (P.) vernilis** Ad. Schm. 1911 *A. v.*, Ad. Schmidt in: Ent. Zeit. Stettin, *v.* 72 p. 25 | 1913 *A. (Pharaphodius) v.*, Ad. Schmidt in: Arch. Naturg., *v.* 79 A fasc. 11 p. 124.

Einfarbig hellbraun, Hinterkopf, Mitte des Halsschildes und Nahtkante der Flügeldecken dunkler, länglich, flach gewölbt, glänzend. Kopf deutlich und dicht, hinten zerstreuter punktiert, Mittelhöcker rundlich, seitliche quer, Clipeus ausgerandet, jederseits abgerundet, Augen von den stumpfwinkligen Wangen überragt. Halsschild seitlich wenig gerundet, Seiten und stumpf abgerundete Hinterwinkel gerandet, Basis ohne Rand, Oberfläche sehr fein punktiert, an den Seiten mit größeren Punkten. Schildchen dreieckig. Flügeldecken fast furchenartig gestreift, Streifenpunkte sehr flach, Zwischenräume gewölbt, einzeln und fein punktiert. Unterseite punktiert und behaart, Femora nur vereinzelt behaart, Hintertibia mit kurzen, fast gleichlangen Endborsten. Oberer Enddorn etwas länger als 1. Tarsenglied, dieses kürzer als die 3 folgenden. ♂. Mittelhöcker deutlich, Scheibe des Halsschildes ohne große Punkte. ♀. Mittelhöcker unbedeutend, Scheibe des Halsschildes mit einzelnen, größeren Punkten. — L. 6—7 mm.

Sokotra.

80. **A. (P.) rubricosus** Boh. 1857 *A. r.*, Boheman, Ins. Caffr., *v.* 2 p. 335 | 1862 *A. r.*, Harold in: Berlin. ent. Z., *v.* 6 p. 142, 153 | 1913 *A. (Pharaphodius) r.*, Ad. Schmidt in: Arch. Naturg., *v.* 79 A fasc. 11 p. 124.

Kastanienbraun, Kopf und Thorax auf der Scheibe dunkler, glänzend, flach gewölbt. Kopf fein, an den Seiten ziemlich dicht, hinten zerstreuter punktiert, Stirnnaht seitlich mit kleinem queren, in der Mitte mit größerem spitzen Höcker, Clipeus neben der Ausrandung stumpfwinklig, Wangen stumpf abgerundet. Thorax mit größeren Punkten bestreut, Seiten schwach gerundet und gerandet wie die stumpfen Hinterwinkel, die zuweilen auch schwach ausgerandet sind. Schildchen verlängert, sehr schmal, in der Mitte vertieft. Flügeldecken deutlich gestreift, Streifenpunkte sehr flach, Zwischenräume konvex. Unterseite mit der Oberseite gleichfarbig, Metasternum an den Seiten und Abdomen punktiert und behaart. Mittelschenkel neben dem Knie mit kurzer Haarpunktreihe, Hinterfemur ohne, Hintertibia mit kurzen, lateral mit etwas ungleichen Borsten, oberer Enddorn länger als 1. Tarsenglied, dieses den 2 folgenden gleich. ♂. Auf der Scheibe des Halsschildes mit sparsamen größeren Punkten, unterer Enddorn der Mitteltibia kurz, stumpfspitzig. ♀. Thorax in der Mitte zahlreicher punktiert, unterer Enddorn spitz. — L. 5 mm.

Kaffraria, Kap.

81. **A. (P.) impurus** Roth 1851 *A. i.*, Roth in: Arch. Naturg., *v.* 17 I p. 131 | 1855 *A. picipes*, Klug in: Monber. Ak. Berlin, p. 656 | 1862 *A. impurus*, Harold in: Berlin. ent. Z., *v.* 6 p. 142, 152 | 1913 *A. (Pharaphodius) i.*, Ad. Schmidt in: Arch. Naturg., *v.* 79 A fasc. 11 p. 124.

Schwarz oder schwarzbraun, glänzend, flach gewölbt. Kopf wie beim vorigen gestaltet und punktiert, hinter dem Mittelhöcker mit rundlichem Eindruck. Thorax ebenfalls nur zerstreut punktiert, Hinterwinkel mehr stumpf, nicht ausgerandet, Basis ohne Rand. Schildchen kürzer, parallel, mit Eindruck. Flügeldecken deutlich gestreift, Streifenpunkte sehr flach, Zwischenräume flach, nach hinten deutlich verschmälert. Unterseite wie bei der vorigen Art. Hintertibia mit ungleichen Borsten, oberer Enddorn länger als 1. Tarsenglied, dieses so lang wie die 2 folgenden. ♂. Enddorn der Mitteltibia kurz, an der Spitze mediad umgebogen. — L. 6 mm.

Ost-, Süd- u. Westafrika.

82. **A. (P.) desertus** Klug

Diese Art zerfällt in 2 Unterarten:

82a. **A. (P.) desertus desertus** Klug 1845 *A. d.*, Klug in: Ehrenberg, Symb. phys., Ins. *v.* 5 t. 42 f. 4 | 1862 *A. d*, Harold in: Berlin. ent. Z., *v.* 6 p. 142, 150 | 1913 *A. (Pharaphodius) d.*, Ad. Schmidt in: Arch. Naturg., *v.* 79 A fasc. 11 p. 124.

Kurz und breit, Flügeldecken $1^1/_2$ mal so lang wie Kopf und Thorax, gelbbraun, letzterer in der Mitte mit dunkler Makel, Seiten mehr rötlichgelb. Kopf an den Seiten fein, hinten zerstreuter punktiert, Stirnnaht erhaben, in der Mitte mit länglichem Tuberkel, Clipeus deutlich ausgerandet, jederseits gerundet, Mitte eingedrückt, Wangen bewimpert, abgerundet, die Augen überragend. Thorax quer, wenig herabgewölbt, die bewimperten Seiten und abgerundeten Hinterwinkel gerandet, Basis schwach 2-buchtig, ungerandet, oberseits fein punktiert, an den Seiten mit einzelnen größeren Punkten. Schildchen dreieckig, vorn gewöhnlich etwas verschmälert, mit Längsvertiefung. Flügeldecken um die Schultern lang bewimpert, mit schmal angedunkelter Naht, zur Spitze tiefer und breiter gestreift, Streifenpunkte sehr flach, zur Spitze verschwindend, Zwischenräume vorn wenig, hinten deutlich gewölbt. Unterseite wie bei voriger Art, Abdomen lang behaart. Hintertibia am Spitzenrande ungleich beborstet, oberer Enddorn wenig länger als 1. Tarsenglied. ♂. Mitteltibia am Endrande medial in eine scharfe Spitze ausgezogen, Mitteltuberkel an dem obern Rande gekerbt, Metatarsus länger als die 3 folgenden Glieder. ♀. Kopfbeule hinten stumpf, Mitteltibia ohne Spitze, Metatarsus gleich den 3 folgenden Gliedern. — L. 4—5 mm.

Arabien, Ägypten, Senegal, Obock.

82b. **A. (P) desertus perplexus** Har 1862 *A. d.* var *p.*, Harold in: Berlin. ent. Z., *v.* 6 p. 151 | 1913 *A (Pharaphodius) d.* var. *p.*, Ad. Schmidt in: Arch Naturg., *v.* 79 A fasc. 11 p. 124.

Der dunkle Scheibenfleck des Halsschildes in 2 Makeln aufgelöst.

Vorkommen mit der Stammart.

83. **A. (P.) rugosostriatus** C O Waterh 1875 *A. r*, C. O Waterhouse in: Tr. ent. Soc London, p. 92 | 1892 *A rugostriatus*, Reitter in: Verh. Ver. Brünn, *v.* 30 p. 247 | 1913 *A. (Pharaphodius) rugosostriatus*, Ad. Schmidt in: Arch. Naturg., *v.* 79 A fasc. 11 p. 124.

Schwarz, Flügeldecken rotbraun, länglich, flach gewölbt, glänzend. Kopf abgerundet, vorn abgestutzt oder schwach ausgerandet, seitlich und hinten fein punktiert. Thorax an den gerundeten Seiten heller, besonders in den Vorderwinkeln, fein punktiert, mit eingestreuten mittelstarken Punkten, Seiten und abgestutzte Hinterwinkel gerandet. Schildchen schmal dreieckig, vorn mit einem schmalen Längseindruck. Flügeldecken schwach erweitert, tief gestreift, Streifenpunkte quer, deutlich in die konvexen, fein und einzeln punktierten Zwischenräume eindringend. Unterseite heller. Metasternum seitlich und Abdomen fein punktiert und behaart. Hintertibia mit ungleichen Borsten, 1. Glied derselben länger als der obere Enddorn, nicht so lang wie die 3 folgenden Glieder. ♂. Enddorn der Vordertibia mit umgebogener Spitze. — L. 5 mm.

Japan, Korea.

84. **A. (P.) pallescens** F. Walker 1871 *A. p.*, F. Walker in: List Col. Lord, p. 11 | 1885 *A. p.*, L. Fairmaire in: Ann. Soc. ent. France, ser 6 *v.* 5 p. 443 | 1892 *A. gibbifrons*, L. Fairmaire in: Rev. Ent. Franç., *v.* 11 p. 92 | 1913 *A (Pharaphodius) pallescens*, Ad. Schmidt in: Arch. Naturg., *v.* 79 A fasc. 11 p. 125.

In Gestalt dem *A. (P.) desertus* ähnlich, aber Flügeldecken verhältnismäßig länger, hellbraun, glänzend. Kopf mit länglicher, ovaler und glatter Beule, Seiten deutlich fein und dicht, hinten zerstreuter punktiert, Clipeus wenig ausgerandet, Wangen klein und rundlich, die Augen nicht überragend. Thorax wenig gerundet nach hinten verbreitert, bewimperte Seiten und abgestutzte Hinterwinkel gerandet, Basis ohne Rand, oberseits fein punktiert, an den Seiten mit großen, nicht dicht gestellten Punkten. Schildchen dreieckig, mit Längseindruck. Flügeldecken am Rande bewimpert, nach hinten schwach verbreitert, auf der Scheibe mit angedunkeltem Längsfleck, Streifen hinten breiter und tiefer, Zwischenräume konvex, deutlich punktiert, besonders neben den Rändern. Metasternum an den Seiten wenig, Abdomen dicht punktiert und lang beharrt. Borsten der Hintertibia ungleich, 1. Tarsenglied gleich dem obern Enddorn. ♂. Enddorn der Vordertibia breit, stumpfspitzig, Mitteltibia stärker verbreitert, Metatarsus gleich den 3 folgenden Gliedern. ♀. Enddorn der Vorder- sowie die Mittel- und Hintertibien schlanker, Metatarsus gleich den 2 folgenden Gliedern. — L. 5 mm.

Nordafrika.

85. **A. (P.) intercalaris** Péring. 1901 *A. i.*, Péringuey in: Tr. S. Afr. Soc., *v.* 12 p. 392 | 1908 *A. impressipennis*, Ad. Schmidt in: Soc ent., *v.* 23 p. 52 | 1913 *A. (Pharaphodius) intercalaris*, Ad. Schmidt in: Arch. Naturg, *v.* 79 A fasc. 11 p. 125.

Länglicher als vorige Art, weniger gewölbt, hellbraun, Längsbeule gewöhnlich, Stirnnaht, Hinterkopf, Mitte des Halsschildes, jederseits ein rundlicher Fleck und Naht der Flügeldecken dunkler, zuweilen auch die letzteren mit Nebelfleck. Kopf fein, nicht sehr dicht punktiert, Längsbeule unpunktiert, fast geradseitig, hinten nicht mehr erhaben, Clipeus schwach ausgerandet, jederseits abgerundet, Wangen klein, stumpfwinklig, die Augen wenig überragend. Thorax schwach rundlich nach hinten erweitert, bewimpert, die Seiten dick, abgestutzte Hinterwinkel viel feiner gerandet, Oberseite fein punktiert, mit größeren Punkten untermischt. Schildchen schmal dreieckig, in der Mitte vertieft. Flügeldecken bewimpert, nach hinten deutlicher gestreift, Streifenpunkte kaum wahrnehmbar, vor der Spitze ganz fehlend, Zwischenräume oft stark konvex, an den Seiten deutlich punktiert. Seiten der Hinterbrust unpunktiert, Abdomen hauptsächlich an den Seiten lang behaart. Hintertibia mit ungleichen Borsten, 1. Tarsenglied gleich dem obern Enddorn und den 3 folgenden Gliedern. — L. 5—7 mm.

Kapkolonie, Deutschsüdwestafrika.

86. **A. (P.) massaicus** Gerst. 1884 *A m*, Gerstaecker in: Jahrb. Hamburg. Anst., p. 49 | 1913 *A. (Pharaphodius) m.*, Ad. Schmidt in: Arch. Naturg., *v.* 79 A fasc. 11 p. 125.

Stimmt mit der vorigen Art in Größe, Färbung und Gestalt überein. Kopf fein und zerstreut punktiert, Kopfbeule kürzer, nach hinten verengt, hier mehr erhaben, unpunktiert, Wangen stumpfwinklig, die Augen überragend, Stirnnaht nicht dunkler. Thorax nicht bewimpert wie die Wangen, seitlich wenig gerundet, Seiten und ausgerandete Hinterwinkel gerandet, fein punktiert, mit zerstreuten, größeren Punkten. Schildchen dreieckig und längs eingedrückt. Flügeldecken um die Schultern nicht sehr lang bewimpert, nach hinten verbreitert, punktiert-gestreift, Streifenpunkte flach, auch vor der Spitze noch sichtbar, Zwischenräume flach gewölbt, unpunktiert, der 1. Zwischenraum wenig, die Nahtkante viel dunkler. Abdomen nur mit wenigen haartragenden Punkten. Hintertibia mit ungleichen Borsten, 1. Tarsenglied gleich dem obern Enddorn und reichlich so lang wie die 3 folgenden Glieder. — L. 6—7 mm.

Massai.

87. **A. (P.) urostigmoides** Ad. Schm. 1913 *A. (Pharaphodius) u.*, Ad. Schmidt in: Arch. Naturg., *v.* 79 A fasc. 11 p. 125.

Wenig gewölbt, schwarzbraun, Vorderkopf und Seiten des Halsschildes etwas heller. Kopf flach, unbedeutend erhöht in der Mitte, Stirnlinie deutlich eingedrückt, hinter derselben feiner und größer, vor derselben sehr fein, seitlich jedoch etwas größer punktiert, Clipeus abgerundet, etwas abgestutzt in der Mitte und schwach ausgerandet, Wangen klein, stumpf abgerundet, die Augen schwach überragend. Thorax nach vorn leicht verschmälert, Vorderwinkel, Seiten und stumpfe Hinterwinkel gerandet, oberseits mit feinen und größeren Punkten nicht sehr dicht besetzt, Seitenbeule mehr glatt. Schildchen einzeln punktiert. Flügeldecken mit kleinem Schulterdorn, an der Spitze und den Seiten kurz behaart, Streifenpunkte fein, an den Seiten etwas größer und die Ränder der Zwischenräume leicht kerbend, diese zur Spitze stärker konvex, die 3 seitlichen sind verbunden. Seiten der Hinterbrust matt, Abdomen fein, seitlich dichter punktiert und behaart. Hintertibia mit ungleichen Endborsten, 1. Tarsenglied länger als der obere Enddorn, den 3 folgenden Gliedern an Länge gleich. — L. 5 mm.

Nördliches Ruanda.

88. **A. (P.) argutus** Ad. Schm. 1911 *A. a.*, Ad. Schmidt in: Ent. Zeit. Stettin, *v.* 72 p. 4 | 1913 *A (Pharaphodius) a.*, Ad. Schmidt in: Arch. Naturg., *v.* 79 A fasc. 11 p. 125.

Durch die gerandete Basis des Halsschildes und deutlichen Schulterdorn ausgezeichnet. Gewölbt, glänzend, schwarzbraun, Kopf vorn, Thorax und Flügeldecken an den Seiten heller. Kopf in der Mitte beulig erhaben, Stirnnaht vertieft, überall fein, ziemlich dicht punktiert, Clipeus schwach ausgerandet, jederseits abgerundet, Wangen die Augen überragend. Thorax mit rötlichen Vorderwinkeln, Seiten und stumpfe Hinterwinkel gerandet, oberseits dicht und fein punktiert, Seiten mit etwas größeren Punkten. Schildchen dreieckig, glatt. Flügeldecken zur Mitte leicht verbreitert, punktiert-gestreift, Zwischenräume an der Spitze stark konvex. Metasternum seitlich fast unpunktiert, Abdomen deutlich punktiert und kurz behaart. Hintertibia mit ungleichen Borsten, 1. Glied länger als der obere Enddorn, länger als die 3 folgenden Glieder. — L. 3 mm.

Victoriasee.

89. **A. (P.) lacunosus** Ad. Schm. 1911 *A. l.*, Ad. Schmidt in: Ent. Zeit. Stettin, *v.* 72 p. 12 | 1913 *A. (Pharaphodius) l.*, Ad. Schmidt in: Arch. Naturg., *v.* 79 A fasc. 11 p. 125.

Schwarzbraun, Vorderrand des Kopfes rötlich, gewölbt, glänzend. Kopf vorn und seitlich etwas verflacht, Mitte stumpfbeulig, überall dicht und deutlich punktiert, Clipeus leicht ausgerandet, jederseits abgerundet, Wangen klein, die Augen überragend. Seiten des Halsschildes wenig gerundet und wie die stumpfen Hinterwinkel und Basis gerandet, Oberseite dicht punktiert, Punkte sehr fein und grob. Schildchen dreieckig, punktiert. Flügeldecken mit kleinem Schulterzahn, nach hinten wenig erweitert, deutlich, hinten breiter gestreift. Streifenpunkte greifen auf dem Rücken und den Seiten deutlich die Ränder der Zwischenräume an, diese hinten sehr verschmälert, fast rippenförmig, vorn und seitlich sind dieselben nur konvex. Seiten des Metasternum und Abdomen punktiert, kurz behaart. Endborsten der Hintertibia ungleich, 1. Tarsenglied des Hinterbeines länger als der obere Enddorn und als die 3 folgenden Glieder. — L. $3^1/_2$ mm.

Galla-Land.

90. **A. (P.) javanus** Ad. Schm. 1909 *A. j.*, Ad. Schmidt in: Not. Leyden Mus., *v.* 31 p. 114 | 1913 *A. (Pharaphodius) j.*, Ad. Schmidt in: Arch. Naturg., *v.* 79 A fasc. 11 p. 125.

Diese Art zeichnet sich durch geringe Größe aus. Dunkelrotbraun, Hinterkopf und Thorax dunkler, konvex, glänzend. Kopfmitte wenig erhaben, vorn schmal abgesetzt, fein und dicht, hinten wenig stärker punktiert, Clipeus ausgerandet, jederseits gerundet, Wangen rundlich und klein, die Augen etwas überragend. Thorax wenig gerundet, Seiten und stumpfe Hinterwinkel gerandet, Basis ohne Rand, oberseits ziemlich dicht und deutlich punktiert. Schildchen dreieckig. Flügeldecken hinten schwach verbreitert, punktiert-gestreift, Streifenpunkte greifen die Ränder an, Zwischenräume hinten viel stärker gewölbt, 6. und 8. etwas verkürzt. Unterseite einzeln punktiert, Hintertibia mit ungleichen Borsten. 1. Tarsenglied gleich dem obern Enddorn und den 2 folgenden Gliedern. — L. 1,5 mm.

Batavia.

91. **A. (P.) anthrax** Gerst. 1871 *A a.*, Gerstaecker in: Arch. Naturg., *v.* 37 I p. 47 | 1913 *A. (Pharaphodius) a.*, Ad Schmidt in: Arch. Naturg., *v.* 79 A fasc. 11 p. 125.

Von *A. (P.) argutus* (nr. 88) Ad. Schm., dem er ähnlich ist, durch andere Skulptur verschieden. Schwarzbraun, Ränder des Kopfes, des Halsschildes und der Flügeldecken rötlich. Kopf nach vorn stark verengt; Mitte etwas erhaben, Stirnnaht deutlich vertieft, Oberfläche punktiert, Clipeus schwach ausgerandet, jederseits breit gerundet, Wangen rundlich, die Augen überragend. Thorax quer, schwach gerundet, Seiten und stumpfe Hinterwinkel gerandet, Basis ohne Rand, oberseits deutlich, nicht sehr zerstreut punktiert. Schildchen dreieckig. Flügeldecken punktiert-gestreift, Streifenpunkte greifen die Zwischenräume an, aber nicht an der Spitze, dieselben sind hier schmaler und stark konvex. Unterseite einzeln punktiert. Hintertibia ungleich beborstet, 1. Tarsenglied länger als der obere Enddorn, so lang wie die 3 folgenden Glieder. — L. 3,5—4 mm.

Togo, Victoriasee, Sansibar, Uru.

92 **A. (P.) subcostatus** Kolbe 1886 *A. s*, H Kolbe in: Arch. Naturg, *v.* 52 I p. 189 | 1913 *A. (Pharaphodius) s*, Ad Schmidt in: Arch Naturg, *v.* 79 A fasc. 11 p. 125.

Hellbraun, Kopf und Thorax ohne die Ränder dunkler. Kopf fein, aber nicht dicht punktiert, Mitte beulig erhaben, Stirnlinie vertieft, seitlich schwach erhaben, Clipeus leicht ausgerandet, jederseits abgerundet, Wangen die Augen überragend. Thorax quer, Seiten und stumpfe Hinterwinkel gerandet, Basis ohne Rand, oberseits feiner und stärker, an den Seiten dichter punktiert. Schildchen schmal dreieckig. Flügeldecken in der Mitte erweitert, punktiert-gestreift, Streifenpunkte greifen schwach die Ränder der Zwischenräume an, diese schwach konvex, vor der Spitze stärker erhaben. Metasternum seitlich und Abdomen dicht punktiert und behaart, Femora ohne größere Punkte. Hintertibien mit ungleichen Borsten, 1. Tarsenglied etwas länger als oberer Enddorn, nicht so lang wie die 3 folgenden Glieder. ♂. Vordertibia lang und schmal, medial ausgerandet, nahe der Basis mit stumpfem Zahn, Clipeus wenig ausgerandet, breit, Thorax seitlich gerundet, Scheibe wenig zahlreich punktiert. ♀. Vordertibia normal, Clipeus schmaler, Thoraxscheibe dichter punktiert, Seiten mehr geradlinig. — L. 4,5—5 mm.

China, Korea.

93. **A. (P.) marginellus** (F.)

Diese Art zerfällt in 2 Unterarten:

93a. **A. (P.) marginellus marginellus** (F.) 1781 *Scarabaeus m.*, J. C. Fabricius, Spec. Ins., *v.* 1 p. 21 | 1789 *S. m.*, A. G. Olivier, Ent., Col. *v.* 1 nr. 3 p. 91 t. 13 f. 116 | 1823 *Aphodius diadema*, Wiedemann in: Zool. Mag., *v.* 2 I p. 27 | 1862 *A. marginellus*, Harold in: Berlin. ent. Z., *v.* 6 p. 141, 146 | 1913 *A. (Pharaphodius) m.*, Ad. Schmidt in: Arch. Naturg., *v.* 79 A fasc. 11 p. 125.

Hellbraun, Hinterkopf, Thoraxscheibe und Flügeldecken in der Mitte dunkler. Kopf vorn abgerundet, schwach abgestutzt oder leicht ausgerandet, fein, nicht dicht punktiert, Mitte beulig erhaben, Stirnnaht undeutlich, Wangen stumpf, deutlich die Augen überragend. Thorax wenig gerundet nach hinten verbreitert, Seiten einzeln bewimpert und wie die stumpfen Hinterwinkel gerandet, Basis ohne Rand, oberseits deutlich punktiert. Schildchen dreieckig, Basis mehr parallel. Flügeldecken deutlich gestreift, Streifenpunkte greifen nicht die Ränder der Zwischenräume an, diese vorn wenig konvex, hinten schmaler und stärker erhaben, einzeln fein punktiert. Seiten des Metasternum und Abdomen dicht punktiert und deutlich behaart. Hintertibia mit ungleichen Borsten, oberer Enddorn gleich dem 1. Tarsengliede, dieses so lang wie die 3 folgenden. ♂. Enddorn der Vordertibia gleichbreit, abgestutzt, Thorax etwas feiner punktiert, fast nur an den Seiten mit zerstreuten Punkten. ♀. Enddorn zugespitzt, Thorax dichter und stärker punktiert, auch auf der Scheibe. — L. 4,5—7 mm.

Ostindien, Java, Borneo, Celebes, Neuguinea, Polynesien.

93b **A. (P.) marginellus priscus** Motsch. 1858 *A. p.*, Motschulsky in: Étud. ent., *v.* 7 p. 56 | 1862 *A. marginellus* var *p.*, Harold in: Berlin. ent. Z., *v.* 6 p. 146 | 1913 *A. (Pharaphodius) m.* var *p.*, Ad. Schmidt in: Arch. Naturg., *v.* 79 A fasc. 11 p. 125.

Flügeldecken einfarbig hellbraun oder hell rötlichbraun.

Vorkommen wie die Stammart.

94. **A. (P.) orientalis** Har. 1862 *A. o.*, Harold in: Berlin. ent. Z., *v.* 6 p. 147 | 1913 *A. (Pharaphodius) o.*, Ad. Schmidt in: Arch. Naturg., *v.* 79 A fasc. 11 p. 125.

Schwarzbraun, Kopf vorn und Thoraxseiten gewöhnlich heller, gewölbt, glänzend. Kopf an den Rändern verflacht, fein punktiert, auch die schwache Mittelerhöhung, Stirnnaht angedeutet, Clipeus schwach ausgerandet, jederseits abgerundet, Wangen stumpfwinklig, die Augen überragend. Thorax quer, Seiten und stumpfe Hinterwinkel gerandet, Basis ohne Rand, oberseits deutlich punktiert. Schildchen dreieckig, mit flachem Längseindruck. Streifen der

Flügeldecken hinten tiefer, ihre Punkte flach, nicht die Ränder der Zwischenräume kerbend, diese hinten stärker konvex. Metasternum an den Seiten und Abdomen punktiert und behaart. Hintertibia ungleich beborstet, 1. Tarsenglied gleich dem obern Enddorn und den 3 folgenden Gliedern. ♂. Enddorn der Vordertibia stumpf, Thorax mehr gerundet, seitlich feiner punktiert, Mitte glatt. ♀. Enddorn spitz, Thorax auch in der Mitte größer punktiert. — L. 4 mm.

China, Celebes.

95. **A. (P.) discoidalis** Boh. 1857 *A. d.*, Boheman, Ins. Caffr., *v.* 2 p. 346 | 1874 *A. d.*, Harold in: Berlin ent. Z., *v.* 18 p. 178 | 1910 *A. d.*, Ad Schmidt in: Gen. Ins., fasc. 110 p. 77 t. 1 f. 13 (Gesamtbild) | 1913 *A. (Pharaphodius) d.*, Ad. Schmidt in: Arch. Naturg., *v.* 79 A fasc. 11 p. 124.

In den seitlich geschwärzten Flügeldecken ähnelt diese Art dem *A. (P.) russatus* Er. (nr. 76), aber durch die Skulptur derselben vor der Spitze deutlich verschieden. Länglich, flach gewölbt, rötlich gelbbraun, Kopf ohne Vorderrand und Thoraxscheibe dunkler. Kopf äußerst fein punktiert, Mittelbeule wenig bemerkbar, Clipeus in der Mitte leicht ausgerandet, dahinter etwas eingedrückt, jederseits breit gerundet, Wangen sehr wenig die Augen überragend. Thorax schwach gerundet erweitert, Seiten und die sehr stumpf gerundeten Hinterwinkel gerandet, Basis ohne Rand, oberseits nur mit sehr wenigen Punkten an den Seiten. Schildchen dreieckig, an der Wurzel punktiert, ohne Eindruck. Flügeldecken punktiert-gestreift, Streifenpunkte greifen die Ränder der Zwischenräume nicht an, sie fehlen vor der Spitze, Zwischenräume hier mehr konvex, der 4., 6. und 8. weit vor der Spitze endigend, Naht, Seiten und Spitze schwärzlich. Metasternum und Abdomen punktiert und behaart, Femora hellbraun, mittlere an der Hinterkante dicht bewimpert. Hintertibia mit ungleichen Borsten, 1. Tarsenglied der Hinterbeine gleich dem obern Enddorne und den 3 folgenden Gliedern. ♂. Unterer Enddorn der Mitteltibia mediad gebogen, Metasternalplatte breit vertieft. ♀. Enddorn zugespitzt, Metasternalplatte nur mit Längsfurche. — L. 5,5 mm.

Transvaal, Choa, Kaffrarien.

96 **A. (P.) atroscutellatus** Ad. Schm. 1909 *A. a.*, Ad. Schmidt in: Soc. ent., *v.* 23 p. 188 | 1913 *A. (Pharaphodius) atrosulcatus (err.)*, Ad. Schmidt in: Arch. Naturg., *v.* 79 A fasc. 11 p. 125.

Länglich, flach gewölbt, wenig glänzend, gleichmäßig hell gelbbraun, Scheibe des Halsschildes und der Flügeldecken schwach getrübt, Rand des Kopfes, Stirnlinie, Vorderrand des Halsschildes, ein rundlicher Fleck an den Seiten, Schildchen, Enddorne, Knie, Spitzenrand und Querleisten der 4 Hinterbeine geschwärzt. Kopf mit rundlicher Beule, davor eingedrückt, fein, ziemlich dicht punktiert, Clipeus schwach ausgerandet, jederseits abgerundet, Wangen stumpfwinklig, die Augen überragend, deutlich bewimpert, ebenso Thorax an den Seiten und Schulter der Flügeldecken, Kopfrand kürzer. Thorax geradseitig nach hinten verbreitert, fein punktiert, dazwischen mittelstarke Punkte, Seiten und stumpfe Hinterwinkel gerandet. Schildchen vorn parallel, hier mit schwachem Eindruck und einigen Punkten. Flügeldecken in der Mitte wenig erweitert, Streifenpunkte flach, Zwischenräume deutlich konvex, vor der Spitze jedoch weniger, sie sind chagriniert und fein punktiert. Unterseite und Oberseite gleichfarbig, zerstreut und fein punktiert, Abdomen behaart. Endborsten an der Hintertibia fast gleich lang, 1. Tarsenglied des Hinterbeines so lang wie oberer Enddorn, kürzer als die 3 folgenden Glieder. — L. 4—5 mm.

Südafrika.

97. **A. (P.) crenatus** Har 1862 *A. c.*, Harold in Berlin. ent. Z., *v.* 6 p. 141, 142 | 1898 *A. c.*, Clouët in: Ann. Soc ent. France, *v.* 67 p. 240 | 1913 *A. (Pharaphodius) c.*, Ad. Schmidt in: Arch. Naturg., *v.* 79 A fasc. 11 p. 124.

Durch gehöckerte Stirn und den gezähnten Clipeus von den vorhergehenden Arten verschieden. Schwarzbraun, glänzend, stark konvex. Kopf deutlich, nicht sehr dicht punktiert, besonders hinten, die seitlichen Höcker quer, mittlerer spitz, Zähnchen des Clipeus spitz und aufgebogen, Wangen rundlich, die Augen überragend. Thorax nach der Mitte wenig verbreitert, Seiten und stumpfe Hinterwinkel gerandet, Basis ohne Rand, oberseits sehr deutlich aber nicht dicht punktiert, Seitenbeule und Vorderrand mehr punktfrei. Schildchen klein, vorn eingeschnürt, mit Längseindruck und einigen feinen Punkten. Flügeldecken fast parallel, tief punktiert-gestreift, Streifenpunkte greifen die Ränder der Zwischenräume an, diese schwach konvex auf dem Rücken, vor der Spitze sehr verschmälert. Unterseite glänzend, Beine rotbraun, Femura unpunktiert, nur am ganzen Vorderrande und neben dem Knie mit kurzer Haarpunktreihe. Seiten des Metasternum und das Abdomen dicht punktiert und behaart. Hintertibia mit ungleichen Borsten, oberer Enddorn etwas länger als das 1. Tarsenglied, dieses den 3 folgenden gleich. — L. 6—7 mm.

Ceylon, Luzon, Annam, Tongking.

98. **A. (P.) perfidus** Ad Schm. 1908 *A p.*, Ad. Schmidt in: Ent. Wochenbl., *v.* 25 p. 46 | 1913 *A (Pharaphodius) p.*, Ad. Schmidt in: Arch. Naturg., *v.* 79 A fasc. 11 p. 124.

Unterscheidet sich von der vorigen Art durch geringere Größe und stärkere Punktierung. Dunkelrot- bis schwarzbraun, glänzend, gewölbt. Kopf deutlich punktiert, vorn ziemlich dicht, Clipealzähnchen spitz, stark aufgebogen, Mittelhöcker spitz, seitliche quer, Wangen stumpfwinklig. Thorax an den wenig gerundeten Seiten und die stumpfen Hinterwinkel gerandet, Basis ohne Rand, oberseits mit vereinzelten groben Punkten, diese fehlen an den Seiten ganz und sind in der Mitte der Scheibe sehr vereinzelt. Schildchen parallel, ohne Eindruck. Flügeldecken schwach verbreitert, tief gestreift, Streifenpunkte greifen hauptsächlich die Ränder der seitlichen Zwischenräume an, alle Zwischenräume vor der Spitze sehr verschmälert. Seiten der Hinterbrust und Abdomen wenig dicht behaart und punktiert. Beine hell rotbraun, Femora ohne Haarpunkte, Hintertibia ungleich beborstet, 1. Tarsenglied kürzer als oberer Enddorn, so lang wie die 2 folgenden Glieder. — L. 4 mm.

Hinterindien.

99. **A. (P.) profundus** Ad. Schm. 1911 *A. p.*, Ad. Schmidt in: Soc. ent., *v.* 26 p. 47.

Länglich-oval, schwärzlich, Ränder heller, glänzend, unbehaart. Kopf wenig gewölbt, Mitte erhaben, deutlich punktiert, Clipeus schwach ausgerandet, jederseits mit kleinem Zähnchen, Wangen vom Kopfrande schwach abgesetzt, die Augen überragend. Thorax schwach gewölbt, fast geradseitig nach hinten verbreitert, Seiten und Basis gerandet, Hinterwinkel stumpf, oberseits deutlich punktiert, seitlich dichter. Schildchen vorn parallel. Flügeldecken mit kleinem Schulterzahn, hinten verbreitert, stark gestreift, vor der Spitze tiefer und breiter, Streifenpunkte kerben die Ränder schwach, Zwischenräume konvex, vor der Spitze kielförmig. Unterseite glänzend, Metasternum an den Seiten dicht, in der längsvertieften Mitte fein und vereinzelt, Abdomen an den

Seiten dichter punktiert. Hintertibia mit ungleichen Borsten, 1. Tarsenglied gleich dem obern Enddorn und den 2 folgenden Gliedern. — L. 4 mm.

Amani.

100. **A. (P.) discolor** Er. 1859 *A. d.*, Erichson in C A. Dohrn in: Ent. Zeit. Stettin, *v.* 20 p. 84 | 1862 *A. d.* + *beninensis*, Harold in: Berlin. ent. Z., *v.* 6 p. 141, 144; p. 141, 143 | 1877 ? *A. amarchicus*, Raffray in: Rev. Mag Zool., ser. 3 *v.* 5 p. 325 | 1908 *A. marchicus* (*err.*) Ad. Schmidt in: D. ent. Z suppl. p. 48 | 1913 *A. (Pharaphodius) discolor*, Ad. Schmidt in Arch. Naturg., *v.* 79 A fasc. 11 p. 124.

Dunkelschwarzbraun, zuweilen auch heller rotbraun, glänzend, unbehaart, gewölbt. Kopf fein punktiert, hinter der Stirnlinie fast glatt, diese mit kleinem Mitteltuberkel, die seitlichen sind quer, Clipeus mit 2 stumpfen Zähnchen, Wangen stumpfwinklig. Thorax mit leicht gerundeten Seiten, diese und die stumpfen Hinterwinkel gerandet, Basis ohne Rand, oberseits mit großen Punkten, die ungefähr so groß wie bei *A. (P.) crenatus* Har. (nr. 97), aber kleiner als bei der vorigen Art sind. Schildchen parallel, mit Längseindruck. Flügeldecken parallel, tief gestreift, sehr flach, undeutlich punktiert, Zwischenräume hinten schmaler. Hinterbrust an den Seiten und das Abdomen punktiert und behaart, die hellen Femora ohne große Punkte. Hintertibia ungleich beborstet, oberer Enddorn etwas länger als 1. Tarsenglied, dieses nicht so lang wie die 3 folgenden Glieder. ♂. Enddorn der Vordertibia mit umgebogener Spitze, Metasternalplatte dicht behaart. ♀. Enddorn zugespitzt, Metasternalplatte glatt, nur mit Mittelfurche. — L. 5—6 mm.

Abessinien, Britisch-Ostafrika, Senegal, Togo, Portugiesisch-Guinea.

k) Subgen. **Ammoecius** E. Mulsant

1842 *A.*, E. Mulsant, Hist. nat. Col France, Lamell p 302.

Mittelgroß und kleiner, fast immer schwarz oder schwarzbraun, glänzend, unbehaart, Körper gedrungen, Seiten und Spitze stark herabgewölbt, die amerikanischen Arten schlanker und flacher, anders gefärbt, Clipeus mit Querleiste, von hier senkrecht abfallend, Thorax an der Basis gerandet, Schildchen dreieckig, Borsten an den Hintertibien gleich oder ungleich.

Kopf stark herabgewölbt, wie bei *Ataenius* Har. und *Saprosites* Redt., mit wenig deutlicher, ungehöckerter Stirnnaht, feiner oder stärker punktiert, der Raum zwischen Querkiel und Vorderrand immer mehr oder weniger rauh, Clipeus ausgerandet, entweder jederseits gezähnt, scharfwinklig oder seltener gerundet, Wangen abgerundet, aber die Augen überragend. Thorax quer, die Seiten, stumpfe Hinterwinkel und Basis, zuweilen auch der Vorderrand sehr fein gerandet, oberseits immer punktiert. Schildchen klein, dreieckig. Flügeldecken mit kleinem Schulterdorn, nach hinten verbreitert, mit deutlichen Streifen, Streifenpunkte größer oder kleiner, Zwischenräume flach oder konvex, die afrikanischen Arten zeigen sekundäre und primäre Zwischenräume. Unterseite wie oben gefärbt, glänzend, mehr oder weniger punktiert und behaart. Endborsten der Hintertibia, ausgenommen die amerikanischen Arten, gleichlang. Metatarsus wenig verlängert. Die Geschlechtsdifferenzen zeigen sich in der Verkürzung des untern Enddorns der Mitteltibia, in der Vertiefung der Metasternalplatte, in der Verflachung und Punktierung des Hinterfemur an der Basis, zuweilen auch in der Vertiefung des letzten Abdominalsegments.

Hierher gehören sicher 16 und vielleicht noch 2 weitere Arten aus dem paläarktischen, aethiopischen und nearktischen Gebiet (nr. 101—118).

Bestimmungstabelle der Arten:

1	Clipeus 4zähnig — 2	
	Clipeus 2zähnig oder anders geformt — 3	
2	Thorax kräftig punktiert, Zwischenräume der Flügeldecken konvex	113. A. (A.) armaticeps
	Thorax fein punktiert, Zwischenräume eben, Flügeldecken konvex	114. A. (A.) dentinus
3	Clipeus 2zähnig — 4	
	Clipeus ohne Zähne — 8	
4	Thorax in der Mitte dichter und stärker als seitlich punktiert, Oberseite rotbraun . . .	115. A. (A.) acerbus
	Thorax seitlich nicht weniger dicht als in der Mitte punktiert — 5	
5	Thorax ziemlich gleich groß punktiert, Streifenpunkte der Flügeldecken auf dem Rücken sehr fein, vor der Spitze ganz fehlend	104. A. (A.) felscheanus
	Thorax immer deutlich ungleich punktiert, Streifenpunkte an der Spitze deutlich — 6	
6	Kopf mit kurzer, weit vor den Augen erlöschender Querleiste — 7	
	Kopf mit langer, fast bis an die Augen reichender Querleiste, Kopf und Thorax sehr dicht punktiert	105. A. (A.) lugubris
7	Thorax sehr fein punktiert, dazwischen einzelne viel größere Punkte eingestreut, Streifenpunkte auch an der Spitze noch deutlich die Ränder kerbend	106. A. (A.) elevatus
	Thorax dicht, ungleich punktiert, Streifenpunkte auf dem Rücken schwach, vor der Spitze nicht kerbend, Zwischenräume hier gekielt . .	107. A. (A.) bidentulus
	Thorax im vorderen Viertel der Länge in der ganzen Breite nur sehr fein punktiert, Zwischenräume an der Spitze nur konvex	108. A. (A.) dentatus
8	Clipeus jederseits mit mehr oder weniger scharfem Winkel — 9	
	Clipeus jederseits lappig gerundet — 13	
9	Kopf dicht rauh punktiert — 10	
	Kopf sehr fein punktiert — 11	
10	Zwischenraum flach, an der Spitze gewölbt . .	109. A. (A.) rugifrons
	Zwischenräume gewölbt, an der Spitze gekielt .	110. A. (A.) mimus
11	Thorax wenig ungleich punktiert, hinter dem Vorderrande mit feiner, vertiefter Linie, Zwischenräume der Flügeldecken eben	103. A. (A.) lusitanicus
	Thorax deutlich ungleich punktiert, ohne vertiefte Linie, Zwischenräume vor der Spitze konvex — 12	
12	Flügeldecken mit kräftigen Streifenpunkten, die die Zwischenräume auch vor der Spitze kerben	101. A. (A.) brevis
	Streifenpunkte kerben auf dem Rücken wenig, vor der Spitze nicht die Ränder	102. A. (A.) frigidus
13	Gelbbraun, Thorax etwas dunkler, deutlich wie der Kopf punktiert, Zwischenräume konvex . . .	116. A. (A.) asellus
	Oberseite schwarz oder schwarzbraun — 14	
14	Zwischenräume konvex, die sekundären liegen tiefer als die primären	111. A. (A.) spectabilis
	Zwischenräume flach, in der Mitte schwach gekielt, die sekundären nicht viel tiefer liegend . .	112. A. (A.) tricarinulatus

101. A. (A.) **brevis** (Er.) 1798 *Scarabaeus elevatus* (non A. G. Olivier 1789), Paykull, Fauna Suec., Ins. *v.* 1 p. 28 | 1805 *Aphodius e.*, Jac. Sturm, Deutschl. Fauna, Ins. Käf. *v.* 1 p. 170 | 1808 *A. e.*, Gyllenhal, Ins. Suec., *v.* 1 p. 6 | 1848 ***Ammoecius brevis***, Erichson, Naturg. Ins. Deutschl., Col. *v.* 3 p. 907 | 1871 *A. b.*, Harold in: Col. Hefte, *v.* 7 p. 4, 11 | 1892 *Aphodius (Ammoecius) b.*, Reitter in: Verh. Ver. Brünn, *v.* 30 p. 184

Biologie: 1874 Schioedte in: Naturh. Tidsskr., ser. 3 *v.* 9 p. 328 t. 15 f. 1—4, t. 19 f. 11. Beschreibung und Abbildung der Larve.

Gedrungen, stark gewölbt, glänzend, schwarz. Kopf stark herabgewölbt, hinter der Stirnlinie fein, vor derselben bis zum Querkiel kaum wahrnehmbar punktiert, am Vorderrande fein rauh, Clipeus schwach ausgerandet, jederseits stumpfwinklig abgerundet, Wangen winklig, die Augen überragend. Thorax quer, nach hinten fast geradseitig verbreitert, sehr fein und stärker punktiert, die großen Punkte fehlen vorn auf der Scheibe, Hinterwinkel stumpf, Basis 2buchtig. Flügeldecken nach hinten verbreitert, deutlich gestreift, Streifenpunkte greifen die Ränder der Zwischenräume an, diese auf dem Rücken und an den Seiten schwach, vor der Spitze stärker konvex, mikroskopisch fein punktiert. Oberer Enddorn der Hintertibia wenig länger als 1. Tarsenglied, dieses nicht so lang wie die 3 folgenden Glieder. ♂. Metasternalplatte schwach vertieft, Hinterfemur an der Basis dicht punktiert und behaart, unterer Enddorn der Mitteltibia sehr kurz, abgestutzt. ♀. Metasternalplatte nur mit vertiefter Mittellinie, Hinterfemur an der Basis kahl, unpunktiert. — L. 3,5—4,5 mm.

Nord- und Mitteleuropa, Kaukasus.

102. A. (A.) **frigidus** (Bris.) 1866 *Ammoecius f.*, Brisout in: Ann. Soc. ent. France, ser. 4 *v.* 6 p. 374 | 1871 *A. f.*, Harold in: Col. Hefte, *v.* 7 p. 4, 15 | 1892 *Aphodius (A.) f.*, Reitter in: Verh. Ver. Brünn, *v.* 30 p. 184

Etwas länglicher als vorige Art, schwarz. Kopf bis zum Querkiel äußerst fein, kaum sichtbar punktiert, Clipeus stumpfwinklig. Thorax zwar ebenfalls ungleich punktiert, aber die großen Punkte kleiner als bei *A. (A.) brevis* Er. Streifenpunkte der Flügeldecken wenig deutlich, aber immer noch, auch in den seitlichen Streifen gut sichtbar. Oberer Enddorn der Hintertibia länger als 1. Tarsenglied, dieses so lang wie die 3 folgenden Glieder. ♂. Metasternalplatte kaum vertieft, mit deutlicher Mittellinie, Hinterfemur an der Basis verflacht, punktiert und behaart, unterer Enddorn der Mitteltibia sehr kurz, breit abgestutzt, letztes Abdominalsegment mit Grübchen. ♀. Metasternalplatte und Femora normal, Enddorn zugespitzt und länger. — L. 4,5—6 mm.

Portugal, Spanien.

103. A. (A.) **lusitanicus** (Er.) 1803 *Aphodius elevatus* (non *A. e.* A. G. Olivier 1789), Illiger in: Mag. Ins.-Kunde, *v.* 2 p. 197 | 1848 ***Ammoecius lusitanicus***, Erichson, Naturg. Ins. Deutschl., Col. *v.* 3 p. 908 | 1871 *A. l.*, Harold in: Col. Hefte, *v.* 7 p. 4, 13 | 1892 *Aphodius (A.) l.*, Reitter in: Verh. Ver. Brünn, *v.* 30 p. 184

In der länglichen Gestalt und Färbung der vorigen Art ähnlich. Kopf etwas deutlicher punktiert. Thorax hinter dem Vorderrande mit vertiefter Linie, die größeren Punkte auf demselben noch kleiner und zerstreuter als bei *A. (A.) frigidus* Bris., Hinterwinkel stumpf abgerundet. Streifenpunkte der Flügeldecken seitlich und vor der Spitze nicht sichtbar, Zwischenräume eben, auch an der Spitze. Oberer Enddorn der Hintertibia etwas länger als 1. Tarsenglied, dieses kürzer als die 3 folgenden. ♂. Metasternum vertieft, Hinterfemur an der Basis verflacht, punktiert und behaart, unterer Enddorn der Mitteltibien weniger kurz, weniger breit abgestutzt, letztes Abdominalsegment mit Grübchen. ♀. Metasternum eben, mit Mittellinie, Hinterfemur und unterer Enddorn normal, letztes Abdominalsegment mit Quereindruck. — L. 4,5—5,5 mm.

Portugal, Spanien, Marokko

104. **A. (A.) felscheanus** Reitt. 1904 *Aphodius (A.) f.*, Reitter in: Wien. ent. Zeit., *v.* 23 p. 255

Schwarz, Flügeldecken schwarzbraun. Kopf dicht und deutlich punktiert. Thorax an den Seiten dichter als in der Mitte punktiert, die Punkte in Größe wenig verschieden, Hinterwinkel stumpf abgerundet. Streifenpunkte der Flügeldecken fein, die Ränder schwach kerbend, Zwischenräume fein punktiert, auf dem Rücken wenig gewölbt, vor der Spitze stärker konvex, der Nahtstreif in der ganzen Länge tiefer eingedrückt. 1. Glied der Hintertarsen kürzer als oberer Enddorn, nicht so lang wie die 3 folgenden Glieder. ♂ Metasternalplatte tief eingedrückt, unterer Enddorn der Mitteltibien stark verkürzt, stumpf. ♀. Metasternum wenig vertieft, Enddorne der Mitteltibien an Länge wenig verschieden, spitz. — L. 3,5—4 mm.

Algier

105 **A. (A.) lugubris** (Boh.) 1857 *Ammoecius l.*, Boheman, Ins. Caffr., *v.* 2 p. 364 | 1869 *A. terminatus*, Harold in: Col Hefte, *v.* 5 p. 100 | 1871 *A. lugubris*, Harold in: Col. Hefte, *v.* 7 p. 4, 18 | 1913 *Aphodius (A.) l.*, Ad. Schmidt in: Arch Naturg., *v.* 79 A fasc. 11 p. 126.

Schwarz, glänzend. Kopf dicht, sehr deutlich punktiert, Clipeus mit spitzem Zähnchen jederseits der Ausrandung. Querleiste des Kopfes fast die Augen erreichend. Thorax dicht, vorn feiner als der Kopf, nach hinten zu etwas größer punktiert, die Punkte hier und an den Seiten in Größe wenig verschieden. Zwischenräume der Flügeldecken ganz flach, zur Spitze konvex, deutlich gereiht-punktiert. 1. Glied der Hintertarsen kürzer als oberer Enddorn, den 3 folgenden Gliedern an Länge gleich. — L. 4,5 mm.

Kap, Kaffrarien.

106. **A. (A.) elevatus** (Ol.)

Diese Art zerfällt in 4 Unterarten:

106a. **A. (A.) elevatus elevatus** (Ol.) 1789 *Scarabaeus e.*, A. G Olivier, Ent., Col. *v.* 1 nr. 3 p. 89 t. 21 f. 190 | 1871 *Ammoecius e.*, Harold in: Col. Hefte, *v.* 7 p. 14, 16 | 1892 *Aphodius (A.) e.*, Reitter in: Verh. Ver. Brünn, *v.* 30 p. 183.

Biologie: 1890 Xambeu in: Rev Ent. Franç, *v.* 9 p. 61 (Larve, Puppe und Lebensweise) | 1892 Xambeu in: Ann. Soc. Linn. Lyon, ser. 2 *v.* 39 p. 165 (Larve, Puppe und Lebensweise).

Länglich, glänzend, schwarz oder schwarzbraun. Kopf fein punktiert, seitlich mit größeren Punkten untermischt, Wangen deutlich die Augen überragend. Thorax leicht gerundet nach hinten erweitert, sehr fein und viel größer punktiert, die größeren Punkte auf der Scheibe sehr zerstreut, seitlich etwas dichter, Hinterwinkel sehr stumpf abgerundet. Flügeldecken hinten bauchig, tief gestreift, Streifenpunkte länglich, die Ränder der Zwischenräume deutlich angreifend, letztere flach, an der Spitze konvex. 1. Glied der Hintertarsen kürzer als oberer Enddorn, kürzer als 3 Glieder. ♂. Thorax in der Mitte fast ohne größere Punkte, unterer Enddorn der Mitteltibien nach innen gebogen, Hinterschenkel an der Basis punktiert. ♀. Thorax auch in der Mitte mit größeren Punkten, Enddorn wenig kürzer, spitz, Hinterschenkel normal. — L. 6—8 mm.

Südwesteuropa, Marokko.

106b. **A. (A.) elevatus edentulus** (Muls.) 1842 *Ammoecius elevatus* var *edentulus*, E. Mulsant, Hist. nat. Col. France, Lamell p. 303.

Clipeus jederseits mit schwachem Zähnchen.

Frankreich.

106c. **A. (A.) elevatus fusciventris** (Muls.) 1842 *Ammoecius e.* var. *f.*, E. Mulsant, Hist. nat. Col. France, Lamell. p. 303.

Unterseite, Füße oder wenigstens die Schenkel rotbraun.

Frankreich.

106d. **A. (A.) elevatus numidicus** (Muls.) 1851 *Ammoecius n.*, E. Mulsant in: Mém Ac. Lyon, ser. 2 *v.* 1 p. 192 | 1892 *Aphodius (A.) elevatus* var *n.*, Reitter in: Verh. Ver. Brünn, *v.* 30 p. 184.

Kastanienbraun, mit rotbraunen Flügeldecken. — L. 5,4 mm.

Algier, Marokko.

107 **A. (A.) bidentulus** (Har.) 1871 *Ammoecius b.*, Harold in: Col Hefte, *v.* 7 p. 4, 19 | 1907 *Aphodius (A.) b.*, Ad. Schmidt in: D ent. Z., suppl p. 8.

Schwarz, glänzend. Kopf ziemlich dicht, fein punktiert, Querkiel kurz. Thorax wenig dicht, feiner und stärker punktiert, Hinterwinkel sehr abgeschrägt. Flügeldecken deutlich gestreift, Streifenpunkte nur seitlich und auf dem Rücken schwach kerbend, Zwischenräume schwach, vor der Spitze stärker konvex, kaum bemerkbar, höchstens an der Schulter etwas deutlicher punktiert. 1. Glied der Hintertibien kürzer als oberer Enddorn und die 3 folgenden Glieder. Unterscheidet sich von *A. (A.) lugubris* Boh. (nr. 105), dem die Art sehr ähnlich ist, außer der kürzeren Querleiste des Kopfes, durch feinere, weniger dichte Punktierung dieses und des Halsschildes, und durch die fast unpunktierten, schwach konvexen Zwischenräume der Flügeldecken. — L. 4—5 mm.

Kap.

108. **A. (A.) dentatus** Ad Schm. 1908 *A. (A.) d.*, Ad. Schmidt in: D. ent. Z., p. 504

Von etwas kürzerer Gestalt als vorige Art, schwarz, glänzend. Kopf fein punktiert, seitlich mit einigen größeren Punkten, Querleiste nicht bis an die Augen reichend. Thorax ungleich punktiert, vorn nur mit feinen Punkten, Hinterwinkel stumpf. Streifenpunkte flach, kaum die Ränder der Zwischenräume kerbend, letztere schwach konvex, an der Spitze mehr erhaben. Oberer Enddorn der Hintertibien länger als 1. Tarsenglied, dieses kürzer als die 3 folgenden Glieder. ♂. Metasternalplatte grubig vertieft, Hinterschenkel an der Basis abgeflacht und grob punktiert, unterer Enddorn der Mitteltibien sehr kurz und stumpf. ♀. Metasternum wenig vertieft, Hinterschenkel normal. — L. $3^3/_4$—5 mm.

Tanger, Marokko.

109. **A. (A.) rugifrons** (Aubé) 1850 *Ammoecius r.*, Aubé in: Ann. Soc. ent. France, ser. 2 *v.* 8 p. 335 | 1852 *A. levaillanti*, A. Godart in: Ann. Soc. Linn. Lyon, p. 297 | 1871 *A. rugifrons*, Harold in: Col. Hefte, *v.* 7 p. 3, 10 | 1892 *Aphodius (A.) r.*, Reitter in: Verh. Ver. Brünn, *v.* 30 p. 184.

Durch den rauh punktierten Kopf ausgezeichnet. In der gedrungenen Gestalt mehr dem *A. (A.) brevis* Er. (nr. 101) ähnlich, aber noch etwas breiter. Thorax dichter mit größeren Punkten besetzt, besonders seitlich. Flügeldecken mit scharf eingeschnittenen Streifen, Streifenpunkte deutlich, greifen schwach die Ränder der Zwischenräume an, diese flach, vor der Spitze stark konvex, sehr fein, an der Schulter etwas deutlicher punktiert. Hinterbrust, auch in der Mitte und Abdomen ziemlich dicht punktiert, letzteres etwas gröber und behaart. 1. Glied der Hintertarsen etwas kürzer als oberer Enddorn, fast so lang wie die 3 folgenden Glieder. ♂. Metasternalplatte vertieft, unterer Enddorn der Mitteltibien wenig verkürzt, stumpf zugespitzt. ♀ Metasternalplatte flach, Enddorn spitz. — L. 4—5 mm.

Algier, Sardinien.

110. **A. (A.) mimus** Péring 1901 *Aphodius (A.) m.*, Péringuey in: Tr S. Afr Soc, *v.* 12 p. 409.

Schwarzbraun, Clipeus und Vorderteil des Halsschildes heller. Kopf dicht und tief punktiert. Thorax seitlich etwas gerundet, dicht punktiert. Flügeldecken schmal gestreift, die konvexen, an der Spitze gekielten Zwischenräume unpunktiert. Abdomen fast ohne Punkte. — L. 4,5 mm (ex Péringuey).

Kapkolonie.

111. **A. (A.) spectabilis** Péring. 1901 *Aphodius (A.) s.*, Péringuey in: Tr. S. Afr Soc., *v.* 12 p. 410.

Schwarz, glänzend. Kopf punktiert, Querkiel deutlich, Stirnlinie etwas erhöht, Clipeus tief ausgerandet. Thorax seitlich erweitert, Hinterwinkel sehr stumpf, oberseits deutlich, etwas unregelmäßig zerstreut punktiert. Schildchen mit erhabener Mitte. Flügeldecken deutlich gestreift, mit sekundären und primären Zwischenräumen, letztere konvex. — L. 5—6 mm (ex Péringuey).

Kapkolonie

112. **A. (A.) tricarinulatus** Ad. Schm. 1901 *A (A) carinulatus* (non Motschulsky 1863), Péringuey in Tr S. Afr Soc, *v.* 12 p. 411 | 1907 *Ammoecius tricarinulatus*, Ad. Schmidt in: D ent. Z., p. 201 | 1913 *Aphodius (A) t.*, Ad Schmidt in: Arch. Naturg., *v.* 79 A fasc. 11 p. 126.

Schwarz, glänzend. Clipeus tief ausgerandet, Querkiel deutlich, Stirnlinie etwas erhöht. Thorax seitlich verbreitert, Hinterwinkel stumpf, oberseits zerstreut punktiert, besonders vorn in der Mitte. Schildchen mit erhöhter Mitte. Die sekundären Zwischenräume nicht viel tiefer liegend als die primären. — L. 5,3 mm (ex Péringuey).

Transvaal.

113. **A. (A.) armaticeps** Péring. 1901 *A. (A) a.*, Péringuey in: Tr S. Afr. Soc., *v.* 12 p. 410

Durch den 4zähnigen Clipeus ausgezeichnet. Glänzend, schwarz. Kopf vorn und seitlich rauh, hinten fein und sehr dicht punktiert. Thorax quer, seitlich gerundet erweitert, oberseits ziemlich dicht, mittelstark punktiert, Hinterwinkel stumpf abgerundet. Schildchen dicht punktiert. Flügeldecken deutlich gestreift, Streifenpunkte greifen deutlich die Ränder der konvexen Zwischenräume an. Oberer Enddorn an den Hintertibien länger als 1. Tarsenglied, dieses den 3 folgenden Gliedern gleich. — L. 4—5 mm.

Kapkolonie.

114. **A. (A.) dentinus** Péring. 1901 *A. (A.) d.*, Péringuey in: Tr. S. Afr. Soc., *v.* 12 p. 410.

Diese Art ähnelt dem *A. (A.) lugubris* Boh. (nr. 105), ist aber verschieden durch 4zähnigen Clipeus, durch feiner punktiertes Halsschild und die unpunktierten flachen Zwischenräume der Flügeldecken. — L. 4—4,6 mm (ex Péringuey).

Transvaal.

115. **A. (A.) acerbus** Horn 1887 *Aphodius a.*, G Horn in: Tr. Amer. ent. Soc., *v.* 14 p. 56 | 1913 *Aphodius (A). a.*, Ad. Schmidt in: Arch. Naturg., *v.* 79 A fasc. 11 p. 126.

Länglich, mäßig konvex, nicht vollglänzend, rotbraun. Kopf deutlich, nicht dicht punktiert, Clipeus mäßig tief ausgerandet, jederseits mit kleinem, spitzen Zähnchen, Querleiste deutlich. Thorax nach vorn verschmälert, die Seiten schwach gebogen, die Hinterwinkel stumpf abgerundet, oberseits deutlich, sehr ungleich, nicht dicht, an den Seiten feiner punktiert. Flügeldecken deutlich gestreift, Streifenpunkte die Ränder der Zwischenräume schwach kerbend, letztere konvex, einzeln punktiert. Metatarsus kürzer als die 3 folgenden Glieder. — L. 3 mm (ex Horn).

Texas.

116. **A. (A.) asellus** Ad. Schm. 1887 *Aphodius nanus* (non *A. n.*, Fairmaire 1860), G. Horn in: Tr. Amer. ent. Soc., *v.* 14 p. 55 | 1907 *A asellus*, Ad. Schmidt in: D. ent. Z., p. 201 | 1913 *A. (Ammoecius) a.*, Ad. Schmidt in: Arch Naturg., *v.* 79 A fasc. 11 p. 126.

Durch geringe Wölbung und die Färbung verschieden. Ober- und Unterseite hellbraun, Thorax in der Mitte dunkler. Kopf leicht rauh, Querkiel sehr deutlich, Clipeus tief ausgerandet, jederseits lappig gerundet, Wangen abgerundet, die Augen überragend. Thorax seitlich gerundet, sehr ungleich und auch ziemlich dicht, besonders an den Seiten punktiert, Hinterwinkel stumpf. Flügeldecken deutlich gestreift, Streifenpunkte die Ränder der Zwischenräume wenig kerbend, letztere konvex, einzeln punktiert. Hintertibien am Endrande lang, ungleich beborstet. 1. Glied der Hintertarsen kürzer als oberer Enddorn, kürzer als die 3 folgenden Glieder. — L. 2,5 bis 3,5 mm.

Texas.

Eine sehr unsichere Stellung in diesem Subgen. nehmen folgende 2 Arten ein:

117 **A. (A.) trituberculatus** Ad. Schm. 1875 *Ammoecius nitidulus*, C.O.Waterhouse in: Tr. ent. Soc. London, p. 93 | 1907 *Aphodius trituberculatus*, Ad. Schmidt in: D. ent. Z., p. 201 | 1913 *A. (Ammoecius) t.*, Ad. Schmidt in: Arch. Naturg., *v.* 79 A fasc. 11 p. 126.

Glänzend, schwarz, gewölbt. Kopf fein punktiert, mit 3 schwachen Höckerchen, Clipeus ausgerandet, jederseits gerundet, dahinter mit Querrunzel. Thorax quer, nach vorn verschmälert, dicht und ungleich punktiert. Schildchen an der Basis punktiert. Flügeldecken hinten verbreitert, punktiertgestreift, Zwischenräume fast eben, fein und einzeln punktiert, an den Seiten weniger glänzend. — L. 4 mm (ex Waterhouse).

Japan.

118. **A. (A.) immarginatus** Ad. Schm. 1893 *Ammoecius crassulus* (non G. Horn 1870), L. Fairmaire in: Ann. Soc ent. Belgique, *v.* 37 p. 305 | 1907 *Aphodius immarginatus*, Ad. Schmidt in: D. ent. Z., p. 201.

Schwarz, glänzend. Kopf breit, vorn fast abgestutzt, beiderseits breit gerundet, fein und etwas dicht punktiert, Stirnnaht beiderseits leicht erhaben. Thoraxseiten leicht gerundet, vorn wenig schmaler, auf der Scheibe etwas stark, aber weniger dicht als seitlich punktiert, Basis ungerandet, Hinterwinkel stumpf. Flügeldecken kurz, auf dem Rücken stark gestreift, Zwischenräume flach. Metatarsus so lang wie 2 Glieder. — L. 4,5 mm (ex Fairmaire).

Tonking.

l) Subgen. **Alocoderus** Ad. Schmidt

1871 *Agrilinus* (part.) + *Amidorus* (part.) + *Bodilus* (part.) + *Melinopterus* (part.), E Mulsant, Hist. nat. Col. France, Lamell. p. 179, 249, 278, 329 | 1913 *Alocoderus*, Ad. Schmidt in: Arch. Naturg., *v.* 79 A fasc. 11 p. 127

Mittelgroße oder größere Arten, schwarz oder braun, einfarbig oder mit dunkler Scheibe des Halsschildes, Kopf mit deutlich erhabener Stirnnaht, die gewöhnlich in 3 quere Höcker geteilt ist, Thorax ringsum gerandet, Schildchen dreieckig, Borsten an den Hintertibien gleich oder ungleich.

Körper gewöhnlich nur flach gewölbt, glänzend, nach hinten verbreitert oder parallel. Kopf flach, immer deutlich punktiert, Mitte und Stirnlinie meistens deutlich erhaben, letztere oft seitlich unterbrochen, dann 3 quere Höckerchen bildend, von denen der mittelste im männlichen Geschlecht das kräftigste ist, es ist nie zugespitzt, immer abgestutzt oder bisweilen oben in der Mitte ausgerandet, bei *A. (A.) carinifrons* Reitt. (nr. 119) ist die Querleiste kaum unterbrochen; nur in der Mitte und seitlich etwas mehr erhöht, Clipeus immer ausgerandet und jederseits abgerundet, nur bei *A. (A.) digitalis* D. Kosh. (nr. 125) stumpfwinklig, Wangen die Augen mehr oder weniger überragend. Thorax quer, vorn, an den Seiten und der Basis mit deutlicher Randung, Hinterwinkel stumpf, bei *A. (A.) gilleti* Ad. Schm. (nr. 120) abgerundet, oberseits immer deutlich punktiert, höchstens in der Mitte bisweilen zerstreuter und feiner. Schildchen dreieckig, punktiert. Flügeldecken feiner oder stärker gestreift, Streifenpunkte gewöhnlich deutlich, Zwischenräume eben oder konvex, feiner oder stärker punktiert. Unterseite meistens etwas heller, Hinterbrust an den Seiten vereinzelt, Abdomen dichter und größer punktiert und behaart.

Hierher gehören 9 Arten aus dem paläarktischen und afrikanischen Gebiet und 1 unsichere Art (nr 119—128).

Bestimmungstabelle der Arten:

1	Endborsten an den Hintertibien gleichlang — 2	
	Endborsten an den Hintertibien ungleich — 5	
2	Oberseite einfarbig schwarz, Mittelhöcker beim ♂ ausgerandet, Zwischenräume kaum wahrnehmbar punktiert	124 **A. (A.) semenowi**
	Oberseite nie einfarbig schwarz — 3	
3	Oberseite hellbraun, Clipeus stumpfwinklig. Zwischenräume der Flügeldecken deutlich und dicht punktiert	125. **A. (A.) digitalis**
	Thorax auf der Scheibe immer dunkel — 4	
4	Scheibenfleck des Halsschildes hinten zugespitzt, die Basis in der Mitte berührend, Thorax ziemlich dicht, Schildchen dicht punktiert	126. **A. (A.) hydrochoeris**
	Scheibenfleck in gleicher Breite, Thorax zerstreut, Schildchen nur an der Basis punktiert . . .	127. **A. (A.) holdereri**
5	Oberseite dunkel kastanienbraun, Kopf mit erhöhter, ungeteilter Querleiste	119. **A. (A.) carinifrons**
	Thoraxscheibe oft dunkler, Querleiste in Tuberkeln aufgelöst — 6	
6	Seiten und abgerundete Hinterwinkel sehr dick gerandet, Thorax in der Mitte mikroskopisch, seitlich etwas stärker, sehr vereinzelt punktiert	120. **A. (A.) gilleti**
	Seiten und stumpfe Hinterwinkel fein gerandet, Thorax in der Mitte immer deutlich punktiert — 7	

7	Clipeus mit Querkiel, Kopf wenig dicht punktiert, hinten fast glatt, Thorax wenig dicht punktiert, Flügeldecken mattglänzend, oberer Enddorn der Hintertibien deutlich kürzer als 1. Tarsenglied	121. **A. (A.) procerus**
	Clipeus ohne glatten Querkiel, Kopf dicht punktiert, oberer Enddorn gleich dem 1. Tarsengliede — 8	
8	Thorax dicht, mit deutlich ungleichen Punkten besetzt, Schildchen ganz und deutlich punktiert wie die Flügeldecken	122. **A. (A.) strigimargo**
	Thorax weniger dicht, weniger ungleich punktiert, Zwischenräume nur sehr fein neben den Streifen und Schildchen nur an der Basis punktiert .	123. **A. (A.) lineimargo**

119. **A. (A.) carinifrons** Reitt. 1892 *A. (Amidorus) c.*, Reitter in: Verh. Ver. Brünn, *v.* 30 p. 214 | 1913 *A. (Alocoderus) c.*, Ad. Schmidt in: Arch. Naturg., *v.* 79 A fasc. 11 p. 127

Wenig gewölbt, glänzend, heller oder dunkler kastanienbraun. Kopf nach vorn verschmälert, fein und einzeln punktiert, Stirnlinie deutlich erhaben, in der Mitte und seitlich mehr erhöht, davor mit undeutlicher Querrunzel, Clipeus ausgerandet, jederseits etwas stumpfwinklig, Wangen abgerundet, die Augen nicht überragend. Thoraxseiten gerundet, oberseits fein punktiert, seitlich mit einigen größeren Punkten. Schildchen an der Basis einzeln punktiert. Flügeldecken nach hinten leicht verbreitert, Streifenpunkte fein und flach, Zwischenräume eben, sehr fein und zerstreut, vor der Spitze etwas dichter und deutlicher punktiert. Unterseite heller, besonders die Schenkel, Metasternum an den Seiten zerstreut, Abdomen dichter punktiert und behaart. Hintertibien ungleich beborstet, oberer Enddorn länger als 1. Tarsenglied, dieses kürzer als die 2 folgenden Glieder. — L. 5—7 mm.

Tanger.

120. **A. (A.) gilleti** Ad. Schm. 1909 *Aphodius g.*, Ad. Schmidt in: Soc. ent., *v.* 24 p. 11 | 1913 *A. (Alocoderus) g.*, Ad. Schmidt in: Arch. Naturg., *v.* 79 A fasc 11 p. 127

Durch den in der Mitte glatten, an den Seiten dick gerandeten Thorax ausgezeichnet. Kastanienbraun, glänzend, mäßig gewölbt. Kopf fast halbkreisförmig, vorn leicht ausgerandet, Wangen kaum die Augen überragend, vorn fein punktiert, hinten fast glatt. Thorax nach vorn gerundet verengt, ringsum gerandet, Randung an der Basis deutlich, aber viel schwächer als an den Seiten, äußerst fein punktiert, seitlich mit einigen größeren Punkten. Schildchen schmal dreieckig, unpunktiert. Flügeldecken deutlich gestreift, Streifenpunkte wenig wahrnehmbar, Zwischenräume flach gewölbt, mikroskopisch fein punktiert, der 4. und 6. vor der Spitze verbunden. Metasternum an den Seiten vereinzelt punktiert und behaart, Sternite mit Haarpunktreihe in der Mitte, seitlich sind sie etwas dichter punktiert. Hintertibien ungleich beborstet. 1. Glied der Hintertarsen gleich dem obern Enddorn und den 3 folgenden Gliedern. ♂ mit 3 queren Höckerchen, mittelster ausgerandet. ♀. Kopf nur mit erhöhter Stirnnaht. — L. 7—10 mm.

Kongo.

121 **A. (A.) procerus** Har 1862 *Aphodius p.*, Harold in: Berlin. ent. Z., *v.* 6 p. 169 | 1866 *A. p.*, Harold in: Berlin. ent. Z., *v.* 10 p. 96 | 1913 *A. (Alocoderus) p.*, Ad Schmidt in: Arch. Naturg., *v.* 79 A fasc. 11 p. 127.

Langgestreckt, Thorax verhältnismäßig kurz, wenig glänzend, gelbbraun, Kopf und Scheibe des Halsschildes dunkler. Kopf fein und etwas stärker, ziemlich dicht punktiert, Stirnlinie mit 3 queren Höckerchen, davor mit glatter Querfalte, Clipeus leicht ausgerandet, jederseits gerundet, Wangen stumpfwinklig, die Augen überragend. Thorax stark quer, sehr fein und etwas größer, ziemlich dicht punktiert, Basis neben der Mitte gebuchtet, Hinterwinkel stumpf. Schildchen dreieckig, Basalhälfte punktiert. Flügeldecken schwach erweitert, fein gestreift, Streifenpunkte kerben leicht die Ränder der Zwischenräume, letztere sehr wenig gewölbt, fein chagriniert und äußerst fein, einzeln punktiert. Unterseite fein und vereinzelt, Abdomen seitlich etwas dichter punktiert. Endborsten der Hintertibien ungleich, etwas kurz, 1. Glied der Hintertarsen gleich den 2 folgenden Tarsengliedern. — L. 10 mm.

Kapkolonie

122. **A. (A.) strigimargo** Reitt. 1892 *A (Melinopterus) s.*, Reitter in. Verh. Ver. Brünn, *v.* 30 p. 238 | 1894 *A. (Amidorus) fronticornis*, D Koshantschikow in: Horae Soc. ent. Ross., *v.* 28 p. 114 | 1906 *A. (Melinopterus) strigimargo*, Reitter in: D. ent. Z., p. 442 | 1913 *A. (Alocoderus) s*, Ad. Schmidt in: Arch. Naturg., *v.* 79 A fasc. 11 p. 127

Länglich, flach gewölbt, glänzend, Hinterkopf und Thoraxscheibe schwärzlichbraun, die Seiten desselben, Vorderkopf und Flügeldecken heller braun. Hinterkopf feiner, wenig dicht, vor der Stirnlinie sehr dicht und stärker punktiert, Stirnlinie weniger erhaben als bei *A. (A.) carinifrons* Reitter (nr. 119) und ungeteilt, Clipeus leicht ausgerandet, jederseits abgerundet, Wangen nicht die Augen überragend. Thorax sehr dicht, ungleich in Größe punktiert, die hellen Seiten mit dunkler Makel, Hinterwinkel stumpf abgerundet. Schildchen dicht punktiert. Flügeldecken fein gestreift, Streifenpunkte greifen höchst schwach die Ränder der Zwischenräume an, diese konvex, ziemlich dicht punktiert. Seiten der Hinterbrust sehr einzeln, Abdomen etwas dichter punktiert, besonders seitlich. Hintertibien mit ungleichen Borsten, oberer Enddorn länger als 1. Tarsenglied, dieses kürzer als die 2 folgenden Tarsenglieder. — L. 5—7 mm.

Turkestan.

123. **A. (A.) lineimargo** Reitt. 1893 *A (Melinopterus) l.*, Reitter in: Verh. Ver. Brünn, *v.* 31 p. 106 | 1913 *A. (Alocoderus) l.*, Ad. Schmidt in: Arch. Naturg., *v.* 79 A fasc. 11 p. 127.

Größe, Form und Färbung wie bei der vorigen Art. Kopf und Thorax feiner, mehr gleichmäßig punktiert, Mitteltuberkel gut entwickelt. Schildchen in der Basalhälfte mit wenigen Pünktchen. Zwischenräume der Flügeldecken konvex, neben den Streifen sehr fein, einzeln punktiert. Alles übrige mit voriger Art übereinstimmend. — L. 6 mm.

Syrien, Kleinasien, Ägypten.

124. **A. (A.) semenowi** Reitt. 1887 *A. (Agrilinus) s.*, Reitter in: Horae Soc. ent. Ross., *v.* 21 p. 220 | 1892 *A. (A.) s.*, Reitter in. Verh. Ver. Brünn, *v.* 30 p. 195 | 1913 *A. (Alocoderus) s.*, Ad. Schmidt in: Arch. Naturg., *v.* 79 A fasc. 11 p. 127.

Länglich, schwarz, glänzend, gewölbt. Kopf nach vorn gerundet verengt, hier kaum ausgerandet, fein punktiert, Mittelhöcker oben ausgerandet, Wangen stumpf, die Augen überragend. Thorax seitlich erweitert, sehr fein und wenig größer punktiert, die größeren Punkte stehen hauptsächlich an den Seiten, Hinterwinkel stumpf, mit abgerundeter Spitze. Schildchen dreieckig, fein punktiert. Flügeldecken schwach erweitert, nicht tief gestreift, Streifenpunkte sehr flach, kaum die Ränder kerbend, Zwischenräume fast flach, sehr fein und zerstreut punktiert. Unterseite einzeln punktiert und behaart. Endborsten an den Hintertibien gleich lang, oberer Enddorn kürzer als 1. Tarsenglied, dieses den 3 folgenden Tarsengliedern gleich. — L. 7—10 mm.

Tibet, Chinesisch-Turkestan.

125. **A. (A.) digitalis** D Koshant. 1893 *A. (Bodilus) digitatus*, Reitter (non Harold 1871) in: Verh. Ver. Brünn, *v.* 31 p. 104 | 1894 *A (B) digitalis*, D Koshantschikow in: Horae Soc. ent. Ross., *v.* 28 p. 102 | 1913 *A. (Alocoderus) d.*, Ad. Schmidt in: Arch. Naturg., *v.* 79 A fasc. 11 p. 127

Einfarbig hellbraun, glänzend, Ränder des Kopfes und Halsschildes, sowie Schultern der Flügeldecken bewimpert. Kopf mit erhabener Stirnleiste, fein zerstreut punktiert, Clipeus ausgerandet, jederseits stumpf abgerundet und aufgebogen, Wangen vom Kopfrande abgesetzt, rundlich die Augen überragend. Thorax gerundet nach hinten erweitert, fein und ziemlich dicht punktiert, Hinterwinkel stumpf, an der Spitze abgerundet. Schildchen dreieckig, fein punktiert. Flügeldecken hinten deutlich erweitert, flach gestreift, mit feinen, undeutlichen Streifenpunkten, Zwischenräume flach, fein punktiert, vor der Spitze dichter. Unterseite einzeln, die Seiten des Abdomen dichter punktiert. Hintertibien zur Spitze stark verbreitert, Endrand mit kurzen Borsten. Enddorne der Hintertibien gleichlang, länger als 1. Tarsenglied, dieses ungefähr den 2 folgenden Tarsengliedern gleich. — L 6,3—9 mm.

Turkestan.

126 **A. (A.) hydrochoeris** (F)

Diese Art zerfällt in 5 Unterarten:

126a. **A. (A.) hydrochoeris hydrochoeris** (F) 1798 *Scarabaeus h.*, J. C. Fabricius, Ent. syst., suppl. p. 23 | 1812 *Aphodius h.*, Ahrens in: N. Schr. Ges. Halle, *v.* 2 II p. 26 t. 1 f 13 | 1835 *A. meridionalis*, A. & G. B. Villa, Col. Eur, suppl. p. 48 | 1848 *A. hydrochoeris*, Erichson, Naturg Ins. Deutschl, Col. *v.* 3 p. 820 | 1866 *A. h.*, Harold in: Berlin. ent. Z, *v.* 10 p. 97, 113 | 1870 *A. meridionalis*, Harold in: Col. Hefte, *v.* 6 p. 106 | 1892 *A. (Bodilus) hydrochoeris*, Reitter in: Verh. Ver. Brünn, *v.* 30 p. 192 | 1913 *A. (Alocoderus) h.*, Ad. Schmidt in Arch. Naturg, *v.* 79 A fasc. 11 p. 127.

Hellbraun, Hinterkopf und Scheibenfleck des Halsschildes schwärzlich. Kopf dicht und deutlich, hinten zerstreuter punktiert, Clipeus leicht ausgerandet, jederseits gerundet, Wangen stumpf abgerundet, die Augen überragend. Thorax fein, wenig ungleich punktiert, Hinterwinkel stumpf, mit abgerundeter Spitze, Scheibenfleck nach dem Schildchen zugespitzt und gewöhnlich bis zur Basis reichend, die hellen Seiten meistens mit dunklem Fleck. Schildchen dreieckig, dicht und fein punktiert. Flügeldecken fein gestreift, Streifenpunkte flach, die Ränder mehr oder weniger angreifend, Zwischenräume stärker oder schwächer gewölbt, fein punktiert. Hintertibien zur Spitze nicht stark verbreitert, mit kurzen gleichen Endborsten. 1. Glied der Hintertarsen gleich dem obern Enddorne, nicht so lang wie die 3 folgenden Glieder. ♂. Mittelhöcker und Thorax kräftiger entwickelt, Vorderrand des letzteren in der Mitte leicht eingedrückt, an den Seiten mehr gerundet, sehr vereinzelt punktiert. ♀. Mittelhöcker schwächer, Thorax seitlich weniger gerundet, dichter und ungleicher punktiert. — L. 7—9 mm.

Mittel- und Südeuropa, Nordafrika, Syrien, Kaukasus bis Ostsibirien, Kanarische Inseln.

126b. **A. (A.) hydrochoeris coloratus** Muls. 1842 *Aphodius h.* var. *coloratus*, E. Mulsant, Hist. nat. Col. France, Lamell. p. 218 | 1913 *A. (Alocodorus) h.* var. *c.*, Ad. Schmidt in: Arch. Naturg, *v.* 79 A fasc. 11 p. 127.

Seiten des Halsschildes ohne dunklen Fleck. Größe der Stammart.

Frankreich.

126 c. **A. (A.) hydrochoeris discicollis** Muls 1842 *Aphodius h.* var. *d.*, E. Mulsant, Hist. nat. Col. France, Lamell. p. 218 | 1913 *A. (Alocoderus) h.* var. *d.*, Ad. Schmidt in: Arch. Naturg., *v.* 79 A fasc 11 p. 127

Der dunkle Scheibenfleck des Halsschildes hinten gerundet und verkürzt, der helle Seitenrand halbkreisförmig um ihn herumreichend.

Frankreich.

126 d. **A. (A.) hydrochoeris germanus** Muls 1842 *Aphodius h.* var. *g.*, E. Mulsant, Hist. nat. Col. France, Lamell. p. 218 | 1913 *A. (Alocoderus) h.* var. *g.*, Ad. Schmidt in: Arch. Naturg., *v.* 79 A fasc. 11 p. 127

Clipeus rotbraun, Thoraxseiten blutrot oder kastanienbraun.

Frankreich.

126 e **A. (A.) hydrochoeris tataricus** Har. 1866 *Aphodius h.* var. *t.*, Harold in: Berlin. ent. Z., *v.* 10 p. 114 | 1913 *A. (Alocoderus) h* var *t.*, Ad. Schmidt in: Arch. Naturg., *v.* 79 A fasc. 11 p. 127.

Zwischenräume der Flügeldecken neben den Streifen verflacht, deutlich von den Streifenpunkten angegriffen und dicht punktiert.

Krim.

127. **A. (A.) holdereri** Reitt. 1900 *A (Bodilus) h.*, Reitter in: Wien. ent. Zeit., *v.* 19 p. 155 t. 1 f. 1 (Gesamtbild) | 1913 *A. (Alocoderus) h.*, Ad Schmidt in: Arch. Naturg., *v.* 79 A fasc. 11 p. 127.

Von länglicher, flachgewölbter Gestalt, Kopf und Thoraxscheibe schwarz, Seiten des letzteren und Flügeldecken hellbraun. Kopf wenig verschmälert, vorn ausgerandet, jederseits gerundet, fein und ziemlich dicht punktiert, Mittelhöcker sehr quer, wenig entwickelt, Wangen stumpf abgerundet, die Augen überragend. Thorax fein und zerstreut punktiert, die Seiten fast geradlinig nach hinten verbreitert, Hinterwinkel stumpf abgerundet. Schildchen dreieckig, in der Basalhälfte undeutlich punktiert. Flügeldecken nach hinten etwas verbreitert, fein gestreift, die Streifenpunkte kerben schwach die Ränder der leicht konvexen, fein und einzeln punktierten Zwischenräume. Unterseite schwarzbraun, einzeln punktiert, Beine viel heller. Endborsten der Hintertibien kurz, 1. Tarsenglied gleich dem obern Enddorn, etwas länger als die 2 folgenden Glieder. — L. 9—10 mm.

Kuku-noor.

Hierher ist vielleicht auch folgende Art zu rechnen:

128. **A. (A.) segonzaci** Bedel 1903 *Aphodius s.*, Bedel in: Segonzac, Voy. Maroc., p. 368 | 1913 *A. (Alocoderus) s.*, Ad Schmidt in: Arch. Naturg., *v.* 79 A fasc. 11 p. 127.

Mäßig konvex, glänzend, glatt, Kopf, Thorax und Schildchen schwarz-, Flügeldecken gelbbraun, Naht schmal angedunkelt. Kopf flach, sehr fein punktiert, Stirnnaht wenig bemerkbar, Clipeus breit abgestutzt, schwach ausgerandet. Schildchen dreieckig. Flügeldecken fein gestreift, Zwischenräume eben und fein punktiert. Hintertarsen schlank, Endborsten ungleich. Metatarsus verlängert. — L. 5 mm (ex Bedel).

Marokko.

m) Subgen. **Erytus** E. Mulsant

1870 *Anomius* „Division“ *Erytus*, E. Mulsant in: Ann. Soc. Agric. Lyon, ser. 4 *v.* 2 p. 513 | 1871 *Eryptus*, E. Mulsant l. c., ser. 4 *v.* 3 p. 273 | 1892 *Erytus*, Reitter in: Verh. Ver. Brünn, *v.* 30 p. 173, 190.

Längliche, schmale, flachgewölbte, meistens gelbbraun gefärbte, mittelgroße Arten mit glänzender Oberfläche und gewöhnlich stark verlängerten Tarsen, Halsschildbasis fein gerandet, Schildchen dreieckig oder parallel, Endborsten der Hintertibien gleich oder ungleich.

Wenig konvex, ausgenommen *A. (E.) sitiphoides* H. Orb. (nr. 137), Flügeldecken an der Spitze oft behaart. Kopf meistens flach gewölbt, fein punktiert, mit einer mehr oder weniger deutlichen Stirnnaht, ohne Höcker, Clipeus ausgerandet, immer seitlich gerundet, Wangen klein, die großen Augen kaum überragend, immer bewimpert. Thorax quer, bewimpert, wenig gerundet, Seiten und Basis fein gerandet, besonders letztere, selten nur die Randung in der Mitte unterbrochen, Hinterwinkel stumpf, mehr oder weniger abgerundet, Oberfläche fein oder sehr fein punktiert. Schildchen lang und schmal, dunkel gerandet, vorn bisweilen eingeschnürt, dann parallel erscheinend. Flügeldecken lang, fast parallel, fein gestreift, mit wenig sichtbaren Streifenpunkten. Unterseite fast immer glänzend, mit der Oberseite gleichfarbig, Seiten der Hinterbrust und Abdomen deutlich punktiert und behaart. Schenkel nur vereinzelt punktiert. Borsten der Hintertibien nur bei *A. (E.) sitiphoides* H. Orb. (nr. 137) und *longissimus* J. Sahlb. (nr. 131) ungleich. Tarsen fast immer sehr schlank, länger als die Tibien. Die Geschlechtsdifferenz liegt in der Form des Enddorns der Vordertibien, der Metasternalplatte und der Klauen an den Mitteltarsen.

9 Arten aus dem paläarktischen, nordamerikanischen und afrikanischen Gebiet (Nr 129—137).

Bestimmungstabelle der Arten:

1	Körper kurz, stark konvex, Kopf fast rauh punktiert, mit kleinem Mitteltuberkel, Flügeldecken hell gelbbraun	137. **A. (E.) sitiphoides**
	Körper lang, wenig konvex, gelbbraun oder gelbrot — **2**	
2	Oberseite matt, hellbraun, Clipeus rauh punktiert .	136. **A. (E.) opacior**
	Oberseite glänzend, Clipeus fein punktiert — **3**	
3	Nahtstreif der Flügeldecken vor der Spitze stark verschmälert und vertieft — **4**	
	Nahtstreif in der ganzen Länge gleichbreit, nicht vertieft — **6**	
4	Clipeus tief eingeschnitten, jederseits lappig hervorgezogen	135. **A. (E.) larreae**
	Clipeus kaum oder schwach ausgerandet — **5**	
5	Thorax und Flügeldecken sehr fein, kaum wahrnehmbar punktiert	129. **A. (E.) klugi**
	Thorax und Flügeldecken fein, aber deutlich und dicht punktiert	130. **A. (E.) pruinosus**
6	Kopf mit tiefer, deutlicher Stirnlinie — **7**	
	Stirnlinie undeutlich — **8**	
7	Clipeus tief ausgerandet, Stirnlinie seitlich leistenartig erhöht, Hinterwinkel des Halsschildes abgerundet .	131. **A. (E.) longissimus**
	Clipeus schwach ausgerandet, Stirnlinie nicht erhöht, Hinterwinkel schräg abgestutzt	132. **A. (E.) gracilis**
8	Kopf geradlinig verschmälert, Hinterwinkel des Halsschildes abgerundet, Nahtstreif mit den Flügeldecken gleichgefärbt, nur die Naht dunkler . .	133. **A. (E.) aequalis**
	Kopf gerundet, wenig verschmälert, Hinterwinkel stumpf, 3. und 5. Zwischenraum dunkler als der 2., 4 und 6	134. **A. (E.) comptus**

129. **A. (E.) klugi** Ad. Schm 1845 *Aphodius brunneus* (non *A b.*, Thunberg 1818), Klug in: Ehrenberg, Symb. phys, Ins. *v.* 5 t. 42 f 6 (Gesamtbild) | 1871 *A. b.*, Harold in: Berlin. ent. Z., *v.* 15 p 258, 285 | 1892 *A. (Erytus) b.*, Reitter in: Verh. Ver Brünn, *v.* 30 p. 191 | 1910 *A. klugi*, Ad Schmidt in: Schenkling, Col. Cat., fasc. 20 p. 93 | 1913 *A. (Erytus) k.*, Ad Schmidt in: Arch. Naturg, *v.* 79 A fasc 11 p. 126.

Sehr glänzend, rotgelb bis bräunlichrot, unbehaart. Kopf flach, die Mitte etwas erhaben, davor vertieft, fein punktiert, Clipeus ausgerandet, jederseits rundlich, Stirnlinie vertieft, zuweilen dunkel gefärbt, Wangen stumpf-rundlich. Thorax schwach gerundet, die Seiten und stumpfe Hinterwinkel etwas deutlicher gerandet als die Basis, Scheibe mit äußerst feinen Punkten, die nur an den Seiten etwas deutlicher sind. Schildchen dreieckig, fein punktiert, mit dunklen Rändern. Flügeldecken fein gestreift, in den Streifen undeutlich punktiert, Zwischenräume flach, sehr fein punktiert. Unterseite glänzend, die Seiten der Hinterbrust und das Abdomen punktiert und behaart, Schenkel nur am Vorderrande und neben dem Knie mit einigen Punkten, Hintertibien mit gleichen Endborsten, oberer Enddorn kürzer als Metatarsus, dieser nicht den 2 folgenden Gliedern gleich. Tarsen länger als die Tibie. ♂. Enddorn der Vordertibien so lang wie die beiden ersten Tarsenglieder, gleichbreit, Spitze umgebogen, Metasternalplatte längs vertieft, Metatarsus kürzer als 2 Glieder. ♀. Enddorn der Vordertibien schlank, spitz, Metasternalplatte mit vertiefter Längslinie. — L. 4,5—6 mm.

Nordafrika, Teneriffa, Türkei, Syrien, Kaukasus, Persien, Transkaspien, Turkestan.

130 **A. (E.) pruinosus** Reitt. 1849 *A. unicolor* (non A. G. Olivier 1789), H. Lucas in: Expl. Algérie, *v.* 2 p. 264 | 1860 *A cognatus* (part), Fairmaire in: L. Fairmaire & Coquerel in: Ann. Soc. ent. France. ser. 3 *v.* 8 p. 172 | 1892 *A. (Erytus) pruinosus*, Reitter in: Verh. Ver. Brünn, *v.* 30 p. 191 | 1913 *A. (E.) p*, Ad Schmidt in. Arch Naturg, *v.* 79 A fasc. 11 p. 126.

Gestalt der vorigen Art, gewöhnlich rötlichgelb, etwas kleiner, Flügeldecken vor der Spitze behaart. Kopf etwas deutlicher punktiert, hinter der Stirnlinie gewöhnlich dunkel, Clipeus schwach ausgerandet, jederseits abgerundet, hinter der Mitte des Vorderrandes wenig vertieft, Wangen bewimpert, sehr klein, die großen Augen nicht überragend. Thorax quer, an den Seiten und der Basis fein gerandet, Hinterwinkel stumpf, oberseits fein, aber deutlich punktiert. Schildchen dreieckig, punktiert, dunkel gerandet. Streifung der Flügeldecken fein, Zwischenräume flach, dicht und fein punktiert. Unterseite dicht punktiert, auch die Mitte der Hinterbrust sowie Mittelschenkel, diese und die Hinterschenkel an der Unterkante deutlich behaart. Fußbau und Geschlechtsdifferenz wie vorher. — L. 3—5 mm.

Transkaspien, Turkestan, Persien.

131. **A. (E.) longissimus** J. Sahlb 1908 *A. (Erytus) l.*, J. Sahlberg in: Öfv. Finska Förh., *v.* 50 nr. 7 p. 58.

Zeichnet sich durch Größe aus. Sehr glänzend, gelblichbraun, unbehaart. Kopf in der Mitte längs erhöht, vorn breit abfallend, deutlich punktiert, Clipeus tiefer als bei voriger Art ausgerandet, jederseits lappig, Stirnnaht dunkel, nach hinten winklig, vor den Augen erhöht, Wangen stumpf abgerundet, die Augen überragend. Thorax quer, die Seiten, abgerundete Hinterwinkel und Basis gerandet, an den Seiten etwas dichter und größer punktiert als auf der Scheibe. Schildchen mehr dreieckig, punktiert, dunkel gerandet. Flügeldecken hinten breiter, die Punkte der feinen Streifen sehr undeutlich, Zwischenräume flach, einzeln fein punktiert. Unterseite und Schenkel deutlich punktiert.

und behaart. Tarsen weniger schlank, weniger verlängert. Hintertibien ungleich beborstet, oberer Enddorn in der Mitte verdickt, an der Spitze durchscheinend, gleich dem 1. Tarsengliede, dieses fast länger als die 2 folgenden Glieder. ♂. Vordertibiendorn kräftig, gleich breit, an der Spitze nach hinten umgebogen, nicht so lang wie die 2 folgenden Glieder, Klauen der Mitteltibien verdickt, winklig gebogen, Hintertibien im letzten Drittel plötzlich verbreitert, Metasternalplatte mit länglicher, punktierter Grube. ♀. Enddorn der Vordertibien spitz, Metasternalplatte nicht vertieft. — L. 7—8 mm.

Joppe.

132. **A. (E.) gracilis** Boh. 1857 *A. g.*, Boheman, Ins. Caffr., *v.* 2 p. 343 | 1913 *A. (Erytus) g.*, Ad. Schmidt in: Arch. Naturg., *v.* 79 A fasc. 11 p. 126.

Schließt sich durch die längliche, flache Form, glatte Oberseite, fein gestreifte Flügeldecken und hellbraune Färbung den vorigen Arten an, weicht aber durch stark abgeschrägte Hinterwinkel des Halsschildes ab. Kopf geradlinig verschmälert, vorn wenig ausgerandet, jederseits abgerundet, Oberseite sehr fein punktiert, Stirnlinie tief eingedrückt, seitlich schwach erhaben, Wangen stumpf, die Augen überragend. Thorax quer, sehr fein punktiert, seitlich mit etwas größeren Punkten, Hinterwinkel sehr schief abgestutzt, Seiten und Basis gerandet. Schildchen lang, schmal dreieckig, mit dunklen Rändern, an der Wurzel mit einigen Pünktchen. Flügeldecken lang und schmal, fein gestreift, mit feinen Punkten in den Streifen, Zwischenräume flach, sehr fein punktiert. Oberer Enddorn der Hintertibien $^3/_4$ so lang wie 1. Tarsenglied, dieses den 3 folgenden gleich. ♂. Vordertibien in der Vorderhälfte an der Unterseite schwach ausgerandet, Enddorn stumpf, gleich breit. ♀. Vordertibien und Enddorn normal. — L. 5 mm.

Limpopo, Transvaal, Ägypten.

133. **A. (E.) aequalis** Reitt. 1871 *A. nitidus* (non. *A. n.*, Küster 1849), Ballion in: Bull. Soc. Moscou, *v.* 43 II p. 333 | 1876 *A. n.*, Solsky in: Fedtschenko, Turkestan, *v.* 2 fasc. 11 p. 323 | 1892 *A. (Erytus) aequalis*, Reitter in: Verh. Ver Brünn, *v.* 30 p. 191 | 1907 *A. a.*, Ad Schmidt in: D. ent. Z., p. 201 | 1913 *A. (Erytus) a.*, Ad. Schmidt in: Arch. Naturg., *v.* 79 A fasc. 11 p. 126.

Hinterkopf und Scheibe des Halsschildes schwärzlich, Flügeldecken hell gelbbraun. Kopf fein punktiert, die Mitte kaum erhaben, Seiten verflacht, Clipeus sehr schwach ausgerandet, Wangen sehr abgerundet. Thorax an den Seiten kaum gerundet, diese, die stumpfen Hinterwinkel und Basis gerandet. Flügeldecken in den feinen Streifen mit deutlichen Punkten, Zwischenräume ganz flach, fein punktiert. Unterseite mit Ausnahme des Abdomen kaum punktiert. Hintertibien gleichlang beborstet. Oberer Enddorn derselben sehr wenig länger als 1. Tarsenglied, dieses so lang wie die 2 folgenden Glieder. Geschlechtsdifferenz wie bei *A. (E.) klugi* Ad. Schm. — L. 4—5 mm.

Turkestan, Transkaukasien, Syrien, Ural.

134. **A. (E.) comptus** Ad. Schm. 1911 *A. c.*, Ad. Schmidt in: Ent. Zeit. Stettin, *v.* 72 p. 6 | 1913 *A. (Erytus) c.*, Ad. Schmidt in: Arch. Naturg., *v.* 79 A fasc. 11 p. 127.

Graubraun, Hinterkopf, Scheibe des Halsschildes und 1. Zwischenraum der Flügeldecken dunkler. Kopf gerundet verengt, vorn kaum abgestutzt, flach, sehr fein und einzeln punktiert, die kleinen Wangen überragen kaum die Augen. Thorax in flachem Bogen nach hinten erweitert, vereinzelt und sehr fein punktiert, nur an den Seiten einige wenig größere Punkte, Seiten und stumpfe Hinterwinkel gerandet. Schildchen mit dunklem Rande, dreieckig. Flügeldecken hinten nicht verbreitert, fein gestreift. Zwischenräume flach, mit einzelnen, sehr feinen Punkten, 3. und 5. Zwischenraum dunkler als die angrenzenden. Unterseite bräunlich, Schenkel heller. Metasternum an den Seiten und das Abdomen einzeln punktiert und behaart. Hintertibien in der Mitte des untern Apicalrandes kurz und gleichlang beborstet, an den Seiten einzelne längere Borsten. 1. Glied der Hintertarsen länger als der Enddorn, so lang wie die 3 folgenden Glieder. ♂. Enddorn der Vordertibien kurz, gleichbreit, abgestutzt, Thorax breiter als die Flügeldecken, Metasternalplatte breit vertieft. ♀. Enddorn spitz, Thorax nicht breiter, Metasternalplatte mit vertiefter Linie. — L. 4 mm.

Sesse-Inseln.

135. **A. (E.) larreae** Horn 1887 *A. l.*, G. Horn in: Tr. Amer. ent. Soc., *v.* 14 p. 41 | 1887 *A. bifrons*, H. Bates in: Biol. Centr.-Amer., Col. *v.* 2 II p. 90 t. 6 f. 20, suppl. p. 392 | 1913 *A. (Erytus) larreae*, Ad. Schmidt in: Arch. Naturg., *v.* 79 A fasc. 11 p. 127.

Fahl hellbraun, glänzend, an der Spitze fein behaart. Kopf fein punktiert, Stirnlinie dunkel, ungehöckert, Clipeus in der Mitte längseingedrückt, Vorderrand deutlich ausgerandet, jederseits lappig, Wangen bewimpert, sehr klein, kaum die Augen überragend. Thorax gerundet und bewimpert, Seiten mit deutlichem, die Basis mit undeutlichem Rande, letztere aber schmal dunkel gesäumt, Hinterwinkel stumpf, oberseits sehr fein, an den Seiten etwas größer punktiert. Schildchen dreieckig, punktiert, mit dunklen Rändern. Flügeldecken deutlich, aber nicht tief gestreift, Streifenpunkte die Ränder der Zwischenräume angreifend, letztere flach, einzeln, seitlich etwas stärker punktiert. Hintertibien ungleich beborstet, 1. Tarsenglied länger als oberer Enddorn, kürzer als die 3 folgenden Glieder. ♂. Clipeus tief und schmal eingeschnitten, jederseits stumpflappig hervorgezogen, Enddorn der Vordertibien so lang wie 2 Tarsenglieder, gleichbreit, Spitze umgebogen. ♀. Clipeus breiter ausgerandet, Enddorn schlanker, zugespitzt. — L. 4—4,5 mm.

Texas.

136. **A. (E.) opacior** D. Koshant. 1892 *A. (Erytus) opacus* (non *A. o.*, L. Leconte 1872), Reitter in: Verh. Ver Brünn, *v.* 30 p. 191 | 1894 *A. opacior*, D. Koshantschikow in: Horae Soc. ent. Ross., *v.* 28 p. 102 | 1913 *A. (E.) o.*, Ad. Schmidt in: Arch. Naturg., *v.* 79 A fasc. 11 p. 127.

Matt, hellbraun, Spitze der Flügeldecken fein und kurz behaart. Kopf wenig verschmälert, vorn gelbrot, hinten dunkler, rauh, hinter der Stirnnaht feiner punktiert, Clipeus niedergedrückt, wenig ausgerandet, jederseits gerundet, Wangen bewimpert, rundlich, die Augen nicht überragend. Thorax quer, gerundet, Basis viel feiner als die Seiten und die stumpfen Hinterwinkel gerandet, Oberfläche sehr fein, etwas dicht punktiert. Schildchen dreieckig. Flügeldecken äußerst fein gestreift, mit kaum wahrnehmbaren Streifenpunkten, Zwischenräume flach, fein und ziemlich dicht punktiert. Unterseite und Schenkel fein punktiert, Hinterbrust an den Seiten und das Abdomen behaart. Oberer Enddorn der Hintertibien deutlich kürzer als 1. Tarsenglied, dieses nicht so lang wie die 2 folgenden. — L. 5,5—6 mm.

Algier, Tunis.

137. **A. (E.) sitiphoides** H. Orb. 1896 *A. (Erytus) s.*, H. Orbigny in: Bull. Soc. ent. France, p. 149 | 1896 *A. (E.) s.*, H. Orbigny in: Abeille, *v.* 28 p. 218.

Kurz, sehr konvex, hell gelbbraun, glänzend, Flügeldecken mit schmal rötlicher Naht. Clipeus ausgerandet, jederseits abgerundet, stark und dicht, etwas rauh, hinten weniger dicht punktiert, Stirnnaht seitlich erhaben, in der Mitte mit kleinem Tuberkel, Wangen klein und rundlich. Thorax sehr fein gerandet, Basalrand in der Mitte zuweilen unterbrochen, Oberseite deutlich, auf der Scheibe jedoch etwas zerstreuter punktiert. Schildchen schmal, vorn parallel. Flügeldecken erweitert, fein gestreift, Streifenpunkte deutlich, Zwischenräume kaum erhaben, deutlich, aber vereinzelt punktiert. Hintertibien schmal, Endborsten etwas ungleich, 1. Tarsenglied kaum so lang wie die 2 folgenden Glieder. — L. 3—4 mm (ex H. Orbigny).

Algier, Tunis.

n) Subgen. **Mendidaphodius** Reitter

1868 *Mendidius* (part.), Harold in: Col. Hefte, *v.* 3 p. 86 | 1892 *Esimaphodius* (part.), Reitter in: Verh. Ver. Brünn, *v.* 30 p. 208 | 1894 *Meraphodius* (part.), D. Koshantschikow in: Horae Soc. ent. Ross., *v.* 28 p. 112 | 1901 *Mendidaphodius*, Reitter in: D. ent. Z., p. 73 | 1913 *M.*, Ad. Schmidt in: Arch. Naturg., *v.* 79 A fasc. 11 p. 128.

Schlank, schwarz, Flügeldecken schwarz, mit rötlicher Makel oder hellbraun oder dunkelrotbraun, Kopf runzlig, Clipeus gezähnt, *A. (M.) (scabriceps* (nr. 147) ausgenommen), Thorax an der Basis gerandet, (bei *A. (M.) adustus, rutilus* und *biangulatus* nicht), Schildchen dreieckig oder parallel (*A. (M.) adustus* Klug) (nr. 145), Borsten der Hintertibien ungleich.

Flach gewölbt, glänzend, oberseits meistens unbehaart, selten der Kopf oder die Spitze der Flügeldecken behaart. Kopf flach gewölbt, in der Mitte mit Beule, runzlig punktiert, mit ungehöckerter Stirnnaht, Clipeus ausgerandet, Zähnchen desselben spitz und aufgebogen, Wangen deutlich. Thorax quer, seitlich wenig erweitert, Hinterwinkel stumpf abgerundet, oberseits immer deutlich punktiert. Schildchen dreieckig, an der Basis eingeschnürt, bei *A. (M.) adustus* deutlich parallel. Flügeldecken an der Schulter mit und ohne Zähnchen, deutlich punktiert-gestreift, Zwischenräume höchstens schwach gewölbt und fein punktiert. Unterseite glänzend, Hinterbrust an den Seiten gewöhnlich zerstreut, Abdomen dichter punktiert und behaart. Schenkel normal, nicht so auffallend verbreitert wie bei *A. (Mendidius)* Har., auch Hintertibien viel weniger verbreitert als dort, Mittel- und Hintertibien am obern Spitzenrande nach außen meistens mit sehr langen Borsten.

Hierher gehören 10 sichere und 2 im Subgenus unsichere Arten aus dem paläarktischen, afrikanischen und amerikanischen Gebiet (nr 138—149).

Bestimmungstabelle der Arten:

1	Kopf behaart, Clipeus seitlich stumpf abgerundet, Vorderkopf und Seiten des Halsschildes rötlich, Scheibe des letzteren dunkelrotbraun, Flügeldecken hellbraun	147. **A. (M.) scabriceps**
	Clipeus mit zahnartiger Spitze oder deutlichen Zähnchen — 2	
2	Basis des Halsschildes ohne Rand — 3	
	Basis des Halsschildes gerandet — 5	
3	Oberseite einfarbig rotbraun, Naht und Seitenrand dunkler, Schildchen dreieckig	146. **A. (M.) biangulatus**
	Oberseite schwarz oder rotbraun, Schildchen parallel oder dreieckig — 4	
4	Oberseite schwarz, Schildchen parallel, Flügeldecken mit roter Spitzenmakel (Stammform), oder dieselbe verlängert sich nach vorn . .	145. **A (M.) adustus**
	Kopf und Thorax ohne die Ränder rotbraun, Flügeldecken rötlich, Seiten und ein dreieckiger Fleck ums Schildchen dunkel	144. **A. (M.) rutilus**

5	Kopf mit Doppelbeule, schwarz wie der Thorax, Flügeldecken dunkelrotbraun, Clipeus mit zahnartiger Spitze	143. **A. (M.) nodulifer**
	Kopf ohne Doppelbeule — 6	
6	Streifenpunkte kerben deutlich die Ränder der Zwischenräume — 7	
	Streifenpunkte feiner — 8	
7	Flügeldecken hellbraun, Naht, Seiten und Spitze dunkler, Kopf bis zur Stirnnaht rauh, hinter derselben viel feiner punktiert	142. **A. (M.) fuscolimbatus**
	Flügeldecken gelbbraun, Naht und Seiten dunkler, Kopf nur vorn rauh, Mitte nicht stärker als hinten punktiert	141. **A. (M.) lepidulus**
8	Kopf dicht rauh punktiert, Thorax seitlich dichter punktiert als in der Mitte, Hinterwinkel stumpf .	140. **A. (M.) brancsiki**
	Kopf schwach und zerstreut runzlig, Hinterwinkel abgerundet oder stumpf — 9	
9	Hinterwinkel gerundet, Punkte des Halsschildes die Seiten nicht erreichend, 5. Zwischenraum an der Basis viel breiter als 6.	138. **A. (M.) spinifrontis**
	Hinterwinkel stumpf, ihre Spitze gerundet, Punkte den Seitenrand erreichend, 5. Zwischenraum kaum breiter als 6.	139. **A. (M.) adolfischmidti**

138. **A. (M). spinifrontis** Reitt. 1901 *A. (Mendidaphodius) s.*, Reitter in: D. ent. Z., p. 73.

Schwarzbraun, Flügeldecken blaßgelb mit dunkler Naht. Kopf etwas runzlig punktiert, mit schwacher Beule, Stirnnaht nur seitlich leicht erhaben, Clipeus 2-zähnig, die abgerundeten Wangen überragen etwas die Augen. Thorax schwach gerundet, die Seiten heller, oberseits mittelstark, zerstreut punktiert, dazwischen einzelne, viel feinere Punkte, Hinterwinkel stumpf abgerundet. Schildchen dunkel, mit einigen Pünktchen. Flügeldecken mit 2 schmalen, länglichen Andunklungen, die sich vor der Spitze verbinden, aber auch fehlen können, flach gestreift, Streifenpunkte greifen schwach die Ränder der fast ebenen Zwischenräume an, Naht schmal dunkel. Abdomen ziemlich dicht punktiert und behaart, die Seiten der Hinterbrust nur mit vereinzelten Punkten. Mittel- und Hintertibien am obern Spitzenrande nach außen mit langen Borsten, so lang wie 1. Tarsenglied. Hintertibien am untern Spitzenrande ungleich beborstet, oberer Enddorn derselben gleich dem 1. Tarsengliede, dieses ungefähr den 2 folgenden gleich. — L. 4—4,5 mm.

Indersk.

139. **A. (M.) adolfischmidti** Reitt. 1909 *A. (Mendidius) a.*, Reitter in: Wien. ent. Zeit., *v.* 28 p. 75 | 1913 *A. (Mendidaphodius) a.*, Ad. Schmidt in: Arch. Naturg., *v.* 79 A fasc. 11 p. 128.

Der vorigen Art sehr ähnlich, aber die Hinterwinkel des Halsschildes mehr stumpf, Flügeldecken hellbraun, die dunkle Färbung der Naht verbreitert sich zur Spitze und nimmt hier den 1. Zwischenraum ganz ein, Streifenpunkte feiner, nicht kerbend. Metatarsus gleich dem obern Enddorn, aber deutlich kürzer als die 2 folgenden Glieder. — L. 4—4,5 mm.

Uralsk.

140. **A. (M.) brancsiki** Reitt. 1899 *A. (Mendidius) b.*, Reitter in: D. ent. Z., p. 200 | 1913 *A. (Mendidaphodius) b.*, Ad. Schmidt in: Arch. Naturg., *v.* 79 A fasc. 11 p. 128.

Länglich, gewölbt, glänzend, schwarzbraun, Flügeldecken blaß hellbraun. Kopf dicht runzlig, Hinterkopf fein und einfach punktiert, Clipeuszähnchen spitz, aufwärts gebogen, Wangen stumpf abgerundet, die Augen deutlich überragend. Thorax ziemlich dicht, mittelstark und feiner punktiert, die hellen Seiten mit dunklem Fleck, Hinterwinkel stumpf abgerundet. Schildchen vereinzelt punktiert, Spitze glatt. Flügeldecken fast parallel, Streifen fein, hinten tiefer, Streifenpunkte undeutlich die Ränder der Zwischenräume kerbend, diese sehr wenig gewölbt, fein punktiert, seitlich etwas deutlicher. Unterseite fein punktiert, Hinterbrust mehr zerstreut, Abdomen sehr dicht punktiert und behaart. Mittel- und Hintertibien am obern Rande mit sehr langen Borsten, der untere Rand ungleich beborstet, Metatarsus gleich dem obern Enddorn und den 2 folgenden Gliedern. — L. 5—6 mm.

Transkaspien.

141. **A. (M.) lepidulus** Har. 1856 ?*A. fimbriolatus*, Reiche & Saulcy in: Ann. Soc. ent France, ser. 3 *v.* 4 p. 397 | 1866 *A. lepidulus*, Harold in: Berlin. ent. Z., *v.* 10 p. 96, 119 | 1892 *A. (Esimaphodius) l.*, Reitter in: Verh. Ver. Brünn, *v.* 30 p. 208 | 1907 ?*A. dubius*, Ad. Schmidt in: D. ent. Z., p. 201 | 1913 *A. (Mendidaphodius) lepidulus*, Ad. Schmidt in: Arch. Naturg., *v.* 79 A fasc. 11 p. 128.

Schwarzbraun, Seiten des Kopfes und Halsschildes heller, Flügeldecken gelbbraun, Naht und Seiten rotbraun, glänzend. Kopf in der Mitte mit Beule, fein rauh, Hinterkopf mehr einfach punktiert, Zähne des Clipeus klein, Wangen die Augen überragend. Thorax an den Seiten ziemlich dicht, mittelstark und fein punktiert, Hinterwinkel stumpf abgerundet, diese, sowie die Seiten und Basis gerandet. Schildchen mit einigen Pünktchen in der Basalhälfte. Flügeldecken mit deutlichen Streifenpunkten, die die Ränder angreifen, Zwischenräume schwach konvex, an den Seiten deutlich fein punktiert. Unterseite wie bei voriger Art. Mittel- und Hintertibien ebenfalls mit langen Borsten, am untern Rande mit ungleichen. Oberer Enddorn der Hintertibien gleich dem 1. Tarsengliede, dieses so lang wie die 2 folgenden Glieder. — L. 4—5 mm.

Kleinasien, Syrien, Mesopotamien.

142 **A. (M.) fuscolimbatus** Har 1880 *A f.*, Harold in: Mt. Münch. ent. Ver., *v.* 4 p. 155 | 1913 *A. (Mendidaphodius) f.*, Ad. Schmidt in: Arch Naturg, *v.* 79 A fasc. 11 p 128.

Der vorigen Art sehr ähnlich, aber immer größer und anders gefärbt. Schwarzbraun, Seiten des Halsschildes wenig heller, Flügeldecken hellbraun, Nahtstreifen und Seiten dunkelrotbraun. Kopf bis zur Stirnlinie runzlig, hinter derselben einfach, sehr deutlich punktiert, Zähnchen des Clipeus deutlicher, Wangen die Augen überragend. Thorax ziemlich dicht, größer und feiner punktiert, seitlich nicht dichter. Schildchenbasis deutlich punktiert. Streifenpunkte feiner, kaum die Ränder angreifend. Alles übrige mit voriger Art übereinstimmend. — L. 6 mm.

Mesopotamien.

143. **A. (M.) nodulifer** D. Koshant. 1894 *A. (Meraphodius) n.*, D. Koshantschikow in: Horae Soc. ent. Ross., *v.* 28 p. 110 | 1913 *A. (Mendidaphodius) n.*, Ad. Schmidt in: Arch. Naturg., *v.* 79 A fasc. 11 p. 128.

Flach gewölbt, glänzend, schwarz, Kopfränder und Thoraxseiten rötlichbraun, Flügeldecken dunkelrotbraun, Spitze unbedeutend heller. Kopf vorn etwas runzlig, Scheitel mit Doppelbeule, Clipeus deutlich ausgerandet, jederseits spitzwinklig. Thorax vereinzelt punktiert. Flügeldecken nach hinten etwas erweitert, punktiert-gestreift, Zwischenräume leicht gewölbt, glatt. Unterseite dunkler, Beine heller, Hinterschenkel stark verbreitert, Abdomen lang behaart. 1. Glied der Hintertarsen etwas kürzer als oberer Enddorn, nicht so lang wie die 2 folgenden Glieder. — L. 5 mm.

Samarkand.

144. **A. (M.) rutilus** Klug

Diese Art zerfällt in 2 Unterarten:

144a. **A. (M.) rutilus rutilus** Klug 1845 *A. r.*, Klug in: Ehrenberg, Symb. phys., Ins. *v.* 5 nr. 9 t. 42 f. 9 (Gesamtbild) | 1871 *A. r.*, Harold in: Berlin. ent. Z., *v.* 15 p. 257, 258 | 1892 *A. (Mendidius) r.*, Reitter in: Verh. Ver. Brünn, *v.* 30 p. 182 | 1913 *A. (Mendidaphodius) r.*, Ad. Schmidt in: Arch. Naturg., *v.* 79 A fasc. 11 p. 128.

Glänzend, wenig gewölbt, Kopf und Thorax rotbraun, auch schwarzbraun, die Ränder beider heller, Flügeldecken rötlich, mit einem dunklen, dreieckigen Fleck neben dem Schildchen, der seitlich bis zur Schulter erweitert ist und dessen Spitze nicht die Mitte der Naht, die nur schmal angedunkelt ist, erreicht, die Seiten bis zur Spitze ebenfalls dunkler, Schulter hell. Kopf mit schwacher Beule, die Seiten verflacht, bis zur ungehöckerten Stirnnaht rauh, hinter derselben feiner, normal punktiert, Clipeus jederseits mit 2 kleinen Zähnchen, Wangen abgerundet, aber die Augen überragend. Thorax schwach rundlich nach hinten erweitert, Seiten und stumpf abgerundete Hinterwinkel gerandet, Basis ohne Rand, oberseits ziemlich dicht, ungleich groß punktiert, die größeren Punkte mittelstark. Schildchen dreieckig, an der Basis etwas eingeschnürt, seitlich flach vertieft, die Mitte leicht erhaben, Flügeldecken mit kleinem Schulterdorn, hinten wenig breiter, mit punktierten Streifen, Zwischenräume leicht konvex, fein und einzeln punktiert. Metasternum seitlich fein, Abdomen dichter und stärker punktiert und behaart. Mittel- und Hintertibien am obern Spitzenrande mit einzelnen, langen Borsten, oberer Enddorn der Hintertibien gleich dem 1. Tarsengliede, dieses so lang wie die 2 folgenden Glieder. — L. 3,5 mm.

Arabien, Ägypten, Nubien.

144b. **A. (M.) rutilus lesnei** Ad. Schm. 1911 *A. l.*, Ad. Schmidt in: Bull. Mus. Paris, *v.* 17 p. 101 | 1913 *A. (Mendidaphodius) rutilus* var. *l.*, Ad. Schmidt in: Arch. Naturg., *v.* 79 A fasc. 11 p. 128.

Schlanker, Nahtstreif der Flügeldecken in der ganzen Länge schwarz, die dunkle Basalmakel ist schärfer begrenzt, bis zur Mitte reichend. — L. 3 mm.

Britisch-Ostafrika.

145. **A. (M.) adustus** Klug

Diese Art zerfällt in 2 Unterarten:

145a. **A. (M.) adustus adustus** Klug 1855 *A. a.*, Klug in: Monber. Ak. Berlin, p. 656 | 1913 *A. (Mendidaphodius) a.*, Ad. Schmidt in: Arch. Naturg., *v.* 79 A fasc. 11 p. 128.

Länglich, parallel, schwarz, glänzend, Kopf vorn, Thorax an den Seiten und eine Makel vor der Spitze der Flügeldecken heller. Kopf bis zur Stirnlinie runzlig, hinter derselben feiner und etwas stärker punktiert, Stirnlinie seitlich stumpf erhaben, Clipeus leicht ausgerandet, jederseits mit einem stumpfen Zähnchen, Wangen stumpf abgerundet, die Augen überragend. Thorax mittelstark, nicht dicht punktiert, Seiten und stumpf abgerundete Hinterwinkel gerandet, Basis ohne Rand. Schildchen lang und schmal, vorn parallel, unpunktiert. Flügeldecken fein gestreift, Streifenpunkte die Ränder

der Zwischenräume kaum kerbend, diese fast eben, kaum wahrnehmbar punktiert. Seiten der Hinterbrust und das Abdomen deutlich behaart. 1. Glied der Hintertarsen so lang wie oberer Enddorn und die 2 folgenden Glieder. — L. 3,5 mm.

Tette, Kapkolonie, Mozambique.

145b. **A. (M.) adustus porrectus** Ad. Schm. 1913 *A. (Mendidaphodius) a.* var. *p.*, Ad. Schmidt in: Arch. Naturg., *v.* 79 A fasc. 11 p. 128.

Unterscheidet sich von der Stammart dadurch, daß die rote Spitzenmakel bis zur Basis verlängert ist, sie reicht hier von den Epipleuren bis zum 3. Zwischenraum, vor der Spitze, die in der Breite der 3 äußeren Zwischenräume angedunkelt ist, vom 7. bis 1. Zwischenraum. — L. 3,5—4 mm.

Kamerun, Deutsch-Südwestafrika.

146. **A. (M.) biangulatus** (Fairm.) 1893 *Mendidius b.*, L. Fairmaire in: Ann. Soc. ent. Belgique, *v.* 37 p. 18 | 1913 *Aphodius (Mendidaphodius) b.*, Ad. Schmidt in: Arch. Naturg., *v.* 79 A fasc. 11 p. 128.

Rotbraun, länglich, fast parallel, konvex, glänzend. Kopf fein rauh punktiert, Clipeus ausgerandet, jederseits mit winkliger Spitze. Thorax leicht gerundet, vorn nicht verschmälert, Basis ungerandet, oberseits fein und zerstreut punktiert. Flügeldecken mit scharfer Schulter, stark gestreift, mit feinen Streifenpunkten, Zwischenräume wenig erhaben, Naht und schmaler Rand dunkel. — L. 4 mm (ex Fairmaire).

Choa.

147. **A. (M.) scabriceps** L. Lec. 1878 *A. s.*, L. Le Conte in: Bull. U. S. geol. Surv., *v.* 4 II p. 457 | 1887 *A. s.*, G Horn in: Tr. Amer. ent. Soc., *v.* 14 p. 55 | 1913 *A. (Mendidaphodius) s.*, Ad. Schmidt in: Arch. Naturg., *v.* 79 A fasc. 11 p. 128.

Länglich, gewölbt, fast parallel, glänzend, Hinterkopf und Thoraxscheibe schwarzbraun, Vorderkopf, Seiten des Halsschildes und Flügeldecken hellbraun. Kopf aufstehend behaart, runzlig, hinter der deutlichen Stirnnaht zerstreut und fein punktiert. Clipeus deutlich ausgerandet, jederseits stumpflappig, die abgerundeten Wangen überragen die Augen. Thorax feiner und etwas stärker, auf der Scheibe sehr zerstreut, seitlich wenig dichter punktiert, Hinterwinkel abgerundet, Basis fein gerandet. Basalhälfte des Schildchens fein punktiert. Flügeldeckenspitze fein behaart, Streifenpunkte fein und undeutlich, Zwischenräume flach konvex, einzeln fein punktiert. Unterseite fein punktiert und behaart. Endborsten der Hintertibien sehr ungleich lang, oberer Enddorn kürzer als 1. Tarsenglied, dieses so lang wie die 2 folgenden Glieder. — L. 4 mm.

Colorado.

Die Stellung folgender 2 Arten im Subgenus ist unsicher:

148. **A. (M.) chobauti** (Clouët) 1896 *Erytus c.*, Clouët in: Bull. Soc. ent. France, p. 371 | 1913 *Aphodius (Mendidaphodius) c.*, Ad. Schmidt in: Arch. Naturg., *v.* 79 A fasc. 11 p. 128.

Länglich, schmal, parallel, hellbraun, Kopf, Basis und Seiten des Halsschildes sowie Naht der Flügeldecken schmal schwarz gerandet. Kopf deutlich ausgerandet, jederseits stumpf gerundet, vorn sehr runzlig, hinter der schwarzen, erhabenen Stirnnaht sehr deutlich punktiert. Thorax quer, an den Seiten mit kleiner, dunkler Makel, letztere sind deutlicher als die Basis gerandet, oberseits in der Mitte sehr vereinzelt, seitlich etwas dichter punktiert,

Hinterwinkel gerundet. Schildchen dreieckig, punktiert. Flügeldecken tief gestreift, Streifenpunkte kerben schwach die Ränder der flachen Zwischenräume, diese sind an der Spitze punktiert. 1. Glied der Hintertarsen wenig länger als die 2 folgenden Glieder. Unterseite behaart. — L. 5 mm (ex Clouët).

Algier.

149. **A. (M.) peculiosus** nom. nov. Ad. Schm. 1907 *A. longitarsis* (non. *A. l.*, Harold 1860), Fall & T. D. A Cockerell in: Tr. Amer. ent. Soc., *v.* 33 p. 246.

Ziemlich schmal, parallel, nicht stark konvex, Kopf und Thorax schwarzbraun, mit helleren Seiten, Flügeldecken gelbbraun. Kopf mäßig konvex, mit erhabener, schwach gehöckerter Stirnlinie, vorn sehr rauh punktiert, kurz behaart, Hinterkopf sehr deutlich punktiert, Clipeus sehr deutlich ausgerandet, jederseits abgerundet. Thorax vorn schmaler, fast gleich groß grob punktiert, in der Mitte sparsamer, Basis fein gerandet. Flügeldecken etwas breiter als der Thorax, Streifen fein punktiert, Zwischenräume leicht konvex, neben den Streifen mit feiner Punktreihe. Hintertibien mit sehr ungleichen Endborsten. Tarsen lang und schlank, 1. Glied derselben länger als oberer Enddorn, so lang wie die 2 folgenden Glieder. — L. 3,5—4 mm (ex Fall).

Neu-Mexiko.

o) Subgen. **Symphodon** Ad. Schmidt

1913 *S.*, Ad. Schmidt in: Arch. Naturg., *v.* 79 A fasc. 11 p. 128.

Die beiden distalen Zähne der Vordertibien verwachsen, Kopf ohne Höcker, Halsschild ohne Basalrandung, Schildchen dreieckig, Endborsten der Hintertibien ungleich.

Schmutzig gelbbraun, flach gewölbt, wenig glänzend, unbehaart. Kopf halbkreisförmig, mit aufgebogenem Vorderrande, Wangen vom Kopfrande abgesetzt. Thorax stark quer, nach der Mitte verbreitert, vor dem Schildchen mit Längsfurche. Flügeldecken punktiert-gestreift, Epipleuren erst kurz vor der Spitze verschmälert. Vorderhüften weit heraustretend, Vorderschenkel konisch, in der Mitte nicht verbreitert. Die beiden untern Außenzähne der Vordertibien bilden eine 2spitzige Platte.

1 Art aus Chile (nr. 150).

150. **A. (S.) anomalus** Har. 1874 *A. a.*, Harold in: Berlin. ent. Z., *v.* 18 p. 183, 185 | 1913 *A. (Symphodon) a.*, Ad. Schmidt in: Arch. Naturg., *v.* 79 A fasc. 11 p. 128.

Kopf flach, mit deutlicher, aber ungehöckerter Stirnlinie, vereinzelt, nicht stark punktiert, Wangen deutlich vom Kopfrande abgesetzt, mit Haarbüschel, die Augen überragend. Thorax am Vorderrande und in der Längsfurche etwas heller, an den Seiten und ausgerandeten Hinterwinkeln bewimpert, fein, nicht dicht punktiert, jederseits auf der Scheibe mit undeutlicher, glatter Schwiele. Schildchen einzeln punktiert. Flügeldecken hinten breiter, seitlich anliegend behaart, Streifenpunkte kerben schwach die Ränder der Zwischenräume, der 2., 4. und 6. flach, breiter als die etwas konvexen, ungeraden, der 3. verbreitert sich vor der Spitze knotenartig, den 5. berührend, dadurch verkürzt sich der 4., ebenso sind der 6. und 8. kürzer. Unterseite einzeln punktiert und behaart. Oberer Enddorn der Hintertibien nicht ganz so lang wie 1. Tarsenglied, dieses etwas kürzer als die 3 folgenden Glieder. — L. 6 mm.

Chile.

p) Subgen. **Hemicyclium** Ad. Schmidt

1913 *H.*, Ad. Schmidt in: Arch. Naturg., *v.* 79 A fasc. 11 p. 129.

Kastanienbraun, flach gewölbt, Thorax beim ♂ mit größerer Abplattung oder größerem, hinten hoch begrenztem Eindruck, beim ♀ mit schwachem Quereindruck oder ohne diesen, Basis des Halsschildes in der Mitte ungerandet, Schildchen dreieckig, Endborsten ungleich.

Kopf kurz und breit, nach vorn fast geradlinig verengt und dann abgestutzt, vereinzelt punktiert, Stirnnaht deutlich, beim ♂ gehöckert, Wangen stumpf, die Augen überragend. Thorax quer, mittelgroß und zerstreut punktiert, in der Mitte mehr glatt, Seiten und stumpfe Hinterwinkel gerandet. Schildchen vorn flach vertieft, fein punktiert. Flügeldecken deutlich gestreift, mit feinen Streifenpunkten, Zwischenräume konvex oder flach. Unterseite etwas heller, glänzend, Abdomen sehr vereinzelt, Hinterbrust seitlich etwas dichter punktiert, Schenkel neben dem Knie mit einigen Punkten.

2 afrikanische Arten (nr. 151, 152).

Bestimmungstabelle der Arten:

Kopf mit spitzem Horn und Thorax mit rundlicher, hinten hoch begrenzter Vertiefung beim ♂, ♀ mit tief eingedrückter Stirnlinie seitlich der Längsbeule, 1. Glied der Hintertibien so lang wie die 2 folgenden Glieder	152. **A. (H.) unicornutus**
Kopfnaht beim ♂ mit Quertuberkel, Thorax mit flacher, kreisförmiger Abplattung, die vorn durch eine Querleiste begrenzt ist, ♀ ohne tief eingedrückte Stirnnaht, Thorax mit Quereindruck, Metatarsus den 3 folgenden Tarsengliedern gleich	151 **A. (H.) planatus**

151. **A. (H.) planatus** Ad. Schm. 1909 *A. planatus*, Ad. Schmidt in: Not. Leyden Mus., *v.* 31 p. 110 | 1913 *A. (Hemicyclium) planatum*, Ad. Schmidt in: Arch. Naturg., *v.* 79 A fasc. 11 p. 129.

♂. Länglich, flach, Flügeldecken dunkelkastanienbraun, Hinterkopf und Thoraxscheibe dunkler, die Seiten des letzteren mehr rötlichgelb. Kopf flach, sehr fein punktiert, Stirnnaht mit 3 queren Höckerchen, Wangen stumpf, die Augen wenig überragend, Clipeus kaum ausgerandet, jederseits gerundet. Thorax vor der Mitte verbreitert, Seiten und stumpf abgerundete Hinterwinkel gerandet, die Abplattung wird vorn durch eine in der Mitte schwach gekerbte Querleiste begrenzt, seitlich und hinten ist die Abplattung ohne erhöhte Begrenzung, oberseits äußerst fein, an den Seiten wenig stärker, zerstreut punktiert. Streifen der Flügeldecken deutlich punktiert, die Punkte stehen dicht und kerben sehr schwach die Zwischenräume, diese flach und äußerst fein, an der Spitze etwas dichter punktiert. Unterseite sehr vereinzelt punktiert. Metatarsus wenig länger als oberer Enddorn, so lang wie die drei folgenden Glieder. ♀. Kopf mit schwacher Mittelerhöhung; Thorax hinter dem Vorderrande mit schmalem Quereindruck, auch auf der Scheibe mit einzelnen größeren Punkten. — L. 7 mm.

Deutschostafrika.

152. **A. (H.) unicornutus** Ad. Schm. 1909 *A. unicornutus*, Ad. Schmidt in: Not. Leyden Mus., *v.* 31 p. 111 | 1913 *A. (Hemicyclium) unicornutum*, Ad. Schmidt in: Arch. Naturg., *v.* 79 A fasc. 11 p. 129.

Kastanienbraun, Vorderkopf und Seiten des Halsschildes heller, letztere mit kleiner, dunkler Makel. Kopf deutlich, aber zerstreut punktiert, nach vorn wenig verschmälert, Clipeus aufgebogen, schwach ausgerandet und jederseits gerundet, Stirnnaht vor den Augen erhöht, Wangen stumpf, die Augen deutlich überragend. Thorax seitlich gerundet, nach vorn leicht verschmälert, vorn, an den Seiten und den stumpf abgerundeten Hinterwinkeln gerandet, oberseits feiner und etwas stärker, nicht dicht punktiert. Schildchen mit feinen Punkten. Streifenpunkte der Flügeldecken wenig bemerkbar, Zwischenräume schwach konvex, an den Seiten und der Spitze flacher, sehr fein und einzeln punktiert. Unterseite einzeln punktiert und behaart. 1. Glied der Hintertarsen so lang wie oberer Enddorn und 2 Glieder. ♂. Kopf vor der Stirnlinie mit spitzem Hörnchen. Obere Kante der hintern Begrenzung des Eindrucks in der Mitte gekerbt, 2 stumpfe Zähne bildend, der Eindruck ist einzeln und fein punktiert. ♀. Kopf mit länglicher stumpfer Beule, Thorax normal. — L. 7,5—8 mm.

Rhodesia.

q) Subgen. **Craterocyphus** Ad. Schmidt

1913 *C.*, Ad. Schmidt in: Arch. Naturg., *v.* 79 A fasc. 11 p. 129.

Große Arten mit kräftigem Kopfhorn und einem mehr oder weniger entwickelten Tuberkel auf dem Thorax beim ♂, Vorderrand schwach, Vorderwinkel, Seiten und abgerundete Hinterwinkel kräftig gerandet, Basis ohne Rand, Schildchen dreieckig, Endborsten der Hintertibien ungleich.

Flach gewölbt, kastanienbraun, mit gleichfarbigen oder hellbraunen Flügeldecken, glänzend, unbehaart. Kopf kurz und breit, nicht sehr dicht fein punktiert, die Mitte beim ♀ mit einer Beule, beim ♂ mit einem Horn vor der Stirnnaht, diese deutlich vertieft, Clipeus schwach ausgerandet, Wangen groß, vom Kopfrande schwach abgesetzt, die Augen deutlich überragend. Thorax quer, oberseits fein, ziemlich vereinzelt punktiert. Flügeldecken flach gestreift, Zwischenräume wenig erhaben. Unterseite glänzend, wenig dicht punktiert und behaart. Enddorne der Hintertibien fast gleichlang, Metatarsus wenig verlängert.

2 Arten aus Afrika und eine Art aus Siam, deren Zugehörigkeit zum Subgenus zweifelhaft ist (nr. 153—155).

Bestimmungstabelle der Arten:

Kopfhorn beim ♂ unter der Spitze nach hinten winklig ausgezogen, Tuberkel des Halsschildes nach oben gerichtet, hinter der Mitte gelegen	153. **A. (C.) magnificus**
Kopfhorn beim ♂ einfach zugespitzt, Tuberkel in der Mitte gelegen, nach vorn gerichtet	154. **A. (C.) rhinocerus**

153. **A. (C.) magnificus** Ad. Schm. 1909 *Aphodius m.*, Ad. Schmidt in: Not. Leyden Mus., *v.* 31 p. 108 | 1910 *A m.*, Ad. Schmidt in: Gen. Ins., fasc. 110 p. 79 t. 1 f. 8 (Kopf u. Thorax) | 1913 *A. (Craterocyphus) m.*, Ad. Schmidt in: Arch. Naturg., *v.* 79 A fasc. 11 p. 129.

♂. Dunkel kastanienbraun, Kopf-, Thoraxseiten und Flügeldecken etwas heller. Kopf mit kräftigem Horn, von vorn gesehen erscheint es als eine parallelseitige Platte, der oben in der Mitte eine Spitze aufgesetzt ist, diese Spitze verlängert sich an der hinteren Seite winklig nach hinten. Thoraxseiten wenig gerundet, Vorderwinkel etwas spitz hervorgezogen, an den Seiten mit wenigen, feinen Punkten, vor dem Schildchen erhebt sich ein starker, konischer Tuberkel, dessen Spitze schräg nach oben und vorn gerichtet ist, vor demselben ist der Thorax verflacht. Flügeldecken deutlich gestreift, mit flachen Streifenpunkten, Zwischenräume konvex, zur Spitze flacher, der 5. verbindet sich hier mit dem 7. Metasternum in der Mitte verflacht, mit vertiefter Mittellinie. Mittel- und Hinterschenkel am Vorderrande und neben dem Knie mit einigen Haarpunkten. Oberer Enddorn der Hintertibien gleich dem 1. Tarsengliede, dieses so lang wie die 3 folgenden Glieder. Klauen stark gebogen. — L. 11 mm. ♀ unbekannt.

Abessinien.

154. **A. (C.) rhinocerus** Reiche 1847 *A. r.*, Reiche in: Ferret & Galinier, Voy. Abyss., *v.* 3 p. 343 t. 21 f. 1 (Gesamtbild) | 1851 *A. armatus*, Roth in: Arch. Naturg., *v.* 17 I p. 130 | 1910 *A. rhinocerus*, Ad. Schmidt in: Gen. Ins., fasc. 110 p. 80 t. 1 f. 7 (Gesamtbild) t. 7a (Kopf und Thorax) | 1913 *A. (Craterocyphus) r.*, Ad. Schmidt in: Arch. Naturg., *v.* 79 A fasc. 11 p. 129.

Dieselbe längliche, flach gewölbte, nach hinten etwas verbreiterte Gestalt wie vorige Art, glänzend, unbehaart, Kopf und Thorax ohne die Ränder schwarzbraun, Flügeldecken gelbbraun mit dunkler Naht. Kopf wenig verschmälert, fein, nicht dicht punktiert, Clipeus leicht ausgerandet, jederseits abgerundet, Wangen stumpf, die Augen überragend. Vorderwinkel des Halsschildes etwas weniger hervorgezogen, fein, nicht dicht punktiert. Schildchen an der Basis fein punktiert. Streifen der Flügeldecken flach, ebenso ihre Punkte, Zwischenräume auf dem Rücken wenig erhaben, zur Spitze etwas flacher. Punktierung der Unterseite wie vorige Art. Metatarsus so lang wie oberer Enddorn und 2 Tarsenglieder. Klauen stark gebogen. ♂. Kopfhorn konisch zugespitzt, an der Hinterseite ohne Verlängerung, der Tuberkel des Halsschildes weniger entwickelt, nach vorn gerichtet, vor demselben mit flacher Vertiefung. Bei schwach entwickelten Exemplaren ist der Tuberkel sehr klein und die Vertiefung fast fehlend. ♀. Kopf mit Beule vor der seitlich stark vertieften Stirnnaht, Thorax normal, etwas zahlreicher auch in der Mitte punktiert. — L. 9 mm.

Ost- und Südküste Afrikas.

Die Zugehörigkeit zum Subgenus ist zweifelhaft:

155. **A. (? C.) forticornis** Ad. Schm. 1910 *A. f.*, Ad. Schmidt in: D. ent. Z., p. 355.

Diese Art stimmt mit den in obiger Diagnose gegebenen Merkmalen bis auf die Form des Schildchens und Halsschildes überein, in dem letzteren unterscheidet sie sich von allen bekannten Aphodius-Arten und müßte deshalb ein eigenes Subgen. bilden, doch ist mir das einzige davon vorhandene Exemplar nicht mehr zugänglich und deshalb die Aufstellung eines neuen Subgen. unmöglich.

Von länglicher, gewölbter Gestalt, hellrotbraun, Scheibe des Halsschildes wenig dunkler. Kopf kurz und breit, feiner und stärker punktiert, mit gebogener Stirnlinie, davor ein langes, gebogenes Horn, Wangen abgerundet, die Augen überragend. Thorax nach vorn gerundet verengt, die Vorderhälfte desselben in der Mitte abgeflacht, mit 3 Vertiefungen, die beiden seitlichen kürzer, längsgrubig, die mittlere länger, schmaler, an beiden Seiten wulstartig begrenzt, die Hinterhälfte liegt erhöht. sie ist wie die Seiten fein und vereinzelt punktiert, Seiten und abgerundete Hinterwinkel sind gerandet. Schildchen vorn parallel, in der Mitte vertieft. Flügeldecken hinten breiter, Streifenpunkte greifen schwach die Ränder der Zwischenräume an, diese fast flach, fein und zerstreut punktiert. Hintertibien mit ungleichen Borsten, oberer Enddorn derselben etwas kürzer als 1. Tarsenglied, dieses so lang wie die 3 folgenden Glieder. Unterseite fein und zerstreut punktiert. — L. 11 mm.

Siam.

r) Subgen. **Aphodobius** Péringuey

1901 *A.*, Péringuey in: Tr. S. Afr. Soc., *v.* 12 p. 369, 420.

Kleine, gelbbraune, behaarte Arten, Enddorn der Vordertibien in beiden Geschlechtern nach innen gebogen, Schildchen dreieckig oder parallel, Endborsten der Hintertibien ungleich.

Kopf flach, nach vorn wenig verengt, abgestutzt, mit eingedrückter, ungehöckerter Stirnlinie, Wangen klein, rundlich. Thorax hinten breiter, fast breiter als die Flügeldecken, deutlich punktiert, Basis ungerandet. Flügeldecken punktiert-gestreift, Zwischenräume konvex, Streifen an der Spitze schwächer. Unterseite rötlichgelb, Füße und Fühler heller.

Hierher gehören 2 Arten aus Südafrika (nr. 156, 157).

Bestimmungstabelle der Arten:

Flügeldecken mit dunklen Flecken, Zwischenräume konvex, Thoraxscheibe punktiert . . . . 156. **A. (A.) misellus**
Flügeldecken gleichfarbig, Zwischenräume gerippt, Thoraxscheibe unpunktiert . . . . 157. **A. (A.) villosulus**

156. **A. (A.) misellus** Boh. 1857 *Aphodius m.*, Boheman, Ins. Caffr., *v.* 2 p. 356 | 1901 *Aphodobius m.*, Péringuey in: Tr S. Afr. Soc., *v.* 12 p. 420.

Kopf sehr breit, gelbrot, fein, vorn zerstreuter punktiert, Wangen napfförmig vertieft. Thorax fast geradseitig nach hinten verbreitert, leicht gewölbt, Scheibe dunkelrotbraun, Seiten gelbrot, gleichmäßig, deutlich punktiert. Schildchen vorn parallel. Flügeldecken gelbrot, kräftig gestreift, Streifenpunkte schwach, neben den Streifen 2reihig punktiert, vor der Mitte im 3. Zwischenraume, weiter hinten im 4. und auf der Schulter je ein dunkler Fleck. — L. 3,5 mm.

Gariep-Fluß, Südrhodesia, Natal.

157. **A. (A.) villosulus** (Pering.) 1901 *Aphodobius v.*, Péringuey in: Tr. S. Afr. Soc., *v.* 12 p. 421.

Unterscheidet sich von der vorigen Art dadurch, daß die Makeln auf den Flügeldecken fehlen; das Halsschild ist dichter punktiert, in der Mitte glatt, die Zwischenräume der Flügeldecken sind gerippt. — L. 4 mm (ex Péringuey).

Südrhodesia.

s) Subgen. **Plagiogonus** E. Mulsant

1842 *P.*, E. Mulsant, Hist. nat. Col. France, Lamell. p. 306 | 1892 *P.*, Reitter in: Verh. Ver. Brünn, *v.* 30 p. 175, 205.

Flügeldecken mit rippenförmigem Wulst vor der Spitze, der durch die Vereinigung des 7. und 9. Zwischenraumes gebildet wird, Clipeus behaart, Basis des Halsschildes nur bei *A. (P.) reitteri* D. Koshant. (nr. 165) gerandet, Schildchen klein und dreieckig, Endborsten der Hintertibien ungleich.

Kleinere, mehr oder weniger gewölbte, glänzende, unbehaarte Arten von schwarzer oder schwarzbrauner Farbe, mit ebensolchen, auch hellbraunen oder gelblichen Flügeldecken und dunkler Naht, zuweilen auch Basis, Seitenrand und Spitze dunkler. Kopf flach, fein punktiert, Stirnnaht deutlich, aber ungehöckert, Clipeus mehr oder weniger tief ausgerandet, jederseits etwas lappig, meistens rauh punktiert und behaart, die Seiten, wie auch die des Halsschildes und die Schultern bewimpert, Wangen klein. Thorax quer, seitlich gerade oder schwach gerundet, oberseits immer punktiert, Seiten und Hinterwinkel gerandet. Flügeldecken punktiert-gestreift, Streifenpunkte gewöhnlich fein, Zwischenräume auf dem Rücken selten deutlich konvex, wohl aber immer die 3 ersten an der Naht, der 7. und 9. gehen als gemeinsamer, rippenförmiger Wulst bis zur Spitze. Unterseite nur am Abdomen dichter punktiert und behaart. Beine normal, Hinter- und Mittelschenkel vereinzelt punktiert und lang behaart.

Hierher gehören 10 Arten aus dem paläarktischen Gebiet (nr. 158—167).

Bestimmungstabelle der Arten:

1	Flügeldecken an der Spitze dreieckig ausgeschnitten oder nur ausgerandet, die Naht ragt als kleine Spitze oder kleines Zähnchen hervor — 2	
	Flügeldecken weder ausgeschnitten noch ausgerandet — 4	
2	Spitze dreieckig ausgeschnitten, Flügeldecken schwarz- oder gelbbraun, letztere mit hinten angedunkelter Scheibe — 3	
	Spitze nur schwach ausgerandet, Flügeldecken blaßgelb mit dunkler Naht	160. A. (P.) burgaltaicus
3	Schwarzbraun, Thorax ohne hellere Seiten (Stammform), sehr ungleich groß punktiert, Zwischenräume auf dem Rücken mehr eben	158. A. (P.) arenarius
	Schwarzbraun, Thoraxseiten heller, die Punkte ziemlich gleich, Flügeldecken gelbbraun, Zwischenräume auf dem Rücken konvex	159. A. (P.) culminarius
4	Oberseite einfarbig, hellschmutzigbraun, Streifenpunkte kerben die Zwischenräume, oberer Enddorn der Hintertibien so lang wie 1. Tarsenglied, dieses $1^1/_2$ mal so lang wie 2.	161. A. (P.) nefandus
	Oberseite anders gefärbt — 5	
5	Körper kurz und breit, seitlich stärker herabgewölbt — 6	
	Körper länger und schmaler, seitlich weniger stark herabgewölbt — 8	
6	Nahtstreif zur Spitze allmählich verengt, daselbst nicht oder kaum vertieft — 7	
	Nahtstreif vor der Spitze plötzlich verengt, stark vertieft, die folgenden Zwischenräume stark konvex, einfarbig schwarzbraun	162. A. (P.) syriacus
7	Körper hinten deutlich verbreitert, schwarzbraun, Spitze und Naht oft heller	163. A. (P.) nanus
	Körper kaum erweitert, Flügeldecken hellbraun mit schwach angedunkelter Naht	164. A. (P.) kricheldorffi
8	Thorax grob punktiert, Flügeldecken hellbraun, Naht wenig dunkler	165. A. (P.) reitteri
	Thorax feiner punktiert, die Seiten, Spitze und Naht, zuweilen auch die Basis angedunkelt — 9	

9 { Basis des Halsschildes jederseits neben der Mitte ausgerandet, Basis der Flügeldecken dunkler . . . 166. **A. (P.) esimoides**
Basis nicht ausgerandet, Flügeldeckenbasis nicht dunkel . . . . 167. **A. (P.) praeustus**

158. **A. (P.) arenarius** (Ol.)

Diese Art zerfällt in 2 Unterarten:

158a. **A. (P.) arenarius arenarius** (Ol.) 1789 *Scarabaeus arenarius*, A. G. Olivier, Ent., Col. *v.* 1 nr 3 p. 96 t. 24 f 206 | 1790 *S. pusillus*, Preyssler, Verz. Böhm. Ins., *v.* 1 p. 104 t. 2 f 8 | 1798 *Aphodius arenarius*, Illiger, Verz. Käf. Preuß., p. 22 | 1802 *Scarabaeus rhododactylus*, Marsham, Ent. Brit., *v.* 1 p. 29 | 1848 *Aphodius arenarius*, Erichson, Naturg. Ins. Deutschl., Col. *v.* 3 p. 900 | 1849 *Ammoecius nitidus*, Küster, Käf. Eur., *v.* 18 nr 55 | 1892 *Aphodius (Plagiogonus) rhododactylus*, Reitter in: Verh. Ver. Brünn, *v.* 30 p. 204 | 1907 *A (P) arenarius*, Ad. Schmidt in: D. ent. Z., suppl. p. 5.

Länglich, mäßig gewölbt, glänzend, schwarz oder schwarzbraun, Unterseite und Flügeldecken gewöhnlich heller braun. Kopf in der Mitte erhaben, fein, Vorderrand meistens stärker punktiert, Clipeus ausgerandet, jederseits schwach stumpfwinklig, Wangen bewimpert, klein und rundlich, die Augen wenig überragend. Thorax quer, geradseitig und parallel, fein und viel stärker, nicht dicht punktiert, die Seiten vor den Hinterwinkeln ohne größere Punkte, Hinterwinkel abgestutzt und leicht ausgerandet, die Basis ist ohne Randung (ausgenommen *A. (P.) reitteri* D. Koshant., nr. 165), neben der Mitte jederseits leicht ausgebuchtet. Flügeldecken mit scharfen Schultern, nach hinten verbreitert, deutlich gestreift, die Streifen werden zur Spitze breiter, hier sind auch die Streifenpunkte deutlicher, Zwischenräume auf dem Rücken flach, weitläufig und fein punktiert, vor der Spitze deutlich konvex. Seiten der Hinterbrust und das Abdomen chagriniert, vereinzelt punktiert, letzteres behaart. 1. Glied der Hintertarsen gleich dem obern Enddorn, kürzer als die 3 folgenden Tarsenglieder. ♂. Kopf ziemlich flach, in der Mitte weitläufig und fein punktiert. ♀. Kopf mit deutlicher Beule, gleichmäßiger und an den Rändern stärker punktiert. — L. 2,5—3 mm.

Europa, Kaukasus, Montenegro.

158b. **A. (P.) arenarius sabulicola** (Muls.) 1842 *P. a.* var. *s.*, E. Mulsant, Hist. nat. Col. France, Lamell. p. 306 | 1907 *Aphodius (P.) a.* var. *s.*, Ad. Schmidt in: D. ent. Z., suppl. p. 5.

Flügeldecken rotbraun.

Vorkommen wie die Stammform.

159. **A. (P.) culminarius** Reitt. 1900 *A. (P.) c.*, Reitter in: Wien. ent. Zeit., *v.* 19 p. 156.

Gestalt der vorigen Art. Kopf und Thorax schwarz, letzterer an den Seiten oder nur in den Vorderwinkeln heller, Flügeldecken gelbbraun, vor der Spitze zuweilen etwas angedunkelt. Kopf in der Mitte mit geringer Erhöhung, davor eingedrückt, fein und zerstreut, vorn etwas gröber punktiert, Stirnnaht deutlich eingedrückt, Wangen die Augen überragend. Thorax geradseitig nach hinten verbreitert, sehr fein und etwas größer, vorn in der Mitte zerstreuter punktiert, Hinterwinkel stumpf. Streifen der Flügeldecken vor der Spitze breiter, die Punkte in denselben hier deutlicher, Zwischenräume auf dem Rücken weniger konvex als hinten. Unterseite dunkel, mit viel helleren Beinen. 1. Glied der Hintertibien gleich dem obern Enddorn und den 3 folgenden Tarsengliedern. — L. 3 mm.

Donkyr.

160. **A. (P.) burgaltaicus** (Csiki) 1901 *Mendidius b.*, Csiki in: Zichy, Dritte Asiat. Forschr., *v.* 2 p. 107 | 1913 *A. (Plagiogonus) b.*, Ad. Schmidt in: Arch. Naturg., *v.* 79 A fasc. 11 p. 129.

Schwarzbraun, die Seiten des Halsschildes heller, Flügeldecken blaßgelb mit dunkler Naht. Kopf in der Mitte erhaben, fein und zerstreut punktiert, neben dem Rande mit einigen großen Punkten, Stirnlinie deutlich eingedrückt, Clipeus ausgerandet, jederseits stumpfrundlich, Wangen die Augen sehr wenig überragend. Thorax mit feinen und mittelstarken Punkten bestreut, an den Seiten fehlen die größeren, die Seitenrandung reicht nur um die stumpf abgerundeten Hinterwinkel herum. Schildchen an der Basis mit einigen feinen Punkten. Flügeldecken fein gestreift, Streifenpunkte zur Spitze größer und deutlicher, die des 10. Streifen greifen stark auf den 10. Zwischenraum über und kerben ihn sehr tief, Zwischenräume fast flach, zur Spitze konvex, fein und einzeln punktiert. Unterseite glänzend, schwarzbraun, Schenkel blaßgelb, Tibien dunkler. Metasternum in der Mitte kaum abgeflacht, mit sehr feiner Mittellinie, in den Vorderwinkeln der Hinterbrust mit einigen feinen Punkten, Abdomen etwas größer und dichter punktiert und behaart. 1. Glied der Hintertibien gleich dem obern Enddorne, nicht so lang wie die 3 folgenden Tarsenglieder. — L. 3 mm.

Mongolei.

161. **A. (P.) nefandus** Reitt. 1907 *A. (Plagiogonus) n.*, Reitter in: D. ent. Z., p. 408.

Schmutzigbraun, Oberseite heller gelbbraun, Hinterkopf und Thoraxmitte dunkler. Kopf breit, einzeln punktiert, Clipeus schwach ausgerandet, die kleinen Wangen die Augen wenig überragend. Thorax so breit wie die Flügeldecken an der Basis, fein und zerstreut, seitlich dichter punktiert. Flügeldecken in der Mitte schwach verbreitert, dann plötzlich verengt, deutlich gestreift, Streifenpunkte kerben die Ränder der Zwischenräume, diese zur Spitze stärker gewölbt. 1. Glied der Hintertarsen so lang wie oberer Enddorn, kürzer als die 2 folgenden Glieder. — L. 4 mm.

Mandschurei.

162. **A. (P.) syriacus** (Har.) 1863 *P. s.*, Harold in: Berlin. ent. Z., *v.* 7 p. 389 | 1892 *Aphodius (P.) s.*, Reitter in: Verh. Ver. Brünn, *v.* 30 p. 204.

Einfarbig schwarzbraun, Seiten und Spitze der Flügeldecken herabgewölbt, glänzend. Kopf in der Mitte erhöht, fein und ziemlich dicht punktiert, vorn mit größeren haartragenden Punkten, Stirnlinie deutlich eingedrückt, Clipeus ausgerandet, jederseits gerundet, die kleinen und abgerundeten Wangen lang, Kopfrand kürzer bewimpert. Thorax hinten kaum breiter, mittelstark und feiner, ziemlich dicht punktiert, die Seiten bis zu den stumpf abgerundeten Hinterwinkeln gerandet. Schildchen punktiert. Flügeldecken fein, hinten stärker gestreift, Streifenpunkte verschwinden vor der Spitze, Zwischenräume hier stark konvex, der 1. hinten stark vertieft. Unterseite einzeln punktiert und behaart. 1. Glied der Hintertibien gleich dem obern Enddorne und den 3 folgenden Tarsengliedern. — L. 4 mm.

Syrien, Araxes, Kaukasus.

163. **A. (P.) nanus** Fairm. 1860 *A. n.*, L. Fairmaire in: L. Fairmaire & Coquerel in: Ann. Soc. ent. France, *ser.* 3 *v.* 8 p. 172 | 1863 *Plagiogonus algiricus*, Harold in: Berlin. ent. Z., *v.* 7 p. 388 | 1871 *P. nanus*, E. Mulsant in: Ann. Soc. Agric. Lyon, ser. 4 *v.* 3 p. 370 | 1892 *Aphodius (P.) n.*, Reitter in: Verh. Ver. Brünn, *v.* 30 p. 205 | 1896 ? *P. theryi*, Clouët in: Bull. Soc. ent. France, p. 54 | 1896 *Aphodius (P.) t.*, H. Orbigny in: Abeille, *v.* 28 p. 210.

Durch nach hinten stärker verbreiterte Gestalt und heller gefärbte Flügeldecken hauptsächlich verschieden. Stark gewölbt, glänzend, Kopf ohne den Vorderrand und Thorax ohne die Seiten schwarzbraun, Flügeldecken heller braun. Kopf in der Mitte beulig erhaben, fein punktiert, vorn mit großen, haartragenden Punkten, Stirnlinie eingedrückt, Clipeus deutlich ausgerandet, jederseits spitzwinklig, Wangen abgerundet und länger als der Kopfrand bewimpert. Thorax sehr fein und etwas größer, nicht dicht punktiert, Seiten und abgestutzte Hinterwinkel gerandet. Flügeldecken deutlich gestreift, Nahtstreif vor der Spitze nicht vertieft, Streifenpunkte hier weniger deutlich, Zwischenräume vorn fast flach, an der Spitze wenig erhaben. Unterseite wie bei voriger Art. 1. Glied der Hintertibien gleich dem obern Enddorne, nicht so lang wie die 3 folgenden Tarsenglieder. — L. 3 mm.

Nordafrika, Kleinasien.

164. **A. (P.) kricheldorffi** W. Koshant. 1910 *A. (P.) k.*, W. Koshantschikov in: Rev. Ent. Russe, *v.* 10 p. 18.

Länglich, mehr gleichbreit, gewölbt, glänzend, Kopf und Thorax schwarz, Flügeldecken hellbraun, Schildchen und Naht dunkler. Kopfmitte erhöht, sehr fein, wenig dicht punktiert, neben dem Rande mit einigen größeren, haartragenden Punkten, Stirnlinie verhältnismäßig sehr tief eingedrückt, Clipeus deutlich ausgerandet, jederseits etwas stumpf gerundet, Wangen schwach, abgerundet, länger als der Kopf bewimpert. Thorax schwach rundlich nach hinten erweitert, Seiten und stumpf abgerundete Hinterwinkel gerandet, oberseits fein und mittelstark, ziemlich dicht punktiert. Flügeldecken deutlich gestreift, Streifenpunkte auch an der Spitze wenig bemerkbar, Zwischenräume auf dem Rücken wenig, an der Spitze etwas deutlicher konvex, Nahtstreif weniger tief als bei *A. (P.) syriacus* Har. (nr. 162) eingedrückt. Unterseite vereinzelt, Abdomen dicht punktiert und behaart. 1. Glied der Hintertibien gleich dem obern Enddorne, kürzer als die 3 folgenden Tarsenglieder. — L. 3,5—4,25 mm.

Akmolinsk.

165. **A. (P.) reitteri** D. Koshant. 1894 *A. (P.) r.*, D. Koshantschikow in: Horae Soc. ent. Ross., *v.* 28 p. 97.

Schwarz, glänzend, länglich, wenig gewölbt. Kopf flach, ringsum bewimpert, neben dem Rande etwas grob punktiert, Stirnnaht deutlich, Clipeus stark ausgerandet. Thoraxbasis gerandet, oberseits zerstreut, nach den gerundeten Seiten zu dichter und viel stärker punktiert. Schildchen klein, schwarz. Flügeldecken rotgelb, Naht leicht angedunkelt, gekerbt-gestreift, Streifenpunkte kerben nur leicht die Ränder der gewölbten, unpunktierten Zwischenräume. 1. Glied der Hintertibien so lang wie oberer Enddorn, kürzer als die 3 folgenden Tarsenglieder. — L. 3 mm (ex Koshantschikow).

Westturkestan.

166. **A. (P.) esimoides** Reitt. 1893 *A. (P.) e.*, Reitter in: Verh. Ver. Brünn, *v.* 31 p. 105.

Von länglicher, schlanker, konvexer Gestalt, Kopf, Thorax, Schildchen und Flügeldecken an der Basis, Naht und Spitze schwarz, Mitte derselben gelbbraun. Kopf mit Beule, fein, vorn in breiter Ausdehnung mit großen Haarpunkten, Stirnlinie tief eingedrückt, lang bewimperte Wangen nur klein, Clipeus deutlich ausgerandet, jederseits stumpf. Thorax fein und etwas stärker, nicht dicht punktiert, Seiten und stumpfrundliche Hinterwinkel gerandet.

Flügeldecken fein gestreift, Streifenpunkte undeutlich, nach hinten ganz verschwindend, Zwischenräume fast flach, an der Spitze stark konvex, Naht hier deutlich vertieft. Unterseite schwarzbraun, vereinzelt punktiert und behaart. 1. Glied der Hintertarsen gleich dem obern Enddorne und den 3 folgenden Tarsengliedern. — L. 2,8 mm.

Tunis.

167. **A. (P.) praeustus** Ball. 1871 *A. p.*, Ballion in: Bull. Soc. Moscou, *v.* 43 II p. 333 | 1876 *A. (Plagiogonus) p.*, Solsky in: Fedtschenko, Turkestan, *v.* 2 fasc. 11 p. 343 | 1892 *A. (P.) p.*, Reitter in: Verh. Ver. Brünn, *v.* 30 p. 205.

Gestalt und Farbe der vorigen Art, aber Thoraxbasis neben der Mitte ohne Ausrandung, Flügeldecken an der Basis nicht geschwärzt, Metasternum kaum verflacht. — L. 2,5—3 mm.

Turkestan, Baku, Kaukasus, Syrien.

t) Subgen. **Acrossus** E. Mulsant

1842 *A.*, E. Mulsant, Hist. nat. Col. France, Lamell. p. 164, 269 | 1892 *A.*, Reitter in: Verh. Ver Brünn, *v.* 30 p. 244.

Mittelgroße und große schwarze Arten, deren Flügeldecken zuweilen heller oder matt sind, sehr selten die ganze Oberseite hellbraun, Kopf groß, abgerundet, mit spitzen Wangen, ungehöckerter Stirn, Thoraxbasis ungerandet, Schildchen breit dreieckig, 1. Glied der Vordertarsen länger als das 2., Hintertibien ungleich beborstet, Metatarsus sehr lang.

Körper länglich, selten mehr oval, stärker oder schwächer gewölbt, einfarbig schwarz, zuweilen die Flügeldecken heller, mit und ohne dunkle Makeln, an der Spitze zuweilen fein behaart. Kopf groß, halbkreisförmig abgerundet, selten vorn flach abgestutzt, selten deutlich punktiert, höchstens mit eingedrückter, nie gehöckerter Stirnlinie, Wangen groß, die Augen deutlich überragend, fast immer sehr spitz. Thorax quer, oft sehr dick an den Seiten und gerundeten Hinterwinkeln gerandet, Basis stets ohne Rand, oberseits gewöhnlich nur an den Seiten mit einzelnen mittelstarken Punkten. Schildchen bisweilen vereinzelt punktiert. Flügeldecken deutlich gestreift, Streifenpunkte meistens undeutlich, Zwischenräume flach oder schwach gewölbt, entweder sehr fein und vereinzelt oder stärker und dichter punktiert. Unterseite wie gewöhnlich punktiert und behaart. Die Geschlechtsdifferenz beruht auf der Form des Enddorns der Vordertibien, in der dickeren Randung des Clipeus oder den matten Flügeldecken.

Hierher zählen sicher 17 und vielleicht 2 weitere Arten aus dem paläarktischen, indischen und afrikanischen Gebiet (nr. 168—186).

Bestimmungstabelle der Arten:

1	Oberseite blaß hellbraun, der 4., 6., 8. und 10. Zwischenraum weit vor der Spitze erlöschend, Hintertibien an den oberen Querleisten mit einzelnen sehr langen, fast die halbe Tibienlänge erreichenden Haaren besetzt	183. **A. (A.) longepilosus**
	Oberseite anders gefärbt, Tibien ohne diese langen Haare — 2	
2	Seiten des Halsschildes und Flügeldecken rot, letztere mit schwarzer Spitzenmakel	184. **A. (A.) bimaculatus**
	Seiten und Flügeldecken anders gefärbt — 3	

3 Flügeldecken mehr oder weniger matt in beiden Geschlechtern — 4
Flügeldecken glänzend, zuweilen matt, dann aber mit dunklen Längsflecken — 6

4 Flügeldecken in der ganzen Länge matt oder seidenglänzend — 5
Flügeldecken nur vor der Spitze matt, fein gestreift, Zwischenräume fein punktiert . . . . 181. **A. (A.) opacipennis**

5 Körper flach und breit, Flügeldecken sehr fein gestreift, Streifen vor der Spitze verschwindend, Zwischenräume flach, unpunktiert . . . . 180 **A. (A.) semiopacus**
Körper schmal, gewölbt, Flügeldecken matt seidenglänzend, deutlich gestreift, Streifen die Spitze erreichend, Zwischenräume fein punktiert . . . 179. **A. (A.) tingitanus**

6 Thoraxseiten dick gerandet, Wölbung des Halsschildes durch eine schmale Furche von der Randung getrennt (ausgenommen *A. (A.) viturati* Reitt. (nr. 182) — 7
Thorax stark, nicht auffällig dick gerandet, Wölbung nicht oder breiter abgesetzt — 12

7 Thorax neben dem Seitenrande breit verflacht, hier fein runzlig punktiert, neben dem Eindruck fein punktiert . . . . 182. **A. (A.) viturati**
Thorax neben der schmalen Seitenfurche mit großen Punkten — 8

8 Flügeldecken in beiden Geschlechtern fein und vereinzelt punktiert — 9
Flügeldecken in beiden Geschlechtern dicht und deutlich, nur beim ♀ von *A. (A.) laticollis* (nr 176) fein punktiert — 10

9 Körper länglich und schlank, Abdomen einzeln und kurz behaart, Enddorn der Vordertibien beim ♂ zugespitzt . . . . 174. **A. (A.) rufipes**
Körper breit, Abdomen, besonders an der Spitze sehr lang und dicht behaart, Enddorn abgestutzt . 175 **A. (A.) gagatinus**

10 Clipeus in beiden Geschlechtern fein aufgebogen, Zwischenräume der Flügeldecken dicht punktiert, beim ♂ kräftig, beim ♀ sehr fein . . . . . . 176. **A. (A.) laticollis**
Clipeus beim ♂ dick abgesetzt, Zwischenräume in beiden Geschlechtern sehr deutlich punktiert — 11

11 Flügeldecken beim ♀ etwas glänzend, beim ♂ fast matt . . . . 177 **A. (A.) carpetanus**
Flügeldecken in beiden Geschlechtern glänzend . . 178. **A. (A.) planicollis**

12 Nahtstreif an der Spitze nicht sehr verschmälert, hier reichlich 1/2 so breit wie vorn — 13
Nahtstreif an der Spitze deutlich schmaler, höchstens 1/3 so breit wie vorn — 14

13 Oberseite kaum punktiert, dunkelbraun, Zwischenräume an der Spitze flach. Große Art . . . . 173. **A. (A.) ritsemai**
Oberseite sehr deutlich und dicht punktiert, schwarz, Zwischenräume erhaben. Kleinere Art . . . . 172 **A. (A.) atratus**

14 Flügeldecken gelbbraun, mit schwarzen Makeln oder einfarbig schwarz, an der Spitze matt, kurz behaart, 3. Zwischenraum breiter als die ihn begrenzenden . . . . 168. **A. (A.) luridus**
Flügeldecken rot, kastanienbraun oder schwarz, Zwischenräume gleichbreit — 15

15	Flügeldecken einfarbig rot, Spitze und Seiten deutlich behaart, Thorax sehr ungleich punktiert	169	**A. (A.) rubripennis**
	Flügeldecken vollständig kahl — **16**		
16	Flügeldecken einfarbig schwarz oder rot, feiner oder stärker punktiert	170.	**A. (A.) depressus**
	Flügeldecken dunkelbraun oder schwarz, immer mit heller Spitzenmakel	171	**A. (A.) binaevulus**

168 **A. (A.) luridus** (F.)

Diese Art zerfällt in 14 Unterarten:

168a. **A. (A.) luridus luridus** (F.) 1775 *Scarabaeus l.*, J. C Fabricius, Syst. Ent., p. 19 | 1789 *S. l.*, A. G Olivier, Ent., Col. *v.* 1 nr 3 p. 90 t. 18 f. 168, t. 26 f. 168 | 1798 *Aphodius rufipes* var. γ., Illiger, Verz. Käf Preuß., p. 28 | 1806 *A nigripes*, Schönherr, Synon. Ins., *v.* 1 I p. 80 | 1807 *A. rufitarsis*, Latreille, Gen Crust. Ins., *v.* 2 p. 88 | 1842 *A. (Acrossus) luridus*, E. Mulsant, Hist. nat. Col France, Lamell. p. 274 | 1848 *Aphodius l.*, Erichson, Naturg. Ins. Deutschl., Col. *v.* 3 p. 894 | 1862 *A. l.*, Harold in: Berlin. ent. Z., *v.* 6 p. 381, 392 | 1892 *A. (Acrossus) l.*, Reitter in: Verh. Ver. Brünn, *v.* 30 p. 247.

Biologie: 1835 Haan in: N. Ann. Mus. Paris, *v.* 4 p. 146 t. 12 f. 4, t. 14 f. 8, t. 15 f. 7 (Abbildung der Larve) | 1848 Erichson, Naturg. Ins. Deutschl., Col. *v.* 3 p. 896 (Beschreibung der Larve).

Flach gewölbt, schwarz, glänzend, Flügeldecken matter, hellbraun oder gelbbraun, mit dunklen Makeln, die sich in verschiedener Weise ausbreiten und verbinden können, zuweilen die Flügeldecken ganz schwarz oder einfarbig braun. Die Stammform zeigt im 3. und 5. Zwischenraum je eine schwarze Makel vor, im 2. und 4. je eine hinter der Mitte, im 6. eine in der Mitte, im 7. und 8. je eine unter der Schulter. Kopf flach, mehr oder weniger dicht punktiert, Wangen spitz und bewimpert. Thorax gerundet nach hinten erweitert, kurz bewimpert, Hinterwinkel stumpf, mit abgerundeter Spitze. Schildchen punktiert. Flügeldecken mit schmalen, scharfen, dunkelgefärbten Streifen, Streifenpunkte fein und flach, sie kerben nicht die Ränder der ebenen, mehr oder weniger dicht punktierten Zwischenräume. Unterseite schwarz, Hinterbrust an den Seiten und in der Mitte, sowie das Abdomen punktiert und ziemlich lang, Schenkel mehr vereinzelt behaart. 1. Glied der Hintertarsen so lang wie oberer Enddorn und länger als die 3 folgenden Glieder. ♂. Kopf und Thorax fein und zerstreut, auf letzterem wenig ungleich punktiert, Thorax breiter als die Flügeldecken, Enddorn mit umgebogener Spitze. ♀. Kopf und Thorax dicht, letzterer mehr ungleich punktiert, nicht breiter als die Flügeldecken. — L. 6—9 mm.

Europa, Kleinasien, Kaukasus, Zentralasien, Sibirien, Marokko, Antillen.

168b. **A. (A.) luridus gagates** (Müll.) 1776 *Scarabaeus g.*, O F. Müller, Zool. Dan. Prodr., p. 55 | 1783 *S. arator*, J. F. W Herbst in: Arch. Ins.-Gesch., *v.* 4 p. 9 | 1785 *S. gagatinus*, Fourcroy, Ent. Paris., pars 1 p. 10 | 1789 *S. gagates*, A. G. Olivier, Ent., Col. *v.* 1 nr. 3 p. 87 t. 24 f. 213 | 1792 *S. nigripes*, J. C. Fabricius, Ent. syst., *v.* 1 p. 35 | 1808 *Aphodius n.*, Gyllenhal, Ins. Suec., *v.* 1 p. 32 | 1848 *A. luridus*, Erichson, Naturg Ins. Deutschl., Col. *v.* 3 p. 894 | 1862 *A. l.*, Harold in: Berlin. ent. Z., *v.* 6 p. 381, 392 | 1913 *A. (Acrossus) l.* var. *gagates*, Ad. Schmidt in: Arch. Naturg., *v.* 79 A fasc. 11 p. 130.

Flügeldecken ganz schwarz.

Vorkommen wie die Stammart.

168c. **A. (A.) luridus interpunctatus** (Herbst) 1783 *Scarabaeus i.*, J. F. W. Herbst in: Arch. Ins.-Gesch., *v.* 4 p. 8 t. 19 f. 11 | 1801 *Aphodius lutarius*, J. C. Fabricius, Syst. Eleuth., *v.* 1 p. 77 | 1842 *A. (Acrossus) luridus* var. *informis*, E. Mulsant, Hist. nat.

Col. France, Lamell. p. 275 | 1869 *Aphodius l.* var. *interpunctatus*, Harold in: Gemminger & Harold, Cat. Col., *v.* 4 p. 1052 | 1913 *A. (Acrossus) l.* var. *i.*, Ad. Schmidt in: Arch. Naturg., *v.* 79 A fasc. 11 p. 130.

Makeln der Flügeldecken kurz, unter der Normalzahl, die vierzehn beträgt.

Vorkommen wie die Stammart.

168d. **A. (A.) luridus variegatus** (Herbst) 1783 *Scarabaeus v.*, J. F. W. Herbst in: Arch. Ins.-Gesch., *v.* 4 p. 9 t. 19 f 12 | 1788 *S. varius*, J. F. Gmelin, Syst. Nat., ed. 13 *v.* 4 p. 1553 | 1798 *Aphodius rufipes* var. *β*, Illiger, Verz. Käf. Preuß., p. 28 | 1832 *A. deplanatus*, Ménétries, Cat. rais., p 181 | 1869 *A luridus* var. *variegatus*, Harold in: Gemminger & Harold, Cat. Col., *v.* 4 p. 1052 | 1892 *A. (Acrossus) l.* var *v.*, Reitter in: Verh. Ver Brünn, *v.* 30 p. 246.

Die Makeln fließen zusammen, einen gemeinschaftlichen Fleck an der Basis bildend, Flügeldecken an den Seiten und hinten gelb, das Gelb tritt nach vorn in geraden Streifen in das Schwarz, so daß der Hinterrand der großen schwarzen Makel gezackt ist.

Vorkommen wie die Stammart.

168e. **A. (A.) luridus nigrosulcatus** (Marsh.) 1802 *Scarabaeus n.*, Marsham, Ent. Brit., *v.* 1 p. 27 | 1802 *Aphodius lividus*, Walckenaer, Faune Paris., *v.* 1 p. 12 | 1892 *A. (Acrossus) luridus* var. *nigrosulcatus*, Reitter in: Verh. Ver. Brünn, *v.* 30 p. 247.

Flügeldecken ohne Flecke, Naht und Punktstreifen dunkel.

Vorkommen mit der Stammart

168f. **A. (A.) luridus intricarius** Muls. 1842 *A. (Acrossus) l.* var. *i.*, E. Mulsant, Hist. nat. Col. France, Lamell. p. 275.

Makeln verlängert, sich gegenseitig berührend.

Vorkommen mit der Stammart.

168g. **A. (A.) luridus connexus** Muls. 1842 *A. (Acrossus) l.* var. *c.*, E. Mulsant, Hist. nat. Col. France, Lamell. p. 275 | 1888 *Aphodius l.* var *c.*, Schilsky in: D. ent. Z., *v.* 32 p. 317.

Die hinteren Makeln bis an die vorderen, und diese bis fast zur Basis verlängert, dadurch entsteht eine große gemeinsame Makel, die fast die ganzen Flügeldecken einnimmt.

Vorkommen mit der Stammform.

168h. **A. (A.) luridus apicalis** Muls. 1842 *A. (Acrossus) l.* var. *a.*, E. Mulsant, Hist. nat. Col. France, Lamell. p. 276 | 1888 *Aphodius l.* var. *a.*, Schilsky in: D. ent. Z., *v.* 32 p. 317.

Flügeldecken schwarz, Spitze und Seitenrand heller.

Vorkommen wie die Stammform.

168i. **A. (A.) luridus pellitus** nom. nov. Ad. Schm. 1842 *A. (Acrossus) luridus* var. *lateralis* (non Brullé 1832), E. Mulsant, Hist. nat. Col. France, Lamell. p. 276 | 1888 *Aphodius l.* var. *l.*, Schilsky in: D. ent. Z., *v.* 32 p. 317.

Flügeldecken schwarz, Seitenrand in der Mitte schmal heller.

Mit der Stammart vorkommend.

168k. **A. (A.) luridus bipaginatus** Muls. 1842 *A. (Acrossus) l.* var. *b.*, E. Mulsant. Hist. nat. Col. France, Lamell p. 277 | 1888 *Aphodius l.* var *b.*, Schilsky in: D. ent. Z., *v.* 32 p. 317.

Eine Flügeldecke schwarz, die andere graugelb, ohne Makeln.

Frankreich.

168 l. **A. (A.) luridus hilleri** Schilsky 1879 *Aphodius l.* var *humeralis* (non *A. h.* E. Mulsant 1842), Dalla Torre in: Ber Ver Oberösterr., *v.* 10 p. 110 | 1888 *A. l.* var. *hilleri,* Schilsky in: D ent. Z., *v.* 32 p. 317, 321 | 1913 *A (Acrossus) l* var *humeralis,* Ad. Schmidt in: Arch. Naturg, *v.* 79 A fasc. 11 p. 130.

Flügeldecken mit schwarzer Schultermakel.

Vorkommen mit der Stammform.

168 m. **A. (A.) luridus strigosus** D. T. 1879 *Aphodius l.* var. *s.,* Dalla Torre in: Ber. Ver. Oberösterr., *v.* 10 p. 110 | 1913 *A. (Acrossus) l.* var. *s.,* Ad. Schmidt in: Arch. Naturg., *v.* 79 A fasc. 11 p. 130.

Flügeldecken schwarz, Basis gelbbraun gestreift.

Oberösterreich.

168 n. **A. (A.) luridus rufonotatus** D. T 1879 *Aphodius l.* var. *r.,* Dalla Torre in: Ber. Ver. Oberösterr., *v.* 10 p. 110 | 1913 *A. (Acrossus) l.* var *r.,* Ad Schmidt in: Arch. Naturg., *v.* 79 A fasc. 11 p. 130

Flügeldecken schwarz, mit undeutlichen, hellern Makeln.

Oberösterreich.

168 o. **A. (A.) luridus lividibasis** Reitt. 1898 *Aphodius luridus* var *lividibasis,* Reitter in: D. ent. Z., p. 342 | 1913 *A. (Acrossus) l.* var *l.,* Ad Schmidt in: Arch. Naturg, *v.* 79 A fasc. 11 p. 130.

Flügeldecken braungelb, die Seiten und Spitze schwarz, das Schwarz verlängert sich im 3. und 5. Zwischenraum nach vorn. Größe der Stammart.

Morea.

169. **A. (A.) rubripennis** Horn 1870 *Aphodius r.* G. Horn in: Tr Amer. ent. Soc., *v.* 3 p. 132 | 1913 *A. (Acrossus) r.,* Ad. Schmidt in: Arch. Naturg., *v.* 79 A fasc. 11 p. 130.

Länglich-oval, glänzend, schwarz, Flügeldecken rotbraun, weniger glänzend, die Seiten und Spitze behaart. Kopf sehr fein punktiert, seitlich mit einzelnen, etwas größeren Punkten, Wangen spitz. Thorax gerundet nach vorn verschmälert, sehr fein und viel größer, wenig dicht punktiert, die großen Punkte auf der Scheibe sehr zerstreut. Schildchen dunkel, vereinzelt fein punktiert. Flügeldecken fein gestreift, Streifenpunkte kaum bemerkbar, Zwischenräume schwach konvex, fein punktiert. Unterseite deutlich punktiert und behaart. 1. Glied der Hintertarsen gleich dem obern Enddorne und dem übrigen Fuße. — L. 6—7 mm.

Kanada, Pennsylvanien, Maryland.

170. **A. (A.) depressus** (Kug.)

Diese Art zerfällt in 6 Unterarten:

170 a. **A. (A.) depressus depressus** (Kug.) 1792 *Scarabaeus d.,* Kugelann in: N. Mag. Liebh. Ent., *v.* 1 III p. 262 | 1798 *Aphodius d.,* Illiger, Verz. Käf. Preuß, p. 28 1805 *A. nigripes* var. *e,* Duftschmid, Fauna Austr., *v.* 1 p. 117 | 1848 *A. depressus,* Erichson, Naturg Ins. Deutschl., Col. *v.* 3 p. 896 | 1862 *A d.,* Harold in: Berlin. ent. Z, *v.* 6 p. 381, 389 1879 *A. d.* var. *rufus,* Dalla Torre in: Ber. Ver. Oberösterr., *v.* 10 p. 109 | 1888 *A. d.* var. *r.,* Schilsky in: D. ent. Z., *v.* 32 p. 321 | 1892 *A. (Acrossus) d.,* Reitter in: Verh. Ver. Brünn, *v.* 30 p. 247.

Flacher und etwas breiter als vorige Art, in der Färbung mit ihr übereinstimmend, aber die Flügeldecken unbehaart, vollglänzend, Thorax dichter, weniger ungleich punktiert. Metatarsus kürzer als der übrige Fuß. Alles übrige gleich. — L. 6—9 mm.

Nord- und Mitteleuropa, Kaukasus, Nord- und Mittelasien, Westsibirien.

170 b. **A. (A.) depressus caminarius** Fald. 1830 *Aphodius nigripes* (non J. C. Fabricius 1792), J. F. Stephens, Ill. Brit. Ent., Mand. *v.* 3 p. 201 | 1835 *A. caminarius*, Faldermann in: N Mém. Soc. Moscou, *v.* 4 p. 251 | 1869 *A. depressus* var *c.*, Harold in: Gemminger & Harold, Cat. Col, *v.* 4 p. 1045 | 1869 *A. d.* var. *nigripes*, Harold l. c., *v.* 4 p. 1045 | 1892 *A. (Acrossus) d.* var. *n.*, Reitter in: Verh. Ver. Brünn, *v.* 30 p. 247.

Flügeldecken einfarbig schwarz.

Vorkommen wie die Stammform.

170 c. **A. (A.) depressus atramentarius** Er. 1848 *Aphodius a.*, Erichson, Naturg. Ins. Deutschl., Col. *v.* 3 p. 897 | 1869 *A. depressus* var. *a.*, Harold in: Gemminger & Harold, Cat. Col., *v.* 4 p. 1045 | 1892 *A. (Acrossus) d.* var. *a.*, Reitter in: Verh. Ver. Brünn, *v.* 30 p. 247.

Flügeldecken schwarz, dichter und stärker punktiert, Taster und Tarsen schwarzbraun.

Vorkommen mit der Stammart.

170 d. **A. (A.) depressus biceps** D. T. 1879 *Aphodius d.* var. *b.*, Dalla Torre in: Ber. Ver. Oberösterr., *v.* 10 p. 109 | 1913 *A. (Acrossus) d.* var. *b.*, Ad. Schmidt in: Arch. Naturg., *v.* 79 A fasc. 11 p. 131.

Die roten Flügeldecken mit je einem schwarzen Fleck.

Oberösterreich.

170 e. **A. (A.) depressus circumlineatus** nom. nov. Ad. Schm. 1879 *Aphodius d.* var. *marginatus* (non Fischer-Waldheim 1842), Dalla Torre in: Ber. Ver. Oberösterr., *v.* 10 p. 109 | 1913 *A. (Acrossus) d.* var. *m.*, Ad. Schmidt in: Arch Naturg., *v.* 79 A fasc. 11 p. 131.

Flügeldecken schwarz, Rand derselben braun.

Oberösterreich.

170 f. **A. (A.) depressus kolbeanus** nom. nov. Ad. Schm. 1911 *A. d.* var. *humeralis* (non *Otophorus haemorrhoidalis* var. *humeralis* E. Mulsant 1842), W. Kolbe in: Jahresh. Ver. Schles. Ins.-Kunde, fasc. 4 p. 11.

Die schwarzen Flügeldecken haben einen roten Schulterfleck.

Beskiden.

171. **A. (A.) binaevulus** L. Heyd.

Diese Art zerfällt in 2 Unterarten:

171 a. **A. (A.) binaevulus binaevulus** L. Heyd. 1887 *A. (A.) binaevulus*, L. Heyden in: D. ent. Z., p. 303 | 1892 *A. (A.) b.*, Reitter in: Verh. Ver. Brünn, *v.* 30 p. 247.

In Gestalt, Größe und Skulptur der Oberfläche mit der vorigen Art übereinstimmend, aber durch Färbung verschieden. Oberseite schwarz, Flügeldecken mit heller, schräger Makel vor der Spitze im 4. bis 8. Zwischenraume. L. 8—10 mm.

Wladiwostok.

171 b. **A. (A.) binaevulus diaphanomaculatus** L. Heyd. 1887 *A. (Acrossus) b.* var. *d.*, L. Heyden in: D. ent. Z., p. 303 | 1892 *A. (A.) b.* var. *d.*, Reitter in: Verh. Ver. Brünn, *v.* 30 p. 247.

Oberseite schwarz, Flügeldecken rotbraun mit hellem, durchscheinendem Spitzenfleck, der nach hinten zu dunkel begrenzt ist. Größe wie die Stammart.

Ostsibirien.

172. **A. (A.) atratus** C. O. Waterh. 1875 *Aphodius a.*, C. O. Waterhouse in: Tr. ent. Soc. London, p. 91 | 1913 *A. (Acrossus) a.*, Ad. Schmidt in: Arch Naturg., *v.* 79 A fasc. 11 p. 131.

In Gestalt der vorigen Art ähnlich, aber kleiner, einfarbig schwarz, Flügeldecken sehr kurz behaart. Kopf fein, aber deutlich punktiert, Clipeus abgestutzt, Wangen spitz. Thorax seitlich kaum gerundet, nach hinten schwach verbreitert, wenig ungleich, in der Mitte aber sehr zerstreut punktiert, Basis deutlich gebuchtet. Schildchen fein und vereinzelt punktiert. Flügeldecken sehr fein gestreift, mit feinen Streifenpunkten, die aber die Ränder schwach kerben, Zwischenräume konvex, sehr deutlich, fast so groß wie der Thorax punktiert. Unterseite punktiert und behaart. 1. Glied der Hintertarsen gleich dem oberen Enddorn, länger als die 3 folgenden Glieder. — L. 6 mm.

Japan.

173. **A. (A.) ritsemai** Ad. Schm. 1909 *Aphodius r.*, Ad. Schmidt in: Not. Leyden Mus., *v.* 31 p. 112 | 1913 *A. (Acrossus) r.*, Ad. Schmidt in: Arch. Naturg., *v.* 79 A fasc. 11 p. 131.

Durch lange, schmale Gestalt und verhältsmäßig kleinen Thorax ausgezeichnet. Glänzend, dunkelbraun bis schwarz gefärbt. Kopf sehr fein punktiert, mit eingedrückter Stirnlinie, Clipeus abgestutzt, Wangen abgerundet, aber die Augen überragend. Thorax vorn schmaler, fein und vereinzelt an den Seiten, in der Mitte aber sehr fein punktiert. Schildchen ohne Punkte. Flügeldecken fein gestreift, Streifenpunkte sehr flach, Zwischenräume leicht konvex. Unterseite fein punktiert und behaart. 1. Glied an den Hintertarsen so lang wie oberer Enddorn und 3 folgende Glieder. — L. 11 mm.

Sikkim.

174. **A. (A.) rufipes** (L.)

Diese Art zerfällt in 2 Unterarten:

174a. **A. (A.) rufipes rufipes** (L.) 1758 *Scarabaeus r.*, Linné, Syst. Nat., ed. 10 p. 353 | 1774 *S. capitatus*, Geer, Mém. Hist. Ins., *v.* 4 p. 263 t. 10 f. 6 | 1830 *Aphodius muticus*, J. F. Stephens, Ill. Brit. Ent., Mand. *v.* 3 p. 200 | 1848 *A rufipes*, Erichson, Naturg. Ins. Deutschl., Col. *v.* 3 p. 892 | 1862 *A. capicola*, Harold in: Berlin ent. Z., *v.* 6 p. 381, 390 | 1875 *A. c.*, Harold in: Col. Hefte, *v.* 14 p. 195 | 1887 *A. rufipes*, G. Horn in: Tr. Amer. ent. Soc., *v.* 14 p. 53 | 1892 *A. (Acrossus) r.*, Reitter in: Verh. Ver. Brünn, *v.* 30 p. 245.

Biologie: 1874 Schioedte in: Naturh. Tidsskr., ser. 3 *v.* 9 p. 324 t. 14 f. 10—16, t. 19 f. 10 (Larve beschrieben und abgebildet).

Von der länglichen Gestalt der vorigen Art, aber weniger schlank, glänzend, schwarzbraun oder schwarz. Kopf fein punktiert, Stirnlinie eingedrückt, Wangen spitz. Thorax sehr fein punktiert, an den Seiten und längs der Basis mit einzelnen, wenig größeren Punkten. Schildchen unpunktiert. Flügeldecken nach hinten etwas verbreitert, Streifenpunkte kaum wahrnehmbar, Zwischenräume schwach konvex, auch vor der Spitze. Unterseite punktiert und behaart. 1. Glied der Hintertibien so lang wie oberer Enddorn und 3 Tarsenglieder. Unterscheidet sich von der vorigen Art hauptsächlich durch die spitzeren Wangen, den längeren, seitlich dicker gerandeten Thorax und durch konstant andere Verbindung der Zwischenräume vor der Spitze. Bei *A. (A.) rufipes* L. ist der 5., 6. und 7., bei *A. (A.) ritsemai* Ad. Schm. (nr. 173) der 3.—7. Zwischenraum verbunden. — L. 11—13 mm.

Europa, Westasien, Persien, Yünnan, Maryland, Pennsylvanien, Argentinien, Kap.

174 b. **A. (A.) rufipes juvenilis** Muls. 1763 *Scarabaeus oblongus* (non *Aphodius o.*, Say 1823), Scopoli, Ent. Carniol, p. 8 | 1789 *S. o*, J F. W. Herbst, Naturs. Ins. Käf, *v.* 2 p. 261 t. 18 f 2 | 1842 *Aphodius (Acrossus) rufipes* var. *juvenilis*, E. Mulsant, Hist. nat. Col France, Lamell. p. 272 | 1879 *Aphodius r* var *rufotestaceus*, Dalla Torre in: Ber. Ver Oberösterr, *v.* 10 p. 109 | 1913 *A. (Acrossus) rufipes* var *oblongus*, Ad. Schmidt in: Arch Naturg., *v.* 79 A fasc. 11 p. 131.

Oberseite rotbraun, Flügeldecken heller.

Vorkommen und Größe der Stammart.

175. **A. (A.) gagatinus** Ménétr. 1832 *Aphodius g.*, Ménétriés, Cat. rais., p. 182 | 1890 *A. g.*, Reitter in: D. ent. Z., p. 390 | 1892 *A. (Acrossus) g.*, Reitter in: Verh. Ver. Brünn, *v.* 30 p. 245.

Schwarzbraun oder schwarz. Hat mit der vorigen Art die größte Ähnlichkeit, unterscheidet sich aber durch flachere, breitere Gestalt, vorn breit abgestutzten Clipeus, längere und bis zur Spitze deutliche Bewimperung der Flügeldecken. Enddorn der Vordertibien beim ♂ vorn breit abgerundet, Thorax breiter als die Flügeldecken, bei *A. (A) rufipes* L. (nr. 174) Enddorn auch breit, ebenfalls kurz, das 1. Glied der Tarsen kaum überragend, aber deutlich zugespitzt. — L. 14—15 mm.

Kaspisches Meer, Transkaukasien, Lenkoran, Daghestan, Nordpersien.

176. **A. (A.) laticollis** Baudi 1870 *Aphodius l.*, Baudi in: Berlin. ent. Z., *v.* 14 p. 68 | 1892 *A. (Acrossus) l.*, Reitter in: Verh. Ver Brünn, *v.* 30 p. 245.

In der breiten, flachen Gestalt und Farbe dem *A. (A.) gagatinus* Ménétr. ähnlich, aber in der Punktierung der Flügeldecken verschieden. Die flachen Zwischenräume derselben sind beim ♂ sehr deutlich, beim ♀ feiner punktiert. 1. Glied der Hintertarsen etwas kürzer als oberer Enddorn, so lang wie die folgenden 3 Glieder. ♂. Enddorn der Vordertibien zur Spitze verbreitert, breit abgerundet. — L. 10—13 mm.

Seealpen, Apenninen.

177. **A. (A.) carpetanus** Graëlls

Diese Art zerfällt in 2 Unterarten:

177 a. **A. (A.) carpetanus carpetanus** Graëlls 1847 *Aphodius c.*, Graëlls in: Ann. Soc. ent. France, ser 2 *v.* 5 p. 306 t. 4 f 3 (Gesamtbild) | 1862 *A. c.*, Harold in: Berlin. ent. Z, *v.* 6 p. 381, 391 | 1892 *A. (Acrossus) c.*, Reitter in: Verh. Ver. Brünn, *v.* 30 p. 246.

Gestalt der vorigen Art, schwarz, Flügeldecken braun, Unterseite und Beine heller. Kopf und Thorax zahlreicher punktiert, die Punktierung besteht aus feinen und großen Punkten, die großen Punkte stehen beim ♀ dichter als beim ♂, in beiden Geschlechtern auch noch längs der Basis. Flügeldecken beim ♂ fast matt, dicht, leicht runzlig punktiert, beim ♀ weniger matt, ziemlich dicht, aber feiner punktiert, Zwischenräume deutlich konvex. 1. Glied der Hintertarsen deutlich kürzer als oberer Enddorn, fast länger als die folgenden 3 Glieder. ♂. Enddorn der Vordertibien zur Mitte etwas verbreitert, an der Spitze schräg abgerundet, Mittel- und Hintertibien stark verbreitert. — L. 11—14 mm.

Spanien.

177 b. **A. (A.) carpetanus siculus** Har. 1862 *Aphodius s.*, Harold in: Berlin. ent. Z., *v.* 6 p. 380, 395 | 1892 *A. (Acrossus) carpetanus* var. *s.*, Reitter in: Verh. Ver. Brünn, *v.* 30 p. 246.

Schwarz, Zwischenräume der Flügeldecken flach, stark und dicht punktiert. — L. 11—14 mm.

Sizilien.

178. **A. (A.) planicollis** Reitt. 1862 *A. gagatinus*, Harold (non *A g* Ménétriés 1832) in: Berlin. ent. Z., *v.* 6 p. 381, 393 | 1890 *Aphodius planicollis*, Reitter in: D. ent. Z., p. 390 | 1892 *A. (Acrossus) p.*, Reitter in: Verh. Ver. Brünn, *v.* 30 p. 246.

Schwarz oder schwarzbraun, seltener braun, Flügeldecken gewöhnlich etwas heller. In der Gestalt und der dichteren Punktierung dem *A. (A.) carpetanus* Graëlls gleich, aber Oberseite glänzend, ganz flach, dicht und deutlich punktiert. Enddorn der Vordertibien beim ♂ gleichbreit, an der Spitze abgerundet. In der Punktierung der Zwischenräume der Flügeldecken ist diese Art dem *A. (A) laticollis*-♂ Baudi sehr ähnlich, doch zeigt der Thorax bei letzterer Art nur sehr vereinzelt größere Punkte, auch die Form des Enddorns der Vordertibien unterscheidet beide. — L. 12—15 mm.

Kaukasus.

179. **A. (A.) tingitanus** Reitt. 1892 *A. (A.) t.*, Reitter in: Verh. Ver. Brünn, *v.* 30 p. 246 | 1896 *A. (A.) t.*, H. Orbigny in: Abeille, *v.* 28 p. 245.

Schwarz, in der länglichen Gestalt dem *A. (A.) rufipes* L. (nr. 174) ähnlich, aber flacher gewölbt, Flügeldecken nur seidenglänzend. Kopf breit, vorn sehr flach abgerundet, deutlich, vorn sogar ziemlich dicht punktiert. Thorax seitlich flach gerundet, hier und an den abgerundeten Hinterwinkeln nicht besonders stark gerandet, oberseits ziemlich dicht und deutlich punktiert, jederseits am Hinterrande mit stark punktiertem Grübchen (ob Geschlechtsmerkmal?). Schildchen vereinzelt punktiert. Flügeldecken an der Spitze behaart, deutlich gestreift, der 8. und 9. Streifen verbinden sich unter der Schulter, die Streifenpunkte kerben schwach die Ränder der Zwischenräume, diese flach gewölbt und deutlich punktiert. Oberer Enddorn der Hintertibien etwas länger als 1. Tarsenglied, dieses den 3 folgenden gleich. — L. 11 mm.

Tanger

180. **A. (A.) semiopacus** Reitt.

Diese Art zerfällt in 2 Unterarten:

180a. **A. (A.) semiopacus semiopacus** Reitt. 1887 *A. (A.) s.*, Reitter in: Horae Soc. ent. Ross., *v.* 21 p. 227 | 1892 *A. (A.) s.*, Reitter in: Verh. Ver Brünn, *v.* 30 p. 246.

Breit, flach gewölbt, schwarz, Kopf und Thorax glänzend, Flügeldecken ganz matt, nur die Naht und Streifenränder glänzend. Kopf deutlich punktiert. Thorax in der Hinterhälfte geradseitig, nach vorn gerundet verengt, ungleich punktiert, die ungerandete Basis neben der Mitte ausgebuchtet, Hinterwinkel abgerundet. Streifen der Flügeldecken sehr fein, weit vor der Spitze verschwindend, Zwischenräume flach, ohne wahrnehmbare Punkte. Unterseite glänzend, fein punktiert und lang behaart, auch das Metasternum in der Mitte, Mittel- und Hinterschenkel am Vorderrande vereinzelt, neben dem Unterrande gereiht punktiert. 1. Glied der Hintertarsen dem oberen Enddorne und den 3 folgenden Gliedern an Länge gleich. ♂. Kopf vorn größer und feiner, hinten nur sehr vereinzelt und fein punktiert, Thoraxmitte fein, die Seiten und Basis mit einzelnen größeren Punkten, Enddorn der Vordertibien mit umgebogener Spitze. ♀. Kopf dicht, sehr deutlich und fast gleichmäßig punktiert, auch Thoraxmitte mit größeren Punkten ziemlich dicht besetzt. — L. 9—10 mm.

Tibet, Chinesisch-Turkestan.

180b. A. (A.) **semiopacus luteoirroratus** L. Heyd. 1889 *A. (A.) s.* var. *l.*, L. Heyden in: Horae Soc. ent. Ross., *v.* 23 p. 657 | 1892 *A (A.) s.* var. *l.*, Reitter in: Verh. Ver. Brünn, *v.* 30 p. 246.

Die hintere Hälfte der Flügeldecken braungelb oder gelblich gesprenkelt. — L. 9—10 mm.

Kansu.

181. A. (A.) **opacipennis** Ad. Schm. 1910 *A. (A.) o.*, Ad. Schmidt in: D. ent. Z., p. 356.

In Färbung und Gestalt mit der vorigen Art übereinstimmend, unterscheidet sich aber in folgenden Punkten: Kopf mit sehr feinen Punkten gleichmäßig, ziemlich dicht besetzt, Thorax feiner und etwas stärker, nicht sehr dicht punktiert. Flügeldecken in der Vorderhälfte etwas glänzend, die flachen Zwischenräume hier zwar fein, aber deutlich punktiert, zur Spitze zu werden dieselben matt und sind ohne sichtbare Punktierung, Streifen fast bis zum Spitzenrande deutlich. — L. 10 mm.

Sikkim.

182. A. (A.) **viturati** Reitt. 1907 *A. (A.) v.*, Reitter in: D. ent. Z., p. 411.

Schwarz, wenig glänzend, flach gewölbt, Flügeldecken und Tarsen dunkelbraun. Kopf äußerst fein, wenig dicht punktiert, Clipeus stark gerandet, Wangen spitz. Thorax von der Breite der Flügeldecken, Hinterwinkel abgerundet, sehr fein und zerstreut punktiert, die gerundeten Seiten sehr dick gerandet, neben der Randlinie breit vertieft und daselbst fein runzlig punktiert. Schildchen unpunktiert. Flügeldecken ziemlich kurz, mit groben, furchenartigen Streifen, die an der Spitze feiner werden, Zwischenräume gewölbt, kaum punktiert, 2. Zwischenraum breiter als die anderen, der 1. fast gleichbreit, die Spitze fein behaart. Hinterschienen zusammengedrückt, abgeflacht, breit, das 1. Tarsenglied wenig länger als oberer Enddorn, gleich den drei folgenden Gliedern. — L. 7—8 mm (ex Reitter).

Chinesisch-Turkestan.

183. A. (A.) **longepilosus** Ad. Schm. 1911 *Aphodius l.*, Ad. Schmidt in: Ent. Zeit. Stettin, *v.* 72 p. 14 | 1913 *A. (Acrossus) l.*, Ad. Schmidt in: Arch. Naturg., *v.* 79 A fasc. 11 p. 131.

Länglich, flach gewölbt, einfarbig hellbraun. Kopf und Thorax fast ohne Punkte. Schildchen dunkel gerandet. Flügeldecken mit lang bewimperten Rändern, fein gestreift, Streifenpunkte wenig deutlich, Zwischenräume zur Spitze konvex, 5., 6. und 8. vor der Spitze verschwindend. Abdomen sehr lang behaart. 1. Glied der Hintertarsen an Länge dem oberen Enddorn und ungefähr den 3 folgenden Gliedern gleich. Durch die langen Borsten an der oberen Querleiste der Mittel- und Hintertibien ausgezeichnet, sie erreichen die halbe Tibienlänge. — L. 8 mm.

Angola, Abessinien.

184. A. (A.) **bimaculatus** (Laxm.) 1770 *Scarabaeus b.*, Laxmann in: N. Comment. Ac. Petrop., *v.* 14 I p. 593 t. 24 f. 1 (Gesamtbild) | 1775 *S. bipunctatus*, Lepechin, Tageb. Reise Russ. Reich, *v.* 2 p. 201 t. 10 f. 7 (Gesamtbild) | 1781 *S. coccinelloides*, Pallas, Icon. Ins., p. 12 t. A f. 12 (Gesamtbild) | 1789 *S. bipunctatus*, J. F. W. Herbst, Naturs. Ins. Käf., *v.* 2 p. 294 t. 16 f. 10 (Gesamtbild) | 1848 *Aphodius b.*, Erichson, Naturg. Ins. Deutschl., Col. *v.* 3 p. 893 | 1862 *A. coccinelloides*, Harold in: Berlin. ent. Z., *v.* 6 p. 380, 386 | 1892 *A. (Acrossus) bimaculatus*, Reitter in: Verh. Ver. Brünn, *v.* 30 p. 245 | 1910 *A. (A.) b.*, Ad. Schmidt in: Gen. Ins., fasc. 110 p. 70 t. 1 f. 4 (Gesamtbild).

Länglich-oval, sehr glänzend, Kopf, Thoraxscheibe, Schildchen, Spitzenmakel, der schmale Spitzenrand der Flügeldecken und Unterseite schwarz, Seiten des Halsschildes, Flügeldecken, Schienen und Tarsen hellrot. Kopf fein punktiert, nach dem Vorderrande zu etwas deutlicher, Kopf und Thorax beim ♂ fast unpunktiert, letzterer vorn wenig schmaler. Schildchen weniger breit dreieckig als bei den vorigen Arten, einzeln punktiert. Flügeldecken sehr fein gestreift, mit äußerst flachen Streifenpunkten, Zwischenräume eben, kaum punktiert, die rundliche Makel liegt hinter der Mitte. Unterseite lang gelblich behaart. 1. Glied der Hintertarsen gleich dem obern Enddorne und den 3 folgenden Gliedern. — L. 8—12 mm.

Norddeutschland, Frankreich, Südrußland, Ural, Sibirien.

Die beiden folgenden Arten könnten vielleicht hierher gehören:

185. **A. (A.) ustulatus** Har 1862 *Aphodius u.*, Harold in: Berlin. ent. Z., *v.* 6 p. 380, 386 | 1913 *A. (Acrossus) u.*, Ad Schmidt in: Arch. Naturg., *v.* 79 A fasc. 11 p. 131.

Flachgewölbt, wie *A. (A.) depressus* Kug. (nr. 170) glänzend, schwarz, Flügeldecken matt, schmutzig gelb, nach hinten mit einem schwärzlichen Nebelfleck, welcher in der Mitte der Seiten beginnt und sich verbreiternd bis zur Spitze ausdehnt. Kopf flach, ungehöckert, sehr fein punktiert, Wangen spitz. Thorax schwach quergewölbt, fast gerade nach vorn verschmälert, Basismitte schwach vorgezogen, daneben leicht gebuchtet, oberseits wenig dicht, besonders auf der Scheibe, größer und sehr fein punktiert. Schildchen schwarz, unpunktiert. Flügeldecken kaum doppelt so lang wie der Thorax, eiförmig, fein gekerbt-gestreift, Zwischenräume schwach gewölbt, äußerst fein lederartig gerunzelt, Naht schwärzlich, ebenso die Epipleuren. Unterseite schwarz, glänzend, die Seiten spärlich behaart. 1. Glied der Hintertarsen gleich den 3 folgenden Gliedern. — L. 8 mm (ex Harold).

Nördliches Ostindien.

186. **A. (A.) impressiusculus** Fairm. 1888 *Aphodius i*, L. Fairmaire in: Bull. Soc. ent. France, ser. 6 *v.* 8 p. 201 | 1913 *A. (Acrossus) i.*, Ad. Schmidt in: Arch. Naturg., *v.* 79 A fasc. 11 p. 131

Wenig konvex, schwarz, glänzend, Flügeldecken und Beine schwarzbraun. Kopf groß, breit gerundet, fast glatt. Thorax quer, die Seiten gerundet, mit 2 Quereindrücken, Hinterwinkel gerundet. Flügeldecken stark gestreift, Streifenpunkte fehlen vorn, Zwischenräume schwach konvex. — L. 6 mm (ex Fairmaire).

Peking.

u) Subgen. **Agolius** E. Mulsant

1871 *Aphodius (Agolius,* „fraction" subgeneris *Acrossus)*, E. Mulsant in: Ann. Soc. Agric. Lyon, ser. 4 *v.* 3 p. 232 | 1902 *A. (A.)*, J. Daniel in: Münch. kol. Z., *v.* 1 p. 73.

Mittelgroße, längliche, mehr oder weniger gewölbte, glänzende Arten von schwarzer oder schwarzbrauner Färbung, mit helleren Flügeldecken, Kopf sehr klein, ungehöckert *A. ((A.) suffertus* Ad. Schmidt (nr. 188) ausgenommen), Thoraxbasis in der Mitte meistens ungerandet, Schildchen dreieckig, Borsten der Hintertibien ungleich, unterer Enddorn der Mitteltibien kurz, mit umgebogener, stumpfer Spitze beim ♂.

Kopf abgerundet, vorn abgestutzt, selten deutlich ausgerandet, kaum gewölbt, neben den Rändern mehr oder weniger verflacht, vorn oft rauh hinten feiner punktiert, gewöhnlich ohne deutliche Stirnnaht, Wangen mehr oder weniger entwickelt, die Augen überragend. Thorax viel breiter als der Kopf, quer gewölbt, immer deutlich und meistens ziemlich dicht punktiert, die Seiten und die stumpf abgerundeten Hinterwinkel gerandet. Flügeldecken oft hell- oder gelbbraun, einfarbig oder mit dunklen Längsflecken, meistens mit scharfeingeschnittenen, punktierten Streifen, Zwischenräume flach oder leicht gewölbt, mehr oder weniger dicht punktiert. Leiste auf der Unterseite der Vordertibien oft gezähnelt. Außer dem oben angegebenen Merkmal besitzen die ♂ einen kräftigen, langen Enddorn an der Vordertibia, der zugespitzt, stumpf oder zuweilen stark gebogen ist.

Bei der großen Abänderung in der Skulptur und Färbung der Oberseite, der oft ganz verschiedenen Gestalt der Geschlechter, bereiten diese Arten im Erkennen große Schwierigkeiten. Am sichersten sind die ♂ an der Bildung des Geschlechtsapparates zu unterscheiden.

Hierher gehören 10 Arten aus dem paläarktischen Gebiet (nr. 187—196).

Bestimmungstabelle der Arten:

1	Enddorn der Vordertibien beim ♂ und ♀ höchstens bis zur Mitte des 2. Tarsengliedes reichend — 2	
	Enddorn länger, bis zur Spitze des 2. Gliedes reichend oder länger, nur beim ♀ von *A. (A.) danielorum* A. Sem. (nr. 195) und *A. (A.) schlumbergeri* Seidlitz (nr. 196) kürzer, dann aber der Thorax deutlich ungleich, wenig dicht punktiert — 5	
2	Schildchen dicht und deutlich in der ganzen Länge punktiert — 3	
	Schildchen nur an der Basis mit einigen Pünktchen — 4	
3	Kopf gehöckert, Basis ganz gerandet, kurze, breite Gestalt, Endborsten der Hintertibien kurz . .	188. **A. (A.) suffertus**
	Kopf ungehöckert, Basismitte ungerandet, schlankere Form	187. **A. (A.) mixtus**
4	Schwarz, Thorax fein, wenig dicht punktiert, besonders die Scheibe, Flügeldeckenspitze viel dichter, etwas rauh punktiert, oberer Enddorn der Mitteltibien fast so lang wie 2 Tarsenglieder	189. **A. (A.) haroldi**
	Kopf und Thorax schwarzbraun, Flügeldecken heller, Thoraxmitte ziemlich dicht punktiert, Flügeldeckenspitze wenig größer punktiert, Enddorn gleich dem 1 Tarsengliede	190. **A. (A.) abchasicus**
5	Kopf auffällig glatt, Stirnlinie deutlich, Thorax vereinzelt punktiert, Enddorn der Vordertibien fast senkrecht herabgebogen	191. **A. (A.) heydeni**
	Kopf und Thorax immer deutlich, ziemlich dicht punktiert, Enddorn mehr in der Richtung der Vordertibien liegend — 6	
6	Hinterwinkel des Halsschildes breit gerundet, Oberseite wenig ungleich punktiert, Enddorn der Vordertibien nach innen und dann nach außen gebogen, beim ♂ sehr stark, Außenzähne stumpf, mehr als die halbe Tibienlänge einnehmend .	192. **A. (A.) pollicatus**
	Hinterwinkel deutlich, höchstens stumpf gerundet, Enddorn mehr gerade, bei *A. (A.) schlumbergeri consobrinus* (nr. 196 b) zuweilen ähnlich gebogen, dann aber der Thorax viel ungleicher punktiert — 7	

7 Kopf bis zum schmal aufgebogenem Vorderrande gleichmäßig abgeschrägt, zerstreut und fein, vorn wenig größer punktiert, Thoraxpunkte ziemlich gleich groß, vorn wenig feiner, Enddorne in beiden Geschlechtern spitz . . . . . 193. **A. (A.) amblyodon**
Kopf neben dem Vorderrande mehr oder weniger deutlich verflacht (Seitenansicht) — 8

8 Enddorn der Vordertibien beim ♂ und ♀ spitz, Verflachung des Kopfes hinten mit fast stumpfwinkliger Begrenzung, hinter derselben sehr fein und dicht punktiert . . . . 194 **A. (A.) montanus**
Enddorne verschieden, beim ♂ mit umgebogener Spitze, die Verflachung hinten nicht deutlich abgesetzt — 9

9 Schwarz oder braun, Flügeldecken mit hellem Apicalfleck, oder die Scheibe im 2.—5. Zwischenraum hellbraun, Thorax wenig ungleich punktiert 195. **A. (A.) danielorum**
Rotbraun oder schwarzbraun einfarbig, ♀ hellgelb oder rötlich, ohne dunkle Flecke, Thorax ungleicher punktiert . . . . 196. **A. (A.) schlumbergeri**

Bestimmungstabelle der ♂:

1 Enddorn der Vordertibien kurz, gerade, spitz, bis zur Mitte des 2. Tarsengliedes reichend — 2
Enddorn länger, bis zur Spitze des 2. Tarsengliedes reichend, stumpf oder spitz, zuweilen gebogen — 5

2 Thorax groß, stark herabgewölbt, breiter als die Flügeldecken, mit ganzer Basalrandung, Flügeldecken mit dunklen Strichmakeln oder einfarbig rotbraun, Seiten und Spitze behaart . . . . . 188. **A. (A.) suffertus**
Thorax nicht breiter, Kopf ungehöckert, Flügeldecken unbehaart — 3

3 Schildchen fast so breit wie 3 Zwischenräume, deutlich und ganz punktiert, Thoraxmitte dicht, ungleich punktiert, Endborsten an den Hintertibien kurz . . . . 187. **A. (A.) mixtus**
Schildchen deutlich schmaler, Thorax in der Mitte zerstreuter, gleichmäßiger punktiert, Schildchenbasis mit einigen feinen Pünktchen, Endborsten länger, ungleicher — 4

4 Schwarz, Flügeldeckenspitze viel gröber punktiert, Hinterwinkel des Halsschildes mit Eindruck, oberer Enddorn der Mitteltibien fast so lang wie 2 Fußglieder . . . . 189. **A. (A.) haroldi**
Schwarzbraun, Flügeldecken heller, Eindruck fehlt, Enddorn wenig länger als 1. Glied . . . . . 190. **A. (A.) abchasicus**

5 Enddorn der Vordertibien stark herabgebogen, an der Spitze umgebogen, Stirnnaht deutlich, Thorax sehr einzeln punktiert . . . . 191. **A. (A.) heydeni**
Enddorn wenig aus der Richtung der Tibie gebogen, Thorax immer dichter punktiert, Stirnlinie meist undeutlich — 6

6 Enddorn der Vordertibien mit umgebogener Spitze — 7
Enddorn an der Spitze nicht umgebogen — 9

7 Enddorn auffallend dick, nach innen und dann nach außen gebogen, so lang wie 3 Tarsenglieder, Außenzähne sehr stumpf . . . . . . 192. **A. (A.) pollicatus**
Enddorn nie auffallend verdickt, gerade, nach vorn gerichtet — **8**

8 Thoraxmitte ungleich punktiert, Oberseite schwarzbraun, mit dunkel kastanienbraunen Flügeldecken, seltener schwarzbraun mit heller Apicalmakel, Clipeus mehr oder weniger ausgerandet . 196 **A. (A.) schlumbergeri**
Thoraxmitte gleichmäßig punktiert, Oberseite schwarzbraun, mit bräunlichen Flügeldecken, oft haben dieselben einen hellen Rückenfleck und dunkle Seiten, Clipeus abgestutzt . . . . 195. **A. (A.) danielorum**

9 Enddorn der Vordertibien stumpf, Clipeus nicht verflacht, schwarzbraun, selten die Flügeldecken heller, glänzend, Thorax ohne Eindruck vor den Hinterwinkeln . . . . 193. **A. (A.) amblyodon**
Enddorn spitz, Clipeus sehr deutlich verflacht, schwarzbraun, Flügeldecken heller braun, mehr oder weniger matt, Thorax mit Eindruck . . . 194. **A. (A.) montanus**

[1]) Bestimmungstabelle der ♀:

1 Enddorn der Vordertibien kurz, bis zur Mitte des 2. Tarsengliedes reichend und zugespitzt — **2**
Enddorn länger, bis zur Spitze des 2. Gliedes reichend — **5**

2 Schildchen ganz punktiert — **3**
Schildchen nur an der Basis mit einzelnen Punkten — **4**

3 Stirnnaht mit Mitteltuberkel, Thoraxbasis gerandet, Flügeldecken mit Strichmakeln in 2 Querreihen, Körper kurz und breit . . . . 188. **A. (A.) suffertus**
Stirnnaht nicht sichtbar, ungehöckert, Basis des Halsschildes ungerandet, Flügeldecken einfarbig rötlichbraun, Körper länglich, schlanker . . . 187. **A. (A.) mixtus**

4 [2]) Leiste der Vordertibien glatt, Oberseite hellgelb oder rötlich, selten die Flügeldecken dunkler . 196. **A. (A.) schlumbergeri**
Leiste gezähnt, selten nur mit einem Zahn, Oberseite schwarz oder dunkel kastanienbraun, zuweilen gelbbraun, dann aber Kopf und Thorax dunkler, Flügeldecken mit angedunkelten Flecken 195. **A. (A.) danielorum**

5 Enddorn der Vordertibien stumpf, nach innen und außen gebogen, Hinterwinkel gerundet, Oberseite hell rötlichbraun . . . . 192. **A. (A.) pollicatus**
Enddorn gerade, Hinterwinkel stumpf abgerundet — **6**

6 Enddorn stumpf, Clipeus nicht deutlich verflacht, fein punktiert, Oberseite gelb, rötlichgelb oder hellbraun . . . . 193. **A. (A.) amblyodon**
Enddorn spitz, Clipeus deutlich verflacht, Hinterwinkel mit Eindruck, Oberseite hellbraun . . 194. **A. (A.) montanus**

---

[1]) Weibchen von *A. (A.) haroldi* und *heydeni* sind bisher unbekannt.

[2]) *A. (A.) abchasicus* hat auch glatte Leiste, soll sich von *A. (A.) schlumbergeri* durch dunklere Farbe, dichter und gleichartiger punktierten Thorax, dicht punktierte Flügeldecken und längeren untern Enddorn der Mitteltibien unterscheiden.

187. A. (A.) mixtus Villa

Diese Art zerfällt in 5 Unterarten:

187a. A. (A.) mixtus mixtus Villa ? 1812 *Aphodius abdominalis*, Bonelli in: Mém. R. Soc. Agric. Torino, *v.* 9 p. 155 | 1833 *A. mixtus*, A & G. B. Villa, Col. Eur., p. 34 | 1859 *A. abdominalis*, Ghiliani in: Berlin. ent. Z., *v.* 3 p. 87 | 1892 *A. (Agolius) mixtus*, Reitter in: Verh. Ver. Brünn, *v.* 30 p. 241 | 1902 *A. (A.) m.*, J. Daniel in: Münch. kol. Z., *v.* 1 p. 75, 77.

Biologie: 1893 Xambeu in: Echange, p. 53 (Beschreibung von Larve und Puppe).

♂. Schwarzbraun, Flügeldecken an der Spitze und gewöhnlich auch an der Basis heller. Kopf gerundet, vorn rötlich und verflacht, deutlich, vorn sehr gedrängt punktiert, Stirnlinie schwach, seitlich und in der Mitte etwas erhöht, Wangen stumpfwinklig, die Augen überragend. Thorax so breit wie die Flügeldecken, nur vorn gerundet verengt, die Seiten heller, oberseits ziemlich dicht, feiner und stärker punktiert, Seiten und stumpfe Hinterwinkel gerandet. Schildchen deutlich punktiert. Flügeldecken wenig verbreitert, deutlich gestreift, Streifenpunkte dicht, die Ränder der Zwischenräume kerbend, diese flach, nach den Seiten zu ziemlich dicht fein punktiert. Unterseite schwärzlich, dicht punktiert und behaart, Schenkel und Abdomen oder wenigstens die Spitze desselben heller. Leiste auf der Unterseite der Vordertibien mit deutlichem Zahn in der Mitte in beiden Geschlechtern. Metatarsus länger als oberer Enddorn und zwei Tarsenglieder. Metasternalplatte flach vertieft, am Rande behaart. ♀. Körper nach hinten etwas deutlicher verbreitert, Kopf und Thorax hell rötlich, Flügeldecken hellbraun. Skulptur wie beim ♂. Metatarsus gleich dem obern Enddorne und 2 folgenden Tarsengliedern. Unterer Enddorn der Mitteltibien spitz, kaum $^1/_2$ so lang wie oberer. Metasternalplatte flach vertieft, feiner punktiert, unbehaart. — L. 5—6,5 mm.

Alpen, Apenninen, Karpathen, Pyrenäen, Triest, Frankreich.

187b. A. (A.) mixtus commaculatus nom. nov Ad. Schm. 1840 *Aphodius discus* (non Wiedemann 1823), W Schmidt in: Z Ent. Germar, *v.* 2 p. 127 | 1848 *A. d.*, Erichson, Naturg Ins. Deutschl., Col. *v.* 3 p. 885 | 1869 *A. mixtus* var. *d.*, Harold in: Gemminger & Harold, Cat. Col., *v.* 4 p. 1054 | 1913 *A. (Agolius) m.* var *d.*, Ad. Schmidt in: Arch. Naturg, *v.* 79 A fasc. 11 p 132.

Flügeldecken rotbraun, mit 2 Fleckenbinden. Die mediale beginnt an der Basis des 5., geht durch den 4. und 3. Zwischenraum und endet in der Mitte der Flügeldecken. Die laterale Binde besteht auch aus 3 Makeln, sie liegen im 7., 6. und 5. Zwischenraum, letzterer hinter der Mitte.

Vorkommen mit der Stammart.

187c. A. (A.) mixtus cyclocephalus Muls. 1842 *Aphodius m.* var. *c*, E. Mulsant, Hist. nat. Col. France, Lamell. p. 270 | 1913 *A (Agolius) m.* var. *c.*, Ad. Schmidt in: Arch. Naturg, *v.* 79 A fasc. 11 p. 132.

Kopf und Thorax braunschwarz, Flügeldecken rotbraun mit heller Spitze.

Frankreich.

187d. A. (A.) mixtus protectus nom. nov. Ad. Schm. 1888 *Aphodius m.* var *unicolor* (non *A. u.* A. G Olivier 1789). Schilsky in: D. ent. Z., *v.* 32 p. 316 | 1913 *A. (Agolius) m.* var. *u.*, Ad. Schmidt in: Arch. Naturg., *v.* 79 A fasc. 11 p. 132.

Flügeldecken einfarbig schwarz.

Vorkommen wie die Stammform

187e. **A. (A.) mixtus conjunctus** Schilsky 1888 *Aphodius m.* var *c.*, Schilsky in: D ent. Z., *v.* 32 p. 316 | 1913 *A. (Agolius) m.* var *c.*, Ad. Schmidt in: Arch. Naturg., *v.* 79 A fasc. 11 p. 132.

Die Längsbinden fließen zu einer gemeinsamen Makel zusammen.

Vorkommen mit der Stammform.

188. **A. (A.) suffertus** nom. nov. Ad. Schm.

Diese Art zerfällt in 2 Unterarten:

188a. **A. (A.) suffertus suffertus** nom. nov Ad Schm 1856 *Aphodius dilatatus* (non W. Schmidt 1840), Reiche & Saulcy in: Ann. Soc. ent. France, ser. 3 *v.* 4 p 399 t. 12 f 8 | 1892 *A. (Volinus) d.*, Reitter in: Verh. Ver Brünn, *v.* 30 p. 220 | 1913 *A. (Agolius) d.*, Ad. Schmidt in: Arch. Naturg, *v.* 79 A fasc 11 p. 132

Von kurzer, breiterer Gestalt als vorige Art, schwarz oder dunkel rotbraun, mit dunklen Strichmakeln auf den gelbbraunen Flügeldecken, ♀ gewöhnlich hell rotbraun, mit wenig angedunkelten Makeln. Kopf sehr dicht punktiert, vorn verflacht und deutlich aufgebogen, Clipeus leicht ausgerandet, Stirnlinie gehöckert, Wangen vom Kopfrande abgesetzt, gerundet, die Augen überragend. Thoraxseiten heller, sehr dicht punktiert, die Seiten, die stumpfen Hinterwinkel und Basis gerandet. Schildchen ziemlich dicht punktiert. Flügeldecken nach hinten verbreitert, seitlich fein behaart, fein gestreift, flach punktiert, Zwischenräume eben, mit feinen Punkten besetzt. Die vordere Makel liegt im 2.—5. Zwischenraume, sie erreicht den 1. Zwischenraum in der Mitte, die hintere, quere liegt im 3.—5. Zwischenraume, die seitliche Längsbinde beginnt an der Basis des 8. und 9., tritt in der Mitte auf den 7., hinter derselben auf den 6. über und erreicht die hintere Makel im 5. Zwischenraume, diese Makeln sind heller oder dunkler, zuweilen strichförmig miteinander verbunden, seltener verschwinden sie ganz beim ♀. Unterseite, Schenkel und Metasternalplatte in beiden Geschlechtern punktiert und behaart. ♂. Stirnhöcker entwickelter, Thorax breiter als Flügeldecken, Metatarsus gleich dem obern Enddorne, länger als die 2 folgenden Tarsenglieder. ♀. Stirnhöcker schwächer, Thorax kaum so breit wie die Flügeldecken, nach vorn mehr verengt, Metatarsus kaum so lang wie 2 folgende Glieder. — L. 5 bis 5,5 mm.

Griechenland, Türkei.

188b. **A. (A.) suffertus ampliatus** Reitt. 1892 *A. (Volinus) dilatatus* var *a.*, Reitter in: Verh. Ver. Brünn, *v.* 30 p. 215, 220 | 1913 *A. (Agolius) d.* var *a.*, Ad. Schmidt in: Arch. Naturg, *v.* 79 A fasc. 11 p. 132.

Kopf und Thorax schwarzbraun, Flügeldecken dunkel rotbraun, an der Spitze heller, Zwischenräume ganz flach, sehr dicht und deutlich punktiert. — L. 6 mm.

Sizilien.

189. **A. (A.) haroldi** D. Koshant.

Diese Art zerfällt in 2 Unterarten:

189a. **A. (A.) haroldi haroldi** D. Koshant. 1894 *A. (Agolius) h.*, D. Koshantschikow in: Horae Soc. ent. Ross., *v.* 28 p. 98.

Länglich, schlanker als vorige Art, glänzend, schwarz. Kopf ganz flach abgerundet, fein aufgebogen, Clipeus sehr schmal aufgebogen, leicht ausgerandet, oberseits nicht sehr dicht, nach vorn etwas deutlicher punktiert. Thorax nach hinten schwach gerundet verbreitert, Scheibe fein und zerstreut, die Seiten etwas stärker und dichter punktiert, Hinterwinkel stumpf. Flügeldecken fein gestreift, Streifenpunkte kaum wahrnehmbar, Zwischenräume flach, fein, zur Spitze viel stärker und dichter punktiert, zuweilen auch die Scheibe. Metatarsus länger als oberer Enddorn, fast so lang wie 3 folgende Tarsenglieder. — L. 5 mm. ♀ unbekannt.

Turkestan.

189b. **A. (A.) haroldi orinus** W. Koshant. 1912 *A. (Agolius) h.* var. *orinus*, W. Koshantschikov in: Rev. Ent. Russe, *v.* 12 p. 516.

Unterscheidet sich von der Stammart nur durch die grobe Chagrinierung der Flügeldecken, die daher matt erscheinen. ♀ unbekannt.

Himalaya, Kaschmir.

190. **A. (A.) abchasicus** Reitt. 1892 *A. (Agolius) a.*, Reitter in: Verh. Ver. Brünn. *v.* 30 p. 241 | 1902 *A. (A.) a.*, J. Daniel in: Münch. kol. Z., *v.* 1 1 p. 75, 78.

Gestalt der vorigen Art, Kopf und Thorax schwarzbraun, Flügeldecken heller. Kopf flach, feiner oder stärker punktiert, Clipeus leicht ausgerandet. Thorax nach hinten im schwachen Bogen erweitert, an den Seiten und um die stumpfen Hinterwinkel deutlich gerandet, auf der Scheibe vorn fein, zur Basis und an den Seiten etwas stärker punktiert. Flügeldecken fein gestreift, mit wenig sichtbaren Streifenpunkten, Zwischenräume flach, hinten fein und ziemlich dicht punktiert. Unterseite wie bei den vorigen Arten. Metatarsus gleich dem obern Enddorne und den 2 folgenden Tarsengliedern. — L. 4,5 bis 5 mm.

Kaukasus (Circassien, Abchasien).

191. **A. (A.) heydeni** Har. 1871 *Aphodius h.*, Harold in: Col. Hefte, *v.* 7 p. 112 | 1902 *A. (Agolius) h.*, J. Daniel in: Münch. kol. Z., *v.* 1 1 p. 76, 79.

Durch verhältnismäßig kurzen, breiten und fast glatten Kopf, sowie durch gerundete Hinterwinkel des Halsschildes ausgezeichnet. Schwarz- oder rotbraun. Kopf sehr fein punktiert, mit deutlicher Stirnnaht. Thorax breiter als die Flügeldecken, nur vorn gerundet verengt, Seiten und Hinterwinkel gerandet, Randung nach hinten feiner, oberseits sehr vereinzelt, ungleich punktiert. Flügeldecken mit deutlichen Streifenpunkten, die Zwischenräume ganz flach, sehr fein, zerstreut punktiert, auch an der Spitze. Metatarsus gleich dem obern Enddorne und den 2 folgenden Tarsengliedern. — L. 5—5,5 mm. ♀ unbekannt.

Asturien.

192. **A. (A.) pollicatus** Er. 1848 *Aphodius p.*, Erichson, Naturg. Ins. Deutschl., Col. *v.* 3 p. 888 | 1892 *A. (Agolius) p.*, Reitter in: Verh. Ver. Brünn, *v.* 30 p. 242 | 1902 *A. (A.) p.*, J. Daniel in: Münch. kol. Z., *v.* 1 1 p. 76, 78.

♂. Eine breite, durch den Enddorn der Vordertibien ausgezeichnete Art. Schwarzbraun, Kopf fein und dicht punktiert, vorn verflacht, Clipeus abgestutzt. Thorax mit flach gerundeten Seiten, letztere und die stumpf abgerundeten Hinterwinkel feiner als bei voriger Art gerandet, oberseits ziemlich dicht und fast gleich groß punktiert. Flügeldecken mit deutlichen Punktstreifen, Zwischenräume leicht gewölbt, fein, an der Spitze oft dichter und größer punktiert. Vordertibien stark verbreitert, mit stumpfen Zähnen, die Leiste auf der Unterseite der Tibien ist in der ganzen Länge fein gezähnelt, Enddorn auffällig stark, bis zur Spitze des 3. Tarsengliedes reichend. Metatarsus so lang wie oberer Enddorn und 3 folgende Glieder. ♀. Etwas gewölbter, rötlich hellbraun. Kopf dicht punktiert. Thorax mehr nach vorn verengt. Metatarsus nicht den 3 folgenden Tarsengliedern gleich. Alles übrige übereinstimmend. — L. 4,5—5 mm.

Krain, Illyrien, Österreichische-, Steirische-, Kärnthner Alpen, Karawanken.

193. **A. (A.) amblyodon** K. Daniel 1900 *Aphodius a.*, K. Daniel in: Soc. ent., *v.* 15 p. 139 | 1902 *A. (Agolius) a.*, J. Daniel in: Münch. kol. Z., *v.* 1 I p. 76, 85.

♂. Schwarz oder schwarzbraun, Flügeldecken etwas heller. Kopf ganz flach, bis an den fein aufgebogenen Clipeusrand abgeschrägt, also ohne deutliche Verflachung vorn, sehr deutlich, nicht dicht, hinten feiner punktiert, Vorderrand gerundet, nicht abgestutzt. Thorax so breit wie die Flügeldecken, Scheibe vorn fein, nach der Basis und den Seiten zu mit größeren Punkten besetzt. Flügeldecken fast parallel, deutlich gestreift, Streifenpunkte nicht sehr deutlich, Zwischenräume flach, fein, nur an der Spitze und den Seiten zuweilen dichter und deutlicher punktiert, Nahtstreif tiefer eingedrückt. Vordertibienleiste ganz gezähnelt, in der Mitte meistens mit 1 oder 2 größeren Zähnchen. Unterer Enddorn der Mitteltibien $^1/_3$ so lang wie oberer. Metatarsus so lang wie oberer Enddorn, kürzer als 3 folgende Tarsenglieder. — L. 3,5—5 mm. ♀. Hellbraun oder rötlichbraun, Flügeldecken nach hinten mehr verbreitert, gewölbter. Clipeus abgestutzt. Thorax nach vorn deutlich verschmälert, auch in der Mitte mit größeren Punkten. Streifenpunkte deutlich, die Ränder der etwas konvexen Zwischenräume schwach kerbend. Vordertibienleiste gezähnelt. — L. 3,75—5 mm.

Westalpen.

194. **A. (A.) montanus** Er. 1848 *Aphodius m.*, Erichson, Naturg. Ins. Deutschl., Col. *v.* 3 p. 887 | 1892 *A. (Agolius) m.*, Reitter in: Verh. Ver. Brünn, *v.* 30 p. 243 | 1897 *Aphodius deubeli* ♀, Reitter in: D. ent. Z., p. 76 | 1902 *A. (Agolius) montanus*, J. Daniel in: Münch. kol. Z., *v.* 1 I p. 77, 91.

♂. Durch den vorn breit verflachten, fein punktierten Kopf und die matten Flügeldecken ausgezeichnet. Schwarzbraun, Flügeldecken heller. Thorax ungleich punktiert, mit mehr oder weniger glatter Längslinie, Hinterwinkel stumpf abgerundet, vor denselben mit schwachem Eindruck, die Seitenrandung reicht nur um dieselben herum. Schildchen mit punktiertem Längseindruck. Flügeldecken sehr fein gestreift, Streifenpunkte kerben leicht die Ränder der flachen Zwischenräume, diese sind sehr fein punktiert. Leiste der Vordertibien gezähnelt, Enddorn spitz. 1. Glied der Hintertarsen gleich dem oberen Enddorn, etwas kürzer als 3 folgende Tarsenglieder. — L. 5 mm. ♀. Hellbraun, glänzend, gewölbter und hinten mehr verbreitert. Thorax mit tieferer Grube in den Hinterwinkeln als beim ♂. Alles übrige übereinstimmend. — L. 4,5—6 mm.

Monte Baldo, Lessiner Alpen, Monte Thabor, Bosnien, Herzegowina, Siebenbürgen, Kaukasus, Pyrenäen.

195. **A. (A.) danielorum** A. Sem.

Diese Art zerfällt in 3 Unterarten:

195a. **A. (A.) danielorum danielorum** A. Sem. 1888 *A. (A.) bilimecki* (part.), Seidlitz, Fauna Transsylv., p. 149 | 1892 *A. (A.) b*, Reitter in: Verh. Ver Brünn, *v.* 30 p. 242 | 1902 *A. (A.) b.*, J. Daniel in: Münch. kol. Z., *v.* 1 I p. 79 | 1902 *Aphodius danielorum*, A. Semenow in: Rev. Ent. Russe, *v.* 2 p. 294.

♂. Länglich, hinten schwach verbreitert, konvex, schwarz oder schwarzbraun, Flügeldecken etwas heller. Kopf deutlich punktiert, auch hinten, Stirnnaht seitlich gewöhnlich etwas erhaben, Clipeus abgestutzt. Thorax so breit wie die Flügeldecken, nach vorn gerundet verengt, oberseits ziemlich dicht, mit wenig verschiedenen Punkten besetzt. Flügeldecken fein und flach punktiert-gestreift, Streifenpunkte nicht sehr deutlich, Zwischenräume flach, fein punktiert. Enddorn der Vordertibia gerade, gleichbreit, mit umgebogener Spitze, Leiste der Unterseite im basalen Teile kräftig entwickelt, in der Mitte mit einigen deutlichen Zähnchen. Unterer Enddorn der Mitteltibien nicht $^1/_2$ so lang wie oberer. ♀. Körper gewölbter, hinten deutlicher verbreitert. Thorax kleiner, schmaler, vorn mehr verengt. Schwarz- oder dunkel kastanienbraun, Flügeldecken heller braun, mit unbestimmten Nebelflecken im 3., 4., 6. und 7. Zwischenraume. Vordertibienleiste schwächer ausgebildet. — L. 4—5 mm.

Schweiz.

195b. **A. (A.) danielorum limbolarius** Reitt. 1892 *A. (A.) l.*, Reitter in: Verh. Ver. Brünn, *v.* 30 p. 242 | 1896 *A. (A.) bernhaueri* ♀, Reitter in: Wien ent. Zeit., *v.* 15 p. 269 | 1902 *A. (A.) limbolarius*, J. Daniel in: Münch. kol. Z., *v.* 1 p. 76, 80 | 1913 *A. (A.) danielorum* var. *l.*, Ad. Schmidt in: Arch Naturg., *v.* 79 A fasc. 11 p. 132.

♂. Flach gewölbt, schwarz, Flügeldecken auf der Scheibe im 1. bis 5. Zwischenraume gelbbraun, oft zeigt dieser helle Fleck 2 dunkle Fleckenbinden. Kopf fein, vorn nicht viel größer punktiert, Stirnlinie sehr undeutlich. Thorax fast geradseitig, sehr wenig nach vorn verschmälert, fein und zerstreut, etwas ungleich punktiert. Schildchen mit einigen Punkten. Flügeldecken fein gestreift, Streifenpunkte mehr oder weniger deutlich, nicht kerbend, Zwischenräume flach, fein, an der Spitze etwas stärker punktiert. Die dunklen Fleckenbinden liegen vor und hinter der Mitte, die vordere im 2.—5. Zwischenraume beginnt an der Basis und reicht bis zur Mitte, die hintere liegt im 3. 5., sie fehlt zuweilen. ♀. Hellbraun, Mitte des Halsschildes und Kopf etwas dunkler, Flügeldecken mit ähnlicher, aber schwächerer Fleckenzeichnung, der Rand wenig dunkler, Thorax schmaler, deutlicher nach vorn verengt, zerstreuter punktiert. — L. 5 mm.

Bosnien, Herzegowina, Sudeten, Altvater.

195c. **A. (A.) danielorum picturatus** J. Daniel 1902 *A. (Agolius) d.* var. *p.*, J. Daniel in: Münch. kol. Z., *v.* 1 p. 80

♂. In der Färbung dem *A. (A.) danielorum limbolarius* Reitter ähnlich, die Flügeldecken hell rotbraun oder gelbbraun mit dunklen Rändern, häufig tritt ein dunkler Fleck an der Basis des 3. Zwischenraumes auf, der sich zuweilen auch auf den 4. und 5. ausdehnt. ♀. Gelbbraun, Kopf und Thorax dunkel, Flügeldecken mit unbestimmten Nebelflecken im 3., 4., 6. und 7. Zwischenraume.

Lessinische Alpen.

196. **A. (A.) schlumbergeri** Seidlitz

Diese Art zerfällt in 3 Unterarten:

196a. **A. (A.) schlumbergeri schlumbergeri** Seidlitz 1888 *A (Agolius) s.*, Seidlitz, Fauna Transsylv., p. 150 | 1892 *A. (A.) s.*, Reitter in: Verh. Ver. Brünn, *v.* 30 p. 242 | 1902 *A. (A.) s.*, J Daniel in: Münch. kol Z., *v.* 1 p. 76, 83

In der Gestalt der vorigen Art ähnlich, schwarz oder braun, Clipeus und Thoraxseiten gewöhnlich hell, dunkle Exemplare haben einen hellen Spitzenfleck auf den Flügeldecken. Kopf deutlich punktiert, hinten feiner, Clipeus leicht ausgerandet. Thorax nach vorn gerundet verengt, ziemlich dicht, ungleich punktiert, Basis und stumpf abgerundete Hinterwinkel gerandet.

Schildchenbasis mit wenigen Punkten. Flügeldecken deutlich gestreift, Streifenpunkte meistens undeutlich, Zwischenräume fast flach, fein punktiert. Unterseite schwarzbraun, punktiert und behaart, Schenkel viel heller. Leiste auf der Unterseite an den Vordertibien in beiden Geschlechtern glatt. Oberer Enddorn der Hintertibien so lang wie 1. Tarsenglied, dieses den 2 folgenden Gliedern gleich. ♂. Enddorn der Vordertibien mit stumpfer, umgebogener Spitze, so lang wie 2 Tarsenglieder, unterer Enddorn der Mitteltibien kaum $^1/_2$ so lang wie oberer. ♀. Etwas kleiner, hellgelb oder rötlich mit feiner, gewöhnlich dunkler Stirnnaht. Punkte des Halsschildes mehr gleichartig. Flügeldecken flacher gestreift. Enddorn der Vordertibien spitz, bis zur Mitte des 2. Tarsengliedes reichend, unterer Enddorn der Mitteltibien spitz, $^1/_2$ so lang wie oberer. — L. 3,5—5 mm.

Pyrenäen.

196b. **A. (A.) schlumbergeri consobrinus** K. Daniel 1900 *Aphodius c.*, K. Daniel in: Soc. ent., *v.* 15 p. 139 | 1902 *A. (Agolius) c.*, J. Daniel in: Münch. kol. Z., *v.* 1 p. 76, 82 | 1913 *A. (A.) schlumbergeri* var. *c.*, Ad. Schmidt in: Arch. Naturg., *v.* 79 A fasc. 11 p. 132.

♂. Unterscheidet sich hauptsächlich durch mattere Oberseite und meist sehr deutlich ausgerandeten Clipeus. Schwarzbraun, Flügeldecken rotbraun. Thorax mit rötlichen Vorderwinkeln, sehr ungleich, besonders an den Seiten punktiert. Streifenpunkte die Ränder kerbend, die seitlichen Zwischenräume sind feiner punktiert. ♀. Oberseite hell rot- oder gelbbraun. Thorax schmaler, geradseitig nach vorn verengt. Flügeldecken nach hinten stärker verbreitert, glänzend, Streifenpunkte kerben deutlicher die gewölbteren Zwischenräume. Enddorn der Vorder- und Mitteltibien spitz. — L. 5—6 mm.

Tirol.

196c. **A. (A.) schlumbergeri samniticus** J. Daniel 1902 *A. (Agolius) s.* var. *s.*, J. Daniel in: Münch. kol. Z., *v.* 1 p. 83.

Flügeldecken matt, fein gekerbt-gestreift, Zwischenräume gröber punktiert. Clipeus nicht hell gesäumt, gewölbter, vorn tief eingedrückt (ex Daniel).

Abruzzen.

v) Subgen. **Neagolius** W. Koshantschikov

1870 *A. (Amidorus)* (part.) + *Agolius* (part.), E. Mulsant in: Ann. Soc. Agric. Lyon, ser. 4 *v.* 2 p. 488, 472 | 1912 *Aphodius (N)*, W Koshantschikov in: Rev Ent. Russe, *v.* 12 p. 517.

Stimmt mit *A. (Agolius)* Muls. in dem auffallend kleinen Kopfe, dem dreieckigen Schildchen, den ungleichen Endborsten der Hintertibien und den äußerlichen Geschlechtsdifferenzen überein (kürzere, nach hinten verbreiterte Gestalt beim ♀, stumpfer Enddorn der Vordertibien beim ♂), unterscheidet sich aber durch nicht verkürzten, nicht stumpfen unteren Enddorn der Mitteltibien beim ♂.

Flach gewölbt, glänzend, unbehaart, schwarz, einfarbig oder mit braunen, dunkel gefleckten Flügeldecken, selten die ganze Oberseite braun. Kopf flach, deutlich punktiert, mit angedeuteter, ungehöckerter Stirnnaht. Thorax viel breiter als der Kopf, quer, nach hinten geradseitig verbreitert, die Seiten und Hinterwinkel deutlich gerandet, zuweilen die Randung über die ganze Basis, dann aber sehr fein fortgesetzt, oberseits immer deutlich punktiert.

Schildchen punktiert. Flügeldecken hinten breiter, mit deutlichen, meist scharf eingeschnittenen Streifen, diese mehr oder weniger deutlich punktiert. Unterseite glänzend, wie die Oberseite punktiert, nur Schenkel heller, diese und die Seiten der Hinterbrust vereinzelt, das Abdomen dichter punktiert und unbehaart.

Hierher gehören 5 Arten aus dem paläarktischen Gebiet (nr. 197—201).

Bestimmungstabelle der Arten:

1	Oberseite schwarz, Flügeldecken tief dunkel rotbraun, Zwischenräume flach, sehr deutlich zweireihig punktiert	201. **A. (N.) sharpi**
	Flügeldecken immer nur fein punktiert — 2	
2	Hell rotbraun, Flügeldecken mit ebensolchen Scheibenflecken auf fahl hellbraunem Grunde	200. **A. (N.) falcispinis**
	Oberseite schwarz, mit helleren oder dunkleren Flügeldecken — 3	
3	Flügeldecken einfarbig hell bräunlich, Naht dunkel, oberer Enddorn der Hintertibien deutlich länger als Metatarsus, Clipeus rauh punktiert, breit verflacht	199. **A. (N.) liguricus**
	Flügeldecken immer mit hellen oder dunklen Flecken — 4	
4	Enddorn der Vordertibien in beiden Geschlechtern stumpf, Thorax feiner und stärker punktiert, Flügeldecken rot- oder schwarzbraun mit hellen Flecken auf der Schulter, Enddorne der Mitteltibien wenig an Länge verschieden	197. **A. (N.) montivagus**
	Enddorne der Vordertibien in beiden Geschlechtern spitz, Thorax mehr gleichmäßig punktiert, Flügeldecken rötlichbraun oder gelblich, mit 2 schwarzen Fleckenbinden, zuweilen aber auch ganz schwarz oder hellbraun einfarbig (♀), unterer Enddorn der Mitteltibien ungefähr $^1/_2$ so lang wie oberer . .	198 **A. (N.) praecox**

197 **A. (N.) montivagus** Er.

Diese Art zerfällt in 3 Unterarten:

197a. **A. (N.) montivagus montivagus** Er. 1848 *A. m.*, Erichson, Naturg. Ins. Deutschl., Col. *v.* 3 p. 889 | 1870 *A. (Agolius) m.*, E. Mulsant in: Ann. Soc. Agric. Lyon, ser. 4 *v.* 2 p. 475 | 1892 *A. (A.) m.*, Reitter in: Verh. Ver. Brünn, *v.* 30 p. 243 | 1902 *A. (A.) m.*, J. Daniel in: Münch. kol. Z., *v.* 1 p. 76, 84 | 1912 *A. (Neagolius) m.*, W. Koshantschikov in: Rev. Ent. Russe, *v.* 12 p. 517.

♂. Glänzend, schwarz, Flügeldecken rot- oder schwarzbraun, die Schulter und ein Fleck vor der Spitze heller. Kopf vorn deutlich verflacht, schwach runzlig, hinten feiner punktiert, Wangen mehr oder weniger abgerundet, die Augen überragend, Clipeus deutlich aufgebogen, leicht ausgerandet. Thorax etwas ungleich, ziemlich dicht punktiert, die Seiten und stumpf abgerundete Hinterwinkel bis zum 4. Zwischenraume gerandet, zuweilen ist die Randung über die ganze Basis verlängert. Schildchen vorn fein punktiert. Flügeldecken mit deutlichen, tiefen Streifen und undeutlichen Streifenpunkten, die flachen Zwischenräume fein punktiert. Vordertibienleiste glatt, Enddorn stumpfspitzig. Oberer Enddorn der Mitteltibien länger als 1. Tarsenglied, unterer wenig kürzer, oberer Enddorn der Hintertibien bis zur Mitte des 2. Gliedes reichend, Metatarsus so lang wie 2 folgende Glieder. ♀. Gelbbraun, gewölbter, Flügeldecken hinten mehr verbreitert, durch feine Chagrinierung matt, Streifenpunkte deutlich die Ränder kerbend. Alles übrige übereinstimmend. — L. 5 mm.

Ober-, Niederösterreich, Steiermark, Kärnthen.

197 b. **A. (N.) montivagus cingulatus** nom nov. Ad. Schm. 1888 *A. m.* var. *brunneus* (non Thunberg 1818), Schilsky in: D. ent. Z., *v.* 32 p. 316 | 1913 *A. (Neagolius) m.* var. *b.*, Ad. Schmidt in: Arch. Naturg., *v.* 79 A fasc. 11 p. 133.

Seiten des Halsschildes und der Flügeldecken rotbraun.

Steiermark.

197 c. **A. (N.) montivagus cenisius** J. Daniel 1902 *A. (Agolius) m.* var. *c.*, J. Daniel in: Münch. kol. Z., *v.* 1 p. 85 | 1913 *A. (Neagolius) m.* var. *c.*, Ad. Schmidt in: Arch. Naturg., *v.* 79 A fasc. 11 p. 133.

In Größe, Bildung des Kopfschildes, Tibienbedornung und Bau des Geschlechtsapparates mit der Stammform übereinstimmend, aber verschieden durch die Färbung (hellrötlich, Kopf und Scheibe des Halsschildes dunkler, Clipeus breit hellgesäumt), durch gröbere, ungleichere Punktierung des Halsschildes, dessen Randung nur bis zum 4. Zwischenraume geht, durch glatteres Schildchen und die im Basalteil schwach gezähnte Vordertibienleiste (ex Daniel).

Mt. Cenis.

198. **A. (N.) praecox** Er.

Diese Art zerfällt in 2 Unterarten:

198 a. **A. (N.) praecox praecox** Er. 1847 *A. schmidti* (non *A. s.*, Heer 1841), Rosenhauer, Beitr. Ins. Eur., *v.* 1 p. 115 | 1848 *A. praecox + picimanus*, Erichson, Naturg. Ins. Deutschl., Col. *v.* 3 p. 889, 890 | 1892 *A. (Agolius) praecox*, Reitter in: Verh. Ver. Brünn, *v.* 30 p. 242 | 1902 *A. (A.) p.*, J. Daniel in: Münch. kol. Z., *v.* 1 p. 77, 88 | 1912 *A. (Neagolius) p.*, W. Koshantschikov in: Rev. Ent. Russe, *v.* 12 p. 517.

♂. Schwarz, Flügeldecken gelb- oder rötlichbraun mit dunklen Flecken. Kopf deutlich punktiert, neben dem Vorderrande gedrängter, letzterer schmal aufgebogen, in der Mitte leicht ausgerandet, Stirnnaht meistens deutlich, auch beim ♀. Thorax vorn gerundet verengt, gleichmäßig, ziemlich dicht punktiert, Seitenrandung um die stumpf abgerundeten Hinterwinkel bis zum 4. Streifen der Flügeldecken fortgesetzt. Letztere mit deutlich punktierten Streifen, Zwischenräume flach, fein punktiert, im 5. an der Basis und dahinter im 4. und 3. mit je einer Strichmakel, unter der Schulter beginnt im 7. Zwischenraume eine Längsbinde, die sich auch auf den 8. oder bis an den Rand ausdehnt, in der Mitte auf den 6. übergeht und nach hinten bis an den hinteren Fleck im 5. heranreicht, dem sich gewöhnlich je einer im 4.—2. Zwischenraume, in einer Querreihe stehend, anschließt, von letzterem fehlt oft der im 2. und 4. Oft fließen die Makeln zusammen und breiten sich so aus, daß nur einzelne helle Flecke vor der Spitze und auf der Scheibe hell bleiben. Die glatte Leiste der Vordertibien endet gewöhnlich in einem Zahn. Oberer Enddorn der Hintertibien so lang wie Metatarsus, dieser gleich den 2 folgenden Tarsengliedern. ♀. Einfarbig hellbraun oder rötlichgelb, zuweilen mit einem dunklen Flecke hinter der Mitte, selten ganz schwarz, mit hellem Apicalfleck, gewölbter, hinten mehr verbreitert. Thorax etwas schmaler, deutlich schon von der Basis nach vorn verengt. Zwischenräume seitlich etwas gewölbter, fein punktiert. — L. 3—4,5 mm.

Steiermark, Kärnthen, Tirol.

198b. **A. (N.) praecox penninus** J. Daniel 1902 *A. (Agolius) p.* var. *p.*, J. Daniel in: Münch. kol. Z., *v.* 1 I p. 89 | 1913 *A. (Neagolius) p.* var. *p.*; Ad. Schmidt in: Arch. Naturg., *v.* 79 A fasc. 11 p. 133.

♂. Ähnlich wie die Stammart gefärbt, die dunklen Querbinden der Flügeldecken weniger deutlich, meistens zu einem großen, dunklen Mittelfleck zusammengeflossen, der bis zur Basis reicht, aber die Schulter freilassend, oder der über die ganzen Flügeldecken ausgebreitet, zuweilen ist die helle Farbe ausgedehnter, Flügeldecken sind dann einfarbig rötlichgelb. Kopf und Thorax stärker punktiert. Schildchen nur an der äußersten Basis mit einigen Punkten. Zwischenräume der Flügeldecken gewöhnlich dichter punktiert. Vordertibienleiste ähnlich wie vorher. 1. Glied der Hintertarsen kürzer als oberer Enddorn. ♀. Die gleiche Gestalt wie das ♂, aber etwas gewölbter. Kopf und Thorax schwarz, letzterer mit hellen Vorderwinkeln, Flügeldecken rotbraun, mit der Fleckenbildung des ♂. Thorax in der Mitte am breitesten, nach beiden Enden gerundet verengt, gewölbter, die Seiten gerundeter als beim ♂, also vollständig verschieden von *A. (N.) praecox*-♀. Tarsen- und Enddornbildung dieselbe (ex Daniel).

Penninische Alpen.

199. **A. (N.) liguricus** J. Daniel 1902 *A. (Agolius) l.*, J. Daniel in: Münch. kol. Z., *v.* 1 I p. 90 | 1912 *A. (Neagolius) l.*, W. Koshantschikov in: Rev. Ent. Russe, *v.* 12 p. 517.

♂. Zeigt große Ähnlichkeit mit *A. (N.) praecox* Er., unterscheidet sich aber in folgenden Punkten: Schwarz, Flügeldecken braun ohne Makeln. Kopfschild kräftiger, fast runzlig punktiert, Stirnnaht fehlt. Thorax stärker, ungleich punktiert, Hinterwinkel mehr stumpfwinklig, Basalrandung oft ganz. Die flachen Zwischenräume der Flügeldecken deutlicher punktiert. Leiste der Vordertibien ohne Zahn. Oberer Enddorn der Hintertibien bis zur Mitte des zweiten Tarsengliedes reichend. Basalglied der Mittel- und Hintertibien kürzer und stärker als bei *A. (N.) p. penninus* J. Daniel, unterer Enddorn der Mitteltibien $^3/_4$ so lang wie oberer, bei *A. (N.) p. penninus* viel kürzer. — L. 3,5—6 mm. ♀. Gewölbter, hinten stark verbreitert. Oberseite hellgelb, ziemlich mattglänzend, nicht chagriniert. Zwischenräume nicht deutlich punktiert. Leiste der Vordertibien glatt. Enddorn der Vordertibien spitz. — L. 4 mm (ex Daniel).

Ligurische Apenninen.

200. **A. (N.) falcispinis** W. Koshant. 1892 *A. (Melinopterus) pallidicinctus* (non *A. p.* Waterhouse 1875), Reitter in: Verh. Ver. Brünn, *v.* 30 p. 237 | 1912 *A. (Neagolius) falcispinis*, W. Koshantschikov in: Rev. Ent. Russe, *v.* 12 p. 517.

Kurz, gedrungen, glänzend, rotbraun, Flügeldecken hellbraun, mit dunkler Naht und dunklen Makeln. Kopf deutlich, nicht dicht punktiert, vorn verflacht, Stirnnaht seitlich schwach erhaben, Clipeus abgestutzt, leicht ausgerandet. Thorax mit Quereindruck vor den Hinterwinkeln, so groß wie der Kopf, aber nicht dicht punktiert, die Seiten, die stumpfen Hinterwinkel und Basis gerandet. Schildchen deutlich punktiert. Flügeldecken deutlich gestreift, Streifenpunkte kerben nicht die Ränder der Zwischenräume, diese leicht gewölbt, fein punktiert, an der Spitze dichter und etwas stärker. Die mediale Makel beginnt an der Basis des 5. Zwischenraumes, geht dann auf den 4. und 3. über und zieht bis hinter die Mitte, die laterale beginnt hinter der Schulter im 7. und ist seitlich bis an den 9. verbreitert, sie endet in der Mitte des 6. Zwischenraumes, zuweilen sind beide Makeln an der Schulter vereint, oder die mediale verschwindet ganz und die laterale erreicht nicht die Mitte. Seltener ist die Seitenmakel bis zur Naht und die innere Binde bis zur dunklen Spitzenfärbung verlängert. ♂. Enddorn der Vordertibien breit, mit umgebogener Spitze, Thorax so breit wie die Flügeldecken, vorn wenig gerundet verengt, in der Mitte etwas zerstreut punktiert. ♀. Heller gefärbt, Enddorn spitz, Thorax schmaler, deutlich verengt, stärker und dichter punktiert, auch auf der Scheibe, Flügeldecken hinten breiter gerundet. — L. 3,5—4,5 mm.

Chinesisch-Turkestan, Mongolei.

201. **A. (N.) sharpi** Har. 1874 *A. s.*, Harold in: Berlin. ent. Z., *v.* 18 p. 184, 205 | 1892 *A. (Amidorus) s.*, Reitter in: Verh. Ver. Brünn, *v.* 30 p. 216 | 1913 *A. (Neagolius) s.*, Ad. Schmidt in: Arch. Naturg., *v.* 79 A fasc. 11 p. 133.

Ist von den vorhergehenden Arten durch die Färbung und gröbere Skulptur verschieden. Kopf und Thorax schwarz, Flügeldecken tief dunkelrotbraun. Kopf sehr dicht, etwas rauh punktiert, ohne Stirnlinie, Clipeus aufgebogen, leicht ausgerandet, seitlich mit stumpfem Winkel. Thorax dicht, etwas feiner als der Kopf punktiert, die Seiten, stumpf abgerundete Hinterwinkel und Basis gerandet. Schildchen punktiert. Flügeldecken mit feinen, scharf eingeschnittenen Streifen, Zwischenräume flach, 2reihig, so groß wie der Thorax punktiert. Metatarsus so lang wie oberer Enddorn, kürzer als 2 folgende Tarsenglieder. — L. 4—4,5 mm.

Algier, Spanien, Krim.

w) Subgen. **Gonaphodius** Reitter

1892 *Aphodius (G.)*, Reitter in: Verh. Ver. Brünn, *v.* 30 p. 240.

Mittelgroß, mäßig gewölbt, glänzend, schwarz, Kopf ungehöckert, Hinterwinkel des Halsschildes abgestutzt, Basis ungerandet, jederseits ausgebuchtet, Schildchen dreieckig, Endborsten der Hintertibien ungleich.

Hierher gehört eine Art aus dem paläarktischen Gebiet (nr. 202).

202. **A. (G.) scoparius** Har. 1877 *A. s.*, Harold in: Mt. Münch. ent. Ver., *v.* 1 p. 112 | 1887 *A. (Acrossus) postangulus*, Reitter in: Horae Soc. ent. Ross., *v.* 21 p. 207 | 1913 *A. (G.) scoparius*, Ad. Schmidt in: Arch. Naturg., *v.* 79 A fasc. 11 p. 133.

Länglich, glänzend, unbehaart. Kopfmitte etwas aufgetrieben, davor niedergedrückt, hinten fein, an den Seiten fein und etwas größer punktiert, Clipeus beim ♀ kaum, beim ♂ deutlich ausgerandet, jederseits abgerundet wie die Wangen, diese überragen die Augen wenig. Thorax quer, die Seiten schwach rundlich und gerandet, Hinterwinkel abgestutzt, Basis jederseits ausgerandet, infolge dieser Ausrandung und der Abstutzung der Hinterwinkel entsteht der Schulter gegenüber ein deutlicher Winkel, oberseits fein, seitlich größer, mittelstark punktiert. Flügeldecken mit scharf eingeschnittenen Streifen, Streifenpunkte zuweilen deutlicher und dann die Ränder der Zwischenräume kerbend, letztere flach, fein punktiert. Unterseite einzeln punktiert und behaart. 1. Glied der Hintertarsen kürzer als oberer Enddorn, länger als 2 folgende Tarsenglieder. ♂. Thorax breiter als die Flügeldecken, Enddorn der Vordertibien gleichbreit, kräftig, bis zum 4. Gliede reichend, die Spitze ist umgebogen, unterer Enddorn der Mitteltibien stark einwärts gebogen, mit schief abgestutzter Spitze, alle Schenkel, hauptsächlich die 4 hinteren lang und dicht gelb bewimpert. ♀. Thorax nicht breiter als die Flügeldecken, Enddorn der Vorder- und Mitteltibien spitz, Schenkel normal bewimpert. — L. 6—7 mm.

Chinesisch-Turkestan, Sibirien.

x) Subgen. **Gonaphodiellus** Ad. Schmidt

1913 *Aphodius (G.)*, Ad. Schmidt in: Arch. Naturg., *v.* 79 A fasc. 11 p. 133.

Klein, bräunlich gefärbt, unbehaart, Kopf ohne Höcker, Hinterwinkel des Halsschildes abgestutzt, Basis ungerandet, Schildchen dreieckig, Endborsten der Hintertibien ungleich.

Länglich, flach gewölbt, glänzend oder mehr matt. Kopf flach oder mit schwacher Beule, fein oder sehr fein punktiert, Clipeus leicht ausgerandet, jederseits gerundet oder mehr oder weniger winklig, Wangen klein. Thorax vorn verschmälert, fein punktiert, die Seiten und abgestutzte Hinterwinkel gerandet. Flügeldecken fein gestreift, Zwischenräume mehr oder weniger konvex, fein punktiert. Unterseite selten etwas heller, fein und meistens sehr zerstreut punktiert. Metatarsus stark verlängert.

Hierher gehören 4 Arten aus Amerika und Afrika (nr. 203—206):

Bestimmungstabelle der Arten:

1	Thorax in der Mitte sehr fein und spärlich, die Seiten dichter und sehr ungleich punktiert, Flügeldecken ohne Schulterdorn	203. **A. (G.) pacatus**
	Größe und Verbreitung der Punkte auf dem Thorax gleichmäßig, Flügeldecken mit Schulterdorn — 2	
2	Kopf und Thorax gleichmäßig und dicht punktiert, Zwischenräume der Flügeldecken fein, aber deutlich punktiert	204. **A. (G.) bimaculosus**
	Thorax stärker als der Kopf punktiert — 3	
3	Kopf sehr dicht punktiert, Clipeus seitlich abgerundet, Flügeldecken einfarbig kastanienbraun, mit fast flachen Zwischenräumen	205. **A. (G.) fastigatus**
	Kopf zerstreut punktiert, Clipeus mit mehr oder weniger spitzem Winkel, Flügeldecken seitlich heller, Zwischenräume deutlich konvex	206. **A. (G.) columbicus**

203. **A. (G.) pacatus** Har. 1880 *A. p.*, Harold in: Ent. Zeit. Stettin, *v.* 41 p. 37 | 1913 *A. (Gonaphodiellus) p.*, Ad. Schmidt in: Arch. Naturg., *v.* 79 A fasc. 11 p. 133.

Hellbraun, Hinterkopf, Scheibe des Halsschildes und der Flügeldecken dunkelbraun. Kopf flach, sehr fein punktiert, Stirnnaht undeutlich, ungehöckert, Clipeus abgerundet, schwach abgestutzt, die Wangen als kleine Spitze die Augen überragend. Thorax wenig gerundet nach vorn verschmälert, sehr fein punktiert, an den Seiten mit deutlich größeren Punkten untermischt, Seitenrandung reicht nur um die abgestutzten Hinterwinkel herum. Flügeldecken fein gestreift, Streifenpunkte fein und undeutlich, die Streifen vor der Spitze verschwindend, letztere etwas matt, Zwischenräume leicht gewölbt, fein punktiert. Metasternalplatte mit vertiefter Linie und feinen Punkten. Abdomen nur seitlich stärker vereinzelt punktiert und behaart. Hintertibien und Tarsen sehr schlank, oberer Enddorn etwas kürzer als 1. Tarsenglied, dieses länger als 3 folgende Glieder. — L. 4—5 mm.

Columbien.

204. **A. (G.) bimaculosus** Ad. Schm. 1909 *A. b.*, Ad. Schmidt in: Soc. ent., *v.* 24 p. 19 | 1913 *A. (Gonaphodiellus) b.*, Ad. Schmidt in: Arch. Naturg., *v.* 79 A fasc. 11 p. 134.

Gewölbter als vorige Art, hellbraun, Kopf ohne die Ränder und Thoraxscheibe dunkler. Kopf mit schwacher Beule, sehr undeutlicher Stirnlinie, überall dicht und deutlich punktiert, Clipeus flach ausgerandet, jederseits gerundet, die stumpfwinkligen Wangen überragen deutlich die Augen. Thorax nach hinten leicht gerundet erweitert, die Seiten und abgestutzte Hinterwinkel gerandet, oberseits dicht, so stark wie der Kopf punktiert. Schildchen feiner punktiert. Flügeldecken mit kleinem Schulterdorn, nach hinten etwas erweitert, deutlich punktiert-gestreift, Streifenpunkte kerben die wenig konvexen Zwischenräume, diese deutlich, aber etwas feiner als der Thorax punktiert, der 4. Zwischenraum mit rundlicher, kleiner, heller Spitzenmakel. Metasternalplatte vertieft und punktiert, Seiten der Hinterbrust und das Abdomen fein punktiert und behaart. Endborsten der Hintertibien in der Mitte gleichlang, oberer Enddorn kürzer als 1. Tarsenglied, dieses länger als 3 folgende Glieder. — L. 5 mm.

Mexiko.

205. **A. (G.) fastigatus** Ad. Schm. 1908 *Aphodius f.*, Ad. Schmidt in: Soc. ent., *v.* 23 p. 41 | 1909 *A. f.*, Ad. Schmidt in: Not. Leyden Mus., *v.* 31 p. 122 | 1913 *A. (Gonaphodiellus) f.*, Ad. Schmidt in: Arch. Naturg., *v.* 79 A fasc. 11 p. 134.

Länglich, gewölbt, nach der Spitze zu keilförmig, kastanienbraun. Kopf breit, gleichmäßig, ziemlich dicht und fein punktiert, Stirnlinie schwach eingedrückt, Clipeus leicht abgestutzt und schmal aufgebogen, Wangen die Augen nicht überragend. Thorax nach der Mitte verbreitert, ebenso groß wie der Kopf punktiert, dazwischen mit wenig zahlreichen größeren Punkten, Seitenbeule glatt, die abgestutzten Hinterwinkel leicht ausgerandet, mit der Basis einen deutlichen Winkel bildend, Basisrand mit Punktreihe. Schildchen glatt, sehr schmal-dreieckig. Flügeldecken an der Basis kaum ausgerandet, mit kleinem Schulterdorn, fein gestreift, mit flachen, die Ränder der Zwischenräume schwach kerbenden Streifenpunkten, Zwischenräume leicht konvex, fein punktiert. Unterseite deutlich punktiert. 1. Glied der Hintertarsen länger als oberer Enddorn, so lang wie 2 folgende Glieder. Die Exemplare vom Senegal sind dunkler gefärbt, Vorderrand des Kopfes und Spitze der Flügeldecken heller, Thorax etwas zerstreuter punktiert. — L. 3 mm.

Transvaal, Ghinda, Senegal.

206. **A. (G.) columbicus** Har. 1880 *Aphodius c.*, Harold in: Ent. Zeit. Stettin, *v.* 41 p. 36 | 1913 *A. (Gonaphodiellus) c.*, Ad. Schmidt in: Arch. Naturg., *v.* 79 A fasc. 11 p. 134.

Länglich, flach gewölbt, glänzend, heller oder dunkler kastanienbraun, Außenrand des Kopfes, Thoraxseiten und Spitze der Flügeldecken rötlichbraun. Kopf mit schwacher Beule, davor eingedrückt, fein, nicht sehr dicht punktiert, Stirnlinie sichtbar, Clipeus abgestutzt, leicht ausgerandet, jederseits stumpfeckig, Wangen stumpfwinklig, die Augen überragend. Thorax quer, vorn etwas gerundet, dann geradseitig nach hinten verbreitert, die Seiten, abgestutzte und leicht ausgerandete Hinterwinkel gerandet, Basis jederseits deutlich ausgerandet, infolge dieser Ausrandung und der Abstutzung der Hinterwinkel entsteht der Schulter gegenüber ein deutlicher Winkel, Oberseite etwas ungleich punktiert. Schildchen schmal. Flügeldecken deutlich gestreift, Streifenpunkte kerben schwach die Ränder der Zwischenräume, diese konvex, sehr fein und einzeln punktiert. Hinterbrust seitlich, die schwach vertiefte Metasternalplatte und Abdomen fein punktiert. 1. Glied der Hintertarsen länger als oberer Enddorn, fast gleich dem übrigen Fuß. — L. 4—5 mm.

Columbien.

y) Subgen. **Biralus** E. Mulsant

1870 *Aphodius (B.),* E. Mulsant in: Ann. Soc. Agric. Lyon, ser. 4 *v.* 2 p. 467.

Schwarze, breitere, flach gewölbte, stark glänzende, fast glatte Arten, Kopf ungehöckert, Wangen kaum angedeutet, Thoraxbasis deutlich gebuchtet, Flügeldecken ganz oder zum Teil hell rötlichbraun, Schildchen dreieckig, Endborsten der Hintertibien ungleich.

Kopf flach, die Mitte mehr oder weniger aufgetrieben, vorn leicht eingedrückt, fein punktiert, Stirnnaht stärker oder schwächer vertieft, immer ungehöckert, Clipeus schwach ausgerandet, jederseits abgerundet, Wangen sehr abgerundet, die Augen nicht überragend. Thorax quer, im schwachen Bogen nach hinten verbreitert, sehr fein punktiert, seitlich mit wenig größeren Punkten, die Seiten deutlich gerandet, Hinterwinkel abgerundet. Schildchen sehr breit dreieckig, einzeln punktiert. Flügeldecken fein gestreift, mit feinen Streifenpunkten, Zwischenräume flach oder leicht konvex. Unterseite schwarz, Schenkel heller, die Seiten der Hinterbrust und das Abdomen seitlich punktiert und behaart.

3 Arten aus dem paläarktischen Gebiet (nr. 207—209):

Bestimmungstabelle der Arten:

1	Seitenrandung setzt sich um die Hinterwinkel bis ungefähr zum 5. Streifen der Flügeldecken fort, der 1. Zwischenraum zur Spitze stärker erhaben . . .	207. **A. (B.) satellitius**
	Seitenrand reicht nur bis zum Hinterwinkel — 2	
2	Flügeldeckenseiten behaart, die schwarze Makel erreicht nicht die Basis	208. **A. (B.) menetriesi**
	Flügeldeckenseiten nicht behaart, die schwarze Nahtmakel reicht bis zur Basis	209. **A. (B.) equinus**

207 **A. (B.) satellitius** (Herbst)

Diese Art zerfällt in 2 Unterarten:

207a. **A. (B.) satellitius satellitius** (Herbst) 1789 *Scarabaeus s.,* J. F. W. Herbst, Naturs. Ins. Käf., *v.* 2 p. 281 t. 19 f 1 | 1790 *S. affinis,* Brahm, Ins.-Kalend., *v.* 1 p. 66 | 1792 *S. pecari,* J. C. Fabricius, Ent. syst., *v.* 1 p. 38 | 1798 *S. decipiens,* Schrank, Fauna Boica, *v.* 1 p. 382 | 1848 *Aphodius pecari,* Erichson, Naturg. Ins. Deutschl., *v.* 3 p. 898 | 1870 *A. (Eudolus „fraction" Biralus) satellitius,* E. Mulsant in: Ann. Soc. Agric. Lyon, ser. 4 *v.* 2 p. 467, 470 | 1892 *A. (Biralus) s.,* Reitter in: Verh. Ver. Brünn, *v.* 30 p. 244.

Biologie: 1842 E. Mulsant, Hist. nat. Col. France, Lamell. t. 1 f. 7 (Abbildung der Larve).

Schwarz, Flügeldecken rotbraun, mit gemeinsamer dunkler Makel und dunklem Seitenrande. Kopf schwach gerundet verengt, mit flacher Beule, fein punktiert, Clipeus sehr leicht ausgerandet, jederseits abgerundet, Wangen nach vorn gerichtet, die Augen nicht überragend. Thorax hinten breiter, die Seiten und abgerundete Hinterwinkel kräftig gerandet, die 2buchtige Basis ohne Rand, Scheibe äußerst fein, an den Seiten größer punktiert. Schildchen schwarz, breit dreieckig, in der Basalhälfte punktiert. Flügeldecken seicht gestreift, mit wenig vertieften, nicht kerbenden Streifenpunkten, Zwischenräume flach, vor der Spitze konvex, die dorsalen äußerst fein, die seitlichen etwas deutlicher punktiert, die gemeinsame schwarze Makel liegt hinter der Mitte gewöhnlich im 1.—4. Zwischenraume, der Seitenrand ist nach der Spitze zu angedunkelt. Unterseite schwarz, Schenkel heller, Seiten der Hinterbrust und Abdomen deutlich punktiert und behaart, die Mitte des letzteren ist aber unbehaart und nur mit sehr feinen Punkten besetzt. 1. Glied der Hintertarsen länger als oberer Enddorn, ungefähr so lang wie die 3 folgenden Tarsenglieder. ♂. Thorax seitlich mit sehr wenigen größeren Punkten, unterer Enddorn der Mitteltibien abgestutzt, ausgerandet, Mesosternum flach vertieft, dicht behaart. ♀. Seiten und längs der Basis mit zahlreicheren größeren Punkten, Enddorn spitz. — L. 6—8 mm.

Deutschland, Österreich-Ungarn, Frankreich, Südeuropa, Syrien, Kaukasus, Tanger.

207 b. A. (B.) **satellitius planus** W. Schm. 1840 *A. p.*, W. Schmidt in: Z. Ent. Germar, *v.* 2 p. 170 | 1879 *A. satellitius* var *invisibilis*, Dalla Torre in: Ber. Ver. Oberösterr., *v.* 10 p. 109 | 1888 *A. s.* var. *planus*, Schilsky in: D. ent. Z., *v.* 32 p. 317 | 1913 *A. (Biralus) s.* var. *p.*, Ad. Schmidt in: Arch. Naturg., *v.* 79 A fasc. 11 p. 134.

Flügeldecken ohne schwarze, deutliche Makel.

Vorkommen mit der Stammart.

208. **A. (B.) menetriesi** Ménétr. 1849 *A. m.*, Ménétriés in: Mém. Ac. St. Pétersb., ser 6 *v.* 6 p. 59 t. 2 f. 10 | 1892 *A. (Biralus) m.*, Reitter in: Verh. Ver. Brünn, *v.* 30 p. 244.

Unterscheidet sich von der vorigen Art hauptsächlich dadurch, daß die Seitenrandung des Halsschildes nur bis an die kurz abgerundeten Hinterwinkel reicht, und die Basis schwächer gebuchtet ist. Flügeldecken an den Seiten und der Spitze behaart, rot gefärbt, mit schwarzer Längsmakel, die gewöhnlich nur im 1. und 2. Zwischenraume gelegen und mit angedunkelten Seiten. — L. 5—7 mm.

Buchara, Kaukasus, Turkmenien, Syrien.

209. **A. (B.) equinus** Falderm. 1835 *A. e.*, Faldermann in: N Mém. Soc. Moscou, *v.* 4 p. 207 | 1892 *A. (Biralus) e.*, Reitter in: Verh. Ver. Brünn, *v.* 30 p. 244.

Flügeldecken rot, unbehaart, mit großem gemeinsamem, ovalem, schwarzem Fleck, der seitlich bis zum 4. Zwischenraume reicht und dunkler Seitenmitte. Alles übrige mit voriger Art übereinstimmend. — L. 6—8 mm.

Kaukasus, Syrien, Turkmenien.

z) Subgen. **Adeloparius** Ad. Schmidt

1913 *Aphodius (A.)*, Ad Schmidt in: Arch. Naturg., *v.* 79 A fasc. 11 p. 134.

Groß, flach gewölbt, breit, hellbraun, Kopf und Thorax mit dunklen Makeln, Flügeldecken mit dunklen Längs- und Querbinden, selten die ganze Oberseite schwarz- oder dunkelbraun, einfarbig oder mit hellerem Kopfe. Stirnnaht ungehöckert, Wangen klein und rundlich, (*A. (A.) vethi* Lansb. nr. 217 ausgenommen). Basis des Halsschildes ungerandet, Schildchen dreieckig, Endborsten der Hintertibien ungleich.

Kopf flach, abgerundet, Mitte mit deutlicher, fast immer dunkelgefärbter Beule, Stirnlinie eingedrückt, ohne Höcker, fein, gewöhnlich wenig dicht punktiert, Clipeus sehr leicht ausgerandet, jederseits abgerundet, Wangen sehr gerundet, nur bei *A. (A.) vethi* die Augen überragend. Thorax quer, meistens mit 2 oder 4 dunklen Makeln, die Seiten und abgerundete Hinterwinkel dick gerandet, oberseits meistens fast unpunktiert. Schildchen klein, dreieckig. Flügeldecken nach hinten erweitert, fein gestreift, höchstens mit feinen Streifenpunkten, sie sind einfarbig dunkel kastanienbraun bis schwärzlich, bei *A. (A.) circumdatus* Klug (nr. 214) mit hellem, nach hinten verbreitertem Seitenrande oder hell- oder gelblichbraun mit dunkler Querbinde oder Flecken und dunklen Seiten. Unterseite glatt und glänzend, Seiten der Hinterbrust und des Abdomen mit großen behaarten Punkten. Vordertibien mit 3 kräftigen Außenzähnen und langem, starkem Enddorne, 1. Tarsenglied länger als die 2 folgenden, 1. Glied der Hintertibien so lang wie 2 oder 3 Tarsenglieder.

Hierher gehören 8 afrikanische Arten (nr. 210—217):

Bestimmungstabelle der Arten:

1	Oberseite hell- oder dunkel kastanienbraun bis schwärzlich — 2	
	Oberseite hell- oder gelblichbraun, mit dunklen Zeichnungen auf den Flügeldecken, Kopf schwarz oder mit schwarzer Makel — 5	
2	Oberseite einfarbig dunkel kastanienbraun, Thorax fein und etwas stärker, über die ganze Oberfläche gleichmäßig verteilt punktiert	217. **A. (A.) vethi**
	Oberseite nie einfarbig, Thorax nur seitlich mit einigen größeren Punkten — 3	
3	Thorax mit 2 länglichrunden Makeln, Flügeldecken hell kastanienbraun	216. **A. (A.) trimaculatus**
	Thorax mit dunkler Scheibe, nur die Seiten heller, Kopf gelbbraun mit dunkler Makel — 4	
4	Flügeldecken einfarbig schwarzbraun	215. **A. (A.) luridipes**
	Flügeldecken hell rotbraun, mit gemeinsamem Scheibenfleck	214. **A. (A.) circumdatus**
5	Kopf und Scheibe des Halsschildes schwarz, Naht, Querbinde und Spitzenfleck schwarz	210. **A. (A.) nobilis**
	Kopf immer hell, mit schwarzer Makel — 6	
6	Thorax mit 2 länglichen, lateral gelappten, dunklen Makeln, Basis und Seiten der Flügeldecken schwarz	211. **A. (A.) pulcherrimus**
	Thorax mit rundlichen Makeln — 7	
7	Flügeldecken in der Spitzenhälfte schwarz, Schulter mit schwarzer Makel	212. **A. (A.) holubi**
	Flügeldecken mit schwarzer Querbinde in der Mitte und rundlicher, schwarzer Spitzenmakel (Stammform), zuweilen die Querbinde bis zur Spitze verbreitert und eine helle Makel einschließend .	213. **A. (A.) wahlbergi**

210. **A. (A.) nobilis** Har. ? 1781 *Scarabaeus septemmaculatus*, J. C. Fabricius, Spec. Ins., *v.* 1 p. 20 | 1874 *Aphodius nobilis*, Harold in: Berlin. ent. Z., *v.* 18 p. 176 | 1913 *A. (Adeloparius) n.*, Ad. Schmidt in: Arch. Naturg., *v.* 79 A fasc. 11 p. 134.

Länglich, gewölbt, glänzend, schwarz, Thoraxseiten und Flügeldecken gelblichbraun, letztere mit schwarzer, in der Mitte verbreiterter Naht und ebensolcher, veränderlichen Querbinde oder Flecken. Kopfmitte beulig, die Seiten nach vorn gerundet verengt und abgestutzt, oberseits sehr fein und zerstreut wie der Thorax punktiert, Stirnlinie deutlich vertieft. Thorax schwach quergewölbt, nach vorn gerundet verengt, Vorderwinkel, Seiten und abgerundete Hinterwinkel stark gerandet, Basis jederseits mit kleiner, winkliger Ausrandung. Schildchen schwarz. Flügeldecken mit kleinem Schulterdorn, vor der Spitze mit dunkler Makel, die größer oder kleiner ist und bis an die Naht reichen kann, ungefähr in der Mitte der Flügeldecken eine 2. Makel, die sich oft zu einer Querbinde erweitert und dann den Seitenrand, nicht aber die Naht erreicht, seltener verbreitert sich diese so, daß sie seitlich bis zur Schulterbeule und nach hinten bis zum Spitzenfleck reicht, die Streifen der Flügeldecken mit flachen Punkten besetzt, Zwischenräume eben. 1. Glied der Hintertarsen länger als oberer Enddorn, so lang wie 3 folgende Glieder. — L. 10 – 11 mm.

Abessinien, Südafrika.

211. **A. (A.) pulcherrimus** Reiche

Diese Art zerfällt in 2 Unterarten:

211a. **A. (A.) pulcherrimus pulcherrimus** Reiche 1847 *Aphodius p.*, Reiche in: Ferret & Galinier, Voy. Abyss., *v.* 3 p. 345 t. 21 f 2 | 1851 *A. coloratus*, Roth in: Arch. Naturg., *v.* 17 I p. 130 | 1874 *A. pulcherrimus*, Harold in: Berlin. ent. Z., *v.* 18 p. 176 | 1910 *A. p*, Ad. Schmidt in: Gen. Ins., fasc. 110 p. 80 t. 1 f. 6 (Gesamtbild) | 1913 *A. (Adeloparius) p.*, Ad. Schmidt in: Arch. Naturg., *v.* 79 A fasc. 11 p. 134.

Gestalt, Färbung und Skulptur wie bei der vorigen Art, unterscheidet sich von ihr nur durch die Zeichnung. Kopf mit länglich-runder, Thorax mit 2 schwarzen, lateral gelappten Makeln, Flügeldecken ebensolche an der Basis und den Seiten. Nahtstreif in der Mitte, hinten und zuweilen auch vorn in der ganzen Breite schwarz, Basalmakel reicht von der Schulter bis zur Naht, sie ist schmaler oder breiter, oft bis auf 2 Makeln, eine an der Schulter, die andere am Schildchen, geschwunden. Die Seitenmakel beginnt etwas vor der Mitte und erreicht die Naht, sie verbreitert sich zuweilen, füllt dann die Spitzenhälfte aus und wird von der basalen nur durch einen schmalen hellen Raum getrennt. 1. Glied der Hintertarsen gleich dem obern Enddorn, kürzer als 3 folgende Glieder. ♂ mit gleichfarbigem, flachem Eindruck an den Seiten des vorletzten Segments. — L. 9—10 mm.

Abessinien.

211b. **A. (A.) pulcherrimus aequabilis** Ad. Schm. 1908 *Aphodius p.* var. *a.*, Ad. Schmidt in: D. ent. Z, suppl. p. 62 | 1913 *A. (Adeloparius) p.* var *a.*, Ad. Schmidt in: Arch. Naturg., *v.* 79 A fasc. 11 p. 134.

Flügeldecken ganz schwarz, nur das Schildchen rötlichbraun. Diese Form ähnelt ungemein *A. (A.) luridipes* Har. (nr. 215), ist aber von ihm durch die beiden Thoraxmakeln verschieden, bei *A. (A.) luridipes* Har. ist der Thorax bis auf die Seiten schwarz.

Vorkommen wie Stammart.

212. **A. (A.) holubi** Dohrn 1883 *Aphodius h.*, C. A. Dohrn in: Ent. Zeit. Stettin, *v.* 44 p. 107 | 1885 *A. nigrosignatus*, Péringuey in: Tr. S. Afr. Soc., *v.* 3 p. 91 | 1913 *A. (Adeloparius) holubi*, Ad. Schmidt in: Arch. Naturg., *v.* 79 A fasc. 11 p. 135.

Dieselbe breite, flache Gestalt, Skulptur und Färbung der vorigen Art. Thorax mit 4 rundlichen, schwarzen Makeln, die beiden vorderen sind kleiner. Flügeldecken mit runder Schultermakel und schwarzer Querbinde, welche die ganze hintere Hälfte einnimmt, die Naht vor derselben ist sehr schmal geschwärzt. ♂. Thorax vorn mit rundlicher Grube, vorletztes Bauchsegment an den Seiten mit je einem queren Eindruck. — L. 11 mm.

Südafrika, Sambesi, Delagoa-Busen.

213. **A. (A.) wahlbergi** Boh.

Diese Art zerfällt in 2 Unterarten:

213a. **A. (A.) wahlbergi wahlbergi** Boh. 1857 *Aphodius w.*, Boheman, Ins. Caffr., *v.* 2 p. 350 | 1910 *A. w.*, Ad. Schmidt in: Gen. Ins., fasc. 110 p. 81 t. 1 f. 5 (Gesamtbild) | 1913 *A. (Adeloparius) w.*, Ad. Schmidt in: Arch. Naturg., *v.* 79 A fasc. 11 p. 135.

Unterscheidet sich von der vorigen Art in der Zeichnung der Flügeldecken. Diese sind ohne Schultermakel, nur mit breiter Querbinde hinter der Mitte und rundlicher, schwarzer Spitzenmakel. ♂ mit längsgerieftem Quereindruck am vorletzten Segment. — L. 8—9 mm.

Caffrarien, Natal, Transvaal.

213b. **A. (A.) wahlbergi smithi** Shipp 1897 *Aphodius s.*, Shipp in: A D. Smith, Unknown Afr. Countries, p. 451 | 1913 *A. (Adeloparius) wahlbergi* var. *s.*, Ad. Schmidt in: Arch. Naturg., *v.* 79 A fasc. 11 p. 135.

Die schwarze Querbinde der Flügeldecken ist bis zur Spitze verbreitert und vor der letzteren eine hellbraune Quermakel im 3.—7. Zwischenraume einschließend, Schulter ohne dunkle Makel. ♂. Quereindruck am vorletzten Segment medial schwarz gerandet. — L. 9 mm.

Nordafrika, Abessinien, Arussi-Galla.

214. **A. (A.) circumdatus** Klug 1855 *Aphodius c.*, Klug in: Monber. Ak. Berlin, p. 656 | 1862 *A. c.*, Klug in: Peters, Reise Mossamb., *v.* 5 p. 246 t. 14 f. 11 | 1913 *A. (Adeloparius) c.*, Ad. Schmidt in: Arch. Naturg., *v.* 79 A fasc. 11 p. 134.

Hell rotbraun, Thoraxmitte und gemeinsamer Scheibenfleck der Flügeldecken dunkler. Skulptur der Oberfläche wie bei den vorigen Arten. Flügeldecken hinten verbreitert, der dunkle Scheibenfleck reicht bis $^2/_3$ der Länge und seitlich bis zum 6. und 7. Zwischenraume, Streifenpunkte fein. 1. Glied der Hintertibien gleich dem obern Enddorne und den 3 folgenden Tarsengliedern. ♂ mit breitem Quereindruck am vorletzten Segment. — L. 14 mm.

Sena, Mozambique, Malange.

215. **A. (A.) luridipes** Har 1861 *Aphodius l.*, Harold in: Berlin. ent. Z., *v.* 5 p. 106 | 1913 *A. (Adeloparius) l.*, Ad. Schmidt in: Arch Naturg., *v.* 79 A fasc. 11 p. 134.

Kleiner und schlanker als vorige Art, einfarbig schwarzbraun, Kopf und Thoraxseiten gelbbraun, ersterer mit dunkler Makel in der Mitte. ♂. Vorletztes Bauchsegment mit einem queren, medial schwarz gerandetem Quereindruck. — L. 11 mm.

Senegal.

216. **A. (A.) trimaculatus** Ad. Schm. 1909 *Aphodius t.*, Ad. Schmidt in: Not. Leyden Mus., *v.* 31 p. 103 | 1913 *A. (Adeloparius) t.*, Ad. Schmidt in: Arch. Naturg., *v.* 79 A fasc. 11 p. 134.

Stark gewölbt, Ober- und Unterseite hell kastanienbraun, Kopf, Thoraxseiten und Spitze der Flügeldecken heller. Kopf in der Mitte und Thorax vor den Hinterwinkeln mit je einem ovalen schwarzen Fleck. Stirnlinie des Kopfes seitlich schwach erhaben. Thorax hinter den Vorderwinkeln furchenartig eingedrückt, als Fortsetzung dieser Vertiefung eine grobe Punktreihe, die aber die Mitte nicht erreicht, vor dem Schildchen mit vertiefter Mittellinie. Flügeldecken hinten breiter, ihre Streifen mit flachen Punkten besetzt, Zwischenräume schwach konvex, einzeln fein punktiert. 1. Glied der Hintertibien gleich dem obern Enddorne und 3 folgenden Tarsengliedern. — L. 12 mm.

Kongo.

217. **A. (A.) vethi** Lansb. 1886 *Aphodius v.*, Lansberge in: Not. Leyden Mus., *v.* 8 p. 91 | 1913 *A. (Adeloparius) v*, Ad. Schmidt in: Arch. Naturg., *v.* 79 A fasc. 11 p. 135.

Unterscheidet sich von den vorigen Arten in der Färbung und Skulptur. Einfarbig kastanienbraun, schwach konvex. Kopf mit seitlich erhöhter Stirnlinie, Wangen stumpfwinklig, die Augen deutlich überragend. Thorax sehr fein und etwas größer, gleichmäßig verteilt punktiert. Schildchen schmal dreieckig, mit kurzem Basaleindruck. Flügeldecken hinten breiter, fein gestreift, mit feinen Streifenpunkten, Zwischenräume wenig erhaben. Metatarsus gleich dem obern Enddorn, kaum so lang wie 3 folgende Tarsenglieder. — L. 9—10 mm.

Humpata.

aa) Subgen. **Acrossidius** Ad. Schmidt

1913 *Aphodius (A.)*, Ad. Schmidt in: Arch. Naturg., *v.* 79 A fasc. 11 p. 135.

In Größe und Gestalt mit *Acrossus* Muls. übereinstimmend, aber verschieden durch mehr oder weniger deutliche Behaarung der Flügeldecken, dem kleineren, beim ♀ ausgerandeten Kopf mit den kleineren Wangen, die sehr auffällige Bewimperung des Halsschildes und das verkürzte 1. Glied der Vordertarsen, Endborsten der Hintertibien ungleich.

Große, längliche, wenig gewölbte Arten, an den Rändern lang bewimpert, hell kastanienbraun oder rötlichgelb, Kopf und Thorax gewöhnlich dunkler, letzterer mit hellen Seiten. Kopf flach, feiner oder stärker punktiert, Stirnnaht undeutlich, zuweilen mit 3 kleinen, queren Höckerchen, Clipeus abgerundet oder ausgerandet, Wangen klein, aber die Augen überragend. Thorax quer, mit gerundeten und gerandeten Seiten, Hinterwinkel schwach angedeutet oder ganz gerundet, Basis ohne Rand, oberseits mehr oder weniger deutlich und dicht punktiert. Schildchen klein, dreieckig. Flügeldecken etwas verbreitert, feiner oder stärker gestreift, Streifenpunkte gewöhnlich fein, Zwischenräume etwas konvex, behaart oder glatt. Unterseite glänzend, einzeln punktiert und behaart. Hintertibien ungleich beborstet.

Hierher gehören 3 australische Arten (nr. 218—220).

Bestimmungstabelle der Arten:

1	Oberseite außer der Randbewimperung unbehaart, größte Breite des Halsschildes hinter der Mitte .	220. A. (A.) andersoni
	Flügeldecken immer, wenn auch nur an der Spitze und den Seiten behaart, größte Breite des Halsschildes liegt vor der Mitte — 2	
2	1. Zwischenraum neben der Naht mit Punktreihe, Kopf ungehöckert	218. A. (A.) tasmaniae
	1. Zwischenraum ohne Punktreihe, Kopf mit 3 Höckerchen in beiden Geschlechtern	219. A. (A.) howitti

218. **A. (A.) tasmaniae** Hope 1846 *Aphodius t.*, Hope in: P. ent. Soc. London, *v.* 4 p. 147 | 1859 *A. t.*, Harold in: Berlin. ent. Z., *v.* 3 p. 217 | 1861 *A. t.*, Harold in: Berlin. ent. Z., *v.* 5 p. 94 | 1862 *A. t.*, Harold in: Berlin. ent. Z., *v.* 6 p. 381 | 1867 *A. longitarsus*, L. Redtenbacher in: Reise Novara, *v.* 2 II p. 58 | 1904 *A. tasmaniae*, Blackburn in: P. R. Soc Victoria, ser. 2 *v.* 17 p. 153 | 1911 *A. t.*, Ad. Schmidt in: Ent. Zeit Stettin, *v.* 72 p. 50 | 1913 *A. (Acrossidius) t.*, Ad. Schmidt in: Arch. Naturg., *v.* 79 A fasc. 11 p. 135.

♂. Kopf fein und zerstreut punktiert, Clipeus abgerundet, Wangen mit abgerundeter Spitze. Thorax breiter als die Flügeldecken, mit gerundeten Seiten, oberseits fein und vereinzelt punktiert, besonders in der Mitte, die Seiten und schwach angedeutete Hinterwinkel gerandet. Schildchen in beiden Geschlechtern vereinzelt und fein punktiert. Flügeldecken fein gestreift, Zwischenräume konvex, neben den Rändern mit deutlicher Haarpunktreihe,

Mitte derselben glatt. Enddorn der Vordertibien kurz und breit, seine innere Seite nach vorn im Bogen verlaufend, so, daß nach außen eine Spitze entsteht. Oberer Enddorn der Hintertibien reichlich so lang wie 1. Tarsenglied, dieses länger als 3 folgende Glieder. — L. 11 mm.

♀. Kopf sehr deutlich und dicht punktiert, Clipeus ausgerandet, jederseits gerundet, Wangen scharfwinklig die Augen überragend. Thorax so breit wie die Flügeldecken, die Seiten gerundet, schwächer gerandet, oberseits deutlicher und dichter punktiert. Zwischenräume der Flügeldecken konvex, in der ganzen Breite fein punktiert. Enddorn der Vordertibien spitz. 1. Glied der Hintertarsen so lang wie oberer Enddorn und wie die 2 folgenden Tarsenglieder. — L. 10 mm.

Tasmanien.

219. **A. (A.) howitti** Hope 1846 *Aphodius h.*, Hope in: P ent. Soc. London, *v.* 4 p. 147 | 1853 *A. australasiae*, Blanchard in: Voy. Pôle Sud, *v.* 4 p. 101 Atl. Col. t. 7 f. 14 | 1859 *A. howitti*, Harold in: Berlin. ent. Z., *v.* 3 p. 217 | 1861 *A. h.*, Harold l. c., *v.* 5 p. 94 | 1904 *A. h.*, Blackburn in: P. R. Soc. Victoria, ser 2 *v.* 17 p. 153 | 1911 *A. h.*, Ad Schmidt in: Ent. Zeit. Stettin, *v.* 72 p. 50 | 1913 *A. (Acrossidius) h.*, Ad. Schmidt in: Arch. Naturg., *v.* 79 A fasc. 11 p. 135.

♂. Kopf fein, vereinzelt punktiert, Clipeus abgestutzt, Wangen spitzwinklig, die Augen überragend. Thorax breiter als die Flügeldecken, fein und vereinzelt punktiert, die Seiten bis um die kaum angedeuteten Hinterwinkel gerandet. Schildchen in beiden Geschlechtern deutlich und ziemlich dicht punktiert. Flügeldecken fein gestreift. Oberer Enddorn der Hintertibien reichlich so lang wie 1. Tarsenglied, dieses kaum den 3 folgenden gleich. Enddorn der Vordertibien schmal, gleichbreit, stumpf abgerundet. — L. 10—11 mm.

♀. Kopf deutlich und dicht punktiert, Vorderrand ausgerandet, Wangen spitz, die Augen überragend. Thorax so breit wie die Flügeldecken, Seiten und Hinterwinkel gerandet, oberseits ziemlich dicht, mittelstark punktiert, stärker und dichter als beim ♀ von *A. (A.) tasmaniae* Hope (nr. 218). Flügeldecken fein gestreift, die konvexen Zwischenräume fein und dichter punktiert als beim ♂. Oberer Enddorn der Hintertibien reichlich so lang wie 1. Tarsenglied, dieses so lang wie 2 folgende Glieder. — L. 10 mm.

Australien, Tasmanien.

220. **A. (A.) andersoni** Blackb. 1904 *Aphodius a.*, Blackburn in: P. R. Soc. Victoria, ser. 2 *v.* 17 p. 152, 154 | 1913 *A. (Acrossidius) a.*, Ad. Schmidt in: Arch. Naturg., *v.* 79 A fasc. 11 p. 135.

Glänzend, rotbraun. Kopf dicht und deutlich, nach hinten feiner punktiert, Stirnlinie ohne Höckerchen, Clipeus gerundet. Thorax quer, etwas ungleich, nicht dicht punktiert, besonders in der Mitte, die Seiten und die ganz abgerundeten Hinterwinkel gerandet. Schildchen wie bei *A. (A.) howitti* Hope (nr. 219) punktiert. Flügeldecken stark gestreift, Streifenpunkte etwas die schwach konvexen Zwischenräume kerbend, diese fein, fast gereiht punktiert. — L. 10 mm (ex Blackburn).

Südaustralien.

bb) Subgen. **Aganocrossus** Reitter

1895 *Aphodius (A.)*, Reitter in: Wien. ent. Zeit., *v.* 14 p. 208.

Mittelgroße, flach gewölbte Arten, schwarz, Flügeldecken zuweilen hellbraun, einzeln aufstehend behaart, Kopf mit tief eingedrückter, ungehöckerter Stirnlinie, Basis des Halsschildes ungerandet, Schildchen dreieckig, Endborsten der Hintertibien ungleich.

Kopf klein, schwach gewölbt, am Rande verflacht, fein punktiert, nach vorn rundlich verschmälert, Clipeus wenig ausgerandet, jederseits abgerundet, Wangen sehr schmal, die Augen nicht überragend. Thorax quer, mit schwach gerundeten Seiten, die Scheibe äußerst fein punktiert, die Seiten mit wenigen, mittelstarken Punkten. Schildchen schmal. Flügeldecken fein gestreift, Zwischenräume flach oder gewölbt, neben den Streifen mit deutlicher Haarpunktreihe. Unterseite meistens wie oben gefärbt, Schenkel viel heller, sie sind punktiert und behaart.

Hierher gehören 2 Arten aus Asien und Afrika (nr. 221, 222).

Bestimmungstabelle der Arten:

Seiten und Spitze der Flügeldecken mit einzelnen, aufstehenden Haaren	221. **A. (A.) urostigma**
Ganze Oberseite der Flügeldecken aufstehend behaart .	222. **A. (A.) amoenus**

221 **A. (A.) urostigma** Har 1862 *Aphodius u.*, Harold in: Berlin. ent. Z., *v.* 6 p. 170 | 1875 *A u.*, C. O. Waterhouse in: Tr ent. Soc. London, p. 90 | 1880 *A. u.*, Harold in: Mt. Münch. ent. Ver., *v.* 4 p 156 | 1895 *A (Aganocrossus) postpilosus,* Reitter in: Wien. ent. Zeit., *v.* 14 p. 209 | 1913 *A. (A.) urostigma,* Ad. Schmidt in: Arch. Naturg., *v.* 79 A fasc. 11 p 135

Schwarz, Vorderrand des Kopfes und Thoraxseiten rötlich durchscheinend, auch die Spitze der Flügeldecken heller, zuweilen die letzteren mehr oder weniger braun, und die Schulter oder die ganze Basis und eine Makel vor der Spitze heller, selten die abwechselnden Zwischenräume heller und dunkler braun. Kopf in der Mitte beulig erhaben, fein punktiert. Thorax hinten breiter, seitlich mit einzelnen größeren Punkten. Schildchen an der Basis vereinzelt fein punktiert. Flügeldecken an den Seiten wie der Thorax bewimpert, fein punktiert-gestreift, Zwischenräume schwach konvex, fein punktiert, vor der Spitze und an den Seiten mit je einer Reihe größerer Haarpunkte. Metatarsus länger als oberer Enddorn, so lang wie 3 folgende Glieder. — L. 5—6 mm.

Java, Ceylon, China, Japan, Malabar, Yünnan, Sumatra, Shanghai, Abessinien, Britisch- und Deutsch-Ostafrika, Transvaal, Deutsch-Südwestafrika, Angola.

222. **A. (A.) amoenus** Boh.

Diese Art zerfällt in 4 Unterarten:

222a. **A. (A.) amoenus amoenus** Boh. 1857 *Aphodius a.*, Boheman, Ins. Caffr., *v.* 2 p. 354 | 1868 *A. centralis*, Harold in: Col. Hefte, *v.* 3 p. 84 | 1910 *A. amoenus*, Ad. Schmidt in: Gen. Ins., fasc. 110 p. 75 t. 1 f. 10 | 1913 *A. (Aganocrossus) a.*, Ad. Schmidt in: Arch. Naturg., *v.* 79 A fasc. 11 p. 135.

Schwarzbraun, Vorderkopf gewöhnlich, Seiten- und Vorderrand des Halsschildes immer gelbrot, Flügeldecken hell- oder rötlichbraun, Naht und Seiten, letztere ungefähr bis zum 6. Zwischenraume, dunkler, hinter dem Schildchen ein dunkler Fleck, der bis zur Mitte und seitlich bis zum 3. Zwischenraume reicht, oft auch die Spitze dunkel. Kopf vorn leicht ausgerandet, in der Mitte schwach erhaben, fein punktiert, hinter der Stirnlinie mit einigen größeren Punkten, Wangen mit einigen sehr langen Haaren. Thorax lang bewimpert, nach hinten flachbogig erweitert, die Seitenrandung reicht bis zu den stumpfen Hinterwinkeln, dann folgen ihr einige grobe Punkte auf der äußersten Kante der Basis. Schildchenbasis mit einigen Punkten. Flügeldecken lang bewimpert, fein gestreift, Zwischenräume konvex, neben den Streifen mit je einer Reihe großer, haartragender Punkte. Metatarsus wie vorher. — L. 4—5 mm.

Orangeflußkolonie, Sesse-Inseln, Kapkolonie, Natal, Transvaal, Südrhodesia, Angola.

222b **A. (A.) amoenus vestitus** Boh. 1857 *Aphodius v*, Boheman, Ins. Caffr., *v.* 2 p. 359 | 1913 *A. (Aganocrossus) amoenus* var. *v*, Ad. Schmidt in: Arch. Naturg., *v.* 79 A fasc. 11 p. 135.

Flügeldecken einfarbig rotgelb oder gelbbraun, zuweilen mit dunklem Scheibenfleck.

Orangeflußkolonie

222c. **A. (A.) amoenus pallidicornis** F. Walker 1858 *Aphodius p.*, F. Walker in: Ann nat. Hist., ser 3 *v.* 2 p 207 | 1913 *A. (Aganocrossus) amoenus* var *p.*, Ad. Schmidt in: Arch. Naturg., *v.* 79 A fasc. 11 p. 135.

Ganze Oberseite schwarz. Größe der Stammart.

Ceylon, Malabar, Java, China, Japan, Ägypten, Britisch-Ostafrika.

222d. **A. (A.) amoenus impugnans** Ad Schm. 1907 *Aphodius a.* var. *i.*, Ad. Schmidt in: D. ent. Z., suppl. p. 4 | 1913 *A. (Aganocrossus) a.* var. *i.*, Ad. Schmidt in: Arch. Naturg., *v.* 79 A fasc. 11 p. 135.

Flügeldecken schwarz, Schultern oder die ganze Basis und ein länglicher Spitzenfleck rotgelb. Größe wie die Stammart.

Transvaal.

cc) Subgen. **Trichaphodius** Ad. Schmidt

1913 *Aphodius (T.)*, Ad. Schmidt in: Arch. Naturg., *v.* 79 A fasc. 11 p. 135.

Mittelgroße und kleinere, flach gewölbte, bräunliche Arten mit deutlich behaarten Flügeldecken, seltener ist die Behaarung derselben nur auf die Seiten beschränkt, Kopf ungehöckert, Thoraxbasis ungerandet, Schildchen dreieckig, Endborsten der Hintertibien ungleich, Metatarsus stark verlängert.

Kopf flach, abgerundet, vorn mehr oder weniger breit, höchstens sehr schwach ausgerandet, Stirnlinie unbedeutend, Wangen deutlich die Augen überragend. Thorax quer, gewöhnlich seitlich wenig herabgewölbt, hier und an den stumpfen oder abgestutzten Hinterwinkeln gerandet, Oberseite punktiert. Schildchen klein. Flügeldecken meistens mit heller, dunkel umrandeter Makel vor der Spitze, fehlt dieselbe, so sind die Arten außer den anderen Merkmalen besonders an dem sehr kurzen Metasternum kenntlich, Streifen fein, selten deutlicher, Zwischenräume selten konvex oder deutlich punktiert. Unterseite mehr oder weniger deutlich punktiert. Metatarsus meistens länger als 3 folgende Glieder. ♂ zeichnen sich gewöhnlich durch verbreiterte Mitteltibien aus.

Hierher gehören 19 und 2 in der Untergattung unsichere Arten aus Afrika, Asien, Amerika (nr. 223—243).

Bestimmungstabelle der Arten:

1 { Thorax auf der ganzen Fläche deutlich punktiert — 2
Thorax nur an den Seiten deutlich punktiert — 7

2 { Hinterwinkel deutlich ausgerandet. Größere Arten — 3
Hinterwinkel stumpf oder stumpf abgerundet — 4

3	Kurze, breite Gestalt, Flügeldecken nicht zweimal so lang wie der Thorax, hinten breit abgestutzt, Oberseite dunkelbraun	240 **A. (T.) sinuatus**
	Längere Gestalt, Flügeldecken mehr als zweimal so lang wie der Thorax, hinten zugespitzt, Oberseite dunkelbraun	241. **A. (T.) pilosus**
4	Oberseite gelbbraun, Flügeldecken mit dunkler Naht, nur seitlich behaart, mit schräger Spitzenmakel	224. **A. (T.) opisthinus**
	Flügeldecken deutlich behaart, mit und ohne helle Makel — **5**	
5	Flügeldecken mit heller, dunkel begrenzter Makel vor der Spitze	223. **A. (T.) humilis**
	Flügeldecken einfarbig braun, ohne dunkel begrenzte Makel — **6**	
6	Ganze Oberseite kurz behaart, Flügeldecken einfarbig blaß hellbraun	225. **A. (T.) serrulatus**
	Nur die Flügeldecken behaart, sie sind heller oder dunkler braun, im letzten Falle mit heller Strichmakel im 4. Zwischenraum, Thorax gleichmäßig verteilt, fein und ziemlich dicht punktiert, Zwischenräume der Flügeldecken zur Spitze stärker erhaben und bis auf die 3 seitlichen frei auslaufend	226. **A. (T.) costatulus**
	Nur die Flügeldecken behaart, sie sind dunkelbraun, mit undeutlicher heller Makel im 4. Zwischenraum vor der Spitze, Thorax auf der Scheibe nur vereinzelt und fein, an den Seiten wenig zahlreicher, etwas größer punktiert	**A. (T.) longus**[1]
7	Flügeldecken mit dreieckigem, unbehaarten Fleck neben und hinter dem Schildchen, der übrige Teil derselben deutlich behaart, Oberseite schwarz oder hellbraun	227. **A. (T.) foveiventris**
	Flügeldecken gleichmäßig behaart, selten nur an den Seiten oder ganz ohne Behaarung — **8**	
8	Oberseite unbehaart, kastanienbraun, Kopf vorn und Thoraxseiten gelblichrot, Flügeldecken in $^2/_3$ der Länge scharf konvex	228. **A. (T.) volxemi**
	Flügeldecken ganz oder nur seitlich behaart — **9**	
9	Flügeldecken nur seitlich behaart — **10**	
	Flügeldecken ganz behaart — **12**	
10	Oberseite schwarzbraun, Flügeldecken wenig heller, 2. Zwischenraum und eine schräge Querbinde vor der Spitze gelblich	229. **A. (T.) copulatus**
	Oberseite, besonders aber die Flügeldecken viel heller — **11**	
11	Flügeldecken seitlich und vor der Spitze dicht behaart, hier mit heller, dunkel begrenzter Makel. Thoraxscheibe dunkel	230. **A. (T.) calcaratus**
	Flügeldecken nur seitlich dünn behaart, ohne helle Makel, dunkler Scheibenfleck des Halsschildes in der Mitte geteilt	231. **A. (T.) divisus**
12	Flügeldecken ohne helle Makel — **13**	
	Flügeldecken mit heller, dunkel umrandeter Spitzenmakel — **14**	

[1]) Siehe nr. 686.

13	Oberseite hellbraun, aber Kopf und Thorax ohne die Seiten, der 1. Zwischenraum und alle Streifen der Flügeldecken dunkler	232.	A. (T.) nigrovirgatus
	Oberseite gelblichbraun, Scheibe des Halsschildes wenig angedunkelt, Naht tief dunkel, Körper lang und schmal	233	A. (T.) manifestus
	Oberseite schwarzbraun, weniger schlank, Thorax breiter als die Flügeldecken	234	A. (T.) imperiosus
14	Zwischenräume der Flügeldecken flach, sehr dicht punktiert, braun, Thoraxscheibe schwarzbraun	235	A. (T.) cinerascens
	Zwischenräume konvex — **15**		
15	Oberseite gelblichbraun, Scheibe des Halsschildes wenig dunkler, Flügeldecken sehr deutlich punktiert	236.	A. (T.) leoninus
	Kopf und Thorax schwarzbraun, Flügeldecken etwas heller, fein punktiert, am Grunde chagriniert — **16**		
16	Thorax in der Mitte der Seiten nicht ausgerandet	237.	A. (T.) reichei
	Thoraxseiten ausgerandet — **17**		
17	Thorax vor der Mitte ausgerandet, Seiten und Basis reichlich punktiert	238.	A. (T.) segmentaroides
	Thoraxseiten hinter der Mitte ausgerandet, Seiten nur einzeln punktiert	239.	A. (T.) segmentarius

223. **A. (T.) humilis** Roth 1851 *A. h.*, Roth in: Arch. Naturg., *v.* 17 I p. 132 | 1871 *A. h.*, Harold in: Col. Hefte, *v.* 8 p. 21 | 1901 *A. lanuginosus*, Péringuey in: Tr. S. Afr. Soc., *v.* 12 p. 385 | 1913 *A. (Trichaphodius) humilis*, Ad. Schmidt in: Arch. Naturg., *v.* 79 A fasc. 11 p. 136.

Oberseite ganz behaart, heller oder dunkler braun, Kopf und Thorax auf der Mitte gewöhnlich dunkler, Flügeldecken vor der Spitze mit heller, schräg nach hinten und laterad ziehender Makel im 2.—7. Zwischenraume, dieselbe ist vorn und hinten dunkel begrenzt. Kopf abgerundet, vorn abgestutzt oder sehr leicht ausgerandet, flach, mit undeutlicher Stirnlinie, ziemlich dicht punktiert, Wangen als kleine Spitze die Augen überragend. Thorax nach vorn geradlinig verengt, ziemlich dicht, kaum größer als der Kopf punktiert, Hinterwinkel stumpf. Flügeldecken fein gestreift, Zwischenräume schwach konvex, fast so groß wie der Thorax punktiert. Unterseite und Schenkel einzeln punktiert und behaart. ♂. Metasternum vertieft, behaart, Enddorn der Vordertibien kräftig, seine Spitze umgebogen. ♀. Metasternum nur mit Mittellinie, Enddorn schlank und spitz. — L. 3—4,5 mm.

Ostindien, Afrika.

224. **A. (T.) opisthinus** Bates 1887 *Aphodius o.*, H. Bates in: Biol. Centr.-Amer., Col. *v.* 2 II p. 92, suppl. p. 392 | 1887 *A. duplex* (non L. Le Conte 1878), H. Bates l. c., p. 87 t. 6 f. 15 | 1913 *A. (Trichaphodius) opisthinus*, Ad. Schmidt in: Arch. Naturg., *v.* 79 A fasc. 11 p. 136.

Gelbbraun, Thoraxmitte wenig angedunkelt, die Seiten und der Kopf gelblichrot. Letzterer in der Mitte mit deutlicher Erhöhung, dicht und fein punktiert, Stirnnaht fein, Clipeus abgestutzt, leicht ausgerandet, Wangen stumpf abgerundet, die Augen überragend. Thorax im schwachen Bogen nach vorn verschmälert, die Seiten bis zu den abgestutzten Hinterwinkeln gerandet, oberseits ziemlich dicht, ein wenig stärker als der Kopf punktiert. Flügeldecken deutlich gestreift, Nahtstreif vor der Spitze vertieft, dunkel, Streifenpunkte an den Seiten besonders deutlich, Zwischenräume fein punktiert, die seitlichen dichter und etwas stärker, Spitzenmakel gezackt, im 3. bis

7. Zwischenraum liegend, vorn und hinten dunkel begrenzt. 1. Glied der Hintertarsen etwas länger als oberer Enddorn, länger als 3 folgende Glieder. — L. 4 mm.

Mexiko, Costarica.

225 **A. (T.) serrulatus** Quedf 1884 *A. s.*, G Quedenfeldt in: Berlin. ent. Z., *v.* 28 p. 283 | 1913 *A. (Trichaphodius) s.*, Ad. Schmidt in: Arch. Naturg., *v.* 79 A fasc. 11 p 136.

Länglich, wenig gewölbt, hellbraun, Kopf und Thorax wenig dunkler, Oberseite kurz behaart. Kopf flach, mit geringer Erhabenheit in der Mitte, dicht und fein punktiert, Wangen als kleine Ecke die Augen überragend, Clipeus abgestutzt, kaum merklich ausgerandet. Thorax vorn wenig schmaler, wie der Kopf punktiert, Hinterwinkel stumpf abgerundet. Flügeldecken deutlich gestreift, Zwischenräume gewölbt, fein punktiert. 1. Glied der Hintertarsen länger als oberer Enddorn und als 3 folgende Glieder. — L. 3,25 mm.

Malange (Angola).

226 **A. (T.) costatulus** Ad. Schm 1908 *A. c.*, Ad. Schmidt in: Ent. Wochenbl., *v.* 25 p. 47 | 1913 *A (Trichaphodius) c.*, Ad. Schmidt in: Arch. Naturg., *v.* 79 A fasc. 11 p 136.

Länglich-oval, nicht vollglänzend, heller oder dunkler braun, Hinterkopf, Scheibe des Halsschildes, ein Seitenfleck an letzterem und Naht der Flügeldecken immer etwas dunkler. Kopf fast halbkreisförmig, vorn abgestutzt, nicht ausgerandet, die Mitte schwach erhöht, Nahtlinie vertieft, ohne Höcker, fein punktiert, hinten etwas dichter, Wangen nicht vom Kopfrande abgesetzt, stumpfwinklig, die Augen überragend. Thorax quer, ziemlich dicht und fein punktiert, mit glatter, ebener oder erhöhter Mittellinie, die Seiten und stumpf abgerundete Hinterwinkel gerandet. Flügeldecken nach der Mitte leicht erweitert, dann sehr deutlich verjüngt, dunkle Exemplare haben im 4. Zwischenraume eine längliche, helle Strichmakel. Oberer Enddorn der Hintertibien gleich dem 1. Tarsengliede. Unterseite bräunlich, Schenkel heller, einzeln punktiert und behaart. ♂. Kopf vorn breit, Thorax breiter als Flügeldecken, die Seiten gerundet, fein, fast gleichmäßig punktiert, Flügeldecken deutlich behaart, Metatarsus länger als 3 folgende Glieder, Enddorn der Vordertibien abgestutzt. ♀. Kopf vorn schmaler, schwach ausgerandet, Thorax geradseitig nach hinten verbreitert, wenig stärker, etwas ungleich punktiert, Flügeldeckenseiten und Spitze nur behaart, Enddorn zugespitzt, Metatarsus kaum so lang wie 3 folgende Tarsenglieder. — L. 4—5 mm.

Hinterindien.

227. **A. (T.) foveiventris** Raffr

Diese Art zerfällt in 2 Unterarten:

227a. **A. (T.) foveiventris foveiventris** Raffr. 1877 *A. f.*, Raffray in: Rev. Mag. Zool., ser 3 *v.* 5 p. 326 | 1913 *A. (Trichaphodius) f.*, Ad. Schmidt in: Arch. Naturg., *v.* 79 A fasc. 11 p. 136.

Einfarbig gelbbraun, glänzend, Kopf flach, äußerst fein und zerstreut punktiert, Stirnlinie angedeutet, Clipeus kaum abgestutzt, Wangen sehr unbedeutend. Thorax nach hinten etwas verbreitert, bis zu den stumpfen Hinterwinkeln fein gerandet, oberseits äußerst fein, kaum wahrnehmbar punktiert, seitlich mit einzelnen, wenig größeren Punkten. Flügeldecken fein gestreift, Zwischenräume flach, fein und vereinzelt punktiert, die Seiten und Spitze deutlicher und dichter, der unbehaarte Teil der Flügeldecken hat die Gestalt eines Dreiecks, dessen Spitze nach hinten gerichtet ist. Unterseite fein, nicht dicht punktiert, Abdomen einzeln lang behaart. 1. Glied der Hintertarsen länger als oberer Enddorn, so lang wie 3 folgende Glieder. ♂. Mitteltibien zur Spitze stärker verbreitert, Metasternalplatte mit tiefer, breiter Grube. ♀. Mitteltibien normal, Metasternalplatte nur mit Längsfurche. — L. 3 mm.

Abessinien.

227b. **A. (T.) foveiventris sericeus** Ad. Schm 1909 *A. s.*, Ad. Schmidt in: Not. Leyden Mus., *v.* 31 p. 107 | 1913 *A. (Trichaphodius) foveiventris* var s., Ad. Schmidt in: Arch. Naturg, *v.* 79 A fasc 11 p. 136.

Unterscheidet sich von voriger Unterart nur durch die Färbung. Schwarzbraun, schmaler Rand des Kopfes und die Seiten des Halsschildes breiter hell gefärbt und etwas zahlreicher punktiert. — L. 2,5—3 mm.

Senegal.

228. **A. (T.) volxemi** Har. 1876 *A. v.*, Harold in: Ann. Soc. ent. Belgique, *v.* 19 CR. p. 93 | 1913 *A. (Trichaphodius) v*, Ad. Schmidt in: Arch. Naturg, *v.* 79 A fasc. 11 p. 136.

Kastanienbraun, Thoraxränder heller, glänzend, Spitze der Flügeldecken matt. Kopf eben, gleichmäßig gerundet, äußerst fein, vereinzelt punktiert, Stirnlinie deutlich, nach hinten gebogen, Wangen spitzwinklig, die Augen überragend. Thorax wenig gewölbt, so fein wie der Kopf punktiert, seitlich mit einigen etwas größeren Punkten, die Seiten und schräg abgestutzte Hinterwinkel gerandet. Flügeldecken fein gestreift, Streifenpunkte wenig deutlich, Zwischenräume scharf konvex, an der Spitze flacher, fein punktiert. Abdomen an den Seiten und der Spitze vereinzelt abstehend behaart. 1. Glied der Hintertarsen so lang wie oberer Enddorn, länger als 3 folgende Glieder. ♂. Metasternalplatte stark vertieft und behaart, beim ♀ eben, nur mit Mittellinie. — L. 5—6 mm.

Brasilien.

229 **A. (T.) copulatus** nom. nov Ad. Schm. 1855 *A. connexus* (non E. Mulsant 1842), Klug in: Monber. Ak. Berlin, p 656 | 1862 *A. c.*, Klug in: Peters, Reise Mossamb., *v.* 5 p. 245 t. 14 f. 9 | 1913 *A. (Trichaphodius) c.*, Ad. Schmidt in: Arch. Naturg., *v.* 79 A fasc. 11 p. 136.

Dunkelbraun, glänzend, Thorax an den Seiten, Flügeldecken an der Basis, den Seiten und im 2. Zwischenraume gelblich, eine ebenso gefärbte Makel verbindet letzteren mit den hellen Seiten vor der Spitze, zuweilen ist auch die Spitze heller, seltener der Seitenrand in der Spitzenhälfte dunkler, es bleibt dann nur der Raum unter der Schulter und nach der Spitze zu der 8. Zwischenraum heller. Kopf flach, gerundet, mikroskopisch fein und vereinzelt punktiert, Stirnnaht sehr schwach, Wangen als kleine Spitze hervorstehend. Thorax hinten breiter, fein und vereinzelt punktiert, bis zu den stumpf abgerundeten Hinterwinkeln gerandet. Flügeldecken deutlich gestreift, Streifen hinten schwächer, Zwischenräume flach, seitlich dichter punktiert und kurz behaart. Unterseite einzeln punktiert, Abdomen aufstehend behaart. 1. Glied der Hintertarsen gleich dem obern Enddorne, länger als 3 Glieder. ♂. Metasternalplatte vertieft und dicht punktiert. — L. 3—4 mm

Helle Exemplare ähneln sehr dem *A. (T.) opisthinus* Bates (nr. 224), unterscheiden sich aber durch den fast glatten Kopf und glatte Thoraxmitte, weniger erhabene, frei auslaufende Rückenstreifen, während bei

A. (T.) opisthinus der 5. und 7. immer verbunden sind, und durch das auffallend kurze Metasternum.

Tette, Mozambique, Abessinien, Senegal.

230. **A. (T.) calcaratus** Boh. 1857 *A c.*, Boheman, Ins. Caffr., *v.* 2 p. 353 | 1859 *A schaumi,* Harold in: Berlin. ent Z., *v.* 3 p 205 | 1913 *A. (Trichaphodius) calcaratus*, Ad. Schmidt in: Arch. Naturg., *v.* 79 A fasc. 11 p. 136.

Hellbraun, Kopf ohne Vorderrand, Thorax ohne Seiten und Basis dunkel rotbraun, Flügeldecken an den Seiten und der Spitze behaart, mit heller Spitzenmakel im 2.—4. Zwischenraume, die nach vorn breit, dunkel begrenzt wird. Kopf flach, vorn abgestutzt, äußerst fein punktiert, mit sichtbarer Stirnnaht, Wange als kleine Ecke vorstehend. Thorax geradlinig nach vorn verschmälert, die Seiten bis zu den stumpf abgerundeten Hinterwinkeln fein gerandet, seitlich mit zerstreuten, feinen Punkten. Schildchen fein punktiert. Flügeldecken deutlich gestreift, die Streifen vor der Spitze schwächer, Streifenpunkte undeutlich, Zwischenräume leicht konvex, fein, an den Seiten und der Spitze viel dichter punktiert. Abdomen mit Querreihe lang abstehender Haare. Metasternum sehr kurz. ♂. Enddorn der Vordertibia stumpf, mit umgebogener Spitze, Tarsen des Mittelbeines stark verdickt, 2.—4. Glied kurz, kugelig, das 1. so lang wie die 3 folgenden, Klauen stark gekrümmt, mit zahnartiger Verbreiterung an der Basis. ♀. Enddorn der Vordertibia und Tarsen des Mittelbeines normal. 1. Glied der Hintertarsen in beiden Geschlechtern so lang wie oberer Enddorn, länger als die 3 folgenden Glieder. — L. 4—5 mm.

Abessinien, Usambara, Transvaal, Ovamboland, Oranje Kolonie.

231 **A. (T.) divisus** Ad Schm. 1908 *A. d.*, Ad. Schmidt in: Soc. ent., *v.* 23 p. 41 | 1913 *A (Trichaphodius) d.*, Ad. Schmidt in: Arch. Naturg., *v.* 79 A fasc. 11 p. 136.

Hell gelbbraun, Hinterkopf, Scheibe des Halsschildes, ein Seitenfleck und Nahtstreif der Flügeldecken dunkler, Scheibenfleck des Halsschildes stets in der Mitte geteilt. Kopf flach, mit unbedeutender Erhöhung, fein, vereinzelt punktiert, vorn und an den Seiten mit einzelnen größeren Punkten, Stirnnaht sichtbar, Wange überragt als kleine Ecke das Auge. Thorax gradlinig nach hinten verbreitert, bis zu den stumpf abgerundeten Hinterwinkeln gerandet, die Seiten in etwas größerer Breite deutlich, aber zerstreut punktiert. Schildchen mit dunklen Rändern. Streifenpunkte der Flügeldecken wenig deutlich, Zwischenräume konvex, vor der Spitze flacher, hier und seitlich dicht punktiert und behaart. Metasternum an den Seiten und die Schenkel vereinzelt punktiert und behaart. Segmente des Abdomen mit Querreihe großer, haartragender Punkte. ♂. Thorax breiter als die Flügeldecken, Enddorn der Vordertibien robust, abgestutzt, 1. Glied der Hintertarsen so lang wie der übrige Fuß. ♀. Thorax schmaler, Enddorn schlanker, Metatarsus nur etwas länger als 3 folgende Glieder. — L. 5 mm.

Bagamojo, Sansibar, Transvaal.

232 **A. (T.) nigrovirgatus** Ad. Schm 1909 *A. nigrosulcatus* (non *Scarabaeus n.* Marsham 1802), Ad. Schmidt in: Soc. ent., *v.* 23 p. 189 | 1911 *A. nigrovirgatus*, Ad. Schmidt in: Ent Zeit. Stettin, *v.* 72 p 49 | 1913 *A. (Trichaphodius) n.*, Ad. Schmidt in: Arch. Naturg., *v.* 79 A fasc 11 p. 136.

Hellbraun, Kopf und Thorax ohne die Seiten, der 1. Zwischenraum und die Streifen der Flügeldecken dunkler, wenig glänzend, Flügeldecken beim ♂ 2reihig, beim ♀ nur seitlich und an der Spitze behaart. Kopf mit flacher Beule, sehr feiner Stirnnaht und kleinen, die Augen wenig überragenden Wangen. Thorax quer, nach hinten geradlinig verbreitert, sehr fein punktiert, seitlich mit größeren Punkten untermischt, die Seiten und stumpfe Hinterwinkel gerandet. Schildchen vereinzelt punktiert. Flügeldecken beim ♀ deutlicher gestreift, Streifenpunkte greifen die Ränder der konvexen Zwischenräume leicht an, diese sind fein und vereinzelt punktiert, beim ♂ fein gestreift, Zwischenräume flach, dicht und deutlicher punktiert. Unterseite heller, glänzend, vereinzelt punktiert und behaart. Oberer Enddorn der Hintertibien kürzer als 1. Tarsenglied, dieses länger als 3 folgende Glieder. ♂. Clipeus breit abgestutzt, Enddorn der Vordertibien breit, mit stumpfer Spitze, Flügeldecken ganz behaart, Thorax seitlich feiner und zerstreuter punktiert. ♀. Clipeus abgerundet, Enddorn spitz, Flügeldecken nur an der Spitze und den Seiten behaart, Thorax seitlich dichter und größer punktiert. — L. 4—5 mm.

Yünnan.

233. **A. (T.) manifestus** Ad Schm. 1911 *A. m.*, Ad. Schmidt in: Ent. Zeit. Stettin, *v.* 72 p 15 | 1913 *A. (Trichaphodius) m.*, Ad. Schmidt in Arch. Naturg., *v.* 79 A fasc. 11 p 136.

Gelblichbraun, Hinterkopf, Thoraxscheibe und Naht der Flügeldecken dunkler, Flügeldecken behaart. Kopf flach, vereinzelt fein punktiert, Stirnlinie schwach angedeutet, die Wangen bilden eine kleine Ecke, Clipeus abgerundet, kaum abgestutzt. Thorax vorn gerundet, hinten mehr geradseitig, die Seiten und stumpfe Hinterwinkel gerandet, erstere mit einigen deutlichen Pünktchen. Schildchen mit dunklen Rändern. Streifen der Flügeldecken hinten feiner, Zwischenräume hier flach, vorn etwas gewölbt, fein, an den Seiten und der Spitze dichter punktiert. Unterseite vereinzelt punktiert und behaart. Enddorn der Vordertibien gleichbreit, abgestutzt und herabgebogen. 1. Glied der Hintertarsen so lang wie oberer Enddorn, länger als 3 folgende Tarsenglieder. — L. 4,5 mm.

Natal.

234. **A. (T.) imperiosus** Ad Schm 1911 *A. i.*, Ad. Schmidt in: Ent. Zeit. Stettin, *v.* 72 p. 8 | 1913 *A. (Trichaphodius) i.*, Ad. Schmidt in. Arch. Naturg., *v.* 79 A fasc. 11 p. 136.

Von breiter Gestalt, schwärzlichbraun, Seiten des Halsschildes und Spitze der Flügeldecken etwas heller. Kopf flach, vorn etwas abgestutzt, sehr fein und zerstreut punktiert, Stirnlinie deutlich, Wangen klein, stumpfwinklig, die Augen überragend. Thorax geradlinig nach hinten verbreitert, vor dem Schildchen mit kleinem dreieckigem, vor den Hinterwinkeln mit größerem, rundlichem Eindruck, die Seiten fein punktiert. Schildchen fein behaart. Flügeldecken schmaler als der Thorax, parallel, an der Spitze breit abgerundet, fein gestreift, Zwischenräume flach, mehrreihig punktiert und behaart. Unterseite heller, Abdomen zerstreut punktiert und behaart. 1. Glied der Hintertarsen gleich dem obern Enddorne und den 3 folgenden Gliedern. ♂. Vordertibien zur Spitze kaum verbreitert, Enddorn gleichbreit. abgestutzt und nach innen gebogen, Metasternum vertieft und behaart. ♀ unbekannt. — L. 5 mm.

Senegal.

235. **A. (T.) cinerascens** Klug 1855 *A. c*, Klug in: Monber. Ak. Berlin, p. 656 | 1862 *A. c.*, Klug in: Peters, Reise Mossamb., *v.* 5 p. 246 | 1913 *A. (Trichaphodius) c.*, Ad. Schmidt in: Arch. Naturg., *v.* 79 A fasc. 11 p 136.

Kopf und Thorax dunkelbraun, letzterer an den Seiten und die Flügeldecken heller braun, Spitzenmakel mehr oder weniger dunkel begrenzt.

Kopf abgerundet, vorn etwas abgestutzt, ganz flach, kaum wahrnehmbar punktiert, mit schwach erhöhter Stirnnaht, die Wangen bilden eine kleine Ecke. Thorax schwach gerundet, die Seiten bis zu den stumpf abgerundeten Hinterwinkeln gerandet, seitlich mit wenigen, feinen Punkten. Flügeldecken mit schmal angedunkelter Naht, fein gestreift, Zwischenräume fast flach, sehr dicht punktiert und behaart. Unterseite vereinzelt punktiert und behaart. 1. Glied der Hintertarsen gleich dem obern Enddorne, fast so lang wie die 4 folgenden Glieder. ♂ mit vertiefter, dicht punktierter und behaarter Metasternalplatte. — L. 5 mm.

Tette.

236. **A. (T.) leoninus** Ad. Schm. 1911 *A. l.*, Ad. Schmidt in: Ent. Zeit. Stettin, *v.* 72 p. 13 | 1913 *A (Trichaphodius) l.*, Ad Schmidt in: Arch. Naturg., *v.* 79 A fasc. 11 p. 136.

Einfarbig gelblich hellbraun, Thoraxseiten heller, Flügeldecken gewölbter als bei der vorigen Art. Kopf ganz flach, kaum wahrnehmbar punktiert, Stirnnaht sichtbar, Clipeus abgerundet, kaum abgestutzt, Wangen als spitze Ecke hervorragend. Thorax geradlinig nach vorn verschmälert, mit schwacher Mittellinie vor dem Schildchen, Seiten fein, etwas dicht punktiert, niederliegend behaart, die feine Seitenrandung reicht bis zu den stumpfen Hinterwinkeln, sie ist schwärzlich wie die Basiskante. Flügeldecken mit geschwärzter Nahtkante, deutlich gestreift, sehr deutlich punktiert und 2reihig behaart. Metasternum flach vertieft und behaart. 1. Glied der Hintertarsen länger als oberer Enddorn und 3 folgende Glieder. — L. 4 mm.

Maschonaland.

237 **A. (T.) reichei** Har 1859 *A r*, Harold in: Berlin ent. Z., *v.* 3 p. 210 | 1913 *A (Trichaphodius) r*, Ad Schmidt in: Arch. Naturg, *v.* 79 A fasc. 11 p 136

Hinterkopf und Scheibe des Halsschildes dunkelbraun, Flügeldecken etwas heller, ebenso Vorderkopf und die Seiten des Halsschildes. Kopf flach, mit geringer Erhöhung in der Mitte, die beim ♀ deutlicher ist, kaum sichtbar punktiert, Clipeus abgerundet, vorn mehr oder weniger breit abgestutzt, Wangen überragen als kleine spitze Ecke die Augen. Thorax nach hinten verbreitert, die Seiten und stumpf abgerundete Hinterwinkel gerandet, neben den Seiten und zuweilen auch vor der Basis mit deutlichen, kaum mittelstarken Punkten. Flügeldecken gestreift, Streifenpunkte fein und flach, Zwischenräume konvex, zur Spitze flach, erster gewöhnlich dunkler, sie sind 2reihig punktiert und behaart, Spitzenmakel oft wenig bemerkbar und kaum dunkel begrenzt. Unterseite vereinzelt punktiert und behaart, auch das Abdomen. ♂. Clipeus breiter abgestutzt, Enddorn der Vordertibien stumpfspitzig, Metasternum breitgrubig vertieft, Hintertibien stark verbreitert, Metatarsus gleich dem übrigen Fuß. ♀. Clipeus schmaler abgestutzt, Enddorn zugespitzt, Metasternalplatte mit Mittellinie oder Längsfurche, Hintertibien schlank, Metatarsus nur etwas länger als 3 folgende Glieder. Variiert stark in Größe und Färbung, die bald heller, bald dunkler ist. — L. 3—5,5 mm.

Java, Celebes, Luzon, Hinterindien, Neuguinea.

238 **A. (T.) segmentaroides** Ad. Schm. 1909 *A. s.*, Ad Schmidt in: Soc. ent., *v.* 24 p. 11 | 1913 *A. (Trichaphodius) s.*, Ad. Schmidt in. Arch. Naturg., *v.* 79 A fasc. 11 p. 136.

Diese Art ist der vorhergehenden in Gestalt, Größe, Färbung und Skulptur sehr ähnlich, unterscheidet sich hauptsächlich durch die Ausrandung der Thoraxseiten vor der Mitte, die beim ♂ tiefer, beim ♀ zuweilen nur angedeutet ist, ferner durch dichtere Punktierung neben den Seiten, durch das breitere Mesosternum zwischen den Mittelhüften, den schlanken, spitzen Enddorn der Vordertibien in beiden Geschlechtern und die nicht verbreiterten Hintertibien beim ♂. — L. 5 mm.

Vorderindien.

239. **A. (T.) segmentarius** Har 1879 *A. s.*, Harold in: Col. Hefte, *v.* 16 p. 227 | 1913 *A. (Trichaphodius) s.*, Ad. Schmidt in: Arch. Naturg., *v.* 79 A fasc. 11 p. 136.

Unterscheidet sich von der vorigen Art außer durch die Größe dadurch, daß die Ausrandung hinter der Mitte liegt und der Thorax seitlich nur sehr vereinzelt punktiert ist. — L. 7—7,5 mm (ex Harold).

240. **A. (T.) sinuatus** Har. 1860 *A. s.*, Harold in: Ann. Soc. ent. France, ser. 3 *v.* 8 p. 614 | 1861 *A. s.*, Harold in. Berlin. ent. Z., *v.* 5 p. 93, 95 | 1913 *A. (Trichaphodius) s.*, Ad. Schmidt in: Arch. Naturg., *v.* 79 A fasc. 11 p. 136.

Kurze, breite Art, nicht vollglänzend, einfarbig dunkelbraun, Kopf seitlich heller, die ganze Oberseite behaart. Kopf flach abgerundet, vorn kaum abgestutzt, neben den Rändern breit verflacht, fein, aber deutlich, nicht dicht punktiert, Wangen wenig die Augen überragend. Thorax sehr quer, bogig nach hinten verbreitert, die Seiten gerandet, Hinterwinkel ausgerandet, Basis deutlich gebuchtet, etwas größer und verhältnismäßig auch dichter punktiert als der Kopf. Schildchen punktiert und behaart. Flügeldecken länglich-viereckig, seitlich schwach gerundet, Zwischenräume wenig konvex, dicht und deutlich punktiert und behaart. Unterseite, auch das Metasternum in der Mitte, sowie die Schenkel deutlich punktiert und behaart. 1. Glied der Hintertarsen so lang wie oberer Enddorn und der übrige Fuß. ♂. Enddorn der Vordertibien zur Spitze verbreitert und schräg abgestutzt, Vordertibien nach unten gebogen. ♀. Vordertibien und Enddorn normal, Hinterwinkel des Halsschildes tiefer ausgerandet. — L. 5—6 mm.

Philippinen, Java, Indien.

241. **A. (T.) pilosus** Har 1874 *A. p.*, Harold in: Berlin ent Z., *v.* 18 p. 183, 190 | 1889 *A eccoptus*, H Bates in: Ent. monthly Mag, *v.* 25 p. 297 | 1913 *A. (Trichaphodius) pilosus*, Ad Schmidt in: Arch Naturg, *v.* 79 A fasc. 11 p. 136.

Wenig dunkler als vorige Art, durch längere, hinten mehr zugespitzte Gestalt und meistens gröbere Punktierung verschieden, Hinterwinkel des Halsschildes in beiden Geschlechtern gleich tief ausgerandet. 1. Glied der Hintertarsen gleich dem obern Enddorn, länger als 3 folgende Glieder. ♂. Vordertibien mediad und im vorderen Drittel nach unten gebogen, bei *A. (T.) sinuatus* Har. nicht nach innen, sondern nur in der Vorderhälfte herabgebogen, Enddorn verbreitert, gerade abgestutzt, ♀. Vordertibien und Enddorn normal. L. 7—8 mm.

Hindostan, Japan.

Zu diesem Subgen. gehören vielleicht auch folgende Arten:

242 **A. (T.) hepaticolor** Quedf 1884 *A h.* G. Quedenfeldt in: Berlin. ent. Z., *v.* 28 p. 281 | 1913 *A. (Trichaphodius) h.* Ad. Schmidt in: Arch. Naturg., *v.* 79 A fasc 11 p. 137.

Länglich, wenig konvex, lederbraun, nicht vollglänzend, Kopf vorn und Thoraxseiten heller. Kopf gerundet, in der Mitte schwach erhöht, sehr fein punktiert, Stirnlinie fein, vertieft, seitlich schwach erhöht, Wangen abgerundet, schwach. Thorax fast doppelt so breit wie lang, feiner und etwas stärker, dicht punktiert, nach hinten geradseitig verbreitert, Hinterwinkel stumpf abgerundet. Schildchen dreieckig, mit etwas abgerundeter Spitze. Flügeldecken so breit wie der Thorax, nach hinten wenig verbreitert, hier niederliegend behaart, sehr deutlich gestreift, Streifen vor der Spitze und an den Seiten flacher, Nahtstreif in der ganzen Länge mehr vertieft, Zwischenräume mäßig konvex, feiner als der Thorax punktiert. Unterseite fein und dicht punktiert und behaart. Schwach vertiefte Metasternalplatte und Beine glänzend, Metatarsus länger als oberer Enddorn und die 3 folgenden Tarsenglieder. — L. 6 mm (ex Quedenfeldt).

Angola.

243 **A. (T.) seminitidus** Quedf. 1884 *A. s.*, G. Quedenfeldt in: Berlin. ent. Z., *v.* 28 p. 282 | 1913 *A. (Trichaphodius) s.*, Ad. Schmidt in: Arch. Naturg., *v.* 79 A fasc. 11 p. 137.

A. (T.) cinerascens Klug (nr. 235) in Kopfbildung, Gestalt, Punktierung und Behaarung ähnlich, aber heller gefärbt, nämlich rötlich lehmgelb, wenig glänzend, Kopf und Thorax etwas dunkler und glänzend. Kopf breit und kurz, flach gerundet, wenig gewölbt, äußerst fein und zerstreut punktiert, Wange als kleine Ecke die Augen überragend. Thorax ein Drittel breiter als lang, nach vorn schwach im seichten Bogen verengt, Hinterwinkel sehr stumpf abgerundet, Scheibe fast glatt, die Seiten fein und zerstreut punktiert, mit einigen größeren Punkten dazwischen. Flügeldecken mäßig gestreift, an der Spitze noch feiner, Zwischenräume schwach konvex, in unregelmäßigen Reihen punktiert und behaart. Unterseite einzeln punktiert und länger behaart. Metasternalplatte schwach eingedrückt. Metatarsus so lang wie oberer Enddorn der Hintertibien und wie 3 folgende Tarsenglieder. — L. 4 mm (ex Quedenfeldt).

Angola.

dd) Subgen. **Podotenus** Ad. Schmidt

1913 *Aphodius (P.)*, Ad. Schmidt in: Arch. Naturg., *v.* 79 A fasc. 11 p. 137.

Mittelgroß, schwarz oder braun gefärbt, Flügeldecken zuweilen heller, mit dunklen Makeln, behaart (ausgenommen *A. (P.) fulviventris* Fairm. nr. 249), mit Spitzenbeule, Tarsen sehr lang, Epipleuren, besonders hinten von oben sichtbar, Thoraxbasis ungerandet, Schildchen dreieckig. Endborsten ungleich. Vordertibien beim ♂ 2-, beim ♀ 3zähnig.

Körper flach gewölbt, behaart, Flügeldecken matt, Kopf und Thorax glänzend. Kopf breit, flach, nach vorn wenig verschmälert, hier gerade abgestutzt, oft ziemlich breit aufgebogen oder schwach ausgerandet, ohne Tuberkel, mit vertiefter Querlinie, die sich vor den Augen schwach kielartig erhebt, Oberfläche feiner oder stärker punktiert, Wangen deutlich, als kleine Spitze oder rundlicher Lappen die Augen wenig überragend. Thorax quer, seitlich gerundet, die gerandeten Seiten bewimpert, Basis ohne Rand (ausgenommen *A. (P.) fulviventris* Fairm. und stark gebuchtet, Hinterwinkel abgestutzt oder ausgerandet, Oberfläche mehr oder weniger dicht und stark punktiert. Schildchen einzeln punktiert oder glatt. Flügeldecken hinten schwach verbreitert, punktiert-gestreift, mit starker Beule vor der Spitze, Zwischenräume flach, mit und ohne Tuberkel. Unterseite schwarz, Abdomen, oder wenigstens die Spitze desselben heller, ebenso die Beine. Hintertibien am Spitzenrande mit ungleichen Borsten.

Hierher gehören 6 sichere und 3 im Subgenus unsichere Arten aus Südamerika und Australien (nr. 244—253)

Bestimmungstabelle der Arten:

1	Thorax gerandet, Flügeldecken matt, unbehaart, Abdomen rot	249. A. (P.) **fulviventris**
	Basis ohne Rand, Flügeldecken behaart, mit und ohne Tuberkeln, Abdomen nie rot — **2**	
2	Flügeldecken ohne Tuberkeln, höchstens mit schwacher Andeutung derselben — **3**	
	Flügeldecken auf den ungeraden Zwischenräumen mit deutlichen Tuberkeln — **4**	
3	Die geradzahligen Zwischenräume in der Mitte mit Haarpunktreihe, die ungeraden in gleichen Abständen auf wenig bemerkbaren Erhöhungen mit Borstenbüscheln	244. A. (P.) **gracilipes**
	Flügeldecken gleichmäßig behaart, die geradzahligen Zwischenräume mit schwarzen, länglichen Flecken, ohne Tuberkeln	245. A. (P.) **victoriae**
4	Kopf und Thorax glänzend, die seitlichen Zwischenräume der Flügeldecken dicht und rauh punktiert, Metatarsus gleich den 3 folgenden Tarsengliedern	246. A. (P.) **erosus**
	Kopf und Thorax matt, die seitlichen Zwischenräume nicht rauh, Metatarsus kürzer als 3 folgende Tarsenglieder — **5**	
5	Kopf und Thorax ziemlich dicht und fein punktiert, Streifenpunkte der Flügeldecken fein	247. A. (P.) **suberosus**
	Kopf und Thorax sehr vereinzelt, stärker punktiert, Streifenpunkte deutlicher, die Zwischenräume kerbend	248. A. (P.) **insignior**

244. **A. (P.) gracilipes** Har 1867 *A. g.*, Harold in · Berlin ent. Z., *v.* 11 p. 279 | 1874 *A. g.*, Harold l. c., *v.* 18 p. 183, 188 | 1913 *A (Podotenus) g.*, Ad. Schmidt in: Arch. Naturg, *v.* 79 A fasc. 11 p. 137

Kopf und Thorax schwarz, glänzend, Flügeldecken gelbbraun, wenig glänzend, behaart. Kopf flach, grob, nicht dicht punktiert, dazwischen mit einzelnen feineren Punkten, besonders hinten, Clipeus rundlich abgestutzt, aufgebogen, jederseits gerundet wie die napfförmig vertieften Wangen, Stirnlinie vor den Augen schwach erhaben. Thorax wie der Kopf vorn punktiert, Scheibenmitte feiner, die Seiten gleichmäßig gerundet und bewimpert, vor dem Schildchen mit schwacher Längsfurche, Hinterwinkel abgestutzt. Schildchen an der Wurzel punktiert. Flügeldecken hinten breiter, punktiert-gestreift, Streifenpunkte greifen die Ränder an, Spitzenbeule deutlich, die ungeraden Zwischenräume schmaler, konvex, mit angedunkelten Flecken, in diesen mit 3—5 kurzen Borsten, die geraden flach, ihre Mitte mit einer Borstenreihe. Unterseite schwärzlich, Abdomen und Beine heller. Metasternum mit vertiefter Mittellinie und jederseits mit Punktreihe. Mittel- und Hinterschenkel groß punktiert, an letzteren hauptsächlich neben dem unteren Rande. Metatarsus gleich dem oberen Enddorne und den 3 folgenden Tarsengliedern. — L. 6—7 mm.

Chile

245. **A. (P.) victoriae** Blackb 1897 *A v.*, Blackburn in: Tr R. Soc. S. Austral., *v.* 21 p 88 | 1904 *A. v.*, Blackburn in· P. R. Soc Victoria, ser 2 *v.* 17 p. 153 | 1913 *A. (Podotenus) v.*, Ad. Schmidt in: Arch. Naturg., *v.* 79 A fasc 11 p 137.

Gestalt und Farbe der vorigen Art, die ganze Oberseite behaart. Kopf flach, in der Mitte schwach gebeult, Stirnlinie vertieft, seitlich rundlich erhöht, deutlich und ziemlich dicht punktiert, Clipeus abgestutzt, aufgebogen, seitlich mehr gerundet, Wangen klein, rundlich, vertieft und bewimpert. Thorax quer, seitlich herabgewölbt, hinter den Vorderwinkeln und neben den Hinterwinkeln etwas verflacht, die gerandeten Seiten und Hinterwinkel lang bewimpert, Basis 2buchtig, oberseits ziemlich dicht, so stark wie der Kopf punktiert, Mittelfurche hinten deutlich. Schildchen punktiert. Flügeldecken hinten breiter, punktiert-gestreift, Streifenpunkte zur Spitze deutlich, die ungeraden Zwischenräume schmaler, etwas konvex, die breiteren geraden und ebenen mit schwarzen Längsflecken, Spitzenbeule deutlich. Unterseite und Tibien schwärzlich, Schenkel und Tarsen heller. ♂. Hinterwinkel des Halsschildes schwach ausgerandet, Vordertibien schlank, 2zähnig, Enddorn gleichbreit, mit umgebogener Spitze, Clipeus abgestutzt. ♀. Thoraxwinkel tief ausgerandet, Vordertibien normal, Enddorn schlank und zugespitzt, Clipeus abgerundet. — L. 6 mm.

Ost- und Westaustralien.

246. **A. (P.) erosus** Er. 1842 *A. e*, Erichson in: Arch. Naturg, *v.* 81 p. 157 | 1904 *A. e.*, Blackburn in: P R. Soc. Victoria, ser. 2 *v.* 17 p. 152 | 1913 *A. (Podotenus) e.*, Ad. Schmidt in: Arch. Naturg., *v.* 79 A fasc. 11 p. 137.

Durch die mit Tuberkeln besetzten Flügeldecken von den vorigen Arten abweichend und mit den folgenden verwandt. Rot- oder dunkelbraun, Kopf, Thorax und Schildchen schwarz, glänzend, Flügeldecken mehr matt, Oberseite behaart. Kopf deutlich, nicht dicht punktiert, mit sichtbarer Stirnlinie, Wangen rundlich und bewimpert. Thoraxseiten gerundet, schmal gelblich und bewimpert, Basismitte hervorgezogen, jederseits gebuchtet. Schildchen punktiert. Flügeldecken hinten breiter, bei den dunkleren Arten mit helleren Rändern und Naht, Streifenpunkte fein, Zwischenräume flach, der 3. hinten breiter als die ihn umgebenden, die seitlichen schmaler, rauh punktiert, Spitzenbeule deutlich, die ungeraden Zwischenräume mit länglichen Tuberkeln, deren Zahl gewöhnlich nur 4 beträgt, während bei den folgenden Arten sich deren 6 vorfinden. 1. Glied der Hintertibien etwas länger als oberer Enddorn, so lang wie 3 folgende Tarsenglieder. ♂. Vordertibien schlank, 2zähnig, Enddorn kurz mit umgebogener Spitze, Clipeus abgestutzt wie die Hinterwinkel. ♀. Vordertibien und Enddorn normal, Clipeus schwach ausgerandet. — L. 6 mm.

Tasmanien.

247. **A. (P.) suberosus** Blackb. 1904 *A. s.*, Blackburn in: P R. Soc. Victoria, ser. 2 *v.* 17 p. 153, 154 | 1913 *A. (Podotenus) s.*, Ad. Schmidt in: Arch. Naturg., *v.* 79 A fasc. 11 p. 137.

Außer der geringeren Größe unterscheidet sich diese Art von der vorigen durch matten Kopf und Thorax. Diese sind schwarz, niederliegend behaart, Flügeldecken hellbraun, mit dunklen Tuberkeln auf den geraden Zwischenräumen. Kopf sehr flach, ohne Beule, mit vertiefter Stirnlinie, nicht sehr dicht, fein punktiert, Clipeus gerade abgestutzt. Thorax flach, neben den Seiten rotgelb, hier gerandet und gerundet, Basis ohne Rand, in der Mitte ist dieselbe schwach vorgezogen, daneben wenig gebuchtet, vor der Mitte mit Längsfurche, oberseits ziemlich dicht und fein wie der Kopf punktiert.

Schildchen unpunktiert. Flügeldecken hinten wenig breiter, fein gestreift, Streifenpunkte nur seitlich und an der Spitze sichtbar, Zwischenräume flach, die geraden mit einer Haarpunktreihe, die ungeraden mit Tuberkeln, von denen jeder mit kurzen Borsten geschmückt ist. Unterseite glänzend, schwärzlich, Abdomenspitze und Beine heller. Hintertibien mit ungleichen Borsten, oberer Enddorn kürzer als 1. Tarsenglied, dieses nicht so lang wie 3 folgende Glieder. ♂. Vordertibien 2zähnig, Enddorn mit umgebogener Spitze, Thoraxwinkel abgestutzt. ♀. Vordertibien 3zähnig, Enddorn spitz, Thoraxwinkel tief ausgerandet. — L. 4 mm.

Victoria, Westaustralien.

248. **A. (P.) insignior** Blackb. 1904 *A. i.*, Blackburn in: P R. Soc. Victoria, ser. 2 *v.* 17 p. 153, 156 | 1913 *A. (Podotenus) i.*, Ad. Schmidt in. Arch. Naturg., *v.* 79 A fasc. 11 p. 137.

Der vorigen Art sehr ähnlich, aber der Clipeus schwach ausgerandet, Kopf sehr vereinzelt, wie der Thorax, aber größer punktiert, Hinterwinkel in beiden Geschlechtern abgestutzt, nicht ausgerandet, die ungerandete Basis ist seitlich der Mitte tiefer ausgebuchtet, die geraden Zwischenräume der Flügeldecken ohne Haarpunktreihe, Streifenpunkte deutlicher, sie greifen die Zwischenräume an. 1. Glied der Hintertibien so lang wie oberer Enddorn, nicht so lang wie die 3 folgenden Tarsenglieder. Geschlechtsmerkmale wie bei der vorigen Art. — L. 5 mm.

Westaustralien.

249. **A. (P.) fulviventris** Fairm. 1860 *A. f.*, L. Fairmaire in: L. Fairmaire & Germain in: Rev. Mag Zool., ser. 2 *v.* 12 p. 268 | 1867 *A. f.*, Harold in: Berlin. ent. Z., *v.* 11 p. 279 | 1874 *A. f.*, Harold l. c., *v.* 18 p. 183, 186 | 1913 *A. (Podotenus) f.*, Ad. Schmidt in: Arch. Naturg., *v.* 79 A fasc. 11 p. 137.

Breit und flach, Kopf und Thorax glänzend, Flügeldecken ganz matt, seidenglänzend, Oberseite unbehaart, schwarz, Kopf breit, flach, zerstreut punktiert, Stirnlinie vertieft, vor den Augen quer erhöht, Clipeus abgestutzt, jederseits gerundet, Wangen napfförmig vertieft, rundlich, bewimpert. Thorax breit, in der Mitte stark erweitert, nach vorn und hinten verengt, hinter den Vorderwinkeln und neben den abgerundeten Hinterwinkeln etwas verflacht, Basis neben der vorgezogenen Mitte deutlich ausgerandet, oberseits nicht dichter und stärker als der Kopf punktiert. Schildchen punktiert. Flügeldecken flach, hinten verbreitert, mit schwacher Spitzenbeule, schwach gestreift, Streifenpunkte wenig deutlich, Zwischenräume flach, gleichbreit. Unterseite schwarz, glänzend, einzeln punktiert und behaart, Abdomen gelbrot. Tarsen lang und schlank, die der Hinterbeine länger als die Tibien, oberer Enddorn länger als 1. Tarsenglied, dieses länger als die 3 folgenden Glieder. ♂. Vordertibien schmal, mit stumpfem Enddorne und 2 Außenzähnen, Thorax mit glatter Mittellinie. ♀. Vordertibien normal, Thorax ohne glatte Linie. — L. 10 mm.

Chile.

Folgende 3 Arten könnten vielleicht hierher gehören

250. **A. (P.) baldiensis** Blackb 1904 *A. b.*, Blackburn in: P. R. Soc. Victoria, ser 2 *v.* 17 p. 156 | 1913 *A. (Podotenus) b.*, Ad. Schmidt in: Arch. Naturg., *v.* 79 A fasc. 11 p. 137.

Länglich, flach, wenig glänzend, oberseits behaart, Kopf und Thorax schwarz, Flügeldecken gelbbraun, mit dunklen Flecken. Kopf ungleichmäßig, deutlich punktiert, Clipeus schwach ausgerandet. Thorax quer, deutlich punktiert, mit Längsfurche, Seiten gerundet und gerandet, Basis ohne Rand, Hinterwinkel stumpf. Schildchen einzeln punktiert. Flügeldecken punktiert-gestreift, Streifenpunkte deutlich, Zwischenräume schwach konvex, wenig punktiert. Vordertibien außen 2 zähnig. — L. 6 mm (ex Blackburn).

Victoria.

251 **A. (P.) callabonensis** Blackb. 1895 *A. c.*, Blackburn in: Tr R Soc. S. Austral., *v.* 19 p. 82 | 1904 *A. c.*, Blackburn in: P. R. Soc. Victoria, ser 2 *v.* 17 p. 153 | 1913 *A. (Podotenus) c.*, Ad. Schmidt in: Arch. Naturg, *v.* 79 A fasc. 11 p. 137.

Wenig glänzend. Kopf und Thorax schwärzlich, letzterer an den Rändern und die Flügeldecken gelbbraun. Kopf vereinzelt, deutlich punktiert, Clipeus schwach ausgerandet. Thorax lang bewimpert, die Seiten gerundet und gerandet, Hinterwinkel stumpf, Basis ohne Rand. Schildchen einzeln punktiert. Flügeldecken fein gestreift, in den Streifen punktiert, die ungeraden Zwischenräume stärker erhaben, gereiht punktiert, vor der Mitte im 4. Zwischenraume mit einem, hinter derselben mit mehreren dunklen Flecken in einer Querreihe. Hintertibien ungleich beborstet, 1. Tarsenglied derselben etwas länger als 2. und 3. Glied. Vordertibien mit 2 Außenzähnen in beiden Geschlechtern. ♂. Thorax fein, nicht dicht punktiert. ♀. Thorax stärker punktiert. — L. 4—5 mm (ex Blackburn).

Australien.

252. **A. (P.) lindensis** Blackb. 1892 *A. l.*, Blackburn in: Tr R. Soc. S. Austral., *v.* 15 p. 35 | 1904 *A. l.*, Blackburn in: P. R. Soc. Victoria, ser. 2 *v.* 17 p. 153 | 1913 *A. (Podotenus) l.*, Ad. Schmidt in: Arch. Naturg., *v.* 79 A fasc. 11 p. 137.

Matt, gelbbraun, Kopf und Scheibe des Halsschildes dunkel, Flügeldecken mit länglichen, dunklen Makeln. Kopf zerstreut, aber deutlich punktiert, Clipeus gerundet und aufgebogen. Thorax stark gerundet, an den Seiten und um die stumpf gerundeten Hinterwinkel gerandet, Basis ohne Rand. Schildchen dreieckig, vorn vertieft und punktiert. Flügeldecken stark gestreift, die ungeraden Zwischenräume mehr erhaben. Hintertibien ungleich beborstet. Vordertibien 3 zähnig. — L. 4—5 mm (ex Blackburn).

Südaustralien.

ee) Subgen. **Blackburneus** Ad. Schmidt

1913 *Aphodius (B.)*, Ad. Schmidt in: Arch. Naturg., *v.* 79 A fasc. 11 p. 137.

Klein, einfarbig hellbraun, seltener dunkelbraun, unbehaart, Kopf ohne Höcker, Thoraxbasis ungerandet, Schildchen schmal dreieckig, Endborsten der Hintertibien ungleich.

Flach gewölbt, glänzend. Kopf höchstens mit kleiner Beule, fein punktiert, Stirnnaht tiefer eingedrückt oder nur angedeutet, Clipeus leicht ausgerandet, seltener nur abgestutzt, jederseits immer gerundet, Wangen klein, gewöhnlich die Augen nicht überragend. Thorax quer, entweder gleichmäßig fein punktiert oder mit stärkeren Punkten untermischt, die Seiten und stumpf abgerundete Hinterwinkel gerandet. Flügeldecken fein, aber deutlich vertieft-gestreift, Streifenpunkte gewöhnlich wenig sichtbar, die Ränder der Zwischenräume höchstens schwach kerbend, letztere oft nur flach. Unterseite in der Färbung mit der Oberseite übereinstimmend, sie ist vereinzelt punktiert und behaart.

Hierher gehören 13 sichere und 1 im Subgenus unsichere Art aus dem afrikanischen, australischen und amerikanischen Gebiet (nr 253—266).

Bestimmungstabelle der Arten:

1	1. Glied der Hintertarsen so lang wie die 2 folgenden Glieder oder kürzer, oberseits einfarbig hellbraun — 2	
	1 Glied der Hintertarsen deutlich länger als 2 Glieder — 4	
2	Beule des Kopfes und Stirnlinie sehr deutlich — 3	
	Beule weniger deutlich, Thorax ungleich, nicht sehr dicht punktiert, Zwischenräume flach . .	255. **A. (B.) calvus**
3	Beule jederseits durch eine Vertiefung begrenzt, Thorax ziemlich gleich groß punktiert . . .	253. **A. (B.) furcatus**
	Beule ohne Vertiefung, Thorax deutlich ungleich punktiert	254. **A. (B.) laxepunctatus**
4	Oberseite dunkel rotbraun, zuweilen die Flügeldecken hell rotbraun — 5	
	Oberseite einfarbig hellbraun, Thoraxscheibe zuweilen wenig dunkler — 8	
5	Zwischenräume zur Spitze nicht mehr gewölbt — 6	
	Zwischenräume zur Spitze deutlich gewölbt — 7	
6	Thorax gleichmäßig fein punktiert, Flügeldecken dunkel kastanienbraun	256. **A. (B.) diminutus**
	Thorax ungleichmäßig punktiert, Flügeldecken hell rotbraun	257. **A. (B.) erythrinus**
7	Thorax über die ganze Scheibe gleichmäßig verteilt punktiert, Zwischenräume vor der Spitze scharf konvex, 4. und 6. deutlich verkürzt . .	258. **A. (B.) minutissimus**
	Thorax auf Scheibe nur fein, an den Seiten ungleich punktiert, Zwischenräume weniger scharf konvex, 4. und 6 nicht verkürzt	259 **A. (B.) novus**
8	Kopf so groß wie die Seiten des Halsschildes punktiert — 9	
	Kopf viel feiner als die Seiten des Halsschildes punktiert — 10	
9	Zwischenräume der Flügeldecken bis zur Spitze stark konvex, gereiht punktiert	260 **A. (B.) levis**
	Zwischenräume schwach konvex, an der Spitze flach, unregelmäßig punktiert	261 **A. (B.) richteri**
10	Zwischenräume konvex — 11	
	Zwischenräume eben — 12	
11	Nahtstreif dunkler, Zwischenräume an der Spitze flacher, Oberseite der Vordertibien deutlich punktiert	262. **A. (B.) detruncatus**
	Nahtstreif nicht dunkler, Zwischenräume in der ganzen Länge konvex, Vordertibien ohne deutliche Punktierung	263. **A. (B.) inornatus**
12	Scheibe des Halsschildes und Naht dunkler, zuweilen auch die Scheibe der Flügeldecken, es bleiben dann die Basis, der 2. Zwischenraum und 1 Makel im 4. Zwischenraum heller . .	264. **A. (B.) argentinensis**
	Oberseite einfarbig hellbraun, Thorax sehr ungleich, zerstreut punktiert	265. **A. (B.) albertisi**

253. **A. (B.) furcatus** Ad Schm. 1909 *A. f.*, Ad. Schmidt in: Soc. ent., *v.* 24 p. 10 | 1913 *A. (Blackburneus) f.*, Ad. Schmidt in: Arch. Naturg., *v.* 79 A fasc. 11 p. 137.

Gelbbraun, Thorax mehr rötlichbraun, flach gewölbt, glänzend. Kopf fast geradseitig nach vorn verengt, fein und zerstreut punktiert, zwischen den Augen mit winkliger, vertiefter Stirnlinie, vor derselben mit einer winkligen Erhabenheit, deren Schenkel nach den abgerundeten Clipeusecken verlaufen, dieselbe tritt um so deutlicher hervor, da der Raum innerhalb und neben den Schenkeln vertieft ist, Wangen sehr schmal, die Augen nicht überragend. Thorax leicht gerundet nach vorn verengt, fein und zerstreut punktiert, Hinterwinkel stumpf. Schildchen schmal dreieckig, dunkel gerandet. Flügeldecken wenig verbreitert, fein gestreift, Streifenpunkte undeutlich. Zwischenräume fast eben, fein zerstreut punktiert. Unterseite wie oben gefärbt, Hinterschenkel stark verbreitert, die verdickten Hintertibien kürzer als die Tarsen. Metatarsus so lang wie oberer Enddorn, kürzer als 2 folgende Tarsenglieder. — L. 2,5 mm.

Matto Grosso.

254. **A. (B.) laxepunctatus** Ad. Schm. 1910 *A. l.*, Ad. Schmidt in: D. ent. Z., p. 356 | 1913 *A. (Blackburneus) l.*, Ad. Schmidt in: Arch. Naturg., v. 79 A fasc. 11 p. 137.

Von der länglichen, nach hinten verbreiterten Gestalt und gelbbraunen Färbung der vorigen Art, aber verschieden durch die Skulptur des Kopfes, die stärkere Punktierung dieses und des Halsschildes und längere Hintertibien. Kopf nach vorn weniger verengt, deutlich ausgerandet, Stirnlinie schwach vertieft, vor derselben mit geringer Erhabenheit. Thorax schwach rundlich nach vorn verschmälert, sehr ungleich, in der Mitte nur vereinzelt punktiert, Hinterwinkel stumpf. Schildchen dunkel gerandet. Flügeldecken fein gestreift, mit flachen Punkten, Zwischenräume fast eben, an der Spitze konvex, hier deutlich und dichter punktiert. Unterseite nicht sehr dicht punktiert und behaart, Hinterschenkel etwas verbreitert. 1. Glied der Hintertarsen so lang wie oberer Enddorn und 2 folgende Glieder. — L. 3—3,5 mm.

Brasilien.

255. **A. (B.) calvus** Ad. Schm. 1909 *A. c.*, Ad Schmidt in: Soc. ent., v. 24 p. 19 | 1913 *A. (Blackburneus) c.*, Ad Schmidt in: Arch. Naturg, v. 79 A fasc. 11 p. 137.

Gelbbraun, länglich, glänzend. Kopf flach, die Mitte kaum erhaben, ringsum deutlich bewimpert, oberseits fein, hinten wenig stärker punktiert. Stirnnaht nur angedeutet, Clipeus ausgerandet, jederseits abgerundet. Thorax kaum zur Mitte verbreitert, feiner und stärker, gleichmäßig zerstreut punktiert, Flügeldecken fein gestreift, Streifenpunkte kaum wahrnehmbar, Zwischenräume flach, auch an der Spitze, und fein punktiert. Seiten der Hinterbrust vereinzelt, der gelbliche Hinterleib dichter punktiert und behaart. 1. Glied der Hintertibien gleich dem obern Enddorn und den 2 folgenden Tarsengliedern. — L. 3 mm.

Südafrika.

256. **A. (B.) diminutus** Bates 1887 *A. d.*, H Bates in: Biol. Centr.-Amer., Col. v. 2 II p. 89 | 1913 *A. (Blackburneus) d.*, Ad. Schmidt in: Arch. Naturg., v. 79 A fasc. 11 p. 137.

Wenig gewölbt, glänzend, schwarzbraun, Seiten des Halsschildes und Basis der Flügeldecken rötlichbraun. Kopf flach, fein und dicht punktiert, vorn verschmälert, Clipeus leicht ausgerandet, jederseits gerundet, Wangen abgerundet, die Augen nicht überragend. Thorax zur Mitte leicht erweitert, die Seiten und stumpfe Hinterwinkel gerandet, überall ziemlich dicht und fein, kaum stärker punktiert als der Kopf. Flügeldecken zur Mitte etwas erweitert, Streifenpunkte kerben schwach die Ränder der wenig, an der Spitze deutlicher erhabenen Zwischenräume, diese deutlich punktiert. Unterseite punktiert und behaart. Schenkel hellbraun. Metatarsus länger als oberer Enddorn, gleich den 3 folgenden Tarsengliedern. — L. 2,5—3,5 mm.

Guatemala, Mexiko.

257. **A. (B.) erythrinus** Bates 1887 *A. e.*, H. Bates in: Biol. Centr.-Amer., Col. *v.* 2 II p. 89 | 1913 *A. (Blackburneus) e.*, Ad. Schmidt in: Arch. Naturg., *v.* 79 A fasc. 11 p. 138.

Hell rotbraun, Kopf und Thoraxscheibe dunkler. Unterscheidet sich von der vorigen Art durch etwas kürzere Flügeldecken und den deutlich ungleich groß punktierten Thorax. — L. 3 mm (ex Bates).

Panama.

258. **A. (B.) minutissimus** Ad. Schm. 1908 *A. m.*, Ad. Schmidt in: Ent. Wochenbl., *v.* 25 p. 47 | 1913 *A. (Blackburneus) m.*, Ad. Schmidt in: Arch. Naturg, *v.* 79 A fasc. 11 p. 137.

Schwarz, Flügeldecken schwarzbraun, mit hellen Seiten oder einfarbig rotbraun, Thoraxseiten immer heller. Kopf gewölbt, am Rande verflacht, sehr fein punktiert, Clipeus jederseits neben der schwachen Ausrandung gerundet, Wangen klein, die Augen kaum überragend. Thorax schwach erweitert, die Seiten und stumpfe Hinterwinkel gerandet, fein, vorn so groß wie der Kopf, nach hinten wenig größer punktiert. Flügeldecken mit Streifenpunkten, welche auf dem Rücken die Ränder der Zwischenräume deutlich, zur Spitze nicht kerben, Zwischenräume hier schmal, kielförmig, der 4., 6. und 8. verkürzt. Unterseite größtenteils heller, besonders das Abdomen, Schenkel hellbraun. 1. Glied der Hintertarsen so lang wie oberer Enddorn und 2 folgende Glieder. — L. 2 mm.

Nilgiri Hills.

259. **A. (B.) novus** Ad. Schm. 1911 *A. n.*, Ad. Schmidt in: Ent. Zeit. Stettin, *v.* 72 p. 18 | 1913 *A. (Blackburneus) n.*, Ad. Schmidt in: Arch. Naturg., *v.* 79 A fasc. 11 p. 138.

Länglich, fast parallel, konvex, glänzend, dunkelbraun, Clipeus, Thoraxseiten, Schildchen und Naht gewöhnlich heller. Kopf gerundet nach vorn verengt, die Mitte schwach erhaben, Clipeus leicht ausgerandet, fein, etwas stärker als die Thoraxmitte punktiert, Stirnlinie vertieft, Wangen kaum die Augen überragend. Thorax leicht erweitert, Hinterwinkel stumpf, ungleich punktiert, in der Mitte sehr fein, seitlich mit deutlich größeren Punkten untermischt. Streifenpunkte der Flügeldecken kerben die Ränder der gewölbten Zwischenräume vorn schwach, hinten nicht. Unterseite fein punktiert und behaart, Schenkel hellbraun. 1. Glied der Hintertarsen wenig länger als oberer Enddorn, so lang wie 3 folgende Glieder. — L. 2,5 mm.

Maschonaland.

260. **A. (B.) levis** Ad. Schm. 1908 *A. l.*, Ad Schmidt in: Ann. Soc. ent. Belgique, *v.* 52 p. 37 | 1913 *A. (Blackburneus) l.*, Ad. Schmidt in: Arch. Naturg., *v.* 79 A fasc. 11 p. 138.

Hell rotbraun, Hinterkopf und Thorax wenig dunkler, flach gewölbt, länglich, parallel. Kopf leicht gerundet verengt, in der Mitte erhaben, neben den Rändern verflacht, Clipeus leicht ausgerandet, oberseits fein, gleichmäßig dicht punktiert, Wangen klein, kaum die Augen überragend. Thorax leicht gerundet erweitert, fein, in derselben Größe wie der Kopf punktiert, seitlich und an der Basis mit einigen, wenig größeren Punkten, Hinterwinkel stumpf abgerundet. Flügeldecken fein gestreift, Streifenpunkte sehr flach, Zwischenräume gewölbt, neben den Streifen in Reihen, vor der Spitze dichter und stärker punktiert. 1. Glied der Hintertarsen länger als oberer Enddorn, nicht so lang wie 3 folgende Glieder. — L. 2,5 mm.

Kongo.

261. **A. (B.) richteri** Ad. Schm. 1911 *A. r.*, Ad. Schmidt in: Ent. Zeit. Stettin, *v.* 72 p. 21 | 1913 *A. (Blackburneus) r.*, Ad. Schmidt in: Arch. Naturg., *v.* 79 A fasc. 11 p. 138.

Ist der vorigen Art äußerst ähnlich und nur in folgenden Punkten verschieden: Kopf und Thorax nicht dunkler, ersterer hinten fein, etwas dicht, nach vorn noch feiner und zerstreuter punktiert, Schildchen viel länger, dreimal so lang wie breit, bei *A. (B.) levis* Ad. Schm. (nr. 260) ungefähr nur zweimal so lang, Zwischenräume schwach konvex, an der Spitze eben, unregelmäßig fein, nicht dichter punktiert. — L. 3 mm.

Argentinien.

262. **A. (B.) detruncatus** Ad. Schm. 1908 *A. d.*, Ad. Schmidt in: Ann. Soc. ent. Belgique, *v.* 52 p. 37 | 1913 *A. (Blackburneus) d.*, Ad. Schmidt in: Arch. Naturg., *v.* 79 A fasc. 11 p. 138.

Hellbraun, Kopf und Thorax, letzterer ohne die Seiten, hell rotbraun. Kopf fein punktiert, flach abgerundet, Wangen spitzwinklig, die Augen überragend, Stirnnaht als dunkle Linie markiert. Thorax fast geradseitig nach hinten verbreitert, feiner und stärker punktiert, die feinen Punkte denen des Kopfes gleich, die größeren Punkte nur sehr vereinzelt an den Seiten, Hinterwinkel stumpf. Schildchen in der Basalhälfte mit einigen Längsriefen. 1. Zwischenraum der Flügeldecken an der Naht mehr oder weniger angedunkelt, fein gestreift, Streifenpunkte kerben leicht die Zwischenräume, diese konvex, seitlich und an der Spitze eben, fein und zerstreut punktiert. Unterseite fein punktiert. Hintertarsen sehr ungleich beborstet, 1. Glied derselben gleich dem obern Enddorne und 3 folgenden Tarsengliedern. ♂. Kopf nach vorn weniger verschmälert, Clipeus breiter, Thorax seitlich sehr vereinzelt punktiert, Metasternalplatte flach vertieft, punktiert und behaart, Enddorn der Vordertibien abgestutzt. ♀. Kopf mehr verschmälert, mit flacher Beule, davor vertieft, die größeren Punkte des Halsschildes reichen höher hinauf, einen schmalen Streifen in der Mitte freilassend, Metasternum schmal längsgefurcht, fein punktiert, unbehaart. — L. 3—4 mm.

Kongo.

263. **A. (B.) inornatus** Ad. Schm. 1908 *A. i.*, Ad. Schmidt in: Soc. ent., *v.* 23 p. 52 | 1913 *A. (Blackburneus) i.*, Ad. Schmidt in: Arch. Naturg., *v.* 79 A fasc. 11 p. 138.

Von der länglichen, flach gewölbten Gestalt der vorigen Art, hellbraun, Kopf und Thorax ohne die Seiten dunkler braun. Kopf etwas ungleich punktiert, besonders an den Seiten, Stirnnaht unsichtbar, Wangen bilden kleine, die Augen überragende Winkel. Thoraxseiten gerundet, mit kleinen und größeren Punkten auch auf der Scheibe bestreut, Hinterwinkel stumpf abgerundet. Schildchen vorn vereinzelt punktiert. Flügeldecken mit dunkler Naht, furchenartig gestreift, Streifenpunkte kaum wahrnehmbar, Zwischenräume in der ganzen Länge konvex, fein und vereinzelt punktiert. Endborsten der Hintertibien sehr ungleich, 1. Glied der Hintertarsen länger als oberer Enddorn, so lang wie 3 folgende Glieder. — L. 4—5 mm.

Kongo.

264. **A. (B.) argentinensis** Ad Schm. 1909 *A. a*, Ad Schmidt in: Not. Leyden Mus., *v.* 31 p. 101 | 1913 *A. (Blackburneus) a.*, Ad. Schmidt in. Arch. Naturg., *v.* 79 A fasc 11 p. 138.

In der Färbung und der länglichen, flachen Gestalt dem *A. (B.) inornatus* Ad. Schm. (nr. 263) gleich, aber durch die Skulptur verschieden. Kopf deutlicher, sehr dicht punktiert, seine Mitte erhaben, Stirnlinie tief eingedrückt. Die größeren Punkte des Halsschildes nur auf die Seiten beschränkt, Hinterwinkel mehr abgerundet. Flügeldeckenspitze weniger glänzend, fein gestreift, Streifenpunkte sehr flach, wenig bemerkbar, Zwischenräume eben und fein punktiert. 1. Glied der Hintertarsen nicht gleich den 3 folgenden Gliedern. Alles übrige mit voriger Art übereinstimmend. Zuweilen Scheibe der Flügeldecken dunkler, 2. Zwischenraum bleibt dann heller. — L. 3,5—4 mm.

Argentinien.

265. **A. (B.) albertisi** Har 1877 *A. a.*, Harold in: Ann. Mus. Genova, *v.* 10 p. 86 | 1904 *A. a.*, Blackburn in: P. R. Soc. Victoria, ser 2 *v.* 17 p. 151 | 1913 *A. (Blackburneus) a.*, Ad. Schmidt in: Arch. Naturg., *v.* 79 A fasc. 11 p. 138.

Gewölbter, weniger schlank als voriger, gelbbraun, Naht zuweilen dunkler, ebenso ein kleiner schräger Fleck neben dem Schildchen und ein anderer vor der Spitze. Kopf vorn deutlich verschmälert, mit schwacher Beule, sehr fein punktiert, Stirnlinie dunkel, Clipeus schwach ausgerandet, jederseits gerundet, Wangen nicht die Augen überragend. Thorax sehr fein und viel größer, nicht dicht punktiert, die größeren Punkte nach der Mitte zu mehr vereinzelt, einen schmalen Raum in derselben freilassend. Schildchen mit dunklen Rändern. Flügeldecken fein gestreift, Streifenpunkte kaum wahrnehmbar, Zwischenräume flach, fein punktiert. Metatarsus länger als oberer Enddorn, fast den 3 folgenden Tarsengliedern an Länge gleich. — L. 3—4 mm.

Somerset.

Die folgende Art könnte vielleicht hierher gehören

266. **A. (B.) xanthus** Bates 1887 *A. x.*, H. Bates in. Biol Centr.-Amer, Col. *v.* 2 II p. 90 t. 6 f 19 | 1913 *A. (Blackburneus) x.*, Ad. Schmidt in: Arch. Naturg., *v.* 79 A fasc. 11 p. 138.

Rötlichgelb, Flügeldecken gelbbraun, glänzend. Kopfmitte leicht erhaben, fein und zerstreut punktiert, Clipeus deutlich ausgerandet. Thorax in der Mitte fein, an den Seiten dichter und größer punktiert, Hinterwinkel stumpf. Flügeldecken fein gestreift, Zwischenräume ebenso, der 1. an der Naht dunkler. — L. 3 mm (ex Bates).

Panama.

ff) Subgen. **Emadiellus** Ad. Schmidt

1913 *Aphodius (E.)*, Ad. Schmidt in: Arch. Naturg., *v.* 79 A fasc. 11 p. 138.

Mittelgroße, flach gewölbte, dunkelbraune oder schwarze Arten, jede Flügeldecke mit zwei rotgelben Makeln, Kopf ungehöckert, Thoraxbasis ungerandet, Schildchen dreieckig, Endborsten der Hintertibien ungleich.

Mehr oder weniger glänzend. Kopf flach oder mit stumpfer Beule, fein punktiert, mit kleinen, abgerundeten Wangen, Clipeus abgerundet oder abgestutzt. Thorax an den Seiten und die Hinterwinkel gerandet, oberseits fein punktiert. Schildchen glatt und glänzend. Flügeldecken nach hinten leicht verbreitert, fein gestreift, mit mehr oder weniger deutlichen Streifenpunkten, Zwischenräume schwach gewölbt uud fein punktiert. Unterseite fein, nicht sehr dicht punktiert und behaart. Metasternalplatte verkürzt, mit Mittellinie, Schenkel gelbbraun.

Hierher gehören 2 Arten aus Indien und Afrika und 1 im Subgenus unsichere Art aus Amerika (nr 267—269)

Bestimmungstabelle der Arten:

Wenig glänzend, Kopf und Thorax sehr dicht punktiert, Flügeldecken mit undeutlichen Streifenpunkten, oberer Enddorn der Hintertibien kürzer als 1 Tarsenglied	267. **A. (E.) rufopustulatus**
Glänzend, Kopf sehr fein, kaum wahrnehmbar, Thorax seitlich zerstreut punktiert, oberer Enddorn so lang wie 1. Tarsenglied	268. **A. (E.) cruentus**

267. **A. (E.) rufopustulatus** Wiedem. 1823 *A. r.*, Wiedemann in Zool. Mag., *v.* 2I p. 27 | 1913 *A. (Emadiellus) r.*, Ad. Schmidt in: Arch. Naturg., *v.* 79 A fasc. 11 p. 138.

Von kurzer, breiter Gestalt, flach gewölbt, nicht vollglänzend, dunkelbraun, Vorderrand des Kopfes und Thoraxseiten rötlich, jede Flügeldecke mit 2 ebenso gefärbten Makeln. Kopf breit, deutlich nach vorn verschmälert, an den Seiten verflacht, die Mitte mit Beule, fein und dicht punktiert, Stirnlinie vertieft, ohne Höcker, Clipeus abgestutzt, wenig bemerkbar ausgerandet, Wangen vom Kopfrande abgesetzt, die Augen schwach überragend. Thorax hinten etwas breiter, sehr dicht, fein und etwas stärker punktiert, Hinterwinkel stumpf abgerundet. Schildchen einzeln punktiert. Streifenpunkte der Flügeldecken flach und fein, Zwischenräume chagriniert und sehr fein punktiert, die rötlichgelben Makeln nicht scharf begrenzt, die mehr viereckige Schultermakel reicht vom Seitenrande bis zum 4. Zwischenraume, die mehr rundliche Spitzenmakel im 3.—7. Zwischenraume gelegen. Zuweilen verbinden sich beide, oder die rötliche Farbe breitet sich so aus, daß sie fast die ganze Flügeldecke einnimmt. 1. Glied der Hintertarsen länger als oberer Enddorn, den 3 folgenden Tarsengliedern gleich. — L. 5 mm.

Bengalen.

268. **A. (E.) cruentus** Klug 1855 *A. c.*, Klug in: Monber. Ak. Berlin, p. 656 | 1862 *A. c.*, Klug in: Peters, Reise Mossamb., *v.* 5 p. 245 t. 14 f. 10 | 1913 *A. (Emadiellus) c.*, Ad. Schmidt in: Arch. Naturg., *v.* 79 A fasc. 11 p. 138

Länglich, flach gewölbt, rotbraun oder schwärzlich, Kopf vorn und Thorax an den Seiten heller. Kopf ganz flach, fast halbkreisförmig abgerundet, beim ♂ abgestutzt, sehr fein punktiert, Wangen sehr klein, die Augen kaum überragend. Thorax nach hinten fast geradlinig verbreitert, die Seiten und stumpf abgerundete Hinterwinkel gerandet, an den Seiten mit zerstreuten feinen Punkten. Flügeldeckenstreifen nach hinten schwächer, die Streifenpunkte kerben die Zwischenräume, diese konvex, an der Spitze aber flach, fein punktiert, die Makeln haben dieselbe Lage wie bei der vorigen Art, sind auch nicht scharf begrenzt und häufig miteinander verbunden. Metatarsus länger als 3 folgende Tarsenglieder. — L. 4 mm.

Tette, Mozambique

Hierher ist vielleicht auch folgende Art zu zählen:

269. **A. (E.) guatemalensis** Bates

Diese Art zerfällt in 3 Unterarten:

269a. **A. (E.) guatemalensis guatemalensis** Bates 1887 *A. g.*, H. Bates in: Biol. Centr.-Amer., Col. *v.* 2II p. 88 t. 6 f. 17 (Gesamtbild) | 1913 *A. (Emadiellus) g.*, Ad. Schmidt in: Arch. Naturg., *v.* 79 A fasc. 11 p. 138.

Länglich, mäßig konvex, glänzend, schwarzbraun, eine Makel jederseits vor den Augen, eine 2. an der Basis, eine 3. an der Spitze der Flügeldecken gelbrot. Kopf in der Mitte wenig erhaben, ziemlich dicht und gleichmäßig punktiert, Clipeus leicht ausgerandet. Thoraxscheibe fein und zerstreut, an den Seiten dichter und größer punktiert, Hinterwinkel stumpf. Flügeldecken fein punktiert-gestreift, Zwischenräume flach, sehr fein, zerstreut punktiert. Metatarsus so lang wie 3 folgende Tarsenglieder. — L. 3—3,5 mm (ex Bates).

Guatemala.

269 b. **A. (E.) guatematensis scotinus** Bates 1887 *A. g.* var. *s.*, H. Bates in: Biol. Centr.-Amer, Col. *v.* 2 II p. 89 | 1913 *A. (Emadiellus) g.* var. *s.*, Ad. Schmidt in: Arch. Naturg., *v.* 79 A fasc. 11 p. 138.

Schwarzbraun, Vorderwinkel des Halsschildes und eine Schultermakel rotgelb (ex Bates).

Mexiko.

269 c. **A. (E.) guatemalensis chiriquinus** Bates 1887 *A. g.* var. *c.*, H. Bates in: Biol. Centr.-Amer., Col. *v.* 2 II p. 89 | 1913 *A. (Emadiellus) g.* var. *c.*, Ad. Schmidt in: Arch. Naturg., *v.* 79 A fasc. 11 p. 138.

Rötlichgelb, Scheibe des Halsschildes, Seiten und Spitze der Flügeldecken kastanienbraun.

Panama.

gg) Subgen. **Calaphodius** Reitter

1892 *Aphodius (C.)*, Reitter in: Verh. Ver. Brünn, *v.* 30 p. 228.

Mittelgroße, gelbbraune Arten mit dunklerem Kopf und Thorax, Flügeldecken mit schwarzen Makeln, Kopf ungehöckert, Halsschildbasis ohne Rand, Schildchen dreieckig, Hintertibien ungleich beborstet.

Länglich, gewölbt, glänzend. Kopf mit flacher Beule und undeutlicher Stirnnaht, fein punktiert, Clipeus abgestutzt, sehr leicht ausgerandet, Wangen deutlich. Thoraxseiten und stumpf abgerundete Hinterwinkel gerandet, Oberseite feiner und stärker punktiert. Schildchen schwarz, einzeln punktiert. Flügeldecken nach hinten schwach verbreitert, deutlich punktiert-gestreift, Zwischenräume wenig konvex, fein punktiert. Unterseite wie die Flügeldecken gefärbt, zuweilen etwas dunkler, Schenkel gewöhnlich heller, Hinterbrust und Abdomen an den Seiten punktiert und behaart.

Hierher 3 Arten aus dem paläarktischen, indischen und afrikanischen Gebiet (nr. 270—272).

Bestimmungstabelle der Arten:

1	Flügeldecken mit zwei Strichmakeln im 4. und 6. Zwischenraume	272. **A. (C.) moestus**
	Makeln der Flügeldecken zahlreicher, in anderer Anordnung — 2	
2	Kopf vorn rötlich durchscheinend, hier viel schwächer als hinten punktiert, Flügeldecken an den Seiten behaart, 1. Zwischenraum vor der Spitze flach .	271. **A. (C.) makowskyi**
	Kopf vorn rötlich, hier stärker, zuweilen fast rauh punktiert, Flügeldecken unbehaart, 1. Zwischenraum an der Spitze erhaben	270. **A. (C.) bonvouloiri**

270. **A. (C.) bonvouloiri** Har 1860 *A. b.*, Harold in: Ann. Soc. ent. France, ser. 3 *v.* 8 p. 615 | 1862 *A. b.*, Harold in: Berlin. ent. Z., *v.* 6 p. 380, 387 | 1892 *A. (Calaphodius) b.*, Reitter in: Verh. Ver. Brünn, *v.* 30 p. 229.

Länglich, gewölbt, schwarz, Flügeldecken braun, mit dunklen Makeln. Kopf schwarz, vorn heller, deutlich punktiert, flach, beim ♀ mit unbedeutender Beule, Stirnnaht sichtbar, Clipeus abgestutzt, Wangen stumpf, die Augen überragend. Thorax mit hellen Seiten, hier ohne dunkle Makel, Halsschild an den Seiten deutlich gerandet und deutlich punktiert. Flügeldecken flach gestreift, mit wenig kerbenden Streifenpunkten, Zwischenräume leicht konvex, fein punktiert, zuweilen deutlicher, Naht dunkel. Die Makeln stehen in zwei Halbkreisen in folgender Anordnung: Im 2. Zwischenraum in der Mitte eine, im 3. zwei, die vordere an die im 2. angelehnt, im 4. zwei, neben die vorhergehenden gestellt, im 5. zwei, die vordere an der Basis, die hintere unter der im 4., eine im 6., vor der hinteren im 5. stehend, dann ein Längsstrich, unter der Schulter beginnend und bis zur Makel im 6. Zwischenraum reichend. Zuweilen verschwinden die seitlichen Makeln teilweise und die vor der Spitze ganz, oder die Makeln verlängern und verbinden sich so, daß die Flügeldecken schwarz erscheinen und nur die schmalen Seiten, die Spitze und einige Scheibenflecke heller bleiben. 1. Glied der Hintertarsen so lang wie oberer Enddorn, kürzer als folgende 3 Tarsenglieder. ♂. Kopf vorn breiter, Thorax breiter als die Flügeldecken, vorn in der Mitte ohne große Punkte. Metasternum vertieft und behaart. ♀. Kopf vorn schmaler, Thorax so breit wie die Flügeldecken, ziemlich dicht punktiert, Metasternum mit schmaler Längsfurche. — L. 7—9 mm.

Spanien, Südfrankreich.

271 **A. (C.) makowskyi** D. Koshant. 1891 *A. (Melinopterus) m.*, D. Koshantschikow in: Horae Soc. ent. Ross., *v.* 25 p. 438 | 1892 *A. (Calaphodius) m.*, Reitter in: Verh Ver. Brünn, *v.* 30 p. 230.

Hellbraun, Kopf und Thorax schwarz, die hellen Seiten des letzteren mit kleinem, dunklem Fleck und die Flügeldecken mit ebensolchen Makeln. Kopf ganz flach, ohne deutliche Beule, Stirnnaht deutlich vertieft, Clipeus breit abgestutzt, nicht ausgerandet, Wangen stumpf, die Augen überragend. Thorax quer, die Seitenrandung reicht nur um die stumpf abgerundeten Hinterwinkel herum, oberseits feiner und etwas stärker zerstreut punktiert. Flügeldecken fein gestreift, Streifenpunkte schwach die Ränder kerbend, Zwischenräume leicht gewölbt, die dorsalen neben den Rändern mit feiner Punktreihe, die seitlichen und die Spitze dichter und stärker punktiert, Naht schmal dunkel, im 3. Zwischenraume befinden sich 2 Strichmakeln, die obere vor, die andere hinter der Mitte, im 4. eine, an die vordere im 3. angelehnt, im 5. zwei, die vordere reicht von der Basis nach hinten bis an die im 4. Zwischenraume, die andere ist hinter der Mitte gelegen, dann eine Längsmakel, die unter der Schulter im 7. beginnt und durch den 6. bis an die hintere im 5. heranreicht. Zuweilen befindet sich im 4. Zwischenraume eine 2. Makel neben der hintern im 3. Metasternalplatte beim ♂ grubig vertieft, ringsum abstehend behaart. 1. Glied der Hintertarsen gleich dem obern Enddorne, nicht ganz so lang wie 3 folgende Glieder. — L. 6—9 mm.

Turkestan, Taschkent.

272. **A. (C.) moestus** F. 1801 *A. m.*, J. C. Fabricius, Syst. Eleuth., *v.* 1 p. 78 | 1857 *A. m.*, Boheman, Ins. Caffr., *v.* 2 p. 351 | 1858 *A. mutans*, F. Walker in: Ann. nat. Hist., ser. 3 *v.* 2 p. 207 | 1859, 1861 *A. madagascariensis*, Harold in: Berlin. ent. Z.,

v. 3 p. 208, *v.* 5 p. 114 | 1862 *A. mutans*, Harold l. c, *v.* 6 p. 403 | 1896 *A. subvittatus*, L. Fairmaire in: Ann. Soc. ent. Belgique, *v.* 40 p 452 | 1913 *A (Calaphodius) moestus*, Ad. Schmidt in: Arch. Naturg., *v.* 79 A fasc. 11 p. 138.

Flach gewölbt, glänzend, unbehaart, Kopf und Thoraxscheibe, Schildchen, Streifen und Makeln der Flügeldecken schwarz, letztere teilweis verschwindend, es bleiben dann nur die Streifen auf den hellbraunen Flügeldecken schwarz. Kopf vorn gewöhnlich heller, zuweilen seitlich nur mit kleiner rötlicher Makel, die Mitte ist beulig erhaben, davor niedergedrückt, fein und dicht punktiert, Clipeus abgestutzt, leicht ausgerandet und jederseits gerundet, Wangen unbedeutend die Augen überragend. Thorax sehr fein und etwas stärker zerstreut punktiert, die dunkle Farbe läßt den Hinterrand frei, die hellen Seiten in der Mitte mit dunklem Fleck, Hinterwinkel abgerundet. Schildchen unpunktiert. Streifen der Flügeldecken scharf eingeschnitten, zur Spitze und an den Seiten feiner, Streifenpunkte dicht, die Ränder kaum kerbend, Zwischenräume flach, sehr fein punktiert, der 4. und 6. mit einer Längsmakel. Oberer Enddorn der Hintertarsen kürzer als 1. Tarsenglied, dieses fast so lang wie die 3 folgenden Glieder. ♂. Thorax breiter als die Flügeldecken, in der Mitte mit sehr vereinzelten größeren Punkten, Metasternum längsgefurcht. ♀. Thorax geradlinig nach hinten verbreitert, schmaler als die Flügeldecken, Metasternum nur mit Längslinie. — L. 6 mm.

Ostindien, Ceylon, Caffrarien, Transvaal, Ostküste Afrikas, Madagaskar

hh) Subgen. **Limarus** E. Mulsant

1870 *Aphodius (L.)*, E. Mulsant in: Ann. Soc. Agric. Lyon, ser. 4 *v.* 2 p. 504.

Gewölbte, glänzende, mittelgroße, schwarze Arten, mit rot- oder hellbraunen Flügeldecken, diese sind einfarbig und behaart, oder glatt mit schwarzen Flecken, Kopf gehöckert, Basis ungerandet, Schildchen dreieckig, Endborsten der Hintertibien ungleich.

Kopf flach gewölbt, deutlich punktiert, mit 3 Höckerchen, Clipeus ausgerandet, stumpf- oder spitzwinklig jederseits, Wangen die Augen überragend, Thorax stark quer gewölbt, dicht punktiert, die Seiten und Hinterwinkel gerandet. Schildchen punktiert. Flügeldecken hinten verbreitert, punktiert-gestreift, Zwischenräume mehr oder weniger gewölbt oder schwach gekielt. Unterseite punktiert und behaart. ♂ haben entwickeltere Stirnhöcker und an den Mitteltibien an der Spitze umgebogenen untern Enddorn.

Hierher gehören 3 Arten aus dem paläarktischen Gebiet und eine im Subgen. unsichere afrikanische Art (nr 273—276).

Bestimmungstabelle der Arten:

1	Flügeldecken aufstehend behaart, Zwischenräume deutlich konvex, ungefleckt, Clipeus stumpfwinklig . .	275. **A. (L.) hirtipennis**
	Flügeldecken unbehaart, gekielt oder schwach konvex mit kleinen schwarzen Makeln, Clipeus spitzwinklig — 2	
2	Zwischenräume schwach gekielt, ihre Mitte unpunktiert, mit undeutlichen dunklen Flecken	273. **A. (L.) zenkeri**
	Zwischenräume schwach konvex, auch in der Mitte deutlich punktiert, mit kleinen schwarzen Makeln	274. **A. (L.) maculatus**

273. **A. (L.) zenkeri** Germ. 1813 *A. z.*, Germar in: Mag. Ent. Germar, *v.* 1 p. 118 | 1848 *A. z.*, Erichson, Naturg. Ins. Deutschl., Col *v.* 3 p. 852 | 1870 *A (Limarus) z.*, E. Mulsant in: Ann. Soc. Agric. Lyon, ser 4 *v.* 2 p. 504 | 1874 *A. z.*, Harold in: Berlin. ent. Z., *v.* 18 p. 184, 194 | 1892 *A. (Limarus) z.*, Reitter in: Verh. Ver. Brünn, *v.* 30 p. 239.

Schwarz, Clipeus, Seiten des Halsschildes und die Flügeldecken rotbraun, letztere mit undeutlichen dunklen Flecken. Kopf dicht und deutlich punktiert, gerade nach vorn verengt, Clipeus schwach ausgerandet, jederseits mit zahnartiger Spitze, Wangen stumpf, deutlich die Augen überragend. Thorax beim ♂ vorn gerundet verschmälert, beim ♀ mehr geradlinig, Hinterwinkel stumpf abgerundet, oberseits ziemlich dicht, etwas ungleich punktiert. Flügeldecken hinten verbreitert, Streifenpunkte flach, Zwischenräume an den Seiten verflacht, deutlich und dicht punktiert, auf dem Rücken schwach gekielt, die Kiele sind seitlich punktiert, ihre Mitte ist glatt. Unterseite schwarzbraun, Beine und gewöhnlich auch Abdomen heller, dieses und die Seiten der Hinterbrust punktiert und behaart, Metasternum in der Mitte fein punktiert. Metatarsus länger als oberer Enddorn, fast so lang wie 3 folgende Tarsenglieder. — L. 4—5 mm.

Mitteleuropa.

274. **A. (L.) maculatus** Sturm

Diese Art zerfällt in 3 Unterarten:

274a. **A. (L.) maculatus maculatus** Sturm 1799 *A. tessellatus* var *a*, Creutzer, Ent. Versuche. p. 29 t. 1 f 2 | 1800 *A maculatus*, Jac. Sturm, Ent. Handb., *v.* 1 p. 42 | 1841 *A styriacus*, Grimmer, Steierm Col., p. 40 | 1848 *A. maculatus*, Erichson, Naturg Ins. Deutschl., Col *v.* 3 p. 851 | 1874 *A m.*, Harold in: Berlin ent. Z., *v.* 18 p. 184, 193 | 1892 *A. (Limarus) m.*, Reitter in: Verh. Ver. Brünn, *v.* 30 p. 239

Schwarz, Clipeus und Thoraxseiten rötlich, Flügeldecken hellbraun, mit schwarzen Gitterflecken. Skulptur des Kopfes und Halsschildes wie bei voriger Art. Zwischenräume zur Spitze mehr gewölbt, deutlicher und zahlreicher punktiert. Unterseite wie vorher, Metasternum viel feiner punktiert, jederseits mit Haarpunktreihe. Metatarsus länger als oberer Enddorn, so lang wie 3 folgende Tarsenglieder. — L. 4—5 mm.

Nord- und Mitteleuropa, Kaukasus.

274b **A. (L.) maculatus involutus** Ad. Schm. 1879 *A. obsoletus* (non J. C. Fabricius 1801), Dalla Torre in: Ber Ver Oberösterr., *v.* 10 p. 108 | 1888 *A. maculatus* var *immaculatus*, Schilsky in: D ent. Z., *v.* 32 p. 320 | 1913 *A (Limarus) m.* var. *obsoletus*, Ad. Schmidt in: Arch. Naturg., *v.* 79 A fasc. 11 p. 139

Flügeldecken ohne Makeln.

Oberösterreich

274c. **A. (L.) maculatus brevifascia** nom. nov. Ad. Schm. 1879 *A m.* var. *fasciatus* (non J C. Fabricius 1801), Dalla Torre in: Ber. Ver. Oberösterr., *v.* 10 p. 108 | 1913 *A. (Limarus) m.* var *f.*, Ad. Schmidt in: Arch. Naturg, *v.* 79 A fasc 11 p. 139.

Die schwarzen Makeln der Flügeldecken bilden eine Querbinde.

Oberösterreich.

275 **A. (L.) hirtipennis** H. Luc. 1846 *A. h.*, H. Lucas in: Expl. Algérie, *v.* 2 p. 263 t. 23 f. 13 (Gesamtbild) | 1874 *A. h.*, Harold in: Berlin. ent. Z., *v.* 18 p. 184, 195 | 1892 *A. (Limarus) h.*, Reitter in: Verh Ver. Brünn, *v.* 30 p. 240.

Durch die lang aufstehend behaarten Flügeldecken von den beiden vorigen Arten verschieden. Flügeldecken hell rotbraun, Thorax schwarz, seine Seiten und der größte Teil des Kopfes rötlich. Clipeus seitlich stumpf gerundet. Punktierung des Kopfes, Halsschildes und der Unterseite wie bei voriger Art. Zwischenräume neben den Streifen verflacht, dicht und deutlich punktiert, ihre Mitte konvex und glatt. Metatarsus länger als oberer Enddorn, fast so lang wie 3 folgende Tarsenglieder. — L. 4,5—5,5 mm.

Algier.

Hierher könnte auch folgende Art gestellt werden:

276. **A. (L.) rugulicollis** Fairm. 1893 *A. r.*, L. Fairmaire in: Ann. Soc. ent. Belgique, *v.* 37 p. 17 | 1913 *A. (Limarus) r.*, Ad. Schmidt in: Arch. Naturg., *v.* 79 A fasc. 11 p. 139.

Diese Art liegt mir in einem schlecht erhaltenen Exemplar vor. Obgleich der Körper schlanker, das Schildchen an der Basis parallel ist, weist die Skulptur der Oberfläche diese Art dem obigem Subgenus zu. Oberseite rotbraun, Hinterkopf und Thoraxscheibe wenig dunkler. Kopf kurz und breit, flach, etwas rauh punktiert, Stirnnaht mit schwachen Höckerchen — vielleicht ♀ —, Clipeus ausgerandet, jederseits mit zahnartiger Ecke, die Wangen überragen die Augen. Thorax dicht, etwas rauh punktiert, Seiten und stumpf abgerundete Hinterwinkel gerandet. Flügeldecken fein gestreift, Streifenpunkte kerben die Ränder der Zwischenräume, diese in der Mitte gewölbt, zur Spitze mehr gekielt. Unterseite punktiert und behaart. — L. 4 mm.

Choa.

ii) Subgen. **Drepanocanthoides** Ad. Schmidt

1913 *Aphodius (D.)*, Ad. Schmidt in: Arch. Naturg., *v.* 79 A fasc. 11 p. 139.

Mittelgroß und klein, schwarz, Flügeldecken braun, mit konvexen Zwischenräumen, Vordertibien beim ♂ innen vor der Spitze winklig erweitert, oberer Außenzahn sehr klein oder ganz fehlend, beim ♀ normal, Thorax mit Basalrandung, Schildchen dreieckig, Endborsten der Hintertibien ungleich.

Mäßig gewölbt, länglich, nicht sehr glänzend. Kopf und Thorax schwarz, die Seiten des letzteren heller, Flügeldecken kastanienbraun, einfarbig oder schmutzigbraun, mit hellern Rändern. Kopf vorn wenig verschmälert, fein punktiert, Wangen etwas die Augen überragend. Thorax quer, punktiert, mit feiner Basalrandung. Flügeldecken feiner oder stärker gestreift, Zwischenräume konvex, zuweilen behaart.

Hierher gehören 2 Arten aus Amerika und Australien (nr. 277, 278).

Bestimmungstabelle der Arten:

Thoraxmitte ohne große Punkte, Flügeldecken behaart, mit hellen Rändern, Zwischenräume konvex, an der Spitze flach, Streifenpunkte undeutlich	277. **A. (D.) walshi**
Thoraxmitte mit größeren Punkten, Flügeldecken einfarbig kastanienbraun, Zwischenräume auch an der Spitze konvex, Streifenpunkte sehr deutlich	278. **A. (D.) neglectus**

277. **A. (D.) walshi** Horn 1870 *A. w.*, G. Horn in: Tr. Amer. ent. Soc., *v.* 3 p. 132 | 1887 *A. w.*, G. Horn l. c., *v.* 14 p. 58 | 1913 *A. (Drepanocanthoides) w.*, Ad. Schmidt in: Arch. Naturg., *v.* 79 A fasc. 11 p. 139

Kopf und Thorax schwarz, die Seiten des letzteren breit heller, mit dunkler Makel in der Mitte, Flügeldecken schmutzigbraun, Ränder heller, seitlich und an der Spitze behaart. Kopf flach, vorn schwach niedergedrückt, fein punktiert, Stirnnaht unsichtbar, Clipeus ausgerandet, jederseits rundlich, Wangen bewimpert. Thorax gerundet nach hinten verbreitert, ziemlich lang bewimpert, Scheibe mit sehr feinen, zerstreuten Punkten besetzt, seitlich etwas größer aber nicht dicht punktiert, Hinterwinkel stumpf gerundet. Schildchen dunkel, fein punktiert. Flügeldecken bewimpert, hinten leicht erweitert, fein gestreift, mit undeutlichen Streifenpunkten, Zwischenräume konvex, an der Spitze flach, fein chagriniert, einzeln fein punktiert, seitlich mit größeren Haarpunktreihen. Seiten der Hinterbrust und Schenkel vereinzelt, Abdomen dichter punktiert und behaart. Metatarsus so lang wie oberer Enddorn, nicht so lang wie 3 folgende Tarsenglieder. ♂. Kopf vorn breiter, deutlicher ausgerandet, Vordertibien mit Verbreiterung neben dem Enddorne, dieser stumpf, mit umgebogener Spitze, oberer Außenzahn nur angedeutet. ♀. Kopf mehr verschmälert, Vordertibien normal, oberer Außenzahn klein, aber deutlich. — L. 4,5—6 mm.

Illinois, Kansas.

278. **A. (D.) neglectus** Ad. Schm. 1912 *A. n.*, Ad. Schmidt in: Arch. Naturg., *v.* 78 A fasc. 7 p. 197 | 1913 *A. (Drepanocanthoides) n.*, Ad. Schmidt l. c., *v.* 79 A fasc. 11 p. 139.

Kopf und Thorax schwarz oder schwarzbraun, Flügeldecken kastanienoder rotbraun. Kopf in der Mitte mit schwacher Beule, vorn niedergedrückt, vereinzelt fein punktiert, Clipeus schwach ausgerandet, jederseits abgerundet, Stirnlinie angedeutet. Thorax neben den gerundeten Seiten schmal heller, hinter den Vorderwinkeln grübchenartig eingedrückt, Seitenbeule dadurch deutlich hervortretend, oberseits fein und viel größer, nicht zahlreich punktiert. Schildchen sehr fein punktiert. Flügeldecken hinten breiter, Streifenpunkte kerben auf dem Rücken deutlich die Ränder der Zwischenräume, diese konvex, vor der Spitze der 4., 6. und 8. abgekürzt, Unterseite, auch Abdomen sehr vereinzelt punktiert. 1. Glied der Hintertarsen länger als oberer Enddorn, nicht so lang wie 3 folgende Glieder. Außenzähne der Vordertibien sehr kurz. ♂. Enddorn neben der Erweiterung des Innenrandes spitz, nach innen gebogen, beim ♀ Vordertibien und Enddorn normal. — L. 3 mm.

Westaustralien.

jj) Subgen. **Tetraclipeoides** Ad. Schmidt

1913 *Aphodius (T.)*, Ad. Schmidt in: Arch. Naturg., *v.* 79 A fasc. 11 p. 139.

Durch 4zähnigen Clipeus ausgezeichnet.

Länglich, gewölbt, glänzend, schwarzbraun oder schwarz, Flügeldecken einfarbig oder mit kleinen hellen Flecken. Kopf kurz und breit, nach vorn deutlich verschmälert, meistens mit erhabener Stirnnaht und schwachem, kurzem Querwulst davor, oder mit 2 nahe beisammenstehenden Höckerchen, oberseits deutlich punktiert, Clipeus jederseits mit 2 Zähnchen, Wangen deutlich. Thorax so breit oder schmaler als die Flügeldecken, nach vorn verschmälert, die Seiten und Basis gerandet, oberseits punktiert. Schildchen dreieckig. Flügeldecken punktiert-gestreift. Unterseite in Farbe mit der Oberseite übereinstimmend, glänzend, sparsam punktiert und behaart. Hintertibien mit kurzen, gleichlangen Borsten, bei *A. (T.) quadridentulus* Fairm. (nr. 283) sind sie ungleich. Unterer Enddorn der Mitteltibien kurz, abgestutzt.

Hierher gehören 5 Arten aus Amerika und Afrika (nr. 279—283).

Bestimmungstabelle der Arten:

1	Ränder des Körpers und Hinterschenkel bewimpert — 2	
	Ränder nicht bewimpert — 3	
2	Oberseite schwarzbraun, Metatarsus kürzer als 2 folgende Tarsenglieder	279. A. (T.) **denticulatus**
	Oberseite hell rotbraun, Metatarsus so lang wie 2 folgende Glieder	280. A. (T.) **moquinus**
3	Flügeldecken gleichmäßig gestreift, Kopf mit 3 Höckerchen	281 A. (T.) **conspersus**
	Flügeldecken seitlich furchenartig gestreift, Kopf mit 2 nahe zusammenstehenden Höckern . .	282. A. (T.) **quadridentatus**
	Kopf ungehöckert, Flügeldecken gleichmäßig gestreift	283. A. (T.) **quadridentulus**

279. **A. (T.) denticulatus** Hald. 1848 *A d.*, S. S. Haldeman in: J. Ac. Philad., ser. 2 *v.* 1 p. 104 | 1887 *A. d.*, G. Horn in: Tr Amer. ent. Soc., *v.* 14 p 9 | 1913 *A. (Tetraclipeoides) d.*, Ad. Schmidt in: Arch Naturg., *v.* 79 A fasc. 11 p. 139.

Schwarzbraun, Kopf vorn, Schildchen und Naht meistens heller. Kopf flach, mit deutlich erhabener Stirnnaht, die seitlich schwach unterbrochen ist und so 3 quere Höckerchen bildet, davor mit stumpfem Querkiel, oberseits deutlich feiner und etwas stärker, aber nicht dicht punktiert, Clipeus ausgerandet, die mittleren Zähnchen etwas spitzer und mehr aufgebogen. Thorax quer herabgewölbt, feiner und deutlich stärker, aber nicht sehr dicht punktiert. Schildchen mit einzelnen Pünktchen. Flügeldecken etwas breiter als der Thorax, mit undeutlichen Streifenpunkten, Zwischenräume schwach konvex, einzeln punktiert. Unterseite schwarzbraun, Schenkel und besonders der Hinterleib heller, die Seiten der Hinterbrust vereinzelt, das Abdomen dichter, mehr fein punktiert und behaart. Metasternalplatte mit einzelnen größeren Punkten, an den Seiten einreihig behaart. Mittel- und Hinterschenkel neben dem Unterrande mit Haarpunktreihe. Oberer Enddorn an den Hintertibien länger als 1. Tarsenglied. ♂. Enddorn der Vordertibien stark, stumpf zugespitzt, Hintertibien am Innenrande lang bewimpert. ♀. Enddorn schlank, scharf zugespitzt, Hintertibien normal behaart. — L. 5,5—7,5 mm.

Westliches Nordamerika.

280 **A. (T.) moquinus** Fall 1907 *A. m.*, Fall in: Fall & T. D. A. Cockerell in: Tr. Amer ent. Soc., *v.* 33 p 242 | 1913 *A. (Tetraclipeoides) m.*, Ad. Schmidt in: Arch. Naturg., *v.* 79 A fasc. 11 p. 139.

Mäßig konvex, beim ♀ hinten verbreitert, hell rotbraun, alle Ränder bewimpert. Kopf zerstreut punktiert, mit erhabener Querlinie und davor mit kurzer Querleiste. Thorax quer, nach vorn wenig verschmälert, Basis fein gerandet, Hinterwinkel gerundet, etwas ungleich groß, nicht dicht punktiert. Flügeldecken wenig breiter als der Thorax, deutlich gestreift, in den Streifen nicht sehr dicht punktiert, Zwischenräume schwach gewölbt, neben den Streifen mit feiner Punktreihe. Unterseite vereinzelt punktiert und behaart. Hinterschenkel am untern Rande bewimpert. Metatarsus gleich 2 folgenden Tarsengliedern. — L. 5—5,5 mm (ex Fall).

Arizona.

281. **A. (T.) conspersus** Horn 1887 *A c.*, G. Horn in: Tr. Amer ent. Soc., *v.* 14 p. 9 | 1913 *A. (Tetraclipeoides) c.*, Ad. Schmidt in: Arch. Naturg., *v.* 79 A fasc. 11 p. 139.

Schwarz, von parallelseitiger Gestalt, glänzend, Flügeldecken zuweilen mit hellen Flecken auf den abwechselnden Zwischenräumen. Kopf dicht, etwas rauh punktiert. Stirnnaht mit 3 queren Tuberkeln, davor mit kurzer Querleiste, Clipeus ausgerandet. Thorax so breit wie die Flügeldecken, mit stumpfen Hinterwinkeln, die Seiten schwach gerundet, oberseits etwas fein, an den Seiten wenig dichter punktiert. Flügeldecken deutlich gestreift, mit deutlichen, dicht gestellten Streifenpunkten, Zwischenräume schwach konvex, mit einzelnen Punkten. Unterseite sehr vereinzelt punktiert, ebenso die Hinterschenkel. ♂. Enddorn der Vordertibien etwas stark, seine Spitze umgebogen, beim ♀ schlanker und spitz. — L. 4,5—5 mm.

Californien.

282. **A. (T.) quadridentatus** Har. 1861, 1863 *A. q.*, Harold in: Berlin. ent. Z., *v.* 5 p. 107, *v.* 7 p. 331 | 1913 *A. (Tetraclipeoides) q.*, Ad. Schmidt in: Arch. Naturg., *v.* 79 A fasc. 11 p. 140.

Flach gewölbt, glänzend, dunkel braunrot, die Seiten des Halsschildes, die Schulter und Spitze der Flügeldecken, sowie mehrere kleine Flecken auf denselben rotgelb. Kopf flach, fein punktiert, mit schwacher Beule und 2 kleinen, nahestehenden Höckerchen, Wangen im Winkel die Augen überragend. Halsschild mit abgerundeten Hinterwinkeln, ziemlich dicht, ungleich groß punktiert, Basis fein gerandet. Schildchenmitte heller. Flügeldecken hinten verbreitert, stark gekerbt-gestreift, äußere Streifen mehr furchenartig, Zwischenräume konvex, undeutlich punktiert. Metatarsus so lang wie 3 folgende Tarsenglieder (ex Harold). — L. 5—6 mm.

Cuba.

283. **A. (T.) quadridentulus** Fairm. 1894 *A. q.*, L. Fairmaire in: Ann. Soc. ent. Belgique, *v.* 38 p. 652 | 1913 *A. (Tetraclipeoides) q.*, Ad. Schmidt in: Arch. Naturg., *v.* 79 A fasc. 11 p. 140

Durch kürzere, gedrungenere Gestalt abweichend. Oberseite dunkel rotbraun, Thorax und Flügeldecken nach den Seiten und der Spitze zu leicht heller. Kopf bis zur eingedrückten Stirnnaht runzlig, dahinter fein und einfach punktiert, die medialen Zähnchen spitzer, länger und aufwärts gebogen, die Wangen überragen leicht die Augen. Thorax gerundet nach hinten erweitert, Hinterwinkel abgerundet, Basis fein gerandet, oberseits äußerst fein, einzeln punktiert, dazwischen größere Punkte eingestreut. Flügeldecken fein gestreift, Streifenpunkte fein und wenig wahrnehmbar, Zwischenräume flach, mit einzelnen sehr feinen Punkten. Unterseite heller. Endborsten der Hintertibien sehr ungleich, oberer Enddorn derselben länger als 1. Tarsenglied, dieses kürzer als die 2 folgenden. — L. 3—4 mm.

Senegal.

kk) Subgen. **Coelotrachelus** Ad. Schmidt

1913 *Aphodius (C.)*, Ad. Schmidt in: Arch Naturg., *v.* 79 A fasc. 11 p. 140.

Große Arten, einfarbig schwarz oder rotbraun, Kopf ungehöckert, Thorax seitlich verflacht, Seiten der Basis ausgehöhlt, letztere dem 5. Zwischenraume gegenüber mit hervorstehender Spitze, Schildchen dreieckig, Endborsten ungleich.

Länglich, flach gewölbt, glänzend, unbehaart. Kopf am Rande bewimpert, mit flacher Beule in der Mitte, sehr fein punktiert, nach vorn bogig verengt, Clipeus ausgerandet, jederseits mit kleinem, dornähnlichem

Zähnchen, Stirnnaht undeutlich, ungehöckert, Wangen stumpf, die Augen überragend. Thorax stark quer, seitlich gerundet, die seitliche Verflachung setzt sich um die gerundeten Hinterwinkel an der Basis fort, ihre mediale Begrenzung ragt als Zähnchen hervor. Basis zwischen den Zähnchen gerandet, vor dem Schildchen mit kleiner Vertiefung, oberseits äußerst fein, seitlich wenig größer punktiert. Flügeldecken nach hinten verbreitert, fein gestreift, Zwischenräume flach. Unterseite fein punktiert und behaart. Schenkel neben dem Knie mit kurzer Haarpunktreihe.

Hierher 2 amerikanische Arten (nr. 284, 285).

Bestimmungstabelle der Arten:

Rotbraun, Thorax an der Basis $^1/_3$ so breit wie in der Mitte, Schildchen schmaler als die zwei ersten Zwischenräume	284. A. (C.) venustus
Schwarz, Thoraxbreite an der Basis die Hälfte der Mitte betragend, Schildchen breiter	285. A. (C.) kuntzeni

284. **A. (C.) venustus** Ad. Schm. 1911 *A. v.*, Ad. Schmidt in: Ent. Zeit. Stettin *v.* 72 p. 28 | 1913 *A. (Coelotrachelus) v.*, Ad. Schmidt in: Arch. Naturg., *v.* 79 A fasc. 11 p. 140.

Einfarbig rotbraun, Tibien und Tarsen schwarz, letztere zur Spitze heller. Schildchen mit Längseindruck. Flügeldecken sehr fein gestreift, Streifenpunkte kaum wahrnehmbar. Enddorn der Vordertibien spitz, nach innen gebogen, unterer Enddorn der Mittel- und Hintertibien abgestutzt. Hintertibien vor der Spitze plötzlich verdickt, ihr oberer Enddorn so lang wie 1. Fußglied, dieses kürzer als die 3 folgenden. Klauen lang und schlank. ♀ unbekannt. — L. 8 mm.

Mexiko.

285. **A. (C.) kuntzeni** Ad. Schm. 1913 *A. (C.) k.*, Ad. Schmidt in: Arch. Naturg., *v.* 79 A fasc. 11 p. 140, 175.

Unterscheidet sich von der vorigen Art außer den oben angegebenen Merkmalen durch breitere Gestalt, weniger fein gestreifte Flügeldecken, längeren Metatarsus (so lang wie 3 folgende Tarsenglieder) und gleichmäßig verbreiterte Hintertibien. ♀ unbekannt. — L. 8 mm.

Mexiko.

ll) Subgen. **Aphodiellus** Ad. Schmidt

1913 *Aphodius (Aphodiellus)*, Ad. Schmidt in: Arch. Naturg., *v.* 79 A fasc. 11 p. 140.

Oberseite glatt, fast unpunktiert, einfarbig braun, Basis gerandet, Thoraxseiten nicht verflacht, Schildchen dreieckig, Endborsten ungleich.

Unbehaart, glänzend, konvex, heller oder dunkler braun. Kopf mit schwacher Beule und wenigen feinen Pünktchen, Wangen klein, die Augen fast nicht überragend, Clipeus abgerundet oder ausgerandet, Stirnlinie vorhanden. Thorax mit einigen Punkten an den Seiten, letztere und die Hinterwinkel deutlich gerandet wie die Basis. Schildchen unpunktiert. Flügeldecken fein gestreift, Streifenpunkte kaum wahrnehmbar. Unterseite mit der Oberseite gleichfarbig. Metasternum und Abdomen punktiert und behaart.

2 Arten aus dem paläarktischen und afrikanischen Gebiet (nr. 286, 287).

Bestimmungstabelle der Arten:

Dunkelbraun, Clipeus abgerundet, Metatarsus kürzer als 3 folgende Tarsenglieder	286. **A. (A.) impunctatus**
Hellbraun, Clipeus ausgerandet, Metatarsus so lang wie 3 folgende Tarsenglieder	287. **A. (A.) genialis**

286. **A. (A.) impunctatus** C. O. Waterh. 1875 *A. i.*, C. O. Waterhouse in: Tr. ent. Soc. London, p. 85 | 1886 *A. laevigatus*, Harold in: L. Heyden in: D. ent. Z., *v.* 30 p. 290 | 1913 *A. (Aphodiellus) impunctatus*, Ad. Schmidt in: Arch. Naturg., *v.* 79 A fasc. 11 p. 140.

Kopf kaum gewölbt, am Rande verflacht und aufgebogen, nicht ausgerandet, mit einzelnen kleinen Pünktchen besetzt, Stirnlinie eingedrückt, ohne Erhebungen, Wangen abgerundet, die Augen sehr wenig überragend. Thorax quer, in der Mitte wenig gerundet erweitert, neben den Seiten mit einigen feinen Punkten, Basis deutlich gerandet, Hinterwinkel stumpf abgerundet. Schildchen einzeln fein punktiert. Flügeldecken so breit wie der Thorax, fein gestreift, ihre Streifenpunkte kaum sichtbar, Zwischenräume flach. Mittel- und Hinterschenkel am Vorderrande und neben dem Knie mit Haarpunktreihe. Oberer Enddorn der Hintertibien kürzer als 1. Tarsenglied, dieses so lang wie 2 folgende Glieder. Enddorn der Vordertibien beim ♂ abgestutzt. — L. 6—7 mm.

Ostsibirien.

287 **A. (A.) genialis** Péring. 1901 *A. g.*, Péringuey in: Tr. S. Afr. Soc., *v.* 12 p. 390 | 1913 *A. (Aphodiellus) g.*, Ad. Schmidt in: Arch. Naturg., *v.* 79 A fasc. 11 p. 140.

Kopf mit flacher Beule und deutlicher Stirnnaht, unpunktiert, Clipeus ausgerandet, jederseits gerundet, Wangen mit ihrem Längsdurchmesser nach vorn gerichtet, die Augen nicht überragend. Thorax seitlich erweitert und wie die stumpf gerundeten Hinterwinkel deutlich, Basis viel feiner gerandet. Oberseite unpunktiert. Flügeldecken fein gestreift, fast ohne Streifenpunkte. Oberer Enddorn der Hintertibien fast so lang wie 1. Tarsenglied, dieses so lang wie 3 folgende Glieder. — L. 7—8 mm.

Südafrika.

mm) Subgen. **Emadus** E. Mulsant

1870 *Aphodius (Aphodius)* „Division" *Emadus*, E. Mulsant in: Ann. Soc. Agric. Lyon, ser. 4 *v.* 2 p. 449 | 1871 *A. (E.)*, E. Mulsant ibid., ser. 4 *v.* 3 p. 474 | 1859 *A. (Phalacronothus)*, Motschulsky in: Étud. ent., *v.* 8 p. 156 (part.).

Klein, schwarz, Flügeldecken mit 2, 4 oder 6 rötlichen Makeln, Thoraxbasis gerandet, Schildchen dreieckig, Hintertibien ungleich beborstet.

Länglich, mehr oder weniger gewölbt, glänzend, schwarz, Vorderrand des Kopfes und Seiten des Halsschildes heller, Spitze der Flügeldecken rötlich oder mehr gelbbraun. Von den Makeln liegen eine oder zwei an der Basis, die andere vor der Spitze oder eine an der Basis, die 2. in der Mitte und die 3. vor der Spitze, selten sind die Flügeldecken ganz gelblichrot. Kopf flach, meistens die Mitte nicht deutlich erhaben, Stirnnaht gewöhnlich wenig sichtbar, nur bei *A. (E.) hypocrita* Muls. (nr. 295) mit 3 Höckerchen, oberseits meistens nur fein punktiert, Clipeus schwach ausgerandet, Wangen klein, die Augen wenig überragend. Thorax quer, oft nur fein und gleichmäßig verteilt, selten an den Seiten stärker und in der Mitte feiner und vereinzelter punktiert, die Seiten und Basis gerandet, Hinterwinkel gewöhnlich stumpf. Unterseite schwarz, Beine mehr oder weniger hell, die Seiten der Hinterbrust und das Abdomen punktiert und behaart. Oberer Enddorn der Hintertibien so lang oder kürzer als 1. Tarsenglied, dieses wenig verlängert.

Hierher gehören 7 Arten aus dem paläarktischen und indischen Gebiet und eine im Subgenus unsichere Art (*hypocrita* Muls.) (nr 288—295).

Bestimmungstabelle der Arten:

1	Thorax in der Mitte fast unpunktiert — 2	
	Thorax gleichmäßig punktiert — 3	
2	Flügeldecken sehr kurz, nur $^1/_2$ mal länger als der Thorax, Flügeldecken einfarbig gelblichrot .	295. **A. (E.) hypocrita**
	Flügeldecken länger, jede Flügeldecke mit 3 hellen Makeln	294. **A. (E.) hilaris**
3	Beine rotgelb, Flügeldecken mit 4 großen, scharf begrenzten Makeln	288. **A. (E.) quadriguttatus**
	Beine stets dunkler — 4	
4	Oberer Enddorn der Hintertibien kürzer als 1. Tarsenglied, Wangen kaum die Augen überragend — 5	
	Oberer Enddorn so lang wie 1. Glied, Wangen deutlich die Augen überragend — 6	
5	Basalmakel groß, viereckig, bis zum Nahtstreif reichend	289. **A. (E.) quadrinaevulus**
	Basalmakel klein, nur die Schulter bedeckend	290. **A. (E.) ceylonensis**
6	Makeln scharf begrenzt — 7	
	Makeln nicht scharf begrenzt, oft mehr oder weniger ausgedehnt, zuweilen die ganzen Flügeldecken rötlich, dann nur die Naht dunkel	291. **A. (E.) biguttatus**
7	Basis mit 2 Basalmakeln, die eine umfaßt die Schulter, die andere liegt im 2. Zwischenraum	292. **A. (E.) quadrisignatus**
	Basis nur mit einer kurzen Strichmakel an der Basis des 6. Zwischenraumes	293. **A. (E.) quadrimaculatus**

288. **A. (E.) quadriguttatus** (Herbst)

Diese Art zerfällt in 4 Unterarten:

288a. **A. (E.) quadriguttatus quadriguttatus** (Herbst) 1775 *Scarabaeus quadrimaculatus* (non *S. q.*, Linné 1761), J C. Fabricius, Syst. Ent., p. 19 | 1783 *S. quadriguttatus,* J. F. W. Herbst in: Arch. Ins.-Gesch., *v.* 4 p. 10 t. 19 f. 15 (Gesamtbild) | 1805 *Aphodius quadripustulatus,* Duftschmid, Fauna Austr., *v.* 1 p. 125 | 1844 *A. macri,* A. Costa in: Ann. Acc. Aspir., *v.* 2 p. 13 | 1848 *A. quadriguttatus,* Erichson, Naturg. Ins. Deutschl., Col. *v.* 3 p. 863 | 1892 *A. (Orodalus) q.*, Reitter in: Verh. Ver Brünn, *v.* 30 p. 212 | 1913 *A. (Emadus) q.*, Ad Schmidt in: Arch. Naturg., *v.* 79 A fasc. 11 p. 140.

Länglich, oben flach, die Seiten stärker herabgewölbt, schwarz, Vorderrand des Kopfes und die Thoraxseiten heller. Kopf flach, sehr fein, wenig dicht punktiert, am Rande verflacht, Clipeus mehr oder weniger ausgerandet, jederseits breit gerundet und aufgebogen, Wangen rundlich, die Augen überragend. Thorax sehr fein und etwas größer punktiert, die Seiten, stumpfe Hinterwinkel und Basis gerandet. Schildchen meistens mit Längsvertiefung. Flügeldecken deutlich gestreift, Streifenpunkte flach, der 1. Streifen mehr vertieft, Zwischenräume flach, fein und nicht sehr dicht punktiert. Die Basalmakel reicht vom Lateralrande bis zur Naht, die 2. länglichrunde Makel liegt im 2.—7. Zwischenraume vor der Spitze, beide rötlichgelb, der Spitzenrand selbst schmal rötlich. Seiten der Hinterbrust und Abdomen nicht sehr dicht punktiert und behaart. Metatarsus so lang wie oberer Enddorn und wie 2 folgende Tarsenglieder. ♂. Enddorn der Vordertibien an der Spitze umgebogen, Thorax mit sehr zerstreuten Punkten. Metasternalplatte grubig vertieft. ♀. Enddorn spitz, Thorax dichter punktiert, Metasternum mit Mittellinie. — L. 4—5 mm.

Europa, Algier, Kaukasus.

288 b. **A. (E.) quadriguttatus angularis** Muls. 1842 *A. q.* var. *a.*, E. Mulsant, Hist. nat. Col. France, Lamell. p. 261 | 1913 *A. (Emadus) q.* var. *a.*, Ad. Schmidt in: Arch. Naturg., *v.* 79 A fasc. 11 p. 140

Der helle Fleck in den Vorderwinkeln des Halsschildes sehr klein.

Vorkommen wie die Stammart.

288 c. **A. (E.) quadriguttatus cruciatus** Muls. 1842 *A. q.* var. *c.*, E. Mulsant, Hist. nat. Col. France, Lamell. p. 261 | 1913 *A (Emadus) q.* var. *c.*, Ad. Schmidt in: Arch. Naturg., *v.* 79 A fasc. 11 p. 140.

Die hellen Makeln der Flügeldecken sind so ausgedehnt, daß die schwarze Farbe bis auf einen schmalen, längeren oder kürzeren Querstrich in der Mitte verdrängt ist, dieser bildet mit dem 1. Zwischenraum an der Naht ein Kreuz. Lateralrand ebenfalls schwarz.

Vorkommen wie die Stammart.

288 d. **A. (E.) quadriguttatus astaurus** Fuente 1897 *A. q.* var. *a.*, Fuente in: An. Soc. Españ., *v.* 26 p. 130 | 1902 *A. q.* var *nigrosuturalis*, Jos. Müller in: Verh. Ges. Wien, *v.* 52 p. 447 | 1906 *A. (Orodalus) q* var. *astaurus*, Reitter in: L. Heyden, Reitter & Weise, Cat. Col. Eur. Caucas., ed. 2 p. 721 | 1907 *A. (Calamosternus) q.* var. *dilutus*, Fiori in: Natural. Sicil., *v.* 19 p. 115 | 1913 *A. (Emadus) q* var *astaurus*, Ad. Schmidt in: Arch. Naturg., *v.* 79 A fasc. 11 p. 140.

Flügeldecken gelbrot, Naht und Lateralrand braun.

Sizilien.

289. **A. (E.) quadrinaevulus** Reitt. 1892 *A. (Orodalus) q.*, Reitter in: Verh. Ver. Brünn, *v.* 30 p. 212 | 1913 *A. (Emadus) q.*, Ad. Schmidt in: Arch. Naturg., *v.* 79 A fasc. 11 p. 141.

In Größe und Färbung mit der vorigen Art übereinstimmend, auch in der Lage der Makeln, aber die Spitze der Flügeldecken bleibt dunkel, der Kopf ist stärker punktiert, die Wangen äußerst klein. Oberer Enddorn der Hintertibien kürzer als 1. Tarsenglied, dieses den 2 folgenden Gliedern gleich. — L. 4—5 mm.

Araxes.

290. **A. (E.) ceylonensis** Ad. Schm. 1912 *A. c.*, Ad. Schmidt in: Arch. Naturg., *v.* 78 A fasc. 7 p. 196 | 1913 *A. (Emadus) c.*, Ad Schmidt l. c., *v.* 79 A fasc. 11 p. 140.

Konvex, dunkel kastanienbraun, Vorderkopf, Thoraxseiten, Flügeldecken und Schildchen heller. Kopf nach vorn deutlich verengt, hier schwach ausgerandet und stumpf gerundet, fein punktiert, Stirnnaht deutlich eingedrückt, Wangen sehr klein, kaum die Augen überragend. Thorax quer, mit parallelen Seiten, Hinterwinkel stumpf, fein, an den Seiten etwas ungleich, ziemlich dicht punktiert. Schildchen schmal dreieckig. Flügeldecken fein gestreift, Streifenpunkte flach, Zwischenräume eben, einzeln fein punktiert, an der Spitze größer und dichter. Unterseite und Füße heller, zerstreut punktiert. Metatarsus länger als oberer Enddorn, so lang wie 3 folgende Tarsenglieder. — L. 2,75 mm.

Ceylon.

291. **A. (E.) biguttatus** Germ.

Diese Art zerfällt in 5 Unterarten:

291 a. **A. (E.) biguttatus biguttatus** Germ 1797 *Scarabaeus sanguinolentus* (non J. F. W. Herbst 1783), Panzer, Fauna Ins. Germ., *v.* 43 nr. 4 | 1824 *Aphodius biguttatus*, Germar, Col. Spec. nov., p. 111 | 1842 *A. quadrimaculatus* var. *sanguinolens*, E. Mulsant, Hist. nat. Col. France, Lamell. p. 206 | 1848 *A. biguttatus*, Erichson, Naturg. Ins. Deutschl., Col. *v.* 3 p. 868 | 1892 *A. (Orodalus) b.*, Reitter in: Verh. Ver Brünn, *v.* 30 p. 213 | 1911 *A. sanguinolentus*, Bedel in: Bull. Soc. ent. France, p. 378 | 1913 *A. (Emadus) s.*, Ad. Schmidt in: Arch. Naturg., *v.* 79 A fasc. 11 p. 141.

Kurz, gewölbt, glänzend, schwarz, jede Flügeldecke mit einer rötlichen Spitzenmakel. Kopf nach hinten deutlich feiner punktiert, die Mitte beulig erhaben, Clipeus ausgebuchtet, jederseits abgerundet, Wangen stumpfwinklig, die Augen überragend. Thorax quer, an den Seiten wenig gerundet, fein und größer punktiert. Schildchen mit einzelnen feinen Punkten. Flügeldecken deutlich punktiert-gestreift, der 1. Streifen mehr vertieft, Streifenpunkte deutlich, Zwischenräume flach, einzeln fein punktiert, Spitzenmakel schlecht begrenzt. Oberer Enddorn der Hintertibien so lang wie 1. Tarsenglied, dieses den 2 folgenden gleich. ♂. Enddorn der Vordertibien an der Spitze umgebogen, Metasternalplatte grubig vertieft, einzeln behaart. ♀. Enddorn spitz, Metasternalplatte nicht vertieft, deutlicher punktiert. — L. $2^1/_2$ bis 3 mm.

Mitteleuropa, Kaukasus.

291 b. **A. (E.) biguttatus petulans** nom. nov. Ad. Schm. 1848 *A. sanguinolentus* var. *suturalis* (non *A. s.* Redtenbacher 1843), Erichson, Naturg Ins. Deutschl., Col. *v.* 3 p. 867 | 1888 *A. s.* var. *fallax* (non E. Mulsant 1842), Schilsky in: D. ent. Z., *v.* 32 p. 315 | 1889 *A. dubius* var., Schilsky l. c, p. 337 | 1913 *A. (Emadus) sanguinolentus* var. *fallax*, Ad. Schmidt in: Arch. Naturg., *v.* 79 A fasc 11 p. 141

Flügeldecken braunrot, mit schwärzlicher Naht.

Bozen.

291 c. **A. (E.) biguttatus discoloratus** nom. nov. Ad Schm. 1888 *A. sanguinolentus* var *apicalis* (non E. Mulsant 1842), Schilsky in: D. ent. Z., *v.* 32 p. 315 | 1913 *A. (Emadus) s.* var *a.*, Ad. Schmidt in: Arch. Naturg., *v.* 79 A fasc. 11 p. 141.

Die beiden ersten Drittel der Flügeldecken schwarz, letztes rot, ebenso die Schulterbeule und Vorderecken des Halsschildes.

Deutschland.

291 d. **A. (E.) biguttatus similis** Schilsky 1888 *A. sanguinolentus* var. *s.*, Schilsky in: D. ent. Z., *v.* 32 p. 315 | 1913 *A. (Emadus) s.* var. *s*, Ad. Schmidt in: Arch. Naturg., *v.* 79 A fasc. 11 p. 141.

Schultern rot, Spitzenmakel bis an die dunkle Naht reichend, Spitze jedoch schwärzlich.

Vorkommen wie die Stammart.

291 e. **A. (E.) biguttatus conjunctulus** Reitt. 1892 *A. (Orodalus) sanguinolentus* var *c.*, Reitter in: Verh. Ver. Brünn, *v.* 30 p. 213 | 1913 *A. (Emadus) s.* var. *c.*, Ad. Schmidt in: Arch. Naturg., *v.* 79 A fasc. 11 p. 141

Spitzenmakel mit dem roten Schulterfleck verbunden.

Vorkommen wie die Stammart.

292. **A. (E.) quadrisignatus** Brullé 1832 *A. q.*, Brullé in: Exp. Morée, *v.* 3 1 sect. 2 p. 172 t. 38 f. 12 (Gesamtbild) | 1841 *A. sexpustulatus*, Gebler in: Bull. Soc. Moscou, *v.* 14 p. 588 | 1892 *A. (Orodalus) quadrisignatus*, Reitter in: Verh Ver. Brünn, *v.* 30 p. 213 | 1913 *A. (Emadus) q.*, Ad. Schmidt in: Arch Naturg., *v.* 79 A fasc. 11 p. 141.

In Größe, Färbung und Zeichnung dem *A. (E.) quadrinaevulus* Reitt. (nr. 289) ähnlich, aber durch größere Wangen, durch den in der ganzen Länge vertieften Nahtstreifen und längeren Enddorn der Hintertibien verschieden. Kopf fein, am Vorderrande zuweilen etwas stärker punktiert, die Mittelbeule deutlich, Stirnnaht schwach, Clipeus ausgerandet, jederseits stumpf abgerundet und aufgebogen. Thorax schwach und fast geradseitig nach hinten verbreitert, mit ziemlich gleichgroßen, nicht sehr dicht gestellten Punkten besetzt, Hinterwinkel stumpf. Schildchen vereinzelt fein punktiert. Flügeldecken mit rotgelben Makeln, von denen die eine an der Schulter im 6.—8. Zwischenraume, die andere, etwas kürzere, im 2. und 3. neben dem Schildchen und die Spitzenmakel im 3.—7. Zwischenraume liegt, Streifenpunkte kerben schwach die Zwischenräume, diese flach, fein und zerstreut punktiert. Metasternum seitlich und das Abdomen punktiert und behaart, Schenkel am Hinterrande mit Haarpunkten. Oberer Enddorn der Hintertibien so lang wie 1. Tarsenglied, dieses reichlich so lang wie 2 folgende Glieder. Klauen in der Mitte stärker gebogen als bei *A. (E.) quadrinaevulus* Reitt. ♂. Enddorn der Vordertibien umgebogen, Metasternalplatte stark vertieft, am Rande punktiert und behaart. ♀. Enddorn spitz, Metasternum wenig vertieft, sehr vereinzelt punktiert. — L. 3,5—4 mm.

Griechenland, Türkei, Kleinasien, Syrien, Turkestan, Südwestsibirien.

293. **A. (E.) quadrimaculatus** (L.)

Diese Art zerfällt in 4 Unterarten:

293a. **A. (E.) quadrimaculatus quadrimaculatus** (L.) 1761 *Scarabaeus q.*, Linné, Fauna Suec., p. 138 | 1792 *S. quadripustulatus,* J. C. Fabricius, Ent. syst., *v.* 1 p. 36 | 1848 *Aphodius quadrimaculatus,* Erichson, Naturg. Ins. Deutschl., Col. *v.* 3 p. 865 | 1892 *A. (Orodalus) q.*, Reitter in: Verh. Ver. Brünn, *v.* 30 p. 213 | 1913 *A. (Emadus) q.*, Ad. Schmidt in: Arch. Naturg., *v.* 79 A fasc. 11 p. 141.

Etwas kleiner als vorige Art, ihr sonst durchaus gleich, nur die Schultermakel kleiner, auf den 6. Zwischenraum beschränkt, Spitzenmakel reicht seitlich nur bis zum 7. Zwischenraume. Streifenpunkte greifen nicht die Ränder an. Metasternalplatte beim ♂ wenig vertieft, ringsum behaart, beim ♀ auf der ganzen Fläche punktiert. — L. 3—3,5 mm.

Schweden, Deutschland, Tirol, Sizilien, Kaukasus.

293b. **A. (E.) quadrimaculatus caudatus** Muls. 1842 *A. q.* var. *c.*, E. Mulsant, Hist. nat. Col. France, Lamell. p. 206 | 1913 *A. (Emadus) q.* var. *c.*, Ad. Schmidt in: Arch. Naturg., *v.* 79 A fasc. 11 p. 141.

Die Spitzenmakel ist bis zum Spitzenrande ausgedehnt.

Vorkommen wie die Stammart.

293c. **A. (E.) quadrimaculatus prolongatus** Muls. 1842 *A. q.* var *p.*, E. Mulsant, Hist. nat. Col. France, Lamell. p. 207 | 1913 *A (Emadus) q.* var. *p.*, Ad. Schmidt in: Arch. Naturg., *v.* 79 A fasc. 11 p. 141.

Die hintere Makel setzt sich strichförmig bis zur Schultermakel fort.

Vorkommen wie die Stammart.

293d. **A. (E.) quadrimaculatus biguttulus** Fiori 1907 *A. (Calamosternus) q.* var. *b.*, Fiori in: Natural. Sicil., *v.* 19 p. 115 | 1913 *A. (Emadus) q.* var. *b.*, Ad. Schmidt in: Arch. Naturg., *v.* 79 A fasc. 11 p. 141.

Die Schultermakel fehlt.

Vorkommen mit der Stammart.

294. **A. (E.) hilaris** Har. 1869 *A. h.*, Harold in: Abeille, *v.* 5 p. 433 | 1913 *A. (Emadus) h.*, Ad. Schmidt in: Arch. Naturg., *v.* 79 A fasc. 11 p. 141.

Länglich, wenig konvex, schwarz, glänzend, Flügeldecken mit hellbraunen Makeln, Kopf vorn heller, die Mitte erhaben, stark punktiert, Stirnnaht wenig deutlich, Clipeus ausgerandet, jederseits abgerundet. Thorax stärker und dichter an den Seiten als in der Mitte punktiert, Hinterwinkel stumpf. Schildchen punktiert. Flügeldecken fein gestreift, Zwischenräume flach, fein punktiert, mit einer größeren Makel, die schräg von der Schulter zur Naht gerichtet ist, einer kleinen neben dem Schildchen, einer dritten vor der Spitze. — L. 4,6 mm (ex Harold).

Palästina, Persien.

295. **A. (E.) hypocrita** Muls. & Rey 1870 *A. (E.) h.*, E. Mulsant & Rey in: E. Mulsant in: Ann. Soc. Agric. Lyon, ser. 4 *v.* 2 p. 449 | 1892 *A. (Orodalus) h.*, Reitter in: Verh. Ver. Brünn, *v.* 30 p. 210 | 1913 *A. (Emadus) h.*, Ad. Schmidt in: Arch. Naturg., *v.* 79 A fasc. 11 p. 141.

Länglich, mäßig gewölbt, glänzend, Kopf und Thorax schwarz, mit rötlichem Rande, Flügeldecken rötlichgelb. Kopf rauh punktiert, Stirnnaht mit 3 Höckerchen. Thorax seitlich erweitert, die Mitte fast ohne Punkte und die Seiten zerstreut punktiert. Schildchen dreieckig, vorn mehr parallel. Flügeldecken nur $^1/_2$ mal länger als der Thorax, deutlich gestreift, Zwischenräume eben, fein punktiert. Metatarsus nicht so lang wie 2 folgende Tarsenglieder. — L. 3,2 mm (ex E. Mulsant).

Frankreich.

nn) Subgen. **Volinus** E. Mulsant

1870 *Aphodius (V.)*, E. Mulsant in: Ann. Soc. Agric. Lyon, ser. 4 *v.* 2 p. 537.

Klein, flach gewölbt, schwarz oder braun, Flügeldecken heller braun mit dunklen Flecken oder dunklen Längsstreifen, seltener Kopf und Thorax hellbraun, Stirnnaht mit und ohne Höcker, Thoraxbasis gerandet, bei einigen amerikanischen Arten ist der Rand in der Mitte erloschen, Schildchen dreieckig, Endborsten der Hintertibien ungleich (*A. (V.) rugatus* Ad. Schm. (nr. 339) ausgenommen).

Länglich, glänzend, zuweilen die Flügeldecken an der Spitze fein behaart. Kopf flach, feiner oder stärker, am Vorderrande zuweilen rauh punktiert, Stirnlinie meistens deutlich, mit stärkeren oder schwächeren Höckern, zuweilen nur mit Andeutung derselben, Clipeus schwach ausgerandet, gewöhnlich jederseits gerundet, selten gezähnt oder stumpfwinklig, Wangen meistens die Augen überragend. Thorax beim ♂ gewöhnlich stärker gewölbt, breiter als die Flügeldecken, immer punktiert, Hinterwinkel stumpf oder etwas gerundet. Flügeldecken meistens fein gestreift, mit ebensolchen Streifenpunkten, Zwischenräume gewöhnlich flach, fein punktiert. Da die Zahl der Makeln, ihre Ausbreitung und Verbindung unter sich sehr abändert, dieselben zuweilen auch ganz verschwinden, so konnte in der nachfolgenden Tabelle nur die typische Form beachtet werden. Unterseite mit der Oberseite in Färbung übereinstimmend, mehr oder weniger punktiert und behaart, auch die Schenkel.

Hierher gehören 48 sichere und 3 im Subgenus unsichere Arten aus dem paläarktischen, amerikanischen, indischen und australischen Gebiet (nr. 296—346).

Bestimmungstabelle der Arten[1]:

1	Flügeldecken mit kleinem Schulterzahn — 2	
	Flügeldecken ohne einen solchen — 3	
2	Flügeldecken an der Basis des 3.—5. Zwischenraumes mit je einer Strichmakel, Kopf ungehöckert, dicht punktiert	337. **A. (V.) pallidiligonis**
	Flügeldecken mit je zwei langen Strichmakeln im 2. und 4. Zwischenraume vor und hinter der Mitte und einer längeren im 6. Zwischenraume	338. **A. (V.) euprosopus**
3	Clipeus deutlich gezähnt — 4	
	Clipeus immer ungezähnt — 5	
4	Oberseite schwarzbraun, Flügeldecken hellbraun, mit länglichen Strichmakeln, Clipeus jederseits neben den Zähnchen lateral mit zahnartiger Spitze	339. **A. (V.) rugatus**
	Oberseite schwarzbraun, Flügeldecken mit zwei Querreihen dunkler Makeln, Seitenrand zwischen Clipealzahn und Wangen ohne eine solche Spitze	340. **A. (V.) serval**
5	Kopf fein punktiert, selten mit Andeutung von Höckerchen, zuweilen deutlicher punktiert, dann aber die Stirnlinie glatt — 6	
	Kopf rauh punktiert, immer mehr oder weniger deutlich gehöckert, ausgenommen *A. (V.) pustulifer* Reitt. und *interstitialis* D. Koshant. (nr 316, 323) — 23	
6	Flügeldecken auf den abwechselnden Zwischenräumen mit langen Strichmakeln — 7	
	Flügeldecken nicht mit Strichmakeln — 9	
7	Flügeldecken mit tiefen, deutlich kerbenden Streifenpunkten, Streifen 1/3 so breit wie die Zwischenräume, der 3. und 5. ist dunkel .	306. **A. (V.) consociatus**
	Flügeldecken mit feinen, flachen Streifen, die kaum 1/4 so breit wie die Zwischenräume sind, der 1., 3. und 5. dunkel — 8	
8	2. und 4. Zwischenraum matt, die angrenzenden lackglänzend, Zwischenräume sehr fein punktiert	307. **A. (V.) subaeneus**
	Alle Zwischenräume gleichmäßig glänzend, deutlicher punktiert	308. **A. (V.) alternatus**
9	Kopf und Thorax hellbraun oder hellrotbraun wie die Flügeldecken — 10	
	Kopf und Thorax schwarz oder schwarzbraun, immer viel dunkler als die Flügeldecken — 11	
10	Thorax hinter den Vorderwinkeln mit rundlicher Grube, Streifenpunkte der Flügeldecken sehr deutlich, Zwischenräume auf dem Rücken konvex, mit seitlicher Längsmakel, zweiter Zwischenraum neben dem Schildchen ohne Querfalten, Schildchen schmal, so breit wie die 2 ersten Zwischenräume	309. **A. (V.) phalerioides**
	Thorax ohne Eindruck, Streifenpunkte fein, alle Zwischenräume schwach konvex, der 2. mit schwachen Querfalten neben dem Schildchen, Seitenmakel fehlt, Schildchen an der Basis so breit wie die drei ersten Zwischenräume	310. **A. (V.) variicolor**

[1]) Folgende Arten ließen sich nicht tabellarisch einordnen: *A. (V.) tescorum, kukunorensis, punctatus, mossulensis, candezei.*

11 Flügeldecken stark gestreift, die Streifen fast so breit wie die Zwischenräume, Thorax grob und zerstreut punktiert . . . . 311 A. (V). ornatus
Streifen der Flügeldecken immer viel schmaler als die Zwischenräume — 12

12 Flügeldecken mit einer Strichmakel im vierten Zwischenraume, die zuweilen in 2 oder 3 Makeln aufgelöst ist oder nur mit Seitenmakel, der sich noch eine Spitzenmakel zugesellen kann — 13
Flügeldecken mit getrennten Makeln auf verschiedenen Zwischenräumen — 15

13 Flügeldecken blaßgelb, mit Strichmakel im 4. Zwischenraume, fein und zerstreut punktiert, nur die Nahtkante geschwärzt . . . . 312 A. (V.) comma
Flügeldecken hell- oder gelbbraun, mit dunkler Seitenmakel, ohne eine Makel im 4 Zwischenraume, 1 Zwischenraum größtenteils schwarz oder braun — 14

14 Die dunkle Farbe der Naht zur Mitte hin sich ausdehnend, hinter derselben den ganzen Zwischenraum einnehmend, Streifenpunkte fein, Zwischenräume punktiert, eine Seitenmakel befindet sich im 7. oder im 7. und 8. Zwischenraume, zuweilen auch mit Spitzenmakel . . 313 A. (V.) flavimargo
1. Zwischenraum an der Naht auch vorn dunkel, Streifenpunkte groß, sehr deutlich die Zwischenräume kerbend, Seitenmakel im 7. Zwischenraum vor der Mitte, selten auf den 8. ausgedehnt, immer ohne Spitzenmakel 314 A. (V.) sesquivittatus

15 Wangen sehr schmal, nicht die Augen überragend, die Flecken der Flügeldecken durch die geschwärzten Punktstreifen verbunden . 296 A. (V.) sticticus
Wangen immer mehr oder weniger die Augen überragend — 16

16 Naht der Flügeldecken nicht dunkler als der 1 Zwischenraum — 17
Naht geschwärzt, immer dunkler als der erste Zwischenraum, dieser zuweilen dunkler, dann aber nicht in der ganzen Breite, besonders hinter dem Schildchen — 21

17 Thorax sehr ungleich punktiert, die großen Punkte sehr zerstreut, Fleckenbinden durch geschwärzte Streifen mehr oder weniger verbunden, Streifenpunkte sehr deutlich . . . 297 A. (V.) signifer
Thorax fast gleichmäßig, ziemlich dicht punktiert, Streifenpunkte fein — 18

18 Flügeldecken mit Seitenmakel, die bis zur Naht verlängert ist, hinter der Mitte mit einer Querbinde, die einen hellen Spitzenfleck einschließt . . . . 298. A. (V.) charmionus
Seitenmakel vor der Mitte gelegen, nicht bis an die Naht ausgedehnt — 19

19 Flügeldecken mit 2 Längsbinden, die sich hinter der Mitte im 5. Zwischenraume verbinden, die mediale liegt im 4. und 5., die laterale im 6. und 7. Zwischenraume . . . . 299. A. (V.) bistriga
Makeln getrennt, mehr quer ausgebreitet — 20

20 Vordere Makel einen Halbkreis um das Schildchen bildend, hinter der Mitte eine gezackte, vor der Spitze eine gerade Querbinde . . . . 300. **A. (V.) equitis**
Vordere und hintere Makel im 3.—5 Zwischenraume, Flügeldecken fein punktiert, Metatarsus länger als 3 folgende Tarsenglieder . 301. **A. (V.) sexmaculosus**
Vordere Makel im 2.—5, hintere im 3.—6 Zwischenraume, Flügeldecken stärker punktiert, besonders vor der Spitze, Metatarsus kürzer als 3 folgende Glieder . . . . 302. **A. (V.) figuratus**

21 Flügeldecken mit schwarzen Makeln, diese bilden 2 Fleckenbinden, die vordere mit längeren Makeln steht vor, die andere hinter der Mitte. Im 2. Zwischenraume stehen zwei, im 3 zwei, im 5 zwei, eine längere Strichmakel im 7. Zwischenraume . . . . 303. **A. (V.) nigrivittis**
Flügeldecken mit braunen Makeln — **22**

22 Körper kurz und breit, Flügeldecken kaum $1^1/_2$ mal so lang wie der Thorax, Kopf und Thorax schwarz, Flügeldecken fein gestreift, Makeln ähnlich wie bei *A. (V.) nigrivittis*, aber die vordere meistens bis zur hinteren verlängert und gewöhnlich im 5. Zwischenraume mit der lateralen vereint . . . . . 304. **A. (V.) scuticollis**
Körper länglich, schmaler, Flügeldecken 2 mal so lang wie Kopf und Thorax. Oberseite dunkelbraun, mit heller braunen Makeln, die vordere liegt im 3.—5, die hintere im 4. und 5. Zwischenraume, die Seitenmakel beginnt unter der Schulter im 7. und 8. und setzt sich im 6. bis hinter die Mitte fort . . . . . . 305. **A. (V.) jacobsoni**

23 Flügeldecken seitlich sehr dicht, querrunzlig punktiert und matt, Scheibe mit 3 queren Fleckenbinden . . . . 315 **A. (V.) obsoleteguttatus**
Flügeldecken seitlich nicht matt und querrunzlig — **24**

24 Erster Zwischenraum an der Naht dunkler — **25**
Nur die Nahtkante dunkler — **32**

25 Seiten der Flügeldecken in der Mitte und vor der Spitze mit dunkler Makel . . . . . . 316. **A. (V.) pustulifer**
Makeln in anderer Anordnung — **26**

26 Vordere Fleckenbinde zieht schräg zur Naht und erreicht sie in der Mitte — **27**
Vordere Fleckenbinde erreicht nicht die Naht — **29**

27 Kopf geradlinig und stark nach vorn verschmälert, jederseits der Ausrandung stumpfwinklig, Metatarsus deutlich kürzer als die Hintertibien am Endrande breit sind, Makeln der Flügeldecken nicht scharf begrenzt . . 317 **A. (V.) cervorum**
Kopf bogig und schwach verschmälert, jederseits breit abgerundet, Metatarsus deutlich länger als der Endrand der Hintertibien breit ist — **28**

28 Flügeldeckenspitze schwarz, vor derselben, außer der Basalmakel, mit einer queren Makel im 3.—5. Zwischenraume . . . . 318. **A. (V.) planus**
Flügeldeckenspitze hell, vor derselben, außer der Basalmakel, mit 2 queren Makeln . . . . . 319. **A. (V.) clathratus**

29 { Flügeldecken mit geschwärzten Streifen und sehr veränderlichen Makeln . . . . 320. A. (V.) lineolatus
Streifen nicht geschwärzt — 30

30 { Flügeldecken mit einer medialen Schrägreihe von Makeln im 5., 4. und 3. Zwischenraume — 31
Flügeldecken ohne solche Schrägreihe, sie haben unter der Schulter eine Makel im 7. und 6. Zwischenraume vor der Mitte und eine hinter derselben im 4.—6., die Flügeldecken sind dicht und deutlich punktiert . . . . . 321. A. (V.) pumilio

31 { Kopf beim ♂ deutlich gehöckert, davor mit Querrunzel, hintere Querbinde liegt im 2 bis 5. Zwischenraume, zwischen ihr und der Spitze sind einige kleine, dunkle Flecke, Metatarsus gleich dem oberen Enddorne . . 322. A. (V.) plutschewskyi
Kopf in beiden Geschlechtern ungehöckert, hintere Querbinde liegt im 4. und 5. Zwischenraume, die Spitzenflecke fehlen, Metatarsus kürzer als oberer Enddorn . . . . 323. A. (V.) interstitialis

32 { Flügeldecken mit Strichmakel im 7. Zwischenraume, dieselbe ist zuweilen auf 1 oder 2 Punkte reduziert, gewöhnlich liegt auch vor der Spitze eine Makel im 3.—5. Zwischenraume . . . . 324. A. (V.) exclamationis
Flügeldecken mit langer Strichmakel im 3. und 4. Zwischenraume, die vorn auf den 2. und 5. ausgedehnt ist, oberer Enddorn der Hintertibien länger als 1. Tarsenglied . . . . . 325 A. (V.) clausula
Flügeldecken mit einzelnen, kleineren Makeln — 33

33 { Flügeldecken mit rotbraunen Makeln — 34
Makeln schwarz — 35

34 { Flügeldecken sehr fein, an der Spitze stärker punktiert, im 3. Zwischenraume mit einer, im 4. und 5. mit je zwei Makeln . . . . . 326. A. (V.) discedens
Flügeldecken neben den Streifen sehr deutlich, an der Spitze fast so groß wie auf dem Thorax punktiert, im 3.—5. Zwischenraume liegen je zwei, im 6. eine Makel . . . . . 327. A. (V.) hieroglyphicus

35 { Flügeldecken ohne Makel an der Basis des 5. Zwischenraumes, aber mit einer zusammenhängenden vor der Mitte im 2—4. und einer solchen hinter der Mitte im 2.—5. Zwischenraume . . . . 328. A. (V.) hahni
Flügeldecken immer mit einer Makel an der Basis des 5. Zwischenraumes — 36

36 { Clipeus ganz rötlich oder mit einem solchen Flecke vor den Augen — 37
Kopf ganz schwarz — 39

37 { Flügeldecken mit scharf begrenzten Makeln, sie bilden 2 Schrägreihen, es liegen davon im 3. Zwischenraume zwei, im 4. eine, im 5. und 7. je zwei . . . . 329. A. (V.) conspurcatus
Makeln sehr undeutlich — 38

38	Makeln stehen in 2 Fleckenbinden, die vordere schräge endet in der Mitte der Naht, die ersten Streifen laufen frei aus, Streifenpunkte verschwinden vor der Spitze	330. **A. (V.) leopardus**
	Makeln bilden 3 Querreihen, der 2 Streifen verbindet sich mit dem 10 , der 3. mit dem 9. vor der Spitze, Streifenpunkte hier sehr deutlich	331. **A. (V.) pardalis**
39	Die 4 seitlichen Zwischenräume bis hinter die Mitte geschwärzt, Scheibe mit 2 Binden, die vordere im 2. bis 5 , die hintere im 2. bis 6. Zwischenraum, Metatarsus kaum so lang wie die Hintertibien am Endrande breit sind	332. **A. (V.) tessulatus**
	Seiten im 7 und 8 Zwischenraume mit kurzer Strichmakel — **40**	
40	Wangen durch eine kleine Ausbuchtung vom Kopfrande abgesetzt — **41**	
	Wangen in gleicher Richtung mit dem Kopfrande verlaufend — **42**	
41	Flügeldecken braungelb, mit konvexen Zwischenräumen und kleinen, tupfenförmigen, wenig markierten Makeln	333. **A. (V.) naevuliger**
	Flügeldecken hellbraun, zwischen der vorderen und hinteren sehr deutlichen Fleckenbinde weißgelb durchscheinend	334. **A. (V.) pictus**
42	Hintere Fleckenbinde besteht aus je einem Flecke im 3. und 5. Zwischenraume. Breitere Art	335. **A. (V.) melanostictus**
	Hintere Fleckenbinde besteht aus je einem Flecke im 3.—5. Zwischenraume, im 4. nach vorn vorstehend. Schmalere Art	336. **A. (V.) distinctus**

296. **A. (V.) sticticus** (Panz.)

Diese Art zerfällt in 4 Unterarten:

296a. **A. (V.) sticticus sticticus** (Panz.) 1798 *Scarabaeus s.*, Panzer, Fauna Ins. Germ., *v.* 58 nr 4 | 1798 *S. equestris*, Panzer, l. c , *v.* 58 nr. 2 | 1799 *S. nemoralis*, Panzer, l. c., *v.* 67 nr. 1 | 1801 *Aphodius prodromus*, J. C. Fabricius, Syst. Eleuth., *v.* 1 p. 70 | 1842 *A. sticticus* var. *clypeolatus*, E. Mulsant, Hist. nat. Col. France, Lamell. p. 256 | 1848 *A. s.*, Erichson, Naturg Ins. Deutschl., Col. *v.* 3 p. 844 | 1892 *A. (Volinus) s.*, Reitter in: Verh. Ver Brünn, *v.* 30 p. 221.

Mäßig glänzend, schwarz, ein Fleck vor den Augen, die Seiten des Halsschildes und der Flügeldecken gelbbraun, letztere an der Spitze fein behaart. Kopf fein punktiert, mit 3 äußerst schwachen Höckern, mittlerer nach vorn beulig ausgezogen, Clipeus schwach ausgerandet, jederseits abgerundet, Wangen schwach entwickelt, ihr Längsdurchmesser nach vorn gerichtet, die Augen nicht überragend. Thorax feiner und etwas stärker punktiert, an der Basismitte äußerst fein gerandet, Hinterwinkel stumpf. Schildchen in der Basalhälfte einzeln fein punktiert. Flügeldecken mit feinen Streifen, die Punkte derselben kerben schwach die Ränder der Zwischenräume, diese nach der Seite und Spitze zu schwach konvex, sehr fein und vereinzelt punktiert. Vordere Fleckenbinde besteht aus drei Makeln, einer längeren an der Basis des 5., hinter dieser aus je einer im 4. und 3. Zwischenraume, letztere beiden aneinander gelehnt und vor der Mitte stehend, die äußere Fleckenbinde beginnt unter der Schulter im 7. Zwischenraume und reicht bis hinter die Mitte, ihr lehnt sich im 6. eine kurze an, die mit einer tiefer stehenden im 5., einer etwas höher stehenden im 4. und mit einer tieferstehenden im 3. Zwischenraume in Verbindung steht. Die Punktstreifen sind dunkel gefärbt und verbinden die beiden Fleckenbinden. Metatarsus wenig länger als oberer Enddorn, nicht ganz so lang wie 3 folgende Tarsenglieder. ♂. Thorax so breit wie die Flügeldecken, seine Seiten gerundet und wenig nach vorn verengt, nur an den Seiten und vor der Basis mit größeren Punkten. Metasternum mit fein punktiertem, unbehaartem Eindruck. ♀. Thorax schmaler als die Flügeldecken, vorn deutlich verengt, auch die Mitte mit größeren Punkten, Metasternalplatte nur mit Mittellinie. — L. 4,5—5 mm.

Nord- und Mitteleuropa, Kaukasus.

296 b. **A. (V.) sticticus pallescens** Muls. 1842 *A. s.* var. *p.*, E. Mulsant, Hist. nat. Col. France, Lamell. p. 256 | 1913 *A. (Volinus) s.* var. *p.*, Ad. Schmidt in: Arch. Naturg., *v.* 79 A fasc. 11 p. 143.

Makeln der Flügeldecken heller, teilweise geschwunden.

Vorkommen mit der Stammart.

296 c. **A. (V.) sticticus occellatus** Muls. 1842 *A. sticticus* var *striolatus* + var. *prolongatus* + var *occellatus*, E. Mulsant, Hist. nat. Col. France, Lamell. p. 256 | 1913 *A. (Volinus) sticticus* var. *striolatus*, Ad. Schmidt in: Arch. Naturg., *v.* 79 A fasc. 11 p. 143.

Makeln erweitert und miteinander verbunden.

Vorkommen wie Stammart.

296 d. **A. (V.) sticticus confusus** Muls. 1842 *A. s.* var. *c*, E. Mulsant, Hist. nat. Col. France, Lamell. p. 256 | 1913 *A. (Volinus) s.* var. *c.*, Ad. Schmidt in: Arch. Naturg., *v.* 79 A fasc. 11 p. 143.

Die Makeln nehmen den größten Teil der Flügeldecken ein.

Vorkommen wie die Stammform.

297 **A. (V.) signifer** Muls. 1871 *A. s.*, E. Mulsant in: E. Mulsant & Rey in: Ann. Soc. Linn. Lyon, ser. 2 *v.* 18 p. 192 | 1892 *A. (Volinus) s.*, Reitter in: Verh. Ver. Brünn, *v.* 30 p. 221.

Glänzend, schwarz, Thoraxseiten heller, Flügeldecken hellgelb. Kopf fein, ziemlich dicht punktiert, Stirnnaht mit Andeutung von Tuberkeln, Clipeus sehr leicht ausgerandet, jederseits abgerundet, die Wangen überragen wenig die Augen. Thorax fein und stärker, nicht sehr dicht punktiert, Hinterwinkel stumpf. Schildchenmitte längs erhöht. Flügeldecken deutlich gestreift, die Streifenpunkte kerben schwach die Ränder. Vordere Fleckenbinde wie bei voriger Art, die laterale beginnt unter der Schulter im 7. und 6. Zwischenraume und reicht bis hinter die Mitte, verlängert sich dann strichförmig durch den 5. bis zu den Makeln im 4. und 3., die in gleicher Höhe stehen, vor der Spitze sind noch 3 kleine Makeln im 3.—5. Zwischenraume. Die seitliche Makel ist oft auf einen kurzen Strich im 6. Zwischenraume reduziert, zuweilen verlängern sich die hintern Makeln im 3. und 5. Zwischenraume und verbinden sich mit den 3 Spitzenmakeln, einen hellen Augenfleck einschließend. Bei weiterer Ausdehnung der schwarzen Farbe wird die vordere Makel durch geschwärzte Punktstreifen (2.—4.) mit der hintern verbunden. Oberer Enddorn der Hintertibien so lang wie 1. Tarsenglied, dieses etwas kürzer als 2 folgende Glieder. ♂. Thorax von der Breite der Flügeldecken, Scheibe ohne große Punkte, Metasternum vertieft. ♀. Thorax schmaler, nach vorn mehr verengt, auch auf der Scheibe mit großen Punkten, Metasternum nur mit Mittellinie. — L. 3,5—4 mm.

Syrien, Ägypten.

298. **A. (V.) charmionus** Bates 1887 *A. c*, H. Bates in: Biol. Centr.-Amer., Col. v. 2 II p. 89 t. 6 f. 18 (Gesamtbild) | 1913 *A. (Volinus) c.*, Ad. Schmidt in: Arch. Naturg., v. 79 A fasc. 11 p. 142.

Größe der vorigen Art, aber durch Färbung und feinere Skulptur verschieden. Schwarz, Kopf- und Thoraxrand heller, Flügeldecken hellbraun, mit dunkler Zeichnung. Kopf mit flacher Beule, davor eingedrückt, sehr fein punktiert, Clipeus leicht ausgerandet, Wangen unbedeutend die Augen überragend. Thorax fein, seitlich kaum stärker und dichter punktiert, Seitenrandung reicht nur um die stumpfen Hinterwinkel und erlischt dann, Basis jederseits der Mitte schwach ausgerandet. Flügeldecken fein gestreift, Zwischenräume flach, seitlich und an der Spitze etwas erhaben, fein punktiert, der 1. Zwischenraum und die Seiten dunkler, vor der Spitze mit rundlicher Makel im 2.—5. Zwischenraume. Dieselbe breitet sich zuweilen nach vorn aus, es bleiben nur die Schultern und einige unbestimmte Flecke an der Basis heller. Metatarsus länger als oberer Enddorn, so lang wie 3 folgende Tarsenglieder. — L. 3—3,5 mm.

Mexiko

299. **A. (V.) bistriga** Reitt. 1900 *A. (V.) b.*, Reitter in: Wien. ent. Zeit., v. 19 p. 157 t. 1 f. 3 (Gesamtbild).

Wenig glänzend, schwarz, Seiten des Halsschildes und die Flügeldecken hellbraun, letztere mit 2 schwarzen Längsmakeln. Kopf in der Mitte leicht erhaben, nach vorn verschmälert, schwach ausgerandet, sehr fein, ziemlich dicht punktiert, Wangen die Augen überragend. Thorax wie der Kopf punktiert, an den Seiten mit wenig größeren Punkten ziemlich dicht besetzt, Seiten und stumpfe Hinterwinkel etwas stärker als die Basis gerandet. Flügeldecken fein chagriniert, Streifenpunkte schwach, die Ränder kerbend, die Längsbinden erreichen weder Basis noch Spitze, die mediale beginnt im 5. Zwischenraume und setzt sich im 4. bis hinter die Mitte fort, am Anfang und Ende derselben liegt je eine Makel im 3. Zwischenraume, die laterale Längsbinde beginnt unter der Schulter im 7. Zwischenraume und reicht bis zur Mitte, verlängert sich in den 6. und reicht strichförmig an eine kleine Makel im 5. Zwischenraume, welche etwas tiefer herabreicht als die im 4. Metatarsus so lang wie 2 folgende Tarsenglieder. — L. 3,3—3,5 mm.

Chinesisch-Turkestan.

300. **A. (V.) equitis** W. Koshant. 1912 *A. (V.) e.*, W. Koshantschikov in: Rev. Ent. Russe, v. 12 p. 519.

Stark glänzend, flach gewölbt, schwarz, Flügeldecken gelbbraun. Kopf rötlich durchscheinend und flach, fein, vorn dicht punktiert, Stirnlinie schwach, ungehöckert, Clipeus breit und flach ausgerandet. Thorax fein, neben den Seiten dichter punktiert, Hinterwinkel stumpf. Schildchenbasis mit einigen Punkten. Flügeldecken fein gekerbt-gestreift, Zwischenräume flach, deutlich grob, fast reihenweis punktiert. Außer der halbkreisförmigen, um das Schildchen herumliegenden dunklen Makel haben die Flügeldecken eine ebenso gefärbte Seitenmakel, die bis zur Spitze reicht, ferner eine gezackte Querbinde hinter der Mitte und eine gerade Querbinde von derselben Farbe vor der Spitze, zwischen diesen beiden Querbinden bleibt ein heller Augenfleck im 4.—7. Zwischenraume, die äußerste Spitze und die Mitte der Flügeldecken bleiben in der Grundfarbe, 1. Zwischenraum ist dunkel. Enddorn der Vordertibien sehr kräftig und lang, länger als 2. Tarsenglied, der obere Enddorn der

Hintertibien länger als 1. Glied, dieses etwas länger als das 2. Metasternum flach, an den Seiten undicht punktiert und behaart. — L. 4,5 mm. ♀ unbekannt (ex Koshantschikov).

Syrien.

301. **A. (V.) sexmaculosus** Ad. Schm. 1911 *A. s.*, Ad. Schmidt in: Ent. Zeit. Stettin, *v.* 72 p. 23 | 1913 *A. (Volinus) s.*, Ad. Schmidt in: Arch. Naturg., *v.* 79 A fasc. 11 p. 143

Glänzend, schwarz, Flügeldecken hellbraun. Kopf und Thorax fein punktiert. Außer dem dunklen ersten Zwischenraume zeigen die Flügeldecken je 3 schwarze Makeln, die vordere liegt im 3.—5., sie erreicht im 5. und 4. die Basis, die zweite Makel beginnt in der Mitte und liegt auch im 3.—5. Zwischenraume, die dunkle Färbung dieser Makel ist im 4. vorn und hinten etwas abgekürzt, die 3. Makel liegt hinter der Schulter im 8. Zwischenraume und erreicht nicht die Mitte. Die vordere und seitliche Makel ist zuweilen nur angedeutet, ebenso auch eine gebogene vor der Spitze. Metatarsus länger als oberer Enddorn, so lang wie 3 folgende Tarsenglieder. — L. 2 mm.

Senegal.

302. **A. (V.) figuratus** Ad. Schm. 1906 *A. f.*, Ad. Schmidt in: D. ent. Z., p. 410 | 1913 *A. (Volinus) f.*, Ad. Schmidt in: Arch. Naturg., *v.* 79 A fasc. 11 p. 144.

Schwarz, Flügeldecken heller oder dunkler gelbbraun. Kopf deutlich punktiert, vorn eingedrückt, Clipeus verhältnismäßig tief ausgerandet, jederseits stumpf gerundet, Wangen die Augen überragend. Thorax mit hellen Vorderwinkeln, in der Mitte fast feiner als der Kopf, nach den Seiten zu jedoch etwas größer und ziemlich dicht punktiert, Hinterwinkel stumpf abgerundet. Die vordere der 4 Makeln bildet einen hufeisenförmigen Fleck ums Schildchen, sie reicht seitlich bis zum 5. Zwischenraume, die hintere Makel liegt im 3.—6. Zwischenraume, in letzterem weiter nach vorn reichend, die 3. Makel befindet sich vor der Mitte im 7.—9., die 4. Makel ist leicht gebogen und liegt vor der Spitze im 3.—5. Zwischenraume, zuweilen ist dieselbe verbreitert und reicht dann von der Naht bis zum 9. Zwischenraum, die vordere Makel kann sich auch mit der hintern durch den 4. Zwischenraum verbinden. Streifenpunkte kerben leicht die Ränder der flachen Zwischenräume, diese deutlich punktiert, besonders seitlich und an der Spitze. Metatarsus so lang wie oberer Enddorn, kürzer als 3 folgende Tarsenglieder. ♂. Metasternalplatte vertieft, dicht behaart. ♀. Metasternalplatte mit schmaler, unpunktierter Längsfurche. — L. 3,5—4 mm.

Turkestan.

303. **A. (V.) nigrivittis** Solsky

Diese Art zerfällt in 5 Unterarten:

303a. **A. (V.) nigrivittis nigrivittis** Solsky 1876 *A. n.*, Solsky in: Fedtschenko, Turkestan, *v.* 2 fasc. 11 p. 327 | 1892 *A. (Volinus) obliquatus*, Reitter in: Verh. Ver. Brünn, *v.* 30 p. 226 | 1898 *A. (V) nigrivittis*, A. Semenow in: Horae Soc. ent. Ross., *v.* 31 p. 598.

Schwarz, glänzend, Seiten des Halsschildes heller, Flügeldecken hellbraun. Kopf deutlich, nicht dicht punktiert, mit schwacher Beule, davor niedergedrückt, Clipeus leicht ausgerandet, jederseits abgerundet, Wangen die Augen überragend. Thorax wenig stärker, nicht sehr dicht punktiert, mit sehr feinen Punkten untermischt, Hinterwinkel stumpf. Schildchen schwarz, fein punktiert. Flügeldecken fein gestreift, mit feinen Streifenpunkten, Zwischenräume eben, sehr fein punktiert. Die vordere Fleckenbinde besteht aus drei Makeln, die erste liegt an der Basis des 5., die beiden folgenden hinter dieser im 4. und 3. Zwischenraume, sie erreichen die Mitte, die hintere Fleckenbinde besteht aus je einer Makel im 2.—5. Zwischenraume, von dieser bleibt zuweilen nur eine Makel im 4. Zwischenraume übrig, die Seitenmakel besteht aus einem längeren Fleck im 7. Zwischenraume, der sich auch auf den 8. ausdehnt und bis zur Mitte reicht. Zuweilen ist die vordere Fleckenbinde mit der hintern, und diese mit der seitlichen verbunden, dann tritt gewöhnlich eine kleinere Spitzenmakel hinzu. Metatarsus so lang wie oberer Enddorn, etwas kürzer als 3 folgende Tarsenglieder. ♂. Thorax breiter als die Flügeldecken, in der Mitte zerstreuter, feiner punktiert, Enddorn der Vordertibien kräftig. ♀. Thorax schmaler als die Flügeldecken, mehr gradseitig nach vorn verengt, in der Mitte stärker und feiner punktiert, Metasternalplatte nicht vertieft, Enddorn der Vordertibien schlank. — L. 5—6 mm.

Turkmenien, Turkestan.

303b. **A. (V.) nigrivittis grafi** Reitt. 1901 *A (V.) g.*, Reitter in: D. ent. Z., p. 74.

Diese Art ist der vorigen in Farbe, Zeichnung und Skulptur sehr ähnlich und bietet für die Unterscheidung beider nur sehr subtile Merkmale. Der Körper ist gewöhnlich schmaler, Stirnnaht ohne Spur von Höckerchen, bei *A. (V.) nigrivittis nigrivittis* Solsky sind sie schwach vorhanden, Flügeldecken sind stärker punktiert-gestreift, Streifenpunkte greifen die Ränder an, die seitlichen Zwischenräume sind dichter und stärker punktiert, Metasternalplatte in der Mitte deutlicher punktiert, am Rande in beiden Geschlechtern mit dichter Haarpunktreihe, bei *A. (V.) nigrivittis nigrivittis* Solsky ist dieselbe vom Rande entfernt und sehr undicht. Metatarsus kürzer als 2 folgende Tarsenglieder. An der Basis des 5. Zwischenraumes steht eine längliche Makel, im 4. und 3. eine kürzere, die nicht die Mitte erreicht, hinter dieser im 4. eine kleine, vor der Spitze eine gebogene im 3.—6. Zwischenraume, die immer breiter als bei *A. (V.) nigrivittis nigrivittis* Solsky ist, hinter der Schulter im 7. Zwischenraume ist eine längere oder kürzere Makel. — L. 4,5—5 mm.

Quellgebiet des Irkut.

303c. **A. (V.) nigrivittis heinrichi** Reitt. 1901 *A. (V.) grafi* var. *h.*, Reitter in: D. ent. Z., p. 74.

Alle Makeln bis auf eine kleine halbmondförmige vor der Spitze verschwunden.

Vorkommen mit der Stammart.

303d. **A. (V.) nigrivittis grafianus** Reitt. 1901 *A. (V.) grafi* var. *grafianus*, Reitter in: D. ent. Z., p. 74.

Die hintere Makel im 4. Zwischenraume verbreitert sich auf den 3. und 5., letztere verbindet sich mit der verlängerten Seitenmakel, die beiden andern im 4. und 3. verlängern sich nach vorn und erreichen die im 5., zuweilen verlängern sich diese drei nach hinten, es entstehen somit 2 Längsmakeln, welche durch den hellen 5. Zwischenraum getrennt sind.

Vorkommen wie die Stammart.

303e. **A. (V.) nigrivittis reitterellus** W. Koshant. 1911 *A. (V.) grafi* var. *r.*, W. Koshantschikov in: Rev Ent. Russe, *v.* 11 p 22.

Die beiden Längsmakeln treten auf den 5. Zwischenraum über und vereinigen sich in demselben, es entsteht eine dunkle Makel, die nur die schmale Basis, den 2. Zwischenraum, einen schmalen Querfleck, der nach hinten von der gebogenen Spitzenmakel begrenzt wird und den Seitenrand sowie die Spitze freiläßt. Metatarsus so lang wie 2 folgende Tarsenglieder.

Quellgebiet des Ob.

304. **A. (V.) scuticollis** A. Sem.

Diese Art zerfällt in 3 Unterarten:

304a. **A. (V.) scuticollis scuticollis** A. Sem 1892 *A. (V.) nigrivittis* (non Solsky 1876), Reitter in: Verh. Ver. Brünn, *v.* 30 p. 227 | 1898 *A. (V.) scuticollis*, A. Semenow in: Horae Soc. ent. Ross., *v.* 31 p. 598.

Durch kürzere, breitere Form verschieden. Kopf kurz und breit, vorn abgestutzt, sehr fein punktiert, Stirnlinie fehlt, Wangen wenig die Augen überragend. Thorax mit hellen Rändern, feiner und stärker punktiert, Hinterwinkel stumpf abgerundet. Flügeldecken fein gestreift, mit undeutlichen Kerbpunkten, Zwischenräume eben oder leicht konvex, sehr fein punktiert. Die vordere Fleckenbinde wie bei der vorigen Art, die hintere liegt im 2.—5. Zwischenraume, die beiden Makeln von dieser Fleckenbinde im 3. und 4. überragen die seitlichen nach vorn, die Seitenmakel liegt im 7. und 6., sie reicht bis an die hintere im 5. Zwischenraume, meistens sind jedoch vordere und hintere Makel im 3. und 4. Zwischenraume verbunden, dann ist auch der 1. Zwischenraum schwach dunkler, bleibt aber heller als die Naht, die Spitzenmakel ist immer nur punktförmig. 1. Glied der Hintertarsen so lang wie oberer Enddorn und wie 3 folgende Tarsenglieder. ♂. Thorax breiter als die Flügeldecken, er ist wie der Kopf fein punktiert, die größeren Punkte fehlen in der Mitte, Hintertibien am untern Spitzenrande nach innen dornförmig ausgezogen. ♀. Kopf und Thorax deutlicher punktiert, letzterer so breit wie die Flügeldecken, auch in der Mitte mit größeren Punkten. — L. 3,5—6,5 mm.

Issyk-kul, Turkestan, Naryn.

304b. **A. (V.) scuticollis triens** W. Koshant. 1911 *A. (V.) s.* var. *t.*, W. Koshantschikov in: Rev. Ent. Russe, *v.* 11 p. 23

Unterscheidet sich von der Stammart durch kleinere Gestalt und schattenartige Zeichnung der Flügeldecken. Kopf dicht, am Lateralrande etwas runzlig punktiert. Flügeldecken mit 2 schattenartig angedunkelten Längsstreifen, der mediale beginnt an der Basis des 5. Zwischenraumes, tritt auf den 4. und 3. und setzt sich auf letzterem bis hinter die Mitte fort; der laterale liegt im 6.—8. Zwischenraume und verbindet sich hinter der Mitte mit dem ersten. Spitze und Seiten der Flügeldecken fein behaart, Streifenpunkte kerben die Ränder der flachen Zwischenräume, diese sind deutlich punktiert. Oberer Enddorn der Hintertibien bis zur Mitte des 2. Tarsengliedes reichend, Metatarsus etwas kürzer als 3 folgende Glieder. — L. 3—3,25 mm.

Naryn

304c. **A. (V.) scuticollis ingenticollis** W. Koshant. 1912 *A. (V.) s.* var. *i.*, W. Koshantschikov in: Rev Ent. Russe, *v.* 12 p. 520.

Halsschild breiter und gewölbter als bei der Stammart, ebenso die Zwischenräume der Flügeldecken deutlich gewölbt und in der Spitzenhälfte und darüber dicht behaart. Größe der Stammart (ex Koshantschikov).

Barnaul.

305. **A. (V.) jacobsoni** W. Koshant.

Diese Art zerfällt in 3 Unterarten:

305 a. **A. (V.) jacobsoni jacobsoni** W. Koshant. 1911 *A. (V.) j.*, W. Koshantschikov in: Rev. Ent. Russe, *v.* 11 p. 20.

Von der vorigen Art durch längere, schlankere Gestalt verschieden. Kopf und Thorax dunkelbraun, Ränder heller, Flügeldecken hellbraun mit hell rotbraunen Makeln, angedunkelter Naht und wenig sichtbarer Behaarung an den Seiten und der Spitze. Kopf mehr nach vorn verengt, deutlich punktiert, Wangen stumpf, die Augen überragend. Thorax etwas ungleich, nicht sehr dicht punktiert, Hinterwinkel stumpf abgerundet. Schildchen dunkel, vereinzelt punktiert. Flügeldecken hinten breiter, deutlich punktiertgestreift, Streifenpunkte greifen die Ränder an, Zwischenräume schwach gewölbt, fein, seitlich und an der Spitze dichter und deutlicher punktiert, mit folgenden rotbraunen Zeichnungen: Eine Makel an der Basis des 5., dahinter je eine im 4. und 3. Zwischenraume, beide gleichlang und etwas abgeschrägt, sie erreichen nicht die Mitte, hinter derselben eine Strichmakel im 4. Zwischenraume und eine gebogene vor der Spitze, die Seitenmakel liegt unter der Schulter im 7.—9. Zwischenraume, sie geht in der Mitte auf den 6. über, die Makel ist oft wenig deutlich. Enddorn der Hintertibien dem 1. Tarsengliede an Länge gleich. ♂. Kopf vorn breiter, mit 3 Höckerchen, Thorax so breit wie Flügeldecken, mit einem Längseindruck vor dem Schildchen, Scheibe zerstreuter punktiert, Metatarsus länger als 2 folgende Glieder. ♀. Kopf ungehöckert, Thorax schmaler als die Flügeldecken, nach vorn mehr verschmälert, die Mitte zahlreicher punktiert, ohne Eindruck. Metatarsus kürzer als 2 folgende Tarsenglieder. — L. 3,5—6 mm.

Mongolei.

305 b. **A. (V.) jacobsoni alexides** W. Koshant. 1911 *A. (V.) j.* var. *a.*, W. Koshantschikov in: Rev. Ent. Russe, *v.* 11 p. 20.

Seitliche Längsbinde durch Andunklung des 5. Zwischenraumes mit der Makel im 4., und diese durch Verlängerung mit der vorderen Fleckenbinde verbunden.

Vorkommen mit der Stammart.

305 c. **A. (V.) jacobsoni georgi** W. Koshant. 1911 *A. (V.) j.* var. *g.*, W. Koshantschikov in: Rev. Ent. Russe, *v.* 11 p. 21.

Makeln bis auf die gebogene Spitzenmakel und eine Andunklung im 7. Zwischenraume an der Schulter verschwunden.

Vorkommen mit der Stammart.

306. **A. (V.) consociatus** Horn 1887 *A. c.*, G. Horn in: Tr. Amer. ent. Soc., *v.* 14 p. 21 | 1913 *A. (Volinus) c.*, Ad. Schmidt in: Arch. Naturg., *v.* 79 A fasc. 11 p. 143.

Diese und die beiden folgenden Arten unterscheiden sich von den übrigen durch die abwechselnd dunklen Zwischenräume der Flügeldecken. Schwarz, Flügeldecken hellbraun. Kopf in der Mitte erhaben, beim ♀ stärker, sehr deutlich punktiert, Stirnlinie ungehöckert, Clipeus ausgerandet, jederseits gerundet, Wangen die Augen deutlich überragend. Thorax hinten wenig breiter, vorn in der Mitte fast feiner als der Kopf, an den Seiten etwas ungleich und dichter punktiert, Hinterwinkel stumpf, Basis deutlich gerandet. Flügeldecken scharf gestreift, Streifenpunkte kerben schwach die Ränder der flachen Zwischenräume, diese fein, an der Spitze stärker punktiert, der 2., 4. und 6. hell, der 1., 3., 5. und 7.—9. dunkel. Zuweilen breitet sich die dunkle Färbung über die ganzen Flügeldecken aus, oder die Flügeldecken sind nur im 1. und den seitlichen Zwischenräumen dunkel. Endborsten der Hintertibien wenig ungleich, ihr oberer Enddorn so lang wie 1. Tarsenglied, dieses kürzer als 3 folgende Glieder. ♂. Enddorn der Vordertibien mit nach innen gebogener Spitze. — L. 5 mm.

Kalifornien.

307. **A. (V.) subaeneus** T. Lec. 1859 *A. s.*, T Le Conte in: Rep. Expl. Railroad Pacif. Ocean, *v.* 1 App. pars 3 nr 1 p. 41 | 1887 *A. s.*, G. Horn in: Tr. Amer. ent. Soc., *v.* 14 p. 21 | 1913 *A. (Volinus) s.*, Ad. Schmidt in: Arch. Naturg., *v.* 79 A fasc. 11 p. 143.

In Färbung der vorigen Art sehr nahestehend, aber von anderer Skulptur. Thorax feiner punktiert, oft mit grünlichem Metallglanz. Flügeldecken fein gestreift, mit undeutlichen Streifenpunkten, Zwischenräume flach, der 2. und 4. dicht chagriniert, ganz matt, ebenso die Spitze, zuweilen sind der 2. und 4. weniger matt, der 1., 3. und 5. sind dunkler, diese Färbung oft vorn und hinten über die dazwischenliegenden Zwischenräume sich ausdehnend, die Seiten sind ebenfalls dunkel, diese Andunklung in der Mitte bis zum 6. Zwischenraume reichend. Alles übrige, auch Geschlechtsmerkmale, mit voriger Art übereinstimmend. — L. 4,5—5 mm.

Kalifornien.

308. **A. (V.) alternatus** Horn 1870, 1887 *A. a.*, G. Horn in: Tr. Amer. ent. Soc., *v.* 3 p. 129, *v.* 14 p. 22 | 1913 *A. (Volinus) a.*, Ad. Schmidt in: Arch. Naturg., *v.* 79 A fasc. 11 p. 143.

Färbung wie bei den beiden vorigen Arten, in Skulptur mehr *A. (V.) subaeneus* Lec. ähnlich. Kopf tiefer ausgerandet, vorn mehr niedergedrückt. Thorax fast gleich groß, ziemlich dicht wie bei *A. (V.) subaeneus* Lec. (nr. 307) punktiert. Flügeldecken fein gestreift, Streifenpunkte kerben schwach die Zwischenräume, diese flach, fein punktiert, gleichmäßig glänzend, nur die Spitze durch Chagrinierung weniger glänzend, nicht matt wie bei *A. (V.) subaeneus* Lec., der 1., 3. und 5. Zwischenraum, wie auch die Seiten bis zum 7., in der Mitte aber bis zum 6. Zwischenraum dunkel, zuweilen der 2.—6. einfarbig gelbbraun, seltener die ganze Oberseite schwarz. ♂. Enddorn der Vordertibien ziemlich breit, mit umgebogener Spitze. — L. 4,5—6 mm.

Westliche Vereinigte Staaten.

309 **A. (V.) phalerioides** Horn 1870, 1887 *A. p.*, G. Horn in: Tr. Amer. ent. Soc., *v.* 3 p. 131, *v.* 14 p. 41 | 1913 *A. (Volinus) p.*, Ad. Schmidt in: Arch. Naturg., *v.* 79 A fasc. 11 p. 143.

Durch die fahl hellbraune Färbung der Oberseite, mit einem kleinen rotbraunen Scheibenfleck auf dem Thorax ausgezeichnet. Kopf wenig verschmälert, sehr fein punktiert, Stirnlinie nur vor den Augen schwach erhaben, Clipeus leicht ausgerandet, jederseits abgerundet, Wangen kaum die Augen überragend. Thorax an den Seiten mit kleinem, dunklem Fleck, diese und die stumpfen Hinterwinkel deutlich, Basis nur fein gerandet, oberseits sehr fein und wenig größer, zerstreut punktiert. Schildchen in der Basalhälfte punktiert. Flügeldecken schwach erweitert, Streifenpunkte kerben deutlich die Ränder der konvexen Zwischenräume, diese sind fein punktiert. Unter der Schulter befindet sich im 6. und 7. Zwischenraume eine rotbraune Längsmakel, welche nicht die Mitte erreicht, hinter dieser, ungefähr in der Mitte liegt eine ebenso gefärbte Quermakel im 3.—5. Zwischenraume, der Fleck im 3. ragt nach vorn und hinten weiter vor, zuweilen sind die Flügeldecken ganz ungefleckt. Metatarsus gleich dem obern Enddorne der Hintertibien, aber nicht so lang wie 3 folgende Tarsenglieder. — L. 4—5 mm.

Mittelstaaten, Newyork, Newjersey.

310. **A. (V.) variicolor** D. Koshant. 1894 *A. (V.) v.*, D. Koshantschikow in: Horae Soc. ent. Ross., *v.* 28 p. 124.

Hellrotbraun, Flügeldecken zuweilen gelbbraun, einfarbig oder mit dunklen Makeln. Kopf wenig verengt, deutlich aufgebogen, ausgerandet und jederseits gerundet, fein und ziemlich dicht punktiert, Stirnnaht gehöckert, Wangen die Augen überragend. Thorax schwach rundlich nach hinten erweitert, jederseits mit dunklem Fleck, fein punktiert, seitlich mit etwas größeren Punkten bestreut, Hinterwinkel stumpf, Basis äußerst fein gerandet. Schildchen punktiert, die Spitze desselben kurz gekielt. Flügeldecken hinten breiter, fein gestreift, Streifenpunkte kerben sehr wenig die Ränder der schwach konvexen Zwischenräume, diese fein, an der Spitze und den Seiten deutlicher punktiert, der 2. Zwischenraum hinter dem Schildchen schwach quergefaltet. Die dunklen Flecke sind so verteilt: Je ein Fleck vor der Mitte im 3. und 4. Zwischenraume, hinter der Mitte je einer im 3.—5. Diese Flecke sind bald länger, bald kürzer, können auch ganz verschwinden. Metatarsus so lang wie oberer Enddorn. Vorderschenkel und Tibien in beiden Geschlechtern lang behaart. ♂. Kopf vorn breiter, sehr fein vereinzelt punktiert, Stirn mit 3 queren Höckerchen, mittelstes nach vorn ausgezogen, Metasternum ringsum behaart, Enddorn der Vordertibien kräftig, Metatarsus so lang wie 3 folgende Tarsenglieder. ♀. Kopf etwas dichter und stärker punktiert, Stirnhöcker schwächer, Thoraxscheibe etwas deutlicher punktiert, Metasternalplatte unbehaart, Metatarsus kürzer als 3 folgende Tarsenglieder. — L. 4,5—6 mm.

Kirgisen-Steppe.

311. **A. (V.) ornatus** Ad. Schm. 1911 *A. o.*, Ad. Schmidt in: Soc. ent., *v.* 26 p. 14 | 1913 *A. (Volinus) o.*, Ad. Schmidt in: Arch. Naturg., *v.* 79 A fasc. 11 p. 142.

Gewölbter als voriger, Kopf und Thorax schwarz, Flügeldecken rotbraun mit dunklen Flecken. Kopf in der Mitte schwach erhaben, davor eingedrückt, vorn schmaler, deutlich und ziemlich dicht punktiert, Clipeus leicht ausgerandet, jederseits abgerundet, Wangen wenig die Augen überragend. Thorax schwach rundlich vorn verschmälert, Hinterwinkel stumpf, oberseits fein und deutlich stärker, nicht sehr dicht punktiert. Flügeldecken sehr deutlich gestreift, Streifenpunkte tief, nicht kerbend, Zwischenräume konvex, an der Spitze dicht punktiert. Im 4. Zwischenraume befindet sich eine Längsmakel, die vorn und hinten abgekürzt ist und sich am Ende auf den 5. ausdehnt, gewöhnlich ist dieselbe in zwei Makeln aufgelöst, eine andere befindet sich hinter der Schulter im 6. und 7., die ungefähr bis zur Mitte reicht, seltener ist noch eine Andunklung im 2. vor der Mitte vorhanden. Zuweilen sind diese Makeln nur schattenartig, seltener die ganze Oberseite dunkel rotbraun und nur die Basis des 2. und 3. Zwischenraumes etwas heller. Endborsten der Hintertibien wenig ungleich. Metatarsus gleich dem oberen Enddorne, kürzer als 3 folgende Tarsenglieder. Das ♂ mit verflachter und behaarter Metasternalplatte, beim ♀ ist diese nur mit Mittellinie. — L. 3 mm.

Mexiko.

312. **A. (V.) comma** Reitt.

Diese Art zerfällt in 2 Unterarten:

312a. **A. (V.) comma comma** Reitt. 1892 *A. (V.) c.*, Reitter in: Verh. Ver. Brünn, *v.* 30 p. 227.

Durch die Längsmakel im 4. Zwischenraume ausgezeichnet. Kopf und Thorax schwarz, Flügeldecken hell gelbbraun. Kopf fein, nicht dicht punktiert, mit schwacher Beule und angedeuteter Stirnnaht, Clipeus leicht ausgerandet, die Wangen wenig hervorstehend. Thoraxseiten hell, mit dunklem Mittelfleck, fein punktiert, einzelne größere Punkte eingestreut, Hinterwinkel stumpf, Basis sehr fein gerandet. Flügeldecken mit feinen Punktstreifen und kaum kerbenden Punkten, Zwischenräume flach, Spitze etwas deutlicher punktiert, Naht schmal dunkel. Die Längsmakel ist oft in 2 oder 3 kleine aufgelöst, zuweilen tritt sie am Ende auf den 3. oder 5. Zwischenraum über, manchmal befindet sich auch eine Spitzenmakel im 4. und 5. Metatarsus gleich dem oberen Enddorne, kaum so lang wie 2 folgende Tarsenglieder. — L. 4 mm.

Turkmenien, Turkestan. Transbaikalien, Ostsibirien

312b **A. (V.) comma incomma** Reitt. 1906 *A. (V.) c.* var *i.*, Reitter in: D ent. Z., p. 440.

Unterscheidet sich von voriger Art nur dadurch, daß der Thorax sehr fein, kaum erkennbar punktiert ist, mit eingestreuten, etwas größeren Punkten, Streifenpunkte kerben schwach die Ränder der flachen, kaum sichtbar punktierten Zwischenräume, Flügeldecken einfarbig gelbbraun. -- L. 4,4 mm.

Mongolei.

313. **A. (V.) flavimargo** Reitt. 1901 *A. (V.) f.*, Reitter in: D. ent. Z., p. 75.

Der vorigen Art in der Farbe ähnlich, aber verschieden durch die dichte Punktierung. Kopf in der Form und Punktierung bei beiden gleich. Thorax aber viel dichter punktiert. Flügeldecken mit dunkler Naht, die dunkle Farbe dehnt sich hinter dem Schildchen auf den 1. Zwischenraum, der viel schmaler als der 2. ist, aus, Streifenpunkte wenig deutlich, sie greifen nur leicht die Ränder der schwach gewölbten Zwischenräume an, diese sehr dicht punktiert, unter der Schulter mit kleinem angedunkeltem Längsfleck, der oft fehlt, seltener mit querer Andunkelung vor der Spitze. Metatarsus gleich dem oberen Enddorne, etwas länger als 2 folgende Tarsenglieder. ♂. Metasternalplatte vertieft, sehr fein punktiert, unbehaart, Thoraxscheibe nur mit feinen Punkten. ♀. Metasternalplatte deutlicher punktiert, nur mit Mittellinie, Thoraxscheibe auch in der Mitte etwas ungleich punktiert. — L. 4 mm.

Turkestan.

314. **A. (V.) sesquivittatus** Fairm. 1883 *A. s.*, L. Fairmaire in: Ann. Soc. ent. Belgique, *v.* 27 CR. p. 43 | 1896 *A. (Volinus) s.*, H. Orbigny in: Abeille, *v.* 28 p. 230.

Ähnelt sehr der vorigen Art, aber in folgender Weise unterschieden: Thorax weniger dicht, etwas feiner punktiert. Flügeldecken hellbraun, mit dunklem 1. Zwischenraume, Streifenpunkte tief in die Zwischenräume eindringend, diese schwach gewölbt, hauptsächlich nur neben den Streifen gereiht punktiert, während bei *A. (V.) flavimargo* Reitt. (nr. 313) die Punkte über den ganzen Raum verteilt sind, hinter der Schulter mit langer Strichmakel im 7. Zwischenraume. Metatarsus gleich den 3 folgenden Tarsengliedern. — L. 3,5—4 mm.

Algier, Südspanien.

315. **A. (V.) obsoleteguttatus** C. O. Waterh. 1875 *A. o.*, C. O. Waterhouse in: Tr. ent. Soc. London, p. 86 | 1913 *A. (Volinus) o.*, Ad. Schmidt in: Arch. Naturg., *v.* 79 A fasc. 11 p. 143.

Durch matte Seiten der Flügeldecken ausgezeichnet. Schwarz, Flügeldecken hellbraun, die breiten Seiten vorn dunkel, zur Spitze hell rotbraun

Kopf schwach erhaben in der Mitte, dicht und rauh punktiert, Stirnnaht mit 3 Höckerchen, Clipeus ausgerandet, jederseits gerundet, Wangen die Augen überragend. Thorax nach vorn schwach gerundet verschmälert, sehr dicht, auch die Scheibe, aber nicht groß punktiert, Hinterwinkel stumpf. Schildchen punktiert. Flügeldecken seitlich kurz behaart, fein gestreift, Streifenpunkte greifen die Ränder der Zwischenräume an, diese flach gewölbt, deutlich punktiert, seitlich viel dichter und stärker, wie querrunzlig. Die Verteilung der dunklen Flecke ist folgende: Im 2. Zwischenraume zwei, der eine vor, der andere hinter der Mitte, im 3. drei, der vordere nahe der Basis, die beiden anderen an die Flecke im 2. Zwischenraume angelehnt, aber sie nach hinten überragend, im 4. zwei, wenig vor denen im 3. stehend, im 5. drei, der mittelste davon oft sehr verlängert, nur wenig von den beiden anderen entfernt bleibend, die Seitenmakel liegt im 6.—10. Zwischenraume, die Schulter freilassend. 1. Glied der Hintertarsen länger als oberer Enddorn und länger als 2 folgende Tarsenglieder. — L. 4 mm.

Japan.

316 **A. (V.) pustulifer** Reitt. 1892 *A. (V.) p.*, Reitter in: Verh. Ver. Brünn, *v.* 30 p. 228 | 1901 *A. (V.) p.*, Reitter in: D. ent. Z., p. 75.

Schwarz, die Seiten des Halsschildes und die Flügeldecken gelbbraun. Kopf mit Beule in der Mitte, dicht punktiert, vorn rauh, Clipeus deutlich ausgerandet, jederseits rundlich. Thorax ziemlich dicht und gleichmäßig punktiert, Hinterwinkel stumpf, Basis sehr fein gerandet. Schildchen sehr fein punktiert. Flügeldecken fein gestreift, Zwischenräume flach, Seiten und Spitze ziemlich dicht fein punktiert, 1. Zwischenraum dunkler. Im 6. bis 8. Zwischenraume befindet sich eine vorn und hinten abgekürzte Längsmakel, vor der Spitze eine gebogene von verschiedener Größe. Metatarsus gleich dem oberen Enddorne, kürzer als 3 folgende Tarsenglieder. — L. 3,5 mm.

Sarepta, Beirut, Transkaspien, Tanger

317 **A. (V.) cervorum** Fairm. 1871 *A. c.*, L. Fairmaire in: Ann. Soc. ent. France, ser. 5 *v.* 1 p. 420 | 1892 *A. (Volinus) c.*, Reitter in: Verh. Ver Brünn, *v.* 30 p. 222.

Schwarz, Vorderwinkel des Halsschildes heller, Flügeldecken hellbraun. Kopf mit 3 Höckerchen, hinten sehr fein, vorn stärker, etwas rauh punktiert, Clipeus jederseits schwach stumpfwinklig, Wangen vorstehend. Thorax sehr fein punktiert, an den Seiten mit einzelnen größeren Punkten, Hinterwinkel stumpf abgerundet. Flügeldecken flach, fein gestreift, Zwischenräume sehr fein punktiert, flach, an der Spitze schwach erhaben, stärker und dichter punktiert. Die vordere Makel zieht vom 5. Zwischenraume durch den 2.—4. schräg zur angedunkelten Naht und erreicht sie vor der Mitte, die hintere Querbinde liegt im 2.—5., die Seitenmakel im 7.—9. Zwischenraume und erreicht die Mitte, vor der Spitze befindet sich eine größere oder kleinere gebogene Querbinde. Die dunklen Makeln sind wenig scharf begrenzt, von der vorderen Binde fehlt oft die Strichmakel im 4., von der hinteren die im 2. Zwischenraume. Metatarsus kürzer als oberer Enddorn, kaum länger als 2 folgende Tarsenglieder. — L. 4—5 mm.

Frankreich.

318. **A. (V.) planus** D. Koshant. 1894 *A. (Melinopterus) p.*, D. Koshantschikow in: Horae Soc. ent. Ross., *v.* 28 p. 125 | 1898 *A. transvolgensis*, A. Semenow in: Horae Soc. ent. Ross., *v.* 31 p. 597 | 1898 *A. (Volinus) t.*, A. Semenow in: Bull. Soc. Moscou, ser. 2 *v.* 11 p. 507, 509.

Durch die schmale, parallele, sehr flache Gestalt ausgezeichnet. Kopf und Thorax schwarz, die Seiten des letzteren wenig heller, Flügeldecken gelbbraun. Kopf kurz und breit, halbkreisförmig, vorn abgestutzt, kaum ausgerandet, oberseits ziemlich dicht, nach vorn größer punktiert, Stirnlinie mit 3 Höckerchen, Wangen stumpf abgerundet, die Augen überragend. Thorax wenig gewölbt, fast breiter als die Flügeldecken, sehr fein und etwas größer punktiert, Hinterwinkel stumpf, Basis sehr fein gerandet. Schildchen mit wenigen, aber deutlichen Punkten. Flügeldecken deutlich gestreift, die Streifenpunkte kerben die Ränder der flachen Zwischenräume, der 1., 9. und 10. schwarz, die dunkle Seitenfärbung zieht vor der Spitze verbreitert bis zur Naht. Die vordere Makel beginnt im 5. Zwischenraume und geht durch die folgenden schräg zum Nahtstreifen, welchen sie ungefähr in der Mitte erreicht, der 3. und 2. Zwischenraum an der Basis in kurzer Ausdehnung in der Grundfarbe, die hintere Fleckenbinde ist quer und liegt im 3.—5. Zwischenraume, im 7. ist eine lange Strichmakel, die von der Schulter bis hinter die Mitte reicht, an sie lehnt sich im 8. eine kürzere an. Metatarsus länger als oberer Enddorn und 2 folgende Tarsenglieder. ♂. Stirnhöcker deutlich, Thorax nach vorn nicht verschmälert, weniger dicht punktiert. ♀. Stirnhöcker sehr schwach, Thorax vorn deutlich schmaler und dichter punktiert. — L. 4,5 mm.

Orenburg, Sarepta, Südrußland bis Sibirien

319. **A. (V.) clathratus** Reitt. 1892 *A. (V.) c.*, Reitter in: Verh. Ver. Brünn, *v.* 30 p. 223.

Der vorigen Art in der Zeichnung sehr ähnlich, aber gewölbter, Flügeldecken mehr gelbrot. Kopf schwarz, punktiert, Clipeus deutlich ausgerandet, jederseits abgerundet, die bewimperten Wangen stumpf, die Augen überragend. Hinterwinkel des schwarzen Halsschildes stumpf, letzteres punktiert. Schildchen mit einzelnen Punkten. Flügeldecken fein gestreift, Streifenpunkte schwach und leicht kerbend, Zwischenräume fein, zur Spitze dichter punktiert. Die vordere Fleckenbinde im 2.—5. Zwischenraume erreicht die Naht in der Mitte, die hintere ist quer, gezackt, sie liegt im 2.—5. Zwischenraume, im 7. befindet sich eine lange, vorn und hinten abgekürzte Strichmakel, der sich im 8. und 9. eine längere oder kürzere anlehnt, vor der Spitze ist noch eine gebogene Makel im 3.—5. Zwischenraume, die Spitze selbst bleibt in der hellen Grundfarbe. Metatarsus gleich dem oberen Enddorne, aber kürzer als 3 folgende Tarsenglieder. ♂. Kopf mit deutlichem Mittelhöcker, die seitlichen sind quer und schwach, feiner und zerstreuter punktiert, Thorax so breit wie die Flügeldecken, an den Seiten mit vereinzelten, feinen Punkten, die Mitte ist äußerst fein punktiert, Enddorn der Vordertibien kräftig, mit stumpfer Spitze. ♀. Kopf dichter, rauh punktiert, nur mit Andeutung eines Mittelhöckers, Thorax auch in der Mitte mit größeren Punkten. — L. 5 mm.

Ordubad.

320. **A. (V.) lineolatus** Ill

Diese Art zerfällt in 5 Unterarten:

320a. **A. (V.) lineolatus lineolatus** Ill. 1803 *A. l.*, Illiger in: Mag. Ins.-Kunde, *v.* 2 p. 191 | 1832 *A. lateralis*, Brullé in: Exp. Morée, *v.* 3 I Sect. 2 p. 171 | 1847 *A. nigrolineatus*, Rosenhauer, Beitr. Ins. Eur., *v.* 1 p. 30 | 1892 *A. (Volinus) lineolatus*, Reitter in: Verh. Ver. Brünn, *v.* 30 p. 221.

Von kurzer, gewölbter Gestalt, Kopf und Thorax ohne die Seiten, das Schildchen, der 1. Zwischenraum und die Streifen der Flügeldecken schwarz.

Kopf deutlich, neben dem Rande etwas rauh punktiert, Clipeus ausgerandet, Wangen rundlich, die Augen wenig überragend. Thorax feiner und stärker, nicht sehr dicht punktiert, Hinterwinkel stumpf abgerundet, Basis sehr fein gerandet. Schildchen einzeln punktiert. Flügeldecken deutlich punktiert-gestreift, die Streifenpunkte kerben nicht die gewölbten Zwischenräume, diese sehr fein, an der Spitze viel dichter und deutlicher punktiert. Die dunkle Färbung des 1. Zwischenraumes erreicht nicht ganz das Schildchen, die Streifen der Flügeldecken schwarz, hinten und vorn teilweise schmaler oder breiter verbunden. Metatarsus so lang wie oberer Enddorn, kürzer als 2 folgende Tarsenglieder. ♂. Kopf mit 3 gut entwickelten Höckerchen, dahinter etwas eingedrückt, sehr fein punktiert, Thoraxmitte deutlich erweitert, Scheibe fast ohne große Punkte. ♀. Kopf auch hinten dicht punktiert, seitliche Höcker sehr unbedeutend, Thorax auch in der Mitte mit größeren Punkten. — L. 4 mm.

Südeuropa, Nordafrika, Syrien, Transkaukasien.

320 b. **A. (V.) lineolatus conjunctus** Muls. 1842 *A. l.* var. *c.*, E. Mulsant, Hist. nat. Col. France, Lamell. p. 238 | 1913 *A. (Volinus) l.* var *c.*, Ad. Schmidt in: Arch. Naturg., *v.* 79 A fasc 11 p. 144.

Die schwarzen Längslinien des 2.—5. Streifens hinten durch schwarze Querlinien, die des 6. und 7. vorn verbunden.

Vorkommen mit der Stammart.

320 c **A. (V.) lineolatus deletus** Muls. 1842 *A. l.* var *d.*, E. Mulsant, Hist. nat. Col. France, Lamell. p 238

Die schwarzen Linien fast erloschen.

Vorkommen mit der Stammart.

320 d **A. (V.) lineolatus fuscicollis** Muls. 1842 *A. l.* var *f.*, E. Mulsant, Hist. nat. Col France, Lamell. p. 238 | 1913 *A. (Volinus) l.* var *f*, Ad Schmidt in: Arch. Naturg, *v.* 79 A fasc. 11 p. 144

Thoraxseiten kaum heller.

Vorkommen mit der Stammart.

320 e. **A. (V.) lineolatus virgatus** nom nov Ad Schm. 1842 *A. l.* var. *vittatus* (non Say 1825), E. Mulsant, Hist. nat. Col. France, Lamell p. 238 | 1913 *A. (Volinus) l.* var *v.*, Ad Schmidt in: Arch. Naturg, *v.* 79 A fasc 11 p. 144.

Der 4. und 6. Zwischenraum schwarz.

Vorkommen mit der Stammart.

321. **A. (V.) pumilio** Ad. Schm. 1887 *A. pumilus* (non Quedenfeldt 1884), G. Horn in: Tr Amer ent. Soc., *v.* 14 p. 50 | 1907 *A. pumilio*, Ad. Schmidt in: D. ent. Z., p. 201 | 1913 *A. (Volinus) p.*, Ad. Schmidt in: Arch. Naturg, *v.* 79 A fasc. 11 p. 142.

Kopf, Thorax und Makeln auf den hellbraunen Flügeldecken schwarz. Kopfmitte erhöht, davor niedergedrückt, sehr dicht und fast größer als die Thoraxseiten punktiert, Stirn mit 3 Höckerchen, Clipeus ausgerandet, jederseits abgerundet, Wangen klein. Thorax ziemlich dicht, fein und etwas stärker, an den Seiten dichter punktiert. Schildchen mit einzelnen feinen Pünktchen. Flügeldecken in den feinen Streifen mit undeutlichen Punkten, Zwischenräume schwach erhaben, fein punktiert, mit einer länglich-runden Makel im 6.—7. Zwischenraume hinter der Schulter, mit einer zweiten im 9. und 10. neben der ersten, mit einer dritten hinter der Mitte im 3. bis 6. Zwischenraume. Metatarsus länger als oberer Enddorn, so lang wie 3 folgende Tarsenglieder. — L. 3,5 mm.

Neu-Mexiko.

322. **A. (V.) plutschewskyi** D. Koshant. 1894 *A (V) p.*, D Koshantschikow in: Horae Soc. ent. Ross., *v.* 28 p. 123.

Sehr glänzend, schwarz, Flügeldecken gelb, Naht schwarz. Kopf dicht runzlig punktiert, Clipeus schwach ausgerandet, Stirn mit 3 deutlichen Höckern, davor eine schwach begrenzte, halbkreisförmige Querleiste, Wangen wenig vorspringend. Thorax stark gewölbt, die Seiten schmal heller, mittelgroß punktiert, Scheibe äußerst fein und zerstreut. Streifenpunkte der Flügeldecken kerben die Ränder der Zwischenräume, diese leicht gewölbt, nur am Spitzenrande deutlich punktiert, mit folgenden Strichmakeln: Im 2. Zwischenraume eine Makel hinter der Mitte, im 3.—5. je zwei, die eine vor, die andere hinter der Mitte, endlich ein schräger Längsstreif, welcher hinter der Schulter beginnt und bis hinter die Mitte reicht, außerdem 3 sehr kleine Flecke im 3.—5. Zwischenraume vor der Spitze. Die Makeln vor der Mitte bilden eine Schrägreihe wie bei *A. (V.) conspurcatus* L. (nr. 329), die hinter derselben eine zusammenhängende Querbinde. Metatarsus gleich dem obern Enddorne, fast so lang wie 2 folgende Tarsenglieder. — L. 7 mm.

Kirgisen-Steppe.

323 **A. (V.) interstitialis** D. Koshant. 1894 *A. (V.) i.*, D. Koshantschikow in: Horae Soc. ent. Ross., *v.* 28 p. 115.

Kurz, flach gewölbt, glänzend, schwarz, Vorderwinkel des Halsschildes rötlich, Flügeldecken strohgelb, mit angedunkelter Naht. Kopf runzlig punktiert, Clipeus schwach ausgerandet, Stirn ungehöckert. Thorax sparsam punktiert, an den Seiten größer und dichter. Schildchen einzeln punktiert. Flügeldecken hinten verbreitert, punktiert-gestreift, Zwischenräume flach, fein und vereinzelt punktiert. Hinter der Schulter befindet sich ein schräger Längsfleck, der bis über die Mitte des 6. Zwischenraumes reicht, ein Fleck liegt in der Mitte des 3., zwei im 4., der vordere vor der Mitte, im 5. auch zwei, der vordere davon an der Basis, die hinteren Flecke im 4. und 5. Zwischenraume stehen zusammen. Metatarsus kürzer als oberer Enddorn, so lang wie 2 folgende Tarsenglieder. — L. 4 mm (ex Koshantschikow).

Turkestan.

324. **A. (V.) exclamationis** Motsch. 1849 *A. e.*, Motschulsky in: Bull. Soc. Moscou, *v.* 22 II p. 108 | 1892 *A. (Volinus) e.*, Reitter in: Verh. Ver Brünn, *v.* 30 p. 228.

Kopf und Thorax schwarz, Flügeldecken hellbraun, mit angedunkelter Naht und vorn und hinten abgekürzter Strichmakel im 7. Zwischenraume, zuweilen auch mit Flecken im 3.—5. vor der Spitze. Kopf dicht und deutlich, vorn rauh punktiert, mit 3 kleinen Höckerchen, mittleres nach vorn ausgezogen, Clipeus leicht ausgerandet, jederseits abgerundet, Wangen stumpfwinklig hervorstehend. Thorax an den Seiten rötlich durchscheinend, fein und ziemlich dicht punktiert, neben den Seiten und der Basis mit einzelnen viel stärkeren Punkten. Streifenpunkte der Flügeldecken greifen die Ränder der leicht konvexen Zwischenräume an, diese kaum wahrnehmbar punktiert. Metatarsus gleich dem obern Enddorne, kürzer als 3 folgende Tarsenglieder. — L. 3,5—4,5 mm.

Algier, Tunis, Südspanien.

325. **A. (V.) clausula** W. Koshant. 1910 *A. (V.) c.*, W. Koshantschikov in: Rev. Ent. Russe, *v.* 10 p. 19.

Schlanker als vorige Art, schwarzbraun, mit hellbraunen Flügeldecken, dunkler Naht und 2 dunklen Längsbinden. Kopf vorn heller, rauh, nach hinten etwas feiner, weniger gedrängt punktiert, Stirn beim ♂ mit 3 kleinen Höckerchen, Clipeus leicht ausgerandet, jederseits abgerundet, Wangen wenig vorstehend. Thorax an den Seiten heller, schwach gerundet nach vorn verengt, feiner und etwas stärker, nicht sehr dicht punktiert, Hinterwinkel stumpf abgerundet. Schildchen mit einigen Punkten. Flügeldecken schwach erweitert, fein gestreift, Streifenpunkte kerben wenig die flachen, vereinzelt punktierten Zwischenräume. Die mediale Binde liegt im 3. und 4. Zwischenraume, sie tritt an der Basis auf den 5. über, die laterale Binde beginnt unter der Schulter im 7. und geht in den 6. über, vor der Spitze liegt eine gebogene Querbinde im 3.—6. Zwischenraume. Zuweilen verbindet sich die Seitenbinde durch den 5. Zwischenraum mit der medialen Längsbinde. Metatarsus kürzer als oberer Enddorn, kaum so lang wie 2 folgende Tarsenglieder. — L. 2,5—2,75 mm.

Transcaspien.

326. **A. (V.) discedens** Ad. Schm. 1907 *A. d.*, Ad. Schmidt in: D ent. Z., p. 567 | 1913 *A. (Volinus) d.*, Ad. Schmidt in: Arch. Naturg, *v.* 79 A fasc. 11 p. 145.

Kopf und Thorax ohne die Seiten, Naht und Makeln rot-, Flügeldecken hellbraun. Kopf dicht und deutlich punktiert, mit 3 Höckerchen, Clipeus ausgerandet, jederseits rundlich, Wangen leicht vorstehend. Thorax an den Seiten gerundet, Hinterwinkel stumpf abgerundet, Basis sehr fein gerandet, fein und ziemlich dicht, seitlich etwas größer punktiert. Schildchen punktiert. Flügeldecken verbreitert, fein gestreift, Streifenpunkte kerben die schwach konvexen Zwischenräume, diese fein, hinten dichter punktiert. Die Verteilung der Makeln ist folgende: Vor der Mitte im 3. Zwischenraume eine, im 4. zwei, die vordere neben der im 3., aber weiter nach vorn reichend, im 5. ebenfalls zwei, die vordere kurze erreicht nicht die Basis, die hintere neben der im 4., ferner eine längliche Makel in der Mitte des 6. und eine im 7. Zwischenraume, letztere reicht bis an die Schulter. Die Makeln verschwinden zum Teil, es bleiben dann nur die beiden vordern im 3. und 4., und die hintere im 4. Zwischenraume übrig. Metatarsus gleich dem obern Enddorne, wenig kürzer als 3 folgende Tarsenglieder. — L. 4,5—5 mm.

Totes Meer

327. **A. (V.) hieroglyphicus** Klug

Diese Art zerfällt in 2 Unterarten:

327a. **A. (V.) hieroglyphicus hieroglyphicus** Klug 1840 *A. conspurcatus* (non Linné 1758), Brullé in: Webb & Berthelot, Hist. Canar., *v.* 2 p. 60 | 1845 *A. hieroglyphicus*, Klug in: Ehrenberg, Symb phys., Ins. *v.* 5 t. 42 f 5 | 1864 *A. maculosus*, Wollaston, Cat. Col. Canar., p. 189 | 1875 *A. magicus*, L. Fairmaire in: Ann. Mus. Genova, *v.* 7 p. 507 | 1892 *A (Volinus) hieroglyphicus*, Reitter in: Verh. Ver. Brünn, *v.* 30 p. 223.

Der vorigen Art ähnlich, aber Skulptur und Zeichnung verschieden. Hinterkopf und Thoraxscheibe, Naht und Makeln der Flügeldecken rotbraun, Seiten des Kopfes und Halsschildes heller. Kopf deutlich punktiert, mit 3 kleinen, beim ♀ schwächeren Tuberkeln, vor dem mittleren eine Längsbeule, Clipeus ausgerandet, jederseits abgerundet, Wangen vorstehend. Thorax ungleich punktiert. Schildchen rotbraun gerandet, fein punktiert. Flügeldecken fein gestreift, Zwischenräume konvex, neben den Streifen mit sehr deutlicher Punktreihe. Lage der Makeln wie bei voriger Art, die vorderen aber kürzer, im 3. und 4. Zwischenraume je zwei nebeneinander liegende, im 5. eine vor der Basis, die andere hinter der im 4., vor dieser eine im 6. und eine hinter der Schulter im 7. Zwischenraume. Einzelne derselben können fehlen oder sind nur punktförmig angedeutet. Metatarsus so lang wie oberer Enddorn, kürzer als 3 folgende Tarsenglieder. ♂. Thorax so breit wie die Flügeldecken, nur vorn gerundet verengt, Metasternum an den Rändern, aber vorn dichter behaart. ♀. Thorax dicht, auch auf der Scheibe punktiert, schmaler als die Flügeldecken, mehr verengt, Metasternum fein punktiert, unbehaart, mit Längsfurche. — L. 5,5—6 mm.

Ägypten, Tripolis, Tunis, Kanarische Inseln, Syrien.

327 b **A. (V.) hieroglyphicus castilianus** J. Daniel 1903 *A. h.* var *c.*, J. Daniel in: Münch. kol. Z., *v.* 1 II p. 251 | 1913 *A. (Volinus) h.* var. *c.*, Ad. Schmidt in: Arch. Naturg., *v.* 79 A fasc. 11 p. 144.

Kleiner als die Stammart, Vorderkopf dunkler, beim ♂ fast ohne helle Randung, Wangen weniger entwickelt, Kopf gewölbter, gröber punktiert, Stirnnaht kaum angedeutet, Stirnhöcker deutlicher, Thorax in den Vorderwinkeln dichter punktiert, Flügeldecken spärlich gefleckt. -- L. 4,5 mm (ex Daniel).

Spanien

328. **A. (V.) hahni** Reitt. 1907 *A. (V.) h.*, Reitter in: D ent. Z., p. 410.

Schwarz, Flügeldecken rötlichgelb Kopf kurz und breit, wenig verengt, Clipeus ausgerandet, jederseits abgerundet, dicht punktiert, Wangen vorstehend. Thorax an den Seiten heller, gerundet, fein und stärker punktiert. Schildchen vorn punktiert. Streifenpunkte der Flügeldecken greifen die Zwischenräume leicht an, diese fein, an der Spitze dichter punktiert. Die vordere Makel liegt im 2.—4., die hintere im 2.—5. Zwischenraume, die Seitenmakel beginnt hinter der Schulter im 7.—9. Zwischenraume, sie verbindet sich hinter der Mitte in einem schmalen Strich durch den 6. Zwischenraum mit der hintern Makel, vor der Spitze ist eine quere Makel im 2.—5. Zwischenraume. Metatarsus gleich dem obern Enddorne, kürzer als 3 folgende Tarsenglieder. ♂. Kopf vorn dicht und kräftig, hinten feiner punktiert, mit deutlichem Mittelhöcker, Thorax seitlich stärker gerundet, in der Mitte fein, seitlich mit einzelnen größeren Punkten, Flügeldecken an der Spitze und den Seiten behaart, Enddorn der Vordertibien gleichbreit, seine Spitze umgebogen. ♀. Der ganze Kopf rauh punktiert, Mittelhöcker schwach, Thoraxmitte auch mit größeren Punkten, Flügeldecken unbehaart, Enddorn schlank und spitz. — L. 5 mm.

Uralsk.

329. **A. (V.) conspurcatus** (L.) 1758 *Scarabaeus c.*, Linné, Syst. Nat., ed 10 p. 348 | 1848 *Aphodius c.*, Erichson, Naturg. Ins. Deutschl., Col. *v.* 3 p. 846 | 1892 *A. (Volinus) c.*, Reitter in: Verh. Ver Brünn, *v.* 30 p. 222.

Biologie: 1882 Rosenhauer in. Ent. Zeit. Stettin, *v.* 43 p. 21 (Larve und Puppe beschrieben).

Schwarz, Seiten des Kopfes und Halsschildes heller, Flügeldecken hellbraun. Kopf dicht punktiert, Clipeus ausgerandet. Thorax mehr oder weniger gewölbt, oft an der Basis heller, er ist feiner und etwas stärker punktiert, Basis sehr fein gerandet, Hinterwinkel stumpf abgerundet. Schildchen mit dunklen Rändern und wenigen feinen Punkten. Streifenpunkte kerben schwach die flachen, fein und einzeln punktierten Zwischenräume. Im 3. stehen 2 Makeln, die vordere in der Mitte, im 4. eine, und zwar vor der vorderen im 3., im 5. zwei, die vordere an der Basis, die hintere der unteren im 3. gegenüber, im 6. zwei, die hintere ungefähr in der Mitte, die vordere sehr kleine hinter der Schulter, sie ist oft strichförmig nach vorn verlängert. Unterseite schwarz, Hinterleib und Schenkel heller. Metatarsus länger als oberer Enddorn, gleich 3 folgenden Tarsengliedern. ♂. Stirnhöcker deutlich, Thorax reichlich so breit wie die Flügeldecken, an den Seiten gerundet, auf der Scheibe nur fein punktiert, Metasternum etwas vertieft. ♀. Stirnhöcker schwach, Thorax schmaler, mehr verengt, zahlreicher punktiert, auch in der Mitte mit größeren Punkten. — L. 4—5 mm.

England, Norddeutschland, Frankreich.

330 **A. (V.) leopardus** Horn 1870, 1887 *A. l.*, G. Horn in: Tr. Amer. ent. Soc., *v.* 3 p. 124, *v.* 14 p. 49 | 1913 *A. (Volinus) l.*, Ad. Schmidt in: Arch. Naturg., *v.* 79 A fasc. 11 p. 144.

Kopf und Thorax schwarzbraun, Ränder derselben heller, Flügeldecken hellbraun. Die rötlichen Makeln sind sehr undeutlich und bestehen aus einer schrägen Querbinde, sie beginnt an der Basis im 5., geht dann auf den 4.—2. über, hier die Mitte erreichend, die hintere gebogene Binde liegt im 2.—6. Zwischenraume, im 7. sind zwei längliche Makeln, deren hintere bis an die im 6. reicht. Kopf nicht sehr dicht, etwas rauh punktiert, mit 3 kleinen Tuberkeln, Clipeus neben der flachen Ausrandung stumpfwinklig gerundet, die Wangen wenig vorstehend. Thorax an den Seiten gerundet, fein und viel stärker punktiert, Hinterwinkel stumpf. Schildchen fein punktiert. Flügeldecken hinten breiter, Streifenpunkte flach, wenig kerbend, Zwischenräume etwas erhaben, sehr fein und vereinzelt punktiert, die 4 ersten Zwischenräume an der Spitze unverbunden. Metatarsus so lang wie oberer Enddorn, etwas kürzer als 3 folgende Tarsenglieder. — L. 5—7 mm.

Maine, Ostkanada.

331 **A. (V.) pardalis** T. Lec. 1859 *A. p.*, T. Le Conte in: Rep. Expl. Railroad Pacif. Ocean, *v.* 1 App. pars 3 nr. 1 p. 41 | 1887 *A. p.*, G. Horn in: Tr. Amer. ent. Soc., *v.* 14 p. 49 | 1913 *A. (Volinus) p.*, Ad. Schmidt in: Arch. Naturg., *v.* 79 A fasc. 11 p. 114.

Gleicht der vorigen Art in Färbung und Gestalt. Kopf vorn breiter, Vorderecken mehr abgerundet, Wangen weniger deutlich. Thorax mit zerstreuten, größeren Punkten. Flügeldecken mit 3 Querbinden, die vordere im 5.—2., die mittlere im 4.—2., die hintere im 5.—2. Zwischenraume, alle sind gezackt, der 7.—9. Zwischenraum ist bis zur Mitte dunkler, die vertieften Streifen viel deutlicher als bei voriger Art, ihre Punkte kerben deutlich die leicht konvexen Zwischenräume, die 3 innern sind mit den äußern an der Spitze verbunden. Metatarsus wie bei *A. (V.) leopardus* G. Horn. — L. 4,5—5,5 mm.

Kalifornien bis Vancouver-Insel, Nebraska.

332 **A. (V.) tessulatus** (Payk.)

Diese Art zerfällt in 6 Unterarten.

332a. **A. (V.) tessulatus tessulatus** (Payk.) 1789 *Scarabaeus inquinatus* (non J. F. W. Herbst 1783), A. G. Olivier, Ent., Col. *v.* 1 nr 3 p. 84 t. 26 f. 221 | 1798 *S. tessulatus*, Paykull, Fauna Suec., Ins. *v.* 1 p. 20 | 1805 *Aphodius t.*, Jac. Sturm, Deutschl. Fauna, Ins. Käf. *v.* 1 p. 111 | 1842 *A. t.* var. *connexus* + *A. t.* var. *amplificatus* + *A. t.* var. *appendiculatus*, E. Mulsant, Hist. nat. Col. France, Lamell p. 252 | 1848 *A. t.*, Erichson, Naturg. Ins. Deutschl., Col. *v.* 3 p. 849 | 1892 *A. (Volinus) t.*, Reitter in: Verh. Ver. Brünn, *v.* 30 p. 226.

Glänzend, schwarz, Flügeldecken gelbbraun mit schwarzen Makeln. Kopf deutlich, vorn rauh punktiert, Clipeus neben der Ausrandung etwas lappig gerundet, Wangen vom Kopfrande leicht abgesetzt, vorstehend. Thorax in der Mitte der Seiten gewöhnlich rötlich durchscheinend, fein und stärker punktiert, Hinterwinkel stumpf. Schildchen mit einzelnen Punkten. Streifen der Flügeldecken wenig vertieft, ihre Punkte kerben leicht die Ränder der flachen, an der Spitze deutlicher punktierten Zwischenräume. Vordere Fleckenbinde beginnt im 5. Zwischenraume, ihr schließt sich eine längere Strichmakel im 4., und dieser eine im 3. und 2. an, letztere beiden liegen in der Mitte, die hintere zackige Binde liegt im 5.—2. Zwischenraume, die Seiten sind im 7.—9. bis hinter der Mitte schwarz und verbinden sich durch eine Makel im 6. mit der hintern Binde. Metatarsus gleich dem obern Enddorne und 2 folgenden Tarsengliedern. ♂. Stirnnaht 3 höckerig, mittlerer Höcker stärker, Thorax gerundet, stark herabgewölbt, Metasternalplatte flach vertieft, fein punktiert, Hinterschenkel an der Basis ausgehöhlt. ♀. Nur die Seitenhöcker angedeutet, Thorax vorn deutlicher verengt, dichter punktiert, Metasternum nur mit Mittellinie, Hinterschenkel normal. — L. 3—4,5 mm.

Europa, Kaukasus.

332 b. **A. (V.) tessulatus irregularis** Muls. 1842 *A. t.* var. *i.*, E. Mulsant, Hist. nat Col. France, Lamell. p. 252 | 1913 *A. (Volinus) t* var. *i.*, Ad. Schmidt in: Arch Naturg., *v.* 79 A fasc. 11 p. 142

Makeln unter der Normalzahl, zuweilen fast ganz geschwunden.

Frankreich.

332 c. **A. (V.) tessulatus scutellatus** Muls. 1797 *Scarabaeus contaminatus* (non J. F W Herbst 1783), Panzer, Fauna Ins. Germ, *v.* 47 nr. 7 | 1842 *Aphodius tessulatus* var. *scutellatus* + *A. t.* var. *dilatatus*, E. Mulsant, Hist. nat. Col. France, Lamell p. 252 | 1888 *A. t.* var *basalis*, Schilsky in: D. ent. Z., *v.* 32 p. 313 | 1913 *A. (Volinus) t.* var. *scutellatus*, Ad. Schmidt in: Arch. Naturg, *v.* 79 A fasc. 11 p. 142.

Vordere Fleckenbinde so ausgedehnt, daß sie die ganze Basis einnimmt, dabei einzelne helle Flecke einschließend oder nur die Schulter hell lassend, hintere Binde wie bei der Stammform.

Vorkommen wie die Stammart.

332 d. **A. (V.) tessulatus intricatus** Muls. 1842 *A. t.* var. *i.*, E. Mulsant, Hist. nat. Col. France, Lamell. p. 253 | 1913 *A. (Volinus) t.* var. *i.*, Ad. Schmidt in: Arch. Naturg., *v.* 79 A fasc. 11 p. 142.

Die vordere Makel im 4. Zwischenraume erweitert und verbindet sich an der Schulter mit der äußern, die im 3. und 2. durch den 2. Zwischenraum mit der hinteren Makel.

Vorkommen mit der Stammart.

332 e. **A. (V.) tessulatus umbrosus** Muls. 1842 *A. t.* var. *u.*, E. Mulsant, Hist. nat. Col. France, Lamell. p. 253 | 1913 *A. (Volinus) t.* var. *u.*, Ad. Schmidt in: Arch. Naturg., *v.* 79 A fasc. 11 p. 142.

Die Makeln der vordern und hintern Fleckenbinde so ausgebreitet, daß sie sich vereinigen und mehr als die Hälfte der Flügeldecken ausfüllen, nur hier und da hellere Flecken freilassend.

Vorkommen mit der Stammart.

332 f. **A. (V.) tessulatus gutheili** Schilsky 1888 *A. t.* var. *g.*, Schilsky in: D. ent. Z., *v.* 32 p. 313 | 1913 *A. (Volinus) t.* var. *g.*, Ad. Schmidt in: Arch. Naturg., *v.* 79 A fasc. 11 p. 142.

Die vorderen zwei Drittel der Flügeldecken schwarz, nur Schulterbeule und eine rundliche Makel am Schildchen hell.

Thüringen und Österreich.

333. **A. (V.) naevuliger** Reitt 1894 *A. (V.) n.*, Reitter in: Ent. Nachr., *v.* 20 p. 187.

Schwarz, die Seiten des Kopfes und Halsschildes heller. Flügeldecken hellbraun mit dunklen Makeln. Die Form des Kopfes, Punktierung dieses und des Halsschildes wie bei voriger Art. Streifenpunkte deutlich die Ränder der Zwischenräume kerbend, ebenfalls an der Seite und Spitze dichter punktiert. Makeln sehr undeutlich, im 3. Zwischenraume eine in der Mitte, die andere hinter derselben, im 4. auch zwei, beide vor denen im 3. gelegen, im 5. zwei, eine an der Basis, die andere an die hintere im 4. angelehnt, aber weiter nach hinten reichend, im 7. Zwischenraume eine unter der Schulter, die andere in der Mitte, zuweilen noch eine im 6., welche die hintere Makel im 7. mit der im 5. verbindet, zuweilen auch noch eine 2. Makel im 2. Zwischenraume, welche neben der hintern im 3. liegt. Selten verbreitern und berühren sich die Makeln so, daß sie die ganze Oberseite einnehmen, es bleiben dann nur der 1. Zwischenraum, die Spitze, der Seitenrand und die Basis heller. Metatarsus so lang wie oberer Enddorn und 2 folgende Tarsenglieder. ♂. Mittelhöcker deutlich, Thorax mehr gerundet, vorn wenig verschmälert, Scheibe ohne große Punkte, Metasternum vertieft. ♀. Mittelhöcker schwach, Thorax deutlich verengt, Scheibe größer punktiert, Metasternum nur gefurcht. — L. 4,5—5 mm.

Tunis.

334. **A. (V.) pictus** Sturm

Diese Art zerfällt in 3 Unterarten:

334a. **A. (V.) pictus pictus** Sturm 1799 *A. inquinatus* var. *η*, Creutzer, Ent. Versuche, p. 24 t. 1 f. 1 (Gesamtbild) | 1805 *A. pictus*, Jac. Sturm, Deutschl Fauna, Ins. Käf. *v.* 1 p. 100 | 1892 *A. (Volinus) p*, Reitter in: Verh. Ver. Brünn, *v.* 30 p. 221.

Unterscheidet sich hauptsächlich von der vorigen Art durch gelbbraune Flügeldecken, schärfer markierte und anders verteilte Makeln und durch zerstreuter punktierten Thorax. Die Makeln bilden zwei Binden, die vordere besteht aus einem Fleck an der Basis des 5. Zwischenraumes, einer längeren Strichmakel im 4. hinter dieser, welche an ihrem Ende auf den 5. übergreift und sich dann gewöhnlich strichförmig mit einer kleinen Makel im 4. und 3. verbindet, letztere beiden stehen in der Mitte; die hintere Fleckenbinde liegt im 2.—5. Zwischenraume, die Makel im 4. ist sehr klein, ferner befindet sich noch unter der Schulter je ein kurzer Fleck im 7. und 8. und je einer in der Mitte des 7. und 6., letztere beiden etwas vor der hintern Makel im 5. Zwischenraume gelegen. Der Raum zwischen den Flecken auf der Scheibe ist fahlgelb. Zuweilen vergrößern sich einzelne Makeln und fließen zusammen. Metatarsus so lang wie oberer Enddorn und 2 folgende Tarsenglieder. ♂. Stirnhöcker deutlich, Thorax reichlich so breit wie die Flügeldecken, mit stark gerundeten Seiten, hier vereinzelt punktiert, Scheibe glatt, Metasternalplatte grubig vertieft, unterer Enddorn der Mitteltibien kurz und stumpf. ♀. Thoraxseiten schwächer gerundet, deutlich verschmälert, die Scheibe einzeln größer punktiert, Metasternum mit Mittellinie, unterer Enddorn spitz, Stirnhöcker schwächer. — L. 3,5—5 mm.

Österreich, Deutschland, Schweden, Finnland.

334b. **A. (V.) pictus flavidus** Muls. 1842 *A. p.* var *f.* + *A. p.* var *brumalis*, E. Mulsant, Hist. nat. Col France, Lamell. p. 249 | 1913 *A (Volinus) p.* var. *flavidulus*[1], Ad. Schmidt in: Arch. Naturg., *v.* 79 A fasc. 11 p. 142.

Seiten des Halsschildes breiter oder schmaler hell gefärbt, mit einer dunklen Makel von verschiedener Größe.

Vorkommen mit der Stammart.

334c. **A. (V.) pictus indigens** Muls. 1842 *A. p.* var. *i.*, E. Mulsant, Hist. nat. Col. France, Lamell. p. 249 | 1913 *A. (Volinus) p.* var *i.*, Ad. Schmidt in: Arch. Naturg., *v.* 79 A fasc. 11 p. 142.

Makeln der Flügeldecken undeutlich und unter der Normalzahl.

Vorkommen mit der Stammart.

335. **A. (V.) melanostictus** W Schm.

Diese Art zerfällt in 8 Unterarten:

335a. **A. (V.) melanostictus melanostictus** W. Schm 1789 *Scarabaeus conspurcatus* (non Linné 1758), J F W Herbst, Naturs Ins. Käf, *v.* 2 p. 140 t. 12 f 8 (Gesamtbild) | 1840 *Aphodius melanostictus,* W Schmidt in: Z Ent Germar, *v.* 2 p. 153 | 1848 *A m.*, Erichson, Naturg Ins. Deutschl, Col. *v.* 3 p. 842 | 1890 *A. lituratus*, Rey in: Échange, nr. 69 p. 164 | 1892 *A (Volinus) melanostictus,* Reitter in Verh. Ver. Brünn, *v.* 30 p. 228.

Schwarz, Flügeldecken hellbraun mit dunklen Flecken. Kopf fein runzlig punktiert, Stirnnaht gehöckert, Wangen vorstehend. Thorax an den Seiten wenig gerundet, rötlich durchscheinend, fein und stärker punktiert, Hinterwinkel stumpf abgerundet, Schildchen fein punktiert. Flügeldecken nach hinten breiter, mit deutlichen Streifenpunkten, welche die Ränder der Zwischenräume kerben, diese schwach konvex, fein, an der Spitze deutlicher punktiert. Die vordere Binde besteht aus einem Fleck an der Basis des 5. Zwischenraumes, dahinter liegt einer im 4. und daneben einer im 3., letzterer ist länger und ragt nach hinten weiter hervor, die hintere Binde besteht aus je einem Fleck im 5. und 3. Zwischenraume, außerdem befindet sich eine längere Strichmakel im 7., welche sich zuweilen an der Schulter auf den 8. und 9. Zwischenraum ausdehnt. Unterseite schwarz mit hellbraunen Schenkeln. Metatarsus so lang wie oberer Enddorn und 2 folgende Tarsenglieder. ♂. Alle 3 Höcker deutlich, Thoraxmitte fast ohne große Punkte, Metasternalplatte flach vertieft, sehr fein punktiert, unbehaart. ♀. Stirnhöcker sehr schwach, Thoraxmitte mit größeren Punkten besetzt, Metasternum mit Mittellinie. — L. 5—7 mm.

Europa, Kaukasus, Mesopotamien, Turkestan, Ägypten

335b **A. (V.) melanostictus egenus** Muls. 1842 *A. m.* var. *e.*, E. Mulsant, Hist. nat. Col. France, Lamell. p. 241 | 1879 *A. m.* var. *biguttatus*, Dalla Torre in: Ber. Ver. Oberösterr., *v.* 10 p. 108 | 1888 *A m.* var *b.*, Schilsky in: D ent. Z., *v.* 32 p. 320 | 1913 *A. (Volinus) m.* var. *egenus*, Ad. Schmidt in: Arch Naturg., *v.* 79 A fasc. 11 p. 144.

Flügeldecken mit weniger als 5 Makeln geschmückt.

Vorkommen wie die Stammart.

335c. **A. (V.) melanostictus catenatus** Muls. 1842 *A. m.* var. *c.*, E. Mulsant, Hist. nat. Col. France, Lamell p. 241 | 1913 *A. (Volinus) m.* var *c.*, Ad. Schmidt in: Arch. Naturg., *v.* 79 A fasc. 11 p. 144

Die Seitenmakel verbindet sich mit der hintern Makel im 5. Zwischenraume, die vordere in diesem verlängert sich bis zu der im 4. Zwischenraume.

Vorkommen wie die Stammart.

---

[1]) *flavidulus* ist Druckfehler, muß *flavidus* heißen.

335d. **A. (V.) melanostictus sexmaculatus** Muls. 1842 *A. m.* var *s.*, E. Mulsant, Hist. nat. Col. France, Lamell. p. 241 | 1913 *A. (Volinus) m.* var. *s.*, Ad. Schmidt in: Arch. Naturg., *v.* 79 A fasc. 11 p. 144.

Zu den 5 normalen Makeln tritt eine kleine im 3. Zwischenraume vor der Spitze hinzu.

Vorkommen wie die Stammart.

335e. **A. (V.) melanostictus septemmaculatus** Muls. 1842 *A. m.* var. *s.*, E. Mulsant, Hist. nat. Col. France, Lamell. p. 241 | 1910 *A. (Volinus) m.* var. *s.*, Ad. Schmidt in: Schenkling, Col. Cat., fasc. 20 p. 49.

Zu den vorigen Makeln tritt im 5. Zwischenraume eine kleine Makel hinzu.

Vorkommen wie die Stammart.

335f. **A. (V.) melanostictus subannulatus** Muls. 1842 *A. m.* var *s.*, E. Mulsant, Hist. nat. Col. France, Lamell. p. 241 | 1879 *A. m.* var *bifasciatus*, Dalla Torre in: Ber. Ver. Oberösterr., *v.* 10 p. 108 | 1888 *A. m.* var *b.*, Schilsky in: D. ent. Z., *v.* 32 p. 320 | 1913 *A. (Volinus) m.* var. *subannulatus*, Ad. Schmidt in: Arch. Naturg., *v.* 79 A fasc. 11 p. 144.

Die Seitenmakel bis zu dem hintern Fleck im 3. Zwischenraume, dieser bis an die vordere Makel verlängert.

Vorkommen wie die Stammart.

335g. **A. (V.) melanostictus graphicus** Kol. 1846 *A. g.*, Kolenati, Melet. Ent., *v.* 5 p. 18 | 1913 *A. (Volinus) melanostictus* var *g.*, Ad. Schmidt in: Arch. Naturg., *v.* 79 A fasc. 11 p. 144.

Die Flecken sind verlängert und durch die schattig gefärbten Streifen mehr oder weniger verbunden.

Südrußland.

335h. **A. (V.) melanostictus circumclusus** nom. nov. Ad. Schm. 1879 *A. m.* var. *lineatus* (non Wiedemann 1823), Dalla Torre in: Ber. Ver. Oberösterr., *v.* 10 p. 108 | 1913 *A. (Volinus) m.* var *l.*, Ad. Schmidt in: Arch. Naturg., *v.* 79 A fasc. 11 p. 144.

Flügeldecken mit dunkleren Längsstreifen an der Naht.

Vorkommen mit der Stammart.

336. **A. (V.) distinctus** (Müll.)

Diese Art zerfällt in 8 Unterarten:

336a. **A. (V.) distinctus distinctus** (Müll.) 1766 ***Scarabaeus vaginosus***, Voet, Cat. syst. Col., *v.* 1 p. 33 t. 21 f 149 (non bin.) | 1776 ***S. distinctus***, O. F. Müller, Zool. Dan. Prodr., p. 53 | 1781 ***S. conspurcatus***, Schrank, Enum. Ins. Austr., p. 4 | 1783 ***S. inquinatus***, J. F. W. Herbst in: Arch. Ins.-Gesch., *v.* 4 p. 6 t. 19 f. 5 | 1785 ***S. vaginosus***, Panzer, Voets Beschr. Ins., *v.* 1 p. 100 t. 21 f. 149 (non bin.) | 1802 ***S. attaminatus***, Marsham, Ent. Brit., *v.* 1 p. 13 | 1844 ***Aphodius maculipennis***, Melsheimer in: P. Ac. Philad., *v.* 2 p. 137 | 1848 ***A. inquinatus***, Erichson, Naturg. Ins. Deutschl., Col. *v.* 3 p. 839 | 1892 ***A. (Volinus) i.***, Reitter in: Verh. Ver. Brünn, *v.* 30 p. 225 | 1898 ***A. (V.) inquinatulus***, Reitter in: Wien. ent. Zeit., *v.* 17 p. 119 | 1913 ***A. (V.) distinctus***, Ad. Schmidt in: Arch. Naturg., *v.* 79 A fasc. 11 p. 144.

Biologie: 1842 E. Mulsant, Hist. nat. Col. France, Lamell. t. 1 f. 9 (Abbild. von Fühler u. Maxille der Larve) | 1887 J. A. Lintner in: 3. Rep. Ins. N. York, p. 102 | 1901 Xambeu in: Rev. Ent. Franç., *v.* 20 p. 51 (Lebensweise).

Von der vorigen Art durch feiner punktiert-gestreifte Flügeldecken und andere Zeichnung derselben verschieden. Die vordere Fleckenbinde ist wie bei der vorigen Art, erreicht aber nicht die Mitte, die hintere liegt im

3.—5. Zwischenraume, der Fleck im 4. steht nach vorn vor, er ist bei *A. (V.) melanostictus* W. Schm. (nr. 335) immer fehlend, höchstens in einer schwachen Andunklung angedeutet, die aber nicht vorragt, die Seitenmakel ist wie bei der vorigen Art. Metatarsus so lang wie oberer Enddorn, wenig kürzer als 3 folgende Tarsenglieder. ♂. Stirnhöcker deutlich, Kopf in beiden Geschlechtern etwas rauh punktiert, Thorax so breit wie die Flügeldecken, Scheibe ohne größere Punkte, Flügeldecken an den Seiten und der Spitze fein behaart, Metasternum verflacht, dicht punktiert und behaart. ♀. Stirnhöcker nur angedeutet, Thorax schmaler, deutlich nach vorn verengt, auch die Scheibe mit größeren, mittelstarken Punkten. — L. 3,5—5,5 mm.

Europa, Nordamerika.

336b. **A. (V.) distinctus centrolineatus** (Panz.) 1798 *Scarabaeus c.*, Panzer, Fauna Ins. Germ., *v.* 58 nr. 1 | 1842 *Aphodius distinctus* var. *interruptus*, E. Mulsant, Hist. nat. Col. France, Lamell. p. 246 | 1869 *A. d.* var. *centrolineatus*, Harold in: Gemminger & Harold, Cat. Col., *v.* 4 p. 1050 | 1892 *A. (Volinus) d.* var. *c.*, Reitter in: Verh. Ver. Brünn, *v.* 30 p. 225.

Die vordere und hintere Querbinde vereint, vorn und hinten mit der Seitenmakel verbunden, so daß zwei Längsbinden entstehen.

Vorkommen mit der Stammart.

336c. **A. (V.) distinctus nubilus** (Panz.) 1798 *Scarabaeus n.*, Panzer, Fauna Ins. Germ., *v.* 58 nr. 3 | 1802 *S. foedatus*, Marsham, Ent. Brit., *v.* 1 p. 14 | 1842 *Aphodius distinctus* var *auctus* + *A. d.* var *subcinctus*, E. Mulsant, Hist. nat. Col France, Lamell. p. 246 | 1869 *A. d.* var *nubilus*, Harold in. Gemminger & Harold, Cat. Col., *v.* 4 p. 1050 | 1892 *A. (Volinus) d.* var. *n.*, Reitter in: Verh. Ver. Brünn, *v.* 30 p. 225.

Die Makeln der vorderen Fleckenbinde unter sich, die Seitenmakel mit der hintern Fleckenbinde verbunden.

Vorkommen mit der Stammart.

336d. **A. (V.) distinctus fumosus** Muls. 1842 *A. d.* var. *f.*, E. Mulsant, Hist. nat. Col. France, Lamell. p. 245 | 1913 *A. (Volinus) d.* var *f.*, Ad. Schmidt in: Arch. Naturg., *v.* 79 A fasc. 11 p. 144.

Thorax ganz schwarz.

Vorkommen mit der Stammart.

336e. **A. (V.) distinctus pauper** Muls. 1842 *A. d.* var *p.*, E. Mulsant, Hist. nat. Col. France, Lamell. p. 245 | 1913 *A. (Volinus) d.* var *p.*, Ad. Schmidt in: Arch. Naturg., *v.* 79 A fasc. 11 p. 144.

Makeln unter der Normalzahl.

Vorkommen mit der Stammart.

336f **A. (V.) distinctus baseolus** Muls. 1842 *A. d.* var *b.* + *A. d.* var. *hemicyclus* + *A. d.* var *scutellaris*, E. Mulsant, Hist. nat. Col. France, Lamell. p. 245 | 1913 *A. (Volinus) d.* var *baseolus*, Ad. Schmidt in: Arch. Naturg., *v.* 79 A fasc. 11 p. 144.

Die verbreiterte und verlängerte vordere Fleckenbinde füllt mehr oder weniger den medialen Raum bis zur Basis und Naht aus.

Vorkommen mit der Stammart.

336g **A. (V.) distinctus lunatus** Muls. 1842 *A. d.* var. *l.* + *A. d.* var. *ophthalmicus*, E. Mulsant, Hist. nat. Col France, Lamell. p. 245 | 1913 *A. (Volinus) d.* var. *l.*, Ad Schmidt in: Arch. Naturg, *v.* 79 A fasc. 11 p. 144.

Vor der Spitze der Flügeldecken im 3.—5. Zwischenraume 3 kleine Makeln, die sich mit der hintern Fleckenbinde vereinigen und einen teilweise oder ganz geschlossenen Kreis bilden.

Vorkommen wie die Stammart.

336 b. **A. (V.) distinctus confluens** Schilsky 1842 *A. d.* var. *anxius*, E. Mulsant, Hist. nat. Col. France, Lamell. p. 245 | 1888 *A. d.* var *confluens*, Schilsky in. D ent. Z., v. 32 p. 311 | 1913 *A. (Volinus) d.* var *c.*, Ad Schmidt in: Arch. Naturg., v. 79 A fasc. 11 p. 144.

Die Makeln sind so ausgebreitet, daß sie die ganzen Flügeldecken bis auf die Schulterbeule und einige Flecke vor der Spitze bedecken.

Mark Brandenburg, Frankreich.

337. **A. (V.) pallidiligonis** C. O. Waterh. 1875 *A. p.*, C. O. Waterhouse in: Tr. ent. Soc. London, p. 85 | 1913 *A. (Volinus) p.*, Ad. Schmidt in: Arch. Naturg., v. 79 A fasc. 11 p. 145.

Schwarz, Flügeldecken hellbraun. Kopf sehr dicht und deutlich punktiert, Clipeus leicht ausgerandet, jederseits gerundet, Wangen vorstehend. Thorax nach hinten schwach verbreitert, so groß wie der Kopf punktiert, sehr dicht an den Seiten, in der Mitte etwas weniger, von oben gesehen vor den Hinterwinkeln mit geringer Einbuchtung, Hinterwinkel stumpf, Basis deutlich gerandet. Flügeldecken mit deutlichen Punktstreifen, Zwischenräume an den Seiten deutlich punktiert, flach, an der Spitze scharf konvex und nur so breit wie die Streifen, der 10.—7. geschwärzt, zur Spitze rotbraun, an der Basis, vom 6.—3. Zwischenraume mit Strichmakeln, die mediad länger werden, aber die Mitte nicht erreichen, Naht angedunkelt. Metatarsus länger als oberer Enddorn, so lang wie 3 folgende Tarsenglieder. — L. 4 mm.

Japan.

338. **A. (V.) euprosopus** Bates 1887 *A e.*, H Bates in: Biol. Centr.-Amer., Col. v. 2II p. 87 t. 6 f. 14 | 1913 *A. (Volinus) e.*, Ad. Schmidt in: Arch. Naturg, v. 79 A fasc. 11 p. 142.

Durch längere Strichmakeln ausgezeichnet; es stehen davon zwei im 2., zwei im 4. und eine wenig verkürzte im 6. Zwischenraume. Schwarz, Flügeldecken gelbbraun. Kopf schwach 3 höckerig, fein und sparsam punktiert, Clipeus leicht ausgerandet, jederseits gerundet und mit rötlichgelber Seitenmakel. Thorax sparsam und gleichmäßig punktiert, mit glatter Mittellinie, die Seiten heller. Flügeldecken punktiert gestreift, Zwischenräume eben, einzeln, an der Spitze und den Seiten dichter punktiert. — L. 4—4,5 mm (ex Bates).

Guatemala.

339. **A. (V.) rugatus** Ad. Schm. 1871, 1887 *A. rugifrons* (non Aubé 1850), G. Horn in: Tr Amer. ent. Soc, v. 3 p 295, v. 14 p. 19 | 1907 *A rugatus*, Ad. Schmidt in: D. ent. Z., p. 202 | 1913 *A (Volinus) r*, Ad. Schmidt in: Arch. Naturg, v. 79 A fasc. 11 p. 142.

Kopf und Thorax schwarz, Flügeldecken mit ebensolchen Makeln auf hellbraunem Grunde. Kopf rauh punktiert, Clipeusecken spitz, aufgebogen, Außenrand neben ihnen mehr oder weniger winklig. Thorax deutlich und ziemlich dicht punktiert, die Seiten etwas heller, Hinterwinkel stumpf abgerundet. Flügeldecken fein gestreift, Streifenpunkte deutlich, Zwischenräume kaum erhaben, an den Seiten und der Spitze deutlicher punktiert. Im 4. Zwischenraume liegt eine Strichmakel, die am Ende auf den 5., zuweilen auch auf den 6. sich ausdehnt, hinter der Schulter ist eine Makel im 6.—8. Zwischenraume, die bis zur Mitte reicht, zuweilen befindet sich vor der Mitte im 2. noch eine, sie können aber auch alle bis auf die seitliche fehlen. Metatarsus kürzer als oberer Enddorn, so lang wie 2 folgende Tarsenglieder. — L. 3 mm.

Kalifornien.

340 **A. (V.) serval** Say 1835 *A. s.*, Say in: Boston J nat. Hist, *v.* 1 p. 177 | 1869 *A. steinheili*, Harold in: Col. Hefte, *v.* 5 p 100 | 1887 *A. serval*, G Horn in: Tr. Amer. ent. Soc., *v.* 14 p. 47 | 1913 *A. (Volinus) s.*, Ad. Schmidt in: Arch Naturg., *v.* 79 A fasc 11 p. 142.

Schwarzbraun, Vorderkopf und Thoraxseiten heller, Flügeldecken gelb- oder hellbraun. Kopf rauh punktiert, mit 2 spitzen, aufgebogenen Zähnchen am Vorderrande, Nahtlinie sichtbar, Wangen deutlich vorstehend. Thorax fast geradseitig verbreitert, fein punktiert, seitlich mit deutlich größeren Punkten ziemlich dicht untermischt, Hinterwinkel stumpf, Basis deutlich gerandet. Flügeldecken hinten etwas verbreitert, mit deutlichen Punktstreifen, Zwischenräume schwach konvex, fein punktiert, mit folgender Zeichnung: Basis des 5. Zwischenraumes mit kurzer Makel, dahinter je eine im 4.—2., fast in der Mitte stehend, hinter derselben je eine im 5.—2., ebenfalls in einer Querreihe stehend, die Seitenmakel im 7.—10. reicht bis hinter die Mitte, die Spitze der Flügeldecken ist rotbraun. Zuweilen verbreitert sich der Fleck im 4. Zwischenraume von der vorderen Binde über den 5., und der 2. Zwischenraum hat neben dem Schildchen eine kleine Makel, meistens befindet sich noch vor der Spitze eine Quermakel. Metatarsus gleich dem obern Enddorne, aber kürzer als 3 folgende Tarsenglieder. — L. 4—4,5 mm.

Indiana, Pennsylvanien, Mittelstaaten bis Texas, ? Illinois.

341. **A. (V.) tescorum** A. Sem. 1898 *A. (V.) t.*, A. Semenow in: Bull. Soc. Moscou, ser 2 *v.* 11 p. 506, 508.

Unterscheidet sich von *A. (V.) scuticollis* A. Sem. (nr. 304) durch weniger breiten, nach vorn geradlinig, mehr verengten Kopf mit kleinen, aber deutlichen Stirnhöckern, durch schmaleren Thorax, der kaum die Breite der Flügeldecken überragt, derselbe ist weniger gewölbt, weniger an den Seiten gerundet, aber hier dichter und mehr ungleich punktiert. Die Flügeldeckenzeichnung ähnlich wie bei *A. (V.) scuticollis* A. Sem., der 1. Zwischenraum aber nicht dunkler. — L. 6 mm. ♀ unbekannt (ex A. Semenow).

Westsibirien.

342 **A. (V.) kukunorensis** A. Sem.

Diese Art zerfällt in 3 Unterarten:

342a. **A. (V.) kukunorensis kukunorensis** A. Sem. 1898 *A. (V.) k.*, A. Semenow in: Bull. Soc. Moscou, ser. 2 *v.* 11 p. 506.

In der gedrungenen Gestalt, Färbung und Zeichnung mit *A. (V.) scuticollis* A. Sem. (nr. 304) übereinstimmend, aber die Zwischenräume der Flügeldecken mehr konvex, weniger glänzend, deutlich punktiert, der 1. Zwischenraum ganz dunkel gefärbt, Thoraxscheibe dichter punktiert, ebenso die Seiten. — L. 6,2 mm (ex A. Semenow).

Nordöstliches Tibet.

342b. **A. (V.) kukunorensis adumbratus** W. Koshant. 1912 *A. (V.) k.* var *a.*, W. Koshantschikov in: Rev. Ent. Russe, *v.* 12 p. 521.

Schwarz, glänzend (♂) oder mattglänzend (♀). Kopf halbrund, fein, hinten sehr fein und zerstreuter (♂), beim ♀ gleichmäßig und dichter punktiert, Clipeus nicht ausgerandet, Wangen winklig, Stirnlinie angedeutet, ungehöckert. Thorax beim ♂ weitläufig und fein, seitlich dichter punktiert, beim ♀ gleichmäßig, breiter als die Flügeldecken. Flügeldecken flacher als bei der Stammform, ebenfalls seicht gekerbt-gestreift, Zwischenräume vollkommen flach, fast einfarbig schwarz, gelb bleiben nur die Seiten und die Spitze, zwei

Augenflecke im 4. und 6. Zwischenraume vor der Spitze, zuweilen auch in der Mitte des 5. und 6., bei den dunkelsten Exemplaren bleiben immer noch die äußerste Spitze und ein Fleck im 4. Zwischenraume vor der Spitze hell. Wie in der Stammart, ist auch hier der Enddorn der Vordertibien beim ♂ kräftiger als beim ♀, aber die Hintertibien sind am medialen Endrande nicht in eine Spitze ausgezogen wie bei *A. (V.) scuticollis* A. Sem. (nr. 304), die Flügeldecken sind beim ♀ stärker chagriniert und an der Spitze dichter als beim ♂ punktiert. — L. 6,2—6,5 mm (ex Koshantschikov).

Quellgebiet des Blauen und Gelben Flusses.

342c. **A. (V.) kukunorensis petiolatus** W. Koshant. 1912 *A. (V.) k.* var. *p.*, W. Koshantschikov in: Rev. Ent. Russe, *v.* 12 p. 521.

Gewölbter als die Stammart und wie vorige Art. Flügeldecken gelb, im 3. Zwischenraume in der Mitte eine Längsmakel, die nach hinten zu schmaler wird und den 3. und 2. Zwischenraum nur noch strichförmig schwärzt, im 4. ein kurzer Fleck an der Basis, im 6. einer vor der Spitze und außerdem hier eine Quermakel, die Kerbstreifen sind mehr oder weniger dunkel, zur Spitze hin breitet sich diese Andunklung auch schmal auf die Zwischenräume aus, läßt aber die Mitte derselben immer hell. Oft verschwindet die Zeichnung bis auf einen Fleck in der Mitte des 3. Zwischenraumes und die strichförmigen Andunklungen des 2., 3. und 4. Streifens. — L. 6,2—6,5 mm (ex Koshantschikov).

Tibet.

343. **A. (V.) punctatus** C. O. Waterh. 1875 *A p.*, C. O. Waterhouse in: Tr. ent. Soc. London, p. 87 | 1913 *A. (Volinus) p.*, Ad. Schmidt in: Arch. Naturg., *v.* 79 A fasc. 11 p. 143.

Länglich, konvex, schwarz, Flügeldecken mit gelblichen Makeln. Kopf dicht und rauh punktiert, Clipeus leicht ausgerandet, Stirnnaht mit Andeutung von Höckerchen. Thorax vorn schmaler, in der Mitte zerstreut, an den Seiten dichter punktiert. Schildchenbasis punktiert. Flügeldecken hinten erweitert, punktiert-gestreift, Schulterstreifen durch die dichte Punktierung wenig deutlich, die 4 ersten Zwischenräume sind schwach erhaben, dicht und stark punktiert wie die folgenden, die eben sind, der 8. ist wieder erhaben, die Seitenränder und Spitze sind rotbraun, auf der Scheibe in der Vorderhälfte hat jede Flügeldecke 10 gelbliche Makeln. — L. 5 mm (ex Waterhouse).

Japan.

Die folgenden Arten gehören vielleicht auch hierher:

344. **A. (V.) mossulensis** Muls 1879 *A. (Melinopterus) m.*, E. Mulsant in: E. Mulsant & A. Godart in: Ann. Soc. Linn. Lyon, ser 2 *v.* 26 p 121 | 1913 *A. (Volinus) m.*, Ad. Schmidt in: Arch. Naturg., *v.* 79 A fasc. 11 p. 142.

Länglich, konvex, glänzend, Kopf und Thorax schwarz, Ränder derselben heller, Flügeldecken gelbbraun, mit schwarzen Makeln, eine an der Basis des 8., die andere im 4. und zwei im 3. Zwischenraum, sie bilden eine schräge Reihe, die in der Mitte endigt, ferner stehen 2 Makeln im 7. und mehrere punktförmige vor der Spitze. Kopf fein punktiert, Stirnnaht mit angedeuteten Tuberkeln, Clipeus kaum ausgerandet. Thorax stärker als der Kopf punktiert, Basis sehr fein gerandet. Flügeldecken punktiert-gestreift, an der Spitze fein behaart, Zwischenräume konvex, an den Seiten punktiert. — L. 4 mm (ex Mulsant).

Mosul.

345. **A. (V.) candezei** Har. 1868 *A c.*, Harold in: Col Hefte, *v.* 4 p. 85.

Länglich, glänzend, schwarzbraun, die Seiten des Halsschildes und die Flügeldecken gelbbraun. Letztere hinter der Mitte mit 4 dunklen Makeln und dunkler Spitze. Kopf rauh punktiert, Clipeus ausgerandet, Stirn mit 3 schwachen Tuberkeln. Thorax etwas dicht punktiert, an der Basis gerandet. Flügeldecken punktiert-gestreift, die Zwischenräume leicht konvex, stark, aber wenig dicht punktiert. Enddorn der Vordertibien breit und abgestutzt. — L. 7 mm (ex Harold).

Adelaide.

346. **A. (V.) tenuimanus** Sharp 1878 *A. t.*, D. Sharp in: J. Asiat. Soc. Bengal, *v.* 47 II p. 171.

Dem *A. melanostictus* Er. (nr. 335) sehr ähnlich in Größe, Färbung und Zeichnung der Flügeldecken, aber die Vordertibien viel schlanker, Kopfnaht nur in der Mitte mit schwacher Erhöhung, die Basis des Halsschildes ist jederseits viel schwächer ausgerandet. — L. 5—6 mm (ex Sharp).

Ostindien.

oo) Subgen. **Paranimbus** Ad. Schmidt

1913 *Aphodius (P.)*, Ad. Schmidt in: Arch. Naturg., *v.* 79 A fasc. 11 p. 145.

Länglich, parallel, flach gewölbt, schwarz, mit braunen oder schwärzlichen Flügeldecken, Kopf ungehöckert, Thorax mit vertiefter Längslinie, Hinterwinkel abgerundet, Basis gerandet, Schildchen dreieckig, Hintertibien mit ungleichen Endborsten, Tarsen stark verlängert, Ränder des Körpers bewimpert.

Kopf flach, nach vorn verschmälert, breit abgestutzt, jederseits gerundet, ringsum fein gerandet, Stirnlinie eingedrückt, davor eine schwache Erhöhung, oberseits behaart, Wangen die Augen stark überragend. Thorax vorn nicht breiter als der Kopf, seitlich gerundet. Schildchen fast so breit wie lang. Flügeldecken fein gestreift.

1 Art aus Südamerika (nr. 347).

347. **A. (P.) peruanus** Er. 1834 *A. p.*, Erichson in: N Acta Ac. Leop., *v.* 16 suppl. p. 237 | 1860 *A. longitarsis*, Harold in: Ann Soc. ent. France, ser 3 *v.* 8 p. 615 | 1874 *A. peruanus*, Harold in: Berlin. ent. Z., *v.* 18 p. 183, 187 | 1913 *A (Paranimbus) p.*, Ad. Schmidt in: Arch. Naturg., *v.* 79 A fasc. 11 p. 145.

Kopf und Thorax schwarz, glänzend, Flügeldecken wenig glänzend, kastanienbraun oder schwärzlich, Basis, Seiten und Spitze immer rötlichgelb. Kopf vereinzelt grob punktiert. Thorax vereinzelt, so groß wie der Kopf punktiert. Schildchen mit einigen Punkten. Flügeldecken fein gestreift, ohne deutliche Streifenpunkte, die ungeraden Zwischenräume schmaler, konvex, die geradzahligen, besonders der 2., 4. und 6. breiter, flach, jeder Zwischenraum in der Mitte einreihig punktiert, der 3. und 5. vereinigen sich vor der Spitze und bilden eine flache Beule. Unterseite lang behaart. Vordertibien außen mit 2 deutlichen Zähnen, der obere ist entweder ganz fehlend oder schwach angedeutet. Mittel- und Hintertarsen viel länger als die Tibien. Metatarsus länger als oberer Enddorn, länger als die 2 folgenden Tarsenglieder. ♂. Thoraxseiten mehr gerundet, Vordertibien an der Spitze nach innen gebogen, Enddorn mit stumpfer Spitze. ♀. Thorax weniger gerundet, Vordertibien gerade, Enddorn spitz. — L. 7—8 mm.

Peru, Bolivien.

pp) Subgen. **Acrossoides** Ad. Schmidt

1913 *Aphodius (Acrossoides)*, Ad. Schmidt in. Arch. Naturg., *v.* 79 A fasc. 11 p. 145.

Dem Subgen. *Acrossus* Muls. (nr. t) sehr ähnlich, aber verschieden durch andere Färbung, kleinen, rauh punktierten Kopf mit rundlichen Wangen, gerandete Thoraxbasis, aufstehend behaarten Kopf und sehr lang bewimperte Ränder an Thorax und Flügeldecken. Schildchen dreieckig, Borsten der Hintertibien ungleich.

1 Art aus Australien.

348. **A. (A.) yorkensis** Blackb. 1892 *Aphodius y.*, Blackburn in: Tr R. Soc S. Austral., *v.* 15 p. 209 | 1904 *A. y.*, Blackburn in: P. R. Soc. Victoria, ser. 2 *v.* 17 p. 152 | 1913 *A (Acrossoides) y*, Ad Schmidt in: Arch Naturg, *v.* 79 A fasc. 11 p. 145.

Kastanienbraun, glänzend, wenig gewölbt. Kopf rauh punktiert, vorn verflacht und aufgebogen, leicht ausgerandet, Wangen gerundet, die Augen überragend und wie der Kopf bewimpert. Thorax ringsum gerandet, punktiert, Hinterwinkel abgerundet. Schildchen vereinzelt punktiert, an der Spitze abgerundet. Flügeldecken mit deutlichen Punktstreifen, die Ränder der Zwischenräume werden schwach gekerbt, letztere konvex, einzeln fein punktiert. Unterseite punktiert und ziemlich lang abstehend behaart, auch die Schenkel. Oberer Enddorn der Hintertibien länger als 1. Tarsenglied, dieses so lang wie 2 folgende Glieder. ♂. Thorax bedeutend breiter als die Flügeldecken, fein und zerstreut punktiert, Vordertibien schmal, stark nach innen gebogen, mit 2 sehr großen, schmalen Randzähnen und darüber mit einem viel kleineren dritten Zahn, Metasternalplatte etwas vertieft, dicht abstehend behaart. ♀. Thorax nicht breiter als die Flügeldecken, stärker punktiert, Vordertibien gerade, mit 3 normalen Zähnen. — L. 10—12 mm.

Nordost- und Südaustralien.

qq) Subgen. **Orodaliscoides** Ad. Schmidt

1913 *Aphodius (O.)*, Ad. Schmidt in: Arch. Naturg., *v.* 79 A fasc. 11 p. 145.

Dem Subgen. *Orodaliscus* Reitter (nr. bbb) in dem ungehöckerten Kopfe, der gerandeten Basis, den abgerundeten Hinterwinkeln, den ungleichen Borsten am Endrande der Hintertibien gleich, aber durch den breit gerundeten Clipeus, das breit dreieckige Schildchen, die äußerst lange Bewimperung der Ränder und durch die Färbung verschieden.

Länglich, gewölbt, glänzend, dunkel rotbraun, mit hellbraunen Flügeldecken. Kopf flach gewölbt, mehr oder weniger deutlich punktiert, am Vorderrande verflacht, deutlich aufgebogen, Clipeus schwach ausgerandet, Wangen rundlich, hervorstehend. Thorax quer, mit gerundeten Seiten und Hinterwinkeln, diese sind wie die Basis deutlich gerandet, oberseits punktiert. Schildchen dreieckig, vereinzelt punktiert. Flügeldecken hinten etwas verbreitert, deutlich punktiert-gestreift, Zwischenräume leicht gewölbt, der zweite ist breiter als der dritte und erste, letzterer in der ganzen Länge gleichbreit. Unterseite gleichfarbig, wenig dicht punktiert und behaart.

Hierher gehören 2 südamerikanische Arten (nr. 349, 350).

Bestimmungstabelle der Arten:

Leiste auf der Unterseite der Vordertibien neben dem Enddorn zahnförmig ausgezogen, Außenrand der Vordertibien über den 3 Randzähnen mit einem kleinen vierten, der 3 Zahn (von oben gezählt) steht dem Endzahn näher als dem 2.	349. **A. (O.) rugosiceps**
Leiste ohne solchen Zahn, Außenrand mit 3 gleichmäßig getrennt stehenden Zähnen	350. **A. (O.) reflexus**

349. **A. (O.) rugosiceps** Har. 1859, 1866 *A. r.*, Harold in: Berlin. ent. Z., *v.* 3 p. 213, *v.* 10 p. 96, 97 | 1913 *A. (Orodaliscoides) r.*, Ad Schmidt in: Arch. Naturg., *v.* 79 A fasc. 11 p. 145.

Kopf laterad deutlich verschmälert, schmal aufgebogen, bis zur undeutlichen Stirnlinie querrissig, dahinter einfach punktiert, Clipeus leicht ausgerandet. Thorax fein punktiert, mit glatter Mittellinie. Streifenpunkte der Flügeldecken greifen die Ränder schwach an, Zwischenräume unregelmäßig, zuweilen deutlich punktiert. Oberer Enddorn der Hintertibien etwas länger als 1. Tarsenglied. ♂. Enddorn der Vordertibien breit, mit stumpfer Spitze, Metasternalplatte mit Längsgrube, 1. Glied der Hintertarsen gleich den 3 folgenden Gliedern. ♀. Enddorn schmaler, spitz, Metasternum mit Längslinie, 1. Glied etwas länger als 2 folgende Tarsenglieder. — L. 5—7 mm.

Chile, Peru.

350. **A. (O.) reflexus** Ad. Schm. 1910 *A. r.*, Ad. Schmidt in: D. ent. Z., p. 357 | 1913 *A. (Orodaliscoides) r.*, Ad Schmidt in: Arch. Naturg., *v.* 79 A fasc. 11 p. 145.

Der vorigen Art sehr ähnlich, aber der Kopf nach vorn weniger verengt, neben dem Rande breiter verflacht, Clipeus mehr aufgebogen, meistens nur in der Verflachung deutlich querrissig, dann einfach und fein punktiert. Thorax deutlicher und dichter, zum Vorderrande etwas feiner punktiert, in der Mitte vor dem Schildchen mit vertiefter Längslinie. Streifenpunkte der Flügeldecken meistens feiner, aber die Zwischenräume deutlicher und dichter punktiert. Unterseite wie bei voriger Art. Oberer Enddorn der Hintertibien etwas länger als 1. Tarsenglied, dieses den 2 folgenden Tarsengliedern gleich. — L. 5—6 mm.

Argentinien.

rr) Subgen. **Nimbus** E. Mulsant

1870 *Aphodius* (Sect. *N*), E. Mulsant in: Ann. Soc. Agric. Lyon, ser 4 *v.* 2 p. 569, 578 | 1871 *A. (N.)*, E. Mulsant l. c., ser. 4 *v.* 3 p. 475 | 1892 *A (N)*, Reitter in: Verb. Ver. Brünn, *v.* 30 p. 176, 231

Schwarz, metallisch glänzend, Flügeldecken hellbraun, mit schwarzen Flecken, Körper gewölbt, glänzend, Vorderkopf immer, Flügeldecken meistens behaart, Stirn ungehöckert, Hinterwinkel des Halsschildes abgerundet, Basis gerandet, Schildchen dreieckig, Endborsten der Hintertibien ungleich.

Kopf flach, die Mitte mit mehr oder weniger deutlichen Beule, Vorderrand und Seiten meist grob punktiert, Clipeus abgestutzt, leicht ausgerandet, Stirnnaht gewöhnlich undeutlich, Wangen vorstehend. Thorax quer, mit gerundeten Seiten, hier immer deutlich punktiert, Basalrandung meistens fein. Schildchen klein, schwarz. Flügeldecken hinten erweitert, mit deutlichen Punktstreifen und 2 schwarzen Querbinden, die eine vor, die andere hinter der Mitte, gewöhnlich auch die Seiten mit schwarzer Längsmakel. Unterseite glänzend, vereinzelt punktiert und behaart.

Hierher gehören 5 Arten aus dem paläarktischen Gebiet (nr. 351—355).

Bestimmungstabelle der Arten:

1	Flügeldecken mit kleinem Schulterdorn, stark punktiert-gestreift, vollständig unbehaart, Zwischenräume konvex, ohne sichtbare Punkte .	355. **A. (N.) lederi**
	Flügeldecken ohne Schulterdorn, immer behaart — **2**	
2	Flügeldecken kurz, hochgewölbt, nicht viel länger als Kopf und Thorax zusammen, Zwischenräume gewölbt, nur hinten deutlich punktiert und hier sehr fein, kurz behaart	354. **A. (N.) harpagonis**
	Flügeldecken länger, schwächer gewölbt, deutlicher punktiert und behaart — **3**	
3	Thorax unbewimpert, Flügeldecken seitlich und in der Spitzenhälfte deutlich behaart	351 **A. (N.) obliteratus**
	Thorax bewimpert — **4**	
4	Thorax nur spärlich bewimpert, Scheibe deutlich punktiert	352. **A. (N.) affinis**
	Thorax dicht und länger bewimpert, Scheibe äußerst fein punktiert	353. **A. (N.) contaminatus**

351. **A. (N.) obliteratus** Panz.

Diese Art zerfällt in 2 Unterarten:

351a. **A. (N.) obliteratus obliteratus** Panz. 1823 (?) *A. o.*, Panzer, Fauna Ins. Germ., *v.* 110 nr. 3 | 1824 *A. insubidus*, Germar, Col. Spec. nov., p. 110 | 1848 *A. obliteratus*, Erichson, Naturg. Ins. Deutschl., Col. *v.* 3 p. 883 | 1892 *A. (Nimbus) o.*, Reitter in: Verh. Ver. Brünn, *v.* 30 p. 231.

Biologie: 1900 Xambeu in: Rev. Ent. Franç., *v.* 19 p. 5 (Kopulation und Eiablage).

Kopf mit schwacher Mittelerhöhung, hell gesäumt oder rötlich durchscheinend, fein und stärker punktiert, Clipeus ausgerandet, jederseits abgerundet. Thorax mit hellen Seiten, vorn breit gelblich, feiner und stärker punktiert. Schildchenbasis mit feinen Punkten besetzt. Streifenpunkte der Flügeldecken kerben die Ränder, Zwischenräume flach gewölbt, fein punktiert und kurz behaart. Unterseite schwarz, vereinzelt punktiert und behaart. Beine hellbraun, mit dunklen Knien. Metatarsus länger als oberer Enddorn, so lang wie 2 folgende Tarsenglieder. ♂. Kopf vorn breit, zerstreut punktiert, Thorax fast so lang wie breit, Scheibe nur fein punktiert, unterer Enddorn der Mitteltibien abgestutzt, Metasternalplatte vertieft, fein punktiert, am Rande mit einer Reihe großer Haarpunkte. ♀. Kopf dicht punktiert, Thoraxscheibe auch mit großen Punkten besetzt, an den Seiten viel dichter als beim ♂ punktiert, Enddorn der Mitteltibien spitz, Metasternalplatte nur mit vertiefter Linie. — L. 4,5—6 mm.

Mittel- und Südeuropa, Kaukasus.

351b. **A. (N.) obliteratus fulveolus** Muls. 1842 *A. o.* var. *f.*, E. Mulsant, Hist. nat. Col. France, Lamell. p. 289 | 1913 *A. (Nimbus) o.* var *f.*, Ad. Schmidt in: Arch. Naturg., *v.* 79 A fasc. 11 p. 146.

Die Flecke der Flügeldecken unter der Normalzahl, also weniger als sieben. Bei der Stammart befinden sich drei Makeln vor, drei Makeln hinter der Mitte und eine Längsmakel im 7. und 8., zuweilen auch eine im 6. Zwischenraume.

Vorkommen mit der Stammart.

352. **A. (N.) affinis** Panz.

Diese Art zerfällt in 2 Unterarten:

352a. **A. (N.) affinis affinis** Panz. 1823(?) *A. a.*, Panzer, Fauna Ins. Germ., *v.* 110 nr. 1 | 1840 *A. ciliaris*, W Schmidt in: Z. Ent. Germar, *v.* 2 p 164 | 1848 *A. affinis*, Erichson, Naturg. Ins. Deutschl, Col *v.* 3 p. 882 | 1892 *A. (Nimbus) a.*, Reitter in: Verh. Ver. Brünn, *v.* 30 p. 231

In Gestalt und Färbung mit der vorhergehenden Art übereinstimmend, aber durch bewimperte Thoraxseiten und dicht punktierten ersten Zwischenraum der Flügeldecken verschieden. Kopf vorn rauh, hinten aber etwas feiner punktiert. Thoraxränder nur schmal rötlich gesäumt, Scheibe mit großen und kleinen Punkten in beiden Geschlechtern. ♂. Enddorn der Vordertibien breit und spitz, unterer der Mitteltibien stumpf, Metasternalplatte nicht vertieft. ♀. Beide Enddorne schmal und spitz, Thorax dichter punktiert. — L. 5—5,5 mm.

Österreich, Süddeutschland, Südeuropa.

352b. **A. (N.) affinis orbignyi** Clouët 1896 *A (N) a.* var. *o.*, Clouët in: Bull. Soc. ent. France, p. 371.

Unterscheidet sich von der Stammart durch längere Behaarung des ganzen Körpers sowie der Flügeldecken, die fast länger als bei *A. (N.) contaminatus* Herbst (nr. 353) ist.

Tunis, Algier, Portugal

353. **A. (N.) contaminatus** (Herbst)

Diese Art zerfällt in 3 Unterarten.

353a. **A. (N.) contaminatus contaminatus** (Herbst) 1783 *Scarabaeus c.*, J. F. W. Herbst in: Arch. Ins.-Gesch., *v.* 4 p. 9 t. 19 f. 13 (Gesamtbild) | 1789 *S. conspurcatus*, A. G. Olivier, Ent., Col. *v.* 1 nr 3 p. 81 t. 25 f. 214 (Gesamtbild) | 1802 *S. ciliaris*, Marsham, Ent. Brit., *v.* 1 p. 14 | 1842 *Aphodius c.* var *incoloratus*, E. Mulsant, Hist. nat. Col. France, Lamell. p. 292 | 1848 *A. contaminatus*, Erichson, Naturg. Ins. Deutschl., Col. *v.* 3 p. 881 | 1892 *A. (Volinus) c.*, Reitter in: Verh. Ver. Brünn, *v.* 30 p. 232.

Wie die vorige Art gefärbt, auch an den Seiten des Halsschildes bewimpert, hier aber, wie auch auf den Flügeldecken viel dichter und länger. Kopf am Vorderrande mehr oder weniger hell gesäumt, mit einzelnen groben Punkten, hinten sehr fein punktiert, ebenso die Scheibe des Halsschildes, die Seiten desselben mit wenig größeren, zerstreuten Punkten in beiden Geschlechtern. Flügeldecken dichter punktiert als bei voriger Art. ♂. Thorax so breit wie die Flügeldecken, stark gerundet, unterer Enddorn der Mitteltibien kurz und stumpf, Enddorn der Vordertibien kräftig, Metasternalplatte vertieft, an den Seiten mit Haarpunktreihe, Metatarsus so lang wie 3 folgende Tarsenglieder. ♀. Thorax schmaler, weniger gerundet, Enddorn spitz und schlank, Metasternalplatte mit feiner Längslinie, Metatarsus gleich 2 Gliedern. — L. 5—6,5 mm.

Deutschland, Österreich.

353b. **A. (N.) contaminatus indistinctus** Muls. 1842 *A. c.* var. *i.*, E. Mulsant, Hist. nat. Col. France, Lamell. p. 292 | 1913 *A. (Nimbus) c.* var *i.*, Ad. Schmidt in: Arch. Naturg., *v.* 79 A fasc. 11 p. 146.

Flügeldecken sehr dunkel, Makeln deshalb wenig deutlich.

353c. **A. (N.) contaminatus miser** Muls. 1842 *A. c* var. *m.*, E. Mulsant, Hist. nat. Col. France, Lamell. p. 292 | 1913 *A. (Volinus) c.* var. *m.*, Ad. Schmidt in: Arch. Naturg, *v.* 79 A fasc. 11 p. 146.

Makeln der Flügeldecken unter der Normalzahl, letztere beträgt sieben.

Vorkommen mit der Stammart.

354. **A. (N.) harpagonis** Reitt. 1890 *A. (N.) h.*, Reitter in: D. ent. Z., p. 147 | 1892 *A. (N) h.*, Reitter in: Verh. Ver Brünn, *v.* 30 p. 231

Von kurzer, mehr gewölbter Gestalt. Kopf an den Rändern heller, hinten fein, vorn leicht runzlig punktiert, Wangen spitzwinklig, die Augen überragend. Thoraxseiten nicht bewimpert, rötlich gefärbt, oberseits mit feinen und starken Punkten nicht sehr dicht besetzt. Flügeldecken hinten deutlich verbreitert, hier sehr fein und einzeln behaart, Punktstreifen fein, ihre Punkte kerben leicht die Ränder der schwach erhabenen Zwischenräume, diese fein punktiert, aber etwas dichter und deutlicher an den Seiten und der Spitze. Metatarsus länger als oberer Enddorn, so lang wie 2 folgende Tarsenglieder. — L. 4,5—5 mm..

Syrien.

355. **A. (N.) lederi** Har. 1878 *A. l.*, Harold in: Verh. Ver. Brünn, *v.* 16 p. 189 | 1892 *A. (Nimbus) l.*, Reitter in: ibid., *v.* 30 p. 231

In der gewölbten, kurzen Gestalt dem vorigen gleich, auch ohne Thoraxwimpern, aber die Flügeldecken vollständig kahl, Kopf und Thoraxränder heller. Kopf fein, an den Seiten und vorn groß punktiert, Wangen schwach vom Kopfrande abgesetzt, rundlich, vorstehend. Thorax gerundet erweitert, sehr fein punktiert, mit größeren Punkten bestreut. Flügeldecken hinten breiter, fein gestreift, Streifenpunkte kerben deutlich die Ränder der Zwischenräume, diese schwach erhaben, an der Spitze stark verschmälert, nur so breit wie die Streifen. Metatarsus länger als oberer Enddorn und 2 Tarsenglieder. ♂. Enddorn der Vordertibien mit nach innen gebogener Spitze. — L. 4 mm.

Kaukasus.

ss) Subgen. **Aphodaulacus** W. Koshantschikov

1911 *Aphodius (A.)*, W. Koshantschikov in: Rev. Ent. Russe, *v.* 11 p. 209.

Länglich, meistens flach gewölbt, schwarz, Flügeldecken hellbraun, mit schwarzen Fleckenbinden, Stirn schwach gehöckert, Thorax fein oder nicht gerandet, Schildchen dreieckig, Endborsten der Hintertibien ungleich. Unterer Enddorn der Mitteltibien beim ♂ verkürzt und stumpf.

Kopf flach, die Mitte gewöhnlich schwach erhaben, Stirnlinie deutlich, Clipeus breit, gerade abgestutzt und schwach ausgerandet, Wangen scharfeckig. Thorax quer, nach hinten deutlich verbreitert, wenig gerundet, Seiten und stumpfe Hinterwinkel deutlich gerandet, oberseits meistens fein punktiert. Flügeldecken feiner oder stärker punktiert-gestreift, Zwischenräume wenig konvex. Unterseite und Schenkel punktiert und behaart. Oberer Enddorn der Hintertibien fast immer so lang wie 1. Tarsenglied, dieses so lang wie 2 folgende oder länger.

Hierher gehören 4 paläarktische Arten (nr. 356—359).

Bestimmungstabelle der Arten:

1	Flügeldecken deutlich gestreift, Streifenpunkte greifen die Ränder der Zwischenräume an — 2	
	Flügeldecken fein gestreift, Streifenpunkte undeutlich — 3	
2	Zwischenräume seitlich und weit vor der Spitze deutlich konvex	356. **A. (A.) koltzei**
	Zwischenräume überall gleichmäßig, kaum erhaben	357. **A. (A.) nigrotessellatus**

3 { Thorax neben der Seitenrandung deutlich verflacht und punktiert . . . . 358. **A. (A.) ignobilis**
Thorax nicht verflacht, nur sehr fein punktiert 359. **A. (A.) turkestanicus**

356. **A. (A.) koltzei** Reitt. 1892 *A. (Calaphodius) k.*, Reitter in: Verh. Ver. Brünn, *v.* 30 p. 229 | 1911 *A. (Aphodaulacus) k.*, W. Koshantschikov in: Rev. Ent. Russe, *v.* 11 p. 209.

Schwarz, Ränder des Kopfes und Halsschildes heller, Flügeldecken hell- oder gelbbraun mit schwarzen Strichmakeln. Kopf deutlich und dicht punktiert, die Mitte stumpfbeulig erhaben, Stirnnaht deutlich, gerade, Wangen mit Haarbüschel, die Augen überragend, Clipeus sehr leicht ausgerandet, jederseits abgerundet. Thorax fein und stärker, ziemlich dicht punktiert. Schildchen mit einzelnen Punkten. Zwischenräume der Flügeldecken in der Basalhälfte flach, fein punktiert, nach der Spitze und den Seiten zu dichter und stärker, deutlich behaart. Die Makeln der vorderen Binde sind länger, sie stehen im 5.—2. Zwischenraume und reichen bis zur Mitte, die im 3. reicht bis an die Basis, sie ist noch einmal so lang wie die im 4. und 2., die hintere kürzere Querbinde liegt im 2.—4. Zwischenraume, dann befindet sich vor dieser noch eine Makel im 6. und vor dieser zwei im 7. Zwischenraume, die obere davon nahe der Basis. Metasternum an den Seiten und in der Mitte, sowie Schenkel und Abdomen punktiert und behaart. Oberer Enddorn der Hintertibien etwas kürzer als 1. Tarsenglied, dieses fast so lang wie die drei folgenden. ♂. Thorax an den Seiten und in der Mitte der Basis kurz und anliegend behaart. Enddorn der Mitteltibien verkürzt. — L. 4,5—5,5 mm.

Ostsibirien.

357 **A. (A.) nigrotessellatus** Motsch. 1866 *Aphodius n.*, Motschulsky in: Bull. Soc. Moscou, *v.* 39 I p. 170 | 1875 *A variabilis*, C. O Waterhouse in: Tr. ent. Soc. London, p. 90 | 1892 *A. (Calaphodius) fundator*, Reitter in: Verh. Ver Brünn, *v.* 30 p. 230 | 1893 *A. ignobilis* (non Reitter 1887), L. Heyden, Cat. Col Sibir., suppl. 1 p 72 | 1913 *A. (Aphodaulacus) nigrotessellatus*, Ad. Schmidt in: Arch. Naturg., *v.* 79 A fasc. 11 p. 146.

Länglicher, gewölbter, schwarz, Kopf- und Thoraxränder heller, Flügeldecken mit schwarzen Strichmakeln auf gelbrötlichem Grunde. Kopf deutlich und dicht, vorn leicht runzlig punktiert, Stirnnaht mit Spuren von Höckerchen, Clipeus breit abgestutzt, schwach ausgerandet, Wangen mit Wimpern, wenig vorstehend. Thorax hinten breiter, ziemlich dicht und deutlich punktiert, mit vertiefter oder glatter Längslinie. Schildchen mit einzelnen Punkten. Flügeldecken mit starken, queren Punkten in den Streifen, Zwischenräume schwach konvex, vor der Spitze und an den Seiten stärker und dichter punktiert und behaart. Die Makeln verteilen sich so: Zwei im 2. Zwischenraume, die eine vor, die andere hinter der Mitte, zwei im 3., an die ersten angelehnt, eine im 4., dicht vor der hintern im 3., zwei im 5., die obere an der Basis, die andere neben der im 4., ein Längsfleck im 6.—9. Zwischenraume von der Schulter bis zum Ende der Makel im 6. Zwischenraume. Zuweilen fehlen einzelne dieser Makeln oder die im 2. und 3. Zwischenraume vereinigen sich. Unterseite dunkelbraun, seitlich punktiert und behaart. Oberer Enddorn der Hintertibien etwas kürzer als 1. Tarsenglied, dieses fast so lang wie 3 folgende Glieder. ♂. Enddorn der Vordertibien gleichbreit, am Ende mit umgebogener Spitze, Thorax seitlich gerundet, Scheibe zerstreuter und fein punktiert, unterer Enddorn der Mitteltibien sehr verkürzt und stumpf. ♀. Enddorn der Vordertibien spitz, Thorax seitlich ziemlich dicht mittelstark punktiert, Mitteltibiendorn spitz. — L. 6 mm.

Japan, Chinesisch-Turkestan, Sibirien.

358. **A. (A.) ignobilis** Reitt. 1887 *A. i.*, Reitter in: Horae Soc. ent. Ross., *v.* 21 p. 223 | 1892 *A. (Calaphodius) i.*, Reitter in: Verh. Ver. Brünn, *v.* 30 p. 230 | 1900 *A. (Volinus) försteri*, Reitter in: Wien. ent. Zeit., *v.* 19 p. 158 t. 1 f. 2 | 1911 *A. (Aphodaulacus) ignobilis*, W. Koshantschikov in: Rev Ent. Russe, *v.* 11 p. 210.

Schwarz, Thoraxseiten heller, Flügeldecken braungelb, dunkel gefleckt. Kopf flach, in der Mitte wenig erhaben, Stirn mit Spuren von drei Höckerchen, Clipeus breit abgestutzt, kaum ausgerandet, jederseits abgerundet, die bewimperten Wangen spitz, hervorstehend. Thorax hinten breiter, Basis fein oder nicht gerandet, Hinterwinkel stumpf abgerundet. Schildchen dunkelbraun, einzeln punktiert. Flügeldecken verbreitert, fein gestreift, mit heller oder dunkler kastanienbraunen Makeln, davon stehen zwei im 3. Zwischenraume, die vordere, längere ungefähr in der Mitte, die andere kleine hinter derselben, im 4. eine vor der vorderen im 3. Zwischenraume, im 5. zwei, eine an der Basis, die andere der hintern im 3. gegenüber, im 7. Zwischenraume eine lange Strichmakel, die auch in zwei aufgelöst sein kann. Zuweilen befinden sich auch im 2. Zwischenraume zwei Makeln, an die im 3. angelehnt, oder auch im 6. eine kleine hinter der Mitte, seltener die Makeln bis auf einige geschwunden. Zwischenräume flach gewölbt, meistens dicht punktiert. Unterseite schwarz, Beine braungelb, Seiten der Hinterbrust, Schenkel und Abdomen punktiert und ziemlich lang behaart. Oberer Enddorn der Hintertibien so lang wie 1. Tarsenglied, dieses den 2 folgenden gleich. ♂. Kopf fein und einzeln punktiert, Enddorn der Vordertibien kräftig und breit, zugespitzt, Thorax fein punktiert, in der Mitte zerstreuter, die Seiten gerundet, neben diesen und vor dem Schildchen kurz, anliegend behaart, Flügeldecken sehr dicht behaart, daher matt erscheinend, oft mit wenig markierten Makeln, unterer Enddorn der Mitteltibien kurz und stumpf. ♀. Enddorn der Vordertibien schwächer, der an den Mitteltibien spitz, Thorax dichter, auch in der Mitte, punktiert, Flügeldecken feiner und einzelner behaart. — L. 7—10 mm.

Zentralasien.

359. **A. (A.) turkestanicus** L. Heyd. 1881 *A. t.*, L. Heyden in: D ent. Z., p. 323 | 1889 *A (Melinopterus) bolassogloi*, E. Koenig in: Horae Soc. ent. Ross., *v.* 23 p. 304 | 1892 *A. (Volinus) turkestanicus*, Reitter in: Verh. Ver. Brünn, *v.* 30 p. 225 | 1911 *A. (Aphodaulacus) t.*, W. Koshantschikov in: Rev. Ent. Russe, *v.* 11 p. 211

Schwarz, Thoraxseiten rotgelb, Flügeldecken blaß hellbraun, mit dunklen Flecken. Kopf zuweilen mit hellen Seiten, fein punktiert, Stirnhöcker angedeutet, Clipeus neben der schwachen Ausrandung abgerundet, Wangen stark bewimpert, spitz vorstehend. Thorax fein oder sehr fein punktiert, beim ♀ an der Basis fein gerandet, beim ♂ undeutlich oder ungerandet. Schildchen dunkel. Flügeldecken fein gestreift, Zwischenräume etwas konvex, mehr oder weniger dicht punktiert, beim ♂ sehr dicht und lang, wie zottig behaart, die dunklen Flecken stehen in folgender Anordnung: Zwei im 2., 3. und 5. und einer im 4. Zwischenraume, der vordere im 2. und 3. ungefähr in der Mitte, nebeneinander, der andere im 2., 3., 4. und 5. nebeneinander hinter der Mitte, der vordere im 5. an der Basis, dann ist noch ein Längsstrich im 6. und zwei im 7. Zwischenraume vorhanden. Von diesen Flecken fehlen einzelne oder sie sind nur punktförmig. Unterseite schwarzbraun, Beine heller, Seiten der Hinterbrust, Schenkel und Abdomen lang behaart. Oberer Enddorn an den Hintertibien so lang wie Metatarsus, dieser gleich 3 folgenden Tarsengliedern. — L. 5—8 mm.

Persien, Buchara, Turkestan.

tt) Subgen. **Melinopterus** E. Mulsant

1842 *M.*, E. Mulsant, Hist. nat. Col France, Lamell. p. 164, 282 | 1870 *Aphodius (M.)*, E. Mulsant in: Ann. Soc. Agric. Lyon, ser. 4 *v.* 2 p. 568 | 1892 *A. (M.)*, Reitter in: Verh. Ver Brünn, *v.* 30 p. 232 | 1892 *A. (Melaphodius)*, Reitter l. c., *v.* 30 p. 238 (part.).

Mittelgroße Arten, schwarz, Flügeldecken heller oder dunkler braun, mit Nebelfleck, in demselben meistens deutlicher und dichter punktiert, beim ♂ gewöhnlich dichter behaart als beim ♀, selten Oberseite schwarz, Thoraxbasis fein gerandet, selten die Randung in der Mitte unterbrochen, Schildchen dreieckig, Endborsten der Hintertibien ungleich.

Körper länglich, glänzend, mehr oder weniger gewölbt. Kopf punktiert, Stirnnaht höchstens schwach gehöckert. Thorax mit hellen Seiten, immer deutlich punktiert. Flügeldecken hinten verbreitert, meistens deutlich punktiert-gestreift, Zwischenräume beim ♂ gewöhnlich mehr erhaben. Unterseite schwarz, punktiert und behaart. Schenkel und zuweilen auch das Abdomen heller.

Hierher gehören 11 Arten aus dem paläarktischen und amerikanischen Gebiet und eine im Subgenus unsichere aus Nordamerika (nr. 360—371).

Bestimmungstabelle der Arten mit Ausnahme von *A. (M.) meuseli*:

1	Enddorn der Vordertibien beim ♂ stumpf abgerundet, Flügeldecken in beiden Geschlechtern mit fast bis zur Basis deutlich behaarten Flügeldecken	361 **A. (M.) femoralis**
	Enddorn der Vordertibien hakig umgebogen oder zugespitzt beim ♂ — 2	
2	Enddorn mit hakig umgebogener Spitze	360. **A. (M.) prodromus**
	Enddorn zugespitzt — 3	
3	Oberseite, auch die Flügeldecken schwarz . . .	363. **A. (M.) edithae**
	Flügeldecken immer hellbraun, Nebelfleck zuweilen schwärzlich, dann bleiben aber immer der 2. Zwischenraum zum Teil, die Basis und einige Flecke vor der Spitze heller — 4	
4	Nebelfleck der Flügeldecken aus wolkig gelagerten Flecken bestehend, Spitze äußerst fein behaart, Zwischenräume wenig erhaben, ihre Seiten nicht dichter punktiert	364 **A. (M.) stolzi**
	Nebelfleck gleichmäßig zusammenhängend — 5	
5	Flügeldecken beim ♂ dicht behaart — 6	
	Flügeldecken sehr fein, nur an der Spitze behaart — 7	
6	Kopf schwarz, Thoraxbasis gerandet	365. **A. (M.) reyi**
	Kopf mit heller Makel jederseits, Basis ohne Rand	366. **A. (M.) pubescens**
7	Metasternalplatte beim ♂ grubig ausgehöhlt, dicht behaart — 8	
	Metasternalplatte nicht dicht behaart, höchstens an den Seiten bewimpert	367. **A. (M.) sphacelatus**
8	Streifenpunkte fein, greifen die Zwischenräume nicht an, oberer Enddorn der Hintertibien länger als 1. Tarsenglied	368. **A. (M.) circumcinctus**
	Streifenpunkte kerben sehr deutlich die Ränder, Enddorn so lang oder kürzer als 1. Glied — 9	
9	Kopf mit rötlicher Makel jederseits, fein punktiert, Metatarsus länger als oberer Enddorn . . .	369 **A. (M.) consputus**
	Kopf sehr deutlich, fast runzlig punktiert, einfarbig schwarz, Metatarsus so lang wie oberer Enddorn	370. **A. (M.) caspius**

360. **A. (M.) prodromus** (Brahm)

Diese Art zerfällt in 5 Unterarten:

360a. **A. (M.) prodromus prodromus** (Brahm) 1790 *Scarabaeus p.*, Brahm, Ins.-Kalend., *v.* 1 p. 3 | 1798 *S. contaminatus* ♂, Paykull, Fauna Suec., Ins. *v.* 1 p. 21 | 1798 *Aphodius c.* var. β + *A. c.* ♀ var. γ, Illiger, Verz. Käf. Preuß., p. 26 | 1801 *A. consputus*, J. C. Fabricius, Syst. Eleuth., *v.* 1 p. 77 | 1835 *A. rapax*, Faldermann in: N. Mém. Soc. Moscou, *v.* 4 p. 256 | 1842 *A. prodromus* var. *restrictus* + *A. p.* var. *obliquus* + *A. p.* var. *griseolus* + *A. p.* var. *angustatus*, E. Mulsant, Hist. nat. Col France, Lamell. p. 284, 285 | 1848 *A. prodromus*, Erichson, Naturg. Ins. Deutschl., Col. *v.* 3 p. 871 | 1870? *A. syriacus*, E. Mulsant, Opusc. ent., *v.* 14 p. 220 | 1870 *A. (Melinopterus) prodromus*, E. Mulsant in: Ann. Soc. Agric. Lyon, ser. 4 *v.* 2 p. 573 | 1892 *A. (M.) p.*, Reitter in: Verh. Ver. Brünn, *v.* 30 p. 232 | 1896? *A. (M.) mulsanti*, H. Orbigny in: Abeille, *v.* 28 p. 233.

Kopf und Thorax schwarz, Flügeldecken gelbbraun, der Nebelfleck läßt den 1. Zwischenraum ganz, den 2.—5. an der Basis in verschiedener Ausdehnung und die Spitze frei. Kopf flach, nach vorn gerundet verengt, fein und stärker punktiert, Clipeus abgestutzt, beim ♀ schwach ausgerandet, die Wangen überragen beim ♂ spitzwinklig die Augen. Thorax mit hellen Seiten, sehr fein vorn, seitlich deutlich größer punktiert, Hinterwinkel stumpf. Schildchen an der Basis mit einigen Punkten. Flügeldecken fein gestreift, Streifenpunkte kerben deutlich die beim ♂ konvexeren Zwischenräume. Metatarsus so lang wie oberer Enddorn und wie 3 folgende Tarsenglieder. ♂. Clipeus vorn breit abgestutzt, Kopf sehr fein punktiert, Thorax breiter als die Flügeldecken, mit sehr vereinzelten Punkten, Flügeldecken neben den Streifen gedrängt punktiert, deutlich behaart, Metasternalplatte schwach vertieft, seitlich ziemlich dicht fein punktiert und kurz behaart. ♀. Kopf feiner und größer punktiert, Thorax schmaler, reichlicher punktiert, Zwischenräume der Flügeldecken mehr vereinzelt punktiert, nur an der Spitze fein behaart, Metasternalplatte verflacht, am Rande mit einzelnen behaarten Punkten. L. 4—7 mm.

Europa, Nordasien, Maine, Montreal, Kanada.

360b. **A. (M.) prodromus flavogriseus** Muls. 1842 *A. p.* var. *f.*, E. Mulsant, Hist. nat. Col. France, Lamell. p. 285 | 1879 *A. p.* var. *griseus*, Dalla Torre in: Ber. Ver. Oberösterr., *v.* 10 p. 109 | 1913 *A. (Melinopterus) p.* var. *flavogriseus*, Ad. Schmidt in: Arch. Naturg., *v.* 79 A fasc. 11 p. 152.

Flügeldecken ohne Nebelfleck.

Vorkommen mit der Stammart.

360c. **A. (M.) prodromus semilunus** Muls. 1842 *A. p.* var *s.*, E. Mulsant, Hist. nat. Col. France, Lamell. p. 285 | 1913 *A. (Melinopterus) p.* var. *s.*, Ad. Schmidt in: Arch. Naturg., *v.* 79 A fasc. 11 p. 152

Nebelfleck hinten mit heller Makel.

Vorkommen mit der Stammart.

360d. **A. (M.) prodromus semipellitus** Solsky 1876 *A. s.*, Solsky in: Fedtschenko, Turkestan, *v.* 2 fasc 11 p. 235 | 1892 *A. (Melinopterus) prodromus* var. *s.*, Reitter in: Verh. Ver. Brünn, *v.* 30 p. 236 | 1906 *A. (M.) p.* var. *s.*, Reitter in: D. ent. Z., p. 436.

Kopf mit rötlichem Rande oder jederseits mit rotem Flecke.

Mitteleuropa, Griechenland, Südfrankreich, Syrien, Kaukasus, Zentral-Asien.

360e. **A. (M.) prodromus weberi** Reitt. 1906 *A. (M.) p.* var. *w.*, Reitter in: D. ent. Z., p. 436.

Rotbraun, Ränder des Clipeus (seitlich breiter) und des Halsschildes, die Flügeldecken und Beine heller gelbbraun.

Griechenland, Kurdistan.

360f. **A. (M.) prodromus guillebeaui** Reitt. 1888 *A (M.) pectoralis* (non T. Le Conte 1859), Guillebeau in: Bull. Soc. ent. France, ser 6 *v.* 8 p. 190 | 1892 *A. (M.) guillebeaui*, Reitter in: Verh Ver. Brünn, *v.* 30 p. 232 | 1911 *A. prodromus* var *g.*, Bedel in: Bull. Soc. ent. France, p. 379 | 1913 *A. (Melinopterus) p.* var. *g*, Ad. Schmidt in: Arch. Naturg., *v.* 79 A fasc. 11 p. 152.

Metasternalplatte verflacht, in der ganzen Breite dicht punktiert und behaart.

Frankreich.

361. **A. (M.) femoralis** Say 1823 *A. f.*, Say in: J. Ac. Philad., *v.* 3 p. 215 | 1887 *A. f.*, G Horn in: Tr. Amer. ent. Soc., *v.* 14 p. 59 | 1913 *A. (Melinopterus) f.*, Ad. Schmidt in: Arch. Naturg., *v.* 79 A fasc. 11 p. 152.

Von voriger Art durch dichter punktierten Thorax, in beiden Geschlechtern fast bis zur Basis behaarte Flügeldecken, mehr nach vorn ausgedehnten Nebelfleck und dicht punktierten 1. Zwischenraum hauptsächlich verschieden. Kopfform wie bei *A. (M.) prodromus* Brahm, aber dichter punktiert. Thorax über der ganzen Breite gleichmäßig punktiert, die Seiten heller, Hinterwinkel stumpf, mit abgerundeter Spitze. Schildchen deutlich und dicht punktiert. Flügeldecken fein gestreift, Streifenpunkte dringen deutlich in die Ränder ein, Mitte der Zwischenräume konvex, Flügeldecken erscheinen dadurch breit gefurcht, sie sind gelblichbraun, der Nebelfleck läßt nur die schmale Basis und einen etwas längeren Streifen unter der Schulter frei, zuweilen ist er über die ganzen Flügeldecken ausgedehnt, sie sind dann einfarbig braun. Metatarsus gleich dem oberen Enddorne, nicht so lang wie 3 folgende Tarsenglieder. ♂. Kopf vorn breit abgestutzt, kaum punktiert, mit Andeutung von 3 Höckerchen, Thorax breiter als die Flügeldecken, gleichmäßig fein punktiert, Metasternalplatte vertieft, nicht sehr dicht punktiert und behaart. ♀. Clipeus schmaler, leicht ausgerandet, Thorax schmaler, vorn deutlich verengt, gleichmäßig dicht, auch in der Mitte feiner und stärker punktiert, Metasternalplatte nicht vertieft, vereinzelt behaart. — L. 4,5—6,5 mm.

Missouri, Pennsylvanien bis Kansas, Texas, Massachusetts, Cayenne.

362. **A. (M.) meuseli** Reitt. 1906 *A. (M.) m.*, Reitter in: Wien. ent. Zeit., *v.* 25 p. 32 | 1906 *A. (M.) m.*, Reitter in: D. ent. Z., p. 435.

Diese Reittersche Art liegt mir nur in einem weiblichen Exemplar vor, das ich von *A. (M.) femoralis*-♀ nicht zu trennen vermag, das ♂ soll nach Reitter vertiefte, vereinzelt punktierte Metasternalplatte haben, dasselbe trifft auch für *A. (M.) femoralis* Say zu, doch sind die Punkte hier behaart. Alle anderen Angaben sind auch für *A. (M.) femoralis* zutreffend. — L. 5—6 mm.

Tomsk.

363. **A. (M.) edithae** Reitt. 1906 *A. (M.) e.*, Reitter in: D. ent. Z., p. 437.

♂. Diese Art ist ausgezeichnet durch die schwarze Färbung, nur die Seiten des Halsschildes und die Beine gelbrot, letztere auf der Oberfläche dunkler, Spitze der Flügeldecken verwaschen braun. Körper kurz und breit, Thorax in der Mitte ungerandet, Metasternum leicht ausgehöhlt, dicht punktiert und behaart. — L. 5,5—6 mm (ex Reitter).

Araxis.

364. **A. (M.) stolzi** Reitt. 1906 *A. (M.) s.*, Reitter in: D. ent. Z., p. 439

Der Nebelfleck der Flügeldecken besteht bei dieser Art aus einzelnen, zusammenfließenden, wolkig gelagerten Flecken. Kopf und Thorax schwarz, letzterer an den Seiten heller, Flügeldecken hellbraun. Kopf und Thorax in beiden Geschlechtern fein und ziemlich dicht punktiert, an den Seiten mit einzelnen größeren Punkten, Hinterwinkel des letzteren stumpf abgerundet, Basis fein gerandet. Schildchen schwarz. Flügeldecken fein gestreift, mit schwach kerbenden Streifenpunkten, Zwischenräume leicht erhaben, fein, zur Spitze deutlicher und dichter punktiert. Metatarsus so lang wie oberer Enddorn, kürzer als 3 folgende Tarsenglieder. ♂. Stirnnaht schwach gehöckert, Metasternalplatte ausgehöhlt, dicht punktiert und behaart. — L. 3,8—4,8 mm.

Korfu.

365 **A. (M.) reyi** Reitt. 1892 *A. (M.) r.*, Reitter in: Verh. Ver. Brünn, *v.* 30 p. 233.

Kopf ganz, Thorax auf der Scheibe schwarz, Flügeldecken hellbraun, mit deutlichem Nebelfleck. Stirnlinie beim ♀ deutlich. Thorax sehr fein punktiert, seitlich mit größeren Punkten, Hinterwinkel stumpf abgerundet, Basis fein, aber deutlich gerandet. Flügeldecken fein gestreift, Streifenpunkte greifen deutlich die Zwischenräume an, verlieren sich aber vor der Spitze, Zwischenräume schwach konvex, fein punktiert, seitlich und an der Spitze sehr dicht über die ganze Breite. Metatarsus gleich dem oberen Enddorne, fast so lang wie 3 folgende Tarsenglieder. ♂. Clipeus breit abgestutzt, Kopf nur sehr fein und vereinzelt punktiert, Enddorn der Vordertibien kräftig, zugespitzt, Metasternalplatte vertieft, dicht punktiert und behaart. ♀. Clipeus schmaler, leicht ausgerandet, Kopfseiten etwas ungleich punktiert, Thorax nur so breit wie die Flügeldecken, vorn deutlich schmaler, dichter punktiert, Metasternalplatte flach, sehr fein und vereinzelt punktiert, unbehaart. — L. 4,5—5 mm.

Südfrankreich.

366. **A. (M.) pubescens** Sturm

Diese Art zerfällt in 2 Unterarten

366a. **A. (M.) pubescens pubescens** Sturm 1800 *A p.*, Jac. Sturm, Ent. Handb., *v.* 1 p. 40 t. 2 f S | 1848 *A. tabidus*, Erichson, Naturg. Ins. Deutschl., Col. *v.* 3 p. 876 | 1892 *A. (Melinopterus) pubescens*, Reitter in: Verh. Ver Brünn, *v.* 30 p. 236.

Dem vorigen täuschend ähnlich, aber verschieden durch den rotgefleckten Kopf, den oft fehlenden Nebelfleck, die nicht gerandete Thoraxbasis und durch den kürzeren Enddorn. Derselbe ist an den Mitteltibien gleich dem 1. Tarsengliede, bei *A (M.) reyi* Reitt. deutlich länger, an den Hintertibien ist er nicht so lang wie der Metatarsus, bei *A. (M.) reyi* reichlich so lang. Bei gut erhaltenen Exemplaren stehen die Haare der Flügeldecken in den Reihen einander zugekehrt, bei *A. (M.) reyi* parallel. — L. 3,5—5 mm.

Deutschland, Österreich, Griechenland, Südfrankreich, Kleinasien, Kaukasus.

366b **A. (M.) pubescens nebulosus** Schilsky 1888 *A. p.* var. *n.*, Schilsky in: D. ent. Z., *v.* 32 p. 316 | 1913 *A. (Melinopterus) p.* var. *n.*, Ad. Schmidt in: Arch. Naturg., *v.* 79 A fasc. 11 p. 153.

Flügeldecken mit Nebelfleck.

Vorkommen mit der Stammform.

367. **A. (M.) sphacelatus** (Panz.)

Diese Art zerfällt in 4 Unterarten:

367a. **A. (M.) sphacelatus sphacelatus** (Panz.) 1798 *Scarabaeus s.*, Panzer, Fauna Ins. Germ., *v.* 58 nr. 5 | 1830 *Aphodius marginalis*, J F Stephens, Ill. Brit. Ent., Mand. *v.* 3 p. 203 | 1911 *A. sphacelatus*, Bedel in: Bull. Soc. ent. France, p. 379 | 1913 *A. (Melinopterus) s.*, Ad. Schmidt in: Arch. Naturg., *v.* 79 A fasc. 11 p. 152.

Färbung wie bei den vorigen Arten. Kopf schwarz, Stirnlinie mit 3 deutlichen Höckerchen, Clipeus in beiden Geschlechtern leicht ausgerandet. Thorax gerandet, die Seiten breit, Basis schmal hell gesäumt, oberseits fein und stärker, undicht punktiert. Der Nebelfleck läßt den 1. und 2. Zwischenraum ganz, den 3. in größerer, den 4. und 5. in geringerer Ausdehnung an der Basis frei. Metatarsus so lang wie oberer Enddorn, kürzer als 3 folgende Tarsenglieder. Geschlechtsdifferenz wie bei der vorigen Art, aber die vertiefte Metasternalplatte nur vorn vereinzelt punktiert und behaart. — L. 4—6,2 mm.

Europa, Kaukasus, Nordasien.

367 b. **A. (M.) sphacelatus punctatosulcatus** Sturm 1802 *Scarabaeus s.* (part.), Marsham, Ent. Brit., *v.* 1 p. 15 | 1805 *Aphodius punctatosulcatus*, Jac. Sturm, Deutschl. Fauna, Ins. Käf. *v.* 1 p. 113 t. 13 f. A | 1808 *A. prodromus* var *b*, Gyllenhal, Ins. Suec., *v.* 1 p. 36 | 1833 *A. fimicola*, Gebler in: Bull. Soc. Moscou, *v.* 6 p. 284 | 1840 *A hirtellus*, F Laporte-Castelnau, Hist. Ins. Col, *v.* 2 p 95 | 1848 *A. punctatosulcatus*, Erichson, Naturg. Ins. Deutschl., Col. *v.* 3 p. 872 | 1868 *A. sabulicola*, C G. Thomson, Skand. Col., *v.* 10 p. 16 | 1890 *A. laeviceps* + *A. convexifrons*, Rey in: Echange, nr 69 p. 164 | 1892 *A (Melinopterus) punctatosulcatus*, Reitter in: Verh. Ver. Brünn, *v.* 30 p. 233 | 1903 *A. (M.) abeillei*, Sietti in: Misc. ent., *v.* 11 p. 66 | 1911 *Aphodius sphacelatus* var. *a.*, Bedel in: Bull. Soc. ent. France, p. 379 | 1913 *A. (Melinopterus) s.* var *punctatosulcatus*, Ad. Schmidt in: Arch. Naturg, *v.* 79 A fasc. 11 p. 152.

Thorax an der Basis nicht hell gesäumt.

Vorkommen wie die Stammart.

367 c **A. (M.) sphacelatus tingens** Reitt. 1892 *A. (M.) s.* var. *t.*, Reitter in: Verh. Ver Brünn, *v.* 30 p. 233.

Kopf jederseits mit heller Makel, Basalrand des Halsschildes gewöhnlich heller.

Südfrankreich, Spanien, Nordwestafrika.

367 d. **A. (M.) sphacelatus extensus** Muls. 1805 *A. punctatosulcatus* var. *B*, Jac. Sturm, Deutschl. Fauna, Ins. Käf *v.* 1 p 114 | 1808 *A prodromus* var *c*, Gyllenhal, Ins. Suec., *v.* 1 p. 36 | 1842 *A. punctatosulcatus* var. *extensus*, E. Mulsant, Hist. nat. Col France, Lamell. p. 285 | 1888 *A. p.* var *obscurellus*, Schilsky in: D ent. Z., *v.* 32 p. 315 | 1892 *A. (Melinopterus) p.* var *funebris*, Reitter in: Verh. Ver. Brünn, *v.* 30 p. 233 | 1913 *A. (M.) sphacelatus* var *extensus*, Ad Schmidt in: Arch. Naturg, *v.* 79 A fasc. 11 p. 152.

Nebelfleck dunkler und mehr oder weniger ausgebreitet, so daß zuletzt die Flügeldecken fast ganz schwärzlich sind.

Vorkommen wie die Stammart.

368 **A. (M.) circumcinctus** W Schm 1824 *A. limbatus* (non Wiedemann 1821), Germar, Col. Spec. nov., p. 112 | 1840 *A. circumcinctus*, W Schmidt in: Z. Ent. Germar, *v.* 2 p. 143 | 1848 *A limbatus*, Erichson, Naturg. Ins. Deutschl., Col. *v.* 3 p. 876 | 1892 *A. (Melaphodius) l.*, Reitter in: Verh Ver Brünn, *v.* 30 p. 239 | 1913 *A (Melinopterus) l.*, Ad Schmidt in: Arch. Naturg, *v.* 79 A fasc. 11 p. 153.

Unterscheidet sich von der vorigen Art durch weniger glänzende Flügeldecken, die in beiden Geschlechtern im Nebelfleck, der hinten mehr als vorn abgekürzt ist, nur fein und zerstreut punktiert und an der Spitze nur fein behaart sind. Kopf beim ♀ nicht mehr verengt, Clipeus leicht ausgerandet, oberseits fein punktiert, mit Längsbeule, Stirnnaht angedeutet, Wangen stumpf abgerundet, etwas länger als der Kopfrand bewimpert. Thorax mit rötlichen Seiten, fein und etwas stärker, nicht dicht punktiert, Hinterwinkel stumpf abgerundet, Basis deutlich gerandet. Schildchen vorn deutlich punktiert.

Flügeldecken hinten breiter. fein gestreift, Streifenpunkte wenig wahrnehmbar, 1. Zwischenraum, Scheibenfleck im 3.—7. und Lateralrand dunkelbraun, Zwischenräume leicht gewölbt, fein und sehr vereinzelt punktiert. Metasternalplatte hinten an den Seiten mit einigen Haarpunkten, in der Mitte vereinzelt punktiert (in beiden Geschlechtern). Metatarsus etwas kürzer als oberer Enddorn, fast so lang wie die 3 folgenden Tarsenglieder. ♂. Thoraxmitte ohne große Punkte, Metasternalplatte schwach vertieft. ♀. Thorax auch in der Mitte mit größeren Punkten, Metasternum nur mit Mittellinie. — L. 6,5 mm.

Österreich, Südrußland, Kirgisen-Steppe.

369. **A. (M.) consputus** Creutz.

Diese Art zerfällt in 2 Unterarten:

369a. **A. (M.) consputus consputus** Creutz. 1799 *A. c.*, Creutzer, Ent. Versuche, p. 41 t. 1 f 6 | 1805 *A. prodromus*, Duftschmid, Fauna Austr., *v.* 1 p 109 | 1842 *A. consputus* var *metallescens* + *A. c.* var. *impunctatus*, E. Mulsant, Hist. nat. Col France, Lamell. p. 258, 259 | 1848 *A. c.*, Erichson, Naturg Ins. Deutschl., Col. *v.* 3 p. 877 | 1892 *A (Melinopterus) c.*, Reitter in: Verh. Ver Brünn, *v.* 30 p. 236.

Kopf und Thorax schwarz, ersterer jederseits mit rötlichem Fleck, letzterer mit rötlichen Seiten, Flügeldecken gelbbraun, mit Nebelfleck. Kopf fein punktiert, der helle Fleck gewöhnlich durch den dunklen Lateralrand begrenzt, Clipeus wenig ausgerandet. Thorax fein und stärker punktiert, Basis sehr fein gerandet. Flügeldecken mit leicht gewölbten Zwischenräumen, an den Seiten dicht und deutlich punktiert, beim ♂ an der Spitze fein behaart. Metatarsus fast so lang wie 3 folgende Tarsenglieder. ♂. Stirn mit 3 Höckern, zwischen ihnen niedergedrückt, Thorax breiter als die Flügeldecken, fein punktiert, die Mitte ohne größere Punkte, Metasternalplatte flach, vereinzelt fein punktiert, unbehaart. ♀. Stirnhöcker kaum angedeutet, Thorax so breit wie die Flügeldecken, vorn schmaler, stärker punktiert, auch in der Mitte mit größeren Punkten, Metasternalplatte mit Mittellinie und einigen feinen Punkten. — L. 3,5—4,8 mm.

England, Frankreich, Deutschland, Österreich, Algier, Marokko, Syrien, Kleinasien, Kaukasus.

369b. **A. (M.) consputus griseus** W. Schm. 1840 *A. g.*, W. Schmidt in: Z. Ent. Germar, *v.* 2 p. 135 | 1842 *A. consputus* var *mendicus*, E. Mulsant, Hist. nat. Col. France, Lamell. p. 258 | 1879 *A. c* var *mancus* + *A. c.* var *obsoletus*, Dalla Torre in: Ber Ver Oberösterr, *v.* 10 p. 109 | 1907 *A (Melinopterus) c.* var *griseus*, Ad. Schmidt in: D. ent. Z., suppl. p. 16

Der Nebelfleck sehr schwach angedeutet, fast erloschen, oder ganz fehlend.

Vorkommen wie die Stammart.

370. **A. (M.) caspius** Ménétr. 1832 *A. c.*, Ménétriés, Cat. rais., p. 181 | 1892 *A. (Melaphodius) c.*, Reitter in: Verh. Ver Brünn, *v.* 30 p. 239 | 1913 *A. (Melinopterus) c.*, Ad. Schmidt in: Arch. Naturg., *v.* 79 A fasc. 11 p. 153.

Kopf und Thorax schwarz, letzterer zuweilen in der Seitenmitte rötlich durchscheinend, Flügeldecken gelblichbraun, mit Nebelfleck, der den 2. Zwischenraum, die Basis, den Lateralrand und die Spitze freiläßt. Kopf mit 3 Höckerchen, sehr deutlich punktiert, Clipeus schwach ausgerandet. Thorax ziemlich dicht punktiert, die Seiten bewimpert, Hinterwinkel stumpf abgerundet, Basis deutlich gerandet. Zwischenräume leicht gewölbt, fein und zerstreut punktiert, auch im Nebelfleck. Metasternalplatte in beiden Geschlechtern an den Seiten behaart. Metatarsus gleich dem oberen Enddorne, nicht so lang wie 3 folgende Tarsenglieder. ♂. Stirnhöcker deutlich, Thorax so breit wie die Flügeldecken, Metasternalplatte vertieft. ♀. Thorax schmaler als die Flügeldecken, vorn mehr verengt. — L. 6—7,5 mm.

Transkaukasien, Krim, Kaukasus.

Hierher ist vielleicht auch folgende Art zu zählen:

371. **A. (M.) subtruncatus** L. Lec 1878 *A. s.*, L. Le Conte in: Bull. U. S. geol. Surv., *v.* 4 II p. 457 | 1887 *A. s.*, G Horn in: Tr Amer. ent. Soc., *v.* 14 p. 57.

Mäßig lang, Seiten parallel, Kopf und Thorax schwarzbraun, Seiten des letzteren und die Flügeldecken gelbbraun. Kopf ohne Tuberkeln, beim ♂ fein punktiert, etwas stärker und dichter vorn und seitlich beim ♀, Clipeus leicht ausgerandet, jederseits gerundet. Thorax wenig nach vorn verschmälert, Hinterwinkel stumpf abgerundet, Basis sehr fein gerandet, oberseits ziemlich gleich groß punktiert, etwas dichter an den Seiten. Flügeldecken mit dunkler Naht, sie sind punktiert-gestreift, an der Spitze fein behaart, Zwischenräume konvex und sehr fein punktiert. Metatarsus etwas kürzer als 3 folgende Tarsenglieder. Enddorn der Vordertibien beim ♂ kräftig, an der Spitze gebogen, beim ♀ schlank und spitz. — L. 5 mm (ex Horn).

Colorado, Nebraska.

uu) Subgen. **Phaeaphodius** Reitter

1892 *Aphodius (P.)*, Reitter in: Verh. Ver. Brünn, *v.* 30 p. 205.

Mittelgroß, schwarz oder hellbraun, wenig gewölbt, Kopf nicht deutlich gehöckert, Hinterwinkel des Halsschildes abgestutzt, Basis gerandet, Schildchen schmal dreieckig, an der äußersten Basis zuweilen parallel erscheinend, Endborsten der Hintertibien ungleich.

Schwarz, einfarbig oder mit helleren Flügeldecken oder ganz hellbraun, glänzend, unbehaart, mehr oder weniger konvex. Kopf flach, die Mitte mit Beule, vorn meistens rauh, selten die ganze Oberfläche fein punktiert, Stirnnaht deutlich, manchmal mit kleinen Höckerchen, Clipeus ausgerandet, jederseits abgerundet, bei *A. (P.) roddi* W. Koshant. (nr. 378) mit kleinem Zähnchen, Wangen klein und rundlich. Thorax quer, wenig herabgewölbt, seitlich schwach gerundet, fast immer deutlich wie auch die Schultern bewimpert, oberseits punktiert. Flügeldecken gewöhnlich parallel, deutlich gestreift. Unterseite glänzend, punktiert und behaart, besonders der Hinterleib.

Hierher gehören 8 Arten aus dem paläarktischen und afrikanischen Gebiet (nr. 372—379).

Bestimmungstabelle der Arten:

1	Kopf nur vorn oder überall rauh punktiert — 2	
	Kopf nur fein punktiert, Körper kurz, robust, schwarz, Thorax ziemlich dicht punktiert	379 **A. (P.) frenchi**
2	Kopf nur vorn rauh — 3	
	Kopf überall rauh punktiert, Oberseite schwarz, Clipeus gezahnt	378. **A. (P.) roddi**
3	Basalrand des Halsschildes jederseits unterbrochen — 4	
	Basalrand des Halsschildes ganz — 5	
4	Flügeldecken schwarz oder rötlichgelb, dann mit schwarzem Dorsalfleck	372. **A. (P.) rectus**
	Flügeldecken einfarbig gelbbraun, Clipeus mit deutlicher Querrunzel vor den 3 schwachen Höckerchen	373. **A. (P.) semicolor**

5	Thorax überall nur sehr fein punktiert, Seiten kaum bewimpert, Oberseite matt	374. **A. (P.) fusculus**
	Thorax auf der Scheibe fein, an den Seiten mit einzelnen großen Punkten, Seiten deutlich bewimpert, Oberseite glänzend — 6	
6	Flügeldecken einfarbig kastanienbraun (Stammform) gelbbraun oder schwarz	375. **A. (P.) dauricus**
	Flügeldecken schwarz, um das Schildchen, an der Naht und Spitze heller	376. **A. (P.) jouravliowi**
	Flügeldecken gelbbraun, mit schwarzem Längsfleck an den Seiten	377. **A. (P.) costalis**

372. **A. (P.) rectus** Motsch.

Diese Art zerfällt in 2 Unterarten:

372a. **A. (P.) rectus rectus** Motsch. 1866 *A. r.* + *A. vitta*, Motschulsky in: Bull. Soc. Moscou, *v.* 39 I p. 169, 170 | 1871 *A. solskyi*, Harold in: Berlin. ent. Z., *v.* 15 p. 251 | 1875 *A. diversus* + *A. castaneipennis*, C. O Waterhouse in: Tr ent. Soc. London, p. 82, 83 | 1892 *A (Phaeaphodius) solskyi*, Reitter in: Verh. Ver. Brünn, *v.* 30 p. 205 | 1908 *A (P.) rectus*, Ad. Schmidt in: D. ent. Z., suppl. p. 67.

Einfarbig schwarz. Kopf kurz und breit, vor der Stirnlinie rauh punktiert, letztere mit 3 kleinen Höckerchen, hinten mit feinen und wenig größeren Punkten dazwischen, Clipeus leicht ausgerandet, jederseits gerundet, Wangen stumpf abgerundet, vom Kopfrande schwach abgesetzt. Thorax quer, äußerst fein und grob, aber nur vereinzelt punktiert, Seiten deutlich weiß bewimpert. Schildchen vereinzelt punktiert. Flügeldecken hinten kaum breiter, deutlich gestreift, die Streifenpunkte zuweilen die Ränder kerbend, Zwischenräume kaum gewölbt, der erste ist etwas dachförmig. Unterseite schwarz, glänzend, die Seiten der Brust und der Hinterleib lang behaart. Schenkel kräftig, neben der Unterkante mit Haarpunktreihe, Vordertibien zur Spitze verbreitert, Außenzähne kräftig, 1. Glied der Hintertibien gleich dem oberen Enddorne, nicht so lang wie 3 folgende Tarsenglieder. Beim ♂ der Enddorn der Vordertibien umgebogen, Thoraxmitte ohne große Punkte, Metasternum flach vertieft. ♀. Enddorn zugespitzt, Thoraxmitte mit einzelnen größeren Punkten, Metasternum nur mit Mittellinie. — L. 5—6 mm.

Japan, Amur, China, Griechenland.

372b. **A. (P.) rectus biformis** Reitt. 1892 *A. (P.) r.* var. *b.*, Reitter in: Verh. Ver. Brünn, *v.* 30 p. 205 | 1901 *A. (P.) zichyi*, Csiki in: Zichy, Dritte Asiat. Forschr., *v.* 2 p. 107 tf. 3 | 1913 *A. (P.) z.*, Ad. Schmidt in: Arch. Naturg., *v.* 79 A fasc. 11 p. 153.

Flügeldecken gelbbraun, mit dunkler Dorsalmakel, welche die beiden seitlichen Zwischenräume nicht berührt und sich verengend nach der Mitte der Naht zu ausdehnt.

Mongolei, Ostsibirien, Japan.

373. **A. (P.) semicolor** Reitt. 1892 *A. (P.) rectus* var. *s.*, Reitter in: Verh. Ver Brünn, *v.* 30 p. 205 | 1913 *A. (P.) s.*, Ad. Schmidt in: Arch. Naturg., *v.* 79 A fasc. 11 p. 153.

Diese Art hat die größte Ähnlichkeit mit *A. (P.) rectus* Motsch., deshalb wurde sie auch von Reitter als Varietät zu dieser Art gestellt. Da aber der Penis auffallend abweicht, muß sie als eigene Art gelten. Sie unterscheidet sich in folgenden Punkten: Kopf weniger rauh, hinten sehr fein punktiert, Stirn vor den 3 kleinen Tuberkeln mit einer Querrunzel. Flügeldecken einfarbig gelbbraun, Naht vorn schmal, hinten breiter angedunkelt. Unterer

Enddorn der Mitteltibien stumpf, mit umgebogener Spitze, bei *A. (P.) rectus* Motsch. ist er stumpf zugespitzt. — L. 5—6 mm.

Ostsibirien, Japan.

374. **A. (P.) fusculus** Reitt. 1892 *A. (P.) f.*, Reitter in: Verh. Ver. Brünn, *v.* 30 p. 206.

Einfarbig gelbbraun, fast matt, flach gewölbt. Kopf mit feiner, gebogener und ungehöckerter Stirnlinie. Thorax sehr fein, wenig sichtbar punktiert, die Seiten undeutlich bewimpert. Flügeldecken mit starken Punktstreifen, Zwischenräume schwach gewölbt, mikroskopisch fein punktiert. Oberer Enddorn der Hintertibien kürzer als 1. Tarsenglied. — L. 3,6 mm (ex Reitter).

Taurus.

375. **A. (P.) dauricus** Har.

Diese Art zerfällt in 3 Unterarten:

375a. **A. (P.) dauricus dauricus** Har. 1863 *A. d.*, Harold in: Berlin. ent. Z., *v.* 7 p. 332, 337 | 1896 *A. (Erytus) alleoni,* H. Orbigny in: Bull. Soc. ent. France, p. 149 | 1913 *A. (Phaeaphodius) dauricus*, Ad. Schmidt in: Arch. Naturg., *v.* 79 A fasc. 11 p. 153.

Dem *A. (P.) rectus* Motsch. (nr. 372) in der Punktierung des Kopfes und Halsschildes gleich, aber der Körper ist flacher, der Kopf mehr nach vorn verengt, deutlicher ausgerandet, jederseits weniger breit, oft nur stumpf abgerundet, Thoraxrandung an den Seiten nicht unterbrochen, die dunkel kastanienbraunen, an der Spitze rötlichen Flügeldecken sind feiner gestreift, die Streifenpunkte meistens kaum wahrnehmbar, Zwischenräume flach, Metatarsus kürzer als oberer Enddorn, nicht so lang wie 3 folgende Tarsenglieder. Thorax beim ♂ weniger nach vorn verengt als beim ♀, an den Seiten nur ganz vereinzelt punktiert, beim ♀ auch in der Mitte mit größeren Punkten, Enddorne der Mitteltibien in beiden Geschlechtern spitz. — L. 4—6 mm.

Bosporus, Sibirien, Chinesisch-Turkestan.

375b. **A. (P.) dauricus semiluteus** Reitt. 1887 *A. (Melinopterus) s.*, Reitter in: Horae Soc. ent. Ross., *v.* 21 p. 225 | 1906 *A. (Phaeaphodius) s.*, Reitter in: D. ent. Z., p. 439 nota | 1913 *A. (P.) dauricus* var. *s.*, Ad. Schmidt in: Arch. Naturg., *v.* 79 A fasc. 11 p. 153.

Flügeldecken gelbbraun.

Mongolei.

475c. **A. (P) dauricus albociliatus** Reitt. 1892 *A. (P.) a.* + *A. (P.) acutangulus*, Reitter in: Verh. Ver Brünn, *v.* 30 p. 206 | 1894 *A. (P.) truncatangulus,* Reitter in: Ent. Nachr., *v.* 20 p. 186 | 1913 *A. (P.) dauricus* var. *albociliatus,* Ad. Schmidt in: Arch. Naturg., *v.* 79 A fasc. 11 p. 153.

Sie unterscheidet sich von der Stammform nur durch die schwarzen Flügeldecken. Die in den Beschreibungen von *A. (P.) albociliatus, acutangulus* und *truncatangulus* Reitt. angegebenen Merkmale, wie: kürzerer und längerer Metatarsus, Streifenkerbung, Punktierung der Flügeldeckenspitze, Fehlen oder Vorhandensein von Stirnhöckern sind nicht konstant, alle 3 Arten haben aber dieselbe Bildung des Penis.

Transkaspien, Turkestan, Amasia.

376. **A. (P.) jouravliowi** Reitt.

Diese Art zerfällt in 2 Unterarten:

376a. **A. (P.) jouravliowi jouravliowi** Reitt. 1907 *A. (P.) j.*, Reitter in: D. ent. Z., p. 408.

Schwarz, ziemlich flach. Kopf breit, fein und stärker, seitlich dichter punktiert, Stirnnaht nur beim ♂ scharfhöckerig, Clipeus ziemlich tief ausgerandet, Wangen rundlich, hervorstehend. Thorax quer, seitlich gerundet, dicht gelblichweiß bewimpert, Mitte der Basis feiner, sonst stark gerandet, fein und stark, aber nicht sehr zahlreich, besonders vorn in der Mitte punktiert. Schildchen vereinzelt punktiert. Flügeldecken um das Schildchen, die Nahtkante und der Spitzenrand heller braun, mäßig tief gestreift, Streifenpunkte kerben nur wenig die Ränder der flachen Zwischenräume, diese kaum sichtbar punktiert. Metatarsus etwas länger als oberer Enddorn, kürzer als 3 folgende Tarsenglieder. Enddorn der Vordertibien beim ♂ mit umgebogener Spitze. — L. 6 mm (ex Reitter).

Uralsk.

376 b. **A. (P.) jouravliowi latonius** Reitt. 1907 *A. (P.) j.* var. *l.*, Reitter in: D. ent. Z., p. 409.

Flügeldecken braungelb, Seiten mit schwarzem, breitem Längswisch, der von der Mitte ab die Seiten nicht mehr berührt (ex Reitter).

Altaigebirge.

377. **A. (P.) costalis** Gebl. 1848 *A. c.*, Gebler in: Bull. Soc. Moscou, *v.* 21 II p. 83 | 1863 *A. sibiricus*, Harold in: Berlin. ent. Z., *v.* 7 p. 332, 341 | 1913 *A. (Phaeaphodius) costalis*, Ad. Schmidt in: Arch. Naturg., *v.* 79 A fasc. 11 p. 154.

Flach, glänzend, Unterseite, Kopf und Thorax schwarz, Flügeldecken hellbraun in $^3/_4$ ihrer Länge (von der Basis an), mit dunkler Längsmakel in den 4 lateralen Zwischenräumen. Kopf größer und feiner, sehr dicht, hinten zerstreuter punktiert, Stirnnaht nur mit Spuren von Höckern, Clipeus deutlich ausgerandet, jederseits gerundet, Wangen abgerundet, wenig vorstehend, bewimpert. Thorax quer, sehr fein und größer punktiert, die Seiten, abgestutzte Hinterwinkel und Basis gerandet. Schildchen dunkler als die Flügeldecken, punktiert. Letztere flach, nach der Mitte erweitert, mit deutlichen Streifen, Streifenpunkte greifen schwach die Ränder der Zwischenräume an, diese flach, fein punktiert. Oberer Enddorn der Hintertibien so lang wie 1. Tarsenglied, dieses kürzer als 3 folgende Glieder. — L. 5—6 mm.

Westsibirien.

378. **A. (P.) roddi** W. Koshant. 1911 *A. (P.) r.*, W. Koshantschikov in: Rev. Ent. Russe, *v.* 11 p. 19.

Durch den runzlig punktierten und gezahnten Kopf verschieden. Schwarz, glänzend, flach, Seiten der Flügeldecken deutlich herabgewölbt. Kopf zuweilen mit Querrunzel, Wangen abgerundet, schwach vorstehend. Thorax quer, so breit wie die Flügeldecken, die Seiten wenig gerundet, ziemlich dicht, feiner und stärker punktiert. Schildchen punktiert. Flügeldecken schwarz, äußerste Seiten und die Spitze rötlich, nach der Mitte leicht erweitert, Streifenpunkte greifen wenig die Ränder der Zwischenräume an, diese schwach gewölbt, einzeln fein punktiert. Oberer Enddorn der Hintertibien etwas länger als 1. Tarsenglied, dieses fast so lang wie 3 folgende Glieder. ♂. Stirnlinie mit kleinem Höckerchen. — L. 4,75—6 mm.

Barnaul.

379. **A. (P.) frenchi** Blackb.

Diese Art zerfällt in 2 Unterarten:

379 a. **A. (P.) frenchi frenchi** Blackb. 1858 *A. ambiguus* (non E. Mulsant 1842), Boheman in: Eugenies Resa, *v.* 1 p. 51 | 1892 *A. frenchi*, Blackburn in: Tr. R. Soc.

S. Austral., v. 15 p. 35 | 1901 *A. brevitarsis*, Péringuey in: Tr. S. Afr. Soc., v. 12 p. 388 | 1907 *A. tarsalis*, Ad. Schmidt in: D ent. Z., p. 201 | 1913 *A. (Phaeaphodius) ambiguus*, Ad. Schmidt in: Arch. Naturg., v. 79 A fasc. 11 p. 154.

Kurz und gedrungen, schwarz, glänzend. Kopf stärker gewölbt, besonders vorn, Stirnlinie undeutlich, ohne Höcker, vorn oft mit Querrunzel, fein, an den Seiten dichter punktiert, Clipeus deutlich ausgerandet, jederseits gerundet, Wangen vom Kopfrande abgesetzt, stumpf abgerundet, vorstehend. Thorax quer, nur vorn etwas gerundet verengt, die Seiten kurz, nicht sehr dicht bewimpert, Hinterwinkel breit abgestutzt, oberseits ziemlich dicht, vorn feiner punktiert. Schildchen klein. Flügeldecken deutlich gestreift, Streifenpunkte greifen die Ränder an, Zwischenräume flach, nicht deutlich punktiert. Unterseite mehr rotbraun, glänzend, vereinzelt fein punktiert und behaart. Metatarsus kürzer als oberer Enddorn und als 3 folgende Tarsenglieder. — L. 3—3,5 mm.

Kap, Südaustralien.

879b. **A. (P.) frenchi accola** Kolbe 1908 *A. ambiguus* var. *accola*, H. Kolbe in: Denk. Ges. Jena, v. 13 p. 127 | 1913 *A. (Phaeaphodius) a.* var. *a.*, Ad. Schmidt in: Arch. Naturg., v. 79 A fasc. 11 p. 154.

Zwischenräume der Flügeldecken gewölbt.

Klein-Namaland.

vv) Subgen. **Nobius** E. Mulsant

1870 *Aphodius (N.)*, E. Mulsant in: Ann. Soc. Agric Lyon, ser. 4 v. 2 p. 563 | 1892 *A. (Melinopterus)*, Reitter in: Verh. Ver. Brünn, v. 30 p. 232 (part.).

Kleine, hellbraune oder schwarze Arten, Flügeldecken heller, mit mehr oder weniger ausgeprägtem Nebelfleck, immer unbehaart, Kopf höchstens schwach gehöckert, Thoraxbasis meistens nur sehr fein gerandet, Schildchen dreieckig, Endborsten an den Hintertibien ungleich.

Länglich, gewölbt, glänzend, Ober- und Unterseite gleichfarbig, Kopf und Thorax der hellbraunen Arten dunkler, bei den schwarzen Arten die Flügeldecken rötlichgelb oder hellbraun. Kopf gewöhnlich flach, seltener die Mitte erhaben, Stirnnaht selten deutlich oder mit Ansätzen zu Tuberkeln, Clipeus abgestutzt oder ausgerandet, immer jederseits abgerundet, meistens nur fein, seltener ganz oder nur vorn stärker punktiert, Wangen klein, aber die Augen überragend. Thorax quer, fast immer auf der ganzen Fläche deutlich punktiert (ausgenommen ♂), Hinterwinkel stumpf, die Spitze derselben gewöhnlich abgerundet, Basalrandung sehr fein, oft nur von hinten her sichtbar, seltener ist sie in der Mitte unterbrochen. Schildchen mehr oder weniger punktiert. Flügeldecken deutlich gestreift, Streifenpunkte immer, wenn auch fein, gut wahrnehmbar, Zwischenräume flach oder konvex, fein punktiert. Unterseite selten stärker und dichter punktiert.

Hierher gehören 15 Arten aus dem paläarktischen, afrikanischen und amerikanischen Gebiet (nr. 380—394).

Bestimmungstabelle der Arten:

1 { Kopf rauh punktiert, Thoraxseiten nicht heller, Nebelfleck nur einzelne Makeln freilassend . . 394. **A. (N.) flammulatus**
Kopf fein punktiert, zuweilen vorn rauh, dann aber die Thoraxseiten heller oder Clipeus mit Querrunzel — 2

2	Oberseite rotbraun, Flügeldecken tief, an der Spitze furchenartig gestreift, Zwischenräume fein gekielt	393. **A. (N.) costatellus**
	Oberseite hellbraun, Kopf und Thorax wenig dunkler — 3	
	Kopf und Thorax schwarz — 8	
3	Dunkle Naht in der ganzen Länge gleichmäßig schmal — 4	
	Dunkle Nahtfärbung vor der Spitze den ganzen Zwischenraum einnehmend — 5	
4	Thorax sehr ungleich punktiert, Zwischenräume der Flügeldecken kaum erhaben, die Streifen etwas dunkler, mit undeutlichen Streifenpunkten, oberer Enddorn kürzer als 1. Glied der Hintertarsen	387. **A. (N.) peringueyi**
	Thorax wenig ungleich, fein punktiert, Zwischenräume deutlich erhaben, Streifenpunkte stark die Ränder kerbend, oberer Enddorn so lang wie 1. Tarsenglied	388. **A. (N.) consentaneus**
5	Streifen der Flügeldecken dunkler — 6	
	Streifen der Flügeldecken nicht dunkler — 7	
6	Nebelfleck deutlich begrenzt, oberer Enddorn der Hintertibien kürzer als 1. Tarsenglied	389. **A. (N.) heynei**
	Nebelfleck undeutlich begrenzt, oberer Enddorn gleich dem 1. Tarsengliede	390. **A. (N.) hepaticus**
7	Nebelfleck in der Vorderhälfte liegend, bis an den Seitenrand reichend, Vordertibien normal . .	391. **A. (N.) bicoloratus**
	Nebelfleck mehr als $^{2}/_{3}$ der Flügeldeckenlänge einnehmend, die Seiten nach hinten zu breiter freilassend, Vordertibien lang und schmal . .	392. **A. (N.) innocens**
8	1. Zwischenraum dunkel, oberer Enddorn der Hintertibien wenig kürzer als 1. Tarsenglied — 9	
	1. Zwischenraum nicht dunkel, oberer Enddorn deutlich kürzer — 11	
9	Nebelfleck wenig auffallend, Schenkel in der Basalhälfte und die Metasternalplatte ringsum dicht behaart	382. **A. (N.) bonnairei**
	Nebelfleck sehr deutlich, Schenkel ohne diese Behaarung, dieselben sind höchstens an der Unterkante behaart — 10	
10	Nur der 2. Zwischenraum und die äußerste Spitze der Flügeldecken heller	383. **A. (N.) similis**
	Der 2. und 3. Zwischenraum und die breitere Spitze heller	384. **A. (N.) circumductus**
	Der 2. Zwischenraum, ein Querfleck hinter der Mitte und die äußerste Spitze heller	385. **A. (N.) inclusus**
11	Thoraxbasis in der Mitte nicht gerandet, Seiten des Halsschildes schmal rötlich	386. **A. (N.) x-signum**
	Thoraxbasis ganz gerandet — 12	
12	Flügeldecken vor der Spitze mit heller Makel, Kopf ohne Querrunzel, Thorax wenig ungleich punktiert, Nahtstreif nicht vertieft	380. **A. (N.) serotinus**
	Flügeldecken ohne Quermakel, Kopf mit Querrunzel, vorn rauh punktiert, Nahtstreif vertieft, Thorax deutlich ungleich punktiert	381. **A. (N.) gresseri**

380. **A. (N.) serotinus** (Panz.) 1799 *Scarabaeus s.*, Panzer, Fauna Ins. Germ., *v.* 67 nr. 2 \| 1799 *Aphodius s.*, Creutzer, Ent. Versuche, p. 61 t. 1 f. 11 (Gesamtbild) \| 1848

A. s., Erichson, Naturg. Ins. Deutschl., Col. *v.* 3 p. 878 | 1870 *A. (Nobius) s.*, E. Mulsant in: Ann. Soc. Agric. Lyon, ser. 4 *v.* 2 p. 567 | 1892 *A. (Melinopterus) s.*, Reitter in: Verh. Ver. Brünn, *v.* 30 p. 235 | 1913 *A. (Nobius) s.*, Ad. Schmidt in: Arch. Naturg., *v.* 79 A fasc. 11 p. 147.

Schwarz, meistens nur die Vorderwinkel des Halsschildes etwas heller, Flügeldecken gelblichrot, mit Nebelfleck, der die Basis, eine Quermakel vor der Spitze und letztere selbst freiläßt, Kopf fein und zerstreut beim ♂, wenig deutlicher und dichter beim ♀ punktiert, Stirnnaht deutlich, mit Spuren von 3 Höckerchen, nach vorn verengt, Clipeus kaum ausgerandet, jederseits abgerundet, Wangen vorstehend. Thorax beim ♂ nur vorn gerundet verengt, ziemlich gleich groß punktiert, in der Mitte nur mit feinen Punkten, beim ♀ dichter, auch in der Mitte mit größeren Punkten, Hinterwinkel stumpf abgerundet und die Seiten deutlicher verengt. Schildchen punktiert. Flügeldecken beim ♀ hinten etwas verbreitert, fein gestreift, Streifenpunkte kerben schwach die Ränder der Zwischenräume, diese sehr leicht konvex, an der Spitze flach und dichter fein punktiert, etwas matt. Metasternalplatte beim ♂ vertieft, unbehaart. Metatarsus deutlich länger als oberer Enddorn, so lang wie 3 folgende Tarsenglieder. — L. 4 mm.

Europa, Sibirien.

381. **A. (N.) gresseri** A. Sem. 1899 *A. (Melinopterus) g.*, A. Semenow in: Horae Soc. ent. Ross., *v.* 32 p. 611 | 1900 *A. (M.) g.*, A. Semenow in: Bull. Soc. Moscou, ser. 2 *v.* 13 p. 120 | 1913 *A. (Nobius) g.*, Ad. Schmidt in: Arch. Naturg., *v.* 79 A fasc. 11 p. 147.

Unterscheidet sich von der vorigen Art durch dunkleren Nebelfleck, schlankere Gestalt und mehr ausgerandeten Clipeus. Kopf mit deutlicher Längsbeule, da sich jederseits derselben ein Eindruck befindet. Thorax ungleicher, aber zerstreuter punktiert, Streifen der Flügeldecken schärfer, ihre Punkte kerben stark, auch vor der Spitze die Ränder der Zwischenräume. Der Nebelfleck läßt nur den 2. Zwischenraum, die Spitze und Seiten hinten frei. Abdomenspitze viel länger behaart. Metatarsus nicht so lang wie 3 folgende Tarsenglieder. — L. 4,3—4,5 mm.

Südrußland.

382. **A. (N.) bonnairei** Reitt. 1892 *A. (Melinopterus) b.*, Reitter in: Verh. Ver. Brünn, *v.* 30 p. 234 | 1904 *A. (M.) cunicolorum*, Mayet in: Bull. Soc. ent. France, p. 131 | 1906 *A. (M.) bonnairei*, Reitter in: D. ent. Z., p. 440 | 1913 *A. (Nobius) b.*, Ad. Schmidt in: Arch. Naturg., *v.* 79 A fasc. 11 p. 147.

Thorax und Kopf schwarz, die Seiten des letzteren heller, Flügeldecken hellbraun, mit wenig markiertem Nebelfleck, er läßt den 2. Zwischenraum, eine Quermakel vor der Spitze, diese selbst und die Seiten frei. Kopf in der Mitte erhöht, davor deutlich niedergedrückt, sehr fein punktiert, Stirnnaht vor den Augen nur leicht erhöht sichtbar, Wangen kaum vorstehend. Thorax mit stumpfen Hinterwinkeln, oberseits sehr fein und deutlich größer, aber zerstreut punktiert. Schildchen punktiert. Streifenpunkte der Flügeldecken deutlich, aber schwach kerbend, Zwischenräume flach, zur Spitze dicht und deutlich punktiert. Metatarsus so lang wie 3 folgende Tarsenglieder. Die Geschlechtsdifferenz ist vielleicht folgende: ♂ mit dicht und groß punktierten Mittel- und Hinterschenkeln, letztere verbreitert, fast in der ganzen Länge dicht behaart, ebenso das Abdomen in der Mitte. ♀. Hinterschenkel schmaler, nur in der Basalhälfte wenig dicht behaart. — L. 3,5 mm.

Algier, Südfrankreich.

383. **A. (N.) similis** D. Koshant. 1894 *A. (Melinopterus) s.*, D. Koshantschikow in: Horae Soc. ent. Ross., *v.* 28 p. 116 | 1913 *A. (Nobius) s.*, Ad. Schmidt in: Arch. Naturg., *v.* 79 A fasc. 11 p. 147.

Schwarz, flach, Flügeldecken braunschwarz, der 2. Zwischenraum und die äußerste Spitze heller. Kopf hinten fein, vorn dichter und stärker punktiert, Stirnnaht schwach gehöckert, Clipeus leicht ausgerandet. Thorax mit zerstreuten größeren Punkten und wenig helleren Seiten. Streifenpunkte greifen die Ränder an, Zwischenräume kaum gewölbt, wenig dicht punktiert. Metatarsus etwas länger als 2 folgende Tarsenglieder. — L. 6 mm (ex D. Koshantschikow).

Turkestan.

384. **A. (N.) circumductus** Solsky 1876 *A. c.*, Solsky in: Fedtschenko, Turkestan, *v.* 2 fasc. 11 p. 338 | 1906 *A. (Melinopterus) bachofeni*, Reitter in: D. ent. Z., p. 441 | 1910 *A. b.*, W. Koshantschikov in: Rev. Ent. Russe, *v.* 10 p. 19 | 1913 *A. (Nobius) circumductus*, Ad. Schmidt in: Arch. Naturg., *v.* 79 A fasc. 11 p. 147.

Länglich, parallel, Kopf und Thorax schwarz, Seiten des letzteren etwas heller, Flügeldecken blaßgelb, an der Spitze gelbrot, mit rotbraunem Nebelfleck, der die Schulter, den 3. und 2. Zwischenraum, eine Quermakel vor der Spitze, letztere selbst und die Seiten freiläßt. Kopf vorn niedergedrückt, deutlich und dicht, vorn leicht rauh (♀), feiner und wenig dichter beim ♂ punktiert. Thorax wenig ungleich, beim ♀ dichter punktiert, Hinterwinkel stumpf. Schildchen punktiert. Flügeldecken sehr fein gestreift, mit undeutlichen Streifenpunkten, Zwischenräume flach, ziemlich dicht, aber sehr fein, an der Spitze deutlicher und dichter punktiert. Metasternalplatte beim ♂ am Rande behaart. 1. Glied der Hintertibien fast so lang wie 3 folgende Tarsenglieder. — L. 3,5 mm.

Kisil-Kum, Turkestan.

385. **A. (N.) inclusus** Reitt. 1892 *A. (Melinopterus) i.*, Reitter in: Verh. Ver. Brünn, *v.* 30 p. 235 | 1894 *A (Agrilinus) glasunowi*, D. Koshantschikow in: Horae Soc. ent. Ross., *v.* 28 p. 108 | 1906 *A. (Melinopterus) inclusus*, Reitter in: D. ent. Z., p. 441 | 1913 *A. (Nobius) i.*, Ad. Schmidt in: Arch. Naturg., *v.* 79 A fasc. 11 p. 147.

Weniger schmal als vorige Art, mit derselben Skulptur und Zeichnung der Flügeldecken, aber letztere mehr von rötlichgelber Grundfarbe, der 3. Zwischenraum immer dunkler. Metasternalplatte beim ♂ längsvertieft, am Rande behaart, beim ♀ nur mit Mittellinie. Oberer Enddorn so lang wie 1. Tarsenglied, dieses kürzer als 3 folgende Glieder. — L. 3,5 mm.

Araxes, Transkaspien, Aulie-Ata.

386. **A. (N.) x-signum** Reitt. 1892 *A. (Melinopterus) x.*, Reitter in: Verh. Ver. Brünn, *v.* 30 p. 235 | 1906 *A. (M.) x.*, Reitter in: D. ent. Z., p. 441 | 1913 *A. (Nobius) x.*, Ad. Schmidt in: Arch. Naturg., *v.* 79 A fasc. 11 p. 147.

Der vorigen Art fast gleich, aber der 1. und 2. Zwischenraum hell, Flügeldecken mit deutlichen Punktstreifen, Zwischenräume zur Spitze nicht dichter punktiert. Metasternalplatte beim ♂ vertieft, unbehaart. Metatarsus fast so lang wie 3 folgende Tarsenglieder. — L. 4 mm.

Ostsibirien.

387. **A. (N.) peringueyi** Ad. Schm. 1909 *A. p.*, Ad. Schmidt in: Not. Leyden Mus., *v.* 31 p. 106 | 1913 *A. (Nobius) p.*, Ad. Schmidt in: Arch. Naturg., *v.* 79 A fasc. 11 p. 147.

Hellbraun, Kopf und Thorax dunkler, ebenso die Scheibe der Flügeldecken, Basis, Spitze, Seiten und die 2 ersten Zwischenräume heller. Kopf sehr fein und zerstreut, beim ♀ vorn und seitlich deutlicher punktiert, Stirnlinie beim ♀ angedeutet, Wangen vorstehend, beim ♂ mehr abgerundet. Thorax fein und deutlich größer punktiert, Hinterwinkel stumpf abgerundet. Schildchen fein punktiert. Flügeldecken deutlich gestreift, Streifenpunkte flach, zuweilen schwach kerbend, Zwischenräume konvex, sehr fein und einzeln punktiert. Metatarsus länger als oberer Enddorn, so lang wie 3 folgende Tarsenglieder. ♂. Clipeus flach abgerundet, Thorax breiter als die Flügeldecken, vorn wenig verschmälert, nach den Seiten zu mit einzelnen größeren Punkten, Enddorn der Vordertibien mit umgebogener Spitze. ♀. Clipeus schmaler, abgestutzt, Thorax deutlicher verschmälert, reichlicher punktiert, auch an der Basis mit größeren Punkten. — L. 4,5 mm.

Senegal, Transvaal.

388. **A. (N.) consentaneus** L. Lec. 1850 *A. c.*, L. Le Conte in: L. Agassiz, Lake Super., p. 225 | 1887 *A. c.*, G. Horn in: Tr. Amer ent. Soc., *v.* 14 p. 40 | 1913 *A. (Nobius) c.*, Ad. Schmidt in: Arch. Naturg., *v.* 79 A fasc. 11 p. 147.

Hellbraun, Kopf und Thorax ohne die Seiten rotbraun, Scheibenfleck der Flügeldecken wenig deutlich. Kopf fein, vorn etwas stärker punktiert, Clipeus leicht ausgerandet, jederseits abgerundet, Stirn beim ♂ mit Andeutung von 3 Höckerchen. Thorax wenig ungleich, nicht sehr dicht punktiert. Schildchenbasis mit einigen feinen Pünktchen. Flügeldecken fein gestreift, Streifenpunkte kerben deutlich die Ränder, Zwischenräume konvex, in der ganzen Länge fein punktiert. Enddorn der Vordertibien beim ♂ spitz, leicht nach innen gebogen. Metatarsus so lang wie oberer Enddorn und 2 folgende Tarsenglieder. — L. 5 mm.

Nordamerika.

389. **A. (N.) heynei** Ad Schm. 1911 *A. h.*, Ad. Schmidt in: Soc. ent., *v.* 26 p. 47 | 1913 *A. (Nobius) h.*, Ad. Schmidt in: Arch. Naturg., *v.* 79 A fasc. 11 p. 147

Kopf und Thorax rotbraun, an den Seiten, bei dem letzteren auch die schmale Basis heller, Flügeldecken gelbbraun, mit Nebelfleck im 3.—7. Zwischenraume, Streifen in demselben dunkler. Kopf sehr fein punktiert, an den Seiten etwas deutlicher, besonders beim ♀, Clipeus abgestutzt, Wangen etwas vorstehend. Thorax in beiden Geschlechtern nicht breiter als die Flügeldecken, beim ♀ wenig, beim ♂ mehr ungleich punktiert, Hinterwinkel stumpf. Schildchen vorn längszusammenfließend punktiert. Streifen der Flügeldecken deutlich, Punkte in denselben sehr flach, Zwischenräume zur Spitze gewölbt, sehr fein punktiert. Metatarsus länger als oberer Enddorn, kürzer als 3 folgende Tarsenglieder. Vordertibien zur Spitze deutlich verbreitert, mit 3 kräftigen Außenzähnen. ♂. Enddorn der Vordertibien gleichbreit, an der Spitze leicht nach hinten gewendet, von vorn stumpf erscheinend, Thoraxmitte ohne große Punkte. ♀. Enddorn schlank und spitz, auch die Thoraxmitte ungleich, überhaupt dichter punktiert. — L. 5 mm.

Britisch-Ostafrika.

390. **A. (N.) hepaticus** Roth 1851 *A. h.*, Roth in: Arch. Naturg., *v.* 17 I p. 132 | 1857 *A. timidus* + *A. peregrinus*, Boheman, Ins. Caffr., *v.* 2 p. 345, 352 | 1869 *A fauveli*, Harold in: Col. Hefte, *v.* 5 p. 100 | 1913 *A. (Nobius) hepaticus*, Ad. Schmidt in: Arch. Naturg., *v.* 79 A fasc. 11 p. 147.

Kopf und Thorax dunkel rotbraun, Seiten und Basis des letzteren heller, Flügeldecken hellbraun, mit dunkleren Streifen und wenig deutlichem Nebelfleck. Kopf mit Beule, davor niedergedrückt, fein punktiert, Stirnlinie angedeutet, Clipeus leicht ausgerandet, jederseits abgerundet, Wangen kaum vorstehend. Thorax sehr ungleich, zerstreut punktiert, Hinterwinkel stumpf abgerundet. Flügeldecken fein gestreift, Streifenpunkte flach, nicht kerbend, Zwischenräume zur Spitze deutlich konvex, äußerst fein punktiert. Metatarsus so lang wie oberer Enddorn und 2 folgende Tarsenglieder. — L. 5 mm.

Tigré, Abessinien, Südafrika.

391. **A. (N.) bicoloratus** Ad. Schm. 1908 *A. b.*, Ad. Schmidt in: Ann. Soc. ent. Belgique, *v.* 52 p. 38 | 1913 *A. (Nobius) b.*, Ad. Schmidt in: Arch. Naturg., *v.* 79 A fasc. 11 p 147.

Von dem vorigen hauptsächlich durch andere Lage und schärfere Begrenzung des Nebelfleckes verschieden. Kopf und Thorax schwarzbraun, die Seiten des letzteren heller, Flügeldecken hellbraun. Kopf in der Mitte wenig erhöht, am Rande kaum verflacht, fein punktiert, ohne Stirnnaht, Wangen schwach vorstehend. Thorax sehr ungleich, zerstreut punktiert, Mitte vorn nur mit feinen Punkten, Hinterwinkel stumpf abgerundet. 2. Zwischenraum und Spitzenhälfte der Flügeldecken heller, Streifen fein, Streifenpunkte nicht kerbend, Zwischenräume kaum erhaben. Metatarsus länger als oberer Enddorn, so lang wie 3 folgende Tarsenglieder. — L. 3 mm.

Kongo.

392. **A. (N.) innocens** Ad. Schm. 1911 *A. i.*, Ad. Schmidt in: Ent. Zeit. Stettin, *v.* 72 p. 9 | 1913 *A. (Nobius) i.*, Ad. Schmidt in: Arch. Naturg., *v.* 79 A fasc. 11 p. 147.

Flach gewölbt, Kopf und Thorax rotbraun, die Seiten des letzteren und die Flügeldecken gelblichbraun. Kopf sehr fein punktiert, am Rande nur schmal verflacht. Thorax etwas ungleich punktiert, Hinterwinkel stumpf. Streifen der Flügeldecken fein, Streifenpunkte leicht kerbend, Zwischenräume konvex, weniger beim ♀, zur Spitze flacher, sehr fein punktiert. Metatarsus länger als oberer Enddorn, so lang wie 3 folgende Tarsenglieder. ♂. Kopf gerundet, Clipeus kaum abgestutzt, breit, Thorax breiter als die Flügeldecken, sehr flach, an den Seiten kaum herabgewölbt, hier nur mit einigen größeren Punkten, Enddorn der Vordertibien gleichmäßig gebogen, stumpfspitzig. ♀. Kopf vorn etwas schmaler, abgestutzt, Stirnlinie deutlich, Thorax etwas schmaler, an den Seiten wenig zahlreicher punktiert, die breite Mitte ohne größere Punkte, Enddorn schlank und spitz. — L. 4,5—5 mm.

Galla-Land.

393. **A. (N.) costatellus** nom. nov. Ad. Schm. 1896 *A. (Melinopterus) costulatus* (non L. Fairmaire 1849), Reitter in: D. ent. Z., p. 33 | 1913 *A. (Nobius) c.*, A. Schmidt in: Arch. Naturg., *v.* 79 A fasc. 11 p. 147.

Rotbraun, glänzend. Kopf dicht punktiert, Stirn beim ♂ mit Querhöcker in der Mitte, Clipeus ausgerandet. Thorax so breit wie die Flügeldecken, etwas ungleich, wenig dicht, die Seiten ausgenommen, punktiert. Schildchen seitlich etwas vertieft. Flügeldecken tief gestreift, an der Spitze furchenartig, Zwischenräume in der Mitte leicht gekielt, an den Seiten gereiht punktiert, Nebelfleck wenig deutlich. Oberer Enddorn der Hintertibien wenig länger als 1. Tarsenglied. — L. 5 mm (ex Reitter).

Ostsibirien.

394. **A. (N.) flammulatus** Har. 1877 *A. f.*, Harold in: Verh. Ver. Brünn, *v.* 15 p. 122 | 1878 *A. f.*, Harold in: O. Schneider & Leder l. c., *v.* 16 p. 190 | 1892 *A. (Volinus) clathratus* var. *?deplanatus*, Reitter in: Verh. Ver. Brünn, *v.* 30 p. 223 | 1913 *A. (Nobius) flammulatus*, Ad. Schmidt in: Arch. Naturg., *v.* 79 A fasc. 11 p. 147.

Länglich, parallel, flach, glänzend, schwarz, Flügeldecken rötlichgelb mit schwarzbraunem Nebelfleck, der nur einige helle Makeln freiläßt, gewöhnlich ist der 2. Zwischenraum teilweise, eine Makel vor der Spitze im 4.—6. Zwischenraume, die Spitze und Seiten schmal heller. Kopf kurz und breit, deutlich punktiert, mit 3 kleinen Höckerchen, Clipeus ausgerandet, jederseits breit gerundet, Wangen vorstehend, bewimpert. Thorax ungleich punktiert, Hinterwinkel abgerundet. Flügeldecken fein gestreift, mit nicht kerbenden Streifenpunkten, der 1. Streifen neben der Naht in der ganzen Länge mehr vertieft, Zwischenräume fast eben, sehr fein, vereinzelt punktiert. Metatarsus gleich dem obern Enddorne, kürzer als 3 folgende Tarsenglieder. ♂. Enddorn der Vordertibien kräftig, mit umgebogener Spitze, Kopf hinter der Stirnlinie sehr fein, davor kräftiger punktiert, Thorax breiter als die Flügeldecken, nur an den Seiten mit vereinzelten größeren Punkten, Metasternalplatte flach vertieft, am Rande behaart. ♀. Kopf runzlig, hinten einfach, sehr deutlich punktiert, Thorax nicht breiter als die Flügeldecken, die Punkte überall gleichmäßig, nicht dicht gestellt, nur vorn in der Mitte fehlen die größeren Punkte. Metasternalplatte mit Mittellinie, vorn vereinzelt punktiert, nicht behaart. — L. 4—5 mm.

Kaukasus, Tiflis.

ww) Subgen. **Amidorus** E. Mulsant

1870 *Aphodius (Amidorus*: „groupes" *Amidorus* + *Sigorus* + *Pubinus)*, E. Mulsant in: Ann. Soc. Agric. Lyon, ser. 4 *v.* 2 p. 488, 489 | 1871 *A. (Sigorus)* + *A. (Pubinus)*, E. Mulsant l. c., ser. 4 *v.* 3 p. 474.

M i t t e l g r o ß   o d e r   k l e i n e r,   s t a r k   u n d   d i c h t   p u n k t i e r t,   F l ü g e l d e c k e n   z u w e i l e n   d u r c h   d i c h t e   C h a g r i n i e r u n g   m a t t,   h ö c h s t e n s   k u r z   b e h a a r t,   K o p f   s c h w a c h   o d e r   n i c h t   g e h ö c k e r t,   T h o r a x b a s i s   g e r a n d e t   (*A. (A.) salebrosus* Ad. Schm. (nr. 405) und *A. (A.) umbrinus* W. Koshant. (nr. 398) a u s g e n o m m e n),   S c h i l d c h e n   d r e i e c k i g,   E n d b o r s t e n   d e r   H i n t e r t i b i e n   u n g l e i c h.

Länglich, wenig gewölbt, schwarz, mit schwarz-, rot- oder gelbbraunen Flügeldecken, selten die ganze Oberseite einfarbig rotbraun. Kopf und Thorax gewöhnlich glänzend, sehr dicht punktiert, Flügeldecken stärker oder schwächer chagriniert, ganz matt oder glänzend, dann aber sehr dicht punktiert. Kopf flach, immer deutlich punktiert, mit Beule oder schwachen Höckerchen, Clipeus ausgerandet, jederseits abgerundet, stumpfwinklig oder mit Zahn, Wangen meistens deutlich die Augen überragend, selten ganz abgerundet (*A. (A.) tomentosus* Müll. (nr. 399)). Thorax quer, immer dicht punktiert. Schildchen meistens breit dreieckig und deutlich punktiert. Flügeldecken mit und ohne Schulterdorn, hinten schwach erweitert, mit schmaleren oder breiteren Punktstreifen. Unterseite deutlich stark punktiert und behaart.

Hierher gehören 23 Arten aus dem paläarktischen, amerikanischen und afrikanischen Gebiet und eine im Subgenus unsichere aus Somali-Land (nr. 395—418).

Bestimmungstabelle der Arten (ohne nr. 414—418):

1	Streifen der Flügeldecken mit scharfkantig erhabenen Rändern — 2	
	Flügeldecken mit normalen Streifen — 3	
2	Flügeldecken dunkel kastanienbraun, dicht punktiert, Spitze fast gerunzelt	409. **A. (A.) ragusae**
	Flügeldecken rotbraun, Zwischenräume gleichmäßig längsrissig	410. **A. (A.) porcus**

3	Flügeldecken chagriniert, ganz ohne oder mit sehr feiner Punktierung — 4	
	Flügeldecken stärker und dichter, wenig feiner als der Thorax punktiert — 10	
4	Flügeldecken ganz unpunktiert, nur feiner oder stärker chagriniert, matt — 5	
	Flügeldecken fein chagriniert, fein punktiert, mehr oder weniger matt — 6	
5	Flügeldecken schwarz, mit Schulterdorn, sehr fein chagriniert, Naht und Streifenränder glänzend .	411. A. (A.) subsericeus
	Flügeldecken schwarz, ohne Dorn, fein narbig chagriniert, nur die Naht glänzend	412. A. (A.) lutulentus
	Flügeldecken gelbbraun, ohne Dorn, narbig chagriniert, gleichmäßig schwach glänzend	413. A. (A.) granulatus
6	Wangen sehr schmal, nicht vorstehend, Flügeldecken deutlich behaart, beim ♂ etwas glänzend, beim ♀ ganz matt	399. A. (A.) tomentosus
	Wangen deutlich die Augen überragend, Skulptur der Flügeldecken in beiden Geschlechtern gleich — 7	
7	Seiten und Basis des Halsschildes ungerandet, Flügeldecken ganz matt, dicht punktiert, niederliegend behaart	398. A. (A.) umbrinus
	Seiten und Basis gerandet, Flügeldecken unbehaart — 8	
8	Zwischenräume schwach konvex, Nahtstreif in der ganzen Länge eingedrückt, Schildchen schmaler als die 3 ersten Zwischenräume.	397. A. (A.) atratellus
	Zwischenräume vollständig eben, Nahtstreif nicht tiefer, Schildchen so breit wie die 3 ersten Zwischenräume. Größere Arten — 9	
9	Clipeus abgestutzt, Flügeldecken gelbbraun, hinten wenig breiter, Thorax sehr dicht punktiert, der Raum zwischen den Punkten kleiner als diese .	396. A. (A.) flavipennis
	Clipeus ausgerandet, Flügeldecken schwarz, hinten deutlich breiter, Thorax weniger dicht punktiert, der glatte Zwischenraum größer als die Punkte .	395. A. (A.) obscurus
10	Streifenpunkte kerben nicht oder sehr schwach die Ränder — 11	
	Streifenpunkte kerben sehr deutlich — 17	
11	Clipeus gezahnt — 12	
	Clipeus ohne Zahn jederseits — 13	
12	Flügeldecken hell rötlichbraun, Kopf und Thorax etwas dunkler, letzterer sehr dicht punktiert, Flügeldecken mit kleinem Schulterdorn, Metatarsus kürzer als 2 folgende Tarsenglieder . . .	407. A. (A.) armatulus
	Oberseite rötlichbraun, Thorax weniger dicht punktiert, ohne Schulterdorn, Metatarsus reichlich so lang wie 2 folgende Tarsenglieder	408. A. (A.) dentellus
13	Dorsale Zwischenräume schwach gewölbt — 14	
	Dorsale Zwischenräume vollständig eben — 15	
14	Flügeldecken bräunlichrot, Spitze und Seiten sehr dicht, Thorax nicht sehr dicht, mittelstark punktiert	400. A. (A.) zangi
	Flügeldecken schwarzbraun, Flügeldecken feiner punktiert, Clipeus jederseits mit stumpfem Winkel, Metatarsus so lang wie 3 folgende Tarsenglieder, Körper schlank	401. A. (A.) ibericus

15	Flügeldecken unbehaart, Seiten und Spitze viel dichter punktiert	402. A. (A.) cribrarius
	Flügeldecken behaart — 16	
16	Zwischenräume querrissig, Flügeldecken schwarzbraun, zuweilen mit roter Schulter- und Spitzenmakel	403. A. (A.) stupidus
	Zwischenräume normal, sehr dicht punktiert, Flügeldecken dunkelbraun	404. A. (A.) thermicola
17	Thorax fein und dicht punktiert, der konvexe Teil der Zwischenräume auf den Flügeldecken schmaler als die Furchen, Hinterwinkel stumpf, Schultern ohne Dorn	405. A. (A.) salebrosus
	Thorax grob, sehr dicht punktiert, der konvexe Teil so breit wie die Furchen, Hinterwinkel ausgerandet, Schultern mit Dorn	406. A. (A.) latecrenatus

395 **A. (A.) obscurus** (F.)

Diese Art zerfällt in 3 Unterarten:

395a. **A. (A.) obscurus obscurus** (F.) 1792 *Scarabaeus o.*, J. C. Fabricius, Ent. syst., *v.* 1 p. 25 | 1835 *Aphodius asiaticus*, Faldermann in: N. Mém. Soc Moscou, *v.* 4 p. 252 | 1840 *A sericatus*, W. Schmidt in: Z. Ent. Germar, *v.* 2 p. 128 | 1848 *A. obscurus*, Erichson, Naturg. Ins. Deutschl., Col. *v.* 3 p. 853 | 1892 *A. (Amidorus) o.*, Reitter in: Verh. Ver. Brünn, *v.* 30 p. 217.

Schwarz, Kopf und Thorax glänzend, Flügeldecken mehr oder weniger matt. Kopf nach vorn fast geradlinig verengt, dicht und deutlich punktiert, die Mitte stumpf erhaben, Stirn mit Andeutung von Tuberkeln, Wangen stumpfwinklig, vorstehend, Clipeus leicht ausgerandet, jederseits etwas stumpf gerundet. Thorax dicht, an den Seiten sehr dicht punktiert, Basismitte etwas hervorgezogen, Hinterwinkel stumpf. Schildchen dicht punktiert. Flügeldecken fein gestreift, Streifen glänzend, Streifenpunkte kaum wahrnehmbar, Zwischenräume flach, deutlich chagriniert und fein, vereinzelt punktiert, bei den etwas stärker chagrinierten Flügeldecken gehen die Punkte verloren, sie fehlen aber auch dann nicht auf der Schulter, selten ist die Chagrinierung sehr fein, dann sind die Punkte deutlich und dicht und die Flügeldecken etwas glänzend. Unterseite glänzend, sehr deutlich wie auch die Schenkel punktiert und behaart, Abdomen mit feinen Punkten. Metatarsus gleich dem oberen Enddorne, fast so lang wie 3 folgende Tarsenglieder. Als sicheres Unterscheidungsmerkmal der Geschlechter können die mehr oder weniger entwickelten Stirnhöcker, die stärkere oder schwächere Verengung des Halsschildes oder die Länge der Vorderschienen nicht gelten (Erichson), als solches kann meines Erachtens nur die stärker gezähnelte Leiste auf der Unterseite der Vordertibien beim ♂ in Betracht kommen. — L. 6,5—8 mm.

Mitteldeutschland, Alpen, Griechenland, Südeuropa, Kleinasien, Kaukasus.

395b. **A. (A.) obscurus bubulcus** Fald. 1835 *Aphodius b*, Faldermann in: N. Mém. Soc. Moscou, *v.* 4 p. 258 | 1913 *A. (Amidorus) obscurus* var. *b.*, Ad. Schmidt in: Arch. Naturg, *v.* 79 A fasc. 11 p. 148.

Thorax an den Seiten rötlich gesäumt, Flügeldecken rot, mit dunkler Naht.

Kaukasus.

395c. **A. (A.) obscurus purpureus** nom nov. Ad. Schmidt 1892 *Aphodius (Amidorus) o.* var. *dichrous* (non W. Schmidt 1840), Reitter in: Verh. Ver. Brünn, *v.* 30 p. 217.

Flügeldecken einfarbig rot oder rotbraun.

Vorkommen wie die Stammart.

396. **A. (A.) flavipennis** L. Müll. 1884 *Aphodius f.*, L. Miller in: Verh. Ges. Wien, *v.* 33 p. 265 | 1892 *A. (Amidorus) f.*, Reitter in: Verh. Ver. Brünn, *v.* 30 p. 217.

Außer der Färbung und dichteren Punktierung des Halsschildes von der vorigen Art verschieden durch sehr fein querrissige Zwischenräume, mit erloschenen, wenig deutlichen Punkten. — L. 6—7 mm.

Griechenland.

397. **A. (A.) atratellus** nom. nov. Ad. Schm. 1856 *Aphodius fimicola* (non Gebler 1833), Reiche & Saulcy in: Ann. Soc. ent. France, ser 3 *v.* 4 p. 402 | 1874 *A. f.*, Harold in: Berlin. ent. Z., *v.* 18 p. 183, 206 | 1892 *A. (Amidorus) f.*, Reitter in: Verh. Ver. Brünn, *v.* 30 p. 217.

Schwarz, Flügeldecken wenig glänzend, an der Spitze rotbraun, seltener sind es die ganzen Flügeldecken. Kopf sehr dicht, vorn leicht runzlig punktiert, Stirn gehöckert, Clipeus ausgerandet, jederseits stumpfwinklig. Thorax sehr dicht punktiert, Hinterwinkel stumpf abgerundet. Schildchen dicht punktiert. Flügeldecken mit feinen Streifen und undeutlichen Streifenpunkten. Flügeldecken auf dem Rücken und vor der Spitze konvex, Nahtstreif hinten tief eingedrückt, Zwischenräume chagriniert, neben den Streifen sehr dicht, in der Mitte weniger dicht punktiert. Metatarsus gleich dem oberen Enddorne, kürzer als 3 folgende Tarsenglieder. ♂. Tuberkel des Kopfes deutlicher entwickelt, besonders der mittelste, Metasternum grubig vertieft, fein punktiert. ♀. Tuberkel gleich schwach, Thorax nach vorn deutlich verschmälert, Metasternum nur mit Mittellinie, fein punktiert. — L. 4,5—6 mm.

Kleinasien, Syrien, Palästina, Türkei, Griechenland.

398. **A. (A.) umbrinus** W. Koshant. 1913 *A (Amidorus) u.*, W. Koshantschikov in: Rev. Ent. Russe, *v.* 13 p. 264.

Braungrau, vollkommen matt. Kopf halbkreisförmig, Clipeus leicht ausgerandet, Stirn mit 3 kleinen Höckerchen, überall fein, nicht dicht punktiert, Wangen vom Kopfschilde abgesetzt. Thorax flach gewölbt, gleichmäßig dicht, fein punktiert und vereinzelt behaart, ohne Seiten- und Basalrandung. Schildchen sehr dicht punktiert. Flügeldecken flach gekerbt-gestreift, Streifen matt, Zwischenräume flach, fein und sehr dicht, viel gedrängter als bei *A. (A.) tomentosus*-♀ punktiert und auch feiner, kürzer und viel dichter behaart. Metatarsus so lang wie 3 folgende Tarsenglieder und länger als oberer Enddorn. ♂ unbekannt. — L. 5 mm (ex Koshantschikov).

Mandschurei.

399. **A. (A.) tomentosus** (Müll.)

Diese Art zerfällt in 2 Unterarten:

399a **A. (A.) tomentosus tomentosus** (Müll.) 1776 *Scarabaeus t.* ♀, O. F. Müller, Zool. Dan. Prodr., p. 55 | 1792 *S. lutarius*, J. C. Fabricius, Ent. syst., *v.* 1 p. 35 | 1801 *Aphodius immundus*, J. C. Fabricius, Syst. Eleuth., *v.* 1 p. 77 | 1848 *A. lutarius*, Erichson, Naturg. Ins. Deutschl., Col. *v.* 3 p. 856 | 1874 *A. tomentosus*, Harold in: Berlin. ent. Z., *v.* 18 p. 183, 191 | 1892 *A. (Amidorus) t.*, Reitter in: Verh. Ver. Brünn, *v.* 30 p. 218 | 1894 *A. (A.) tunicatus* ♂, Reitter in: Ent. Nachr., *v.* 20 p. 188 | 1911 *A. (A.) tomentosus*, W. Koshantschikov in: Rev. Ent. Russe, *v.* 11 p. 24.

Durch die in beiden Geschlechtern verschiedene Skulptur, ferner durch die äußerst schwach entwickelten Wangen verschieden. ♂: (*A. (A.) tunicatus* Reitter), Kopf und Thorax schwarz, glänzend, unbehaart, Flügeldecken dunkel rotbraun, Basis und Spitze heller, schwach glänzend, behaart. Kopf flach, abgerundet, vorn abgestutzt, fein und dicht punktiert, Stirnnaht deutlich.

Thorax nach hinten verbreitert, fein und etwas stärker, seitlich viel dichter punktiert. Schildchen in beiden Geschlechtern fein punktiert, mit Längskiel an der Spitze. Flügeldecken fein gestreift, Zwischenräume leicht dachförmig erhöht, fein, nicht dicht punktiert. Metatarsus etwas länger als oberer Enddorn, fast so lang wie 3 folgende Tarsenglieder in beiden Geschlechtern. ♀. Oberseite schwarz, matt, Thorax und dunkel rotbraune Flügeldecken dicht behaart. Kopf sehr fein und dicht punktiert, Stirnnaht deutlich, Clipeus ausgerandet, jederseits gerundet. Thorax dicht, gleichmäßig punktiert, nach hinten gerundet erweitert. Flügeldecken mit glänzenden Streifen und fast flachen Zwischenräumen, fein chagriniert und ziemlich dicht und fein punktiert. — L. 5—6 mm.

Europa, Sibirien, Rußland.

399 b. **A. (A.) tomentosus modicus** A. Sem. 1899 *Aphodius t.* var. *m.*, A. Semenow in: Bull. Soc. Moscou, ser. 2 *v.* 12 p. 89 | 1913 *A. (Amidorus) t.* var. *m.*, Ad. Schmidt in: Arch. Naturg., *v.* 79 A fasc. 11 p. 148.

Diese Unterart unterscheidet sich von *A. (A.) tomentosus tomentosus*-♂ durch weniger feine Punktierung des Halsschildes, besonders in der Mitte, durch mattere Flügeldecken, mit mehr flacheren Zwischenräumen; diese sind auf dem Rücken feiner punktiert, dichter und reichlicher vor der Spitze behaart (ex A. Semenow).

Rußland.

400. **A. (A.) zangi** Ad. Schm. 1906 *A. (Amidorus) z.*, Ad. Schmidt in: D. ent. Z., p. 411.

Glänzend, Kopf und Thorax ohne die Seiten schwarz, Flügeldecken rotbraun. Kopf mit schwacher Beule, vorn rauh, hinten einfach, aber sehr deutlich punktiert, Stirn ohne Höcker, Clipeus leicht ausgerandet, jederseits etwas stumpf, Wangen die Augen überragend. Thorax vorn schmaler, kurz bewimpert, Hinterwinkel stumpf abgerundet, Basis kräftig gerandet, oberseits sehr dicht, feiner und größer, sehr deutlich punktiert. Schildchen größtenteils punktiert, Spitze glatt. Zwischenräume mit deutlichen Streifen, ihre Zwischenräume schwach konvex, etwas feiner als die größeren Punkte des Halsschildes und an der Spitze sehr dicht punktiert. Metasternum an den Seiten, in der Mitte und das Abdomen ziemlich dicht punktiert. Beine hellbraun. Metatarsus gleich dem oberen Enddorne, ungefähr so lang wie 2 folgende Tarsenglieder. — L. 5 mm.

Orenburg.

401. **A. (A.) ibericus** Har.

Diese Art zerfällt in 2 Unterarten:

401 a. **A. (A.) ibericus ibericus** Har. 1874 *Aphodius i.*, Harold in: Berlin. ent. Z., *v.* 18 p. 184, 203 | 1892 *A. (Amidorus) i.*, Reitter in: Verh. Ver. Brünn, *v.* 30 p. 218.

Länglich, gewölbt, wenig glänzend, schwarz, Flügeldecken schwarz- oder schwarzbraun, Spitze etwas heller. Kopf rauh punktiert, Hinterkopf einfach, feiner, Stirn mit kleinen, mehr oder weniger deutlichen Höckerchen, Clipeus deutlich ausgerandet, Ecken stumpfwinklig, Wangen abgerundet, vorstehend. Thorax nach vorn gerundet verengt, sehr dicht, mittelstark und wenig ungleich punktiert, Hinterwinkel stumpf abgerundet, Basalrandung fein. Schildchen dicht punktiert. Flügeldecken deutlich gestreift, Zwischenräume schwach konvex, dicht, wenig feiner als der Thorax punktiert, Nahtstreif zur Spitze deutlich vertieft. — L. 4 mm.

Spanien, Balearen, Morea, Algier.

401 b. **A. (A.) ibericus basilicatus** Fiori 1907 *A. (Calamosternus) b.*, Fiori in: Natural. Sicil., *v.* 19 p. 118 | 1913 *A. (Amidorus) ibericus* var. *b.*, Ad. Schmidt in: Arch. Naturg., *v.* 79 A fasc. 11 p. 148.

Flügeldecken mit querer, rötlicher Makel im 3.—5. Zwischenraume vor der Spitze. — L. 4 mm.

Italien.

402. **A. (A.) cribrarius** Brullé

Diese Art zerfällt in 3 Unterarten:

402 a. **A. (A.) cribrarius cribrarius** Brullé 1832 *Aphodius c.*, Brullé in: Exp. Morée, *v.* 3 I Sect. 2 p. 171 t. 38 f. 11 | 1840 *A. dalmatinus*, W. Schmidt in: Z. Ent. Germar, *v.* 2 p. 130 | 1859 *A. cribrarius* var. *obscurus*, Kiesenwetter in: Berlin. ent. Z., *v.* 3 p. 188 | 1874 *A c.*, Harold in: Berlin. ent. Z., *v.* 18 p. 184, 199 | 1892 *A. (Amidorus) c.*, Reitter in: Verh. Ver. Brünn, *v.* 30 p. 217.

Durch fast so groß wie der Thorax punktierte Flügeldecken verschieden. Schwarz, glänzend. Kopf und Thorax sehr dicht punktiert. Flügeldecken fein gestreift, mit nicht wahrnehmbaren Streifenpunkten, Zwischenräume groß und dicht, längszusammenfließend punktiert. Metatarsus länger als oberer Enddorn, gleich den 3 folgenden Tarsengliedern. — L. 6—6,5 mm.

Griechenland, Syrien, Dalmatien, Türkei, Kaukasus.

402 b. **A. (A.) cribrarius immaturus** Muls. 1842 *A. c.* var. *i.*, E. Mulsant, Hist. nat. Col. France, Lamell. p. 263 | 1913 *A. (Amidorus) c.* var. *i.*, Ad. Schmidt in: Arch. Naturg., *v.* 79 A fasc. 11 p. 149.

Ganze Oberseite kastanienbraun.

Frankreich.

402 c. **A. (A.) cribrarius purpuripennis** Reitt. 1892 *A. (Amidorus) c.* var. *p.*, Reitter in: Verh. Ver. Brünn, *v.* 30 p. 217.

Flügeldecken rot.

Vorkommen mit der Stammart.

403. **A. (A.) stupidus** Horn 1870 *Aphodius s.*, G. Horn in: Tr. Amer. ent. Soc., *v.* 3 p. 125 | 1874 *A. s.*, Harold in: Berlin. ent. Z., *v.* 18 p. 184, 204 | 1887 *A. s.*, G. Horn in: Tr. Amer. ent. Soc., *v.* 14 p. 27 | 1913 *A. (Amidorus) s.*, Ad. Schmidt in: Arch. Naturg., *v.* 79 A fasc. 11 p. 149.

Schwarz, Flügeldecken dunkel rotbraun, Spitze heller, mit hellerer Quermakel im 3.—5. Zwischenraume vor derselben. Kopf vorn fein, hinten deutlicher, nicht sehr dicht punktiert, Stirn mit 3 kleinen Tuberkeln, Clipeus ausgerandet, jederseits etwas stumpf gerundet. Thorax ziemlich dicht, gleichmäßig punktiert, Hinterwinkel stumpf, mit abgerundeter Spitze. Schildchen mit einigen feinen Punkten. Flügeldecken behaart, fein gestreift, Zwischenräume flach, deutlich punktiert, wie quergerunzelt. Metatarsus deutlich länger als oberer Enddorn, so lang wie 3 folgende Tarsenglieder. — L. 4—5 mm.

Östliches Nordamerika, Nordcarolina, Georgia, Brasilien.

404. **A. (A.) thermicola** Sturm

Diese Art zerfällt in 2 Unterarten:

404 a. **A. (A.) thermicola thermicola** Sturm 1800 *Aphodius t.*, Jac. Sturm, Ent. Handb., *v.* 1 p. 44 t. 2 f. T (Gesamtbild) | 1805 *A. obscurus*, Panzer, Fauna Ins. Germ., *v.* 91 nr. 1 | 1848 *A. thermicola*, Erichson, Naturg. Ins. Deutschl., Col. *v.* 3 p. 854 | 1874 *A. t.*, Harold in: Berlin. ent. Z., *v.* 18 p. 184, 201 | 1892 *A. (Amidorus) t.*, Reitter in: Verh. Ver. Brünn, *v.* 30 p. 217.

Glänzend, schwarz, Flügeldecken meistens dunkelbraun, nach den Rändern zu heller. Kopf dicht punktiert, Stirn mit 3 Tuberkeln, Clipeus ausgerandet, jederseits abgerundet. Thorax dicht, seitlich sehr dicht punktiert. Schildchenbasis fein punktiert. Flügeldecken fein, aufstehend behaart, fein gestreift, Zwischenräume eben, dicht und fast so groß wie der Thorax punktiert. Metatarsus gleich dem oberen Enddorne und den 3 folgenden Tarsengliedern. ♂. Kopf und Thoraxmitte fein punktiert, Enddorn der Vordertibien kräftig, herabgebogen, Thorax nur vorn verengt, Metasternalplatte vertieft. ♀. Kopf stärker, Thorax gleichmäßig stark punktiert, vorn deutlich schmaler, Enddorn schlank, nach vorn gerichtet, Metasternalplatte nur mit Mittellinie. — L. 6—7 mm.

Europa, Asien.

404b. A. (A.) **thermicola meridionalis** Muls. 1800 *Aphodius t.* var. β, Jac. Sturm, Ent. Handb., *v.* 1 p. 44 | 1842 *A t.* var. *meridionalis*, E. Mulsant, Hist. nat. Col. France, Lamell p. 265 | 1908 *A. (Amidorus) t.* var. *m.*, Ad. Schmidt in: D. ent. Z., suppl. p. 82.

Flügeldecken rotbraun, Spitze heller.

Vorkommen mit der Stammart.

405. **A. (A.) salebrosus** Ad Schm. 1911 *Aphodius s.*, Ad. Schmidt in: Ent. Zeit. Stettin, *v.* 72 p. 22 | 1913 *A. (Amidorus) s.*, Ad. Schmidt in: Arch. Naturg., *v.* 79 A fasc. 11 p. 149.

Durch geringe Größe und gleichmäßig hell rotbraune Färbung ausgezeichnet. Oberseits wenig glänzend, behaart. Kopf wie Thorax sehr dicht punktiert, Clipeus ausgerandet, jederseits abgerundet. Hinterwinkel am Thorax stumpf, Basis ungerandet. Flügeldecken hinten wenig breiter, Zwischenräume konvex, sehr rauh punktiert, auch die Naht, 2-reihig kurz behaart. Metatarsus länger als oberer Enddorn, gleich den 3 folgenden Tarsengliedern. — L. 3 mm.

Maschonaland.

406 **A. (A.) latecrenatus** Bates 1887 *Aphodius l.*, H. Bates in: Biol. Centr.-Amer., Col. *v.* 2II p. 86 t. 6 f. 13 (Gesamtbild) | 1913 *A. (Amidorus) l.*, Ad. Schmidt in: Arch. Naturg., *v.* 79 A fasc. 11 p 149.

Von allen Arten des Subgen. *Amidorus* Muls. durch ausgerandete Hinterwinkel des Halsschildes und die hellgefleckten Flügeldecken verschieden. Schwärzlich, wenig glänzend, Kopf und Thorax an den Seiten, letzterer auch an der Basis heller, Flügeldecken mit unbestimmten rötlichen Makeln, die zuweilen die ganzen Flügeldecken einnehmen. Kopf sehr fein und dicht punktiert, mit Mittelerhöhung, Clipeus schwach ausgerandet, jederseits stumpf gerundet. Thorax stärker, zusammenfließend punktiert. Schildchen mit gedrängten Punkten. Flügeldecken mit Schulterdorn und sehr deutlich kerbenden Streifenpunkten, Zwischenräume konvex, dicht zusammenfließend punktiert und kurz behaart. Unterseite und Schenkel dicht fein punktiert und behaart. Metatarsus länger als oberer Enddorn und als die 3 folgenden Tarsenglieder. — L. 3,5—5 mm.

Guatemala.

407. **A. (A.) armatulus** Fairm. 1893 *Aphodius a.*, L. Fairmaire in: Ann. Soc. ent. Belgique, *v.* 37 p. 148 | 1913 *A. (Amidorus) a.*, Ad. Schmidt in: Arch. Naturg., *v.* 79 A fasc. 11 p. 148.

Gewölbt, glänzend, hell rotbraun, Kopf und Thorax etwas dunkler, Vorderrand des Kopfes und Thoraxseiten heller, letztere in der Mitte mit dunklem Fleck. Kopf neben den Rändern deutlich abgesetzt, die Mitte desselben mit Erhöhung, er ist deutlich und dicht, neben dem Rande etwas rauh punktiert, Clipeus mit 2 scharfen, deutlichen Zähnen, Wangen stumpfrundlich, vorstehend. Thorax quer, deutlich verengt, die wenig gerundeten Seiten und die stumpfen Hinterwinkel gerandet, letztere deutlicher als die Basis, oberseits mittelstark, dicht, neben den Seiten etwas feiner und dichter punktiert. Schildchen schmal dreieckig, an der Basis etwas rauh punktiert, Mitte schwach längserhöht. Streifenpunkte der Flügeldecken wenig deutlich, Zwischenräume schwach konvex, querfaltig punktiert, nach der Spitze zu feiner, ziemlich dicht, hier die Zwischenräume aber flach. Die Enddorne der Hintertibien gleichlang, etwas länger als der Metatarsus, dieser nicht so lang wie 2 folgende Tarsenglieder. Unterseite und Beine hell rotbraun, Abdomen in Querreihen punktiert und behaart, Metasternum in der Mitte schwach vertieft, an den Rändern mit Punktreihe. — L. 3 mm.

Somaliland.

408. **A. (A.) dentellus** Ad. Schm. 1908 *Aphodius d.*, Ad. Schmidt in: Soc. ent., *v.* 23 p. 54 | 1913 *A. (Amidorus) d.*, Ad. Schmidt in: Arch. Naturg., *v.* 79 A fasc. 11 p. 148.

Hell rotbraun, Thoraxscheibe wenig dunkler. Kopf deutlich punktiert, mit Längsbeule, davor niedergedrückt, Stirnlinie wenig deutlich, Clipeus jederseits der Ausrandung mit spitzem Zähnchen. Thorax ziemlich dicht, nach vorn etwas feiner punktiert, Hinterwinkel schwach abgestutzt. Schildchen runzlig punktiert. Flügeldecken mit feinen Punktstreifen, Zwischenräume flach, zur Spitze leicht gewölbt und querfaltig, deutlich, aber nicht dicht punktiert, die Seiten sind niederliegend behaart. Metatarsus gleich dem obern Enddorne, etwas länger als 2 folgende Tarsenglieder. — L. 4—5 mm.

Kap.

409. **A. (A.) ragusae** Reitt. 1892 *A. (Amidorus) r.*, Reitter in: Verh. Ver. Brünn, *v.* 30 p. 216.

Schwarz, Flügeldecken braunrot, glänzend. Kopf dicht und stark, vorn runzlig punktiert, Clipeus tief ausgerandet, jederseits mit stumpfer Ecke, Stirnlinie undeutlich. Thorax nach vorn verengt, dicht und stark, an den Seiten gedrängt punktiert. Schildchen unpunktiert. Flügeldecken hinten breiter, die Streifen breit und flach, mit scharfen Rändern, zur Spitze mehr vertieft, die Zwischenräume flach, dicht, an der Spitze stärker, fast runzlig punktiert. — L. 6,5 mm (ex Reitter).

Sizilien.

410. **A. (A.) porcus** (F.)

Diese Art zerfällt in 3 Unterarten:

410a. **A. (A.) porcus porcus** (F.) 1792 *Scarabaeus p.*, J. C. Fabricius, Ent. syst., *v.* 1 p. 26 | 1796 *S. anachoreta*, Panzer, Fauna Ins. Germ., *v.* 35 nr. 1 | 1802 *S. turpis*, Marsham, Ent. Brit., *v.* 1 p. 15 | 1848 *Aphodius porcus*, Erichson, Naturg Ins. Deutschl., Col. *v.* 3 p. 855 | 1870 *A. (Amidorus „groupe" Sigorus) p.*, E. Mulsant in: Ann. Soc. Agric. Lyon, ser. 4 *v.* 2 p. 495 | 1874 *Aphodius p.*, Harold in: Berlin. ent. Z., *v.* 18 p. 184, 202 | 1892 *A. (Amidorus) p.*, Reitter in: Verh. Ver. Brünn, *v.* 30 p. 218.

Biologie: 1869, 1870 A. Chapman in: Ent. monthly Mag., *v.* 5 p. 275; *v.* 6 p. 230 (Über Brutablage).

Schwarz, wenig glänzend, Flügeldecken dunkel rotbraun, mit hellerer Spitze. Kopf leicht rauh punktiert, Clipeus sehr schwach ausgerandet, jederseits breit gerundet, Wangen schmal, nicht vorstehend. Thorax dicht, seitlich sehr dicht, fast gleichmäßig fein punktiert, mit kurzer Mittellinie. Schildchenspitze glatt. Flügeldecken mit deutlichen Streifen, ihre Ränder kantig erhaben, Zwischenräume flach, längsrissig punktiert. Metatarsus gleich dem obern Enddorne und 2 folgenden Tarsengliedern. ♂. Stirnhöcker gleich hoch, wenig entwickelt, Thorax nach vorn deutlich verschmälert, Seiten wenig herabgewölbt, Scheibe etwas zerstreuter punktiert. ♀. Mittelhöcker stärker entwickelt, Thorax mehr herabgewölbt, nur vorn gerundet verschmälert, Hinterwinkel mehr abgerundet, Hinterschenkel mehr verbreitert. — L. 5 mm.

Europa.

410 b **A. (A.) porcus ruficrus** (Marsham) 1802 *Scarabaeus r.*, Marsham, Ent. Brit., *v.* 1 p. 16 | 1908 *Aphodius (Amidorus) porcus* var *r.*, Ad. Schmidt in: D. ent. Z., suppl. p. 59

Flügeldecken hellrot, ebenso die Beine. Streifen der Flügeldecken punktiert.

Vorkommen mit der Stammart.

410 c. **A. (A.) porcus haemorrhoideus** Muls. 1842 *Aphodius p.* var *h.*, E. Mulsant, Hist. nat. Col France, Lamell. p. 267 | 1908 *A (Amidorus) p.* var *h.*, Ad. Schmidt in: D. ent. Z., suppl. p. 59.

Hinterleib mit rotem Analsegment.

Vorkommen mit der Stammart.

411. **A. (A.) subsericeus** Ball. 1878 *Aphodius s.*, Ballion in: Bull. Soc. Moscou, *v.* 53 I p. 283 | 1909 *A. (Amidorus) impolitus*, Ad. Schmidt in: Not. Leyden Mus., *v.* 31 p. 104 | 1913 *A (A.) subsericeus*, Ad. Schmidt in: Arch. Naturg., *v.* 79 A fasc. 11 p. 148

Den matten Exemplaren des *A. (A.) obscurus* F. (nr. 395) sehr ähnlich, aber in folgenden Punkten verschieden: Gestalt schlanker, Clipeus deutlich tiefer ausgerandet, dahinter tiefer eingedrückt, Ecken jederseits lappig hervorstehend, Punkte des Kopfes und Halsschildes feiner, auf der Scheibe des letzteren zerstreuter punktiert, vor dem Schildchen mit vertiefter Linie, die flachen Zwischenräume der Flügeldecken sehr fein chagriniert, mit kaum wahrnehmbaren Punkten, auch auf der Schulter, die bei *A. (A.) obscurus* F. immer deutlich und dicht punktiert ist. Metatarsus etwas länger als oberer Enddorn, etwas kürzer als 3 Tarsenglieder. ♂. Enddorn der Vordertibien kräftig, stumpfspitzig, länger als 2 Tarsenglieder. ♀. Enddorn schlank, scharfspitzig, kürzer als 2 Tarsenglieder. — L. 6—7 mm.

Ungarn, Ostturkestan.

412. **A. (A.) lutulentus** Hald. 1843 *Aphodius l.*, S. S. Haldeman in: P. Ac. Philad., *v.* 1 p. 304 | 1874 *A. l.*, Harold in: Berlin. ent. Z., *v.* 18 p. 184, 196 | 1887 *A. l.*, G. Horn in: Tr. Amer. ent. Soc., *v.* 14 p. 26 | 1913 *A. (Amidorus) l.*, Ad. Schmidt in: Arch Naturg., *v.* 79 A fasc. 11 p. 148.

Von der vorigen Art außer dem gezahnten Clipeus durch Skulptur der Flügeldecken verschieden. Schwarz, Kopf und Thorax glänzend, Flügeldecken matt, mit feiner Behaarung. Clipeus kräftig gezahnt, Kopf und Thorax dicht, kaum mittelstark, aber gleichmäßig punktiert, Hinterwinkel stumpf. Schildchen vereinzelt, deutlich punktiert. Flügeldecken fein gestreift, Zwischenräume ganz flach, chagriniert und raspelartig punktiert. Metatarsus deutlich länger als oberer Enddorn, so lang wie 2 folgende Tarsenglieder. ♂. Stirnhöcker schwach, aber deutlicher als beim ♀, Enddorn der Vordertibien stark, messerförmig, so lang wie 3 Tarsenglieder, unterer Enddorn der Mitteltibien kurz und stumpf, Hinterschenkel in der Basalhälfte ausgerandet, die Ausrandung bildet mit der Hinterkante einen deutlichen Winkel, Hintertibien verbreitert. ♀. Enddorn, Hinterschenkel und Tibien normal. — L. 5,5—7 mm.

Nordamerika.

413. **A. (A.) granulatus** Boh. 1857 *Aphodius g.*, Boheman, Ins. Caffr, *v.* 2 p. 342 | 1874 *A. g.*, Harold in: Berlin. ent. Z., *v.* 18 p. 184, 197 | 1913 *A (Amidorus) g.*, Ad Schmidt in: Arch. Naturg, *v.* 79 A fasc. 11 p. 148.

Zeichnet sich durch rauhe Chagrinierung der Flügeldecken aus. Wenig glänzend, Thorax und Flügeldecken sehr kurz niederliegend behaart, gelbbraun, Kopf-, Thorax- und Flügeldeckenseiten heller. Kopf fein, nicht sehr dicht, hinter der Stirnlinie deutlicher und gedrängter punktiert, mit Längserhöhung, Stirnnaht seitlich erhaben, Clipeus schwach ausgerandet, jederseits gerundet. Thorax sehr dicht, zusammenfließend, nicht stark punktiert, Hinterwinkel stumpf abgerundet. Schildchen dicht punktiert. Flügeldecken mit feinen, im Grunde glänzenden Streifen. Metatarsus so lang wie die Enddorne. — L. 7 mm.

Kaffrarien, Südafrika.

Die folgenden Arten konnten nach ihrer Beschreibung in obiger Tabelle nicht untergebracht werden:

414. **A. (A.) opacus** L. Lec 1872 *Aphodius o.*, L. LeConte in: Col. Hefte, *v.* 9 & 10 p. 193 | 1887 *A o.*, G. Horn in: Tr Amer. ent. Soc., *v.* 14 p. 25 | 1913 *A. (Amidorus) o.*, Ad. Schmidt in: Arch. Naturg., *v.* 79 A fasc. 11 p. 149.

Länglich, mäßig kräftig, schwarz, matt, nur die Naht glänzend. Kopf fein und ziemlich dicht punktiert, ohne Tuberkeln, Clipeusecken stumpfwinklig. Thorax mit glatter Mittellinie, etwas dicht und fein punktiert. Flügeldecken mit kleinem Schulterdorn, mäßig tief gestreift, mit undeutlichen Streifenpunkten, Zwischenräume flach, chagriniert, unpunktiert. Metatarsus reichlich so lang wie 3 folgende Tarsenglieder. — L. 5,5—6 mm (ex G. Horn).

Vancouver-Insel, Kalifornien.

415. **A. (A.) lentus** Horn 1870 *Aphodius l.*, G. Horn in: Tr. Amer ent. Soc., *v.* 3 p. 125 | 1887 *A. l.*, G Horn in: Tr. Amer ent. Soc., *v.* 14 p. 27 | 1913 *A. (Amidorus) l.*, Ad. Schmidt in: Arch. Naturg., *v.* 79 A fasc. 11 p. 149

Länglich oval, schwach konvex, rotbraun, wenig glänzend, fein behaart, Kopf und Thorax etwas dunkler. Kopf mit Spuren von Tuberkeln, dicht punktiert, vorn und seitlich mehr glatt, Clipeus sehr leicht ausgerandet, jederseits gerundet. Thorax vorn schmaler, Hinterwinkel stumpf, mäßig dicht, in der Mitte zerstreuter punktiert. Streifenpunkte der Flügeldecken deutlich, Zwischenräume leicht konvex, fast ebenso groß wie die Streifen punktiert. Metatarsus so lang wie 3 folgende Tarsenglieder. — L. 3,5—4 mm (ex G. Horn).

Pennsylvanien, Georgia, Illinois, Massachusetts, Kansas.

416. **A. (A.) decipiens** Horn 1887 *Aphodius d.*, G Horn in: Tr. Amer. ent. Soc., *v.* 14 p. 28 | 1913 *A. (Amidorus) d.*, Ad. Schmidt in: Arch. Naturg., *v.* 79 A fasc. 11 p. 149.

Mäßig lang, Seiten parallel, rotbraun, matt. Kopf fein und dicht punktiert, Stirn ungehöckert, Clipeus ausgerandet, jederseits zahnartig. Thorax mit gebogenen Seiten, vorn nicht verschmälert, Basis deutlich gerandet, oberseits deutlich und dicht punktiert, zerstreuter und feiner nach vorn, der Grund zwischen den Punkten ist etwas rauh. Schultern leicht gezahnt, Flügeldecken hinten wenig breiter, deutlich punktiert-gestreift, die konvexen Zwischenräume wenig breiter als die Streifen. Metatarsus so lang wie 3 folgende Tarsenglieder. — L. 3,5 mm (ex G. Horn).

Nevada.

417 **A. (A.) glyptus** Bates 1887 *Aphodius g*, H Bates in: Biol. Centr.-Amer., Col. *v.* 2II p. 86 t. 6 f. 12 (Gesamtbild) | 1913 *A. (Amidorus) g.*, Ad. Schmidt in: Arch. Naturg., *v.* 79 A fasc. 11 p. 149.

Schwarz, wenig glänzend, sehr kurz behaart. Kopf fein punktiert, Clipeus jederseits stumpf gerundet. Thorax sehr dicht, gleichmäßig punktiert, Hinterwinkel stumpf. Streifen der Flügeldecken glänzend, Zwischenräume eben und chagriniert. — L. 5 mm (ex H. Bates).

Mexiko.

In dieses Subgen. gehört vielleicht auch folgende Art:

418. **A. (A.) minusculus** Fairm. 1893 *Aphodius m.*, L. Fairmaire in: Ann. Soc. ent. Belgique, *v.* 37 p. 148.

Dem *A. (Amidorus) armatulus* Fairm. (nr. 407) sehr ähnlich, aber kleiner, mehr gelblich, Clipeus seitlich mit weniger scharfem Winkel, Thorax weniger dicht punktiert, Flügeldecken weniger stark gestreift, Zwischenräume schwächer querfaltig (ex L. Fairmaire).

Somali-Land.

xx) Subgen. **Koshantschikovius** Ad. Schmidt

1913 *Aphodius (K.)*, Ad. Schmidt in: Arch. Naturg., *v.* 79 A fasc. 11 p. 149.

Mittelgroße oder kleinere Arten, einfarbig kastanien- oder rotbraun, glänzend, fast immer unbehaart, Kopf ungehöckert, mit deutlicher Stirnlinie, Thorax auch in der Mitte selten deutlich punktiert, an der Basis gerandet, Flügeldecken meistens nur fein gestreift, Schildchen dreieckig, Endborsten der Hintertibien ungleich.

Länglich, mäßig gewölbt. Kopf kurz und breit, vorn ausgerandet, punktiert, Stirnlinie vertieft oder erhöht, Wangen gewöhnlich deutlich die Augen überragend. Thorax quer, meistens geradlinig nach hinten erweitert und nur seitlich punktiert. Flügeldecken feiner oder stärker gestreift, mit undeutlichen Streifenpunkten und schwach konvexen Zwischenräumen. Unterseite etwas heller, fein punktiert, Abdomen dichter punktiert und behaart. Vordertibien auf der Oberseite dicht und deutlich punktiert. (*A. (K.) fucosus* Ad. Schm. und *A. (K.) concavus* Say (nr. 423, 424) ausgenommen.)

Hierher gehören 8 sichere Arten aus Afrika, Amerika, Hinterindien und zwei im Subgenus unsichere aus Amerika (nr. 419—428).

Bestimmungstabelle der Arten:

1	Thorax auf der Scheibe nicht oder wenig zerstreuter als seitlich punktiert — 2	
	Thorax nur an den Seiten deutlich punktiert — 3	
2	Thorax ganz gleichmäßig fein punktiert, Flügeldecken nicht vollglänzend, Zwischenräume schwach gewölbt, an der Spitze flach, dicht punktiert . . .	425. **A. (K.) substriatus**
	Thorax in der Mitte wenig feiner und zerstreuter punktiert, Flügeldecken glänzend, Zwischenräume deutlich konvex, Spitze nur vereinzelt punktiert .	426. **A. (K.) anceps**

3	Kopf mit stark vertiefter Stirnlinie, Ränder nicht bewimpert — 4	
	Kopf mit erhabener Stirnlinie, besonders seitlich, Kopfränder deutlich bewimpert — 7	
4	Körper kurz und breit — 5	
	Körper länglicher (amerikanische Arten) — 6	
5	Stirnlinie auffallend tief eingedrückt, Flügeldecken ohne Schulterdorn, Zwischenräume konvex, Metatarsus so lang wie 3 folgende Tarsenglieder . .	419. **A. (K.) andrewesi**
	Stirnlinie nicht auffallend tief eingedrückt, Flügeldecken mit Dorn, Zwischenräume flach, Metatarsus kürzer als 3 folgende Tarsenglieder	420. **A. (K.) haematicus**
6	Hintertibien kurz, zur Spitze deutlich verbreitert, Metatarsus kürzer als 3 folgende Tarsenglieder .	421. **A. (K.) rubeolus**
	Hintertibien schlank, 1. Glied der Hintertarsen länger als die 3 folgenden Glieder	422. **A. (K.) stercorosus**
7	Clipeus jederseits mit Zähnchen	423. **A. (K.) fucosus**
	Clipeus jederseits abgerundet	424. **A. (K.) concavus**

419. **A. (K.) andrewesi** Ad. Schm. 1908 *A. a.*, Ad. Schmidt in: Ent. Wochenbl., *v.* 25 p. 46 | 1913 *A. (Koshantschikovius) a.*, Ad. Schmidt in: Arch. Naturg., *v.* 79 A fasc. 11 p. 149.

Kastanienbraun, Hinterkopf und Thorax angedunkelt. Kopf nach vorn gerade verengt, an den Rändern verflacht, fein punktiert, Clipeus ausgerandet, jederseits etwas stumpf abgerundet, Wangen vom Kopfrande abgesetzt, wenig vorstehend. Thorax gerundet verengt, quer, die Mitte äußerst fein, seitlich etwas größer punktiert, Hinterwinkel stumpf abgerundet. Schildchen dunkel gerandet. Flügeldecken zuweilen auf der Scheibe angedunkelt, 1. Zwischenraum bleibt dann aber heller, sie sind sehr fein gestreift, Streifenpunkte an der Spitze und den Seiten etwas deutlich, Zwischenräume schwach gewölbt, zur Spitze mehr eben, fein und zerstreut punktiert. Unterseite hellbraun, Hinterbrust an den Seiten und das Abdomen dicht punktiert und behaart. Schenkel vereinzelt punktiert. Metatarsus länger als oberer Enddorn, fast so lang wie 3 folgende Tarsenglieder. — L. 3,5—5 mm.

Ostindien.

420. **A. (K.) haematicus** Boh. 1857 *A. h.*, Boheman, Ins. Caffr., *v.* 2 p. 349 | 1913 *A (Koshantschikovius) h.*, Ad. Schmidt in: Arch. Naturg., *v.* 79 A fasc. 11 p. 150.

Hell kastanienbraun, sehr glänzend. Kopf vereinzelt fein punktiert, nach vorn geradlinig verengt, Clipeus kaum ausgerandet, Wangen nicht vorstehend. Thorax mehr geradseitig nach vorn verengt, mikroskopisch fein punktiert, seitlich mit einzelnen größeren Punkten, die hinter dem Vorderrande etwas höher hinauf stehen, aber die Mitte nicht erreichen, Hinterwinkel stumpf. Flügeldecken zur Mitte schwach verbreitert, fein gestreift, Streifenpunkte flach, aber deutlich, Zwischenräume eben, fein und zerstreut punktiert. Unterseite gleichfarbig, vereinzelt punktiert und behaart. Metatarsus länger als oberer Enddorn, kürzer als 3 folgende Tarsenglieder. — L. 4 mm.

Kaffrarien.

421 **A. (K.) rubeolus** Palis. 1805 *A. r*, Palisot, Ins. Afr. Amér., fasc. 1 p. 90 t. 2 f. 4 (Gesamtbild) | 1844 *A. copronymus*, Melsheimer in P Ac. Philad., *v.* 2 p. 136 | 1887 *A. rubeolus*, G Horn in: Tr Amer ent. Soc., *v.* 14 p. 34 | 1913 *A. (Koshantschikovius) r.*, Ad. Schmidt in: Arch. Naturg, *v.* 79 A fasc. 11 p. 149.

Von schmalerer Gestalt als die vorigen Arten, heller kastanienbraun. Kopf flachbogig verengt, fein und sehr zerstreut punktiert, an den Rändern schmal verflacht, Clipeus leicht ausgerandet, jederseits etwas stumpfwinklig, Wangen nicht vorstehend. Thorax nach hinten wenig gerundet erweitert, sehr fein punktiert, nach den Seiten zu etwas größer, Hinterwinkel stumpf abgerundet, Basis sehr fein gerandet. Schildchen sehr schmal dreieckig, dunkel gerandet. Flügeldecken deutlich gestreift, Streifenpunkte flach, Zwischenräume eben, fein punktiert. Hinterschenkel und Hintertibien stark verbreitert, oberer Enddorn so lang wie 1. Tarsenglied, dieses den 2 folgenden Gliedern gleich. L. 3,5—5 mm.

Südcarolina, Mittelstaaten bis Texas, Massachusetts.

422. **A. (K.) stercorosus** Mels. 1844 *A. s.*, Melsheimer in P Ac. Philad., *v.* 2 p. 136 | 1887 *A. s.*, G Horn in Tr. Amer. ent. Soc., *v.* 14 p. 35 | 1913 *A. (Koshantschikovius) s.*, Ad. Schmidt in: Arch. Naturg., *v.* 79 A fasc. 11 p. 150.

In Gestalt und Färbung der vorigen Art gleich, Kopf und Thorax in der Mitte dunkler, zuweilen auch die Scheibe der Flügeldecken. Unterscheidet sich durch deutlichere Streifenpunkte, schlankere Schenkel und Hintertibien und durch das viel längere 1. Glied der Hintertarsen, welches die 3 folgenden an Länge überragt. — L. 3,5—4,5 mm.

Pennsylvanien, Osten der Vereinigten Staaten.

423. **A. (K.) fucosus** nom. nov Ad. Schm 1859 *A. rubidus* (non Olivier 1789), T. Le Conte in: Rep. Expl. Railroad Pacif. Ocean, *v.* 1 App. pars. 3 nr. 1 p. 41 | 1887 *A r.*, G. Horn in. Tr. Amer. ent. Soc., *v.* 14 p. 37 | 1913 *A. (Koshantschikovius) r.*, Ad. Schmidt in: Arch. Naturg., *v.* 79 A fasc. 11 p. 149

Durch die Größe von den vorhergehenden Arten unterschieden. Kastanienbraun, einfarbig. Kopf gerundet nach vorn verengt, Rand deutlich bewimpert, fein punktiert, Stirnlinie seitlich etwas erhaben, Clipeus rundlich ausgerandet, jederseits mit zahnartiger Spitze, Wangen stumpf, die Augen überragend. Thorax vorn schmaler, fein punktiert, an den Seiten mit zahlreichen größeren Punkten, Hinterwinkel rundlich, Basis deutlich gerandet. Schildchen einzeln punktiert. Flügeldecken hinten sehr wenig breiter, deutlich punktiert-gestreift, Zwischenräume schwach konvex, sehr fein und vereinzelt punktiert, der 5., 6. und 8. vor der Spitze verkürzt. Seiten der Hinterbrust und das Abdomen ziemlich dicht punktiert und behaart. Schenkel ziemlich dicht bewimpert, Metasternalplatte an den Seiten aufstehend behaart. Unterer Enddorn der Mitteltibien stumpf, mit umgebogener Spitze beim ♂, oberer Enddorn der Hintertibien reichlich so lang wie das 1. Tarsenglied, dieses etwas kürzer als die 3 folgenden Glieder. — L. 6—9 mm.

Kalifornien, Arizona.

424. **A. (K.) concavus** Say 1823 *A. c.*, Say in: J. Ac. Philad., *v.* 3 p. 214 | 1848 *A. laevigatus*, S S Haldeman ibid., ser 2 *v.* 1 p. 103 | 1887 *A. concavus*, G. Horn in: Tr. Amer. ent. Soc., *v.* 14 p. 37 | 1913 *A (Koshantschikovius) c.*, Ad. Schmidt in: Arch. Naturg., *v.* 79 A fasc. 11 p. 149.

Weicht von der vorigen Art nur durch ungezähnten Clipeus, zerstreutere Punkte auf Kopf und Thorax und längeres 1. Glied der Hintertarsen ab, dieses den 3 folgenden Gliedern gleich, oberer Enddorn der Hintertibien kaum so lang wie das 1. Tarsenglied. Geschlechtsmerkmale dieselben. — L. 8—8,5 mm.

Rocky Mountains, Georgia bis Missouri, Colorado, Mittel- und Südstaaten.

425. **A. (K.) substriatus** Ad. Schm. 1911 *A. s.*, Ad Schmidt in: Soc. ent., *v.* 26 p. 48 | 1913 *A. (Koshantschikovius) s.*, Ad. Schmidt in: Arch. Naturg., *v.* 79 A fasc. 11 p. 149.

Kastanienbraun, Kopf hinten und Thoraxscheibe dunkler, Thorax und Kopf mehr glänzend als die Flügeldecken, letztere sehr kurz und fein behaart. Kopf von den Wangen, die vorstehen, ziemlich gerade nach vorn verengt, hier niedergedrückt, fein und ziemlich dicht punktiert, Clipeus leicht ausgerandet, jederseits abgerundet. Thorax flachbogig nach hinten erweitert, fein, etwas ungleich, aber ziemlich dicht punktiert, mit schmaler, glatter Mittellinie, Hinterwinkel stumpf. Schildchen vereinzelt punktiert. Flügeldecken fein chagriniert, mit feinen Streifen und kaum wahrnehmbaren Streifenpunkten, Zwischenräume eben oder schwach erhaben, sehr fein punktiert. Seiten der Hinterbrust und das Abdomen punktiert und behaart, Metasternalplatte fein punktiert, mit vertiefter Längslinie. 1. Glied der Hintertibien wenig länger als oberer Enddorn, nicht so lang wie 3 folgende Tarsenglieder. L. 4,5—5 mm.

Abessinien.

426. **A. (K.) anceps** Ad. Schm. 1911 *A. a.*, Ad. Schmidt in: Ent. Zeit. Stettin, *v.* 72 p. 3 | 1913 *A. (Koshantschikovius) a.*, Ad. Schmidt in: Arch. Naturg., *v.* 79 A fasc. 11 p. 150.

Hell kastanienbraun, Kopf und Thoraxmitte wenig dunkler, glänzend. Kopf geradlinig verengt, neben den Rändern deutlich verflacht, fein, ziemlich dicht punktiert. Clipeus ausgerandet, jederseits etwas stumpf gerundet, Wangen vom Kopfrande abgesetzt, stumpfwinklig, die Augen überragend. Thorax geradlinig nach vorn verschmälert, Basis sehr fein gerandet, Hinterwinkel stumpf, fein punktiert, seitlich etwas dichter und mit einzelnen gröberen Punkten, vor den Hinterwinkeln mit Quereindruck. Flügeldecken fein gestreift, Streifenpunkte sehr undeutlich, Zwischenräume konvex, vereinzelt punktiert. Unterseite punktiert und behaart. Metatarsus länger als oberer Enddorn, kürzer als 3 folgende Tarsenglieder. — L. 3,5 mm.

Portugisisch-Guinea.

Hierher könnten vielleicht auch folgende 2 Arten gehören:

427. **A. (K.) rubiginosus** Horn 1870, 1887 *A. r.*, G. Horn in: Tr. Amer. ent. Soc., *v.* 3 p. 127; *v.* 14 p. 37 | 1913 *A. (Koshantschikovius) r.*, Ad. Schmidt in: Arch. Naturg., *v.* 79 A fasc. 11 p. 150.

Kastanienbraun, wenig glänzend. Kopf dicht, seitlich stärker punktiert, Ränder unbewimpert, Stirn mit 3 schwachen Tuberkeln. Clipeus jederseits mit deutlichem Winkel. Thorax quer, seine Seiten schwach gebogen, deutlich punktiert, Hinterwinkel stumpf. Flügeldecken fein gestreift, mit feinen Streifenpunkten, Zwischenräume schwach konvex, deutlich, nicht sehr dicht punktiert. Unterseite vereinzelt punktiert. Metatarsus kürzer als 3 folgende Tarsenglieder. Enddorn der Vordertibien lang, mit gebogener Spitze. — L. 5,5 mm (ex G. Horn).

Arizona.

428. **A. (K.) troglodytes** Hubb. 1894 *A. t.*, Hubbard in: Period. Bull. Dep. Agric. Ent., *v.* 6 p. 312

Bräunlich- oder rötlichgelb. Kopf sparsam und fein punktiert, vorn nahezu glatt. Thorax fein punktiert, an den Seiten dicht und etwas größer. Zwischenräume der Flügeldecken in beiden Geschlechtern fein und sparsam punktiert. Metatarsus länger als 3 folgende Tarsenglieder. Ist dem *A. (K.) stercorosus* Mels. (nr. 422) sehr ähnlich, unterscheidet sich aber durch die gleichmäßige Punktierung des Halsschildes, ohne dazwischengestreute größere

Punkte, und durch den kürzeren obern Enddorn der Hintertibien, bei *A. (K.) stercorosus* Mels. ist derselbe so lang wie 1. Tarsenglied, bei *A. (K.) troglodytes* Hubb. kürzer, auch sind bei letzterer Art Kopf und Thorax nicht dunkler. — L. 3—3,8 mm (ex Hubbard).

Florida.

yy) Subgen. **Pseudagolius** Ad. Schmidt

1913 *Aphodius (P.)*, Ad. Schmidt in: Arch. Naturg., *v.* 79 A fasc. 11 p. 150 | 1870 *A. (Anomius)*, E. Mulsant in: Ann Soc. Agric. Lyon, ser. 4 *v.* 2 p. 506 | 1892 *A. (Gonaphodius)*, Reitter in: Verh. Ver. Brünn, *v.* 30 p. 241 (part.).

Mittelgroß, länglich, gewölbt, glänzend, unbehaart, schwarz, einfarbig oder mit heller oder dunkler braunen Flügeldecken, seltener einfarbig rotbraun, Kopf höchstens schwach gehöckert, Flügeldecken fein gestreift, Thoraxbasis gerandet, Schildchen dreieckig, Endborsten der Hintertibien ungleich. Unterer Enddorn der Mitteltibien beim ♂ stumpf.

Kopf kurz und breit, vorn schmaler, immer deutlich punktiert, neben dem Vorderrande meistens rauh, Stirnnaht oft mehr oder weniger deutlich gehöckert, davor zuweilen mit kleiner Beule oder Querkiel, Clipeus ausgerandet, jederseits stumpfwinklig, seltener mit spitzem Zähnchen, Wangen meistens deutlich die Augen überragend. Thorax quer, gewöhnlich dicht punktiert, Hinterwinkel stumpf oder gerundet. Schildchen fast immer deutlich punktiert. Flügeldecken zuweilen mit kleinem Dorn, nach hinten leicht erweitert, bei *A. (P.) nasutus roschlapili* (nr. 435 b) wie *Volinus* mit dunklen Makeln, Zwischenräume höchstens schwach gewölbt, fein punktiert. Unterseite glänzend, schwarz oder mehr oder weniger dunkel rotbraun, punktiert und behaart, fast immer auch die Schenkel. Die äußeren Geschlechtsmerkmale beruhen auf der Form des Enddorns der Vordertibien und des untern Enddorns der Mitteltibien, wie im Subgen. *Agolius (u)* Muls.

Hierher gehören 10 sichere und 2 unsichere Arten aus dem paläarktischen Gebiet und Nordamerika (nr 429—440).

Bestimmungstabelle der Arten:

1	Clipeus jederseits gezähnt — 2	
	Clipeus jederseits breiter oder mehr stumpf gerundet — 3	
2	Clipeus jederseits mit zahnartiger Spitze, ohne Querleiste, Hinterwinkel des Halsschildes gerundet .	437. **A. (P.) coloradensis**
	Clipeus in beiden Geschlechtern mit spitzem Zahn und Querleiste, Thorax mit glatter Mittellinie und abgerundeten Hinterwinkeln	438. **A. (P.) dentiger**
3	Flügeldecken an der Spitze dicht chagriniert und mehr oder weniger matt — 4	
	Flügeldecken an der Spitze nicht chagriniert, glänzend — 6	
4	Clipeus jederseits stumpfwinklig abgerundet, Thorax auf der Scheibe gleichmäßig fein punktiert, 1. Zwischenraum der Flügeldecken dachförmig, vor der Spitze niedergedrückt	432. **A. (P.) terminalis**
	Clipeus jederseits breiter abgerundet, Thoraxscheibe deutlich ungleich groß punktiert, Nahtstreif nicht dachförmig, vor der Spitze nicht niedergedrückt — 5	

5 Flügeldecken fein gestreift, Zwischenräume vor der Spitze nicht größer als auf der Scheibe punktiert, gewöhnlich ist die Punktierung hier gar nicht wahrnehmbar . . . . 433 A. (P.) przewalskyi
Flügeldecken deutlich gestreift, Zwischenräume vor der Spitze viel größer als auf der Scheibe punktiert . . . . 434. A. (P.) cruentatus

6 Thorax nur an den Vorderwinkeln feiner oder stärker gerandet — 7
Thorax längs des ganzen Vorderrandes gerandet — 8

7 Thorax an den Vorderwinkeln sehr kurz und fein gerandet, Hinterwinkel stumpf, Flügeldecken vereinzelt fein punktiert, die Punkte der Streifen zur Spitze feiner . . . . 435 A. (P.) nasutus
Vorderwinkel des Halsschildes sehr deutlich über die Augen hinaus gerandet, Hinterwinkel leicht ausgerandet, Zwischenräume der Flügeldecken sehr dicht fein punktiert, Streifenpunkte zur Spitze größer . . . . 436. A. (P.) circassicus

8 Einfarbig dunkel kastanienbraun, Thorax und Flügeldecken gleichmäßig, ziemlich dicht, auf den letzteren nur wenig feiner punktiert, Hinterschenkel längs des ganzen Hinterrandes mit Haarpunktreihe, Metatarsus so lang wie die 3 folgenden Tarsenglieder . . . . 429. A. (P.) castaneus
Einfarbig dunkel kastanienbraun, Thorax und Flügeldecken ziemlich dicht und fast gleichmäßig groß punktiert, Hinterschenkel nur mit wenigen Haarpunkten, Metatarsus so lang wie 2 folgende Tarsenglieder . . . . 430. A. (P.) solieri
Schwarz, Flügeldecken auf der Scheibe braun, Thorax an den Seiten ungleich groß, Zwischenräume der Flügeldecken sehr fein und einzeln an den Seiten, vor der Spitze jedoch dichter und deutlicher punktiert . . . . 431. A. (P.) jakovlevi

429. **A. (P.) castaneus** Ill.

Diese Art zerfällt in 2 Unterarten:

429a. A. (P.) castaneus castaneus Ill. 1803 *A. c.*, Illiger in: Mag Ins.-Kunde, *v.* 2 p. 194 | 1892 *A. (Amidorus) unicolor*, Reitter (non A. G. Olivier) in: Verh. Ver. Brünn, *v.* 30 p. 214 | 1911 *Aphodius castaneus*, Bedel in: Bull. Soc ent. France, p. 378 | 1913 *A. (Pseudagolius) c*, Ad. Schmidt in: Arch Naturg., *v.* 79 A fasc. 11 p. 151

Dunkel kastanienbraun, glänzend, unbehaart. Kopf fein punktiert, vorn niedergedrückt, Stirn ungehöckert, Clipeus ausgerandet, jederseits abgerundet. Thorax zur Mitte leicht verbreitert, ziemlich dicht, fast gleichmäßig punktiert, Hinterwinkel stumpf abgerundet. Schildchenwurzel vereinzelt punktiert. Flügeldecken fein, zuweilen etwas deutlicher, aber nur flach gestreift, Streifenpunkte wenig wahrnehmbar, Zwischenräume flach, ziemlich dicht und fein punktiert. Unterseite heller, fein punktiert, behaart. Metatarsus so lang wie oberer Enddorn und 3 folgende Tarsenglieder. ♂. Enddorn der Vordertibien und unterer der Mitteltibien abgestutzt. ♀. Thorax deutlich schmaler als die Flügeldecken, mehr nach vorn verengt, Hinterwinkel mehr gerundet, Enddorne spitz. — L. 5—6 mm.

Spanien, Südfrankreich, Sizilien, Algier, Marokko, Portugal.

429b. **A. (P.) castaneus baeticus** Muls. 1870 *A. (Anomius) b.*, E. Mulsant in: Ann. Soc. Agric Lyon, ser 4 *v.* 2 p 510 | 1871 *Aphodius badius*, E. Mulsant & Rey in: Ann. Soc Linn Lyon, ser. 2 *v.* 18 p 190 | 1913 *A. (Pseudagolius) baeticus*, Ad. Schmidt in: Arch. Naturg., *v.* 79 A fasc. 11 p 151

Mit der Stammart in Farbe, Größe, Gestalt und Skulptur übereinstimmend, die Streifen der Flügeldecken vielleicht etwas breiter, mit deutlichen Streifenpunkten, Hinterschenkel nur mit kurzer Haarpunktreihe, bei der Stammart nimmt sie die ganze Länge der Schenkel ein.

Spanien.

430 **A. (P.) solieri** Muls & Rey 1870 *A. (Anomius) s.*, E. Mulsant & Rey in: E. Mulsant. Opusc ent., *v.* 14 p. 212 | 1870 *A. (A.) s.*, E. Mulsant & Rey in: E. Mulsant in: Ann Soc. Agric. Lyon, ser 4 *v.* 2 p. 508 | 1913 *A. (Pseudagolius) s.*, Ad. Schmidt in: Arch. Naturg., *v.* 79 A fasc. 11 p. 151.

Unterscheidet sich von *A. (P.) castaneus* Ill. nur durch geringere Größe, kürzere, breitere Gestalt, gehöckerte Stirnnaht beim ♂, schmaleres Schildchen, leicht gewölbte Zwischenräume, kurzen Metatarsus (= 2 folgenden Gliedern) und die sehr kurze Haarpunktreihe an den Hinterschenkeln (1—3 Haarpunkte). — L. 4,5 mm.

Südfrankreich.

431 **A. (P.) jakovlevi** W Koshant. 1912 *A. (Agolius) j.*, W. Koshantschikov in: Rev Ent. Russe, *v.* 12 p. 514 | 1913 *A. (Pseudagolius) j.*, Ad. Schmidt in: Arch. Naturg., *v.* 79 A fasc. 11 p. 151.

♂. Flach gewölbt, schwarz, glänzend, Scheibe der Flügeldecken braun, die Seiten geschwärzt. Kopf an den Seiten feiner und stärker, am Außenrande runzlig, hinten nur fein punktiert, die Mitte ist beulig erhöht, Scheitellinie schwach, Clipeus deutlich ausgerandet. Thoraxmitte fein, die Seiten ungleich punktiert. Schildchen schwarz, unpunktiert. Flügeldecken ziemlich tief gekerbt-gestreift, Zwischenräume sehr fein und zerstreut, seitlich und an der Spitze dichter und deutlicher punktiert. Metatarsus gleich dem obern Enddorn und 3 folgenden Tarsengliedern. Enddorn der Vordertibien kräftig, breit, bis zur Spitze des 2. Tarsengliedes reichend, mit hakig umgebogener Spitze, unterer der Mitteltibien kurz und stumpf. ♀ unbekannt. — L. 8 mm (ex W. Koshantschikov).

? Saratow, ? Kaukasus.

432. **A. (P.) terminalis** Say 1823 *A. t.*, Say in: J. Ac. Philad., *v.* 3 p. 213 | 1887 *A. t.*, G. Horn in: Tr. Amer. ent. Soc., *v.* 14 p. 51 | 1913 *A. (Pseudagolius) t.*, Ad. Schmidt in: Arch. Naturg., *v.* 79 A fasc. 11 p. 150.

Schwarz, Flügeldecken dunkel kastanienbraun, Spitze gewöhnlich heller. Kopf fein, beim ♀ deutlicher, leicht runzlig punktiert, vorn niedergedrückt, Clipeus schwach ausgerandet, jederseits stumpf gerundet. Thoraxmitte fein, seitlich wenig größer punktiert, Hinterwinkel stumpf. Schildchen an der Basis fein punktiert. Flügeldecken fein gestreift, Streifenpunkte deutlich, Zwischenräume flach, fein und vereinzelt punktiert, die Spitze durch Chagrinierung rauh. Metatarsus wenig länger als oberer Enddorn, nicht so lang wie 3 folgende Tarsenglieder. ♂ mit 3 kleinen Tuberkeln, Thoraxmitte nur fein punktiert. Enddorn der Vordertibien lang, in der Mitte gebogen, bis zur Mitte des 3. Gliedes reichend, unterer Enddorn der Mitteltibien stumpf. ♀. Tuberkel fehlen, Enddorn kürzer, weniger gebogen, unterer der Mitteltibien spitz, Thorax auch in der Mitte ungleich punktiert. — L. 4—5 mm.

Ver. St. N.-Amerika, Kanada.

433 **A. (P.) przewalskyi** Reitt.

Diese Art zerfällt in 3 Unterarten:

433a. **A. (P.) przewalskyi przewalskyi** Reitt. 1887 *A (Acrossus) p.*, Reitter in: Horae Soc ent. Ross., *v.* 21 p 226 | 1892 *A (Gonaphodius) p.*, Reitter in: Verh. Ver. Brünn, *v.* 30 p 240 | 1913 *A. (Pseudagolius) p.*, Ad Schmidt in: Arch. Naturg., *v.* 79 A fasc. 11 p. 150.

Schwarz, Flügeldecken an den Seiten und der Spitze mehr oder weniger ausgedehnt hell rötlichbraun und meistens nicht vollglänzend. Kopf deutlich ungleich, dicht punktiert, Stirnnaht schwach, seitlich etwas erhaben, Clipeus ausgerandet, jederseits gerundet. Thorax fein und stärker, nicht sehr dicht punktiert, Basalrandung fehlt oder sie ist in der Mitte schwach angedeutet. Schildchen punktiert. Flügeldecken mit deutlichem Schulterzahn, zuweilen wenig glänzend, an der Spitze immer etwas matt, fein gestreift, Streifenpunkte undeutlich, Zwischenräume flach, sehr fein punktiert. Metatarsus wenig länger als oberer Enddorn, so lang wie 2 folgende Tarsenglieder. ♂. Enddorn der Vordertibien reichlich so lang wie 2 Tarsenglieder, gekrümmt, scharfspitzig, Thorax so breit wie die Flügeldecken, unterer Enddorn der Mitteltibien stumpf. ♀. Enddorn kürzer, mehr gerade, Thorax schmaler, nach vorn geradseitig verengt, Enddorn der Mitteltibien spitz. — L. 6—7 mm.

Tibet, Chinesisch-Turkestan.

433b. **A. (P.) przewalskyi grombczewskyi** D. Koshant. 1891 *A. (Amidorus) g.*, D Koshantschikow in: Horae Soc ent Ross., *v.* 25 p. 439 | 1892 *A. (Pseudacrossus) g.*, Reitter in: Verh Ver. Brünn, *v.* 30 p. 219 | 1913 *A. (Pseudagolius) przewalskyi* var. *g.*, Ad. Schmidt in: Arch Naturg., *v.* 79 A fasc. 11 p. 150.

Unterscheidet sich von der Stammart durch deutlich gerandete Basis des Halsschildes, durch leicht gewölbte, deutlicher punktierte Zwischenräume der Flügeldecken und meist fehlendem Schulterzahn. — L. 6—7 mm.

Altai, Turkestan.

433c. **A. (P.) przewalskyi daraignezi** Clermont 1907 *A. (Pseudacrossus) p.* var. *d.*, Clermont in: Echange, *v.* 23 p 170 | 1913 *A. (Pseudagolius) p.* var *d.*, Ad. Schmidt in: Arch Naturg., *v.* 79 A fasc 11 p 150.

Flügeldecken heller rotbraun, Thoraxbasis deutlich gerandet. Größe und Vorkommen wie die Stammart.

434. **A. (P.) cruentatus** L. Lec. 1878 *A. c.*, L. LeConte in: Bull. U S. geol. Surv., *v.* 4 II p 456 | 1887 *A. c.*, G Horn in Tr. Amer ent. Soc, *v.* 14 p. 52 | 1913 *A. (Pseudagolius) c.*, Ad Schmidt in: Arch. Naturg., *v.* 79 A fasc. 11 p. 151

Von kürzerer Gestalt als vorige Art, glänzend, Flügeldecken rotbraun, selten schwärzlich. Kopf fein und wenig dicht punktiert, in beiden Geschlechtern mit Höckerchen. Thorax sehr zerstreut, sehr fein und deutlich größer punktiert, Hinterwinkel stumpf. Schildchen in der ganzen Breite vertieft, vorn vereinzelt punktiert. Flügeldecken deutlich gestreift, Streifenpunkte kerben schwach die Ränder der leicht erhabenen Zwischenräume, diese fein und zerstreut, an der Spitze dichter und deutlicher punktiert. Metatarsus länger als oberer Enddorn, so lang wie 3 folgende Tarsenglieder. ♂. Tuberkel deutlicher, Thorax so breit wie die Flügeldecken, in der Mitte zerstreut punktiert, unterer Enddorn der Mitteltibien stumpf. ♀. Kopfhöckerchen schwächer, Thorax schmaler, die Mitte zahlreicher punktiert, Enddorne der Vordertibien in beiden Geschlechtern normal. — L. 5,5—7,5 mm.

Neu Mexiko, Arizona, Ver St. N.-Amerika.

435 **A. (P.) nasutus** Reitt.

Diese Art zerfällt in 2 Unterarten:

435a. **A. (P.) nasutus nasutus** Reitt. 1887 *A. n.*, Reitter in: Horae Soc. ent. Ross., *v.* 21 p. 221 | 1893 *A. (Amidorus) consors*, Reitter in: Verh Ver Brünn, *v.* 31 p. 104 | 1895 *Aphodius permodicus*, Reitter in: Wien. ent. Zeit., *v.* 14 p. 208 | 1901 *A. (Melinopterus) mehelyi*, Csiki in: Zichy, Dritte Asiat. Forschr, *v.* 2 p 108 | 1913 *A. (Pseudagolius) nasutus*, Ad. Schmidt in: Arch. Naturg., *v.* 79 A fasc. 11 p. 150.

Schwarz, Flügeldecken hell- oder auch gelblichbraun, Scheibe derselben zuweilen etwas angedunkelt. Kopf deutlich punktiert, Stirn mit 3 queren Höckerchen, vor dem mittleren mit schwacher Querrunzel, Clipeus ziemlich tief ausgerandet, jederseits etwas lappig abgerundet. Thorax nicht sehr dicht, ungleich punktiert, Seiten meistens rötlich durchscheinend, Hinterwinkel etwas stumpf abgerundet. Schildchen schwarz, in der Vorderhälfte fein punktiert. Flügeldecken etwas verbreitert, mit deutlichen Punktstreifen, ihre Punkte kerben vorn sehr deutlich die Ränder und verschwinden vor der Spitze, Zwischenräume leicht gewölbt, sehr fein, zur Spitze etwas deutlicher punktiert. Metatarsus wenig verlängert, beim ♂ nur so lang wie oberer Enddorn und 2 folgende Tarsenglieder. ♂. Enddorn der Vordertibien lang und dick, länger als 2 Tarsenglieder, Mittelhöcker entwickelter, bei kräftigen Exemplaren ausgerandet, Thorax so breit wie die Flügeldecken, etwas weniger ungleich punktiert, unterer Enddorn der Mitteltibien verkürzt und stumpf, letztes Abdominalsegment mit querem, breitem Eindruck. ♀. Enddorne normal, Unterschied in den Punkten des Halsschildes größer, dieses schmaler als die Flügeldecken. L. 4—5 mm.

Tibet, Mongolei, Chinesisch-Turkestan.

435b. **A. (P.) nasutus roschlapili** Csiki 1901 *A. (Melinopterus) r.*, Csiki in: Zichy, Dritte Asiat. Forschr., *v.* 2 p. 108 | 1911, 1913 *A. (Volinus) kelleri*, W. Koshantschikov in: Rev. Ent. Russe, *v.* 11 p. 21; *v.* 13 p. 265 | 1913 *A. (Pseudagolius) nasutus* var *roschlapili*, Ad. Schmidt in: Arch. Naturg., *v.* 79 A fasc 11 p 150.

Schwarz, Flügeldecken hell rötlichbraun, mit dunklen Flecken in 2 Querbinden. Die mediale beginnt an der Basis des 5. Zwischenraumes, geht auf den 4.—2. über und endet vor der Mitte, die laterale beginnt mit einer längeren Strichmakel im 7., diese geht hinter der Mitte durch den 6.—2. Zwischenraum, ein vorderer Fleck im 6. Zwischenraume an der Schulter verbindet hier beide Binden, zuweilen tritt an der Basis des 3. Zwischenraumes noch ein Fleck hinzu, oft fehlt in der hintern Binde die Makel im 2. Zwischenraume, diese Makeln können aber ganz, besonders beim ♂, verschwinden. — L. 4—5 mm.

Transbaikalien.

436. **A. (P.) circassicus** Reitt. 1892 *A. (Amidorus) c.*, Reitter in: Verh. Ver. Brünn, *v.* 30 p. 215 | 1903 *A. c.*, Sumakow in: Wien. ent. Zeit., *v.* 22 p. 48 | 1903 *A. brevithorax*, Sumakow in: Wien. ent Zeit., *v.* 22 p. 47 | 1913 *A. (Pseudagolius) circassicus*, Ad. Schmidt in: Arch. Naturg., *v.* 79 A fasc. 11 p. 151.

Der vorigen Art in der kürzeren Gestalt gleich, aber gewölbter, mit anderer Skulptur. Kopf und Thorax schwarz, Flügeldecken hell kastanienbraun. Kopf stärker verschmälert, jederseits der Ausrandung kurzlappig abgerundet, fein punktiert, vorn rauh. Thorax stark gewölbt, Seitenbeule deutlich hervortretend, weil die Seiten vor den Hinterwinkeln eingedrückt sind (von oben sichtbar), letztere sehr stumpf, schwach ausgerandet, oberseits dicht und fein, seitlich sehr dicht punktiert, mit kurzer Längslinie, Basis sehr deutlich gerandet. Flügeldecken hinten breiter, fein gestreift, die Streifenpunkte kerbend, Zwischenräume zur Spitze leicht erhaben, dicht und fein punktiert. Metatarsus wenig länger als oberer Enddorn, kürzer als 3 folgende Tarsenglieder. ♂. Enddorn der Vordertibien kräftig und spitz, Metasternum flach vertieft, vereinzelt punktiert und behaart, unterer Enddorn der Mitteltibien kurz, breit abgestutzt. ♀ unbekannt. — L. 6 mm.

Circassien, Kaukasus.

437. **A. (P.) coloradensis** Horn 1870, 1887 *A. c.*, G. Horn in: Tr. Amer. ent. Soc., *v.* 3 p. 130; *v.* 14 p. 45 | 1887 *A. flohri*, H. Bates in: Biol. Centr.-Amer., Col. *v.* 2II p. 86 | 1913 *A. (Pseudagolius) coloradensis*, Ad. Schmidt in: Arch. Naturg., *v.* 79 A fasc. 11 p. 150.

Schwarzbraun, Ränder des Kopfes und Seiten des Halsschildes gewöhnlich etwas heller, glänzend. Kopf gerundet verengt, bewimpert, deutlich, nicht dicht punktiert, Stirnlinie schwach, Clipeus leicht ausgerandet, jederseits zahnartig. Thorax zerstreut punktiert, Hinterwinkel stumpf, Basis sehr fein gerandet. Schildchen fein punktiert. Flügeldecken wenig erweitert, flach, aber deutlich gestreift, Streifenpunkte ziemlich dicht, nicht kerbend, Zwischenräume flach, der 2. und 3., 9. und 10. etwas konvex, äußerst fein und vereinzelt punktiert, der 6. und 8. weit vor der Spitze verkürzt. Metasternum flach vertieft, fein und vereinzelt punktiert, an den Seiten mit Haarpunktreihe. Metatarsus deutlich kürzer als Enddorn, so lang wie 2 folgende Tarsenglieder. ♂. Enddorn der Vordertibien kräftig, gebogen, Thorax so breit wie die Flügeldecken, unterer Enddorn der Mitteltibien stumpf. ♀. Enddorn der Vordertibien schlank und gerade, Thorax schmaler, ungleicher punktiert. — L. 6,5—7,5 mm.

Colorado, Mexiko.

438. **A. (P.) dentiger** L. Lec. 1858 *A. d.*, L. LeConte in: P. Ac. Philad., p. 65 | 1887 *A. d.*, G. Horn in: Tr. Amer. ent. Soc., *v.* 14 p. 45 | 1913 *A. (Pseudagolius) d.*, Ad. Schmidt in: Arch. Naturg., *v.* 79 A fasc. 11 p. 150

Ist der vorigen Art sehr ähnlich, aber der Clipeus ist abgestutzt, jederseits mit dornähnlichem Zähnchen, dahinter mit erhabener Querlinie. Thorax mit glatter Mittellinie, deutlich, nicht dicht punktiert, Schultern scharf, bei *A. (P.) coloradensis* Horn abgerundet, Metatarsus so lang wie 3 folgende Tarsenglieder. — L. 6—6,5 mm (ex G. Horn).

Kalifornien, Arizona, Texas.

Hierher gehören vielleicht auch folgende Arten:

439. **A. (P.) anthracinus** L. Lec. 1878 *A. a.*, L. LeConte in: Bull. U. S. geol. Surv., *v.* 4II p. 455 | 1887 *A. a.*, G. Horn in: Tr. Amer. ent. Soc., *v.* 14 p. 15 | 1913 *A. (Pseudagolius) a.*, Ad. Schmidt in: Arch. Naturg., *v.* 79 A fasc. 11 p. 151

Schwarz, glänzend. Kopf mäßig dicht beim ♀, weniger beim ♂ punktiert, mit schwachen Tuberkeln, Clipeus ausgerandet, beim ♂ tiefer, jederseits stumpf abgerundet. Thorax ungleich punktiert, Hinterwinkel stumpf abgerundet. Flügeldecken mit deutlichen Punktstreifen, Zwischenräume mit einer Punktreihe neben den Streifen. Metatarsus etwas kürzer als 3 folgende Tarsenglieder. ♂. Mitteltuberkel deutlicher, Thorax von der Breite der Flügeldecken, mit deutlich gerundeten Seiten, zerstreut punktiert, Zwischenräume der Flügeldecken leicht konvex, unterer Enddorn der Mitteltibien stumpf. ♀. Thorax schmaler, weniger gerundet, mehr nach vorn verengt, dichter punktiert, Zwischenräume flach, Enddorn spitz. — L. 7—7,5 mm (ex G. Horn).

Utah.

440. **A. (P.) aemulus** Horn 1887 *A a*, G. Horn in Tr Amer. ent. Soc., *v.* 14 p 38 | 1913 *A. (Pseudagolius) a*, Ad Schmidt in Arch Naturg., *v.* 79 A fasc. 11 p. 151

Mäßig länglich, konvex, glänzend, rotbraun. Kopf rundlich verschmälert, kurz behaart, deutlich und mäßig dicht punktiert, Stirnlinie leicht erhaben, Clipeus schwach ausgerandet, jederseits mit spitzem, aufwärts gebogenem Zähnchen. Thorax vorn verschmälert, Hinterwinkel stumpf, Basalrandung sehr fein, oberseits mäßig dicht punktiert. Flügeldecken etwas breiter als der Thorax, hinten erweitert, deutlich gestreift, Streifenpunkte schwach kerbend, Zwischenräume leicht erhaben, sparsam und fein punktiert. Metatarsus kürzer als 3 folgende Tarsenglieder. ♂. Enddorn an Vordertibien gleichbreit, mit stumpfer Spitze, unterer Enddorn der Mitteltibien stumpf, Thorax und Flügeldecken wenig dicht punktiert. ♀. Beide Enddorne schlank und spitz, Thorax und Flügeldecken dichter punktiert. — L. 4,5—5,5 mm (ex G. Horn).

Arizona.

zz) Subgen. **Pseudacrossus** Reitter

1870 *Aphodius (Amidorus)* (part.), E. Mulsant in: Ann. Soc. Agric. Lyon, ser. 4 *v.* 2 p. 488 | 1892 *Aphodius (P.)*, Reitter in: Verh. Ver. Brünn, *v.* 30 p. 175, 218.

Mittelgroße schwarze oder schwarzbraune Arten, einfarbig oder mit braunen Flügeldecken, Kopf gehöckert, *A. (P.) levatus* Ad. Schm. (nr. 447) ausgenommen, Thorax mehr oder weniger dicht, Flügeldecken immer feiner als der Thorax punktiert, Basis gerandet, Schildchen dreieckig, Endborsten an den Hintertibien ungleich.

Länglich, glänzend, gewölbt, unbehaart, *A. (P.) barbarus* Fairm. (nr. 444) ausgenommen. Kopf breit, nach vorn deutlich verschmälert, punktiert, Stirnlinie meistens gehöckert, seltener nur mit Längsbeule, Wangen vorstehend, Clipeus ausgerandet, jederseits abgerundet, seltener stumpfwinklig. Thorax quer, Vorderwinkel mehr oder weniger deutlich, die Seiten und Basis immer gerandet, oberseits feiner, ziemlich dicht punktiert, oft mit größeren Punkten untermischt. Flügeldecken hinten wenig breiter, mit feinen oder stärkeren Punktstreifen, Zwischenräume meistens nur flach gewölbt und fein punktiert. Unterseite schwarz, glänzend, punktiert und behaart, auch die Schenkel.

Hierher gehören 6 Arten aus dem paläarktischen Gebiet und 1 Art aus Mexiko (441—447).

Bestimmungstabelle der Arten:

1	Kopf ungehöckert, nur seitlich mit einigen Punkten, einfarbig schwarzbraun	447. **A. (P) levatus**
	Kopf immer gehöckert, deutlich punktiert — 2	
2	Thorax fein, gleichmäßig punktiert — 3	
	Thorax immer sehr ungleich punktiert — 4	
3	Kurze und breite Gestalt, einfarbig schwarzbraun, Kopf mit spitzem Mitteltuberkel, Flügeldecken fein gestreift, Zwischenräume fein und ziemlich dicht punktiert	445. **A. (P.) de fiorei**
	Länglich, Kopf und Thorax schwarz. Flügeldecken rotbraun, kaum wahrnehmbar punktiert, Mittelhöcker ausgerandet, Clipeus mit glatter Querleiste	446. **A. (P.) binodulus**

4	Oberseite einfarbig schwarzbraun, Kopf mit 3 Höckerchen, ohne Querleiste, Metatarsus länger als oberer Enddorn und 3 folgende Tarsenglieder	441. **A. (P.) tenebricosus**
	Oberseite einfarbig schwarz, Kopf beim ♂ nur mit einem stumpfen Höckerchen, davor mit flachem Querwulst, oberer Enddorn der Hintertibien länger als 1. Tarsenglied	442. **A. (P.) zürcheri**
	Flügeldecken immer braun — **5**	
5	Thorax in beiden Geschlechtern sehr dicht punktiert, Clipeus stumpfwinklig, Metatarsus kaum länger als der Endrand der Hintertibien breit ist . . .	443. **A. (P.) cribricollis**
	Thorax in beiden Geschlechtern, besonders in der Mitte sehr undicht punktiert, Clipeus abgerundet, Metatarsus bedeutend länger als der Hinterrand breit ist	444. **A. (P.) barbarus**

441. **A. (P.) tenebricosus** nom. nov Ad. Schm. 1892 *A. (P.) caminarius* (non Faldermann 1835), Reitter in: Verh. Ver Brünn, *v.* 30 p. 219.

Schwarz, glänzend, Vorderwinkel des Halsschildes und Spitze der Flügeldecken etwas heller. Kopf vorn rauh, nach hinten einfach, aber deutlich punktiert, Stirn mit 3 schwachen Höckerchen, Clipeus deutlich ausgerandet, jederseits abgerundet, Wangen stumpf gerundet, deutlich vorstehend, vereinzelt bewimpert. Thorax fein und größer, mittelstark und ziemlich dicht punktiert, Hinterwinkel stumpf, Spitze etwas abgerundet. Schildchen mit einzelnen Punkten. Flügeldecken mit kleinem Schulterdorn, deutlich gestreift, Streifenpunkte kerben nur schwach die Ränder der Zwischenräume, diese flach gewölbt, fein, nicht dicht punktiert, auch nicht an der Spitze. Beine dunkel rotbraun. — L. 6—7 mm.

Transbaikalien.

442. **A. (P.) zürcheri** Reitt. 1908, 1909 *A. (P.) z.*, Reitter in: Wien. ent Zeit., *v.* 27 p. 247; *v.* 28 p. 76.

Schwarz, mäßig glänzend, Beine rotbraun. Kopf vorn größer, mehr rauh, hinten feiner punktiert, Stirnlinie in der Mitte beim ♂ mit querem Höcker, Wangen gerundet, mehr herabgebogen, deshalb weniger vorstehend, Clipeus schwach ausgerandet, jederseits deutlich gerundet, hinter der Mitte mit stumpfem Querkiel. Thorax nach vorn schwach gerundet verengt, Vorderwinkel deutlich, tief gerandet, oberseits feiner und größer, seitlich dichter punktiert, in der Mitte mehr glatt. Hinterwinkel stumpf, vor dem Schildchen mit kurzem Eindruck. Flügeldecken fein gestreift, Zwischenräume deutlich gewölbt, sehr fein punktiert. Endborsten der Hintertibien länger als bei *A. (P.) tenebricosus* Ad. Schm., Enddorn der Vordertibien beim ♂ mit nach innen gebogener Spitze. — L. 5,5—7 mm (ex Reitter).

Adana.

443. **A. (P.) cribricollis** H. Luc. 1846(?) *A. c.*, H. Lucas in: Expl. Algérie, *v.* 2 p. 260 t. 23 f. 11 (Gesamtbild) | 1892 *A. (Amidorus) c.*, Reitter in: Verh. Ver. Brünn, *v.* 30 p. 216 | 1913 *A. (Pseudacrossus) c.*, Ad. Schmidt in: Arch. Naturg., *v.* 79 A fasc. 11 p. 151.

Schwarz, Flügeldecken braun, Spitze gewöhnlich heller. Kopf dicht, fein rauh punktiert, Stirn gehöckert, Clipeus ausgerandet, jederseits mit schwach stumpfwinklig aufgebogener Ecke, Wangen leicht vom Kopfrande abgesetzt und abgerundet. Thoraxseiten in der Mitte rötlich durchscheinend, feiner und stärker, ziemlich dicht punktiert, Hinterwinkel stumpf. Schildchen sehr dicht punktiert. Flügeldecken beim ♂ kaum, beim ♀ deutlich verbreitert, deutlich punktiert-gestreift, Streifenpunkte kerben auf dem Rücken schwach die Ränder der leicht konvexen Zwischenräume, diese deutlich punktiert. Unterseite ziemlich lang behaart und deutlich punktiert. Metatarsus gleich dem obern Enddorne, etwas kürzer als 3 folgende Tarsenglieder. ♂. Mitteltuberkel kräftig, Thorax vorn gerundet verengt, Enddorn der Vordertibien kräftig, Metasternum vertieft. ♀. Mittelhöcker schwach, Thorax schmaler, mehr gerade verengt, Enddorn schwächer, Metasternum nur mit Mittellinie. — L. 5—6 mm.

Algier, Marokko

444. **A. (P.) barbarus** Fairm. 1860 *A. b.*, L. Fairmaire & Coquerel in: Ann. Soc. ent. France, ser. 3 *v.* 8 p. 171 | 1892 *A. (Melaphodius) irritans*, Reitter in: Verh. Ver Brünn, *v.* 30 p. 239 | 1910 *A. (Amidorus) barbarus* var. *barbaroides*, Ad. Schmidt in: Gen. Ins., fasc. 110 p. 52 | 1913 *A. (Pseudacrossus) barbarus*, Ad Schmidt in: Arch. Naturg., *v.* 79 A fasc. 11 p. 151.

In der Färbung und der matten Spitze der Flügeldecken dem vorigen gleich, aber außer den obigen Merkmalen verschieden durch etwas feinere Punktierung des Kopfes, besonders hinten, durch nicht abgesetzte Wangen, durch viel zerstreuter punktierten, an den Seiten helleren Thorax, durch feiner punktiert-gestreifte Flügeldecken, mit wenig deutlichen Streifenpunkten und durch den höher eingelenkten Enddorn der Vordertibien — bei *A. (P.) cribricollis* H. Luc. zwischen den beiden unteren, bei *A. (P.) barbarus* Fairm. zwischen den beiden obern Außenzähnen. — Geschlechtsunterschiede wie vorher. — L. 6—7 mm.

Algier, Spanien.

445. **A. (P.) de fiorei**[1]) Fiori 1907 *A. (Amidorus) de fiorii*, Fiori in: Natural. Sicil., *v.* 19 p. 124 | 1913 *A. (Pseudacrossus) de fiorei*, Ad. Schmidt in: Arch. Naturg., *v.* 79 A fasc 11 p. 151.

Von breiter, gedrungener Gestalt, glänzend, schwarzbraun, Thoraxseiten und Spitze der Flügeldecken heller. Kopf verhältnismäßig klein, bis zur Stirnlinie deutlich, dicht, dahinter etwas feiner punktiert, Stirn in der Mitte mit kleinem, rundlichem Höcker, seitlich mit schwacher, querer Erhöhung, Clipeus ausgerandet, jederseits stark gerundet, Wangen schwach abgesetzt, stumpf abgerundet, die Augen überragend. Thorax quer, gerundet und deutlich erweitert, undicht bewimpert, mit schwacher, nur kurz vor der Basis deutlich vertiefter Längslinie, Hinterwinkel stumpf, oberseits ziemlich dicht und ungleichmäßig punktiert. Schildchen dicht punktiert. Flügeldecken fein gestreift, Streifenpunkte undeutlich, Zwischenräume schwach konvex, dicht und deutlich punktiert, an der Spitze fein behaart. Unterseite punktiert und behaart. Oberer Enddorn der Hintertibien so lang wie 1. Tarsenglied, dieses etwas kürzer als die 2 folgenden. — L. 5 mm.

Calabrien.

446. **A. (P.) binodulus** Har. 1866 *A. b.*, Harold in: Berlin. ent. Z., *v.* 10 p. 97, 116 | 1913 *A. (P.) b.*, Ad Schmidt in: Arch. Naturg., *v.* 79 A fasc. 11 p. 151.

Länglich, mäßig gewölbt, dunkel rotbraun, Flügeldecken gelbbraun, mit etwas dunklerer Scheibe. Kopf breit, nach vorn gerundet verengt, Clipeus leicht ausgerandet, jederseits gerundet, oberseits fein, neben dem Vorderrande sehr fein punktiert, Stirn mit drei queren Höckerchen, der mittelste ist in

---

[1]) Benannt nach de Fiore, daher de fiorei.

der obern Kante eingekerbt, Wangen stumpf, deutlich vorstehend. Thorax mit stumpfen Hinterwinkeln, fein punktiert. Schildchen deutlich punktiert. Flügeldecken hinten breiter, die Streifenpunkte kerben schwach die Ränder der Zwischenräume, diese leicht gewölbt, fast glatt. Unterseite rotbraun, Schenkel und Abdomen heller, fein punktiert und behaart, auch die Schenkel. Oberer Enddorn der Hintertibien fast so lang wie 1. Tarsenglied, dieses länger als 2 folgende. ♂. Kopf unpunktiert, Thorax feiner und zerstreuter punktiert. ♀. Kopf deutlich, besonders an den Seiten, Thorax gleichmäßig dicht und fast gleich groß punktiert. — L. 6—7 mm.

Kap.

447. **A. (P.) levatus** Ad. Schm. 1907 *A. l.*, Ad. Schmidt in: D. ent. Z., p. 568 | 1913 *A. (Pseudacrossus) l.*, Ad. Schmidt in: Arch. Naturg., *v.* 79 A fasc. 11 p. 151.

Länglich, flach gewölbt, Kopf und Thorax schwarz, Vorderwinkel des letzteren rötlich, Flügeldecken dunkel rotbraun oder schwarzbraun, Seitenrand und Spitze heller, bei dunklen Exemplaren auch die Basis. Kopf in der Mitte beulig gewölbt, äußerst fein punktiert, seitlich mit wenig größeren Punkten, Clipeus leicht ausgerandet, jederseits stumpf gerundet, Wangen rundlich, vorstehend. Thorax geradseitig, nach hinten schwach verbreitert, vorn leicht gerundet verengt, Hinterwinkel stumpf, sehr fein und größer, unregelmäßig verteilt punktiert. Flügeldecken deutlich punktiert-gestreift, Streifenpunkte greifen die Ränder der Zwischenräume leicht an, letztere fast flach, sehr fein punktiert. Metasternum an den Seiten fein, das Abdomen grob punktiert und behaart, in der Mitte jedoch feiner. Metasternalplatte fein punktiert, am Rande mit groben haartragenden Punkten. ♂. Enddorn der Vordertibien mit umgebogener Spitze, beim ♀ schlank und spitz. — L. 4,5—5 mm.

Mexiko.

aaa) Subgen. **Trichonotulus** Bedel

1842 *Trichonotus* (non Bloch & Schneider 1801), E. Mulsant, Hist. nat. Col. France, Lamell. p. 294 | 1870 *Aphodius (Amidorus* „groupe" *Trichonotus)*, E. Mulsant in: Ann. Soc. Agric. Lyon, ser. 4 *v.* 2 p. 499 | 1871 *A. (T.)*, E. Mulsant ibid., ser. 4 *v.* 3 p. 474 | 1911 *A (Trichonotulus)*, Bedel in: Bull. Soc. ent. France, p. 378.

Kleine schwarze oder schwarzbraune Arten, mit behaarter Oberseite, Flügeldecken oft heller, rotbraun oder gelbrot, Stirn ungehöckert, Thorax an der Basis gerandet oder nur bewimpert, Schildchen parallel, Endborsten der Hintertibien ungleich.

Länglich, flach gewölbt, nicht vollglänzend. Kopf flach gewölbt, an den Rändern verflacht, fein und dicht punktiert, Stirnlinie selten deutlich, Wangen klein, gerundet, kaum vorstehend. Thorax dicht und fein punktiert, zur Mitte deutlich erweitert, Hinterwinkel stumpf abgerundet. Flügeldecken parallel, fein gestreift, ausgenommen *A. (T.) biseriatus* Ad. Schm. (nr. 451), Zwischenräume flach, deutlich punktiert und in Reihen behaart.

Hierher gehören 7 Arten und eine im Subgenus unsichere aus dem paläarktischen, indischen, afrikanischen und amerikanischen Gebiet (nr. 448—455).

Bestimmungstabelle der Arten (ohne nr. 454):

1 { Basis des Halsschildes mehr oder weniger deutlich gerandet — 2
Basis nur bewimpert, Oberseite hellbraun, Kopf und Thorax etwas dunkler, Flügeldecken mit kleinem Dorn, oberer Enddorn der Hintertibien so lang wie 1. Tarsenglied . . . . 453. **A. (T.) fulvescens**

2	Nahtstreif stärker vertieft — 3	
	Alle Streifen gleichmäßig tief — 5	
3	Clipeus ungezähnt — 4	
	Clipeus gezähnt, oberseits rötlichbraun, Hinterkopf und Thorax dunkler	452. **A. (T.) pilosellus**
4	Schwarz, einfarbig (Stammform), zuweilen rotbraun, 10. Zwischenraum nicht bis zum 2 an der Spitze reichend	448. **A. (T.) scrofa**
	Schwarz, Flügeldecken gelbrot, 10. Zwischenraum an der Spitze mit dem 2. vereint	449. **A. (T.) merdaroides**
5	Basis gerandet und bewimpert, Thoraxmitte nur fein punktiert, Flügeldecken gelbrot	450. **A. (T.) tenuistriatus**
	Basis nur gerandet, Thoraxmitte ungleich punktiert, oberseits schwarzbraun	451 **A. (T.) biseriatus**

448. **A. (T.) scrofa** (F.).

Diese Art zerfällt in 2 Unterarten:

448a. **A. (T.) scrofa scrofa** (F.) 1787 *Scarabaeus s.*, J. C. Fabricius, Mant. Ins., *v.* 1 p. 11 | 1789 *S. minutus*, J F. W. Herbst, Naturs. Ins. Käf., *v.* 2 p. 269 t. 18 f. 7 (Gesamtbild) | 1792 *S. fuscus*, P. Rossi, Mant. Ins., *v.* 1 p. 8 | 1792 *S. tomentosus*, Kugelann in: N Mag. Liebh. Ent., *v.* 1 III p. 269 | 1842 *Trichonotus scrophea*, E. Mulsant, Hist. nat. Col. France, Lamell. p. 294 | 1848 *Aphodius scrofa*, Erichson, Naturg. Ins. Deutschl., Col. *v.* 3 p. 857 | 1870 *A cinereus*, E. Mulsant & Rey in: E. Mulsant, Opusc. ent., *v.* 14 p. 218 | 1870 *A. (Amidorus „groupe" Trichonotus) scrofa*, E. Mulsant in: Ann. Soc. Agric. Lyon, ser. 4 *v.* 2 p. 500 | 1871 *Aphodius (T.) s.*, E. Mulsant ibid, ser. 4 *v.* 3 p. 474 | 1892 *A. (T.) s.*, Reitter in: Verh. Ver Brünn, *v.* 30 p. 210 | 1913 *A. (Trichonotulus) s.*, Ad. Schmidt in: Arch. Naturg., *v.* 79 A fasc. 11 p. 154.

Schwarz, wenig glänzend, ganze Oberseite behaart, Flügeldecken an der Spitze meistens heller. Kopf nach vorn gerundet verengt, fein punktiert, Stirnlinie kaum sichtbar, Clipeus schwach ausgerandet, jederseits gerundet, Wangen sehr klein, rundlich, die Augen wenig überragend. Thorax quer, die wenig gerundeten Seiten vereinzelt lang behaart und wie die Basis gerandet, Hinterwinkel stumpf, Oberseite fein wie der Kopf punktiert. Flügeldecken von der Breite des Halsschildes, hinten nicht erweitert, fein gestreift, Zwischenräume flach, 2reihig punktiert und behaart. Hintertibien ungleich beborstet, oberer Enddorn gleich dem 1. Tarsengliede, dieses so lang wie die 2 folgenden. — L. 3—3,5 mm.

Europa, Kaukasus, Turkestan.

448b. **A. (T.) scrofa setiger** Muls. 1842 *A. scrofa* var. *setiger*, E Mulsant, Hist. nat. Col. France, Lamell. p. 295 | 1913 *A. (T.) s.* var. *s.*, Ad. Schmidt in: Arch. Naturg, *v.* 79 A fasc. 11 p. 154.

Flügeldecken schmutzig braunrot.

Vorkommen mit der Stammform.

449. **A. (T.) merdaroides** Reitt 1896 *A (Trichonotus) m.*, Reitter in: Wien. ent. Zeit., *v.* 15 p. 288 | 1913 *A. (Trichonotulus) m.*, Ad. Schmidt in: Arch. Naturg., *v.* 79 A fasc. 11 p. 154.

Unterscheidet sich außer den in der Bestimmungstabelle angegebenen Merkmalen durch breitere Streifung der Flügeldecken, die Streifen sind $^1/_2$ so breit wie die Zwischenräume, während sie bei *A. (T.) scrofa* F. nur $^1/_4$ der Breite betragen. — L. 3,5—4 mm.

Ostsibirien, Mongolei.

450. **A. (T.) tenuistriatus** Horn 1887 *A. t.*, G. Horn in: Tr Amer. ent. Soc., *v.* 14 p. 60 | 1913 *A. (T.) t.*, Ad Schmidt in: Arch. Naturg, *v.* 79 A fasc. 11 p. 154.

Hellbraun, einfarbig. Kopf gerundet verengt, mit deutlich vertiefter Stirnlinie, fein und zerstreut punktiert, Clipeus wenig ausgerandet, Wangen klein, ihr Längsdurchmesser nach vorn gerichtet, nicht vorstehend. Thorax hinten breiter, die Seiten und Basis gerandet und bewimpert, fein und etwas größer punktiert, die größeren Punkte fehlen in der Mitte, Hinterwinkel stumpf. Schildchen an der Basis vereinzelt fein punktiert. Flügeldecken nach hinten schwach verbreitert, sehr fein gestreift, Zwischenräume eben, deutlich 2reihig punktiert und gereiht behaart. Metatarsus länger als 1. Tarsenglied, dieses so lang wie 2 folgende. — L. 4 mm.

Texas.

451. **A. (T.) biseriatus** Ad. Schm. 1908 *A. b.*, Ad. Schmidt in: Ent. Wochenbl., *v.* 25 p. 46 | 1913 *A. (T.) b.*, Ad. Schmidt in: Arch. Naturg., *v.* 79 A fasc. 11 p. 154.

Körper mehr gewölbt, dunkelbraun, deutlich und dicht punktiert, Stirnlinie vertieft, Clipeus nur abgestutzt, die rundlichen Wangen die Augen überragend. Thorax in der Mitte mit verbreiterten Seiten, Hinterwinkel ausgerandet, vor dem feinen Basalrande mit Punktreihe, oberseits sehr dicht, auch in der Mitte, mit feineren und größeren Punkten besetzt. Schildchen sehr schmal. Flügeldecken mit kleinem Schulterdorn, sehr deutlich punktiert-gestreift, Zwischenräume ganz flach, 2reihig punktiert und sehr kurz behaart. Oberer Enddorn der Hintertibien kürzer als 1. Tarsenglied, dieses nicht ganz so lang wie 3 folgende Glieder. ♂. Vordertibien schlank, Enddorn abgestutzt, Metasternum quer vertieft. ♀. Vordertibien verbreitert, Enddorn spitz, Metasternum nur mit vertiefter Linie. — L. 4 mm.

Ostindien.

452. **A. (T.) pilosellus** Ad. Schm. 1892 *A. bidentulus* (non Harold 1871), L. Fairmaire in: Rev. Ent. Franç, *v.* 11 p. 92 | 1907 *A. pilosellus*, Ad. Schmidt in: D. ent. Z., p. 201 | 1913 *A. (T.) p.*, Ad. Schmidt in: Arch. Naturg., *v.* 79 A fasc. 11 p. 154.

Rötlichbraun, Hinterkopf und Scheibe des Halsschildes, zuweilen auch die Naht dunkler. Kopf mit deutlicher Stirnlinie, davor mit länglicher Erhöhung, überall dicht und deutlich punktiert, Clipeus gerade abgestutzt, jederseits mit spitzem, aufgebogenem Zähnchen, Wangen sehr klein, abgerundet, die großen Augen nicht überragend. Thorax seitlich schwach gerundet, fein bewimpert, Hinterwinkel stumpf abgerundet, oberseits nicht sehr dicht, etwas rauh punktiert, die Punkte von hinten eingestochen. Schildchen schmal. Flügeldecken wenig verbreitert, fein gestreift, Streifenpunkte kerben sehr schwach die Ränder der wenig gewölbten Zwischenräume, diese etwas rauh punktiert. Unterseite mehr gelbrot, glänzend, punktiert und behaart. Metatarsus so lang wie oberer Enddorn und 2 folgende Tarsenglieder. — L. 3 mm.

Obock.

453. **A. (T.) fulvescens** Har. 1874 *A. f.*, Harold in: Berlin ent. Z., *v.* 18 p. 183, 189 | 1913 *A. (T.) f.*, Ad. Schmidt in: Arch Naturg., *v.* 79 A fasc. 11 p. 154.

Länglich, flach gewölbt, nicht vollglänzend. Kopfmitte schwach aufgetrieben, mit tiefer Stirnlinie, am Vorderrande verflacht, fein und dicht punktiert, Clipeus schwach ausgerandet, jederseits abgerundet, Wangen vom Kopfrande abgesetzt, abgerundet, wenig vorstehend. Thorax in schwachem Bogen nach hinten verbreitert, fein, gleichmäßig dicht punktiert und niederliegend behaart, Hinterwinkel stumpf abgerundet. Schildchen fein punktiert.

Flügeldecken hinten nicht breiter, fein gestreift, Zwischenräume schwach gewölbt, 2reihig punktiert und behaart. Unterseite ebenfalls hellbraun, nicht dicht punktiert und behaart. Metatarsus so lang wie oberer Enddorn und 2 Tarsenglieder. — L. 5 mm.

Senegal.

Die folgende Art konnte in der Tabelle nicht untergebracht werden:

454. **A. (T.) mongolicus** Mannerh. 1852 *A. m.*, Mannerheim in: Bull. Soc. Moscou, *v.* 25 IV p. 300 | 1913 *A. (T.) m.*, Ad. Schmidt in: Arch. Naturg, *v.* 79 A fasc. 11 p. 154.

Wenig glänzend, schwarzbraun, behaart, Flügeldecken gelbbraun. Kopf und Thorax fein punktiert, Clipeus wenig ausgerandet, Stirn mit Andeutung von 3 Tuberkeln. Thorax hell gerandet, vorn wenig schmaler, Hinterwinkel stumpf. Schildchen neben den Rändern mit eingedrückter Linie. Flügeldecken tief punktiert-gestreift, Nahtstreif tiefer eingedrückt, Streifen deutlicher punktiert wie bei *A. (T.) scrofa* F. (nr. 448). — L. 2,5—3 mm (ex Mannerheim).

Mongolei.

In dieses Subgen. könnte vielleicht auch folgende Art gehören:

455. **A. (T.) suspectus** W. M. Mann 1911 *A. s.*, W. M. Mann in: Psyche, *v.* 18 p. 107 f. 2 | 1913 *A. (T.) s.*, Ad. Schmidt in: Arch. Naturg., *v.* 79 A fasc. 11 p. 154.

Schwarz, glänzend, oberseits fein behaart, Flügeldecken braun oder gelbbraun. Kopf deutlich punktiert, die Mitte erhaben, davor niedergedrückt, Clipeus schmal ausgerandet, Wangen mit Haarbüschel. Thorax deutlich punktiert, Punkte in Größe verschieden, mit glatter Mittellinie, Seiten kurz bewimpert, Basis fein gerandet, Flügeldecken fein punktiert-gestreift. — L. 4—5 mm (ex W. M. Mann).

Washington.

bbb) Subgen. **Orodaliscus** Reitter

1900 *A. (O.)*, Reitter in: D. ent. Z., p. 84.

Mittelgroß, schwarz, Flügeldecken rotbraun oder rot, glänzend, unbehaart, Kopf ungehöckert, Thoraxbasis gerandet, Schildchen parallelrandig, Endborsten der Hintertibien ungleich. Durch die breit gerundeten, beim ♀ schwach angedeuteten Hinterwinkel des Halsschildes ausgezeichnet.

Gewölbt, parallel oder schwach nach hinten verbreitert. Kopf in der Mitte mehr oder weniger erhaben, deutlich punktiert, Clipeus ausgerandet, jederseits mehr oder weniger scharfwinklig oder gezähnt, Wangen klein, kaum vorstehend. Thorax quer, von der Breite der Flügeldecken, oberseits punktiert, Hinterwinkel ganz gerundet oder beim ♀ zuweilen gerundet abgestutzt, in der Abstutzung schwach ausgerandet. Schildchen vorn parallelrandig. Flügeldecken deutlich gestreift, Zwischenräume flach oder gewölbt, punktiert. Unterseite vereinzelt punktiert und behaart.

Hierher gehören 2 Arten aus Rußland (nr. 456, 457).

Bestimmungstabelle der Arten:

Clipeus spitz gezähnt, Zwischenräume flach, oberer Enddorn der Hintertibien länger als 1. Tarsenglied	456. **A. (O.) angulatulus**
Clipeus höchstens scharfwinklig, Zwischenräume gewölbt, oberer Enddorn kürzer	457. **A. (O.) rotundangulus**

456. **A. (O.) angulatulus** nom. nov Ad. Schm. 1876 *A. (Ammoecius) discolor* (non Erichson 1859), Solsky in: Fedtschenko, Turkestan, *v.* 2 fasc. 11 p. 345 | 1907 *Aphodius angulatus* (non Dalla Torre 1879), Ad. Schmidt in: D. ent. Z., p. 201 | 1912 *A. (Orodaliscus) angulatus*, W. Koshantschikov in: Rev. Ent. Russe, *v.* 12 p. 513

Seitenrand parallel, schwarz, Flügeldecken rotbraun. Kopf halbrund, vorn wenig ausgerandet, jederseits mit einem nach oben gebogenen Zähnchen, oberseits ziemlich dicht, fein, zum Lateralrand runzlig punktiert. Stirnlinie schwach angedeutet, ungehöckert. Thorax deutlich gewölbt, ziemlich dicht punktiert, die Seiten und Basis gerandet. Schildchen an der Basis mit einigen Punkten. Streifenpunkte der Flügeldecken greifen die Ränder an, Zwischenräume flach, vereinzelt punktiert. Enddorn der Vordertibien in beiden Geschlechtern spitz. Oberer Enddorn der Hintertibien länger als 1. Tarsenglied, dieses etwas kürzer als 3 folgende Glieder. ♂. Enddorn der Vordertibien kräftig, sichelförmig nach innen und unten gebogen, bis zur Hälfte des 2. Tarsengliedes reichend. ♀. Enddorn schwächer, weniger abwärts gebogen, Hinterwinkel des Halsschildes stumpf gerundet. — L. 6,5 mm.

Samarkand.

457. **A. (O.) rotundangulus** Reitt. 1900 *A. (O.) r*, Reitter in: D. ent. Z., p. 84.

Schwarz, Flügeldecken dunkel rotbraun, rotbraun oder rot, wenig nach hinten verbreitert. Kopf deutlich ausgerandet, seitlich mit winkliger Spitze, beim ♀ zuweilen mehr gerundet, bis zur Stirnlinie, die deutlich erhöht ist, dicht und rauh, hinter derselben etwas feiner punktiert, besonders beim ♂. Thorax ziemlich dicht punktiert, auf der Scheibe nach vorn etwas feiner, mit kurzer, glatter Mittellinie. Schildchen an der Basis deutlich punktiert. Flügeldecken mäßig stark gestreift, Zwischenräume flach gewölbt, fein, fast gereiht punktiert. ♂. Vordertibien schwach verbreitert, einwärts gebogen, Enddorn mit hakig umgebogener Spitze, Thorax seitlich erweitert, gleichmäßig fein punktiert, 1. Glied der Hintertarsen so lang wie 3 folgende Glieder. ♀. Vordertibien normal, ebenso der Enddorn, Thorax weniger verbreitert, etwas ungleich punktiert, Metatarsus kürzer als 3 folgende Glieder. — L. 5—6 mm.

Südrußland.

ccc) Subgen. **Phalacronothus** Motschulsky

1859 *Aphodius (P.)*, Motschulsky in: Étud. ent., *v.* 8 p. 156.

Klein, einfarbig braun, unbehaart, Kopf ungehöckert, Thorax mit abgestutzten Hinterwinkeln, Basis mit ganzer oder in der Mitte unterbrochener Randung, Schildchen parallel, Endborsten ungleich.

Flach gewölbt, mehr oder weniger glänzend. Kopf gleichmäßig und fein punktiert wie der Thorax, mit deutlich eingedrückter Stirnlinie, Wangen vom Kopfrande schwach abgesetzt. Thorax wenig nach hinten erweitert, mehr oder weniger dicht punktiert, die Abstutzung der Hinterwinkel mit der Basis einen mehr oder weniger deutlichen Winkel bildend, in der Mitte mit glatter Linie. Flügeldecken wenig verbreitert, fein gestreift, Zwischenräume leicht erhaben und gereiht punktiert. Unterseite punktiert und behaart.

Hierher gehören 2 Arten aus Indien und Afrika (nr. 458, 459).

Bestimmungstabelle der Arten:

Stirnlinie schwach eingedrückt, Flügeldecken durch Chagrinierung wenig glänzend, Zwischenräume mit feiner Punktreihe	458. **A. (P.) carinulatus**
Stirnlinie stark eingedrückt, Flügeldecken voll glänzend, Punktreihe sehr deutlich	459. **A (P.) rothschildi**

458. **A. (P.) carinulatus** Motsch. 1863 *A. (P) c.*, Motschulsky in: Bull. Soc. Moscou, *v.* 36 II p. 461 | 1874 *Aphodius c*, Harold in: Berlin. ent. Z., *v.* 18 p. 184, 207.

Länglich, schlank, kastanienbraun, Kopf und Thorax glänzender als die Flügeldecken, Thoraxscheibe etwas dunkler. Kopf mit flacher Beule, davor niedergedrückt, leicht gerundet nach vorn verengt, gleichmäßig, ziemlich dicht fein punktiert, Clipeus leicht ausgerandet, jederseits gerundet. Thoraxseiten schwach gerundet, fein, nicht dicht punktiert, dazwischen einzelne, wenig größere Punkte. Zwischenräume der Flügeldecken mit feiner Punktreihe, die von den Streifen etwas entfernt steht. Enddorne der Hintertibien gleichlang, deutlich kürzer als 1. Tarsenglied, dieses nicht so lang wie 3 folgende Glieder. — L. 4 mm.

Ceylon, Vorderindien.

459. **A. (P.) rothschildi** Ad. Schm. 1911 *A. r.*, Ad. Schmidt in: Bull. Mus. Paris, *v.* 17 p. 100 | 1913 *A. (P.) r.*, Ad. Schmidt in: Arch. Naturg., *v.* 79 A fasc. 11 p. 155.

Etwas breiter als vorige Art, gleichmäßig glänzend, Flügeldecken mehr gelblichbraun, Kopf und Thorax ohne die Ränder dunkler. Kopfform und Punktierung wie bei voriger Art, Vorderrand mehr aufgebogen. Thorax mehr gleichmäßig und dichter punktiert. Zwischenräume der Flügeldecken mehr kielförmig erhaben, dicht neben den Streifen mit sehr deutlicher Punktreihe. Verhältnis der Fußglieder wie bei *A. (P.) carinulatus* Motsch. — L. 3,5 mm.

Abessinien, Usambara, Transvaal.

ddd) Subgen. **Mecynodes** E. Mulsant

1870 *Aphodius (Aphodius)* „division" *M.*, E. Mulsant in: Ann. Soc. Agric. Lyon, ser. 4 *v.* 2 p. 465 | 1871 *A. (M.)*, E. Mulsant ibid., ser. 4 *v.* 3 p. 474.

Schwarz, höchstens die Flügeldecken zuweilen mit rötlicher Längsmakel, sehr schlank, schwach konvex, glänzend unbehaart, Clipeus jederseits beim ♂ mit zahnartiger Spitze, Schildchen schmal, vorn parallel, Thoraxbasis gerandet, Borsten der Hintertibien ungleich.

Kopf nach vorn stark verschmälert, ungehöckert, punktiert, mit kleinen Wangen. Flügeldecken nach hinten kaum erweitert. Unterseite mit der Oberseite gleichfarbig.

Hierher eine Art aus dem paläarktischen Gebiet (nr 460).

460. **A. (M.) striatulus** Waltl

Diese Art zerfällt in 2 Unterarten:

460a. **A. (M.) striatulus striatulus** Waltl 1835 *A. s*, Waltl, Reise Tyrol Spanien, pars 2 p. 67 | 1843 *A. parallelus*, E. Mulsant in: Ann. Soc. Agric. Lyon, *v.* 6 p. 277 | 1858 *A. tormes*, Graëlls in: Mem. Com Mapa geol. España, Zool. *v.* 4 p. 60 t. 3 f 1 (Gesamtbild) | 1892 *A (Orodalus) parallelus*, Reitter in: Verh. Ver Brünn, *v.* 30 p. 211 | 1913 *A. (Mecynodes) striatulus*, Ad. Schmidt in: Arch. Naturg, *v.* 79 A fasc. 11 p. 155.

Biologie: 1902 Xambeu in: Naturaliste, *v.* 24 p. 145 (Metamorphose) | 1903 Xambeu in: Ann. Soc. Linn. Lyon, ser 2 *v.* 49 p. 158 (Larve und Puppe).

Einfarbig schwarz. Kopf fein und vereinzelt punktiert, Clipeus vorn niedergedrückt, Stirnnaht undeutlich, Wangen abgerundet, wenig vorstehend. Thoraxseiten leicht gerundet, Hinterwinkel stumpf, oberseits wenig dicht, feiner und etwas größer punktiert, die Mitte der Scheibe vorn vereinzelter. Flügeldecken fein gestreift, Streifenpunkte deutlich, Zwischenräume flach, deutlich punktiert. Metatarsus gleich dem obern Enddorne und 2 folgenden Tarsengliedern. ♂. Clipeus jederseits in einen spitzen Zahn ausgezogen. ♀. Clipeus mit rundlichem Lappen. — L. 3 mm.

Südwesteuropa, Dalmatien, Kleinasien, Algier.

460 b. **A. (M.) striatulus fenestratus** Reitt. 1892 *A. (Orodalus) s.* var. *f.*, Reitter in: Verh. Ver. Brünn, *v.* 30 p. 211 | 1913 *A. (Mecynodes) s.* var. *f.*, Ad. Schmidt in: Arch. Naturg., *v.* 79 A fasc. 11 p. 155.

Flügeldecken mit rötlichem Dorsalfleck.

Vorkommen mit der Stammart.

eee) Subgen. **Esimaphodius** Reitter

1892 *Aphodius (E.)*, Reitter in: Verh. Ver. Brünn, *v.* 30 p. 208.

Klein, schwarz, schwarzbraun oder rotbraun, Flügeldecken fahl gelbbraun mit dunkler Naht oder dunklem 1. Zwischenraum, Kopf einfach, nie rauh punktiert, Clipeus mit scharfem Winkel jederseits, Thorax mit Basalrandung, die nur bei *A. (E.) angulosus* Har. (nr. 464) fehlt, Schildchen parallel, Endborsten der Hintertibien ungleich.

Länglich, flach gewölbt, unbehaart. Kopf wenig gewölbt, Mitte beulig erhaben, Stirnnaht mehr oder weniger deutlich, nie mit Höckerchen, punktiert, Clipeus jederseits der Ausrandung mit zahnartigem Winkel, Wangen stumpf abgerundet, vorstehend. Thorax seitlich wenig rundlich erweitert, Basalrandung oft sehr fein, Hinterwinkel deutlich, punktiert. Schildchen schmaler oder breiter, vorn immer parallel. Flügeldecken zuweilen mit dunkler Spitze und dunklen Seiten, hinten wenig breiter, meistens fein gestreift und fein punktiert. Unterseite oft heller, glänzend, Metasternum seitlich und Abdomen ganz punktiert und behaart.

Hierher gehören 7 Arten aus dem paläarktischen Gebiet (nr. 461—467).

Bestimmungstabelle der Arten:

1	Naht nur an der äußersten Kante dunkler — 2	
	1. Zwischenraum an der Naht dunkler — 4	
2	Flügeldecken mit breiteren Streifen und großen, die Zwischenräume tief kerbenden Punkten	463. **A. (E.) stereotypus**
	Flügeldecken mit feinen Streifen und ebensolchen Punkten in denselben — 3	
3	Kopf, Thorax, Schildchen und Unterseite schwarzbraun	461. **A. (E.) leucopterus**
	Kopf und Thorax rotbraun, Schildchen und Unterseite heller	462. **A. (E.) kisilkumi**
4	Nur der 1. Zwischenraum geschwärzt — 5	
	1. Zwischenraum, Spitze und zuweilen auch die Seiten geschwärzt — 6	
5	Thoraxbasis ungerandet, ganz schwarz, Metatarsus länger als 2 folgende Tarsenglieder	464. **A. (E.) angulosus**
	Thoraxbasis gerandet, Vorderwinkel des Halsschildes rötlichgelb	465. **A. (E.) nasalis**
6	1. und 2. Streifen der Flügeldecken so breit wie die angrenzenden Zwischenräume, Streifenpunkte kerben die Ränder	466. **A. (E.) sculpturatus**
	Alle Streifen gleich fein, Streifenpunkte nicht kerbend	467. **A. (E.) trochilus**

461. **A. (E.) leucopterus** Klug 1815 *A. l.*, Klug in: Ehrenberg, Symb. phys., Ins. *v.* 5 nr. 3 t. 42 f. 2 (Gesamtbild) | 1851 *A. luridipennis*, E. Mulsant in: Mém. Ac. Lyon, ser. 2 *v.* 1 p. 138 | 1868 *A. forcipatus*, Harold in: Col. Hefte, *v.* 3 p. 84 | 1892 *A. (Esimaphodius) leucopterus*, Reitter in: Verh. Ver. Brünn, *v.* 30 p. 209

Schwarzbraun, Thorax in den Vorderwinkeln rötlichgelb, Flügeldecken blaß hellbraun, mit dunkler Naht. Kopf in der Mitte etwas erhöht, davor niedergedrückt, die Seiten verflacht, überall fein und dicht punktiert, Clipeus ausgerandet, jederseits mit spitzem Winkel. Thorax wenig erweitert, fein und etwas stärker, nicht dicht punktiert, Hinterwinkel stumpf. Schildchen verhältnismäßig breit, vorn eingeschnürt, vereinzelt punktiert. Flügeldecken hinten etwas erweitert, fein gestreift, erster Streifen vor der Spitze niedergedrückt, Zwischenräume flach, fein punktiert. Oberer Enddorn der Hintertibien so lang wie 1. Tarsenglied, dieses etwas kürzer als 2 folgende Glieder. ♂. Metasternum vertieft, fein und zerstreut punktiert, am Rande mit einer Reihe größerer Punkte, Stirn mit Andeutung von Stirnhöckern. ♀. Clipeuswinkel stumpfer, Metasternum nur mit vertiefter Mittellinie, seitlich ohne große Punkte. — L. 3,5—4 mm.

Ägypten, Tripolis, Tunis, Algier, Balearen.

462. **A. (E.) kisilkumi** Solsky 1876 *A. k.*, Solsky in: Fedtschenko, Turkestan, *v.* 2 fasc. 11 p. 332 | 1892 *A. (Esimaphodius) mendidioides*, Reitter in: Verh. Ver. Brünn, *v.* 30 p. 209 | 1894 *A. (Meraphodius) selenocarus*, D. Koshantschikow in: Horae Soc. ent. Ross., *v.* 28 p. 111 | 1910 *A. kisilkumi*, W Koshantschikov in: Rev. Ent. Russe, *v.* 10 p. 20 | 1913 *A. (Esimaphodius) k.*, Ad. Schmidt in: Arch. Naturg., *v.* 79 A fasc. 11 p. 155.

Der vorigen Art sehr ähnlich, aber durch andere Färbung verschieden. Oberseite rotbraun, Vorderkopf, zuweilen auch nur der Rand und die Seiten des Halsschildes rötlich. Kopf von derselben Form, vorn etwas größer, fein rauh punktiert. Geschlechtsmerkmale dieselben. — L. 3,5—4 mm.

Kisil-Kum, Ordubad, Baku.

463. **A. (E.) stereotypus** D. Koshant. 1894 *A. (Esimus) s.*, D Koshantschikow in: Horae Soc. ent. Ross., *v.* 28 p. 109 | 1913 *A. (Esimaphodius) s.*, Ad. Schmidt in: Arch. Naturg., *v.* 79 A fasc. 11 p. 156.

Schwarzbraun, Vorderwinkel des Halsschildes heller, Flügeldecken blaßgelb, perlmutterartig schimmernd. Kopfmitte kaum erhaben, vereinzelt und fein punktiert, vorn niedergedrückt, Seitenrand verflacht, Clipeus ausgerandet, jederseits mehr oder weniger spitz, Wangen wenig vorstehend. Thorax geradseitig, fein zerstreut punktiert. Flügeldecken auf dem Rücken verhältnismäßig breit gestreift, mit breiten Punkten, die deutlich in die Zwischenräume eindringen, letztere flach, vereinzelt punktiert. Metatarsus länger als oberer Enddorn, so lang wie 2 folgende Tarsenglieder. ♂. Metasternum grubig vertieft, seitlich behaart. — L. 2,5 mm.

Samarkand.

464. **A. (E.) angulosus** Har. 1869 *A. a.*, Harold in: Abeille, *v.* 5 p. 432 | 1896 *A. (Esymus) a.*, H. Orbigny in: Abeille, *v.* 28 p. 219 | 1913 *A. (Esimaphodius) a.*, Ad. Schmidt in: Arch. Naturg., *v.* 79 A fasc. 11 p. 156

Schwarz, Flügeldecken blaßgelb, Nahtstreif dunkel. Kopf mit leichter Erhöhung, vorn fein punktiert, Clipeus ausgerandet, beim ♀ mit spitzerem Winkel jederseits. Thorax nur vereinzelt fein punktiert, Basis ungerandet, Hinterwinkel stumpf abgerundet. Schildchen glatt. Flügeldecken fein gestreift,

Zwischenräume wenig erhaben. Unterseite schwarzbraun. 1. Glied der Hintertarsen kürzer als oberer Enddorn, nicht so lang wie 2 folgende Tarsenglieder. — L. 2—3 mm (ex Harold).

Palästina, Tunis.

465. **A. (E.) nasalis** D. Koshant. 1894 *A. (E.) n.*, D. Koshantschikow in: Horae Soc. ent. Ross., *v.* 28 p. 112.

Glänzend, schwarz, Vorderwinkel des Halsschildes rötlichgelb, Flügeldecken gelblich, Nahtstreif schwarz, an der Spitze vertieft. Kopf gleichmäßig fein punktiert, Clipeus jederseits mit spitzem Winkel, Stirnnaht nicht sichtbar. Thoraxbasis gerandet, Scheibe zerstreut, die Seiten dichter und sehr fein punktiert. Flügeldecken fein gekerbt-gestreift, Zwischenräume flach, sehr fein, vereinzelt punktiert. — L. 3 mm (ex D. Koshantschikow).

Turkestan.

466. **A. (E.) sculpturatus** Reitt. 1892 *A. (Esimus) s.*, Reitter in: Verh. Ver. Brünn, *v.* 30 p. 208 | 1913 *A. (Esimaphodius) s.*, Ad. Schmidt in: Arch. Naturg., *v.* 79 A fasc. 11 p. 156.

Flach gewölbt, schwarz, Flügeldecken blaßgelb, mit schwarzem dreieckigem Fleck, der an der Basis bis zur Schulter reicht und an der Spitze den 1. und 2. Zwischenraum einnimmt, zuweilen ist auch die Spitze und der Seitenrand geschwärzt. Kopf flach, in der Mitte kaum erhöht, vorn etwas eingedrückt, sehr fein punktiert, Clipeus schwach ausgerandet, jederseits stumpfwinklig, Stirnlinie fein, Wangen wenig vorstehend. Thorax nur vorn gerundet verengt, sehr fein punktiert, mit einigen, wenig größeren Punkten untermischt, Hinterwinkel stumpf-rundlich, Basis ohne eigentliche Randung, die hintere Kante derselben ist aber randförmig aufgebogen. Schildchen mit einigen Punkten. Die ersten Streifen der Flügeldecken ziemlich breit, mit breiten, queren Punkten, welche die Ränder der Zwischenräume kerben, die folgenden Streifen schmaler, mit rundlichen Punkten, Zwischenräume flach, einzeln und fein punktiert. Abdomen dicht punktiert und behaart. Metatarsus etwas länger als oberer Enddorn, aber kürzer als 2 folgende Tarsenglieder. — L. 3 mm.

Ordubad, Syrien, Smyrna.

467. **A. (E.) trochilus** Reitt. 1892 *A. (Esimus) t.*, Reitter in: Verh. Ver. Brünn, *v.* 30 p. 208 | 1913 *A. (Esimaphodius) t.*, Ad. Schmidt in: Arch. Naturg., *v.* 79 A fasc. 11 p. 156.

In Größe, Farbe und Gestalt der vorigen Art gleich, aber die Flügeldecken ohne dreieckigen Fleck, nur der 1. Zwischenraum, die Spitze und der Seitenrand schwarz. Flügeldecken sehr fein gestreift, mit undeutlichen Streifenpunkten, der 1. Zwischenraum hinter dem Schildchen etwas dachförmig erhöht. 1. Glied der Hintertarsen wenig länger als oberer Enddorn und 2 folgende Tarsenglieder. — L. 3 mm.

Syrien.

fff) Subgen. **Esymus** E. Mulsant

1870 *Aphodius (Bodilus* [„groupe"] *Esymus)*, E. Mulsant in: Ann. Soc. Agric. Lyon, ser. 4 *v.* 2 p. 519 | 1892 *A. (Esimus)*, Reitter in: Verh. Ver. Brünn, *v.* 30 p. 206.

Kleine, schwarze Arten mit hellen Flügeldecken und dunkler Naht, zuweilen auch Seitenrand und Spitze dunkler, seltener die 3 ersten Zwischenräume *A. (E.) ornatulus* Har. (nr. 478), Thoraxbasis gerandet *A. (E.) evanescens* Boh. (nr. 477) ausgenommen, Schildchen parallel, Hintertibien mit ungleichen Borsten. Die Arten dieses Subgen. haben große Ähnlichkeit mit denen von *A. (Esimaphodius)* Reitt., sind aber durch die abgerundeten Clipeusecken verschieden.

Länglich, flach gewölbt, glänzend, unbehaart. Kopf flach, punktiert, die Mitte etwas erhaben, Wangen klein, stumpfwinklig. Thorax quer, gerundet, selten nach hinten erweitert, oberseits punktiert, Hinterwinkel stumpf. Schildchen meistens nur vorn, zuweilen auch in größerer Ausdehnung parallel, breiter oder schmaler als die beiden ersten Zwischenräume neben dem Schildchen. Flügeldecken parallel, fein gestreift und fein punktiert. Vordertibien schlank, Enddorn beim ♂ gewöhnlich mit umgebogener Spitze.

Hierher zählen 11 Arten, 1 im Subgenus unsichere, aus dem paläarktischen Gebiet und Afrika (nr. 468—479).

Bestimmungstabelle der Arten:

1	Metatarsus länger als 2 folgende Tarsenglieder — 2	
	Metatarsus so lang oder kürzer als 2 folgende Glieder — 6	
2	Kopf vorn stärker als hinten punktiert, Metatarsus so lang wie 3 folgende Glieder, Flügeldecken gelbbraun, Schildchen und Naht braunrot	475. A. (E.) **filitarsis**
	Kopf vorn nicht stärker punktiert, der ganze 1. Zwischenraum dunkler — 3	
3	Thorax deutlich ungleich groß punktiert — 4	
	Thorax fast mit gleichgroßen Punkten — 5	
4	Flügeldecken rötlichgelb, nur der 1. Zwischenraum geschwärzt	468. A. (E.) **merdarius**
	Flügeldecken gelbbraun, Skutellarfleck, Spitze und Seitenrand schwarz	476. A. (E.) **pyreti**
5	Thorax wenig ungleich punktiert, Flügeldecken hellbraun, der 1. Zwischenraum ist schwarz und zur Spitze stark verschmälert und vertieft	469. A. (E.) **sicardi**
	Thorax gleichmäßig punktiert, Flügeldecken gelbbraun, Naht schwarz, 1. Zwischenraum hell rotbraun, hinten wenig schmaler, nicht tiefer liegend . . .	477. A. (E.) **evanescens**
6	Epipleuren gelb — 7	
	Epipleuren schwarz — 9	
7	Die 3 ersten Zwischenräume, Seiten und Spitze dunkel rotbraun oder schwarz	478. A. (E.) **ornatulus**
	Nur der Nahtstreif dunkler — 8	
8	Flügeldecken blaßgelb, Nahtstreif hinten wenig schmaler, Hinterwinkel stumpf, 1 Glied der Hintertarsen so lang wie 2 folgende Tarsenglieder, beim ♂ nicht verdickt	470. A. (E.) **suturinigra**
	Flügeldecken hellbraun, Nahtstreif deutlich schmaler, Hinterwinkel abgerundet, Metatarsus kürzer als 2 folgende Glieder, beim ♂ verdickt	471. A. (E.) **tersus**
9	Thoraxbasis in der Mitte nicht gerandet, sondern nur aufgebogen	472. A. (E.) **fumigatulus**
	Thoraxbasis fein gerandet — 10	
10	Schildchen breiter als die beiden ersten Zwischenräume, Naht, Spitze und Außenrand der Flügeldecken schwarz	473. A. (E.) **finitimus**
	Schildchen schmaler, nur die Naht schwarz, Thorax neben dem Seitenrande mit Grübchen	474. A. (E.) **alaiensis**

468. **A. (E.) merdarius** (F.)

Diese Art zerfällt in 4 Unterarten:

468a. **A. (E.) merdarius merdarius** (F.) 1775 *Scarabaeus m.*, J. C. Fabricius, Syst. Ent, p. 19 | 1781 *S. quisquilius*, Schrank, Enum. Ins. Austr., p. 18 | 1840 *Aphodius exilis*, W. Schmidt in: Z. Ent. Germar, *v.* 2 p. 120 | 1848 *A. merdarius*, Erichson, Naturg. Ins. Deutschl., Col. *v.* 3 p. 869 | 1870 *A. (Bodilus* [„groupe"] *Esymus) m.*, E. Mulsant in: Ann. Soc. Agric. Lyon, ser. 4 *v.* 2 p. 533 | 1892 *A. (Esimus) m.*, Reitter in: Verh. Ver. Brünn, *v.* 30 p. 207 | 1911 *A. smetáčeki*, Roubal in: Wien. ent. Zeit., *v.* 30 p. 134.

Biologie: ? 1901 Xambeu in: Rev. Ent. Franç., *v.* 20 p. 23 (Beschreibung von Ei, Larve und Puppe).

Länglich-oval, schwarz, Flügeldecken rotgelb oder gelbbraun, Nahtstreif und Schildchen schwarz. Kopf sehr flach, die Mitte kaum erhaben, sehr fein und dicht punktiert, Clipeus kaum ausgerandet, die stumpfen Wangen in gleichem Bogen mit dem Kopfe gerundet. Thorax wenig gerundet, feiner und stärker punktiert, in der Mitte nach vorn etwas zerstreuter, Vorderwinkel gewöhnlich mit rötlichem Fleck, seltener ganz schwarz. Schildchen vorn vereinzelt punktiert. Flügeldecken leicht zur Mitte erweitert, punktiert-gestreift, Zwischenräume schwach konvex, fein und vereinzelt punktiert. Unterseite schwarz, glänzend, punktiert und behaart. Metatarsus so lang wie oberer Enddorn und wie 3 folgende Tarsenglieder. ♂. Metasternum mit breiter, tiefer Grube. — L. 4—5 mm.

Europa, Kaukasus.

468b. **A. (E.) merdarius ictericus** (Laich.) 1781 *Scarabaeus i.*, Laicharting, Verz. Beschr. Tyrol. Ins., *v.* 1 p. 14 | 1798 *S. foriorum*, Panzer, Fauna Ins. Germ, *v.* 58 nr 9 | 1798 *S. gelbinus*, Schrank, Fauna Boica, *v.* 1 p. 391 | 1908 *Aphodius (Esymus) merdarius* var. *ictericus*, Ad. Schmidt in: D. ent. Z., suppl. p. 50.

Schildchen, Nahtstreif und Außenrand der Flügeldecken schwarz.

Tirol.

468c. **A. (E.) merdarius atricollis** Muls. 1842 *A. m.* var *a.*, E. Mulsant, Hist. nat. Col. France, Lamell. p. 232 | 1879 *A. m* var. *collaris*, Dalla Torre in: Ber. Ver. Oberösterr., *v.* 10 p. 109 | 1908 *A. (Esymus) m.* var. *atricollis*, Ad. Schmidt in: D. ent. Z., suppl. p. 50.

Thorax ganz schwarz.

Vorkommen mit der Stammart.

468d. **A. (E.) merdarius melinopus** Muls. 1842 *A. merdarius* var. *melinopus*, E. Mulsant, Hist. nat. Col. France, Lamell. p. 232 | 1908 *A. (Esymus) m.* var. *m.*, Ad. Schmidt in: D ent. Z., suppl. p. 50.

Füße gelb.

Vorkommen wie die Stammform.

469. **A. (E.) sicardi** Reitt. 1893 *A. (Esimus) s.*, Reitter in: Verh. Ver. Brünn, *v.* 31 p. 105.

Der vorigen Art sehr ähnlich, aber der Thorax weniger ungleich punktiert. Flügeldecken hellbraun, Zwischenräume ganz flach, Streifenpunkte deutlicher. Metatarsus länger als oberer Enddorn, so lang wie 3 folgende Tarsenglieder. ♂. Enddorn der Vordertibien an der Spitze nach innen umgebogen, Metasternalplatte stark vertieft. ♀. Enddorn spitz, Metasternum nur mit Mittellinie, Thorax dichter punktiert. — L. 4,5 mm.

Tunis, Algier.

470. **A. (E.) suturinigra** nom. nov. Ad. Schm. 1843 *A. suturalis* (non Faldermann 1835), L. Redtenbacher in: Russegger Reis., *v.* 1 II p. 986 | 1892 *A. (Esimus) albidipennis*, Reitter in: Verh. Ver Brünn, *v.* 30 p. 207 | 1910 *A. (Esymus) suturalis*, Ad. Schmidt in. Schenkling, Col. Cat., fasc. 20 p. 61.

In der Gestalt der vorigen Art gleich, schwarz, glänzend, Flügeldecken blaß weißgelb, Schildchen, Nahtstreif und der schmale Seitenrand der Flügeldecken schwarz. Letztere fein gestreift, Nahtstreif tief, Zwischenräume flach, sehr fein vereinzelt punktiert. Hintertarsen sehr schlank, 1. Glied derselben länger als oberer Enddorn, den 2 folgenden Gliedern gleich. ♂. Enddorn der Vordertibien schlank, die Spitze umgebogen, Metasternalplatte stark vertieft, ringsum grob punktiert und behaart. — L. 3,5—4 mm.

Syrien.

471. **A. (E.) tersus** Er. 1846 (?) *A. suturalis*, H. Lucas in: Expl. Algérie, *v.* 2 p. 263 | 1848 *A. tersus*, Erichson, Naturg. Ins. Deutschl., Col. *v.* 3 p. 859 | 1856 *A. t.*, Rosenhauer, Thiere Andalus., p. 130 | 1892 *A. (Esimus) t.*, Reitter in: Verh. Ver. Brünn, *v.* 30 p. 207.

In der Gestalt und Farbe dem *A. (E.) sicardi* Reitter ähnlich, er unterscheidet sich aber durch ganz schwarze Epipleuren und kürzeres 1. Tarsenglied der Hintertibien. Kopf in der Mitte beulig, fein punktiert, Clipeus deutlich ausgerandet, dahinter vertieft, seitlich mehr stumpf abgerundet, Wangen stumpfwinklig, vorstehend. Thorax hinten breiter, nicht sehr dicht punktiert, die Seiten einzeln bewimpert. Schildchen vereinzelt punktiert, breiter als die zwei ersten Zwischenräume. Flügeldecken mit deutlichen Streifenpunkten, Zwischenräume schwach konvex, an der Spitze deutlicher, fein, vereinzelt punktiert. 1. Glied der Hintertarsen verdickt, so lang wie oberer Enddorn, kürzer als 2 folgende Glieder. ♂. Hinterschienen zusammengedrückt und verbreitert, Metatarsus stark verdickt, gebogen, Metasternum tief ausgehöhlt. ♀. Hinterschienen einfach, Metasternum nur mit vertiefter Linie. — L. 3,5—4 mm.

Südwest-Europa, Nordafrika.

472. **A. (E.) fumigatulus** Reitt. 1892 *A. (Esimus) f.*, Reitter in: Verh. Ver. Brünn, *v.* 30 p. 208.

Unterscheidet sich von allen Arten durch den in der Mitte aufgebogenen Basalrand des Halsschildes. In der Gestalt mit der vorigen Art, in Färbung mit *A. (E.) suturinigra* Ad. Schm. (nr. 470) übereinstimmend. Kopf deutlich punktiert, die Mitte schwach längserhöht, davor eingedrückt, Clipeus ausgerandet, jederseits etwas stumpf gerundet, Stirnlinie seitlich schwach erhaben, Wangen sehr wenig vorstehend. Thorax hinten leicht breiter, etwas ungleich, wenig dicht punktiert, Basis ungerandet, dieselbe ist in der Mitte randartig aufgebogen. Schildchen ungefähr so breit wie die zwei ersten Zwischenräume. Flügeldecken blaß weißgelb, die Naht, die breite Spitze und die Basis schmal schwarz, Streifen fein, erster tiefer eingedrückt, Zwischenräume flach, deutlich punktiert. Metatarsus länger als oberer Enddorn, kürzer als 2 folgende Tarsenglieder. ♂. Enddorn der Vordertibien an der Spitze nach innen gebogen, Metasternum breit ausgehöhlt. ♀. Enddorn spitz, Metasternum mit Mittellinie. — L. 3,5—4 mm.

Ordubad.

473 **A. (E.) finitimus** nom. nov. Ad Schm 1878 *A. terminatus* (non Harold 1869), Marseul in: Abeille, ser. 2 *v.* 16 nr. 14/15, Nouv. & Faits p. 57 | 1892 *A. (Esimus) t.*, Reitter in: Verh. Ver. Brünn, *v.* 30 p. 207.

Gestalt und Farbe der vorigen Art, aber die Flügeldecken an der Basis nicht geschwärzt. Kopf vorn rötlich, dicht und sehr deutlich punktiert, Clipeus ausgerandet, Wangen vorstehend. Thorax schwach gerundet, hinten nicht breiter, mehr ungleich punktiert, Basis sehr fein gerandet, Hinterwinkel stumpf abgerundet. Schildchen breiter als 2 Zwischenräume, vereinzelt punktiert. Nahtstreif stärker vertieft, Streifenpunkte deutlich, 1. Zwischenraum etwas dachförmig, fein punktiert. Metatarsus etwas länger als oberer Enddorn, nicht so lang wie 2 folgende Tarsenglieder. ♂. Enddorn der Vordertibien an der Spitze umgebogen, das vertiefte Metasternum seitlich mit großen Haarpunkten besetzt. — L. 3,8—4,2 mm.

Algier.

474. **A. (E.) alaiensis** Reitt. 1893 *A. (Esimus) a.*, Reitter in: Verh. Ver. Brünn, *v.* 31 p. 105.

Länglich, schmaler, Kopf, Thorax, Schildchen und Nahtstreif schwarz, Flügeldecken hellbraun. Kopf schwach gewölbt, vorn rundlich eingedrückt, fein, nicht dicht punktiert, Clipeus schwach ausgerandet, jederseits abgerundet, Wangen sehr klein. Thoraxseiten wenig gerundet, Hinterwinkel stumpf abgerundet. Schildchen so breit wie 2 Zwischenräume. Flügeldecken fein gestreift, Naht etwas dachförmig, Zwischenräume flach, fein punktiert. Metatarsus so lang wie oberer Enddorn, kürzer als 2 folgende Tarsenglieder. — L. 3 mm.

Alai-Gebirge.

475. **A. (E.) filitarsis** Reitt. 1898 *A. (Esimus) f.*, Reitter in: D. ent. Z., p. 341.

Schwarz, Flügeldecken gelbbraun. Kopf deutlich punktiert, hinten zerstreuter, vorn sehr dicht, ineinanderfließend, Clipeus deutlich ausgerandet, jederseits gerundet, Wangen wenig vorstehend. Thorax stark konvex, die Seiten braunrot, dicht punktiert, Punkte wenig verschieden, die größeren denen des Kopfes gleich, Hinterwinkel stumpf abgerundet. Schildchen breiter als 2 Zwischenräume, vereinzelt punktiert. Flügeldecken hinten wenig breiter, Naht und Schildchen braunrot, deutlich gestreift, Streifenpunkte flach, Zwischenräume leicht konvex, deutlich punktiert, an der Spitze dichter. Unterseite schwarz, vereinzelt punktiert und behaart, an den Seiten dichter, Beine rötlichbraun. Metatarsus wenig länger als oberer Enddorn, den 3 folgenden Tarsengliedern gleich. — L. 3 mm.

Syrien.

476. **A. (E.) pyreti** Penecke 1911 *A. (E) p.*, Penecke in: Wien. ent. Zeit., *v.* 30 p. 198.

Schwarz, Kopf und Thorax weniger glänzend als die gelbbraunen, schwarz gezeichneten Flügeldecken. Kopf sehr fein und dicht punktiert, matt erscheinend. Thorax ungleich punktiert, die gröberen Punkte ziemlich dicht, Vorderwinkel gelbrot. Flügeldecken gelbbraun, fein gestreift, Streifenpunkte undeutlich, Zwischenräume flach, besonders die seitlichen deutlich punktiert, Naht, Lateralrand, Spitze, ein rhombischer Skutellarfleck um das Schildchen und letzteres schwarz. Alles andere stimmt mit *A. (E.) merdarius* F. (nr. 468) überein. — L. 3,5 mm.

Bukowina.

477. **A. (E.) evanescens** Boh. 1857 *A. e.*, Boheman, Ins. Caffr., *v.* 2 p. 358 | 1913 *A. (Esymus) e.*, Ad. Schmidt in: Arch. Naturg., *v.* 79 A fasc. 11 p. 156.

Länglich, gewölbt, glänzend, Kopf und Thorax schwarz, letzterer mit rötlichen Vorderwinkeln, Flügeldecken gelbbraun, Nahtrand dunkel, 1. Zwischenraum hell rotbraun. Kopfmitte erhöht, Ränder verflacht, fein und ziemlich dicht punktiert, Clipeus abgestutzt, schwach ausgerandet, Wangen rundlich, sehr klein. Thorax gerade, nach hinten schwach verbreitert, fein, wenig stärker als der Kopf punktiert, Hinterwinkel abgerundet. Schildchen schmal, schwarz. Flügeldecken parallel, fein gestreift, Streifenpunkte flach, Zwischenräume vereinzelt fein punktiert. Unterseite bräunlich, Metasternum an den Seiten, Abdomen überall punktiert und behaart, ersteres mit vertiefter Längslinie. Metatarsus länger als oberer Enddorn, kürzer als 3 folgende Tarsenglieder. — L. 3 mm.

Südafrika.

478. **A. (E.) ornatulus** Har. 1866 *A. o.*, Harold in: Berlin. ent. Z, *v.* 10 p. 121 | 1880 *A. o.*, Harold in: Mt. Münch. ent. Ver, *v.* 4 p. 156 | 1908 *A. (Erytus) vittipennis*, J. Sahlberg in: Öfv. Finska Förh., *v.* 50 nr. 7 p. 60 | 1913 *A. (Esymus) ornatulus*, Ad. Schmidt in: Arch. Naturg., *v.* 79 A fasc. 11 p. 156.

Länglich, flach gewölbt, schwarz, Flügeldecken gelbbraun, die 3 ersten Zwischenräume, die Seiten und die Spitze dunkel rotbraun oder schwarz. Kopf dicht, fein punktiert, flach, Stirnlinie seitlich schwach erhaben, Clipeus leicht ausgerandet, Wangen rundlich und klein. Thoraxseiten heller, ziemlich dicht, so groß wie der Kopf punktiert, Hinterwinkel stumpf. Schildchen einzeln, fein punktiert. Flügeldecken hinten kaum breiter, die dunkle Längsmakel an der Naht nimmt vor der Spitze nur die beiden ersten Zwischenräume ein, an der Basis verbreitert sie sich in schräger Richtung über den 4. und 5., es bleibt dadurch in der Mitte der Flügeldecken eine längliche verkehrt S-förmig (≀) gebogene Makel von der hellen Grundfarbe übrig, sie bedeckt an der Basis den 10.—6. Zwischenraum, biegt dann auf den 6.—4. über und rundet sich vor der Spitze im 7.—2. ab. Streifenpunkte kaum bemerkbar, Zwischenräume flach, fast in 2 Reihen, die Spitze dichter und größer punktiert. Unterseite dunkelbraun, vereinzelt punktiert und behaart, Beine heller braun. Metatarsus länger als 1. Glied, kürzer als 2 folgende Tarsenglieder. Ausgezeichnet durch die verlängerten Kiefertaster und Tarsen. In letzterem Merkmal steht sie den Arten des Subgen. *Erytus* (nr. m) nahe, aber durch die Skulptur und Färbung verschieden. — L. 3—3,5 mm.

Kleinasien, Syrien.

Hierher könnte vielleicht auch die folgende Art gehören:

479. **A. (E.) erugatus** Har. 1871 *A. e.*, Harold in: Col. Hefte, *v.* 8 p. 20.

Länglich, mäßig gewölbt, glänzend, dunkel gelbbraun, Ränder des Kopfes und Halsschildes heller. Kopf sehr flach, fein und vereinzelt punktiert, Stirnlinie nicht sichtbar, Wangen klein, wenig vorstehend, Clipeus schwach abgestutzt, nicht ausgerandet. Thorax hinten wenig breiter, Basis sehr fein gerandet, oberseits in der Mitte kaum wahrnehmbar, an den Seiten etwas größer und dichter punktiert, der schmale Seitenrand bleibt punktfrei, Hinterwinkel stumpf abgerundet. Schildchen vorn parallel. Flügeldecken an der Basis etwas schmaler als der Thorax, die feinen Streifen hinten tiefer, besonders der Nahtstreif, Punkte der Streifen fein, Zwischenräume flach, fein, etwas gereiht punktiert, an der Spitze und den Seiten dichter und größer. Metatarsus länger als oberer Enddorn, kürzer als 3 folgende Tarsenglieder. — L. 4 mm.

Abessinien.

ggg) Subgen. **Mesontoplatys** Motschulsky

1860 *Mesontoplapys* (err.), Motschulsky in: Étud. ent., *v.* 9 p. 42 | 1863 *Mesontoplatys*, Motschulsky in: Bull Soc. Moscou, *v.* 36 II p. 462.

Kleine Arten, rötlichgelb, gelb- oder rotbraun gefärbt, Kopf, Thorax, Schildchen, Naht und ein drei- oder viereckiger Fleck um das Schildchen dunkel, letzterer nur bei *A. (M.) effetus* Kolbe (nr. 481) fehlend, Thoraxbasis gerandet, Schildchen parallel, nur bei *A. (M.) latecinctus* Fairm. (nr. 484) dreieckig, Endborsten der Hintertibien ungleich.

Körper mehr oder weniger gewölbt, glänzend, unbehaart. Kopf an den Rändern verflacht, die Mitte mit Beule, Stirnnaht deutlich eingedrückt, ungehöckert, fein punktiert, Clipeus ausgerandet, jederseits mehr oder weniger lappig gerundet, Wangen klein, rundlich, nur bei *A. (M.) latecinctus* Fairm. (nr. 484) stumpf. Thorax fast geradseitig, Hinterwinkel gewöhnlich stumpf, mehr oder weniger punktiert. Flügeldecken meistens fein gestreift.

Hierher gehören 6 Arten aus Afrika und Indien (nr 480—485).

Bestimmungstabelle der Arten:

1	Thorax mit kurzer Längsfurche, Naht der Flügeldecken dachförmig	485. **A. (M.) arabicus**
	Thorax ohne Längsfurche — 2	
2	Flügeldecken ohne Schulterdorn — 3	
	Flügeldecken mit kleinem Schulterdorn, Metatarsus so lang oder länger als 3 folgende Tarsenglieder — 4	
3	Flügeldecken mit dreieckiger, dunkler Nahtmakel in der ganzen Länge, der Kopf, die Spitze und die Seiten der Flügeldecken deutlich punktiert . . .	480. **A. (M.) dorsalis**
	Flügeldecken nur mit angedunkelter Naht, Kopf und Flügeldecken feiner punktiert	481. **A. (M.) effetus**
4	Kopf sehr dicht punktiert, Thoraxscheibe deutlich punktiert, am Basalrande mit Punktreihe, Skutellarfleck an der Basis bis zum 4. Streifen ausgedehnt .	482. **A. (M.) ovatulus**
	Kopf sehr fein punktiert, Thorax nur seitlich mit Punkten, Basalrandung glatt, Skutellarfleck bis zum 3. Streifen reichend	483. **A. (M.) triangularis**
	Kopf sehr fein punktiert, nur die Thoraxseiten mit etwas größeren Punkten, Basalrandung glatt und fein, Skutellarfleck viereckig, bis zum 7. Streifen seitlich ausgedehnt, nach hinten bis $^2/_3$ der Länge reichend	484. **A. (M.) latecinctus**

480. **A. (M.) dorsalis** Klug 1855 *A. d.*, Klug in: Monber Ak. Berlin, p. 656 | 1861 *Mesontoplatys rufolaterus*, Motschulsky in: Bull Soc. Moscou, *v.* 34 I t. 9 f. 23 | 1862 *Aphodius dorsalis*, Klug in: Peters, Reise Mossamb., *v.* 5 p. 245 t. 14 f. 8 | 1863 *A. rufolaterus*, Motschulsky in: Bull. Soc Moscou, *v.* 36 II p. 462 | 1874 *A. tranquebarius*, Harold in: Berlin ent. Z., *v.* 18 p. 208 | 1897 *A. tenuitarsis*, L. Fairmaire in: Ann. Soc. ent. Belgique, *v.* 41 p. 98 | 1901 *A. probes*, Péringuey in: Tr. S Afr. Soc., *v.* 12 p. 401 | 1913 *A. (Mesontoplatys) dorsalis*, Ad Schmidt in. Arch Naturg., *v.* 79 A fasc. 11 p. 157.

Kurz und verhältnismäßig breit, konvex, glänzend, Kopf und Thorax rotbraun, Flügeldecken hellbraun. Kopf mehr oder weniger dicht, fein, aber deutlich punktiert, die Mitte schwach erhaben, Stirnlinie deutlich vertieft, Clipeus ausgebuchtet, kurz bewimpert, jederseits mehr oder weniger lappig gerundet, Wangen kaum vorstehend. Thorax quer, seitlich herabgewölbt, Hinterwinkel stumpf, feiner und stärker, aber meistens nicht sehr dicht punktiert. Streifenpunkte der Flügeldecken kerben schwach die Ränder der flachen Zwischenräume, diese fein, an den Seiten und der Spitze dichter punktiert. Metasternum an den Seiten und das Abdomen punktiert und behaart. Metatarsus gleich dem obern Enddorne und 2 folgenden Tarsengliedern. — L. 2,5—3 mm.

Ostindien, Tette, Madagaskar, Orange, Natal, Vorderindien.

481. **A. (M.) effetus** Kolbe 1908 *A. e.*, H. Kolbe in: Denk. Ges. Jena, *v.* 13 p. 126 | 1913 *A. (Mesontoplatys) e.*, Ad. Schmidt in: Arch. Naturg., *v.* 79 A fasc. 11 p. 157.

Gelbbraun, Hinterkopf und Thoraxscheibe wenig dunkler, flach gewölbt, länglicher als vorige Art, der er sehr ähnlich ist. Kopf flach, mit schwacher Beule, davor rundlich eingedrückt, sehr fein und vereinzelt punktiert, Stirnnaht deutlich, Clipeus sehr leicht ausgerandet, jederseits abgerundet, Wangen bewimpert, sehr gerundet, die Augen nicht überragend. Thorax nach hinten etwas verbreitert, schwächer gerundet als *A. (M.) dorsalis* Klug, auch zerstreuter, ebenfalls ungleich punktiert, Hinterwinkel abgerundet. Flügeldecken fein gestreift, mit feinen, nicht kerbenden Punkten, Zwischenräume schwach konvex, kaum sichtbar punktiert. Unterseite gelbbraun, Schenkel etwas heller, Hinterbrust und Abdomen fein punktiert, letzteres behaart, Metasternum in der Mitte schwach längsvertieft, viel feiner und zerstreuter als bei *A. (M.) dorsalis* punktiert. Metatarsus etwas länger als oberer Enddorn, so lang wie 2 folgende Tarsenglieder. — L. 3 mm.

Groß-Namaland.

482. **A. (M.) ovatulus** Har.

Diese Art zerfällt in 2 Unterarten:

482a. **A. (M.) ovatulus ovatulus** Har. 1861 *A. o.*, Harold in: Berlin. ent. Z., *v.* 5 p. 108 | 1908 *A. lepidus*, Ad. Schmidt in: Ent. Wochenbl., *v.* 25 p. 47 | 1913 *A. (M.) ovatulus*, Ad. Schmidt in: Arch. Naturg., *v.* 79 A fasc. 11 p. 157.

Gelbbraun, Kopf oder nur der Hinterrand und Thoraxscheibe dunkler, Skutellarfleck der Flügeldecken mehr oder weniger dunkel, nicht scharf begrenzt. Kopfform wie bei voriger Art, sehr dicht, deutlich punktiert. Thorax hinten etwas erweitert, Hinterwinkel schwach abgestutzt, Basis 2-buchtig, ohne deutliche Randung, aber mit einer Punktreihe, oberseits feiner und viel stärker, jedoch nicht dicht punktiert. Schildchen sehr schmal. Flügeldecken flach gestreift, Streifenpunkte vor der Spitze verschwindend, Zwischenräume flach, einzeln und äußerst fein punktiert. Der dunkle Fleck breitet sich an der Basis bis zum 4. Zwischenraume aus und schrägt sich zur Mitte ab. Metatarsus viel länger als oberer Enddorn, so lang wie 3 folgende Tarsenglieder. — L. 3—4 mm.

Ostindien, Ceylon, Java.

482b. **A. (M.) ovatulus numerosus** Ad. Schm. 1913 *A. (M.) o.* var. *n.*, Ad. Schmidt in: Arch. Naturg., *v.* 79 A fasc. 11 p. 157, 178.

Der Skutellarfleck deutlich begrenzt, Kopf feiner, Thorax mehr gleichmäßig, viel dichter punktiert. — L. 4 mm.

Ghinda.

483. **A. (M.) triangularis** Ad. Schm. 1907 *A. t.*, Ad. Schmidt in: D. ent. Z., p. 568 | 1913 *A. (M.) t.*, Ad. Schmidt in: Arch. Naturg., *v.* 79 A fasc. 11 p. 157.

Gewölbt, sehr glänzend, rötlichgelb, Kopf ohne den Vorderrand, Thoraxmitte und Skutellarfleck viel dunkler, fast schwärzlich. Kopf mit flacher Mittelbeule, äußerst fein punktiert, schwach ausgerandet, die abgerundeten

Wangen nicht vorstehend. Thoraxseiten wenig gerundet, mit sehr feinen und etwas größeren Punkten, die breite Mitte unpunktiert, Hinterwinkel stumpf abgerundet. Flügeldecken sehr fein gestreift, Streifenpunkte wenig wahrnehmbar, Skutellarfleck an der Basis bis zum 4. Zwischenraum ausgedehnt, hier nur als kurzer Strich, im 3. ein etwas längerer, der aber nicht die Mitte erreicht, 2. und 1. Zwischenraum bis zur Spitze dunkel. Metatarsus länger als oberer Enddorn, so lang wie 3 folgende Tarsenglieder. — L. 4—5 mm.

Kaffrarien.

484. **A. (M.) latecinctus** Fairm. 1903 *A. l.*, L. Fairmaire in: Ann. Soc. ent. France, *v.* 72 p. 186 | 1913 *A. (M.) l.*, Ad. Schmidt in: Arch. Naturg., *v.* 79 A fasc. 11 p. 157.

Von kürzerer, breiterer Gestalt, schwarzbraun auf Kopf und Thorax, die Seiten beider heller, Flügeldecken hell rotbraun, mit einem dunklen rotbraunen Fleck, der die schmale Basis, Seiten und Spitze freiläßt. Kopf kurz und breit, nach vorn im flachen Bogen verengt, mit schwacher Erhöhung in der Mitte, sehr fein punktiert, Stirnlinie eingedrückt, Clipeus neben der schmalen Ausrandung etwas stumpfwinklig gerundet, Wangen stumpf, vorstehend. Thorax gerade nach hinten verbreitert, Hinterwinkel sehr stumpf, sehr fein wie der Kopf punktiert, seitlich wenige etwas größere Punkte, die aber nur vorn den Seitenrand erreichen. Schildchen schmal dreieckig. Flügeldecken hinten etwas breiter, deutlich gestreift, Streifenpunkte wenig wahrnehmbar, etwas deutlicher an den Seiten und der Spitze, Zwischenräume flach, nach den Seiten und der Spitze zu gewölbt, sie sind sehr fein und vereinzelt punktiert. Unterseite dunkel rotbraun, Beine heller, Seiten der Hinterbrust fein chagriniert, Metasternalplatte mit vertiefter Längslinie und schwachem Quereindruck, Abdomen fein punktiert und behaart. Metatarsus etwas länger als oberer Enddorn und 3 folgende Tarsenglieder. — L. 3—4 mm.

Madagaskar.

485. **A. (M.) arabicus** Har. 1871 *? A. ephippiger*, E. Mulsant & Rey in: Ann. Soc. Linn. Lyon, ser. 2 *v.* 18 p. 186 (178) | 1875 *A. arabicus*, Harold in: Col. Hefte, *v.* 13 p. 89 | 1877 *? A. plagiatus*, Raffray in: Rev. Mag Zool., ser. 3 *v.* 5 p. 326 | 1906 *A. basalis*, Ad. Schmidt in: D ent. Z., p. 411 | 1913 *A. (Mesontoplatys) arabicus*, Ad. Schmidt in Arch. Naturg., *v.* 79 A fasc. 11 p. 157

Nicht vollglänzend, rötlichgelb, Kopf ohne den Vorderrand, die Thoraxscheibe, das Schildchen, der Skutellarfleck und 1. Zwischenraum schwarzbraun. Kopf mit Beule, vor derselben eingedrückt, Stirnnaht vertieft, hinter derselben deutlich und dichter punktiert als vorn, Clipeus ausgerandet, jederseits etwas zipflig gerundet, Wangen nicht vorstehend. Thorax herabgewölbt, Hinterwinkel stumpf abgerundet, feiner und stärker, nicht dicht punktiert, die Mittelfurche reicht ungefähr bis zur Mitte. Schildchen sehr schmal. Flügeldecken fein gestreift, Zwischenräume etwas gewölbt und punktiert. Skutellarfleck an der Basis bis zum 3. oder 4. Zwischenraum reichend, nach hinten bis gegen die Mitte ausgedehnt. Metatarsus etwas länger als oberer Enddorn, so lang wie 3 folgende Tarsenglieder. — L. 4 mm.

Arabien, Aegypten.

hhh) Subgen. **Orodalus** E. Mulsant

1870 *Aphodius (Aphodius)* „Division“ *Orodalus*, E. Mulsant in: Ann. Soc. Agric. Lyon, ser. 4 *v.* 2 p. 439 | 1871 *A. (O.)*, E. Mulsant ibid., ser. 4 *v.* 3 p. 474.

Flach gewölbte kleine Arten, schwarz oder schwarzbraun gefärbt, Flügeldecken oft mit kleiner rötlicher Makel auf der

Schulter und vor der Spitze, oder dieselben sind ganz rötlich, zuweilen auch rötlichbraun mit schwarzem Nahtstreif oder hellbraun mit dunklen Seiten, Kopf ungehöckert, Thoraxbasis gerandet, Schildchen an der äußersten Basis parallel, Endborsten der Hintertibien ungleich.

Kopf flach, die Mitte kaum erhaben, punktiert, mit angedeuteter Stirnnaht, Clipeus ausgerandet, Wangen die Augen überragend. Thorax gleichmäßig verteilt punktiert *A. (O.) lucifer* D. Koshant. (nr. 495) ausgenommen, Hinterwinkel deutlich. Schildchen meist erst im herabgesenkten Teile parallel. Flügeldecken deutlich gestreift, Zwischenräume flach. Metatarsus gewöhnlich so lang wie 2 folgende Tarsenglieder.

Hierher gehören 10 Arten aus dem paläarktischen und amerikanischen Gebiet (nr. 486—495).

Bestimmungstabelle der Arten:

1	Thoraxscheibe viel zerstreuter als die Seiten punktiert, Schildchen sehr breit, tiefer liegend, Flügeldecken bauchig erweitert, an der Spitze etwas abgestutzt	495. **A. (O.) lucifer**
	Thorax gleichmäßig punktiert, Schildchen nicht tiefer liegend, Flügeldecken hinten kaum erweitert, zugespitzt — **2**	
2	Thorax mit flachem Quereindruck in den Hinterwinkeln, Flügeldecken dunkel rotbraun	490. **A. (O.) biimpressus**
	Thorax ohne Eindruck — **3**	
3	Flügeldecken rötlichbraun, 1. Zwischraum dunkler .	491. **A. (O.) tirolensis**
	Flügeldecken mit dem Nahtstreifen gleichfarbig, höchstens Nahtrand dunkler — **4**	
4	Flügeldecken hellbraun, mit dunkler Seitenmakel .	492. **A. (O.) longevittatus**
	Flügeldecken rostrot, Kopf runzlig punktiert, Thoraxseiten und Basis dick gerandet	493. **A. (O.) fortimargo**
	Flügeldecken schwarz oder schwarzbraun, Kopf fein punktiert — **5**	
5	1 Glied der Hintertarsen zur Spitze verdickt, Enddorn kräftig, länger als das 1 Tarsenglied . .	494. **A. (O.) tristis**
	Metatarsus und Enddorn normal — **6**	
6	Nahtstreif in der ganzen Länge mehr vertieft, 1. Zwischenraum konvex, besonders an der Spitze	486. **A. (O.) pusillus**
	Nahtstreif nur hinten vertieft, alle Zwischenräume flach — **7**	
7	Kurz, Schultern scharf, Thoraxseiten heller . . .	487. **A. (O.) parvulus**
	Länglich, Schultern gerundet, Thoraxseiten nicht heller — **8**	
8	Thorax fein punktiert, die Streifen vor der Spitze nicht tiefer, außer dem Nahtstreif	488. **A. (O.) diecki**
	Thorax grob punktiert, Streifen vor der Spitze tiefer	489. **A. (O.) putoni**

486. **A. (O.) pusillus** (Herbst)

Diese Art zerfällt in 7 Unterarten:

486a. A. (O.) pusillus pusillus (Herbst) 1775 *Scarabaeus granarius* (non Linné 1767), J. C. Fabricius, Syst. Ent., p. 16 | 1789 *S. pusillus*, J. F. W. Herbst, Naturs. Ins. Käf., *v.* 2 p. 155 t. 12 u. t. 18 f. 6 (Gesamtbild) | 1789 *S. haemorrhoidalis*, A. G. Olivier, Ent., Col. *v.* 1 nr. 3 p. 83 t. 26 f. 223 (Gesamtbild) | 1808 *Aphodius granum*, Gyllenhal, Ins. Suec., *v.* 1 p. 19 | 1848 *A. pusillus*, Erichson, Naturg. Ins. Deutschl., Col. *v.* 3 p. 860 | 1892 *A. (Orodalus) p.*, Reitter in: Verh. Ver. Brünn, *v.* 30 p. 212.

Biologie: 1882 Rosenhauer in: Ent. Zeit Stettin, *v.* 43 p. 20 (Larve und Puppe beschrieben).

Schwarz oder schwarzbraun, flach gewölbt, glänzend. Kopf dicht punktiert, Stirnnaht zuweilen seitlich schwach erhaben, Clipeus leicht ausgerandet und jederseits abgerundet. Thorax hinten etwas gerundet erweitert, Seiten herabgewölbt, mit rötlichem Vorderwinkel, Hinterwinkel stumpf, fein und ziemlich stark, nicht sehr zerstreut punktiert. Schildchen an der Spitze etwas erhaben. Flügeldecken deutlich gestreift, Streifenpunkte sehr flach, Zwischenräume, besonders die neben der Naht, deutlich gewölbt, vor der Spitze dichter und größer punktiert. Metasternum seitlich und das Abdomen punktiert und behaart. Enddorne der Hintertibien gleichlang, so lang wie 1. Tarsenglied, dieses reichlich so lang wie 2 folgende Glieder. ♂. Metasternum breit vertieft, beim ♀ nur mit Mittellinie. — L. 3—4,5 mm.

Deutschland, Schweden, Sibirien, Kaukasus, Griechenland.

486b. **A. (O.) pusillus coeni** nom. nov. Ad. Schm. 1812 *A. coenosus*, Ahrens in: N. Schr. Ges Halle, *v.* 2 II p. 36 | 1830 *A. phaeopterus*, J. F. Stephens, Ill. Brit. Ent., Mand. *v.* 3 p. 204 | 1908 *A. (O.) pusillus* var. *coenosus*, Ad. Schmidt in: D. ent. Z., suppl. p. 64.

Seitenrand des Halsschildes und der Flügeldecken rotbraun.

Vorkommen mit der Stammart.

486c. **A. (O.) pusillus coecus** Muls. 1842 *A. p.* var *c.*, E. Mulsant, Hist. nat. Col. France, Lamell. p. 213 | 1908 *A. (O.) p.* var. *c.*, Ad. Schmidt in: D ent. Z., suppl. p. 64.

Die rötliche Makel in den Vorderwinkeln des Halsschildes undeutlich oder fehlend.

Vorkommen wie die Stammart.

486d. **A. (O.) pusillus rufulus** Muls. 1842 *A. p.* var. *r.*, E. Mulsant, Hist. nat. Col. France, Lamell. p. 213 | 1830 *A. p.*, J F. Stephens, Ill. Brit. Ent., Mand. *v.* 3 p. 205 | 1908 *A. (O.) p.* var *rufulus*, Ad. Schmidt in: D. ent. Z., suppl. p. 64.

Flügeldecken kastanien- oder rotbraun.

Vorkommen wie die Stammart.

486e. **A. (O.) pusillus macularis** Muls. 1842 *A. p.* var. *m.*, E. Mulsant, Hist. nat. Col. France, Lamell. p. 213 | 1879 *A. p.* var. *bicolor*, Dalla Torre in: Ber. Ver. Oberösterr., *v.* 10 p. 109 | 1908 *A (O.) p.* var *macularis*, Ad. Schmidt in: D. ent. Z., suppl. p. 64.

Schulterbeule und eine Makel im 4. Zwischenraume vor der Spitze rötlich.

Vorkommen mit der Stammart.

486f. **A. (O) pusillus rufangulus** C. O. Waterh. 1875 *A. p.* var. *r.*, C. O. Waterhouse in: Tr. ent. Soc. London, p. 89 | 1908 *A. (O.) p* var. *r.*, Ad. Schmidt in: D. ent. Z., suppl. p. 64.

Schulter und Spitze der Flügeldecken hellrot.

Japan.

486g. **A. (O.) pusillus ochripennis** Reitt. 1892 *A. (O.) p.* var. *o.*, Reitter in: Verh. Ver. Brünn, *v.* 30 p. 212.

Kleiner, Flügeldecken hell braungelb.

Ostsibirien.

487. **A. (O.) parvulus** Har 1871 *A. p.*, Harold in: Col. Hefte, *v.* 8 p. 17 | 1913 *A. (O) p.*, Ad Schmidt in: Arch Naturg., *v.* 79 A fasc. 11 p. 158.

Farbe der vorigen Art, aber die ganzen Seiten des Halsschildes heller. Clipeus tiefer ausgerandet, die Ecken mehr lappig hervorgezogen, vor der erhöhten Mitte niedergedrückt, fein, nicht dicht punktiert, Stirnnaht undeutlich,

Wangen kaum vorstehend. Thorax fast geradseitig nach hinten, aber nur schwach verbreitert, mit feinen und etwas größeren Punkten als der Kopf bestreut, Hinterwinkel stumpf abgerundet. Flügeldecken fein gestreift, mit feinen Streifenpunkten, Zwischenräume flach, sehr fein, an der Spitze etwas deutlicher punktiert. Enddorne der Hintertibien gleich, etwas kürzer als 1. Tarsenglied, dieses reichlich so lang wie die 2 folgenden Glieder. — L. 2,5 mm.

Abessinien, Ostindien.

488. **A. (O.) diecki** Har.

Diese Art zerfällt in 2 Unterarten:

488a. **A. (O.) diecki diecki** Har. 1870 *A. d.*, Harold in: L. Heyden in: Berlin. ent. Z., *v.* 14 suppl. p 114 | 1892 *A. (O.) d.*, Reitter in: Verh. Ver Brünn, *v.* 30 p. 211.

Länglicher, flacher gewölbt als vorige Art, einfarbig schwarz. Kopf dicht und deutlich, vorn etwas zusammenfließend punktiert, hinten feiner und zerstreuter, die Mitte etwas erhöht, Stirnlinie kaum angedeutet, Clipeus jederseits mehr stumpfwinklig gerundet, Wangen deutlich vorstehend. Thorax nicht viel größer als der Kopf punktiert, nach vorn etwas feiner, Hinterwinkel stumpf. Flügeldecken fein gestreift, Zwischenräume flach, fein und deutlich punktiert. Enddorne der Hintertibien gleich, so lang wie 1. Tarsenglied, dieses den 2 folgenden Gliedern gleich. ♂. Enddorn der Vordertibien verlängert, an der Spitze umgebogen, Metasternum grubig vertieft. ♀. Enddorn spitz, Metasternum mit vertiefter Mittellinie. — L. 3,5—4 mm.

Spanien, Algier.

488b. **A. (O.) diecki lunulatus** H. Orb. 1896 *A. (O.) d.* var. *l.*, H. Orbigny in: Abeille, *v.* 28 p. 214.

Flügeldecken mit rötlicher, gebogener Makel vor der Spitze. Größe der Stammform.

Algier

489 **A. (O.) putoni** Reitt. 1894 *A. (O.) p.*, Reitter in: Ent. Nachr., *v.* 20 p. 187.

Länglich, fast matt, schwarz. Kopf dicht punktiert, Clipeus ausgerandet. Thorax gedrängt und grob punktiert. Flügeldecken kräftig, hinten tiefer gestreift, Nahtstreif in der ganzen Länge mehr vertieft, Zwischenräume dicht und deutlich punktiert. 1. Glied der Hintertarsen wenig länger als oberer Enddorn, den 2 folgenden Gliedern gleich. — L. 3 mm (ex Reitter).

Madrid.

490. **A. (O.) biimpressus** Ad. Schm. 1909 *A. b.*, Ad. Schmidt in: Soc. ent., *v.* 23 p. 177 | 1913 *A. (O.) b.*, Ad. Schmidt in: Arch. Naturg., *v.* 79 A fasc. 11 p. 158.

Dunkel rotbraun, Vorderkopf, Thoraxseiten und Flügeldecken etwas heller, glänzend. Kopf vorn verflacht, fein, nicht dicht punktiert, Clipeus ziemlich breit, schwach ausgerandet, jederseits abgerundet, Wangen mit Haarbüschel, wenig vorstehend. Thorax flach gewölbt, mit fast geraden Seiten, Hinterwinkel stumpf, vor diesen mit flachem Quereindruck, vor dem Schildchen mit kurzer Längsfurche, kaum größer als der Kopf punktiert, nach der Basis zu etwas größer, aber nicht sehr dicht. Schildchen dreieckig. Flügeldecken fein gestreift, Streifenpunkte schwach kerbend, Zwischenräume leicht gewölbt, fein und zerstreut, an den Seiten und der Spitze etwas dichter und größer punktiert. Oberer Enddorn fast dem 1. Tarsengliede an Länge gleich, dieses so lang wie 2 folgende Glieder. — L. 2,75 mm.

Paraguay.

491. **A. (O.) tirolensis** Rosenh. 1847 *A. t.*, Rosenhauer, Beitr Ins. Eur, *v.* 1 p. 29 | 1848 *A. t.*, Erichson, Naturg. Ins. Deutschl, Col. *v.* 3 p. 862 | 1892 *A. (O.) t.*, Reitter in: Verh. Ver. Brünn, *v.* 30 p. 213.

Flach gewölbt, glänzend. Kopf und Thorax ohne die Seiten schwarz, Flügeldecken rötlichbraun, 1. Zwischenraum dunkel. Kopf flach, mit schwacher Mittelbeule, deutlich punktiert, Clipeus wenig ausgerandet, jederseits abgerundet, Wangen stumpf, vorstehend. Thorax schwach gerundet, Hinterwinkel stumpf, mit abgerundeter Spitze, feiner und etwas stärker punktiert, die größeren Punkte fehlen in der Mitte. Flügeldecken deutlich gestreift, Nahtstreif tiefer, Streifenpunkte flach. Abdomen vereinzelt punktiert und behaart. Mittel- und Hinterschenkel neben dem Knie mit einigen Haarpunkten. Metatarsus gleich dem obern Enddorn, etwas kürzer als die 2 folgenden Tarsenglieder. ♂. Enddorn der Vordertibien mit umgebogener Spitze, Metasternalplatte vertieft. — L. 4 mm.

Tirol.

492. **A. (O.) longevittatus** nom. nov. Ad. Schm. 1908 *A. (O.) luridipennis* (non E. Mulsant 1851), J. Sahlberg in: Öfv. Finska Förh., *v.* 50 nr 7 p. 61.

Schwarz, Kopf und Thorax mit schwach grünlichem Schein, glänzend, Flügeldecken hellbraun, nicht vollglänzend, ausgenommen der schmale Nahtsaum, die 3 seitlichen Zwischenräume bis hinter die Mitte mit dunklem Längsfleck. Kopf mit Mittelerhöhung, davor verflacht, fein, hinter der Stirnnaht etwas ungleich punktiert, Wangen rundlich. Thorax an den Seiten etwas heller, fast parallelseitig, Hinterwinkel stumpf, die feine Basalrandung in der Mitte unterbrochen, oberseits feiner und stärker, nicht dicht punktiert, die Mitte der Seiten fast nur mit feineren Punkten. Schildchen mit wenigen Punkten, an der Basis mehr längsgerieft. Flügeldecken fein gestreift, Nahtstreif tiefer, Streifenpunkte kaum kerbend. Abdomen an der Spitze lang behaart. Metatarsus wenig länger als oberer Enddorn, so lang wie 2 folgende Tarsenglieder. — L. 3,5—5 mm.

Joppe.

493. **A. (O.) fortimargo** Reitt. 1907 *A. (O.) f.*, Reitter in: D. ent. Z., p. 409.

Durch Größe und Skulptur abweichend. Schwarz, Flügeldecken und Beine rostrot. Kopf dicht und ziemlich stark runzlig punktiert, Stirnnaht deutlich, Wangen abgerundet, wenig vorstehend, Clipeus flach ausgerandet. Thorax an den Seiten stark gerundet, einfach dicht und fast gleichmäßig punktiert, Seiten und Basis dick gerandet. Schildchen ziemlich schmal, Flügeldecken oval, beim ♀ hinter der Mitte am breitesten, mäßig stark, hinten tiefer gestreift, Streifenpunkte wenig deutlich, Zwischenräume schwach gewölbt, wenig dicht, aber an den Seiten deutlicher punktiert, der 2. und 3. an der Spitze breiter, 1. Glied der Hintertarsen länger als der obere Enddorn. ♂ mit umgebogenem Enddorn an den Vordertibien. — L. 6,5 mm (ex Reitter).

Uralsk.

494 **A. (O.) tristis** (C. Zenk.)

Diese Art zerfällt in 4 Unterarten:

494a. **A. (O.) tristis tristis** (C. Zenk.) 1801 *Scarabaeus t.*, J. C. Zenker in: Panzer, Fauna Ins. Germ., *v.* 73 nr. 1 | 1842 *Aphodius t.* var. *fallax*, E. Mulsant, Hist. nat. Col. France, Lamell. p. 209 | 1848 *A. t.*, Erichson, Naturg. Ins. Deutschl., Col. *v.* 3 p. 859 | 1892 *A. (Orodalus) t.*, Reitter in. Verh. Ver. Brünn, *v.* 30 p. 211.

Oberseits flach, an den Seiten stärker herabgewölbt, schwarz. Kopf deutlich und dicht, hinten feiner punktiert, die Mitte beulig erhaben, Stirnnaht sichtbar, Clipeus ausgerandet, jederseits gerundet, Wangen mit Haarbüschel, stumpfwinklig, vorstehend. Thorax wenig gerundet nach hinten verbreitert, Hinterwinkel stumpf, mit feinen und großen Punkten ziemlich dicht besetzt. Schildchen längs der Mitte gekielt. Streifen der Flügeldecken breiter oder schmaler, immer scharfrandig, Nahtstreif tiefer, Streifenpunkte flach, nicht dicht, Zwischenräume flach, vor der Spitze die ersten etwas gewölbt, fein punktiert. ♂. Hintertibien stark verbreitert, flach gedrückt, lang bewimpert, 1. Tarsenglied gleichfalls flach, so lang wie 2 folgende Glieder. ♀. Hintertibien kräftig, stark verbreitert, nicht verflacht, Metatarsus kürzer als 2 folgende Tarsenglieder. — L. 3,5—5 mm.

Nord- und Mitteleuropa, Kaukasus

494b. **A. (O.) tristis coenosus** (Panz.) 1798 *Scarabaeus c.*, Panzer, Fauna Ins. Germ., *v.* 58 nr. 7 | 1842 *Aphodius tristis* var. *mirandus*, E. Mulsant, Hist. nat. Col. France, Lamell. p. 209 | 1908 *A. (O.) t.* var. *coenosus*, Ad. Schmidt in: D. ent. Z., suppl. p. 83.

Thoraxseiten breit rot, Flügeldecken schmutzigrot.

Schlesien.

494c. **A. (O.) tristis vicinus** Muls. 1842 *A. t.* var. *v.*, E. Mulsant, Hist. nat. Col. France, Lamell. p. 208 | 1908 *A. (O.) t.* var *v.*, Ad. Schmidt in: D ent. Z., suppl. p. 83.

Flügeldecken kastanienbraun.

Frankreich.

494d. **A. (O.) tristis scapularis** Muls. 1842 *A. t.* var *s.* + *A. t.* var *pellucidus*, E. Mulsant, Hist. nat. Col. France, Lamell. p. 209 | 1908 *A. (Orodalus) t.* var. *s.*, Ad. Schmidt in: D. ent. Z., suppl. p. 83.

Flügeldecken an der Schulter und Spitze rot, hinter der Mitte mit einigen roten Flecken, zuweilen auch ein solcher an der Basis des 2. Zwischenraumes.

Vorkommen wie die Stammart.

495. **A. (O.) lucifer** D Koshant. 1894 *A. (O.) l.*, D. Koshantschikow in: Horae Soc. ent. Ross., *v.* 28 p. 113.

Wenig gewölbt, glänzend, schwarz, Flügeldecken dunkel rotbraun. Kopf flach gewölbt, sehr deutlich punktiert, nur die erhöhte Mitte glatt, Clipeus ausgerandet. Thorax hinten wenig breiter, oberseits mit feineren und stärkeren Punkten an den Seiten dichter als in der Mitte besetzt. Schildchen kurz und breit, vorn parallel. Flügeldecken tief gestreift, Nahtstreif an der Basis auffallend vertieft. Zwischenräume flach gewölbt, sehr fein punktiert. Metatarsus etwas kürzer als oberer Enddorn, fast so lang wie 2 folgende Tarsenglieder. — L. 3,5 mm (ex D. Koshantschikow).

Samarkand.

iii) Subgen. **Sitiphus** L. Fairmaire

1894 *S.*, L. Fairmaire in: Ann. Soc. ent. Belgique, *v.* 38 p. 313

Durch stark verbreiterte Hinterschenkel und Tibien, sowie durch haarförmige Klauen ausgezeichnet, Thorax gerandet, Schildchen vorn parallel, Endborsten gleichlang.

Kurz, nach hinten verbreitert, stark konvex, rötlichbraun, glänzend, unbehaart, nur die Ränder bewimpert. Kopf rauh punktiert, ungehöckert.

Thorax quer, punktiert. Flügeldecken punktiert-gestreift, an der Spitze gemeinsam abgerundet. Unterseite glänzend, einzeln punktiert und behaart.

Hierher gehört 1 Art aus Nordafrika (nr. 496).

496. **A. (S.) brevitarsis** Reitt. 1894 *A. (Mendidius) b.*, Reitter in: Ent. Nachr., *v.* 20 p. 186 | 1894 *A. (Sitiphus) brisouti*, L. Fairmaire in: Ann. Soc. ent. Belgique, *v.* 38 p. 313 | 1910 *A. (S.) brevitarsis*, Ad. Schmidt in: Schenkling, Col Cat., fasc. 20 p. 14.

Einfarbig rotbraun, Flügeldecken mehr gelbbraun. Kopf stark herabgewölbt, bis zur deutlich erhabenen, ungehöckerten Stirnnaht rauh punktiert, dahinter feiner und dicht, Clipeus ausgerandet, jederseits lappig gerundet, Wangen vom Kopfrande abgesetzt, abgerundet. Thorax nach der Mitte verbreitert, Hinterwinkel stumpf abgerundet. Flügeldecken punktiert-gestreift, Streifenpunkte kerben schwach die Ränder der Zwischenräume, diese flach und sehr fein punktiert. Hintertibien sehr kurz. Enddorne stark, fast gleichbreit, mit stumpfer Spitze, so lang wie 1. Tarsenglied, dieses den 2 folgenden Tarsengliedern gleich. — L. 4 mm.

Algier.

jjj) Subgen. **Mendidius** Harold

1868 *M.*, Harold in: Col. Hefte, *v.* 3 p. 86.

Mittelgroß oder klein, schwarz, einfarbig oder mit hellbraunen Flügeldecken, seltener rot- oder schwarzbraun. Kopf dicht rauh punktiert, meistens deutlich gekörnt, Clipeus gewöhnlich gezähnt, Thoraxbasis gerandet, bei *A. (M.) calliger* Sahlb. (nr. 499) und *distinguendus* Ad. Schm. (nr. 506) ohne Randung, Schildchen dreieckig, Endborsten der Hintertibien gleichlang, kurz oder sehr kurz.

Körper länglich, selten kürzer und breit, meistens flach gewölbt, unbehaart, glänzend. Kopf mit deutlicher Stirnnaht, die zuweilen schwach gehöckert ist, hinter derselben feiner und stärker, immer einfach punktiert, Clipeus ausgerandet, jederseits entweder abgerundet, stumpf- oder spitzwinklig oder deutlich gezähnt, Wangen rundlich, aber die Augen deutlich überragend. Thorax quer, deutlich punktiert und bewimpert, vor dem Schildchen zuweilen mit flacher Längsfurche. Flügeldecken an den Schultern bewimpert, meistens hinten breiter, punktiert-gestreift, Zwischenräume flach oder schwach gewölbt, fein punktiert. Unterseite punktiert und behaart. Hinterschenkel gewöhnlich sehr kräftig, auch die Hintertibien zur Spitze meistens stark verbreitert, mit kräftigen Enddornen. Metatarsus wenig verlängert.

Hierzu gehören 15 Arten aus dem paläarktischen, amerikanischen und australischen Gebiet (497—511).

Bestimmungstabelle der Arten (mit Ausnahme von nr 511):

1	Oberseite einfarbig schwarz — 2	
	Oberseite nie einfarbig schwarz — 3	
2	Körper lang gestreckt, Thorax sehr ungleich groß punktiert	509. **A. (M.) atricolor**
	Körper kurz und gedrungen, Thorax gleichmäßig punktiert	510. **A. (M.) crassulus**
3	Clipeus jederseits ohne Zähnchen — 4	
	Clipeus jederseits mit Zähnchen oder stumpfem Winkel — 6	

4	Kopf und Thorax schwarz, letzterer ohne Basalrand, Flügeldecken rotbraun	506. **A. (M.) distinguendus**
	Thorax an der Basis gerandet — **5**	
5	Thorax wenig dicht punktiert, Zwischenräume der Flügeldecken deutlich, besonders an der Spitze punktiert	507 **A. (M.) multiplex**
	Thorax gedrängt, Flügeldecken kaum sichtbar punktiert	508. **A. (M.) diffidens**
6	Clipeus mit stumpfem Winkel, schmutzig dunkelgelb, Kopf und Thorax dunkler, Basis der Flügeldecken, ein Längsfleck auf Scheibe und Seitenrand dunkler	501. **A. (M.) granulifrons**
	Clipeus jederseits mit deutlichem Zahne — **7**	
7	Stirnlinie seitlich grübchenartig vertieft, Thorax in der Mitte der Seiten mit Querfalte	499. **A. (M.) calliger**
	Stirnlinie nicht vertieft, Seiten des Halsschildes mit rundlicher Beule — **8**	
8	Thorax vorn gerandet, dicht punktiert, schwarz wie der Kopf, 1. Zwischenraum dunkel . . .	500. **A. (M.) bidens**
	Thorax ohne Randung vorn — **9**	
9	Punkte der Streifen die Ränder der Zwischenräume kerbend, erster angedunkelt, Flügeldeckenspitze dicht punktiert — **10**	
	Punkte schwächer, nicht kerbend — **11**	
10	Kopf dicht gekörnt, Stirnnaht sehr schwach gehöckert, Zwischenräume flach gewölbt, deutlich punktiert, Thoraxmitte nicht zerstreuter punktiert	497. **A. (M.) fimbriolatus**
	Kopf zerstreuter gekörnt, Stirnhöcker deutlich, mittlerer rund, Zwischenräume flach, feiner punktiert, ebenso auch Thoraxmitte	498. **A. (M.) baigakumi**
11	Zwischenräume auf dem Rücken kaum sichtbar punktiert. Größere Arten — **12**	
	Zwischenräume deutlich punktiert. Kleinere Arten — **13**	
12	Thorax an den Seiten fein und zerstreut punktiert .	502. **A. (M.) willbergi**
	Thorax überall deutlich, Seiten dichter punktiert .	503. **A. (M.) laevicollis**
13	Zwischenräume flach, an Spitze und Seiten konvex, der 10. bis zum 2. reichend, Flügeldecken mit Schulterdorn	504. **A. (M.) rutilinus**
	Zwischenräume schwach konvex, die fünf ersten Streifen frei auslaufend	505. **A. (M.) palmetincolus**

497. **A. (M.) fimbriolatus** Mannerh. 1849 *A. f.*, Mannerheim in: Bull. Soc. Moscou, *v.* 22ɪ p. 235 | 1866 *Cnemargus f.*, Harold in: Berlin. ent. Z., *v.* 10 p. 124 | 1910 *Aphodius (Mendidius) bidentellus*, Ad Schmidt in: D. ent. Z., p. 353 | 1911 *A. (M.) fimbriolatus*, W. Koshantschikov in: Rev. Ent. Russe, *v.* 11 p. 25.

Kopf und Thorax dunkel rotbraun, Flügeldecken gelbbraun, Schildchen und 1. Zwischenraum dunkler. Kopf vorn heller, bis zur Stirnlinie dicht granuliert, hinter derselben einfach punktiert, Clipeus mit spitzem Zähnchen jederseits, Wangen vom Kopfrande abgesetzt, rundlich, vorstehend. Thorax in der Mitte der hellen Seiten mit dunkler Makel, zur Mitte gerundet erweitert, Hinterwinkel stumpf abgerundet, mittelstark und fein, nicht sehr dicht punktiert. Schildchen dicht punktiert. Flügeldecken hinten breiter, mit deutlichen Streifenpunkten, sie kerben schwach die Ränder der leicht konvexen Zwischenräume, diese vereinzelt und fein, die Spitze stärker und dichter punktiert. Unterseite rotbraun, nicht sehr dicht punktiert und behaart, Metasternalplatte am Rande mit Haarpunktreihe, Schenkel gelbbraun, vereinzelt punktiert und behaart. Metatarsus kürzer als oberer Enddorn, so lang wie 2 folgende Tarsenglieder. — L. 4—5 mm.

Ostsibirien.

498. **A. (M.) baigakumi** W. Koshant. 1911 *A (M.) b.*, W. Koshantschikov in: Rev Ent. Russe, *v.* 11 p. 18.

Der vorigen Art in der Gestalt ähnlich, Kopf und Thorax schwarz, mit helleren Seiten, Flügeldecken gelbbraun, mit dunklem Schildchen und dunklem 1. Zwischenraume. Kopf in der Mitte beulig erhöht, zerstreut gekörnt, mit rundlichem Mittelhöcker, seitliche Erhöhung quer, Clipeus gezahnt, Wangen stumpfwinklig, vorstehend. Thorax feiner punktiert, besonders die Mitte. Schildchen punktiert. Zwischenräume der Flügeldecken flach, fein, an der Spitze deutlicher punktiert, Streifenpunkte kerben schwach die Ränder. Hinterbrustseiten und Abdomen punktiert und behaart. Hinterschenkel und Hintertibien verdickt. Oberer Enddorn der Hintertibien fast so lang wie 2 Tarsenglieder, Metatarsus kürzer als 2 folgende Glieder. — L. 2,75 mm.

Baigakum.

499. **A. (M.) calliger** J. Sahlb. 1908 *A. (M.) c.*, J. Sahlberg in: Öfv. Finska Förh., *v.* 50 nr 7 p. 57.

Schwarz, Flügeldecken elfenbeinfarbig, die schmale Naht dunkler. Kopf ziemlich lang aufstehend behaart, gerundet verengt, jederseits gezähnt, vorn zerstreut granuliert, hinten nur fein punktiert, Stirnlinie in der Mitte schwach, vor den Augen tiefer, grübchenartig eingedrückt, diese Vertiefung ist vorn scharfkantig begrenzt, Wangen lang bewimpert, wenig vorstehend. Thorax nach vorn fast geradseitig verschmälert, ziemlich lang bewimpert wie die Flügeldecken, bei letzteren die Bewimperung nach hinten kürzer werdend und dann verschwindend, hinter den Vorderwinkeln des Halsschildes mit kurzem, strichförmigem Quereindruck, hinter demselben bis zur Seitenbeule eingedrückt, diese ist aber nicht rundlich, sondern hat die Form einer Querfalte, oberseits mittelstark und feiner, nicht dicht punktiert, Basalrandung in der Mitte unterbrochen. Schildchen wenig punktiert. Flügeldecken punktiert-gestreift, Nahtstreif hinten tiefer, Zwischenräume vorn flach, zur Spitze konvex, der 7. und 9. vor der Spitze vereint und wulstartig bis zum 4. verlängert, ähnlich wie bei *Plagiogonus* Muls. (Subgenus). Oberer Enddorn der Hintertibien bis zur Mitte des 2. Tarsengliedes reichend, Metatarsus länger als 2. und 3. Glied. — L. 3—4 mm.

Joppe.

500. **A. (M.) bidens** Solsky 1876 *A. (M.) b.*, Solsky in: Fedtschenko, Turkestan, *v.* 2 fasc. 11 p. 346 | 1889 *A. (M.) bispinifrons*, Reitter in: Verh. Ver. Brünn, *v.* 27 p. 103 | 1892 *A. (M.) bidens*, Reitter in: Verh. Ver. Brünn, *v.* 30 p. 181.

Kopf und Thorax schwarz, Flügeldecken hellbraun, 1. Zwischenraum und Schildchen dunkler, Kopf aufstehend behaart, dicht granuliert, hinter der schwach 3höckerigen Stirnnaht einfach punktiert, Clipeus wenig ausgerandet, jederseits mit stark aufgebogenem Zähnchen, Wangen und Kopfrand bewimpert, erstere etwas vorstehend. Thorax bewimpert, gerundet erweitert, an den Seiten wenig heller, Hinterwinkel stumpf abgerundet, oberseits ziemlich dicht, feiner und stärker punktiert, Basis gerandet.

Schildchen deutlich punktiert. Flügeldecken fein, an der Spitze tiefer gestreift, Streifenpunkte kerben sehr schwach, Zwischenräume leicht, zur Spitze oft mehr konvex und hier stärker und dichter punktiert als auf der Scheibe. Hinterschenkel und Tibien stark verbreitert, oberer Enddorn fast so lang wie 2 Tarsenglieder, Metatarsus kürzer als 2 folgende Glieder. — L. 5—6 mm.

Persien, Armenien, Transkaspien, Turkestan.

501. **A. (M.) granulifrons** Fairm. 1883 *A. g.*, L. Fairmaire in: Ann. Soc. ent. Belgique, *v.* 27 CR. p. 42, 157 | 1894 *A. (Mendidius) granulifer,* Reitter in: Ent. Nachr., *v.* 20 p. 185 | 1910 *A. (M.) granulifrons*, Ad. Schmidt in: Schenkling, Col. Cat., fasc. 20 p. 29.

Schmutzig dunkelgelb, Kopf und Thorax dunkler, mit hellen Seiten, Basis der Flügeldecken, Seiten und Scheibe fleckenartig dunkler. Kopf granuliert, Stirnnaht in der Mitte tuberkelartig erhöht, Clipeus ausgerandet, jederseits stumpf gezahnt. Thorax seitlich wenig gerundet, Hinterwinkel gerundet, oberseits wenig dicht punktiert. Flügeldecken punktiert-gestreift, Zwischenräume eben, fein und zerstreut punktiert. Hinterschenkel stark verdickt. — L. 4,5 mm (ex L. Fairmaire).

Algier, Marokko.

502. **A. (M,) willbergi** Reitt. 1891 *A. (M.) w.*, Reitter in: Wien. ent. Zeit., *v.* 10 p. 255 | 1892 *A. (M.) w.*, Reitter in: Verh. Ver. Brünn, *v.* 30 p. 181

Durch feinen, wenig dicht punktierten Thorax von den vorigen Arten verschieden. Länglich, deutlich nach hinten verbreitert, rotbraun, Thoraxseiten heller, Flügeldecken hellbraun, mit dunkler Naht. Kopf bis zur erhabenen Stirnlinie granuliert, hinter derselben einfach, fein punktiert. Clipeus ausgerandet, jederseits mit spitzem, aufgebogenem Zähnchen, Wangen vom Kopfrande abgesetzt, gerundet, länger als der Clipeus bewimpert. Thorax wie die Flügeldecken ziemlich lang bewimpert, die Seiten stark gerundet erweitert, Hinterwinkel gerundet, sehr fein, seitlich wenig größer und vereinzelt punktiert. Schildchen mit dunklen Rändern, fein punktiert, die Mitte schmal glatt. Flügeldecken fein gestreift, Streifenpunkte kaum wahrnehmbar, Zwischenräume fast glatt, sehr fein und vereinzelt, an der Spitze deutlicher punktiert. Unterseite fein punktiert und behaart. Schenkel am Vorder- und Hinterrande mit größerer Haarpunktreihe, Endborsten sehr kurz. Metatarsus so lang wie oberer Enddorn und 2 folgende Tarsenglieder. — L. 8—8,5 mm.

Margeljan.

503. **A. (M.) laevicollis** (Har.) 1866 *Cnemargus l.*, Harold in: Berlin. ent. Z., *v.* 10 p. 123 | 1908 *A. (Mendidius) l.*, Ad. Schmidt in: D. ent. Z., suppl. p. 40.

In der Färbung, der nach hinten verbreiterten Gestalt, den fein punktiertgestreiften Flügeldecken der vorigen Art ähnlich, aber die Flügeldecken mehr gelbbraun. Kopf gekörnt, hinter der Stirnnaht fein, vereinzelt punktiert, mit 3 kleinen Tuberkeln, Clipealzähnchen klein und stumpf, Wangen weniger abgerundet. Thorax etwas dichter und auch größer punktiert, besonders an den Seiten. Schildchen gleichmäßig fein punktiert. Streifen der Flügeldecken mit kaum wahrnehmbaren Punkten, Zwischenräume fast flach, an der Spitze wenig deutlicher punktiert. Unterseite wie bei der vorigen Art. Metatarsus wenig kürzer als oberer Enddorn und als 2 folgende Tarsenglieder. — L. 6 mm.

Ägypten.

504 **A. (M.) rutilinus** Reitt. 1892 *A. (M.) r.*, Reitter in: Verh Ver Brünn, *v.* 30 p. 182.

Rotbraun, Thoraxseiten und Flügeldecken hellbraun, Naht schmal rotbraun. Kopf stark verengt, granuliert, Stirnnaht mit 3 Höckerchen, dahinter deutlich, einfach punktiert, Clipeus schwach ausgerandet, jederseits gezahnt, Wangen klein, die Augen kaum überragend. Thorax fein und etwas größer, ziemlich dicht punktiert, Hinterwinkel abgerundet. Schildchen dicht punktiert. Flügeldecken nach hinten deutlich verbreitert, Streifenpunkte dicht, klein, nicht kerbend, Zwischenräume flach, fein und zerstreut, viel feiner als der Thorax punktiert. Abdomen ziemlich dicht punktiert und behaart. Metatarsus wenig kürzer als oberer Enddorn und als 2 folgende Tarsenglieder. — L. 4—5 mm.

Bou-Saada.

505. **A. (M.) palmetincolus** Karsch 1881 *A. p.*, Karsch in. Berlin. ent. Z., *v.* 25 p. 45 | 1910 *A (M.) p.*, Ad Schmidt in: Schenkling, Col. Cat., fasc. 20 p. 45.

Länglich-oval, glänzend, Kopf und Thorax hellbraun, die Mitte des letzteren dunkler, Flügeldecken schmutzig gelb mit dunkler Naht. Kopf gekörnt, hinten zerstreuter und fein punktiert, Stirn mit 3 Höckerchen, Clipeus ausgerandet, jederseits gezähnt, Wangen abgesetzt, spitzlappig vorstehend. Thorax an den Seiten gerundet, hinten erweitert, Hinterwinkel stumpf, ihre Spitze abgerundet, oberseits ziemlich dicht, wenig ungleich punktiert. Schildchen dunkel gerandet, ganz punktiert. Flügeldecken hinten breiter, deutlich gestreift, mit kaum sichtbaren Streifenpunkten, Zwischenräume schwach gewölbt, kaum feiner aber zerstreuter als der Thorax punktiert. Unterseite fast unpunktiert, mit einzelnen Punkten an den Seiten der Hinterbrust und des Abdomen. Mittel- und Hinterschenkel an der Unterkante mit einer Reihe haartragender Punkte. Metatarsus kürzer als oberer Enddorn, so lang wie 2 folgende Tarsenglieder. — L. 4—4,5 mm.

Sockna.

506. **A. (M.) distinguendus** Ad. Schm. 1910 *A. (M.) d.*, Ad. Schmidt in: D. ent. Z., p. 354.

Durch den nur rauh punktierten Kopf und ungerandete Basis abweichend. Kopf und Thorax schwarz, mit hellen Rändern, Flügeldecken rotbraun. Kopf mit beulig erhöhter Mitte, fein rauh bis zur undeutlichen Stirnnaht, dahinter fein und sehr zerstreut punktiert, Clipeus sehr deutlich ausgerandet, an den Seiten lappig abgerundet, Wangen stumpfwinklig, vorstehend. Thorax geradseitig nach hinten verbreitert, Hinterwinkel abgerundet, sehr fein punktiert, mit vereinzelten, viel größeren Punkten untermischt. Schildchen glatt. Flügeldecken in der Mitte am breitesten, sehr fein gestreift, Streifenpunkte undeutlich, Zwischenräume flach, kaum wahrnehmbar punktiert. Unterseite schwarzbraun, Beine heller. Metatarsus den 2 folgenden Tarsengliedern gleich, aber kürzer als oberer Enddorn. — L. 4,5 mm.

Molukken, Australien.

507. **A. (M.) multiplex** Reitt. 1887 *A. (M.) granulifrons* (non Fairmaire 1883), Reitter in: Horae Soc ent. Ross., *v.* 21 p. 221 | 1892 *A. (M) fimbriolatus* (non Mannerheim 1849), Reitter in. Verh Ver. Brünn, *v.* 30 p. 182 | 1894 *A. (M.) reitteri* (non D. Koshantschikow 1894), L. Fairmaire in: Ann. Soc. ent. Belgique, *v.* 38 p. 313 | 1896 *A. (M.) reitterianus,* L. Heyden, Cat. Col. Sibir, suppl. 2 p. 44 | 1897 *A. (M.) multiplex*,

Reitter in: Wien. ent. Zeit., *v.* 16 p. 241 | 1903 *A. (M.) breviciliatus,* Poppius in: Annuaire Mus. St.-Pétersb., *v.* 8 p. 366 | 1912 *A. (M.) ivanovi,* Lebedev in: Rev. Ent. Russe, *v.* 12 p. 348 | 1913 *A. (M.) multiplex,* Ad. Schmidt in: Arch. Naturg., *v.* 79 A fasc. 11 p. 159.

Schlanker als vorige Art, schwarzbraun, Flügeldecken fahl hellbraun, mit dunkler Naht. Kopf dicht gekörnelt, hinter der schwach gehöckerten Stirnnaht fein punktiert, Clipeus ausgerandet, jederseits stumpf gerundet, Wangen vorstehend. Thorax in den hellen Seiten mit dunkler Makel, zur Mitte gerundet, mit stumpf abgerundeten Hinterwinkeln, oberseits sehr fein und größer, an den Seiten etwas dichter punktiert. Schildchen dunkel, fein punktiert. Flügeldecken wenig erweitert, sehr fein gestreift, Streifenpunkte kerben zuweilen schwach die Ränder der flachen Zwischenräume, diese fein und vereinzelt, zur Spitze gewöhnlich deutlicher und dichter punktiert. Metatarsus deutlich kürzer als oberer Enddorn, so lang wie 2 folgende Tarsenglieder. — L. 3,5—5 mm.

Kasan, Astrachan, Uralsk, Turkestan, Transkaspien, Kaukasus.

508. **A. (M.) diffidens** Reitt. 1892 *A. (M.) d.,* Reitter in: Verh. Ver. Brünn, *v.* 30 p. 182.

Seiten fast parallel, schwarzbraun, Seiten des Kopfes und Halsschildes heller, Flügeldecken hell braungelb, Naht und Schildchen schwärzlich. Kopf neben der Ausrandung abgerundet. Thorax stark quer, gedrängt, ungleich punktiert, Hinterwinkel stumpf. Streifen der Flügeldecken fein und ebenso punktiert, Zwischenräume flach, kaum sichtbar punktiert. — L. 3,8 mm (ex Reitter).

Ordubad.

509. **A. (M.) atricolor** Reitt. 1892 *A. (M.) a.,* Reitter in: Verh. Ver. Brünn, *v.* 30 p. 183.

Schwarz, glänzend, hinten schwach verbreitert, Thorax nur vorn deutlich bewimpert. Kopf granuliert, Stirnnaht angedeutet, Clipeus ausgerandet, jederseits mit 2 stumpfen Zähnchen. Thorax dicht und fein punktiert, dazwischen mit zahlreichen stärkeren Punkten, Hinterwinkel stumpf, Zwischenräume flach, sehr fein punktiert. Metatarsus so lang wie oberer Enddorn. — L. 4,5 mm (ex Reitter).

Süd-Turkestan.

510 **A. (M.) crassulus** Horn 1870, 1887 *A. c.,* G. Horn in: Tr. Amer. ent. Soc., *v.* 3 p. 118; *v.* 14 p. 10 | 1907 ? *A. abusus,* ? *A. crassuloides,* Fall & T. D. A. Cockerell in: ibid., *v.* 33 p. 242, 243 | 1913 *A. (M.) crassulus,* Ad. Schmidt in: Arch. Naturg., *v.* 79 A fasc. 11 p. 159.

In der schwarzen Färbung der vorigen Art gleich, aber durch kürzere, breitere Gestalt und runzlig punktierten Kopf hauptsächlich verschieden. Clipealzähne spitz, Wangen sehr deutlich vorstehend. Thorax wenig gerundet nach vorn verengt, dicht, wenig ungleich punktiert, Hinterwinkel abgerundet, davor mit Eindruck. Schildchen vereinzelt punktiert. Flügeldecken mit scharfen Schultern, in der Mitte verbreitert, mit scharf eingeschnittenen Streifen, ihre Punkte kerben nicht die Ränder der flachen Zwischenräume, diese sehr fein punktiert, etwas deutlicher auf der Scheibe und an den Seiten. Hinterbrust, auch auf der verflachten Mitte ziemlich kräftig, Schenkel und Abdomen etwas feiner punktiert, Hinterschenkel und Tibien nicht besonders verdickt. Metatarsus länger als oberer Enddorn, kürzer als 3 folgende Tarsenglieder. — L. 4 mm.

Texas, Neu-Mexiko, Georgia, Florida.

Die folgende Art konnte nach der Beschreibung in der Tabelle nicht untergebracht werden:

511. **A. (M.) curtulus** (Har.) 1866 *Cnemargus c.*, Harold in: Berlin. ent. Z., *v.* 10 p. 125 | 1910 *Aphodius (Mendidius) c.*, Ad. Schmidt in: Schenkling, Col. Cat., fasc. 20 p. 19.

Ziemlich stark gewölbt, glänzend, gelbrot, Kopf hinten und Thoraxscheibe bräunlich. Kopf klein, gewölbt, grob gekörnelt, hinten fast glatt, Clipeus jederseits der Ausrandung gezähnt, Wangen stumpfspitzig, vom Kopfrande abgesetzt, Stirnnaht erhaben. Thorax stark gewölbt, die Seiten und Hinterwinkel gerundet, ziemlich dicht und grob punktiert, mit schwacher Längsfurche. Schildchen punktiert. Flügeldecken hinten erweitert, Streifenpunkte kerben die Ränder, Zwischenräume flach, fein und vereinzelt, fast gereiht punktiert. Hinterschienen stark verdickt, Metatarsus kürzer als oberer Enddorn, so lang wie 2 folgende Tarsenglieder. — L. 4 mm (ex Harold).

Südöstliches Rußland.

kkk) Subgen. **Parammoecius** Seidlitz

1891 *Aphodius (P.)*, Seidlitz, Fauna Balt., ed 2 p. 133.

In der gewölbten, gedrungenen Gestalt, dem gewölbten, vorn rauh punktierten Kopfe, der gerandeten Thoraxbasis, dem dreieckigen Schildchen, den gleichkurzen Borsten an den Hinterschienen mit *A. (Ammoecius)* Muls. (Subgen. k) übereinstimmend, aber durch das Fehlen der Querleiste auf dem Clipeus und die angedeuteten Stirnhöcker verschieden.

Hierher eine sichere und eine im Subgenus unsichere Art aus Europa (nr. 512, 513).

512. **A. (P.) gibbus** Germ. 1817 *A g.*, Germar in: Ahrens & Germar, Fauna Ins. Eur., fasc. 3 t. 2 | 1840 *A. anthracinus*, W. Schmidt in: Z. Ent. Germar, *v.* 2 p. 111 | 1848 *Ammoecius gibbus*, Erichson, Naturg. Ins. Deutschl., Col. *v.* 3 p. 908 | 1849 *A. transsylvanicus*, Küster, Käf. Eur., *v.* 18 nr. 54 | 1871 *A. gibbus*, Harold in: Col. Hefte, *v.* 7 p. 3, 7 | 1891 *Aphodius (Parammoecius) g.*, Seidlitz, Fauna Balt., ed. 2 p. 143 | 1892 *A. (Agrilinus) g.*, Reitter in: Verh. Ver. Brünn, *v.* 30 p. 197.

Schwarz, Flügeldecken wenig glänzend, besonders an der Spitze. Kopf fein, vorn runzlig punktiert, Stirnnaht beim ♂ mit 3 schwachen Höckerchen, Clipeus ausgerandet, jederseits gezähnt. Wangen stumpfwinklig, vorstehend. Thorax geradlinig nach hinten verbreitert, feiner und stärker, seitlich dichter punktiert, vor dem Schildchen mit schwacher Längsfurche, Hinterwinkel stumpf. Schildchen fein punktiert. Flügeldecken mit kleinem Schulterdorn, nach hinten verbreitert, mit glänzenden Punktstreifen, Streifenpunkte greifen die Ränder der Zwischenräume nicht an, diese flach, vor der Spitze wenig konvex. Die Seiten der Hinterbrust matt, etwas rauh punktiert, Abdomen glänzend, mit einzelnen Haarpunkten. Oberer Enddorn der Hintertibien so lang wie 1. Tarsenglied, dieses so lang wie 3 folgende Glieder. ♂. Thorax weniger verschmälert, etwas feiner und zerstreuter punktiert, Metasternum flach eingedrückt, Hinterschenkel etwas breiter. — L. 3—4,5 mm.

Norwegen, Mitteleuropa.

Hierher ist vielleicht auch folgende Art zu zählen:

513. **A. (P.) intactus** nom. nov Ad. Schm. 1842 *A. monticola* (non Heer 1841), E. Mulsant, Hist. nat. Col. France, Lamell. p. 215.

Kurz, sehr konvex, schwarzbraun, Kopf, Vorderwinkel des Halsschildes und Flügeldecken mehr rotbraun, glänzend. Kopf vorn rauh punktiert, hinten feiner, Stirnnaht schwach erhaben, seitlich etwas erhöht, Clipeus ausgerandet, jederseits mit kleinem Zähnchen. Thorax quer, seitlich wenig gerundet, Hinterwinkel stumpf, Basis ohne Rand, oberseits sehr konvex, die Seiten sehr dicht, die Mitte zerstreuter punktiert, hier mit viel kleineren Punkten untermischt. Schildchen fast unpunktiert. Flügeldecken hinten etwas breiter, seitlich mehr gewölbt als auf dem Rücken, tief gestreift, Zwischenräume zur Spitze konvex, fein punktiert. 1. Glied der Hintertarsen länger als 3 folgende Tarsenglieder. — L. 3,9 mm (ex E. Mulsant).

Frankreich.

lll) Subgen. **Pseudammoecius** Ad. Schmidt

1913 *Aphodius (P.)*, Ad. Schmidt in: Arch. Naturg., *v.* 79 A fasc. 11 p. 160.

Durch den herabgewölbten Kopf, die gerandete Basis des Halsschildes, das dreieckige Schildchen und die gleichlangen Borsten am Endrande der Hintertibien mit *A. (Ammoecius)* Muls. und *A. (Parammoecius)* Seidl. (Subgen. k & kkk) übereinstimmend, aber von beiden durch den glatten Clipeus und die längliche Gestalt, von ersterem Subgenus auch durch das Fehlen der Querleiste auf dem Clipeus getrennt.

Hierher gehört eine Art aus dem indischen und australischen Gebiet (nr. 514).

514. **A. (P.) australasiae** Boh. 1858 *A. a.*, Boheman in: Eugenies Resa, *v.* 1 p. 50 | 1877 *Ammoecius a.*, Harold in: Ann. Mus. Genova, *v.* 10 p. 87 | 1913 *A. (Pseudammoecius) a.*, Ad Schmidt in: Arch. Naturg., *v.* 79 A fasc. 11 p. 160.

Schwarz, glänzend. Kopf äußerst fein und zerstreut, hinter der Stirnnaht fein und dicht punktiert, Clipeus ausgerandet, jederseits abgerundet, hinter dem Vorderrande mit einem schmalen und gebogenen, furchenartigen Quereindruck, Wangen groß, herabgebogen wie bei *Ataenius* Har. (22. Gen.) und *Saprosites* Redt. (21. Gen.). Thorax quer, stark herabgewölbt, Hinterrand kaum breiter als vorn, Hinterwinkel stumpf, oberseits feiner und stärker punktiert. Flügeldecken mit kleinem Schulterzahn, nach hinten sehr wenig verbreitert, Streifenpunkte kerben die Ränder der flachen, vor der Spitze konvexen Zwischenräume, diese fein punktiert. Unterseite rotbraun, glänzend, Hinterbrust unpunktiert, Metasternalplatte mit vertiefter Mittellinie. Abdomen an den Seiten stärker als in der Mitte punktiert und vereinzelt behaart. Enddorne der Hintertibien sehr ungleich, oberer dem ersten Tarsengliede an Länge gleich, dieses länger als 3 folgende Glieder. — L. 4 mm.

Sydney, Sumatra, Java, Celebes, Ostindien.

mmm) Subgen. **Aphodius** E. Mulsant

1870 *Aphodius* (*Aphodius* „fraction" *Aphodius* incl. *Loraspis* „[groupe?]"), E. Mulsant in: Ann. Soc Agric. Lyon, ser. 4 *v.* 2 p. 407, 408, 418.

Große oder mittelgroße, stark gewölbte Arten, schwarz, einfarbig oder mit helleren Flügeldecken, unbehaart, Kopf gehöckert, Thorax an der Basis gerandet, mit abgestutzten, leicht ausgerandeten Hinterwinkeln, hinter dem Vorderrande in der Mitte mit mehr oder weniger deutlichem Eindruck (besonders beim ♂), Schildchen dreieckig, Enddorne der Hintertibien kurz, fast immer gleichlang.

Länglich, zuweilen von gedrungener, kürzerer Gestalt. Kopf flach, feiner oder stärker punktiert, nach vorn gerundet verengt, oft vor den

Höckerchen mit Querleiste, Clipeus schwach ausgerandet und breit gerundet, nur bei *A. (A.) bidentatus* Ad. Schm. (nr. 528) winklig, Wangen wenig vorstehend. Thorax mit feinen und mittelstarken Punkten wenig dicht besetzt, die Hinterwinkel sind nach vorn etwas abgerundet, mit der Basis bilden sie einen mehr oder weniger deutlichen Winkel. Schildchen meistens breit dreieckig. Flügeldecken schwarz oder heller bräunlich oder rötlich, zuweilen mit schwarzer Querbinde, mit deutlichen Punktstreifen, Zwischenräume schwach konvex und meistens nur sehr fein punktiert.

Hierher gehören 13 sichere Arten aus dem paläarktischen und indischen Gebiet und eine im Subgenus unsichere aus Nordamerika (nr. 515—528).

Bestimmungstabelle der Arten:

1	Flügeldecken hell-, dunkel- oder rotbraun oder rot, einfarbig oder mit länglichem Scheibenfleck, zuweilen schwarz — **2**	
	Flügeldecken hellbraun, mit schwarzer Querbinde — **10**	
2	Flügeldecken bräunlich oder rötlich — **3**	
	Flügeldecken schwarz — **7**	
3	Thorax schwarz, Seiten oder nur die Vorderwinkel heller — **4**	
	Thorax einfarbig schwarz — **6**	
4	Thorax mit gelbroten Vorderwinkeln, Flügeldecken bräunlich oder gelbrot, Scheibe zuweilen dunkel — **5**	
	Seiten des Halsschildes heller, Körper länglich, Thorax wenig deutlich punktiert, Flügeldeckenspitze matt .	517 **A. (A.) chinensis**
5	Thorax mit abgerundeten, aber deutlich markierten Hinterwinkeln, Abdomen schwarz, Schildchen breit dreieckig	515. **A. (A.) fimetarius**
	Hinterwinkel breit gerundet, Abdomen rot, Schildchen schmaler und länger	516. **A. (A.) aestivalis**
6	Kopf mit 3 schwachen Höckerchen, Schildchen vereinzelt punktiert, Flügeldecken gelbbraun, einfarbig oder mit Nebelfleck	518. **A. (A.) scybalarius**
	Kopf mit 3 starken Höckern, Schildchen ausgehöhlt, rauh, unpunktiert, Flügeldecken grell korallenfarbig rot	519. **A. (A.) corallifer**
7	Hinterwinkel des Halsschildes deutlich ausgerandet, Seiten hell und deutlich bewimpert, Flügeldecken fein gestreift	520. **A. (A.) aeger**
	Hinterwinkel nicht deutlich ausgerandet, die Seiten unbewimpert, Flügeldecken deutlich gestreift — **8**	
8	Thorax sehr fein und sehr grob punktiert, Flügeldecken mit fast furchenartigen Streifen an der Spitze, Zwischenräume flach	521. **A. (A.) swaneticus**
	Thorax gleichmäßiger punktiert, Flügeldecken mit gleichtiefen Streifen und erhabenen Zwischenräumen — **9**	
9	Vorderrand des Halsschildes gerandet, Leiste auf der Unterseite der Vordertibien ohne Endzahn neben dem Enddorne	522. **A. (A.) emerichi**
	Vorderrand des Halsschildes gerandet, Vordertibienleiste mit sehr kräftigem Zahn	523. **A. (A.) sulcatus**

10	Thorax schwarz, gleichfarbig, Querbinde der Flügeldecken erreicht nicht den Seitenrand, zuweilen ist sie bis zur Spitze verbreitert, Metatarsus gleich dem übrigen Fuß	524. **A. (A.) elegans**
	Thorax mit rötlichen Vorderwinkeln — **11**	
11	Epipleuren gleichmäßig hell, die Querbinde erreicht nicht den Seitenrand — **12**	
	Epipleuren hinten schwarz, Querbinde über die ganze Breite ausgedehnt, Schulter mit schwarzer Makel .	525. **A. (A.) fasciger**
12	Querbinde verschmälert sich mehr oder weniger mediad, sie erreicht die Naht oder ist abgekürzt, 1 Zwischenraum in der Spitzenhälfte gewöhnlich ganz schwarz	526. **A. (A.) conjugatus**
	Querbinde gleichbreit und gezackt, sie erreicht immer die Naht, 1 Zwischenraum nicht breiter geschwärzt, an der Schulter und Spitze mit schwarzer Makel .	527. **A. (A.) irregularis**

515. **A. (A.) fimetarius** (L.)

Diese Art zerfällt in 9 Unterarten:

515a. **A. (A.) fimetarius fimetarius** (L.) 1758 *Scarabaeus f.*, Linné, Syst. Nat., ed. 10 p. 348 | 1774 *S. pedellus*, Geer, Mém. Hist. Ins., *v.* 4 p. 266 t. 10 f 8 (Gesamtbild) | 1785 *S. bicolor*, Fourcroy, Ent. Paris., pars 1 p. 9 | 1838 *Aphodius nodifrons*, Randall in: Boston J. nat. Hist., *v.* 2 i p. 20 | 1848 *A. fimetarius*, Erichson, Naturg. Ins. Deutschl., Col *v.* 3 p. 805 | 1892 *A. (A.) f.*, Reitter in: Verh. Ver Brünn, *v.* 30 p. 186.

Biologie: 1722 J. L. Frisch, Beschr. Ins. Teutschl., fasc. 4 p. 35 t. f. 19 (Beschreibung und Abbildung der Larve und Puppe) | 1842 E. Mulsant, Hist. nat. Col. France, Lamell. p. 159 (Beschreibung der Larve) | ? Targioni-Tozzetti in: Ann. Agric., t. 1 f 10 (Abbildung der Larve) | 1901 Xambeu in: Rev. Ent. Franç., *v.* 20 p. 9 (Beschreibung von Ei und Puppe).

Gewölbt, schwarz, Flügeldecken bräunlich- oder gelbrot, Vorderwinkel des Halsschildes gelblichrot. Kopf gerundet verengt, fein punktiert, Stirn mit 3 Höckerchen, davor mit mehr oder weniger deutlichem Querkiel, Clipeus schwach ausgerandet, jederseits breit gerundet, Wangen etwas abgesetzt, gerundet und wenig vorstehend. Thorax zur Mitte gerundet erweitert, beim ♂ deutlicher, oberseits sehr fein punktiert, an den Seiten und der Basis mit viel größeren Punkten bestreut, Hinterwinkel abgerundet, aber deutlich, zur Basis schwach ausgerandet, mit dieser stumpfwinklig zusammenstoßend. Schildchen schwarz, vorn vereinzelt punktiert, Spitze glatt, schwach gekielt. Flügeldecken wenig erweitert, deutlich gestreift, mit flachen Streifenpunkten, Zwischenräume leicht gewölbt, zur Spitze deutlicher und verschmälert, äußerst fein punktiert. Unterseite schwarz, Hinterbrust nur seitlich, Abdomen ganz punktiert und behaart. Metatarsus so lang wie oberer Enddorn und 3 folgende Tarsenglieder. ♂. Thorax vorn mit tiefem, rundlichem Eindruck, unterer Enddorn an den Mitteltibien kurz und stumpf. ♀. Thorax vorn ohne Eindruck, unterer Enddorn spitz. — L. 5—8,5 mm.

Europa, Kaschmir, Asien, Nordküste Afrikas, Nordamerika, Kanada.

515b. **A. (A.) fimetarius autumnalis** (Naezén) 1792 *Scarabaeus a.*, Naezén in: Svenska Ak. nya Handl., *v.* 13 p. 167 | 1825 *Aphodius orophilus*, T. Charpentier, Horae ent., p. 210 | 1842 *A. fimetarius* var. *imperfectus*, E. Mulsant, Hist. nat. Col France, Lamell. p. 187 | 1863 *A. f.* var. *cinnamomeus*, Harold in: Berlin. ent. Z., *v.* 7 p. 338 | 1907 *A. (A.) f.* var. *autumnalis*, Ad. Schmidt in: D ent. Z., suppl. p. 25

Halsschild und Flügeldecken einfarbig hell rotbraun, Abdomen gelblich.

Vorkommen mit der Stammart.

515c. **A. (A.) fimetarius foetens** (F.) 1787 *Scarabaeus foetens*, J. C. Fabricius, Mant. Ins., *v.* 1 p. 8 | 1842 *Aphodius fimetarius* var. *maculipennis*, E. Mulsant, Hist. nat. Col. France, Lamell. p. 187 | 1911 *A. fimetarius* var. *foetens*, Bedel in: Bull. Soc. ent. France, p. 378.

Flügeldecken mit mehr oder weniger großem, dunklem Scheibenfleck.

Frankreich.

515d. **A. (A.) fimetarius monticola** Heer 1841 *A. f.* var. *m.*, Heer, Fauna Col. Helvet., *v.* 1 fasc. 3 p. 513 | 1907 *A. (A.) f.* var *m.*, Ad. Schmidt in: D. ent. Z., suppl. p. 25.

Thorax und Flügeldecken dicht punktiert.

Schweiz.

515e. **A. (A.) fimetarius punctulatus** Muls. 1842 *A. f.* var. *p.*, E. Mulsant, Hist. nat. Col. France, Lamell. p. 187 | 1907 *A. (A.) f.* var *p.*, Ad. Schmidt in: D. ent. Z., suppl p. 25.

Flügeldecken im letzten Viertel auf dem 3.—6. Zwischenraume mit einem schwarzen Punkte.

Frankreich.

515f. **A. (A.) fimetarius subluteus** Muls. 1842 *A. f.* var. *s.*, E. Mulsant, Hist. nat. Col. France, Lamell p. 187 | 1907 *A. (A.) f.* var. *s.*, Ad. Schmidt in: D. ent. Z., suppl p. 25

Flügeldecken gelblichrot.

Vorkommen mit der Stammart.

515g. **A. (A.) fimetarius hypopygialis** Muls 1842 *A. f.* var. *h.*, E. Mulsant, Hist. nat. Col. France, Lamell. p. 187 | 1907 *A. (A.) f.* var *h.*, Ad. Schmidt in: D. ent. Z., suppl. p. 25.

Hinterleib schwarz, After rot.

Vorkommen mit der Stammart.

515h. **A. (A.) fimetarius bicolorellus** nom. nov Ad. Schm. 1842 *A. f.* var. *bicolor* (non Say 1823), E. Mulsant, Hist. nat. Col. France, Lamell p. 187 | 1907 *A. (A.) f.* var. *b.*, Ad. Schmidt in: D. ent. Z., suppl. p. 25

Thorax einfarbig schwarz.

Vorkommen mit der Stammart.

515i. **A. (A.) fimetarius cardinalis** Reitt 1892 *A. (A.) c.*, Reitter in: Verh. Ver. Brünn, *v.* 30 p. 186 | 1896 *A. (A.) fimetarius* var. *c.*, H. Orbigny in: Abeille, *v.* 28 p. 205.

Der 4. Zwischenraum vor der Spitze nicht verkürzt, alle Zwischenräume hinten kielförmig.

Syrien, Algier, Andalusien, Frankreich.

516. **A. (A.) aestivalis** Steph.

Diese Art zerfällt in 3 Unterarten:

516a. **A. (A.) aestivalis aestivalis** Steph. 1781 *Scarabaeus fimetarius* var. γ, Laicharting, Verz. Beschr. Tyrol Ins., *v.* 1 p. 12 | 1830 *Aphodius foetens*, J. F. Stephens (non J. C. Fabricius 1787), Ill. Brit. Ent., Mand. *v.* 3 p. 190 | 1839 *A. aestivalis*, J. F. Stephens, Man. Brit. Col., p. 160 | 1842 *A. (A.) foetens* var. *fuscipes* + *A. (A.) f.* var. *sanguinipennis*, E. Mulsant, Hist. nat. Col. France, Lamell. p. 184 | 1848 *A. foetens*, Erichson, Naturg. Ins. Deutschl., Col. *v.* 3 p. 804 | 1862 *A. rufiventris*, Preller, Käf.

Hamburg, p. 75 | 1892 *A (A.) foetens*, Reitter in: Verh. Ver. Brünn, *v.* 30 p. 185 | 1911 *A. (A.) aestivalis*, Bedel in: Bull. Soc. ent. France, p. 378 | 1911 *A. (A.) a.*, Bedel, Faune Col. Bassin Seine, *v.* 4 fasc. 1 p. 50.

Biologie: 1854 Heeger in: SB. Ak. Wien, *v.* 141 p. 30 t. 2 (Metamorphose und Abbild. aller Entwicklungsstufen).

Von kürzerer Gestalt als vorige Art, Flügeldecken ungefähr $1^1/_3$ so lang wie Kopf und Thorax (bei *A. (A.) fimetarius* L. $1^1/_2$ mal), Färbung und Punktierung dieselbe, aber die Hinterwinkel des Halsschildes ganz gerundet, zur Basis leicht ausgerandet und mit dieser einen sehr deutlichen Winkel bildend. Schildchen etwas länger, Abdomen gelbrot, bei der vorigen Art schwarz. Endborsten der Hintertibien wenig länger und ungleicher, oberer Enddorn etwas länger als Metatarsus, dieser beim ♀ kürzer als 3 folgende Tarsenglieder. Geschlechtsdifferenzen dieselben, aber der Thorax hinter dem Vorderrande beim ♂ nur schwach verflacht. — L. 6—8,5 mm.

Europa, Vorderasien.

516b. **A. (A.) aestivalis vaccinarius** (Herbst) 1789 *Scarabaeus v.*, J. F. W. Herbst, Naturs. Ins. Käf., *v.* 2 p. 138 t. 12 f. 5 (Gesamtbild) | 1869 *Aphodius foetens* var. *v.*, Harold in: Gemminger & Harold, Cat. Col., *v.* 4 p. 1047 | 1879 *A. f* var *limbatus*, Dalla Torre in: Ber. Ver. Oberösterr., *v.* 10 p. 107 | 1913 *A. (A.) aestivalis* var *vaccinarius*, Ad. Schmidt in: Arch. Naturg., *v.* 79 A fasc. 11 p. 161.

Flügeldecken mit schwarzem Nebelfleck auf dem hinteren Teile, zuweilen ist dieser soweit ausgedehnt, daß nur der Lateralrand heller bleibt.

Vorkommen mit der Stammart.

516c. **A. (A.) aestivalis obscuricollis** nom. nov. Ad. Schm. 1842 *A. foetens* var. *nigricollis* (non E. Mulsant 1842 p. 169), E Mulsant, Hist. nat. Col France, Lamell. p. 184 | 1913 *A. (A.) aestivalis* var *n.*, Ad. Schmidt in: Arch. Naturg., *v.* 79 A fasc. 11 p. 161.

Thorax einfarbig schwarz.

Vorkommen mit der Stammart.

517. **A. (A.) chinensis** Har 1861, 1866 *A c.*, Harold in: Berlin. ent. Z., *v.* 5 p. 105; *v.* 10 p. 96, 112 | 1889 *A. tuberifrons*, L. Fairmaire in: Ann. Soc. ent. France, ser. 6 *v.* 9 p. 13 | 1913 *A. (A.) chinensis*, Ad. Schmidt in: Arch. Naturg., *v.* 79 A fasc. 11 p. 161.

Schlanker als die vorige Art, Kopf und Thorax schwarzbraun oder schwarz, mit helleren Rändern, Flügeldecken heller braun. Kopf fein, neben dem Vorderrande stärker punktiert, besonders beim ♀, Clipeus deutlich ausgerandet, jederseits stumpf gerundet, Wangen abgesetzt, vorstehend. Thorax fein und vereinzelt stärker punktiert. Hinterwinkel stumpf abgerundet und leicht ausgerandet. Schildchen schwarz, breit dreieckig, vereinzelt punktiert. Flügeldecken mit sehr flach punktierten Streifen, Zwischenräume auf dem Rücken schwach konvex, an den Seiten und der Spitze flach, sehr fein, vereinzelt punktiert. Endborsten der Hintertibien gleich kurz. Metatarsus gleich dem obern Enddorne, kürzer als 3 folgende Tarsenglieder. ♂. Kopfhöcker stärker entwickelt, mittlerer hörnchenartig, Thorax breiter als die Flügeldecken, vorn herabgewölbt, mit einem Eindruck am Vorderrande, Seiten und Basis mit einigen größeren Punkten. ♀. Kopf gleichmäßig schwach gehöckert, Thorax schmaler als die Flügeldecken, vorn deutlich schmaler, gleichmäßig mit größeren und kleineren Punkten nicht sehr dicht besetzt. — L. 8—9 mm.

China, Yünnan.

518. **A. (A.) scybalarius** (F)

Diese Art zerfällt in 3 Unterarten:

518a. **A. (A.) scybalarius scybalarius** (F) 1758 *Scarabaeus fimetarius* var. β, Linné, Syst. Nat., ed. 10 p. 348 | 1781 *S. scybalarius*, J. C. Fabricius, Spec Ins., *v.* 1 p. 16 | 1783 *S. foetidus*, J. F. W. Herbst in: Arch. Ins.-Gesch., *v.* 4 p. 7 t. 19 f 6 | 1789 *S. conflagratus*, A. G. Olivier, Ent., Col. *v.* 1 nr. 3 p. 80 t. 26 f. 220 | 1802 *S. coprinus*, Marsham, Ent. Brit., *v.* 1 p. 12 | 1840 *Aphodius dichrous*, W. Schmidt in: Z. Ent. Germar, *v.* 2 p. 134 | 1842 *A. scybalarius* var. *argillicolor* + *A. s.* var. *pallipes*, E. Mulsant, Hist. nat. Col. France, Lamell. p. 180 | 1848 *A. s.*, Erichson, Naturg Ins. Deutschl., Col. *v.* 3 p. 803 | 1863 *A. s.*, Harold in: Berlin. ent. Z., *v.* 7 p. 332, 342 | 1879 *A. s.* var. *testaceus* + *A. s.* var. *fusca*, Dalla Torre in: Ber. Ver. Oberösterr, *v.* 10 p. 107 | 1892 *A. (A.) s.*, Reitter in: Verh. Ver. Brünn, *v.* 30 p. 186.

Biologie: 1882 Rosenhauer in: Ent. Zeit. Stettin, *v.* 43 p. 22 (Beschreibung der Larve)

Von der länglichen Gestalt der vorigen Art, aber kleiner, Kopf und Thorax schwarz, Flügeldecken gelbbraun oder gelb. Wangen mehr abgerundet, nicht vorstehend. Schildchen länger, dicht punktiert. Alles übrige mit *A. (A.) fimetarius* L. (nr. 515) übereinstimmend.

Europa, Nordafrika, Kaukasus.

518b. **A. (A.) scybalarius conflagratus** (F) 1789 *Scarabaeus s.*, A G. Olivier, Ent., Col. *v.* 1 nr. 3 p. 79 t. 26 f 226 (Gesamtbild) | 1792 *S. conflagratus*, J. C. Fabricius, Ent. syst., *v.* 1 p. 27 | 1892 *Aphodius (A.) scybalarius* var. *c.*, Reitter in: Verh. Ver. Brünn, *v.* 30 p. 186.

Flügeldecken auf der Scheibe mit dunklem Längsfleck von verschiedener Ausdehnung.

Vorkommen mit der Stammart.

518c. **A. (A.) scybalarius nigricans** Muls. 1842 *A. s.* var. *n.*, E. Mulsant, Hist. nat. Col. France, Lamell. p. 179 | 1892 *A. (A.) s.* var. *n*, Reitter in: Verh. Ver. Brünn, *v.* 30 p. 186.

Flügeldecken schwarz, nur die Spitze braun.

Vorkommen wie die Stammform.

519. **A. (A.) corallifer** W. Koshant. 1913 *A. (A.) c.*, W. Koshantschikov in: Rev. Ent. Russe, *v.* 13 p. 262.

♂ durch die grell korallenfarbig roten Flügeldecken auffallend. Kopf mit 3 starken Höckern, auch die seitlichen kräftig entwickelt. Thorax einfarbig schwarz, Hinterwinkel ausgerandet, der Eindruck vorn mit fast 2reihig gestellten groben Punkten. Schildchen ausgehöhlt, unpunktiert, runzlig. Enddorn der Vordertibien breit und stumpf. ♀ unbekannt. — L. 10 mm.

China.

520. **A. (A.) aeger** Sharp 1878 *A. a.*, D. Sharp in: J. Asiat. Soc. Bengal, *v.* 47 II p. 170 | 1913 *A. (A.) a.*, Ad. Schmidt in: Arch. Naturg., *v.* 79 A fasc. 11 p. 161.

Länglich, leicht konvex, glänzend, schwarz, Flügeldecken schwarz oder schwarzbraun. Clipeus in der Mitte ausgerandet, jederseits gerundet, grob und dicht punktiert, Hinterkopf feiner, Stirnmitte mit undeutlicher Erhöhung. Thorax fein punktiert, seitlich mit größeren Punkten untermischt, Hinterwinkel ausgerandet, Seiten bewimpert. Flügeldecken fein gestreift, Schultern deutlich bewimpert. — L. 5—5,5 mm (ex D. Sharp.)

Yangihissar.

521. **A. (A.) swaneticus** Reitt. 1892 *A. (A.) s.*, Reitter in: Verh. Ver. Brünn, *v.* 30 p. 186.

Schwarz, sehr glänzend, hoch gewölbt, von kurzer, gedrungener Gestalt, nach hinten verbreitert. Thorax sehr fein und dazwischen viel gröber punktiert. Schildchen breit dreieckig, an der Basis punktiert. Streifen der Flügeldecken tief, an der Spitze fast furchenartig, grob punktiert, Zwischenräume flach, vereinzelt und fein punktiert. — L. 6 mm (ex Reitter).

Kaukasus.

522 **A. (A.) emerichi** Reitt. 1892 *A. (A.) e.*, Reitter in: Verh. Ver. Brünn, *v.* 30 p. 187

Kurz und breit, Flügeldecken wenig glänzend. Kopf quer, gerundet verengt, fein punktiert, vorn etwas kräftiger, mit Querkiel, Wangen abgesetzt, rundlich, vorstehend. Thorax dicht, etwas ungleich punktiert, mit deutlicher Seitenbeule, Hinterwinkel stumpf abgerundet. Schildchen breit dreieckig, dicht punktiert. Flügeldecken fein gestreift, Streifenpunkte mehr oder weniger deutlich, 1. Streifen neben der Naht tief eingedrückt, Zwischenräume flach oder auch etwas gewölbt, besonders der 2. und 10., fein punktiert. Metasternalplatte fein punktiert. ♂. Stirnhöcker deutlich, dahinter flach eingedrückt, Thorax so breit wie die Flügeldecken, vorn gerundet verengt, Vorderwinkel etwas herabgewölbt, Vorderrand in der Mitte flach eingedrückt, Metatarsus länger als oberer Enddorn, so lang wie 3 folgende Tarsenglieder. ♀. Stirnhöcker schwächer, Thorax schmaler, vorn nicht eingedrückt, Metatarsus kaum länger als oberer Enddorn, kürzer als 3 folgende Glieder. -- L. 4—5,5 mm.

Sibirien.

523. **A. (A.) sulcatus** (F).

Diese Art zerfällt in 2 Unterarten:

523 a. **A. (A.) sulcatus sulcatus** (F.) 1792 *Scarabaeus s.*, J. C. Fabricius, Ent. syst., *v.* 1 p. 24 | 1848 *Aphodius s.*, Erichson, Naturg. Ins. Deutschl., Col. *v.* 3 p. 807 | 1870 *A. frater*, E. Mulsant & Rey in: E. Mulsant, Opusc. ent., *v.* 14 p. 203 | 1871 *A. sulcatus*, Harold in: Col Hefte, *v.* 7 p 4, 8 | 1892 *A. (A.) s.*, Reitter in: Verh. Ver. Brünn, *v.* 30 p. 187 | 1896 *A. (A.) frater*, H. Orbigny in: Abeille, *v.* 28 p. 205.

Von derselben kurzen Gestalt und Färbung der vorigen Art, aber noch breiter. Kopfform wie vorher, aber dichter, rauher punktiert. Schildchen an den Seiten gefurcht, die erhöhte Mitte bald breiter dreieckig, bald nur als schmaler Kiel, zuweilen fehlt auch dieser und das Schildchen in der ganzen Breite verflacht oder nur an der Spitze mit kurzem Längskiel, deshalb kann *A. (A.) frater* Muls. nicht als Art bestehen bleiben. Flügeldecken deutlich gestreift, Streifenpunkte stärker oder schwächer, zuweilen deutlich die Ränder der schwach konvexen Zwischenräume kerbend, diese fein punktiert, Nahtstreif nicht vertieft. Metatarsus kürzer als oberer Enddorn, so lang wie 3 folgende Tarsenglieder, selten kürzer als diese. ♂. Kopf mit 3 spitzen Höckern, mittlerer stärker, Thorax vorn mit tiefem Eindruck, fein, auf dem Rücken zerstreuter punktiert, Metasternum verflacht. ♀. Kopf nur in der Mitte mit Andeutung eines stumpfen Höckerchens, Thorax ohne Eindruck, ungleicher und dichter punktiert. — L. 5—7 mm.

Deutschland, Österreich, Ungarn, Schweiz, Kaukasus, Rußland.

523b **A. (A.) sulcatus erythropterus** H. Orb. 1896 *A. (A.) s.* var. *e.*, H. Orbigny in: Abeille, *v.* 28 p. 205.

Seiten des Halsschildes und die Flügeldecken rot. Größe der Stammart.

Dobrudscha.

524. **A. (A.) elegans** Allib.

Diese Art zerfällt in 2 Unterarten:

524a. **A. (A.) elegans elegans** Allib. 1847 *A. e.*, Allibert in: Rev zool., *v.* 10 p. 18 | 1863 *A. e.*, Harold in: Berlin. ent. Z., *v.* 7 p. 332, 344 | 1910 *A. (A.) e.*, Ad. Schmidt in: Schenkling, Col. Cat., fasc. 20 p. 22.

Durch die Größe von allen Arten in diesem Subgenus ausgezeichnet. Kopf, Thorax, Schildchen und eine Querbinde auf den Flügeldecken schwarz, letztere gelb- oder hellbraun. Kopf fein, beim ♀ etwas dichter punktiert, schwach ausgerandet. Thorax kaum mittelstark punktiert. Schildchen mit feinen Punkten und schwach gekielter Spitze. Die schwarze Querbinde erstreckt sich vom 9. bis zur Mitte des 1. Zwischenraumes, selten erreicht sie die Naht oder den 10. Zwischenraum, sie läßt die Spitze breit frei. Metatarsus länger als oberer Enddorn und als 3 folgende Tarsenglieder. ♂. Mittelhöcker stark und lang, Thorax vorn mit tiefem Eindruck, sehr wenig punktiert, Enddorn der Mittel- und Vordertibien stumpf, letzterer kräftig, gleichbreit, das 2. Tarsenglied überragend. ♀. Mittelhöcker nur angedeutet, Thorax ohne Eindruck, etwas zahlreicher punktiert, vorn mehr verschmälert, Enddorne normal. — L. 11—13 mm.

China, Japan.

524b. **A. (A.) elegans expletus** Ad. Schm. 1909 *A. elegans* var. *expletus*, Ad. Schmidt in: Soc. ent., *v.* 24 p. 20 | 1910 *A. (A.) e.* var *e.*, Ad. Schmidt in: Schenkling, Col. Cat., fasc. 20 p. 23.

Querbinde der Flügeldecken bis zum Spitzenrande und nach vorn bis über die Mitte ausgedehnt, so daß ungefähr nur $^1/_3$ der Länge an der Basis die helle Grundfarbe zeigt.

Yünnan.

525. **A. (A.) fasciger** Har.

Diese Art zerfällt in 4 Unterarten:

525a. **A. (A.) fasciger fasciger** Har. 1881 *A. f.*, Harold in: Mt. Münch. ent. Ver., *v.* 5 p. 89 | 1910 *A. (A.) f.*, Ad. Schmidt in: Schenkling, Col. Cat., fasc. 20 p. 22.

Färbung der vorigen Art, aber viel kleiner. Thorax etwas zahlreicher punktiert, mit hellen Vorderwinkeln, die Querbinde der Flügeldecken steht hinter der Mitte, sie läßt die Spitze frei. Metatarsus länger als oberer Enddorn, so lang wie 3 folgende Tarsenglieder. ♂. Die 3 Höckerchen des Kopfes stehen in einer Querreihe (bei *A. (A.) elegans* Allib. der mittelste weiter vorn), das mittlere kaum stärker als die seitlichen, Thorax mit kleinem Eindruck neben dem Vorderrande, unterer Enddorn der Mitteltibien stumpf, Enddorn der Vordertibien spitz. ♀. Höckerchen nur angedeutet, Thorax zahlreicher punktiert, mehr verschmälert. — L. 5—6 mm.

Darjeeling

525b. **A. (A.) fasciger schenklingi** Ad. Schm. 1907 *A. s.*, Ad Schmidt in: D. ent Z., p. 202 | 1913 *A. (A.) fasciger* var. *s.*, Ad. Schmidt in: Arch. Naturg., *v.* 79 A fasc. 11 p. 161.

Querbinde der Flügeldecken bis zur Spitze verbreitert.

Sikkim.

525c. **A. (A.) fasciger infestus** Ad. Schm. 1907 *A. f.* var. *i.*, Ad. Schmidt in: D. ent. Z., p. 570 | 1913 *A. f.* var. *i.*, Ad. Schmidt in: Arch. Naturg., *v.* 79 A fasc. 11 p. 162.

Wie die vorige Art, aber die Schultern mit schwarzer Makel.

Assam.

525d. **A. (A.) fasciger sexsignatus** Ad. Schm. 1907 *A. f.* var. *s.*, Ad. Schmidt in: D. ent. Z., p. 570 | 1913 *A. f.* var. *s.*, Ad. Schmidt in: Arch. Naturg., *v.* 79 A fasc. 11 p. 162.

Wie *A. (A.) fasciger* Har., aber vor der Spitze und auf der Schulter mit schwarzer Makel.

Sikkim.

526. **A. (A.) conjugatus** (Panz.)

Diese Art zerfällt in 2 Unterarten:

526a. **A. (A.) conjugatus conjugatus** (Panz.) 1795 *Scarabaeus c.*, Panzer, Deutschl. Ins.-Fauna, p. 364 | 1801 *Aphodius fasciatus*, J. C Fabricius, Syst. Eleuth., *v.* 1 p. 68 | 1848 *A. conjugatus*, Erichson, Naturg. Ins. Deutschl., Col. *v.* 3 p. 801 | 1863 *A. c.*, Harold in: Berlin. ent. Z., *v.* 7 p. 332, 347 | 1892 *A. (A.) c.*, Reitter in: Verh. Ver. Brünn, *v.* 30 p. 185.

Biologie: 1802 Koy & Böhm in: Naturf., *v.* 29 p. 106 (Beschreibung der Larve) | 1835 Haan in: N. Ann. Mus. Paris, *v.* 4 p. 147 t. 12 f. 5 u. t. 14 f. 9 (Beschreibung und Abbildung der Larve) | 1848 Erichson, Naturg. Ins. Deutschl., Col. *v.* 3 p. 802 (Beschreibung der Larve).

Wie die vorige Species gefärbt, aber größer. Stirnhöcker in beiden Geschlechtern gleich, mäßig entwickelt, Thorax zahlreicher punktiert. Die Punkte der Streifen kerben nicht die Ränder der flachen Zwischenräume, die Querbinde reicht vom 8.—1. Zwischenraume, Schulter und Spitze ohne Makel. Metatarsus so lang wie oberer Enddorn und 3 folgende Tarsenglieder. ♂. Enddorn der Vordertibien stumpfspitzig, Enddorn der Mitteltibien stumpf, Thorax mit Eindruck. ♀. Enddornen spitz, Thorax ohne Eindruck. — L. 8—10 mm.

Deutschland, Südfrankreich, Österreich, Ungarn, Südrußland, Kaukasus.

526b. **A. (A.) conjugatus angustifasciatus** D. T. 1842 *Aphodius c.* var. *fasciatus* (non J. C. Fabricius 1801), E. Mulsant, Hist. nat. Col France, Lamell. p. 182 | 1879 *A. c.* var *interruptus* (non E. Mulsant 1842), Dalla Torre in: Ber. Ver. Oberösterr., *v.* 10 p. 107 | 1879 *A. c.* var. *angustifasciatus*, Dalla Torre ibid., *v.* 10 p. 107 | 1907 *A. (A.) c.* var. *fasciatus*, Ad. Schmidt in: D. ent. Z., suppl. p. 14.

Die Querbinde ist vor der Naht abgekürzt.

Vorkommen mit der Stammart.

527. **A. (A.) irregularis** Westw. 1839 *A. i.*, Westwood in: Royle, Illustr. Himalaya, *v.* 1 p. 55 t. 9 f. 8 (Gesamtbild) | 1863 *A. i.*, Harold in: Berlin. ent. Z., *v.* 7 p. 332, 345 | 1910 *A. (A.) i.*, Ad. Schmidt in: Schenkling, Col. Cat., fasc 20 p. 33.

Kopf und Thorax schwarz, Flügeldecken rotgelb. Die Querbinde liegt in der Mitte im 9.—1., die Spitzenmakel im 7.—3. Zwischenraume. ♂. Enddorn der Vordertibien spitz, Thorax mit Eindruck, unterer Enddorn der Mitteltibien sehr kurz und stumpf. Alles übrige wie vorher. — L. 6 mm.

Himalaya, nördliches Ostindien.

Hierher könnte vielleicht auch folgende Art gehören:

528. **A. (A.) bidentatus** Ad. Schm. 1878 *A. bidens* (non Solsky 1876), L. LeConte in: Bull. U S. geol. Surv., *v.* 4 II p. 453 | 1887 *A. b.*, G. Horn in: Tr. Amer. ent. Soc., *v.* 14 p. 11 | 1907 *A bidentatus*, Ad. Schmidt in: D. ent. Z., p. 201 | 1913 *A. (A.) b.*, Ad. Schmidt in: Arch. Naturg., *v.* 79 A fasc. 11 p. 162.

Länglich oval, *A. (A.) fimetarius* L. (nr. 515) sehr ähnlich, schwarz, Flügeldecken rotbraun, Vorderwinkel des Halsschildes heller. Kopf fein, zerstreut punktiert, Clipeus jederseits mit scharfem Winkel. Vorderwinkel des Halsschildes heller, oberseits fein, etwas ungleich, nicht sehr dicht punktiert, Hinterwinkel stumpf. Flügeldecken fein gestreift, Zwischenräume leicht konvex, fein und vereinzelt punktiert. Metatarsus so lang wie 3 folgende Tarsenglieder. — L. 6,5—7 mm (ex G. Horn).

Pennsylvanien, Kanada bis Texas, Massachusetts.

nnn) Subgen. **Loraphodius** Reitter

1892 *Aphodius (L.)*, Reitter in: Verh. Ver. Brünn, *v.* 30 p. 187.

Mittelgroß, schwarz, einfarbig oder mit kastanienbraunen Flügeldecken, Halsschildbasis gerandet, Schildchen dreieckig, Endborsten der Hintertibien gleichlang, zuweilen an der Seite mit einigen längeren Borsten.

Kopf meistens flach gewölbt, deutlich punktiert, selten mit stumpfem Querkiel, Stirn gehöckert oder mit vertiefter Naht, Clipeus mit zahnartiger Ecke oder abgerundet, Wangen stumpf, die Augen überragend. Thorax quer, geradseitig oder schwach gerundet, oberseits mehr oder weniger deutlich, nicht dicht punktiert, die Seiten und Basis gerandet, Hinterwinkel schräg abgestutzt. Flügeldecken mit gedornten Schultern, punktiert-gestreift, Zwischenräume meistens flach. Metasternum in der Mitte fein, seitlich etwas stärker punktiert und behaart, ebenso das Abdomen.

Hierher gehören 4 Arten aus dem paläarktischen, indischen und afrikanischen Gebiet (nr 529—532).

Bestimmungstabelle der Arten:

1	Clipeus mit zahnartiger Spitze — 2	
	Clipeus jederseits deutlich gerundet — 3	
2	Clipeus ohne deutlichen Querwulst, Schildchen dicht punktiert, Streifenpunkte fein, kerben nicht die Zwischenräume	529. A. (L.) suarius
	Clipeus mit deutlichem Querwulst, Schildchen höchstens einzeln punktiert, Streifenpunkte deutlich kerbend, besonders seitlich	530. A. (L.) kashmirensis
3	Thorax sehr fein und viel gröber punktiert, Seiten vor den Hinterwinkeln nicht ausgerandet, Zwischenräume flach	531. A. (L.) latisulcus
	Thorax fein punktiert, an den Seiten ausgerandet, Zwischenräume schwach konvex	532. A. (L.) goniocephalus

529. **A. (L.) suarius** Fald. 1835 *A. s.*, Faldermann in: N. Mém. Soc. Moscou, *v.* 4 p. 254 | 1866 *A. s.*, Harold in: Berlin. ent. Z., *v.* 10 p. 92 | 1892 *A. (L.) s.*, Reitter in: Verh. Ver. Brünn, *v.* 30 p. 188.

Flach gewölbt, an den Seiten stärker herabgebogen, schwarzbraun, Flügeldecken mehr oder weniger dunkel kastanienbraun, selten schwarz. Kopf auf der ganzen Fläche gleichmäßig verteilt und deutlich punktiert, Clipeus ausgerandet, jederseits mit aufgebogener, zahnartiger Spitze, Wangen stumpf abgerundet, vorstehend. Thorax deutlich, nicht grob und dicht punktiert, vorn in der Mitte nur mit der feinen Zwischenpunktierung, die Seiten bewimpert, in der Basalfurche mit flachen, nicht gedrängt stehenden Punkten. Schildchen stark und dicht punktiert. Flügeldecken schmal gestreift, Streifenpunkte flach, ebenso die Zwischenräume, letztere sind vor der Spitze schmaler und gewölbt, sehr fein und einzeln punktiert. Schenkel rötlich, vereinzelt punktiert und behaart. Oberer Enddorn der Hintertibien gleich dem 1. Tarsengliede, dieses so lang wie 3 folgende Glieder. ♂. Stirnnaht in der Mitte mit schwachem Höckerchen, Enddorn der Vorder- und unterer Enddorn der Mitteltibien mit schwach umgebogener Spitze, Metasternalplatte flach vertieft und deutlich punktiert. — L. 5,2—6,5 mm.

Dalmatien, Griechenland, Türkei, Kleinasien, Syrien, Kaukasus, Krim.

530. **A. (L.) kashmirensis** Sharp 1878 *A. k.*, D. Sharp in: J. Asiat. Soc. Bengal, *v.* 47 II p. 171 | 1913 *A. (L.) k.*, Ad. Schmidt in: Arch. Naturg., *v.* 79 A fasc. 11 p. 162.

Stärker gewölbt als die vorige Art, schwarz. Kopf vorn und seitlich grob, hinten feiner punktiert, Clipeus ausgerandet, jederseits mit aufgebogener, zahnartiger Spitze, Wangen stumpf abgerundet, vorstehend. Thorax hinten breiter, die Seiten einzeln bewimpert, Basalrandung mit dichter Punktreihe, oberseits fein, ziemlich dicht punktiert, dazwischen einzelne, unregelmäßig verteilte größere Punkte. Schultern scharf, Flügeldecken hinten breiter, tief und deutlich gestreift, Streifenpunkte tief, die Ränder kerbend, Zwischenräume flach, auch an der Spitze nur fein und vereinzelt punktiert. Mittelschenkel mit sehr feinen und groben, Hinterschenkel mit etwas feineren Punkten, beide neben dem Knie mit längerer Haarpunktreihe. Metatarsus gleich dem obern Enddorne, länger als 3 folgende Tarsenglieder. ♂. Thoraxseiten schwach gerundet, Enddorn der Vordertibien, von vorn und seitlich gesehen, zur Spitze verdickt, unterer Enddorn an den Mitteltibien mit umgebogener Spitze, Metasternum vertieft und punktiert. ♀. Thorax geradseitig, Enddorne spitz, Metasternum stärker punktiert, nur mit Mittelfurche. — L. 6 mm.

Ladak, Kaschmir.

531. **A. (L.) latisulcus** Reitt.

Diese Art zerfällt in 2 Unterarten:

531a. **A. (L.) latisulcus latisulcus** Reitt. 1892 *A. (L.) l.*, Reitter in: Verh. Ver. Brünn, *v.* 30 p. 188.

Flach gewölbt, hinten wenig verbreitert, glänzend, schwarz, Kopf und Thorax an den Seiten heller, Flügeldecken, Schildchen, Unterseite und Beine kastanienbraun. Kopf mit schwacher Querrunzel, vorn und seitlich rauh, die Mitte und hinten feiner punktiert, Clipeus deutlich ausgerandet und jederseits breit gerundet, Wangen rundlich, vorstehend. Thorax quer, fast geradseitig, hinten wenig breiter, fein, etwas dicht punktiert, dazwischen mit einzelnen groben Punkten, Hinterwinkel wenig ausgerandet. Schildchen vereinzelt punktiert. Flügeldecken mit scharfen, tiefen Streifen, Punkte in denselben flach, nicht kerbend, Zwischenräume flach, an der Spitze etwas erhaben, fein und vereinzelt punktiert. Metasternum an den Seiten und das Abdomen deutlich punktiert und behaart, Metasternalplatte vertieft und fein punktiert. Schenkel fein und stärker, vereinzelt punktiert, neben dem Knie mit Haarpunktreihe. Metatarsus etwas länger als oberer Enddorn, so lang wie 3 folgende Tarsenglieder. ♂. Kopf mit 3 Höckern, Thorax breiter als die Flügeldecken, nur seitlich mit groben Punkten besetzt, vorn mit schwachem Eindruck. ♀. Kopf mit 1 schwachen Mittelhöcker, Thorax auch an der Basis mit groben Punkten, ohne Eindruck. — L. 5,5 mm.

Circassien, Krim.

531b. **A. (L.) latisulcus secundus** Roub. 1911 *A. l.* var. *s.*, Roubal in: Časopis České Spol. ent., *v.* 8 p. 103.

Schildchen, Naht und Schulter der Flügeldecken schwarz.

Kaukasus.

532. **A. (L.) goniocephalus** Roth 1851 *A. g.*, Roth in: Arch. Naturg., *v.* 17 I p. 132 | 1863 *A. g.*, Harold in: Berlin. ent. Z., *v.* 7 p. 331, 334 | 1913 *A. (L.) g.*, Ad. Schmidt in: Arch. Naturg, *v.* 79 A fasc. 11 p. 162

Wenig glänzend, gewölbt, schwarz oder schwarzbraun, Kopfschild und Vorderwinkel des Halsschildes rotbraun. Kopf kurz und breit, vorn viel schmaler, die Mitte mit stumpfer Beule, fein und dicht punktiert, Stirnlinie vertieft, winklig nach hinten gebogen, Clipeus deutlich ausgerandet, jederseits gerundet, Wangen groß, stumpfwinklig, weit vorstehend. Thorax quer, mit ausgerandeten Seiten, Basis 2buchtig, oberseits fein und dicht punktiert, an den Seiten mit wenigen stärkeren Punkten. Schildchenwurzel fein punktiert. Flügeldecken feiner gestreift als bei den vorigen Arten, Streifenpunkte fein, Zwischenräume schwach konvex, äußerst fein punktiert. Hinterbrust und Abdomen vereinzelt punktiert und behaart. Metasternalplatte mit Mittellinie, Schenkel nur mit einigen feinen Punkten. Metatarsus länger als oberer Enddorn und 3 folgende Tarsenglieder. — L. 5—6 mm.

Abessinien, Sumbu, Matadi.

ooo) Subgen. **Agoliinus** Ad. Schmidt

1913 *Aphodius (Agoliinus)*, Ad. Schmidt in: Arch Naturg., *v.* 79 A fasc. 11 p. 162.

Mittelgroß, glänzend, unbehaart, schwarz, einfarbig oder mit rötlichen Makeln auf den Flügeldecken, letztere zuweilen bräunlichgelb, mit dunklen Flecken, Kopf gehöckert, Basis des Halsschildes gerandet, Schildchen dreieckig. In den äußeren Geschlechtsmerkmalen mit *A. (Agolius)* Muls. (Subgen. u) übereinstimmend, aber durch den größeren, gehöckerten Kopf und die gleich kurzen Borsten an den Hintertibien verschieden.

Länglich, mehr oder weniger gewölbt. Kopf nach vorn geradlinig verengt, sehr deutlich punktiert, neben dem Vorderrande meistens rauh, Clipeus ausgerandet, jederseits stumpfwinklig oder gerundet, Wangen die Augen überragend. Thorax ungleich punktiert, mit stumpfen oder abgerundeten Hinterwinkeln. Schildchen breit dreieckig, punktiert. Flügeldecken mit Schulterdorn, hinten verbreitert, mit deutlichen Punktstreifen. Unterseite schwarz oder wie die Schenkel rotbraun, wenig punktiert und behaart.

Hierher gehören 7 sichere und 1 im Subgenus unsichere Art aus dem paläarktischen Gebiet (nr 533—540).

Bestimmungstabelle der Arten:

1	Flügeldecken mit hellen oder dunklen Flecken — 2	
	Flügeldecken einfarbig — 3	
2	Flügeldecken rotgelb, mit dunklen Makeln	537. **A. (A.) congregatus**
	Flügeldecken schwarz mit gelbroten Makeln	538. **A. (A.) guttatus**
3	Spitze der Flügeldecken durch Chagrinierung matt, Schultern mit kleinem Dorn	539. **A. (A.) pyrenaeus**
	Spitze der Flügeldecken nicht matt — 4	
4	Schildchen so breit wie die 2 ersten Zwischenräume, Kopf und Thorax ziemlich dicht, fast gleichmäßig punktiert, Flügeldecken mit kleinem Schulterzahn .	535. **A. (A.) satyrus**
	Schildchen so breit wie die 3 ersten Zwischenräume — 5	
5	Clipeus stumpf gerundet, Thorax sehr ungleich und sehr dicht punktiert, Nahtstreif mehr vertieft, 2. Zwischenraum daneben gewölbt	536. **A. (A.) piceus**
	Clipeus immer mit deutlich zahnartiger Ecke, Thorax wenig ungleich, nicht sehr dicht punktiert — 6	

6 Flügeldecken hellrot, Kopf vorn runzlig, Thorax mit vertiefter Linie und Quereindruck in den Hinterwinkeln, Schildchenspitze gekielt . . . . 533. A. (A.) lapponum
Flügeldecken dunkelrot, Kopf gleichmäßig punktiert, Thorax ohne kurzen vertieften Längsstrich und ohne Quereindruck, Schildchen eben . . . . . . 534 A. (A.) aleutus

533. **A. (A.) lapponum** Gyll.

Diese Art zerfällt in 3 Unterarten:

533a. **A. (A.) lapponum lapponum** Gyll. 1806 *Aphodius l*, Gyllenhal in: Schönherr, Synon. Ins., *v.* 1 1 p. 72 nota | 1847 *A. subalpinus*, Hardy in: Ann. nat. Hist., *v.* 19 p. 380 | 1863 *A. lapponum*, Harold in: Berlin. ent. Z., *v.* 7 p. 333, 369 | 1892 *A. (Agrilinus) l.*, Reitter in: Verh. Ver. Brünn, *v.* 30 p. 200 | 1913 *A. (Agoliinus) l.*, Ad. Schmidt in: Arch. Naturg., *v.* 79 A fasc. 11 p. 163.

Gewölbt, schwarz, Flügeldecken rot. Kopf hinten fein, ziemlich dicht, vorn runzlig punktiert, Stirnnaht in beiden Geschlechtern mit 3 deutlichen Höckerchen, Clipeus ausgerandet, jederseits mit zahnartigem Winkel, Wangen abgerundet, deutlich vorstehend. Thorax feiner und stärker, ziemlich dicht punktiert, beim ♂ zuweilen die größeren Punkte in der Mitte ganz fehlend, vor dem Schildchen mit kurzer, vertiefter Linie, Hinterwinkel deutlich abgerundet. Schildchen jederseits vertieft und punktiert, in der Mitte kielförmig erhaben. Flügeldecken deutlich gestreift, Streifenpunkte mehr oder weniger deutlich die Ränder kerbend, Zwischenräume bald mehr, bald weniger erhaben, fein und vereinzelt punktiert. Seiten der Hinterbrust punktiert, auch die vertiefte Metasternalplatte, Abdomen und Schenkel vereinzelt punktiert und behaart, Metatarsus etwas länger als oberer Enddorn, kaum so lang wie 3 folgende Tarsenglieder. ♂. Thoraxseiten gerundet, nach vorn kaum verschmälert, unterer Enddorn der Mitteltibien stark verkürzt, stumpf. ♀. Thorax fast geradseitig nach vorn verschmälert, Enddorn spitz. — L. 5,5—8,2 mm.

Nordeuropa, Sibirien

533b. **A. (A.) lapponum maurus** Gebl. 1833 *Aphodius m.*, Gebler in: Bull. Soc. Moscou, *v.* 6 p. 285 | 1863 *A. m.*, Harold in: Berlin. ent. Z., *v.* 7 p. 334, 376 | 1913 *A. (Agoliinus) lapponum* var *m.*, Ad. Schmidt in: Arch. Naturg., *v.* 79 A fasc. 11 p. 163.

Flügeldecken schwarz oder rötlichbraun, mit helleren Rändern.

Saisan-noro, Songorei, Mittelasien.

533c. **A. (A.) lapponum axillaris** Steph. 1839 *Aphodius a.*, J. F. Stephens, Man. Brit. Col., p. 162 | 1913 *A. (Agoliinus) lapponum* var. *a.*, Ad. Schmidt in: Arch. Naturg., *v.* 79 A fasc. 11 p. 163.

Flügeldecken schwarz mit roter Schultermakel.

England.

534. **A. (A.) aleutus** Eschz.

Diese Art zerfällt in 2 Unterarten:

534a. **A. (A.) aleutus aleutus** Eschz. 1822 *Aphodius a.*, Eschscholtz, Entomogr., *v.* 1 p. 27 | 1863 *A. a.*, Harold in: Berlin. ent. Z., *v.* 7 p. 333, 372 | 1887 *A. a.*, G. Horn in. Tr. Amer. ent. Soc., *v.* 14 p. 12 | 1913 *A. (Agoliinus) a.*, Ad. Schmidt in: Arch. Naturg., *v.* 79 A fasc. 11 p. 163.

Länglich-oval, schwarz, Flügeldecken mehr oder weniger dunkelrot, Thorax in den Vorderwinkeln rötlich, zuweilen sind es auch die ganzen Seiten, Kopf ziemlich gleichmäßig punktiert, Stirn mit 3 Höckerchen, mittleres beim

♂ höher, beim ♀ ist dasselbe nach vorn ausgezogen, Clipeus schwach ausgerandet, jederseits etwas stumpfwinklig, Wangen wenig vorstehend. Thorax vorn gerundet eingezogen, in der Basalhälfte parallel, Hinterwinkel stumpf abgerundet, oberseits feiner und etwas stärker, nicht sehr dicht punktiert. Schildchen an der Basis vereinzelt punktiert. Flügeldecken wenig verbreitert, fein gestreift, mit feinen Streifenpunkten, diese sind schwach kerbend, Zwischenräume etwas gewölbt, sehr fein gereiht punktiert. Unterseite glänzend, Seiten der Hinterbrust und das Abdomen punktiert und behaart. Schenkel etwas heller, oberer Enddorn der Hintertibien kürzer als 1. Tarsenglied, dieses fast so lang wie 3 folgende Glieder. — L. 6 mm.

Unalaschka, Westliches Nordamerika.

534 b. **A. (A.) aleutus ursinus** Motsch. 1845 *Aphodius u.*, Motschulsky in: Bull. Soc. Moscou, *v.* 18 II p. 365 t. 6 f. 6 (Gesamtbild) | 1863 *A. u.*, Harold in: Berlin. ent. Z., *v.* 7 p. 334, 386 | 1913 *A. (Agoliinus) aleutus* var *u.*, Ad. Schmidt in: Arch. Naturg., *v.* 79 A fasc. 11 p. 163.

Unterscheidet sich durch schwarzbraun gefärbte, tiefer gestreifte Flügeldecken mit konvexen, unpunktierten Zwischenräumen, Thorax einfarbig schwarz, wie auch zuweilen die Flügeldecken.

Kamtschatka, Halbinsel Kenai, Jakutsk, Alaska.

535. **A. (A.) satyrus** Reitt. 1892 *A. (Agrilinus) s.*, Reitter in: Verh. Ver. Brünn, *v.* 30 p. 198 | 1913 *A. (Agoliinus) s.*, Ad. Schmidt in: Arch. Naturg., *v.* 79 A fasc. 11 p. 163.

Schwarz, Flügeldecken dunkel rotbraun bis schwarzbraun, flach gewölbt. Kopf dicht und fein, beim ♀ deutlicher punktiert, Stirn gehöckert, Clipeus sehr schwach ausgerandet, jederseits zahnartig, Wangen stumpfwinklig, hervorstehend. Thorax ziemlich dicht, die Mitte vorn nur fein punktiert, Hinterwinkel stumpf abgerundet. Schildchen vorn punktiert. Flügeldecken wenig erweitert, deutlich gestreift, Streifenpunkte wenig oder nicht kerbend, Zwischenräume schwach erhaben, zuweilen auch ganz eben, äußerst fein und vereinzelt punktiert. Metatarsus länger als oberer Enddorn, kürzer als 3 folgende Tarsenglieder. ♂. Mittelhöcker stärker entwickelt, Enddorn der Vorder- und unterer Enddorn der Mitteltibien stumpf. ♀. Alle Höcker sehr schwach, Enddorne spitz, Thorax etwas ungleicher punktiert, schmaler als die Flügeldecken, deutlich nach vorn verengt. — L. 5—6,5 mm.

Bayern, Schweiz, Italien.

536. **A. (A.) piceus** Gyll.

Diese Art zerfällt in 2 Unterarten:

536 a. **A. (A.) piceus piceus** Gyll. 1808 *Aphodius p.*, Gyllenhal, Ins. Suec., *v.* 1 p. 21 | 1824 *A. melanarius*, Germar, Col. Spec. nov., p. 110 | 1842 *A. alpicola*, E. Mulsant, Hist. nat. Col. France, Lamell. p. 191 | 1863 *A. piceus*, Harold in: Berlin. ent. Z., *v.* 7 p. 334, 382 | 1866 *? A. breviusculus*, Motschulsky in: Bull. Soc. Moscou, *v.* 39 I p. 170 | 1892 *A. (Agrilinus) piceus*, Reitter in: Verh. Ver. Brünn, *v.* 30 p. 197 | 1913 *A. (Agoliinus) p.*, Ad. Schmidt in: Arch. Naturg., *v.* 79 A fasc. 11 p. 163.

Biologie: 1895 Xambeu in: Ann. Soc. Linn. Lyon, ser. 2 *v.* 42 p. 74 (Beschreibung der Puppe).

Schwarz, Thorax mit hellern Seiten, Flügeldecken schwarz oder schwarzbraun, Nahtstreifen meistens deutlich heller. Kopf etwas runzlig punktiert, Stirn gehöckert, Wangen vorstehend. Thorax sehr dicht und sehr ungleich punktiert, Hinterwinkel stumpf abgerundet. Schildchen mit einzelnen Punkten.

Flügeldecken deutlich gestreift, die Streifenpunkte kerben mehr oder weniger deutlich, Zwischenräume leicht konvex, sie sind fein, zur Spitze deutlicher und dichter punktiert. Metatarsus länger als oberer Enddorn, so lang wie 3 folgende Tarsenglieder. ♂. Höckerchen entwickelter, Enddorn der Vordertibien spitz, unterer an den Mitteltibien stumpf, Metasternum vertieft und fein punktiert. ♀. Höckerchen schwach, Enddorn spitz, Metasternum stärker punktiert, nur mit Mittellinie. — L. 5 mm.

Nord- und Mitteleuropa, Altai.

536b. **A. (A.) piceus orobius** Muls. 1842 *Aphodius p.* var. *o.*, E. Mulsant, Hist. nat. Col. France, Lamell. p. 191 | 1913 *A. (Agoliinus) p.* var. *o*, Ad. Schmidt in: Arch. Naturg., *v.* 79 A fasc. 11 p. 163.

Flügeldecken braunrot, die Spitze heller.

Vorkommen mit der Stammart.

537. **A. (A.) congregatus** Mannerh.

Diese Art zerfällt in 2 Unterarten:

537a. **A. (A.) congregatus congregatus** Mannerh. 1853 *Aphodius c.*, Mannerheim in: Bull. Soc. Moscou, *v.* 26 II p. 219 | 1863 *A. c.*, Harold in: Berlin. ent. Z., *v.* 7 p. 333, 362 | 1887 *A c.*, G Horn in: Tr. Amer. ent. Soc., *v.* 14 p. 12 | 1913 *A. (Agoliinus) c.*, Ad. Schmidt in: Arch. Naturg., *v.* 79 A fasc 11 p. 162.

Länglich, wenig gewölbt, schwarzbraun, Vorderkopf und Thoraxseiten heller, Flügeldecken gelbbraun, mit schrägen, dunklen Makeln, die vordere zieht von der Basis des 5. Zwischenraumes zur Mitte der Naht, eine andere beginnt unter der Schulter, sie breitet sich nach hinten und mediad bis zum 2. Zwischenraum aus. Streifenpunkte kerben leicht die Ränder der flachen Zwischenräume, diese fein und zerstreut, an der Spitze dichter punktiert. Metatarsus etwas länger als oberer Enddorn, nicht so lang wie 3 folgende Tarsenglieder. Kopf hinten und zuweilen auch in der Mitte sehr fein und vereinzelt punktiert, Clipeus fein runzlig, jederseits der Ausrandung gerundet, Höckerchen deutlich, aber klein, Wangen stumpf abgerundet, vorstehend. Thorax mit leicht gerundeten Seiten, sehr fein und stärker, ziemlich zerstreut punktiert, Hinterwinkel stumpf abgerundet. Schildchen vorn fein punktiert, die Spitze in der Mitte kurz erhaben. — L. 4,5—6 mm.

Halbinsel Kenai, Alaska, Nordkalifornien bis Alaska.

537b. **A. (A.) congregatus arcticus** Har 1863 *Aphodius a*, Harold in: Berlin. ent. Z., *v.* 7 p. 333, 361 | 1913 *A (Agoliinus) congregatus* var *a.*, Ad. Schmidt in: Arch. Naturg, *v.* 79 A fasc. 11 p. 162

Flügeldecken schwarzbraun, Spitze und Schultern zuweilen rötlich.

Alaska.

538. **A. (A.) guttatus** Eschz. 1823 *Aphodius g.*, Eschscholtz in: Mém Soc. Moscou, *v.* 6 p. 97 | 1863 *A. g.*, Harold in: Berlin ent. Z., *v.* 7 p. 332, 352 | 1887 *A. g*, G. Horn in: Tr. Amer. ent. Soc., *v.* 14 p. 17 | 1913 *A. (Agoliinus) g.*, Ad. Schmidt in: Arch. Naturg., *v.* 79 A fasc. 11 p. 162.

Länglich, schwach gewölbt, glänzend, schwarz, Thoraxseiten und Spitze der Flügeldecken gewöhnlich heller, letztere mit roten Flecken. Kopf deutlich punktiert, vorn runzlig, Stirn mit 3 queren Höckerchen, davor eine Beule, welche zuweilen mit dem Mittelhöcker zusammenfließt, Clipeus deutlich ausgerandet, jederseits gerundet, Wangen stumpf, die Augen überragend. Thorax in der Basalhälfte geradseitig nach hinten verbreitert, vor den Hinterwinkeln eingedrückt (von oben gesehen), Hinterwinkel stumpf abgerundet, ziemlich dicht, größer und feiner punktiert. Schildchen vorn mit einigen Punkten. Flügeldecken hinten breiter, deutlich gestreift, Streifenpunkte schwach kerbend, Zwischenräume flach, zuweilen auch leicht gewölbt, fein und weitläufig punktiert, an der Spitze deutlicher und dichter, mit folgenden roten Makeln: An der Basis eine quere Makel im 2.—4. Zwischenraume, eine an der Schulter, zwei im 5., die eine vor, die andere ungefähr in der Mitte, an letztere anschließend eine im 4. und gleich darunter eine im 3. Zwischenraume, eine im 2. vor der Mitte, etwas tiefer stehend als die vordere im 5. Zwischenraume, dann noch eine zusammenhängende rundliche Makel vor der Spitze im 3.—5. Diese Makeln können teilweise verschwinden. Metatarsus etwas länger als oberer Enddorn, so lang wie 3 folgende Tarsenglieder. — L. 6 mm.

Unalaschka, Alaska.

539. **A. (A.) pyrenaeus** Jacquel. 1859/60 *Aphodius p*, Jacquelin-Duval, Gen. Col. Eur., *v.* 3 p. 130 | 1863 *A jugicola*, Harold in: Berlin. ent. Z., *v.* 7 p. 334, 379 | 1870 *Ammoecius pyrenaeus* + *A. rugiceps*, E. Mulsant in: Ann. Soc Agric. Lyon, ser. 4 *v.* 2 p. 605 | 1871 *Aphodius p.*, Harold in: Col Hefte, *v.* 7 p. 3, 4 | 1892 *Aphodius (Agrilinus) p.*, Reitter in: Verh. Ver Brünn, *v.* 30 p. 196 | 1897 *A. (Orodalus) reitterianus* (non L. Heyden 1896), O Schwarz in: Wien ent. Zeit., *v.* 16 p. 32 | 1913 *A (Agoliinus) pyrenaeus*, Ad. Schmidt in: Arch. Naturg, *v.* 79 A fasc. 11 p. 163.

Schwarz, Flügeldeckenspitze, ein größerer oder kleinerer Fleck davor, sowie der Außenrand des Kopfes rötlich. Kopf runzlig, hinten fein punktiert, Clipeus jederseits der flachen Ausrandung mit zahnartiger Spitze, Wangen vorstehend. Thorax hinten breiter, wenig gerundet, ziemlich dicht, an den Seiten sehr dicht, fein und stärker punktiert, vor den stumpfen Hinterwinkeln eingedrückt. Schildchen punktiert, mit erhabener Spitze. Flügeldecken beim ♀ hinten mehr verbreitert, seicht und fein gestreift, Streifenpunkte deutlich, nicht kerbend, Zwischenräume flach, sehr fein punktiert. Metatarsus so lang wie oberer Enddorn und 3 folgende Tarsenglieder. ♂. Stirnhöcker deutlich, Thorax nur vorn gerundet verengt, Enddorn der Vordertibien spitz, unterer der Mitteltibien stumpf. ♀. Stirnhöcker schwach, Thorax mehr geradlinig verengt und auf der Scheibe mehr ungleich punktiert. — L. 4,5—5 mm.

Pyrenäen, Alpen, Piemont, Irkutsk.

Hierher ist vielleicht auch folgende Art zu zählen:

540. **A. (A.) sobrinus** Har. 1863 *Aphodius s.*, Harold in: Berlin. ent. Z., *v.* 7 p. 334, 384 | 1913 *A. (Agoliinus) s*, Ad. Schmidt in: Arch. Naturg., *v.* 79 A fasc. 11 p. 163.

Länglich-eiförmig, glänzend, schwarz, Clipeusrand rötlich, Flügeldecken bald rot, bald schwarz. Kopf hinten zerstreut punktiert, vorn gekörnelt, schwach 3höckrig, Clipeus deutlich ausgerandet, Ecken jederseits scharf stumpfwinklig, Wangen vorstehend. Thorax ungleich, wenig dicht punktiert. Schildchen an der Wurzel undeutlich punktiert, die Seiten und Spitze etwas erhaben. Flügeldecken schmaler als der Thorax, stark gekerbt-gestreift, Kerbpunkte die Ränder kaum angreifend. Unterseite glänzendschwarz, auch die Schenkel fast schwarz. Metatarsus länger als oberer Enddorn, fast so lang wie 3 folgende Tarsenglieder. Unterscheidet sich von *A. (A.) lapponum* Gyll. (nr. 533) durch tiefere Streifen und mehr gewölbte Zwischenräume der Flügeldecken, durch ellipsenartige Wangen — bei *A. (A.) lapponum* halbkreisförmig —, durch tiefer eingeschnittenen Clipeus mit mehr spitzen Ecken. — L. 7 mm (ex Harold).

Sibirien.

ppp) Subgen. **Agrilinus** E. Mulsant

1870 *Aphodius (Aphodius)* „Division“ *Agrilinus*, E. Mulsant in: Ann. Soc. Agric. Lyon, ser 4 *v.* 2 p. 419 | 1871 *Aphodius (Agrilinus)*, E. Mulsant, ibid., ser. 4 *v.* 3 p. 474.

Mittelgroß oder kleiner, wenig gewölbt, unbehaart, einfarbig schwarz oder schwarzbraun, Flügeldecken zuweilen mit roten Makeln oder auch einfarbig rotbraun, Kopf mit und ohne Höcker, Clipeus jederseits abgerundet oder zahnartig, Thoraxbasis gerandet, Schildchen dreieckig, Endborsten der Hintertibien gleich kurz.

Glänzend, nur die Spitze der Flügeldecken oft matt, selten die ganzen Flügeldecken. Kopf flach, zuweilen mit Querkiel und 3 Höckerchen, Clipeus leicht ausgerandet, Wangen immer die Augen überragend. Thorax feiner oder stärker, meistens ziemlich dicht punktiert, Hinterwinkel stumpf oder abgerundet. Schildchen immer punktiert. Flügeldecken nach hinten wenig verbreitert, mit feinen oder stärkeren Streifen, deren Punkte nur selten die Ränder der Zwischenräume kerben, letztere meistens flach, selten schwach konvex, immer nur fein punktiert. Hinterbrust an den Seiten und das Abdomen punktiert und behaart.

Hierher gehören 18 Arten aus dem paläarktischen und amerikanischen Gebiet (nr. 541—558).

Bestimmungstabelle der Arten:

1	Clipeus jederseits abgerundet — 2	
	Clipeus jederseits mit spitzem Winkel oder Zähnchen — 14	
2	Clipeus mit gebogener Querleiste — 3	
	Clipeus ohne dieselbe — 8	
3	Spitze der Flügeldecken kaum weniger glänzend als die Scheibe — 4	
	Spitze, zuweilen auch die ganzen Flügeldecken matt — 5	
4	Kopf vorn runzlig, Nahtstreifen vor der Spitze niedergedrückt	545. **A. (A.) constans**
	Clipeus nicht rauh, Thorax sehr ungleich punktiert, Nahtstreifen in der ganzen Länge mehr vertieft .	546. **A. (A.) nigerrimus**
5	Thorax mit hellen Vorderwinkeln, Schultern und Spitze der Flügeldecken rötlich — 6	
	Thorax gleichmäßig schwarz — 7	
6	Thorax sehr ungleich und zerstreut punktiert	543. **A. (A.) duplex**
	Thorax wenig ungleich punktiert, vor der Spitze der Flügeldecken mit unbestimmtem hellerem Fleck und einem an der Basis des 2. Zwischenraumes . . .	544. **A. (A.) borealis**
7	Flügeldecken in der ganzen Länge matt (Stammform), mit glänzenden Streifen, Körper kurz und breit .	541. **A. (A.) ater**
	Flügeldecken nur an der Spitze matt, Körper länglich und schmal	542. **A. (A.) pectoralis**
8	Flügeldecken an der Spitze matt — 9	
	Flügeldecken gleichmäßig glänzend — 12	
9	1. Zwischenraum an der Naht schwarz — 10	
	1. Zwischenraum mit den Flügeldecken gleichfarbig — 11	
10	Flügeldecken einfarbig rotbraun	547. **A. (A.) obliviosus**
	Flügeldecken schwarz mit rötlicher Längsbinde von der Schulter bis zur Spitze	548. **A. (A.) vittatus**

11	Kopf und Thorax schwarz, Flügeldecken rotbraun, Thorax wenig ungleich punktiert, die größeren Punkte nicht viel stärker als die des Kopfes . .	549. **A. (A.) virginalis**
	Oberseite einfarbig schwarzbraun, Thorax sehr ungleich punktiert	550. **A. (A.) uniformis**
12	Flügeldecken mit tiefen, kräftigen Streifen, Thorax mit großen und sehr kleinen Punkten	551. **A. (A.) striatus**
	Flügeldecken fein gestreift — **13**	
13	Kopf deutlich gehöckert, Thorax nicht dicht punktiert, Oberseite einfarbig schwarzbraun	552. **A. (A.) ruricola**
	Kopf ungehöckert, Thorax sehr dicht punktiert, Oberseite schwarz, Flügeldecken hell rotbraun	553. **A. (A.) putridus**
14	Kopf mit deutlicher Querleiste, Oberseite schwarz, Thorax dicht punktiert, Nahtstreif vor der Spitze stark niedergedrückt	554. **A. (A.) nemoralis**
	Kopf ohne deutlichen Querkiel, zuweilen mit undeutlicher Querrunzel — **15**	
15	Thorax sehr ungleich punktiert, Flügeldecken mit Schulterdorn und rötlichen kleinen Makeln in 2 Querreihen	555. **A. (A.) spinulosus**
	Thorax wenig ungleich punktiert, Flügeldecken einfarbig, nur bei *A. (A.) punctator* Reitt. und *A. (A.) azteca* Har. mit kleinem Schulterdorn — **16**	
16	Flügeldecken dicht und deutlich punktiert, ebenso Kopf und Thorax, beide fast mit gleich großen Punkten	556. **A. (A.) punctator**
	Flügeldecken sehr fein punktiert — **17**	
17	Streifen vor der Spitze der Flügeldecken tiefer, Zwischenräume hier konvex	557. **A. (A.) azteca**
	Streifen vor der Spitze nicht tiefer, Zwischenräume flach	558. **A. (A.) indutilis**

541. **A. (A.) ater** (Geer)

Diese Art zerfällt in 3 Unterarten:

541a. **A. (A.) ater ater** (Geer) 1774 *Scarabaeus a.*, Geer, Mém. Hist. Ins., *v.* 4 p. 270 | 1775 *S. terrestris* (non *A. t.* Illiger 1798), J. C. Fabricius, Syst. Ent., p. 15 | 1802 *S. obscurus* (non J. C. Fabricius 1792), Marsham, Ent. Brit., *v.* 1 p. 18 | 1848 *Aphodius ater* (non Thunberg 1818), Erichson, Naturg. Ins. Deutschl., Col. *v.* 3 p. 808 | 1863 *A. a.*, Harold in: Berlin ent. Z., *v.* 7 p. 333, 358 | 1870 *A. (Aphodius*, „Division" *Agrilinus) a.*, E. Mulsant in: Ann. Soc. Agric. Lyon, ser. 4 *v.* 2 p. 419 | 1871 *A. (Agrilinus) a.*, E. Mulsant l. c., ser. 4 *v.* 3 p. 474 | 1892 *A. (A.) a.*, Reitter in: Verh. Ver. Brünn, *v.* 30 p. 197.

Biologie: 1894 Xambeu in: Echange, suppl. p. 14 (Beschreibung der Verwandlungsstadien).

Schwarz, Kopf und Thorax glänzend, Flügeldecken matt. Kopf fein punktiert, nach dem Rande hin leicht runzlig, Stirn mit 3 Höckerchen, Wangen abgerundet. Thorax ziemlich dicht, fein und stark punktiert, Hinterwinkel gerundet. Schildchen an der Spitze leicht gekielt. Flügeldecken mit glänzenden, flach punktierten Streifen, ihre Punkte kerben nicht die Ränder der Zwischenräume, die dorsalen derselben kaum gewölbt, die seitlichen flach, alle sehr fein und vereinzelt punktiert, zuweilen an der Spitze deutlicher und dichter, Nahtstreif hier niedergedrückt. Metatarsus so lang wie oberer Enddorn, fast so lang wie 3 folgende Tarsenglieder ♂. Mittelhöcker stärker entwickelt, Thorax so breit wie die Flügeldecken, bei kräftigen Exemplaren vorn herabgewölbt, mit flachem Eindruck in der Mitte, Metasternalplatte grubig vertieft. ♀. Mittelhöcker nicht stärker, Thorax schmaler, Metasternum nur mit Mittellinie. — L. 3—5,5 mm.

Nord- und Mitteleuropa, Sibirien, Westasien.

541 b. **A. (A.) ater convexus** Er. 1848 *Aphodius c.*, Erichson, Naturg. Ins. Deutschl., Col. *v.* 3 p. 810 | 1863 *A. ascendens*, Reiche in: Grenier, Cat. Col. France, p. 75 | 1892 *A. (Agrilinus) ater* var. *adscendens* + *A. (A.) a.* var. *falsarius*, Reitter in: Verh. Ver. Brünn, *v.* 30 p. 197 | 1913 *A. (A.) ater* var *convexus*, Ad. Schmidt in: Arch. Naturg., *v.* 79 A fasc. 11 p. 163.

Etwas kleiner als die Stammform, Flügeldecken mehr oder weniger glänzend, an der Spitze zuweilen weniger, Zwischenräume konvex, besonders die dorsalen, sie sind auch deutlicher und dichter fein punktiert.

Österreich, Tirol, Kaukasus.

541 c. **A. (A.) ater mediocris** nom. nov. Ad. Schm. 1802 *Scarabaeus pusillus* (non J. F. W. Herbst 1789), Marsham, Ent. Brit., *v.* 1 p. 18 | 1830 *Aphodius terrenus*, J. F. Stephens, Ill. Brit. Ent., Mand. *v.* 3 p. 195 | 1846 (?) *A. affinis*, H. Lucas in: Expl. Algérie, *v.* 2 p. 261 | 1859 *A. lucasi*, Harold in: Berlin ent. Z., *v.* 3 p. 224 | 1913 *A. (Agrilinus) ater* var. *pusillus*, Ad. Schmidt in: Arch. Naturg., *v.* 79 A fasc. 11 p. 163.

Flügeldecken rotbraun.

Vorkommen mit der Stammart.

542. **A. (A.) pectoralis** T. Lec. 1859 *Aphodius p.*, T. Le Conte in: Rep. Expl. Railroad Pacif Ocean, *v.* 1 App. pars 3 nr. 1 p. 41 | 1887 *A. p.*, G. Horn in: Tr. Amer. ent. Soc., *v.* 14 p. 14 | 1913 *A. (Agrilinus) p.*, Ad. Schmidt in: Arch. Naturg., *v.* 79 A fasc. 11 p. 164.

Von gleicher Färbung mit der vorigen Art, aber gestreckter, Thorax zerstreuter, seitlich nicht dicht punktiert, Hinterwinkel stumpf, nur die Spitze der Flügeldecken matt, Zwischenräume hier nicht dichter punktiert und flach. Metatarsus länger als oberer Enddorn, den 3 folgenden Tarsengliedern gleich. Geschlechtsdifferenz dieselbe. — L. 5 mm.

Kalifornien bis Alaska, Washington-Territorium.

543. **A. (A.) duplex** L. Lec. 1878 *Aphodius d.*, L. Le Conte in: Bull. U. S. geol. Surv., *v.* 4 II p. 454 | 1887 *A. d.*, G. Horn in: Tr. Amer. ent. Soc., *v.* 14 p. 14 | 1913 *A. (Agrilinus) d.*, Ad. Schmidt in Arch. Naturg., *v.* 79 A fasc. 11 p. 164.

Schwarz, Vorderwinkel des Halsschildes gelbrot, Schultern und Spitze der Flügeldecken düsterrot. Kopf wenig vorn verengt, breit und flach ausgerandet, fein, vorn etwas rauher punktiert. Thorax wenig dicht, sehr ungleich punktiert, Hinterwinkel stumpf. Flügeldecken mit deutlichen Punktstreifen, die dorsalen Zwischenräume in der ganzen Länge konvex, sehr fein punktiert. Metatarsus gleich dem obern Enddorne, nicht so lang wie 3 folgende Tarsenglieder. — L. 4—4,5 mm.

Colorado, Mexiko, Costa Rica.

544. **A. (A.) borealis** Gyll.

Diese Art zerfällt in 2 Unterarten:

544 a. **A. (A.) borealis borealis** Gyll. 1805 *Aphodius putridus*, Jac. Sturm, Deutschl. Fauna, Ins. Käf. *v.* 1 p. 125 t. 14 f B (Gesamtbild) | 1827 *A borealis*, Gyllenhal, Ins. Suec., *v.* 4 p. 248 | 1848 *A. putridus*, Erichson, Naturg Ins. Deutschl., Col. *v.* 3 p. 818 | 1863 *A. borealis*, Harold in: Berlin. ent. Z., *v.* 7 p. 333, 365 | 1871 *A. sedulus*, Harold in: Col. Hefte, *v.* 8 p. 119 | 1892 *A. (Agrilinus) borealis*, Reitter in: Verh. Ver. Brünn, *v.* 30 p. 200.

Kopf vorn deutlich verengt, gleichmäßig fein, nicht dicht punktiert. Thorax mit feinen und stärkeren Punkten wenig zahlreich besetzt, der Kontrast zwischen den Punkten aber geringer als bei voriger Art. Flügeldecken deutlich gestreift, Zwischenräume schwach konvex, auch die seitlichen, die helle Makel vor der Spitze liegt im 3.—5. Zwischenraume, sie ist wenig deutlich. 1. Glied der Hintertarsen länger als oberer Enddorn, so lang wie die 3 folgenden Glieder. Geschlechtsmerkmale wie bei der vorigen Art. — L. 4—5 mm.

Nord- und Mitteleuropa, Kaukasus, Sibirien.

544 b. **A. (A.) borealis gyllenhali** Seidlitz 1888 *Aphodius b.* var. *g.*, Seidlitz, Fauna Transsylv., p. 143 | 1892 *A. (Agrilinus) b.* var. *g.*, Reitter in: Verh. Ver. Brünn, *v.* 30 p. 200.

Flügeldecken ganz rotbraun.

Vorkommen mit der Stammart.

545. **A. (A.) constans** Duft.

Diese Art zerfällt in 2 Unterarten:

545 a. **A. (A.) constans constans** Duft. 1805 *Aphodius c.*, Duftschmid, Fauna Austr., *v.* 1 p. 94 | 1830 *A. nitidus*, J. F. Stephens, Ill. Brit. Ent., Mand. *v.* 3 p. 196 | 1842 *A. vernus* + *A. exiguus*, E. Mulsant, Hist. nat. Col. France, Lamell p. 193, 210 | 1846 *A. nomas*, Kolenati, Melet. Ent., *v.* 5 p. 14 | 1847 *A. melanopus*, Hardy in: Ann. nat. Hist., *v.* 19 p. 382 | 1848 *A. constans*, Erichson, Naturg Ins. Deutschl., Col *v.* 3 p. 811 | 1863 *A. c.*, Harold in: Berlin. ent. Z., *v.* 7 p. 333, 357 | 1892 *A. (Agrilinus) c.*, Reitter in: Verh. Ver Brünn, *v.* 30 p. 198

Biologie: 1876 Perris in: Ann. Soc. Linn. Lyon, ser. 2 *v.* 22 p. 368 (Larve beschrieben) | 1899 Xambeu in: Ann Soc. Linn Lyon, ser. 2 *v.* 45 p. 33 (Larve beschrieben) | 1901 Xambeu in: Rev Ent. Franç., *v.* 20 p. 27 (Ei beschrieben).

Größer als vorige Spezies, schwarz oder schwarzbraun. Kopf deutlich punktiert, vorn rauh. Thorax ungleich punktiert, Hinterwinkel stumpf abgerundet. Schildchen chagriniert, vereinzelt punktiert. Flügeldecken deutlich gestreift, der 1. Streifen vor der Spitze mehr eingedrückt, Streifenpunkte zwar flach, aber die Ränder kerbend, Zwischenräume zur Spitze deutlich punktiert, die dorsalen schwach konvex. Metasternum vereinzelt punktiert. Metatarsus gleich dem obern Enddorne, kürzer als 3 folgende Tarsenglieder. ♂. Stirnhöcker kräftig, Thorax so breit wie die Flügeldecken, vorn mit schwachem Eindruck, Thoraxmitte ohne größere Punkte, Metasternum flach vertieft. ♀. Höckerchen schwach, Thoraxmitte ungleich, nicht dicht punktiert, Metasternum nur mit Mittellinie. — L. 5—6 mm.

Mittel- und Südeuropa, England, Rußland, Armenien.

545 b **A. (A.) constans martialis** Muls. 1842 *Aphodius c.* var *m.*, E. Mulsant, Hist. nat Col France, Lamell. p. 193 | 1913 *A. (Agrilinus) c.* var. *m.*, Ad. Schmidt in: Arch Naturg., *v.* 79 A fasc 11 p. 164.

Flügeldecken braun oder rotbraun, Spitze heller.

Vorkommen mit der Stammart.

546. **A. (A.) nigerrimus** C. O Waterh. 1875 *Aphodius n.*, C. O. Waterhouse in: Tr ent. Soc London, p. 83 | 1892 *A. (Agrilinus) n.*, Reitter in: Verh. Ver. Brünn, *v.* 30 p. 187.

Schwarz, wenig schlanker als vorige Art. Kopf fein punktiert, vorn etwas rauh, Wangen weniger vom Kopfrande abgesetzt, schwächer vorstehend.

Thorax fein und stark, nicht dicht punktiert, Hinterwinkel gerundet. Streifenpunkte kerben nicht die Ränder der Zwischenräume, diese fein punktiert, an den Seiten ganz flach. Metatarsus länger als oberer Enddorn, so lang wie 3 folgende Tarsenglieder. — L. 5 mm.

Japan, Korea.

547. **A. (A.) obliviosus** Reitt. 1892 *A. (A.) o.*, Reitter in: Verh. Ver. Brünn, *v.* 30 p. 199.

Von der parallelen Gestalt der vorigen Art, aber anders gefärbt und punktiert. Kopf und Thorax schwarz, die Seiten des letzteren heller, Flügeldecken rotbraun mit dunklem 1. Zwischenraume. Kopf fein punktiert, Stirn beim ♀ schwach gehöckert. Thorax dicht und fein, dazwischen wenig größer punktiert. Schildchenbasis fein punktiert. Streifen der Flügeldecken fein, Streifenpunkte kerben deutlich die Ränder der Zwischenräume, diese flach, fein und wenig dicht punktiert, an der Spitze durch Chagrinierung rauh, Nahtstreif an Spitze etwas tiefer. — L. 5 mm (ex Reitter).

Chinesisch-Turkestan.

548. **A. (A.) vittatus** Say

Diese Art zerfällt in 5 Unterarten:

548a. **A. (A.) vittatus vittatus** Say 1825 *Aphodius v.*, Say in: J. Ac. Philad., *v.* 5 p. 191 | 1863 *A. v.*, Harold in: Berlin. ent. Z., *v.* 7 p. 333, 355 | 1887 *A. v.*, G. Horn in: Tr. Amer. ent. Soc., *v.* 14 p. 17 | 1913 *A. (Agrilinus) v.*, Ad. Schmidt in: Arch. Naturg., *v.* 79 A fasc. 11 p. 164.

Schwarz, mit roter Längsmakel. Kopf fein punktiert, Stirn gehöckert, Mittelhöcker quer, beim ♂ ist derselbe viel stärker. Thorax ziemlich dicht, fein und etwas stärker punktiert, Hinterwinkel stumpf abgerundet. Spitze der Flügeldecken matt, letztere fein gestreift, Streifenpunkte undeutlich, Zwischenräume flach, dicht punktiert. Die rote Makel zieht von der Schulter bis zur Spitze, in ihrer Mitte infolge der Verbreiterung der schwarzen Begrenzung eingeschnürt. Metatarsus länger als oberer Enddorn, den 3 folgenden Tarsengliedern gleich. — L. 3—4,5 mm.

Kanada, Vereinigte Staaten Nordamerikas, Mexiko.

548b. **A. (A.) vittatus sellatus** Mannerh. 1852 *Aphodius s.*, Mannerheim in: Bull. Soc. Moscou, *v.* 25 IV p. 299 | 1860 *A. semiruber*, Motschulsky in Schrenck, Reis. Amur-L., *v.* 2 II p. 131 t. 9 f. 1 (Gesamtbild) | 1892 *A. (Agrilinus) sellatus*, Reitter in: Verh. Ver. Brünn, *v.* 30 p. 199 | 1908 *A. (A.) vittatus* var. *s.*, Ad. Schmidt in: D. ent. Z., suppl. p. 87.

Flügeldecken rot, nur 2 oder 3 Zwischenräume an der Naht, vor der Spitze aber abgekürzt, schwarz.

Irkutsk, Sibirien, Amur.

548c. **A. (A.) vittatus mundus** Reitt. 1892 *A. (A.) m.*, Reitter in: Verh. Ver. Brünn, *v.* 30 p. 199 | 1913 *A. (A.) vittatus* var. *m.*, Ad. Schmidt in: Arch. Naturg., *v.* 79 A fasc. 11 p. 164.

Flügeldecken schwarz, mit gelbrotem Schulter- und Spitzenfleck. Derselbe mehr oder weniger ausgedehnt.

Syrien, Kaukasus.

548d. **A. (A.) vittatus rufoplagiatus** Reitt. 1892 *A. (A.) r.*, Reitter in: Verh. Ver. Brünn, *v.* 30 p. 198 | 1894 *A. (A.) sellatus* var. *r.*, Reitter in: Ent. Nachr., *v.* 20

p. 186 | 1913 *A. (A.) vittatus* var. *r.*, Ad. Schmidt in: Arch. Naturg., *v.* 79 A fasc. 11 p. 164.

Eine Längsbinde an der Naht und die 2 seitlichen Zwischenräume schwarz.

Chinesisch-Turkestan.

548 e. **A. (A.) vittatus vitiosus** Reitt. 1892 *A (A.) mundus* var. *vitiosus*, Reitter in: Verh. Ver. Brünn, *v.* 30 p. 199.

Unterscheidet sich von *A. (A.) v. mundus* Reitt. dadurch, daß die beiden Makeln sehr ausgedehnt und in der Mitte nur schmal schattenartig getrennt sind.

Syrien, Kaukasus

549. **A. (A.) virginalis** Reitt. 1900 *A. (Agrilinus) v.*, Reitter in: Wien. ent. Zeit., *v.* 19 p. 157.

Durch breitere Gestalt und gleichmäßig rotbraune Flügeldecken mit schmal angedunkelter Naht verschieden. Kopf und Thorax schwarz, wie bei voriger Art punktiert, Hinterwinkel mehr abgerundet. Streifen der Flügeldecken fein, Streifenpunkte deutlich, schwach kerbend, Zwischenräume leicht konvex, vereinzelt und sehr fein punktiert. Metasternum in der Mitte verflacht, deutlich punktiert, an den Seiten mit großer Haarpunktreihe. Metatarsus länger als oberer Enddorn, so lang wie 3 folgende Tarsenglieder. — L. 5,2 mm.

Kuku-noor.

550. **A. (A.) uniformis** C O. Waterh. 1875 *Aphodius u.*, C. O. Waterhouse in: Tr. ent. Soc. London, p. 84 | 1913 *A. (Agrilinus) u.*, Ad. Schmidt in: Arch. Naturg., *v.* 79 A fasc. 11 p. 165.

Schwarzbraun, Flügeldecken an den Seiten etwas heller. Kopf fein punktiert, gehöckert. Thorax sehr ungleich, wenig dicht punktiert. Schildchen etwas länger als bei den vorigen Arten, sehr fein punktiert. Flügeldecken tief und scharf gestreift, Streifenpunkte nicht kerbend, Zwischenräume flach, sehr fein und ziemlich dicht punktiert, Nahtstreif an der Spitze deutlich tiefer eingedrückt. Metatarsus länger als oberer Enddorn und als 2 folgende Tarsenglieder. — L. 4 mm.

Japan.

551. **A. (A.) striatus** Ad. Schm. 1910 *Aphodius s.*, Ad. Schmidt in: D. ent. Z., p. 359 | 1913 *A. (Agrilinus) s*, Ad Schmidt in: Arch. Naturg., *v.* 79 A fasc. 11 p. 164.

Durch einfarbig rotbraune Oberseite, breitere Gestalt und kräftigere Punktierung des Halsschildes abweichend. Kopf hinter der gehöckerten Stirnlinie fein, davor etwas rauh punktiert. Thorax mit äußerst feinen und tiefen, mittelstarken Punkten ziemlich zahlreich besetzt, in der Basalfurche mit Punktreihe, Hinterwinkel stumpf abgerundet. Schildchenbasis sehr fein punktiert. Flügeldecken mit tiefen Streifen und deutlich kerbenden Punkten, Zwischenräume flach, fast 2reihig fein punktiert, an der Spitze dichter und deutlicher. Metatarsus kürzer als oberer Enddorn, so lang wie 2 folgende Tarsenglieder. — L. 6 mm.

China.

552. **A. (A.) ruricola** Melsh. 1844 *Aphodius r.*, Melsheimer in: P. Ac. Philad., *v.* 2 p. 136 | 1848 *A. curtus*, S. S Haldeman in: J Ac. Philad., ser 2 *v.* 1 p. 105 | 1863 *A. ruricola*, Harold in: Berlin ent Z., *v.* 7 p. 333, 373 | 1863 *A aurelianus*, Harold in: Berlin. ent. Z., *v.* 7 p. 334, 375 | 1870 *A. a.*, Harold in: Col. Hefte, *v.* 6 p. 106 | 1887

A. ruricola, G Horn in: Tr Amer ent. Soc, *v.* 14 p. 15 | 1913 *A (Agrilinus) r.*, Ad. Schmidt in: Arch Naturg., *v.* 79 A fasc. 11 p. 164.

Schwarzbraun, Thoraxseiten etwas heller. Kopf gehöckert, fein punktiert, vorn leicht rauh punktiert, Clipeus jederseits stumpf abgerundet. Thorax feiner und etwas stärker, nicht sehr dicht punktiert, Hinterwinkel stumpf abgerundet. Flügeldecken mit scharf eingeschnittenen, schmalen Punktstreifen, Punkte nicht kerbend, Zwischenräume flach, kaum wahrnehmbar punktiert. Metasternum in der Mitte punktiert. 1. Glied der Hintertibien gleich dem obern Enddorne, länger als 2 folgende Tarsenglieder. ♂. Alle 3 Höcker deutlich, quer, Thorax so breit wie die Flügeldecken, nur vorn gerundet verengt, mit sehr vereinzelten größeren Punkten, Metasternum vertieft. ♀. Seitenhöcker sehr schwach, Thorax schmaler, mehr verengt, Metasternum nur mit Mittelfurche. — L. 4—5,5 mm.

Nordamerika.

553. **A. (A.) putridus** (Herbst)

Diese Art zerfällt in 3 Unterarten:

553 a. **A. (A.) putridus putridus** (Herbst) 1789 *Scarabaeus p.*, J F. W Herbst, Naturs. Ins. Käf., *v.* 2 p. 160 t. 12 f 15 (Gesamtbild) | 1792 *S. foetidus* (non J F W. Herbst 1783), J C Fabricius, Ent. syst., *v.* 1 p. 40 | 1823 *Aphodius tenellus*, Say in: J. Ac. Philad., *v.* 3 p. 213 | 1848 *A. foetidus*, Erichson, Naturg Ins Deutschl, Col *v.* 3 p. 817 | 1863 *A. f.*, Harold in: Berlin. ent. Z, *v.* 7 p 333, 364 | 1892 *A. (Agrilinus) putridus*, Reitter in: Verh. Ver Brünn, *v.* 30 p. 200.

Biologie: 1894 Xambeu in: Echange, suppl. p. 11 (Verwandlungsstufen).

Abweichend von der vorigen Art durch Färbung und Punktierung. Kopf und Thorax schwarz, letzterer mit hellen Seiten, Flügeldecken hell rotbraun. Kopf gleichmäßig fein punktiert, Clipeus seitlich abgerundet. Thorax dicht, fein und größer punktiert, Hinterwinkel stumpf. Flügeldecken flach gestreift, Streifenpunkte schwach kerbend, Zwischenräume flach, fein punktiert, Nahtstreif an der Spitze nicht vertieft. Metatarsus so lang wie oberer Enddorn und 3 folgende Tarsenglieder. ♂. Stirnhöcker angedeutet, Thorax so breit wie die Flügeldecken, Metasternum flach vertieft. ♀. Stirn ohne Höcker, Thorax schmaler. — L. 4—5 mm.

Europa, Kaukasus, Sibirien, Vereinigte Staaten Nordamerikas, Mexiko

553 b. **A. (A.) putridus uliginosus** Hardy 1792 *Scarabaeus sus* (non J. F W. Herbst 1783), Kugelann in: N Mag Liebh. Ent, *v.* 1 III p 267 | 1847 *Aphodius uliginosus*, Hardy in: Ann. nat Hist., *v.* 19 p. 382 | 1908 *A. (Agrilinus) putridus* var *sus*, Ad Schmidt in: D. ent. Z., suppl. p. 65.

Flügeldecken mit dunklem Scheibenfleck.

Vorkommen mit der Stammart.

553 c **A. (A.) putridus transitus** Reitt. 1892 *A. (A) p* var *t.*, Reitter in. Verh. Ver Brünn, *v.* 30 p. 200.

Flügeldecken schwarz, einige Flecke an der Basis und die breite Spitze verwaschen blutrot.

Ostsibirien, Bosnien.

554. **A. (A.) nemoralis** Er.

Diese Art zerfällt in 2 Unterarten:

554 a. **A. (A.) nemoralis nemoralis** Er 1848 *Aphodius n.*, Erichson, Naturg. Ins. Deutschl, Col. *v.* 3 p. 816 | 1863 *A. n.*, Harold in: Berlin. ent. Z, *v.* 7 p. 334, 377 | 1892 *A. (A.) n.*, Reitter in: Verh. Ver Brünn, *v.* 30 p. 196.

Biologie: 1882 Rosenhauer in: Ent. Zeit. Stettin, *v.* 43 p. 22 (Beschreibung von Larve und Puppe).

Schwarz oder schwarzbraun, Kopfrand hellrot, die Seiten des Halsschildes rötlich durchscheinend. Kopf dicht punktiert, vorn schwach runzlig. Thorax stark quer, feiner und stärker, ziemlich dicht punktiert, Hinterwinkel stumpf, davor leicht eingedrückt. Schildchen deutlich punktiert. Flügeldecken schmal gestreift, Streifenpunkte wenig deutlich, Zwischenräume leicht erhaben, fein, an den Seiten und der Spitze stärker und dichter punktiert, Nahtstreif an der Spitze tief eingedrückt. Metatarsus so lang wie oberer Enddorn und wie 3 folgende Tarsenglieder. ♂. Stirnhöcker angedeutet, Thorax vorn wenig verschmälert, Metasternum flach eingedrückt, beim ♀ nur mit Längsfurche. — L. 5—5,5 mm.

Mittel- und Süddeutschland, Österreich.

554 b. A. (A.) **nemoralis ferruginus** nom nov Ad. Schm 1888 *Aphodius n.* var *ferrugineus* (non E. Mulsant 1842), Schilsky in. D ent Z, *v.* 32 p. 309 | 1892 *A. (Agrilinus)* var *f.*, Reitter in: Verh. Ver. Brünn, *v.* 30 p. 196.

Flügeldecken hellbraun.

Vorkommen mit der Stammart.

555. **A. (A.) spinulosus** Ad. Schm 1910 *Aphodius s.*, Ad. Schmidt in: D. ent. Z., p. 358 | 1913 *A. (Agrilinus) s.*, Ad Schmidt in. Arch Naturg., *v.* 79 A fasc 11 p. 164.

Von gedrungener, hinten deutlich verbreiterter Gestalt, schwarzbraun, Vorderkopf und Makeln der Flügeldecken rötlich. Kopf kurz und breit, dicht und sehr deutlich punktiert, Stirnhöcker angedeutet, Wangen weit vorstehend. Thorax dicht, an den Seiten sehr dicht zusammenfließend punktiert, Scheibenpunkte sehr verschieden groß, Hinterwinkel stumpf. Schildchen in der ganzen Länge dicht punktiert. Flügeldecken mit 2 Querbinden rötlicher Flecke, vor der Mitte im 5.—2., hinter derselben im 5.—3. Zwischenraume liegend, dann noch je ein Fleck an der Basis des 6. und 3. und einer vor der Spitze im 4., Zwischenräume leicht gewölbt, fein punktiert, an der Spitze verschmälert, hier nicht breiter als die Streifen und stark konvex. Metatarsus länger als oberer Enddorn, wenig kürzer als 3 folgende Tarsenglieder. — L. 5 mm.

China.

556. **A. (A.) punctator** Reitt. 1892 *A. (Agrilinus) p.*, Reitter in: Verh. Ver. Brünn, *v.* 30 p. 196.

Schwarz, Spitze der Flügeldecken rötlich. Kopf dicht und deutlich, vorn leicht runzlig punktiert, jederseits mit zahnartiger Ecke, Stirnhöcker angedeutet. Thorax an den Seiten zusammenfließend, auf der Scheibe dicht, wenig ungleich punktiert, Hinterwinkel stumpf. Schildchen dicht punktiert, die Ränder glatt. Flügeldecken mit kleinem Schulterdorn, Streifenpunkte leicht kerbend, Zwischenräume flach, deutlich, an den Seiten und der Spitze dichter und größer punktiert. Metatarsus kürzer als oberer Enddorn, länger als 2 folgende Tarsenglieder. — L. 5 mm.

Chinesisch-Turkestan.

557. **A. (A.) azteca** Har. 1863 *Aphodius a.*, Harold in: Berlin. ent. Z., *v.* 7 p. 334, 381 | 1913 *A (Agrilinus) a.*, Ad. Schmidt in: Arch. Naturg, *v.* 79 A fasc. 11 p. 164.

Schwarz oder schwarzbraun, die Spitze der Flügeldecken rötlich, zuweilen auch die Schulter und einige unbestimmte Flecke auf der Scheibe rötlich. Kopf deutlich punktiert, vorn nicht runzlig, Stirnhöcker angedeutet. Thorax quer, flach gewölbt, geradlinig verengt, an den Seiten etwas dichter als auf der Scheibe, aber wenig ungleich punktiert, mit einer glatten Längslinie vor dem Schildchen. Flügeldecken mit kleinem Schulterdorn, die Streifen hinten mehr vertieft, Zwischenräume hier erhaben, vorn flach, fein punktiert, an den Seiten deutlicher, Streifenpunkte schwach kerbend. Metatarsus wenig länger als oberer Enddorn, etwas kürzer als 3 folgende Tarsenglieder. — L. 5 mm.

Mexiko.

558. **A. (A.) indutilis** Har. 1874 *Aphodius i.*, Harold in: Berlin. ent. Z., *v.* 18 p. 178 | 1913 *A. (Agrilinus) i.*, Ad. Schmidt in: Arch. Naturg., *v.* 79 A fasc. 11 p. 164.

Schwarzbraun oder dunkel rotbraun, Außenrand des Kopfes rötlich durchscheinend. Kopf dicht, vorn etwas runzlig punktiert, Stirn mit 3 Höckerchen, davor ein Querkiel. Thorax stark herabgewölbt, ziemlich dicht punktiert, die Punkte in Größe wenig verschieden. Schildchen punktiert, mit flachem Eindruck. Flügeldecken mit deutlichen Punktstreifen, ihre Punkte kerben die Ränder der flach gewölbten Zwischenräume, diese an der Spitze deutlich punktiert, Nahtstreif hier mehr eingedrückt. Metatarsus so lang wie oberer Enddorn und 3 folgende Tarsenglieder. — L. 4—4,5 mm.

Mexiko, Guatemala.

qqq) Subgen. **Bodilus** E. Mulsant

1870 *Aphodius (B.)*, E. Mulsant in: Ann. Soc Agric. Lyon, ser. 4 *v.* 2 p. 518.

Meistens längliche, gewölbte, mittelgroße Arten, mit gelbbraunen oder braunen Flügeldecken und dunklerem Kopf und Thorax, Seiten des letzteren immer heller, selten Flügeldecken matt, Kopf gewöhnlich gehöckert, Thoraxbasis gerandet, Schildchen dreieckig, Endborsten der Hintertibien kurz und gleichlang.

Kopf kurz und breit, nach vorn mehr geradlinig verengt, meistens deutlich und dicht punktiert, Stirnnaht fast immer mehr oder weniger deutlich gehöckert, Clipeus gewöhnlich nur leicht ausgerandet, jederseits gerundet, seltener stumpfwinklig, die Wangen überragen deutlich die Augen (*A. (B.) immundus* Creutz. (nr. 576) ausgenommen). Thorax an den Seiten wie auch die Flügeldecken bewimpert, oberseits mehr oder weniger deutlich punktiert, Hinterwinkel stumpf, meistens mit abgerundeter Spitze. Schildchen punktiert. Flügeldecken feiner oder stärker punktiert-gestreift, Zwischenräume meistens nur schwach konvex und fein punktiert. Unterseite mit der Oberseite gewöhnlich gleichfarbig, selten dunkler, die Schenkel ausgenommen, immer glänzend, auch bei den matten Arten, sie ist punktiert und behaart.

Hierher gehören 25 Arten und eine im Subgenus unsichere aus dem paläarktischen, afrikanischen und amerikanischen Gebiet (nr. 559—584).

Bestimmungstabelle der Arten (ohne nr. 581—584):

1 { Flügeldecken dicht punktiert,. beim ♂ sehr dicht und ganz, beim ♀ nur an den Seiten behaart . 574. **A. (B.) punctipennis**
Flügeldecken immer viel feiner und zerstreuter punktiert und höchstens seitlich fein behaart — **2**

2 { Größere Arten von länglicher Gestalt, Flügeldecken viel länger als Kopf und Thorax — **3**
Kleine, gedrungene Arten, Flügeldecken wenig länger als Kopf und Thorax — **21**

3	Flügeldecken ganz oder nur an der Spitze matt — 4	
	Flügeldecken immer glänzend, auch an der Spitze — 7	
4	Flügeldecken ganz oder größtenteils matt, Schulter mit Dorn, Metatarsus gleich 3 folgenden Tarsengliedern — 5	
	Flügeldecken nur an der Spitze matt — 6	
5	Flügeldecken ganz matt, mit feinen glänzenden Streifen, Wangen die Augen überragend, Thorax wenig glänzend, mit Mittellinie	575. A. (B.) languidulus
	Flügeldecken gewöhnlich nur in der Spitzenhälfte matt, Wangen nicht vorstehend, Thorax glänzend, ohne Mittellinie	576. A. (B.) immundus
6	Matte Spitze der Flügeldecken punktiert, Metatarsus kürzer als oberer Enddorn, Borsten am obern Spitzenrande und den Querleisten der Mittel- und Hintertibien sehr lang	561. A. (B.) wollastoni
	Matte Spitze unpunktiert, Metatarsus länger als oberer Enddorn, Borsten normal	562. A. (B.) sordidus
7	Metatarsus wenig länger als das 2. Tarsenglied — 8	
	Metatarsus mindestens so lang wie 2. und 3. Glied — 10	
8	Thoraxmitte so dicht wie die Seiten punktiert, Flügeldecken sehr deutlich, an der Spitze dicht punktiert, oberer Enddorn der Hintertibien kaum so lang wie 1. Tarsenglied	563. A. (B.) kububanus
	Thoraxmitte mit sehr zerstreuten größeren Punkten, Flügeldecken kaum sichtbar punktiert, Enddorn länger als 1. Tarsenglied — 9	
9	Breitere Gestalt, rotbraun, Flügeldecken rötlichgelb mit dunklen Seiten und dunkler Spitze, Kopf zerstreut und fein punktiert, Stirn schwach gehöckert	577. A. (B.) lucidulus
	Schmaler, schwarzbraun, Flügeldecken gelbbraun, einfarbig, Kopf dicht punktiert, ungehöckert .	578. A. (B.) buxeipennis
10	Oberer Enddorn der Hintertibien deutlich kürzer als 1. Tarsenglied — 11	
	Oberer Enddorn der Hintertibien so lang oder länger als 1. Glied — 13	
11	Seiten des Kopfes schwach 2buchtig, Clipeus stumpfwinklig — 12	
	Seiten des Kopfes im gleichen Bogen gerundet .	564. A. (B.) nitidulus
12	Streifen der Flügeldecken zur Spitze viel tiefer eingedrückt, Streifenpunkte die Ränder kerbend	565. A. (B.) flagrans
	Streifen fein, an der Spitze nicht oder kaum tiefer, Streifenpunkte kaum sichtbar	566. A. (B.) damarinus
13	Oberer Enddorn der Hintertibien so lang wie 1. Tarsenglied — 14	
	Oberer Enddorn länger als 1. Glied — 19	
14	Streifen der Flügeldecken hinten etwas tiefer, Zwischenräume hier auch mehr erhaben als auf dem Rücken	567. A. (B.) rufus
	Streifen gleichmäßig tief — 15	
15	Streifen der Flügeldecken geschwärzt	568. A. (B.) strigilatus
	Streifen der Flügeldecken nicht dunkler — 16	

16	Flügeldecken an den Seiten und der Spitze dunkler	569. A. (B.) ardens
	Flügeldecken einfarbig — 17	
17	Thorax rotbraun, Flügeldecken braun, Kopf ungehöckert, hinter der Stirnlinie dichter als vorn punktiert	570 A. (B.) apertus
	Thorax schwarzbraun, Kopf gehöckert, vorn deutlicher als hinten punktiert — 18	
18	Thorax sehr ungleich und dicht punktiert, Leiste auf der Unterseite der Vordertibien deutlich gezahnt, vor der Mitte und neben dem Enddorn mit kräftigem Zähnchen	571 A. (B.) laetus
	Thorax wenig ungleich und zerstreut in beiden Geschlechtern punktiert, Leiste nur schwach gezähnt, nur in der Mitte mit kleinem, am Ende ohne deutlichen Zahn	572. A. (B.) amabilis
19	Thorax an den Seiten und die Flügeldecken um die Schultern lang und dicht bewimpert . . .	573. A. (B.) longeciliatus
	Thorax und Flügeldecken kürzer, undicht bewimpert — 20	
20	1. Zwischenraum an der Spitze stark niedergedrückt, Zwischenräume konvex, Streifenpunkte fein .	560. A. (B.) longispina
	1. Zwischenraum nicht tiefer, Zwischenräume schwach erhaben, Streifenpunkte deutlich, die Ränder kerbend	559. A. (B.) lugens
21	Flügeldecken kastanienbraun, an der Spitze heller, Zwischenräume stark konvex, seitlich dicht punktiert	579. A. (B.) sallei
	Flügeldecken rotbraun, Spitze heller, Zwischenräume flach, kaum sichtbar punktiert	580. A. (B.) lansbergei

559. **A. (B.) lugens** Creutz.

Diese Art zerfällt in 3 Unterarten:

559a. **A. (B.) lugens lugens** Creutz. 1799 *A. l.*, Creutzer, Ent. Versuche, p. 59 t. 1 f. 10 (Gesamtbild) | 1835 *A. faldermanni*, Sperk in: Bull. Soc. Moscou, *v.* 8 p. 157 | 1848 *A. lugens*, Erichson, Naturg. Ins. Deutschl., Col. *v.* 3 p. 825 | 1866 *A. l.*, Harold in: Berlin. ent. Z., *v.* 10 p. 96, 107 | 1892 *A.* (*Bodilus*) *nigriventris* + *A.* (*B.*) *lugens*, Reitter in: Verh. Ver. Brünn, *v.* 30 p. 194.

Wenig schlank, Kopf und Thorax schwarz oder braunschwarz, die Seiten des letzteren heller, Flügeldecken braun oder braungelb mit dunkler Naht und schmal dunklem Seitenrande. Kopf mit schwacher Längsbeule, beim ♂ fein und zerstreut, beim ♀ dichter und stärker punktiert, Clipeus leicht ausgerandet, jederseits abgerundet, schmal aufgebogen, Wangen etwas vorstehend. Thorax feiner und stärker punktiert. Schildchen in der Vorderhälfte fein punktiert. Flügeldecken hinten etwas verbreitert, deutlich punktiert-gestreift, Streifenpunkte kerben deutlich die Ränder der Zwischenräume, diese flach gewölbt, fein punktiert, an der Spitze gewöhnlich dichter und deutlicher. Metatarsus kürzer als oberer Enddorn und 3 folgende Tarsenglieder. ♂. Kopf schwach gehöckert, Thorax vorn gerundet verengt, so breit wie die Flügeldecken, auf der Scheibe mit sehr vereinzelten größeren Punkten, Enddorn der Vordertibien kurz und kräftig. ♀. Stirnnaht nur in der Mitte schwach erhöht, Thorax schmaler, deutlicher verengt, auch in der Mitte mit zahlreichen größeren Punkten, Enddorn der Vordertibien etwas länger und schlanker. — L. 7—8,5 mm.

Europa, Nordafrika, Kaukasus, Turkestan.

559b **A. (B.) lugens emarginalis** Muls 1842 *A l.* var *e.*, E. Mulsant, Hist. nat. Col. France, Lamell p. 187 | 1913 *A. (Bodilus) l.* var *e.*, Ad Schmidt in: Arch. Naturg., *v.* 79 A fasc 11 p. 165

Der dunkle Seitenrand fast oder ganz geschwunden.

Vorkommen mit der Stammart.

559c. **A. (B.) lugens indecorus** Muls. 1842 *A. l.* var. *i.*, E. Mulsant, Hist. nat. Col. France, Lamell p. 187 | 1913 *A. (Bodilus) l.* var. *i.*, Ad. Schmidt in: Arch. Naturg., *v.* 79 A fasc. 11 p 165

Thorax einfarbig schwarz.

Vorkommen mit der Stammform.

560. **A. (B.) longispina** Küst. 1854 *A. l.*, Küster, Käf Eur., *v.* 28 nr 33 1892 *A (Bodilus) beduinus* + *A. (B) longispina*, Reitter in: Verh. Ver. Brünn, *v.* 30 p. 193, 194

Schlanker als vorige Art, mit derselben Punktierung auf Kopf und Thorax, diese rotbraun, mit hellem Rande, auch die Basis des letzteren heller, Flügeldecken gelbbraun mit dunkler Naht. Die gewölbten Zwischenräume deutlich punktiert, Streifenpunkte schwach, nicht kerbend. Enddorn der Vordertibien zwischen dem 2. und obern Außenzahne, bei *A. (B.) lugens* Creutz. gegenüber dem 2. Zahne eingelenkt. — L. 6—7 mm.

Südspanien, Sizilien, Frankreich, Algier, Marokko.

561 **A. (B.) wollastoni** Har 1862 *A. w*, Harold in: Berlin ent. Z., *v.* 6 p 397 | 1913 *A. (Bodilus) w.*, Ad Schmidt in Arch. Naturg, *v.* 79 A fasc 11 p. 166.

In der schlanken, länglichen Gestalt und Färbung der vorigen Art ähnlich, aber die Basis des Halsschildes nicht, die Seiten dagegen sehr breit hell, so daß die dunkle Mitte ungefähr $^1/_3$ der ganzen Breite beträgt. Kopf bis zur gehöckerten Stirnnaht hell, etwas rauh punktiert, dahinter feiner, vorn mit kurzer Querrunzel. Thorax sehr fein und etwas stärker punktiert. Streifenpunkte wenig deutlich, Zwischenräume leicht konvex, fein punktiert, an der matten Spitze sehr dicht und deutlicher. Metatarsus kürzer als oberer Enddorn, so lang wie 2 folgende Tarsenglieder. ♂. Thorax in der Mitte rundlich erweitert, Scheibe nur mit feinen Punkten besetzt. ♀. Thoraxscheibe so dicht wie die Seiten punktiert. — L. 6—7 mm.

Algier, Kanarische Inseln.

562 **A. (B.) sordidus** (F.)

Diese Art zerfällt in 5 Unterarten:

562a. **A. (B.) sordidus sordidus** (F) 1775 *Scarabaeus s.*, J C. Fabricius, Syst. Ent., p. 16 | 1798 *Aphodius s.*, Illiger, Verz. Käf Preuß., p. 32 | 1848 *A s.*, Erichson, Naturg Ins. Deutschl. Col. *v.* 3 p. 822 | 1866 *A s.*, Harold in: Berlin. ent. Z., *v.* 10 p. 96, 97 | 1892 *A (Bodilus) s.*, Reitter in: Verh Ver. Brünn, *v.* 30 p. 192.

In der matten Flügeldeckenspitze der vorigen Art ähnlich, aber ohne lange Borsten an den Tibien, von anderer Färbung und Skulptur. Kopf und Thorax schwarz, beide mit hellen Seiten, bei letzterem auch Vorder- und Hinterrand heller, Flügeldecken hellbraun. Kopf fein, nicht dicht punktiert, mit Längsbeule. Thorax fein und stärker punktiert. Flügeldecken mit deutlichen Punktstreifen, Zwischenräume konvex, an der Spitze flach, fein punktiert. Metatarsus länger als oberer Enddorn, etwas kürzer als 3 folgende Tarsenglieder. ♂. Hinterkopf unpunktiert, etwas eingedrückt, Mittelhöcker quer, stark, Thorax so breit wie die Flügeldecken, mit gerundeten Seiten und nur hier mit einigen großen Punkten. ♀. Mittelhöcker nur schwach, mit der Längsbeule zusammenhängend, Thorax schmaler, deutlich nach vorn verengt, auch in der Mitte ungleich und zahlreicher punktiert. — L. 5 – 7 mm.

Europa, Asien bis Sibirien, Kaukasus.

562b. **A. (B.) sordidus quadripunctatus** (Panz.) 1789 *Scarabaeus q.*, Panzer in: Naturf., *v.* 24 p. 4 t. 1 f. 4 (Gesamtbild) | 1892 *A. (Bodilus) sordidus* var. *q.*, Reitter in: Verh. Ver Brünn, *v.* 30 p. 192.

Flügeldecken mit bräunlicher Makel an der Schulter im 6. und 7. und eine andere hinter der Mitte im 4. und 5. Zwischenraume.

Deutschland, Japan.

562c. **A. (B.) sordidus limbatellus** Muls. 1842 *A. s.* var. *l.*, E. Mulsant, Hist. nat. Col. France, Lamell. p. 221 | 1908 *A. (Bodilus) s.* var. *l.*, Ad. Schmidt in: D. ent. Z., suppl. p. 76.

Vorder- und Basalrand des Halsschildes schwarz, nicht heller.

Vorkommen mit der Stammart.

562d. **A. (B.) sordidus bipunctatellus** Muls. 1799 *A. s.* var. γ, Creutzer, Ent. Versuche, p. 51 | 1842 *A. s.* var. *bipunctatellus*, E. Mulsant, Hist. nat. Col. France, Lamell. p. 221 | 1879 *A. s.* var. *creutzeri*, Dalla Torre in: Ber. Ver. Oberösterr., *v.* 10 p. 107 | 1908 *A. (Bodilus) s.* var. *bipunctatellus*, Ad. Schmidt in: D. ent. Z., suppl. p. 76.

Flügeldecken nur mit dunkler Schultermakel.

Vorkommen mit der Stammart.

562e. **A. (B.) sordidus nigromaculatus** Ad. Schm. 1909 *A. s.* var. *n.*, Ad. Schmidt in: Soc. ent., *v.* 24 p. 20 | 1910 *A. (Bodilus) s.* var *n.*, Ad. Schmidt in: Schenkling, Col. Cat., fasc. 20 p. 58.

Flügeldecken an der Basis des 4. und 5. Zwischenraumes mit dunkler Makel, eine zweite längliche befindet sich im 6., sie beginnt an der Schulter und reicht bis hinter die Mitte, vorn erweitert sie sich bis zum Lateralrande, hinten über den 5., 4. und 3. Zwischenraum.

Yünnan.

563. **A. (B.) kububanus** Kolbe 1908 *A. k.*, H. Kolbe in: Denk. Ges. Jena, *v.* 13 p. 127 | 1913 *A. (Bodilus) k.*, Ad. Schmidt in: Arch. Naturg., *v.* 79 A fasc. 11 p. 166.

Länglich, gewölbt, glänzend. Kopf, Thorax, Schildchen und die schmale Naht der Flügeldecken schwarzbraun, Seiten des Halsschildes rötlich, Flügeldecken lehmgelb. Kopf wenig gewölbt, seitlich breiter verflacht als vorn, längsrunzlig, hinten fein punktiert, Stirnlinie deutlich, in der Mitte mit rundlichem, an den Seiten mit querem, schwächerem Höckerchen, Clipeus sehr leicht ausgerandet, jederseits etwas stumpf gerundet, Wangen nicht abgesetzt, bewimpert, gerundet, kaum vorstehend. Thorax flachbogig nach hinten erweitert, Hinterwinkel abgerundet, ziemlich dicht, größer und viel feiner punktiert. Schildchen vereinzelt punktiert. Flügeldecken hinten nicht deutlich verbreitert, mit flachen, scharfen Streifen, ihre Punkte fein, Zwischenräume flach, verhältnismäßig stark und dicht punktiert. Unterseite wie die Flügeldecken gefärbt, Hinterbrust an den Seiten und das Abdomen punktiert und behaart, letzteres aber dichter. Metasternalplatte fein punktiert, mit vertiefter Mittellinie. Hinter- und Mitteltibien an der Spitze verbreitert. Enddorne der Hintertibien gleichlang, kräftig und stumpfspitzig. — L. 5,75 mm.

Groß-Namaland.

564. **A. (B.) nitidulus** (F.) 1792 *Scarabaeus n.*, J. C. Fabricius, Ent. syst., *v.* 1 p. 30 | 1797 *S. merdarius*, Panzer, Fauna Ins. Germ., *v.* 48 nr. 3 | 1798 *S. ictericus*, Paykull, Fauna Suec., Ins. *v.* 1 p. 17 | 1840 *Aphodius sordidus*, Brullé in: Webb & Berthelot, Hist. Canar., *v.* 2 p. 60 | 1840 *A. gilvus*, W. Schmidt in: Z. Ent. Germar, *v.* 2 p. 136 | 1848 *A. nitidulus*, Erichson, Naturg. Ins. Deutschl., Col. *v.* 3 p. 826 | 1866 *A. n.*, Harold in: Berlin. ent. Z., *v.* 10 p. 97, 117 | 1892 *A. (Bodilus) n.*, Reitter in: Verh. Ver Brünn, *v.* 30 p. 194.

Kopf und Thorax schwarz, die Seiten beider heller, Flügeldecken hellbraun. Kopf fein punktiert, mit kleiner Beule, davor deutlich niedergedrückt, Stirn mit 3 kleinen Höckerchen. Thorax fein und etwas deutlicher, wenig zahlreich punktiert. Flügeldecken fein gestreift, Zwischenräume leicht konvex, an den Seiten deutlich, zur Spitze sehr dicht fein punktiert. Metatarsus länger als oberer Enddorn und 2 folgende Tarsenglieder. ♂. Mittelhöcker kräftig, Thorax breiter als die Flügeldecken, mit gerundeten Seiten, hier mit wenigen, größeren Punkten. ♀. Thorax schmaler, mehr verengt, auch die Mitte mit größeren Punkten. — L. 4—5 mm.

Europa, Madeira, Nordafrika, Westasien, Kaukasus.

565 **A. (B.) flagrans** Er. 1843 *A. f.*, Erichson in: Arch. Naturg., *v.* 91 p. 234 | 1913 *A. (Bodilus) f.*, Ad. Schmidt in: Arch. Naturg., *v.* 79 A fasc. 11 p. 166.

Der vorigen Art in Gestalt, Größe und Färbung gleich, in folgenden Merkmalen verschieden: Seiten des Kopfes leicht 2 buchtig, die Ecken des Clipeus treten deshalb zahnartig hervor (bei *A. (B.) nitidulus* (F.) abgerundet), Kopf dicht und etwas deutlicher punktiert, wie *A. (B.) nitidulus* (F.) vorn, hinter der Stirnlinie etwas feiner, aber stärker als bei *A. (B.) nitidulus* (F.), Mittelhöcker nach vorn beulig ausgezogen, bei *A. (B.) nitidulus* (F.) ist die Beule durch leichte Einbuchtung vom Mittelhöcker getrennt. Der Thorax ist dichter punktiert, die großen Punkte stärker als bei *A. (B.) nitidulus* (F.). Schildchen deutlicher und dichter punktiert. Streifen der Flügeldecken hinten viel tiefer eingedrückt, die ersten Zwischenräume deutlich schmaler als vorn, bei *A. (B.) nitidulus* (F.) kaum, Seiten und Spitze ebenfalls deutlicher und dichter punktiert. Metatarsus länger als oberer Enddorn, so lang wie 3 folgende Tarsenglieder. — L. 4—5 mm.

Angola.

566. **A. (B.) damarinus** Kolbe 1908 *A. d.*, H. Kolbe in: Denk. Ges. Jena, *v.* 13 p. 127 | 1913 *A. (Bodilus) d.*, Ad. Schmidt in: Arch. Naturg., *v.* 79 A fasc. 11 p. 166.

In dem gebuchteten Außenrande des Kopfes der vorigen Art gleich, die Ecken des Clipeus aber stumpfer. Kopf und Thorax schwarzbraun, letzterer an den Seiten heller, Flügeldecken gelbbraun. Kopf fein punktiert, viel feiner als bei voriger Art, Stirn gehöckert, Mittelhöcker kräftiger, nach vorn ausgezogen, davor rundlich eingedrückt, Wangen gerundet, wenig vorstehend. Thorax leicht gerundet nach hinten erweitert, Hinterwinkel stumpf abgerundet, sehr fein und stärker, nicht sehr dicht punktiert. Schildchen dunkel, die Ränder heller, äußerst fein, vereinzelt punktiert. Flügeldecken an den Schultern nicht dicht bewimpert wie der Thorax, fein und flach gestreift, mit ebensolchen Streifenpunkten, Zwischenräume eben, sehr fein, wenig deutlicher an den Seiten und der Spitze punktiert. Unterseite seitlich nur zerstreut punktiert und behaart. Metasternum in der Mitte fein punktiert. Metatarsus länger als oberer Enddorn, so lang wie 3 folgende Tarsenglieder. — L. 3—4,5 mm.

Damaraland.

567. **A. (B.) rufus** (Moll)

Diese Art zerfällt in 5 Unterarten:

567a **A. (B.) rufus rufus** (Moll) 1782 *Scarabaeus r.*, Moll in: N. Mag. Ent. Fuessly, *v.* 1 p. 372 | 1798 *Aphodius sordidus* var γ, Illiger, Verz. Käf. Preuß., p. 32 | 1801 *A. rufescens* J. C. Fabricius, Syst. Eleuth., *v.* 1 p. 74 | 1802 *Scarabaeus unicolor* + *S. castaneus*, Marsham, Ent. Brit., *v.* 1 p. 11, 12 1830 *Aphodius ochraceus*, J. F. Stephens, Ill. Brit. Ent., Mand. *v.* 3 p. 191 | 1842 *A. rufus* var *aurantiacus*, E. Mulsant, Hist. nat. Col. France, Lamell. p. 221 | 1851 *A. rufifrons*, L. Dufour in: Act. Soc. Linn. Bordeaux, *v.* 17 p. 334 | 1892 *A. (Bodilus) rufus*, Reitter in: Verh. Ver. Brünn, *v.* 30 p. 193.

Biologie: 1882 Rosenhauer in Ent. Zeit. Stettin, *v.* 43 p. 19 (Larve und Puppe beschrieben) | 1895 Xambeu in: Ann. Soc. Linn. Lyon, ser. 2 *v.* 42 p. 70 (Larve und Puppe beschrieben).

Schwarzbraun, Vorderkopf, Seiten des Halsschildes und die Flügeldecken rötlich- oder auch gelbbraun. Kopf fein, an den Seiten etwas runzlig punktiert, Stirn gehöckert, Wangen deutlich vorstehend. Streifen der Flügeldecken nach hinten etwas tiefer, ihre Punkte flach, nicht kerbend, Zwischenräume leicht, an der Spitze etwas mehr gewölbt, sehr fein, vereinzelt, nach hinten zu dichter und deutlicher punktiert. Metatarsus so lang wie oberer Enddorn, kürzer als 3 folgende Tarsenglieder. ♂. Mittelhöcker des Kopfes stark erhaben, Thorax so breit wie Flügeldecken, nur an den Seiten mit wenigen großen Punkten. ♀. Alle 3 Kopfhöcker nur sehr klein, Thorax schmaler, vorn mehr verengt, auf der Scheibe dichter punktiert. — L. 5—7 mm.

Europa.

567b **A. (B.) rufus arcuatus** (Moll) 1785 *Scarabaeus a.*, Moll in: Schrank & Moll, Naturh. Briefe, *v.* 1 p. 103, 160 | 1789 *S. foetens*, A. G. Olivier, Ent., Col. *v.* 1 nr. 3 p. 85 t. 9 f. 71 | 1798 *Aphodius sordidus* var δ, Illiger, Verz. Käf. Preuß., p. 22 | 1840 *A. rufescens F.* var *hypocyphthus*, W. Schmidt in: Z. Ent. Germar, *v.* 2 p. 139 | 1841 *A. r. F.* var *hypocophus*, Heer, Fauna Col. Helvet., *v.* 1 fasc. 3 p. 523 | 1842 *A. sordidus* var *arcuatus*, E. Mulsant, Hist. nat. Col. France, Lamell. p. 222 ; 1892 *A. (Bodilus) rufus* var *a.*, Reitter in: Verh. Ver. Brünn, *v.* 30 p. 193.

Flügeldecken mit mehr oder weniger ausgebreitetem Scheibenfleck.

Vorkommen wie Stammart.

567c. **A. (B.) rufus melanotus** Muls. 1798 *A. sordidus* var. ε, Illiger, Verz. Käf. Preuß., p. 33 | 1842 *A. rufus* var. *melanotus*, E. Mulsant, Hist. nat. Col. France, Lamell. p. 222 | 1900 *A. piceola*, A. Semenow in: Horae Soc. ent. Ross., *v.* 34 p. 92 | 1908 *A. (Bodilus) rufus* var *melanotus*, Ad. Schmidt in: D. ent. Z., suppl. p. 70.

Flügeldecken schwarzbraun, ihre Ränder heller.

Südrußland, Kaukasus, Frankreich.

567d **A. (B.) rufus moscoviticus** A. Sem. 1900 *A. m.*, A. Semenow in: Horae Soc. ent. Ross., *v.* 34 p. 91 | 1913 *A. (Bodilus) rufus* var *m.*, Ad. Schmidt in: Arch. Naturg., *v.* 79 A fasc. 11 p. 165.

Flügeldecken an den Seiten und der Spitze dunkler.

Südrußland.

567e. **A. (B.) rufus cohrsi** W. Kolbe 1911 *A. r.* var. *c.*, W. Kolbe in: Jahresb. Ver. Schles. Ins.-Kunde, fasc. 4 p. 11.

Pechschwarz, nur Thoraxseiten, Schultergegend, Schenkel und Abdomenspitze bräunlich.

Sachsen.

568. **A. (B.) strigilatus** Roth 1851 *A. s.*, Roth in: Arch Naturg., *v.* 17 i p. 132 | 1866 *A. lineellus*, Harold in: Berlin ent. Z., *v.* 10 p. 96, 106 | 1913 *A. (Bodilus) strigilatus*, Ad. Schmidt in: Arch Naturg., *v.* 79 A fasc. 11 p. 165

Durch schlankere Form und die geschwärzten Streifen der Flügeldecken von voriger Art abweichend. Kopf und Thorax schwarz, letzterer mit hellen Seiten, Flügeldecken hellbraun. Kopf ziemlich dicht, fein punktiert, Wangen vorstehend. Thorax ungleich punktiert, Hinterwinkel stumpf. Schildchen deutlich punktiert, die Spitze glatt, leicht gekielt. Flügeldecken hinten kaum breiter, mit deutlich punktierten Streifen, Zwischenräume wenig erhaben, an den Seiten und der Spitze deutlich und dicht punktiert. Metatarsus gleich dem obern Enddorne, kürzer als 3 folgende Tarsenglieder. ♂. Stirnhöcker deutlich, Enddorn der Vordertibien kurz und kräftig, das 1. Glied wenig überragend, Thorax so breit wie die Flügeldecken, vorn wenig verengt, auf der Scheibe zerstreuter, aber viel zahlreicher als bei voriger Art punktiert. ♀. Stirnhöcker wenig entwickelt, Thorax deutlich nach vorn verschmälert, zahlreicher in der Mitte punktiert, Enddorn der Vordertibien das 2. Tarsenglied überragend. — L. 6—7 mm.

Tigré, Choa, Abessinien, Südafrika.

569. **A. (B.) ardens** Har. 1866 *A. a.*, Harold in: Berlin. ent. Z., *v.* 10 p. 96, 103 | 1913 *A. (Bodilus) a.*, Ad Schmidt in: Arch. Naturg., *v.* 79 A fasc. 11 p. 165

Von der länglichen Gestalt und Färbung der vorigen Art, aber der Kopf rötlich durchscheinend. Stirnhöcker mehr quer, Flügeldecken an den Seiten und der Spitze etwas dunkler. Schildchen fast ganz punktiert. Punktierung der Oberseite wie bei voriger Art. Metatarsus so lang wie oberer Enddorn und wie 3 folgende Tarsenglieder. ♂. Stirnhöcker deutlicher, der mittlere an der obern Kante eingekerbt, er erscheint deshalb 2spitzig, Thorax an den Seiten mehr gerundet, Enddorn der Vordertibien breit, schwach zugespitzt, unterer Enddorn der Mitteltibien kurz und stumpf. ♀. Die Stirnhöcker bilden ein schwach erhabenes Querleistchen, Thorax schmaler, vorderer Enddorn schlanker, unterer der Mitteltibien spitz. — L. 5,5—6 mm.

Südafrika, Kilimandscharo.

570 **A. (B.) apertus** Ad. Schm. 1909 *A. a.*, Ad. Schmidt in: Not. Leyden Mus., *v.* 31 p. 102 | 1913 *A. (Bodilus) a.*, Ad. Schmidt in: Arch. Naturg., *v.* 79 A fasc. 11 p. 165.

Durch hellere Färbung und feinere Skulptur abweichend. Kopf und Thorax hell rotbraun, Flügeldecken hellbraun. Kopf mit deutlicher Beule, hinter dieser bis zur Stirnlinie fein punktiert, vorn glatt, Hinterkopf etwas deutlicher und dichter punktiert. Stirnlinie leistenartig erhaben, Wangen vorstehend. Thorax fein, fast gleichgroß und ziemlich dicht punktiert wie das Schildchen. Flügeldecken sehr flach gestreift und fein punktiert, Streifenpunkte undeutlich, Zwischenräume flach, fein punktiert, an den Seiten und der Spitze deutlicher und dichter. Metasternalplatte fein punktiert, seitlich mit Haarpunktreihe. Metatarsus gleich dem obern Enddorne, kürzer als 3 folgende Tarsenglieder. — L. 6 mm.

Kaffrarien

571 **A. (B.) laetus** Wiedem 1823 *A l.*, Wiedemann in: Zool. Mag., *v.* 2 i p 26 | 18 7 *A productus*, Boheman, Ins Caffr. *v.* 2 p. 329 | 1866 *A. capensis*, Harold in: Berlin. ent. Z., *v.* 10 p 96, 110 | 1913 *A. (Bodilus) laetus*, Ad. Schmidt in. Arch. Naturg., *v.* 79 A fasc. 11 p. 165.

Durch stärkere Punktierung des Kopfes und Halsschildes hauptsächlich abweichend. Kopf und Thorax schwarzbraun, Flügeldecken heller oder dunkler braun. Kopf vorn rötlich durchscheinend, etwas rauh, hinten feiner punktiert. Thoraxseiten hell, oberseits ziemlich dicht, feiner und viel stärker punktiert. Schildchen deutlich, ziemlich dicht punktiert. Flügeldecken deutlich gestreift, Streifenpunkte nicht kerbend, Zwischenräume leicht gewölbt, deutlich, zur Spitze dichter punktiert, der 7. ist vor der Spitze mit dem 5. verbunden, der 8. hier gewöhnlich sehr schmal. Metatarsus gleich dem obern Enddorne, kürzer als 3 folgende Tarsenglieder. ♂. Stirnhöcker kräftig, rundlich, Thorax vorn mit länglichem oder rundlichem Eindruck, unterer Enddorn der Mitteltibien kurz und stumpf. ♀. Mittelhöcker mehr quer, Thorax ohne Eindruck, Enddorn spitz. — L. 6—7 mm.

Kap, Kaffrarien, Senegal

572. **A. (B.) amabilis** Boh. 1857 *A. a.*, Boheman, Ins. Caffr., *v.* 2 p. 333 | 1874 *A. a.*, Harold in: Berlin. ent. Z., *v.* 18 p. 177 | 1913 *A. (Bodilus) a.*, Ad. Schmidt in: Arch. Naturg., *v.* 79 A fasc. 11 p. 165.

Kopf und Thorax schwarz, letzterer an den Seiten rötlichgelb, diese Färbung setzt sich verschmälert um die Hinterwinkel fort, entweder vor der Mitte erlöschend oder über die ganze Basis reichend. Kopf deutlich, aber etwas ungleich punktiert, Stirn gehöckert. Thorax sehr fein und etwas größer, so groß ungefähr wie der Kopf, nicht sehr dicht punktiert, Hinterwinkel stumpf abgerundet. Schildchen nur fein punktiert. Flügeldecken mit feinen Streifen und undeutlichen Punkten, Zwischenräume leicht erhaben und wie bei voriger Art punktiert. Metatarsus gleich dem obern Enddorne, kürzer als 3 folgende Tarsenglieder. ♂. Stirnhöcker rundlich, gut entwickelt, Thorax so breit wie die Flügeldecken, nur vorn gerundet verengt, die größeren Punkte wenig zahlreich an den Seiten, Enddorn der Vordertibien kurz und kräftig. ♀. Stirnhöcker quer, auch der mittlere, Thorax schmaler als die Flügeldecken, Enddorn länger und schlank. — L. 4,5—5 mm.

Limpopo, Natal, Transvaal, Südrhodesia.

573. **A. (B.) longeciliatus** Reitt. 1887 *A. l.*, Reitter in: Horae Soc. ent. Ross., *v.* 21 p. 207, 222 | 1892 *A. (Bodilus) l.*, Reitter in. Verh. Ver. Brünn, *v.* 30 p. 193.

Durch die längere Behaarung an den Seiten des Halsschildes und der Flügeldecken ausgezeichnet. Schmutzig gelb, Scheitel, Scheibe des Halsschildes und Naht der Flügeldecken dunkler. Stirnnaht deutlich gehöckert, Flügeldecken hinten breiter, Streifen hier nicht tiefer, Zwischenräume in der ganzen Länge flach, Spitze und Seiten sehr fein behaart. Unterseite zum größten Teile gelbbraun. — L. 7,5 mm (ex Reitter).

Zentral-Asien, Tripolis, Algier.

574. **A. (B.) punctipennis** Er. 1848 *A. p.*, Erichson, Naturg. Ins. Deutschl., Col. *v.* 3 p. 821 | 1866 *A. p.*, Harold in: Berlin. ent. Z., *v.* 10 p. 96, 104 | 1871 *A. intermedius*, Ballion in: Bull Soc Moscou, *v.* 43 II p. 332 | 1878 *A. incertus*, Ballion ibid., *v.* 53 I p. 282 | 1892 *A. (Bodilus) punctipennis*, Reitter in: Verh. Ver Brünn, *v.* 30 p 192.

Die dichte Punktierung und Behaarung der Flügeldecken kennzeichnen diese Art. Dunkel rot- oder schwarzbraun gefärbt, Vorderkopf, Thoraxseiten und Basis heller, Flügeldecken gelblichbraun, Kopfrand und Naht der Flügeldecken schmal dunkel. Kopf fein, beim ♀ dichter punktiert, Stirn gehöckert, beim ♂ deutlicher, Wangen bewimpert und vorstehend. Thorax wenig ungleich punktiert, beim ♂ breiter und nur seitlich mit größeren Punkten bestreut,

Hinterwinkel stumpf abgerundet. Schildchen punktiert. Flügeldecken fein gestreift, Zwischenräume erhaben, beim ♂ sehr dicht punktiert und behaart, beim ♀ weniger. Metatarsus kürzer als oberer Enddorn, so lang wie 3 folgende Tarsenglieder. — L. 6—7 mm.

Südrußland, Kaukasus, Turkestan, Turkmenien, Ungarn, Ägypten.

575. **A. (B.) languidulus** nom. nov. Ad. Schm. 1875 *A. obsoletus* (non J. C. Fabricius 1801), C O Waterhouse in: Tr. ent. Soc. London, p. 88 | 1910 *A. (Bodilus) o.*, Ad. Schmidt in: Schenkling, Col. Cat., fasc. 20 p. 44.

Kopf ohne den Vorderrand und die Thoraxscheibe rotbraun, Flügeldecken schmutzig gelbbraun. Kopf und Thorax wenig glänzend. Kopf mit flacher Beule, sehr fein punktiert, Stirnlinie dunkel, ungehöckert. Thorax beim ♂ etwas breiter als die Flügeldecken, schmaler beim ♀, vorn mehr verengt, oberseits fein und wenig stärker, aber sehr flach und ziemlich dicht punktiert, Hinterwinkel stumpf abgerundet. Schildchen fein punktiert. Flügeldecken mit feinen, glänzenden Streifen, ihre Punkte sehr fein, Zwischenräume eben, fein chagriniert, unpunktiert. Metatarsus gleich dem obern Enddorne und den 3 folgenden Tarsengliedern. — L. 5—6 mm.

China, Japan

576. **A. (B.) immundus** Creutz. 1799 *A i.*, Creutzer, Ent. Versuche, p. 57 t. 1 f. 9 (Gesamtbild) | 1842 *A. i.* var *fulvicollis* + *A. i.* var *melinopleurus*, E. Mulsant, Hist. nat. Col. France, Lamell. p. 227 | 1848 *A. i.*, Erichson, Naturg. Ins. Deutschl., Col. *v.* 3 p. 827 | 1866 *A. i.*, Harold in: Berlin. ent. Z., *v.* 10 p. 96, 112 | 1892 *A. (Bodilus) i.*, Reitter in: Verh. Ver Brünn, *v.* 30 p. 195.

Gleicht der vorigen Art in Gestalt und Färbung, aber der Kopf und Thorax glänzender, dichter, ungleicher punktiert, mit dunklerer, fast schwarzbrauner Scheibe. Flügeldecken in der Basalhälfte schwach glänzend, Zwischenräume sehr fein, wenig dicht punktiert. — L. 5—6 mm.

Mittel- und Südeuropa, Syrien, Kleinasien, Turkestan, Rußland, Sibirien, Ägypten.

577 **A. (B.) lucidulus** Boh. 1857 *A. l.*, Boheman, Ins. Caffr, *v.* 2 p. 340 | 1866 *A. splendidulus*, Harold in: Berlin. ent. Z, *v.* 10 p. 96, 100 | 1913 *A. (Bodilus) lucidulus*, Ad Schmidt in Arch. Naturg, *v.* 79 A fasc 11 p. 166.

Verlängert eiförmig, stark glänzend, rotbraun, Kopf und Thoraxseiten heller, Flügeldecken rötlichgelb mit dunkler Spitze und dunklen Seiten. Kopf in der Mitte mit Beule, fein, seitlich etwas größer punktiert, Stirnnaht deutlich erhaben. Thorax schwach gerundet nach hinten erweitert, sehr fein, an den Seiten etwas größer punktiert, Hinterwinkel stumpf gerundet. Schildchenbasis punktiert. Flügeldecken zur Mitte erweitert, punktiert-gestreift, Streifenpunkte kerben schwach die Ränder der Zwischenräume, diese wenig gewölbt, sehr fein punktiert, hinten stärker und dichter. Hinterschenkel stark verbreitert, an den Rändern mit grober Haarpunktreihe. 1. Glied der Hintertarsen etwas verdickt, so lang wie oberer Enddorn, kaum so lang wie 2 folgende Tarsenglieder. Die Außenzähne der Vordertibien nehmen $^2/_3$ der Länge ein. — L. 5 mm.

Kap.

578. **A (B.) buxeipennis** Har. 1871 *A. b.*, Harold in: Berlin ent. Z., *v.* 15 p. 255 | 1913 *A (Bodilus) b.*, Ad. Schmidt in: Arch. Naturg, *v.* 79 A fasc 11 p. 166.

Länglicher als vorige Art, Kopf und Thorax rot- oder schwarzbraun, mit hellern Seiten, Flügeldecken hellbraun, mit dunkler Naht. Kopf dicht und deutlich punktiert, Stirn ungehöckert. Thorax fein, seitlich viel stärker, aber vereinzelt punktiert. Flügeldecken fein gestreift. Streifenpunkte kerben schwach die Ränder der flachen Zwischenräume, diese sehr fein, an der Spitze dicht punktiert. Metatarsus kürzer als oberer Enddorn, deutlich kürzer als 2 folgende Tarsenglieder. — L. 5,5 mm.

Kap.

579 **A. (B.) sallei** Har. 1863 *A. s.*, Harold in: Berlin. ent. Z., *v.* 7 p 331, 336 | 1887 *A. sallaei*, H Bates in: Biol Centr.-Amer, Col *v.* 2II p. 84 t. 6 f 10 (Gesamtbild) | 1913 *A. (Bodilus) sallei*, Ad. Schmidt in: Arch. Naturg, *v.* 79 A fasc. 11 p. 166.

In der kürzeren Gestalt von den vorhergehenden Arten abweichend. Dunkel rotbraun, Spitze der Flügeldecken, Seiten des Kopfes und Halsschildes heller. Kopf dicht und deutlich punktiert, Stirn beim ♂ deutlich, beim ♀ schwächer gehöckert, Clipeusecken stumpfwinklig. Thorax beim ♂ nach vorn wenig verengt, sehr ungleich und weniger dicht als beim ♀ punktiert. Schildchen glatt, Spitze leicht gekielt. Flügeldecken tief gestreift, die dunklen Streifen mit schwach kerbenden Punkten, die konvexen Zwischenräume an den Seiten und der Spitze punktiert. Metatarsus so lang wie oberer Enddorn und 3 folgende Tarsenglieder. — L. 4,5—5 mm.

Mittelamerika, Columbia.

580 **A. (B.) lansbergei** Har. 1874 *A l*, Harold in: Berlin. ent. Z., *v.* 18 p. 179 | 1913 *A (Bodilus) l*, Ad. Schmidt in: Arch. Naturg, *v.* 79 A fasc. 11 p. 166.

Übereinstimmend mit der vorigen Art in der kurzen Gestalt und Färbung, aber durch die flachen Zwischenräume und die feiner gestreiften Flügeldecken verschieden. Kopf fein, vorn etwas runzlig punktiert, Stirn gehöckert, Clipeusecken etwas stumpf abgerundet. Wangen deutlicher. Thorax fein und stärker, ziemlich dicht punktiert. Flügeldecken gleichmäßig gestreift, Streifenpunkte schwach kerbend, ebenfalls nach hinten feiner werdend, Zwischenräume flach, unpunktiert. Vordertibien auf der Oberseite unpunktiert, bei *A. (B.) sallei* Har. dicht und deutlich punktiert. Metatarsus kürzer als 3 folgende Tarsenglieder. — L. 4,5 mm (ex Harold).

Mexiko.

Die 3 folgenden Arten ließen sich nach ihren Beschreibungen in der Tabelle nicht einreihen:

581. **A. (B.) turbatus** Baudi 1870 *A. t.*, Baudi in: Berlin. ent. Z., *v.* 14 p. 66 | 1913 *A (Bodilus) t.*, Ad Schmidt in: Arch. Naturg., *v.* 79 A fasc 11 p 166

Dem *A. (B.) nitidulus* (F.) (nr. 564) in der Skulptur des Kopfes, und *A. (B) immundus* Creutz. (nr. 576) in den wenig glänzenden Flügeldecken ähnlich. Gelbbraun, Kopf, Scheibe des Halsschildes und Naht der Flügeldecken dunkler. Kopf dreihöckerig, davor mit Beule, hinten dicht, vorn weniger zahlreich, besonders beim ♂ punktiert. Thorax wie bei *A. (B) immundus* Creutz., aber deutlicher gerandet. Flügeldecken fein gestreift, Zwischenräume sehr fein, nicht dicht punktiert. Unterseite glänzend, wenig dicht punktiert und behaart. — L. 5 mm.

Cypern.

582. **A. (B.) sabaeus** Peyerimh 1907 *A. (B.) s.*, Peyerimhoff in: Abeille, *v.* 31 p. 45 | 1909 *A. (B.) tabaeus*, D. Sharp in: Zool. Rec., *v.* 44 Ins. p 225

In der Färbung dem *A. (B.) longispina* Küst. (nr. 560) gleich, aber verschieden durch größere, breitere Gestalt, wenig glänzende Flügeldecken und die Punktierung derselben. Die Zwischenräume zeigen nur neben den Streifen eine Reihe größerer Punkte, während bei *A. (B.) longispina* auch die Mitte vereinzelt punktiert ist. Bei dem ♂ der letzten Art ist das Metasternum längsgrubig, bei *A. (B.) sabaeus* nur mit Furche. — L. 6,5—9 mm (ex Peyerimhoff).

Sinai.

583. **A. (B.) noxius** nom. nov. Ad. Schm. 1870 *A. orophilus* (non T. Charpentier 1825), E. Mulsant & Rey in: E. Mulsant, Opusc. ent., *v.* 14 p. 206 | 1913 *A. (Bodilus) o.*, Ad. Schmidt in: Arch. Naturg., *v.* 79 A fasc. 11 p. 166.

Gelbbraun, glänzend, mäßig gewölbt. Kopf fein punktiert, Stirnnaht in der Mitte schwach erhaben, Clipeus leicht ausgerandet, jederseits gerundet. Thorax kaum gerundet, nach hinten erweitert, an den Seiten heller, zerstreut punktiert. Schildchen an der Basis punktiert, an der Spitze leicht gekielt. Streifenpunkte der Flügeldecken schwach kerbend, Zwischenräume kaum erhaben, fein und wenig dicht punktiert. — L. 7,2 mm (ex E. Mulsant).

Kaukasus.

Hierher ist vielleicht auch folgende Art zu stellen:

584. **A. (B.) obtusus** L. Lec. 1878 *A. o.*, L. Le Conte in: Bull. U. S. geol. Surv., *v.* 4 II p. 454 | 1887 *A. o.*, G. Horn in: Tr. Amer ent. Soc., *v.* 14 p. 20 | 1913 *A. (Bodilus) o.*, Ad. Schmidt in: Arch. Naturg., *v.* 79 A fasc. 11 p. 166.

Mäßig länglich und konvex, wenig glänzend, braun, Flügeldecken gelbbraun, Thoraxseiten heller. Kopf dunkelbraun, am Vorderrande heller, ohne Höcker, fast glatt in der Mitte, dicht an den Seiten und vorn punktiert, Clipeus schwach ausgerandet, jederseits stumpf. Thorax vorn schmaler, Hinterwinkel stumpf gerundet, zerstreut punktiert, an den Seiten etwas dichter und ungleich. Flügeldecken fein gestreift, Zwischenräume etwas erhaben, vereinzelt punktiert. Metatarsus kürzer als 3 folgende Tarsenglieder. — L. 6—6,5 mm (ex G. Horn).

Colorado, Wyoming

rrr) Subgen. **Oromus** E. Mulsant

1870 *Aphodius (Aphodius)* „Division" *O.*, E. Mulsant in: Ann. Soc. Agric. Lyon, ser. 4 *v.* 2 p. 435 | 1871 *A. (O.)*, E. Mulsant ibid., ser 4 *v.* 3 p. 474.

Mittelgroß, gewölbt, glänzend, schwarz, selten die Flügeldecken heller mit dunklen Flecken, Kopf gehöckert, Thoraxbasis gerandet, Schildchen dreieckig, Borsten der Hintertibien kurz, gleichlang.

Länglich, nach hinten verbreitert, unbehaart. Kopf nach vorn gerundet verengt, deutlich punktiert, der mittelste Höcker kräftiger, Wangen vom Kopfrande abgesetzt, stumpfwinklig, die Augen überragend, Clipeus ausgerandet, jederseits gerundet. Thorax quer, die Seitenrandung reicht nur um die stumpf abgerundeten Hinterwinkel, oberseits dicht punktiert. Schildchen breit dreieckig. Flügeldecken mit kleinem Schulterdorn und deutlichen Punktstreifen, Zwischenräume flach oder schwach konvex. Unterseite schwarz, glänzend, punktiert und behaart.

Hierher gehören 4 Arten aus dem paläarktischen und afrikanischen Gebiet und eine im Subgenus unsichere Art aus Nordamerika (nr. 585—589).

Bestimmungstabelle der Arten:

1	Thorax ungleich groß punktiert, Flügeldecken mit deutlichen Streifen und Streifenpunkten — 2	
	Thorax wenig ungleich, feiner punktiert, Streifen der Flügeldecken flach, mit wenig wahrnehmbaren Streifenpunkten	588. A. (O.) picescens
2	Naht der Flügeldecken dachförmig, der 7. und 8. Zwischenraum nicht breiter als die Streifen, Nahtstreif tief eingedrückt, der 1. Zwischenraum konvex	587. A. (O.) corvinus
	Naht nicht dachförmig, der 7. und 8. Zwischenraum breiter als die Streifen, der 1. vor der Spitze nicht gewölbt — 3	
3	Flügeldecken fein und vereinzelt punktiert, Clipeusecken abgerundet, Flügeldecken vor der Spitze in größerer Ausdehnung rot	585. A. (O.) alpinus
	Flügeldecken sehr dicht und deutlich punktiert, Clipeus jederseits mehr oder weniger stumpf, nur die äußerste Spitze der Flügeldecken rot	586. A. (O.) asphaltinus

585. **A. (O.) alpinus** (Scop.)

Diese Art zerfällt in 4 Unterarten:

585a. **A. (O.) alpinus alpinus** (Scop.) 1763 *Scarabaeus a.*, Scopoli, Ent. Carniol., p. 9 | 1840 *Aphodius constans*, W. Schmidt in: Z. Ent. Germar, *v.* 2 p. 113 | 1848 *A. alpinus*, Erichson, Naturg. Ins. Deutschl., Col. *v.* 3 p. 829 | 1871 *A. a.*, Harold in: Berlin. ent. Z., *v.* 15 p. 257, 272 | 1892 *A. (Oromus) a.*, Reitter in: Verh. Ver. Brünn, *v.* 30 p. 201.

Biologie: 1892 Xambeu in: Ann. Soc. Linn. Lyon, ser. 2 *v.* 39 p. 158 (Beschreibung der Larve und Puppe).

Schwarz, Spitze der Flügeldecken rötlich. Kopf breit, vorn deutlich schmaler, leicht ausgerandet und jederseits gerundet, hinten fein, vorn etwas runzlig punktiert, Stirn 3 höckerig, Wangen wenig vorstehend. Thorax ungleich und ziemlich dicht punktiert, Hinterwinkel stumpf abgerundet. Schildchen punktiert. Flügeldecken hinten etwas breiter, mit deutlichen Streifen, ihre Punkte nicht kerbend, Zwischenräume flach, fein, an den Seiten und der Spitze etwas dichter punktiert. Unterseite schwarz, Abdomen und die Seiten der Hinterbrust punktiert und behaart, Metasternalplatte seitlich mit Haarpunktreihe. Metatarsus länger als oberer Enddorn, so lang wie 3 folgende Tarsenglieder. ♂. Stirnhöcker deutlich, mittlerer spitz, Thorax reichlich so breit wie die Flügeldecken, vorn wenig schmaler, unterer Enddorn der Mitteltibien stumpf. ♀. Stirnhöcker undeutlich, mittelster beulig ausgezogen, Thorax schmaler, deutlich, fast gerade verengt. — L. 5—7 mm.

Schottland, Lappland, Island, Süddeutschland, Österreich, Alpen, Apenninen, Pyrenäen, Asturien.

585b. **A. (O.) alpinus rubens** Com. 1837 *A. r.*, Comolli, Col. nov., p. 23 | 1838 *A. rhenonum*, Zetterstedt, Ins. Lappon., p. 114 | 1840 *A. dilatatus*, W. Schmidt in: Z. Ent. Germar, *v.* 2 p. 105 | 1841 *A. schmidti* + *A. alpestris*, Heer, Fauna Col. Helvet., *v.* 1 fasc. 3 p. 513, 514 | 1842 *A. alpinus* var. *carthusianus*, E. Mulsant, Hist. nat. Col. France, Lamell. p. 189 | 1907 *A (Oromus) a.* var *rubens*, Ad Schmidt in: D. ent. Z., suppl. p. 3.

Flügeldecken einfarbig rotbraun.

Vorkommen mit der Stammart.

585c. **A. (O.) alpinus rupicola** Muls. 1842 *A. a.* var *r.*, E. Mulsant, Hist. nat. Col. France, Lamell. p. 189 | 1879 *A. a.* var. *nigerrimus*, Dalla Torre in: Ber. Ver.

Oberösterr., *v.* 10 p. 108 | 1907 *A. (Oromus) a.* var. *rupicola,* Ad. Schmidt in: D. ent. Z., suppl. p. 3

Flügeldecken ganz schwarz.

Vorkommen wie Stammform.

585 d. **A. (O.) alpinus mulsanti** D. T. 1842 *A. a.* var. *rubens* (non Comolli 1837), E. Mulsant, Hist. nat. Col. France, Lamell. p. 189 | 1879 *A. a.* var. *mulsanti,* Dalla Torre in: Ber. Ver. Oberösterr., *v.* 10 p. 108 | 1907 *A. (Oromus) a.* var. *m.*, Ad. Schmidt in: D. ent. Z., suppl. p. 3.

Flügeldecken rotbraun, mit unbestimmten dunklen Flecken.

Vorkommen mit der Stammart.

586. **A. (O.) asphaltinus** Kol. 1846 *A. a.*, Kolenati, Melet. Ent., *v.* 5 p. 15 | 1892 *A. (Oromus) alpinus* var. *asphaltinus,* Reitter in: Verh. Ver. Brünn, *v.* 30 p. 201 | 1913 *A (O) asphaltinus,* Ad. Schmidt in: Arch. Naturg., *v.* 79 A fasc. 11 p. 167.

Der vorigen Art äußerst ähnlich und hauptsächlich nur durch die konstant stärkere Punktierung der Flügeldecken verschieden. Clipeusecken mehr stumpfwinklig. Thoraxseiten gedrängt punktiert. Metatarsus gleich dem obern Enddorne, etwas kürzer als 3 folgende Tarsenglieder. Der männliche Geschlechtsapparat vollständig von dem der vorigen Art abweichend, aber die äußeren Geschlechtsdifferenzen bis auf den untern Enddorn der Mitteltibien gleich, dieser ist höchstens $^1/_3$ so lang wie oberer, bei *A. (O.) alpinus* Scop. beträgt er die Hälfte. — L. 6 mm.

Kaukasus.

587. **A. (O.) corvinus** Er. 1848 *A. c.*, Erichson, Naturg. Ins. Deutschl., Col. *v.* 3 p. 831 | 1871 *A. c.*, Harold in: Col. Hefte, *v.* 7 p. 3, 5 | 1892 *A. (Oromus) c.*, Reitter in: Verh. Ver. Brünn, *v.* 30 p. 201.

Kleiner als vorige Art, schwarz oder schwarzbraun, stark glänzend und gewölbt. Kopf weniger nach vorn verengt, ausgerandet und jederseits abgerundet, hinten fein, vorn runzlig punktiert, Stirn gehöckert, Wangen vorstehend. Thorax dicht und ungleich punktiert, der Kontrast der Punkte beim ♀ größer, Hinterwinkel stumpf abgerundet. Flügeldecken deutlich gestreift, Nahtstreif in der ganzen Länge, an der Spitze aber viel mehr vertieft, Streifenpunkte kerben zum Teil leicht die Ränder der Zwischenräume, diese flach, die dorsalen an der Spitze konvex, sie sind hier dichter und deutlicher punktiert. Metatarsus gleich dem obern Enddorne, aber kürzer als 3 folgende Tarsenglieder. ♂. Stirnhöcker deutlich, besonders der mittlere, unterer Enddorn an den Mitteltibien stumpf. ♀. Mittelhöcker kaum angedeutet, Flügeldecken hinten etwas mehr verbreitert, Enddorn spitz. — L. 3—4 mm.

Sachsen, Thüringen, Tirol, Steiermark, Frankreich.

588. **A. (O.) picescens** Fairm. 1903 *A. p.*, L. Fairmaire in: Ann. Soc. ent. France, *v.* 72 p. 187 | 1913 *A. (Oromus) p.*. Ad. Schmidt in: Arch. Naturg., *v.* 79 A fasc. 11 p. 167.

Schwarz, glänzend, gewölbt, Flügeldecken rotbraun. Kopfform wie *A. (O.) alpinus* Scop. (nr. 585), aber feiner punktiert, auch vorn weniger rauh, die 3 Tuberkeln schwächer. Thorax nach hinten geradlinig verbreitert, die Seiten und stumpfe Hinterwinkel gerandet, wenig ungleich, auch nicht so dicht wie *A. (O.) alpinus* Scop. punktiert, an den Seiten wenig dichter als in der Mitte. Schildchen punktiert, Spitze glatt. Flügeldecken hinten wenig breiter, fein gestreift, an der Spitze nicht tiefer, Nahtstreif hier etwas eingedrückt, Zwischenräume flach, vereinzelt fein punktiert, der 2. an der Spitze etwas dichter. Unterseite feiner punktiert und vereinzelt behaart. Oberer Enddorn kürzer als 1. Tarsenglied. Metasternalplatte flachgrubig, Ränder behaart (vielleicht nur beim ♂). — L. 4—4,5 mm.

Madagaskar.

Hierher gehört vielleicht auch folgende Art:

589. **A. (O.) vestiarius** Horn 1870, 1887 *A. v.*, G. Horn in: Tr. Amer. ent. Soc., *v.* 3 p. 121; *v.* 14 p. 18 | 1913 *A. (Oromus) v.*, Ad. Schmidt in: Arch. Naturg., *v.* 79 A fasc. 11 p. 167.

Mäßig lang, konvex, glänzend, schwarzbraun, Kopfrand, Flügeldeckennaht und Unterseite rotbraun; Kopf gehöckert, zerstreut punktiert, Clipeus leicht ausgerandet und jederseits gerundet. Thorax vorn schmaler, mit gerundeten Seiten, Hinterwinkel stumpf, Scheibe sparsam, etwas ungleich punktiert. Flügeldecken parallel, ziemlich tief gestreift, Streifenpunkte undeutlich, an der Basis etwas dichter stehend, Zwischenräume konvex, sehr fein punktiert. — L. 4 mm (ex G. Horn).

Florida.

sss) Subgen. **Trichaphodiellus** Ad. Schmidt

1913 *Aphodius (T.)*, Ad. Schmidt in: Arch. Naturg., *v.* 79 A fasc. 11 p. 167.

In dem ungerandeten Thorax, dem dreieckigen Schildchen, der hellen, dunkelumrandeten Makel auf den Flügeldecken, dem kurzen Metasternum mit dem Subgen. *Trichaphodius* Ad. Schmidt (nr. cc) übereinstimmend, aber durch die kurzen, gleichlangen Borsten der Hintertibien verschieden.

Hierher gehört eine Art aus Mittel- und Südamerika (nr. 590).

590. **A. (T.) brasiliensis** Cast. 1840 *A b*, F. Laporte-Castelnau, Hist. Iconogr. Col., *v.* 2 p. 95 | 1847 *A. b.*, Erichson in: Arch. Naturg., *v.* 131 p. 110 | 1871 *A b.*, Harold in: Berlin. ent. Z., *v.* 15 p. 257, 274 | 1913 *A (Trichaphodiellus) b.*, Ad. Schmidt in: Arch. Naturg., *v.* 79 A fasc. 11 p. 167

Länglich, gewölbt, nicht vollglänzend, unbehaart, gelbbraun. Hinterkopf, Scheibe des Halsschildes und der Flügeldecken dunkler. Kopf nach vorn gerundet verengt, fein punktiert, Stirnnaht vertieft, Clipeus leicht ausgerandet, jederseits abgerundet, Wangen schwach vom Kopfrande abgesetzt, stumpf abgerundet, vorstehend. Thorax sehr fein punktiert, dazwischen mit mittelstarken Punkten zerstreut besetzt, diese fehlen vorn in der Mitte, Hinterwinkel stumpf abgerundet, Basis schwach 2buchtig. Schildchen schmal dreieckig, dunkel gerandet. Flügeldecken hinten etwas erweitert, deutlich gestreift, Streifenpunkte sehr flach, Zwischenräume schwach konvex, sehr fein und sehr vereinzelt punktiert, die helle Makel liegt im 2.—4. Zwischenraume vor der Spitze und ist dunkel umgrenzt, bei sehr dunklen Stücken aber nur schwach angedeutet. Metasternum an den Seiten, die Schenkel und das Abdomen fein punktiert, letzteres mit einigen großen Haarpunkten an den Seiten. Oberer Enddorn der Hintertibien kürzer als 1. Tarsenglied, dieses länger als die 3 folgenden Glieder. — L. 6—7 mm.

Brasilien, Peru, Mexiko.

ttt) Subgen. **Nialus** E. Mulsant

1870 *Aphodius (Aphodius)* „Division“ *Nialus*, E. Mulsant in: Ann Soc. Agric. Lyon, ser. 4 *v.* 2 p. 456 | 1871 *A. (N.)*, E. Mulsant ibid., ser. 4 *v.* 3 p. 474 | 1908 *A. (N. + Nialaphodius)*, H. Kolbe in: Denk. Ges. Jena, *v.* 13 p. 128.

Mittelgroß oder kleiner, flach gewölbt, länglich, einfarbig schwarz, zuweilen mit gelbbraunen Flügeldecken, seltener ganz gelb- oder kastanienbraun, Thoraxbasis ungerandet, Schildchen parallel, Borsten der Hintertibien kurz, gleichlang.

Kopf punktiert, Stirn mit oder ohne Höckerchen, Clipeus ausgerandet, Wangen mehr oder weniger deutlich. Thorax quer, herabgewölbt, Seiten wenig gerundet, mit deutlichen Hinterwinkeln, oberseits deutlich, aber gewöhnlich nicht dicht punktiert. Schildchen schmal. Flügeldecken selten mit Schulterdorn, vertieft gestreift, meistens die Streifenpunkte deutlich. Schenkel immer nur sehr fein punktiert. Oberer Enddorn der Hintertibien gewöhnlich von der Länge des 1. Tarsengliedes, dieses selten so lang wie die 3 folgenden Glieder.

Hierher gehören 22 sichere Arten aus dem paläarktischen, afrikanischen, amerikanischen Gebiet, je eine im Subgenus unsichere Art aus Mittelamerika und aus Ägypten (nr. 591—614).

Bestimmungstabelle der Arten:

1	Oberseite matt, braun, Kopf ungehöckert und wie der Thorax dicht punktiert, Flügeldecken mit kleinem Schulterdorn und im Grunde glänzenden Streifen	612. **A. (N.) venalis**
	Oberseite glänzend — **2**	
2	Clipeus gezähnt — **3**	
	Clipeus ohne Zahn jederseits — **4**	
3	Streifen der Flügeldecken außer dem Nahtstreif hinten nicht tiefer eingedrückt, Streifenpunkte die Ränder kaum kerbend	610 **A. (N.) linearis**
	Streifen hinten tiefer, Zwischenräume deutlich von den Punkten angegriffen	611 **A. (N.) angustatus**
4	Oberseite schwarz, höchstens die Flügeldecken mit rötlicher Schulter- oder Längsmakel — **5**	
	Oberseite schwarz, Flügeldecken schwarz, mit hellen Seiten, oder hellbraun, mit und ohne Nebelfleck, zuweilen die ganze Oberseite hell- oder kastanienbraun, Kopf ohne oder mit Höckerchen — **12**	
5	Kopf ungehöckert, die Mitte nur beulig erhaben — **6**	
	Kopf gehöckert — **8**	
6	Oberseite schwarz, metallisch glänzend, Flügeldecken zuweilen mit rötlichem Längsfleck	593. **A. (N.) plagiatus**
	Oberseite schwarz, nicht metallisch glänzend, ohne Längsfleck — **7**	
7	Flügeldecken flach gestreift, mit deutlichen Streifenpunkten, Fußglieder länger als die Tibia, 1. Tarsenglied so lang wie die 3 folgenden Glieder . . .	594. **A. (N.) niger**
	Flügeldecken tief gestreift, Streifenpunkte undeutlich, Tarsen kaum so lang wie die Tibia, 1. Glied der Hinterfüße nur so lang wie die 2 folgenden Glieder	595. **A. (N.) kraatzi**
8	Clipeus seitlich stumpfwinklig — **9**	
	Clipeus seitlich gerundet — **10**	

9	Wangen abgerundet, Flügeldecken schwarz (Stammform), zuweilen mit rötlichem Schulterfleck . .	591. **A. (N.) varians**
	Wangen winklig, die Augen weit überragend, Flügeldecken zum größten Teil hell bräunlichrot, zuweilen schwarz, mit rötlichen Schultern	592. **A. (N.) lgockii**
10	Oberseite einfarbig schwarz oder schwarzbraun — 11	
	Oberseite einfarbig, Flügeldecken an den Seiten und der Spitze breit rotgelb	596. **A. (N.) innexus**
11	Alle Zwischenräume an der Spitze eben, Streifen fein und flach	597. **A. (N.) tetricus**
	Die ersten Zwischenräume an der Spitze konvex, Streifen flach, mit feinen Punkten, Clipeus sehr fein punktiert	598. **A. (N.) nigrita**
	Die ersten Zwischenräume an der Spitze konvex, Streifen tief, groß punktiert, Clipeus rauh . . .	599. **A. (N.) politus**
12	Kopf ungehöckert, nur mit vertiefter Stirnlinie — 13	
	Kopf mit Höckerchen — 14	
13	Gelbbraun, Thorax und Flügeldecken dicht punktiert .	600. **A. (N.) sturmi**
	Rotbraun, Thorax und Flügeldecken gröber und zerstreut punktiert, Nahtstreif an der Spitze stark vertieft	601. **A. (N.) subtilis**
14	Kopf und Thorax schwarz — 15	
	Kopf und Thorax mit den Flügeldecken gleichfarbig, diese hell-, kastanien- oder rotbraun — 19	
15	Flügeldecken einfarbig hellbraun, Naht dunkler — 16	
	Flügeldecken mit Nebelfleck — 17	
16	Thorax vor dem Schildchen mit hellem Fleck, Flügeldecken gleichmäßig fein gestreift. Kleine Art .	602. **A. (N.) consimilis**
	Thorax ohne helle Makel, Streifen der Flügeldecken auf dem Rücken tiefer und breiter als seitlich. Größere Art	603. **A. (N.) insignis**
17	Nahtstreif an der Spitze stark verschmälert — 18	
	Nahtstreif kaum verschmälert	604. **A. (N.) sublimbatus**
18	Thorax deutlich ungleich punktiert, der 1. Zwischenraum nicht dunkler, Metatarsus so lang wie 2 folgende Tarsenglieder, Nebelfleck nur angedeutet	605. **A. (N.) matthiesseni**
	Thorax nur mit größeren Punkten, der 1. Zwischenraum dunkler, Metatarsus länger als 2 folgende Glieder, Nebelfleck deutlich	606. **A. (N.) lividus**
19	Flügeldecken mit deutlich punktierten Streifen — 20	
	Flügeldecken mit feinen Streifen, deren Punkte kaum wahrnehmbar sind, Körper gelbbraun	607. **A. (N.) vitellinus**
20	Größere Art, stark gewölbt, dunkel kastanienbraun, Schulter deutlich bewimpert, ohne Dorn, die 7 ersten Streifen nicht frei auslaufend	608. **A. (N.) calidus**
	Kleinere Art, flacher gewölbt, rotbraun, Schultern ohne Bewimperung, mit kleinem Dorn, die 7 ersten Streifen frei auslaufend	609. **A. (N.) feculentus**

591. **A. (N.) varians** Duft.

Diese Art zerfällt in 4 Unterarten:

591a. **A. (N.) varians varians** Duft. 1805 *A. v.*, Duftschmid, Fauna Austr., *v.* 1 p. 93 | 1805 *A. niger*, Jac. Sturm, Deutschl Fauna, Ins. Käf. *v.* 1 p. 127 | 1842 *A. bimaculatus* var. *ambiguus*, E. Mulsant, Hist. nat. Col. France, Lamell p. 202 | 1897 *A. (Nialus) kočae*, Reitter in: Wien. ent. Zeit., *v.* 16 p. 204 | 1913 *A. (N.) varians*, Ad. Schmidt in: Arch. Naturg., *v.* 79 A fasc. 11 p. 168

Biologie: 1842 E. Mulsant, Hist. nat. Col. France, Lamell. t. 1 f. 8 (Abbildung der Larve).

Länglich, gewölbt, glänzend, schwarz. Kopf in der Mitte mit Erhöhung, seitlich und vorn etwas rauh, hinten feiner punktiert, Stirnnaht mit 3 Höckerchen, mittleres deutlicher, die seitlichen quer, Clipeus ausgerandet, jederseits mehr oder weniger stumpfwinklig, Wangen abgerundet, kaum vorstehend. Thorax seitlich gerundet, Hinterwinkel stumpf, oberseits feiner und mittelstark, nicht dicht punktiert, die Mitte der Seiten meistens deutlich punktfrei. Schildchen vereinzelt fein punktiert. Flügeldecken deutlich punktiert-gestreift, Nahtstreif an der Spitze stark vertieft, Streifenpunkte greifen die Ränder an, Zwischenräume schwach, an der Spitze deutlicher konvex, fein punktiert. Metasternum in der Mitte fein, an den Seiten deutlicher, vereinzelt punktiert, Abdomen dichter und behaart. Metatarsus gleich dem obern Enddorne und 2 folgenden Tarsengliedern. — L. 4—6 mm.

Europa, Vorderasien, Nordafrika, Kaukasus, Armenien, Shanghai.

591 b. **A. (N.) varians fabriciusi** H. Orb. 1787 *Scarabaeus bimaculatus* (non Laxmann 1770), J. C. Fabricius, Mant. Ins., *v.* 1 p. 8 | 1789 *S. b.*, J. F. W. Herbst, Naturs. Ins. Käf., *v.* 2 p. 159 t. 12 f. 14 (Gesamtbild) | 1798 *Aphodius terrestris* var. β, Illiger, Verz. Käf. Preuß., p. 24 | 1805 *A. varians* var β, Duftschmid, Fauna Austr., *v.* 1 p. 93 | 1896 *A. (Nialus) v.* var. *fabriciusi*, H. Orbigny in: Abeille, *v.* 28 p. 215.

Flügeldecken mit roter Schultermakel von verschiedener Ausdehnung.

Vorkommen mit der Stammart.

591 c. **A. (N.) varians punctatellus** Muls. 1842 *A. v.* var. *p.*, E. Mulsant, Hist. nat. Col. France, Lamell. p. 202 | 1913 *A. (N.) v.* var. *p.*, Ad. Schmidt in: Arch. Naturg., *v.* 79 A fasc. 11 p. 168.

Flügeldecken schwarz, dicht punktiert.

Frankreich.

591 d. **A. (N.) varians punctulatus** Muls. 1870 *A. (Aphodius)* „Division" *N. v.* var. *p.*, E. Mulsant in: Ann. Soc. Agric. Lyon, ser. 4 *v.* 2 p. 461 | 1871 *A. (N.) v.* var. *p.*, E. Mulsant ibid., ser. 4 *v.* 3 p. 479.

Thorax dichter punktiert, ohne glatte Seitenbeule, Flügeldecken deutlicher punktiert.

Frankreich.

592. **A. (N.) lgockii** Roub.

Diese Art zerfällt in 2 Unterarten:

592 a. **A. (N.) lgockii lgockii** Roub. 1912 *A. (N.) varians* var. *l.*, Roubal in: Col. Rundsch., *v.* 1 p. 71 | 1913 *A. (N.) l.*, Roubal ibid., *v.* 2 p. 70.

Ist der vorigen Art äußerst ähnlich, aber schlanker und flacher, Wangen deutlich stumpfwinklig, die Augen überragend, Kopf hinten dichter punktiert, Schildchen breiter, Flügeldecken hell bräunlichrot, Naht, äußerste Spitze und die schmalen Seiten schwarz, Zwischenräume mehr gewölbt. — L. 4,2 mm.

Kiew.

592 b. **A. (N.) lgockii breitianus** Roub. 1913 *A (N.) l.* var. *b.*, Roubal in: Col. Rundsch., *v.* 2 p. 71.

Oberseite ganz schwarz, nur die Schultern schwach rötlich. — L. 4 mm.

Kiew.

593. **A. (N.) plagiatus** (L.)

Diese Art zerfällt in 4 Unterarten:

593a. **A. (N.) plagiatus plagiatus** (L.) 1767 *Scarabaeus p.*, Linné, Syst. Nat., ed. 12 *v.* 1 II p. 559 | 1848 *Aphodius p.*, Erichson, Naturg. Ins. Deutschl., Col. *v.* 3 p. 835 | 1849 *A. longulus*, Ménétriés in: Mém. Ac. St. Pétersb., ser. 6 *v.* 6 p. 60 t. 2 f. 11 (Gesamtbild) | 1892 *A. (Nialus) plagiatus*, Reitter in: Verh. Ver. Brünn, *v.* 30 p. 204.

Stark gewölbt, glänzend, schwarz, Flügeldecken mit rötlicher Längsmakel auf der Scheibe. Kopf nach vorn geradlinig verengt, rötlich durchscheinend, die Mitte aufgetrieben, fein, an den Seiten stärker punktiert, Clipeus ausgerandet, jederseits abgerundet, Stirnnaht etwas erhaben, Wangen vorstehend. Thorax geradlinig nach hinten verbreitert, fein und wenig stärker, nicht dicht punktiert, Hinterwinkel stumpf. Flügeldecken fein, etwas scharfkantig gestreift, Streifenpunkte fein, entfernt stehend, Nahtstreif etwas tiefer, besonders hinten, Zwischenräume flach, sehr fein und vereinzelt punktiert, 1. Zwischenraum dachförmig. Hinterbrust fein, an den Seiten wenig dicht, Abdomen dichter punktiert und behaart. Enddorne der Hintertibien fast gleichlang, von der Länge des 1. Tarsengliedes, dieses so lang wie die 2 folgenden Glieder. ♂. Metasternalplatte dicht und deutlich punktiert und behaart, schwach vertieft, beim ♀ nur mit schwacher Mittellinie und feineren Punkten, unbehaart. — L. 3—4 mm.

Europa, Vorder- und Zentralasien, Sibirien, Kaukasus, Syrien.

593b. **A. (N.) plagiatus elegantulus** Hochh. 1873 *A. p.* var. *e.*, Hochhuth in: Bull. Soc. Moscou, *v.* 46 I p. 131 | 1913 *A. (N.) p.* var. *e.*, Ad. Schmidt in: Arch. Naturg., *v.* 79 A fasc. 11 p. 168.

Flügeldecken hellrot, Naht und Epipleuren schwarz.

Südwestrußland.

593c. **A. (N.) plagiatus immaculatus** D. T. 1879 *A. p.* var. *i.*, Dalla Torre in: Ber. Ver. Oberösterr., *v.* 10 p. 108 | 1888 *A. p.* var. *concolor*, Schilsky in: D. ent. Z., *v.* 32 p. 311 | 1913 *A. (N.) p.* var. *immaculatus*, Ad. Schmidt in: Arch. Naturg., *v.* 79 A fasc. 11 p. 168

Flügeldecken einfarbig metallisch schwarz.

Oberösterreich, Mark Brandenburg.

593d. **A. (N.) plagiatus discoides** nom. nov. Ad. Schm. 1892 *A. (N.) p.* var. *discus* (non Wiedemann 1823), Reitter in: Verh. Ver. Brünn, *v.* 30 p. 204.

Flügeldecken gelblichrot, Seiten derselben breit schwarz.

Araxes, Syrien.

594. **A. (N.) niger** (Panz.) 1797 *Scarabaeus n.*, Panzer, Fauna Ins. Germ., *v.* 37 nr. 1 | 1798 *S. terrestris* (non J. C. Fabricius 1775), Paykull, Fauna Suec., Ins. *v.* 1 p. 22 | 1848 *Aphodius niger*, Erichson, Naturg. Ins. Deutschl., Col. *v.* 3 p. 833 | 1871 *A. n.*, Harold in: Berlin. ent. Z., *v.* 15 p. 257, 266 | 1892 *A. (Nialus) n.*, Reitter in: Verh. Ver. Brünn, *v.* 30 p. 204.

Ist der vorstehenden Art ungemein ähnlich, aber durch nicht metallische, sondern einfach schwarze Färbung, durch ungleicher punktierten Thorax, stärker gestreifte und punktierte Flügeldecken sowie durch das längere 1. Tarsenglied an den Hinterbeinen verschieden. — L. 4—5 mm.

Europa, Turkestan, Altai, Tibet.

595. **A. (N.) kraatzi** Har 1868 *A. k.*, Harold in: Col Hefte, *v.* 3 p. 84 | 1871 *A. k.*, Harold in: Berlin. ent. Z., *v.* 15 p. 257, 269 | 1892 *A (N.) k.*, Reitter in: Verh. Ver. Brünn, *v.* 30 p. 203.

Länglich, schmal, schwarz, glänzend. Kopf fein, nicht dicht punktiert, Mitte beulig erhöht, Stirnnaht sichtbar, zuweilen in der Mitte mit der Spur eines schwachen Höckerchens. Thorax an den Seiten wenig gerundet erweitert, sehr fein punktiert, untermischt mit einzelnen mittelstarken Punkten, Hinterwinkel stumpf abgerundet. Schildchen fein punktiert. Flügeldecken tief und schmal gestreift, mit undeutlichen Punkten in den Streifen. Metasternum auch in der Mitte und die Schenkel fein, Abdomen etwas deutlicher punktiert und behaart. Oberer Enddorn der Hintertibien gleich dem 1. Tarsengliede, dieses so lang wie 3 folgende Glieder. — L. 3,5—4,5 mm.

Südrußland, Griechenland, Kreta, Kaukasus, Zentralasien, Slavónien

596. **A. (N.) innexus** Say 1835 *A. i.*, Say in: Boston J. nat. Hist., *v.* 1 p. 177 | 1860 *A. flavocinctus*, Harold in: Ann. Soc. ent. France, ser. 3 *v.* 8 p. 614 | 1871 *A innexus*, Harold in. Berlin. ent. Z., *v.* 15 p. 257, 270 | 1913 *A. (Nialus) i.*, Ad. Schmidt in: Arch. Naturg., *v.* 79 A fasc. 11 p. 168.

Die Skulptur des Kopfes und Färbung der Flügeldecken zeichnet diese Art aus. Länglich, gewölbt, hinten wenig breiter, schwarz oder schwarzbraun, die Seiten des Halsschildes, Schulter, Seiten und Spitze der Flügeldecken rötlichgelb. Kopf fein punktiert, am Rande leicht runzlig, Stirnnaht mit 3 Höckerchen, davor mit kurzem Querkiel, Clipeus deutlich ausgerandet, jederseits abgerundet, Wangen sehr rundlich, die Augen wenig überragend. Thorax fast geradseitig nach vorn verschmälert, Hinterwinkel stumpf abgerundet, fein punktiert, dazwischen mit größeren Punkten, die aber vorn in der Mitte fehlen. Flügeldecken unter der Schulter im 10. Zwischenraume mit dunklem Fleck, Nahtstreif stärker vertieft, besonders zur Spitze, Punkte deutlich, Zwischenräume flach, fein punktiert, der erste in der ganzen Länge dunkel. Unterseite heller oder dunkler rotbraun, Metasternum in der Mitte mit vertiefter Längslinie, an den Seiten vorn stärker und dicht wie das Abdomen punktiert und behaart. Oberer Enddorn fast dem 1. Tarsengliede gleich, dieses etwas kürzer als 3 folgende Glieder. Metasternalplatte beim ♂ vertieft. — L. 5 mm.

Mexiko.

597 **A. (N.) tetricus** Har. 1871 *A. t.*, Harold in: Berlin. ent. Z., *v.* 15 p. 257, 263 | 1913 *A. (N) t.*, Ad Schmidt in: Arch. Naturg., *v.* 79 A fasc. 11 p. 168.

Kopf fein punktiert, seitlich mit größeren Punkten bestreut, Stirn gehöckert, der mittelste Höcker verlängert sich nach vorn, Clipeus wenig ausgerandet, jederseits gerundet, Wangen stumpfwinklig, vorstehend. Thorax seitlich wenig gerundet, oberseits kaum mittelstark und vereinzelt punktiert, Hinterwinkel stumpf abgerundet. Schildchen schmal, vorn eingeschnürt, mit Längseindruck. Streifen der Flügeldecken zur Spitze schwächer, der 8. und 9. gleichlang, weit vor der Spitze aufhörend, Zwischenräume flach, der 5. mit dem 7. hinten vereint. Metasternum und Abdomen an den Seiten ziemlich dicht punktiert. Metasternalplatte unpunktiert, mit Mittelfurche. Metatarsus länger als oberer Enddorn, so lang wie 2 folgende Tarsenglieder. — L. 7 mm.

Abessinien.

598. **A. (N.) nigrita** F. 1801 *A. n.*, J. C. Fabricius, Syst. Eleuth., *v.* 1 p. 73 | 1857 *A. nigritulus*, Boheman, Ins. Caffr., *v.* 2 p. 338 | 1867 *A. paivanus*, Wollaston, Col.

Hesperid., p. 90 | 1871 *A expertus*, Harold in: Col. Hefte, *v.* 8 p. 19 | 1871 *A. nigrita*, Harold in: Berlin. ent. Z., *v.* 15 p. 250 | 1908 *A. (Nialaphodius) n*, H Kolbe in: Denk. Ges. Jena, *v.* 13 p. 128 | 1913 *A. (Nialus) n.*, Ad. Schmidt in: Arch. Naturg., *v.* 79 A fasc. 11 p. 169.

Kopf am Vorderrande, Thorax an den Seiten und die Flügeldecken an der Spitze und den Seiten heller. Kopf nach vorn fast geradseitig verschmälert, hinter der Mitte des Vorderrandes eingedrückt, Stirnnaht deutlich, mit 3 Höckerchen, die seitlichen quer, fein, nicht dicht punktiert, Clipeus ausgerandet, jederseits gerundet und etwas aufgebogen. Thorax mit gerundeten Seiten, Hinterwinkel stumpf abgerundet, sehr fein und gröber, nicht dicht punktiert, Mitte der Seiten gewöhnlich glatt. Streifenpunkte der Flügeldecken greifen sehr wenig die Ränder der Zwischenräume an, diese an der Spitze etwas erhöht, der 8. und 10. hier verbunden. Seiten der Hinterbrust und das Abdomen behaart und punktiert. Oberer Enddorn der Hintertibien wenig kürzer als 1. Tarsenglied, dieses so lang wie 2 folgende Glieder. — L. 3,5 mm.

Kapverdische Inseln, Insel Mauritius, Madagaskar, Südafrika, Abessinien, Columbien, St. Thomas, Mexiko.

599. **A. (N.) politus** Muls. & Rey 1870 *A. (N) p.*, E. Mulsant & Rey in: E. Mulsant, Opusc ent., *v.* 14 p. 204.

Länglich, fast geradseitig, wenig konvex, schwarzbraun, glänzend. Kopf in der Mitte erhaben, Stirn gehöckert, hinten fein, vorn und seitlich etwas rauh punktiert, Clipeus ausgerandet, seitlich abgerundet, Wangen vorstehend. Thorax nach hinten verbreitert, größer und feiner, an den Seiten, ohne die Mitte derselben, gedrängter punktiert als die Scheibe. Schildchen nur vorn mit einigen Pünktchen, schwarz oder braun, Spitze gewöhnlich heller. Flügeldecken tief gestreift, Streifenpunkte greifen die Ränder an, Zwischenräume fein und einzeln punktiert, flach, die ersten an der Naht vor der Spitze schwach konvex. — L. 5,5 mm (ex E. Mulsant).

Syrien.

600. **A. (N.) sturmi** Har. 1805 *A. rufus*, (non Moll 1782), Jac. Sturm, Deutschl. Fauna, Ins. Käf. *v.* 1 p. 144 t. 14 f. D (Gesamtbild) | 1848 *A. r.*, Erichson, Naturg. Ins. Deutschl., Col. *v.* 3 p. 836 | 1870 *A. sturmi*, Harold in: Col. Hefte, *v.* 6 p. 106 | 1870 *A (Anomius)* „section" *Subrinus illigeri*, E. Mulsant in: Ann Soc. Agric. Lyon, ser. 4 *v.* 2 p. 511 | 1871 *Aphodius (S.) i.* E. Mulsant ibid, ser. 4 *v.* 3 p. 474 | 1892 *A. (Nialus) sturmi*, Reitter in: Verh. Ver. Brünn, *v.* 30 p. 203

Schmal, Seiten parallel, gelbbraun, Kopf und Thorax etwas dunkler. Kopf nach vorn gerundet verschmälert, in der Mitte wenig erhöht, davor verflacht, dicht und fein punktiert, Stirnnaht vertieft, Clipeus schmal ausgerandet, jederseits rundlich, Wangen sehr klein. Thorax dicht, feiner und etwas stärker punktiert, Hinterwinkel stumpf abgerundet. Schildchen vorn eingeschnürt, mit schwachem Längseindruck. Flügeldecken fein gestreift, mit undeutlichen Streifenpunkten, Zwischenräume fein und dicht punktiert, die dorsalen schwach konvex. Metasternum in der Mitte sehr fein, wenig dicht punktiert, mit vertiefter Mittellinie. Abdomen dicht, fein punktiert und behaart. Oberer Enddorn der Hintertibien kürzer als 1. Tarsenglied, dieses länger als 3 folgende Glieder. — L. 3 mm.

Südeuropa, Armenien.

601. **A. (N.) subtilis** D. Koshant. 1894 *A. (N.) s.*, D. Koshantschikow in: Horae Soc. ent. Ross., *v.* 28 p. 126.

Rotbraun, flacher und breiter als vorige Art. Clipeus schwach ausgerandet, Kopf hinten dicht und fein punktiert. Thorax stärker, zerstreut punktiert. Flügeldecken kräftiger punktiert-gestreift, Zwischenräume mehr konvex und deutlicher punktiert, der 1. Streifen an der Spitze stark vertieft, der 2. und 3. hier im Bogen verbunden, bei *A. (N.) sturmi* Harold (nr. 600) sind dieselben frei. — L. 3,5 mm (ex D. Koshantschikow).

Astrachan.

602. **A. (N.) consimilis** Boh. 1857 *A. c.*, Boheman, Ins. Caffr., *v.* 2 p. 341 | 1871 *A. dolosus*, Harold in: Berlin ent. Z., *v.* 15 p. 258, 280 | 1913 *A. (Nialus) consimilis*, Ad. Schmidt in: Arch. Naturg., *v.* 79 A fasc. 11 p. 168.

Von kurzer und breiter, konvexer Gestalt, blaß hellbraun, Kopf, Seiten und Basalmitte des Halsschildes rötlichgelb, Scheibe rotbraun. Kopf in der Mitte mit stumpfer, dunkler Beule, hinter der Stirnlinie fein punktiert, davor mit etwas größeren Punkten besetzt, die 3 Höckerchen quer, Clipeus schwach ausgerandet, jederseits etwas stumpf gerundet und dunkel gefärbt, die rundlichen Wangen bewimpert. Thorax an den Seiten gerundet und schwach verengt, bewimpert, Hinterwinkel stumpf abgerundet, oberseits fein und etwas größer, mittelstark, nicht dicht punktiert. Schildchen mit einigen Punkten. Flügeldecken mit dunkler Naht und flachen Streifen, die nach der Spitze und den Seiten zu feiner werden, Nahtstreif jedoch in der ganzen Länge stärker vertieft. Zwischenräume schwach konvex, fein punktiert. Metasternum in der Mitte mit vertiefter Linie, fein punktiert, an den Seiten vereinzelt und etwas größer, das Abdomen dicht, fein punktiert und behaart. Enddorne der Hintertibien gleich, kürzer als das 1. Tarsenglied, dieses so lang wie 3 folgende Glieder. — L. 4 mm.

Kaffrarien, Kap, Mozambique, Südafrika.

603. **A. (N.) insignis** Ad. Schm. 1911 *A. i.*, Ad. Schmidt in: Ent. Zeit. Stettin, *v.* 72 p. 10 | 1913 *A. (Nialus) i.*, Ad. Schmidt in: Arch. Naturg., *v.* 79 A fasc. 11 p. 168.

Länglich, gewölbt, gelbbraun, Hinterkopf und Scheibe des Halsschildes schwarz. Kopf fein, nicht dicht punktiert, nach vorn gerundet verengt, hier ziemlich schmal, flach ausgerandet und breit gerundet, Wangen vorstehend. Thorax fein punktiert, Vorderwinkel gerandet, Hinterwinkel gerundet. Schildchen fein punktiert, in der Mitte eingedrückt. Flügeldecken mit schmal angedunkelter Naht, deutlich gestreift, Nahtstreif mehr vertieft, vor der Spitze in der ganzen Breite dunkel. Unterseite dunkler als die Flügeldecken, Schenkel heller, Metasternum seitlich reibeisenartig punktiert, Abdomen mit größeren Haarpunkten in einer Querreihe, aber nur seitlich. Metatarsus länger als oberer Enddorn, so lang wie 3 folgende Tarsenglieder. ♂. Kopf mit stärkerem Mittelhöcker und 2 kleinen, queren seitlichen, hinter dem Mittelhöcker bogig vertieft, Thorax an den Seiten nur mit wenigen größeren Punkten. ♀. Kopf nur mit stumpfer Längsbeule in der Mitte und 2 kleinen, queren Höckerchen vor den Augen, Thoraxmitte mit größeren Punkten. — L. 7 mm.

Portugiesisch-Guinea.

604. **A. (N.) sublimbatus** Motsch. 1860 *A (Chilothorax) s.*, Motschulsky in: Schrenck, Reis. Amur-L., *v.* 2 II p. 132 t. 9 f. 2 (Gesamtbild) | 1875 *A. pallidicinctus*, C. O. Waterhouse in: Tr. ent. Soc. London, p. 85 | 1913 *A. (Nialus) sublimbatus*, Ad. Schmidt in: Arch. Naturg., *v.* 79 A fasc. 11 p. 169.

Flach, geradseitig, glänzend, hellbraun, Kopf, Scheibe des Halsschildes, ein kleiner Fleck an den Seiten des letzteren, Schildchen, Naht und Nebelfleck auf den Flügeldecken dunkler. Kopf hinten fein, vorn stärker punktiert, etwas rauh, Stirn mit 3 Höckerchen, Clipeus ausgerandet, jederseits abgerundet,

Wangen wenig vorstehend. Thorax in der Mitte gerundet erweitert, Hinterwinkel stumpf, sehr fein und größer, mittelstark und zerstreut punktiert. Schildchen längs eingedrückt. Flügeldecken mit deutlichen Punktstreifen, der 1. an der Naht ist tiefer eingedrückt, der Nebelfleck liegt gewöhnlich im 3.—7. Zwischenraume, manchmal ist er auch auf den 2. ausgedehnt. Zwischenräume flach, mit einzelnen feinen Pünktchen. Metasternum und Abdomen nicht dicht punktiert und behaart. Metatarsus so lang wie oberer Enddorn und 2 folgende Tarsenglieder. — L. 4 mm.

Japan, China, Ochotsk, Formosa.

605. **A. (N.) matthiesseni** Reitt. 1907 *A. (N.) m.*, Reitter in: D. ent. Z., p. 407.

Flach gewölbt, glänzend, hellbraun, Hinterkopf, Scheibe des Halsschildes ohne den Hinterrand, ein kleiner Fleck neben den Seiten und die Naht schwärzlich, der Nebelfleck ist wenig deutlich, er läßt die Basis, den 2. Zwischenraum, die Seiten bis zum 8. und die breite Spitze frei. Kopf vorn rötlich, hinten fein, vorn etwas stärker und dichter punktiert, Stirnnaht deutlich. Clipeus ausgerandet, jederseits abgerundet, Wangen stumpf, die Augen überragend. Thorax nach vorn schwach rundlich verschmälert, an den Seiten vereinzelt bewimpert, Hinterwinkel stumpf abgerundet, oberseits feiner und etwas größer, nicht dicht punktiert. Schildchenbasis vereinzelt punktiert. Flügeldecken flach gestreift, Streifenpunkte fein, kaum die Ränder kerbend, Nahtstreif an der Spitze tief eingedrückt, stark verschmälert, Zwischenräume flach, fein punktiert. Metasternum an den Seiten vereinzelt, das Abdomen in der ganzen Breite dichter punktiert und behaart. ♂. Enddorn der Vordertibien stark, an der Spitze umgebogen, Stirn in der Mitte mit deutlichem Höckerchen, Zwischenräume der Flügeldecken dichter punktiert. Stirn beim ♀ in der Mitte mit schwacher Erhöhung, die nach vorn längsbeulig ausgezogen ist. — L. 5,5—6 mm.

Persien.

606. **A. (N.) lividus** (Ol.)

Diese Art zerfällt in 4 Unterarten:

606a. **A. (N.) lividus lividus** (Ol.) 1789 *Scarabaeus l.*, A. G. Olivier, Ent., Col. *v.* 1 nr. 3 p. 86 t. 26 f. 222 (Gesamtbild) | 1792 *S. suturalis*, J. C. Fabricius, Ent. syst., *v.* 1 p. 28 | 1799 *S. vespertinus*, Panzer, Fauna Ins. Germ., *v.* 67 nr. 3 | 1801 *Aphodius obsoletus*, J. C. Fabricius, Syst Eleuth, *v.* 1 p. 70 | 1802 *Scarabaeus biliteratus*, Marsham, Ent. Brit., *v.* 1 p. 15 | 1823 *Aphodius discus*, Wiedemann in: Zool Mag, *v.* 21 p. 28 | 1846 *A. cincticulus*, Hope in: P. ent. Soc. London, *v.* 4 p. 147 | 1848 *A. spilopterus*, Germar in: Linn. ent, *v.* 3 p. 189 | 1851 *A. scutellaris*, Roth in: Arch. Naturg., *v.* 17 I p. 132 | 1858 *A. sequens*, F. Walker in: Ann. nat. Hist., ser. 3 *v.* 2 p. 207 | 1860 *A. maculicollis*, Montrouzier in: Ann. Soc. ent. France, ser. 3 *v.* 8 p. 268 | 1870 *A. (Labarrus) lividus*, E. Mulsant in: Ann. Soc. Agric. Lyon, ser. 4 *v.* 2 p. 516 | 1871 *A. l.*, Harold in: Berlin. ent. Z., *v.* 15 p. 258, 279 | 1892 *A. (Nialus) l.*, Reitter in: Verh. Ver. Brünn, *v.* 30 p. 202.

Biologie: 1834 Bouché, Naturg Ins., *v.* 1 p. 190 (Larve und Puppe beschrieben).

Diese Art hat die größte Ähnlichkeit mit der vorigen und unterscheidet sich in folgenden Punkten: Der Körper ist gewölbter, die feinen Punkte des Halsschildes kaum wahrnehmbar, bei *A. (N.) matthiesseni* Reitt. sind sie viel deutlicher, diese, sowie die größeren auch viel zahlreicher, der Nebelfleck ist dunkler und schärfer begrenzt, im 4. und 5. Zwischenraume bis zur Basis reichend, der 1. Zwischenraum immer dunkler als der 2., oft schwarz gefärbt, das 1. Glied der Hintertarsen deutlich länger als die 2 folgenden, bei *A. (N.)*

matthiesseni nur so lang wie diese, der Enddorn der Vordertibien stumpf zugespitzt, bei *A. (N.) matthiesseni* (nach Reitter) stumpf, mit umgebogener Spitze. — L. 3—6 mm.

Auf der ganzen Erde verbreitet.

606b. **A. (N.) lividus limicola** (Panz.) 1798 *Scarabaeus limicola*, Panzer, Fauna Ins. Germ., *v.* 58 nr. 6 | 1892 *A. (N.) lividus* var. *l.*, Reitter in: Verh. Ver Brünn, *v.* 30 p. 202.

Scheibenfleck des Halsschildes klein, Dorsalfleck der Flügeldecken fast geschwunden.

Vorkommen wie die Stammart.

606c. **A. (N.) lividus anachoreta** F. 1801 *A. a.*, J. C. Fabricius, Syst. Eleuth., *v.* 1 p. 74 | 1821 *A. limbatus*, Wiedemann & Germar in: Mag. Ent. Germar, *v.* 4 p. 129 | 1892 *A. (Nialus) lividus* var. *anachoreta*, Reitter in: Verh. Ver. Brünn, *v.* 30 p. 202.

Thorax und Flügeldecken schwarz, nur die Ränder und der 2. Zwischenraum der letzteren heller.

Deutschland, Österreich, Südafrika, Abessinien.

606d. **A. (N.) lividus innumerabilis** Ad. Schm. 1911 *A. l.* var. *i.*, Ad. Schmidt in: Ent. Zeit. Stettin, *v.* 72 p. 31 | 1913 *A. (Nialus) l.* var. *i.*, Ad. Schmidt in: Arch. Naturg., *v.* 79 A fasc 11 p. 169.

Thorax dicht, wenig ungleich punktiert, die größeren Punkte kleiner als bei der Stammart, Flügeldecken deutlich und dicht punktiert.

Galla-Land.

607. **A. (N.) vitellinus** Klug 1845 *A. v.*, Klug in: Ehrenberg, Symb. phys., Ins. *v.* 5 t. 42 f 7 (Gesamtbild) | 1870 *A. nitens*, E. Mulsant & Rey in: E. Mulsant, Opusc. ent., *v.* 14 p. 211 | 1871 *A. vitellinus*, Harold in: Berlin. ent. Z., *v.* 15 p. 258, 282 | 1892 *A. (Nialus) v.*, Reitter in: Verh. Ver. Brünn, *v.* 30 p. 203.

Wenig gewölbt, parallel, glänzend, einfarbig gelbbraun. Kopf fein, ziemlich dicht punktiert, Stirn mit 3 kleinen Höckerchen, Clipeus schwach ausgerandet, jederseits gerundet, Wangen sehr klein, nicht vorstehend. Thorax sehr fein punktiert, dazwischen einzelne, wenig größere Punkte. Schildchen etwas verlängert, in der Mitte schwach eingedrückt. Flügeldecken mit feinen, aber deutlichen Streifen, der Nahtstreif an der Spitze stark niedergedrückt, Streifenpunkte undeutlich, Zwischenräume sehr fein punktiert. Metasternum an den Seiten vereinzelt, das Abdomen dicht und fein punktiert und behaart. Oberer Enddorn so lang wie 1. Tarsenglied, dieses kürzer als die 3 folgenden. Diese Art ist dem *A. (N.) sturmi* Harold (nr. 600) sehr ähnlich, unterscheidet sich aber durch gehöckerten Kopf, schmaleres und längeres Schildchen und durch kürzeren Metatarsus. — L. 3 mm.

Syrien, Südeuropa, Nordafrika, Ägypten, Abessinien.

608. **A. (N.) calidus** Har. 1871 *A. c.*, Harold in: Berlin. ent. Z., *v.* 15 p. 258, 277 | 1913 *A. (Nialus) c.*, Ad. Schmidt in: Arch. Naturg., *v.* 79 A. fasc. 11 p. 169.

Kastanienbraun, glänzend, gewölbt. Kopf hinten fein, an den Seiten stärker und dichter punktiert, Stirn mit spitzem Mittelhöcker, der nach vorn kielartig verlängert ist, hinter demselben ist die Stirn eingedrückt, die seitlichen Höcker sind klein und quer, Clipeus ausgerandet und jederseits gerundet, Wangen stumpf, vorstehend. Thorax an den gerundeten Seiten wie der Kopf vereinzelt bewimpert, oberseits sehr fein und an den Seiten etwas größer punktiert, diese Punkte erreichen aber nicht den Rand, Hinterwinkel stumpf abgerundet. Schildchen an der Basis punktiert, mit seichtem Eindruck. Flügeldecken flach gestreift, Nahtstreif hinten viel tiefer und der Naht stark genähert, Streifenpunkte flach, aber deutlich, dicht gestellt, zur Spitze undeutlicher. Metasternum seitlich wenig dicht, Abdomen dicht punktiert und behaart. Oberer Enddorn gleich dem 1. Tarsengliede, dieses etwas länger als die 2 folgenden. — L. 5 mm.

Senegal.

609 **A. (N.) feculentus** (Fairm.) 1892 *Mendidius f.*, L. Fairmaire in: Rev. Ent. Franç., *v.* 11 p. 93 | 1913 *Aphodius (Nialus) f.*, Ad. Schmidt in: Arch. Naturg., *v.* 79 A fasc. 11 p. 169.

Wenig gewölbt, parallel, einfarbig rotbraun, glänzend. Kopf flach, fein, gleichmäßig punktiert, Stirn mit 3 sehr kleinen Höckerchen, Clipeus schmal verflacht, aufgebogen, wenig ausgerandet, jederseits abgerundet, Wangen sehr klein, kaum vorstehend. Thorax geradseitig, stark punktiert, vorn in der Mitte etwas feiner, Hinterwinkel stumpf. Schildchen schmal. Flügeldecken sehr deutlich gestreift, Nahtstreif hinten tiefer, der Naht genähert, Streifenpunkte kerben die Ränder, sie sind auch an der Spitze noch deutlich, Zwischenräume flach, fein punktiert. Metasternum in der Mitte fein, an den Seiten wie das Abdomen deutlicher und dichter punktiert und behaart. Oberer Enddorn so lang wie 1. Tarsenglied, dieses etwas kürzer als die 2 folgenden. — L. 4 mm.

Obock.

610. **A. (N.) linearis** Reiche & Saulcy 1856 *A. l.* + *A. cylindricus*, Reiche & Saulcy in: Ann. Soc. ent. France, ser. 3 *v.* 4 p. 394, 396 | 1871 *A. armiger*, Harold in: Berlin. ent. Z., *v.* 15 p. 257, 259 | 1892 *A. (Nialus) linearis*, Reitter in: Verh. Ver. Brünn, *v.* 30 p. 202.

Parallel, flach gewölbt, an den Seiten stärker herabgebogen, schwarz oder schwarzbraun, Vorderkopf und Beine rötlich. Kopf gerundet verengt, in der Mitte aufgetrieben, sehr deutlich punktiert, mit feinen Punkten untermischt, Clipeus jederseits mit spitzem, aufgebogenem Zähnchen, Wangen stumpf abgerundet, deutlich vorstehend, Stirnnaht angedeutet. Thorax seitlich etwas gerundet, oberseits mittelstark, wenig dicht punktiert, dazwischen sehr feine Punkte, Hinterwinkel stumpf abgerundet. Schildchen nicht sehr schmal, vorn parallel, überall punktiert. Flügeldecken deutlich gestreift, der Nahtstreif besonders hinten stärker vertieft, Streifenpunkte vor der Spitze und an den Seiten deutlicher, Zwischenräume sehr schwach gewölbt, vereinzelt, äußerst fein punktiert. Unterseite glänzend. Metasternum äußerst fein punktiert, Abdomen behaart. Enddorne der Hintertibien gleichlang, etwas kürzer als 1. Tarsenglied, dieses so lang wie 2 folgende. — L. 4—5 mm.

Frankreich, Spanien, Griechenland, Syrien, Ostsibirien.

611. **A. (N.) angustatus** Klug 1845 *A. a.*, Klug in: Ehrenberg, Symb. phys., Ins. *v.* 5 t. 42 f. 8 (Gesamtbild) | 1892 *A. (Nialus) a.*, Reitter in: Verh. Ver. Brünn, *v.* 30 p. 202.

Gestalt der vorigen Art, aber etwas kleiner, glänzend, schwarz. Kopf vorn rötlich, mehr geradlinig verengt, ebenso punktiert und in der Mitte erhaben, Clipeuszähnchen schwächer, entfernter, Wangen vorstehend. Thorax schwach gerundet, nicht sehr dicht, mittelstark punktiert, Hinterwinkel stumpf.

Schildchen schmaler, parallel. Flügeldecken sehr deutlich gestreift, alle Streifen zur Spitze tiefer, die Streifenpunkte kerben deutlich die Ränder, Zwischenräume an der Spitze stärker konvex. Metasternum an den Seiten und das Abdomen dicht punktiert und behaart. Oberer Enddorn der Hintertibien fast so lang wie das 1. Tarsenglied, dieses den 3 folgenden an Länge gleich. — L. 3,5—4 mm.

Ägypten, Senegal.

612. **A. (N.) venalis** Ad. Schm. 1911 *A. v.*, Ad. Schmidt in: Ent. Zeit. Stettin, *v.* 72 p. 25 | 1913 *A. (Nialus) v.*, Ad. Schmidt in: Arch. Naturg., *v.* 79 A fasc. 11 p. 169.

Durch die matte Oberfläche verschieden. Flach gewölbt, einfarbig braun. Kopf flach, die Mitte schwach erhöht, sehr fein und ziemlich dicht punktiert, vorn etwas eingedrückt, Clipeus abgestutzt, Wangen gerundet, nicht vorstehend. Thorax geradseitig, mit feinen, im Grunde glänzenden Punkten dicht besetzt, Hinterwinkel abgestutzt. Schildchen sehr schmal. Flügeldecken fein gestreift, mit flachen Punkten, Zwischenräume flach, der erste an der Spitze kaum verschmälert. Unterseite etwas glänzend, sehr fein punktiert. Metatarsus länger als oberer Enddorn, so lang wie 3 folgende Tarsenglieder. — L. 2,5 mm.

Ghinda, Marsaua.

Hierher gehören vielleicht auch folgende zwei Arten:

613. **A. (N.) cuniculus** Chevr. 1864 *A. c.*, Chevrolat in: Ann. Soc. ent. France, ser. 4 *v.* 4 p. 411 | 1871 *A. c.*, Harold in: Berlin. ent. Z., *v.* 15 p. 257, 271 | 1913 *A. (Nialus) c.*, Ad. Schmidt in: Arch. Naturg., *v.* 79 A fasc. 11 p. 169.

Gewölbt, parallel, heller oder dunkler rotbraun, Kopf und Thorax schwarzbraun. Kopf hinten leicht eingedrückt, Stirn mit 3 kleinen Tuberkeln, davor mit Quererhöhung, Clipeus leicht ausgerandet, daneben abgerundet, Wangen wenig vorstehend. Thoraxseiten heller, Hinterwinkel abgerundet, oberseits fein und größer, wenig dicht punktiert. Schildchen schmal. Flügeldecken tief gestreift, besonders der Nahtstreif vertieft, Streifen dicht, zur Spitze flacher punktiert, Zwischenräume gewölbt. 1. Glied der Hintertibien länger als oberer Enddorn und als die 2 folgenden Glieder. — L. 4—5 mm (ex Chevrolat).

Cuba, St. Domingo, Mexiko, Mittelamerika, Kleine Antillen.

614. **A. (N.) digitatus** Har. 1871 *A. d.*, Harold in: Berlin. ent. Z., *v.* 15 p. 258, 278.

Dem *A. (N.) lividus* Ol. (nr. 606) ähnlich, mäßig gewölbt, Seiten ziemlich parallel, glänzend, dunkel rotbraun, Vorderteil des Kopfes und Thorax rotgelb, letzterer mit einem braunen, herzförmigen Fleck, dessen Spitze gegen das Schildchen gerichtet ist, Flügeldecken rotgelb, mit dunkler Naht. Kopf hinten sehr fein, vorn gröber punktiert, Stirn 3 höckerig, die seitlichen Höcker schwach, mittlerer mit der Scheitelbeule vereint, Clipeus deutlich ausgerandet, jederseits gerundet. Thorax sehr fein punktiert, mit einzelnen größeren Punkten. Schildchen schmal, längs eingedrückt, gelbbraun, mit dunklern Rändern. Flügeldecken fein gestreift, Zwischenräume fein und ziemlich dicht punktiert. Metatarsus gleich dem obern Enddorne. Enddorn der Vordertibien sehr kräftig, an der Spitze hakig umgebogen. — L. 5 mm (ex Harold).

Ägypten.

uuu) Subgen. **Calamosternus** Motschulsky

1859 *A. (C.)*, Motschulsky in: Étud. ent., *v.* 8 p. 156 | 1896 *A. (Pseudesymus)*, H. Orbigny in: Abeille, *v.* 28 p. 218

Kleinere, gleichbreite, schwarze oder hell rötlichbraune Arten, Kopf gehöckert, Thoraxbasis gerandet, Schildchen parallel, Endborsten der Hintertibien gleichlang und kurz.

Körper kurz, gewölbt, glänzend, unbehaart, einfarbig schwarz, zuweilen die Flügeldecken gelb oder rötlich gelbbraun, auch rot mit schwarzer Naht, seltener einfarbig rötlichbraun. Kopf flach, deutlich punktiert, Clipeus ausgerandet, die Ecken mehr oder weniger stumpf, selten mit spitzem Zähnchen jederseits, Wangen deutlich. Thorax seitlich gerundet, deutlich, aber nicht dicht punktiert. Flügeldecken nur bei *A (C.) humeridens* Reitt. (nr. 619) mit Schulterdorn, immer deutlich gestreift. Schenkel und Tibien kurz. Die ♂ sind deutlicher gehöckert und haben meistens vertiefte Metasternalplatte.

Hierher gehören 9 Arten aus dem paläarktischen Gebiet (nr. 615—623).

Bestimmungstabelle der Arten:

1	Flügeldecken mit Schulterdorn, einfarbig schwarz, Thorax ziemlich dicht punktiert, Hinterwinkel abgeschrägt	619. **A. (C.) humeridens**
	Flügeldecken ohne Dorn — **2**	
2	Schwarz, einfarbig oder die Flügeldecken rot, gelb- oder rötlichbraun — **3**	
	Einfarbig rötlich- oder hellbraun, höchstens der Thorax etwas dunkler — **6**	
3	Clipeus jederseits mit spitzem Zähnchen, Flügeldecken rot mit schwarzer Naht	617. **A. (C.) spinosus**
	Clipeus höchstens stumpfwinklig — **4**	
4	Thorax fein punktiert, Metatarsus länger als 2 folgende Tarsenglieder, Flügeldecken gelb oder rötlichgelb mit schwarzer Naht	618. **A. (C.) lucidus**
	Thorax stärker punktiert, Metatarsus kurz — **5**	
5	Thorax sehr vereinzelt punktiert, Flügeldecken schwarz oder mit rötlichem Längsfleck oder hellerer Spitze	615. **A. (C.) granarius**
	Thorax dicht punktiert, Flügeldecken schwarz oder mit rötlicher Längsmakel	616. **A. (C.) trucidatus**
6	Flügeldecken mit schwärzlichem Skutellarfleck, Thorax ziemlich dicht und groß punktiert, Kopf mit drei Tuberkeln	620. **A. (C.) uniplagiatus**
	Flügeldecken einfarbig — **7**	
7	Kopf ohne deutliche Tuberkeln, Flügeldecken rötlichbraun, Streifen hinten tiefer, Clipeus kaum ausgerandet	621. **A. (C.) clermonti**
	Kopf deutlich gehöckert, Streifen hinten nicht tiefer, Clipeus deutlich ausgerandet — **8**	
8	Flügeldecken rötlichgelb, Kopf und Thorax dunkler, oberer Enddorn der Hintertibien kürzer als 1. Tarsenglied, dieses so lang wie 2 folgende Glieder . .	622 **A. (C. tricornifrons**
	Oberseite einfarbig rötlichbraun, oberer Enddorn länger als 1. Glied, dieses etwas länger als zwei folgende Glieder	623. **A. (C.) unicolor**

615. **A. (C.) granarius** (L.)

Diese Art zerfällt in 10 Unterarten:

615a. **A. (C.) granarius granarius** (L.) 1767 *Scarabaeus g*, Linné, Syst. Nat, ed. 12 *v.* 1 II p. 547 | 1774 *S. haemorrhoidalis*, Geer, Mém Hist. Ins., *v.* 4 p. 271 | 1798

S. quadrituberculatus, J. C. Fabricius, Ent. syst., suppl. p. 23 | 1799 *Aphodius niger*, Creutzer, Ent. Versuche, p. 20 | 1802 *A. inquinatus* var ξ., Illiger in: Mag Ins.-Kunde, *v.* 1 p. 24 | 1805 *A carbonarius*, Jac. Sturm, Deutschl. Fauna, Ins. Käf. *v.* 1 p. 128 t. 14 f C (Gesamtbild) | 1818 *A ater*, Thunberg in: Mém. Ac. St.-Pétersb., *v.* 6 p. 400 | 1830 *A. haemorrhous* + *A. lucens* + *A. emarginatus* + *A. melanopus*, J. F. Stephens, Ill. Brit. Ent., Mand *v.* 3 p. 196, 196, 198, 198 | 1832 *A elongatus*, Ménétriés, Cat. rais., p. 182 | 1835 *A. retusus*, Waltl, Reise Tyrol Spanien, pars 2 p 67 | 1844 *A. aterrimus*, Melsheimer in: P Ac. Philad., *v.* 2 p. 136 | 1846 *A. adelaidae*, Hope in: P. ent. Soc. London, *v.* 4 p. 146 | 1848 *A metallicus*, S. S. Haldeman in: J Ac. Philad., ser. 2 *v.* 1 p. 105 | 1848 *A. granarius*, Erichson, Naturg Ins Deutschl., Col. *v.* 3 p. 813 | 1870 *A. perezi*, Harold in: L. Heyden in: Berlin. ent. Z., *v.* 14 suppl. p. 113 | 1892 *A. (Calamosternus) granarius*, Reitter in: Verh. Ver. Brünn, *v.* 30 p. 189 | 1908 *A. (Orodalus) nama*, H. Kolbe in. Denk. Ges. Jena, *v.* 13 p. 126 | 1910 *A. (Calamosternus) n.*, Ad. Schmidt in: Schenkling, Col. Cat., fasc 20 p. 28.

Biologie: 1874 Schioedte in: Naturh Tidsskr., ser. 3 *v.* 9 p. 327 (Beschreibung der Larve) | 1892 Xambeu in: Echange, suppl p. 1 (Larve und Puppe beschrieben).

Körper schwarz, äußerster Seitenrand der Flügeldecken gewöhnlich rötlich. Kopf fast geradlinig nach vorn verengt, hier etwas rauh, hinten feiner und zerstreuter punktiert. Stirnnaht mit 3 Höckerchen, die seitlichen sind etwas quer, davor gewöhnlich mit undeutlicher Querrunzel, Clipeus ausgerandet, stumpf abgerundet, Wangen bewimpert, wenig vorstehend. Thorax seitlich gerundet, bewimpert, Hinterwinkel stumpf abgerundet, oberseits mit größeren Punkten bestreut, die aber die Mitte der Seiten freilassen, dazwischen sehr feine untermischt. Schildchen mit einigen Punkten, in der Mitte mehr oder weniger längsvertieft. Flügeldecken punktiert-gestreift, Streifen flach, mit ebensolchen Punkten, diese greifen in der Vorderhälfte die Zwischenräume wenig an, letztere flach, sehr fein punktiert. Unterseite glänzend, Abdomen dicht punktiert und behaart, Metasternum an den Seiten nur mit zerstreuten Punkten. Oberer Enddorn der Hintertibien so lang wie 1. Tarsenglied, dieses kürzer als 2 folgende Glieder. ♂. Stirnhöcker deutlicher, mittlerer spitz, dahinter die Stirn sehr fein und vereinzelt punktiert und schwach eingedrückt, Thorax breiter als die Flügeldecken. ♀. Stirnhöcker wenig entwickelt, Hinterkopf deutlicher und dichter punktiert, Thorax nach vorn deutlich verschmälert. — L. 3—5 mm.

Kommt in allen Erdteilen vor

615b. **A. (C.) granarius suturalis** Fald. 1835 *A. s*, Faldermann in: N Mém. Soc. Moscou, *v.* 4 p. 259 | 1878 *A vagus*, Marseul in: Abeille, ser 2 *v.* 16 nr. 14/15 Nouv & Faits p. 56 | 1892 *A. (Calamosternus) granarius* var. *suturalis*, Reitter in: Verh. Ver. Brünn, *v.* 30 p. 189.

Flügeldecken rotbraun, Naht und Seitenrand dunkler.

Transkaukasien.

615c. **A. (C.) granarius parcepunctatus** Muls. 1842 *A. g.* var. *p.*, E. Mulsant, Hist. nat. Col. France, Lamell. p. 199 | 1907 *A. (Calamosternus) g* var. *p.*, Ad. Schmidt in: D. ent. Z., suppl. p. 31.

Thoraxscheibe unpunktiert, die zuweilen rotbraunen Seiten mit nur sehr wenigen Punkten.

Vorkommen mit der Stammart.

615d. **A. (C.) granarius cribratus** Muls. 1842 *A g.* var *c.*, E. Mulsant, Hist. nat. Col. France, Lamell p. 199 | 1907 *A. (C.) g.* var. *c.*, Ad. Schmidt in: D. ent. Z., suppl. p. 31.

Thorax dicht punktiert.

Vorkommen mit der Stammart.

615e. **A. (C.) granarius rugosulus** Muls. 1842 *A. g.* var *r.*, E. Mulsant, Hist. nat. Col. France, Lamell. p. 199 | 1907 *A. (C.) g* var *r*, Ad. Schmidt in: D ent. Z., suppl. p. 31.

Zwischenräume der Flügeldecken dicht und deutlich punktiert.

Vorkommen mit der Stammart.

615f. **A. (C.) granarius concolor** Muls. 1842 *A. g.* var. *moestus* (non J. C. Fabricius 1801), E. Mulsant, Hist. nat. Col. France, Lamell. p. 199 | 1842 *A. g.* var. *concolor*, E. Mulsant, ibid., p. 199 | 1848 *A. spretus*, S. S. Haldeman in: J. Ac. Philad., ser. 2 *v.* 1 p. 106 | 1879 *A. granarius* var *basilaris*, Dalla Torre in: Ber Ver. Oberösterr., *v.* 10 p. 107 | 1907 *A. (Calamosternus) g.* var *moestus*, Ad. Schmidt in: D. ent. Z., suppl. p. 31.

Flügeldecken schwarz-, dunkel- oder rotbraun, Spitze heller.

Vorkommen mit der Stammart.

615g. **A. (C.) granarius signatus** nom. nov. Ad. Schm. 1879 *A. g.* var. *thoracicus* (non Fischer-Waldheim 1842), Dalla Torre in: Ber. Ver. Oberösterr., *v.* 10 p. 107 | 1907 *A. (Calamosternus) g.* var. *t.*, Ad. Schmidt in: D. ent. Z., suppl. p. 32.

Thoraxseiten in der Mitte mit roter Makel.

Vorkommen wie die Stammart.

615h. **A. (C.) granarius guadeloupensis** Fleut. & Sallé 1889 *A. g* var. *g.*, Fleutiaux & Sallé in: Ann. Soc. ent. France, ser 6 *v.* 9 p. 396 | 1913 *A. (Calamosternus) g.* var. *g.*, Ad. Schmidt in: Arch. Naturg, *v.* 79 A fasc. 11 p. 170 (nota).

Kleiner, dunkelbraun, Spitze der Flügeldecken rötlich, Schildchen verhältnismäßig größer, Flügeldecken tiefer gestreift. — L. 2,5—3,5 mm.

Guadeloupe.

615i. **A. (C.) granarius brunnescens** Reitt. 1892 *A. (C) g.* var. *b.*, Reitter in: Verh. Ver Brünn, *v.* 30 p. 189.

Schwarzbraun, mit hellern Tastern, Beinen und Flügeldecken und von kleinerer Gestalt.

Araxes, Syrien.

615j. **A. (C.) granarius ragusanus** Reitt. 1892 *A. (C.) g.* var *apicalis* (non E. Mulsant 1842), Ragusa in: Natural. Sicil., *v.* 12 p. 8 | 1906 *A. (C.) g.* var *ragusanus*, Reitter in: L. Heyden, Reitter & Weise, Cat. Col Eur Caucas., ed. 2 p. 718.

Flügeldecken mit heller Spitzenmakel. Körper kleiner.

Sizilien.

616. **A. (C.) trucidatus** Har.

Diese Art zerfällt in 2 Unterarten:

616a. **A. (C.) trucidatus trucidatus** Har 1863 *A. t.*, Harold in: Berlin. ent. Z., *v.* 7 p. 332, 351 | 1871 *A. rutilipennis*, Harold in: ibid., *v.* 15 p. 253 | 1892 *A. (Calamosternus) trucidatus*, Reitter in: Verh. Ver. Brünn, *v.* 30 p. 189.

Unterscheidet sich von der vorigen Art durch kürzere, breitere Gestalt und dichtere Punktierung. Kopf sehr dicht, auch hinten, vorn rauh punktiert, Stirn gehöckert, Clipeus ausgerandet, jederseits stumpf gerundet, Wangen stumpf abgerundet, wenig vorstehend. Thorax mit gerundeten Seiten, diese einzeln bewimpert, Hinterwinkel stumpf gerundet, ziemlich dicht und sehr deutlich punktiert, die Punkte in der Größe wenig verschieden. Schildchen nicht dicht punktiert. Flügeldecken kaum $1^1/_3$ so lang wie breit, flach gestreift, Streifenpunkte kerben die flachen Zwischenräume, diese deutlich punktiert wie die Unterseite und Schenkel. Enddorne der Hintertibien gleichlang, länger als 1. Tarsenglied, dieses wenig länger als 2 Glieder. — L. 2,5—4 mm.

Spanien, Algier, Griechenland, Cypern, Kleinasien, Armenien, Syrien, Kurdistan, Astrachan.

616b. **A. (C.) trucidatus suturifer** Reitt. 1892 *A. (C.) t.* var. *s.*, Reitter in: Verh. Ver. Brünn, *v.* 30 p. 189

Flügeldecken rot, Naht und Seitenrand hinten angedunkelt. Unterscheidet sich von dem ihm ähnlichen *A. (C.) granarius* var. *suturalis* Faldermann (nr. 615b) durch dichtere, gleichmäßige Punktierung des Halsschildes und dichtere Punktierung der Flügeldecken.

Transkaspien, Astrachan.

617. **A. (C.) spinosus** D. Koshant. 1894 *Mendidius s.*, D. Koshantschikow in: Horae Soc. ent. Ross., *v.* 28 p. 107 | 1913 *Aphodius (Calamosternus) s.*, Ad. Schmidt in: Arch. Naturg., *v.* 79 A fasc. 11 p. 170.

In der kürzeren und breiteren Gestalt *A. (C.) trucidatus* Har., in Färbung der Flügeldecken *A. (C.) trucidatus suturifer* Reitter und *A. (C.) granarius suturalis* Fald. ähnlich. Die Art unterscheidet sich von allen *Calamosternus*-Arten durch den gezähnten Clipeus. Kopf wie *A. (C.) trucidatus* punktiert. Thorax stark gewölbt, feiner und stärker, weniger dicht als *A. (C.) trucidatus* punktiert, die Seiten nur mit feinen Punkten, Hinterwinkel sehr schräg abgerundet. Schildchen vorn punktiert. Flügeldecken mit feinen Punktstreifen, Zwischenräume flach, sehr fein punktiert. Seiten der Hinterbrust weniger dicht punktiert und behaart als das Abdomen. Hinterschenkel in der Mitte und Hintertibien zur Spitze stark verbreitert, oberer Enddorn der letzteren länger als 1. Tarsenglied, dieses wenig länger als 2 folgende Glieder. — L. 3—5,5 mm.

Westturkestan.

618. **A. (C.) lucidus** Klug 1845 *A. l.*, Klug in: Ehrenberg, Symb. phys., Ins. *v.* 5 nr 2 t. 42 f. 1 (Gesamtbild) | 1864 *A. taeniatus*, Wollaston, Cat. Col. Canar., p. 189 | 1871 *A. lucidus*, Harold in: Berlin. ent. Z., *v.* 15 p. 253 | 1892 *A. (Calamosternus) l.*, Reitter in: Verh. Ver. Brünn, *v.* 30 p. 190 | 1896 *A. (Pseudesymus) l.*, H. Orbigny in: Abeille, *v.* 28 p. 218 | 1910 *A. (Calamosternus) l.*, Ad. Schmidt in: Schenkling, Col. Cat., fasc. 20 p. 37

Länglich, gewölbt, glänzend, Unterseite, Kopf, Thorax, Schildchen und Naht schwarz, Flügeldecken gelb- oder rötlichbraun. Kopf fein punktiert, gehöckert, Clipeus schwach ausgerandet, jederseits abgerundet, Wangen stumpfwinklig. Thorax herabgewölbt, sparsam bewimpert, Hinterwinkel stumpf abgerundet, sehr fein und größer, aber nicht dicht punktiert. Schildchen vorn mit einigen Pünktchen, die Mitte und Spitze schwach erhöht. Flügeldecken flach gestreift, Streifenpunkte fein, nicht die Ränder der Zwischenräume kerbend, diese flach, nicht dicht, aber sehr fein punktiert. Beine bräunlich, Abdomen und Seiten der Hinterbrust dicht punktiert und behaart. 1. Glied der Hintertarsen länger als oberer Enddorn, den 2 folgenden Gliedern an Länge gleich. — L. 5—6 mm.

Nordafrika, Kanarische Inseln, Ägypten, Arabien, Turkestan, Transkaspien

619. **A. (C.) humeridens** Reitt. 1898 *A. h.*, Reitter in: D. ent. Z, p. 341 | 1913 *A. (Calamosternus) h.*, Ad. Schmidt in: Arch. Naturg., *v.* 79 A fasc. 11 p. 170.

Breit und kurz, schwarz. Kopf bis zur Stirnlinie rauh, dahinter feiner und zerstreuter punktiert, Stirnlinie in der Mitte mit kleinem, rundlichem

Höcker, vor den Augen quer und unbedeutend erhöht, Clipeus ausgerandet, jederseits stumpf gerundet, Wangen klein, rundlich, wenig vorstehend. Thorax an den Seiten leicht gerundet, nicht bewimpert, Hinterwinkel abgeschrägt, oberseits ziemlich dicht, wenig ungleich punktiert. Schildchen verhältnismäßig lang, punktiert. Schulterzahn nach vorn gerichtet, Flügeldecken hinten rötlich durchscheinend, fein gestreift, Streifenpunkte undeutlich, Zwischenräume flach, vereinzelt fein punktiert, der erste sehr breit, dachförmig, vor der Spitze stark verschmälert. Abdomen ziemlich lang behaart, Metasternalplatte mit vertiefter Mittellinie und feiner Punktierung. Vordertibien stark verbreitert. Oberer Enddorn der Hintertibien verbreitert, länger als 1. Tarsenglied, dieses etwas länger als 2 folgende Glieder. — L. 4 mm.

Sivas.

620. **A. (C.) uniplagiatus** C. O. Waterh. 1875 *A. u.*, C. O. Waterhouse in: Tr. ent. Soc. London, p. 84 | 1913 *A. (Calamosternus) u.*, Ad. Schmidt in: Arch. Naturg., *v.* 79 A fasc. 11 p. 170.

Länglich, schwarz, Vorderrand des Kopfes und Seiten des Halsschildes rötlich durchscheinend, Flügeldecken rötlichbraun, mit dunklem Skutellarfleck. Kopf punktiert, am Vorderrande erloschener, Stirn mit 3 Höckerchen, Clipeus ausgerandet, jederseits gerundet, Wangen stumpfwinklig, vorstehend. Thorax seitlich schwach gerundet, sparsam bewimpert, Hinterwinkel stumpf abgerundet, sehr deutlich und ziemlich dicht punktiert. Schildchen nur mit wenigen Pünktchen. Flügeldecken flach gestreift, mit ebensolchen Streifenpunkten, diese kerben nicht die Ränder der flachen, sehr fein und vereinzelt punktierten Zwischenräume, Skutellarfleck nicht scharf begrenzt, er bedeckt an der Basis die 4 ersten Zwischenräume und reicht bis $^3/_4$ der Länge. Oberer Enddorn nicht so lang wie 1. Tarsenglied, dieses reichlich so lang wie die 2 folgenden Glieder. — L. 4 mm.

Japan.

621. **A. (C.) clermonti** Reitt. 1907 *A. (C.) c.*, Reitter in: D. ent. Z., p. 407.

Etwas schmaler als vorhergehende Art, von derselben Farbe, aber der Thorax auf der Scheibe nur wenig dunkler, Flügeldecken einfarbig. Kopf feiner punktiert, Stirnnaht in der Mitte nur mit flacher Erhöhung, Clipeus sehr schwach ausgerandet, jederseits breit gerundet, Wangen klein, nicht vorstehend. Thorax feiner und zerstreuter punktiert. Schildchen von der Farbe der Flügeldecken. Letztere fein gestreift, mit undeutlichen Streifenpunkten, Zwischenräume flach, vereinzelt und sehr fein punktiert. 1. Tarsenglied der Hintertibien wenig länger als oberer Enddorn, so lang wie 2 folgende Glieder. — L. 3,5 mm.

Transkaukasien.

622. **A. (C.) tricornifrons** Reitt. 1909 *A. (C.) t.*, Reitter in: Wien. ent. Zeit., *v.* 28 p. 76.

Schmal, länglich, gelbbraun, Hinterkopf und Thoraxscheibe dunkler. Kopf sehr fein punktiert, Stirn mit 3 Höckerchen, Clipeus ausgerandet, jederseits stumpfwinklig, Wangen bewimpert, die Augen überragend. Thorax fein punktiert, feiner als bei *A. (C.) clermonti* Reitt., der Unterschied zwischen den größeren und feineren Punkten ist sehr gering, Hinterwinkel an der Spitze abgerundet. Schildchen punktiert. Flügeldecken fein gestreift, die seichten Streifenpunkte greifen die Ränder etwas an, Zwischenräume flach, fein punktiert, zur Spitze etwas dichter und größer. Oberer Enddorn der Hintertibien fast so lang wie 1. Tarsenglied, dieses den 2 folgenden an Länge gleich. — L. 4—4,5 mm.

Uralsk.

623. **A. (C.) unicolor** (Ol.) 1789 *Scarabaeus u.*, A. G. Olivier, Ent., Col *v.* 1 nr. 3 p. 183 t. 28 f 244 (Gesamtbild) | 1842 *Aphodius ferrugineus*, E. Mulsant, Hist. nat. Col. France, Lamell. p. 233 | 1860 *A. cognatus* (part.), L. Fairmaire in: L. Fairmaire & Coquerel in: Ann Soc ent. France, ser. 3 *v.* 8 p. 172 | 1871 *A. ferrugineus*, Harold in: Berlin. ent. Z., *v.* 15 p. 258, 276 | 1892 *A. (Calamosternus) f.*, Reitter in: Verh. Ver Brünn, *v.* 30 p. 190 | 1911 *A. unicolor*, Bedel in: Bull. Soc ent. France, p. 378 | 1913 *A. (Calamosternus) u.*, Ad Schmidt in: Arch. Naturg., *v.* 79 A fasc. 11 p. 170.

Breiter als vorige Art, einfarbig hell kastanienbraun. Kopf deutlich, hinten feiner und zerstreuter punktiert, Stirn mit 3 Höckerchen, Clipeus ausgerandet, jederseits stumpf gerundet, Wangen rundlich, nicht vorstehend. Thorax nach der Mitte gerundet erweitert, vereinzelt bewimpert, Hinterwinkel stumpf gerundet, sehr ungleich, vereinzelt punktiert. Schildchen breit, deutlich punktiert. Flügeldecken fein gestreift, Streifenpunkte fein, nicht deutlich die Ränder kerbend, Zwischenräume flach, mit einzelnen feinen Punkten. Metatarsus kürzer als oberer Enddorn und als 2 folgende Tarsenglieder. — L. 5—5,5 mm.

Spanien, Südfrankreich, Sizilien, Algier, Marokko, Senegal, Arabien.

vvv) Subgen. **Aphodinus** Motschulsky

1862 *A.*, Motschulsky in: Étud. ent., *v.* 11 p. 55 (sine descr.).

624. **A. (A.) castanicolor** Motsch. 1858 *Aphodius c.*, Motschulsky in. Étud. ent., *v.* 7 p. 54.

Länglich, parallel, glänzend, Thorax am Rande und die Flügeldecken etwas heller. Clipeus ausgerandet, Kopf gewölbt, einzeln punktiert. Thorax an der Basis gerandet, stark, nicht dicht punktiert, Hinterwinkel stumpf. Schildchen klein, längs eingedrückt. Flügeldecken fast so breit wie der Thorax, konvex, tief punktiert-gestreift, Zwischenräume fast flach, unpunktiert. Hintertibien mit gleichlangen Endborsten. — L. 4 mm (ex Motschulsky).

Birma.

625. **A. (A.) cancelliventris** Motsch. 1858 *Aphodius c.*, Motschulsky in: Étud. ent., *v.* 7 p. 55.

Der vorigen Art sehr ähnlich, aber schwarz oder schwarzbraun gefärbt, etwas länglicher und größer, Zwischenräume der Flügeldecken ein wenig konvex (ex Motschulsky).

Birma.

626. **A. A. compacticollis** Motsch. 1858 *Aphodius c.*, Motschulsky in: Étud. ent., *v.* 7 p. 55.

Dem *A. castanicolor* Motsch. sehr ähnlich, aber dunkler gefärbt. Er unterscheidet sich hauptsächlich durch die vertiefte Stirnlinie, das sehr sparsam punktierte Halsschild, mehr ovale, feiner punktiert-gestreifte Flügeldecken (ex Motschulsky).

Birma.

Die Beschreibungen folgender Arten gaben keinerlei Anhaltspunkte für die Zugehörigkeit zu einem der vorstehenden Subgenera (nr. 627—686).

A. Paläarktisches Gebiet

627. **A. beloni** Muls. & A Godart 1879 *A. b.*, E. Mulsant & A. Godart in: Ann. Soc. Linn. Lyon, ser. 2 *v.* 26 p. 123.

Länglich, mäßig konvex, glänzend, Kopf und Thorax schwarz, Flügeldecken gelblichrot, mit schwarzen Makeln an der Naht, vor der Spitze und an den Seiten. Kopf fein, nicht sehr dicht punktiert, mit 3 Höckerchen. Thorax mit hellen Seiten, sehr fein an der Basis gerandet, stärker punktiert als der Kopf. Schildchen schwarz. Flügeldecken nach hinten wenig erweitert, fein gestreift, Streifenpunkte kaum kerbend, Zwischenräume flach, vereinzelt fein punktiert. — L. 4 mm (ex E. Mulsant).

Mosul.

628. **A. clypeatus** Fisch.-Waldh. 1821 *A. c.*, Fischer-Waldheim, Lettre Pander, p. 11.

Schwarzbraun, Kopf breit, Thorax schwarz, mit hellem Rande, Flügeldecken gelblich, an den Seiten mit dunkler Makel. Größe ? (ex Fischer-Waldheim).

Buchara.

629. **A. hirtipes** Fisch.-Waldh. 1844 *A. h.*, Fischer-Waldheim in: Bull. Soc. Moscou, *v.* 17 p. 45.

Schwarz, glänzend, Flügeldecken schwarzbraun, an der Spitze kurz behaart. Kopf mit Mitteltuberkel, Clipeus leicht ausgerandet. Thorax grünlich scheinend. Flügeldecken tief gestreift. — L. 6 mm (ex Fischer-Waldheim).

Südrußland.

630. **A. lividipennis** C. O. Waterh. 1875 *A. l.*, C. O. Waterhouse in: Tr. ent. Soc. London, p. 81.

Länglich, konvex, schwarz, wenig glänzend, die gelbbraunen Flügeldecken glänzender. Kopf zerstreut, schwach punktiert, Stirn mit sehr schwacher Erhöhung in der Mitte, Clipeus rötlich, leicht ausgerandet. Thorax zerstreut und stark punktiert, wenig gerundet, Hinterwinkel schräg abgestutzt, Basis ungerandet, Schildchen schwach herzförmig, glänzend, vereinzelt punktiert. Flügeldecken stark gestreift, mit ebensolchen Streifenpunkten, Naht angedunkelt, Zwischenräume leicht erhaben, sehr fein und vereinzelt punktiert. Metatarsus deutlich länger als oberer Enddorn. — L. 6 mm (ex C. O. Waterhouse).

Japan.

631. **A. marginatus** Fisch.-Waldh. 1842 *A. m.*, Fischer-Waldheim, Cat. Col. Sibir., p. 11.

Schwarz, Kopf mit 3 schwachen Höckerchen, Thoraxrand rötlich, Flügeldecken schwarzbraun, einzeln behaart (ex Fischer-Waldheim). — L. ?

Ostsibirien.

632. **A. micros** F. Walker 1871 *A. m.*, F. Walker, List Col. Lord, p. 12.

Rotbraun, Kopf und Thorax dicht und fein punktiert, Clipeus abgestutzt, Flügeldecken fein, aber deutlich gestreift. — L. 2 mm (ex F. Walker).

Nordafrika

633. **A. ovalis** C. O. Waterh. 1875 *A. o.*, C. O. Waterhouse in: Tr. ent. Soc. London, p. 89.

Diese Art ähnelt *A.* (*O.*) *tristis* Zenk. (nr. 494), ist ebenso gefärbt, aber etwas kürzer, mehr konvex. Kopf deutlicher punktiert. Thorax weniger breit, ungleich punktiert. Schildchen dreieckig, an der Basis vereinzelt punktiert. Flügeldecken deutlich gestreift, Zwischenräume fast flach, sehr fein, vereinzelt punktiert (ex C. O. Waterhouse). Größenangabe fehlt.

Japan.

634. **A. pedrosi** Woll. 1854 *A. p.*, Wollaston, Ins. Mader., p. 226.

Kurz, nach vorn verschmälert, glänzend, schwarzbraun, Flügeldecken rotbraun. Kopf rauh punktiert, mit schwachen Tuberkeln, Clipeus abgestutzt, rötlich. Thorax vorn schmaler, groß punktiert, besonders seitlich, Seiten heller gefärbt. Flügeldecken punktiert-gestreift, Zwischenräume fast unpunktiert. — L. 4 mm (ex Wollaston).

Madeira.

635. **A. rendalli** Woll. 1867 *A. r.*, Wollaston, Col. Hesperid., p. 61.

Glänzend, gelbbraun, Kopf und Thorax etwas dunkler, dicht, gleichmäßig punktiert. Clipeus deutlich ausgerandet. Thorax an den Seiten gerundet. Flügeldecken tief gestreift, Streifenpunkte nicht kerbend, Zwischenräume etwas erhaben, fein, aber deutlich punktiert. — L. 3,5 mm (ex Wollaston).

St. Vicente.

636. **A. signatipennis** Muls. 1852 *A. s.*, E. Mulsant in: E. Mulsant & Wachanru in: Mém. Ac. Lyon, ser. 2 *v.* 2 p. 6.

Länglich, mäßig konvex, glänzend; Kopf schwarz oder schwarzbraun, nach vorn heller, punktiert, Clipeus in der Mitte etwas herabgebogen. Thorax kastanienbraun, mit helleren Seiten und hellerer Basis, wenig dicht, etwas ungleich verteilt punktiert, ohne Basalrand. Schildchen braun. Flügeldecken parallel, gelbbraun, mit 2 dunklen Makeln, die eine an der Seite, die andere hinter der Mitte im 4. Zwischenraume, die ersten Dorsalstreifen etwas dunkler, Streifenpunkte fein. — L. 7,2 mm (ex E. Mulsant).

Caramanien.

637. **A. stercorarius** Muls. 1870 *A. s.*, E. Mulsant & Rey in: E. Mulsant, Opusc. ent., *v.* 14 p. 208.

Länglich, sehr mäßig konvex, glänzend, gelbbraun, Hinterkopf, Scheibe des Halsschildes und der Flügeldecken dunkler. Kopf fein punktiert, beim ♂ schwach 3höckerig. Thorax jederseits mit dunklem Fleck, fast ohne Rand an der Basis. Schildchen vorn parallel. Flügeldecken fein gestreift, mit etwas kerbenden Streifenpunkten, Zwischenräume flach, fein, wenig dicht punktiert. Metatarsus so lang wie 2 folgende Tarsenglieder. — L. 5,5 mm (ex E. Mulsant).

Mesopotamien.

638. **A. (Chilothorax) subpolitus** Motsch. 1860 *C. s.*, Motschulsky in: Schrenck, Reis. Amur-L., *v.* 2 II p. 132.

Die Beschreibung der Art besteht nur aus einigen vergleichenden Bemerkungen.

Sibirien.

639. **A. thoracicus** Fisch.-Waldh. 1842 *A. t.*, Fischer-Waldheim, Cat. Col. Sibir., p. 23.

Schwarz, Kopf gehöckert, Thorax konvex, vorn gerandet, Flügeldecken punktiert-gestreift. Größenangabe fehlt (ex Fischer-Waldheim).

Sibirien.

640. **A. (Chilothorax) variipennis** nom. nov. Ad. Schm. 1860 *C. variegatus* (non J. F. W. Herbst 1783), Motschulsky in: Schrenck, Reis. Amur-L., *v.* 2 II p. 132.

Dem *A. (Agolinus) guttatus* Eschz. (nr. 538), ähnlich, aber viel kleiner, Thorax stärker gerundet, die Basis in der Mitte etwas hervorgezogen, Flügeldecken rötlichgelb, mit dunklen Makeln, schachbrettartig bedeckt, Kopf 3 höckerig (ex Motschulsky).

Sibirien.

B. Indisches Gebiet

641. **A. atricapillus** (F.) 1798 *Scarabaeus a.*, J. C. Fabricius, Ent. syst., suppl. p. 24.

Klein, Gestalt des *A. (Esymus) merdarius* (F.) (nr. 468), grau, nur der Kopf schwarz, Flügeldecken gestreift (ex J. C. Fabricius).

Ostindien.

642. **A. (Strongylothorax) carinipennis** Motsch. 1858 *A. c.*, Motschulsky in: Étud. ent., *v.* 7 p. 56.

In Gestalt und Färbung dem *A. (Pharaphodius) marginellus priscus* Motsch. (nr. 93b) ähnlich, aber in allen Teilen des Körpers mehr quer, besonders die Flügeldecken, diese nach hinten erweitert, mit konvexen, behaarten Zwischenräumen beim ♂, vor der Spitze mit heller Makel. Kopf vorn mehr abgestutzt, Thorax hat alle Ränder heller (ex Motschulsky).

Birma.

643. **A. deplorandus** Ad. Schm. 1858 *A. mixtus* (non Villa 1833), Motschulsky in: Étud. ent., *v.* 7 p. 56 | 1907 *A. deplorandus*, Ad. Schmidt in: D. ent. Z., p. 202.

Etwas kleiner als *A. (Pharaphodius) marginellus priscus* Motsch. (nr. 93b), Thorax schmaler, schwächer gerandet und mehr nach vorn verengt, schwarzbraun, weniger gedrängt punktiert (ex Motschulsky).

Birma.

644. **A. impudicus** F. 1801 *A. i.*, J. C. Fabricius, Syst. Eleuth., *v.* 1 p. 81.

Klein, schwarz, Flügeldecken mit hellerem Rande. Kopf gerundet, wenig ausgerandet. Thorax glatt, glänzend. Flügeldecken gestreift, Beine rotbraun (ex J. C. Fabricius).

Ostindien.

645. **A. piceoniger** (Motsch.) 1863 *Liothorax p.*, Motschulsky in: Bull. Soc. Moscou, *v.* 36 II p. 461.

Länglich-oval, Seiten fast parallel, schwach konvex, schwarzbraun, Ränder des Kopfes und Halsschildes heller. Kopf fein punktiert, hinten glatt, mit eingedrückter Stirnlinie. Thorax vereinzelt punktiert. Schildchen dreieckig. Flügeldecken punktiert-gestreift. — L. 4 mm (ex Motschulsky).

Ceylon.

C. Australisches Gebiet

646. [1]) **A. fortipes** Broun 1886 *A. f.*, Broun, Man. N. Zealand Col., pars 3/4 p. 954.

Seiten parallel, schmal, mäßig konvex, glänzend, schwarzbraun, die Ränder des Kopfes und Halsschildes heller. Kopf fein und zerstreut punktiert. Thorax wie der Kopf punktiert, mit einzelnen größeren Punkten längs der Basis. Flügeldecken mit zahnartiger Schulter, stark punktiert-gestreift, Zwischenräume breit und fein punktiert. Enddorn der Hintertibien so lang wie 2 Tarsenglieder. — L. 3,5 mm (ex Broun).

Neu-Seeland

647. [1]) **A. raoulensis** Broun 1910 *A. r.*, Broun in: Tr. N Zealand Inst., *v.* 42 p. 295

Seiten parallel, etwas schmal, mäßig konvex, unbehaart, schwarzbraun, Kopfrand rötlich. Kopf fein und ziemlich dicht, vorn undeutlicher punktiert. Thorax nach hinten etwas verschmälert, die Seiten leicht gerundet, Hinterwinkel deutlich, oberseits unregelmäßig grob punktiert, vorn feinere Punkte eingestreut. Schildchen länglich und schmal. Flügeldecken stark punktiert-gestreift, Streifenpunkte an den Seiten weniger dicht, Zwischenräume ziemlich dicht punktiert. Bauchsegmente mit Querreihe feiner Punkte an der Basis. Mittelschenkel weiter entfernt. Metatarsus kaum so lang wie oberer Enddorn. — L. 5 mm (ex Broun).

Neu-Seeland.

648. [1]) **A. sulcatissimus** Broun 1911 *A. s.*, Broun in: Tr. N. Zealand Inst, *v.* 43 p. 101.

Seiten parallel, mäßig konvex, glänzend, glatt, schwärzlich, Thoraxseiten und Füße rötlich. Flügeldecken zuweilen rotbraun, Kopf ungehöckert, am Clipeus ausgerandet, verflacht, fein und zerstreut, hinten zuweilen dichter und stärker punktiert. Thorax an den Seiten fast gerade, Hinterwinkel gerundet, fein und zerstreut punktiert. Schildchen schmal. Flügeldecken mit Schulterdorn, jede Decke mit 6 Dorsalstreifen, von denen die 3 lateralen weniger tief sind, Zwischenräume sehr fein punktiert, die medialen mäßig breit, die lateralen schmaler, deutlich konvex. Bauchsegmente mit Querreihe grober Punkte. Oberer Enddorn der Hintertibien so lang wie 2 Tarsenglieder. — L. 3,5 mm (ex Broun).

Pitt Island.

D. Afrikanisches Gebiet

649. **A. atomus** Fairm. 1897 *A. a.*, L. Fairmaire in: Ann. Soc. ent. Belgique, *v.* 41 p. 370.

Länglich, konvex, glänzend, schwarzbraun, Flügeldecken wenig heller. Kopf nach vorn verschmälert, breit ausgerandet, jederseits stumpfwinklig, in der Mitte beulig erhaben, jederseits eingedrückt, fein punktiert und schmal rötlich gerandet. Thorax vorn nicht deutlich verschmälert, die Seiten parallel, Scheibe fein und dicht punktiert, Hinterwinkel fast gerundet, Basis nicht gerandet. Schildchen klein, dreieckig. Flügeldecken fein gestreift, die Zwischenräume fast eben, sehr fein punktiert. Vordertibien 2zähnig. — L. 2 mm (ex L. Fairmaire).

Madagaskar.

---

[1]) Diese 3 Arten gehören jedenfalls zu *Saprosites* L. Redtenbacher (Genus 21).

650. **A. badius** Boh. 1857 *A. b.*, Boheman, Ins. Caffr., *v.* 2 p. 357.

Rotbraun, Flügeldecken kurz behaart. Kopf wenig konvex, fein punktiert, Clipeus leicht ausgerandet. Thorax mit wenig gerundeten Seiten, Hinterwinkel stumpf, Basis ungerandet, sehr fein und dicht, an den Seiten etwas deutlicher punktiert. Schildchen dreieckig. Flügeldecken hinten nicht verbreitert, deutlich gestreift. — L. 3 mm (ex Boheman).

Limpopo-Fluß.

651. **A. binotatus** Thunb. 1818 *A. b.*, Thunberg in: Mém. Ac. St.-Pétersb., *v.* 6 p. 401.

Größe und Gestalt von *Melolontha horticola*, schwarz, die Seiten des Halsschildes heller, Flügeldecken hellbraun, die Naht, eine Makel in der Mitte der Flügeldecken und Seitenrand schwarz. Kopf punktiert. Thorax in den helleren Seiten mit schwarzer Makel. Schildchen schwarz. Flügeldecken punktiert-gestreift (ex Thunberg).

Kap.

652. **A. brunneus** Thunb. 1818 *A. b.*, Thunberg in: Mém. Ac. St.-Pétersb., *v.* 6 p. 401.

Größe des *A. (Esymus) merdarius* (F.) (nr. 468), schwarz, Thorax in den Vorderwinkeln und Flügeldecken rotbraun (ex Thunberg).

Kap.

653. **A. spadix** nom. nov. Ad. Schm 1859 *A. concolor* (non E. Mulsant 1842), Harold in: Berlin. ent. Z., *v.* 3 p. 215.

Dunkel kastanienbraun, glänzend, mäßig gewölbt. Kopf ungleichmäßig fein punktiert, Clipeus abgestutzt, Wangen abgerundet. Thorax nach vorn verschmälert, ungleich und dicht punktiert, Basis ungerandet, die Seiten mit kleinem, rötlichem Fleck auf schwacher Erhöhung. Schildchen dreieckig, am Rande etwas vertieft. Flügeldecken sehr länglich, hinten stark erweitert, fein punktiert-gestreift, Zwischenräume mäßig gewölbt, fein punktiert, heller als Kopf und Thorax. Endborsten der Hintertibien ungleich. Metatarsus so lang wie oberer Enddorn und 2 folgende Tarsenglieder. Kopf beim ♂ stark abwärts gebogen, hinten glatt, Stirn mit stumpfem Höcker. Kopf beim ♀ flach, am Hinterrande fein punktiert, Naht zwischen Augen und Scheitelhöcker schwächer. — L. 5 mm (ex Harold).

Kap.

654. **A. crux** Wiedem. 1823 *A. c.*, Wiedemann in: Zool. Mag., *v.* 21 p. 26.

Ziemlich schlank. Kopf etwas rötlichbraun, vorn ziemlich verschmälert, jederseits gerundet, mit schwacher Kreuzleiste, die nach vorn breiter und hier von einer flachen dreieckigen Beule begrenzt wird, zwischen ihr und dem Vorderrande liegt eine etwas gekrümmte mondförmige Quervertiefung. Thorax fast bräunlichschwarz, die Seiten heller, oberseits fein punktiert. Flügeldecken schwach gestreift, Zwischenräume äußerst fein punktiert und fein behaart, deshalb wenig glänzend, die 2 ersten Zwischenräume sind dunkel gelblichbraun, der 3. und 4. schwärzlich, die folgenden eichelbraun. — L. 5—6 mm (ex Wiedemann).

Kap.

655. **A. ditus** Péring. 1901 *A. d.*, Péringuey in: Tr. S Afr Soc., *v.* 12 p. 388.

Rotbraun, Kopf, Mitte des Halsschildes und der Flügeldecken schwarzbraun, glänzend. Clipeus verschmälert, leicht ausgerandet, Hinterkopf fein punktiert. Thoraxseiten fast parallel, Basis ungerandet, tief und ziemlich dicht punktiert. Schildchen unpunktiert. Flügeldecken tief gestreift und deutlich punktiert, Zwischenräume glatt, konvex, an den Seiten und der Spitze mehr erhaben. — L. 4 mm.

Natal.

656. **A. dubiosus** Péring. 1901 *A. d.*, Péringuey in: Tr S. Afr. Soc., *v.* 12 p. 398.

Kopf und Thorax ohne die Seiten rötlichgelb, Flügeldecken gelbbraun, letztere mit dunkler Naht und dunklem Lateralrande, zuweilen auch die Scheibe dunkler. Kopf mit Längstuberkel, und seitlich mit je einem kleineren, Clipeus ausgerandet, mäßig dicht punktiert. Thorax mit glatter Scheibe, seitlich mäßig dicht punktiert, Basis undeutlich gerandet, jederseits ausgerandet. Schildchen glatt. Flügeldecken mit dunklen, deutlich punktierten Streifen, Zwischenräume mäßig konvex, unpunktiert. — L. 6—7 mm (ex Péringuey).

Kapkolonie, Transvaal.

657. **A. duplicatus** Ad. Schm. 1901 *A. decipiens* (non G. Horn 1887), Péringuey in: Tr. S. Afr. Soc., *v.* 12 p. 390 | 1907 *A. duplicatus*, Ad. Schmidt in: D. ent. Z., p. 201.

Hellrot, Thorax und Flügeldecken seitlich etwas dunkler, glänzend. Kopf in der Mitte leicht erhaben, unpunktiert, Clipeus mäßig ausgerandet, Stirnlinie eingedrückt. Thorax fast parallel, Basis ungerandet, oberseits tief, aber nicht dicht punktiert, die Mitte ist ohne Punkte wie das Schildchen. Flügeldecken deutlich punktiert-gestreift, Zwischenräume konvex und glatt. — L. 6 mm (ex Péringuey).

Transvaal.

658. **A. emeritus** Péring. 1901 *A. e.*, Peringuey in: Tr. S. Afr. Soc., *v.* 12 p. 382.

Glatt, rotbraun, Seiten des Halsschildes und der Flügeldecken heller. Kopf fein und dicht punktiert, Clipeus leicht ausgerandet, die Mitte des Kopfes mit leichter Erhebung. Thorax mäßig konvex, etwas nach vorn verschmälert, Basis ungerandet, unpunktiert, in der Mitte des Vorderrandes mit leichtem Eindruck. Schildchen unpunktiert. Flügeldecken fein gestreift, Zwischenräume flach, unpunktiert. — L. 12—14 mm (ex Péringuey).

Südrhodesia.

659. **A. alienus** nom nov. Ad. Schm. 1871 *A. fallax* (non E. Mulsant 1842), Harold in: Berlin. ent. Z., *v.* 15 p. 258, 281.

Flach gewölbt, länglich, hinten leicht erweitert, glänzend, gelbrot, Flügeldecken mehr rotgelb. Kopf dicht und fein punktiert, Stirn leistenartig erhaben, ungehöckert, Scheitelmitte schwach beulig, Clipeus ausgerandet, daneben gerundet, Wangen vorstehend. Thorax fein, ziemlich dicht punktiert, Basis ungerandet. Schildchen dreieckig, an der Wurzel punktiert. Flügeldecken seitlich fein behaart, sehr fein gekerbt-punktiert, Zwischenräume gewölbt, fein am Rande gereiht punktiert. Endborsten der Hintertibien gleich. Metatarsus kürzer als oberer Enddorn, aber länger als 2 folgende Tarsenglieder. — L. 5 mm (ex Harold).

Kap.

660. **A. fugitivus** Péring. 1901 *A. f.*, Péringuey in: Tr. S. Afr. Soc., *v.* 12 p. 405.

Oberseite dunkel graugrün, Seiten des Halsschildes gelblich, die abwechselnden Zwischenräume gelblich. Clipeus abgestutzt, kaum ausgerandet, jederseits winklig gerundet, Stirnlinie eingedrückt. Thoraxseiten fast parallel, Basis ungerandet, an den Seiten mäßig dicht punktiert. Schildchen unpunktiert. Flügeldecken fein punktiert-gestreift, Zwischenräume eben, zur Spitze konvex. — L. 5—5,5 mm (ex Péringuey).

Natal, Südrhodesia, Kapkolonie.

661. **A. hirticeps** Péring. 1901 *A. h.*, Péringuey in: Tr. S. Afr Soc., *v.* 12 p. 408.

Glänzend, gelblich. Kopf etwas rauh punktiert und vorn dicht behaart, Clipeus tief eingeschnitten, seitlich scharfwinklig, Stirnnaht deutlich. Thorax sehr dicht punktiert, Basis 2 buchtig und gerandet. Schildchen kurz, dreieckig, unpunktiert. Flügeldecken tief, aber schmal gestreift, Streifenpunkte undeutlich, Zwischenräume zur Spitze deutlich konvex. — L. 3 mm (ex Péringuey).

Kapkolonie.

662. **A. iridescens** Péring 1901 *A. i.*, Peringuey in: Tr. S. Afr. Soc., *v.* 12 p. 383.

Metallisch glänzend, gelblich, Kopf, Thorax ohne die Seiten, Naht, Basis und Seiten der Flügeldecken grünlichblau. Kopf vorn deutlich schmaler, wenig ausgerandet, unpunktiert. Thorax hinten wenig breiter, Basis ungerandet, nicht sehr dicht punktiert. Schildchen an der Basis leicht eingeschnürt. Flügeldecken fein, tief gestreift, Streifenpunkte undeutlich, Streifen vor der Spitze verschwindend. — L. 8 mm (ex Péringuey).

Natal.

663. **A. lateritius** Roth 1851 *A. l.*, Roth in: Arch. Naturg., *v.* 17 I p. 130.

Schmutzig rotgelb, konvex, glänzend. Kopf 3 höckerig, hinten dunkler. Thorax glatt, die Seiten mit schwarzer Makel, in der sich ein kleines Grübchen befindet. Zwischenräume der Flügeldecken glatt, die Naht dunkler. Mitteltuberkel beim ♂ kräftiger, Thorax mehr herabgewölbt. — L. 7—8 mm (ex Roth).

Tigré.

664. **A. mashunensis** Péring. 1901 *A. m.*, Péringuey in: Tr. S. Afr. Soc., *v.* 12 p. 406.

Kastanienbraun, glänzend. Kopf fein und dicht punktiert, mit vertiefter Stirnlinie und Mittelerhebung davor, Clipeus leicht ausgerandet, jederseits mit deutlichem Winkel. Thorax an den Seiten wenig gebogen, fein und dicht, seitlich sehr dicht punktiert, Basis ungerandet. Schildchen unpunktiert. Flügeldecken fein gestreift, Zwischenräume auf dem Rücken flach, seitlich konvex und vereinzelt punktiert. — L. 3,5 mm (ex Péringuey).

Südrhodesia.

665. **A. minatorius** Péring. 1908 *A. m.*, Péringuey in: Tr. S. Afr. Soc., *v.* 13 p. 631.

Hellrot, Clipeus etwas dunkler, glänzend. Kopf zerstreut und schwach punktiert, mit 3 kleinen Höckerchen, von denen das mittlere mehr entwickelt ist, Clipeus ausgerandet, Wangen deutlich vorstehend. Thorax wenig verbreitert, nicht sehr dicht punktiert, vorn mit leichtem Eindruck. Schildchen scharf dreieckig, unpunktiert. Flügeldecken tief gestreift, aber in den Streifen nicht sehr deutlich punktiert, Zwischenräume flach. Größe nicht angegeben (ex Péringuey).

Südrhodesia.

666. **A. pumilus** Quedf. 1884 *A. p.*, G Quedenfeldt in: Berlin ent Z., *v.* 28 p. 284.

Mäßig länglich, leicht konvex, glänzend, rotbraun, Flügeldecken gelblichbraun. Kopf sehr fein und dicht punktiert, vorn abgestutzt, kaum ausgerandet, Wangen wenig deutlich. Thorax wie der Kopf punktiert, die Seiten und abgerundete Hinterwinkel sehr fein gerandet, Mitte der Basis ohne Rand. Schildchen länglich dreieckig. Flügeldecken ziemlich kurz, vorn parallel, Streifen fein und scharf, Zwischenräume fast eben, nur neben den Streifen mit feiner Punktreihe. Metatarsus länger als oberer Enddorn, fast so lang wie 3 folgende Tarsenglieder, Endborsten der Hintertibien ungleich. — L. 2,75 mm (ex G. Quedenfeldt).

Malange.

667. **A. pygmaeus** Boh. 1857 *A p*, Boheman, Ins. Caffr, *v.* 2 p 357.

Länglich, konvex, glänzend, gelbbraun. Kopf wenig konvex, sehr fein und dicht punktiert, Hinterkopf dunkler, Clipeus leicht gerundet. Thorax in der Mitte wenig gerundet erweitert, mäßig konvex, wenig dicht punktiert, Basis ungerandet. Schildchen klein, dreieckig. Flügeldecken mäßig punktiertgestreift. — L. 2,75 mm (ex Boheman).

Gariep-Fluß.

668. **A. ignotus** nom nov. Ad. Schm 1851 *A. quisquilius* (non Schrank 1781), Roth in: Arch. Naturg., *v.* 17 I p. 133.

Seiten parallel, flach, schwarzbraun, glänzend. Thorax rauh punktiert. Flügeldecken punktiert-gestreift. Füße schwarzbraun. — L. 4 mm (ex Roth).

Tigré.

669. **A. serenus** Péring. 1901 *A s.*, Péringuey in: Tr. S Afr Soc., *v.* 12 p 393.

Kopf dunkelbraun, wenig dicht punktiert, 3 höckerig, Clipeus leicht ausgerandet. Thorax wie der Kopf gefärbt, an den Seiten heller, Basis gerandet, fein und sehr dicht punktiert. Schildchen deutlich punktiert, mit dunklen Rändern. Flügeldecken gelbbraun, Scheibe etwas angedunkelt, leicht verbreitert, schmal und tief gestreift. Streifen dunkler, deutlich punktiert, Zwischenräume unpunktiert, an der Spitze etwas erhaben. — L. 8 mm (ex Péringuey).

Kapkolonie.

670. **A. teter** Roth 1851 *A. t.*, Roth in: Arch. Naturg., *v.* 17 I p. 132.

Länglich, parallel, rotbraun, Stirn glatt, Thorax punktiert, Schildchen glatt, Flügeldecken punktiert-gestreift, Zwischenräume konvex. — L. 4 mm (ex Roth).

Tigré.

671. **A. valens** Péring. 1901 *A. v.*, Péringuey in: Tr. S. Afr Soc., *v.* 12 p. 382.

Dunkelbraun, glatt, glänzend. Kopf unpunktiert, ohne Stirnlinie, Clipeus nicht ausgerandet. Thorax fast parallel, Basis ungerandet, leicht 2 buchtig, oberseits unpunktiert wie das Schildchen. Flügeldecken deutlich punktiertgestreift, Zwischenräume unpunktiert. — L. 11 mm (ex Péringuey).

Südafrika.

E. Amerikanisches Gebiet

672. **A. aegrotus** Horn 1870 *A. a.*, G. Horn in: Tr Amer. ent. Soc., *v.* 3 p. 127.

Hell kastanienbraun, glänzend, mäßig lang. Kopf sehr fein und vereinzelt punktiert, Clipeus sehr schwach ausgerandet. Thorax vorn wenig schmaler, an der Basis fein gerandet, Hinterwinkel deutlich, oberseits sehr fein punktiert, mit einigen größeren Punkten zwischen der Mitte und den Seiten. Flügeldecken oval, mäßig konvex, fein gestreift, mit sehr feinen Streifenpunkten, Zwischenräume flach, wenig bemerkbar punktiert. Hintertibien kurz, mit ungleichen Endborsten. — L. 3—4,5 mm (ex G. Horn).

Florida, Nordcarolina.

673. **A. arizonensis** C. Schaeffer 1907 *A. a.*, C. Schaeffer in: J. N. York ent. Soc., *v.* 15 p. 61.

Mäßig lang, rotbraun. Kopf dicht punktiert, mit schwachen Höckerchen, Wangen gerundet, Clipeus stärker punktiert, ausgerandet und jederseits gerundet. Thorax vorn kaum schmaler, Hinterwinkel gerundet, Basis fein gerandet, fein und stärker, seitlich dichter punktiert, mit glatter Mittellinie. Flügeldecken mäßig tief gestreift, Streifenpunkte deutlich, Zwischenräume leicht konvex, fein punktiert. Endborsten der Hintertibien gleichlang. Metatarsus so lang wie 3 folgende Tarsenglieder. — L. 5 mm (ex C. Schaeffer).

Arizona.

674. **A. campestris** Blatchley 1912 *A. c.*, Blatchley in: Canad. Ent., *v.* 44 fasc. 11 p. 330.

Länglich, konvex, glänzend, Kopf und Thorax rötlich oder hell kastanienbraun, letzterer am Vorderrande dunkler, Flügeldecken und die Unterseite mit den Beinen gelbbraun. Kopf ungehöckert, fein und sparsam punktiert, Clipeus wenig ausgerandet und jederseits gerundet. Thorax nach vorn nicht verschmälert, seitlich gerundet, Basis deutlich gerandet, Hinterwinkel stumpf abgerundet. Flügeldecken von der Breite des Halsschildes, sie sind fein gestreift und in den Streifen fein und undeutlich punktiert, die schwach konvexen Zwischenräume sind glatt. Die Vordertibien sind schlank, das 1. Glied der Hintertarsen ist so lang wie die 3 folgenden Tarsenglieder. — L. 3 mm.

Diese Art ähnelt dem *A. (Koshantschikovius) rubeolus* Palis. (nr. 421), unterscheidet sich aber von ihm durch geringere Größe, schlankere Gestalt, heller gefärbte Flügeldecken, deutlich gerandete Basis des Halsschildes und längeren Metatarsus (ex Blatchley).

Sarasota (Florida).

675. **A. constricticollis** Bates 1889 *A. c.*, H. Bates in: Biol. Centr.-Amer., Col. *v.* 2 II p. 392 t. 24 f. 11 (Gesamtbild).

Länglich, mäßig konvex, schwarzbraun. Kopf glatt, Clipeus kaum abgestutzt. Thorax hinter der Mitte etwas eingeschnürt, seitlich mit einzelnen Punkten, in der Mitte glatt, Basis gerandet. Flügeldecken fein punktiertgestreift, Zwischenräume schwach konvex. Hintertibien kurz beborstet, dazwischen mit einzelnen längern in ungleichen Abständen. — L. 7 mm (ex H. Bates).

Mexiko.

676. **A. dialytoides** Fall 1907 *A. d.*, Fall in: Fall & T. D. A. Cockerell in: Tr. Amer. ent. Soc., *v.* 33 p. 247.

Länglich oval, schwarzbraun. Kopf dicht und deutlich punktiert, schwach gehöckert, Clipeus wenig ausgerandet, seitlich breit gerundet, Wangen vorstehend. Thorax an den Seiten ungleich und dicht, an den Hinterwinkeln zuweilen zusammenfließend punktiert, mehr zerstreuter in der Mitte, Hinterwinkel breit, schräg abgestutzt, Basis gerandet. Flügeldecken mit Schulterzahn, Streifen mäßig tief, Zwischenräume fast flach, etwas erhaben an der Spitze, unpunktiert. Metatarsus so lang wie 3 folgende Tarsenglieder. Enddorn der Vordertibien mit hakig umgebogener Spitze, unterer Enddorn der Mitteltibien fast im rechten Winkel nach innen gebogen, kurz. ♀ unbekannt. — L. 3,6—3,9 mm (ex Fall).

Highlands, Massachusetts.

677. **A. inutilis** Horn 1887 *A. i.*, G Horn in: Tr Amer. ent. Soc., *v.* 14 p. 50.

Länglich, mäßig robust, schwarzbraun, Seiten des Halsschildes heller, Flügeldecken rotbraun. Kopf mäßig konvex, zerstreut punktiert, ungehöckert, Stirnnaht deutlich, Clipeus leicht ausgerandet, mit abgerundeten Ecken. Thorax vorn wenig schmaler, Hinterwinkel stumpf, Basis fein gerandet, fein punktiert, mit stärkeren Punkten an den Seiten und der Basis untermischt. Seiten der Flügeldecken parallel, ihre Streifen mäßig tief, etwas grob punktiert, Zwischenräume leicht konvex, mit einer Reihe sehr feiner Punkte. Metatarsus kürzer als die 2 folgenden Tarsenglieder. — L. 3,5 mm (ex G. Horn).

Kalifornien, Oregon.

678. **A. luxatus** Horn 1887 *A. l.*, G. Horn in: Tr. Amer. ent. Soc., *v.* 14 p. 46.

Schwarzbraun, Flügeldecken dunkelrot, wenig glänzend. Kopf mäßig konvex, ungehöckert, sehr deutlich punktiert, Clipeus ausgerandet, mit scharfem Winkel. Thorax wenig gerundet, hinten leicht verbreitert, Hinterwinkel deutlich, Basis gerandet, oberseits deutlich punktiert. Flügeldecken an der Basis etwas schmaler als der Thorax, Schulter mit Dorn, deutlich punktiert-gestreift, Zwischenräume vorn leicht, hinten sehr deutlich konvex, fast gekielt, der 9. ist es in der ganzen Länge, alle Zwischenräume unregelmäßig gereiht punktiert. Endborsten der Hintertibien ungleich. Metatarsus so lang wie 3 folgende Tarsenglieder. Enddorn der Vordertibien beim ♂ kurz, abgestutzt, der untere der Mitteltibien mit nach innen gerichteter Spitze. — L. 3,5 mm (ex G. Horn).

Südkalifornien, Arizona.

679. **A. neotomae** Fall 1907 *A. n.*, Fall in: Fall & T. D. A. Cockerell in: Tr. Amer. ent. Soc., *v.* 33 p. 243.

Länglich-oval, Kopf und Thorax schwarzbraun, die Seiten heller, Flügeldecken rotbraun. Kopf schwach gehöckert, Clipeus rauh punktiert, mattglänzend, schwach ausgerandet, jederseits gerundet. Thorax fein gerandet an der Basis, sehr ungleich punktiert. Flügeldecken punktiert-gestreift, Zwischenräume leicht konvex, einzeln punktiert, mäßig glänzend. Metatarsus ungefähr so lang wie 3 folgende Tarsenglieder. — L. 3,1—3,5 mm (ex Fall).

Kalifornien.

680. **A. omiltemius** Bates 1889 *A. o.*, H. Bates in: Biol. Centr.-Amer., Col. *v.* 2 II p. 392.

Dem *A. (Platyderides) mexicanus* Har. (nr. 65) etwas ähnlich, aber die Wangen nicht vorstehend. Von etwas kürzerer, hinten leicht verbreiterter Gestalt, schwarzbraun, Ränder des Kopfes und Halsschildes heller. Kopf ungehöckert, wenig deutlich punktiert; Thorax in den Winkeln niedergedrückt, seitlich punktiert, Scheibe fast glatt, Basis ungerandet. Flügeldecken seidenglänzend, tief gestreift, Streifen wenig deutlich punktiert, Zwischenräume konvex. — L. 5 mm (ex H. Bates).

Mexiko.

681. **A. parcus** Horn 1887 *A p.*, G. Horn in: Tr. Amer. ent. Soc., *v.* 14 p. 42.

Länglich, nach hinten leicht verbreitert, mäßig konvex, glänzend, hell gelbbraun. Kopf schwach konvex, ungehöckert, beim ♂ zerstreut und fein, beim ♀ etwas stärker punktiert, Clipeus beim ♂ abgestutzt, beim ♀ leicht ausgerandet, mit abgerundeten Ecken. Thorax vorn deutlich schmaler, an den Seiten bewimpert, Hinterwinkel ganz gerundet, Basis gerandet, fein und zerstreut, etwas deutlicher beim ♀ punktiert, nach vorn zu werden die Punkte sehr fein. Flügeldecken tief gestreift, aber schwach punktiert, Zwischenräume konvex, mit feiner Punktreihe. Metatarsus kürzer als 3 folgende Tarsenglieder. Endborsten der Hintertibien ungleich. — L. 3 mm (ex G. Horn).

Florida.

682. **A. plutonicus** Fall 1907 *A. p.*, Fall in: Fall & T. D. A. Cockerell in: Tr. Amer. ent. Soc., *v.* 33 p. 245.

Mäßig robust, Seiten parallel, konvex, schwarz, Flügeldecken nicht vollglänzend. Kopf deutlich 3 höckerig, fein, nicht sehr dicht punktiert, Clipeus breit ausgerandet, Seiten gerundet. Thorax vorn leicht verschmälert, Seiten hinter der Mitte parallel, Basis fein gerandet, sparsam fein punktiert, mit größeren Punkten untermischt. Flügeldecken so breit wie der Thorax, fein gestreift, nicht sehr dicht punktiert, Zwischenräume fein punktiert. Endborsten der Hintertibien ungleich. Metatarsus länger als 2 folgende Tarsenglieder. Beim ♂ der Enddorn an der Vordertibie einwärts gebogen, unterer an der Mitteltibia abgestutzt und nach innen gebogen. — L. 6 mm (ex Fall).

Townsend.

683. **A. rotundiceps** Fall 1907 *A. r.*, Fall in: Fall & T. D. A. Cockerell in: Tr. Amer. ent. Soc., *v.* 33 p. 244.

Länglich, Seiten parallel, schwarz. Kopf hinten mit wenigen feinen Punkten, Clipeus abgerundet, Wangen nicht vorstehend. Seiten des Thorax in der Basalhälfte parallel, Basis fein gerandet, Hinterwinkel schräg abgestutzt, sehr fein und sparsam punktiert, dazwischen einzelne größere Punkte, diese fehlen neben den Rändern. Flügeldecken fein gestreift, undeutlich punktiert, Zwischenräume fast flach und unpunktiert, nur fein chagriniert. Endborsten der Hintertibien kurz, fast gleichlang. Metatarsus fast so lang wie 3 folgende Glieder, länger als oberer Enddorn. — L. 4 mm (ex Fall).

Nordcarolina.

684. **A. ungulatus** Fall 1901 *A. u.*, Fall in: Occas. Papers Calif Ac., *v.* 8 p. 254.

Länglich, hinten kaum verbreitert. Kopf und Thorax ohne die helleren Seiten schwarzbraun, Flügeldecken dunkelgelb, mit schattenartiger Andunkelung von der Schulter bis zur Mitte. Kopf nicht dicht punktiert, die Mitte feiner und sparsamer, Stirnlinie schwach gehöckert, Clipeus ausgerandet, jederseits winklig. Thoraxseiten nur vorn wenig gerundet verengt, hinten parallel, sparsam bewimpert, Hinterwinkel stumpf, Scheibe fein, Seiten dichter und deutlicher punktiert, mit gröberen Punkten untermischt, Basalrandung in der Mitte undeutlicher. Flügeldecken fein gestreift, mit feinen Streifenpunkten, Zwischenräume fast flach, mit 2 ziemlich regelmäßigen Punktreihen, welche ungefähr so groß wie die Streifenpunkte sind. Metatarsus so lang wie 2 folgende Glieder. Klauen sehr verlängert. — L. 5—5,75 mm.

Südkalifornien.

685. **A. wolcotti** Blatchley 1910 *A. w.*, Blatchley in: Bull. Indiana Dep. Geol., nr. 1 p. 932 (Arbeit mir nicht zugänglich).

686. **A. (Trichaphodius) longus** Ad. Schm. 1912 *A. l.*, Ad. Schmidt in: Arch. Naturg., *v.* 78 A fasc. 7 p. 196.

Von länglicher, parallelseitiger, flacher Gestalt, gelbbraun, Flügeldecken dunkler, mit undeutlicher heller Längsmakel im 4. Zwischenraume vor der Spitze, zuweilen sind auch die Schulterbeule und der 2. und 3. Zwischenraum an der Basis heller, Thorax und Flügeldecken niederliegend behaart, ersterer aber nur an den Seiten. Kopf sehr flach, ohne Tuberkeln, mit sehr feiner Querlinie, äußerst fein und zerstreut punktiert, Clipeus vorn abgestutzt und gerandet, die Wangen überragen als kleine Spitze die großen Augen. Thorax quer, nach vorn wenig verschmälert, die leicht gerundeten Seiten und die stumpfen Hinterwinkel gerandet, die Basis ist ohne Rand, die Oberfläche ist auf der Scheibe einzeln und fein, nach der Basis und den Seiten zu etwas größer und dichter punktiert, vor dem Schildchen befindet sich ein schwacher Längseindruck. Schildchen schmal-dreieckig und zugespitzt. Flügeldecken mit feinen, kaum punktierten und vor der Spitze erlöschenden Streifen, die Zwischenräume sind schwach erhaben, aber vor der Spitze flach, sie sind zweireihig punktiert und behaart. Unterseite gelbbraun, Seiten der Hinterbrust und Schenkel einzeln, das Abdomen dichter punktiert und behaart. Die Hintertibien haben am Endrande ungleiche Borsten, der obere Enddorn ist kürzer als das 1. Tarsenglied, dieses länger als die 3 folgenden Tarsenglieder. Metasternum ist beim ♂ längsvertieft und behaart, hauptsächlich in der Vorderhälfte, Vordertibien sind in der Spitzenhälfte am Innenrande leicht ausgerandet. — L. 4 mm.

Deutsch-Ostafrika (Usango-Distrikt).

2. Gen. **Harmogaster** Harold

1861 *H.*, Harold in. Berlin. ent. Z., *v.* 5 p. 112 | 1907 *Odontaphodius*, Ad. Schmidt in: D. ent. Z., p. 249 | 1910 *O.*, Ad. Schmidt in: Ent. Zeit. Stettin, *v.* 71 p. 49.

Die verbundenen Hinterleibssegmente mit dem bauchwärts vortretendem Pygidium, das von den Flügeldecken nicht ganz bedeckt ist, und die mehr als 10streifigen Flügeldecken trennen diese Gattung von *Aphodius* Ill.

Länglich, gewölbt, glänzend, schwarz, Flügeldecken zuweilen rotbraun. Kopf kurz und breit, flach gewölbt, immer ungehöckert, mit schwach erhabener Stirnlinie und deutlicher Punktierung, Wangen weit vorstehend, Augen vom Vorderrande des Halsschildes bedeckt.

Die Mundwerkzeuge (Fig. 4a—e).

Oberlippe (Labrum) häutig, stark quer, ihre Seiten und Vorderwinkel gerundet, Vorderrand sehr wenig ausgerandet, bewimpert, in der Mitte mit kleinem, beborstetem Vorsprung. Oberkiefer (Mandibel) am Grunde hornig, nach vorn in eine dünne, dreieckige Platte erweitert, die an der medialen Kante fein bewimpert ist und an der Basis eine feingeriefte Mahlfläche besitzt. Kinn (Mentum) hornig, auf der Unterseite querrissig, lang behaart, vorn tief ausgerandet. Lippe (Labium) ist häutig, 2lappig und das Kinn kaum überragend. Die beiden ersten Glieder der Lippentaster (Labialpalpen) sind vereinzelt behaart, das 3., etwas längere Glied ist stumpfspitzig. Die Unterkiefer (Maxillen) sind hornig, die laterale Kaulade (lobus maxillaris externa) ist rundlich, wenig entwickelt, in der vorderen Hälfte dicht behaart, die mediale Lade (lobus maxillaris interna) ist schmal, fast ganz dem Stamm angewachsen und bewimpert. Von den Kiefertastern (Maxillarpalpen) sind das 2. und 4. Glied verlängert, letzteres ist stumpf zugespitzt. Thorax quer, zur Mitte gerundet erweitert, von hier zur Basis abgeschrägt und mit ihr einen Winkel bildend, Basis und Seiten gerandet, vor dem Schildchen mit Mittelfurche, überall deutlich und meistens dicht punktiert. Schildchen klein, dreieckig.

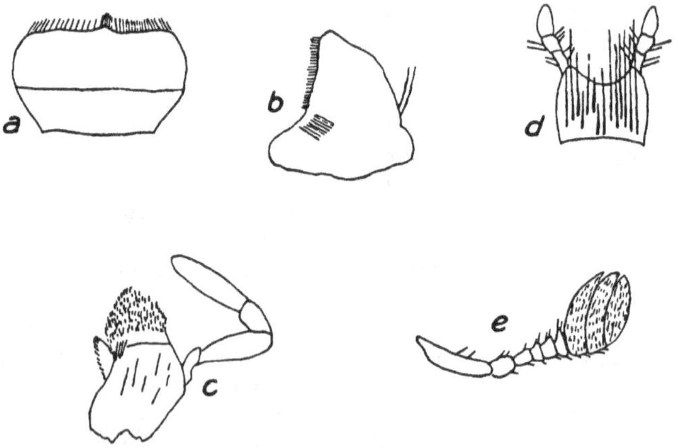

Fig. 4. **Harmogaster geminata** ($^{00}/_{1}$).

Flügeldecken nach hinten wenig verbreitert, mit Schulterdorn und 12 oder 20 Punktstreifen, die oft durch abwechselnd breitere und schmalere Zwischenräume getrennt werden, die seitlichen sind an der Schulter verkürzt. Unterseite glänzend, ziemlich dicht und deutlich punktiert, oft auch kurz behaart. Hintertibien am Endrande mit ungleichen Borsten.

Hierher gehören 6 Arten aus Südafrika.

Bestimmungstabelle der Arten:

1	Flügeldecken mit 12 Punktstreifen	6. **H. transitoria**
	Flügeldecken mit 20 Punktstreifen — 2	
2	Clipeus 4zähnig, die ganze Oberseite ist kurz behaart .	5. **H. quadridentella**
	Clipeus immer jederseits breit abgerundet — 3	
3	Die geradzahligen Zwischenräume in eine Reihe hintereinanderstehender Tuberkeln aufgelöst	4. **H. sulcatula**
	Die geraden und ungeraden Zwischenräume ganz, nicht in Tuberkeln aufgelöst — 4	
4	Kopf zwischen der erhabenen Stirnlinie und dem Lateralrande mit schwachem Querkiel, Streifenpunkte deutlich kerbend, Vordertibien auf der Unterseite mit gezahnter Leiste	1. **H. exarata**
	Kopf ohne Querkiel, Thorax sehr dicht punktiert, Streifenpunkte nicht kerbend, Vordertibien ohne gezahnte Leiste — 5	
5	Die ungeraden Zwischenräume mehr erhaben, glänzend, vereinzelt punktiert	2. **H. geminata**
	Die ungeraden Zwischenräume nicht mehr erhaben, sehr dicht punktiert, fast matt	3. **H. opacula**

1. **H. exarata** Har 1861 *H. e.*, Harold in: Berlin ent. Z., *v.* 5 p. 113 | 1907 *Odontaphodius tenebrioides*, Ad. Schmidt in: D. ent. Z., p. 249 | 1910 *Harmogaster exarata*, Ad. Schmidt in: Gen. Ins., fasc. 110 p. 101 t. 2 f. 28 (Gesamtbild).

Schwarz, Flügeldecken dunkel rotbraun, ziemlich stark gewölbt, länglich. Kopf deutlich punktiert, mit schmal aufgebogenem Lateralrande, Clipeus deutlich ausgerandet. Thorax mittelstark und viel feiner punktiert, vorn in der Mitte nur feine Punkte, Seitenbeule glatt, darüber mit kleinem Grübchen. Schildchen mit Längskiel. Zwischenräume der Flügeldecken leistenförmig erhaben, die ungeraden beim ♂ etwas breiter, mehr erhöht. Seiten der Hinterbrust und des Abdomen beim ♂ rauh, beim ♀ feiner und zerstreuter punktiert wie die Schenkel in beiden Geschlechtern. Oberer Enddorn der Hintertibien deutlich länger als 1. Tarsenglied, dieses nicht so lang wie die 2 folgenden. ♂. Thorax in der Mitte stärker gerundet erweitert, Scheibe ziemlich zerstreut, nur längs der Basis und an den Seiten etwas dichter punktiert, Enddorn der Vordertibien mit nach innen gebogener Spitze, Leiste der Unterseite mit 2 kräftigen Zähnen von der Größe der Außenzähne, Metatarsus der Hintertibien zur Spitze stark verdickt. ♀. Thorax schmaler, auch auf der Scheibe dichter punktiert, Leiste der Vordertibien mit 2 kleinen Zähnchen, Enddorn gerade, nach vorn gerichtet. — L. 6—7 mm.

Kapkolonie.

2. **H. geminata** Ad. Schm. 1911 *H. g.*, Ad. Schmidt in: Ent. Zeit. Stettin, *v.* 72 p. 46.

Von derselben Färbung wie die vorige Spezies, aber durch kleinere, flachere Gestalt hauptsächlich verschieden. Kopf mit flacher Längsbeule, davor etwas niedergedrückt, fein und dicht punktiert, Stirnlinie schwach vertieft, Clipeus ausgerandet. Thorax an den Seiten und der Basis bewimpert, ziemlich dicht, nach vorn in der Mitte etwas feiner punktiert, hinter den Vorderwinkeln leicht eingedrückt, ohne glatte Seitenbeule. Schildchen in der Mitte nur schwach erhaben. Die ungeradzahligen Zwischenräume der Flügeldecken viel breiter als die geradzahligen. Seiten der Hinterbrust groß, aber zerstreut, Abdomen und Schenkel etwas feiner und dichter punktiert. Metatarsus so lang wie oberer Enddorn und 3 folgende Tarsenglieder. ♂. Thorax mehr gerundet erweitert, Enddorn der Vordertibien mit nach innen gebogener Spitze. ♀. Thorax schmaler, Enddorn schlank und gerade. — L. 4—4,5 mm (Fig. 4).

Transvaal, Natal, Kapkolonie.

3. **H. opacula** Har. 1869 *H. o.*, Harold in: Col. Hefte, *v.* 5 p. 101.

Ist der vorigen Art sehr ähnlich, aber von matterem Aussehen, Flügeldecken zuweilen rotbraun. Thorax dichter punktiert, die breiteren, ungeraden Zwischenräume durch Punktierung und Chagrinierung matt, in gleicher Höhe mit den schmalen, geraden liegend. Unterseite dicht, gleichgroß punktiert. Verhältnis der Enddorne zu den Fußgliedern und Geschlechtsdifferenz wie bei voriger Art. — L. 4 mm.

Kapkolonie, Natal.

4. **H. sulcatula** Ad. Schm. 1911 *H. s.*, Ad. Schmidt in: Ent. Zeit. Stettin, *v.* 72 p. 48.

Schwarz, glänzend. Kopf dicht, leicht rauh punktiert, mit schwach erhöhter Stirnnaht, Clipeus wenig ausgerandet. Thorax sehr vereinzelt bewimpert, seitlich gerundet erweitert, Scheibe zerstreut, die Seiten etwas dichter punktiert, mit glatter Seitenbeule und darüber mit einem Grübchen. Schildchen in der Spitzenhälfte jederseits schwach vertieft. Die dorsalen Zwischenräume etwas breiter als die seitlichen, letztere stärker von den Streifenpunkten gekerbt. Seiten der Hinterbrust und Schenkel weniger dicht punktiert wie das Abdomen. Metatarsus gleich dem oberen Enddorne, so lang wie die beiden folgenden Glieder. ♂. Enddorn der Vordertibien kräftig, mit nach innen gebogener Spitze, Unterseite mit 2 kräftigen Zähnen. Darin ähnelt diese Art dem *H. exarata* Har., aber bei ihr ist die Entfernung beider Zähne voneinander nicht größer als die Breite des vorderen Zahnes, während sie bei *H. sulcatula* mindestens dreimal so groß ist. ♀ unbekannt. — L. 5 mm.

Natal.

5. **H. quadridentella** Ad. Schm. 1911 *H. q.*, Ad Schmidt in: Ent Zeit. Stettin, *v.* 72 p. 47.

Durch rauhere Skulptur abweichend. Schwarz, Flügeldecken dunkel rotbraun, wenig glänzend. Kopf leicht rauh punktiert, Mittelzähne des Clipeus größer, aufwärts gebogen. Thorax grob, sehr dicht punktiert, zwischen den Punkten bleiben nur schmale, glänzende Ränder. Die ungeraden Zwischenräume der Flügeldecken sehr schmal, linienförmig, glänzend, sie werden durch eine Reihe Punkte, von denen jeder ein kurzes Haar trägt, in kleine Längskiele aufgelöst, die geraden Zwischenräume liegen etwas tiefer und bestehen aus einer Reihe glänzender Tuberkeln. Unterseite dicht punktiert und behaart. Metatarsus kürzer als oberer Enddorn, so lang wie 2 folgende Tarsenglieder. Geschlechtsdifferenz wie bei *H. exarata* Har. — L. 5 mm. ♀ unbekannt.

Kap.

6. **H. transitoria** Péring. 1901 *H. t.*, Péringuey in: Tr S. Afr Soc., *v.* 12 p. 423.

♀. Diese Art weicht insofern von allen vorigen ab, als die Flügeldecken nur 12 Punktstreifen zeigen. Schwarz, glänzend, glatt. Kopf dicht punktiert, mit fein erhabener Stirnlinie und feinem Querkiel vor derselben, Clipeus deutlich ausgerandet, jederseits abgerundet. Thorax dicht und tief punktiert, mit schwacher Längsfurche vor dem Schildchen. Streifenpunkte der Flügeldecken quer, die Zwischenräume sind konvex. Unterseite, auch die Schenkel dicht punktiert. — L. 6 mm. ♂ unbekannt (ex Péringuey).

Kapkolonie, Natal.

3. Gen. **Oxycorythus** Solsky

1876 *O.*, Solsky in: Fedtschenko, Turkestan, *v.* 2 fasc. 11 p. 395.

Durch die Form des Clipeus, der in der Mitte in eine mehr oder weniger deutliche Spitze ausläuft, wird diese Gattung charakterisiert.

Länglich, leicht gewölbt, Seiten fast parallel, wenig glänzend, schwarz, Thorax zuweilen rotbraun. Kopf groß, flach gewölbt, Wangen weit vorstehend. Thorax quer, an den Seiten und der Basis gerandet. Schildchen dreieckig. Flügeldecken gestreift und behaart.

Hierher gehören 2 Arten aus Turkestan.

Bestimmungstabelle der Arten:

Oberseite einfarbig schwarz, Flügeldecken fein gestreift . . .	1. **O. morawitzi**
Oberseite schwarz, Thorax rotbraun, Flügeldecken stark punktiert-gestreift	2. **O. solskyi**

1. **O. morawitzi** Solsky 1876 *O. m.*, Solsky in: Fedtschenko, Turkestan, *v.* 2 fasc. 11 p. 397 t. 2 f. 2 | 1892 *O. m.*, Reitter in: Verh. Ver. Brünn, *v.* 30 p. 170.

Wenig glänzend. Kopf etwas rauh punktiert, Stirn in der Mitte mit kleiner Tuberkel. Thorax dicht und fein punktiert, vor dem Schildchen mit kurzer, glatter Längslinie, Hinterwinkel abgerundet. Flügeldecken von der Breite des Halsschildes, die Seiten sind parallel, an der Spitze gerundet, um das Schildchen etwas abgeflacht, Zwischenräume eben, fein und dicht gereiht punktiert und behaart. Clipeus beim ♂ mit scharfer Spitze in der Mitte, Wangen sehr spitz, Mitteltuberkel deutlich, beim ♀ Clipeus und Wangen weniger spitz, Tuberkel viel schwächer. — L. 4,3 mm (ex Solsky).

Syr-darja, Turkestan.

2. **O. solskyi** Dokht. 1887 *O. s.*, Dokhtouroff in: Horae Soc. ent. Ross., *v.* 21 p. 345.

Unterscheidet sich außer den obigen Merkmalen noch durch viel feiner punktierten Thorax, durch kürzere und gedrängtere Behaarung der Flügeldecken. — L. 3,5—4 mm (ex Dokhtouroff).

Taschkent.

4. Gen. **Turanella** A. Semenow

1892 *Isochirus* (non Leach 1818), Reitter in: Verh. Ver. Brünn, *v.* 30 p. 171 | 1905 *Turanella*, A. Semenow in: Rev. Ent. Russe, *v.* 5 p. 140.

Mit der Gattung *Aphodius* Ill. im Körperbau übereinstimmend, aber in der Bildung des Clipeus und in den stark verlängerten Maxillartastern verschieden.

Länglich, gewölbt, oberseits unbehaart und glänzend, schwarz, Flügeldecken mit roter Makel. Kopf länger als bei *Aphodius*, vorn verhältnismäßig breit verflacht, der breit aufgebogene Vorderrand zeigt 2 genäherte, kleine Zähnchen, Oberfläche punktiert, ohne deutliche Stirnlinie, Wangen überragen die Augen. Das 1. Glied der Fühler ist walzenförmig, das 2. viel kürzer, kugelig, das 3.—6. quer, 7.—9. bilden eine länglich-runde Keule. Die Freßwerkzeuge (Fig. 5) sind wenig entwickelt. Die Oberlippe ist quer, häutig, an den Seiten gerundet, am Vorderrande schwach 2buchtig, in der

Fig. 5. **Turanella latevittis** ($^{60}/_{1}$). a—d wie bei Fig. 3.

Mitte derselben etwas winklig vorstehend, vereinzelt und kurz bewimpert. Die Mandibel ist hornig, nach vorn in eine schmal dreieckige Platte ausgezogen, die am Innenrande kurz bewimpert ist. Die Maxillen sind schmal und hornig, die Kauladen häutig, die laterale klein und rundlich, mediad gerichtet, am Rande behaart, die mediale klein und schmal, dem Stamm anliegend und bewimpert. Die Maxillartaster im 2. und 4. Gliede stark verlängert, letztes an der Spitze breit abgestutzt. Das Kinn ist hornig, nach vorn gerundet verengt, am Vorderrande abgestutzt, vereinzelt lang behaart. Die beiden ersten Glieder der Lippentaster gleichlang, mit einzelnen Haaren besetzt, das letzte stumpf zugespitzt. Das Halsschild ist quer, gewölbt, punktiert, an Seiten und Basis gerandet. Schildchen parallel. Flügeldecken etwas breiter als der Thorax, nach hinten nicht erweitert, punktiert-gestreift. Unterseite glänzend, Mesosternum vertieft, dicht punktiert, Metasternum an den Seiten weniger dicht punktiert, in der Mitte verflacht, mit schwacher Mittellinie. Hinterleib von den Flügeldecken bedeckt, die 6 sichtbaren Segmente sind punktiert und ziemlich lang behaart. Die 3 Randzähne an der Außenseite der Vordertibien nehmen fast die ganze Schienenlänge ein, der Enddorn ist kurz. Die zur Spitze verbreiterten Mittel- und Hinterschienen haben an der Außenseite 2 beborstete Querleisten, am Endrande einen Borstenbesatz und 2 Enddorne. Tarsen stark verlängert, Klauen hornig.

1 Art aus Turkestan.

1 **T. latevittis** (Reitt.) 1887 *Aphodius l.*, Reitter in: D. ent. Z., p. 509 | 1892 *Isochirus l.*, Reitter in: Verh. Ver. Brünn, *v.* 30 p. 171 | 1905 *Turanella l.*, A. Semenow in: Rev. Ent. Russe, *v.* 5 p. 140 | 1910 *T. l.*, Ad. Schmidt in: Gen. Ins., fasc. 110 p. 13 t. 1 f. 1 (Gesamtbild)

Schwarz, Flügeldecken mit roter Längsmakel, Naht, Seitenrand und Spitze schwarz. Kopf wenig gewölbt, mit gleichmäßig verteilten, deutlichen Punkten und kleiner Tuberkel. Thorax seitlich wenig gerundet, deutlich, aber nicht dicht punktiert. Schildchen glatt. Zwischenräume der Flügeldecken flach, fein punktiert. Hintertibien mit gleichlangen Endborsten. Metatarsus gleich dem oberen Enddorne, aber viel kürzer als das 2. Tarsenglied. — L. 2,5—4 mm (Fig. 5).

Turkestan, Transkaspien.

5. Gen. **Sugrames** Reitter

1894 *S.*, Reitter in: Ent. Nachr., *v.* 20 p. 184.

Klein, gedrungen, dunkel rotbraun mit helleren Flügeldecken. Kopf gehöckert und gekörnt, Wangen stark abgesetzt, Schenkel und Schienen stark verbreitert, Tarsen lang behaart, schmächtig, die 4 letzten Glieder derselben kugelig, statt der hornigen Klauen hat das letzte Glied nur 2 kurze Borstenhaare

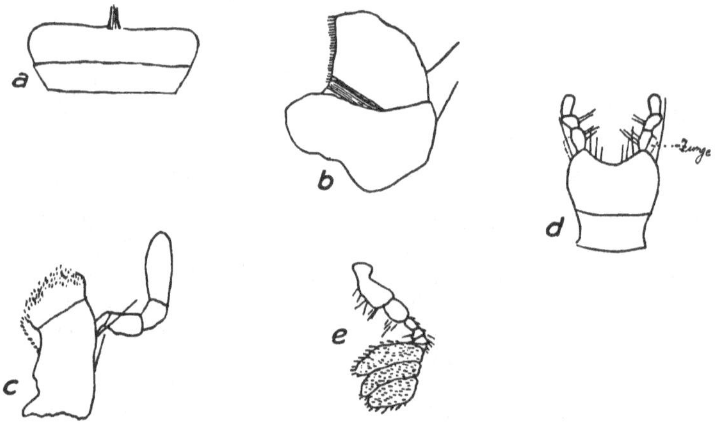

Fig. 6. **Sugrames hauseri** ($^{60}/_{1}$). a—e wie Fig. 3.

Gewölbt, glänzend, hinten wenig verbreitert. Kopf abstehend behaart, mit 2 kleinen Zähnchen am Vorderrande, Wangen deutlich vorstehend. Fühler (Fig. 6) kurz, 1. Glied verlängert, keulenförmig, das 2. kürzer, länglich-rund, mit einzelnen Haaren wie das 1. besetzt, 3. Glied viel schmaler, länglich, 4.—6. quer, die 3 letzten bilden eine länglich-runde, behaarte Keule. Die Oberlippe ist breit und schmal, in der Mitte des fast geraden Vorderrandes mit Borstenbüschel. Die Mandibel nach vorn mit breiter, dreieckiger Platte, deren Lateralrand gerundet ist, die mediale Kante verläuft mehr gerade und ist kurz bewimpert, am Grunde mit fein geriefter Mahlfläche. Die Maxille ist länglich, die laterale Kaulade ist mediad und nach vorn gerichtet, abgerundet und am Lateralrande behaart, die mediale ist schmal und bewimpert. Das letzte Glied der Maxillartaster fast so lang wie die 3 ersten Glieder. Das Kinn ist seitlich gerundet, am Vorderrande tief ausgebuchtet und vereinzelt bewimpert, die Zunge ist tief gespalten, ihre Zipfel erreichen fast die Spitze des 1. Gliedes der Lippentaster, diese kurz, mit fast gleichlangen Gliedern.

Thorax stark quer, sehr lang bewimpert, mit abgerundeten Hinterwinkeln, ringsum gerandet. Schildchen dreieckig, verhältnismäßig groß. Flügeldecken punktiert-gestreift. Unterseite punktiert und behaart, von der Farbe der Flügeldecken. Hüften stehen zusammen, Mittel- und Hintertibien außen mit je 2 beborsteten Querleisten, am Endrande mit kurzen, gleichlangen Borsten.

2 Arten aus Turkestan und Afghanistan.

Bestimmungstabelle der Arten:

Wangen länglich, schräg nach vorn gerichtet, Stirnnaht deutlich erhaben	1. **S. hauseri**
Wangen halbkreisförmig, senkrecht abstehend, Stirnnaht fehlt	2. **S. auriculatus**

1. **S. hauseri** Reitt. 1894 *S. h.*, Reitter in: Ent. Nachr., *v.* 20 p. 185.

Kopf und Thorax dunkel rotbraun, zuweilen schwarzbraun, die Seiten heller, Flügeldecken fahl hellbraun. Kopf bis zur Stirnlinie gekörnt, letztere mit Mittelhöcker, Wangen bewimpert, Clipeus ausgerandet, jederseits mit 2 kleinen Zähnchen. Thorax stark herabgewölbt, Hinterwinkel ganz gerundet, die glatte Seitenbeule mit Grübchen, oberseits stark und fein, nicht sehr dicht punktiert. Flügeldecken deutlich gestreift, Streifenpunkte kerben nicht die Ränder der Zwischenräume, diese flach, vereinzelt und fein, zur Spitze deutlicher und dichter punktiert. Unterseite nicht sehr dicht punktiert und behaart, Tarsen reichlich behaart, kürzer als die Tibie. Metatarsus kürzer als oberer Enddorn, so lang wie 3 folgende Tarsenglieder. ♂. Kopfhöcker stark entwickelt, spitz, Thorax vorn herabgewölbt, mit Eindruck, Hinterkopf glatt, eingedrückt. ♀. Kopfhöcker schwach, Hinterkopf punktiert, Thorax normal. — L. 3,5—4 mm (Fig. 6).

Herat.

2. **S. auriculatus** (Reitt.) 1892 *Aphodius (Mendidius) a.*, Reitter in: Verh. Ver. Brünn, *v.* 30 p. 181 | 1894 *Sugrames a.*, Reitter in: Ent. Nachr., *v.* 20 p. 184.

Gelblich rostbraun, Kopf und Thorax etwas dunkler, Körper nach hinten leicht verbreitert. Stirn mit Höckerchen, Thorax stärker punktiert. Flügeldecken mit feinen, gekerbten Streifen, Zwischenräume mit deutlicher Punktreihe. Alles übrige mit voriger Art übereinstimmend. — L. 4 bis 4,2 mm.

Turkestan.

6. Gen. **Cnemisus** Motschulsky

1845 *Cnemargus* (non Schönherr 1837), Motschulsky in: Bull. Soc. Moscou, *v.* 18 I p. 56 | 1868 *Cnemisus*, Motschulsky in: Horae Soc. ent. Ross., *v.* 6 suppl p. 63 | 1891 *Ahermes*, Reitter in: Wien. ent. Zeit., *v.* 10 p. 254 | 1903 *Cnemargulus*, A. Semenow in: Rev. Ent. Russe, *v.* 3 p. 354.

Mittelgroß, rotbraun, mit hellbraunen Flügeldecken, Kopf gekörnt, mit 4 oder 6 Zähnchen, Stirnlinie deutlich, Thoraxbasis gerandet, Schildchen dreieckig, Schenkel und Schienen verbreitert, letztere am Endrande mit kurzen Borsten, Klauen haarförmig, ausgenommen *Cnemargulus* A. Sem.

Körper länglich, kräftig, glänzend, gewölbt. Kopf meistens kurz und breit, Stirnlinie selten schwach gehöckert, Wangen deutlich. Thoraxseiten

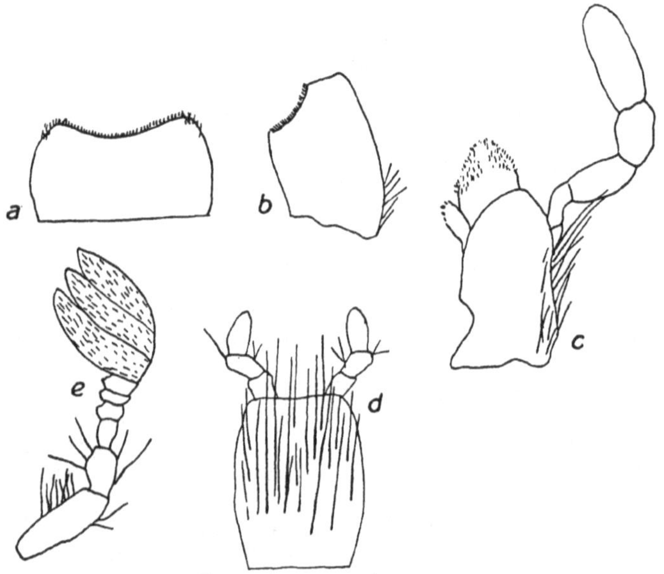

Fig. 7. **Cnemisus rufescens** (60/1).

mehr oder weniger gerundet, immer punktiert, Hinterwinkel gerundet. Flügeldecken punktiert-gestreift. Unterseite gleichfarbig mit der Oberseite, mehr oder weniger dicht punktiert und behaart. Schenkel und Schienen bei *Cnemargulus* A. Sem. weniger stark verbreitert. Enddorne der Hintertibien kräftig, etwas verbreitert, gebogen und stumpfspitzig. Die Fühler sind 9gliedrig. Das erste Glied ist verlängert, schwach keulenförmig, an der Unterseite ziemlich dicht behaart, das 2. verdickt mit einzelnen Haaren, das folgende schlanker, konisch, das 4.—6. quer, die 3blättrige Keule länglichrund, dicht und kurz behaart.

Die Freßwerkzeuge. Die Oberlippe ist stark quer, an den Seiten gerundet, der Vorderrand ist ausgerandet und bewimpert. Die Mandibel ist in eine 3eckige, dünne und hornige Platte mit abgestutzter Spitze erweitert, deren Medialrand gebogen und bewimpert ist. Die Maxille ist kräftig, ihre mediale Kaulade schmal, die laterale länglich-rund, die Taster sind verdickt. Das Kinn ist länglich, mit leicht gerundeten Seiten, der Vorderrand ist wenig gebuchtet und kurz bewimpert, er wird von der vorn abgerundeten Zunge nicht überragt. Die Lippentaster sind 3gliedrig, die beiden ersten Glieder sind kurz, vereinzelt behaart, das letzte, etwas längere ist stumpfspitzig.

Hierher gehören 6 Arten aus Turkestan, Rußland und der Mongolei.

Bestimmungstabelle der Arten:

1	Clipeus nur mit 4 Zähnchen — 2	
	Clipeus außer den 4 Zähnchen noch jederseits mit kleiner zahnartiger Spitze — 4	
2	Klauen haarförmig	1. **C. rufescens**
	Klauen nicht haarförmig — 3	
3	Der Raum zwischen dem seitlichen Zähnchen und den Wangen gekerbt	5. **C. krulikovskyii**
	Der Raum zwischen dem seitlichen Zähnchen und den Wangen nicht gekerbt	6. **C. pusio**
4	Zwischenräume der Flügeldecken nur an der Spitze punktiert	4. **C. ahngeri**
	Zwischenräume der Flügeldecken in der ganzen Länge punktiert — 5	
5	Clipealzähnchen in ziemlich gleichen Entfernungen voneinander	2. **C. kaznakovi**
	Oberes Zähnchen vom mittleren viel weiter entfernt als dieses vom unteren	3. **C. kozlovi**

1. **C. rufescens** Motsch. 1868 *C. r.*, Motschulsky in: Horae Soc. ent. Ross., *v.* 6 suppl. p. 63 | 1888 *Mendidius r.*, Reitter in: D. ent. Z., p. 425 | 1892 *Ahermes r.*, Reitter in: Verh. Ver Brünn, *v.* 30 p. 171.

Kopf und Thorax rot-, Flügeldecken gelbbraun, mit schmal angedunkelter Naht, alle Ränder lang bewimpert. Kopf stark verengt, sehr dicht gekörnt-punktiert, Stirnlinie erhaben, glatt, Clipeus jederseits mit 2 Zähnchen, die beiden medialen sind kräftiger, Wangen spitzwinklig hervorstehend. Thorax stark gewölbt und gerundet, mit schwacher Mittelfurche, raspelartig, nicht sehr dicht punktiert, an den Seiten fast glatt. Schildchen sehr schwach punktiert, seine Ränder dunkel. Flügeldecken flach gestreift, die feinen Streifenpunkte kerben schwach die Ränder der Zwischenräume, diese flach, sehr fein und vereinzelt, an der Spitze etwas dichter und deutlicher punktiert. Seiten der Hinterbrust weniger dicht punktiert und behaart als das Abdomen. Schenkel am Ober- und Unterrande mit Haarpunktreihe. Hinterschenkel fast so breit wie lang, Hintertibien sehr stark verbreitert, ihre Querleisten fein, Enddorne blattartig verbreitert, Hintertarsen so lang wie die Tibien, ziemlich dicht behaart. Metatarsus kürzer als oberer Enddorn, nicht so lang wie 3 folgende Tarsenglieder. — L. 8—9 mm.

Wolga, Astrachan.

2. **C. kaznakovi** (A. Sem.) 1903 *Ahermes k.*, A. Semenow in: Rev Ent. Russe, *v.* 3 p. 27 | 1910 *Cnemisus k.*, Ad. Schmidt in: Schenkling, Col. Cat., fasc. 20 p. 4

Diese und die beiden folgenden Arten unterscheiden sich von der vorigen dadurch, daß zu den 4 Clipealzähnchen noch seitwärts je eine kleine zahnartige Spitze hinzutritt, es befinden sich dann jederseits 3 Zähnchen, die so ziemlich gleiche Entfernung unter sich bei *C. kaznakovi* haben. Hellrot gefärbt. Kopf weniger kurz und quer, Wangen stumpfer, weniger vorstehend, Stirnlinie schwach gewinkelt und 3höckerig. Thoraxscheibe ziemlich dicht punktiert, Seiten beim ♀ mehr gerundet. Zwischenräume der Flügeldecken fein und deutlich punktiert. — L. 6,4—8 mm (ex A. Semenow).

Mongolei.

3. C. **kozlovi** (A. Sem.) 1903 *Ahermes k.*, A. Semenow in: Rev. Ent. Russe, *v.* 3 p. 27 | 1910 *Cnemisus k.*, Ad. Schmidt in: Schenkling, Col. Cat., fasc. 20 p. 4.

Von derselben Färbung wie vorige Art, aber größer. Kopf sehr kurz, das obere Zähnchen von dem mittleren viel weiter entfernt, als dieses von dem unteren, Wangen deutlicher, Stirnlinie gerade, ungehöckert. Thorax nur beim ♀ wenig gerundet, Zwischenräume feiner punktiert. — L. 9,5—11 mm (ex A. Semenow).

Mongolei.

4. C. **ahngeri** (A. Sem.) 1903 *Ahermes a.*, A. Semenow in: Rev. Ent. Russe, *v.* 3 p. 9, 28 | 1910 *Cnemisus a.*, Ad. Schmidt in: Schenkling, Col. Cat., fasc. 20 p. 4.

Unterscheidet sich von den beiden vorigen Arten dadurch, daß die Zwischenräume der Flügeldecken nur an der Spitze punktiert sind. Clipeus mäßig kurz und quer, Entfernung der Zähnchen wie bei *C. kaznakovi* A. Sem., Wangen stumpf. Thorax wenig gerundet, mit deutlicher Seitenbeule, Scheibe dicht punktiert. Hintertibien länger als bei den vorigen Arten. — L. 9,2 mm (ex A. Semenow).

Transkaspien.

5. C. **krulikovskyii** (A. Sem.) 1903 *Cnemargulus k.*, A. Semenow in: Rev. Ent. Russe, *v.* 3 p. 354 | 1910 *Cnemisus k.*, Ad. Schmidt in: Schenkling, Col. Cat., fasc. 20 p. 4.

Blaßgelb, Kopf und Thorax leicht rötlichbraun, mäßig glänzend. Kopf wenig kurz und quer, gekörnt, hinten rauh punktiert, Clipeus mit 4 Zähnchen. Thorax wenig erweitert, Hinterwinkel nicht ganz gerundet, Basis gerandet, Scheibe wenig dicht, Seiten dichter punktiert, am Rande vereinzelt wie der Kopf bewimpert. Schildchen fein, zerstreut punktiert. Flügeldecken hinten leicht erweitert, etwas glänzender als der Thorax, punktiert-gestreift, Zwischenräume flach, sehr fein punktiert, teilweise fast glatt. Oberer Enddorn der Hintertibien länger als 1. Tarsenglied, Tarsen deutlich kürzer als die Tibien. ♂. Körper schmaler, Wangen kleiner. — L. 4,75—5,1 mm (ex A. Semenow).

Transkaspien.

6. C. **pusio** (A. Sem.) 1903 *Cnemargulus p.*, A. Semenow in: Rev. Ent. Russe, *v.* 3 p. 355 | 1910 *Cnemisus p.*, Ad. Schmidt in: Schenkling, Col. Cat., fasc. 20 p. 4.

Kleiner als vorige Art, etwas heller gefärbt. Kopf weniger zerstreut gekörnt, Stirn schwach gehöckert, die vorderen Zähnchen stehen näher zusammen, der Raum zwischen den seitlichen Zähnchen und den Wangen nicht gekerbt, bei voriger Art gekerbt. Thorax mehr gerundet. Zwischenräume der Flügeldecken etwas erhaben, glänzender. Alles übrige mit der vorigen Art übereinstimmend. — L. 3,75—4,4 mm (ex A. Semenow).

Transkaspien.

7. Gen. Apsteiniella Ad. Schmidt

1912 *Jacobsonia* (non Berlese 1910), W. Koshantschikov in: Rev. Ent. Russe, *v.* 12 p. 511 | 1916 *Apsteiniella*, Ad. Schmidt in: Arch. Naturg., *v.* 82 A fasc. 1 p. 99.

Mittelgroß, länglich, flach gewölbt, Kopf gekörnt, ungehöckert, mit 12 Zähnchen, Thorax quer, punktiert, Schildchen dreieckig, Flügeldecken gestreift, Beine kräftig, Vordertibien mit 3 Außenzähnen und einem Enddorne, Mittel- und Hintertibien zur Spitze normal verbreitert, außen mit 2 beborsteten Querleisten, am Endrande mit Borstenbesatz und 2 Enddornen, Füße 5gliedrig mit 2 hornigen Klauen, Pygidium bedeckt.

1 Art aus Transkaspien.

1. **A. georgii** (W. Koshant.) 1912 *Jacobsonia g.*, W. Koshantschikov in: Rev. Ent. Russe, *v.* 12 p. 511.

Ober- und Unterseite einfarbig hellbraun, glänzend, nach hinten etwas erweitert. Kopf gerundet verengt, vorn schmal und flach ausgerandet, jederseits mit 6 Zähnchen, von denen das 1., 3. und 5. (von vorn gezählt) stärker entwickelt sind, Oberfläche bis zur Stirnnaht, die seitlich quererhöht ist, dicht gekörnt, dahinter fein punktiert, Wangen klein und rundlich, die Augen nur wenig überragend. Thorax zur Mitte gerundet erweitert, ringsum gerandet, fein, in der Mitte sehr zerstreut, seitlich wenig dichter punktiert, Hinterwinkel sehr stumpf. Schildchen punktiert. Flügeldecken deutlich gestreift, Streifenpunkte sehr flach, undeutlich, Zwischenräume flach, vereinzelt fein, zur Spitze deutlicher und etwas größer punktiert. Vorder- und Hinterschenkel stehen dicht zusammen, die mittleren sind wenig getrennt, diese sind schmaler als die hinteren. Vordertibien zur Spitze verbreitert, Außenzähne spitz, Enddorn kurz und zugespitzt. Unterer Spitzenrand der Hintertibien mit auffallend kurzen, gleichlangen Borsten besetzt, Enddorne in der Länge gleich, oberer gebogen und stumpfspitzig, länger als 1. Tarsenglied, dieses wenig länger als 2 folgende Glieder. ♂ unbekannt. — L. 7—8,5 mm.

Transkaspien.

8. Gen. Macroretrus Péringuey

1908 *M.*, Péringuey in: Tr. S. Afr Soc., *v.* 13 p. 632.

Diese Gattung ist durch die Lage der Epipleuren und das freie Pygidium ausgezeichnet.

Kurz und gedrungen, schwarz, Flügeldecken heller, glänzend, oberseits unbehaart. Kopf wenig gewölbt, ohne deutliche Stirnlinie und Höcker, Wangen klein, abgerundet, überragen nicht die Augen, letztere groß, von oben sichtbar.

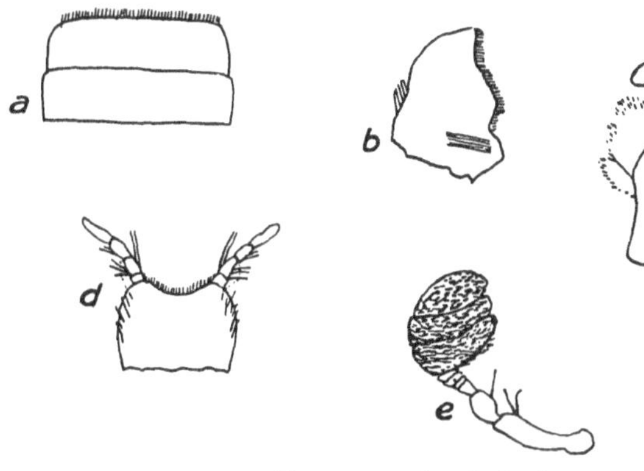

Fig. 8. **Macroretrus singularis** ($^{60}/_{1}$).

Die Fühler sind 9gliedrig, das 1. Glied ist keulenförmig, länger als 2.—6., das 2. Glied ist verdickt, das 4.—6. quer, die Keule ist dicht und kurz behaart.

Die Oberlippe ist quer, mit geradem, bewimpertem Vorderrande. Die Mandibel ist zu einer dünnen, hornigen Platte erweitert, dieselbe ist am Lateralrande gebogen, medial stumpfwinklig und bewimpert, am Grunde mit fein geriefter Mahlfläche. Die Maxille ist hornig, die Kauladen häutig, die laterale ist rundlich und am Rande behaart, die mediale schmal und bewimpert.

Das 2. und 4. Kiefertasterglied von gleicher Länge, die beiden andern kurz. Das Kinn ist hornig, auf der Unterseite vertieft, an den Seiten behaart, letztere und Vorderecken abgerundet, der bewimperte Vorderrand ausgerandet. Die Zunge ist häutig, tief gespalten, die abgerundeten Zipfel reichen bis zum 2. Lippentastergliede. Diese sind schlank, die beiden ersten vereinzelt behaart.

Das Halsschild ist quer, herabgewölbt, zur Mitte gerundet erweitert und dann mehr parallel verlaufend. Das Schildchen ist verhältnismäßig groß. Die Flügeldecken erweitern sich zur Mitte, sie sind an der Spitze einzeln abgerundet, oberseits punktiert-gestreift. Die Epipleuren sind vorn breit, von oben sichtbar. Das Prosternum ist vor den Vorderhüften kielig gewölbt, es ragt nach hinten nicht zapfenförmig hervor. Das vertiefte Mesosternum ist ziemlich dicht punktiert. Das Metasternum ist seitlich nur vereinzelt punktiert, nach der Mitte flacht es sich ab und ist hier mit Mittellinie versehen. Das Abdomen besteht aus 6 fein punktierten und behaarten Segmenten. Die Schenkel sind kräftig und stehen mit Ausnahme der mittleren dicht zusammen. Die Vordertibien verbreitern sich, sie sind außen mit 3 Zähnen und am innern Spitzenwinkel mit einem Enddorn bewaffnet. Die Mitteltibien sind zur Spitze stärker verbreitert als die hinteren, beide haben an der Außenseite 2 beborstete Querleisten und am Endrande 2 Enddorne und einen Borstenbesatz. Das letzte Glied der 5gliedrigen Tarsen trägt 2 hornige Klauen.

2 Arten aus Afrika.

Bestimmungstabelle der Arten:

- Schwarz, Flügeldecken mit gelbroten Makeln, äußere Klaue der Mitteltibien beim ♂ ungezahnt, Hinterwinkel des Halsschildes in beiden Geschlechtern ausgerandet . . . . . . 1. **M. singularis**
- Flügeldecken gelbbraun, mit schwarzen Strichmakeln, äußere Klaue stark gezähnt, Hinterwinkel beim ♀ abgestutzt . . 2 **M. confusus**

1. **M. singularis** Péring. 1908 *M s.*, Péringuey in: Tr. S. Afr. Soc., *v.* 13 p. 633 | 1910 *M. s.*, Ad. Schmidt in: Gen. Ins., fasc. 110 p. 96 t 2 f. 22 (Gesamtbild).

Schwarz, Vorderwinkel des Halsschildes und 3 Makeln auf den Flügeldecken gelbrot. Kopf fein punktiert, nach vorn im flachen Bogen verengt, hier abgestutzt, hinter dem Vorderrande verflacht. Thorax wenig zahlreich größer und feiner punktiert, die größeren Punkte fehlen vorn in der Mitte, die Seitenrandung reicht nur bis zur Basis und löst sich dann in eine Punktreihe auf, die aber nicht die etwas zipflig vorgezogene Mitte erreicht. Schildchen an der Basis vereinzelt punktiert. An der Basis der Flügeldecken liegen 2 Makeln, die eine im 2. und 3., die andere auf der Schulter im 6. Zwischenraume, die dritte Makel liegt vor der Spitze im 3.—8. Zwischenraume, sie erweitert sich im 6. gewöhnlich nach vorn, seltener ist die Spitzenmakel nach hinten bis an den Rand ausgedehnt. Bei unausgefärbten Exemplaren sind die Flügeldecken ganz rötlichgelb. Die Zwischenräume sind konvex, fein und vereinzelt punktiert. Unterseite schwarz, Beine heller, Hintertibien ungleich beborstet, Metatarsus viel länger als oberer Enddorn, so lang wie 3 folgende Glieder. ♂. Enddorn der Vordertibien breit, plötzlich zugespitzt, Mitteltibien stark verbreitert, ihre Tarsenglieder stark verdickt, die 4 ersten fast quer, das 5. stark verlängert, die äußere Klaue ist blattartig verbreitert, mit abgerundeter Spitze, die innere rundlich, hakig gebogen und zugespitzt, die Tarsen der Hinterfüße verlängert und schlank. ♀. Enddorn der Vorder- und Mitteltibien normal, der obere Rand der Epipleuren in der Mitte verdickt, seitlich hervortretend. — L. 3,5—3,8 mm.

Südrhodesia, Angola.

2. **M. confusus** (Har.) 1862 *Aphodius c.*, Harold in Berlin ent. Z., *v.* 6 p. 154.

Kopf und Thorax schwarz, Rand des Kopfes und Hinterrand des Halsschildes zuweilen, die Seiten des letzteren immer breit hell gefärbt, Flügeldecken gelbbraun, mit schwarzen Strichmakeln. Kopf in der Mitte leicht erhaben, fein punktiert, Clipeus abgestutzt, Wangen sehr klein, abgerundet. Thorax zur Mitte gerundet erweitert, die Seiten und Hinterwinkel immer, Basis zuweilen gerandet, Oberfläche sehr fein und etwas größer, aber nicht dicht punktiert. Schildchen wie bei voriger Art. Flügeldecken mit deutlichen Streifen, Punkte derselben greifen die Ränder der Zwischenräume an, diese sind fein punktiert, auf dem Rücken schwach konvex. Im 7. Zwischenraume befindet sich eine schwarze Strichmakel, sie beginnt an der Schulter und reicht bis hinter die Mitte, eine 2. kürzere liegt an der Basis des 5. Zwischenraumes, eine 3. quere befindet sich hinter der Mitte im 3.—5., da, wo die Seitenmakel endet, die Rückenstreifen sind auch etwas angedunkelt. Unterseite bräunlich, Beine viel heller, glänzend, fein punktiert und behaart, Abdomen mit Querreihe haartragender Punkte. Hintertibien ungleich beborstet am Endrande, 1. Tarsenglied derselben länger als oberer Enddorn, reichlich länger als 3 folgende Glieder. ♂. Enddorn der Vordertibien messerförmig, mit scharfer Spitze, Metasternum grubig vertieft, jederseits dicht punktiert. ♀. Enddorn schlank und spitz, Metasternum nur hinten flach vertieft und fein punktiert. — L. 4 mm.

Ägypten, Boran Galla, Britisch-Ostafrika, Senegal.

9. Gen. Lorditomaeus Péringuey

1901 *L.*, Péringuey in: Tr. S. Afr. Soc., *v.* 12 p. 370, 436 | 1908 *L.*, Ad. Schmidt in: Ent. Zeit. Stettin, *v.* 69 p. 231

Dieses Genus ist an den breiten, bis zur Spitze deutlichen Epipleuren kenntlich.

Wenig gewölbt, schwach glänzend, ober- und unterseits behaart, braun gefärbt. Kopf breit, nach vorn stark verengt, flach, ohne Tuberkeln, höchstens in der Mitte mit schwacher Längsbeule, mehr oder weniger punktiert, Clipeus nur leicht ausgerandet und jederseits gerundet, Wangen schwächer oder stärker vorstehend. Das 1. Fühlerglied ist stark verlängert, das 2. rundlich zugespitzt, das 3. nach der Spitze verbreitert, das 4.—6. ist quer, die länglichrunde Keule ist 3blätterig und dicht behaart. Die Oberlippe ist stark quer, seitlich gerundet, am Vorderrande ziemlich lang bewimpert, in der Mitte tief dreieckig eingeschnitten und mit 2 kräftigen Borsten versehen. Die Oberkiefer oder Mandibeln sind kräftig, hornig, nach vorn in eine dreieckige, dünne und hornige Platte erweitert, die aber nach den Rändern zu häutig wird, der Medialrand ist fein bewimpert, am Grunde desselben liegt eine fein geriefte Mahlfläche. Die Unterkiefer oder Maxillen sind hornig, ihre beiden häutigen Kauladen sind gut entwickelt und am Rande dicht behaart, die Kiefertaster haben 4 Glieder, von denen das 2. und 4. stark verlängert ist. Das hornige Kinn ist auf der Mitte der Unterseite vertieft, seitlich behaart, mit abgerundeten Vorderecken und am bewimperten Vorderrande ausgebuchtet. Die Unterlippe ist tief gespalten und in 2, an der Spitze abgerundete Zipfel ausgezogen, die bis zur Basis des 2. Gliedes der Lippentaster reichen. Diese sind 3gliederig, an der medialen Seite vereinzelt behaart und stärker als bei der Gattung *Aphodius* Ill. verlängert. Das Halsschild ist quer, wenig gewölbt, an den Seiten gerundet, mit wenig deutlichen Hinterwinkeln, oberseits punktiert, aufstehend und niederliegend behaart, Basis gewöhnlich gebuchtet und bewimpert, eine deutliche Randlinie fehlt. Schildchen dreieckig, sehr schmal. Flügeldecken nach der Mitte etwas erweitert, ihr Seitenrand zuweilen breit abgesetzt, Oberfläche punktiert-gestreift, Zwischenräume meistens flach und gereiht behaart. Unterseite flach, wenig punktiert und behaart. Metasternum in der abgeplatteten Mitte mit vertiefter Längslinie. Das Abdomen besteht aus 6 sichtbaren Segmenten von gleicher Breite.

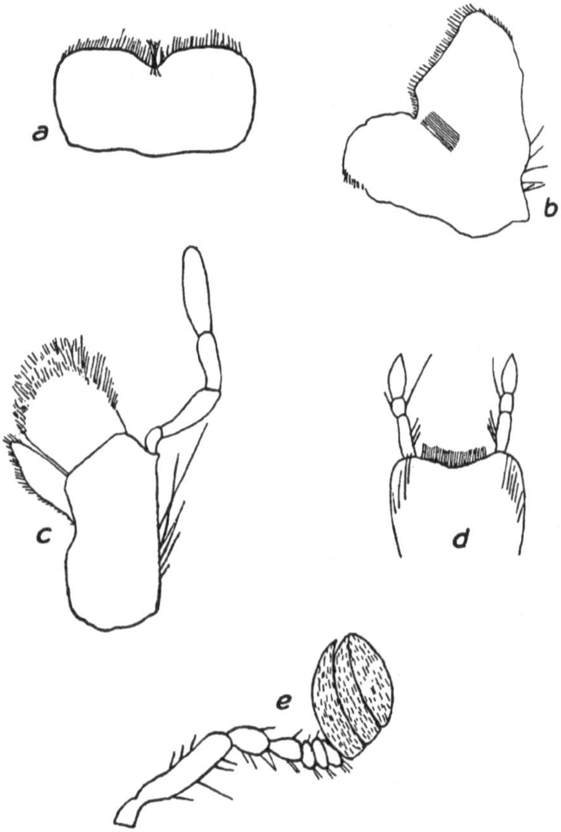

Fig. 9. **Lorditomaeus opatroides** ($^{60}/_{1}$).

Vorder- und Hinterhüften stehen dicht beisammen, Mittelhüften sind wenig getrennt. Vordertibien zur Spitze verbreitert, an der Außenseite mit 3 Zähnen, neben dem inneren Spitzenwinkel mit einem Enddorn. Mittel- und Hintertibien zur Spitze verbreitert, an der Außenseite mit 2 beborsteten Querleisten, am Spitzenrande mit 2 Enddornen und ungleichem Borstenbesatz. Die Tarsen sind 5gliederig, das letzte Glied hat 2 hornige Klauen.

Hierher gehören 11 Arten aus Afrika, von denen eine (nr. 11) in der folgenden Tabelle fehlt.

Bestimmungstabelle der Arten:

1 { Wangen nicht oder kaum die Augen überragend, Flügeldecken mit 9 Streifen — 2
Wangen deutlich vorstehend, Flügeldecken mit 8 Streifen — 3

2	Oberseite aufstehend behaart, Kopf sehr ungleich, Thorax dicht punktiert, mit deutlichen Hinterwinkeln	9. **L. setulosus**
	Oberseite nur auf dem Kopfe und am Vorderrande des Halsschildes aufstehend behaart, die großen Punkte auf dem Kopfe feiner und sparsamer, Thorax nicht dicht punktiert, Hinterwinkel gerundet	10. **L. invenustus**
3	Der 7. Streifen der Flügeldecken (von der Naht gezählt) teilt sich vor der Mitte, Seitenrand schmal abgesetzt — 4	
	Der 7 Streifen nicht geteilt, einfach, Seitenrand der Flügeldecken breiter abgesetzt — 7	
4	Zwischenräume der Flügeldecken scharf konvex, fast gekielt .	5. **L. fornicatus**
	Zwischenräume eben, höchstens schwach konvex — 5	
5	Kopf in der Mitte und Scheibe des Halsschildes geschwärzt — 6	
	Kopf und Thorax einfarbig braun	6. **L. lunatulus**
6	Hinterwinkel des Halsschildes gerundet	7. **L. infuscatus**
	Hinterwinkel des Halsschildes deutlich	8. **L. bifidus**
7	Alle Zwischenräume der Flügeldecken konvex und behaart .	2. **L. tenuis**
	Zwischenräume anders gestaltet — 8	
8	Der 7. Zwischenraum und die Naht gekielt	3. **L. aequus**
	Die abwechselnden Zwischenräume leicht erhaben und mit aufstehenden Borsten besetzt	4. **L. proditor**
	Alle Zwischenräume eben, niederliegend, nur an der Spitze aufstehend behaart	1. **L. opatroides**

1. **L. opatroides** (Klug) 1851 *Aphodius deplanatus* (non Ménétriés 1832), Roth in: Arch. Naturg, *v.* 17 I p. 131 | 1855 *A. opatroides,* Klug in: Monber. Ak. Berlin, p. 656 | 1862 *A. o.*, Klug in: Peters, Reise Mossamb., *v.* 5 p. 246 t. 14 f. 12 (Gesamtbild) | 1874 *A. deplanatus*, Harold in: Berlin. ent. Z., *v.* 18 p. 183, 188 | 1901 *Lorditomaeus d.*, Péringuey in: Tr. S. Afr. Soc., *v.* 12 p. 437 | 1910 *L. d.,* Ad. Schmidt in: Gen. Ins., fasc. 110 p. 92 t. 2 f. 20 (Gesamtbild).

Hellbraun, Scheibe des Halsschildes zuweilen dunkler, Kopf, Thorax und Spitze der Flügeldecken aufstehend behaart. Kopf schwach ausgerandet, in der Mitte mit länglicher Beule, überall fein und zerstreut punktiert, am Hinterkopf und jederseits der Beule mit etwas größeren Punkten. Thorax quer, nach hinten gerundet erweitert, seitlich abgeflacht, Seitenrandung reicht nur um die stumpf abgerundeten Hinterwinkel herum, die 2buchtige Basis ist bewimpert, oberseits mit Ausnahme einer schmalen Mittellinie ziemlich dicht, nicht grob punktiert und niederliegend behaart. Flügeldecken mit breit abgesetztem Seitenrande, sie sind deutlich punktiert-gestreift, Streifenpunkte quer, Zwischenräume eben, 2reihig, niederliegend behaart, der 3.—5. vor der Spitze in kurzer Ausdehnung heller gefärbt. Enddorn der Vordertibien mit umgebogener Spitze beim ♂, das 1. Glied der Hintertarsen so lang wie die 3 folgenden Tarsenglieder. — L. 6 mm.

Ost-, Süd- und Westafrika.

2. **L. tenuis** Ad. Schm. 1908 *L. t.,* Ad. Schmidt in: Ent. Zeit. Stettin, *v.* 69 p. 239.

Von länglicher, etwas konvexer Gestalt und hellbrauner Farbe, Kopf in der Mitte und hinten sowie der Thorax auf der Scheibe dunkler, außer der niederliegenden Behaarung des Halsschildes und der Flügeldecken zeigen sich einzelne aufstehende Haare auf dem Kopf, am Vorder- und Seitenrande des Halsschildes sowie vor der Spitze der Flügeldecken. Kopf etwas dicht, nach vorn feiner punktiert. Thorax neben den Seiten deutlich verflacht, letztere schwach gerundet, Hinterwinkel stumpf gerundet, Basis ungerandet, kaum gebuchtet, oberseits außer der Mitte matt, fein und nicht sehr dicht punktiert. Schildchen sehr schmal dreieckig. Flügeldecken punktiert-gestreift, Zwischenräume schwach gekielt, einreihig behaart, die beiden Basal- und die Spitzenmakel sehr deutlich, letztere vorn, außen und hinten schwarz umsäumt. Länge des 1. Gliedes der Hintertarsen und Geschlechtsdifferenz wie bei voriger Art. — L. 3,5—4 mm.

Senegal.

3. **L. aequus** Ad. Schm. 1908 *L. a.*, Ad Schmidt in: Ent. Zeit. Stettin, *v.* 69 p. 237.

In der flachen Gestalt, den vollständig ebenen Zwischenräumen *L. opatroides* (Klug) sehr ähnlich, aber durch den scharf gekielten 7. Zwischenraum hauptsächlich abweichend. Hellbraun, ohne helle Makeln auf den Flügeldecken. Kopf deutlich punktiert, aufstehend behaart, mit schwacher Beule, Clipeus leicht ausgerandet. Thorax quer, nach hinten gerundet erweitert, hinter dem Vorderwinkel mit einem starken Quereindruck, längs der Seiten deutlich verflacht, Hinterwinkel stumpf abgerundet, oberseits nicht sehr dicht, fein punktiert, Punkte am Grunde glänzend, niederliegend behaart, vorn mit einzelnen aufstehenden Haaren. Schildchen sehr schmal. Flügeldecken nach der Mitte verbreitert, punktiert-gestreift, der 2.—6. Zwischenraum vor der Spitze einreihig behaart, die Naht und der 7. Zwischenraum gekielt, letzterer in der ganzen Länge behaart. Im Fußbau und in der Geschlechtsdifferenz mit den vorigen Arten übereinstimmend. — L. 3,5 mm.

Centralafrika.

4. **L. proditor** (Gestro) 1895 *Aphodius p*, Gestro in: Ann. Mus. Genova, ser. 2 *v.* 15 p. 326 | 1910 *Lorditomaeus p*, Ad. Schmidt in: Schenkling, Col. Cat., fasc. 20 p. 64.

Diese Art ist durch die Skulptur der Flügeldecken ausgezeichnet. Einfarbig hellbraun, zuweilen aber viel dunkler. Kopf fein punktiert, aufstehend behaart wie das Halsschild, mit vertiefter Linie zwischen den Augen und kleiner Längsbeule vor derselben, Clipeus gerade abgestutzt. Thorax quer, gerundet nach hinten verbreitert, neben der feinen Seitenrandung ziemlich breit verflacht, Hinterwinkel gerundet, die ungerandete Basis 2buchtig und bewimpert, oberseits matt, deutlich, aber nicht dicht punktiert und niederliegend behaart. Schildchen schmal, dreieckig. Flügeldecken schwach zur Mitte erweitert, punktiert-gestreift, Streifenpunkte flach, wie bei den andern Arten, der 2., 4. und 6. Zwischenraum schmaler, mehr erhaben, mit aufstehenden Borstenhaaren gereiht besetzt, der 3., 5. und 7. zweireihig, niederliegend behaart. Zuweilen sind die geraden Zwischenräume kaum schmaler und erhaben, aber auch dann mit Borstenreihe. Die beiden Basalmakeln bei dunklen Exemplaren deutlich, die Spitzenmakel liegt im 3.—5. Zwischenraume, über ihr befindet sich gewöhnlich im 3. und 5. Zwischenraume je eine schwarze Strichmakel. Das 1. Glied der Hintertarsen sehr wenig länger als oberer Enddorn, so lang wie die 3 folgenden Glieder. Enddorn der Vordertibien stumpf und umgebogen. — L. 5—5,5 mm.

Galla-Land, Britisch-Ostafrika.

5. **L. fornicatus** Ad. Schm. 1908 *L. f.*, Ad. Schmidt in: Ent. Zeit. Stettin, *v.* 69 p. 234.

Etwas gewölbter als vorige Art, Thoraxseiten nicht verflacht, Rand der Flügeldecken nicht breit abgesetzt, gleichmäßig hellbraun gefärbt. Kopf vereinzelt aufstehend behaart, vorn gerade abgestutzt, mit länglicher, flacher Beule in der Mitte, jederseits derselben stehen 2, hinter ihr in einer Querreihe 4 große Punkte, der übrige Teil des Kopfes fein, aber nicht dicht punktiert. Thorax quer, seitlich gerundet, nach hinten sehr schwach verbreitert, Seitenrandung nach hinten zu feiner, nur um die gerundeten Hinterwinkel reichend, die gebuchtete Basis lang bewimpert wie die Seiten, Oberfläche feiner und größer, nicht sehr dicht punktiert, hinter dem Vorderrande mit Querreihe großer, ein aufstehendes Haar tragender Punkte. Flügeldecken punktiert-gestreift, Zwischenräume stark konvex und einreihig, niederliegend behaart, an der Basis 2, vor der Spitze eine etwas hellere Makel, letztere wird vorn und seitlich durch einen dunklen Fleck begrenzt. Oberer Enddorn der Hintertibien kürzer als 1. Tarsenglied, dieses länger als 3 folgende Glieder. — L. 5 mm.

Kongo.

6. **L. lunatulus** Ad. Schm. 1908 *L. l.*, Ad. Schmidt in: Sjöstedt, Kilimandjaro, *v.* 1 pars 7 p. 56.

Weniger gewölbt als vorige Spezies, aber von derselben Färbung, Kopf vorn und Thoraxseiten ebenfalls heller, die Makeln an der Basis und vor der Spitze deutlicher, letztere auch hinten mit dunklem Fleck, Kopf und Thorax aufstehend, Flügeldecken niederliegend behaart. Kopf flach gewölbt, in der Mitte stumpf erhöht, am Vorderrande abgestutzt und äußerst schwach ausgerandet, fein punktiert, mit großen eingestreuten Punkten seitlich und hinten besetzt. Thorax quer, leicht gerundet erweitert, die ungerandete Basis 2buchtig, sie ist in der Mitte sehr sparsam bewimpert, die Seiten sind schmal verflacht, nach den abgerundeten Hinterwinkeln zu feiner gerandet, oberseits deutlich punktiert, mit Querreihe großer Punkte hinter dem Vorderrande und einzelnen solcher neben der glatten Mittellinie. Flügeldecken zur Mitte etwas erweitert, mattglänzend, punktiert-gestreift, Zwischenräume schwach gewölbt, abwechselnd 2- und 1reihig behaart. Metatarsus länger als oberer Enddorn und 3 folgende Tarsenglieder. Enddorn der Vordertibien beim ♂ mit umgebogener Spitze. — L. 5 mm.

Kilimandscharo, Usambara.

7. **L. infuscatus** Ad. Schm. 1908 *L. i.*, Ad. Schmidt in: Ent. Zeit. Stettin, *v.* 69 p. 235.

Hellbraun, Kopf in der Mitte und hinten dunkler, ebenso die Scheibe des Halsschildes und zuweilen auch die der Flügeldecken. Kopf vorn abgestutzt und schwach ausgerandet, in der Mitte mit Längserhöhung, fein punktiert, mit einigen größeren Punkten an den Seiten und hinter der schwach angedeuteten Stirnlinie, diese Punkte mit je einem aufstehenden Haar. Thorax quer, neben den gerandeten Seiten etwas verflacht, Basis deutlich gebuchtet und bewimpert, Hinterwinkel stumpf abgerundet, oberseits feiner und stärker punktiert, die feinen Punkte in der Mitte sehr dicht, hinter dem Vorderrande eine Reihe großer, haartragender Punkte. Flügeldecken punktiert-gestreift, Zwischenräume schwach konvex, einreihig niederliegend behaart, die hellen Makeln an Basis und vor der Spitze wenig deutlich, letztere nur schattenartig begrenzt. Fußbau der Hintertarsen und Geschlechtsunterschied wie bei voriger Art. — L. 6 mm.

Deutsch- und Britisch-Ostafrika.

8. **L. bifidus** Ad. Schm. 1908 *L. b.*, Ad. Schmidt in: Ent. Zeit. Stettin, *v.* 69 p. 236.

Der vorigen Art sehr ähnlich, aber etwas schlanker, Kopf und Thorax viel dichter punktiert, letzterer aufstehend behaart, in der Mitte mit glatter, erhabener Längslinie und deutlichen Hinterwinkeln, Zwischenräume mehr konvex, die helle Spitzenmakel fast kreisförmig dunkel umgrenzt. Alles übrige übereinstimmend. — L. 5 mm.

Tanga.

9. **L. setulosus** Ad. Schm. 1908 *L. s.*, Ad. Schmidt in: Ent. Zeit. Stettin, *v.* 69 p. 232 | 1908 ?*Aphodius excultus*, Péringuey in: Tr. S. Afr Soc., *v.* 13 p. 632

Länglich, hinten wenig breiter, hellbraun, Kopf ohne den Vorderrand und das Halsschild in der Mitte schwärzlich, Flügeldecken mit 3 hellern Makeln. Kopf fein punktiert, mit großen, haartragenden Punkten seitlich und in der vertieften Scheitellinie. Thorax quer, nach der Basis zu schwach gerundet verbreitert, letztere ohne Randung, kaum gebuchtet, oberseits ziemlich dicht punktiert, mit aufstehenden und niederliegenden Haaren besetzt, hinter dem Vorderrande mit Querreihe großer Punkte, Hinterwinkel deutlich. Flügeldecken punktiert-gestreift, Streifenpunkte äußerst flach, Zwischenräume schwach glänzend, konvex, mit Haarpunktreihe, an der Basis 2 helle Makeln, eine kleinere an der Schulter, die andere, etwas längere neben dem Schildchen im 1.—3. Zwischenraume, die 3. Makel befindet sich hinter der Mitte im 3.—5. Zwischenraume, sie wird vorn, seitlich und hinten von je einer dunklen, länglichen Makel begrenzt. 1. Glied der Hintertarsen länger als oberer Enddorn, länger als die 3 folgenden Glieder. Geschlechtsdifferenz wie bei den vorigen Arten. — L. 4 mm.

Luitpoldkette, Ikutha, Ghinda, Südrhodesia.

10. **L. invenustus** Ad. Schm. 1908 *L. i.*, Ad. Schmidt in: Ent. Zeit. Stettin, *v.* 69 p. 233.

Gleicht der vorigen Art, doch sind die Punkte auf Kopf und Thorax feiner, die Spitzenmakel der Flügeldecken undeutlicher, ohne begrenzende, dunkle Makeln. Kopf mit kleiner Beule in der Mitte, hinter derselben mit vertiefter Querlinie, fein punktiert, mit etwas größeren haartragenden Punkten an den Seiten und hinten. Thorax quer, mit gerundeten Seiten und Hinterwinkeln, die ungerandete Basis schwach gebuchtet, ziemlich dicht punktiert und niederliegend behaart, die Punkte so groß wie die größeren des Kopfes, sie stehen hinter dem Vorderrande in einer Querreihe, jeder derselben mit aufstehendem Haare. Flügeldecken auf der Scheibe dunkler, Basis ebenfalls mit 2 hellern Makeln. Das 1. Glied der Hintertarsen wenig länger als die fast gleichlangen Enddorne und fast so lang wie die übrigen 4 Glieder. Enddorn der Vordertibien abgestutzt, Thorax glänzend beim ♂. Beim ♀ ist der Enddorn spitz und der Thorax matt. — L. 6 mm.

Senegambien.

In dieses Genus gehört jedenfalls auch folgende Art:

11. **L. harpalinus** (Gerst.) 1884 *Aphodius h.*, Gerstaecker in: Jahrb. Hamburg. Anst., p. 49.

Flach gewölbt, hellbraun, niederliegend behaart, Kopf und Thorax etwas dunkler. Kopf gerundet verengt, vorn abgestutzt, stark und dicht punktiert. Thorax seitlich gerundet, vor der Basis ausgerandet, stark und dicht punktiert, mit deutlicher Seitenbeule. Schildchen klein. Flügeldecken punktiert-gestreift, Zwischenräume eben, rauh punktiert. — L. 6,5 mm.

Massai.

10. Gen. **Acanthaphodius** Ad. Schmidt

1909 *A.*, Ad. Schmidt in: Soc. ent., *v.* 24 p. 67.

Diese Gattung stimmt mit *Aphodius* in der allgemeinen Körperform, in dem Vorhandensein zweier beborsteter Querleisten an den Mittel- und Hintertibien, den 2 Enddornen und dem Borstenbesatz am Endrande derselben, dem Fußbau, der Anzahl der sichtbaren Hinterleibssegmente und in dem nicht freien Pygidium überein. Sie unterscheidet sich von ihr in folgenden Punkten: Vordertibien am Außenrande nur mit 2 Zähnen, ein dritter befindet sich am Vorderrande neben der Einlenkung der Tarsen, der Enddorn am innern Spitzenwinkel fehlt, Hinterschenkel haben am Unterrande, nahe der Basis einen kräftigen, gleichbreiten, stumpfspitzigen Dorn (ob sexuelles Merkmal?).

1 Art aus Südamerika.

1. **A. bruchi** Ad. Schm. 1909 *A. b.*, Ad. Schmidt in: Soc. ent., *v.* 24 p. 67 | 1910 *A. b.*, Ad. Schmidt in: Gen. Ins., fasc. 110 p. 15 t. 1 f. 2 (Gesamtbild), f. 2a (Hinterbein).

Länglich, gewölbt, glänzend, Kopf und Thorax rotgelb, Flügeldecken mehr blaßgelb, die beiden letzteren mit schwarzen Zeichnungen. Kopf breit, nach vorn in schwachem Bogen verschmälert, Clipeus ausgerandet und jederseits gerundet, zwischen den Augen mit gebogener und vertiefter Querlinie, davor eine stumpfe Erhöhung, oberseits deutlich und dicht punktiert, Wangen stumpf abgerundet. Halsschild zur Basis verengt, diese und die Seiten gerandet, vor dem Schildchen mit Längsfurche, hinter den Vorderwinkeln und in der Mitte, etwas vom Seitenrande entfernt, je ein schwacher Quereindruck, in der Hinterhälfte mit schwarzer, gezackter Querbinde, oberseits unregelmäßig verteilt, nicht sehr grob punktiert. Schildchen dreieckig, schwarz, punktiert. Flügeldecken mit schwachem Schulterzahn, an den Seiten und vor der Spitze kurz behaart, stark punktiert-gestreift, Streifenpunkte greifen die Ränder der Zwischenräume an, diese gewölbt. Die Flügeldecken haben folgende schwarze Zeichnung: An den Seiten vor der Mitte eine dreieckige Makel, deren Scheitelpunkt der Naht zugewendet ist und im 5. Zwischenraume liegt, zwischen ihren Schenkeln bleibt ein rundlicher Fleck von der Grundfarbe, von dieser Makel ist der Seitenrand bis zur Naht, nach dieser zu breiter werdend, schwarz gesäumt, von diesem Saum erhebt sich vor der Spitze vom 2.—6. Zwischenraume eine zweite dreieckige Makel (Scheitelpunkt nach vorn gerichtet), die ebenfalls einen runden, etwas größeren Fleck von der Grundfarbe freiläßt, außerdem befindet sich noch ein kleiner, angedunkelter Längsstrich vor der Mitte im 3. Zwischenraume. Unterseite schwarz, Mesosternum zwischen den Mittelhüften stumpfkielig, Metasternum in der Mitte vertieft und grob punktiert. Schenkel und Abdomen punktiert und behaart, Hintertibien mit ungleichen Borsten am Spitzenrande, oberer Enddorn wenig kürzer als 1. Glied, dieses kaum den 3 folgenden an Länge gleich. — L. 3,5 mm.

Rio Negro.

11. Gen. **Didactylia** H. Orbigny

1896 *D.*, H. Orbigny in: Abeille, *v.* 28 p. 247 | 1908 *D.*, Ad. Schmidt in: Ann. Soc. ent. Belgique, *v.* 52 p. 39.

Länglich, Seiten parallel, flach gewölbt, weißlichgelb, einfarbig oder mit hellen oder dunklen Makeln, oder gelb- oder hellbraun, Vordertibien schlank, mit 2 oder 3 Außenzähnen, Mittel- und Hintertibien von dreieckiger Gestalt, ohne Querleisten, Bauchsegmente in der Mitte meistens sehr deutlich verwachsen.

Kopf wenig gewölbt, ohne Höcker, meistens nur fein punktiert, Wangen klein und rundlich. Die Fühler sind 9gliedrig. Das 1. walzenförmige und das 2. länglich-runde Glied vereinzelt behaart, das 3. ist konisch, das 4.—6. quer, die 3 letzten bilden eine länglich-runde, behaarte Keule. Die Oberlippe ist häutig und quer, seitlich gerundet, der vereinzelt bewimperte Vorderrand sehr schwach ausgerandet. Die Mandibeln sind hornig, nach vorn in eine dünne, an den Rändern häutige Platte ausgezogen, der innere Rand ist bewimpert. Die Maxillen sind hornig und schlank, die beiden Kauladen länglich und behaart, die Maxillartaster kräftig, das 2. und 4. Glied verlängert. Das Kinn ist hornig, länglich, mit abgerundeten Vorderecken, auf der Unterseite ver-

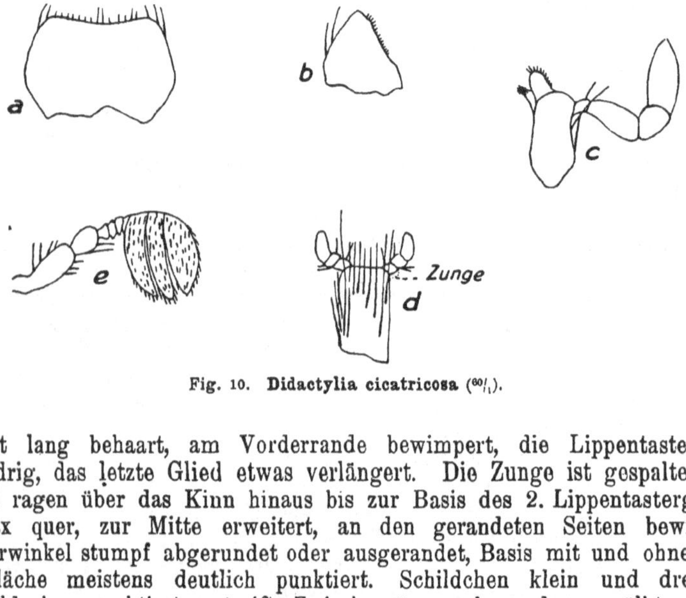

Fig. 10. **Didactylia cicatricosa** (60/1).

einzelt lang behaart, am Vorderrande bewimpert, die Lippentaster sind 3gliedrig, das letzte Glied etwas verlängert. Die Zunge ist gespalten, ihre Zipfel ragen über das Kinn hinaus bis zur Basis des 2. Lippentastergliedes. Thorax quer, zur Mitte erweitert, an den gerandeten Seiten bewimpert, Hinterwinkel stumpf abgerundet oder ausgerandet, Basis mit und ohne Rand, Oberfläche meistens deutlich punktiert. Schildchen klein und dreieckig. Flügeldecken punktiert-gestreift, Zwischenräume eben oder gewölbt, an den Seiten zuweilen behaart, Seitenrand fast immer deutlich bewimpert. Die Hüften stehen zusammen, Unterseite vereinzelt punktiert und behaart, Schenkel kräftig, Füße 5gliedrig, letztes Glied mit 2 hornigen Klauen. Die Geschlechtsunterschiede zeigen sich in der Form des Kopfes, in der Bildung der Vordertibien, in der Länge des 1. Tarsengliedes an den Hintertibien und in der Form des Abdomen auf der Unterseite.

13 Arten aus Afrika und Südamerika, von ihnen konnte eine Art (nr. 13) nicht in die folgende Tabelle aufgenommen werden

Bestimmungstabelle der Arten:

1 { Clipeus abgerundet, runzlig punktiert, Thorax mit glatter Mittellinie, Zwischenräume der Flügeldecken stark konvex . . . . 12. **D. pura**
Clipeus nicht abgerundet, abgestutzt oder ausgerandet, Kopf nur feiner oder stärker punktiert — **2**

2	Clipeus abgestutzt, Thorax mit kurzer, vertiefter Mittellinie, Basis gerandet	1. D. pallicolor
	Clipeus abgestutzt, breit aufgebogen, Thorax ohne Mittelfurche, Oberseite fahl hellbraun — 3	
	Clipeus mehr oder weniger ausgerandet, nie breit aufgebogen, Thorax ohne Mittelfurche, Oberseite gelb- oder hellbraun — 4	
3	Kopf sehr fein, vereinzelt punktiert, Thorax deutlicher punktiert, besonders an den Seiten, Flügeldecken, und meist auch der Thorax mit dunklen Querbinden	2. D. varia
	Kopf deutlich, Thorax sehr dicht und rauh punktiert, Flügeldecken querrunzlig, ohne dunkle Zeichnungen	3 D. cicatricosa
4	Flügeldecken mit dunklen Flecken auf gelbbraunem Grunde oder einfarbig hellbraun — 5	
	Flügeldecken mit Dorsalfleck, die hellen Seiten mit und ohne dunkle Flecke — 7	
5	Thorax und Flügeldecken mit dunklen Makeln, Naht vorn schmal, von der Mitte ab der ganze 1. Zwischenraum dunkel	4. D. notata
	Thorax in der Mitte dunkler, Flügeldecken einfarbig — 6	
6	Flügeldecken einfarbig hellbraun, Zwischenräume flach, Abdomen beim ♂ längsgrubig	5. D. kolbei
	Flügeldecken gelbbraun, Naht dunkel, Zwischenräume konvex, Enddorn der Vordertibien beim ♂ abgestutzt	6. D. flaveola
7	Flügeldecken mit dunklem Dorsalfleck, Seiten und Spitze heller — 8	
	Die hellen Seiten der Flügeldecken mit dunklen Flecken — 9	
8	2. Zwischenraum in der ganzen Länge hell, Kopf sehr fein punktiert, größere Punkte in der Mitte des Halsschildes fehlen, Epipleuren dunkel, Seiten des Abdomen vereinzelt fein punktiert	7. D. panamensis
	2. Zwischenraum selten in der ganzen Länge deutlich heller als der Dorsalfleck, Kopf und Thorax, letzterer auch in der Mitte deutlich punktiert, Epipleuren hell, Abdomen an der Seite, die letzten Segmente in der ganzen Breite mit grübchenartigen Punkten .	8. D. infuscatopennis
9	Thorax mit dunkler, nicht scharf begrenzter Scheibe, ziemlich dicht, größer und feiner punktiert, die größeren Punkte fehlen nur vorn in der Mitte, Hinterwinkel beim ♂ abgerundet, Zwischenräume der Flügeldecken konvex, die Seiten im 8. und 9. Zwischenraume vor der Mitte mit dunkler Makel .	9. D. turbida
	Thorax mit scharf begrenzter Längsmakel, die ungefähr $^1/_3$ der Breite einnimmt und vor dem Schildchen einen hellen Fleck freiläßt, Flügeldecken im 6. Zwischenraume in der Mitte mit dunkler Makel, zuweilen davor eine zweite — 10	
10	Thorax von oben gesehen, gleichmäßig nach vorn und hinten verschmälert, Hinterwinkel gerade abgestutzt, beim ♂ sehr wenig ausgerandet, Schultern der Flügeldecken rundlich	10. D. pictipennis
	Thorax von oben gesehen, hinter der Mitte plötzlich verschmälert, Hinterwinkel deutlich ausgerandet, Flügeldecken mit zahnartig zugespitzter Schulter .	11. D. exsecta

1. **D. pallicolor** (Fairm.) 1885 *Aphodius p.*, L. Fairmaire in: Ann. Soc. ent. France, ser 6 *v.* 5 p. 442 | 1896 *Didactylia p.*, H Orbigny in: Abeille, *v.* 28 p. 248.

Hell gelbbraun, Flügeldecken mit dunklen Flecken an der Seite und vor der Spitze. Kopf kurz, wenig gewölbt, sehr fein und zerstreut punktiert, Clipeus schwach abgestutzt, jederseits gerundet. Thorax quer, von der Breite der Flügeldecken, etwas gerundet und lang bewimpert, Hinterwinkel breit abgerundet, Seiten und Basis, letztere aber sehr fein gerandet, oberseits fein punktiert, vor dem Schildchen mit kurzer Längsfurche. Schildchen fein punktiert. Flügeldecken fein gestreift, Streifenpunkte nur vor der Spitze sichtbar, Zwischenräume schwach konvex, fein punktiert, Naht angedunkelt. Vordertibien mit 3 Zähnen, oberer sehr klein, die beiden untern kräftig und spitz. — L. 3 mm.

Obock.

2 **D. varia** Ad. Schm. 1908 *D. v.*, Ad Schmidt in: Ann. Soc. ent. Belgique, *v.* 52 p. 40 | 1910 *D. v.*, Ad Schmidt in: Gen Ins., fasc 110 p. 97 t. 2 f. 23 (Gesamtbild).

Sehr hell gelbbraun, etwas konvex, wenig glänzend, die Ränder lang bewimpert. Kopf flach, vereinzelt und fein punktiert, Clipeus abgestutzt. Thorax in der Mitte rundlich erweitert, Hinterwinkel breit abgerundet, Seiten dicker als die Basis gerandet, oberseits deutlich, aber nicht sehr dicht, vorn in der Mitte etwas feiner und zerstreuter punktiert. Schildchen schmal dreieckig. Flügeldecken an den Seiten und der Spitze kurz behaart, deutlich gestreift, Zwischenräume scharf konvex, vor der Spitze und an den Seiten mehr eben, vor der Mitte im 2.—8. mit größerer dunkler Makel, vor der Spitze mit einer kleineren im 2.—6. Zwischenraume. beide sind im 2. und 3. verbunden. Diese Zeichnungen sind zuweilen nur schattenartig angedeutet, oder nur die vordere, auch befinden sich manchmal auf dem Thorax zwei dunkle Makeln. Oberer Zahn an den Vordertibien sehr klein, Hintertibien am Endrande mit ungleichen Borsten, 1. Tarsenglied der Hinterbeine länger als oberer Enddorn, so lang wie die 2 folgenden Glieder. ♂. Vordertibien lang, sehr schmal, in der innern Basalhälfte schwach ausgerandet, Enddorn gleichbreit, abgestutzt, Fußglieder der Mittel- und Hintertibien verlängert, Kopf nach vorn wenig verschmälert, hier breit und deutlich aufgebogen. ♀. Vordertibien kürzer, weniger schlank, Enddorn schmal und spitz, Thorax seitlich dichter punktiert, Kopf vorn schmaler, weniger aufgebogen, Fußglieder der Mittel- und Hintertibien nicht verlängert, seitlich zusammengedrückt. — L. 3—4 mm.

Kongo.

3. **D. cicatricosa** Ad. Schm. 1908 *D. c.*, Ad. Schmidt in: Ann Soc. ent. Belgique, *v.* 52 p. 39 | 1910 *D. c.*, Ad Schmidt in: Gen Ins., fasc 110 p. 97 t. 2 f 24 (Gesamtbild).

Von der vorigen Art, der sie in Färbung und Gestalt gleich ist, unterscheidet sie sich dadurch, daß der Kopf sehr deutlich punktiert und mehr nach vorn verschmälert ist, das Halsschild ist rauh und sehr dicht punktiert, ohne dunkle Makeln wie auch die querrunzeligen Flügeldecken, das 1. Glied der Hintertarsen ist so lang wie oberer Enddorn, aber kürzer als 2 folgende Tarsenglieder, die Vordertibien haben nur 2 große Randzähne. Geschlechtsdifferenz dieselbe. — L. 3--4 mm (Fig. 10).

Kongo.

4. **D. notata** (Har.) 1859 *Aphodius notatus*, Harold in. Berlin. ent. Z., *v.* 3 p. 211 t. 5 f. 2 (Gesamtbild) | 1905 *A. knausi*, Fall in. Ent. News Philad., *v.* 16 p. 130 |

1905 *A. kansanus*, Wickham in: Canad. Ent., v. 37 p. 169 | 1911 *Didactylia notata*, Ad. Schmidt in: Ent. Zeit. Stettin, v. 72 p. 38.

Durch die auffällige Zeichnung der Flügeldecken abweichend. Gewölbt, glänzend, hell gelbbraun, an den Rändern lang bewimpert. Kopf flach gewölbt, am Hinterrande und in der Mitte dunkler, sehr vereinzelt fein punktiert, Clipeus deutlich ausgerandet, Wangen rundlich, die Augen nicht überragend. Halsschild seitlich herabgewölbt und wenig gerundet, mit sehr feinen und etwas größeren Punkten bestreut, die Seitenrandung setzt sich feiner werdend um die abgestutzten Hinterwinkel über die Basis fort, auf der Mitte der Scheibe stehen 2 länglichrunde, größere, dunkle Makeln, an den Seiten je eine kleinere. Flügeldecken erweitern sich etwas nach hinten, sie sind punktiert-gestreift und die Streifenpunkte an den Seiten deutlich, Zwischenräume fein und vereinzelt punktiert, mit folgender dunkler Zeichnung: Im 3. und 2. Zwischenraume eine winklig gebogene Makel, die mit der entsprechenden auf der andern Flügeldecke einen hufeisenförmigen Fleck bildet, eine zweite längliche Makel befindet sich im 5.—7. hinter der Schulter, eine dritte längliche hinter der Mitte im 7.—9., eine vierte gebogene vor der Spitze im 3.—7. Zwischenraume, der Nahtstreif ist in der Vorderhälfte nur schmal, hinter der Mitte in der ganzen Breite dunkel. Zuweilen sind diese Makeln nur schattenhaft angedeutet und bis auf die beiden ersten geschwunden (auf diese Form ist *Aphodius knausi* Fall gegründet). Unterseite hell, abstehend behaart. Vordertibien mit 3 Außenzähnen. Endborsten der Hintertibien ungleich, oberer Enddorn so lang wie 1. Glied, dieses den 3 folgenden Gliedern gleich. — L. 3 mm.

Columbien, Guayana, Kansas.

5. **D. kolbei** Ad. Schm. 1911 *D. k*, Ad. Schmidt in: Ent. Zeit. Stettin, v. 72 p. 36.

Bräunlich, die Seiten des Halsschildes und die Flügeldecken hellbraun, glänzend, Unterseite heller, die Ränder lang bewimpert. Kopf und Thorax fein punktiert, letzterer an den Seiten mit etwas größeren Punkten untermischt, in der Mitte gerundet erweitert, Seiten und abgerundete Hinterwinkel gerandet, Basis ist ohne Rand, schwach gebuchtet. Schildchen schmal dreieckig. Flügeldecken deutlich gestreift, mit schwachen Streifenpunkten, Zwischenräume wenig konvex, vereinzelt fein punktiert. Vordertibien mit 2 Randzähnen, zuweilen mit schwacher Andeutung eines dritten obern Zähnchens. Hintertibien mit ungleichen Endborsten, ihre Enddorne schlank, ungleich lang, oberer fast so lang wie 1. Tarsenglied. ♂. Clipeus breit, gerade abgestutzt, Thoraxseiten weniger dicht mit größeren Punkten besetzt, hintere Fußglieder verlängert, Metatarsus so lang wie 3 folgende Glieder, Abdomen in der Mitte längsvertieft. ♀. Clipeus vorn schmaler, schwach ausgerandet, Kopf und Thorax dichter punktiert, Metatarsus kürzer als 3 folgende Glieder, Abdomen ohne Eindruck. — L. 3 mm.

Bolivien.

6. **D. flaveola** (Har.) 1867 *Aphodius f.*, Harold in: Berlin. ent. Z., v. 11 p. 280 | 1911 *Didactylia f*, Ad. Schmidt in: Ent. Zeit. Stettin, v. 72 p. 38.

Flach konvex, gelbbraun, die Thoraxmitte, der Kopf ohne den Vorderrand und die Naht der Flügeldecken etwas dunkler. Kopf fein und zerstreut punktiert, Clipeus deutlich ausgerandet, Wangen klein und rundlich. Thorax zur Mitte wenig verbreitert, an den bewimperten Seiten und der Basis, hier aber sehr fein, gerandet, Hinterwinkel abgerundet, oberseits feiner und größer punktiert, die Mitte fast ohne größere Punkte. Schildchen schmal dreieckig.

Flügeldecken punktiert-gestreift, Zwischenräume auf dem Rücken konvex, etwas deutlicher als bei den andern Arten punktiert. Unterseite vereinzelt behaart, Vordertibien 3zähnig, Hintertibien mit ungleichen Borsten. Metatarsus etwas länger als oberer Enddorn, so lang wie 3 folgende Tarsenglieder. — L. 4 mm.

Chile, Argentinien

7. **D. panamensis** (Har.) 1859 *Aphodius p.*, Harold in: Berlin. ent. Z., v. 3 p. 212 | 1887 *A. p.*, H. Bates in: Biol. Centr.-Amer., Col. v. 2 II p. 88 t. 6 f. 16 (Gesamtbild) | 1911 *Didactylia p.*, Ad. Schmidt in: Ent. Zeit. Stettin, v. 72 p. 38

Hell gelbbraun, der Thorax in der Mitte, ein Fleck vor dem Schildchen ausgenommen, die Scheibe der Flügeldecken und die Naht dunkler. Kopfmitte deutlich erhaben, fein und zerstreut punktiert, Clipeus schwach ausgerandet, Wangen nicht vorstehend. Thorax an den Seiten wenig gerundet, Hinterwinkel stumpf abgerundet, Basis feiner als die Seiten gerandet, die dreieckige helle Makel vor dem Schildchen steht mit dem hellen Seitenrande, der in seiner Mitte ein dunkles Fleckchen zeigt, in Verbindung, Oberseite fein punktiert, mit größeren Punkten untermischt. Schildchen mit dunklen Seiten. Flügeldecken punktiert-gestreift, Streifenpunkte wenig deutlich, Zwischenräume schwach gewölbt und fein punktiert, der 2., 9. und 10., sowie die Basis und Spitze hell. Bauchsegmente mit je einer queren Haarpunktreihe, die in der Mitte mehr oder weniger unterbrochen ist. Vordertibien mit 2 größeren und einem kleinern obern Zahn. Endrand der Hintertibien ungleich beborstet. Metatarsus etwas länger als oberer Enddorn, so lang wie 3 folgende Glieder. — L. 3,5—4 mm.

Panama.

8. **D. infuscatopennis** (Ad. Schm.) 1909 *Aphodius i.*, Ad. Schmidt in: Soc. ent., v. 24 p. 12 | 1909 *A. i.*, Ad. Schmidt in: Not. Leyden Mus., v. 31 p. 122 | 1911 *Didactylia i.*, Ad. Schmidt in: Ent. Zeit. Stettin, v. 72 p. 38.

Ist *D. flaveola* Har. sehr ähnlich, aber die Skulptur des Kopfes und Halsschildes, der dunkle Scheibenfleck der Flügeldecken und kürzeres 1. Glied der Hintertibien unterscheiden sie. Kopf deutlicher punktiert, etwas querrissig, am Hinterkopf mit einer Querreihe etwas größerer Punkte, die in der Mitte unterbrochen ist. Thorax ebenfalls dichter und auch stärker punktiert, Basis höchst fein gerandet, Hinterwinkel abgerundet, Seiten sehr schwach erweitert. Der 2. Zwischenraum der Flügeldecken hell, letztere selten einfarbig, flach wie die übrigen, sie sind fein und ziemlich dicht punktiert, der 10. Zwischenraum konvex, besonders vor der Spitze und hier bis zum 2. reichend, der Raum zwischen ihm und dem Seitenrande ist ausgehöhlt. Vordertibien 3zähnig. Hintertibien ungleich beborstet, ihr oberer Enddorn fast so lang wie das 1. Tarsenglied, dieses ist den 2 folgenden an Länge gleich. ♂. Enddorn der Vordertibien gleichbreit, rundlich abgestutzt, Metasternalplatte mit länglichem Grübchen. ♀. Enddorn schmaler, stumpfspitzig, Metasternum in der Mitte eben. — L. 4 mm.

Südbrasilien, Paraguay, Argentinien.

9. **D. turbida** (Er.) 1843 *Aphodius turbidus*, Erichson in: Arch. Naturg., v. 9 I p. 234.

Länglich, hinten etwas breiter, hellbraun, Thoraxscheibe viel dunkler, Seiten und Spitze der Flügeldecken deutlich behaart. Kopf vorn wenig schmaler, Clipeus abgestutzt, schwach ausgerandet, fein, nicht sehr zerstreut punktiert, Wangen nicht vertieft, in gleicher Ebene mit dem Kopfe, die Augen überragend. Thorax in der Mitte gerundet erweitert und bewimpert, Hinterwinkel abgerundet, Seiten und Basis deutlich gerandet, oberseits sehr fein und stark, ziemlich dicht punktiert, auch in der Mitte, hier aber die Punkte nach vorn kleiner werdend. Schildchen mit dunklem Rande. Flügeldecken gestreift, Streifenpunkte kaum wahrnehmbar, Zwischenräume auf dem Rücken konvex, von hinten und oben gesehen erscheinen sie so breit wie die Furchen, seitliche Zwischenräume flach, die beiden letzten grob gereiht punktiert, wie die dorsalen vor der Spitze, die Punktierung des 2. und 3. zieht sich aber etwas höher hinauf. Oberer Enddorn der Hintertibien kürzer als 1. Tarsenglied, dieses nicht so lang wie 3 folgende Glieder. — L. 3,5 mm.

Angola, Britisch-Ostafrika.

10 **D. pictipennis** (Fairm.) 1897 *Aphodius p.*, L. Fairmaire in: Ann. Soc. ent. Belgique, *v.* 41 p. 99 | 1909 *Didactylia p.*, Ad. Schmidt in: Not. Leyden Mus., *v.* 31 p. 123

Flach gewölbt, hellbraun, Hinterkopf, Thoraxmitte und Scheibe der Flügeldecken bis hinter die Mitte dunkler, die hellen Seiten sind behaart, im 7. Zwischenraum liegen 2 dunkle Strichmakeln, die eine hinter der Schulter, die zweite in der Mitte, eine dritte gebogene befindet sich vor der Spitze. Kopf und Thorax sehr fein, wenig dicht punktiert, letzterer an den Seiten mit einzelnen größeren Punkten, beim ♀ aber dichter bestreut, lang bewimpert, vor dem Schildchen mit heller, in der Mitte der Seiten mit dunkler Makel, Basis ungerandet, Hinterwinkel abgeschrägt. Flügeldecken deutlich gestreift, Streifenpunkte kaum wahrnehmbar, Zwischenräume flach, fein chagriniert und sehr fein vereinzelt punktiert. Metatarsus wenig länger als oberer Enddorn. Abdominalsegmente in der Mitte vollständig verwachsen, einzeln lang behaart. ♂. Kopf breit abgestutzt, sehr leicht ausgerandet, Vordertibien schmal, mit 2 Außenzähnen, an der Innenseite neben der Basis mit stumpfem Zahne, Thoraxmitte sehr deutlich gerundet erweitert, Metatarsus kürzer als 3 folgende Tarsenglieder. ♀. Kopf vorn weniger breit, leicht ausgerandet, Vordertibien etwas verbreitert, mit 2 größeren und einem sehr kleinen obern Zahn, Innenseite normal, Thorax wenig erweitert, Metatarsus so lang wie 3 folgende Glieder. — L. 3,5 mm.

Madagaskar.

11 **D. exsecta** Ad. Schm. 1911 *D. e.*, Ad. Schmidt in Ent. Zeit. Stettin, *v.* 72 p. 35.

In Größe, Färbung, Zeichnung und Skulptur mit der vorigen Art übereinstimmend, aber im folgenden verschieden: Thorax von oben gesehen hinter der Mitte ausgerandet verengt, bei *D. pictipennis* Fairm. der Seitenrand in gleichem Bogen verlaufend, Hinterwinkel tief ausgerandet, Schultern der Flügeldecken zugespitzt, bei *D. pictipennis* sind dieselben gerundet, Endborsten der Hintertibien fast gleich, bei *D. pictipennis* deutlich ungleich, Vordertibien mit 3 Außenzähnen, oberer kleiner. — L. 4 mm.

Madagaskar.

12. **D. pura** Ad. Schm. 1913 *D. p.*, Ad. Schmidt in: Arch. Naturg., *v.* 79 A fasc. 11 p. 174.

Durch den gleichmäßig abgerundeten Clipeus und die glatte Mittellinie auf dem Thorax verschieden. Länglich, wenig glänzend, gewölbt, einfarbig gelbbraun, Thorax schattenartig angedunkelt, Kopfrand und Flügeldeckennaht dunkler, Außenzähne der Vordertibien, Tibienränder und Enddorne schwarz. Kopf fein querrunzlig, Hinterkopf glatt. Thorax bewimpert, in der Mitte der Seiten rundlich erweitert, die Seiten dicker als die Basis gerandet, Hinterwinkel abgerundet, oberseits ziemlich dicht, größer und kleiner punktiert. Schildchen dreieckig, mit dunklen Rändern. Flügeldecken chagriniert, Zwischenräume konvex, vereinzelt fein punktiert, an den Seiten dichter und deutlicher, auch vereinzelt behaart. Vordertibien mit 3 Außenzähnen, oberer klein. Metatarsus so lang wie oberer Enddorn und wie 2 folgende Tarsenglieder. — L. 4 mm.

Nordkamerun.

Hierher ist vielleicht auch folgende Art zu stellen:

13 **Aphodius capitulatus** Clouët 1898 *A c*, Clouët in. Bull. Soc. ent. France, p. 186.

Länglich, konvex, hellbraun, Hinterkopf, Thoraxscheibe, Schildchen und Naht der Flügeldecken dunkler. Kopf klein, etwas rauh punktiert, hinten glatt, Clipeus vorn ausgerandet und jederseits abgerundet, zwischen den abgerundeten Ecken und den Wangen mit 2 Einbuchtungen, die vordere schwächer als die vor den Wangen, Stirnnaht vor den Augen leicht erhaben und dunkel gefärbt. Thorax viel breiter als der Kopf, bewimpert, Hinterwinkel abgerundet, Basis ohne Rand. Schildchen punktiert. Flügeldecken an den Seiten und der Spitze behaart, Streifenpunkte schwach, Zwischenräume erhaben, deutlich punktiert. Metatarsus länger als oberer Enddorn, kürzer als 2 folgende Tarsenglieder. Vordertibien mit 3 Zähnen. — L. 3,8 mm.

Algier

12. Gen. **Caelius** G. Lewis

1895 *C.*, G. Lewis in: Ann. nat. Hist., ser. 6 *v.* 16 p. 381

Dieses Genus nähert sich *Saprosites* Redt. (21. Gen.) in der länglichen, gleichbreiten Gestalt, unterscheidet sich aber durch weniger herabgewölbten Kopf, nicht ausgerandeten, sondern halbkreisförmigen Clipeus, deutliche Stirnlinie zwischen den Augen, breiteres Schildchen, schmalere Fühlerkeule, stärker verbreiterte Vordertibien und hauptsächlich durch den gekerbten Seitenrand des Halsschildes.

1 Art aus Japan

1 **C. denticollis** G. Lewis 1895 *C. d.*, G. Lewis in Ann. nat. Hist., ser. 6 *v.* 16 p. 382.

Rotbraun, unbehaart, glänzend. Kopf feiner und stärker punktiert, jederseits neben dem Auge mit dunkler Makel, Augen klein. Thorax nach hinten verschmälert, der Seitenrand nach der Basis größer werdend gekerbt, um die Hinterwinkel wie gezähnt, oberseits vorn fein, nach hinten zu größer, aber nicht dicht punktiert. Schildchen mit feinen Punkten. Die an der Schulter gedornten Flügeldecken punktiert-gestreift, Streifenpunkte greifen die Ränder der Zwischenräume an, letztere glatt. Metasternum in der Mitte punktiert und gefurcht. Vordertibien mit Enddorn und 3 Außenzähnen. Mittel- und Hintertibien am Endrande mit 2 Enddornen. Füße 5gliedrig, erstes Glied etwas verlängert, letztes mit 2 Klauen. — L. 3,5 mm (ex G. Lewis).

Japan.

13. Gen. **Proctophanes** Harold

1861 *P.*, Harold in: Berlin. ent. Z., *v.* 5 p. 111 | 1892 *Proctammodes*, Blackburn in: Tr. R. Soc. S. Austral., *v.* 15 p. 37 | 1910 *Proctophanes*, Ad. Schmidt in: Gen. Ins., fasc. 110 p. 11, 94.

Die breite, etwas kurze Gestalt, die weiter entfernt stehenden Mittelhüften, das große, von oben sichtbare Pygidium, die stärker gewölbte Unterseite mit den verwachsenen Hinterleibssegmenten trennen diese Gattung von *Aphodius* Ill.

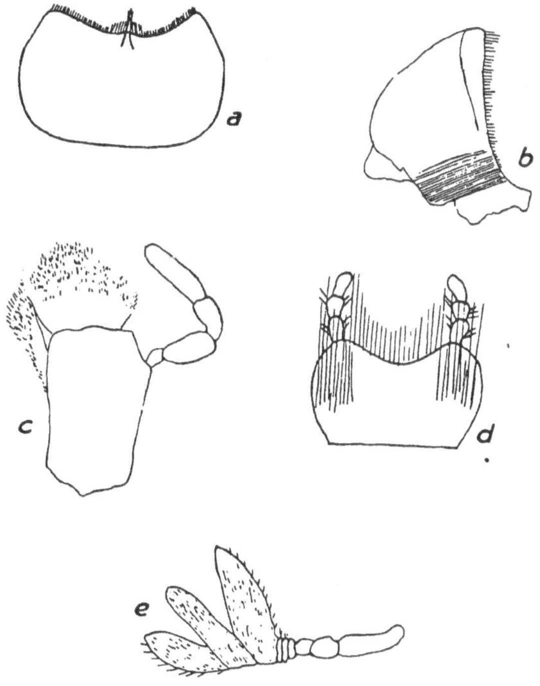

Fig. 11 **Proctophanes sculptus** ($^{70}/_{1}$).

Kopf wenig abwärts gebogen, flach gewölbt, von den Wangen nach vorn deutlich verschmälert, am Vorderrande tief ausgebuchtet, jederseits gerundet, in der Mitte hinter dem Vorderrande zuweilen mit gebogenem Querkiel, Stirnlinie mit 3 Tuberkeln oder nur in der Mitte mit Erhöhung, Oberfläche deutlich punktiert, Wangen klein und rundlich, Augen bei angezogenem Kopfe nur wenig von oben sichtbar. Die Fühler sind 9gliedrig, die 3 ersten Glieder verlängert, das erste am meisten, die 3 folgenden sind quer, die dreiblätterige Keule ist länglichrund und dicht behaart. Die Oberlippe ist häutig, an den Seiten gerundet, der bewimperte Vorderrand ausgebuchtet, in der Mitte mit einigen nach vorn und unten gebogenen Borsten. Die Oberkiefer sind hornig, sie erweitern sich nach vorn in eine dünne Platte, die nach den Rändern zu häutig wird, der Lateralrand ist gebogen, der Medialrand verläuft ziemlich gerade und ist bewimpert, am Grunde der Platte liegt die ziemlich breite, fein geriefte Mahlfläche. Die Unterkiefer sind hornig, die laterale Kaulade ist breit und rundlich, die mediale schmal, beide dicht behaart, das 2. und 4. Glied der Kiefertaster verlängert. Das Kinn ist quer, rauh punktiert und in der Mitte vertieft, an den Seiten gerundet und am lang bewimperten Vorderrande tief ausgerandet, an der Unterseite lang behaart, aber nicht in der Mitte, die Lippentaster haben ziemlich gleichlange Glieder, die Zunge ist häutig, sie überragt nicht das Kinn. Halsschild quer, in der Mitte wenig erweitert, in der Basalhälfte fast parallelseitig, vor dem Schildchen mit breiter Furche, die schwächer werdend bis an den Vorderrand reicht, die Seiten sind gerandet, die Basis ist ohne Rand, die Oberfläche ist punktiert. Schildchen dreieckig. Flügeldecken punktiert-gestreift, Streifenpunkte quer, sie greifen die Ränder der konvexen Zwischenräume an. Unterseite dicht punktiert und behaart. Prosternum ist verhältnismäßig breit vor den Vorderhüften, in der Mitte scharf gekielt. Das Mesosternum liegt vertieft, es ist durch dichte Punktierung matt. Das Metasternum ist glänzend, dicht punktiert, mit vertiefter Mittellinie. Das Abdomen zeigt sechs sichtbare Segmente, die besonders seitlich dicht und kräftig punktiert sind. Das freie Pygidium ist etwas bauchwärts gebogen, punktiert und in der Mitte mit Längskiel. Beine kurz und kräftig, Vorderschenkel am stärksten, Vordertibien zur Spitze verbreitert, außen dreizähnig, am innern Spitzenwinkel mit Enddorn, Mittel- und Hintertibien gleichfalls verbreitert, am Außenrande mit 2 beborsteten Querleisten, der Endrand mit gleichen Borsten und 2 Enddornen, Füße mit 5 Gliedern, letztes trägt 2 Klauen.

2 Arten aus Australien.

Bestimmungstabelle der Arten:

Kopf mit 3 queren Höckerchen und davor mit Querkiel, Basis ohne deutliche Randung	1. P. sculptus
Kopf ohne Höcker und Querkiel, nur mit kleiner Beule, Basalrand deutlich	2. P. minor

1. **P. sculptus** (Hope) 1846 *Aphodius s*, Hope in: P ent. Soc. London, *v.* 4 p. 147 | 1861 *Proctophanes* s., Harold in. Berlin. ent. Z., *v.* 5 p. 111 | 1910 *P. s.*, Ad. Schmidt in: Gen. Ins., fasc. 110 p. 95 t. 2 f. 21 (Gesamtbild).

Kopf dicht und rauh punktiert, Mittelhöcker in der Mitte schwach ausgerandet, Thorax vorn und an den Seiten gerandet, mit sehr vereinzelten feinen und dichter gestellten viel größeren Punkten, diese aber unregelmäßig verteilt, Hinterwinkel stumpf abgerundet. Streifen der Flügeldecken matt, mit Querpunkten gefüllt, diese sind oft breiter als die gewölbten, glänzenden Zwischenräume, letztere vereinzelt und fein punktiert. Oberer Enddorn der Hintertibien so lang wie 1. Tarsenglied, dieses den 2 folgenden an Länge gleich. Erstes Glied der Vordertarsen so lang wie der Enddorn, länger als das 2. Glied. — L. 5 mm.

Australien.

2. **P. minor** (Blackb) 1897 *Proctammodes m.*, Blackburn in: Tr. R. Soc. S. Austral., *v.* 21 p. 89 | 1908 *Proctophanes m.*, Ad. Schmidt in: D. ent. Z., suppl. p. 107.

Kopf einfach, nicht dicht punktiert. Thorax dicht, gleichmäßig verteilt punktiert, Vorderrand nicht, Basis aber deutlich gerandet. Flügeldecken chagriniert, auf der Scheibe wenig glänzend, schmaler gestreift, Zwischenräume konvex, die seitlichen dichter punktiert. 1. Glied der Vordertarsen so lang wie der Enddorn und länger als das zweite, 1. Glied der Hintertarsen ein wenig kürzer als oberer Enddorn, wenig länger als die 2 folgenden Glieder. — L. 3 mm.

Victoria, Tasmanien.

14. Gen. **Harmodactylus** Péringuey

1901 *H.*, Péringuey in: Tr S Afr. Soc., *v.* 12 p. 369, 370

Dieses Genus weicht von *Aphodius* Ill., dem es im übrigen sehr ähnlich ist, durch die Form der Vordertibien ab. Diese sind sehr schlank, gebogen, außen mit 2 Zähnen bewaffnet, von denen der obere klein, der untere zweiteilig ist, ihr Enddorn ist nicht am innern Spitzenwinkel, sondern in der Mitte der Tibie eingefügt.

1 Art aus Südafrika.

1. **H. oscitans** Péring. 1901 *H o.*, Péringuey in: Tr. S. Afr. Soc., *v.* 12 p. 371.

Oberseits glänzend, glatt, Kopf und Thorax rot-, Flügeldecken schwarzbraun. Kopf ohne Höcker, dicht punktiert, infolge der winkligen, die Augen weit überragenden Wangen, ziemlich breit erscheinend, Clipeus schwach ausgerandet. Thorax seitlich kaum gerundet, Hinterwinkel abgestutzt, Basis und Seiten gerandet, oberseits deutlich punktiert, die Mitte in der Vorderhälfte glatt. Flügeldecken nach hinten erweitert, punktiert-gestreift, die Zwischenräume werden von den Streifenpunkten angegriffen, sie sind fein und tief, auf dem Rücken schwächer punktiert, vor der Spitze und an den Seiten stärker konvex. Unterseite kaum punktiert. Enddorn der Hintertibien nicht so lang wie 1. Tarsenglied. ♀ unbekannt. — L. 5,5 mm (ex Péringuey).

Kapkolonie

15. Gen. **Coptochirus** Harold

1859 *C.*, Harold in: Berlin. ent. Z., *v.* 3 p. 202.

Die Bildung der Vordertibien beim ♂ sondert diese Gattung von den übrigen ab. Diese sind lang und schmal, der Endzahn ist stark nach vorn und außen verlängert und am Ende breit abgestutzt, über ihm befinden sich noch 1 oder 2 Zähne, der Enddorn fehlt.

Körper länglich, wenig gewölbt, heller oder dunkler braun, einfarbig, seltener mit dunklen oder tief rotbraunen Makeln, oberseits glatt oder behaart, glänzend. Kopf leicht gewölbt, ohne Höcker, höchstens mit Querlinie zwischen den Augen, feiner oder stärker punktiert, Clipeus mehr oder weniger tief ausgerandet, Wangen klein und rundlich, Augen von oben wenig sichtbar. Die Fühler bestehen aus 9 Gliedern, das 1. ist mehr verlängert als die beiden folgenden, das 4.—6. ist quer und nach innen zugespitzt, die 3 letzten Glieder bilden eine behaarte länglich-runde Keule. Die häutige Oberlippe ist quer, am Vorderrande winklig eingeschnitten und bewimpert, in der Mitte mit einigen längeren nach vorn und unten gebogenen Borsten. Die Oberkiefer sind hornig, nach vorn in eine dreieckige, dünne Platte erweitert, ihr innerer Rand ist bewimpert, am Grunde desselben befindet sich eine Mahlfläche. Die Unterkiefer sind hornig, die laterale Kaulade ist an den Seiten rundlich erweitert, nach vorn gerichtet und dicht behaart, die mediale ist bewimpert, die Kiefertaster sind schlank, das 4. Glied ist das längste. Das hornige Kinn ist nach vorn gerundet verengt, an der Unterseite kurz behaart und am Vorderrande bewimpert, die Lippentaster sind verlängert, die Zipfel der gespaltenen Zunge ragen bis zum 2. Tarsengliede. Schildchen schmal-dreieckig. Thorax mehr oder weniger gewölbt, nach hinten verengt, an den Seiten stärker oder schwächer gerundet, letztere immer, Basis nur zuweilen gerandet, Hinterwinkel abgerundet oder ausgerandet, Oberfläche punktiert. Flügeldecken nach hinten schwach verbreitert, mit 10 Punktstreifen (ausgenommen *C. singularis* Har.), Zwischenräume eben oder konvex.

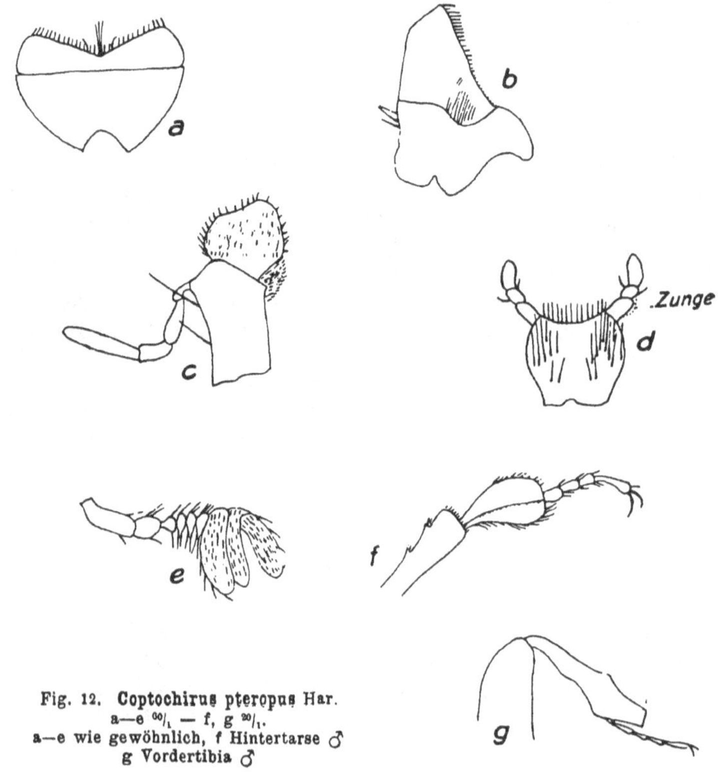

Fig. 12. **Coptochirus pteropus** Har.
a—e 60/1 — f, g 20/1.
a—e wie gewöhnlich, f Hintertarse ♂
g Vordertibia ♂

Unterseite und Fußbau wie bei *Aphodius* Ill. Hintertibien in beiden Geschlechtern ungleich beborstet, mit 2 Enddornen, Metatarsus ist verlängert, das letzte Tarsenglied trägt 2 Klauen. Außer den obigen Merkmalen zeichnen sich die ♂ durch tiefer eingeschnittenen Clipeus und mehr verlängertes 1. Glied der Hintertarsen aus (Fig. 12f). Beim ♀ sind die Vordertibien normal, mit innerem Enddorn und 3 Außenzähnen, Hinterwinkel des Halsschildes gewöhnlich ausgerandet, das 1. Glied der Hintertarsen ist kürzer.

8 Arten aus Südafrika und dem paläarktischen Gebiet.

Bestimmungstabelle der Arten:

1 { Vordertibien beim ♂ dreizähnig, Thorax querrissig punktiert, Flügeldecken mit 8 Streifen . . . . 8. **C. singularis**
Vordertibien beim ♂ zweizähnig, Thorax einfach punktiert, Flügeldecken mit 10 Streifen — **2**

2 { 1. Glied der Hintertarsen beim ♂ plattenartig verbreitert (Fig 12f) — **3**
1. Glied der Hintertarsen rundlich, nicht erweitert — **4**

3	1 Glied der Hintertarsen zu einer länglichen, breiten, wenig gebogenen Platte erweitert, Clipeus tief eingeschnitten	1. C. pteropus
	Platte schwächer entwickelt, stark einwärts gebogen, Clipeus schwach ausgerandet	2. C. cognatus
4	Flügeldecken mit dunklen Makeln	3. C. emarginatus
	Flügeldecken einfarbig blaß hell- oder dunkelbraun — 5	
5	Kopf- und Thorax schwarz, Flügeldecken schmutzig gelb .	4. C. pallidipennis
	Kopf und Thorax nicht schwarz, höchstens die Scheibe dunkelbraun, Flügeldecken heller oder dunkler braun gefärbt — 6	
6	Zwischenräume eben, Clipeus tief eingeschnitten, Flügeldecken rötlichbraun	5 C. excisus
	Zwischenräume konvex, Clipeus wenig tief eingeschnitten, Flügeldecken dunkelbraun — 7	
7	Zwischenräume schwach konvex, der 9. nicht gekielt . .	6 C. vulgatus
	Zwischenräume stark konvex, abwechselnd etwas höher, der 9. schwach kielförmig	7 C. brachypterus

1. **C. pteropus** Har. 1859 *C. p.*, Harold in Berlin ent. Z., *v.* 3 p. 202 t 5 f 1 (Gesamtbild und Hintertarsen vom ♂).

Kopf und Halsschild schwarz, die Ränder heller, Flügeldecken braun, an der Basis, den Seiten und der Spitze meistens hellbraun. Kopf mit flacher Längsbeule, davor niedergedrückt, fein punktiert, Clipeus ausgerandet. Thorax nach hinten gerundet verengt, die bewimperten Seiten und die Basis gerandet, feiner und stärker punktiert. Schildchen länglich-dreieckig, glatt. Flügeldecken punktiert-gestreift, Zwischenräume konvex, zuweilen die abwechselnden etwas breiter und flach, sie sind chagriniert, einzeln punktiert und behaart. Unterseite heller braun, besonders die Beine. Außer den obigen Merkmalen hat das Männchen feiner und zerstreuter punktierten Kopf und Thorax, die Hinterwinkel sind abgestutzt, Clipeus ist tief eingeschnitten und seitlich in je einen stumpfen Lappen ausgezogen. ♀. Kopf und Thorax sind deutlicher und dichter punktiert, Hinterwinkel des letzteren ausgerandet, Clipeus weniger tief ausgerandet, jederseits stumpf gerundet, 1. Glied der Hintertarsen ist einfach, so lang oder wenig länger als oberer Enddorn und 2 folgende Glieder, beim ♂ ist das plattenförmige 1. Tarsenglied (Fig. 12f) deutlich länger als oberer Enddorn, fast so lang wie der übrige Fuß. — L. 4–5 mm (Fig. 12).

Südafrika.

2. **C. cognatus** Péring. 1901 *C. c.*, Péringuey in: Tr. S. Afr. Soc., *v.* 12 p. 428.

Unterscheidet sich von der vorigen Art dadurch, daß der Clipeus beim ♂ nicht tiefer als beim ♀ von *C. pteropus* Har. ausgerandet ist, die Stirnlinie ist deutlich eingedrückt, Kopf und Thorax sind weniger punktiert, Flügeldecken sind nur an der Spitze äußerst kurz behaart, das 1. Glied der Hintertarsen ist nur mäßig verbreitert, aber stark gebogen. ♀ unbekannt. — L. 5 mm (ex Péringuey).

Kapkolonie.

3. **C. emarginatus** (Germ.) 1823 *Aphodius variegatus* (non J. F. W. Herbst 1783), Wiedemann in: Zool. Mag., *v.* 21 p. 29 | 1824 *A. emarginatus*, Germar, Col. Spec. nov, p. 112 | 1869 *Coptochirus e.*, Harold in: Gemminger & Harold, Cat. Col., *v.* 4 p. 1042.

Wenig konvex, glänzend, gelbbraun, Hinterkopf, Mitte des Halsschildes und jederseits ein kleiner rundlicher Fleck dunkel, Flügeldecken auf dem

Rücken mit mehr oder weniger deutlichen dunklen Makeln. Kopf flach, Mitte etwas aufgetrieben, punktiert, mit feiner Stirnlinie, Clipeus ausgerandet, dahinter eingedrückt, die Ecken jederseits der Ausrandung rundlich hervorgezogen, Wangen abgerundet, die Augen überragend. Thorax seitlich gerundet und lang bewimpert, Basis gerandet, oberseits punktiert. Schildchen dreieckig, mit einigen Punkten. Flügeldecken wenig verbreitert, punktiert-gestreift, Streifenpunkte die Ränder kerbend, Zwischenräume konvex, chagriniert, mit einzelnen aufstehenden Haaren. Unterseite, besonders Beine und Abdomen blaßgelb, Schenkel und Abdomen abstehend behaart. ♂. Vordertibien am Außenrande mit 2 großen Zähnen, an der Innenseite, nahe der Basis mit stumpfem Zahne, Kopf und Thorax zerstreuter und feiner punktiert, Hinterwinkel abgestutzt, letztes Abdominalsegment mit flacher Vertiefung, 1. Glied der Hintertarsen gebogen, länger als oberer Enddorn, so lang wie 3 folgende Glieder. ♀. Kopf und Thorax dichter punktiert, letzterer mit ausgerandeten Hinterwinkeln, Metatarsus so lang wie oberer Enddorn und wie 2 folgende Glieder. — L. 4—5 mm.

Südafrika.

4. **C. pallidipennis** Har 1868 *C. p*, Harold in: Col. Hefte, *v.* 4 p. 84.

Kleiner als vorige Art, schmutziggelb, Kopf und Thorax schwarz, glänzend, unbehaart, Flügeldecken und Thorax bewimpert. Kopf mit feiner Querlinie, punktiert, hinter dem Vorderrande quer eingedrückt, Clipeus ausgerandet, jederseits gerundet. Thorax in der Mitte nur wenig erweitert, Basis gerandet, oberseits wenig deutlich punktiert. Schildchen dreieckig, schwarz. Die wenig erweiterten Flügeldecken punktiert-gestreift, die Punkte kerben die Ränder der konvexen Zwischenräume. ♂. Vordertibien innen ohne Zahn, außen mit 2 großen und einem 3., sehr kleinen, Kopf und Thorax sehr fein punktiert, Hinterwinkel des letzteren gerundet, 1. Glied der Hintertarsen gebogen, so lang wie oberer Enddorn und 3 folgende Tarsenglieder. ♀. Kopf etwas stärker und dichter punktiert, Halsschild hinter den Vorderwinkeln mit grob punktierter Grube, Hinterwinkel ausgerandet, das 1., nicht gebogene Tarsenglied etwas kürzer als oberer Enddorn, den 2 folgenden Gliedern an Länge gleich. — L. 3 mm.

Kapland.

5. **C. excisus** Har. 1868 *C. e.*, Harold in: Col. Hefte, *v.* 3 p. 85.

Rötlichbraun, Scheibe des Halsschildes und ein kleiner Seitenfleck dunkler, glänzend, unbehaart. Kopf punktiert, mit schwacher Stirnlinie, vorn eingedrückt, Clipeus ausgerandet, Wangen klein, rundlich, mit Haarbüschel. Thorax von der Mitte nach hinten verengt, an den Seiten deutlich, an der Basis sehr fein gerandet, Oberfläche punktiert. Schildchen schmal dreieckig. Flügeldecken hinten breiter, punktiert-gestreift, Streifenpunkte kerben die Ränder der Zwischenräume deutlich, letztere flach, einreihig punktiert. Unterseite etwas heller, besonders die Beine, sie ist einzeln behaart. ♂. Vordertibien außen mit 2 größeren und einem kleineren Zahn, Clipeus tief ausgerandet, jederseits in einen stumpfen Lappen verlängert, Kopf und Thorax fein punktiert, letzterer mit einzelnen, eingestreuten größeren Punkten, Hinterwinkel gerundet, 1. Glied der Hintertarsen gleich dem obern Enddorne und den 3 folgenden Gliedern. ♀ Clipeus schwach ausgerandet, jederseits gerundet, Kopf und Thorax dichter und deutlicher punktiert, letzterer mit rundlicher Grube an den Seiten und ausgerandeten Hinterwinkeln, Metatarsus kürzer als oberer Enddorn, so lang wie 2 folgende Tarsenglieder. — L. 4 mm.

Südafrika.

6. **C. vulgatus** Har. 1868 *C v.*, Harold in: Col. Hefte, *v.* 3 p. 84 | 1910 *C v.*, Ad. Schmidt in: Gen. Ins., fasc. 110 p. 99 t. 2 f. 26 (Gesamtbild).

Unterscheidet sich von der vorigen Art durch breitere, etwas flachere Gestalt, durch dunkler braune Flügeldecken und die konvexen Zwischenräume. Kopf und Thorax ohne die Ränder dunkel- bis schwarzbraun, fein punktiert, die Punktierung ist auf dem Thorax dichter, weil die feinen Punkte hier mit größeren untermischt sind, die Seiten und Basis deutlich gerandet, erstere etwas dicker. Schildchen vorn parallel. Flügeldecken deutlich punktiert-gestreift, Zwischenräume konvex, seitlich und an der Spitze kurz behaart. ♂. Vordertibien mit 2 großen Außenzähnen, zuweilen mit der Andeutung eines dritten, Hinterwinkel des Halsschildes schwach ausgerandet, Clipeus tiefer ausgerandet, 1. Glied der Hintertarsen kürzer als oberer Enddorn, nicht so lang wie 3 folgende Tarsenglieder. ♀. Kopf und Thorax dichter punktiert, Hinterwinkel mehr ausgerandet, 1. Glied der Hintertibien kürzer. — L. 4 mm.

Südafrika.

7. **C. brachypterus** Har. 1868 *C b.*, Harold in: Col. Hefte, *v.* 3 p. 85.

Diese Art hat mit *C. vulgatus* Har. große Ähnlichkeit in Größe, Form und Farbe, aber der Clipeus ist weniger tief ausgerandet, die Zwischenräume der Flügeldecken sind stärker konvex, der neunte ist sehr deutlich gekielt. Geschlechtsunterschiede dieselben. — L. 4 mm.

Südafrika.

8. **C. singularis** Har. 1868 *C s.*, Harold in: Berlin ent. Z., *v.* 12 p. 396 | 1903 *C. haemonius*, Reitter in: Wien. ent. Zeit., *v.* 22 p. 176.

Länglich, wenig glänzend, konvex, Oberseite kurz behaart, Hinterkopf mit einer Reihe langer, aufstehender Haare, tief rotbraun. Kopf rötlich durchscheinend, leicht gewölbt, fein querrissig punktiert, am Vorderrande mehr glatt, Stirnlinie deutlich, Clipeus leicht ausgerandet, jederseits gerundet, Wangen stumpf abgerundet, vorstehend. Thorax vorn gerundet erweitert, quer, Hinterwinkel ausgeschweift, Seiten deutlich gerandet, Basis ohne eigentlichen Rand, an den Seiten deutlich ausgebuchtet, Mitte etwas hervorgezogen, durch die basale Ausbuchtung und die ausgerandeten Hinterwinkel entsteht eine deutliche Spitze der Schulter gegenüber, Oberseite deutlicher querrissig punktiert als der Kopf, die Seiten und Basismitte bewimpert. Schildchen schmal dreieckig. Flügeldecken hinten wenig verbreitert, mit kleinem Schulterzahn und 8 erhöhten, auf dem Rücken schwach, an den Seiten und vor der Spitze deutlicher, aber stumpf gekielten Zwischenräumen, sie sind zweireihig punktiert, kurz behaart und werden durch 8 schmalere, glatte und matte Streifen, die sich bis zum 6. allmählich verbreitern, getrennt, an der Basis des 5. befindet sich ein kurzer, einreihig behaarter Längskiel. Unterseite wie oben gefärbt, glänzend, fein punktiert und kurz behaart. Schenkel ziemlich dicht punktiert und behaart. Hintertibien zur Spitze stärker verbreitert als die mittleren, am Spitzenrande mit ungleichen Borsten, oberer Enddorn so lang wie 1. Tarsenglied, dieses kürzer als die 3 folgenden.

Da die Beschreibung von *C. haemonius* Reitt. genau auf *C. singularis* Har. paßt, die Vordertibien in derselben als mit 3 Außenzähnen und einem inneren Enddorne versehen bezeichnet werden, so ist *C. haemonius* unzweifelhaft das ♀ von *C. singularis*. — L. 7 mm.

Kleinasien, Konstantinopel, Thessalien.

16. Gen. **Heptaulacus** E. Mulsant

1842 *H.*, E. Mulsant, Hist. nat. Col. France, Lamell. p. 296 | 1892 *H.*, Reitter in: Verh. Ver. Brünn, *v.* 30 p. 247.

Mittelgroß oder klein, behaart, Kopf ungehöckert, Thoraxbasis ungerandet, aber bewimpert, Schildchen dreieckig, Flügeldecken mit 5—9, gewöhnlich zweistreifigen Zwischenräumen, die durch flache Rippen getrennt werden, Endborsten der Hintertibien ungleich.

Länglich, flach gewölbt, die ganze Oberseite niederliegend behaart, schwarz oder schwarzbraun, Flügeldecken hell- oder gelbbraun, selten die ganze Oberseite einfarbig gelbbraun. Kopf flach, mit mehr oder weniger

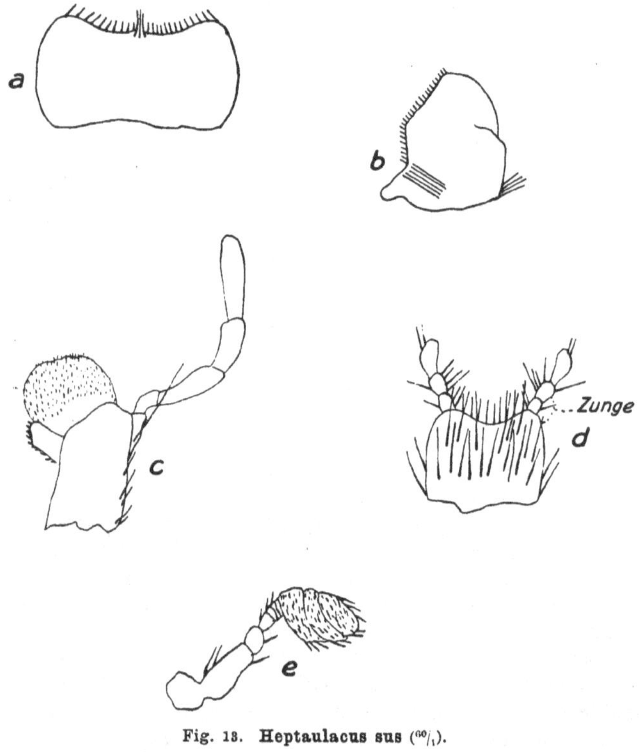

Fig. 13. **Heptaulacus sus** ($^{60}/_{1}$).

deutlichen Stirnnaht, Clipeus mit abgerundeten Ecken, Wangen wenig vorstehend. Die quere, häutige Oberlippe ist an den Seiten und Vorderecken gerundet, am Vorderrande ausgebuchtet und vereinzelt bewimpert, in der Mitte ragen mehrere Borsten hervor, die nach vorn und unten gebogen sind. Die Mandibeln sind hornig, nach vorn zu einer dünnen, an den Rändern mehr häutigen Platte erweitert, ihr stumpfwinkliger Medialrand ist bewimpert, am Grunde desselben liegt die geriefte Mahlfläche. Die laterale Kaulade der Maxillen ist rundlich und dicht behaart, die mediale schmal und bewimpert, die Kiefertaster haben verlängertes 2. und 4. Glied. Das hornige Kinn ist auf der Unterseite lang behaart, vorn bewimpert und tief ausgerandet, die Lappen der Zunge reichen bis zur Mitte des 2. Lippentastergliedes, letztes derselben etwas verlängert. Das 1. etwas verdickte Glied der neungliederigen Fühler fast so lang wie die 5 folgenden Glieder, die dreiblättrige Keule ist dicht behaart. Thorax quer, Seiten gerandet, Hinterwinkel mehr oder weniger abgerundet, oberseits immer deutlich punktiert. Flügeldecken oft mit dunklen Flecken, die ganze Scheibe oder nur die Rippen behaart. Unterseite wenig zahlreich punktiert und behaart. Die Geschlechtsunterschiede beruhen hauptsächlich auf der Form des Enddorns der Vordertibien.

Hierher gehören 9 sichere Arten und 2 unsichere, die in der folgenden Tabelle fehlen, aus dem paläarktischen, orientalischen, australischen und afrikanischen Gebiet.

Bestimmungstabelle der Arten:

1	Flügeldecken einfarbig — 2	
	Flügeldecken mit dunklen Flecken — 5	
2	Flügeldecken außer der Naht mit 4 behaarten Rippen .	9. **H. iniquus**
	Flügeldecken außer der Naht mit 6 behaarten Rippen — 3	
3	Flügeldecken auf der ganzen Oberfläche dicht behaart, Rippen kaum erhaben, schmaler als die längsrissig punktierten Zwischenräume	8. **H. koshantschikoffi**
	Flügeldecken nur auf den Rippen behaart — 4	
4	Alle Zwischenräume mit zwei feinen Punktreihen, Metatarsus länger als zweites und drittes Tarsenglied	6. **H. villosus**
	Dorsale Zwischenräume mit zwei kräftigen Punktreihen, die seitlichen dicht und stark punktiert, Metatarsus so lang wie 2 und 3 Glied	7. **H. porcellus**
5	Flügeldecken außer der Naht mit 8 schmalen Rippen, Zwischenräume mehrreihig punktiert	4. **H. pirazzolii**
	Flügeldecken außer der Naht mit 6 Rippen — 6	
6	Die dunkle Färbung hauptsächlich auf die Zwischenräume beschränkt, die dorsalen Zwischenräume jederseits und in der Mitte mit Punktreihe . .	5. **H. syrticola**
	Die dunkle Färbung erstreckt sich hauptsächlich auf die Rippen — 7	
7	Dorsale Rippen schmaler als die Zwischenräume, die Seiten unter der Schulter mit kurzer, schwarzer Makel	1. **H. carinatus**
	Rippen so breit oder breiter als die Zwischenräume — 8	
8	Kopf und Thorax mit hellen Rändern, wenig dicht, mittelstark punktiert, die dorsalen Rippen breiter als die Zwischenräume	2. **H. sus**
	Kopf und Thorax schwarz, sehr dicht und stark, ersterer wie gekörnt punktiert, die dorsalen Rippen so breit wie die Zwischenräume	3. **H. testudinarius**

1. **H. carinatus** (Germ.) 1819 *Aphodius alpinus* (non Scopoli 1763), Drapiez in: Ann. gén. Sci. phys., *v.* 1 p. 49 t. 4 f. 3 (Gesamtbild) | 1824 *A. carinatus*, Germar, Col. Spec. nov, p. 111 | 1842 *Heptaulacus nivalis*, E. Mulsant, Hist. nat. Col. France, Lamell. p. 298 t. 1 f. 10 (Gesamtbild) | 1848 *H. carinatus*, Erichson, Naturg. Ins. Deutschl., Col. *v.* 3 p. 902 | 1870 *H. alpinus*, E. Mulsant in: Ann. Soc. Agric. Lyon, ser. 4 *v.* 2 p. 589 | 1892 *H. a.*, Reitter in: Verh. Ver. Brünn, *v.* 30 p. 248 | 1910 *H. a.*, Ad. Schmidt in: Gen. Ins., fasc. 110 p. 91 t. 2 f. 18 (Gesamtbild).

Kopf und Thorax schwarz, Flügeldecken hellbraun, Rippen zum Teil schwarz, die schwarzen Flecke treten hier und da auf die Zwischenräume über. Kopf im flachen Bogen nach vorn verschmälert, ziemlich dicht punktiert, Clipeus kaum ausgerandet, an den Seiten deutlich bewimpert. Thorax zuweilen mit roter Seitenmakel, ziemlich dicht und fast feiner als der Kopf punktiert. Zwischenräume der Flügeldecken fein chagriniert, matt, jederseits mit Punktreihe wie die Rippen, diese behaart. 1. Glied der Hintertarsen etwas kürzer als oberer Enddorn, aber so lang wie 3 folgende Tarsenglieder. ♂. Enddorn der Vordertibien nach innen gebogen, Thorax breiter als die Flügeldecken und stärker gerundet. ♀. Enddorn spitz, Thorax schmaler, deutlicher nach vorn verengt. — L. 4,5—5 mm.

Europa, Kaukasus bis Ostsibirien.

2. **H. sus** (Herbst) 1783 *Scarabaeus s.*, J F W Herbst in: Arch. Ins.-Gesch., *v.* 4 p. 9 t. 19 f. 14 (Gesamtbild) | 1789 *S. pubescens*, A G Olivier, Ent., Col. *v.* 1 nr. 3 p. 91 t. 24 f. 205 (Gesamtbild) | 1798 *S. quisquilius*, Schrank, Fauna Boica, *v.* 1 p. 391 | 1848 *Heptaulacus sus*, Erichson, Naturg. Ins. Deutschl., Col *v.* 3 p. 901 | 1892 *H. s.*, Reitter in: Verh Ver. Brünn, *v.* 30 p. 248.

Von gleicher Gestalt und Färbung wie die vorige Spezies. Kopf weniger dicht punktiert, die sechste Rippe vor der Spitze nicht kürzer als die fünfte, bei *H. carinatus* ist sie verkürzt. Alles übrige übereinstimmend. ♂. Vordertibien am inneren Spitzenrande verdickt, Enddorn stumpf, herabgebogen. — L. 4—5 mm.

Europa, Kaukasus

3. **H. testudinarius** (F.) 1775 *Scarabaeus t.*, J C Fabricius, Syst. Ent., p. 19 | 1789 *S. t.*, A. G. Olivier, Ent., Col. *v.* 1 nr 3 p. 93 t 20 f 186 (Gesamtbild) | 1842 *Heptaulacus t.*, E. Mulsant, Hist. nat. Col France, Lamell. p. 351 | 1848 *H. t.*, Erichson, Naturg. Ins. Deutschl., Col *v.* 3 p. 904 | 1892 *H. t.*, Reitter in. Verh. Ver Brünn, *v.* 30 p. 249.

Biologie: 1898 Sopp in: Ent. monthly Mag., ser. 2 *v.* 9 p. 114 (Lebensgewohnheiten).

Durch länglichere und schlankere Gestalt von beiden vorigen Arten abweichend. Kopf und Thorax schwarz, Flügeldecken gelbbraun, mit zahlreichen dunklen Flecken auf Rippen und Zwischenräumen, meistens auch die Seiten dunkler. Kopf rauh, nicht dicht punktiert, Clipeus deutlich ausgerandet. Thorax stark quer, dicht und sehr deutlich punktiert. Unterseite schwarz, ziemlich lang behaart, wie auch die dunkelbraunen Schenkel. Metatarsus gleich dem obern Enddorne, etwas kürzer als 3 folgende Tarsenglieder. — L. 3 mm.

Nord- und Mitteleuropa.

4. **H. pirazzolii** Fairm. 1881 *H. p.*, L. Fairmaire in: Bull. Soc. ent. France, ser 6 *v.* 1 p. 145 | 1892 *H. p.*, Reitter in: Verh. Ver. Brünn, *v.* 30 p. 249.

Zeichnet sich durch Größe und gleichmäßige Behaarung der Flügeldecken aus. Kopf und Halsschild ohne die Seiten dunkel rotbraun, Flügeldecken rötlichgelb, mit dunklen Flecken. Kopf und Thorax dicht, leicht rauh, wie querrissig punktiert, Clipeus beim ♀ deutlich ausgerandet, jederseits stumpf gerundet, Rippen der Flügeldecken viel schmaler als die in mehreren Reihen punktierten und behaarten Zwischenräume. Metatarsus so lang wie oberer Enddorn und wie 2 folgende Tarsenglieder. ♂. Vordertibien lang und schmal, Enddorn derselben nach unten gebogen, unterer Enddorn der Mitteltibien verbreitert, sichelförmig nach außen gebogen. ♀. Tibien und Enddorne normal. — L. 5—6 mm.

Tunis, Tripolis.

5. **H. syrticola** Fairm. 1882 *H. s.*, L. Fairmaire in: Bull. Soc. ent. France, ser. 6 *v.* 2 p. 177 | 1896 *H s.*, H Orbigny in. Abeille, *v.* 28 p. 247.

Kopf und Halsschild schwarz, Flügeldecken hellbraun. Kopf vorn groß, wenig dicht, hinten feiner, so groß wie der Thorax punktiert, Clipeus deutlich ausgerandet. Thorax ziemlich dicht punktiert. Die dunklen Zwischenräume so breit wie die Rippen, jederseits und in der Mitte mit feiner Punktreihe. 1. Glied der Hintertibien etwas länger als oberer Enddorn, fast so lang wie 3 folgende Tarsenglieder. — L. 3 mm.

Tripolis, Algier

6. **H. villosus** (Gyll) 1806 *Aphodius v.*, Gyllenhal in: Schönherr, Synon. Ins., *v.* 1 i p. 83 nota | 1848 *Heptaulacus v*, Erichson, Naturg Ins. Deutschl., Col. *v.* 3 p. 904 | 1892 *H v.*, Reitter in: Verh Ver Brünn, *v.* 30 p. 248

Biologie: 1882 Rosenhauer in: Ent. Zeit. Stettin, *v.* 43 p. 24 (Larve, Puppe, Lebensweise).

Gelblichrot, Thorax- und Flügeldeckenmitte etwas dunkler. Kopf nicht sehr dicht fein punktiert, Hinterkopf wie gewöhnlich fast glatt, Clipeus abgestutzt, kaum ausgerandet. Thoraxseiten kurz bewimpert, fein, nicht dicht punktiert. Rippen der Flügeldecken breit gewölbt, alle Zwischenräume mit 2 feinen Punktreihen. 1. Glied der Hintertibien gleich dem obern Enddorne, kürzer als 3 folgende Tarsenglieder. ♂. Enddorn der Vordertibien mit nach innen gebogener Spitze, Thorax wenig nach vorn verschmälert, beim ♀ deutlicher. — L. 3,5—4,5 mm.

Mitteleuropa.

7. **H. porcellus** (J. Friv.) 1879 *Oxyomus p.*, J Frivaldszky in: Term. Füzetek, *v.* 3 p. 5 | 1892 *Heptaulacus p.*, Reitter in: Verh. Ver. Brünn, *v.* 30 p. 248.

Hellbraun, Kopf und Thorax ohne die Ränder dunkler. Kopf mit flacher Beule und deutlich vertiefter Stirnnaht, überall, auch auf dem Hinterkopfe nicht sehr dicht punktiert, Clipeus leicht ausgerandet. Thorax mittelstark, wenig dicht punktiert (stärker als bei voriger Art, aber weniger dicht). Flügeldecken mit glatten, sehr fein behaarten Rippen, die dorsalen Zwischenräume mit 2 sehr deutlichen Punktreihen, die seitlichen dicht punktiert, die Punkte reichlich so groß wie die des Halsschildes. 1. Glied der Hintertarsen gleich dem obern Enddorne, aber kürzer als 2 folgende Glieder. — L. 4—5 mm.

Österreich-Ungarn.

8. **H. koshantschikoffi** Ad Schm. 1911 *H. k.*, Ad. Schmidt in: Soc. ent., *v.* 26 p. 48.

Kopf und Thorax schwarz, Flügeldecken bräunlich. Die beiden ersteren ziemlich dicht, etwas querrissig punktiert, Clipeus rötlich durchscheinend, schmal, aber deutlich ausgerandet. Rippen der Flügeldecken glänzend, wenig erhaben, dicht am Rande mit Punktreihe, schmaler als die längsrissig punktierten Zwischenräume. 1. Glied der Hintertarsen so lang wie der obere Enddorn und wie die 3 folgenden Glieder. ♂. Enddorn der Vordertibien spitz, scharf nach innen gebogen, beim ♀ normal. — L. 5 mm.

Kisil-Kum, Alexander-Gebirge

9 **H. iniquus** Ad. Schm 1909 *H. i.*, Ad. Schmidt in: Soc. ent., *v.* 24 p 20 | 1910 *H. i.*, Ad. Schmidt in· Gen Ins, fasc. 110 p. 91 t. 2 f. 19 (Gesamtbild).

Kopf und Thorax schwarz, Flügeldecken hellbraun. Kopf vor den Augen mit je einer hellen Makel, fein und zerstreut punktiert. Thorax mit hellen

Seiten, deutlicher als der Kopf punktiert, aber wenig dicht. Zwischenräume der Flügeldecken flach, breiter als die Rippen, jederseits mit feiner Punktreihe, die dritte und vierte Rippe vor der Spitze vereint und bis zur ersten neben der Naht reichend. 1. Glied der Hintertarsen gleich dem obern Enddorne und den 3 folgenden Gliedern. ♂. Clipeus breiter, abgestutzt und leicht aufgebogen, Enddorn der Vordertibien schwach einwärts gebogen, Mittel- und Hintertibien deutlich verbreitert. ♀. Clipeus schmaler, sehr schwach ausgerandet, nicht aufgebogen, Enddorn und Tibien normal. — L. 2,5—3 mm.

Yünnan.

Folgende zweifelhafte Arten konnten in die Tabelle nicht aufgenommen werden:

H. palustris (Montrz.) 1860 *Aphodius p.*, Montrouzier in: Ann. Soc. ent. France, ser. 3 *v.* 8 p. 268 | 1860 *Oxyomus p.*, Reiche in: Ann. Soc. ent. France, ser. 3 *v.* 8 p. 268 note | 1869 *Ataenius p.*, Harold in: Gemminger & Harold, Cat. Col., *v.* 4 p. 1067 | 1903 *Heptaulacus p.*, Fauvel in: Rev. Ent. Franç., *v.* 22 p. 365.

Eine sehr zweifelhafte Art, wie vorstehende Literatur beweist. Schwarzbraun, Kopf und Thorax fein punktiert, Flügeldecken konvex, gestreift, an der Spitze etwas abgeplattet. — L. 6 mm (ex Montrouzier).

Insel Art.

H. puberulus Boh. 1857 *H. p.*, Boheman, Ins. Caffr., *v.* 2 p. 360.

Rotbraun, wenig glänzend. Kopf mit hellem Rande, fein und ziemlich dicht punktiert, Clipeus leicht abgerundet. Thorax an den Seiten gerundet erweitert, fein, wenig dicht punktiert. Flügeldecken fein behaart, besonders an den Seiten und der Spitze, deutlich punktiert-gestreift, Zwischenräume auf der Scheibe mehr erhaben, alle neben den Rändern punktiert. — L. 4—4,5 mm (ex Boheman).

Kaffrarien, Mozambique.

17. Gen. Drepanocanthus Péringuey

1901 *D.*, Péringuey in: Tr. S. Afr. Soc., *v.* 12 p. 370, 431—435.

Dieses Genus erinnert durch die Mittelfurche des Halsschildes und die gerippten Flügeldecken an *Oxyomus* Eschz., weicht aber von dieser sowie von allen anderen Gattungen durch die Form der Vordertibien und des ersten Gliedes der Hintertibien beim Männchen ab. Die Vordertibien sind nämlich in der Spitzenhälfte an dem innern Rande plötzlich verbreitert und bis zur Spitze, von den Zähnen abgesehen, parallelseitig, das erste Tarsenglied der Hintertibien ist nach innen in eine dornförmige Spitze ausgezogen.

Länglich, flach gewölbt, wenig glänzend, zuweilen auf den Flügeldecken kurz behaart, braun gefärbt, Kopf und Thorax meistens schwarz. Kopf flach, ohne Höcker, zuweilen mit undeutlicher Stirnlinie, ziemlich dicht punktiert, Clipeus mehr oder weniger tief ausgerandet, zuweilen jederseits zipfelartig verlängert, Wangen etwas abgerundet, aber deutlich die Augen überragend, letztere zum größten Teile vom Vorderrande des Halsschildes bedeckt. Die Fühler sind 9gliederig, mit Ausnahme der 3blättrigen Keule nur vereinzelt behaart, das 1. Glied ist kürzer als das 2.—6., das 5. und 6. sind stark quer, nach mediad zugespitzt. Die Oberlippe ist quer, mit abgerundeten Seiten, der bewimperte und ausgeschweifte Vorderrand zeigt in der Mitte einige hervorstehende, nach vorn und unten gebogene Borsten. Die hornigen Oberkiefer haben an dem Medialrande ihrer Platte eine dichte Bewimperung

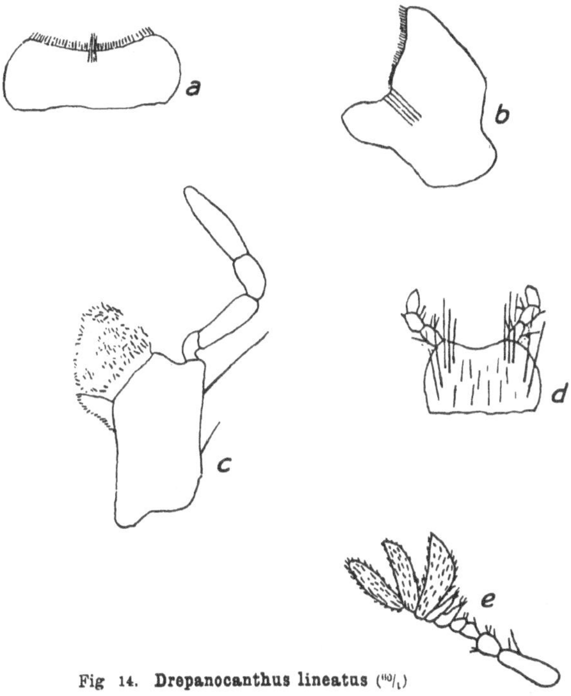

Fig 14. **Drepanocanthus lineatus** ($^{40}/_{1}$)

und am Grunde eine ziemlich derbe Mahlfläche. Die hornigen Unterkiefer sind kräftig, ihre Kauladen häutig, die laterale ist fast auf der ganzen Unterseite dicht behaart, die mediale nur bewimpert, die Kiefertaster sind stark verlängert, besonders das 2. und 4. Glied. Das Kinn ist hornig, an den Seiten gerundet und vorn ausgerandet, die Unterseite ist chagriniert und vereinzelt behaart, die Zunge ist tief gespalten, sie ragt jederseits bis zur Basis des 2. Gliedes der Lippentaster hervor, die 3 Glieder derselben sind fast gleichlang und die beiden ersten einzeln behaart. Der Thorax ist bogig nach hinten verschmälert, wenig gewölbt, an den Seiten und der Basis gerandet und meistens bewimpert, die Hinterwinkel sind abgestutzt oder abgerundet, hinter den Vorderwinkeln ist ein rundlicher Eindruck, vor dem Schildchen eine verkürzte Längsfurche, oberseits ist er dicht punktiert. Schildchen klein und dreieckig. Flügeldecken mit breiten Streifen, die oft mit Querpunkten angefüllt sind, sie werden durch schmale Rippen getrennt. Die Unterseite stimmt mit *Aphodius* überein. Beine kurz und kräftig. Die Vordertibien haben am Außenrande 3 Zähne und am innern Spitzenwinkel einen Enddorn, die Verbreiterung, die nur bei *D. connexus* Péring. fehlt, nimmt entweder die halbe Länge der Tibie ein (*D. lineatus*

Fig 15
Drepanocanthus lineatus
($^{20}/_{1}$).

Wiedem.) oder sie ist kürzer *(D. eximius* Péring.). Die Mittel- und Hintertibien sind gleichmäßig zur Spitze verbreitert, sie haben an der Außenkante zwei beborstete Querleisten, am Spitzenrande einen Borstenbesatz und zwei Enddorne. Das erste Glied der Hintertarsen ist gekrümmt, bei *D. lineatus* Wiedem. z. B. sehr stark und immer nach innen in eine längere oder kürzere Spitze verlängert im männlichen Geschlecht, das letzte Tarsenglied trägt zwei hornige Klauen. Im weiblichen Geschlecht sind die Vordertibien und Metatarsen normal.

Hierher gehören 5 Arten aus Südafrika.

Bestimmungstabelle der Arten:

1	Flügeldecken ohne die Naht mit 4 schmalen Rippen, der Raum zwischen je 2 derselben mit 3 schmalen Zwischenräumen, die durch Punktreihen getrennt werden	1. **D. lineatus**
	Flügeldecken einschließlich der Naht mit 10 Rippen — 2	
2	Querpunkte der Flügeldecken durch eine feine, erhabene Linie geteilt, es entstehen dadurch 20 Rippen, von denen die abwechselnden etwas breiter und mehr erhaben sind . . .	2. **D. intrusus**
	Querpunkte nicht geteilt — 3	
3	Kopf und Thorax schwarz, letzterer an den Seiten und der Basis bewimpert	3. **D. eximius**
	Thorax höchstens mit dunkler Scheibe und dunkler Seitenmakel, Ränder nicht bewimpert — 4	
4	Vordertibien beim ♂ in der Spitzenhälfte verbreitert, Clipeus tief eingeschnitten	4. **D. nasutus**
	Vordertibien nicht verbreitert, Clipeus weniger tief eingeschnitten	5. **D. connexus**

1. **D. lineatus** (Wiedem.) 1823 *Aphodius l.,* Wiedemann in: Zool. Mag., *v.* 2I p. 28 | 1869 *Harmogaster l.*, Harold in: Gemminger & Harold, Cat. Col., *v.* 4 p. 1064 | 1901 *Drepanocanthus acanthotarsis,* Péringuey in: Tr. S. Afr Soc., *v.* 12 p. 432 | 1910 *D. lineatus,* Ad. Schmidt in: Gen. Ins., fasc. 110 p. 100 t. 2 f. 27 (Gesamtbild).

Länglich, flach gewölbt, wenig glänzend, fein, niederliegend behaart, Kopf und Thorax schwarz, letzterer mit hellern Seiten, Flügeldecken dunkelbraun. Kopf flach, dicht punktiert, ohne Höcker, mit schwacher Stirnlinie, Clipeus ausgerandet, Wangen an der Spitze abgerundet, die Augen überragend. Thorax quer, nach hinten wenig gerundet verengt, die Seiten und Basis gerandet, Hinterwinkel gerundet und bewimpert, oberseits sehr dicht, aber nicht grob punktiert, vor dem Schildchen mit vertiefter Linie. Schildchen dreieckig, mit kielförmig erhöhter Mitte. Flügeldecken nach hinten verbreitert, außer der Naht mit 4 schmalen Rippen, diese glänzend und jederseits mit einer Punktreihe, zwischen je zwei Rippen befinden sich vier feine Punktreihen, die drei schmale, einreihig punktierte Zwischenräume begrenzen, Epipleuren auch vor der Spitze noch deutlich. Unterseite schwärzlich, Beine viel heller. ♂. Clipeus tief ausgerandet, Ecken jederseits stumpfwinkelig hervorstehend und aufgebogen, Thorax weniger dicht punktiert, mehr glänzend, Mittelfurche bis zur Mitte reichend, Vordertibien (Fig. 15a) in der Spitzenhälfte verbreitert, Enddorn nach innen gebogen, 1. Glied der Mittel- und Hintertarsen (Fig. 15b) nach innen gebogen, letzteres aber viel stärker, zuweilen fast rechtwinklig und in einen langen Dorn ausgezogen, oberer Enddorn etwas kürzer als das erste Glied. ♀. Clipeus neben der schwachen Ausrandung abgerundet, Thorax infolge der dichten Punktierung matt, die Mittelfurche setzt sich schwächer werdend bis zum Vorderrande fort, Vordertibien und Enddorn normal, 1. Glied der Hintertarsen wenig gebogen, etwas kürzer als der Enddorn und fast so lang wie 3 folgende Glieder. — L. 4,5 bis 5 mm (Fig. 14, 15).

Kapland.

2. **D. intrusus** Péring. 1901 *D. i.*, Péringuey in: Tr. S. Afr. Soc., *v.* 12 p. 434.

Schwarz, wenig glänzend. Kopf dicht punktiert, Clipeus in beiden Geschlechtern wenig tief ausgerandet, jederseits stumpf abgerundet. Thorax mäßig konvex, nur leicht gerundet, tief und dicht punktiert, sparsam bewimpert, Längsfurche deutlich. Schildchen mit Längskiel. Flügeldeckenrippen zur Spitze mehr erhaben, Zwischenräume mit Querpunkten, die durch eine feine, erhabene Linie geteilt werden. Unterseite etwas rauh punktiert. Vordertibien beim ♂ schwach verbreitert, Basalglied der Hintertarsen leicht gebogen, kurz dornförmig ausgezogen, nicht länger als oberer Enddorn. — L. 4,5—5 mm (ex Péringuey).

Kapkolonie, Natal.

3. **D. eximius** Péring 1901 *D. e.*, Péringuey in: Tr. S. Afr. Soc., *v.* 12 p. 433.

Kopf und Halsschild schwarz, letzteres zuweilen mit rötlicher Seitenmakel, Flügeldecken rot- oder dunkelbraun. Kopf in der Mitte etwas erhaben, fein und dicht punktiert, Clipeus ausgerandet. Thorax zur Basis gerundet verschmälert, mit nach vorn verkürzter Längsfurche, mittelstark punktiert. Schildchen in der Mitte gekielt. Flügeldecken vereinzelt kurz behaart, hinter der Mitte wenig erweitert, mit 10 schmalen, glänzenden Rippen, der Raum zwischen je zwei derselben in seiner ganzen Breite mit Querpunkten angefüllt. Unterseite vereinzelt punktiert und behaart. ♂. Clipeus deutlich ausgerandet, jederseits stumpfwinklig, Verbreiterung der Vordertibien (Fig. 16a) stark, ein Drittel der Tibienlänge nur erreichend, Enddorn einwärts gebogen, Thorax glänzend, wenig dicht punktiert, 1. Glied der Hintertarsen (Fig. 16b) schwach gebogen, in einen kräftigen, aber kurzen Dorn ausgezogen, der stumpf oder stumpfspitzig ist, dasselbe hat die Länge des obern Enddornes und der 3 folgenden Tarsenglieder. ♀. Vordertibien normal, Thorax sehr dicht punktiert, etwas matt, Clipeus schwach ausgerandet, jederseits gerundet, 1. Glied der Hintertarsen kürzer als oberer Enddorn und 3 folgende Glieder. — L. 4 mm (Fig. 16).

Fig 16. **Drepanocanthus eximius** (20/1).

Kapkolonie

4 **D. nasutus** (Har) 1869 *Harmogaster nasuta*, Harold in: Col. Hefte, *v.* 5 p. 101 | 1901 *Drepanocanthus spinitarsis*, Péringuey in: Tr. S Afr Soc, *v.* 12 p. 433 | 1910 *D. nasutus*, Ad. Schmidt in: Schenkling, Col Cat., fasc. 20 p. 71.

Rot- oder gelbbraun, Hinterkopf, Scheibe des Halsschildes und die Unterseite mit Ausnahme des Abdomen und der Beine dunkler. Kopf fein punktiert, mit schwacher Stirnlinie, Wangen stumpfwinklig. Thorax in der Mitte rundlich erweitert und dann nach hinten verschmälert, Hinterwinkel gerundet, Basis sehr fein gerandet, Oberfläche mittelstark punktiert. Schildchen chagriniert, vereinzelt punktiert, in der Mitte nicht erhöht. Die 10 Rippen der Flügeldecken glänzend, der Raum zwischen ihnen viel breiter, jederseits mit einer Reihe rundlicher Punkte, die flach in den Zwischenraum eindringen und dieser daher bei mäßiger Vergrößerung wie quergerieft erscheinend. ♂. Clipeus tief dreieckig eingeschnitten, jederseits spitzlappig hervorgezogen und nach oben gebogen. Thorax mit länglichen, mittelstarken Punkten, die an den Seiten etwas dichter stehen, 1. Glied der Mittel- und Hintertarsen leicht gebogen und in einen spitzen Dorn ausgezogen, der an den Hintertarsen etwas länger ist und ungefähr die Hälfte des ersten Gliedes beträgt, dieses ist etwas kürzer als oberer Enddorn, aber so lang wie die 3 folgenden Glieder. ♀. Clipeus schwach ausgerandet, jederseits gerundet, Vordertibien nicht verbreitert, Enddorn nach vorn gerichtet, Kopf und Thorax dichter punktiert, letzterer besonders an den Seiten, Metatarsus normal, kürzer als oberer Enddorn und 3 folgende Tarsenglieder. — L. 3,5—4 mm.

Südafrika, Natal.

5. **D. connexus** Péring 1901 *D. c.*, Péringuey in: Tr S. Afr Soc, *v.* 12 p. 434

Kopf und Thorax gelbbraun, Flügeldecken dunkler braun, der dunkle Scheibenfleck des Halsschildes größer oder kleiner, zuweilen auf eine schmale Längsmakel reduziert. Kopf fein punktiert, mit dunkler Stirnlinie. Thorax mit länglichen Punkten nicht sehr dicht besetzt. Skulptur der Flügeldecken und Verhältnis der Fußglieder unter sich und zum Enddorn wie bei voriger Art. ♂. Clipeus weniger tief eingeschnitten als bei *D. nasutus* Har., die Ecken jederseits stumpfer, weniger vorstehend, Vordertibien normal, Enddorn einwärts gebogen, die dornförmige Spitze des ersten Gliedes der Hintertarsen kürzer, höchstens ein Drittel der Gliedlänge betragend oder kürzer. Die Weibchen beider Arten unterscheiden sich nur dadurch, daß der Thorax bei *D. connexus* feiner und weniger dicht punktiert und die Mittelfurche, wie auch beim ♂, schwächer und viel kürzer ist. — L. 3 mm.

Kapkolonie.

18. Gen. **Oxyomus** Eschscholtz MS.

1839 *Oxyomus*, J. F. Stephens, Man. Brit. Col., p. 159 | 1840 *O.*, F. Laporte-Castelnau, Hist. Iconogr. Col., *v.* 2 p. 98 | 1842 *O*, E. Mulsant, Hist. nat. Col. France, Lamell. p. 308 | 1848 *O*, Erichson, Naturg. Ins. Deutschl., Col. *v.* 3 p. 905 | 1892 *O.*, Reitter in: Verh. Ver. Brünn, *v.* 30 p. 157, 171 | 1912 Subgen. *Amidorinus*, W. Koshantschikov in: Rev. Ent. Russe, *v.* 12 p. 519.

Klein, länglich, gewölbt, meistens schwarz, Flügeldecken statt der vertieften Streifen mit Rippen, die bis zur Basis reichen, auch die seitlichen, der Raum zwischen ihnen meistens mit Querpunkten, Vordertibien zur Spitze gleichmäßig verbreitert, mit 3 Außenzähnen und einem Enddorne.

Kopf flach gewölbt, immer punktiert, ohne Höcker, Stirnlinie zuweilen schwach angedeutet, Wangen vorstehend. Die Fühler sind 9gliedrig, das erste Glied ist fast so lang wie das zweite bis sechste, die dreiblättrige Keule ist dicht behaart. Die Oberlippe ist quer und häutig, an den Seiten abgerundet, der gleichmäßig bewimperte Vorderrand fast gerade. Die nach vorn erweiterte hornige Platte der Oberkiefer ist am Medialrande bewimpert und am Grunde mit deutlicher Mahlfläche versehen. Die Unterkiefer sind hornig, die beiden Kauladen sind häutig, sie sind nach vorn und mediad gerichtet, die laterale ist dicht behaart, die mediale, sehr schmale ist am Rande bewimpert, das zweite und vierte Glied der Kiefertaster fast von gleicher Länge. Das Kinn ist hornig, auf der Unterseite behaart, die beiden ersten Glieder der Lippentaster sind vereinzelt behaart, das letzte Glied ist etwas verlängert und stumpfspitzig, die häutige Zunge ist vorn gespalten, ihre Zipfel ragen jederseits bis zur Basis des zweiten Gliedes der Lippentaster. Thorax quer, stärker oder schwächer gewölbt, mit geraden oder schwach gerundeten Seiten, Oberfläche punktiert, die Seiten sind immer, Basis nur zuweilen mit Randung, eine Längsfurche, die nach vorn abgekürzt ist, oft vorhanden. Schildchen fast immer sehr klein, dreieckig. Flügeldecken nach der Mitte leicht verbreitert, meistens mit scharfen Schultern oder kleinem Schulterdorn, sie haben drei, sechs, acht oder zehn Rippen, der Raum zwischen ihnen ist entweder mit queren oder rundlichen Punkten angefüllt. Unterseite mehr oder weniger glänzend, meistens punktiert und fein behaart.

Die Hüften stehen bis auf die mittleren dicht zusammen. Mittel- und Hintertibien sind zur Spitze leicht verbreitert, am Außenrande mit zwei beborsteten Querleisten versehen, am Endrande sind zwei spitze Enddorne und meistens ungleiche Borsten. Die Füße sind 5gliedrig, die Klauen hornig und schlank.

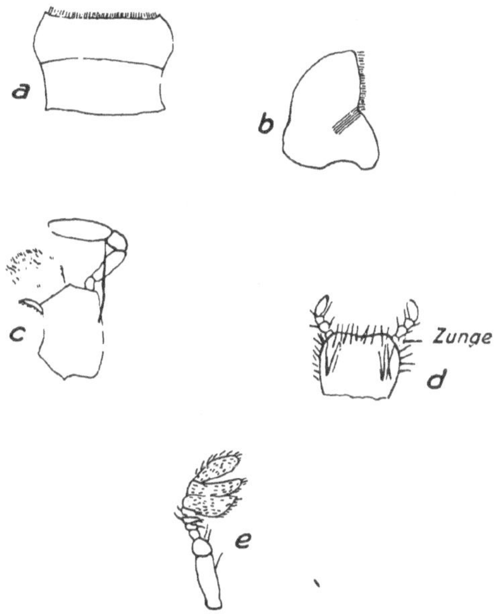

Fig. 17. **Oxyomus silvestris** (60/1).

20 Arten aus allen Erdteilen.

Bestimmungstabelle von 16 Arten (es fehlen nr. 17—20):

1	Flügeldecken nur gekielt — 2	
	Flügeldecken mit Rippen — 3	
2	Thorax sehr deutlich chagriniert, fein, längszusammenfließend punktiert, wie längsrissig erscheinend, Flügeldecken einfarbig	15. **O. miliaris**
	Thorax normal punktiert, Flügeldecken mit helleren Streifen	16. **O. morosus**
3	Flügeldecken mit 3 scharfen Rippen, die durch flache Zwischenräume getrennt werden	11. **O. tricostatus**
	Flügeldecken mit mehr als 3 Rippen — 4	
4	Jede Flügeldecke mit 4 scharfen Rippen, die durch flache Zwischenräume getrennt werden, Thorax ohne Längsfurche	12. **O. debilis**
	Jede Flügeldecke mit 6 Rippen, die durch eine Körnerreihe getrennt werden, Thorax ohne Längsfurche .	13. **O. costulatus**
	Jede Flügeldecke mit 8 Rippen, die durch zwei Längsreihen kleiner Kiele getrennt werden, Thorax mit Längsfurche, Clipeus gezähnt	14. **O. jugosus**
	Jede Flügeldecke mit 10 Rippen (Naht einbegriffen) — 5	
5	Nicht alle Rippen gleichmäßig erhaben, Thorax mit Längsfurche — 6	
	Alle Rippen gleich hoch, Thorax mit und ohne Längsfurche — 8	

6 Die sieben ersten und die neunte Rippe deutlich, sie werden je durch zwei Reihen querer Punkte getrennt . . . . 8. **O. cameratus**
Die ungeraden Zwischenräume (seitlich gesehen), höher — 7

7 Basis des Halsschildes deutlich gerandet, unbewimpert, Oberseite unbehaart . . . . 9. **O. palmarum**
Basis ungerandet, aber bewimpert, Oberseite fein und kurz behaart . . . . 10. **O. inaequalis**

8 Thorax ohne Längsfurche — 9
Thorax mit Längsfurche, die aber zuweilen nur schwach angedeutet ist — 11

9 Basis gerandet, Hinterwinkel des Halsschildes abgestutzt, Flügeldecken schon vor der Mitte zur Spitze herabgewölbt . . . . 5. **O. curvus**
Basis des Halsschildes ungerandet, seine Hinterwinkel stumpf, Flügeldecken erst hinter der Mitte herabgewölbt — 10

10 Die 4., 6. und 8. Rippe vor der Spitze abgekürzt, Thorax dicht punktiert . . . . 6. **O. costipennis**
Alle Rippen gleichmäßig bis zur Spitze verlängert, Thorax zerstreut punktiert . . . . 7. **O. tumulosus**

11 Thorax seitlich mit Quereindruck, Basis gerandet, Flügeldecken mit Schulterdorn . . . . 1. **O. silvestris**
Thorax seitlich ohne Quereindruck, Basis ungerandet — 12

12 Thorax rauh, zusammenfließend punktiert, Zwischenräume mit Querpunkten . . . . 2. **O. setosopunctatus**
Thorax einfach punktiert, der Raum zwischen den Punkten so groß oder fast so groß wie die Punkte selbst, Oberseite behaart — 13

13 Querpunkte der Flügeldecken durch eine feine Linie geteilt . . . . 3. **O. aciculatus**
Querpunkte nicht geteilt . . . . 4. **O. simillimus**

1. **O. silvestris** (Scop.)

Diese Art zerfällt in 2 Unterarten:

1a. **O. silvestris silvestris** (Scop.) 1763 *Scarabaeus s*, Scopoli, Ent. Carniol., p. 5 | 1775 *S. porcatus*, J. C. Fabricius, Syst. Ent., p. 20 | 1781 *S. fenestralis*, Schrank, Enum. Ins. Austr., p. 17 | 1785 *S. foveolatus*, Moll in N. Mag. Ent. Fuessly, *v.* 2 p. 170 | 1789 *S. porcatus*, A. G. Olivier, Ent., Col. *v.* 1 nr 3 p. 96 t. 19 f. 178 (Gesamtbild) | 1802 *S. platycephalus*, Marsham, Ent. Brit., *v.* 1 p. 56 | 1848 *Oxyomus porcatus*, Erichson, Naturg. Ins. Deutschl., Col. *v.* 3 p. 906 | 1871 *O. opacifrons*, G. Horn in: Tr. Amer. ent. Soc., *v.* 3 p. 284 | 1892 *O. silvestris*, Reitter in: Verh. Ver. Brünn, *v.* 30 p. 170

Biologie: 1869 A. Chapman in: Ent. monthly Mag., *v.* 5 p. 273 (Brutablage) | 1887 Rey in: Ann. Soc. Linn. Lyon, ser. 2 *v.* 33 p. 196 (Larve beschrieben, Fühler abgebildet) | 1899 Xambeu in: Ann. Soc. Linn. Lyon, ser. 2 *v.* 45 p. 165 (Puppe beschrieben).

Gewölbt, glänzend, schwarz, Flügeldecken mit einzelnen, sehr kurzen Börstchen bekleidet. Kopf nach vorn verschmälert, fein und dicht punktiert, Clipeus kaum ausgerandet, jederseits gerundet, Wangen stumpfwinklig. Thorax geradseitig, nach hinten leicht verbreitert, Hinterwinkel scharf stumpfwinklig, Basalrand durch eine Punktreihe abgesetzt, oberseits deutlich, nach vorn etwas feiner punktiert. Schildchen mit erhabener Mitte. Flügeldecken parallelseitig, mit 10 scharfen Rippen, die durch breite Querpunkte voneinander geschieden werden. Unterseite glänzend, Seiten der Hinterbrust groß, wenig dicht punktiert, Abdomen und Schenkel feiner, Vorderschenkel kräftig, konisch, Hinterschenkel am schmalsten, Enddorn der Hintertibien kürzer als 1. Tarsenglied, dieses länger als 3 folgende Glieder. Metasternum beim ♂ vertieft, grob punktiert. — L. 2,5—3,5 mm (Fig. 17).

Europa, Westasien, Nordamerika.

1b. O. **silvestris foveolatus** Muls. 1842 *O. s.* var. *f.*, E. Mulsant, Hist. nat. Col. France, Lamell. p. 309

Oberseite und Füße rotbraun, Flügeldecken gewöhnlich heller.

Vorkommen mit der Stammart.

2. **O. setosopunctatus** Ad. Schm. 1911 *O. s.*, Ad. Schmidt in: Soc. ent., *v.* 26 p. 15.

Durch matte, deutlich behaarte Oberseite und sehr dicht punktierten Thorax ausgezeichnet. Kopf und Thorax schwarz, Flügeldecken schmutzig rotbraun. Kopf flach, sehr dicht punktiert, Clipeus kaum ausgerandet, jederseits gerundet, Stirnnaht wenig deutlich, vor den Augen leicht erhaben, Wangen mit dünnem Haarbüschel. Thoraxseiten schwach gerundet, vor dem Schildchen mit schwacher Längsfurche, sehr dicht und rauh punktiert, Hinterwinkel abgestutzt und schwach ausgerandet, die ungerandete Basis schwach zweibuchtig, oberseits niederliegend behaart. Schildchen mit erhabener Mitte. Flügeldecken mit kleinem Schulterdorn, nach hinten etwas verbreitert, Rippen punktiert, mit einer Reihe kurzer Börstchen, Querpunkte der Zwischenräume sehr deutlich. Unterseite etwas glänzend, Metasternum an den Seiten, in der vertieften Mitte, sowie Schenkel und Abdomen ziemlich dicht und deutlich punktiert und behaart. Hintertibien mit ungleichen Borsten, oberer Enddorn fast so lang wie 1. Tarsenglied, dieses etwas kürzer als die 3 folgenden Glieder. — L. 3 mm.

Mexiko.

3. **O. aciculatus** Ad. Schm. 1909 *O. a.*, Ad. Schmidt in: Soc. ent., *v.* 24 p. 55.

In der Behaarung gleicht diese Art der vorhergehenden, aber durch weniger dicht, nicht rauh punktierten Thorax und die glänzenden Rippen hauptsächlich verschieden. Dunkel rotbraun gefärbt, Kopf vorn und Halsschild an den Seiten heller. Kopf deutlich punktiert, Clipeus höchst schwach ausgerandet, jederseits abgerundet, ebenso die Wangen. Thorax nicht verbreitert, Hinterwinkel stumpf, die ungerandete Basis zweibuchtig, vor dem Schildchen mit flacher, kurzer Vertiefung, oberseits ziemlich dicht und deutlich punktiert. Schildchen sehr schmal dreieckig, gekielt. Flügeldecken ohne Schulterdorn, hinten etwas breiter, zwischen den Rippen je zwei Punktreihen, die durch eine schmale Linie getrennt sind. Unterseite rotbraun, Beine heller, überall, auch die Schenkel punktiert, Hinterschenkel breiter als die mittleren. Endborsten der Hintertibien ungleich, oberer Enddorn wenig kürzer als das verdickte 1. Tarsenglied, dieses fast den 3 folgenden an Länge gleich. — L. 3,5 mm.

Ostindien

4. **O. simillimus** Ad. Schm. 1908 *O. s.*, Ad. Schmidt in: Ent. Wochenbl., *v.* 25 p. 48 | 1910 *O. s.*, Ad. Schmidt in: Gen. Ins., fasc. 110 p. 90 t. 1 f. 16 (Gesamtbild).

Kopf und Thorax schwarz, Flügeldecken rotbraun oder schwärzlich. Von der vorigen Spezies durch die Skulptur abweichend. Der Thorax ist stärker und dichter punktiert, hauptsächlich an den Seiten, der Raum zwischen den Punkten ist viel kleiner als die Punkte selbst, bei *O. aciculatus* Ad. Schm.

ist derselbe ebenso groß, auch sind bei dieser Art die Seiten nicht dichter punktiert. Die Zwischenräume der Flügeldecken haben flache, ungeteilte Querpunkte, bei *O. aciculatus* Ad. Schm. sind sie geteilt, und der Raum, welcher zwei hintereinander liegende Punkte trennt ist kielförmig. Metatarsus länger als oberer Enddorn, den 3 folgenden Gliedern gleich. Unterseite wie bei voriger Art. — L. 3 mm.

Ostindien.

5. **O. curvus** Ad. Schm. 1909 *O. c.*, Ad. Schmidt in: Soc. ent., *v.* 24 p. 54.

Die Wölbung der Flügeldecken (seitliche Ansicht) zeichnet diese Art aus. Eiförmig, konvex, glänzend, dunkel rotbraun bis schwarz, Vorderrand des Kopfes heller. Letzterer dicht und deutlich punktiert, nach vorn mehr glatt, Clipeus ausgerandet und jederseits abgerundet, Wangen stumpfwinklig, vorstehend. Halsschild hinten etwas breiter, neben den fast geraden Seiten verflacht, Hinterwinkel etwas abgestutzt und ausgerandet, Basis mit deutlicher Randung, eine Längsvertiefung vor dem Schildchen fehlt, oberseits mittelstark, an den Seiten dichter punktiert, dazwischen feinere Punkte eingestreut. Schildchen schmal dreieckig. Flügeldecken mit kleinem Schulterdorne, zur Mitte verbreitert und dann deutlich zugespitzt, die Rippen werden durch einfache Punktreihe getrennt. Unterseite rotbraun, Beine und Hinterleib heller. Hintertibien am Endrande mit gleichen Borsten, oberer Enddorn nur einhalb so lang wie 1. Tarsenglied, dieses den 3 folgenden an Länge gleich. — L. 2,5 mm.

Kamerun.

6. **O. costipennis** (Boh.) 1857 *Aphodius c.*, Boheman, Ins. Caffr., *v.* 2 p. 362 | 1910 *Oxyomus c.*, Ad. Schmidt in: Gen. Ins., fasc. 110 p. 89 t. 1 f. 17 (Gesamtbild).

Weicht von allen Arten durch die Größe ab. Gewölbt, glänzend, schwarz, Vorderkopf und Seiten des Halsschildes rötlich, Flügeldecken zuweilen dunkel rotbraun. Kopf dicht und deutlich punktiert, die Mitte wenig erhaben, Stirnlinie kaum angedeutet, Clipeus nur leicht ausgerandet, seitlich abgerundet, Wangen schwach vom Kopfrande abgesetzt, rundlich, vorstehend. Thorax quer, nach vorn schwachbogig verschmälert, die Seiten und stumpf abgerundete Hinterwinkel gerandet, Basis ist ohne Rand, Längseindruck fehlt, oberseits dicht und ziemlich stark punktiert. Schildchen größer, dreieckig. Rippen zur Spitze schmaler und schneidender, dicht und fein behaart, Zwischenräume mit Querpunkten. Unterseite rotbraun, Beine heller, Metasternum an den Seiten und das Abdomen sehr dicht, letzteres längszusammenfließend punktiert, Schenkel und Metasternalplatte mit einzelnen Punkten. Hintertibien mit fast gleichlangen Endborsten, oberer Enddorn gleich dem 1. Tarsengliede, dieses so lang wie 3 folgende Glieder. — L. 4,5—6 mm.

Südafrika.

7. **O. tumulosus** (Ad. Schm.) 1911 *Aphodius t.*, Ad. Schmidt in: Ent. Zeit. Stettin, *v.* 72 p. 24.

Konvex, glänzend, gleichbreit, schwarz, Ränder etwas heller, Spitze der Flügeldecken kurz behaart. Kopf flach, mit deutlich vertiefter Stirnlinie, hinter derselben dicht und deutlich, vor derselben feiner und zerstreuter punktiert, Clipeus rundlich, Wangen klein. Thorax vorn wenig schmaler, die Seitenrandung setzt sich um die stumpf abgerundeten Hinterwinkel fort, erreicht aber nicht die Mitte der Basis, oberseits mittelstark, nicht dicht, punktiert, zuweilen mit glatter Mittellinie. Schildchen klein, dreieckig, vereinzelt und fein punktiert, die Mitte erhaben. Die Rippen der Flügeldecken werden zur Spitze schmaler, sie erreichen dieselbe mit Ausnahme der letzten. Metasternum seitlich chagriniert, dazwischen fein punktiert und behaart, Schenkel und Abdomen nur fein punktiert. Endborsten der Hintertibien nach außen zu ungleich, die übrigen kurz und gleichlang, oberer Enddorn kürzer als 1. Tarsenglied, dieses so lang wie 3 folgende Glieder. — L. 4 mm.

Abessinien.

8. **O. cameratus** Ad. Schm. 1908 *O. c.*, Ad. Schmidt in: Ent. Wochenbl, *v.* 25 p. 47.

Von etwas breiter Gestalt, schwarz, Kopf am Vorderrande und Thoraxseiten rötlich, glänzend. Kopf beulig erhaben, hinten deutlich und dicht punktiert, nach vorn feiner, Clipeus ausgerandet, jederseits stumpf gerundet, Wangen stumpfwinklig, weit vorstehend. Thorax quer, die Seiten, die abgestutzten Hinterwinkel und Basis deutlich gerandet, vor dem Schildchen mit schwachem Eindruck, ein zweiter seitlich davon, er geht in schräger Richtung bis zu den Vorderwinkeln, oberseits dicht und mittelstark punktiert, nach vorn etwas feiner, hier so groß wie der Hinterkopf. Schildchen schmal dreieckig, die Mitte desselben kaum erhaben. Flügeldecken mit kleinem Schulterdorn, nach der Mitte schwach erweitert, mit glatten Rippen, Zwischenräume mit zwei Punktreihen. Unterseite glänzend, Metasternum und Abdomen grob, Schenkel etwas feiner und dichter punktiert und behaart. Hintertibien mit ungleichen Endborsten, 1. Tarsenglied länger als oberer Enddorn, gleich dem übrigen Fuß. — L. 3 mm.

Hinterindien.

9. **O. palmarum** H Scott 1912 *O p.*, H. Scott in: Tr. Linn. Soc. London, ser. 2 *v.* 15 fasc. 2 p. 224 t. 12 f. 1 (Gesamtbild).

Diese Art zeigt eine gewisse Ähnlichkeit mit *O. cameratus* Ad. Schm., ist aber schlanker, schwarzbraun, die Seiten des Kopfes und Halsschildes etwas heller, glänzend, unbehaart. Kopf kurz und breit, vorn wenig verschmälert, die Mitte stark aufgetrieben, hinten deutlich und dicht, vorn feiner und vereinzelter punktiert, Clipeus wenig ausgerandet, jederseits gerundet, Wangen stumpfwinklig, die Augen überragend. Thorax quer, geradseitig, dicht und rauh, besonders an den Seiten punktiert, Punkte aus größeren und sehr feinen bestehend, Mittelfurche schwach, über die ganze Länge reichend, Seiten verhältnismäßig breit verflacht, Basalrand durch eine schmale Furche abgesetzt, Hinterwinkel stumpf abgerundet. Schildchen sehr klein, schmal dreieckig. Flügeldecken zur Mitte wenig verbreitert, die ungeraden Rippen mehr erhaben, die zweite und vierte vor der Spitze verdickt, die zehnte daselbst verbreitert und den Spitzenrand nach hinten überragend, so daß er von oben unsichtbar bleibt, zwischen den Rippen je eine Reihe Querpunkte. Unterseite glänzend, fast unpunktiert, Abdomen an den Seiten grubig eingedrückt. Hintertibien mit ungleichen Enddornen, der obere kürzer als das 1. Tarsenglied, dieses so lang wie 3 folgende Glieder. Der mittlere Außenzahn an den Vordertibien steht dem dritten viel näher als dem obern. Hinterschenkel sehr schlank. — L. 3 mm.

Seychellen.

10. **O. inaequalis** Lansb. 1886 *O. i.*, Lansberge in: Not. Leyden Mus., *v.* 8 p. 92.

Rotbraun, Hinterkopf und Thoraxmitte dunkler, konvex, wenig glänzend, nach hinten zugespitzt, kurz aufstehend behaart. Kopf gewölbt, sehr fein punktiert, mit feiner Stirnlinie, Clipeus schwach ausgerandet. Thorax fein punktiert, mit seichter Längsfurche und bewimperter Basis. Die abwechselnden Rippen der Flügeldecken mehr erhaben, der Raum zwischen ihnen zeigt Querpunkte. Erstes Glied der Hintertarsen den 3 folgenden an Länge gleich. — L. 3 mm (ex Lansberge).

Humpatha (Angola).

11. **O. tricostatus** Har. 1869 *O. t.*, Harold in: Col Hefte, *v.* 5 p. 101

Die breite, flache Gestalt und die stark dreirippigen Flügeldecken zeichnen diese Art aus. Dunkelbraun, Kopf, Halsschild und die Rippen kurz behaart. Kopf kurz und breit, in der Mitte wenig erhaben, fein, nicht dicht punktiert, Clipeus ausgerandet, jederseits abgerundet, Wangen stumpfwinklig, deutlich vorstehend. Thorax zur Basis geradlinig verbreitert, die Seiten gerandet und bewimpert, Hinterwinkel abgestutzt, die zweibuchtige Basis ungerandet, ihre Mitte lappig hervorgezogen, oberseits deutlich und ziemlich dicht punktiert. Schildchen schmal dreieckig. Die Rippen der Flügeldecken werden durch breite, flache, jederseits mit feiner Punktreihe begrenzte Zwischenräume getrennt, Epipleuren breit, erst kurz vor der Spitze verschmälert. Unterseite und Schenkel zerstreut punktiert und behaart, Hintertibien am Endrande ungleich beborstet, 1. Tarsenglied derselben etwas länger als oberer Enddorn, so lang wie 3 folgende Glieder. — L. 3,5—4,5 mm.

Columbien.

12 **O. debilis** Har. 1877 *O. d.*, Harold in: Ann. Mus. Genova, *v.* 10 p. 88.

Flach gewölbt, kastanienbraun, wenig glänzend, äußerst kurz behaart. Kopf flach, mit länglicher Erhöhung, Stirnlinie deutlich, fein punktiert, Clipeus abgestutzt, Wangen klein, kaum die Augen überragend. Thorax geradlinig zur Basis erweitert, fein und dicht punktiert, Basis ungerandet, Hinterwinkel stumpf abgerundet. Schildchen sehr schmal dreieckig. Der Raum zwischen den Rippen, von der Spitze gesehen, breit und flach, bei seitlicher Ansicht sich jedoch als schwach gekielt erweisend, da die Rippen nur bis $^{2}/_{3}$ der Flügeldeckenlänge scharf erhaben sind, dann aber flacher werden, so erscheinen alle Zwischenräume vor der Spitze gleichmäßig schwach gekielt und je durch eine feine Punktreihe getrennt. Unterseite etwas heller, fein und dicht punktiert. Hintertibien mit ungleichen Endborsten, ihr oberer Enddorn kürzer als das 1. Tarsenglied, dieses so lang wie 3 folgende Glieder. — L. 2,5—3 mm.

Celebes.

13. **O. costulatus** (Fairm.) 1849 *Aphodius c.*, L. Fairmaire in: Rev. Mag. Zool., ser. 2 *v.* 1 p. 413 | 1869 *Oxyomus c.*, Harold in: Gemminger & Harold, Cat. Col, *v.* 4 p. 1064

Wenig glänzend, schwarzbraun. Kopf vorn und Stirnnaht rötlich, fein und dicht punktiert, Clipeus leicht ausgerandet. Thorax quer, Hinterwinkel abgerundet. Schildchen klein, deutlich punktiert. Flügeldecken mit 6 Rippen, die durch eine Körnerreihe getrennt werden. Unterseite stark punktiert. — L. 3 mm (ex L. Fairmaire).

Tahiti.

14 **O. jugosus** G Lewis 1895 *O. j.*, G. Lewis in: Ann. nat. Hist., ser. 6 *v.* 16 p. 383 tf. 6.

Länglich, schwarzbraun, wenig glänzend. Kopf punktiert, Stirnlinie deutlich, jederseits etwas erhaben, Clipeus ausgerandet, Ecken gezähnt, Wangen stumpf und klein. Thoraxseiten ' nd Hinterwinkel gerundet, oberseits rauh und grob punktiert, mit deutlicher Längsfurche. Schildchen klein, dreieckig. Flügeldecken mit Schulterzahn, nach hinten verbreitert, Rippen ungleich, durch 2 Reihen kleiner Tuberkel getrennt. Oberer Enddorn der Hintertibien fast so lang wie 1. Tarsenglied, dieses den 3 folgenden Gliedern gleich. — L. 4,3 mm (ex G. Lewis).

Japan.

15. **O. miliaris** (Ad. Schm.) 1908 *Aphodius m.*, Ad. Schmidt in: Soc. ent., *v.* 23 p. 53 | 1912 *A. (Amidorinus) rosti,* W. Koshantschikov in: Rev. Ent. Russe, *v.* 12 p. 519

Wenig konvex, Ober- und Unterseite dunkelrot, Hinterkopf und Thoraxscheibe dunkler. Durch die Skulptur der Oberseite auffallend, diese ist deutlich chagriniert und daher matt. Kopf und Thorax sind außerdem fein, sehr flach und zusammenfließend punktiert, bei schwacher Vergrößerung nur gerieft oder rissig erscheinend, der erstere etwas feiner, er ist nach vorn verschmälert, daselbst abgestutzt, jederseits gerundet, Stirnlinie wenig wahrnehmbar, davor mit schwacher Längsbeule, Wangen deutlich, stumpfwinklig und vorstehend. Thorax leicht gerundet erweitert, flach gewölbt, Seitenrand um die stumpfen Hinterwinkel bis zur Schulterbeule reichend, die ungerandete Basis ist zweibuchtig. Schildchen dreieckig und glänzend. Flügeldecken schwach, zur Spitze deutlicher gekielt, mit je einer Punktreihe zwischen zwei Kielen. Metasternum matt, Schenkel und Abdomen glänzend, zerstreut punktiert. Hintertibien mit ungleichen Borsten, 1. Tarsenglied deutlich länger als oberer Enddorn, fast so lang wie die folgenden 4 Glieder. — L. 2,5—3 mm.

Hinterindien, Himalaja.

16. **O. morosus** Har. 1869 *O. m.*, Harold in: Col. Hefte, *v.* 5 p. 100.

Länglich, mäßig konvex, wenig glänzend, schwarzbraun, Flügeldecken schmutzig rotbraun. Kopf dicht punktiert, Clipeus rötlich, nicht ausgerandet. Thorax sehr dicht punktiert, mit gerandeter Basis. Schildchen dreieckig, die Spitze in der Mitte erhaben. Flügeldecken gekielt, der 2., 3., 4. und 6. Kiel an der Basis breiter, heller gefärbt. Unterseite rotbraun. Erstes Glied der Hintertarsen den übrigen Gliedern fast an Länge gleich. — L. 4,75 mm (ex Harold).

Chile.

Die folgenden Arten konnten in der vorstehenden Tabelle (p. 379) nicht untergebracht werden, sie stehen vielleicht richtiger im Subgen. *Aphodius* Ill.

17. **O. interstitialis** Fairm. 1883 *O. i.*, L. Fairmaire in: Ann. Soc. ent. Belgique, *v.* 27 p. 5.

Länglich, mäßig konvex, braun, wenig glänzend. Kopf breit, dicht und fein punktiert, die Mitte etwas erhaben, Clipeus sehr schwach ausgerandet. Thorax breit, nach hinten verschmälert, Basis seitlich ausgebuchtet, oberseits dicht, etwas rauh punktiert. Schildchen spitz. Flügeldecken regelmäßig bis zur Spitze gestreift, Zwischenräume flach, querfaltig und zweireihig behaart. Unterseite glänzend. — L. 4,5 mm (ex L. Fairmaire).

Insel Mioko.

18. **O. jugalis** Péring. 1901 *O. j.*, Péringuey in: Tr S. Afr. Soc., *v.* 12 p. 379, 413.

Rotbraun, Scheibe des Halsschildes etwas dunkler. Kopf stark nach vorn verschmälert und gerundet, punktiert, die Mitte leicht erhöht, Stirnlinie schwach eingedrückt, Wangen stumpf, die Augen wenig überragend. Thorax nach hinten verbreitert, Basis ungerandet, seitlich mit einzelnen Punkten, Mitte unpunktiert. Schildchen dreieckig, fein punktiert. Flügeldecken länglich, in $^2/_3$ der vorderen Länge mit Längsrippen, die durch eine Punktreihe getrennt sind. — L. 4 mm (ex Péringuey).

Natal.

19. O. **jucundulus** Péring. 1901 *O. j.*, Péringuey in: Tr. S. Afr. Soc., *v.* 12 p. 379, 412.

Schlank, nach hinten zugespitzt, schwarzbraun, Seiten des Halsschildes und Unterseite rotbraun. Kopf und Thorax fein punktiert. Die Rippen der Flügeldecken jederseits mit Punktreihe, eine solche trennt auch die einzelnen Rippen. — L. 3,5 mm (ex Péringuey).

Natal.

20. O. **medioximus** Péring. 1901 *O. m.*, Péringuey in: Tr. S. Afr. Soc., *v.* 12 p. 380, 414.

Rotbraun, mit feiner Behaarung an der Spitze der Flügeldecken. Kopf ohne eingedrückte Querlinie. Thorax nadelrissig, an den Seiten dichter und tiefer als in der Mitte. Die durch Punktreihen getrennten Rippen jederseits punktiert. — L. 6 mm (ex Péringuey).

Südafrika.

19. Gen. **Sybax** Boheman

1857 *S.*, Boheman, Ins. Caffr., *v.* 2 p. 365 | 1859 *Hypoplatys*, Harold in: Berlin. ent. Z., *v.* 3 p. 221.

Von länglicher, flach gewölbter Gestalt, Ober- und der größte Teil der Unterseite mit einem gelbbraunen Überzuge bedeckt, Vordertibien innen mit plattenartiger Erweiterung, die bei angezogenen Beinen in eine Vertiefung der Vorderschenkel greift, Flügeldecken außer der erhabenen Naht mit 4 Rippen und an der Spitze kaum verschmälerten Epipleuren.

Kopf stark abwärts geneigt, nach vorn verschmälert, in der Mitte mit stumpfer Beule, Stirnnaht vertieft, nach vorn wulstartig begrenzt, Clipeus ausgerandet, Wangen deutlich die Augen überragend, letztere bis auf einen sehr kleinen Teil von dem Vorderrande des Halsschildes bedeckt. Fühler neungliedrig, das 1. Glied desselben ist länglich, so lang wie die folgenden 5 Glieder, das 3. ist rundlich, die folgenden 4 mehr quer, die 3 letzten Glieder bilden eine längliche, dicht behaarte Keule. Die Oberlippe ist häutig, ihre Seiten sind stark gerundet, der Vorderrand ist tief ausgerandet und bewimpert, in der Mitte mit langer, schmaler Hervorragung, die am Ende beborstet ist. Die Oberkiefer sind hornig, nach vorn zu in eine dünne Platte erweitert, die am medialen, gebuchteten Rande bewimpert ist und am Grunde die Mahlfläche zeigt. Der Unterkiefer ist hornig, seine beiden Kauladen sind häutig, die laterale ist stark nach vorn verlängert und dicht behaart, die mediale ist zweiteilig und bewimpert, das 2. und 4. Glied der Maxillartaster sind von gleicher Länge. Das Kinn ist breit, hornig, lang behaart und am vorderen Rande bewimpert, die Lippentaster sind vereinzelt beborstet. Die Zunge ist tief gespalten, ihre Zipfel ragen bis zur Spitze des 2. Gliedes der Lippentaster. Thorax quer, nach vorn leicht verschmälert, an den Seiten und der Basis bewimpert, in den Winkeln und auf der Scheibe mit Vertiefungen. Schildchen lang und sehr schmal. Flügeldecken nach der Mitte kaum verbreitert und dann zugespitzt, Zwischenräume breit und flach.

Prosternum vor den Vorderhüften gekielt, hinter denselben als behaarter Zapfen hervorragend, Mesosternum wenig vertieft, Metasternum mediad wenig gewölbt, die Mitte breit verflacht, mit Mittellinie, Abdomen ganz flach, sechsgliedrig, mit behaarten Punkten. Die stark verbreiterten Vorderschenkel zeigen an ihrer Vorderseite eine rinnenartige Vertiefung, die durch eine Erweiterung der untern Fläche gebildet wird und zur Aufnahme der dreieckigen, an der innern Seite der Vordertibien befindlichen Platte dient.

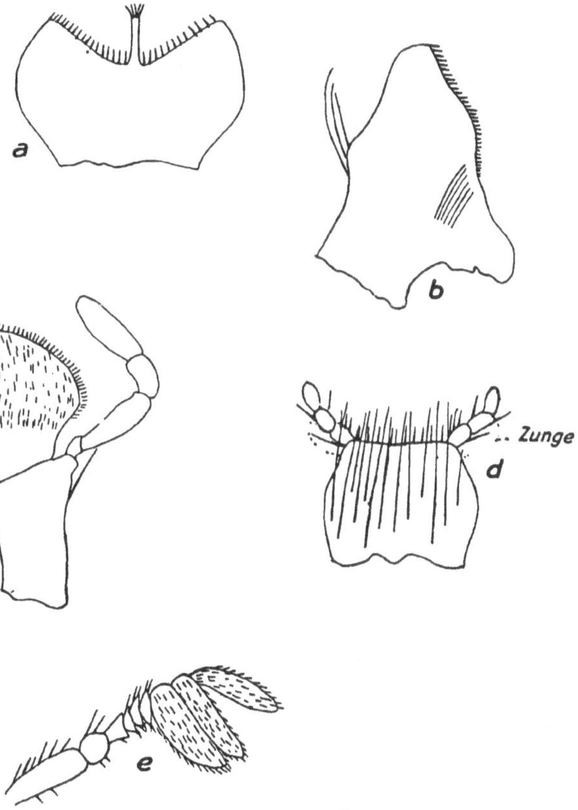

Fig. 18. **Sybax impressicollis** ($^{60}/_{1}$).

Letztere besitzen 3 Außenzähne und am abgestutzten Endrande einen kleinen Dorn neben der Einlenkung der Tarsen. Mittel- und Hintertibien zur Spitze nur wenig verbreitert, ihre Außenseiten zeigen 2 beborstete Querleisten, der Innenrand ist ziemlich dicht und fein bewimpert, der Endrand trägt 2 Enddorne und einen Borstenbesatz. Die Tarsen sind fünfgliedrig, das 1. Glied der Vordertarsen ist kürzer als das 2., das der Mittel- und Hintertarsen ist verlängert, die Krallen sind hornig und gebogen. Die Geschlechtsdifferenz beruht hauptsächlich auf der Form des untern Enddorns an den Mitteltibien.

2 Arten aus Afrika.

Bestimmungstabelle der Arten:

{ Die beiden Endzähne der Vordertibien verwachsen . . . 1. **S. sulcicollis**
{ Die beiden Endzähne der Vordertibien getrennt . . . . 2. **S. impressicollis**

1. **S. sulcicollis** Boh. 1857 *S. s.*, Boheman, Ins. Caffr., *v.* 2 p. 366 t. 1 f D 1—5 (Gesamtbild, Kiefertaster, Fühler und Vordertibie).

Kopf fein, neben der Beule jederseits etwas größer punktiert, Clipeus deutlich ausgerandet. Thorax nach hinten geradseitig, aber wenig verbreitert, die Hinterwinkel, von oben gesehen, ausgerandet, Basis jederseits gebuchtet, die Mitte derselben ist bogig vorgezogen, oberseits fein und zerstreut punktiert, längs der Mitte mit tiefer, kielartig begrenzter Längsfurche, außerdem seitlich davon je eine schräg nach den Vorderwinkeln ziehende Vertiefung, in dem dreieckigen Raume, der durch die Längs- und Schrägfurche nach vorn begrenzt wird, befindet sich eine kleine grübchenförmige Vertiefung, diese, sowie die Furchen mit einzelnen gröbern Punkten besetzt, eine Reihe solcher Punkte steht auch hinter dem Vorderrande. Jede Flügeldecke mit 4 deutlichen, gleichmäßig erhabenen Rippen, die 2. ist vor der Spitze verkürzt, sie sind wie die flachen Zwischenräume fein punktiert. Unterseite fein und vereinzelt punktiert, Metasternalplatte längsvertieft, die Schenkel an den Rändern vereinzelt bewimpert. 1. Glied der Hintertarsen so lang wie oberer Enddorn und wie 2 folgende Glieder. ♂. Clipeus jederseits stumpf gezahnt, unterer Enddorn der Mitteltibien hakig nach innen gebogen, alle Tarsenglieder etwas verdickt. ♀. Clipeus jederseits stumpfwinklig, oberer Zahn der Vordertibien nur angedeutet, unterer Enddorn der Mitteltibien spitz, nicht gebogen. — L. 7 mm.

Orange, Südrhodesia, Victoria Nyansa.

2. **S. impressicollis** Boh. 1857 *S. i.*, Boheman, Ins. Caffr., *v.* 2 p. 367 t. 1 f. D 6 (Gesamtbild) | 1859 *Hypoplatys helophoroides*, Harold in: Berlin. ent. Z., *v.* 3 p. 221 t. 5 f. 3 (Gesamtbild, Unterseite, Unterkiefer, Kinn, Fühler) | 1861 *Sybax impressicollis*, Harold in: Berlin. ent. Z., *v.* 5 p. 115.

In Gestalt und Farbe der vorigen Art gleich. Clipeus seitlich von der schwächeren Ausrandung mehr abgerundet. Die Längs- und Schrägfurche jederseits auf dem Thorax sowie das rundliche Grübchen zwischen beiden weniger tief, Oberfläche dichter und fein punktiert. Die 3. Längsrippe der Flügeldecken verkürzt, die 4., noch kürzere äußerst schwach. Mittel- und Hinterschenkel dichter bewimpert. 1. Glied der Hintertarsen deutlich länger als oberer Enddorn, so lang wie die 3 folgenden Glieder. ♂. Unterer Enddorn der Mitteltibien verdickt, sehr kurz und nach innen gerichtet. ♀. Unterer Enddorn länger, nach hinten gerichtet, Clipeus vorn schmaler. — L. 7 mm (Fig. 18).

Orange, Somaliland, Abessinien.

2. Tribus **Eupariina**

1910 *E.*, Ad. Schmidt in: Gen. Ins., fasc. 110 p. 8, 102.

Kopf groß, die sehr deutlichen Wangen stark herabgewölbt, feiner oder stärker punktiert, Thorax selten mit Längsfurche, immer ohne Quer- oder Längserhöhungen, sehr selten mit flachem Quereindruck (*Odontolochus* Ad. Schm. (25. Gen.)), Schildchen vorhanden, Vordertibien mit 3 Zähnen (*Dialytes* Har. (24. Gen.) ausgenommen) und einem Enddorn, Mittel- und Hintertibien ohne Querleisten.

· Länglich, gewölbt, schwarz oder schwarzbraun, selten heller, meistens glänzend. Kopf ohne Höcker oder Erhöhungen, feiner oder stärker punktiert als der an den Seiten herabgewölbte, seltener verflachte Thorax. Schildchen klein und dreieckig. Flügeldecken mit punktierten Streifen, die Zwischenräume stärker oder schwächer gewölbt, zuweilen auch gekielt. Unterseite bald fein, bald stärker punktiert. Vordertibien zur Spitze verbreitert, mit 3 großen Lateralzähnen, bei *Dialytes* Har. nur mit mehreren kleinen Kerbzähnchen, am innern Spitzenwinkel mit Enddorn. Mittel- und Hintertibien gleichfalls zur Spitze verbreitert, gerade oder deutlich gebogen, seltener flach gedrückt und gleichbreit, an der Außenseite ohne Querleisten, nur bei *Saprosites* Redt. (21. Gen.) sind dieselben an den Mitteltibien angedeutet, der Endrand der Tibien ist immer beborstet und mit 2 deutlichen Enddornen versehen. Die Tarsen haben fünf Glieder, die Klauen am letzten Gliede sind hornig.

Aus allen Erdteilen.

7 Gattungen (nr. 20—26) mit 206 Arten, von denen 5 in 12 Unterarten zerfallen.

Bestimmungstabelle der Gattungen:

1	Mittel- und Hintertibien seitlich zusammengedrückt, gleichbreit, Tarsen stark verkürzt, Thorax seitlich verflacht	26. Gen. **Cnematoplatys**
	Mittel- und Hintertibien nicht verflacht, gleichmäßig von der Basis verbreitert, Tarsen normal — 2	
2	Vorderrand des Clipeus nach unten umgeschlagen, oben von einer scharfen Leiste begrenzt, die scheinbar den Vorderrand bildet, Thorax seitlich mit einem oder zwei Zähnchen, Hinterleibssegmente fast in der ganzen Breite gerieft	25. Gen. **Odontolochus**
	Vorderrand des Clipeus von oben sichtbar, Thorax seitlich ohne Zähnchen, Hinterleibssegmente höchstens bis zur Hälfte gerieft — 3	
3	Vordertibien am Vorderrande abgestutzt, daselbst mit oder ohne Zahn — 4	
	Vordertibien mit abgeschrägtem Vorderrande, nie mit Zahn — 5	
4	Vordertibien am Vorderrande ohne Zahn, mit 3 deutlichen Lateralzähnen, Hinterwinkel des Halsschildes nach unten umgeschlagen	23. Gen. **Simogonius**
	Vordertibien vorn mit Zahn, an der Außenseite mit mehreren kleinen Zähnchen, von denen ein oder zwei etwas größer sind, Hinterwinkel nicht umgeschlagen	24. Gen. **Dialytes**
5	Seiten des Halsschildes verflacht, meistens dicht bewimpert, Tibien zur Spitze stärker verbreitert und deutlich gebogen	20. Gen. **Euparia**
	Seiten des Halsschildes nicht verflacht, höchstens spärlich bewimpert, Tibien gerade — 6	
6	Flach gewölbt, Kopf so breit wie der Thorax, Flügeldecken an der Basis nicht gerandet, Mittel- und Hintertibien am Spitzenrande oft gezahnt, Tarsen gewöhnlich kurz, erstes Glied derselben nur den zwei folgenden an Länge gleich, selten länger, Mesosternum wenig oder nicht tiefer liegend wie das Metasternum	21. Gen. **Saprosites**
	Stärker gewölbt, Kopf meistens deutlich schmaler als der Thorax, Flügeldecken oft mit Basalrandung, Tarsen länger, erstes Glied derselben oft so lang wie der übrige Fuß, Mesosternum immer tiefer liegend	22. Gen. **Ataenius**

20. Gen. **Euparia** Lepeletier & Serville

1828 *E.*, Lepeletier & Serville in: Enc. méth., *v.* 10 p. 357 | 1870 *E.*, Harold in: Col. Hefte, *v.* 6 p. 19 | 1887 *E.*, G. Horn in: Tr. Amer. ent. Soc., *v.* 14 p. 86 | 1910 *E.*, Ad. Schmidt in: Gen. Ins., fasc. 110 p. 102, 103.

Gestalt länglich oder mehr oval, großer, herabgebogener Kopf mit verdeckten Augen, an den Seiten verflachtes und bewimpertes Halsschild, gebogene Mittel- und Hintertibien, wenig schräg und entfernter stehende Mittelhüften sind dieser Gattung eigentümlich.

Oberseite behaart oder glatt, mehr oder weniger glänzend, selten matt, rotbraun oder schwarz. Kopf kurz und breit, einfach oder längsrissig punktiert,

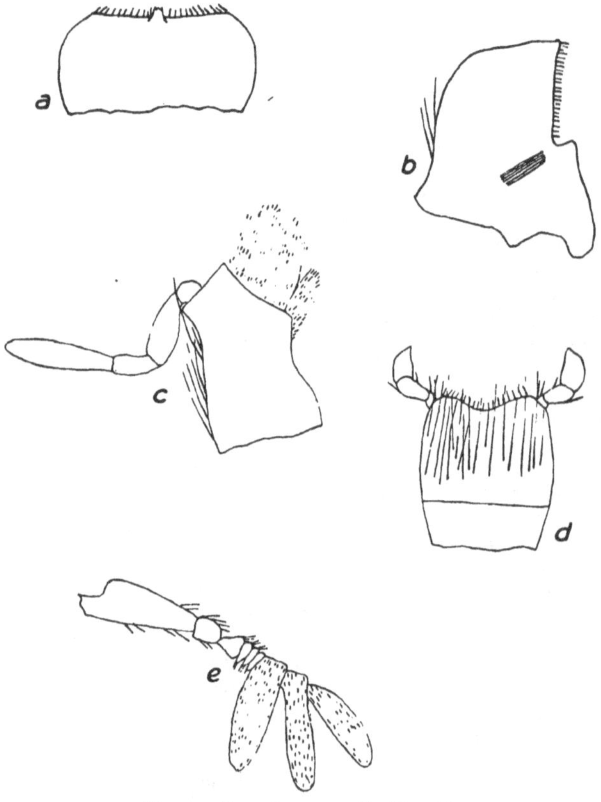

Fig. 19. **Euparia excavaticollis** ($^{60}/_{1}$).

die Mitte aufgetrieben ohne deutliche Stirnnaht und ohne Tuberkel, Clipeus abgestutzt oder ausgerandet, zuweilen jederseits mit Zähnchen, Wangen groß. Das 1. Glied der Fühler ist stark verlängert und sehr kräftig, das 4.—6. Glied ist quer, mediad zugespitzt, die 3 letzten Glieder bilden eine behaarte, längliche Keule. Die häutige Oberlippe ist quer, an den Seiten gerundet und am Vorderrande bewimpert, in der Mitte mit einem stumpfen, dreispitzigen Vorsprung. Die Oberkiefer sind hornig, ihre nach vorn verdünnte Platte ist an der Lateralseite gerundet, medial bewimpert und im Grunde mit schmaler Mahlfläche versehen. Die hornigen Unterkiefer sind kräftig, die Kauladen sind leicht mediad gerichtet und behaart, das 2. Glied der Kiefertaster ist verlängert und keulenförmig, das 4. Glied ist das längste. Das hornige Kinn ist länglich, an der Unterseite lang behaart, am bewimperten Vorderrande kurz ausgerandet, das letzte Glied der Lippentaster ist verdickt und stumpf zugespitzt. Thorax quer, mehr oder weniger gewölbt, Basis mit oder ohne Randung, gleichmäßig gerundet oder vor dem Schildchen lappig vorgezogen, Hinterwinkel stumpf oder bogig gerundet. Schildchen klein, dreieckig. Flügeldecken mit Schulterdorn, länglich oder oval, punktiert-gestreift, alle Streifen fast immer bis zur Basis reichend, Zwischenräume eben, konvex oder gekielt, Epipleuren vor der Spitze verschwindend. Unterseite schwarz oder rotbraun, mehr oder weniger glänzend, punktiert und behaart. Pygidium frei, etwas bauchwärts gerichtet. Hinterhüften liegen meistens vertieft. Vorderschenkel kräftiger als die übrigen, Mittelschenkel weiter voneinander entfernt als bei *Aphodius* Ill. Vordertibien am Außenrande mit 3 größeren Zähnen, am innern Spitzenwinkel mit einem spitzen Enddorn, Mittel- und Hintertibien sind deutlich gebogen und zur Spitze verbreitert, an der Außenseite ohne Querleisten, am Endrande mit einem Borstenbesatz und zwei Enddornen. Füße fünfgliedrig, letztes Tarsenglied trägt zwei hornige Klauen. ♂ hat einen scharfspitzigen, nach innen gebogenen Enddorn an den Vordertibien.

16 Arten aus Afrika, Amerika und Australien

Bestimmungstabelle der Arten mit Ausnahme von einer Art (nr. 16):

1	Clipeus mit spitzem Zahn oder scharfem Winkel jederseits — 2	
	Clipeus ausgerandet und jederseits gerundet — 4	
2	Oberseite rotbraun, aufstehend behaart, Clipeus jederseits spitz gezähnt, die gewölbten Zwischenräume an jeder Seite mit einer Punktreihe	5. **E. ovalipennis**
	Oberseite schwarz, Clipeus nur mit scharfem Winkel — 3	
3	Oberseite unbehaart, Flügeldecken gekielt, rauh wie bei *Rhyssemus*	6. **E. rauca**
	Oberseite behaart, Zwischenräume der Flügeldecken schwach gewölbt, glatt, nur fein chagriniert	7 **E. acutula**
	Oberseite behaart, Zwischenräume mit glänzenden Kielen, die an der oberen Kante gekerbt sind	8 **E. africana**
4	Hinterwinkel des Halsschildes gerade, Flügeldecken mit Tuberkeln	9 **E. tuberculata**
	Hinterwinkel gerundet, Flügeldecken ohne Tuberkeln — 5	
5	Oberseite unbehaart — 6	
	Oberseite behaart — 11	
6	Kopf fein punktiert, nie querrissig oder längsrunzlig — 7	
	Kopf querrissig oder längsrunzlig — 8	
7	Thorax dicht, feiner und stärker, über die ganze Fläche gleichmäßig verteilt punktiert, Seiten deutlich verflacht	10. **E. olliffi**
	Thorax vorn in der Mitte fein, an den Seiten und in der Basalhälfte gröber und feiner punktiert, nur hinter den Vorderwinkeln und längs der Hinterwinkel eingedrückt, vor dem Schildchen mit kleinem Längsgrübchen	11. **E. bitubericollis**

8	Kopf fein querrissig, Clipeus tief ausgerandet, jederseits stumpf gerundet, Thorax grob, vorn feiner punktiert, Zwischenräume der Flügeldecken leicht gewölbt . .	12. **E. argentina**
	Kopf längsrunzlig, Clipeus schwach ausgerandet, jederseits breit gerundet — 9	
9	Thorax grob, nicht zusammenfließend punktiert, Flügeldecken schwach gekerbt-gestreift, Zwischenräume wenig konvex	13. **E. excavaticollis**
	Thorax zusammenfließend punktiert, Flügeldecken stark gekerbt-gestreift, Zwischenräume stark gewölbt — 10	
10	Thorax dicht mit groben Längspunkten besetzt, Streifenpunkte der Flügeldecken rund, die Ränder der Zwischenräume angreifend, Mesosternum gekielt	14. **E. friedenreichi**
	Thorax mit grübchenartigen Punkten dicht besetzt, Streifen der Flügeldecken mit Querpunkten, die tief in die Zwischenräume eindringen, Mesosternum ohne Kiel .	15. **E. attenuata**
11	Körper länglich — 12	
	Körper oval — 13	
12	Kopf längsrunzlig, Thorax in der Basalhälfte stark punktiert, Basismitte gerandet, Flügeldecken stark punktiert-gestreift, Zwischenräume konvex	2. **E. separata**
	Kopf und Thorax fein punktiert, Basismitte ungerandet, Flügeldecken fein gestreift, Zwischenräume eben . .	1. **E. castanea**
13	Thorax mit je zwei seitlichen Eindrücken und einem vor dem Schildchen, fein punktiert, ungerandete Basismitte lappig vorgezogen, Zwischenräume der Flügeldecken in der Mitte mit rauher Punktreihe, jeder Punkt mit einem aufstehenden Haar	3. **E. costulata**
	Thorax ohne Eindrücke, grob punktiert, Basis gleichmäßig gerundet und gerandet, Zwischenräume in der Mitte mit feiner Punktreihe, jeder Punkt ein borstenartiges, niederliegendes Haar tragend	4. **E. ovalis**

1. **E. castanea** Lep. & Serv. 1828 *E. c.*, Lepeletier & Serville in: Enc. méth., *v.* 10 p. 357 | 1847 *E. c.*, Westwood in: Tr. ent. Soc. London, *v.* 4 p. 239 t. 17 f. 3 (Gesamtbild) | 1870 *E. c.*, Harold in: Col. Hefte, *v.* 6 p. 23 | 1887 *E. c.*, G. Horn in: Tr. Amer. ent. Soc., *v.* 14 p. 87.

Länglich, dunkel kastanienbraun oder schwärzlich, oberseits aufstehend behaart, glänzend. Kopf kurz und breit, die Mitte etwas erhöht, nicht dicht punktiert, nach vorn zu fein gekörnt, Clipeus abgestutzt, seitlich gerundet, Wangen deutlich vom Kopfrande abgesetzt und groß, Augen unter dem Halsschilde verborgen. Letzteres quer, geradseitig nach hinten verbreitert, fein bewimpert, Vorder- und Hinterwinkel abgerundet, neben den Seiten und vor der Basis deutlich verflacht, die seitliche Verflachung ist vorn breiter als hinten, die ungerandete Basis ist in der Mitte hervorgezogen, Oberfläche weitläufig punktiert, nicht stärker als der Kopf. Schildchen dreieckig, die Spitze abgerundet. Flügeldecken schmaler als der Thorax, mit nach vorn gerichtetem, starkem Schulterzahn, sie sind nach hinten wenig verbreitert, fein gestreift, Zwischenräume eben, jederseits mit deutlicher Punktreihe, Epipleuren schmal. Unterseite heller, glänzend, punktiert und behaart. Prosternum vor den Vorderhüften in der Mitte gekielt und lang behaart, hinter denselben als dreieckige, dachförmig gebogene Platte hervorragend. Mesosternum dicht punktiert, wenig tiefer als das Metasternum liegend, zwischen den Mittelhüften gekielt. Vorderschenkel am breitesten, Vordertibien wenig verbreitert, mit 3 Zähnen, die beiden obern sind klein, der untere größere hat eine scharfe, gebogene Spitze. Mittel- und Hintertibien schlank, gebogen, an der Spitze verbreitert, unterer Endrand beborstet und mit zwei ungleichen Enddornen besetzt. Erstes Glied der Hintertibien so lang wie oberer Enddorn, fast den 4 folgenden Gliedern an Länge gleich. — L. 4,5—5 mm.

Nordamerika.

2. **E. separata** Ad. Schm. 1909 *E. s.*, Ad. Schmidt in: Soc. ent., *v.* 24 p. 44.

In der Gestalt der vorigen Art ähnlich, aber durch die Punktierung, die geriefte Basis des Halsschildes und die konvexen Zwischenräume verschieden. Schwarz, wenig glänzend, Halsschild und Flügeldecken kurz behaart. Kopf fein längsrunzlig, in der Mitte beulig erhaben, Clipeus ausgerandet und jederseits gerundet, Wangen groß, nicht vom Kopfrande abgesetzt, Augen von oben nicht sichtbar. Thorax quer, nach hinten geradseitig verbreitert, die Seiten bewimpert und verflacht, Vorder- und Hinterwinkel abgerundet, Basis in der Mitte kaum vorgezogen, in der ganzen Breite schmal gerieft und seitlich bewimpert, Oberfläche feiner und stärker, nicht sehr dicht punktiert. Schildchen schmal dreieckig. Flügeldecken deutlich punktiert-gestreift, die konvexen Zwischenräume neben den Streifen in Reihen punktiert und behaart. Unterseite glänzend, weniger punktiert als bei voriger Art. Metasternum ebenfalls in der Mitte mit vertiefter Linie. Fußbau wie bei voriger Art, nur die Vordertibien sind etwas mehr verbreitert, ihre beiden obern Außenzähne weniger klein, oberer Enddorn der Hintertibien länger als 1. Tarsenglied, dieses nur den 3 folgenden Gliedern gleich. — L. 5 mm.

Paraguay.

3. **E. costulata** Har. 1867, 1870 *E. c.*, Harold in: Col. Hefte, *v.* 1 p. 82; *v.* 6 p. 23, 25.

Diese und die folgende Art weichen von der typischen Form durch ovale, wenig gewölbte Gestalt ab. Rot- oder dunkelbraun, glänzend, mit kurzen Haaren spärlich besetzt. Kopf kurz und breit, fein, dicht, etwas rauh punktiert, Clipeus deutlich ausgerandet, Wangen nicht abgesetzt, Augen verborgen. Thorax kurz und sehr breit, in schwachem Bogen nach hinten verschmälert, um die gerundeten Hinterwinkel etwas länger behaart als an den Seiten, letztere vorn breiter verflacht, hinter den Vorderwinkeln mit deutlichem Eindruck, etwas höher hinauf, mehr in der Mitte der Seiten mit einem queren Eindruck, vor dem Schildchen auch eingedrückt, Basis randartig abgesetzt, ihre Mitte hervorgezogen. Schildchen schmal dreieckig, scharf zugespitzt. Flügeldecken an der Schulter mit scharfem Zahne, fein gestreift, Streifenpunkte wenig sichtbar, Zwischenräume konvex, mit körnigen Punkten besetzt, der 8. ist kielförmig, die beiden seitlichen sind bauchwärts gerichtet. Mesosternum viel länger als das Metasternum, es ist in der ganzen Länge gekielt, letzteres mit feiner Mittellinie. Die beiden letzten Bauchsegmente sind in der Vorderhälfte längsgekielt. Vordertibien wie bei voriger Art. Oberer Enddorn der Hintertibien länger als 1. Tarsenglied, dieses den 3 folgenden Gliedern gleich. — L. 4 mm.

Brasilien.

4. **E. ovalis** Ad. Schm. 1911 *E. o.*, Ad. Schmidt in: Soc. ent., *v.* 26 p. 55.

Rotbraun, wenig glänzend. Diese Art unterscheidet sich von der vorigen durch längsrunzlig punktierten Kopf, stärker punktierten Thorax mit gleichmäßig bewimperten Seiten und deutlichen Hinterwinkeln, durch das Fehlen eines Eindrucks in der Mitte der Seiten und vor dem Schildchen, durch die ebenen, in der Mitte mit einer Reihe von Borstenhaaren besetzten Zwischenräume und durch die nur am Vorderrande kurz geriefte beiden letzten Bauchsegmente. Metatarsus etwas kürzer als 3 folgende Tarsenglieder. — L. 5 mm.

Argentinien.

5. **E. ovalipennis** Har 1871 *E. o.*, Harold in: Col. Hefte, *v.* 8 p. 116.

Durch den spitz gezahnten Clipeus von allen Arten ausgezeichnet. Körper länglich oval, stark gewölbt, rotbraun, Thorax und Kopf schwärzlich, wenig glänzend, aufstehend kurz behaart. Kopf gewölbt, deutlich punktiert, Clipeus ausgebuchtet, die Zähnchen aufgebogen, Wangen nicht abgesetzt. Thorax gewölbt, nach hinten gerundet verschmälert, nur hinter den Vorderwinkeln etwas abgeflacht, die kurz bewimperten Seiten und Basis gerandet, Oberfläche groß und dicht, besonders seitlich punktiert. Schildchen schmal dreieckig. Flügeldecken mit kleinem Schulterdorn, punktiert-gestreift, Streifenpunkte greifen die Ränder der Zwischenräume an, diese gewölbt, jederseits mit Haarpunktreihe. Mesosternum nur zwischen den Mittelhüften schwach gekielt, Metasternalplatte vertieft und punktiert. Die beiden letzten Abdominalsegmente am Vorderrande kurz gerieft. Vordertibien kurz, an der Spitze breit, die 3 Außenzähne in Größe wenig verschieden. Metatarsus kürzer als oberer Enddorn und 3 folgende Tarsenglieder. — L. 5 mm.

Argentinien.

6. **E. rauca** Ad. Schm. 1908 *E. r.*, Ad. Schmidt in: Soc. ent., *v.* 23 p. 57.

Durch die Rhyssemus-artige Skulptur auffallend. Schwarz, wenig glänzend. Kopf dicht, der Länge nach zusammenfließend punktiert, die Mitte beulig erhaben, Clipeus breit und sehr schwach ausgerandet, jederseits mit zahnartiger Ecke. Thorax quer, wenig gewölbt, nach den Seiten zu verflacht, letztere, die breit ausgerandeten Hinterwinkel und Basis deutlich gerandet, Oberfläche sehr dicht rauh punktiert, vor dem Schildchen mit schwacher Längsfurche, außerdem mit zwei kleineren, rundlichen Eindrücken, der eine hinter den Vorderwinkeln, der andere in der Mitte der Seiten. Schildchen klein und dreieckig. Flügeldecken mit Schulterdorn, hinten wenig verbreitert, deutlich gestreift, Zwischenräume gekielt, sehr rauh durch kleine Tuberkeln. Unterseite dicht punktiert, wenig glänzend, Metasternum als scharfe Spitze zwischen die Mittelhüften ragend, Metasternalplatte mit Mittellinie, Abdomen am Vorderrande jedes Segments gerieft, das letzte viel breiter als die vorhergehenden. Mittel- und Hinterschenkel dicht punktiert und kurz behaart. Oberer Enddorn der Hintertibien kürzer als 1. Tarsenglied, dieses verdickt, fast so lang wie der übrige Fuß. — L. 4 mm.

Madagaskar.

7. **E. acutula** Ad. Schm. 1913 *E. a.*, Ad. Schmidt in: Arch. Naturg, *v.* 79 A fasc. 11 p. 175.

In der Gestalt, der dichten Punktierung auf Kopf und Thorax kommt diese Art der folgenden nahe, sie ist aber durch die Skulptur der Flügeldecken von ihr verschieden. Schwarz, wenig glänzend, Flügeldecken in Reihen behaart. Kopf wenig gewölbt, sehr dicht punktiert, Clipeus breit, aber nur flach ausgerandet, jederseits mit spitzem Zähnchen, hinter dem Vorderrande glatt und glänzend, quer ausgehöhlt, Wangen nicht vom Kopfrande abgesetzt.

Halsschild sehr quer, in der Vorderhälfte parallel, die Seiten, abgeschrägte Hinterwinkel und Basis ohne glatte Randung, aber mit kurzen Haaren besetzt, Oberfläche an den Seiten sehr dicht punktiert, mit zwei queren Eindrücken daselbst. Schildchen klein, dreieckig. Flügeldecken mit Schulterdorn, nach hinten verbreitert, Punktstreifen deutlich, Zwischenräume gewölbt, besonders vor der Spitze, und mit je einer Haarpunktreihe versehen. Unterseite etwas glänzend, Meso- und Metasternum seitlich, sowie die Mittelhüften dicht behaart, Metasternalplatte dicht und groß punktiert wie das Abdomen und die Schenkel. Vordertibien stark glänzend, Mittel- und Hintertibien gebogen; oberer Enddorn der letzteren einhalb so lang wie 1. Tarsenglied, dieses verdickt, so lang wie die 4 folgenden Glieder. — L. 6 mm.

Sumatra.

8 **E. africana** Ad. Schm. 1909 *E. a.*, Ad. Schmidt in: Soc. ent., *v.* 24 p. 54.

Unterscheidet sich von *E. rauca* Ad. Schm. durch weniger rauhe Skulptur der Oberseite. Kopf wenig konvex, in der Mitte beulig erhaben, dicht, längszusammenfließend punktiert, Clipeus schwach ausgebuchtet, jederseits mit kleinem Winkel. Thorax quer, geradseitig, an den Seiten schmal verflacht und gerandet wie die Basis, hinter den Vorderwinkeln mit flachem Eindruck, ein zweiter ist mehr in der Mitte gelegen, Hinterwinkel stumpf, kaum ausgerandet, Oberfläche dicht punktiert. Schildchen sehr schmal dreieckig. Flügeldecken mit laterad gerichtetem Schulterdorn, punktiert-gestreift, Streifenpunkte deutlich, Zwischenräume gekielt, die obere Kante derselben gekerbt, mit einer Reihe sehr kurzer Borsten, die Seiten der Kiele sind chagriniert. Unterseite hell rotbraun, Beine gelbrot, Metasternum gröber punktiert als das Abdomen, in der Mitte mit länglichrunder Vertiefung, Mittel- und Hinterschenkel neben der Unterkante gerandet, punktiert und behaart wie das Abdomen. Oberer Enddorn der Hintertibien kürzer als 1. Tarsenglied, dieses länger als 3 folgende Glieder. — L. 3,5 mm.

Maliude.

9. **E. tuberculata** Bates 1887 *E. t.*, H. Bates in: Biol. Centr.-Amer., Col. *v.* 2 II p. 94 t. 6 f. 23 (Gesamtbild).

Kurz und breit, schwärzlich, wenig glänzend, unbehaart. Kopf groß und dicht punktiert, Clipeus wenig ausgerandet, Wangen nicht vom Kopfrande abgesetzt. Thorax sehr quer, mit deutlichen Hinterwinkeln, an den Seiten deutlich verflacht, letztere gerandet, Basis ohne Rand, aber seitlich ausgerandet, Oberfläche groß punktiert, nach vorn etwas feiner. Schildchen klein und dreieckig. Flügeldecken mit deutlichem Schulterdorn, punktiertgestreift, Zwischenräume konvex, die dorsalen gegen die Spitze, die seitlichen in der ganzen Länge mit gereihten Tuberkeln besetzt. Erstes Glied der Hintertarsen so lang wie die 3 folgenden. — L. 5,5 mm (ex H. Bates).

Panama.

10. **E. olliffi** Blackb. 1904 *E. o.*, Blackburn in: P. R. Soc. Victoria, ser. 2 *v.* 17 p. 171.

Länglich, wenig gewölbt, Seiten parallel, glänzend, schwarzbraun. Kopf dicht, etwas rauh punktiert, Clipeus wenig ausgerandet. Thorax quer, an den Seiten deutlich verflacht, Hinterwinkel ausgerandet, ebenso die Basis an den Seiten, Oberfläche dicht, feiner und stärker punktiert. Schildchen klein und dreieckig. Flügeldecken mit Schulterdorn, stark gestreift, Streifenpunkte greifen nur wenig die Ränder der Zwischenräume an, diese sind kielförmig und punktiert. Metasternalplatte groß punktiert. — L. 5—6 mm (ex Blackburn).

Neu-Südwales

11. **E. bitubericollis** Ad. Schm. 1909 *E. b.*, Ad. Schmidt in: Soc ent., *v.* 24 p. 44 | 1910 *E. b.*, Ad. Schmidt in: Gen. Ins., fasc. 110 p. 104 t. 2 f. 30 (Gesamtbild).

Glänzend, schwarz, stark gewölbt, Ränder des Kopfes und Halsschildes rötlich durchscheinend. Kopf breit und kurz, sehr dicht und sehr fein punktiert, in der Mitte beulig erhaben, Clipeus deutlich ausgerandet und jederseits gerundet, Wangen nicht vom Kopfrande abgesetzt. Thorax quer, die Seiten kaum gerundet, verflacht und wie die stumpf abgerundeten Hinterwinkel kurz beborstet, Basis undeutlich abgesetzt. Oberfläche sehr fein und dicht, in der Hinterhälfte oder nur vor der Basis größer punktiert, die Mitte der Seiten mit beuliger Erhöhung, die an ihrem Hinterrande scharfkantig ist. Schildchen klein, dreieckig, glänzend, unpunktiert, in der Mitte vertieft. Flügeldecken nach hinten verbreitert, punktiert-gestreift, die Zwischenräume scharf gekielt, glänzend, glatt. Unterseite fein punktiert, Metasternalplatte etwas vertieft, mit scharfer Mittellinie. Mittel- und Hinterschenkel neben der Unterkante gerandet, die beiden letzten Abdominalsegmente am Vorderrande breit gerieft. Oberer Enddorn der Hintertibien kürzer als 1. Tarsenglied, dieses den 3 folgenden Gliedern gleich. — L. 5—6 mm.

Argentinien.

12. **E. argentina** Har 1867, 1870 *E. a.*, Harold in: Col. Hefte, *v.* 2 p. 99; *v.* 6 p. 23, 26.

Rotbraun, unbehaart, glänzend, Flügeldecken mit etwas trübem Fettglanz. Kopf fein gerieft, die Riefen gehen von der Scheitelbeule aus und ziehen fast strahlenförmig zum Rande, Clipeus rötlich durchscheinend, deutlich ausgerandet, jederseits gerundet, Wangen vom Kopfrande kaum abgesetzt. Thorax quer, nach hinten leicht gerundet erweitert, die Seiten verflacht und wie die Basis gerandet und bewimpert, oberseits sehr fein und stark, ziemlich dicht punktiert, an den Seiten sogar runzlig. Schildchen glatt, schwach längsgekielt. Flügeldecken mit Schulterdorn, hinten etwas verbreitert, mäßig tief gestreift, Streifenpunkte greifen kaum die Ränder der Zwischenräume an, diese flach, nur seitlich und zur Spitze gewölbt, der 5. und 6. verkürzen und vertiefen sich etwas an der Basis, der 7. ist hier einwärts gebogen. Unterseite und Beine rotbraun, Mesosternum zwischen den Mittelhüften und das Metasternum an den Seiten dicht behaart, letzteres mit tiefer Mittellinie, Abdomen nur seitlich punktiert, am Vorderrande jedes Segmentes gerieft. Oberer Enddorn an den Hintertibien länger als 1. Tarsenglied, dieses länger als 3 folgende Glieder. — L. 5—6 mm.

Argentinien.

13. **E. excavaticollis** (Blanch.) 1837—43 *Oxyomus e.*, Blanchard in: Orbigny, Voy. Amér. mérid, *v.* 6 II p. 184 | 1870 *Euparia e.*, Harold in. Col. Hefte, *v.* 6 p. 23, 29.

Schwarzbraun, Vorderkopf etwas heller, glänzend, unbehaart, nur der Thorax an den Seiten und um die Hinterwinkel bewimpert. Kopf breit, die Mitte beulig erhaben, fein punktiert, die Punktierung nach den Seiten und vorn in Längsrisse übergehend, Clipeus deutlich ausgerandet, jederseits abgerundet, Wangen vom Kopfrande nicht abgesetzt. Thorax mit verflachten Seiten und stumpfen Hinterwinkeln, oberseits groß, aber wenig tief und unregelmäßig verteilt punktiert. Flügeldecken leicht eiförmig, tief gestreift,

Streifen mit seichten Punkten, Zwischenräume mäßig gewölbt und glatt. Unterseite wenig heller, Abdomen glatt, die Segmente am Vorderrande schmal gerieft. Metatarsus gleich dem obern Enddorne, länger als 3 folgende Tarsenglieder. — L. 5—6 mm (Fig. 19).

Argentinien.

14. **E. friedenreichi** Har 1870 *E. f.*, Harold in: Col. Hefte, *v.* 6 p. 23, 27.

Schwarzbraun, fast parallel, Vorderkopf und verflachter Seitenrand des Halsschildes rötlich durchscheinend, ziemlich glänzend. Kopf fein längsrissig, die Mitte erhaben, Clipeus ausgerandet. Thorax sehr kurz, dicht und grob punktiert, Punkte etwas länglich und teilweise zusammenfließend, Seiten verflacht und bewimpert, Seitenbeule deutlich hervortretend, Basis gerandet, jederseits neben den Hinterwinkeln ausgebuchtet und nach unten gebogen. Schildchen schmal und glatt. Flügeldecken fast schmaler als der Thorax, Schulterzahn schräg laterad gerichtet, Streifen tief, ihre Punkte greifen die Ränder der Zwischenräume an, diese gewölbt und glatt, der 6. an der Basis verkürzt und verschmälert infolge der Vertiefung und Verbreiterung des 5. Längsstreifens. Unterseite dunkelbraun, Beine heller. Mesosternum zwischen den Mittelhüften fein gekielt, Metasternum mit Längsfurche, Pygidium längsgerieft. Die beiden obern Randzähne der Vordertibien klein, der untere länger und gebogen. Metatarsus fast so lang wie der übrige Fuß. — L. 6 mm (ex Harold).

Brasilien.

15 **E. attenuata** Har. 1870 *E. a.*, Harold in: Col. Hefte, *v.* 6 p. 23, 28.

Von der länglichen, schmalen Gestalt der vorigen Art, aber kleiner, weniger glänzend, dunkel rotbraun, Kopf und Thoraxseiten mitunter heller. Kopf fein längsgerunzelt, Clipeus wenig ausgerandet, Wangen spitz, vom Kopfrande nicht abgesetzt. Thorax mit grübchenartigen, länglichen Punkten sehr dicht besetzt, Basis verflacht und fein gerieft, Hinterwinkel leicht ausgerandet, kurz bewimpert wie die Seiten. Schildchen schmal, mit erhabener Mitte. Flügeldecken parallel, fast dreimal so lang wie der Thorax, wie auch bei der vorigen Art, tief gestreift, die Streifen dicht mit Querpunkten gefüllt, die tief in die Zwischenräume eindringen und nur die gewölbte Mitte derselben freilassen, der 5. und 7. sind an der Basis höher gewölbt, der 6. ist etwas abgekürzt, Schulterzahn kräftig, nach vorn gerichtet. Metatarsus länger als oberer Enddorn, fast so lang wie der übrige Fuß. — L. 5,5 mm.

Brasilien.

Hierher gehört wahrscheinlich auch folgende Art:

16. **E. nigricans** Westw. 1843 *E. n.*, Westwood in: P. ent. Soc. London, p. 93 | 1847 *E. n.*. Westwood in: Tr. ent Soc. London, *v.* 4 p. 240 t. 17 f. 4 (Gesamtbild und Unterseite) | 1870 *Ataenius n.*, Harold in: Col. Hefte, *v.* 6 p. 21 | 1898 *Aphodius n.*, Clouët in: Ann. Soc. ent. France, *v.* 67 p. 240.

Diese Art wurde von Westwood als *Euparia* beschrieben, von Harold nach Mutmaßung für einen *Ataenius*, von Clouët ex Type für einen *Aphodius* erklärt. Da die Form der Tibien und der Schulterzahn, wie sie die Abbildung zeigt, bei keinem *Aphodius* vorkommen, so kann das Exemplar, das Clouët vorgelegen, schwerlich die Type gewesen sein. Nach der Abbildung kann ich die Art nur als zu *Euparia* gehörend ansehen.

Schwarzbraun, Vorderkopf und Tarsen heller. Die Form des Kopfes und der Schulterzahn sind ähnlich wie bei *E. castanea* Lep. & Serv. (nr. 1), aber der Thorax ist ganz verschieden, er ist vorn deutlich schmaler als hinten, tief und groß punktiert, an den Seiten behaart und die Flügeldecken haben tief eingedrückte Streifen. — L. 5 mm (ex Westwood).

Amerika.

21. Gen. **Saprosites** L. Redtenbacher

1857 *S.*, L. Redtenbacher, Fauna Austr. Käf., ed. 2 p. 436 | 1863 *Cylindropterus*, Motschulsky in: Bull. Soc. Moscou, *v.* 36 II p. 463 | 1892 *Saprosites*, Reitter in: Verh. Ver. Brünn, *v.* 30 p. 157, 169 | 1904 *S.*, Blackburn in: P. R. Soc. Victoria, ser. 2 *v.* 17 p. 150, 174, 175.

Körper parallelseitig, unbehaart, auf dem Rücken flach gewölbt, Kopf groß, herabgebogen, so breit wie der Thorax, ohne Höcker, Clipeus ungezähnt, Flügeldecken ohne Basalrand, Beine kurz und kräftig, Mittel- und Hintertibien zur Spitze deutlich verbreitert, die ersteren meistens stärker und gewöhnlich auch mit Andeutung von Querleisten, die hinteren statt der Querleisten mit kleinem Zähnchen an der Oberkante, Fußglieder kurz, das 1. Glied wenig verlängert, so lang wie oberer Enddorn oder kürzer und meistens nur so lang wie die 2 folgenden Tarsenglieder, Abdominalsegmente nach vorn gebogen und gerieft.

Schwärzlich oder dunkel rotbraun, glänzend. Kopf fein punktiert, seltener gekörnt, Clipeus schwach ausgerandet, jederseits abgerundet, Wangen groß,

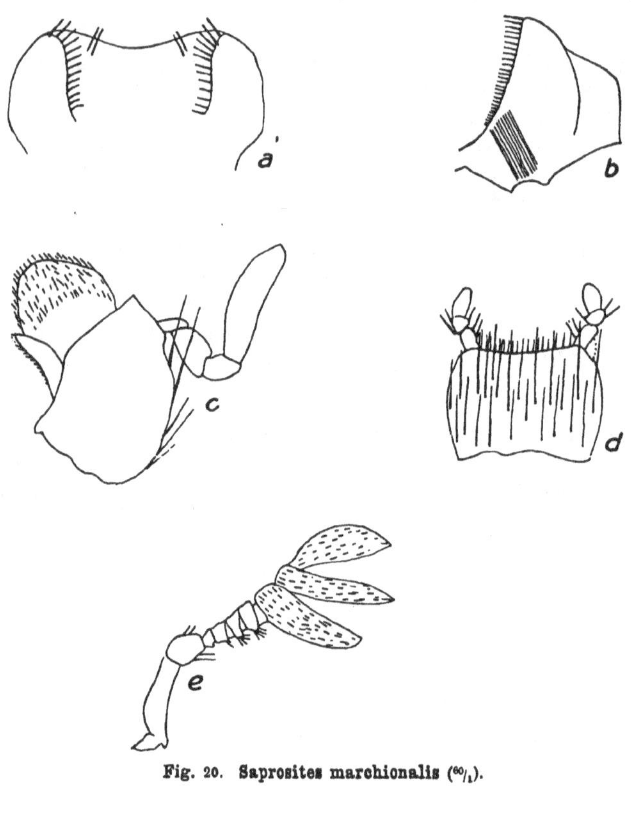

Fig. 20. **Saprosites marchionalis** ($^{60}/_{1}$).

herabgebogen. Fühler 9gliedrig, das 1. Glied ist verlängert und rundlich, das 2. verdickt, viel kürzer, die folgenden vier noch kürzer und quer, die 3 letzten bilden eine länglich-runde, behaarte Keule. Die häutige Oberlippe ist quer, mit gerundeten Seiten und ausgerandetem Vorderrande, letzterer unbewimpert, nur die oberen Borsten, welche die Nebenlefzen begrenzen, ragen über den Vorderrand hervor. Die Mandibeln sind hornig, sie erweitern sich nach vorn in eine dünne hornige Platte, die am Medialrande häutig und bewimpert ist, die Mahlfläche am Grunde derselben ist ziemlich breit. Die hornigen Maxillen sind kräftig, wie auch die beiden Kauladen, die laterale ist zum größten Teile dicht behaart, die mediale nur bewimpert. Das letzte Glied der Kiefertaster ist stark verlängert, länger als die 3 ersten Glieder. Das Kinn ist hornig, an der Unterseite ziemlich dicht und lang behaart, an den Seiten gerundet und am schwach ausgerandeten Vorderrande bewimpert, das 1. und 3. Glied der Lippentaster sind verlängert, die Zipfel der gespaltenen Zunge erreichen fast die Spitze des 1. Gliedes der Lippentaster. Thorax quer, an den Seiten immer, an der Basis zuweilen gerandet, Hinterwinkel stumpf, abgerundet oder abgestutzt, immer unbewimpert. Schildchen klein und dreieckig. Flügeldecken immer mit größerem oder mit kleinerem Schulterzahn und deutlich punktiert-gestreift, meistens mit kerbenden Streifenpunkten, Zwischenräume flach oder gewölbt, vor der Spitze immer erhaben, höchstens sehr fein punktiert, Streifenpunkte immer deutlich. Unterseite, besonders die Beine gewöhnlich heller gefärbt. Das Mesosternum liegt oft in gleicher Höhe mit dem Metasternum, dieses immer mit vertiefter Längsfurche. Das Abdomen setzt sich aus 6 Ringen zusammen, die mehr oder weniger deutlich nach vorn gebogen und höchstens fein punktiert sind. Die Schenkel stehen bis auf die mittleren zusammen, die Vordertibien sind zur Spitze verbreitert, sie haben 3 Außenzähne, von denen die unteren zuweilen dichter zusammenstehen und einen Enddorn, Mittel- und Hintertibien sind am Endrande beborstet und mit 2 verschieden langen Enddornen besetzt. Die Klauen sind klein und hornig.

48 Arten aus Asien, Amerika, Australien und Afrika.

Bestimmungstabelle für 37 Arten (nr. 1—37):

1	Kopf gekörnt — 2	
	Kopf punktiert, nur bei *S. dentipes*-♀ (nr. 19) vereinzelt gekörnt — 5	
2	Kopf nur vorn gekörnt, der übrige Teil punktiert, Zwischenräume der Flügeldecken noch einmal so breit wie die Streifen	34. S. corticalis
	Kopf bis zur Stirnlinie gekörnt — 3	
3	Kopf sehr vereinzelt, fein gekörnt, Streifen der Flügeldecken viel schmaler als die Zwischenräume, Thorax zerstreut punktiert, Vorderrand glatt	35. S. dynastoides
	Kopf dicht gekörnt — 4	
4	Kopf stark granuliert, Thorax breiter als die Flügeldecken, fein und gleichmäßig dicht punktiert, mit der Spur einer Längsfurche	36. S. aspericeps
	Kopf feiner granuliert, Thorax so breit wie die Flügeldecken, sehr fein und etwas größer, nicht dicht punktiert, ohne Längsfurche	37. S. cossonoides
5	Mittel- und Hintertibien am unteren Spitzenrande zwischen den Endborsten gezähnelt, Mesosternum so hoch wie das Metasternum liegend oder nicht — 6	
	Mittel- und Hintertibien ungezahnt — 20	

6 Mesosternum in gleicher Höhe mit dem Metasternum, nur bei *S. sulcatus* Har. und *S. dentipes* Har. (nr 19, 20) wenig tiefer, Clipeus mit und ohne Querkiel — 7
Mesosternum deutlich tiefer liegend — 12

7 Clipeus hinter dem Vorderrande mit stumpfem Querkiel — 8
Clipeus ohne Querkiel — 10

8 Thoraxscheibe dicht punktiert, mit Längsfurche, Abdomen in der Mitte mit dicht punktierter, flacher Längsgrube, Segmente in derselben verwachsen . 18. **S. eugastricus**
Thoraxscheibe zerstreut punktiert, ohne Mittelfurche, Bauchsegmente ohne Längsgrube, nach vorn gebogen — 9

9 Basis des Halsschildes gerandet, Abdominalsegmente am Vorderrande nur kurz gerieft . . . . 19. **S. dentipes**
Basis ungerandet, Segmente breit, bis über die Vorderhälfte seitlich gerieft . . . . 20. **S. sulcatus**

10 Thorax fein, ziemlich dicht punktiert, an den Seiten fast glatt . . . . 21 **S. mansuetus**
Thorax stark, aber sehr zerstreut punktiert, Vorderrand glatt — 11

11 Vorderwinkel des Halsschildes mit rundlichem Grübchen, Seitenbeule dadurch stark hervortretend, der 9. Zwischenraum nicht auffallend kurz . . . 22. **S. exsculptus**
Vorderwinkel ohne Grübchen, Seitenbeule nicht vortretend, der 9. Zwischenraum nur bis zur Mitte reichend . . . . 23. **S. catenatus**

12 Basis des Halsschildes gerandet — 13
Basis ungerandet — 18

13 Hinterwinkel des Halsschildes gerundet — 14
Hinterwinkel stumpf oder abgestutzt — 15

14 Körper stark gewölbt, hinten verbreitert, Clipeus breit, zum Vorderrande fast senkrecht abfallend, Thorax ziemlich dicht punktiert . . . . 24. **S. convexus**
Körper flacher, Clipeus nicht senkrecht abfallend, Thorax sehr vereinzelt punktiert . . . . 25. **S. calvus**

15 Hinterwinkel des Halsschildes stumpf, die Seiten vor denselben mit Ausrandung . . . . 26. **S. marchionalis**
Hinterwinkel abgestutzt — 16

16 Abstutzung derselben ausgerandet, sie bildet mit dem Seitenrande einen deutlichen Winkel, Halsschild in der Mitte dicht punktiert . . . . 27. **S. puncticollis**
Abstutzung nicht ausgerandet — 17

17 Thorax groß und zerstreut punktiert, höchstens das vordere Viertel jedes Bauchsegmentes gerieft . . 28. **S. candens**
Thorax fein und etwas größer, dicht punktiert, Vorderhälfte jedes Segmentes gerieft . . . . 29. **S. sulcifer**

18 Vordertibien zwischen den beiden unteren Außenzähnen ohne kleines Zähnchen, Thoraxseiten nicht dichter als die Mitte punktiert, Clipeus in der Mitte des Vorderrandes — bei Vorderansicht — aufgebogen, Zwischenräume der Flügeldecken breiter als die Streifen . . . . 30. **S. meditans**
Vordertibien mit kleineren Kerbzähnen zwischen den unteren Lateralzähnen — 19

19 { Thorax ziemlich dicht, wenig ungleich, aber an den Seiten dichter punktiert, Vorderrand des Clipeus gerade . . . . 31. **S. breviusculus**
Thorax zerstreuter und größer, seitlich nicht dichter punktiert, Clipeus in der Mitte nach oben gebogen . 32. **S. parallelus**
Thorax in der Vorderhälfte fein, hinten viel stärker, in dem vertieften Vorderwinkel sehr dicht und fein punktiert, Clipeusmitte nach oben gebogen . 33. **S. ohausi**

20 { Mesosternum nicht tiefer als das Metasternum liegend — **21**
Mesosternum tiefer liegend — **30**

21 { Thoraxbasis gerandet — **22**
Thoraxbasis ungerandet — **23**

22 { Kopf sehr fein und vereinzelt punktiert, Hinterwinkel und Basis des Halsschildes nicht gekerbt . . . . 9. **S. brouni**
Kopf deutlicher und dicht punktiert, Hinterwinkel und Basis gekerbt . . . . 10. **S. communis**

23 { Hinterwinkel des Halsschildes abgerundet, Thorax deutlich ungleich punktiert, Vorderrand der Abdominalsegmente vereinzelt gekielt . . . . 8. **S. laticeps**
Hinterwinkel abgestutzt — **24**

24 { Hinterwinkel in der Abstutzung ausgerandet — **25**
Hinterwinkel in der Abstutzung nicht ausgerandet — **28**

25 { Der Seitenrand bildet mit der Ausrandung einen Winkel, Bauchsegmente jederseits am Vorderrande mit 2 oder 3 Kielen . . . . 4. **S. cavus**
Ausrandung nach vorn ohne Winkel, Segmente am Vorderrande fein und dicht gerieft — **26**

26 { Flügeldecken nur fein gestreift, Streifen einhalb so breit wie die Zwischenräume, diese flach . . . . 5. **S. dilutus**
Flügeldecken stärker gestreift, Streifen breiter oder so breit wie die Zwischenräume — **27**

27 { Streifen breiter als die Zwischenräume, Thoraxscheibe sehr vereinzelt punktiert, Basalrand mit dicht gestellter Punktreihe . . . . 6. **S. verecundus**
Streifen so breit wie die Zwischenräume, Thoraxscheibe etwas dichter punktiert, Basalkante ohne Punktreihe . . . . 7. **S. falcatus**

28 { Flügeldecken fein gestreift, die Streifen einhalb so breit wie die flachen Zwischenräume, Thorax ziemlich dicht und fein punktiert . . . . 3. **S. pygmaeus**
Flügeldecken breiter gestreift, Zwischenräume konvex — **29**

29 { Thorax fein und deutlich größer punktiert, Bauchsegmente jederseits mit 4 bis 5 deutlichen Kielen 2. **S. consonus**
Thorax fein, fast gleichmäßig groß punktiert, Vorderrand der Bauchsegmente fein gerieft . . . . . . 1. **S. peregrinus**

30 { Basis des Halsschildes gerandet — **31**
Basis ungerandet — **34**

31 { Hinterwinkel des Halsschildes abgestutzt, die Abstutzung leicht ausgerandet, mit dem Seitenrande einen etwas hervorspringenden Winkel bildend . 11. **S. declivis**
Hinterwinkel abgerundet — **32**

32 { Hinterwinkel mit leichter Ausrandung, die mit der Basis einen deutlichen Winkel bildet, Vorderrand des Clipeus aufgebogen, Thorax ziemlich dicht punktiert . . . . 12. **S. japonicus**
Hinterwinkel ohne Ausrandung — **33**

33	Thoraxscheibe zerstreut, die Seiten sehr dicht punktiert, ohne Längsfurche und Schrägeindruck	13. **S. gestroi**
	Thorax gleichmäßig verteilt punktiert, mit schmaler Längsfurche und Schrägeindruck an den Seiten .	14. **S. narae**
34	Basalkante des Halsschildes mit dichter Punktreihe, Hinterwinkel leicht ausgerandet, Hinterkopf mit schmaler, deutlicher Punktreihe, Thorax zerstreut punktiert	15. **S. laeviceps**
	Basalkante ohne Punktreihe — **35**	
35	Hinterwinkel des Halsschildes stumpf abgerundet, mit schwacher Ausrandung, Hinterkopf ohne größere Punkte, Flügeldecken flach und fein gestreift . .	16. **S. madagascariensis**
	Die stumpf abgerundeten Hinterwinkel ohne Ausrandung, Hinterkopf sehr deutlich punktiert, Flügeldecken stark punktiert gestreift	17. **S. difficilis**

1. **S. peregrinus** Redt. 1857 *S. p.*, L. Redtenbacher, Fauna Austr. Käf, ed 2 p. 437 | 1892 *S. p.*, Reitter in: Verh. Ver. Brünn, *v.* 30 p. 169.

Rotbraun, auf dem Rücken flach, die Seiten herabgebogen. Kopf sehr fein vereinzelt punktiert, Clipeus ausgerandet, Vorderrand von vorn gesehen gerade, hinter demselben mit schmalem Quereindruck. Thorax fein, mäßig dicht punktiert, Seiten und abgestutzte Hinterwinkel gerandet, Basis ohne Rand. Flügeldecken deutlich gestreift, Streifenpunkte greifen schwach die Ränder der Zwischenräume an, diese konvex, so breit wie die Streifen, fein und vereinzelt punktiert. Unterseite mit der Oberseite gleichfarbig, nur die Beine etwas heller, Metasternum in gleicher Höhe mit dem Mesosternum und stumpfkielig die Mittelhüften trennend. Abdominalsegmente kaum nach vorn gebogen, ihr Vorderrand ist schmal und dicht gerieft. Oberer Enddorn der Hintertibien fast bis zur Spitze des 2. Tarsengliedes reichend. — L. 2,5 mm.

Schönbrunn, Columbien.

2. **S. consonus** Ad. Schm. 1911 *S. c.*, Ad. Schmidt in: Ent. Zeit. Stettin, *v.* 72 p. 40

Rotbraun, Thorax in der Mitte dunkler. Kopf sehr fein vereinzelt punktiert, Clipeus leicht ausgerandet, Vorderrand in der Mitte schwach nach oben gebogen. Thorax fein punktiert, in der Basalhälfte mit etwas größeren Punkten untermischt, die Seiten und abgestutzte Hinterwinkel gerandet, Basis ohne Rand, vor dem Schildchen mit flachem, kurzem Eindruck. Streifenpunkte der Flügeldecken deutlich die Ränder der Zwischenräume kerbend, diese konvex, so breit wie die Streifen, der 8. Zwischenraum reicht ungefähr bis zur Mitte. Seiten der Hinterbrust fein punktiert. Abdominalsegmente nach vorn gebogen, am Vorderrande nicht dicht gekielt. — L. 2,5 mm.

Kamerun, Insel St. Thomé.

3. **S. pygmaeus** Har. 1877 *S. p.*, Harold in: Ann. Mus. Genova, *v.* 10 p. 91.

Von der Färbung der beiden vorigen Arten. Kopf sehr fein und sehr vereinzelt, am Hinterkopf in schmaler Ausdehnung etwas deutlicher und dichter punktiert, Clipeus leicht ausgerandet, Vorderrand desselben in der Mitte wenig aufgebogen, dahinter quer eingedrückt. Thorax nicht dicht fein punktiert, nur nach den Seiten zu wenig größer, letztere und die abgestutzten Hinterwinkel gerandet. Flügeldecken fein gestreift, Streifenpunkte kerben sehr schwach die Ränder der Zwischenräume, diese flach, an der Spitze aber konvex, in der Mitte mit sehr feiner Punktreihe. Die leicht nach vorn gebogenen Bauchsegmente sind fein punktiert und am Vorderrande gerieft. — L. 2 mm.

Insel Key.

4. **S. cavus** Ad. Schm. 1908 *S. c.*, Ad. Schmidt in: Ann. Soc. ent. Belgique, *v.* 52 p. 41.

Dunkel rotbraun, etwas breiter als die vorigen Arten. Kopf sehr fein vereinzelt punktiert, Clipeus leicht ausgerandet, hinter dem geraden Vorderrande sehr schmal vertieft. Thorax sehr fein und deutlich größer, aber nicht dicht punktiert, die größeren Punkte fehlen vorn ganz, Seiten und abgestutzte Hinterwinkel gerandet, letztere deutlich ausgerandet — schräg von oben und vorn gesehen —, die Ausrandung bildet mit dem Seitenrande und der Basis einen deutlichen Winkel, letzterer ist aber mehr stumpf, seitlich davon ist die Basis schwach ausgerandet. Flügeldecken deutlich gestreift, die Streifen sind tief, ihre Punkte greifen die Ränder der konvexen Zwischenräume deutlich an. Bauchsegmente wenig nach vorn gebogen, in der Vorderhälfte vertieft und vereinzelt gekielt. — L. 3 mm.

Kinchassa, Sansibar.

5. **S. dilutus** (Fairm.) 1849 *Oxyomus d.*, L. Fairmaire in: Rev. Mag. Zool., ser. 2 *v.* 1 p. 413 | 1869 *Saprosites d.*, Harold in: Gemminger & Harold, Cat. Col., *v.* 4 p. 1065.

Hell rotbraun gefärbt. Kopf sehr fein und zerstreut punktiert, Clipeus leicht ausgerandet, Vorderrand gerade. Thorax breiter als die Flügeldecken, sehr fein und etwas größer, aber nicht dicht punktiert, Seiten und abgestutzte Hinterwinkel gerandet, letztere mit geringer Ausrandung, die nach vorn und zur Basis keinen Winkel bildet. Flügeldecken schmal gestreift, Streifenpunkte kerben nur schwach die Ränder der Zwischenräume, welche flach, aber vor der Spitze erhaben sind. Die Abdominalsegmente sind leicht nach vorn gebogen, ihr Vorderrand ist schmal und fein gerieft. — L. 2,25 mm.

Tahiti.

6. **S. verecundus** Ad. Schm. 1909 *S. v.*, Ad. Schmidt in: Not. Leyden Mus., *v.* 31 p. 121.

Dunkel rotbraun, Kopf und Thorax schwärzlich. Kopf fein, aber deutlich und dicht punktiert, am Hinterkopf mit Querreihe etwas größerer Punkte, Clipeus leicht ausgerandet, die Mitte des Vorderrandes wenig aufgebogen. Thorax mit sehr feinen und mittelstarken Punkten wenig dicht besetzt, vor dem Schildchen mit flacher Längsfurche, Seiten und abgestutzte Hinterwinkel gerandet, Mitte der Basis ohne Rand, nur mit Punktreihe, Abstutzung der Hinterwinkel sehr leicht ausgerandet. Flügeldecken stark punktiert-gestreift, Streifen breiter als die Zwischenräume und mit runden Punkten dicht besetzt, welche die Ränder der konvexen Zwischenräume deutlich kerben. Bauchsegmente deutlich gebogen, ihre Vorderränder schmal und fein gerieft. — L. 3 mm.

Mentawei.

7. **S. falcatus** Ad. Schm. 1908 *S. f.*, Ad. Schmidt in: Soc. ent., *v.* 23 p. 57.

Dunkel rotbraun, fast schwärzlich, Kopf etwas heller und sehr fein punktiert, Clipeus leicht ausgerandet, mit geradem Vorderrande. Thorax vorn fein, nach hinten etwas größer und ziemlich dicht punktiert, die Seitenbeule ist nur mit feinen Punkten besetzt, Seiten und abgestutzte Hinterwinkel gerandet, die Abstutzung der letzteren ist leicht ausgerandet. Flügeldecken mit kräftigen Punktstreifen, ihre Punkte greifen deutlich die Ränder der konvexen Zwischenräume an, der Nahtstreif bildet an der Spitze ein kleines hervorstehendes Zähnchen. Unterseite hell rotbraun, Bauchsegmente deutlich gebogen, der Vorderrand derselben in der Mitte schmal, seitlich etwas breiter fein gerieft. — L. 3 mm.

Madagaskar.

8. **S. laticeps** (Fairm.) 1871 *Psammodius (Platytomus) l.*, L. Fairmaire in: Ann. Soc. ent. France, ser 5 *v.* 1 p. 34 | 1885 *Saprosites l.*, Künckel in: Hist. Madag., Col. Atlas t. 22 f. 4 (Gesamtbild).

Rotbraun, Thorax dunkler. Kopf mit geradem, etwas hellerem Vorderrande, sehr fein punktiert, Clipeus deutlich ausgerandet. Thorax vorn sehr fein, nach hinten und den Seiten zu etwas größer und ziemlich dicht punktiert, Seiten und abgerundete Hinterwinkel gerandet, vor dem Schildchen mit schwacher Verflachung. Flügeldecken deutlich gestreift, Streifen schmaler als die konvexen Zwischenräume, die Ränder der letzteren werden von den Streifenpunkten schwach gekerbt. Die nach vorn gebogenen Abdominalsegmente sind an den Seiten viel breiter vertieft als in der Mitte und daselbst ziemlich grob gerieft. — L. 2—2,5 mm.

Madagaskar, Komoren, Maskarenen, Seychellen.

9. **S. brouni** (Sharp) 1876 *Aphodius b.*, D. Sharp in: Ent. monthly Mag., *v.* 13 p. 71 | 1877 *Saprosites b.*, Harold in: Ann. Mus. Genova, *v.* 10 p. 92.

Oberseite schwärzlich gefärbt. Kopf sehr fein und vereinzelt punktiert, am Vorderrande leicht querrissig. Thorax sehr fein und mittelstark punktiert, die größeren Punkte fehlen aber vorn in der Mitte und an den Seiten mit Ausnahme der Vorderwinkel, vor dem Schildchen befindet sich ein kurzer und flacher Eindruck, Hinterwinkel breit abgestutzt. Streifen der Flügeldecken mit flachen Punkten besetzt, diese kerben aber nur die seitlichen Zwischenräume, letztere flach, vor der Spitze konvex, der 8. und 9. sind gleichlang, sie endigen in der Mitte. Segmente des Abdomen nach vorn gebogen, am Vorderrande und seitlich nur schmal gerieft. — L. 3 mm.

Neu-Seeland.

10. **S. communis** (Broun) 1880 *Aphodius c.*, Broun, Man N. Zealand Col., pars 1 p. 260.

Schwarzbraun. Kopf mit hellerem Rande, oberseits dicht und fein punktiert, hinter dem Vorderrande in der Mitte mit etwas größeren Punkten untermischt, Clipeus deutlich, aber schmal ausgerandet, Vorderrand gerade. Thorax fein wie der Kopf punktiert, dazwischen hinter dem Vorderrande mittelstarke Punkte nicht sehr dicht eingestreut, die flache Mittellinie ist dicht punktiert, hinter den Vorderwinkeln befindet sich ein rundlicher, weiter oben in der Mitte der Seiten ein länglicher Eindruck, dieser ist schräg nach den Vorderwinkeln gerichtet, die breit gerundeten Hinterwinkel und Basis sind fein gekerbt. Streifen der Flügeldecken zur Spitze tiefer eingedrückt, die Streifenpunkte kerben nur schwach die Ränder der konvexen Zwischenräume, letztere sind breiter als die Streifen. Die nach vorn gebogenen Segmente des Abdomen sind an den Seiten breiter gerieft als in der Mitte. — L. 3 mm.

Neu-Seeland

11. **S. declivis** Ad. Schm. 1911 *S. d.*, Ad. Schmidt in: Ent. Zeit. Stettin, *v.* 72 p. 41.

Durch dichtere Punktierung von der vorigen Art verschieden, schwarzbraun gefärbt. Kopf dicht und sehr fein, hinten wenig größer punktiert, Clipeus leicht ausgerandet, Vorderrand gerade. Thorax fein, nach hinten zu allmählich etwas größer und dichter punktiert, Hinterwinkel abgestutzt, die Abstutzung ist leicht ausgerandet, sie bildet mit dem Seitenrande einen deutlicheren Winkel als mit der gerandeten Basis. Streifenpunkte der Flügeldecken greifen deutlich die Ränder der Zwischenräume an, diese auf dem Rücken weniger konvex als vor der Spitze. Metasternum und Abdomen ziemlich dicht punktiert, ersteres etwas größer, Segmente am Vorderrande ungerieft. — L. 3 mm.

Fernando Po.

12. **S. japonicus** C. O Waterh. 1875 *S. j.*, C. O. Waterhouse in: Tr. ent. Soc. London, p. 93.

Schwarzbraun gefärbt. Kopf fein und dicht, am Hinterrande größer punktiert, Clipeus sehr schwach ausgerandet, sein Vorderrand in der Mitte deutlich aufgebogen, hinter demselben ohne Vertiefung. Thorax vorn feiner punktiert als der Hinterkopf, nach der Basis und den Seiten zu größer, an den letzteren auch etwas dichter, die abgerundeten Hinterwinkel zeigen zwei kleine Ausbuchtungen, die Basis ist gerandet. Flügeldecken tief gestreift, Streifenpunkte kerben deutlich die erhabenen Zwischenräume. Die Abdominalsegmente sind seitlich viel breiter gerieft als in der Mitte. Oberer Enddorn der Hintertibien nur so lang wie das 1. Tarsenglied. — L. 3,5—4 mm.

Japan.

13. **S. gestroi** Ad. Schm. 1911 *S. g.*, Ad. Schmidt in: Ent. Zeit. Stettin, *v.* 72 p. 42.

Von der Färbung der vorigen Art, aber von breiterer Gestalt. Kopf mikroskopisch fein und zerstreut punktiert, längs des Hinterrandes mit größeren Punkten besetzt, Clipeus deutlich ausgerandet, hinter dem geraden Vorderrande quer eingedrückt. Thorax wenig größer als der Hinterkopf punktiert, auf der Scheibe zerstreuter als an den Seiten, Hinterwinkel stumpf abgerundet, Basis gerandet. Flügeldecken tief gestreift, mit wenig kerbenden Streifenpunkten, Zwischenräume scharf konvex, besonders an den Seiten und vor der Spitze. Segmente des Abdomen nur leicht gebogen, am Vorderrande etwas grob, an den Seiten kaum breiter gerieft. Erstes Tarsenglied an den Hintertibien so lang wie der obere Enddorn und wie die 3 folgenden Tarsenglieder. — L. 4 mm.

Fernando Po.

14. **S. narae** G. Lewis 1895 *S. n.*, G. Lewis in: Ann. nat. Hist., ser. 6 *v.* 16 p. 382.

Dunkel rotbraun, schmaler als die vorige Art. Kopf fein und dicht, am Hinterrande etwas deutlicher punktiert, Clipeus kaum ausgerandet, sein Vorderrand in der Mitte aufgebogen, dahinter ohne Eindruck. Thorax mit seichter Längsfurche, ziemlich dicht und deutlich punktiert, nach dem Vorderrande zu etwas feiner, Hinterwinkel abgerundet, Basis gerandet, Mitte der Seiten mit schwachem, nach dem Vorderwinkel gerichteten Schrägeindruck jederseits. Streifen der Flügeldecken fast so breit wie die Zwischenräume, diese konvex, sie werden von den Streifenpunkten deutlich gekerbt. Mesosternum vor den Mittelhüften mit rundlichem Quereindruck. Bauchringe deutlich gebogen, am Vorderrande etwas grob gerieft. — L. 3 mm.

Japan.

15. **S. laeviceps** Har. 1877 *S. l.*, Harold in: Ann. Mus. Genova, *v.* 10 p. 90.

Schwarzbraun. Kopf sehr fein und vereinzelt punktiert, nur am Hinterkopfe mit einer Reihe größerer Punkte, Clipeus deutlich ausgerandet, hinter dem geraden Vorderrande schmal eingedrückt. Thorax nicht sehr dicht mittelstark, am Vorderrande viel feiner punktiert, Hinterwinkel abgerundet, vor demselben mit kleiner, schwacher Ausrandung — von oben und vorn gesehen —, Basis statt der Randung mit einer dicht gestellten Punktreihe. Flügeldecken deutlich gestreift, die Streifenpunkte kerben nur schwach die Ränder der erhabenen Zwischenräume. Bauchsegmente stark gebogen, am Vorderrande fein, an den Seiten wenig breiter gerieft. Erstes Tarsenglied der Hintertibien so lang wie oberer Enddorn und wie die 2 folgenden Tarsenglieder. — L. 4 mm.

Borneo.

16. **S. madagascariensis** Ad. Schm. 1911 *S. m.*, Ad. Schmidt in: Ent. Zeit. Stettin, *v.* 72 p. 43.

Schwarz. Kopf sehr fein und zerstreut punktiert, hinten ohne große Punkte, neben dem leicht aufgebogenem Vorderrande verflacht. Thorax auf der Scheibe zerstreut, seitlich etwas dichter, kaum mittelstark punktiert, die stumpf abgerundeten Hinterwinkel mit unbedeutender Ausrundung. Flügeldecken schmal gestreift, die Streifen ungefähr ein Drittel so breit wie die Zwischenräume, diese flach und wenig von den Streifenpunkten gekerbt, vor der Spitze sind die Streifen tiefer und die Zwischenräume mehr konvex. Bauchsegmente an den Seiten wenig breiter als in der Mitte gerieft. — L. 3,5 mm.

Madagaskar.

17. **S. difficilis** Har. 1877 *S. d.*, Harold in: Ann. Mus. Genova, *v.* 10 p. 91

Schwarzbraun. Kopf fein, ziemlich dicht, am Hinterkopf stärker punktiert, neben dem in der Mitte leicht aufgebogenem Vorderrande nur flach eingedrückt. Thorax hinter dem Vorderrande, der aber selbst in schmaler Ausdehnung glatt bleibt, feiner als der Hinterkopf und ziemlich dicht punktiert, nach der Basis zu werden die Punkte etwas größer, die Hinterwinkel sind stumpf abgerundet. Flügeldecken deutlich, aber nur schmal gestreift, die Streifenpunkte kerben die seitlichen Zwischenräume etwas deutlicher als die dorsalen, die Basis ist ungerandet, die Kante derselben ohne Punktreihe, nur neben derselben sind die Punkte dicht gestellt. Die Abdominalsegmente sind deutlich gebogen und an den Seiten breit gerieft. — L. 4 mm.

Borneo.

18. **S. eugastricus** Har. 1869 *S. e.*, Harold in: Col. Hefte, *v.* 5 p. 101.

Dunkel rotbraun, die Seiten des Kopfes etwas heller. Diese Art ist durch die Struktur des Abdomen ausgezeichnet. Dieses ist nämlich in der Mitte verflacht und leicht längsvertieft, an den Seiten herabgewölbt und grubig eingedrückt, die Verflachung selbst ist sehr deutlich und ziemlich dicht punktiert, und die Segmente sind in derselben verwachsen. Der Kopf ist etwas dicht fein punktiert, mit angedeuteter Stirnnaht, zwischen dem stumpfen Querkiele und dem leicht ausgerandeten und aufgebogenen Vorderrande vertieft. Thorax fein und etwas größer, ziemlich dicht punktiert, nach dem Vorderrande zu verschwinden die größeren Punkte, die Seiten sind um die stumpf abgerundeten Hinterwinkel gerandet, die Längsfurche vor dem Schildchen ist zuweilen nur angedeutet. Flügeldecken tief, aber schmal gestreift, die ebenen Zwischenräume sind breiter als die Furchen, sie werden von den Streifenpunkten kaum gekerbt. — L. 3,5 mm.

Brasilien

19 **S. dentipes** Har. 1867 *S. d.*, Harold in: Col. Hefte, *v.* 1 p. 80.

Schwarzbraun. Kopf sehr fein, hinten etwas größer punktiert, beim ♀ vereinzelt granuliert, Stirnlinie ist in der Mitte etwas erhaben, zwischen dem Querkiele und dem deutlich ausgerandeten Vorderrande ist der Clipeus schwach verflacht. Thorax vereinzelt, mittelstark punktiert, Hinterwinkel sind stumpf abgerundet. Flügeldecken sind verhältnismäßig flach gestreift, die Streifenpunkte kerben die Ränder der flachen Zwischenräume. Metasternum an den Seiten deutlich punktiert. Abdominalsegmente stark nach vorn gebogen. Die Zähne am Unterrande der Mittel- und Hintertibien sind lang und kräftig. — L. 5,5—6 mm.

Brasilien

20. **S. sulcatus** Har. 1869 *S. s.*, Harold in: Col. Hefte, *v.* 5 p. 102.

Von der Färbung und Größe der vorigen Art. Kopf fein und dicht, längs des Hinterrandes stärker punktiert, die Scheitelbeule ist deutlich erhaben, der Clipeus ist ausgebuchtet, zwischen dem leicht nach oben gebogenen Vorderrande und dem stumpfen Querkiele eingedrückt. Thorax mittelstark punktiert, die Punkte sind in der Mitte zerstreut und unregelmäßig verteilt, sie stehen an den Seiten viel dichter, letztere und die stumpfen Hinterwinkel sind gerandet. Flügeldecken tief gestreift, die Streifenpunkte kerben die Ränder der konvexen Zwischenräume. Hinterbrust mit Ausnahme der flachen Mitte sehr dicht punktiert. Abdominalsegmente stark gebogen, an den Seiten viel breiter als in der Mitte gerieft. Vorderschenkel sind stark verbreitert. — L. 5,5 mm.

Bolivien, Brasilien.

21 **S. mansuetus** Blackb. 1904 *S. m.*, Blackburn in: P. R. Soc. Victoria, ser. 2 *v.* 17 p. 175, 177.

Dunkel rotbraun, Kopf und Flügeldecken etwas heller. Kopf sehr fein, wenig dicht punktiert, am geraden Vorderrande nur leicht ausgerandet, dahinter nicht quer eingedrückt. Thorax fein und etwas stärker, ziemlich dicht punktiert, die Seiten und breit abgerundeten Hinterwinkel gerandet, die Basis ist ohne Randung. Flügeldecken gekerbt-gestreift, Zwischenräume schwach konvex. Metasternum in der Mitte feiner als seitlich punktiert. Abdominalsegmente nicht stark nach vorn gebogen, sie sind fein punktiert und am Vorderrande in der ganzen Breite kurz gerieft. Beine rotbraun. — L. 3 mm.

Westaustralien.

22. **S. exsculptus** (A White) 1846 *Oxyomus e.*, A. White in: Zool. Voy. Erebus & Terror, Ins. p. 9 | 1876 *Aphodius distans*, D Sharp in: Ent. monthly Mag., *v.* 13 p. 70 | 1877 *Saprosites exsculptus*, Harold in: Ann. Mus. Genova, *v.* 10 p. 92 | 1880 *Aphodius e.* + *A. distans*, Broun, Man. N. Zealand Col., pars 1 p. 258.

Dunkel rotbraun. Kopf sehr fein, nach hinten zu etwas größer punktiert, die Stirnnaht ist über den Augen angedeutet, der leicht ausgerandete Clipeus ist hinter dem geraden Vorderrande schwach eingedrückt. Thorax mittelstark, auf der Scheibe aber sehr zerstreut, an den Seiten dichter punktiert, die Mitte der letzteren und der Vorderrand des Discus sind ohne große Punkte, nur sehr fein punktiert, die Seiten sind bis um die abgestutzten Hinterwinkel herum gerandet, letztere bilden mit der Basis einen Winkel. Die Flügeldecken sind punktiert-gestreift, ihre Zwischenräume leicht konvex. Abdominalsegmente deutlich nach vorn gebogen, am Vorderrande kurz gerieft. — L. 4,5 mm.

Neu-Seeland.

23. **S. catenatus** (Fauv.) 1903 *Psammobius c.*, Fauvel in: Rev. Ent. Franç., *v.* 22 p. 366.

Dunkel rotbraun. Kopf fein und gleichmäßig dicht punktiert, Clipeus schmal ausgerandet, hinter dem geraden Vorderrande nicht vertieft. Thorax wie der Kopf punktiert, dazwischen aber noch größere, mittelstarke Punkte eingestreut, die Seiten und die abgestutzten Hinterwinkel gerandet, die Basis ist ohne Rand. Flügeldecken mit kräftigen, deutlich punktierten Streifen, diese so breit wie die glatten, konvexen Zwischenräume. Metasternum an den Seiten fein,. Abdomen noch feiner und sehr zerstreut punktiert, die Segmente sind am Vorderrande nicht gerieft, kaum gebogen. — L. 3,5 mm.

Neukaledonien.

24. **S. convexus** Har. 1880 *S. c.*, Harold in: Ent. Zeit. Stettin, *v.* 41 p. 38.

Durch länglich-ovale, besonders hinten hoch gewölbte Gestalt von den typischen Saprosites-Arten abweichend. Kopf fein, nach vorn erlöschend punktiert, Clipeus sanft ausgerandet, jederseits stumpfeckig, der Vorderrand zeigt von vorn gesehen in der Mitte einen kleinen, dreieckigen Einschnitt. Thorax hinter den Vorderwinkeln mit flacher Vertiefung, vor dem Schildchen mit Andeutung einer vertieften Längslinie, oberseits fein und mittelstark, ziemlich dicht punktiert, die Seiten, die abgerundeten Hinterwinkel und Basis gerandet. Flügeldecken schmal und flach gestreift, die Streifenpunkte kerben schwach die Ränder der Zwischenräume, diese auf dem Rücken flach, nach den Seiten und der Spitze zu gewölbt. Metasternum seitlich dicht, in der Mitte nur sehr fein und vereinzelt punktiert. Sternite deutlich gebogen, an den Seiten breiter als in der Mitte gerieft. Erstes Glied der Hintertarsen so lang wie oberer Enddorn und wie die 3 folgenden Glieder. — L. 4 mm.

Columbien.

25. **S. calvus** Ad. Schm. 1911 *S. c.*, Ad. Schmidt in: Ent. Zeit. Stettin, *v.* 72 p. 39.

Dunkel rotbraun. Kopf mikroskopisch fein und vereinzelt punktiert, nur am Hinterrande mit einigen deutlicheren Punkten, Clipeus leicht ausgerandet, hinter dem geraden Vorderrande nicht vertieft. Thorax fein und zerstreut, in der Mitte vorn nur sehr fein punktiert, die Seiten, die breit abgerundeten Hinterwinkel und Basis gerandet. Flügeldecken deutlich gestreift, die Zwischenräume auf dem Rücken sind flach, an den Seiten konvex, sie werden von den Streifenpunkten deutlich gekerbt. Die nach vorn gebogenen Abdominalsegmente sind am Vorderrande deutlich gerieft. — L. 2,5 mm.

Fernando Po.

26. **S. marchionalis** Har 1877 *S. m.*, Harold in: Ann. Mus. Genova, *v.* 10 p. 89.

Schwarz gefärbt. Kopf fein und dicht, am Hinterrande etwas deutlicher punktiert, Clipeus in der Mitte aufgebogen, breit und flach ausgerandet. Thorax mittelstark, wenig dicht punktiert, die Seiten desselben, die stumpfen Hinterwinkel und die Basis gerandet, erstere zeigen vor den Hinterwinkeln eine kleine Ausrandung. Flügeldecken fein chagriniert und deshalb seidenglänzend, ihre Punktstreifen sind wenig tief, die Zwischenräume sind kaum erhaben, sie werden aber deutlich von den Streifenpunkten gekerbt. Das Metasternum ist an den Seiten sehr flach, in der Mitte sehr fein punktiert. Die Abdominalsegmente sind deutlich gebogen, seitlich viel breiter als in der Mitte gerieft, Pygidium dicht und grob punktiert. — L. 6,5 mm (Fig. 20).

Borneo.

27. **S. puncticollis** Har. 1867 *S. p.*, Harold in: Col. Hefte, *v.* 1 p. 81 | 1876 *S. p.*, Harold in: Ann. Soc. ent. Belgique, *v.* 19 CR. p. 98.

Dunkel rotbraun. Kopf dicht und fein punktiert, am Vorderrande, der etwas heller gefärbt ist, deutlich ausgerandet, dahinter bogig eingedrückt. Thorax vorn in der Mitte fein, nach hinten und den Seiten zu etwas größer, ziemlich dicht punktiert, die Basis ist jederseits leicht ausgebuchtet, mit dichter Punktreihe in der Randung. Die Flügeldecken sind kräftig punktiert-gestreift, die Streifenpunkte kerben deutlich die Ränder der konvexen Zwischenräume. Die gebogenen Sternite sind am Vorderrande deutlich gerieft. — L. 3 mm.

Brasilien, Botafago.

28. **S. candens** (Broun) 1880 *Aphodius c.*, Broun, Man N. Zealand Col., pars 1 p. 258 | 1908 *Saprosites c.*, Ad. Schmidt in: D. ent. Z., suppl. p. 117.

Dunkel rotbraun, Ränder des Kopfes und die Vorderwinkel des Halsschildes rötlich durchscheinend. Kopf sehr fein und zerstreut, am Hinterrande etwas deutlicher punktiert, Clipeus ziemlich tief ausgerandet, hinter dem aufgebogenen Vorderrande eingedrückt. Thorax hinten schmaler, sehr fein und mittelstark, auf der Scheibe zerstreut, an den Seiten etwas dicht punktiert, diese, sowie die abgestutzten Hinterwinkel und Basis gerandet. Flügeldecken schmal gestreift, die Streifenpunkte kerben nur die seitlichen Zwischenräume. Die gebogenen Abdominalsegmente sind am Vorderrande kurz gerieft. — L. 4,5 mm.

Neu-Seeland.

Diese Art hat große Ähnlichkeit mit *S. exsculptus* (nr. 22), aber der Clipeus ist bei ihr tiefer ausgerandet und in der Mitte deutlich aufgebogen, die Vorderwinkel des Halsschildes sind ohne Grübchen, die schwach hervortretende Seitenbeule nicht glatt wie bei *S. exsculptus,* sondern punktiert, die Flügeldecken sind viel schmaler gestreift, mit wenig kerbenden Streifenpunkten, die Zwischenräume sind nur an den Seiten wenig, an der Spitze deutlicher konvex, während sie bei *S. exsculptus* in der ganzen Länge gleichmäßig konvex sind, der Schulterzahn ist hier stumpfwinklig, und der obere Enddorn der Hintertibien den 2 folgenden Tarsengliedern an Länge gleich, dagegen ist der Schulterzahn bei *S. candens* spitz, der obere Enddorn der Hintertibien kaum länger als das 1. Tarsenglied, außerdem ist bei *S. exsculptus* das Halsschild in der Mitte ungerandet.

29 **S. sulcifer** Ad. Schm. 1910 *S. s.*, Ad. Schmidt in: D ent. Z., p. 361

Dunkel rotbraun, Kopfrand heller, Thorax schwärzlich. Kopf fein und ziemlich dicht punktiert, hinter dem geraden Vorderrande schwach vertieft. Thorax vorn so groß wie der Kopf, nach hinten und den Seiten zu deutlicher und ziemlich dicht punktiert, die Seiten, die stumpfen Hinterwinkel und Basis gerandet. Flügeldecken tief gestreift, ihre Streifenpunkte kerben die Ränder der konvexen Zwischenräume, diese sind kaum breiter als die Streifen. Die Riefen am Vorderrande der Bauchringe sind seitlich viel breiter als in der Mitte. — L. 3 mm.

Brasilien.

30. **S. meditans** Har 1867 *S. m.*, Harold in: Col. Hefte, *v.* 1 p. 81.

Dunkel rotbraun. Kopf fein und ziemlich dicht punktiert, Clipeus nur leicht ausgerandet, hinter dem aufgebogenen Vorderrande schmal vertieft. Thorax etwas größer als der Kopf, aber nicht dicht punktiert, die Seiten und die stumpfen Hinterwinkel gerandet, die Mitte der Basis nicht immer mit deutlicher Randung. Flügeldecken mit tiefen Streifenpunkten, diese kerben die Ränder der Zwischenräume, welche in der ganzen Länge gleichmäßig erhaben und deutlich breiter als die Streifen sind. Metasternum ist an den Seiten punktiert. Die Abdominalsegmente sind nach vorn gebogen und schmal gerieft. — L. 5 mm.

Columbien.

31. **S. breviusculus** Har 1867 *S. b.*, Harold in: Col. Hefte, *v.* 1 p. 81 | 1876 *S. b.*, Harold in: Ann. Soc. ent. Belgique, *v.* 19 CR. p. 98.

Rotbraun. Kopf sehr fein, nach vorn verschwindend punktiert, hinter dem geraden, kaum ausgerandeten Vorderrande vertieft. Thorax fein und etwas stärker, an den Seiten dicht punktiert, hier fehlen aber die größeren Punkte fast ganz, die Seiten und die stumpf abgerundeten Hinterwinkel gerandet, ein Basalrand fehlt. Flügeldecken schmal punktiert-gestreift, die Streifenpunkte kerben die Ränder der wenig gewölbten Zwischenräume. Die stark nach vorn gebogenen Segmente des Hinterleibes sind gleichmäßig schmal gerieft. — L. 3 mm.

Brasilien, Argentinien.

32 **S. parallelus** Har. 1867 *S. p.*, Harold in: Col. Hefte, *v.* 1 p. 81 | 1887 *S. p.*, H. Bates in: Biol. Centr.-Amer., Col. *v.* 2 II p. 93 | 1910 *S. p.*, Ad. Schmidt in: Gen. Ins., fasc. 110 p. 112 t. 3 f. 36 (Gesamtbild).

Schwarzbraun, zuweilen heller oder dunkler rotbraun. Kopf fein punktiert, nach vorn zu fast glatt, der Clipeus ist sanft ausgerandet, sein Vorderrand in der Mitte nach oben gebogen, dahinter eingedrückt. Thorax mittelstark, nicht dicht punktiert, die Punkte erreichen in der Mitte nicht den Vorderrand, lassen auch die Seitenbeule mehr oder weniger frei, die Seiten mit den stumpf abgerundeten Hinterwinkeln gerandet. Flügeldecken mit deutlichen Kerbstreifen, diese sind schmaler als die konvexen Zwischenräume. Metasternum seitlich punktiert. Abdominalsegmente gebogen, an den Seiten nur wenig breiter als in der Mitte gerieft. Die beiden untern Lateralzähne der Vordertibien einander genähert. — L. 4,5 mm.

Columbien, Panama, Guatemala.

33. **S. ohausi** Ad. Schm. 1911 *S. o.*, Ad. Schmidt in: Ent. Zeit. Stettin, *v.* 72 p. 45.

Dunkel rotbraun, glänzend. Kopf wenig dicht und sehr fein, hinten etwas deutlicher punktiert, Clipeus leicht ausgerandet, sein Vorderrand in der Mitte nicht nach oben gebogen, dahinter kaum vertieft. Thorax im vorderen Drittel so fein wie der Hinterkopf, dann aber treten nach der Basis zu deutlich größere Punkte dazwischen, sie stehen nicht dicht, die Seiten sind feiner und dicht punktiert, besonders hinter den Vorderwinkeln, die Hinterwinkel sind abgerundet und mit den Seiten gerandet. Die Streifen der Flügeldecken sind tief, die Streifenpunkte greifen nur wenig die Ränder der leicht erhabenen Zwischenräume an. Die Seiten des Metasternum ziemlich dicht punktiert. Die Bauchringe sind stark gebogen, am Vorderrande fast gleichbreit gerieft. Die beiden untern Außenzähne der Vordertibien stehen näher zusammen. — L. 3,5 mm.

St. Catharina (Brasilien).

34. **S. corticalis** Bates 1887 *S. c.*, H. Bates in: Biol. Centr.-Amer., Col. *v.* 2 II p. 93.

Kastanienbraun. Kopf ziemlich dicht punktiert und vorn dicht granuliert. Thorax fast gleichgroß und ziemlich dicht punktiert. Flügeldecken punktiert-gestreift, Zwischenräume eben, an der Spitze konvex, noch einmal so breit wie die Streifen. — L. 3 mm (ex H. Bates).

Brasilien.

35. **S. dynastoides** F Walker 1858 *S. d.*, F Walker in: Ann. nat. Hist., ser 3 *v.* 2 p. 207 | 1863 *Cylindropterus pleurophoroides*, Motschulsky in: Bull. Soc. Moscou, *v.* 36 II p. 464 t. 9 f 24 (Gesamtbild) | 1877 *Saprosites dynastoides*, Harold in: Ann. Mus. Genova, *v.* 10 p 90 | 1910 *S. d.*, Ad Schmidt in: Gen. Ins., fasc. 110 p. 111 t. 3 f. 35 (Gesamtbild).

Kastanien- oder dunkel rotbraun. Kopf fein und sehr zerstreut bis zu der erhabenen Stirnlinie gekörnt, hinter derselben einfach und fein punktiert, Clipeus nicht tief ausgerandet, sein Vorderrand ist in der Mitte deutlich aufgebogen. Thorax mittelstark, auf der Scheibe sehr zerstreut, seitlich wenig dichter punktiert, die Seiten, die abgerundeten Hinterwinkel und die Basis gerandet. Flügeldecken mit schmalen, wenig kerbenden Punktstreifen, Zwischenräume eben, nur an der Spitze erhaben. Metasternum seitlich fein und seicht punktiert. Die gebogenen Abdominalsegmente sind an den Seiten etwas breiter als in der Mitte gerieft. — L. 5 mm.

Ceylon.

36. **S. asperiCeps** Har 1876 *S. a.*, Harold in: Ann. Soc. ent. Belgique, *v.* 19 CR. p. 98.

Durch die in der Mitte abgeplatteten und verwachsenen Abdominalsegmente erinnert diese Art an *S. eugastricus* Har. (nr. 18), aber beide sind hauptsächlich durch die Skulptur des Kopfes verschieden. Dunkelrotbraun. Kopf bis zur erhabenen Stirnlinie dicht gekörnt, dahinter fein und dicht punktiert, Clipeus ausgerandet, mit schwachem Quereindruck in der Mitte. Thorax ziemlich dicht und fein punktiert, an den Seiten und um die abgerundeten Hinterwinkel gerandet. Flügeldecken schmal und tief gestreift, die Streifenpunkte kerben nur schwach die Ränder der konvexen Zwischenräume. Mesosternum in gleicher Höhe mit dem Metasternum liegend, letzteres feiner als das Abdomen punktiert. — L. 4 mm.

Columbien.

37. **S. cossonoides** Bates 1887 *S. c.*, H. Bates in: Biol. Centr.-Amer., Col *v.* 2 II p. 93 t 6 f. 22 (Gesamtbild)

Von der Färbung der vorigen Art, derselben Struktur des Abdomen, aber schmalerer Gestalt. Kopf feiner, weniger dicht granuliert, Stirnnaht nur in der Mitte angedeutet, Hinterkopf fein punktiert. Thorax sehr fein und wenig stärker, ziemlich dicht punktiert, die Seiten sowie die abgerundeten Hinterwinkel gerandet. Flügeldecken mit hellerer Naht, schmal gestreift, die Streifenpunkte sind flach, nur bei seitlicher Ansicht wahrnehmbar, Zwischenräume fast flach. Abdominalsegmente in der Mitte weniger breit verflacht, jedes derselben wie bei voriger Art an den Seiten mit einem Eindruck, der beim letzten Segment am tiefsten ist, die Oberfläche derselben ist stärker als das Metasternum an den Seiten punktiert, die Mitte des letzteren zeigt nur sehr feine, einzelne Punkte. Mesosternum liegt in gleicher Höhe mit der Hinterbrust. — L. 3 mm.

Mexiko, Guatemala, Panama.

38. **S. cancellatus** Bates 1887 *S. c.*, H. Bates in: Biol. Centr.-Amer., Col. *v.* 2II p. 92.

Kastanienbraun. Kopf dicht punktiert, Clipeus vorn mit einer Querrunzel. Thorax dicht und groß punktiert, mit eingestreuten feinen Punkten, Basis in der Mitte nicht gerandet. Flügeldecken breit punktiert-gestreift, die Streifen nur wenig schmaler als die Zwischenräume, diese eben, vor der Spitze kielförmig. Die Außenzähne der Vordertibien sind untereinander gleichweit entfernt. — L. 2,5 mm (ex H. Bates).

Brasilien.

39. **S. capitalis** Fairm. 1883 *S. c.*, L. Fairmaire in: Naturaliste, *v.* 5 p. 238.

Schwarzbraun, glänzend. Kopf sehr fein und dicht punktiert. Thorax dicht, aber nicht groß punktiert, die Hinterwinkel gerundet. Flügeldecken punktiert-gestreift, mit Schulterdorn. — L. 4,5 mm (ex L. Fairmaire).

Neu-Britannia.

40. **S. elongatulus** (W M.'Leay) 1888 *Ammoecius e.*, W. Mac Leay in: P. Linn. Soc. N. S. Wales, ser. 2 *v.* 3 p. 905 | 1904 *Ataenius e.*, Blackburn in: P. R. Soc. Victoria, ser. 2 *v.* 17 p. 158 | 1908 *Saprosites e.*, Ad. Schmidt in: D. ent. Z., suppl. p. 118.

Schwarz, matt. Kopf breit ausgerandet. Thorax vorn und hinten von gleicher Breite, an den Seiten kaum gerundet, fein und nicht dicht punktiert. Flügeldecken gekerbt-gestreift, Zwischenräume schmal konvex. — L. 3 mm (ex W. M. 'Leay).

King-Sund.

41. **S. grenadensis** Arrow 1903 *S. g.*, Arrow in: Tr. ent. Soc. London, p. 514.

Schwarzbraun, Kopf und Thorax heller. Letzterer nicht dicht, unregelmäßig verteilt und feiner als bei *S. parallelus* Har. (nr. 32) punktiert. Flügeldecken punktiert-gestreift. Abdomen fein und dicht punktiert. — L. 4 mm (ex Arrow).

Grenada.

42 **S. mendax** (Blackb.) 1892 *Ataenius m.*, Blackburn in: Tr. R. Soc. S. Austral., *v.* 15 p. 36 | 1904 *Saprosites m.*, Blackburn in: P. R. Soc. Victoria, ser. 2 *v.* 17 p. 176, 178.

Schwarz oder schwarzbraun. Kopf am Vorderrande heller, dicht und deutlich punktiert, Clipeus leicht ausgerandet. Thorax nach vorn etwas verbreitert, ungleich, nämlich feiner und stärker, aber nicht sehr dicht punktiert, Hinterwinkel deutlich. Flügeldecken stark gekerbt-gestreift, mit großem Schulterdorn, Zwischenräume wenig konvex. Mesosternum in gleicher Höhe mit dem Metasternum liegend und punktiert. — L. 3 mm.

Victoria, Neu-Südwales, Tasmanien.

43. **S. nitidicollis** (W M 'Leay) 1871 *Ammoecius n.*, W. Mac Leay in: Tr. ent. Soc. N. S. Wales, *v.* 2 p. 185 | 1904 *Saprosites n.*, Blackburn in: P R. Soc. Victoria, ser. 2 *v.* 17 p. 177

Schwarzbraun, glänzend. Kopf fast glatt, vorn heller und ausgerandet. Thorax vorn fast glatt, nach hinten zu nicht dicht punktiert, Vorderwinkel gerundet, Hinterwinkel deutlich. Flügeldecken stark punktiert-gestreift, Zwischenräume breit und erhaben. — L. 3 mm (ex W. M. 'Leay).

Australien.

44. **S. occidentalis** (W. M.'Leay) 1888 *Ammoecius o.*, W. Mac Leay in: P Linn. Soc. N. S. Wales, ser 2 *v.* 3 p. 905 | 1904 *Saprosites o*, Blackburn in: P. R. Soc. Victoria, ser. 2 *v.* 17 p. 158.

Schwarzbraun und glänzend. Kopf und Thorax fein, nicht sehr dicht punktiert. Flügeldecken fein und tief punktiert-gestreift, Zwischenräume etwas erhaben. — L. 2,5 mm (ex W. Mac Leay).

King-Sund.

45. **S. pascoei** (Sharp) 1876 *Aphodius p.*, D. Sharp in: Ent. monthly Mag., *v.* 13 p. 71 | 1908 *Saprosites p.*, Ad. Schmidt in: D. ent. Z., suppl. p. 119.

Schmal, Seiten parallel, schwärzlich, glänzend. Thorax ziemlich dicht, stark punktiert. Flügeldecken mit deutlicher Schulter, sie sind punktiert-gestreift, die Zwischenräume breit. — L. 5,25 mm (ex D. Sharp).

Neu-Seeland.

46. **S. rugicollis** (W. M.'Leay) 1888 *Ammoecius r.*, W. Mac Leay in: P. Linn. Soc. N S. Wales, ser. 2 *v.* 3 p. 905 | 1908 *Saprosites r.*, Ad. Schmidt in: D. ent. Z., suppl. p. 119.

Kleiner als *S. occidentalis* (W. M. 'Leay), rotbraun, wenig glänzend. Kopf vorn kaum ausgerandet und punktiert. Thorax groß punktiert. Zwischenräume der Flügeldecken konvex. — L. 2 mm (ex W. Mac Leay).

King-Sund.

47. **S. sternalis** Blackb. 1904 *S. s.*, Blackburn in: P. R. Soc. Victoria, ser. 2 *v.* 17 p. 176, 178.

Rotbraun, glänzend. Kopf sehr fein und wenig dicht punktiert, vorn breit und leicht ausgerandet. Thorax etwas gedrängt und ungleich groß punktiert, an den Vorderwinkeln verflacht, Basis ungerandet. Flügeldecken stark gekerbt-gestreift, Zwischenräume wenig erhaben, Schulterzahn deutlich. Mesosternum zwischen den Mittelhüften breit. — L. 3 mm (ex Blackburn).

Neu-Südwales

48. **S. suspectus** (Sharp) 1876 *Aphodius s.*, D. Sharp in: Ent. monthly Mag., *v.* 13 p. 70 | 1877 *Saprosites s.*, Harold in: Ann. Mus. Genova, *v.* 10 p. 92.

Schmal, parallelseitig, konvex, schwarzbraun, glänzend. Thorax stark punktiert. Flügeldecken so breit wie der Thorax, sie sind punktiert-gestreift und ihre Schultern nicht scharf. — L. 4,25 mm (ex D. Sharp).

Neu-Seeland.

22. Gen. **Ataenius** Harold

1837—1843 *Oxyomus* (part.), Blanchard in: Orbigny, Voy. Amér. mérid., *v.* 6 II p. 184 | 1847 *Euparia* (non Lepeletier & Serville 1828), Erichson in: Arch. Naturg., *v.* 13 I p. 110 | 1856 *Auperia* (part.), Jacquelin-Duval in: Ramon, Hist. Cuba, *v.* 7 Ins. p. 50 | 1867 *Ataenius*, Harold in: Col. Hefte, *v.* 2 p. 100 | 1870 *Hexalus*, E. Mulsant & Rey in: E. Mulsant, Opusc. ent., *v.* 14 p. 200 | 1877 *Euparia*, Burmeister in: Ent. Zeit. Stettin, *v.* 38 p. 407 (part.).

Dunkel gefärbte, längliche und konvexe Arten, Kopf ungehöckert, mit den großen Wangen stark herabgewölbt, Halsschild breiter als der Kopf, Flügeldecken mit Basalrand, Mesosternum immer tiefer als das Metasternum liegend, Mittel- und Hintertibien an der Außenseite ohne Querleisten, am Endrande nach außen in einen langen Dorn ausgezogen, Tarsen nicht kurz, 1. Glied der Hintertarsen immer stark verlängert, oft so lang wie der übrige Fuß.

Oberseite glatt, behaart oder beborstet, meistens glänzend, seltener matt. Kopf feiner oder stärker, seltener rauh punktiert oder gekörnt, Clipeus mehr oder weniger ausgerandet, jederseits abgerundet, seltener gezähnt. Die Fühler sind 9gliedrig. Das 1. Glied ist stark verlängert, das 2. ist verdickt, die folgenden 4 sind kurz und quer, die 3 letzten Glieder bilden eine längliche und dicht behaarte Keule. Die Oberlippe ist häutig und quer, ihre

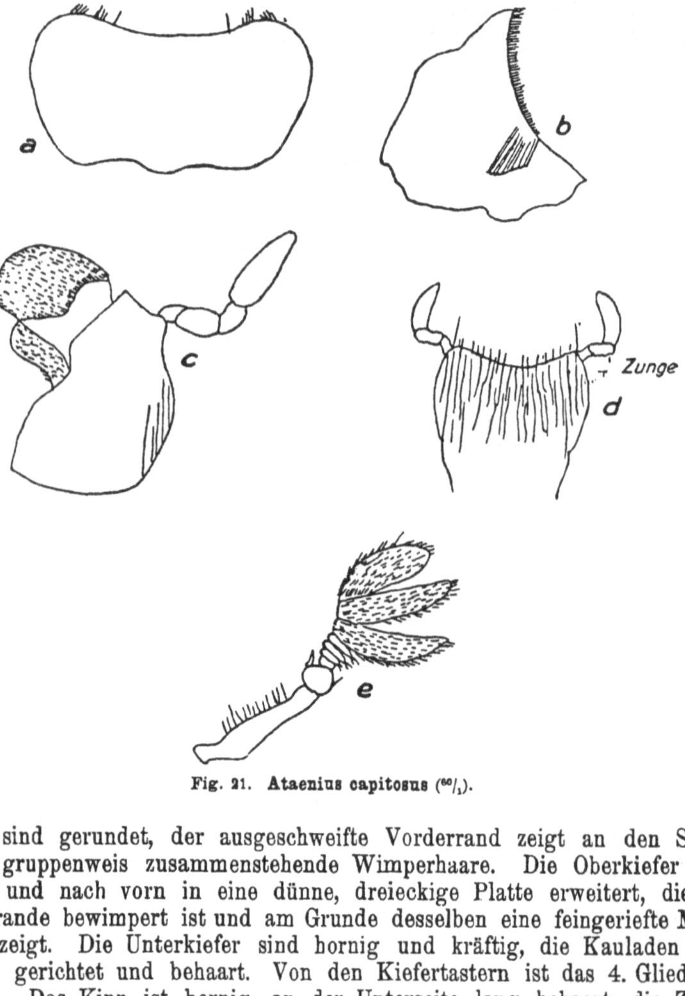

Fig. 21. **Ataenius capitosus** ($^{60}/_1$).

Seiten sind gerundet, der ausgeschweifte Vorderrand zeigt an den Seiten einige gruppenweis zusammenstehende Wimperhaare. Die Oberkiefer sind hornig und nach vorn in eine dünne, dreieckige Platte erweitert, die am Medialrande bewimpert ist und am Grunde desselben eine feingeriefte Mahlfläche zeigt. Die Unterkiefer sind hornig und kräftig, die Kauladen sind mediad gerichtet und behaart. Von den Kiefertastern ist das 4. Glied das längste. Das Kinn ist hornig, an der Unterseite lang behaart, die Zunge ist gespalten, ihre Zipfel überragen das 1. Glied der Lippentaster. Thorax bald stärker, bald schwächer punktiert, mit ausgerandeten, stumpfen oder abgerundeten Hinterwinkeln, gerandeten Seiten und meistens auch mit gerandeter Basis. Schildchen klein und dreieckig. Flügeldecken mit und ohne

Schulterdorn, an der Basis gerandet, stärker oder schwächer punktiert-gestreift, ihre Zwischenräume sind eben, gewölbt oder gekielt, mit sehr verschiedener Skulptur. Die Unterseite ist gewöhnlich in der Färbung mit der Oberseite übereinstimmend, selten heller. Die Vordertibien verbreitern sich zur Spitze, sie sind außen 3zähnig und haben neben der Einlenkung der Tarsen einen spitzen Enddorn, die Mittel- und Hintertibien sind wenig zur Spitze verbreitert, ohne Querleisten an der Außenseite, aber am Endrande mit einem Borstenbesatz und 2 spitzen Enddornen, manche Arten haben außer den letzteren am untern Endrande neben dem innern Winkel einen kleinen akzessorischen Dorn (Nebendorn). Mittel- und Hinterschenkel zeigen oft auf der untern Fläche neben dem Hinterrande eine vertiefte Randlinie, die so lang wie die Schenkel oder kürzer ist. Die Tarsen sind 5gliedrig, sie haben hornige Klauen. Bei den ♂ mancher Arten ist der Enddorn der Vordertibien an der Spitze nach innen umgebogen, andere äußere Geschlechtsmerkmale scheinen zu fehlen. Die Bestimmung der Arten dieser Gattung ist höchst schwierig, da ihre Differenzen meistens nur in feinen Skulpturunterschieden bestehen und die Deutung einzelner Arten nur auf Mutmaßung angewiesen ist, weil es unmöglich ist, die Typen zu erhalten.

Diese Gattung zählt 130 Arten aus allen Erdteilen.

Bestimmungstabelle für 111 Arten (nr. 1—111):

1	Seitlicher Zwischenraum der Flügeldecken vor der Spitze verbreitert und den Seitenrand nach hinten überragend	111 A. lodoiceae
	Seitlicher Zwischenraum nicht den Seitenrand überragend — 2	
2	Clipeus jederseits mit zahnartiger Ecke — 3	
	Clipeus jederseits mit spitzem Zähnchen - 6	
	Clipeus jederseits gerundet — 26	
3	Thoraxbasis nicht gerandet, nur bewimpert, Oberseite kurz beborstet, Thorax ziemlich fein und auch in der Mitte sehr dicht punktiert . . .	83. **A. insolitus**
	Thoraxseiten und Hinterwinkel undeutlich, Mitte der Basis deutlich gerandet, Oberseite aufstehend behaart, Thorax stark, in der Mitte wenig dicht punktiert	84 **A. punctatohirsutus**
	Thoraxbasis deutlich gerandet, Oberseite glatt — 4	
4	Hinterschenkel mit halber Randlinie, Abdomen nicht punktiert, Kopf vorn querrunzlig	85. **A. laeviventris**
	Hinterschenkel mit ganzer Randlinie — 5	
5	Kopf fein querrissig, Streifenpunkte der Flügeldecken fehlen, Abdomen punktiert.	86. **A. lucanus**
	Kopf vorn fast glatt, Streifenpunkte deutlich, Abdomen punktiert	87 **A. lecontei**
6	Die ganze Oberseite aufstehend behaart	88. **A. bispinulosus**
	Oberseite nicht lang behaart, höchstens Thorax und die Flügeldecken kurz, meistens wenig bemerkbar beborstet — 7	
7	Kopf vorn gekörnt — 8	
	Kopf nicht gekörnt, entweder punktiert, querrissig, leicht querrunzlig oder glatt — 13	
8	Flügeldecken mit konvexen Zwischenräumen — 9	
	Zwischenräume gekielt — 12	
9	Zwischenräume mit deutlichen Körnerreihen und kurz beborstet	89. **A. arenosus**
	Zwischenräume ohne Körnerreihen — 10	

10	Oberer Enddorn der Hintertibien so lang wie das 1. Tarsenglied, Flügeldecken seitlich viel dichter punktiert als auf dem Rücken	90. A. peregrinator
	Oberer Enddorn gleich dem 1. Tarsengliede, Flügeldecken deutlich chagriniert, Zwischenräume querfaltig	91. A. pacificus
	Oberer Enddorn deutlich länger als das 1. Tarsenglied — 11	
11	Oberseite rotbraun, Thorax wenig dicht, an den Seiten kaum dichter punktiert, in den Vorderwinkeln ohne Grübchen	92. A. inops
	Oberseite schwarzbraun, Thorax dichter, seitlich sehr gedrängt punktiert, in den Vorderwinkeln mit Grübchen	93. A. abditus
12	Hinterwinkel des Halsschildes stumpf, nur die Spitze abgerundet, vor dem Schildchen ohne Mittelfurche	94. A. carinator
	Hinterwinkel breit abgestutzt-gerundet, Thorax mit Mittelfurche	95. A. vincentiae
13	Kopf längszusammenfließend punktiert — 14	
	Kopf vorn querrissig oder querrunzlig — 17	
	Kopf fein punktiert, hinter dem Vorderrande fast glatt — 20	
14	Hinterschenkel mit ganzer Randlinie — 15	
	Hinterschenkel nicht mit ganzer Randlinie — 16	
15	Thorax und Flügeldecken deutlich, aber kurz beborstet, Clipeus vorn glatt, Vorderwinkel des Halsschildes mit schwachem Eindruck	96. A. granocostatus
	Thorax und Flügeldecken kaum wahrnehmbar mit feinen Borsten bekleidet, Clipeus querrunzlig, Vorderwinkel mit tiefem Eindruck	97. A. scalptifrons
16	Hinterwinkel des Halsschildes stumpf abgerundet, Zwischenräume der Flügeldecken schwach konvex, an der Lateralseite mit Punktreihe	98. A. polyglyptus
	Hinterwinkel ausgerandet, Zwischenräume flach, mit 2 Reihen Tuberkeln an den Seiten	99. A. spinator
17	Mittel- und Hintertibien stark verbreitert und die Tarsen verkürzt	100. A. mariarum
	Tibien und Tarsen normal — 18	
18	Mittel- und Hintertibien mit einem akzessorischen Dorn neben den Enddornen, Thorax wenig dicht punktiert, Zwischenräume der Flügeldecken konvex	101. A. languidus
	Tibien ohne Nebendorn — 19	
19	Schwarzbraun, Flügeldecken fein gestreift, mit flachen Zwischenräumen, Thorax nicht bewimpert . . .	102. A. haroldi
	Rotbraun, Flügeldecken breit gestreift, Zwischenräume konvex, Thoraxseiten bewimpert	103. A. desertus
20	Mittel- und Hintertibien ohne akzessorischen Dorn — 21	
	Mittel- und Hintertibien mit akzessorischem Dorn — 25	
21	Die ganze Oberseite mit kurzen Borsten, die auf den Flügeldecken keulenförmig sind, bekleidet, Flügeldecken mit rauher Skulptur	104. A. setosus
	Höchstens die Flügeldecken mit sehr feinen Borsten besetzt, sonst glatt — 22	

22 Clipeus mit deutlicher Querleiste . . . . 105. A. vethianus
Clipeus ohne Querleiste — 23

23 Hinterschenkel mit sehr kurzer Randlinie, Flügeldecken mit flachen Zwischenräumen und kräftigen, deutlich kerbenden Streifenpunkten . . . . . . 106. A. montanus
Hinterschenkel mit ganzer Randlinie — 24

24 Zwischenräume der Flügeldecken schwach gekielt, 1. Glied der Hintertarsen fast noch einmal so lang wie oberer Enddorn . . . . 107. A. insculptus
Zwischenräume scharf konvex, 1. Glied der Hintertarsen wenig länger als oberer Enddorn . . . . 108. A. cylindricus

25 Zwischenräume der Flügeldecken von der Basis bis zur Spitze gleichmäßig scharf gekielt, Thorax sehr dicht punktiert . . . . 109. A. steinheili
Zwischenräume an der Basis breiter, zur Spitze schärfer gekielt, Thorax weniger dicht punktiert . 110. A. sculptilis

26 Oberseite matt, das matte Aussehen ist durch die Skulptur oder einen Überzug bedingt — 27
Oberseite mehr oder weniger glänzend — 42

27 Flügeldecken mit gleich hohen Rippen, die durch je eine Körnerreihe getrennt werden, Thorax mit schwacher Längsfurche . . . . 67. A. moniliatus
Flügeldecken mit anderer Skulptur — 28

28 Thorax an der Basis ungerandet — 29
Thorax an der Basis gerandet — 34

29 Kopf längszusammenfließend punktiert — 30
Kopf nur vereinzelt punktiert — 32

30 Flügeldecken auf dem 3. und 5. Zwischenraume mit einer Reihe breiter, flacher Tuberkeln . . . . . 68. A. tuberculatus
Flügeldecken ohne solche Tuberkeln — 31

31 Thorax dicht und fein punktiert, Zwischenräume der Flügeldecken gleichmäßig gekielt . . . . 69 A. walkeri
Thorax ziemlich dicht und fein punktiert, Zwischenräume konvex, aber die ungeraden dorsalen mehr erhaben und gekielt . . . . 70. A. alternatus

32 Kopf dicht und rauh punktiert, die Zwischenräume der Flügeldecken werden durch je 2 Tuberkelreihen getrennt . . . . 71. A. granulator
Flügeldecken ohne Tuberkeln — 33

33 Zwischenräume konvex, die abwechselnden höher, Oberseite aufstehend behaart . . . . 72. A. imbricatoides
Zwischenräume flach, alle gleich erhaben, Oberseite sehr kurz, wenig sichtbar behaart . . . . . . 73. A. imbricatus

34 Flügeldecken mit Tuberkeln — 35
Flügeldecken ohne Tuberkeln — 36

35 Flügeldecken mit schmalen, ungleich erhabenen Rippen, die durch eine Tuberkelreihe getrennt sind . . . . 74. A. imparilis
Die Rippen der Flügeldecken werden durch je 2 Tuberkelreihen getrennt . . . . 75. A. koebelei

36 Zwischenräume der Flügeldecken flach, nur der 1. und 3., zuweilen auch der 5. mehr erhaben . . 76. A. opacus
Die dorsalen Zwischenräume gleich erhaben — 37

37 Nur die Flügeldecken wenig wahrnehmbar beborstet, Thorax fein punktiert, hinter den Vorderwinkeln mit rundlichem Eindruck, der sich verflachend bis an die Mitte der Scheibe fortsetzt . . . . 77. A. opacipennis
Thorax und Flügeldecken mit Borsten besetzt — 38

38	Thorax mittelstark punktiert, dieser und die Flügeldecken mit deutlichen Borsten	78 A. scabrellus
	Thorax fein punktiert — **39**	
39	Thorax und Flügeldecken mit kurzen, dicken Borsten, Zwischenräume flach	79. A. coriarius
	Beborstung äußerst fein, wenig wahrnehmbar — **40**	
40	Hintertibien am untern, innern Seitenrande mit einer Reihe kleiner Zähne	80 A. morator
	Hintertibien ungezähnt — **41**	
41	Flügeldecken deutlich chagriniert, Punktierung derselben wenig sichtbar, Zwischenräume schwach konvex, seitlich und an der Spitze wenig erhabener	81. A. luctuosus
	Flügeldecken feiner chagriniert, Punktierung deutlicher, Zwischenräume an den Seiten und der Spitze gekielt, die Kante der Kiele glänzend, durch Punkte zerstochen	82. A. tenebrosus
42	Hinterwinkel des Halsschildes bilden einen deutlichen Winkel mit der Basis, letztere an den Seiten ausgebuchtet	53. A. palmerstoni
	Thorax ohne solchen gezahnten Winkel — **43**	
43	Thoraxbasis randförmig aufgebogen	54. A. tweedensis
	Thoraxbasis nicht aufgebogen, entweder vertieft gerandet oder ganz ohne Rand — **44**	
44	Kopf gekörnt — **45**	
	Kopf nicht gekörnt — **50**	
45	Thorax am Rande mit keulenförmigen Borsten . .	55. A. punctipennis
	Thorax ohne solche Bewimperung — **46**	
46	Kopf stark und ganz gekörnt — **47**	
	Kopf nur vorn und feiner gekörnt — **48**	
47	Oberseite rotbraun, Thoraxseiten bewimpert, daneben sowie an der Basis groß punktiert	56. A. simulator
	Oberseite schwarz, Thorax ohne Wimperhaare, fein und etwas ungleich punktiert	57. A. goyderensis
48	Oberseite schwarzbraun, die Seiten des Halsschildes und letztes Drittel der Flügeldecken rötlich . .	58. A. coloratus
	Oberseite einfarbig — **49**	
49	Oberseite schwarz- oder rotbraun, Thoraxseiten nicht dichter punktiert, Zwischenräume der Flügeldecken konvex, dicht punktiert	59. A. laborator
	Oberseite schwarzbraun, Thorax an den Seiten dichter als in der Mitte punktiert, Zwischenräume konvex, die beiden lateralen etwas rauh punktiert . . .	60. A. columbicus
	Oberseite schwarz, Zwischenräume zur Spitze kielförmig, nicht punktiert	61. A. consors
50	Thorax an der Basis ungerandet — **51**	
	Thorax an der Basis gerandet — **53**	
51	Kopf einfach fein punktiert, Hinterwinkel des Halsschildes abgestutzt und ausgerandet, Zwischenräume der Flügeldecken schwach konvex, an der Spitze gekielt	62. A. capitosus
	Kopf mit anderer Skulptur — **52**	
52	Kopf vorn quergerieft, Thorax mit gerundeten Hinterwinkeln, vor dem Schildchen ohne Längsfurche .	63. A. rhyticephalus
	Kopf längszusammenfließend punktiert, Thorax mit geraden Hinterwinkeln und einer Längsfurche .	64. A. sparsicollis

53 Thoraxseiten nicht gerandet, die Punktierung hier nicht sehr dicht, der Raum zwischen den Punkten größer als diese . . . . 65. **A. arator**
Thoraxseiten undeutlich gerandet, die Randung durch Punkte zerstochen, neben den Seiten sehr dicht punktiert . . . . 66. **A. angusticollis**
Thoraxseiten deutlich gerandet — **54**

54 Mittel- und Hintertibien mit akzessorischem Dorn — **55**
Mittel- und Hintertibien ohne akzessorischen Dorn — **75**

55 Hinterschenkel mit ganzer Randlinie — **56**
Randlinie fehlend, verkürzt oder nur die halbe Schenkellänge einnehmend — **64**

56 Flügeldecken aufstehend behaart, Zwischenräume derselben scharf gekielt — **57**
Flügeldecken nicht aufstehend behaart, höchstens seitlich mit sehr kurzen Borsten — **58**

57 Kopf und Thorax dicht punktiert, die Ränder der Zwischenräume werden von den Streifenpunkten sehr deutlich angegriffen . . . . 9. **A. hispidus**
Kopf und Thorax sehr dicht punktiert, die Ränder werden kaum angegriffen . . . . 10. **A. complicatus**

58 Zwischenräume der Flügeldecken flach, zur Spitze schwach gekielt, an den Seiten stärker und dichter als auf dem Rücken punktiert . . . . 11. **A. frater**
Zwischenräume konvex — **59**

59 Hinterwinkel des Halsschildes stumpf abgerundet, oberseits gleichmäßig dicht punktiert, Schildchen mit Längskiel, Zwischenräume der Flügeldecken an den Seiten deutlicher punktiert . . . . . . 12. **A. scutellaris**
Hinterwinkel stumpf abgerundet, Scheibe zerstreut punktiert, Schildchen ungekielt, Zwischenräume jederseits gereiht, an den Seiten dichter punktiert 13. **A. atramentarius**
Hinterwinkel ausgerandet — **60**

60 Thorax hinter den Vorderwinkeln ziemlich breit verflacht und runzlig punktiert, Seiten und letztes Drittel der Flügeldecken dicht punktiert . . . 14. **A. transversarius**
Thorax nicht verflacht — **61**

61 Zwischenräume der Flügeldecken scharf konvex, fast gekielt, neben der obern Kante jederseits mit dichter Punktreihe . . . . 15. **A. sculptor**
Zwischenräume weniger scharf konvex — **62**

62 Hinterwinkel des Halsschildes stumpf, Zwischenräume der Flügeldecken jederseits mit Punktreihe, die lateralen sind dichter punktiert . . . 16. **A. oblongus**
Hinterwinkel ausgerandet — **63**

63 Die Ausrandung der Hinterwinkel bildet mit der Basis einen Winkel, Thorax grob punktiert . . 17. **A. perforatus**
Die Ausrandung bildet einen wenig deutlichen Winkel, Thorax feiner und dichter punktiert . . . . . 18. **A. opatrinus**

64 Kopf vorn glatt, nur bei *A. robustus* Horn punktiert — **65**
Kopf vorn querrissig — **67**

65 Kopf, Thorax und die vollständig flachen Zwischenräume der Flügeldecken sehr dicht punktiert . 19. **A. robustus**
Oberseite zerstreut punktiert — **66**

66	Körper oval, seidenglänzend, Vorderrand des Clipeus in der Mitte winklig nach oben gebogen, die Randlinie der Hinterschenkel sehr kurz	20. A. opatroides
	Körper länglich und schmal, glänzend, Clipeus mit geradem Vorderrande, Randlinie die halbe Schenkellänge einnehmend	21. A. strigatus
67	Flügeldecken aufstehend behaart	22. A. hirsutus
	Flügeldecken nicht aufstehend behaart — 68	
68	Hinterwinkel des Halsschildes abgestutzt und ausgerandet, die Mitte des letzteren nur sehr fein punktiert	23. A. nugator
	Hinterwinkel stumpf oder abgerundet — 69	
69	Seiten der Flügeldecken viel dichter als die Scheibe punktiert — 70	
	Seiten der Flügeldecken wie die Scheibe punktiert — 72	
70	Metasternalplatte neben der Einlenkung der Mittelschenkel mit einer kleinen Punktgruppe, sonst ohne Punktierung, Thorax ohne feine Zwischenpunktierung	1. A. stercorator
	Metasternum unpunktiert, Thorax mit dichter Zwischenpunktierung	2. A. picinus
	Metasternum hinter der Vertiefung für die Mittelschenkel nur in einem schmalen Streifen bis zur Metasternalplatte punktiert — 71	
71	Clipeus sehr fein querrissig, die größeren Punkte des Halsschildes an den Seiten wenig dicht, Zwischenräume der Flügeldecken schwach konvex . . .	3. A. cribrithorax
	Clipeus querrunzlig, Thorax seitlich sehr dicht mit größeren Punkten besetzt, Zwischenräume deutlich konvex	4. A. catenulatus
72	Körper oval, mehr konvex, heller oder dunkler braun, Thorax nur mit größeren Punkten an den Seiten und der Basis	5. A. lobatus
	Körper weniger konvex, mehr parallel — 73	
73	Halsschild grob, auch an den Seiten wenig dicht punktiert, Abdomen fast glatt, nur an den Seiten mit einigen Punkten	6. A. californicus
	Halsschild nur mittelstark punktiert, Abdomen nicht nur seitlich punktiert — 74	
74	Thorax auch an den Seiten wenig dicht punktiert, 1. Glied der Hintertarsen wenig kürzer als oberer Enddorn	7. A. inquisitus
	Thorax seitlich dicht punktiert, Scheibe vorn ohne größere Punkte, Metatarsus länger als oberer Enddorn	8. A. cognatus
75	Randlinie der Hinterschenkel über die ganze Länge reichend — 76	
	Rand fehlend oder kürzer — 82	
76	Längsfurche des Halsschildes mehr oder weniger deutlich — 77	
	Thorax ohne Längsfurche — 80	
77	Kopf längszusammenfließend punktiert — 78	
	Kopf mit anderer Skulptur — 79	
78	Thorax in der Mitte der Seiten mit Eindruck, Flügeldecken seitlich schwach konvex	24. A. semicornutus
	Thorax in der Mitte ohne Eindruck, Flügeldecken seitlich gekielt	25. A. australis

79	Kopf sehr fein, Thorax groß punktiert	26. **A. horticola**
	Kopf fein gekörnelt, Thorax fein punktiert	27 **A. semicoecus**
80	Tarsen verkürzt, Tibien größtenteils gleichbreit . .	28. **A. perbrevitarsis**
	Tarsen und Tibien normal — **81**	
81	Oberseite wenig glänzend, Zwischenräume der Flügeldecken gekielt, Kopf gleichmäßig fein und dicht punktiert	29 **A. crenulatus**
	Oberseite glänzend, Zwischenräume konvex, Kopf hinten viel stärker als vorn und seitlich punktiert .	30. **A. ovatulus**
82	Thorax mit spitz vorgezogenen Vorderwinkeln und Ausrandung vor den Hinterwinkeln	31. **A. striatocrenatus**
	Thorax vor den Hinterwinkeln nicht ausgerandet — **83**	
83	Kopf glatt, nur hinten sehr fein punktiert, Thorax stark, unregelmäßig verteilt punktiert	32 **A. purator**
	Kopf querrissig oder querrunzlig — **84**	
	Kopf punktiert — **93**	
84	Thorax mit kurzer Längsfurche und ganz gerundeten Hinterwinkeln, hinter den Vorderwinkeln mit tiefem Eindruck	33. **A. modestus**
	Thorax ohne Längsfurche — **85**	
85	Thorax äußerst fein punktiert, Streifenpunkte der Flügeldecken kaum wahrnehmbar	34. **A. elongatus**
	Oberseite immer mehr oder weniger deutlich punktiert — **86**	
86	Hinterwinkel des Halsschildes abgestutzt, Thorax etwas fein und dicht punktiert, ebenso die flachen Zwischenräume der Flügeldecken	35. **A. derbesis**
	Hinterwinkel gerundet — **87**	
	Hinterwinkel stumpf abgerundet — **89**	
87	Oberseite rotbraun, Zwischenräume der Flügeldecken leicht gewölbt, ihre Streifenpunkte fein	36. **A. socialis**
	Oberseite schwarz oder schwarzbraun — **88**	
88	Thorax dicht und ziemlich gleichmäßig verteilt punktiert, Streifenpunkte der Flügeldecken deutlich .	37. **A. glabriventris**
	Thorax wenig dicht, aber gleichmäßig verteilt punktiert, Hinterwinkel des Halsschildes sehr stark gerundet, Streifenpunkte der Flügeldecken greifen kräftig die mediale Seite der Zwischenräume an .	38. **A. orbicularis**
	Thorax in der Mitte zerstreuter und feiner punktiert, Streifenpunkte fein	39. **A. pusillus**
89	Streifenpunkte der Flügeldecken fehlen, Zwischenräume gereiht punktiert	40. **A. puncticollis**
	Streifenpunkte immer vorhanden, Zwischenräume nicht gereiht punktiert — **90**	
90	Thorax an den Seiten und vor der Basis mit einzelnen groben Punkten, die Mitte ist sehr fein und dicht punktiert	41. **A. platensis**
	Thorax feiner, nicht grob punktiert — **91**	
91	Oberseite schwarzbraun, Flügeldecken mit hellem Rande, Thorax fein und ziemlich dicht punktiert .	42. **A. limbatus**
	Oberseite gleichmäßig schwarz oder schwarzbraun — **92**	
92	Thorax dicht, mittelstark punktiert, Flügeldecken tief gestreift, Zwischenräume deutlich konvex .	43. **A. aequalis**
	Thorax nicht dicht, feiner und etwas stärker punktiert, Flügeldecken fein gestreift, Zwischenräume wenig konvex	44. **A. figurator**

93 Hinterwinkel des Halsschildes breit gerundet — **94**
Hinterwinkel stumpf abgerundet — **95**
Hinterwinkel abgestutzt — **96**

94 Kopf längszusammenfließend, vorn nur vereinzelt punktiert, Thorax dicht und fein punktiert, mit feiner Mittellinie . . . . 45. **A. gracilis**
Kopf hinten sehr deutlich, nach vorn feiner punktiert, ebenso der Thorax, dieser ohne Mittellinie . . 46. **A. wenzeli**

95 Rotbraun, Kopf und Thorax fein und dicht punktiert, Zwischenräume der Flügeldecken gekielt, die Ränder der Kiele scharf erhaben . . . . 47 **A. elegans**
Schwarz, Kopf fein, Thorax mittelstark punktiert, Zwischenräume schwach konvex . . . . 48. **A. ceylonensis**

96 Oberseite beborstet, Kopf längszusammenfließend punktiert, Thorax sehr dicht, mittelstark punktiert, Zwischenräume der Flügeldecken wie quergefaltet . . . . 49 **A. speculator**
Oberseite nicht mit Borsten bekleidet, höchstens bei *A. tremolerasi* die Seiten der Flügeldecken fein behaart — **97**

97 Thorax dicht, fast mittelstark punktiert, Flügeldecken mit deutlich konvexen Zwischenräumen, Abdomen dicht punktiert . . . . 50. **A. brevicollis**
Thorax feiner punktiert, Abdomen höchstens seitlich mit einigen Punkten — **98**

98 Kopf und Thorax sehr fein punktiert, Flügeldecken fast ohne Streifenpunkte, Clipeus in der Mitte seines Vorderrandes winklig nach oben gebogen . 51. **A. tremolerasi**
Kopf und Thorax sehr fein punktiert, letzterer seitlich mit großen Punkten untermischt, Flügeldecken mit gelbbrauner Spitze . . . . 52. **A. terminalis**

1. **A. stercorator** (F.) 1775 *Scarabaeus s*, J. C. Fabricius, Syst. Ent., p. 20 | 1789 *S. s.*, A. G. Olivier, Ent., Col. *v.* 1 nr. 3 p. 89 t. 17 f 155 (Gesamtbild) | 1829 *Aphodius bonariensis*, Klug, Preisverz. Ins., p. 4 | 1854 *Oxyomus heinekeni*, Wollaston, Ins. Mader., p. 228 | 1856 ***Auperia stercorator***, Jacquelin-Duval in: Ramon, Hist. Cuba, *v.* 7 Ins. p. 50 | 1864 *A. denominatus*, Chevrolat in: Ann. Soc. ent. France, ser 4 *v.* 4 p. 413 | 1875 ***Ataenius stercorator***, Harold in: Col. Hefte, *v.* 13 p. 70.

Schwarz, glänzend, unbehaart. Kopf hinten fein, aber deutlich, nach der Mitte zu feiner punktiert, vorn ist derselbe querrissig, Clipeus deutlich ausgerandet, jederseits abgerundet. Thorax kaum mittelstark, nach dem Vorderrande zu etwas feiner punktiert, ohne feine Punkte zwischen den größeren, die Seiten sind sehr dicht punktiert, diese, sowie die stumpf abgerundeten Hinterwinkel und die Basis gerandet und bewimpert. Flügeldecken tief gestreift, die Streifenpunkte greifen die innere Seite der Zwischenräume, also die der Naht zugewendete mehr an als die ihr abgewendete, sie sind zur Spitze und den Seiten mehr erhaben und deutlicher punktiert. Metasternum an den Seiten fein rauh, in der Mitte neben den Mittelschenkeln mit einer kleinen Punktgruppe. Abdomen seitlich dichter als in der Mitte punktiert. Oberer Enddorn der Hintertibien etwas länger als das 1. Tarsenglied, dieses dem übrigen Fuß an Länge gleich. — L. 4,5—5 mm.

Amerika und seine Inseln.

2. **A. picinus** Har. 1867 *A. p.*, Harold in: Berlin. ent. Z., *v.* 11 p. 281 | 1875 *A. p.*, Harold in: Col. Hefte, *v.* 13 p. 71 | 1876 *A. p.*, Harold in: Ann. Soc. ent. Belgique, *v.* 19 CR. p. 95.

Unterscheidet sich von der vorigen Art dadurch, daß das Halsschild feiner und mittelstark punktiert ist, die größeren Punkte stehen an den Seiten wenig dicht, auch die Seitenpunktierung der Flügeldecken ist etwas feiner und weniger dicht, die Streifen sind weniger tief und die Zwischenräume schwächer konvex, die Metasternalplatte ist sehr fein punktiert, das 1. Glied der Hintertarsen deutlich kürzer als der übrige Fuß. — L. 4—5 mm.

Südamerika.

3. **A. cribrithorax** Bates 1887 *A. c.*, H. Bates in: Biol. Centr.-Amer., Col. *v.* 2 II p. 95.

Schwarz, glänzend. Kopf sehr fein, auch hinten nur so punktiert, vorn querrissig. Thorax an den Seiten und an der Basis gerandet, Hinterwinkel stumpf, mit abgerundeter Spitze, nach der Basis leicht ausgerandet, oberseits feiner und etwas größer, kaum mittelstark punktiert, die Mitte zeigt nach vorn zu nur die feinen, die Basis auch einige größere Punkte, diese stehen an den Seiten viel dichter, hinter den Vorderwinkeln befindet sich ein flacher Eindruck. Die Flügeldecken sind wenig tief gestreift, die Streifenpunkte greifen die mediale Seite der Zwischenräume mehr als die laterale an, letztere sind wenig konvex, und die seitlichen deutlich punktiert. Metasternum bis zur Mitte deutlich punktiert, ebenso das Abdomen von Seite zu Seite. Oberer Enddorn der Hintertibien so lang wie 1. Tarsenglied, dieses so lang wie der übrige Fuß. — L. 4 mm.

Mittelamerika.

4. **A. catenulatus** (Er.) 1847 *Euparia catenulata*, Erichson in: Arch. Naturg., *v.* 13 I p. 110 | 1869 *Ataenius catenulatus*, Harold in: Gemminger & Harold, Cat. Col., *v.* 4 p. 1066.

Glänzend, schwarzbraun, Vorderkopf etwas heller. Kopf am Hinterrande in schmaler Ausdehnung deutlicher als in der Mitte punktiert, vorn querrissig. Thorax sehr fein punktiert, dazwischen größere Punkte eingestreut, diese stehen an den Seiten viel dichter als an der Basis, die Hinterwinkel sind stumpf und haben eine abgerundete Spitze, die Seiten und Basis sind gerandet, die Zwischenräume sind zur Spitze mehr konvex und an den Seiten deutlich punktiert. Metasternum an den Seiten und in der Mitte nur sehr fein und vereinzelt punktiert, das Abdomen hat seitlich nur wenige Punkte. Metatarsus fast so lang wie der übrige Fuß und wenig länger als oberer Enddorn. — L. 3,5 mm.

Peru.

5 **A. lobatus** Horn 1871 *A. l.*, G. Horn in: Tr. Amer. ent. Soc., *v.* 3 p. 287 | 1887 *A. l.*, G. Horn l. c., *v.* 14 p. 85.

Schwarzbraun, glänzend. Kopf wie bei voriger Art punktiert. Hinterwinkel des Halsschildes stumpf, die Seiten und Basis sind gerandet, oberseits mittelstark und feiner, nicht sehr dicht punktiert, die großen Punkte fehlen fast vorn in der Mitte. Flügeldecken deutlich gestreift, die Streifenpunkte greifen die mediale Seite der Zwischenräume an, diese sind mäßig konvex und vereinzelt punktiert. Metasternum glatt. Abdomen nur seitlich mit einigen Punkten. Metatarsus so lang wie oberer Enddorn der Hintertibien. — L. 5,5 mm (ex G. Horn).

Kalifornien, Kap San Lucas.

6. **A. californicus** Horn 1887 *A. c.*, G. Horn in: Tr. Amer. ent. Soc., *v.* 14 p. 84.

Schwarzbraun, glänzend. Kopf sehr fein, längs des Hinterrandes etwas deutlicher punktiert, vorn querrissig. Thorax stark, aber nicht dicht punktiert, in der Mitte nur mehr zerstreut, dazwischen mit einzelnen sehr feinen Pünktchen, Hinterwinkel abgerundet, Seiten und Basis sind gerandet und bewimpert. Flügeldecken nicht tief gestreift, die Streifenpunkte greifen die mediale Seite der Zwischenräume mehr an, diese sind leicht konvex und vereinzelt sehr fein punktiert. Metasternum glatt, nur die Mitte fein punktiert und das Abdomen an den Seiten. Oberer Enddorn der Hintertibien gleich dem 1. Tarsengliede, dieses kürzer als die folgenden 4 Glieder. — L. 4—4,5 mm.

Kalifornien.

7. **A. inquisitus** Horn 1887 *A. i.*, G. Horn in: Tr. Amer. ent. Soc., *v.* 14 p. 81.

Schwarz- oder rotbraun, glänzend. Kopf fein und zerstreut punktiert, vorn querrissig. Thorax feiner als bei *A. californicus* Horn, also nur mittelstark, nicht dicht punktiert, die Punkte stehen vor der Basis in der Mitte ziemlich zerstreut, vorn ist die Punktierung nur fein. Flügeldecken deutlich gestreift, die Streifenpunkte kerben die mediale Seite der Zwischenräume, diese leicht konvex und vereinzelt fein punktiert. Metasternum an den Seiten sparsam, das Abdomen in der ganzen Breite punktiert, nur in der Mitte des letzteren weniger dicht. Hinterschenkel mit halber Randlinie, der Nebendorn an den Mittel- und Hintertibien sehr deutlich, das 1. Tarsenglied der letzteren wenig länger als oberer Enddorn. — L. 4—4,5 mm (ex G. Horn).

Texas.

8. **A. cognatus** (L. Lec.) 1858 *Euparia cognata*, L. Le Conte in: P. Ac. Philad., p. 65 | 1887 *Ataenius cognatus*, G. Horn in: Tr. Amer. ent. Soc., *v.* 14 p. 83 | 1887 [1]) *A. liogaster*, H. Bates in: Biol. Centr.-Amer., Col. *v.* 2 II p. 94 (part.) | 1887 *A. l.* var. *castaniellus*, H. Bates in: Biol. Centr.-Amer., Col. *v.* 2 II p. 94 (part.).

Schwarzbraun, glänzend. Kopf hinten deutlich, in der Mitte sehr fein punktiert, vorn querrissig und etwas heller gefärbt. Thorax mittelstark, an den Seiten dichter als in der Mitte punktiert, hier tritt die feine Zwischenpunktierung deutlich hervor, Hinterwinkel stumpf abgerundet, die Seiten und Basis sind gerandet. Flügeldecken wenig tief gestreift, Streifenpunkte kerben nur sehr schwach die mediale Seite der Zwischenräume, letztere sind schwach gewölbt, sehr vereinzelt und fein punktiert. Metasternum ist an den Seiten chagriniert, in der Mitte vereinzelt punktiert. Abdomen ist an den Seiten dicht, in der Mitte fein und vereinzelt punktiert. Die Randlinie der Hinterschenkel ist kurz. Das 1. Glied der Hintertarsen ist etwas länger als oberer Enddorn, aber kürzer als der übrige Fuß. — L. 4,5—5 mm.

Texas, Sonora, Neu-England bis Rocky Mountains, Mittelamerika.

9. **A. hispidus** Har. 1867 *A. h.*, Harold in: Col. Hefte, *v.* 1 p. 83.

Durch die Skulptur der Oberseite ausgezeichnet. Schwarz, nicht vollglänzend, Kopf und Thorax mit kurzen, niederliegenden, Flügeldecken mit aufstehenden längeren Haaren bekleidet. Kopf mittelstark und dicht, nach vorn zu wenig feiner punktiert, Clipeus deutlich ausgerandet, jederseits etwas stumpf gerundet. Thorax sehr dicht und so groß wie der Kopf punktiert, nach den Seiten zu runzlig, die Vorderwinkel sind gerundet, die Hinterwinkel stumpf, Seiten und Basis sind bewimpert. Flügeldecken mit deutlichem Schulterdorn, der laterad gerichtet ist, die Zwischenräume sind in der ganzen Länge scharf gekielt und ihre Ränder neben den Streifen leistenartig erhaben und von den Streifenpunkten gekerbt. Abdomen und Metasternum

---

[1]) Siehe Anmerkung bei nr. 38.

dicht, die Mittel- und Hinterschenkel weniger dicht punktiert, die letzteren mit ganzer Randlinie. Oberer Enddorn der Hintertibien deutlich kürzer als 1. Tarsenglied, dieses gleich dem übrigen Fuß. — L. 5 mm.

Venezuela.

10. **A. complicatus** Har. 1869 *A. c.*, Harold in: Col. Hefte, *v.* 5 p. 102 | 1876 *A. c.*, Harold in: Ann. Soc. ent. Belgique, *v.* 19 CR. p. 96.

Der vorigen Art in der Behaarung und Punktierung der Oberseite sehr ähnlich, aber letztere viel dichter, auch auf der Scheibe des Halsschildes. Clipeus schwach ausgerandet, jederseits breit abgerundet. Hinterwinkel des Halsschildes gerundet, die Seiten und Basis kurz bewimpert. Der Schulterdorn ist mehr nach vorn gerichtet, die Zwischenräume der Flügeldecken sind scharf gekielt, die Ränder neben den Streifen weniger erhaben und schwächer von den Streifenpunkten gekerbt. Unterseite dicht punktiert und kurz behaart wie bei voriger Art. Oberer Enddorn der Hintertibien kürzer als das 1. Tarsenglied, dieses so lang wie der übrige Fuß. — L. 5 mm.

Brasilien, Guatemala, Mexiko.

11. **A. frater** Arrow 1903 *A. f.*, Arrow in: Tr. ent. Soc. London, p. 512.

Schwarz, glänzend. Kopf hinten deutlich und ziemlich dicht, nach vorn zu feiner punktiert, Clipeus neben der Ausrandung gerundet. Thorax auf der Scheibe fein, an den Seiten etwas größer und dichter punktiert, Hinterwinkel stumpf, mit abgerundeter Spitze. Schulterdorn klein, Streifen der Flügeldecken wenig tief, ihre Punkte undeutlich, sie greifen nicht die Ränder der Zwischenräume an, diese flach, zur Spitze schwach gekielt, sie sind auf dem Rücken fein und vereinzelt, an den Seiten deutlicher und dichter punktiert. Abdomen in der ganzen Breite etwas dichter als das Metasternum und die Schenkel punktiert. Mittel- und Hinterschenkel mit ganzer Randlinie. Oberer Enddorn der Hintertibien kürzer als das 1. Tarsenglied, dieses dem übrigen Fuß an Länge gleich. — L. 5 mm.

Westindien, Cayenne, Hinterindien, Seychellen.

12. **A. scutellaris** Har. 1867 *A. s.*, Harold in: Col. Hefte, *v.* 1 p. 82 | 1876 *A. s.*, Harold in: Ann. Soc. ent. Belgique, *v.* 19 CR. p. 96.

Schwarzbraun, glänzend. Kopf fein punktiert, an den Seiten des Hinterkopfes mit einigen größeren Punkten, Clipeus rötlich, ausgerandet und jederseits breit abgerundet. Thorax deutlich punktiert, nach vorn feiner, an den Seiten wenig dichter, hinter den Vorderwinkeln mit rundlicher Vertiefung, Hinterwinkel sind stumpf abgerundet. Schildchen mit Längskiel. Schulterdorn deutlich, nach vorn und laterad gerichtet, die Streifenpunkte kerben nur sehr undeutlich den medialen Rand der Zwischenräume, diese sind leicht konvex, zur Spitze gekielt, auf dem Rücken haben sie undeutliche Reihen feiner, an den Seiten deutliche Reihen größerer und dichter gestellter Punkte. Das Metasternum ist an den Seiten querrissig, in der Mitte vereinzelt und fein punktiert wie die Schenkel, das Abdomen ist stärker und ziemlich dicht punktiert. Oberer Enddorn der Hintertibien ist kürzer als das 1. Tarsenglied, dieses dem übrigen Fuß gleich. — L. 5—6 mm.

Antillen, Mittelamerika, Brasilien.

13. **A. atramentarius** (Er.) 1847 *Euparia atramentaria*, Erichson in: Arch. Naturg., *v.* 13 I p. 110 | 1869 *Ataenius atramentarius*, Harold in: Gemminger & Harold, Cat. Col., *v.* 4 p. 1066.

Glänzend, schwarz. Kopf hinten deutlich, nach vorn feiner punktiert. Thorax in der Mitte vorn feiner als der Hinterkopf, nach der Basis und den

Seiten zu etwas größer und an letzteren auch viel dichter punktiert, Hinterwinkel stumpf, die Spitze derselben abgerundet, die Basis ist feiner als die Seiten gerandet. Schildchen glatt, ohne Kiel. Flügeldecken mit kleinem Schulterdorn, die Streifen sind deutlich, die Streifenpunkte kerben nicht die Zwischenräume, diese sind auf dem Rücken leicht konvex, nach den Seiten zu schwach, an der Spitze stärker kielförmig, sie sind gereiht punktiert, an den Seiten aber dichter und stärker. Das Metasternum ist seitlich nicht sehr dicht, in der Mitte noch vereinzelter punktiert, ebenso auch die Schenkel. Die Punktierung des Abdomen ist deutlich stärker und dichter. 1. Glied der Hintertibien ist so lang wie der obere Enddorn und der übrige Fuß. — L. 4 mm.

Peru.

14 **A. transversarius** Ad. Schm. 1909 *A. t.*, Ad Schmidt in: Soc. ent., *v.* **24** p. 43.

Von länglicher, nach hinten verbreiterter Gestalt, schwarz, glänzend, Flügeldecken an den Seiten sehr kurz beborstet. Kopf deutlich, nach vorn zu feiner punktiert, neben dem Vorderrande in schmaler Ausdehnung fast glatt, letzterer sehr leicht ausgerandet, jederseits breit gerundet. Thorax stark quer, mit geraden Seiten und leicht ausgerandeten Hinterwinkeln, die Seitenrandung ist durch Punkte zerstochen, die Basalrandung fein, oberseits mittelstark punktiert, in der Mitte wenig, an den Seiten sehr dicht und runzlig. Das Schildchen ist in der Vorderhälfte leicht gekielt. Der Schulterdorn ist deutlich, die Streifen der Flügeldecken sind tief, ihre Punkte kerben die beiden Ränder der Zwischenräume nur sehr schwach, letztere sind zur Spitze stärker gewölbt, sie sind auf dem Rücken zerstreut, an den Seiten und der Spitze sehr dicht punktiert, an letzterer wie quergerunzelt. Metasternum und Schenkel weniger dicht als das Abdomen punktiert. Der akzessorische Dorn an den Mittel- und Hintertibien ist nur klein, die Randlinie an den Hinterschenkeln ist ganz. Der obere Enddorn an den Hintertibien ist deutlich kürzer als das 1. Tarsenglied, dieses länger als der übrige Fuß. — L. 5 mm.

Bolivien.

15. **A. sculptor** Har. 1868 *A. s.*, Harold in: Col. Hefte, *v.* 4 p. 85 | 1910 *A. s.*, Ad. Schmidt in: Gen. Ins., fasc. 110 p. 109 t. 2 f. 32 (Gesamtbild).

Schwarz, glänzend, Seiten der Flügeldecken kurz beborstet. Kopf hinten sehr deutlich, nach vorn zu feiner und zuletzt verschwindend punktiert, Clipeus ausgerandet, seitlich breit gerundet. Thorax mittelstark punktiert, an den Seiten etwas dichter als in der Mitte, die Seiten, die stumpf abgerundeten Hinterwinkel und die Basis sind gerandet und kurz bewimpert. Der Schulterdorn ist klein, die Flügeldecken sind zur Mitte leicht verbreitert, tief gestreift, die auf dem Rücken nur konvexen Zwischenräume sind an den Seiten und an der Spitze gekielt und in der ganzen Länge gereiht punktiert. Das Metasternum ist seitlich fein gerunzelt, in der Mitte zerstreut wie die Schenkel punktiert, das Abdomen ist dicht punktiert. Oberer Enddorn der Hintertibien ist wenig kürzer als das 1. Tarsenglied, dieses so lang wie der übrige Fuß. — L. 5 mm.

Columbien.

16. **A. oblongus** Horn 1871 *A. o.*, G. Horn in: Tr. Amer. ent. Soc., *v.* 3 p. 286 | 1887 *A. o.*, G. Horn l. c., *v.* 14 p. 81.

Länglich, Seiten nahezu parallel, schwarz, wenig glänzend. Kopf dicht punktiert, nach vorn feiner und hier fast glatt, Clipeus schwach ausgerandet und dann gerundet. Thoraxseiten fast parallel, die Hinterwinkel sind stumpf, die Seiten und Basis deutlich gerandet, die Scheibe ist ziemlich dicht, vorn jedoch feiner, die Seiten sind dicht punktiert. Flügeldecken tief gestreift, die medialen Zwischenräume sind gereiht, die lateralen dichter punktiert. Das Metasternum ist in der Mitte deutlich punktiert, die Seiten sind rauh und matt. Das Abdomen ist dicht, die Schenkel ziemlich dicht punktiert, letztere mit ganzer Randlinie. 1. Glied der Hintertarsen überragt den obern Enddorn. — L. 6 mm (ex G. Horn).

Kalifornien.

17. **A. perforatus** Har. 1867 *A. p.*, Harold in: Col. Hefte, *v.* 1 p. 83.

Von länglicher, nach hinten leicht verbreiterter Gestalt, schwarz, glänzend. Kopf mittelstark, nicht sehr dicht, vorn feiner punktiert. Thorax mit etwas gerundeten Seiten, groß punktiert, in der Mitte etwas zerstreut, seitlich wenig dichter, hinter den Vorderwinkeln und über der Seitenbeule befindet sich je ein flacher Eindruck, die Seiten und Basis sind gerandet und kurz, vereinzelt bewimpert, die Hinterwinkel sind deutlich ausgerandet. Das Schildchen ist in der ganzen Länge gekielt. Die Flügeldecken haben einen kleinen Schulterdorn, die Streifenpunkte greifen gleichmäßig die Ränder der Zwischenräume an, letztere sind fast unpunktiert, zur Spitze deutlich gekielt und ihre Ränder hier leistenartig erhaben. Das Metasternum ist an den Seiten chagriniert, in der Mitte sehr fein, die Schenkel zerstreut und der Hinterleib dichter punktiert. Oberer Enddorn der Hintertibien deutlich kürzer als 1. Tarsenglied, dieses so lang wie der übrige Fuß. — L. 6 mm.

Columbien, Mittelamerika.

18. **A. opatrinus** Har. 1867 *A. o.*, Harold in: Col. Hefte, *v.* 1 p. 82 | 1876 *A. o.*, Harold in: Ann. Soc. ent. Belgique, *v.* 19 CR. p. 96.

In Färbung und Gestalt mit der vorigen Art übereinstimmend, aber durch feinere Punktierung hauptsächlich verschieden. Kopf deutlich, aber nicht dicht punktiert, die Mitte bleibt fast glatt, der Clipeus ist leicht ausgerandet und jederseits gerundet. Thorax auf der Scheibe sehr zerstreut, seitlich dicht und mittelstark punktiert, in der vorderen Hälfte der Scheibe bemerkt man nur die sehr feine Zwischenpunktierung, die Seiten und Basis sind gerandet und bewimpert, die Hinterwinkel sind an der Spitze abgerundet und zur Basis leicht ausgerandet. Der Schulterdorn ist klein, laterad gerichtet, die Streifen der Flügeldecken sind fein, ihre Punkte kerben nur sehr leicht die Ränder der Zwischenräume, diese sind unpunktiert und zur Spitze kielförmig. Die Seiten der Hinterbrust und das Abdomen sind fein gerunzelt, letzteres in der Mitte, besonders an den letzten Segmenten, mit einzelnen Punkten. Metasternalplatte und Schenkel sind fein und zerstreut punktiert, letztere haben eine ganze Randlinie. 1. Glied der Hintertarsen ist wenig länger als oberer Enddorn, aber deutlich kürzer als der übrige Fuß. — L. 6 mm.

Bahia, São João del Rey.

19. **A. robustus** Horn 1871 *A. r.*, G. Horn in: Tr. Amer. ent. Soc., *v.* 3 p. 285 | 1887 *A. r.*, G. Horn l. c., *v.* 14 p. 80.

Durch die Skulptur der Oberseite ausgezeichnet. Von kürzerer und breiterer Gestalt, schwarz, wenig glänzend. Kopf sehr dicht und deutlich bis an den Vorderrand punktiert. Thorax so groß und ebenso dicht wie der Kopf punktiert, mit kurzer, glatter Mittellinie, die Seiten und Basis sind gerandet und vereinzelt bewimpert, die Hinterwinkel sind gerundet. Schulterdorn kräftig, Streifen der Flügeldecken wenig tief, ihre Streifenpunkte kaum wahrnehmbar, die Zwischenräume ganz flach, an der Spitze wenig erhaben, sehr dicht und deutlich punktiert. Unterseite ziemlich dicht und gleichmäßig punktiert. Die Randlinie der Hinterschenkel nimmt nur die halbe Länge ein, der akzessorische Dorn an den Mittel- und Hintertibien zuweilen wenig bemerkbar. Das 1. Glied der Hintertarsen länger als oberer Enddorn, aber kürzer als der übrige Fuß. — L. 4—4,5 mm.

Missouri, Wisconsin, Kansas.

20. **A. opatroides** (Blanch.) 1837—1843 *Oxyomus o.*, Blanchard in: Orbigny, Voy. Amér. mérid., *v.* 6 II p. 185 | 1869 *Ataenius o.*, Harold in: Gemminger & Harold, Cat. Col., *v.* 4 p. 1066 | 1876 *A. o.*, Harold in: Ann. Soc. ent. Belgique, *v.* 19 CR. p. 97 | 1910 *A. o.*, Ad. Schmidt in: Gen. Ins., fasc. 110 p. 108 t. 2 f 33 (Gesamtbild).

Länglich-oval, schwarzbraun, seidenglänzend. Kopf fast glatt erscheinend, nur mikroskopisch fein punktiert, am Hinterrande mit wenigen, etwas größeren Punkten. Thorax längs der Basis und an den Seiten mit zerstreuten, kaum mittelgroßen, außerdem noch mit einzelnen mikroskopisch feinen Punkten bestreut, die Seiten, abgerundete Hinterwinkel und Basis deutlich gerandet. Flügeldecken mit kleinem Schulterdorn und feinen Streifen, ihre Punkte sind flach, kerben aber schwach die Ränder der Zwischenräume, diese flach, an der Spitze etwas gewölbt, sie sind nur mit einzelnen sehr feinen Punkten besetzt. Unterseite mit Ausnahme des Mesosternum glatt und sehr glänzend. Die Randlinie der Hinterschenkel ist kurz, der akzessorische Dorn an den Mittel- und Hintertibien deutlich. Metatarsus länger als oberer Enddorn, kürzer als der übrige Fuß. — L. 5 mm.

Montevideo, Uruguay, Buenos Aires.

21. **A. strigatus** (Say) 1823 *Aphodius s.*, Say in: J. Ac. Philad., *v.* 3 p. 212 | 1848 *A. s.*, S. S. Haldeman in: J. Ac. Philad., ser. 2 *v.* 1 p. 106 | 1869 *Ataenius s.*, Harold in: Gemminger & Harold, Cat. Col., *v.* 4 p. 1067 | 1871 *A. stercorator*, G. Horn (non J. C. Fabricius 1775) in: Tr. Amer. ent. Soc., *v.* 3 p. 286 (part.) | 1887 *A. strigatus*, G. Horn l. c., *v.* 14 p. 69, 82.

Länglich, parallel, schwarzbraun, glänzend. Kopf fein punktiert, am Hinterrande mit etwas größeren Punkten, Clipeus leicht ausgerandet, jederseits abgerundet, hinter dem Vorderrande schwach eingedrückt. Thorax sehr fein punktiert, an der Basis und an den Seiten mit wenigen größeren, mittelstarken Punkten, die Seiten, die stumpf abgerundeten Hinterwinkel und Basis gerandet. Schulterdorn klein, die Streifen der Flügeldecken schmal, ihre Punkte kerben schwach die Ränder der Zwischenräume, diese sehr fein und vereinzelt punktiert, flach, zur Spitze etwas gewölbt. Metasternum in der Mitte glatt, an den Seiten vereinzelt fein punktiert, in den Vorderwinkeln leicht rauh. Abdomen an den Seiten punktiert, in der Mitte fast glatt. Randlinie an den Hinterschenkeln ungefähr bis zur Mitte reichend, Nebendorn der Mittel- und Hintertibien deutlich. Metatarsus etwas länger als oberer Enddorn, aber kürzer als der übrige Fuß. — L. 4—5 mm.

Vereinigte Staaten Nordamerikas, Mexiko, Südamerika.

22. **A. hirsutus** Horn

Diese Art zerfällt in 2 Unterarten:

22a. **A. hirsutus hirsutus** Horn 1871 *A. h.*, G. Horn in: Tr. Amer. ent. Soc., *v.* 3 p. 288 | 1887 *A. h.*, G. Horn l. c., *v.* 14 p. 86.

Glänzend, rotbraun, Thorax gewöhnlich etwas dunkler, Flügeldecken aufstehend behaart. Kopf fein, nicht dicht punktiert, vorn querrissig, Clipeus ausgerandet, jederseits etwas stumpf gerundet. Thorax fein und mittelstark, nicht sehr dicht punktiert, die Punkte werden auf der Scheibe nach vorn etwas feiner, die Seiten, die sehr stumpf abgerundeten Hinterwinkel und Basis gerandet. Schulterdorn klein, Flügeldecken mit tiefen Streifen, die Zwischenräume sind mehr oder weniger konvex, jederseits mit deutlicher Punktreihe. Metasternum und Schenkel glatt, Abdomen nur seitlich punktiert. Randlinie der Hinterschenkel kurz und Nebendorn an den Tibien schwach. Metatarsus so lang wie oberer Enddorn der Hintertibien, aber kürzer als der übrige Fuß. — L. 4—4,5 mm.

Arizona, Mexiko.

22b. **A. hirsutus setiger** Bates 1887 *A. s.*, H. Bates in: Biol. Centr.-Amer., Col. *v.* 2II p. 98.

Rot- bis schwarzbraun, dann aber die Seiten des Halsschildes und der Flügeldecken etwas heller. Thorax auf der Scheibe nur fein, an den Seiten mittelstark, weniger dicht als bei *A. hirsutus hirsutus* Horn punktiert. Die Zwischenräume der Flügeldecken flach oder nur schwach erhaben und wenig deutlich punktiert. — L. 4—4,5 mm.

Mexiko.

23. **A. nugator** Har. 1880 *A. n.*, Harold in: Ent. Zeit. Stettin, *v.* 41 p. 41.

Länglich, parallelseitig, schwarzbraun. Kopf am Hinterrande deutlich, zuweilen auch noch neben der glatten Mitte sehr fein punktiert, vorn querrissig und rot durchscheinend. Thoraxmitte fast ohne Punkte, an den Seiten mit dichter, gedrängter Punktierung, die aber aus größeren und feineren Punkten besteht. Flügeldecken deutlich gestreift, an den Seiten auch deutlich punktiert. — L. 4—4,5 mm (ex Harold).

Columbien.

24. **A. semicornutus** (W. M'Leay) 1871 *Ammoecius s.*, W. Mac Leay in: Tr. ent. Soc. N. S. Wales, *v.* 2 p. 184 | 1904 *Ataenius s.*, Blackburn in: P. R. Soc. Victoria, ser. 2 *v.* 17 p. 159, 164.

Schwarz, glänzend. Kopf längszusammenfließend punktiert, vorn rötlich und schwach runzlig. Clipeus deutlich ausgerandet, jederseits etwas stumpf abgerundet. Thorax mittelstark, nach vorn in der Mitte etwas feiner, an den Seiten dichter punktiert, hinter den Vorderwinkeln und über der Seitenbeule mit je einem flachen Eindruck, die Längsfurche vor dem Schildchen ist breit, aber kurz, die Seiten und die Basis sind gerandet, die stumpf abgerundeten Hinterwinkel sind nach der Basis zu schwach ausgerandet. Schulterdorn deutlich, die Streifenpunkte der Flügeldecken kerben leicht die mediale Seite der Zwischenräume, die medialen sind bis zur Spitze scharf, die lateralen schwächer konvex. Metasternum seitlich und der Hinterleib feiner punktiert als die Metasternalplatte in der Vorderhälfte. Hinterschenkel mit ganzer, aber feiner Randlinie, ein Nebendorn an den Mittel- und Hintertibien fehlt. Oberer Enddorn an den letzteren dem 1. Tarsengliede an Länge gleich, dieses kürzer als der übrige Fuß. — L. 3 mm.

Gayndah.

25. **A. australis** Har. 1875 *A. a.*, Harold in: Col. Hefte, *v.* 13 p. 89 | 1904 *A. a.*, Blackburn in: P. R. Soc. Victoria, ser. 2 *v.* 17 p. 159.

Länglich, parallelseitig, wenig glänzend, schwarzbraun. Kopf längszusammenfließend punktiert, Clipeus hinter dem Vorderrande, der sehr schwach ausgerandet und in der Mitte etwas nach oben gebogen ist, leicht querrunzlig. Thorax an den Seiten sehr, in der Mitte weniger dicht mittelstark punktiert, die Längsfurche vor dem Schildchen erreicht nicht den Vorderrand, Hinterwinkel stumpf, nach der Basis leicht ausgerandet. Flügeldecken mit deutlichem Schulterdorn, die Streifenpunkte greifen nur die mediale Seite der gekielten Zwischenräume an. Metasternum an den Seiten fein runzlig, die Mitte desselben ist so groß wie das Abdomen, aber beide nicht sehr dicht punktiert, die Abdominalsegmente zeigen am Vorderrande sehr deutliche Riefen, die Schenkel sind nur neben dem Knie vereinzelt punktiert. 1. Glied der Hintertarsen so lang wie oberer Enddorn, aber etwas kürzer als der übrige Fuß. — L. 4—4,5 mm.

Südaustralien.

26. **A. horticola** Har. 1869 *A. h.*, Harold in: Abeille, *v.* 5 p. 429 | 1870 *Euparia cypria*, Baudi in: Berlin. ent. Z., *v.* 14 p. 68 | 1870 *Ataenius cyprius*, Harold in: Col. Hefte, *v.* 6 p. 119 | 1875 *Psammodius alleoni*, L. Fairmaire in: Bull. Soc. ent. France, ser. 5 *v.* 5 p. 193 | 1892 *Ataenius horticola*, Reitter in: Verh. Ver. Brünn, *v.* 30 p. 169.

In der länglichen, parallelseitigen Gestalt und der Färbung mit der vorigen Art übereinstimmend. Kopf sehr fein, nicht dicht punktiert, Clipeus deutlich ausgerandet, jederseits abgerundet. Thorax hinter den Vorderwinkeln verflacht, letztere abgerundet, die Hinterwinkel sind zur Basis ausgerandet, letztere und die Seiten mit deutlicher Randung, Oberseite groß punktiert, in der Mitte etwas zerstreuter, mit feinen Punkten untermischt, an den Seiten dichter, vor dem Schildchen mit kurzer Längsfurche und über der Mitte der Seiten mit einem rundlichen Eindruck. Flügeldecken mit scharfem Schulterdorn, die Streifenpunkte nicht sehr dicht stehend, sie kerben kaum die Ränder der Zwischenräume, letztere auf dem Rücken sehr schwach gekielt, an den Seiten und der Spitze gewölbt, unpunktiert. Metasternum, Schenkel und Abdomen vereinzelt punktiert, letzteres nur an den Seiten und hier viel breiter als in der Mitte gerieft. 1. Glied der Hintertarsen so lang wie der obere Enddorn, aber kürzer als der übrige Fuß. — L. 4,5—5 mm.

Griechenland, Türkei, Syrien, Armenien, Transkaukasien.

27. **A. semicoecus** (W. M'Leay) 1888 *Ammoecius s.*, W. Mac Leay in: P. Linn. Soc. N. S. Wales, ser. 2 *v.* 3 p. 904 | 1904 *Ataenius s.*, Blackburn in: P. R. Soc. Victoria, ser. 2 *v.* 17 p. 161, 169.

Länglich, parallel, glänzend, schwarzbraun. Kopf fein punktiert, der vordere Teil desselben querrunzlig, Clipeus schmal ausgerandet und beiderseits abgerundet. Thorax an den Seiten sehr dicht und deutlich, die Scheibe nur fein punktiert, die Seiten, die stumpf abgerundeten Hinterwinkel und Basis gerandet. Schulterdorn klein, die Streifenpunkte greifen die mediale Seite der Zwischenräume an, diese zur Spitze kielförmig. Metasternum vereinzelt, Abdomen dichter, nicht stark punktiert. Oberer Enddorn der Hintertibien dem 1. Tarsengliede gleich, dieses kürzer als der übrige Fuß. — L. 4 mm.

King-Sund.

28. **A. perbrevitarsis** Ad. Schm. 1909 *A. p.*, Ad. Schmidt in: Soc. ent., *v.* 24 p. 43.

Durch die Form der Tibien und die Kürze der Tarsen nähert sich diese Art der Gattung *Cnematoplatys* Ad. Schm. (26. Gen.), aber der sonstige Habitus spricht mehr für die Zugehörigkeit zu *Ataenius* Har.

Schwarzbraun, glänzend. Kopf am Hinterrande fein, vor der deutlichen Stirnlinie sehr fein punktiert, Clipeus sehr leicht ausgerandet, jederseits gerundet. Thorax ziemlich dicht, kaum mittelstark, nach vorn noch feiner punktiert, die Seiten, abgestutzte Hinterwinkel und Basis gerandet. Flügeldecken mit großem Schulterdorn und tiefen Streifen, Streifenpunkte groß, sie kerben deutlich die Ränder der Zwischenräume, diese sind auf dem Rücken leicht, an den Seiten und der Spitze stärker konvex, vereinzelt punktiert. Metasternum und Abdomen, letzteres in der Mitte etwas feiner punktiert. Mittel- und Hinterschenkel am Hinterrande mit scharfer Kante. Mittel- und Hintertibien nicht zur Spitze verbreitert, flach gedrückt, in der Spitzenhälfte gleichbreit, am Endrande laterad in einen Dorn ausgezogen, Tarsen deutlich kürzer als die Tibien, oberer Enddorn der Hintertibien fast so lang wie 2 Tarsenglieder, das 1. Glied ist etwas länger als das 2. — L. 3 mm.

Kamerun.

29. **A. crenulatus** Ad. Schm. 1910 *A. c.*, Ad. Schmidt in: D. ent. Z., p. 359.

Schwarzbraun, oberseits wenig glänzend. Kopf dicht, deutlich punktiert, Clipeus ausgerandet, beiderseits leicht stumpf abgerundet. Thorax sehr dicht punktiert, hinter dem Vorderrande so groß wie am Hinterkopfe, nach der Basis zu etwas größer, die Seiten und Basis sind gerandet, letztere und die abgestutzten Hinterwinkel bewimpert. Schulterdorn klein, die Streifenpunkte der Flügeldecken sind wenig tief, die Zwischenräume gekielt und chagriniert, die Kante der Kiele ist wenig wahrnehmbar behaart. Metasternum, Schenkel und Abdomen sind ziemlich dicht punktiert. Hinterschenkel haben eine ganze Randlinie, ein akzessorischer Dorn an den Tibien fehlt. 1. Glied der Hintertarsen länger als oberer Enddorn, aber kürzer als der übrige Fuß. — L. 4 mm.

Rio Grande do Sul, Argentinien.

30. **A. ovatulus** Horn 1871 *A. o.*, G. Horn in: Tr. Amer. ent. Soc., *v.* 3 p. 286 | 1887 *A. o.*, G. Horn l. c., *v.* 14 p. 78.

Von robuster, mäßig konvexer Gestalt, nicht vollglänzend, schwarzbraun. Kopf dicht und deutlich punktiert, die Punkte nach vorn zuweilen plötzlich feiner, Clipeus hinter dem Vorderrande schwach eingedrückt, leicht ausgerandet und jederseits breit gerundet. Scheibe des Halsschildes ziemlich dicht, vorn etwas feiner, an den Seiten sehr dicht punktiert und matt. Schulterdorn klein, Streifen der Flügeldecken tief, mit Querpunkten gefüllt, die Zwischenräume konvex, zur Spitze kielförmig und hier undeutlich punktiert. Metasternum und Abdomen deutlich, nicht dicht punktiert. 1. Glied der Hintertarsen etwas länger als oberer Enddorn. — L. 3,5 mm (ex G. Horn).

Pennsylvanien bis Louisiana.

31. **A. striatocrenatus** (Fairm.) 1889 *Oxyomus s.*, L. Fairmaire in: Ann. Soc. ent. France, ser. 6 *v.* 9 p. 14.

Durch die Form des Clipeus und des Halsschildes ausgezeichnet. Länglich, auf dem Rücken flach, an den Seiten stark herabgewölbt, schwarz, glänzend. Kopf flach, vorn undeutlich abgestutzt, nicht ausgerandet, kurz bewimpert, dicht, mehr als mittelstark, teilweise zusammenfließend, nach vorn zu etwas feiner punktiert, vor dem fein punktierten Hinterrande befindet sich ein schmaler, glatter Querstreifen. Thorax am Hinterrande schmaler als vorn, die Seiten und Basis sind gerandet, die Vorderwinkel ziemlich spitz hervorgezogen, die Hinterwinkel sind stumpf gerundet, sie sind zur Basis schwach ausgerandet, eine flache Ausrandung zeigt auch der Seitenrand vor den Hinterwinkeln, die Oberseite ist mehr als mittelgroß, unregelmäßig verteilt punktiert, so daß in der Mitte einzelne glatte Stellen bleiben, die Seiten sind dichter punktiert, aber etwas feiner als die Mitte, hinter den Vorderwinkeln befindet sich eine schmale Verflachung, die bis zur Mitte hinauf reicht. Flügeldecken nach hinten deutlich verbreitert, Schulterzahn kräftig, Streifen vertieft, mit etwas queren Punkten, welche die beiden Ränder der flachen, fein punktierten Zwischenräume angreifen. Abdomen fein punktiert. Die beiden Enddorne an den Hintertibien fast gleichlang, der obere ist dem 1. Tarsengliede an Länge gleich. — L. 7 mm.

Moupin.

32. **A. purator** Har. 1868 *A. p.*, Harold in: Col. Hefte, *v.* 4 p. 85.

Glänzend, schwarzbraun. Kopf glatt, am Hinterrande fein punktiert. Thorax stark, unregelmäßig verteilt und stark punktiert, an der Basis deutlich gerandet. Flügeldecken punktiert-gestreift, Zwischenräume glatt, konvex. — L. 4,5 mm (ex Harold).

Pará.

33. **A. modestus** Ad. Schm. 1912 *A. m.*, Ad. Schmidt in: Arch. Naturg., *v.* 78 A fasc. 7 p. 199.

Schwarz oder schwarzbraun, Vorderkopf und Vorderwinkel des Halsschildes etwas heller. Kopf zum größten Teil fein punktiert, an den Seiten und vorn leicht querrunzlig, Clipeus ausgerandet, beiderseits abgerundet. Thorax ziemlich dicht, kaum mittelstark, in der Mitte nach vorn zu etwas feiner, an den Seiten sehr dicht punktiert, die Längsvertiefung vor dem Schildchen kurz, zuweilen sehr undeutlich oder auch fehlend. Schulterdorn klein, Flügeldecken nicht tief gestreift, die Streifenpunkte kerben schwach den medialen Rand der wenig erhabenen Zwischenräume. Metasternum wenig dicht, Abdomen dichter punktiert, die Schenkel sind fast glatt, die Randlinie fehlt an den Hinterschenkeln. Oberer Enddorn der Hintertibien kürzer als 1. Tarsenglied, dieses nicht so lang wie der übrige Fuß. — L. 3 mm.

Chile.

34. **A. elongatus** (Palis.) 1805 (?) *Scarabaeus e.*, Palisot, Ins. Afr. Amér., fasc. p. 104 t. 3c f. 8 (Gesamtbild) | 1889 *Ataenius e.*, Fleutiaux & Sallé in: Ann. Soc. ent. France, ser. 6 *v.* 9 p. 397.

Durch die glatte Oberseite ist diese Art charakterisiert. Schwarz, matt glänzend. Kopf sehr fein, nicht dicht punktiert, vorn sehr schwach querrissig, neben der Ausrandung abgerundet. Thorax sehr flach, wie der Kopf punktiert, die Randung an den Seiten und der Basis deutlich, die Hinterwinkel sind leicht abgestutzt. Flügeldecken mit kleinem Schulterdorn, ihre Streifen sind fein, die Streifenpunkte nur bei seitlicher Ansicht schwach sichtbar, Zwischenräume leicht konvex, fein chagriniert und sehr fein punktiert. Unterseite gleichfalls nur sehr fein punktiert. Die Randlinie der Hinterschenkel fehlt, ebenso der Nebendorn an den Hintertibien. Oberer Enddorn der letzteren dem 1. Tarsengliede gleich, dieses kürzer als der übrige Fuß. — L. 5 mm.

St. Domingo, Guadeloupe.

35. **A. derbesis** (Sol.) 1851 *Aphodius d.*, Solier in: Gay, Hist. Chile, Zool. *v.* 5 p. 72 | 1858 *Euparia rubripes*, Boheman in: Eugenies Resa, *v.* 1 p. 51 | 1867 *Ataenius derbesis*, Harold in: Berlin. ent. Z., *v.* 11 p. 280 | 1876 *A. d.*, Harold in: Ann. Soc. ent. Belgique, *v.* 19 CR. p. 94.

Schwarzbraun, glänzend. Kopf hinten fein punktiert, in der Vorderhälfte querrissig, Clipeus deutlich ausgerandet, jederseits etwas stumpf abgerundet. Thorax fein, sehr deutlich und auch ziemlich dicht punktiert, an den Seiten und der Basis gerandet, erstere und die abgestutzten Hinterwinkel ziemlich lang bewimpert. Schulterdorn der Flügeldecken wenig bemerkbar, die Streifenpunkte kerben leicht die beiden Ränder der Zwischenräume, diese fast flach, zur Spitze etwas erhaben, ziemlich dicht fein punktiert. Die Seiten des Metasternum und des Abdomen mit einzelnen großen Punkten, Metasternalplatte und Schenkel sehr fein punktiert. Randlinie der Hinterschenkel kurz und schwach. Oberer Enddorn der Hintertibien dem Metatarsus gleich, dieser ist leicht gebogen und kürzer als der übrige Fuß. — L. 4—4,5 mm.

Chile, Buenos Aires, Australien

36. **A. socialis** Horn 1871 *A. s.*, G Horn in: Tr. Amer. ent. Soc., *v.* 3 p. 287 | 1874 *A. s.*, Harold in: Berlin. ent Z., *v.* 18 p. 174 | 1887 *A. s.*, G. Horn in: Tr. Amer. ent. Soc., *v.* 14 p. 76.

Rotbraun, glänzend. Kopf hinten punktiert, vorn querrissig, Clipeus sehr wenig ausgerandet, jederseits breit gerundet. Thorax fein und mittelstark, wenig dicht punktiert, die Seiten, die abgerundeten Hinterwinkel und Basis gerandet und bewimpert. Schultern der Flügeldecken ohne Dorn, die Streifen deutlich, mit leicht kerbenden, schwachen Streifenpunkten, Zwischenräume sehr fein und vereinzelt punktiert, an der Spitze mehr erhaben. Die ganze Unterseite ist fein und vereinzelt punktiert. Hinterschenkel nur mit angedeuteter Randlinie. Die Tarsenglieder sind schwach und verlängert, das 1. Glied der Hintertarsen ist länger als der obere Enddorn, ungefähr so lang wie die 3 folgenden Glieder. Die Geschlechtsunterschiede sollen nach Harold folgende sein: ♂. Kopf sehr kurz, hinten fast so breit wie der Thorax, vorn glatt. Thorax fast kreisförmig, Basismitte ohne Rand. Vordertibien nur mit 2 Lateralzähnen, der Enddorn ist gleichbreit, an der Spitze abwärts und nach hinten gekrümmt. ♀. Kopf weniger quer, vorn fein gerunzelt. Thorax schmaler, dichter und grob punktiert, Basis ist ganz gerandet. Vordertibien mit 3 Außenzähnen und geradem, spitzem Enddorne. — L. 4—5 mm.

Georgia, Louisiana, Texas.

37. **A. glabriventris** Ad. Schm. 1911 *A. g.*, Ad. Schmidt in: Soc. ent., *v.* 26 p. 52.

Schwarz, glänzend. Kopf am Hinterrande deutlich, nach vorn feiner punktiert, die Vorderhälfte ist querrissig, der Clipeus ist breit, aber schwach ausgerandet und jederseits abgerundet. Thorax an den Seiten, den abgerundeten Hinterwinkeln und der Basis gerandet, er ist fein und etwas stärker, ziemlich dicht punktiert, die großen Punkte stehen an den Seiten gedrängter. Der Schulterdorn ist unbedeutend, die Streifenpunkte der Flügeldecken sind fein, wenig kerbend und die Zwischenräume schwach konvex. Metasternum an den Seiten fein runzlig und vereinzelt lang behaart, Metasternalplatte, Schenkel und Abdomen glatt. 1. Glied der Hintertarsen etwas länger als oberer Enddorn, fast so lang wie der übrige Fuß. — L. 4,5 mm.

Mexiko.

38. **A. orbicularis** Ad Schm. 1887 *A liogaster* (part.) + *A. l.* var. *castanellus* (part.), H Bates in Biol Centr.-Amer, Col. *v.* 2 II p 98, 95 | 1914 *A. orbicularis*, Ad. Schmidt in: Rechinger in Denk Ak Wien, *v.* 89 p. 697.

Länglich, parallelseitig, glänzend, schwarzbraun. Kopf am Hinterrande deutlich, davor etwas feiner punktiert, der übrige Teil ist quergerieft, Clipeus breit ausgerandet und beiderseits abgerundet. Thorax sehr fein und mittelstark, wenig dicht punktiert, die Seitenbeule ist glatt, die Seiten, die sehr breit gerundeten Hinterwinkel und Basis gerandet, vereinzelt und sehr kurz bewimpert. Schulterdorn mäßig groß, die Streifenpunkte der Flügeldecken kerben den medialen nach den Seiten zu auch den lateralen Rand der Zwischenräume, diese sind wenig, nur an der Spitze stärker konvex und sehr fein vereinzelt punktiert. Metasternum mit Ausnahme der chagrinierten Vorderwinkel glatt, die Metasternalplatte und die Seiten des Abdomen sind fein punktiert. 1. Glied der Hintertibien etwas länger als oberer Enddorn, deutlich kürzer als der übrige Fuß. ♂. Enddorn der Vordertibien mit nach innen gebogener Spitze, Thorax vorn gerundet erweitert. — L. 3,5—4,5 mm.

Samoa, Mexiko, Mittelamerika.

Die Art, die Bates als *A. liogaster* beschreibt, steht mir in mehreren Exemplaren zur Verfügung, sie erwies sich bei der Untersuchung als eine Mischart. Die Stücke mit den ganz gerundeten Hinterwinkeln des Halsschildes gehören zu *A. orbicularis* Ad. Schm., die mit den stumpf abgerundeten Hinterwinkeln zu *A. cognatus* Lec.

39. **A. pusillus** (Burm.) 1877 *Euparia pusilla*, Burmeister in: Ent. Zeit. Stettin, *v.* 38 p. 410 | 1908 *Ataenius pusillus*, Ad. Schmidt in: D. ent. Z., suppl. p. 94.

Von schlanker, parallelseitiger Gestalt und schwarzbrauner Färbung. Kopf fein, hinten wenig stärker punktiert, vorn fein querrissig, Clipeus breit, wenig tief ausgerandet, beiderseits stumpf gerundet. Thorax sehr fein und mittelstark, auf der Scheibe zerstreuter, seitlich viel dichter punktiert, die Seiten, die stumpf abgerundeten Hinterwinkel und Basis gerandet. Schultern ohne Dorn, nur scharf gerandet, die Streifen der Flügeldecken fein wie die Streifenpunkte, diese kerben nur seitlich die Ränder der Zwischenräume, dieselben sind leicht, an der Spitze etwas deutlicher gewölbt. Unterseite glatt. 1. Glied der Hintertibien länger als oberer Enddorn, aber kürzer als der übrige Fuß. — L. 3 mm.

Argentinien.

40. **A. puncticollis** (L. Lec.) 1858 *Euparia p.*, L. Le Conte in: P. Ac. Philad., p. 66 | 1887 *Ataenius p.*, G. Horn in: Tr. Amer. ent. Soc., *v.* 14 p. 77.

Wenig glänzend, parallelseitig, rotbraun. Kopf deutlich punktiert, vorn querrissig, breit ausgerandet und jederseits abgerundet. Thorax deutlich, nicht sehr dicht, nach dem Vorderrande zu feiner punktiert, die Seiten, die stumpf abgerundeten Hinterwinkel und Basis gerandet. Schultern ohne Dorn, Flügeldecken fein gestreift, Streifenpunkte fehlen, Zwischenräume flach, unregelmäßig gereiht punktiert. Abdomen sparsam, in der Mitte feiner punktiert. Hinterschenkel mit ganzer Randlinie. — L. 4 mm (ex G. Horn).

Texas, El Paso.

41. **A. platensis** (Blanch.) 1837—1843 *Oxyomus p.*, Blanchard in: Orbigny, Voy. Amér. mérid., *v.* 6 II p. 185 | 1868 *Ataenius integer*, Harold in: Col. Hefte, *v.* 3 p. 86 | 1876 *A. platensis*, Harold in: Ann. Soc. ent. Belgique, *v.* 19 CR. p. 95 | 1910 *A. p.*, Ad. Schmidt in: Gen. Ins., fasc. 110 p. 109 t. 3 f. 34 (Gesamtbild).

Schwarzbraun, nach den Seiten mehr rotbraun oder zuweilen auch ganz in dieser Färbung. Der größte Teil des Kopfes ist quergerunzelt, nur hinten mit einigen feinen Punkten besetzt, Clipeus deutlich ausgerandet, jederseits stumpf abgerundet. Thorax fein und ziemlich dicht punktiert, vor der Basis und an den Seiten. mit einzelnen großen Punkten, die Seitenbeule tritt deutlich hervor, sie ist ohne große Punkte, die Seiten, die abgerundeten Hinterwinkel und Basis bewimpert und gerandet. Schulterdorn sehr klein, Streifenpunkte nur an den Seiten und vor der Spitze deutlich, Zwischenräume leicht gewölbt. Metasternum und Abdomen in der Mitte fein, letzteres seitlich mit einigen größeren Punkten. Vordertibien kräftig, Mittel- und Hintertibien an der Spitze deutlich verbreitert, oberer Enddorn an den letzteren länger als 1. Tarsenglied, dieses verdickt, leicht gebogen, kürzer als der übrige Fuß. — L. 4—4,5 mm.

Argentinien, Brasilien, Buenos Aires, Montevideo.

42. **A. limbatus** Bates 1887 *A. l.*, H. Bates in: Biol. Centr.-Amer., Col. *v.* 2II p. 98.

Durch die schwarzbraune, nach den Seiten zu heller werdende Färbung der Oberseite hat diese Art Ähnlichkeit mit *A. platensis* Blanch., aber durch die Punktierung des Halsschildes vollständig abweichend. Kopf fein punktiert, vorn fein querrunzlig, Clipeus ausgerandet und jederseits abgerundet, hinter dem Vorderrande eingedrückt. Thorax vorn so fein wie der Kopf, nach hinten und den Seiten zu größer, nämlich mittelstark und ziemlich dicht punktiert, die Seiten, die stumpf abgerundeten Hinterwinkel und Basis gerandet. Schildchen in der Mitte schwach gekielt. Schulterdorn klein, die Streifenpunkte der Flügeldecken greifen leicht die mediale Seite der schwach konvexen Zwischenräume an. Metasternum in der Mitte mit einigen feinen Punkten, das Abdomen ist in der ganzen Breite deutlich punktiert. 1. Glied der Hintertarsen länger als oberer Enddorn, aber kürzer als der übrige Fuß. — L. 4—4,5 mm.

Mexiko.

43. **A. aequalis** Har. 1880 *A. a.*, Harold in: Ent. Zeit. Stettin, *v.* 41 p. 40.

Schwarzbraun, von etwas breiter Gestalt, glänzend, Flügeldecken an den Seiten kurz behaart. Kopf zum großen Teile fein querrissig, am Hinterrande fein punktiert, Clipeus ausgerandet, die Ecken abgerundet. Thorax ziemlich dicht, mittelstark, nach vorn ein wenig feiner punktiert, die Seiten und die stumpf abgerundeten Hinterwinkel und Basis gerandet und bewimpert. Schulterdorn klein, Streifen der Flügeldecken tief, ihre Punkte greifen schwach die mediale Seite der Zwischenräume an, diese konvex, zur Spitze leicht gekielt, auf dem Rücken sehr fein und vereinzelt, an den Seiten dichter und deutlicher punktiert. Hinterschenkel ohne Randlinie. Metasternum glatt, Abdomen in der ganzen Breite, aber in der Mitte etwas feiner als seitlich punktiert. Oberer Enddorn der Hintertibien so lang wie der Metatarsus. — L. 4 mm.

Columbien.

44. **A. figurator** Har. 1874 *A. f.*, Harold in: Col. Hefte, *v.* 12 p. 24 | 1887 *A. f.*, G. Horn in: Tr. Amer. ent. Soc., *v.* 14 p. 79.

Schwarzbraun, Vorderkopf und Seiten des Halsschildes etwas heller. Kopf fein, nicht dicht punktiert, vorn querrissig, Clipeus ausgerandet und jederseits abgerundet. Thorax sehr fein punktiert, mit zerstreuten, kaum mittelgroßen Punkten. die an den Seiten etwas dichter stehen, untermischt, die Seiten, die stumpf abgerundeten Hinterwinkel und die Basis gerandet und verhältnismäßig lang bewimpert. Schulterdorn sehr klein, Flügeldecken fein gestreift, Streifenpunkte fein, Zwischenräume flach, an der Spitze erhaben

Metasternum glatt, Abdomen in der Mitte etwas feiner als seitlich punktiert. Randlinie der Hinterschenkel kurz und fein. Oberer Enddorn der Hintertibien fast so lang wie der Metatarsus, dieser kürzer als der übrige Fuß. — L. 4 mm.

Nordamerika, Mexiko.

45. **A. gracilis** (Melsh.) 1844 *Oxyomus g.*, Melsheimer in: P. Ac. Philad., *v.* 2 p. 137 | 1851 *Aphodius chilensis*, Solier in: Gay, Hist. Chile, Zool. *v.* 5 p. 72 t. 16 f. 1 (Gesamtbild) | 1867 *Ataenius gracilis*, Harold in: Berlin ent. Z., *v.* 11 p. 281 | 1887 *A. g.*, G. Horn in: Tr. Amer. ent. Soc., *v.* 14 p. 79.

Von schlanker, flacher Gestalt, schwarzbraun, zuweilen auch die Flügeldecken rotbraun. Kopf hinten einfach, der übrige Teil sehr fein, längszusammenfließend punktiert, Clipeus nicht tief ausgerandet, seitlich stumpf abgerundet, hinter den Vorderwinkeln eingedrückt. Thorax auf der Scheibe ziemlich dicht und fein, nach hinten und an den Seiten etwas größer, an letzteren sehr dicht punktiert, hinter den Vorderwinkeln und in der Mitte der Seiten, etwas höher hinauf mit je einem flachen Eindruck, die Seitenbeule tritt deutlich hervor, die Seiten, die abgerundeten Hinterwinkel und Basis gerandet, vor dem Schildchen befindet sich eine Längsfurche, die nicht den Vorderrand erreicht. Flügeldecken mit kleinem Schulterdorn, ihre Streifen sind tief, breiter als die in ihrer ganzen Länge scharf konvexen Zwischenräume, diese sind punktiert. Unterseite punktiert, selten die Metasternalplatte mit feineren Punkten als das Abdomen. Randlinie der Unterschenkel sehr kurz und undeutlich. Metatarsus länger als oberer Enddorn, aber kürzer als der übrige Fuß. — L. 3 mm.

Pennsylvanien, Cuba, Porto Rico, Guadeloupe, Columbien, Peru, Chile, Kongo.

46. **A. wenzeli** Horn 1887 *A. w.*, G. Horn in: Tr. Amer. ent. Soc., *v.* 14 p. 77.

Mäßig länglich und konvex, parallelseitig, schwarzbraun. Kopf hinten deutlich, nach vorn zerstreuter und feiner punktiert, Clipeus schwach ausgerandet, jederseits breit gerundet. Thorax in der Basalhälfte deutlich, in den Vorderwinkeln und vorn auf der Scheibe feiner punktiert, die Seiten, die abgerundeten Hinterwinkel und Basis gerandet. Schulterdorn fein, Streifen der Flügeldecken mäßig tief, wenig deutlich punktiert, Zwischenräume vorn flach, zur Spitze gekielt, die mediale Seite derselben wird tief von den Streifenpunkten angegriffen. Metasternum und Abdomen deutlich, letzteres in der Mitte feiner punktiert. Metatarsus etwas länger als oberer Enddorn. — L. 4,5 mm (ex G. Horn).

Atlantic City, Florida, Colorado.

47. **A. elegans** Har. 1868 *A. e.*, Harold in: Col. Hefte, *v.* 3 p. 85.

Rotbraun, Flügeldecken wenig glänzend, länglich, konvex. Kopf dicht punktiert, vorn sehr schmal und leicht eingedrückt, Clipeus wenig ausgerandet, jederseits abgerundet. Thorax vorn so groß wie der Kopf punktiert, die Punkte werden nach der Basis und den Seiten zu größer und stehen hier ziemlich dicht, die Seiten, die stumpfen Hinterwinkel und Basis gerandet und spärlich bewimpert. Schildchen rauh, die Mitte ist leicht erhaben. Schultern mit sehr kleinem Dorn, Flügeldecken tief und schmal gestreift, die Zwischenräume sind in der Mitte scharf gekielt, ihre Ränder neben den vertieften Streifen sind fein leistenartig erhaben und gekerbt, Metasternum, Schenkel und Abdomen sind ziemlich dicht punktiert, eine Randlinie fehlt den Hinterschenkeln. Metatarsus ist so lang wie der obere Enddorn, aber kürzer als der übrige Fuß. — L. 3 mm.

Brasilien.

48. **A. ceylonensis** Ad. Schm. 1912 *A. c*, Ad. Schmidt in: Arch. Naturg., *v.* 78 A fasc 7 p. 199.

Schwarz, Flügeldecken schwarzbraun, glänzend. Kopf stark gewölbt, dicht und deutlich, nach vorn feiner punktiert, Clipeus sehr schwach ausgerandet, jederseits abgerundet, der Vorderrand desselben in der Mitte winklig nach oben gebogen und verbreitert. Thorax nicht sehr dicht, mittelstark punktiert, die Seiten, die stumpf abgerundeten Hinterwinkel und Basis deutlich gerandet. Schildchen in der Mitte mit undeutlichem Längskiel. Schulterdorn klein, die Streifen der Flügeldecken tief, ihre Punkte kerben leicht die Ränder der konvexen Zwischenräume, diese sind an der Spitze sehr deutlich punktiert. Metasternum und Schenkel sind glatt, das Abdomen ist in der Mitte fein, seitlich dicht und mittelstark punktiert. Die Hinterschenkel sind ohne Randlinie. Metatarsus ist etwas länger als oberer Enddorn und dem übrigen Fuß an Länge gleich. — L. 5,5 mm.

Ceylon.

49. **A. speculator** Blackb. 1891 *A. s.*, Blackburn in: Tr. R. Soc. S. Austral., *v.* 14 p. 135 | 1904 *A. s.*, Blackburn in: P. R. Soc. Victoria, ser. 2 *v.* 17 p. 159.

Wenig glänzend, nach hinten leicht verbreitert, Thorax mehr niederliegend, Flügeldecken aufstehend beborstet. Kopf dicht, zusammenfließend punktiert, neben dem Vorderrande glatt, Clipeus schmal ausgerandet, beiderseits breit gerundet. Thorax sehr dicht, mittelstark punktiert, hinter den Vorderwinkeln mit rundlichem Eindruck, die Hinterwinkel sind stumpf abgerundet und zur Basis leicht ausgerandet, die Seiten und Basis sind gerandet und kurz bewimpert. Schulterdorn klein, Streifen der Flügeldecken schmal und tief, die Streifenpunkte dringen tief in die konvexen Zwischenräume ein, diese erscheinen dadurch von hinten gesehen wie quergefaltet. Metasternum an den Seiten und das Abdomen dicht, Metasternalplatte weniger dicht, aber sehr deutlich punktiert. Hinterschenkel fast glatt, mit kurzer Randlinie. Metatarsus dem obern Enddorne an Länge gleich, aber kürzer als der übrige Fuß. — L. 4 mm.

Victoria.

50. **A. brevicollis** (Woll.) 1854 *Oxyomus b.*, Wollaston, Ins. Mader., p. 229 | 1869 *Ataenius b.*, Harold in: Gemminger & Harold, Cat. Col., *v.* 4 p. 1066.

Schwarz, glänzend. Kopf sehr fein, am Hinterrande etwas deutlicher punktiert, Clipeus rötlich durchscheinend, leicht ausgerandet, jederseits abgerundet. Thorax kaum mittelstark, dicht, in der Mitte der Scheibe zerstreuter und nach vorn feiner punktiert, die Seiten, die sehr stumpf abgerundeten Hinterwinkel und Basis gerandet und sehr kurz bewimpert. Flügeldecken mit sehr kleinem Schulterdorn, die Streifen derselben sind tief, ihre Punkte kerben kaum die Ränder der konvexen Zwischenräume, diese sind nach den Seiten zu gereiht punktiert. Metasternum fein, Abdomen etwas deutlicher punktiert. Die Randlinie der Hinterschenkel nimmt nur die halbe Länge ein. Metatarsus länger als oberer Enddorn, fast so lang wie der übrige Fuß. — L. 4 mm.

Madeira, Canarische Inseln.

51. **A. tremolerasi** Ad. Schm. 1911 *A. t.*, Ad. Schmidt in: Ent. Zeit. Stettin, *v.* 72 p. 83.

Tief dunkel rot- oder schwarzbraun, sehr glänzend, oberseits fast glatt, die Seiten der Flügeldecken sind fein behaart. Kopf äußerst fein, wenig dicht punktiert, Clipeus sehr deutlich, aber schmal ausgerandet und jederseits abgerundet. Thorax sehr fein punktiert, an den Seiten und den etwas abgestutzten Hinterwinkeln gerandet und bewimpert, die Basis ist deutlich gerandet. Flügeldecken mit spitzem Schulterdorn, ihre Streifen sind deutlich, aber nicht tief, Streifenpunkte wenig bemerkbar, Zwischenräume vorn fast flach, zur Spitze fein gekielt. Metasternum glatt, Abdomen an den Seiten mit vereinzelten Punkten, das letzte Segment ist in der ganzen Breite punktiert. Hinterschenkel sind ohne Randlinie. Metatarsus ist dem obern Enddorne gleich, aber etwas kürzer als der übrige Fuß. — L. 4,5 mm.

Montevideo.

52. **A. terminalis** (Chevr.)

Diese Art zerfällt in 2 Unterarten:

52a. **A. terminalis terminalis** (Chevr.) 1864 *Auperia t.*, Chevrolat in: Ann. Soc. ent. France, ser 4 *v.* 4 p. 414 | 1869 *Ataenius t.*, Harold in: Gemminger & Harold, Cat. Col., *v.* 4 p. 1067.

Schwarzbraun, Spitze der Flügeldecken rötlich. Kopf fein punktiert, Clipeus ausgerandet und jederseits abgerundet. Thorax fein punktiert, dazwischen mit etwas größeren Punkten, diese stehen entweder nur an den Seiten oder auch auf der Scheibe, aber niemals sehr dicht, die Seiten, die stumpf abgerundeten Hinterwinkel und Basis gerandet und deutlich bewimpert. Flügeldecken mit sehr kleinem Schulterdorn, deutlich gestreift, ihre Streifenpunkte wenig wahrnehmbar, Zwischenräume mehr oder weniger erhaben. Metasternum glatt, Abdomen in der Mitte fein, seitlich wenig deutlich punktiert. Hinterschenkel sind ohne Randlinie. Metatarsus kaum länger als oberer Enddorn, kürzer als der übrige Fuß. — L. 4 mm.

Cuba, Guadeloupe, Antillen.

52b. **A. terminalis ciliatus** (Chevr.) 1864 *Auperia t.* var. *ciliata*, Chevrolat in: Ann. Soc. ent. France, ser. 4 *v.* 4 p. 414 | 1869 *Ataenius t.* var. *ciliatus*, Harold in: Gemminger & Harold, Cat. Col., *v.* 4 p. 1067.

Flügeldecken ganz hell kastanienbraun.

Vorkommen mit der Stammart.

53. **A. palmerstoni** Blackb. 1891 *A. p.*, Blackburn in: Tr. R. Soc. S. Austral., *v.* 14 p. 135 | 1904 *A. p.*, Blackburn in: P. R. Soc. Victoria, ser. 2 *v.* 17 p. 159.

Schmal und parallelseitig, nicht vollglänzend, schwarz. Kopf sehr fein und dicht punktiert, Clipeus ausgerandet und jederseits abgerundet. Thorax stark, etwas rauh punktiert, Hinterwinkel zahnartig, die Mitte der Basis ist lappig hervorgezogen. Flügeldecken in den Streifen granuliert, die Zwischenräume sind schmal und rippenförmig, Schultern mit deutlichem Dorn. — L. 4,5 mm (ex Blackburn).

Südaustralien.

54. **A. tweedensis** Blackb. 1904 *A. t.*, Blackburn in: P. R. Soc. Victoria, ser. 2 *v.* 17 p. 160, 165.

Länglich, nach hinten etwas verbreitert, wenig glänzend. Kopf ohne den Hinterrand sehr fein punktiert oder glatt, Clipeus ausgerandet. Thorax nicht dicht, etwas unregelmäßig verteilt punktiert, Hinterwinkel stumpf abgerundet, die Basis ist nur randförmig aufgebogen, nicht durch vertiefte Linie abgesetzt. Flügeldecken mit kleinem Schulterdorn, punktiert-gestreift und mit wenig erhabenen Zwischenräumen. Metasternalplatte glatt. — L. 4 mm (ex Blackburn).

Neu-Südwales.

55. **A. punctipennis** Har. 1868 *A. p.*, Harold in: Col. Hefte, *v.* 3 p. 86.

Wenig glänzend, schwarzbraun, mäßig konvex. Kopf hinten glatt, vorn leicht gekörnt. Thorax fein und dicht punktiert, am Rande mit keulenförmigen Borsten besetzt. Die Streifenpunkte der Flügeldecken greifen die mediale Seite der Zwischenräume an, letztere sind konvex und punktiert. An den Hinterschenkeln fehlt die Randlinie, die Hintertibien sind ohne Nebendorn. — L. 4 mm (ex Harold).

Columbien.

56. **A. simulator** Har. 1868 *A. s.*, Harold in: Col. Hefte, *v.* 3 p. 85.

Rotbraun. Kopf stark granuliert. Thorax an den Seiten kurz bewimpert, neben den letzteren und an der Basis groß punktiert. Flügeldecken tief punktiert-gestreift, Zwischenräume glatt. — L. 3 mm (ex Harold).

Mendoza, Argentinien.

57. **A. goyderensis** Blackb. 1896 *A. g.*, Blackburn in: Rep. Horn Exp. Centr.-Austral., *v.* 2 p. 264 | 1904 *A. g.*, Blackburn in: P. R. Soc. Victoria, ser. 2 *v.* 17 p. 160.

Schmal, wenig parallelseitig, glänzend, schwarz, Clipeusrand und Seiten des Halsschildes heller. Kopf wenig dicht gekörnt, Clipeus ausgerandet. Thorax feiner und stärker, nicht rauh punktiert, auf der Scheibe stehen die Punkte etwas zerstreuter. Flügeldecken stark gestreift, Streifenpunkte greifen deutlich die mediale Seite der Zwischenräume an, diese sind schwach konvex, der Schulterdorn ist deutlich. — L. 4,5 mm (ex Blackburn).

Australien.

58. **A. coloratus** Blackb. 1904 *A. c.*, Blackburn in: P. R. Soc. Victoria, ser. 2 *v.* 17 p. 161, 169.

Konvex, hinten leicht verbreitert, schwarzbraun, die Spitze der Flügeldecken rötlich, zuweilen auch die Schulter und die Seiten des Halsschildes heller. Kopf größtenteils gekörnt, nur am Hinterrande fein punktiert, Clipeus ausgerandet, beiderseits abgerundet. Thorax dicht, mittelstark punktiert, die Punkte stehen auf der Scheibe gewöhnlich etwas weniger dicht und werden nach dem Vorderrande zu feiner, infolge der rundlichen Vertiefung hinter den Vorderwinkeln tritt die Seitenbeule deutlicher hervor, die Seiten, die stumpf abgerundeten Hinterwinkel und Basis gerandet. Flügeldecken mit kleinem Schulterdorn, die Streifen sind schmal und tief, ihre Punkte kerben deutlich die mediale Seite der Zwischenräume, die konvex und glatt sind. Die Randlinie der Hinterschenkel ist kurz. Metasternum glatt. Abdomen in der Mitte etwas weitläufiger als an den Seiten punktiert. Oberer Enddorn etwas länger als 1. Tarsenglied, dieses kürzer als der übrige Fuß. — L. 3,5 mm.

West-Australien.

59. **A. laborator** Har. 1869 *A. l.*, Harold in: Col. Hefte, *v.* 5 p. 102.

Länglich-oval, glänzend, schwarz- oder rotbraun. Kopf hinten dicht punktiert, vorn schwach gekörnt. Thorax fein und gleichmäßig dicht punktiert, Hinterwinkel stumpf gerundet. Flügeldecken punktiert-gestreift, Zwischenräume fein und dicht punktiert, schwach konvex, zur Spitze verschmälert. Abdomen seitlich nur mit einigen Punkten. — L. 5 mm (ex Harold).

Brasilien.

60. **A. columbicus** Har. 1880 *A. c.*, Harold in: Ent. Zeit. Stettin, *v.* 41 p. 39.

Länglich, parallel, glänzend, schwarzbraun. Kopf dicht, etwas kräftig punktiert, nach vorn zu werden die Punkte feiner, die Körnelung neben dem Vorderrande ist undeutlich, letzterer ist rötlich durchscheinend. Thorax vorn in der Mitte zerstreut und fein, etwas ungleich punktiert, an den Seiten dicht und runzlig, Hinterwinkel stumpf abgerundet. Flügeldecken tief gestreift, die Kerbpunkte greifen auch die laterale Seite der Zwischenräume deutlich an, diese sind gewölbt und glatt, nur die beiden lateralen sind etwas rauh punktiert. Metasternum fast glatt, Abdomen dicht punktiert. Hinterschienen mit sehr deutlichem Nebendorn. — L. 6 mm (ex Harold).

Columbien, Venezuela.

61. **A. consors** Blackb. 1904 *A. c.*, Blackburn in: P. R. Soc. Victória, ser. 2 *v.* 17 p. 161, 168.

Schmal, konvex, parallelseitig, wenig glänzend, schwarz. Kopf hinten punktiert, vorn und seitlich wenig dicht granuliert, Clipeus rötlich und ausgerandet. Thorax deutlich, wenig stark, nach hinten und den Seiten zu groß punktiert, Hinterwinkel stumpf, Basis gerandet. Flügeldecken mit kleinem Schulterdorn, gekerbt-gestreift, Zwischenräume schmal, vorn konvex, zur Spitze gekielt. — L. 3,5 mm (ex Blackburn).

Queensland.

62. **A. capitosus** Har. 1867 *A. c.*, Harold in: Col. Hefte, *v.* 1 p. 83.

Schwarzbraun, glänzend, länglich-oval. Kopf ziemlich dicht fein punktiert, Clipeus breit und schwach ausgerandet, jederseits abgerundet. Thorax vorn in der Mitte so groß wie der Kopf und wenig dicht, zur Basis und den Seiten etwas größer und dichter punktiert. Thorax in den Vorderwinkeln etwas verflacht, eine zweite längliche Verflachung befindet sich in der Mitte der Seiten, etwas höher hinauf, die Seiten und Hinterwinkel sind gerandet, letztere sind gerundet und zur Basis hin leicht ausgerandet. Schulterdorn kräftig, aber kurz, Flügeldecken schmal gestreift, Streifenpunkte mehr oder weniger deutlich, greifen die Ränder der lateralen Zwischenräume mehr an als die medialen, letztere sind zur Spitze stark gewölbt. Metasternum fein und zerstreut, Abdomen dichter und stärker punktiert. Die Randlinie an den Hinterschenkeln nimmt nur deren halbe Länge ein. Oberer Enddorn der Hintertibien fast so lang wie 1. Tarsenglied, dieses dem übrigen Fuß an Länge gleich. — L. 6 mm (Fig. 21 p. 414).

Columbien, Mexiko, Antillen, Mittel- und Südamerika.

63. **A. rhyticephalus** (Chevr.) 1864 *Auperia rhyticephala*, Chevrolat in: Ann. Soc. ent. France, ser. 4 *v.* 4 p. 413 | 1869 *Ataenius rhyticephalus*, Harold in: Gemminger & Harold, Cat. Col., *v.* 4 p. 1067.

Länglich, schwarz, glänzend. Kopf vorn querrissig, hinten punktiert, Clipeus breit ausgerandet. Thoraxmitte zerstreut, die Seiten dichter punktiert. Flügeldecken mit kurzem, spitzem Schulterdorn, die Streifenpunkte greifen die mediale Seite der Zwischenräume an. — L. 4 mm (ex Chevrolat).

Cuba.

64. **A. sparsicollis** Blackb. 1904 *A. s.*, Blackburn in: P. R. Soc. Victoria, ser. 2 *v.* 17 p. 159, 164.

Länglich, fast parallel, dunkel rotbraun, Kopf vorn und Thorax an den Seiten etwas heller. Kopf fein, längszusammenfließend punktiert, Clipeus ausgerandet. Thorax in der Mitte deutlich, etwas ungleich groß, zur Basis und an den Seiten dichter und größer punktiert, die Längsfurche vor dem Schildchen ist hinten tiefer, die Seiten und stumpfen Hinterwinkel sind gerandet, die Basis ist ohne Rand. Der Schulterdorn ist spitz, die Flügeldecken sind punktiert-gestreift, die Zwischenräume gekielt. Metasternum ist punktiert. — L. 4 mm (ex Blackburn).

Zentral-Australien.

65. **A. arator** Har. 1869 *A. a.*, Harold in: Col. Hefte, *v.* 5 p. 102.

Konvex, länglich, nach hinten etwas verbreitert, schwarzbraun, glänzend. Kopf fein, nach vorn sehr fein und wenig dicht punktiert, die Stirnnaht ist schwach angedeutet, in der Mitte leicht wulstartig erhöht, Clipeus breit und schwach ausgerandet, die Ecken jederseits abgerundet. Thorax von oben gesehen in der Mitte leicht eingeschnürt, hinter dem Vorderrande ist derselbe schwach verflacht und in der Mitte der Seiten mit einem schmalen Quereindruck, die Scheibe ist vorn sehr fein punktiert, nach hinten zu mit einzelnen wenig größeren, an den Seiten mit zahlreicheren größeren Punkten besetzt, die Hinterwinkel sind stumpf, ihre Spitze selbst ist abgerundet. Flügeldecken mit kleinem, spitzem Dorn, die Streifenpunkte kerben kaum die Ränder der Zwischenräume, letztere sind schwach konvex, zur Spitze kielartig und nur an der Schulter deutlich punktiert. Metasternum glatt, Abdomen an den Seiten deutlich und etwas dichter als in der Mitte punktiert. Die Randlinie der Hinterschenkel erstreckt sich bis über die Hälfte, die Mittel- und Hinterschienen haben einen akzessorischen Dorn. — L. 5—6 mm.

Brasilien.

66. **A. angusticollis** Ad. Schm. 1909 *A. a.*, Ad. Schmidt in: Soc ent., *v.* 24 p. 20 | 1910 *A. a.*, Ad. Schmidt in: Gen. Ins., fasc. 110 p. 106 t. 2 f. 31 (Gesamtbild).

Der vorigen Art sehr ähnlich, von gleicher Färbung und Gestalt, aber auf dem Rücken etwas verflacht, die Seiten stark herabgewölbt. Kopf dicht und fein, deutlicher als bei *A. arator* Har. punktiert, die schwach angedeutete Stirnlinie ist in der Mitte nicht wulstartig, Clipeus kaum ausgerandet, jederseits sehr breit gerundet. Thorax mit geraden Seiten, neben denselben etwas verflacht, in den Vorderwinkeln und in der Mitte der Seiten mit Eindruck, letzterer quer und mehr oder weniger tief, die Seiten sind sehr dicht, leicht runzlig, die Mitte ist zerstreuter und nach vorn feiner punktiert, die stumpfen Hinterwinkel sind zur Basis leicht ausgerandet. Flügeldecken mit kleinem und spitzem Schulterdorn, ihre Streifen sind fein, die Streifenpunkte wie bei der vorigen Art, die Zwischenräume zur Spitze nicht immer deutlich gekielt, aber hier wie an den Seiten immer deutlich punktiert. Die Unterseite ist wie bei der vorigen Art punktiert, aber die Mittel- und Hinterschenkel sind fein gerunzelt, während bei *A. arator* Har. es nur die Mittelschenkel sind. Die Randlinie an den Hinterschenkeln nimmt nur drei Viertel der Länge ein. Mittel- und Hintertibien haben einen Nebendorn, ihr 1. Tarsenglied ist ziemlich dicht an der Unterseite behaart, es ist länger als der obere Enddorn und so lang wie der übrige Fuß. — L. 5,5—6 mm.

Bolivia.

67. **A. moniliatus** Blackb. 1904 *A. m.*, Blackburn in: P. R. Soc. Victoria, ser. 2 *v.* 17 p. 159, 161.

Länglich, matt, schwarz. Kopf dicht und fein, Thorax in der Mitte wenig dicht punktiert, die Punkte werden hier nach vorn allmählich feiner, an den Seiten sind sie dichter und größer, die Längsfurche ist schwach, die Hinterwinkel bilden mit der Basis einen Winkel, letztere ist ohne Randung. Der Schulterdorn ist deutlich, die Zwischenräume sind gerippt und glänzend, der Raum zwischen ihnen mit einer Körnerreihe. — L. 4,5 mm (ex Blackburn).

Nordwest-Australien.

68. **A. tuberculatus** Ad. Schm. 1911 *A. t.*, Ad. Schmidt in: Soc ent., *v.* 26 p. 15.

Schwärzlich, mit einem graubraunen Überzuge. Kopf in der Mitte mit deutlicher Beule, fein, etwas zusammenfließend punktiert und aufstehend behaart, Clipeus leicht ausgerandet und jederseits abgerundet. Thorax mit breiter Mittelfurche, jederseits mit einem schrägen und in den Vorderwinkeln mit einem rundlichen Eindruck, die Oberseite ist sehr dicht, kaum mittelstark punktiert und niederliegend behaart, die Seiten und Basis sind bewimpert, die Hinterwinkel stumpf abgerundet. Die Flügeldecken sind aufstehend und ziemlich lang behaart, sie haben einen kleinen Schulterdorn und feine, glänzende Punktstreifen, die Punkte der letzteren greifen nicht die Ränder der flachen Zwischenräume an, die ungeraden derselben sind auf dem Rücken breiter, der 3. und 5. ist mit breiten, flachen, glänzenden Tuberkeln besetzt. Die rotbraune Unterseite ist punktiert. Die Hinterschenkel zeigen eine ganze Randlinie, Mittel- und Hintertibien sind ohne akzessorischen Dorn. Metatarsus länger als oberer Enddorn, von der Länge des übrigen Fußes. — L. 4 mm.

Columbien.

69. **A. walkeri** Blackb. 1904 *A. w.*, Blackburn in: P. R. Soc. Victoria, ser. 2 *v.* 17 p. 161, 170.

Wenig glänzend, meistens sehr schmal, schwarz. Kopf dicht und fein, längszusammenfließend punktiert. Thorax dicht und fein punktiert, die Hinterwinkel stumpf. Flügeldecken mit kleinem Schulterdorn, die Zwischenräume sind gekielt. Metasternum in der Mitte deutlich punktiert. — L. 2,5 mm (ex Blackburn).

Südaustralien.

70. **A. alternatus** (Melsh.) 1844 *Oxyomus a.*, Melsheimer in: P. Ac. Philad., *v.* 2 p. 137 | 1869 *Ataenius a.*, Harold in: Gemminger & Harold, Cat. Col., *v.* 4 p. 1066 | 1887 *A. a.*, G. Horn in: Tr. Amer. ent. Soc., *v.* 14 p. 75.

Oberseite matt, mit sehr kurzen Borsten besetzt. Kopf undeutlich längszusammenfließend punktiert, Clipeus ausgerandet, beiderseits abgerundet. Thorax in der Mitte der Seiten und in den Vorderwinkeln mit je einem flachen Eindruck, oberseits sehr dicht fein punktiert, die Seiten und die stumpf abgerundeten Hinterwinkel sind gerandet. Flügeldecken mit kleinem Schulterdorn, ihre Streifenpunkte kerben die Ränder der Zwischenräume, die abwechselnden derselben auf dem Rücken und die seitlichen gekielt. Unterseite und Schenkel dicht punktiert, die letzteren mit ganzer Randlinie, die Tibien sind ohne Nebendorn. Metatarsus ist dem übrigen Fuß gleich und länger als oberer Enddorn. — L. 3,5—4,5 mm.

Pennsylvanien bis Florida und Texas.

71. **A. granulator** Har. 1877 *A. g.*, Harold in: Ann. Mus. Genova, *v.* 10 p. 95

Schwarzbraun, matt, mit kurzen Borsten bekleidet. Kopf dicht, etwas rauh punktiert, Clipeus sehr leicht in der Mitte ausgerandet. Thorax an den Seiten und der Basis bewimpert, letztere ohne Randung, oberseits sehr dicht, an den Seiten zusammenfließend punktiert, Hinterwinkel stumpf, nach der Basis zu aber ausgerandet. Flügeldecken mit Schulterdorn, stark gestreift und mit wenig deutlichen Streifenpunkten. Zwischenräume mit 2 Reihen Tuberkeln, von denen aber die mediale Reihe undeutlich ist. Metatarsus fast so lang wie die 4 folgenden Tarsenglieder. — L. 4,5 mm (ex Harold).

Neu-Guinea.

72. **A. imbricatoides** Ad. Schm. 1909 *A. i.*, Ad. Schmidt in: Soc. ent., *v.* 24 p. 36.

Matt, oberseits mit kurzen Borsten besetzt. Kopf und Thorax deutlich und sehr dicht punktiert, Clipeus neben dem Vorderrande glatt, letzterer ausgerandet, jederseits abgerundet. Thorax an den Seiten und der Basis bewimpert, vor dem Schildchen und in der Mitte der Seiten mit je einem glänzenden, glatten Eindruck, die Hinterwinkel sind stumpf. Flügeldecken mit deutlichem Schulterdorn und schmalen, glänzenden Streifen, ihre Punkte jedoch wenig tief, die ungeradzahligen Zwischenräume sind auf dem Rücken mehr erhaben und mit einer Reihe aufstehender Borsten besetzt, die geradzahligen sind niederliegend beborstet. Unterseite und Schenkel punktiert und mit kurzen Borsten besetzt. Die Randlinie der Hinterschenkel ist ganz, die Tibien sind ohne Nebendorn. Metatarsus länger als oberer Enddorn, fast dem übrigen Fuß an Länge gleich. — L. 3,5 mm.

Argentinien.

73. **A. imbricatus** (Melsh.) 1844 *Aphodius i.*, Melsheimer in: P. Ac. Philad., *v.* 2 p. 136 | 1869 *Ataenius sordidus*, Harold in: Col. Hefte, *v.* 5 p. 103 | 1887 *A. imbricatus*, G. Horn in: Tr. Amer. ent. Soc., *v.* 14 p. 75.

Matt, oberseits mit Borsten bekleidet. Der vorigen Art sehr ähnlich, aber Kopf und Thorax sind feiner punktiert, und die Zwischenräume der Flügeldecken gleichmäßig erhaben. Kopf dicht, fein, nach vorn sehr fein und zerstreuter punktiert, Clipeus schmal ausgerandet, jederseits gerundet, hinter den Vorderwinkeln rundlich eingedrückt. Thorax fein und sehr dicht punktiert, ohne glänzende, glatte Stellen, die Hinterwinkel sind abgerundet, die Seiten und Basis kurz bewimpert. Flügeldecken mit deutlichen Punktstreifen, die Zwischenräume sind leicht gewölbt, der Schulterdorn ist spitz. Die Punktierung des Abdomen und der Schenkel ist fein, die der Metasternalplatte deutlich stärker, die Seiten des Metasternum sind nur chagriniert. Hinterschenkel mit ganzer Randlinie, die Tibien ohne Nebendorn. Verhältnis des Enddorns und der Fußglieder wie bei *A. imbricatoides* Ad. Schm. — L. 3,5—4,5 mm.

Pennsylvanien, Massachusetts bis Texas, Mexiko, Mittelamerika, Cuba.

74. **A. imparilis** Blackb. 1904 *A. i.*, Blackburn in: P. R. Soc. Victoria, ser. 2 *v.* 17 p. 159, 163.

Länglich-oval, schwarz, matt, nur die Rippen der Flügeldecken glänzend. Kopf zusammenfließend punktiert, vorn leicht runzlig, Clipeus jederseits der Ausrandung abgerundet, Vorderrand in der Mitte nach oben gebogen. Thorax gedrängt, etwas rauh punktiert, mit kurzen Borsten wie die Flügeldecken bekleidet, die Seiten, die abgerundeten Hinterwinkel und Basis gerandet.

Flügeldecken mit glänzenden, ungleich erhabenen Rippen, der Raum zwischen je 2 derselben trägt eine Reihe kleiner, glänzender Tuberkeln. Metasternalplatte fast stärker als das Abdomen punktiert, die Schenkel und Seiten des Metasternum sind fein gerunzelt. Die Hinterschenkel haben ganze Randlinie, die Tibien sind ohne akzessorischen Dorn. Metatarsus so lang wie oberer Enddorn, aber kürzer als die 4 folgenden Glieder. — L. 5 mm.

Neu-Südwales.

75. **A. koebelei** Blackb. 1904 *A. k.*, Blackburn in: P. R. Soc. Victoria, ser. 2 *v.* 17 p. 159, 162.

Länglich, schwarz, matt. Kopf fein rauh, Thorax deutlicher rauh punktiert, die Punktierung wird nach vorn allmählich feiner, die Hinterwinkel sind stumpf abgerundet. Flügeldecken mit etwas glänzenden Rippen, die durch je 2 Reihen kleiner Tuberkeln getrennt werden, Schulterdorn deutlich. — L. 4,5 mm (ex Blackburn).

Queensland.

76. **A. opacus** Har. 1867 *A. o.*, Harold in: Col. Hefte, *v.* 2 p. 100 | 1876 *A. o.*, Harold in: Ann. Soc. ent. Belgique, *v.* 19 CR. p. 97.

Länglich, wenig konvex, schwarz, Kopf und Thorax etwas glänzend, Flügeldecken matt. Kopf in der Mitte mit deutlicher Beule, fein, nach vorn noch feiner punktiert, Clipeus tief ausgerandet, jederseits abgerundet. Thorax fein, aber deutlich und sehr dicht punktiert, besonders an den Seiten, diese, sowie die abgerundeten Hinterwinkel und Basis gerandet. Flügeldecken mit Schulterdorn, ihre Streifen schmal und glänzend, die Streifenpunkte sind wenig tief, sie kerben nicht die Ränder der Zwischenräume, diese sind an den Seiten mit kurzen Borsten besetzt und leicht erhaben, der 1. und 3., zuweilen auch der 5. mehr erhaben und in der Mitte leicht gekielt. Metasternalplatte und Abdomen deutlich und dicht, die Schenkel etwas feiner punktiert, die Seiten der Hinterbrust sind nur chagriniert. Hinterschenkel mit ganzer Randlinie, Tibien ohne akzessorischen Dorn. Metatarsus länger als oberer Enddorn, den 4 folgenden Gliedern an Länge gleich. — L. 5—5,5 mm.

Brasilien, Montevideo.

77. **A. opacipennis** Ad. Schm. 1910 *A. o.*, Ad. Schmidt in: D. ent. Z., p. 360.

Länglich und schmal, matt, schwarzbraun, Vorderrand des Kopfes und Seiten der Flügeldecken rötlich. Kopf längszusammenfließend punktiert, vorn eingedrückt, Clipeus tief, aber schmal ausgerandet, jederseits etwas lappig gerundet. Thorax sehr dicht und fein punktiert, die Seiten, die abgerundeten Hinterwinkel und Basis gerandet. Flügeldecken fein gestreift, die Zwischenräume sind deutlich quergerieft, von hinten gesehen erscheinen sie flach, seitlich dagegen fein gekielt, die Kante der Kiele ist mit kurzen Borsten besetzt, der Schulterdorn ist klein und spitz. Unterseite und Schenkel, letztere aber weniger dicht punktiert. Hinterschenkel ohne Randlinie und Tibien ohne Nebendorn. 1. Glied der Hintertarsen etwas länger als oberer Enddorn, fast so lang wie der übrige Fuß. — L. 3 mm.

Brasilien.

78. **A. scabrellus** Ad. Schm. 1909 *A. s.*, Ad. Schmidt in: Not. Leyden Mus., *v.* 31 p. 118.

Matt, dunkel rotbraun, Thorax schwärzlich, dieser und die Flügeldecken mit kurzen Borsten bekleidet. Kopf längszusammenfließend punktiert, Clipeus tief ausgerandet, jederseits abgerundet. Thorax mittelstark, sehr dicht punktiert, die Seiten, die stumpf abgerundeten Hinterwinkel und Basis gerandet und kurz bewimpert. Flügeldecken schmal gestreift, die Streifenpunkte flach, nicht die Ränder kerbend, Zwischenräume konvex, Schulterdorn deutlich und spitz. Unterseite punktiert und kurz beborstet, die Punkte auf den Schenkeln sind etwas zerstreuter. Die Hinterschenkel haben eine ganze Randlinie, die Tibien sind ohne Nebendorn. Metatarsus länger als oberer Enddorn, aber kürzer als der übrige Fuß. — L. 3,5 mm.

La Guayra.

Unterscheidet sich von *A. imbricatus* Melsh., dem obige Art sehr ähnlich ist, durch stärker punktierten Thorax, deutliche Basalrandung und sehr kurz beborstete Flügeldecken.

79 **A. coriarius** Ad. Schm 1912 *A. c.*, Ad. Schmidt in: Arch. Naturg., *v.* 78 A fasc. 7 p. 198

Durch die mit dicken, kurzen Borsten besetzte Oberfläche charakterisiert. Tief dunkel rotbraun, matt. Kopf unregelmäßig zusammenfließend und fein, nach vorn erlöschend punktiert, Clipeus sehr leicht ausgerandet, beiderseits stumpfwinklig gerundet. Thorax dicht, mittelstark, nach vorn etwas feiner punktiert, die Seiten, die abgerundeten Hinterwinkel und Basis gerandet. Flügeldecken mit spitzem Schulterdorn, ihre Streifen sind fein, mit kaum wahrnehmbaren Punkten, Zwischenräume fast flach, dicht chagriniert, mit einer Reihe kleiner und glänzender Tuberkeln, hinter welchen je eine schuppenförmige Borste steht. Unterseite glänzend und punktiert. Hinterschenkel mit ganzer Randlinie, Tibien ohne akzessorischen Dorn. 1. Glied der Hintertarsen länger als oberer Enddorn, aber kürzer als der übrige Fuß. — L. 4 mm.

Tsad-See.

80. **A. morator** Har 1869 *A. m.*, Harold in: Col. Hefte, *v.* 5 p. 103.

Schwarz, Kopf und Thorax etwas glänzend, Flügeldecken matt. Kopf sehr fein, zusammenfließend punktiert, Clipeus neben der deutlichen Ausrandung abgerundet. Thorax fein und dicht, seitlich sehr dicht punktiert, die Seiten, die abgerundeten Hinterwinkel und Basis deutlich gerandet. Flügeldecken schmal gestreift, ihre Streifenpunkte kerben sichtbar die innern Ränder der Zwischenräume, diese sind leicht konvex, fein und sehr dicht chagriniert, der Schulterdorn ist kurz und kräftig. Unterseite glänzend, fein, die Schenkel sehr fein punktiert und behaart. Die Randlinie der Hinterschenkel ist ganz, die Tibien sind ohne Nebendorn. Das 1. Glied der Hintertarsen ist länger als oberer Enddorn, so lang wie der übrige Fuß. — L. 4 bis 5 mm.

Bahia.

Unterscheidet sich von *A. opacus* Har. durch feinere Punktierung des Kopfes und Halsschildes und die gleichmäßig erhabenen Zwischenräume.

81. **A. luctuosus** (Burm.) 1877 *Euparia luctuosa*, Burmeister in: Ent. Zeit. Stettin, *v.* 38 p. 411 | 1908 *Ataenius luctuosus*, Ad. Schmidt in: D. ent. Z., suppl. p. 92.

Länglich-oval, schwarz und matt. Kopf und Thorax dicht punktiert. Flügeldecken punktiert-gestreift, ihre Zwischenräume wenig erhaben und mit kurzen Borsten bekleidet. — L. 4 mm (ex Burmeister).

Buenos Aires

82. **A. tenebrosus** Arrow 1903 *A. t.*, Arrow in: Tr. ent. Soc. London, p. 512.

Schwarz, matt. Kopf längszusammenfließend punktiert, Vorderrand vereinzelt, sehr fein punktiert und glänzend, Clipeus mit schwacher Ausrandung, jederseits abgerundet. Thorax fein und dicht, seitlich sehr dicht und fein rauh punktiert, in den Vorderwinkeln mit flachem Eindruck, die Seiten, die stumpf abgerundeten Hinterwinkel und Basis gerandet. Flügeldecken mit kleinem Schulterdorn und schmalen Streifen, deren Punkte wenig tief sind und die Ränder der Zwischenräume nicht kerben, letztere sind dicht chagriniert, auf dem Rücken konvex und gereiht punktiert, an den Seiten gekielt, die Kante der Kiele ist in kleine Tuberkel aufgelöst. Unterseite deutlich, Schenkel feiner punktiert. Hinterschenkel mit ganzer Randlinie, Tibien ohne akzessorischen Dorn. Metatarsus wenig länger als oberer Enddorn, kürzer als der übrige Fuß. — L. 4—4,5 mm.

Grenada, Trinidad, Marajo, Brasilien.

83. **A. insolitus** Ad. Schm. 1909 *A. i.*, Ad. Schmidt in: Not. Leyden Mus., *v.* 31 p. 116.

Dunkel rotbraun oder schwärzlich, kurz beborstet, wenig glänzend. Kopf fein, längszusammenfließend punktiert, Clipeus deutlich ausgerandet, jederseits mit spitzen Ecken. Thorax mittelstark, sehr dicht punktiert, die Seiten, die abgerundeten Hinterwinkel und Basis bewimpert, erstere beiden auch gerandet. Schildchen mit schwachem Längskiel. Schulterdorn der Flügeldecken kräftig, die Streifen der letzteren schmal, die Zwischenräume sind schwach gekielt, die Kante der Kiele ist in größere, ihre Ränder neben den vertieften Streifen sind in kleinere Tuberkeln aufgelöst, die mediale Seite der Zwischenräume, also der Raum von der Kante des Kiels bis zum Streifenrande ist dicht chagriniert, die laterale Seite dagegen mit dichter Punktreihe, von der jeder Punkt eine kurze, dicke Borste trägt. Die Unterseite ist punktiert und beborstet. Die Randlinie der Hinterschenkel ist kurz, ein Nebendorn an den hintern Tibien fehlt. 1. Glied der Hintertarsen ist länger als oberer Enddorn, kürzer als die folgenden 4 Glieder. — L. 3—3,5 mm.

Senegal.

84. **A. punctatohirsutus** Ad. Schm. 1909 *A. p.*, Ad. Schmidt in: Soc. ent., *v.* 24 p. 36.

Dunkel rotbraun, aufstehend beborstet. Kopf rauh, nicht dicht punktiert, Clipeus ausgerandet, die seitliche Abrundung zeigt jederseits eine kleine zahnartige Spitze. Thorax mittelstark, in der Mitte ziemlich, an den Seiten sehr dicht punktiert, hier und in den Vorderwinkeln mit flachem Eindruck, vor dem Schildchen mit Längsfurche, die Seiten, die stumpf abgerundeten Hinterwinkel und Basis gerandet und bewimpert. Flügeldecken mit kleinem Schulterzahn und schmalen Streifen, ihre Punkte greifen sehr wenig die Ränder der Zwischenräume an, diese sind an der Basis nur stumpf, zur Spitze schärfer gekielt. Die Metasternalplatte ist vereinzelt, das Abdomen dichter punktiert. Mittel- und Hinterschenkel haben eine ganze Randlinie, sind fein und vereinzelt punktiert. Die Tibien sind ohne Nebendorn. Metatarsus etwas länger als oberer Enddorn, aber kürzer als der übrige Fuß. — L. 6 mm.

Argentinien.

85. **A. laeviventris** Horn 1887 *A. l.*, G. Horn in: Tr Amer. ent. Soc., *v.* 14 p. 74.

Länglich-oval, schwarzbraun, glänzend. Kopf fein, am Hinterkopf etwas größer punktiert, vorn ist derselbe leicht querrunzlig. Clipeus ausgerandet, jederseits mit kleiner zahnartiger Spitze. Thorax groß und vereinzelt punktiert, die großen Punkte fehlen vorn in der Mitte, hier tritt nur die feine Zwischenpunktierung hervor, die Seiten, die stumpf abgerundeten Hinterwinkel und Basis gerandet und bewimpert. Flügeldecken mit scharfen, nicht bedornten Schultern, die Streifen sind deutlich, ihre Punkte kerben nur leicht die mediale Seite der Zwischenräume, diese sind zur Spitze etwas mehr konvex. Metasternum in der Mitte sehr fein punktiert, die Seiten sind fast glatt. Abdomen nur seitlich mit einigen flachen Punkten. Die Randlinie der fein punktierten Hinterschenkel reicht nur bis zur Mitte, der Nebendorn der Tibien ist kräftig. Metatarsus ist wenig kürzer als oberer Enddorn, so lang wie der übrige Fuß. — L. 5 mm.

Sudarizona.

86. **A. lucanus** Horn 1871 *A. l.*, G. Horn in: Tr. Amer ent. Soc., *v.* 3 p. 288 | 1887 *A. l.*, G. Horn l. c., *v.* 14 p. 70.

Von robuster Form, braun, wenig glänzend. Punktierung des Kopfes wie bei voriger Art, aber vorn ist derselbe nur querrissig, die zahnartige Spitze neben der Ausrandung ist deutlich. Thorax groß und mehr gleichmäßig verteilt punktiert, die Punkte werden nach vorn zu feiner, die Seiten, die stumpf abgerundeten Hinterwinkel und Basis gerandet. Flügeldecken mit deutlichem Schulterdorn, die Streifen derselben sind ohne Punkte, Zwischenräume scharf konvex, vor der Spitze sind dieselben jederseits mit einer Punktreihe versehen. Metasternum seitlich sehr deutlich punktiert, Abdomen mit Punkten über die ganze Breite, sie stehen wenig dicht wie auch auf den Schenkeln. Diese mit ganzer Randlinie und die Tibien mit deutlichem Nebendorn. 1. Glied der Hintertarsen dem obern Enddorne an Länge gleich. — L. 4 mm (ex G. Horn).

Kap San Lucas.

87. **A. lecontei** Har. 1874 *A. l.*, Harold in: Col. Hefte, *v.* 12 p. 20 | 1887 *A. l.*, G Horn in: Tr. Amer. ent. Soc., *v.* 14 p. 73.

Länglich-oval, glänzend, gewölbt, schwarzbraun oder schwarz. Kopf am Hinterrande deutlich, nach vorn feiner und zerstreuter punktiert, Clipeus ausgerandet, jederseits mit zahnartiger Spitze, hinter dem Vorderrande quer eingedrückt. Thorax in der Mitte vorn feiner als der Hinterkopf punktiert, die Punkte werden nach der Basis zu größer, sie sind aber kaum mittelstark, an den Seiten stehen sie sehr gedrängt, letztere, sowie die stumpf abgerundeten Hinterwinkel und Basis gerandet. Flügeldecken tief gestreift, ihre Streifenpunkte greifen die mediale Seite der Zwischenräume an, diese sind vereinzelt und fein punktiert, konvex, zur Spitze und an den Seiten kielartig, der Schulterdorn ist kräftig, aber kurz. Unterseite deutlich, die Schenkel etwas feiner punktiert, letztere mit ganzer Randlinie, Tibien ohne Nebendorn. Metatarsus deutlich länger als oberer Enddorn, fast so lang wie die 4 folgenden Glieder. — L. 3,5—4 mm.

Carolina, Columbia bis Louisiana.

88. **A. bispinulosus** Ad. Schm. 1911 *A. b.*, Ad. Schmidt in: Soc. ent., *v.* 26 p. 52.

Länglich, konvex, hinten etwas verbreitert, oberseits abstehend behaart, Kopf und Thorax schwarz, zuweilen matt, Flügeldecken dunkel rotbraun. Kopf von den Wangen im starken Bogen nach vorn verschmälert, hinten fein und dicht, vorn zerstreuter und rauh, wie gekörnt punktiert, jederseits neben der Ausrandung mit spitzem Zähnchen. Thorax ungemein dicht, mittelstark punktiert, ohne glatten Rand an Seiten und Basis, nur bewimpert, Hinterwinkel stumpf gerundet, vor dem Schildchen befindet sich eine schwache, kurze Längsfurche. Flügeldecken mit schwachem Schulterdorn, ihre Streifen sind fein und flach, die Streifenpunkte kerben leicht die Ränder der flachen Zwischenräume. Unterseite wenig dicht punktiert und behaart. Hinterschenkel mit ganzer Randlinie, der Nebendorn an den Tibien ist schlank und deutlich. Metatarsus dem obern Enddorne gleich, fast so lang wie der übrige Fuß. — L. 4–5 mm.

Nord-Argentinien.

89. **A. arenosus** Har. 1868 *A. a.*, Harold in: Col. Hefte, *v.* 3 p. 86 | 1874 *A. a.*, Harold l. c., *v.* 12 p. 21.

Länglich, mäßig gewölbt, wenig glänzend, schwarzbraun. Kopf fein und dicht, in der Mitte zerstreuter punktiert, vorn gekörnelt, Clipeus deutlich ausgerandet, jederseits mit kleinem Zähnchen. Thorax fein, wie der Hinterkopf, nach der Basis zu wenig größer, sehr dicht punktiert und mit kurzen Borsten bekleidet, die Seiten, die gerundeten Hinterwinkel und Basis gerandet, hinter den Vorderwinkeln befindet sich ein deutlicher Eindruck. Flügeldecken chagriniert, mit kleinem Schulterdorn und feinen Punktstreifen, die Zwischenräume sind leicht gewölbt, sie haben 2 Tuberkelreihen, von denen die der Naht abgewendete, also die laterale Reihe deutlicher als die mediale ist, hinter jedem Tuberkel steht ein kurzes Börstchen, die der medialen Reihe sind wenig sichtbar. Zuweilen ist die Skulptur der Zwischenräume weniger entwickelt, es bleibt dann nur eine schwache Körnerreihe auf der lateralen Seite erkennbar. Unterseite deutlich, die Schenkel etwas feiner und zerstreuter punktiert und kurz beborstet. Randlinie der Hinterschenkel ist kurz, ein Nebendorn an den Tibien fehlt. Oberer Enddorn der Hintertibien fast so lang wie 1. Tarsenglied, dieses kürzer als der übrige Fuß. — L. 3,5—4 mm.

Brasilien, Argentinien, Ecuador.

90. **A. peregrinator** Har. 1877 *A. p.*, Harold in: Ann. Mus. Genova, *v.* 10 p. 96.

Länglich, parallelseitig, glänzend, flach gewölbt, schwarzbraun, Vorderkopf und Naht der Flügeldecken immer, Thoraxseiten und Spitze der Flügeldecken zuweilen heller. Kopf fein, in der Mitte feiner und zerstreuter punktiert, neben dem Vorderrande fein gekörnt, Clipeus sehr schwach ausgerandet, jederseits mit kleinem Zähnchen. Thorax in der Mitte ziemlich dicht, seitlich dichter und feiner punktiert, mit einem rundlichen Eindruck hinter den Vorderwinkeln und einem schwachen über der Mitte der Seiten, letztere, die gerundeten Hinterwinkel und Basis gerandet. Schultern scharfrandig, ohne Dorn, die Streifen der Flügeldecken sind fein, ihre Punkte greifen leicht die Ränder der Zwischenräume an, diese sind schwach gewölbt und gereiht punktiert, an den Seiten und der Spitze viel dichter. Unterseite ist dicht, die Schenkel aber weniger dicht punktiert, letztere ohne Randlinie und die Tibien ohne akzessorischen Dorn. Metatarsus so lang wie oberer Enddorn und 3 Tarsenglieder. — L. 4 mm.

Celebes, Borneo.

91. **A. pacificus** (Sharp) 1879 *Aphodius p.*, D. Sharp in: Tr. ent. Soc. London, p. 90 | 1910 *Ataenius p.*, Ad. Schmidt in: Schenkling, Col. Cat., fasc. 20 p. 76.

Schwarzbraun, Vorderkopf rötlich, die ganze Oberseite mit feinen, sehr kurzen Haaren wenig dicht besetzt, schwach glänzend. Kopf in der Hinterhälfte längszusammenfließend punktiert, vorn gekörnt, Clipeus ausgerandet und jederseits mit kleinem Zähnchen. Thorax dicht und fein, hinten etwas größer punktiert, mit einem rundlichen Eindruck in den Vorderwinkeln, die Seiten mit den abgerundeten Hinterwinkeln und die Basis gerandet. Flügeldecken mit kleinem Schulterdorn und schmalen Streifen, Zwischenräume chagriniert, auf dem Rücken konvex und quergefaltet, an den Seiten und vor der Spitze kielförmig, die Kante der Kiele ist in kleine, längliche Tuberkeln aufgelöst. Unterseite punktiert, die Randlinie der Hinterschenkel reicht nur bis zur Mitte, die Tibien sind ohne akzessorischen Dorn. Metatarsus dem obern Enddorn der Hintertibien an Länge gleich, nur wenig kürzer als der übrige Fuß. — L. 3 mm.

Sandwich-Inseln, Tahiti, Neu-Seeland.

92. **A. inops** Horn 1887 *A. i.*, G. Horn in: Tr. Amer. ent. Soc., *v.* 14 p. 73.

Glänzend, rotbraun, auf dem Rücken wenig, an den Seiten stark herabgewölbt. Kopf hinten vereinzelt und sehr fein punktiert, der vordere Teil ist granuliert, die Zähne neben der Ausrandung sind spitz, aufwärts gebogen. Thorax vorn fein, nach den Seiten und der Basis zu etwas größer, ziemlich dicht punktiert, die Seiten, die stumpf abgerundeten Hinterwinkel und Basis gerandet. Flügeldecken mit sehr kleinem Schulterdorn, die Streifenpunkte kerben nur leicht die mediale Seite der wenig erhabenen Zwischenräume, ihre laterale Seite zeigt eine Punktreihe, auf der Schulter und den seitlichen Zwischenräumen stehen die Punkte gedrängter. Die Mitte des Metasternum und Abdomen sind fein und zerstreut, die Seiten beider dichter und größer punktiert. Die Schenkel sind fast glatt, nur mit sehr kurzer Randlinie, Tibien ohne Nebendorn. Oberer Enddorn der Hintertibien so lang wie 2 Tarsenglieder, Metatarsus den 3 folgenden gleich. — L. 3,5—4 mm.

Arizona, Texas, Mexiko.

93. **A. abditus** (Hald.)

Diese Art zerfällt in 2 Unterarten:

93a. **A. abditus abditus** (Hald.) 1848 *Oxyomus a.*, S. S. Haldeman in: J. Ac. Philad., ser. 2 *v.* 1 p. 106 | 1869 *Ataenius a.*, Harold in: Gemminger & Harold, Cat. Col., *v.* 4 p. 1066 | 1874 *A. attenuator*, Harold in: Col. Hefte, *v.* 12 p. 22 | 1887 *A. abditus*, G. Horn in: Tr. Amer. ent. Soc., *v.* 14 p. 72.

Flach gewölbt, glänzend, schwarzbraun, Vorderrand des Kopfes rötlich. Kopf fein und ziemlich dicht punktiert, neben dem Vorderrande gekörnt, Clipeus deutlich ausgerandet, jederseits mit kleinem Zähnchen. Thorax fein und dicht, nach hinten und den Seiten zu wenig größer punktiert, an den letzteren stehen die Punkte sehr dicht, teilweise sogar zusammenfließend, die Seiten, die stumpf abgerundeten Hinterwinkel und Basis gerandet. Schultern mit kleinem Dorn, die Streifenpunkte der Flügeldecken kerben sehr deutlich die mediale Seite der wenig konvexen Zwischenräume, diese sind an ihrer lateralen Seite gereiht punktiert, die Punkte stehen an der Schulter nur wenig dichter. Metasternum und Abdomen auch in der Mitte deutlich punktiert, die Punkte stehen nur an den Seiten des letzteren etwas dichter. Die Randlinie der Hinterschenkel ist kurz, die Tibien sind ohne akzessorischen Dorn. Metatarsus ist kürzer als oberer Enddorn, so lang wie die 3 folgenden Glieder. — L. 3,5—4 mm.

Nordamerika, Mexiko, Südamerika.

93b. **A. abditus texanus** Har 1874 *A. texanus*, Harold in: Col. Hefte, *v.* 12 p. 23 | 1875 *A. abditus* var *t.*, G Horn in: Tr. Amer ent. Soc., *v.* 5 p. 142.

Thorax feiner punktiert, hinter dem Vorderrande glatt, die seitlichen Zwischenräume der Flügeldecken sind stärker gekerbt. — L. 4 mm.

Texas, Nordamerika.

94. **A. carinator** Har. 1874 *A. c.*, Harold in: Col. Hefte, *v.* 12 p. 20.

Länglich, flach gewölbt, schwarzbraun, wenig glänzend. Kopf dicht und fein punktiert, vorn gekörnt, Clipeus schwach ausgerandet, jederseits mit sehr kleinem Zähnchen. Thorax dicht und fein, nach vorn zu etwas feiner punktiert, die Punkte stehen an den Seiten sehr gedrängt, letztere, die stumpf abgerundeten Hinterwinkel und Basis gerandet. Flügeldecken mit sehr kleinem, spitzem Schulterdorn, ihre Streifen sind tief und schmal, die Punkte derselben greifen die mediale Seite der Zwischenräume leicht an, diese sind gekielt, die Kante der Kiele ist gekörnelt und sehr fein gereiht beborstet, ihre Lateralseite gereiht punktiert. Metasternalplatte, Schenkel und Abdomen punktiert, letzteres sehr dicht. Hinterschenkel mit fast ganzer Randlinie, die Tibien sind ohne Nebendorn. Metatarsus so lang wie oberer Enddorn und kürzer als der übrige Fuß. — L. 3,5 mm.

Venezuela, Panama, Mexiko.

95. **A. vincentiae** Arrow 1903 *A. v.*, Arrow in: Tr. ent. Soc. London, p. 513.

Der vorigen Art sehr ähnlich, aber die Zähne des Clipeus größer, deutlich nach oben gebogen. Der Kopf mit merklicher Längsbeule. Thorax in den Vorderwinkeln mit ziemlich tiefer Grube, die Hinterwinkel sind sehr schräg abgestutzt, vor dem Schildchen befindet sich eine vertiefte Längslinie. Die Kiele der Flügeldecken sind an der Außenseite ohne Punktreihe und die Hinterschenkel mit sehr kurzer Randlinie. — L. 3,3 mm.

St. Vincent.

96. **A. granocostatus** Ad. Schm.

Diese Art zerfällt in 2 Unterarten:

96a. **A. granocostatus granocostatus** Ad. Schm 1912 *A. g.*, Ad. Schmidt in: Arch. Naturg., *v.* 78 A fasc. 7 p. 198.

Schwarz, Flügeldecken wenig glänzend, oberseits mit niederliegenden Borsten bekleidet. Kopf längszusammenfließend, am Vorderrande vereinzelt punktiert, Clipeus leicht ausgerandet, jederseits mit etwas breitem Zähnchen, Vorderrand in der Mitte leicht nach oben gebogen, dahinter quer eingedrückt. Thorax sehr dicht punktiert, die Punkte sind vorn in der Mitte so groß wie die des Kopfes, nach hinten und den Seiten zu werden sie etwas größer, aber kaum mittelstark, hinter den Vorderwinkeln und vor den mehr oder weniger ausgerandeten Hinterwinkeln befindet sich je ein Eindruck, zuweilen fehlen beide und die Seiten sind dann zum Rande gleichmäßig abgeschrägt, die Basis ist leicht gebuchtet und wie die Seiten gerandet. Flügeldecken mit langem, spitzem Schulterdorn, die Zwischenräume, die durch schwach punktierte, schmale Streifen getrennt werden, sind schwach gekielt, die Seiten der Kiele sind gerieft, die Kante ist in Tuberkeln aufgelöst. Die Unterseite ist punktiert, die Punkte auf dem Metasternum sind fast kräftiger, durchaus tiefer als die des Abdomen. Hinterschenkel mit ganzer Randlinie, den Tibien fehlt ein akzessorischer Dorn. Oberer Enddorn der Hintertibien deutlich kürzer als 1. Tarsenglied, dieses fast so lang wie der übrige Fuß. — L. 4 mm.

Tsad-See.

96b. **A. granocostatus costatipennis** Ad. Schm. 1912 *A. g.* var *c.*, Ad. Schmidt in: Arch. Naturg., *v.* 78 A fasc. 7 p. 198.

Unterscheidet sich durch wenig dicht und auch etwas feiner punktierten Thorax, sowie durch die glatten Rückenkiele der Flügeldecken. Größe wie die Stammart.

Tsad See.

97. **A. scalptifrons** Bates 1887 *A. s.*, H. Bates in: Biol. Centr.-Amer., Col. *v.* 2II p. 100 t. 6 f. 25 (Gesamtbild).

Länglich, flach gewölbt, wenig glänzend, mit schwer sichtbaren Börstchen bekleidet. Kopf längszusammenfließend punktiert, vorn schmal querrunzlig, Clipeus sehr leicht ausgerandet, jederseits mit einem deutlichen Zähnchen. Thorax mit schwacher Mittellinie, kaum mittelstark und sehr dicht punktiert, die Punkte sind nach dem Vorderrande zu wenig feiner, die Seiten und Basis sind gerandet, die Hinterwinkel haben eine abgerundete Spitze und sind zur Basis schwach ausgerandet, hinter den Vorderwinkeln befindet sich ein tiefer, rundlicher Eindruck, ein zweiter schwächerer liegt über der Seitenbeule. Der Schulterdorn der Flügeldecken ist deutlich und spitz, die Streifen sind schmal und trennen die leicht gekielten Zwischenräume, die Kante der Kiele ist glänzend, ihre mediale Seite ist gerieft, die laterale zeigt eine Punktreihe. Die Unterseite ist punktiert, die Randlinie der Hinterschenkel ganz, der Nebendorn an den Tibien fehlt. 1. Glied der Hintertarsen viel länger als oberer Enddorn. — L. 3—3,5 mm.

Mexiko, Guatemala.

98. **A. polyglyptus** Bates

Diese Art zerfällt in 4 Unterarten:

98a. **A. polyglyptus polyglyptus** Bates 1887 *A. p.*, H. Bates in: Biol. Centr.-Amer., Col. *v.* 2II p. 99.

Länglich, flach gewölbt, wenig glänzend, schwärzlich, Flügeldecken mit sehr kurzen Börstchen besetzt. Kopf hinten fein, in der Mitte der schwachen Längsbeule noch feiner, an den Seiten längszusammenfließend punktiert, der Vorderrand ist undeutlich quergerunzelt, neben der Ausrandung des Clipeus steht jederseits ein kleines Zähnchen. Der Thorax ist wie bei der vorigen Art punktiert und gerandet, mit einer schwachen Vertiefung in den Vorderwinkeln und ohne vertiefte Längslinie, die Hinterwinkel sind etwas stumpf abgerundet. Der Schulterdorn ist klein, die Streifenpunkte der Flügeldecken kerben die mediale Seite der konvexen Zwischenräume, die laterale Seite derselben ist einreihig, an den seitlichen Zwischenräumen aber in der ganzen Breite punktiert. Die ganze Unterseite, einschließlich der Schenkel ist ziemlich dicht punktiert. Die Hinterschenkel haben nur eine sehr kurze Randlinie und die Tibien sind ohne Nebendorn. Metatarsus wenig länger als oberer Enddorn, deutlich kürzer als der übrige Fuß. — L. 3—$3^1/_4$ mm.

Guatemala, Grenada, St. Vincent.

98b. **A. polyglyptus intermedius** Bates 1887 *A. p.* var. *i.*, H. Bates in: Biol. Centr.-Amer., Col. *v.* 2II p. 100.

Der Kopf ist überall längszusammenfließend punktiert (ex H. Bates).

Panama.

98c. **A. polyglyptus jalapensis** Bates 1887 *A. p.* var. *j.*, H. Bates in: Biol. Centr.-Amer., Col. *v.* 2II p. 100.

Thorax auf der Scheibe weniger dicht punktiert, die seitlichen Zwischenräume der Flügeldecken auch nur einreihig punktiert (ex H. Bates).

Mexiko.

98d. **A. polyglyptus hieronymi** Bates 1887 *A. p.* var. *h.*, H. Bates in: Biol. Centr.-Amer., Col *v.* 2II p. 100

Glänzender, schwarz- oder kastanienbraun. Thoraxscheibe nur mit zerstreuten Punkten besetzt. Die leicht konvexen Zwischenräume sind einreihig, Metasternum und Schenkel nur zerstreut punktiert (ex H. Bates).

Guatemala.

99. **A. spinator** Har. 1877 *A. s.*, Harold in: Ann. Mus. Genova, *v.* 10 p. 94.

Länglich, schwarz, fast matt, die Oberseite ist mit sehr kurzen Borsten, besonders auf Kopf und Thorax bekleidet. Kopf dicht, längszusammenfließend punktiert, der schmale Vorderrand ist fast glatt, Clipeus leicht ausgerandet und beiderseits gezähnt. Thorax kaum mittelstark, sehr dicht, an den Seiten zusammenfließend punktiert, letztere und die Basis sind gerandet und die Hinterwinkel etwas länger als die Seiten bewimpert, vor dem Schildchen befindet sich eine kurze Längsfurche, die Hinterwinkel sind stumpf abgerundet und zur Basis ausgerandet. Die Flügeldecken haben einen kräftigen, langen Schulterdorn, die Streifen sind tief und schmal, ohne deutliche Punkte, die wenig erhabenen Zwischenräume zeigen an den Seiten je zwei Reihen, vor der Spitze je eine Reihe kleiner Längstuberkel, auf dem Rücken ist diese Skulptur weniger deutlich, die Zwischenräume erscheinen hier etwas querrunzlig oder querfaltig. Die Unterseite ist punktiert, die Hinterschenkel sind ohne Randlinie, die Tibien haben einen akzessorischen Dorn. Metatarsus ist deutlich länger als oberer Enddorn, fast so lang wie der übrige Fuß. — L. 5—6 mm.

Neu-Guinea.

100. **A. mariarum** Bates 1887 *A. m.*, H. Bates in: Biol. Centr.-Amer., Col. *v.* 2II p. 102.

Von konvexer und kurzer, hinten leicht verbreiterter Gestalt, schwarz, glänzend. Kopf glatt, vorn querrissig, Clipeus tief eingeschnitten und beiderseits gezahnt. Thorax nur mit einigen Punkten in den Vorderwinkeln, an den Seiten und der Basis gerandet, die Hinterwinkel sind abgerundet. Die Flügeldecken sind tief gestreift, ihre Punkte kerben wenig die mediale Seite der schwach konvexen Zwischenräume, diese sind unpunktiert. Die Unterseite ist glatt, die Abdominalsegmente unpunktiert, nur am Vorderrande gerieft. Mittel- und Hintertibien sind zur Spitze stark verbreitert und ihre Tarsen auffallend verkürzt. — L. 5,5 mm (ex H. Bates).

Mexiko.

101. **A. languidus** Ad. Schm. 1911 *A. l.*, Ad. Schmidt in: Ent. Zeit. Stettin, *v.* 72 p. 31.

Konvex, zur Mitte leicht verbreitert, schwarzbraun, glänzend, unbehaart, nur der Thorax an den Seiten und der Basis, an letzterer aber sehr kurz bewimpert. Kopf sehr fein und sehr zerstreut punktiert, vorn querrissig, Clipeus deutlich eingeschnitten und beiderseits mit kleinem Zähnchen. Thorax ebenso wie der Kopf punktiert, dazwischen mit einzelnen mittelstarken Punkten an den Seiten, diese, sowie die stumpf abgerundeten Hinterwinkel und Basis gerandet. Flügeldecken an den Schultern ohne Dorn, nur mit einem scharfen Rande, tief gestreift, ihre Punkte kerben die mediale Seite der leicht konvexen Zwischenräume. Unterseite fast glatt, nur die Seiten des Abdomen mit einzelnen Punkten. Die Randlinie an den Hinterschenkeln fehlt, der akzessorische Dorn der Tibien ist kurz. Oberer Enddorn der Hintertibien ist fast so lang wie 2 Tarsenglieder, Metatarsus nur wenig kürzer als der übrige Fuß. — L. 4 mm.

Mexiko.

102. **A. haroldi** Steinh. 1872 *A. h.*, Steinheil in: Atti Soc. Ital., *v.* 15 p. 556 | 1874 *A. h.*, Harold in: Col. Hefte, *v.* 12 p. 17.

Von länglicher, schmaler Gestalt, auf dem Rücken flach gewölbt, glänzend, schwarzbraun, die Beine wie gewöhnlich heller. Kopf fein und ziemlich dicht punktiert, vorn fein querrissig, Clipeus rötlich, sehr schwach ausgerandet, jederseits gezähnt. Thorax gewöhnlich mit heller Seitenbeule, mittelgroß punktiert, die Punkte stehen auf der Scheibe sehr vereinzelt, etwas dichter an den Seiten und besonders in den Vorderwinkeln, die Seiten, die abgerundeten Hinterwinkel und Basis fein gerandet. Flügeldecken fein gestreift, mit feinen Streifenpunkten, Zwischenräume flach, an der Spitze kaum mehr erhaben, Schultern ohne Dorn. Unterseite glatt, Hinterschenkel ohne Randlinie und Tibien ohne akzessorischen Dorn. Metatarsus wenig länger als oberer Enddorn, kürzer als die folgenden Glieder. — L. 4—5 mm.

San Luis, Arizona, Mendoza, Argentinien, Sierra de Durango.

103. **A. desertus** Horn 1871 *A. d.*, G. Horn in: Tr. Amer. ent. Soc., *v.* 3 p. 289 | 1887 *A. d.*, G. Horn l. c., *v.* 14 p. 72.

Rotbraun, glänzend, von länglicher, hinten leicht verbreiterter Gestalt. Kopf fein und ziemlich dicht punktiert, vorn querrunzlig, Clipeus leicht ausgerandet, jederseits mit kräftigem Zähnchen. Thorax fein punktiert, dazwischen mit mittelstarken Punkten wenig dicht besetzt, die Seiten, die stumpf abgerundeten Hinterwinkel und Basis gerandet und bewimpert. Flügeldecken deutlich gestreift, die Streifenpunkte kerben kaum die mediale Seite der Zwischenräume, diese sind an der Spitze etwas stärker konvex, vereinzelt und sehr fein punktiert, der Schulterdorn ist äußerst klein. Metasternum und ungerandete Schenkel glatt, Abdomen seitlich undeutlich punktiert und lang behaart, Mittel- und Hintertibien mit kleinem Nebendorn. Metatarsus kürzer als oberer Enddorn und als der übrige Fuß. — L. 3—4,5 mm.

Kalifornien, Arizona, Utah.

104. **A. setosus** Ad. Schm. 1909 *A. s.*, Ad. Schmidt in: Not. Leyden Mus., *v.* 31 p. 119.

Länglich, parallel, konvex, matt, oberseits mit kurzen Borsten bekleidet, schwarz. Kopf dicht und deutlich, nach vorn feiner punktiert, Clipeus rötlich durchscheinend, glatt, leicht ausgerandet und beiderseits mit deutlichem Zähnchen. Thorax dicht, an der Basis und den Seiten rauh, nach vorn etwas feiner punktiert, die Seiten, die stumpf abgerundeten Hinterwinkel und Basis gerandet und kurz bewimpert. Flügeldecken mit glänzenden Punktstreifen, Zwischenräume schwach gekielt, die Kante der Kiele ist in einzelne Tuberkeln aufgelöst und kurz beborstet. Metasternum ist deutlich, Schenkel und Abdomen sind etwas feiner punktiert und kurz behaart. Metatarsus länger als oberer Enddorn, aber kürzer als die 4 folgenden Glieder. — L. 3,5 mm.

Kongo.

105. **A. vethianus** Ad. Schm. 1909 *A. v.*, Ad. Schmidt in: Not. Leyden Mus., *v.* 31 p. 120.

Von länglicher, flach gewölbter, hinten leicht verbreiterter Gestalt, schwarzbraun, glänzend. Kopf fein, nach vorn noch feiner und ziemlich dicht bis an den Querkiel punktiert, dieser ist in der Mitte winklig nach oben gebogen und erreicht den Seitenrand, der Raum zwischen dem Querkiel und dem Vorderrande ist vertieft, letzterer ist ausgerandet und beiderseits gezahnt. Thorax ist etwas breiter als die Flügeldecken, fein und etwas stärker, an den Seiten dichter als in der Mitte punktiert, mit einem Eindruck hinter den Vorderwinkeln und einem schrägen, schwächeren über der Seitenbeule, die Seiten, die sehr stumpfen Hinterwinkel und Basis sind gerandet. Flügeldecken fein und flach gestreift, mit deutlichen feinen Punkten. Zwischenräume ganz flach, an den Seiten schwach, zur Spitze mehr erhaben und schmaler, sie sind fein punktiert, der Schulterdorn ist klein. Metasternum, Schenkel und Mitte des Abdomen fein, die Seiten des letzteren etwas stärker punktiert. Randlinie an den Hinterschenkeln und Nebendorn der Tibien fehlen. Metatarsus länger als oberer Enddorn, kürzer als der übrige Fuß. — L. 3—3,5 mm.

Durch den Querkiel des Kopfes von allen Ataenius-Arten ausgezeichnet.

Sumatra.

106. **A. montanus** Ad. Schm. 1911 *A. m.*, Ad. Schmidt in: Ent. Zeit. Stettin, *v.* 72 p. 32.

Von länglicher, fast parallelseitiger, auf dem Rücken flach gewölbter Gestalt, glänzend, schwarzbraun. Kopf sehr fein, am Hinterrande etwas größer, nicht dicht punktiert, Clipeus breit und deutlich ausgerandet, jederseits mit kleinem Zähnchen, hinter dem Vorderrande mit schwachem Eindruck. Thorax breiter als die Flügeldecken, mittelstark, seitlich ziemlich dicht, in der Mitte etwas weitläufiger punktiert, die Scheibenpunkte werden nach vorn feiner, die Seiten, die gerundet-abgestutzten Hinterwinkel und Basis deutlich gerandet. Schildchen in der Basalhälfte mit Längseindruck. Flügeldecken mit kräftigem Schulterdorn und deutlichen Streifen, ihre Punkte kerben leicht die mediale Seite der flachen Zwischenräume. Unterseite deutlich punktiert. Hinterschenkel ohne Randlinie und Tibien ohne akzessorischen Dorn. Metatarsus länger als oberer Enddorn, so lang wie der übrige Fuß. -- L. 4,5 mm.

Ost-Cordilleren.

107. **A. insculptus** Horn 1878 *A. sculptilis* (non Harold 1868), L. Le Conte in: P. Amer. phil. Soc., *v.* 17 p. 402 | 1887 *A. insculptus*, G. Horn in: Tr. Amer. ent. Soc., *v.* 14 p. 70.

Mäßig konvex, schwarz, schwach glänzend. Kopf hinten deutlich wie in der Mitte, nach vorn schwächer punktiert, Clipeus breit, aber schwach ausgerandet, jederseits mit kleinem Zähnchen. Thorax an den Seiten und der Basis gerandet, oberseits deutlich punktiert, die Punkte werden nach vorn feiner, nach den Seiten zu dichter, hinter den Vorderwinkeln sind sie rauh. Flügeldecken tief gestreift, die Streifenpunkte kerben nicht die Ränder der Zwischenräume, diese in der Mitte mit feinem, glänzendem Kiele. Metasternum an den Seiten rauh punktiert und matt. Abdomen chagriniert, wenig glänzend, sehr deutlich, aber sparsam wie die Schenkel punktiert. Diese mit ganzer Randlinie, Tibien ohne Nebendorn. Metatarsus länger als oberer Enddorn. — L. 4—4,5 mm (ex G. Horn).

Florida.

108. **A. cylindricus** Horn 1871 *A. c.*, G. Horn in: Tr. Amer. ent. Soc., *v.* 3 p. 289 | 1874 *A. horni*, Harold in: Col. Hefte, *v.* 12 p. 19 | 1887 *A. cylindricus*, G. Horn in: Tr. Amer. ent. Soc., *v.* 14 p. 71, 109.

Länglich-oval, schwarzbraun, glänzend. Kopf hinten fein, in der Mitte und an den Seiten sehr fein und zerstreuter punktiert, vorn fast glatt, Clipeus schmal, fast halbkreisförmig ausgerandet, beiderseits mit Zähnchen, dahinter rundlich eingedrückt, der Vorderrand selbst ist hier nach oben gebogen. Der Thorax ist ungefähr mittelstark, ziemlich dicht punktiert, die Punkte sind an den Seiten gedrängter und nach vorn etwas feiner, hinter den Vorderwinkeln und über der Seitenbeule befindet sich je ein flacher Eindruck, die Seiten, die abgestutzten Hinterwinkel und Basis sind gerandet. Flügeldecken mit ziemlich tiefen Streifen, die Streifenpunkte kerben nur sehr schwach die Ränder der Zwischenräume, diese sind deutlich konvex, an der Spitze fast gekielt, vereinzelt punktiert, der Schulterdorn ist deutlich. Die Unterseite ist deutlich punktiert, nur die Schenkel etwas feiner, die Seiten der Hinterbrust sind rauh und matt. Die Randlinie der Hinterschenkel ist ganz, die Tibien sind ohne akzessorischen Dorn. Metatarsus ist wenig länger als oberer Enddorn, fast dem übrigen Fuß an Länge gleich. — L. 4—4,5 mm.

Südcarolina, Georgia, Florida.

109. **A. steinheili** Har 1874 *A. s.*, Harold in: Col. Hefte, *v.* 12 p. 18.

Wenig glänzend, schwarzbraun, länglich-oval. Kopf dicht und fein, nach vorn schwächer punktiert, neben dem Außenrande glatt, hier sehr schwach eingedrückt, Clipeus ausgerandet, jederseits mit kleinem, leicht aufgebogenem Zähnchen. Thorax sehr dicht, mittelstark, vorn in der Mitte der Scheibe wenig feiner punktiert, die Seiten, die stumpf abgerundeten Hinterwinkel und Basis gerandet und kurz bewimpert. Schulterdorn klein, die Streifen der Flügeldecken deutlich, ihre Punkte kerben leicht die Ränder der Zwischenräume, diese sind scharf gekielt und chagriniert. Unterseite, auch die Schenkel deutlich punktiert, letztere mit ganzer Randlinie. Nach Harold haben die Tibien einen akzessorischen Dorn, mein Exemplar zeigt keine Spur eines solchen. Metatarsus etwas länger als oberer Enddorn und als die 3 folgenden Tarsenglieder. — L. 4 mm.

Neu-Granada, Bolivien, Südbrasilien, Mexiko, Yucatan.

110 **A. sculptilis** Har. 1868 *A. s.*, Harold in: Col. Hefte, *v.* 3 p. 86 | 1874 *A. s.*, Harold l. c, *v.* 12 p 16.

Länglich, leicht gewölbt, wenig glänzend, schwarz, Rand des Kopfes heller. Letzterer fein, sehr dicht, nach vorn feiner punktiert. Thorax sehr dicht, mittelstark punktiert, an den Seiten runzlig, die Punkte werden auf der Scheibe nach vorn allmählich feiner, der Raum zwischen den Punkten ist größer als die Punkte selbst, bei der vorigen Art sind dagegen die Punkte größer. Flügeldecken mit deutlich punktierten Streifen, die Streifenpunkte kerben die leistenartig erhabenen Ränder der Zwischenräume, diese sind in der Basalhälfte stumpf, zur Spitze schärfer gekielt und fein punktiert. Unterseite und Schenkel deutlich punktiert, letztere mit ganzer Randlinie und die Tibien mit einem akzessorischen Dorn. — L. 5 mm (ex Harold).

Venezuela.

111. **A. lodoiceae** H. Scott 1912 *A. l.*, H. Scott in: Tr. Linn. Soc. London, ser. 2 *v.* 15 fasc. 2 p. 225 t. 12 f. 2 (Gesamtbild).

Durch die Bildung des seitlichen Zwischenraumes vor der Spitze ausgezeichnet. Schwärzlich, Flügeldecken wenig glänzend. Kopf dicht und fein, nach vorn erloschener punktiert. Thorax deutlich und dicht, etwas ungleich groß punktiert, hinter den Vorderwinkeln leicht verflacht. Flügeldecken punktiert-gestreift, die Streifenpunkte sind rundlich und die Zwischenräume gekielt, der seitliche Kiel ist vor der Spitze plötzlich verbreitert und bis zum ersten Kiel neben der Naht verlängert, seine Verbreiterung überragt nach hinten den Rand der Flügeldecken. Mitte des Metasternum und des Abdomen fein punktiert. — L. 3 mm (ex H. Scott).

Seychellen.

Die folgenden Arten konnten nicht in die Bestimmungstabelle p. 415 aufgenommen werden (nr. 112—130).

112. **A. crenatipennis** (W. M.'Leay) 1871 *Ammoecius c.*, W. Mac Leay in: Tr. ent. Soc. N. S. Wales, *v.* 2 p. 184 | 1904 *Ataenius c.*, Blackburn in: P. R. Soc. Victoria, ser. 2 *v.* 17 p. 158.

Schwarz, dicht punktiert, wenig glänzend. Kopf vorn ausgerandet. Thorax in den Vorderwinkeln leicht verbreitert, mit gerundeten Hinterwinkeln und schwacher Längsfurche vor dem Schildchen. Die Streifenpunkte kerben die Ränder der gekielten Zwischenräume. — L. 3 mm (ex W. M.'Leay).

Australien, Gaindah.

113. **A. crenator** Har. 1876 *A. c.*, Harold in: Ann. Soc. ent. Belgique, *v.* 19 CR. p. 97.

Schwarz, wenig glänzend, länglich, konvex. Kopf sehr dicht, fein punktiert. Thorax gleichfalls sehr dicht, an den Seiten rauh punktiert, die Basis ist deutlich gerandet. Flügeldecken oval, stark gestreift, die Streifenpunkte kerben deutlich die mediale Seite der Zwischenräume, diese sind konvex, ohne deutliche Punktierung. Metasternalplatte punktiert. Metatarsus länger als 3 Tarsenglieder. — L. 5,5 mm (ex Harold).

Brasilien.

114. **A. crenatostriatus** (Blanch.) 1837—1843 *Oxyomus c.*, Blanchard in: Orbigny, Voy. Amér. mérid., *v.* 6 n p. 184 | 1869 *Ataenius c.*, Harold in: Gemminger & Harold, Cat. Col., *v.* 4 p. 1066.

Schwarz. Kopf punktiert, Clipeus wenig ausgerandet. Thorax mittelstark, ziemlich dicht, an den Seiten viel zahlreicher als in der Mitte punktiert. Flügeldecken punktiert-gestreift, Zwischenräume gekielt. — L. 6 mm (ex Blanchard).

Santa Cruz.

115. **A. cribricollis** (Burm.) 1877 *Euparia c.*, Burmeister in: Ent. Zeit. Stettin, *v.* 38 p. 411 | 1883 *Ataenius crenatulus*, L. Fairmaire in: Ann. Soc. ent. France, ser. 6 *v.* 3 p. 489 | 1908 *A. cribricollis*, Ad. Schmidt in: D. ent. Z., suppl. p. 90.

Länglich, schwarz, glänzend. Kopf runzlig, Clipeus sehr deutlich ausgerandet. Thorax fein und dicht punktiert, die Seiten und Basis gerandet, erstere auch sparsam bewimpert. Flügeldecken deutlich punktiert-gestreift, Zwischenräume konvex und sehr fein punktiert. Abdomen nur mit einer Querreihe von Punkten an der Basis. — L. 4,5 mm (ex Burmeister).

Punta-Arenas.

116. **A. deserti** Blackb. 1894 *A. d.*, Blackburn in: P. Linn. Soc. N. S. Wales, ser. 2 *v.* 9 p. 95 | 1904 *A. d.*, Blackburn in: P. R. Soc. Victoria, ser. 2 *v.* 17 p. 159.

Schwarz, wenig parallel, glänzend. Kopf längszusammenfließend punktiert, Vorderrand rötlich, Clipeus ausgerandet. Thorax etwas ungleich, an den Seiten dichter und zusammenfließend, in der Mitte wenig dicht punktiert. Flügeldecken tief gestreift, mit feinen Punktstreifen, Zwischenräume mäßig konvex, Schultern mit Dorn. — L. 3,5 mm (ex Blackburn).

Australien.

117. **A. euglyptus** Bates 1887 *A. e.*, H. Bates in: Biol. Centr.-Amer., Col. *v.* 2 II p. 97.

Kopf rötlich, gleichmäßig und wenig dicht punktiert. Thorax ungleich groß punktiert, die Punkte fließen an den Seiten zusammen, die Basis ist fein gerandet, die Seiten sind vorn verflacht. Flügeldecken punktiert-gestreift, die Zwischenräume sind auf dem Rücken flach, an den Seiten konvex und vor der Spitze gekielt, sie sind bis auf die Schulter unpunktiert. — L. 5,5 mm.

Mexiko.

Ich glaube, daß diese Art mit *A. arator* Harold (nr. 65) oder *A. angusticollis* Ad. Schm. (nr. 66) zusammenfällt.

118. **A. exaratus** Fleut. & Sallé 1889 *A. e.*, Fleutiaux & Sallé in: Ann. Soc. ent. France, ser. 6 *v.* 9 p. 387.

Parallelseitig, wenig konvex, schwarzbraun, wenig glänzend. Kopf in der Mitte etwas erhaben, fein und wenig dicht punktiert, Clipeus rötlich, leicht ausgerandet. Thorax punktiert, die Punkte werden nach vorn feiner und erreichen nicht den Vorderrand. Flügeldecken schmaler als der Thorax, tief gestreift und mit starken Streifenpunkten, der 1. Zwischenraum an der Naht ist fein punktiert. — L. 3,5 mm (ex Fleutiaux & Sallé).

Guadeloupe.

119. **A. gibbus** Blackb. 1904 *A. g.*, Blackburn in: P. R. Soc. Victoria, ser. 2 *v.* 17 p. 160, 166.

Länglich, hinten etwas verbreitert, konvex, wenig glänzend, schwarz. Kopf hinten und an den Seiten etwas deutlicher als der übrige Teil punktiert, Clipeus ausgerandet. Thorax etwas ungleich, wenig dicht, vorn feiner punktiert, Hinterwinkel stumpf gerundet, die Basis gerandet. Flügeldecken mit kleinem Schulterdorn, die Streifenpunkte kerben leicht die mediale Seite der vorn konvexen, an der Spitze leicht gekielten Zwischenräume. Metasternalplatte sehr fein und vereinzelt punktiert. — L. 3,5 mm (ex Blackburn).

Neu-Südwales.

120. **A. macilentus** Blackb. 1904 *A. m.*, Blackburn in: P. R. Soc. Victoria, ser. 2 *v.* 17 p. 160, 167.

Länglich, fast parallelseitig, wenig konvex, fast glatt, schwarz, nicht vollglänzend., Kopf nur am Hinterrande punktiert, vorn ausgerandet. Thorax ungleich, zerstreut und deutlich punktiert, die Punkte stehen an den Seiten dichter und sind mehr von gleicher Größe, die Basis ist gerandet. Flügeldecken punktiert-gestreift, mit kleinem Schulterdorn, die Zwischenräume sind vorn konvex, zur Spitze schmaler und kielförmig. Metasternalplatte glatt oder mit vereinzelten Punkten. — L. 4 mm (ex Blackburn).

Neu-Südwales.

121. **A. nanus** (Geer) 1774 *Scarabaeus n.*, Geer, Mém. Hist. Ins., *v.* 4 p. 318 t. 19 f. 3 (Gesamtbild) | 1869 *Psammobius n.*, Harold in: Gemminger & Harold, Cat. Col., *v.* 4 p. 1069 | 1880 *Ataenius n.*, Harold in: Ent. Zeit. Stettin, *v.* 41 p. 42.

Schwarzbraun, länglich. Kopf und Thorax glatt, Flügeldecken gestreift. — Länge nicht angegeben (ex Geer).

Surinam.

122. **A. nudus** Blackb. 1904 *A. n.*, Blackburn in: P. R. Soc. Victoria, ser. 2 *v.* 17 p. 160, 166.

Schmal und parallelseitig, flach, glänzend, fast glatt, schwarz oder schwarzbraun. Kopf nur hinten etwas deutlich punktiert, Clipeus ausgerandet.

Thorax etwas ungleich, wenig dicht punktiert. Flügeldecken punktiert-gestreift, mit kleinem Schulterdorn, Zwischenräume gekielt. Metasternalplatte unpunktiert. — L. 3,5 mm (ex Blackburn).

West-Australien.

123. **A. obscurus** (W. M.'Leay) 1871 *Ammoecius o.*, W. Mac Leay in: Tr. ent. Soc. N. S. Wales, *v.* 2 p. 184 | 1873 *Ataenius o.*, Harold in: Col. Hefte, *v.* 11 p. 147 | 1904 *A. o.*, Blackburn in: P. R. Soc. Victoria, ser. 2 *v.* 17 p. 162.

Braunschwarz, wenig glänzend, dicht punktiert. Kopf leicht, aber breit ausgerandet. Thorax quer, fast parallelseitig, an den Seiten mit 2 Ausrandungen, Hinterwinkel stumpf. Flügeldecken punktiert-gestreift, Zwischenräume rippenförmig. — L. 4 mm (ex W. M. 'Leay).

Australien.

124. **A. picipes** Fleut. & Sallé 1889 *A. p.*, Fleutiaux & Sallé in: Ann. Soc. ent. France, ser. 6 *v.* 9 p. 397.

Konvex, schwarz, matt. Kopf punktiert, am rötlichen Clipeus ausgerandet. Thorax mit gerundeten Seiten, an der Basis wie der Kopf, nach vorn feiner punktiert. Flügeldecken tief gestreift, in den Streifen stark punktiert. — L. 4 mm (ex Fleutiaux & Sallé).

Guadeloupe.

125. **A. rubrotessellatus** (Blanch.) 1837—1843 *Oxyomus r.*, Blanchard in: Orbigny, Voy. Amér. mérid., *v.* 6 II p. 185 | 1869 *Ataenius r.*, Harold in: Gemminger & Harold, Cat. Col., *v.* 4 p. 1067.

Schwarzbraun. Kopf rötlich, fein punktiert. Thorax am Vorderrande und den Seiten heller, an letzteren punktiert. Flügeldecken länglich, tief punktiert-gestreift, Zwischenräume glatt und konvex. — L. 5—6 mm (ex Blanchard).

Santa Cruz.

126. **A. simplicipes** (Muls. & Rey) 1870 *Hexalus s.*, E. Mulsant & Rey in: E. Mulsant, Opusc. ent., *v.* 14 p. 200 | 1873 *H. s.*, Harold in: Col. Hefte, *v.* 11 p. 118 | 1892 *Ataenius s.*, Reitter in: Verh. Ver. Brünn, *v.* 30 p. 169.

Konvex, fast parallel, länglich, schwarz, glänzend. Kopf deutlich punktiert, Stirnnaht wenig sichtbar, Clipeus leicht ausgerandet und seitlich gerundet. Thorax an den Seiten etwas dichter als in der Mitte punktiert, Seitenbeule glatt, Basis gerandet. Flügeldecken punktiert-gestreift, Zwischenräume vorn eben, zur Spitze konvex, unpunktiert. Abdomen groß punktiert und kurz behaart. — L. 4,5 mm (ex E. Mulsant & Rey).

Loudun. (Höchstwahrscheinlich aus Südamerika importiert.)

127. **A. spissus** Blackb. 1904 *A. s.*, Blackburn in: P. R. Soc. Victoria, ser. 2 *v.* 17 p. 160, 167.

Konvex, wenig schmal, nach hinten leicht erweitert, fast glatt, wenig glänzend, schwarz. Kopf hinten deutlich, nach vorn und an den Seiten feiner punktiert, Clipeus rötlich, leicht ausgerandet. Thorax gleichmäßig und dicht, mittelstark punktiert, an der Basis sind aber die Punkte größer und weniger dicht, Hinterwinkel stumpf abgerundet, Basis gerandet. Flügeldecken punktiert-gestreift, Zwischenräume stark konvex, hinten kielförmig, Schulterdorn klein. Metasternalplatte fast glatt. — L. 3,5 mm (ex Blackburn).

Queensland.

128. **A. sulcatulus** (Chevr.) 1864 *Auperia sulcatula*, Chevrolat in: Ann. Soc. ent. France, ser. 4 *v.* 4 p. 413 | 1869 *Ataenius sulcatulus*, Harold in: Gemminger & Harold, Cat. Col., *v.* 4 p. 1067.

Länglich, glänzend, schwarz, Seiten des Halsschildes heller. Kopf nur hinten punktiert, Clipeus breit ausgerandet. Thorax an den Seiten und der Basis gerandet, oberseits fein punktiert, Hinterwinkel fast gerundet, an den Seiten mit 2 queren Eindrücken. Flügeldecken mit vertieften Streifen und konvexen Zwischenräumen. — L. 3,5 mm (ex Chevrolat).

Cuba, Guadeloupe.

129. **A. torridus** Blackb. 1892 *A. t.*, Blackburn in: Tr. R. Soc. S. Austral., *v.* 15 p. 36 | 1904 *A. t.*, Blackburn in: P. R. Soc. Victoria, ser. 2 *v.* 17 p. 161.

Schmal, parallelseitig, glänzend, rotbraun. Kopf in der Mitte erhöht, hinten deutlich und dicht, seitlich und vorn feiner und zerstreuter punktiert, Clipeus ausgerandet. Thorax feiner und stärker, nicht rauh punktiert. Flügeldecken deutlich gestreift, die Streifenpunkte kerben schwach die Ränder der fein punktierten Zwischenräume, Schulterdorn klein. — L. 3 mm (ex Blackburn).

Süd-Australien.

130. **A. vexator** Har. 1869 *A. v.*, Harold in: Col. Hefte, *v.* 5 p. 103.

Rotbraun, glänzend, länglich-oval. Kopf am Hinterrande punktiert, vorn fast glatt. Thorax auf der Scheibe ungleich, wenig dicht, an den Seiten rauh punktiert, Hinterwinkel gerundet. Flügeldecken stark punktiert-gestreift, die Streifenpunkte kerben die Zwischenräume, hauptsächlich aber an den Seiten, Zwischenräume konvex, seitlich und an der Spitze deutlich punktiert. Unterseite ohne das Abdomen glatt. — L. 5 mm (ex Harold).

Brasilien, St. Thomas.

23. Gen. Simogonius Harold

1871 *S.*, Harold in: Col. Hefte, *v.* 8 p. 22 | 1901 *Liparochirus*, Péringuey in: Tr. S. Afr. Soc., *v.* 12 p. 370, 435 | 1910 *Simogonius*, Ad. Schmidt in: Gen. Ins., fasc. 110 p. 112.

In der Gestalt der Gattung *Aphodius* Ill. ähnlich, aber durch die vorn gerade abgestutzten Vordertibien und die nach unten umgeschlagenen Hinterwinkel des Halsschildes verschieden.

Längliche, hinten leicht verbreiterte Gestalt, mit behaarten Flügeldecken. Kopf wenig gewölbt, mit kleinen Wangen und ungehöckerter Stirn. Die Fühler sind unter dem Kopfrande eingefügt und 9gliedrig. Das 1. Glied ist stark verlängert und fast so lang wie die 5 folgenden Glieder zusammen, das 2. ist rundlich, das 3. ist verlängert, die folgenden 3 sind quer, mediad spitz ausgezogen, die freie, 3blättrige Keule ist dicht bewimpert. Die Oberlippe ist quer, in der Mitte schmal, aber sehr deutlich ausgerandet, seitlich von dieser Ausrandung bewimpert. Die Oberkiefer sind hornig, nach vorn in eine, zum größten Teile häutige Platte erweitert, die an der medialen Seite bewimpert ist und am Grunde eine Mahlfläche zeigt. Die Unterkiefer sind länglich und schmal, ihre 4gliedrigen Kiefertaster in allen Gliedern etwas verlängert, die laterale, dicht behaarte Kaulade ist stark mediad gebogen, die mediale, am Medialrande bewimperte ist nur schmal. Das Kinn ist hornig, hat gerundete Seiten und ausgebogenen Vorderrand, seine Unterseite ist mit einzelnen langen Borsten besetzt, die Lippentaster sind schlank und vereinzelt beborstet, die gespaltene Zunge überragt mit ihrem Zipfel fast das 1. Lippentasterglied. Thorax außer der Punktierung glatt, das heißt, er ist ohne Eindrücke oder Erhöbungen, die Hinterwinkel sind nach unten umgebogen und bilden hier eine dreieckige, wagerecht liegende Fläche. Das Schildchen ist dreieckig. Die Flügeldecken sind punktiert-gestreift, haben 10 Zwischenräume, die Epipleuren sind schmal und verschwinden vor der Spitze. Die Unterseite ist punktiert, das Abdomen besteht aus 6 sichtbaren Segmenten. Die Vorder- und Hinterhüften stehen zusammen, die mittleren

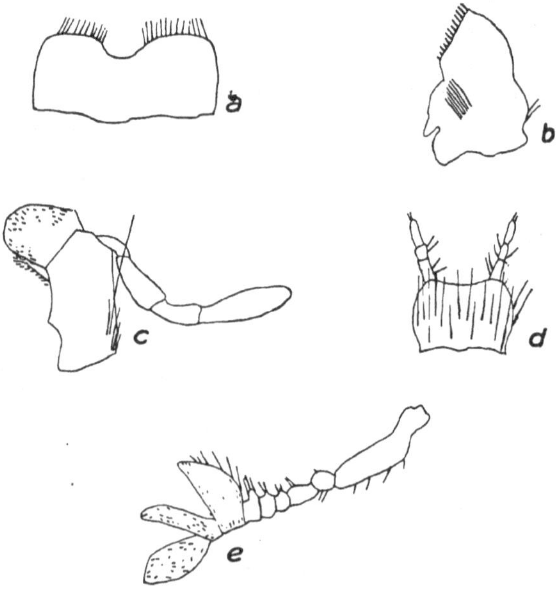

Fig. 22. **Simogonius beccarii** ($^{60}/_{1}$).

sind viel weiter getrennt als bei *Aphodius* Ill., das Mesosternum zwischen ihnen ist breit und flach. Die Vorderschenkel sind wie gewöhnlich stark verbreitert, ihre Vordertibien kräftig, mit gerade abgestutztem Vorderrande, am innern Spitzenwinkel haben sie einen Enddorn und am Außenrande 3 Zähne. Die Mittel- und Hinterschenkel, sowie ihre Tibien sind ziemlich schlank, die Außenseite der letzteren ohne Querleisten und am Endrande mit einem Borstenbesatz und 2 schlanken, spitzen Enddornen. Die Tarsen sind 5gliedrig, das letzte Glied trägt 2 schlanke Klauen.

Hierher gehört eine Art aus Afrika.

1. **S. beccarii** Har. 1871 *S. b.*, Harold in: Col. Hefte, *v.* 8 p. 22 | 1901 *Liparochirus simplex*, Péringuey in: Tr. S. Afr. Soc., *v.* 12 p. 435 | 1910 *Simogonius beccarii*, Ad. Schmidt in: Gen. Ins., fasc. 110 p. 113 t. 3 f. 37 (Gesamtbild).

Schwarzbraun, glänzend. Kopf von den Wangen bogig nach vorn verschmälert, der Vorderrand ist in der Mitte schmal und wenig tief eingeschnitten, oberseits fein runzlig, dicht punktiert. Thorax an der Basis kurz, an den Seiten lang bewimpert, hinter dem Vorderrande feiner als der Kopf, nach der Basis und den Seiten zu größer, kaum mittelstark punktiert, die herabgebogenen Hinterwinkel sind nach oben ziemlich scharfkantig begrenzt, der Seitenrand ist fein, die Basis zeigt nur eine dichtgestellte Punktreihe.

Das Schildchen ist schmal-dreieckig. Die Flügeldecken haben scharfe, ungedornte Schultern, die Streifenpunkte kerben die dorsalen Zwischenräume wenig, die seitlichen jedoch sehr deutlich, die Zwischenräume sind schwach, an den Seiten und vor der Spitze aber deutlicher erhaben, neben den flachen Streifen gereiht punktiert. Die Unterseite ist dicht, das Metasternum an den Seiten grob punktiert. Der obere Enddorn der Hintertibien ist kürzer als das 1. Tarsenglied, dieses so lang wie die 3 folgenden Glieder. — L. 4 bis 4,5 mm (Fig. 22).

Abessinien, Südrhodesia.

24. Gen. **Dialytes** Harold

1869 *D.*, Harold in: Col. Hefte, *v.* 5 p. 101 | 1887 *D.*, G. Horn in: Tr. Amer. ent. Soc., *v.* 14 p. 65 | 1910 *D.*, Ad. Schmidt in: Gen. Ins., fasc. 110 p. 103, 113.

Von länglicher, gewölbter Gestalt, schwarzer oder schwarzbrauner Färbung und unbehaarter Oberfläche. Vordertibien am Vorderrande mit einem Zahn, am Außenrande mit mehreren kleinen Kerbzähnchen, ausgenommen *D. granifer* Ad. Schm., welcher 2 größere Lateralzähne besitzt.

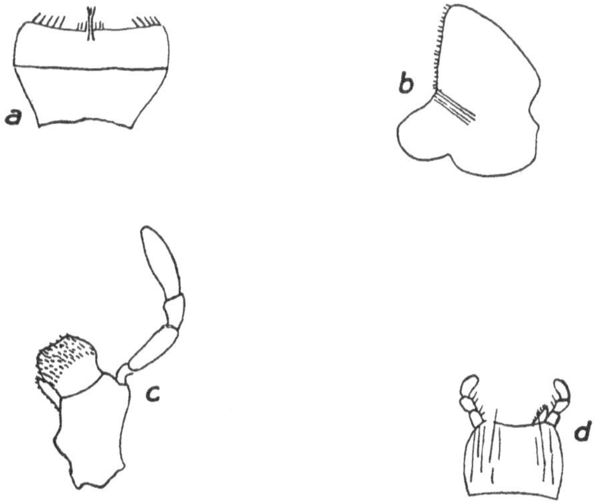

Fig. 23. Dialytes striatulus (60/1).

Kopf größer oder kleiner, immer deutlich punktiert, ohne Tuberkeln oder andere Erhöhungen, die Wangen sind kleiner oder größer, die Augen immer zum Teil sichtbar. Die 3 ersten Glieder der Fühler sind etwas verlängert, die 3 folgenden quer, die 3-blättrige Keule ist verhältnismäßig groß und dicht behaart. Die häutige Oberlippe ist an den Seiten gerundet, vorn leicht ausgerandet und vereinzelt bewimpert, in der Mitte mit 3 längeren, nach vorn und unten gebogenen Borsten. Der Oberkiefer ist kräftig, der mediale Saum an der verflachten Platte bewimpert, die Bewimperung reicht bis zur schmalen Mahlfläche. Die Unterkiefer sind schlank, das 2. und 4. Glied ihrer Taster sind verlängert, die laterale Kaulade ist rundlich und dicht behaart, die mediale schmale nur bewimpert. Das Kinn ist hornig, an den Seiten abgerundet und vorn ausgerandet, auf der Unterseite vereinzelt kürzer und länger beborstet, die Zunge ist gespalten, ihre Zipfel überragen das 1. Lippentasterglied, sie sind medial bewimpert, die Lippentaster sind kräftig, nur das letzte Glied wenig länger. Der Thorax ist punktiert, sonst ohne Erhebungen, zuweilen mit schwachem Quereindruck in der Mitte der Seiten, selten mit Längsfurche. Das Schildchen ist dreieckig, zuweilen sehr klein. Die Flügeldecken haben kleinen Schulterdorn und 10 punktierte Streifen, ihre Zwischenräume sind schwach gewölbt oder gerippt, die Epipleuren sind oft bis zur Spitze sichtbar. Die Mittelhüften sind zuweilen weiter als bei *Aphodius* Ill. getrennt. Die Vorderschenkel sind verbreitert, die 4 hinteren mehr schlank. Die Vordertibien sind etwas gerundet erweitert, am Vorderrande gerade abgestutzt (*D. granifer* Ad. Schm. ausgenommen), neben den Tarsen hier mit nach vorn gerichtetem Zahn, von den am Außenrande befindlichen Kerbzähnchen sind gewöhnlich 2 etwas größer. Die Mittel- und Hintertibien sind schlank, ihnen fehlen am Außenrande die Querleisten, am Endrande aber haben sie einen Borstenbesatz und 2 Enddorne. Das letzte Glied der 5teiligen Tarsen trägt 2 kleine, hornige Klauen.

Hierher gehören 7 Arten aus Amerika, Asien, Australien.

Bestimmungstabelle der Arten:

1	Clipeus jederseits spitz gezahnt	3. **D. ulkei**
	Clipeus ungezahnt, höchstens stumpfwinklig — 2	
2	Flügeldecken mit scharfen Rippen — 3	
	Flügeldecken mit schwach gewölbten Zwischenräumen — 4	
3	Thorax mit tiefer, breiter Längsfurche, Rippen der Flügeldecken durch je eine Punktreihe getrennt	1. **D. striatulus**
	Thorax ohne Längsfurche, Rippen durch eine Körnerreihe getrennt	7. **D. granifer**
4	Kopf schmaler als der Thorax, letzterer ohne Quereindruck, Flügeldecken nach hinten deutlich verbreitert, fein gestreift und mit sehr feinen Streifenpunkten	2. **D. truncatus**
	Flügeldecken bis zur Mitte gleichbreit und dann verjüngt, Thorax mit Quereindruck an den Seiten — 5	
5	Kopf und Thorax sehr dicht, letzterer an der Basis grob punktiert, Flügeldecken mit tiefen Kerbpunkten	4. **D. punctatus**
	Kopf und Thorax weniger dicht, an der Basis nicht grob punktiert — 6	
6	Die Punktierung des Hinterkopfes geht unvermittelt in eine viel feinere über, Thorax in der Basalhälfte viel größer als vorn punktiert, Flügeldecken mit großen, aber sehr flachen Kerbpunkten	5. **D. foveatus**
	Die Punktierung des Hinterkopfes geht nach vorn allmählich in eine feinere über, Thorax in der Basalhälfte höchstens mittelstark punktiert, Kerbpunkte der Flügeldecken klein	6. **D. monstrosus**

1. **D. striatulus** (Say) 1825 *Trox s.*, Say in: J. Ac. Philad., *v.* 5 p. 192 | 1850 *Rhyssemus cribrosus*, L. Le Conte in: L. Agassiz, Lake Super., p. 225 | 1887 *Dialytes striatulus*, G. Horn in: Tr. Amer. ent. Soc., *v.* 14 p. 66 | 1910 *D. s.*, Ad. Schmidt in: Gen. Ins., fasc. 110 p. 114 t. 3 f. 39 (Gesamtbild).

Länglich, nach hinten verbreitert, schwarz, Flügeldecken glänzend, Kopf und Thorax etwas matt. Kopf nach vorn geradlinig verengt, deutlich, aber wenig dicht punktiert, Clipeus ausgerandet, jederseits stumpfwinklig, Wangen klein. Thorax sehr rauh punktiert, die Mittelfurche ist in der Mitte am breitesten und erreicht fast den Vorderrand, die Hinterwinkel sind ausgerandet, die Seiten und Basis gerandet. Flügeldecken mit spitzen Schultern und 10 scharfen Rippen, zwischen ihnen je eine Punktreihe, Epipleuren vor der Spitze stark verschmälert. Metasternum sehr dicht mittelstark, Schenkel feiner, weniger dicht, Abdomen erloschen punktiert und am Vorderrande gerieft. Vordertibien mit 3 Zähnchen, von denen die 2 obern aber nur angedeutet sind. 1. Glied der Hintertarsen viel länger als oberer Enddorn, fast so lang wie der übrige Fuß. — L. 4—5 mm (Fig. 23).

Kanada, Vereinigte Staaten.

2. **D. truncatus** (Mels.) 1844 *Aphodius t.*, Melsheimer in: P. Ac. Philad., *v.* 2 p. 135 | 1848 *A. corvinus*, S. S. Haldeman in: J. Ac. Philad., ser. 2 *v.* 1 p. 104 | 1887 *Dialytes truncatus*, G. Horn in: Tr. Amer. ent. Soc., *v.* 14 p. 65.

Länglich, nach hinten verbreitert, schwarzbraun, Flügeldecken an den Seiten etwas heller, wenig glänzend. Kopf geradseitig verschmälert, am Clipeus ausgerandet und beiderseits stumpfwinklig, Oberfläche nicht sehr dicht, aber deutlich punktiert, Wangen die Augen überragend. Thorax mit leicht gerundeten Seiten, wenig dicht, mittelstark, seitlich etwas feiner punktiert, die Seiten, die leicht ausgerandeten Hinterwinkel und Basis gerandet. Flügeldecken mit kleinem, spitzem Schulterdorn und feinen Streifen, die Streifenpunkte an den Seiten deutlicher als auf dem Rücken kerbend, Zwischenräume an den Seiten konvex, vor der Spitze kielförmig. Die Unterseite ist fein, in der Mitte des Abdomen sehr zerstreut punktiert und kurz behaart. Metatarsus länger als oberer Enddorn und 3 Glieder. — L. 5 mm.

Vereinigte Staaten (Pennsylvanien, Mittelstaaten), Kanada.

3. **D. ulkei** Horn 1875 *D. u.*, G. Horn in: Tr. Amer. ent. Soc., *v.* 5 p. 141 | 1887 *D. u.*, G. Horn l. c., *v.* 14 p. 66.

Länglich, hinten verbreitert, konvex, mattglänzend. Kopf deutlich, nicht dicht punktiert, Clipeus breit ausgerandet, jederseits mit einem spitzen, aufgebogenen Zähnchen. Thorax mit deutlichen Hinterwinkeln, die gerandete Basis ist jederseits leicht ausgerandet, vor dem Schildchen mit einem undeutlichen Längseindruck, oberseits größer und dichter als vorige Art punktiert, die Punkte stehen an den Seiten sehr dicht. Schultern mit einem Dorn, Streifen der Flügeldecken fein und punktiert, Zwischenräume in der Mitte mit feinem Kiel, ihre Ränder sind leistenartig erhaben. Metasternum in der Mitte groß, an den Seiten feiner, das Abdomen sparsam und undeutlich punktiert. Metatarsus länger als 3 folgende Tarsenglieder. — L. 6 mm (ex G. Horn).

Maryland, Kanada.

4. **D. punctatus** Ad. Schm 1911 *D p.*, Ad. Schmidt in: Soc. ent., *v.* 26 p. 15.

Von länglicher, gleichbreiter Gestalt, schwarz gefärbt, Flügeldecken zuweilen matt. Kopf groß, kaum schmaler als der Thorax, von den großen Wangen bogig nach vorn verschmälert, am Vorderrande breit ausgerandet und jederseits breit abgerundet, Oberseite dicht, nach vorn zu feiner punktiert. Thorax vorn so groß wie der Kopf, nach hinten zu viel stärker und sehr dicht punktiert, der Schrägeindruck in der Mitte der Seiten erreicht fast den Seitenrand, hinter den Vorderwinkeln befindet sich ein schwächerer, die Seiten, die ausgerandeten Hinterwinkel und Basis gerandet. Schildchen sehr klein. Flügeldecken mit kleinem Schulterdorn und großen, tief kerbenden Streifenpunkten, Zwischenräume an den Seiten und an der Spitze mehr erhaben als auf dem Rücken. Metasternum groß, Abdomen etwas fein und die Schenkel noch feiner und vereinzelt punktiert. Oberer Enddorn der Hintertibien etwas länger als das 1. Tarsenglied, dieses so lang wie die 3 folgenden Glieder. — L. 5 mm.

Andaman-Inseln.

5. **D. foveatus** Ad. Schm. 1909 *D f.*, Ad. Schmidt in: Soc. ent., *v.* 24 p. 61.

In Form und Färbung mit der vorigen Art übereinstimmend, nur durch die Punktierung verschieden. Kopf am Hinterrande mit 2 Reihen großer Punkte, davor plötzlich viel feiner und zerstreuter punktiert, Clipeus breit, nicht tief ausgerandet, die Ecken jederseits sind gerundet. Thorax in der Vorderhälfte fein, in der Basalhälfte stärker, aber nicht grob punktiert, mit seitlichem Schrägeindruck, die Seiten, die abgestutzten Hinterwinkel und Basis deutlich gerandet. Schildchen sehr klein und äußerst schmal. Flügeldecken mit einem kräftigen Schulterdorn, ihre Streifen sind wenig tief eingedrückt und mit sehr flachen Punkten besetzt, die mäßig in die Ränder der flachen, an den Seiten und vor der Spitze erhabenen Zwischenräume eindringen. Metasternum an den Seiten groß, in der Mitte viel feiner, Schenkel und Abdomen sehr fein und vereinzelt punktiert, die Segmente des letzteren sind am Vorderrande grob gekielt. Oberer Enddorn der Hintertibien länger als der Metatarsus, dieser den 2 folgenden Gliedern an Länge gleich. — L. 4 mm.

Japan.

6. **D. monstrosus** (Har.) 1877 *Aulonocnemis monstrosa*, Harold in: Ann. Mus. Genova, *v.* 10 p. 92 | 1880 *Ataenius monstrosus*, Harold in: Not. Leyden Mus., *v.* 2 p. 198 | 1907 *Dialytes javanus*, Ad. Schmidt in: D. ent. Z., p. 569 | 1910 *D. monstrosus*, Ad. Schmidt in: Gen. Ins., fasc. 110 p. 114 t. 3 f. 38 (Gesamtbild).

Dieselbe Gestalt und Färbung der vorigen Art, aber größer, mit feinerer Skulptur. Kopf breit, kaum schmaler als der Thorax, vom Hinterrande nach vorn allmählich feiner, nicht dicht punktiert, Clipeus breit ausgerandet und seitlich breit gerundet. Thorax mit Randung an den Seiten und der Basis, vorn feiner als der Hinterkopf, nach der Basis zu stärker, etwa mittelstark und zerstreut punktiert, die Seiten zeigen einen flachen Quereindruck, die Hinterwinkel sind leicht ausgerandet. Das Schildchen ist sehr schmal dreieckig. Flügeldecken mit spitzem Schulterdorn und deutlichen Streifen, die Streifenpunkte sind länglich und kerben nur sehr wenig die fast flachen, an den Seiten und der Spitze etwas erhabenen Zwischenräume. Metasternum an den Seiten und längs des Vorderrandes der Metasternalplatte groß, der übrige Teil und das Abdomen feiner und zerstreut punktiert. Oberer Enddorn der Hintertibien länger als der Metatarsus, dieser so lang wie 2 folgende Tarsenglieder. — L. 6 mm.

Bornea, Java.

7. **D. granifer** Ad. Schm. 1909 *D. g.*, Ad. Schmidt in: Soc. ent., *v.* 24 p. 66.

Diese Art zeichnet sich von den übrigen durch eine sehr rauhe Skulptur und die mit 2 größeren Lateralzähnen versehenen Vordertibien aus. Schwarz, wenig glänzend. Kopf sehr dicht, leicht runzlig punktiert, Clipeus in der Mitte leicht ausgerandet und jederseits breit abgerundet. Thorax an den Seiten und an der Basis gerandet, oberseits sehr dicht und fein, an den Seiten runzlig punktiert, die Hinterwinkel sind abgerundet und zur Basis abgestutzt. Flügeldecken mit spitzem Schulterdorn und glänzenden Rippen, zwischen ihnen je eine Körnerreihe. Unterseite dicht, nahezu mittelstark punktiert. Schenkel ohne Punkte. Metatarsus länger als oberer Enddorn und 3 folgende Tarsenglieder. — L. 4—4,5 mm.

Australien.

25. Gen. **Odontolochus** nom. nov. Ad. Schmidt

1900 *Odontoderus* (non O. Schwarz 1894), Clouët in: Ann. Soc. ent. Belgique, *v.* 44 p. 247 | 1910 *O.*, Ad Schmidt in: Gen. Ins., fasc 110 p. 103, 114 | 1916 *Odontolochus*, Ad Schmidt in. Arch. Naturg., *v.* 82 A fasc. 1 p. 99.

Kleine, schwarzbraune Arten, deren Clipeus nach unten umgebogen ist, die obere Grenze dieser Umbiegung ist scharfkantig, die Thoraxseiten sind gebuchtet, nicht verflacht, und die Basis zeigt jederseits ein spitzes Zähnchen.

Der Körper ist länglich, nach hinten mehr oder weniger verbreitert, unbehaart, wenig glänzend. Der Kopf ist schwach gewölbt, herabgebogen, ohne Höcker oder Leisten, nur mit angedeuteter Stirnlinie, der vordere Teil desselben ist schmal nach unten umgebogen und wird nach oben scharfrandig begrenzt, dieser Rand bildet den scheinbaren, leicht ausgebogenen Vorderrand des Kopfes, er setzt sich unmittelbar in den Seitenrand fort, die Oberfläche ist ziemlich dicht und fein punktiert, die Wangen überragen die Augen, letztere sind vom Vorderrande des Halsschildes bedeckt. Der Thorax ist parallelseitig oder nach hinten verschmälert, die Seiten sind sehr leicht 2- oder 3-buchtig, immer mit vorspringendem Zähnchen an der Basalecke, die Oberseite ist dicht und gewöhnlich kräftig punktiert, vor dem Schildchen befindet sich meistens eine schwache Längsfurche, ein seitlicher Eindruck ist immer vorhanden, infolge dieses Eindrucks erscheint der vordere Teil des Halsschildes kissenartig erhaben. Das Schildchen ist klein und dreieckig. Die Flügeldecken haben einen schwachen Schulterdorn, sind punktiert-gestreift und ihre Zwischenräume gekielt. Die Unterseite ist dicht punktiert, die Metasternalplatte vertieft. Die Mittelhüften sind weit getrennt, das Mesosternum zwischen ihnen ist breit und stumpf gekielt. Die Abdominalsegmente sind in der Mitte zusammengezogen und am Vorderrande gerieft, das Pygidium ist frei und feiner oder stärker punktiert, fast immer mit Längskiel. Die Vorderschenkel sind verdickt, die der anderen Beine schlank und mit ganzer Randlinie. Die Vordertibien sind nur schwach verbreitert, mit kleinen Lateralzähnen, deren unterster nach vorn gerichtet ist. Die Mittel- und Hintertibien haben am Endrande einen Borstenbesatz und 2 Enddorne. Die Tarsen sind 5gliedrig, ihre Klauen fein.

Den nach unten umgeschlagenen Clipeus hat diese Gattung mit *Odochilus* Har. (nr. 30) gemein, aber die Querkiele des Kopfes und Halsschildes bei der letzteren unterscheiden beide.

Hierher gehören 3 Arten aus Afrika.

Bestimmungstabelle der Arten:

1	Alle Zwischenräume der Flügeldecken gleichmäßig erhaben .	3. **O. oberthuri**
	Zwischenräume ungleich — 2	
2	Die ungeraden Zwischenräume in der ganzen Länge sehr ungleich erhaben, Thorax liegt in seinen Vorderwinkeln dem Kopfe an, dieselben überragen nicht nach unten die Wangen	2. **O. gestroi**
	Die ungeraden Zwischenräume nur an der Spitze mehr erhaben, die Vorderwinkel sind deutlich über die Wangen nach unten vorgezogen, sie liegen dem Kopfe nicht an .	1. **O. spinicollis**

1. **O. spinicollis** (Har.) 1871 *Ataenius s.*, Harold in: Col. Hefte, *v.* 8 p. 23 | 1900 *Odontoderus s.*, Clouët in: Ann. Soc. ent. Belgique, *v.* 44 p. 249.

Länglich, nach hinten verbreitert, schwarzbraun, mäßig glänzend. Kopf dicht und fein punktiert. Thorax nach hinten verschmälert, der Rand zeigt in der Vorderhälfte zwei kleine Ausrandungen, deren letzte durch einen spitzen Winkel begrenzt wird, von diesem verläuft die Hinterhälfte geradseitig und schwach konvergierend und bildet dann mit der Basis ein spitzes hervorstehendes Zähnchen, die Oberseite ist grob, ineinanderfließend punktiert, jederseits in der Mitte mit einem sehr queren, nach den Vorderwinkeln zu ziehenden Quereindruck und einer schwachen Längsfurche vor dem Schildchen. Dieses ist sehr klein und dreieckig. Flügeldecken hinten verbreitert, Schultern sind zahnartig, die Streifen sind tief und punktiert, die Zwischenräume sind scharf gekielt, vor der Spitze sind die abwechselnden etwas höher. Metasternum in der Mitte dicht punktiert. Die Abdominalsegmente sind am Vorderrande längsgerieft, das Pygidium ist frei, mit Längskiel in der ganzen Länge. Metatarsus länger als oberer Enddorn, aber kürzer als 3 folgende Tarsenglieder. — L. 4 mm.

Abessinien.

2. **O. gestroi** Clouët 1900 *O. g.*, Clouët in: Ann. Soc. ent. Belgique, *v.* 44 p. 249.

Schwarzbraun, wenig glänzend. Kopf fein, hinter der angedeuteten Stirnlinie etwas deutlicher punktiert. Thorax mit einem Quereindruck, der im Vorderwinkel beginnt, verflachend nach der Mitte hinzieht und im gegenseitigen Vorderwinkel endet, ein zweiter Quereindruck befindet sich längs der Basis, die Oberseite ist vorn fein, hinten mittelstark punktiert. Flügeldecken mit scharfen, kaum gedornten Schultern, die Streifenpunkte sind wenig deutlich, die abwechselnden Zwischenräume kielförmig, die geraden bei seitlicher Ansicht leicht erhaben. Die Unterseite ist dicht, mittelstark punktiert, Abdominalsegmente sind sehr breit gerieft. — L. 3 mm.

Freetown.

3. **O. oberthuri** Clouët 1900 *O. o.*, Clouët in: Ann. Soc. ent. Belgique, *v.* 44 p. 250.

Länglich, sehr wenig nach hinten erweitert, schwarz oder schwarzbraun, wenig glänzend. Kopf hinter der etwas vertieften Stirnlinie deutlich, vorn feiner und ziemlich dicht punktiert, der scheinbare Vorderrand ist in der Mitte leicht ausgerandet, jederseits breit abgerundet. Der Thorax ist vorn fein, nach hinten und den Seiten zu viel stärker, fast groß und sehr dicht punktiert, vor dem Schildchen befindet sich eine flache Längsfurche und an den Seiten ein Schrägeindruck, der mit einer kleinen Unterbrechung bis in die Vorderwinkel reicht, der Seitenrand ist in der Vorderhälfte fast geradlinig, dann zeigt er 2 kleine Ausrandungen, die durch ein stumpfes Zähnchen getrennt werden — schräg von oben und vorn gesehen —, längs der Basis befindet sich eine Reihe dichtgestellter, kurzer Kiele, das Ende des Basalrandes springt jederseits als kleines Zähnchen hervor. Flügeldecken an der Basis gerandet, die Schultern schwach dornartig, die Streifen sind punktiert, die Zwischenräume fein chagriniert und gekielt. Unterseite mit Ausnahme der Schenkel kräftig und dicht punktiert. Metatarsus länger als oberer Enddorn, aber kürzer als die 3 folgenden Tarsenglieder. — L. 3,5—4 mm.

Freetown.

26. Gen. **Cnematoplatys** Ad. Schmidt

1913 *C.*, Ad. Schmidt in: Arch. Naturg., *v.* 79 A fasc. 11 p. 173.

Durch die parallelseitigen, flachgedrückten Mittel- und Hintertibien und die stark verkürzten Tarsen von allen Gattungen abgesondert.

Körper länglich, an den Seiten stark herabgewölbt. Kopf groß und breit, stark gewölbt, mit großen Wangen, Augen zum größten Teile von dem Vorderrande des Halsschildes bedeckt. Die Fühler sind aus 9 Gliedern zusammengesetzt. Das 1. Glied ist verlängert, das 2. viel kürzere ist rundlich verbreitert, die folgenden 4 sind mehr quer, die 3-blättrige, freie Keule ist dicht tomentiert. Die Oberkiefer sind hornig und kräftig, ihre nach vorn dreieckig erweiterte Platte ist an der gebogenen Lateralseite vereinzelt lang behaart, an der mehr geraden Medialseite ziemlich dicht, kürzer werdend bewimpert, die am Grunde liegende, fein geriefte Mahlfläche verjüngt sich mediad. Die Unterkiefer sind hornig, die 3 letzten Kiefertasterglieder verdickt, das 2. und 4. auch verlängert, die laterale Kaulade ist mehr nach vorn

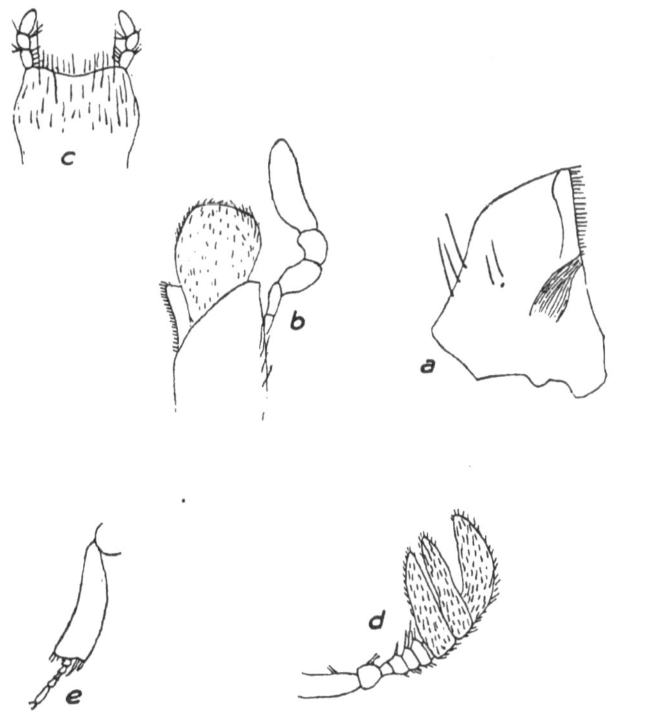

Fig. 24. **Cnematoplatys benardi** (a—d $^{60}/_{1}$ — e $^{20}/_{1}$).
a Oberkiefer, b Unterkiefer, c Kinn und Lippentaster, d Fühler, e Hintertibie und Fuß.

gerichtet und dicht behaart, die mediale ist schmal und bewimpert. Das hornige Kinn ist an der Unterseite vereinzelt, zum gebogenen Vorderrande hin länger behaart, letzterer ist ziemlich dicht bewimpert, die 3 Glieder der Lippentaster sind vereinzelt behaart und von fast gleicher Länge, die Zunge ist schwammig und tief gespalten, ihr äußerer Zipfel reicht bis zur Basis des 2. Gliedes der Lippentaster. Thorax an den Seiten und Hinterwinkeln verflacht. Schildchen klein und dreieckig. Flügeldecken mit 10 Punktstreifen, die Epipleuren sind vorn breit, von der Mitte des Metasternum ab plötzlich verschmälert. Unterseite glatt und glänzend, Prosternum vor den Vorderhüften lang, in der Mitte gekielt, das Abdomen zeigt 6 sichtbare Segmente, das Pygidium ist von oben unsichtbar. Vorder- und Hinterhüften stehen dicht zusammen, die mittleren sind wenig getrennt, die Vorderschenkel sind nicht breiter als die 4 anderen, die zur Spitze verbreiterten Vordertibien haben 3 spitze Lateralzähne und neben der Einlenkung der Tarsen einen Enddorn. Die Mittel- und Hintertibien sind gleichbreit, etwas gebogen und stark flachgedrückt, ihr Endrand zeigt 2 spitze Enddorne, die Tarsen sind 5-gliedrig und die kleinen Klauen hornig.

Hierher gehört 1 Art aus Sumatra.

1. **C. benardi** Ad. Schm. 1913 *C. b.*, Ad. Schmidt in: Arch. Naturg., *v.* 79 A fasc. 11 p. 174.

Schwarzbraun, glänzend, unbehaart. Hinterkopf mit vereinzelt feinen Punkten, Clipeus leicht ausgerandet, jederseits breit gerundet, Wangen spitz, vom Kopfrande wenig abgesetzt. Thorax fein, nach der Basis zu wenig größer und ziemlich zerstreut punktiert, Hinterwinkel abgerundet. Die Flügeldecken sind wenig tief gestreift, die Streifenpunkte klein, Zwischenräume sehr wenig erhaben, die Schultern stumpf, ohne Dorn. Die Tibien sind reichlich noch einmal so lang wie die Tarsen, am Spitzenrande ungleich beborstet, der obere Enddorn der Hintertibien ist ungefähr so lang wie die beiden ersten Tarsenglieder, ihre 4 ersten Glieder sind gleichlang, das 5. doppelt so lang wie das vorhergehende. — L. 5 mm (Fig. 24).

Sumatra.

3. Tribus **Psammobiina**

1910 *P.*, Ad. Schmidt in: Gen. Ins., fasc. 110 p. 9, 115.

Kopf gekörnt, Thorax mit einer Längsfurche und mehreren Querwülsten oder mit Längsfurche und einigen Schrägeindrücken an der Seite, ein Schildchen ist immer vorhanden, die Vordertibien haben 3 Lateralzähne und einen Enddorn neben der Einlenkung der Tarsen.

Körper gedrungen, schwächer oder stärker nach hinten erweitert oder schlank und fast parallel, dunkel oder heller gefärbt, oberseits glatt oder mit Borsten bekleidet. Kopf ohne Tuberkeln, zuweilen mit 4 Querkielen am Hinterkopfe, Vorderrand meistens von oben sichtbar (*Odochilus* Har. (30. Gen.) ausgenommen), in der Mitte mehr oder weniger tief ausgerandet, Wangen gewöhnlich nur klein, Augen vom Vorderrande des Halsschildes bedeckt. Thorax quer, oft an den Seiten und der Basis bewimpert und gerandet, die Längsfurche ist länger oder kürzer, sie fehlt nur bei *Phycochus* Broun (35. Gen.), die Querwülste werden durch Querfurchen getrennt, diese sind glatt, punktiert oder granuliert, von den Quereindrücken liegt der eine hinter den Vorderwinkeln, der andere in der Mitte der Seiten, die Seitenbeule ist stets deutlich und überragt, von oben gesehen, den Seitenrand. Das Schildchen ist klein und dreieckig. Die Flügeldecken sind mit und ohne Schulterdorn, sie haben immer punktierte Streifen, ihre Zwischenräume sind glatt oder mit Tuberkeln besetzt, die Epipleuren sind schmal, nur bei *Phycochus* Broun sind dieselben vorn breiter und dann plötzlich verschmälert. Das Abdomen hat 6 sichtbare Segmente, das Pygidium wird von den Flügeldecken bedeckt. Die Schenkel stehen bis auf die mittleren dicht zusammen, die Mittel- und Hintertibien sind ohne Querleisten an der Außenseite (ausgenommen einige *Psammobius*-Arten und *Phycochus*), sie haben am Endrande einen Borstenbesatz und 2 Enddorne. Die Tarsen sind 5-gliedrig, bald länger, bald kürzer, das letzte Glied trägt 2 hornige oder 2 Haarklauen.

Aus allen Erdteilen.

Hierher gehören 10 Gattungen mit 116 sicheren Arten, von denen 9 in 19 Unterarten zerfallen, und 2 unsichere Arten.

Bestimmungstabelle der Gattungen:

1 { Letztes Tarsenglied ohne hornige Klauen — 2
Letztes Tarsenglied mit hornigen Klauen — 3

2 { Hintertibien mit deutlichen Querleisten an der Außenseite, Thorax ohne Längsfurche . . . . 35. Gen. **Phycochus**
Hintertibien ohne Querleisten, Thorax mit Längsfurche . . . . 36. Gen. **Sicardia**

3 { Oberer Enddorn der Hintertibien so lang wie die beiden ersten Tarsenglieder oder länger, die Tarsen deutlich kürzer als die Tibien, zuweilen kaum halb so lang, Tarsenglieder mehr oder weniger stark dreieckig verbreitert — 4
Enddorn gewöhnlich kürzer, selten etwas länger als das 1. Tarsenglied, Tarsen so lang wie die Tibien, immer schlank, nicht dreieckig verbreitert — 6

4 { Hinterschenkel stark verbreitert, immer viel kräftiger als die mittleren, die 2 oder 4 ersten Tarsenglieder stark dreieckig, Thorax an den Seiten und der Basis bewimpert, mit Quererhöhungen und Quereindrücken, immer mit Längsfurche, Enddorne der Hintertibien kräftig, oft verbreitert . . . . 27. Gen. **Psammobius**
Hinterschenkel wenig oder nicht breiter, 1. Glied der Hintertibien schwach dreieckig, Enddorne schlank — 5

5 { Thorax nur mit Längsfurche und seitlichen Eindrücken, an den Rändern nicht bewimpert, Zwischenräume der Flügeldecken glatt . . . 28. Gen. **Diastictus**
Thorax mit Längsfurche und Querwülsten, an den Seiten und der Basis bewimpert, Zwischenräume mit Tuberkeln . . . . 31. Gen. **Rhyssemodes**

6 { Thorax mit Längsfurche und seitlichen Eindrücken, Zwischenräume der Flügeldecken glatt . . . . . 29. Gen. **Pleurophorus**
Thorax mit Längsfurche und Querwülsten, Zwischenräume mit Tuberkeln, sie fehlen nur bei *Odochilus* Har. — 7

7 { Vorderrand des Kopfes nach unten gebogen, Thoraxseiten verflacht . . . . 30. Gen. **Odochilus**
Vorderrand von oben sichtbar, Thorax nicht verflacht — 8

8 { Letztes Abdominalsegment in der ganzen Breite gleichmäßig gewölbt . . . . 32. Gen. **Rhyssemorphus**
Letztes Abdominalsegment am Vorderrande breit eingedrückt und gerieft — 9

9 { Flügeldecken mit Borsten besetzt . . . . 34. Gen. **Trichiorhyssemus**
Flügeldecken ohne Borstenbekleidung . . . . . 33. Gen. **Rhyssemus**

27. Gen. **Psammobius** Heer

1841 *Psammobius*, Heer, Fauna Col. Helvet., *v.* 1 fasc. 3 p. 531 | 1870 *P.*, E. Mulsant in: Ann. Soc Agric. Lyon, ser. 4 *v.* 2 p. 635 | 1892 *P.*, Reitter in: Verh. Ver. Brünn, *v.* 30 p. 156, 158 | 1910 *P.*, Ad. Schmidt in: Gen. Ins., fasc. 110 p. 116, 119.

Kopf gekörnt, Thorax mit Längsfurche (ausgenommen *P. integer* Bates (nr. 13)), Querfurchen und Querwülsten, seltener nur mit seitlichen Eindrücken, Tarsenglieder kurz, zur Spitze stark dreieckig erweitert, immer wenigstens das 1. und 2. Glied.

Körper länglich, gewöhnlich gedrungen, nach hinten deutlich verbreitert, konvex, schwarz-, rot- oder hellbraun oder gelblichrot, auf der Oberseite unbehaart, mehr oder weniger glänzend. Die Körnelung des Kopfes geht allmählich in den glatten Hinterrand über oder sie wird jederseits durch eine glatte Furche begrenzt, diese beiden Furchen sind schräg nach hinten gerichtet und treffen in der Mitte winklig zusammen, je ein meist glatter Schrägkiel begrenzt diese Furche nach hinten und scheidet sie von einer zweiten, parallellaufenden, dem Hinterrande näherliegenden Schrägfurche, die neben den Augen von einem kürzeren Schrägkiel begrenzt wird, diese hinteren Furchen treffen in der Mitte nicht zusammen. Der Clipeus ist mehr oder weniger tief ausgerandet, die laterale Begrenzung dieser Ausrandung ist gezahnt, stumpfwinklig oder abgerundet, nur bei *P. comis* G. Lewis (nr. 36)

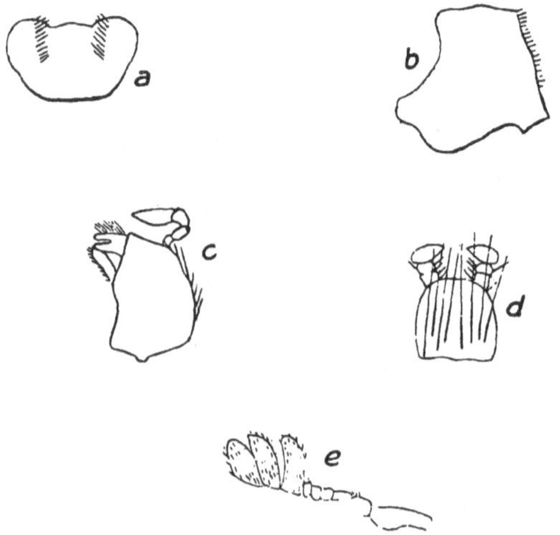

Fig. 25. **Psammobius sulcicollis** ($^{90}/_{1}$).

ist der Clipeus abgerundet, also ohne Einschnitt, die Wangen sind klein und wenig oder nicht vom Kopfrande abgesetzt, die Augen sind zum größten Teil bedeckt. Die Fühler sind neungliederig. Das 1. Glied ist verlängert, zur Spitze verbreitert, das 2. ist länglichrund, das 3. ist schlank, die 3 folgenden sind etwas quer, die dreiblättrige Keule ist länglichrund und dicht behaart. Die häutige Oberlippe erweitert sich nach vorn, ihr Vorderrand ist in der Mitte etwas winklig ausgerandet, nicht bewimpert, nur an den Seiten ragen die Borsten, welche die Nebenlippen begrenzen, über den Vorderrand hinaus. Die Oberkiefer sind hornig wie auch der größte Teil der nach vorn erweiterten Platte, diese ist viereckig, an der medialen Seite bewimpert und am Grunde mit derber, quergeriefter Mahlfläche. Die Unterkiefer sind hornig, die Kiefertaster kurz, das letzte Glied fast so lang wie die 3 vorhergehenden, ihre laterale Kaulade ist ebenfalls hornig, mediad gerichtet und in 4 stumpfere oder schärfere Zähne zerteilt, auf dem Rücken dieser Lade befindet sich ein lederartiger, lang behaarter Lappen, die mediale Lade ist schmal und bewimpert. Das hornige Kinn ist nach vorn gerundet verengt, auf der Unterseite sehr lang beborstet. Die Lippentaster sind kräftig, das letzte

Glied stark quer und mediad gerichtet, die beiden ersten Glieder sind vereinzelt beborstet, die Zunge ist gespalten, ihre seitlichen Zipfel ragen bis zur Basis des 2. Tastergliedes. Der Thorax ist quer, fast immer mit Borsten oder feinen Haaren bewimpert, zeigt Querfurchen, die durch Querwülste getrennt werden, zuweilen fehlen beide und es sind dann nur seitliche Quereindrücke vorhanden, die Längsfurche ist mehr oder weniger deutlich. Das Schildchen ist dreieckig und klein. Die Flügeldecken sind mit und ohne Schulterdorn, haben meistens punktierte Streifen und glatte oder mit flachen Tuberkeln versehene Zwischenräume. Die Unterseite ist glatt und glänzend, selten sind Abdomen und Metasternum an den Seiten undeutlich punktiert. Metasternalplatte ist gewöhnlich sehr kurz und in der Mitte vertieft oder nur mit Mittellinie. Die Hinterschenkel sind meistens viel stärker als die mittleren, ebenso sind auch gewöhnlich die Hintertibien viel kräftiger, die nach vorn verbreiterten Vordertibien haben drei kräftige Lateralzähne und einen Enddorn, Mittel- und Hintertibien selten an der Lateralseite mit Querleisten (*P. caelatus* u. *P. ambiguus* (nr. 34, 35)), sie sind am Endrande mit einem Borstenbesatz und 2 Enddornen versehen, die letzteren sind an den Hintertibien oft blattartig verbreitert, ihre Spitze ist abgerundet, abgeschrägt oder stumpf, der obere ist immer reichlich so lang wie 2 Tarsenglieder, diese, zuweilen auch die 2 folgenden sind an der Spitze stark dreieckig verbreitert, die Tarsen sind kurz, gewöhnlich nur von halber Tibienlänge oder noch kürzer.

Hierher gehören 36 sichere Arten aus allen Erdteilen und 1 sehr unsichere Art aus Nordamerika.

Bestimmungstabelle der sicheren Arten:

1	Clipeus abgerundet, nicht eingeschnitten, Thorax ohne Querwülste und Querfurchen, nur mit seitlicher Grube	36. **P. comis**[1])
	Clipeus nicht abgerundet, immer mehr oder weniger ausgerandet — 2	
2	Hintertibien an der Außenseite mit deutlichen Querleisten — 3	
	Hintertibien ohne Querleisten — 4	
3	Körper hinten stark verbreitert, Thorax mit 4 Querwülsten	34. **P. caelatus**
	Körper leicht oval, Thorax ohne Eindrücke	35. **P. ambiguus**[1])
4	Körper länglich, nach hinten wenig verbreitert — 5	
	Körper hinten stark verbreitert, stark eiförmig — 29	
5	Flügeldecken mehr oder weniger deutlich granuliert — 6	
	Flügeldecken glatt, höchstens fein punktiert — 10	
6	Thorax mit 2 seitlichen, dicht punktierten Eindrücken und kurzer Längsfurche	25. **P. micros**
	Thorax mit mehr als 2 Eindrücken — 7	
7	Thorax jederseits mit 5 kurzen Querfurchen, Zwischenräume der Flügeldecken hoch konvex	26. **P. culminatus**
	Thorax mit 4 Querfurchen, die fast über die ganze Breite reichen — 8	
8	Körper kurz und breit, hoch gewölbt, die seitlichen und die dorsalen Zwischenräume der Flügeldecken an der Basis in Tuberkeln aufgelöst	27. **P. rotundipennis**
	Körper länglich, parallelseitig oder hinten wenig verbreitert — 9	

[1]) Die Zugehörigkeit dieser Arten zu *Psammobius* scheint mir sehr zweifelhaft zu sein.

9	Streifen der Flügeldecken sehr fein und unpunktiert, die Tuberkeln bedecken die ganze Breite der Zwischenräume	28. P. plicatulus
	Streifenpunkte größer, kerben die mediale Seite der Zwischenräume, die laterale Seite mit einer Reihe länglicher Tuberkel	29. P. interruptus
10	Hinterkopf ohne glatte schrägstehende Kiele und Furchen — 11	
	Hinterkopf mit Kielen und Furchen — 22	
11	Thorax nur punktiert, ohne Eindrücke oder Querfurchen	11. P. zietzi
	Thorax mit einem oder zwei kurzen seitlichen Eindrücken, nur bei *P. laevicollis, P. indicus* und *P. gestroi* (nr. 23, 24, 21) reicht der vordere über die ganze Breite — 12	
	Thorax mit 4 Querfurchen — 21	
12	Thorax mit einem seitlichen Eindruck und einer Längsfurche vor dem Schildchen	12. P. modestus
	Thorax nur mit vertiefter Grube in den Vorderwinkeln, ohne Längsfurche, Punktierung über die ganze Fläche verteilt	13. P. integer
	Thorax mit kleinem rundlichem Grübchen in den Vorderwinkeln und jederseits mit einer Punktgruppe	14. P. schwarzi
	Thorax mit 2 seitlichen Eindrücken — 13	
13	Clipeus am Vorderrande mit 2 Zähnchen — 14	
	Clipeus ungezahnt — 15	
14	Thorax deutlich und ziemlich zahlreich punktiert, mit 2 seitlichen Eindrücken und langer, deutlicher Mittelfurche	15. P. placidus
	Thorax größer, sehr vereinzelt punktiert, mit einem Eindruck hinter den Vorderwinkeln, der aber zuweilen fehlt, und einem langen Quereindruck vor dem Schildchen, die Längsfurche ist gewöhnlich undeutlich	16. P. cruentus
15	Thoraxbasis nicht gerandet — 16	
	Thoraxbasis gerandet — 17	
16	Thorax bewimpert, ohne Längsfurche, oberseits rotbraun	17. P. australicus
	Thorax nicht bewimpert, mit Längsfurche, oberseits schwarzbraun	18. P. obscurior
17	Körper fast parallel — 18	
	Körper nach hinten verbreitert — 19	
18	Clipeus jederseits der Ausrandung mit stumpfem Winkel, Zwischenräume flach, an der Spitze aber gewölbt, Streifenpunkte kaum sichtbar	19. P. subciliatus
	Clipeus jederseits abgerundet, Zwischenräume konvex, mit deutlichen Streifenpunkten	20. P. evanidus
19	10. Zwischenraum nur bis zur Mitte der Flügeldecken reichend	21. P. gestroi
	10. Zwischenraum bis zur Spitze reichend — 20	
20	Länglich, schwarzbraun, Thorax auf der ganzen Fläche, aber nicht dicht punktiert, mit 2 kurzen, seitlichen Eindrücken, Streifenpunkte wenig sichtbar	22. P. japonicus
	Länglich, rötlichgelb, Scheibe des Halsschildes nur vereinzelt punktiert, Stirnnaht deutlich und dunkel, Thoraxbasis fein gerandet, Streifenpunkte der Flügeldecken deutlich	23. P. laevicollis

Gedrungen, rotbraun, Scheibe etwas zahlreicher punktiert, Stirnnaht kaum angedeutet, Thoraxbasis mit Punktreihe in der Basalfurche, Streifenpunkte deutlich . . . . 24. **P. indicus**

21 Länglich, fast parallel, Streifenpunkte der Flügeldecken kerben die Zwischenräume, Schultern abgerundet . 9. **P. quinqueplicatus**
Gedrungen, hinten deutlich verbreitert, Streifenpunkte nicht kerbend, Schultern mit Dorn . . . . 10. **P. veraecrucis**

22 Flügeldecken nur mit 9 Zwischenräumen . . . . . . 8. **P. ainu**
Flügeldecken mit 10 Zwischenräumen — **23**

23 Thorax mit einem oder zwei Quereindrücken — **24**
Thorax mit ganzen Furchen — **25**

24 Thorax nur mit einem Eindruck in den Vorderwinkeln . 5. **P. scabrifrons**
Thorax an den Seiten mit 2 Quereindrücken . . . . 6. **P. indefensus**

25 Thorax mit 3 Querfurchen . . . . 7. **P. aegialioides**
Thorax mit 4 Querfurchen — **26**

26 Der 10. Zwischenraum nur bis zur Mitte der Flügeldecken reichend, Hintertibien an dem oberen Rande mit 3 großen Zähnchen . . . . 4. **P. porcicollis**
Der 10. Zwischenraum bis zur Spitze reichend, Hintertibien mit mehreren kleinen Zähnchen — **27**

27 Thoraxseiten mit gekeulten Borsten bewimpert, Zwischenräume der Flügeldecken hoch gewölbt . . . 1 **P. sulcicollis**
Thorax mit längeren Haaren bewimpert, Zwischenräume kaum konvex — **28**

28 Flügeldecken sehr fein gestreift, Hinterschienen stark verbreitert, ihr Hinterrand ist deutlich breiter als der obere Enddorn lang ist . . . . 2 **P. basalis**
Flügeldecken mit deutlichen Punktstreifen, Hinterschienen schwächer verbreitert, ihr Hinterrand nur so breit wie der Enddorn lang ist . . . . 3. **P. laevipennis**

29 Hinterkopf mit 2 schrägen, glatten Furchen jederseits, die durch je einen glatten Kiel getrennt werden, Thorax mit 4 Querfurchen — **30**
Hinterkopf ohne solche Furchen, Thorax nur mit Vertiefung in den Vorderwinkeln . . . . 30. **P. hydropicus**

30 Der 10. Zwischenraum sehr kurz, in der Mitte der Flügeldecken endigend, Tarsen nicht so lang wie der Spitzenrand der Hintertibien breit ist . . . . 31. **P. generosus**
Der 10. Zwischenraum bis zur Spitze reichend, Tarsen mindestens so lang wie die Breite des Spitzenrandes — **31**

31 Flügeldecken mit Schulterdorn, Thoraxseiten mit kurzen, gekeulten Borsten bewimpert . . . . 32. **P. convexus**
Flügeldecken mit gerundeten Schultern, ohne Schulterdorn, Thoraxseiten mit langen und feinen Haaren bewimpert . . . . 33 **P. nocturnus**

1. **P. sulcicollis** (Ill.)

Diese Art zerfällt in 2 Unterarten:

1a. **P. sulcicollis sulcicollis** (Ill.) 1798 *Scarabaeus asper* (non J. C. Fabricius 1775), Paykull, Fauna Suec., Ins., *v.* 1 p. 29 | 1802 *Aphodius sulcicollis*, Illiger in: Mag. Ins.-Kunde, *v.* 1 p. 20 | 1805 *A. s.*, Jac. Sturm, Deutschl. Fauna, Ins. Käf. *v.* 1 p. 173 t. 15 f. C (Gesamtbild) | 1808 *Psammodius s.*, Gyllenhal, Ins. Suec., *v.* 1 p. 8 | 1841 *Psammobius s.*, Heer, Fauna Col. Helvet., *v.* 1 fasc. 3 p. 531 | 1848 *Psammodius s.*, Erichson, Naturg. Ins. Deutschl., Col. *v.* 3 p. 915 | 1863 *P. costatus*, Stierlin in: Bull. Soc. Moscou, *v.* 36 II p. 489 | 1892 *P. sulcicollis*, Reitter in: Verh. Ver. Brünn, *v.* 30 p. 159.

Schwarzbraun, gewölbt, glänzend, leicht nach hinten verbreitert. Kopf bis zu der vorderen Schrägfurche am Hinterkopfe rauh gekörnt, Clipeus deutlich ausgerandet, jederseits stumpfwinklig. Thorax quer, mit 5 glatten Querwülsten, die durch 4 Furchen getrennt werden, diese sind gereiht punktiert, ihre Punkte dringen in den Vorderrand der Wülste ein, die Seitenbeule ist glänzend und glatt, überragt den Seitenrand, deshalb erscheint der Thorax von oben gesehen in der Mitte stark gerundet, die Seiten, die stumpfen Hinterwinkel und Basis sind fein gerandet und mit keulenförmigen Borsten bewimpert, die Längsfurche unterbricht die beiden hintersten Querwülste. Das Schildchen ist dreieckig. Die Flügeldecken sind deutlich gestreift, die Streifenpunkte aber flach, die Zwischenräume kielartig gewölbt und fast glatt. Die Hüften stehen zusammen, nur die mittleren sind schmal getrennt, die Hinterschenkel sind breiter als die mittleren, beide mit ganzer Randlinie, die Tibien sind zur Spitze verbreitert, die vorderen haben am Außenrande 3 Zähne, deren unterster am kräftigsten und mehr nach vorn gerichtet ist, die 4 hintern Tibien sind ohne Querleisten, ihre obere Kante zeigt mehrere kleine Kerbzähnchen, der obere Enddorn der Hintertibien gleichbreit, an der Spitze abgerundet, so lang wie 2 Tarsenglieder, 1. Glied stark dreieckig verbreitert, nicht so lang wie die 3 folgenden Glieder. — L. 2,6 —4 mm (Fig. 25).

Nord- und Mitteleuropa, Kaukasus.

1b. **P. sulcicollis canaliculatus** (Muls.) 1842 *Psammodius s.* var *c.*, E. Mulsant, Hist. nat. Col France, Lamell. p. 321 | 1869 *Psammobius s.* var. *c.*, Harold in: Gemminger & Harold, Cat. Col., *v.* 4 p. 1069.

Flügeldecken rotbraun.

Vorkommen mit der Stammart.

2 **P. basalis** (Muls) 1871 *Psammodius b.*, E. Mulsant & Rey in: E. Mulsant in: Ann. Soc. Agric. Lyon, ser. 4 *v.* 3 p. 475 | 1892 *P. b.*, Reitter in: Verh. Ver Brünn, *v.* 30 p. 161 | 1910 *Psammobius b.*, Ad. Schmidt in: Schenkling, Col. Cat., fasc. 20 p. 83.

Rotbraun, Kopf zuweilen dunkler, fettglänzend. Kopf wie bei der vorigen Art, die hintern Schrägfurchen sind hier aber glatt und die Winkel des Clipeus weniger scharf. Halsschild quer, nach hinten verbreitert, mit 5 Querwülsten, von denen die 2 hintersten durch die Längsfurche unterbrochen sind, die Punkte der Querfurchen greifen kaum den Vorderrand der Wülste an, die Seiten, die stumpf abgerundeten Hinterwinkel und Basis fein gerandet und mit dünnen, ziemlich langen Haaren bewimpert. Schildchen in der Mitte längsvertieft. Die feinen Streifen der Flügeldecken sind kaum punktiert, die Zwischenräume breit und sehr schwach erhaben. Abdominalsegmente in der Mitte einreihig punktiert und behaart, Metasternum an den Seiten vereinzelt, Schenkel etwas zahlreicher punktiert und behaart, Hinterschenkel und Hintertibien stark verbreitert, die Enddorne der letzteren sind gleichbreit, an der Spitze abgerundet, der obere ist länger als 2 Tarsenglieder, diese sind stark dreieckig verbreitert, das letzte nur ist rundlich, die Tarsen sind kaum länger als die Tibien am Hinterrande breit. — L. 3,6—3,8 mm.

Südfrankreich, Krim, Österreichisches Küstenland.

3. **P. laevipennis** (A. Costa) 1844 *Psammodius l.* A. Costa in: Ann. Acc. Aspir., *v.* 2 p. 18 | 1848 *P. plicicollis* + *P. rugicollis*, Erichson, Naturg Ins. Deutschl., Col. *v.* 3 p. 916 | 1849 *P. ciliatus*, Küster, Käf. Eur, *v.* 18 nr 51 | 1859 *P. accentifer*, E. Mulsant & Rey in: E. Mulsant, Opusc. ent., *v.* 9 p. 172 | 1859 *P. scutellaris*, E. Mulsant & Wachanru in: E. Mulsant, Opusc. ent., *v.* 9 p. 187 | 1870 *Psammobius insculptus*, E. Mulsant in: Ann. Soc. Agric. Lyon, ser 4 *v.* 2 p. 638 | 1893 *Psammodius planipennis*,

Reitter in: Verh. Ver Brünn, *v.* 31 p. 103 | 1910 *Psammobius laevipennis*, Ad. Schmidt in: Schenkling, Col. Cat., fasc. 20 p. 84.

Der vorigen Art in der länglichen, hinten leicht verbreiterten Gestalt, der Skulptur des Kopfes und Bewimperung des Halsschildes durchaus gleich, sie ist aber schwarzbraun gefärbt, die Querwülste des Halsschildes, deren 2 letzte auch durch Längsfurche unterbrochen, werden von den Furchenpunkten am Vorderrande deutlich angegriffen, das Schildchen ist nicht vertieft, die Flügeldecken sind deutlich punktiert-gestreift, das Metasternum ist auch an den Seiten nur vereinzelt punktiert, aber das Abdomen ist ohne Querreihe behaarter Punkte, die Hintertibien sind wenig verbreitert, ihre Enddorne und Tarsen deutlich länger als der Hinterrand der Tibie breit ist. — L. 3,1 bis 4,3 mm.

Südeuropa, Nordafrika, Syrien, Transkaukasien.

4. **P. porcicollis** Ill.

Diese Art zerfällt in 2 Unterarten:

4a. **P. porcicollis porcicollis** (Ill.) 1803 *Psammodius p.*, Illiger in: Mag. Ins.-Kunde, *v.* 2 p. 195 | 1892 *P. p.*, Reitter in: Verh. Ver. Brünn, *v.* 30 p. 159 | 1910 *Psammobius p.*, Ad. Schmidt in: Gen. Ins., fasc. 110 p. 121 t. 3 f 41 (Gesamtbild).

Schwarzbraun, von gedrungener Gestalt, glänzend. Kopf groß granuliert. Die Furchen des Hinterkopfes glatt und glänzend, die Ausrandung des Clipeus tief, jederseits stumpfwinklig. Die Querfurchen des Halsschildes sind groß punktiert, ihre Punkte greifen auf den Vorderrand der glatten Wülste über, die 2 hintersten derselben durch die Längsfurche unterbrochen, die Seitenbeule ist durch Punkte zerstochen, die Seiten, die gerundeten Hinterwinkel und Basis mit schwach gekeulten Borsten bewimpert. Flügeldecken mit kleinem Schulterdorn, ihre Streifen sind tief und deutlich punktiert, die Zwischenräume scharf konvex. Hinterschenkel stark verbreitert, wie die Mittelschenkel deutlich punktiert und behaart. Abdomen in der Mitte jedes Sternites mit Punktreihe, die aber mediad erlischt. Mittel- und Hintertibien mäßig verbreitert, letztere haben am obern Rande 3 größere Zähnchen, ihr oberer Enddorn ist stumpfspitzig und so lang wie 2 Tarsenglieder. Metatarsus stark verbreitert, fast so lang wie die 3 folgenden Glieder. — L. 3,3—4,3 mm.

Mitteleuropa, Madeira, Kanarische Inseln, Nordafrika, Syrien.

4b. **P. porcicollis rugosulus** (Muls.) 1842 *Psammodius p.* var. *r.*, E. Mulsant, Hist. nat. Col. France, Lamell. p. 323 | 1869 *Psammobius p.* var *r.*, Harold in: Gemminger & Harold, Cat. Col., *v.* 4 p. 1069

Oberseite rotbraun.

Vorkommen mit der Stammart.

5. **P. scabrifrons** (F. Walker) 1871 *Psammodius s.*, F. Walker, List Col. Lord, p. 12 | 1910 *Psammobius s.*, Ad. Schmidt in: Schenkling, Col. Cat., fasc. 20 p. 84.

Rotbraun, glänzend. Kopf granuliert, hinten jederseits mit 2 schräggestellten, schmalen Furchen, die durch einen Kiel getrennt sind. Thorax vereinzelt punktiert, mit einem Eindruck hinter den Vorderwinkeln und einer Längsfurche. Flügeldecken punktiert-gestreift. — L. 3 mm (ex F. Walker).

Kairo.

6. **P. indefensus** Ad. Schm. 1909 *P. i.*, Ad. Schmidt in: Soc. ent., *v.* 24 p. 60.

Schwarzbraun und glänzend. Thorax und Flügeldecken an den Seitenrändern mit langen, dünnen Haaren bewimpert. Kopf granuliert, die Schrägfurchen des Hinterkopfes am Grunde punktiert, wenig deutlich, Clipeus neben der schwachen Ausrandung sehr stumpfwinklig. Thorax groß, wenig dicht punktiert, die Längsfurche reicht fast bis an den Vorderrand, die beiden seitlichen Quereindrücke sind tief und reichen fast bis zur Längsfurche, die stumpf abgerundeten Hinterwinkel sind wie die Seiten und Basis fein gerandet. Die Flügeldecken haben scharfe Schultern, sind deutlich punktiert-gestreift, die Zwischenräume schwach erhaben. Unterseite ist nur vereinzelt punktiert. Die Hinterschenkel sind verbreitert, der Enddorn an den Tibien ist stumpfspitzig, bald so lang wie 3 Tarsenglieder, von diesen ist nur das 1. deutlich dreieckig erweitert, es ist kürzer als 3 folgende Glieder. — L. 3 mm.

Valparaiso.

7. **P. aegialioides** (Hald.) 1848 *Psammodius a.*, S. S. Haldeman in: J Ac. Philad., ser. 2 *v.* 1 p. 107 | 1869 *Psammobius a.*, Harold in: Gemminger & Harold, Cat. Col., *v.* 4 p. 1068 | 1887 *Psammodius a.*, G. Horn in: Tr. Amer. ent. Soc., *v.* 14 p. 74.

Länglich-oval, konvex, mäßig glänzend, schwarzbraun, Flügeldecken dunkler. Kopf granuliert, am Hinterkopfe mit 2 Schrägfurchen, Clipeus breit ausgeschnitten, jederseits stumpfwinklig. Thorax mit 4 glatten Querwülsten, von denen die beiden vorderen ganz, die zwei hinteren durch eine Längsfurche unterbrochen sind, sie sind durch 3 grob punktierte Querfurchen getrennt, Seiten und Basis sind deutlich gerandet, die Hinterwinkel sind stumpf. Flügeldecken mäßig tief gestreift, Zwischenräume leicht konvex und glatt, Schultern stumpf. Metasternum seitlich etwas rauh, Abdomen fast glatt. Enddorn der Hintertibien schlank, stumpf zugespitzt, Tarsen nicht länger als die halbe Tibie, das 1. Tarsenglied ist länglich-dreieckig. — L. 4 mm (ex G. Horn).

Nordamerika.

8. **P. ainu** G. Lewis 1895 *P. a.*, G. Lewis in: Ann. nat. Hist., ser. 6 *v.* 16 p. 384.

Wenig glänzend, schwarz, Vorderkopf rötlich. Kopf granuliert, hinten mit 2 Schrägfurchen, Clipeus schwach ausgerandet. Thorax mit 5 Querwülsten, die in der Mitte schmal unterbrochen sind. Flügeldecken nur mit 9 kielartigen Zwischenräumen, einschließlich der Naht und des Seitenrandes, sie werden durch je eine Punktreihe getrennt. — L. 2,75 mm (ex G. Lewis).

Japan.

9 **P. quinqueplicatus** (Horn) 1871 *Psammodius q.*, G Horn in: Tr. Amer. ent. Soc, *v.* 3 p. 292 | 1887 *P. q.*, G. Horn l c., *v.* 14 p. 95 | 1910 *Psammobius q.*, Ad. Schmidt in: Schenkling, Col Cat., fasc. 20 p. 84.

Hell rotbraun, glänzend, länglich, hinten leicht verbreitert. Kopf nicht stark granuliert, am Hinterrande fein punktiert, ohne Schrägfurchen und Schrägkiele, Clipeus deutlich ausgerandet, jederseits stumpfwinklig. Die wenig erhabenen Querwülste des Halsschildes werden am Vorderrande von den Punkten der Querfurchen angegriffen, die beiden letzten sind in der Mitte unterbrochen, die Seitenbeule ist glatt, die Seiten, die abgerundeten Hinterwinkel und Basis gerandet und mit zugespitzten Borsten bewimpert. Der Schulterdorn der Flügeldecken ist sehr klein, ihre Streifen sind deutlich vertieft, mit feinen Punkten besetzt, die Zwischenräume sind auf dem Rücken weniger erhaben als an den Seiten und vor der Spitze. Metasternum mit vereinzelten Punkten an den Seiten und die Sternite mit undeutlicher Punktreihe. Hinterschenkel wenig breiter als die mittleren, glatt, nur neben dem Knie mit kurzer Haarpunktreihe. Hintertibien deutlich verbreitert, ihre

Enddorne schlank, stumpf zugespitzt, so lang wie 2 Tarsenglieder. Metatarsus mäßig dreieckig erweitert, nicht so lang wie 3 folgende Glieder. — L. 3—3,5 mm.

Arizona, Westtexas, Mexiko

10 **P. veraecrucis** (Bates) 1887 *Psammodius v.*, H. Bates in: Biol. Centr-Amer., Col. *v.* 2 II p. 103 | 1910 *Psammobius v.*, Ad Schmidt in: Schenkling, Col. Cat., fasc. 20 p. 84.

Rotbraun, Kopf und Thorax zuweilen leicht dunkler, glänzend. Kopf granuliert, neben dem Hinterrande glatt, Clipeus tief eingeschnitten, jederseits stumpf, Wangen leicht bewimpert. Thorax mit wenig erhabenen, etwas unregelmäßigen Querwülsten, die beiden hintersten sind durch eine Längsfurche unterbrochen, die Querfurchen sind deutlich, aber nicht groß punktiert, die 3. ist seitlich stärker vertieft, endet über der fast glatten Seitenbeule, die Seiten, die abgerundeten Hinterwinkel und Basis fein bewimpert und gerandet. Das Schildchen ist gleichseitig und vertieft. Die Schultern haben einen kleinen Dorn, die Flügeldecken sind an der Basis gerandet, ihre Streifen sind tief, aber undeutlich und fein punktiert, der Raum zwischen ihnen konvex und glatt. Metasternum seitlich chagriniert. Abdomen mit einer Querreihe kleiner, behaarter Punkte, die nicht die Mitte erreicht. Hinterschenkel stark verbreitert, mit einzelnen Haarpunkten neben dem Knie und am Vorderrande. Oberer Enddorn der Hintertibien so lang wie 2 Tarsenglieder, diese deutlich dreieckig, Metatarsus kürzer als 3 folgende Glieder. — L. 2,5 mm.

Mexiko.

11. **P. zietzi** (Blackb.) 1895 *Ataenius z.*, Blackburn in: Tr. R. Soc. S. Austral., *v.* 19 p. 32 | 1904 *Psammodius z.*, Blackburn in: P. R. Soc. Victoria, ser. 2 *v.* 17 p. 174 | 1910 *Psammobius z.*, Ad. Schmidt in: Schenkling, Col. Cat., fasc. 20 p. 84.

Länglich, glänzend, rot oder rotbraun, zuweilen Kopf und Thorax dunkler. Clipeus dreieckig eingeschnitten, deutlich gekörnt. Thorax ungleichmäßig groß punktiert. Flügeldecken stark gestreift, die Streifenpunkte klein und wenig deutlich, Zwischenräume leicht konvex, Schulterdorn klein (ex Blackburn). — L. 4 mm.

Südaustralien.

12. **P. modestus** Péring. 1901 *P. m.*, Péringuey in: Tr. S. Afr. Soc., *v.* 12 p. 446.

Schwarzbraun, Flügeldecken heller. Kopf runzlig punktiert und nach hinten granuliert, Clipeus nur leicht ausgerandet, jederseits stumpfwinklig. Thorax rauh und tief punktiert, mit tiefem seitlichem Eindruck und flacher, bis zur Mitte reichender Längsfurche. Flügeldecken nach hinten verbreitert, tief gestreift, in den Streifen stark punktiert, die Streifenpunkte dringen in die Zwischenräume ein, diese sind auf dem Rücken konvex, an den Seiten kielartig. Mittel- und Hintertibien verbreitert. Oberer Enddorn der Hintertibien kräftig, so lang wie 2 Tarsenglieder, das 1. von ihnen ist dreieckig erweitert. — L. 3 mm (ex Péringuey).

Natal.

13. **P. integer** (Bates) 1887 *Psammodius i.*, H. Bates in: Biol. Centr. Amer., Col. *v.* 2 II p. 104 | 1910 *Psammobius i.*, Ad. Schmidt in: Schenkling, Col. Cat., fasc. 20 p. 83.

Länglich, konvex, glatt, glänzend, kastanienbraun. Kopf granuliert, hinten glatt, Clipeus breit, aber wenig tief eingeschnitten, beiderseits mit spitzem Winkel. Thorax größer und feiner punktiert, ohne Quereindrücke, nur mit Grube in den Vorderwinkeln, Seitenbeule glatt, Hinterwinkel abgerundet. Flügeldecken punktiert-gestreift. Hintertibien stark verbreitert, ihre Enddorne kräftig, stumpf zugespitzt. — L. 2,75 mm (ex H. Bates).

Mexiko.

14. **P. schwarzi** Linell. 1896 *P. s*, Linell in: P. U S. Mus., *v.* 18 p. 721

Länglich, parallelseitig, konvex, glänzend, rötlich braun, Scheitel, Thoraxscheibe und zuweilen Nahtstreif dunkler. Kopf gerunzelt, Hinterkopf glatt, Clipeus breit und tief ausgerandet, jederseits ungezahnt. Thorax quer, seitlich undeutlich gekerbt und wie die Basis gerandet, oberseits fein und sparsam punktiert, jederseits mit einer Gruppe von 8—15 groben Punkten und in den Vorderwinkeln mit kleiner, rundlicher Grube, die Hinterwinkel sind gerundet. Flügeldecken mit stumpfen Schultern, nach hinten kaum verbreitert, tief gestreift, die Streifenpunkte kerben leicht die Ränder der Zwischenräume, diese sind konvex und glatt. Das Metasternum ist unpunktiert, ebenso die unverdickten Schenkel, die Hintertibien sind verbreitert und kurz, aber länger als die Tarsen, die wenig an der Spitze verbreitert sind, das 1. Glied derselben ist so lang wie die 3 folgenden. — L. 3,6 mm (ex Linell).

Florida.

15. **P. placidus** Ad. Schm. 1911 *P. p.*, Ad. Schmidt in: Ent. Zeit. Stettin, *v.* 72 p. 38.

Von robuster Gestalt, schwarzbraun, glänzend, Wangen und Thorax fein bewimpert. Kopf mittelstark, in der Mitte nach vorn feiner granuliert, Clipeus ausgerandet, jederseits mit kleinem, spitzem Zähnchen. Die Längsfurche des Halsschildes ist schmal und tief, fast bis an den Vorderrand reichend, von den seitlichen Eindrücken ist der vordere flach, er zieht schräg nach den Vorderwinkeln, ohne sie zu erreichen, der hintere ist tiefer und endet über der glatten Seitenbeule, die Oberfläche ist unregelmäßig verteilt groß punktiert, die Seiten, die abgerundeten Hinterwinkel und die Basis gerandet. Flügeldecken mit kleinem Schulterdorn und tiefen Streifen, Streifenpunkte flach. Metasternum an den Seiten chagriniert, Schenkel glatt, nur mit einzelnen Haarpunkten wie das Abdomen an den Seiten, Hinterschenkel wenig verbreitert. Oberer Enddorn der Hintertibien spitz, länger als 2 Tarsenglieder, Metatarsus nicht stark dreieckig verbreitert, so lang wie die 2 folgenden Glieder. — L. 3 mm.

Argentinien.

16. **P. cruentus** (Har.) 1867 *Psammodius c.*, Harold in: Berlin. ent. Z., *v.* 11 p. 282 | 1871 *P. bidens*, G. Horn in: Tr. Amer ent. Soc., *v.* 3 p. 293 | 1910 *Psammobius cruentus*, Ad. Schmidt in: Schenkling, Col. Cat., fasc 20 p. 83.

Rotbraun, Scheibe des Halsschildes und zuweilen auch der Kopf dunkler, glänzend, nach hinten leicht erweitert. Kopf nicht sehr dicht und stark granuliert, Clipeus jederseits der Ausrandung gezahnt. Thorax an den Seiten und der Basis gerandet und fein bewimpert, die Hinterwinkel sind abgerundet, die Oberfläche ist meistens unregelmäßig verteilt und sehr sparsam groß punktiert, zuweilen sind die Punkte nur auf den queren Eindruck vor der Basis beschränkt, dieser wird gewöhnlich durch eine schmale, kurze Furche unterbrochen, ein 2. Eindruck befindet sich hinter den Vorderwinkeln, derselbe ist mehr oder weniger deutlich, die Seitenbeule ist glatt. Die Schultern sind ohne Dorn, die Streifen der Flügeldecken flach, aber deutlich punktiert, die

Punkte greifen leicht die Ränder der Zwischenräume an, diese sind auf dem Rücken leicht, vor der Spitze deutlicher erhaben und etwas schmaler, an den Seiten fast eben. Metasternum glatt, Schenkel neben dem Knie und Abdomen mit einzelnen Haarpunkten, die Hinterschenkel sind viel breiter als die mittleren. Oberer Enddorn der Hintertibien stumpf abgerundet, Metatarsus fast so lang wie 3 folgende Glieder. — L. 3—3,5 mm.

Ver. St. N.-Amerika (Südstaaten, Georgia, Florida), Mendoza.

17. **P. australicus** (Blackb.) 1904 *Psammodius a.*, Blackburn in: P. R. Soc. Victoria, ser. 2 *v.* 17 p. 173 | 1910 *Psammobius a.*, Ad. Schmidt in: Schenkling, Col. Cat., fasc. 20 p. 83.

Länglich, etwas breit, konvex, glänzend, glatt. Kopf granuliert, am Vorderrande breit, aber schwach ausgerandet. Thorax bewimpert, groß und fast gleichmäßig ziemlich dicht punktiert, mit 2 schwachen seitlichen Eindrücken, der eine hinter den Vorderwinkeln, der andere mehr in der Mitte gelegen, Hinterwinkel stumpf, Basis nicht gerandet. Flügeldecken punktiert-gestreift, Zwischenräume konvex, wenig deutlich punktiert, Schulterdorn klein. 1. Glied der Hintertarsen kürzer als die Breite des Endrandes der Tibie. — L. 3 mm (ex Blackburn).

Neu-Südwales.

18. **P. obscurior** (Blackb.) 1904 *Psammodius o.*, Blackburn in: P. R. Soc. Victoria, ser. 2 *v.* 17 p. 173 | 1910 *Psammobius o.*, Ad. Schmidt in: Schenkling, Col. Cat., fasc. 20 p. 84.

Konvex, nach hinten leicht verbreitert, fast glatt, schwarzbraun, Vorderrand des Clipeus rötlich. Kopf gekörnt, vorn ausgerandet. Thorax rauh und groß punktiert, mit Längsfurche und 2 seitlichen Eindrücken wie bei der vorigen Art, Hinterwinkel stumpf, Basis nicht gerandet. Flügeldecken tief punktiert-gestreift, Zwischenräume schmal und konvex, Schulterdorn mäßig. 1. Glied der Hintertarsen kürzer als die Tibie am Hinterrande breit ist. — L. 3 mm (ex Blackburn).

Süd- und Westaustralien.

19. **P. subciliatus** Har. 1869 *P. s.*, Harold in: Col. Hefte, *v.* 5 p. 103 | 1900 *P. s.*, Clouët in: Ann. Soc. ent. Belgique, *v.* 44 p. 12.

Hell rotbraun, stark glänzend, länglich. Kopf bis zur vertieften Stirnlinie sehr deutlich granuliert, Clipeus jederseits der nicht tiefen Ausrandung stumpfwinklig. Thorax an den Seiten, den abgerundeten Hinterwinkeln und der Basis fein gerandet und mit Haaren bewimpert, auf der Oberfläche verhältnismäßig glatt, hinter den Vorderwinkeln und in der Mitte der Seiten mit je einem Eindruck, letzterer gewöhnlich sehr kurz, und vor dem Schildchen mit vertiefter Längslinie, die Punktierung ist mittelstark und gewöhnlich nur auf die Vertiefungen beschränkt. Die Schultern sind ohne Dorn, die Streifen der Flügeldecken sind scharf eingeschnitten, aber flach und undeutlich punktiert, die Zwischenräume sind flach, nur an der Spitze deutlich erhaben. Unterseite glatt. Enddorn der Hintertibien schlank, stumpfspitzig, Metatarsus so lang wie 3 folgende Tarsenglieder. — L. 3 mm.

Südafrika.

20. **P. evanidus** Péring. 1901 *P. e.*, Péringuey in: Tr. S. Afr. Soc., *v.* 12 p. 446.

Gelbrot, etwas glänzend. Kopf gekörnt, hinten glatt, Clipeus tief und breit ausgerandet, jederseits abgerundet. Thoraxseiten und Basis sehr kurz beborstet, die Oberfläche zeigt eine kurze Längsfurche und 2 seitliche Eindrücke, der vordere ist undeutlich punktiert, in der Basalhälfte befinden sich jederseits einige größere Punkte. Flügeldecken nach hinten etwas verbreitert, die Streifenpunkte sind nicht sehr tief und die Zwischenräume mäßig konvex, der 8. Streifen ist verkürzt. 1. Glied der Hintertarsen ist dreieckig erweitert, oberer Enddorn schlank und spitz, so lang wie 3 Tarsenglieder. — L. 3 mm (ex Péringuey).

Natal.

21. **P. gestroi** Clouët 1900 *P. g.*, Clouët in: Ann. Soc. ent. Belgique, *v.* 44 p. 13.

Gelbbraun, glänzend, nach hinten verbreitert, Thorax und Flügeldecken ziemlich lang mit Haaren bewimpert. Kopf nach vorn etwas stark verengt, so daß der Vorderrand verhältnismäßig sehr schmal ist, oberseits etwas fein granuliert, längs des Hinterrandes glatt, Clipeus wenig tief und sehr schmal eingeschnitten, Ecken jederseits stumpfrundlich. Thorax sehr quer, längs des Vorderrandes mit schmaler Furche, die sich in den Vorderwinkeln mehr vertieft, in der Mitte der Seiten befindet sich ein unbestimmter Eindruck, Oberfläche in der Mitte mit einzelnen Punkten, zuweilen auch ganz glatt, eine Längsfurche vor dem Schildchen fehlt, die Seiten, die abgerundeten Hinterwinkel und Basis gerandet. Flügeldecken mit abgerundeten Schultern und deutlichen Streifen, ihre Punkte kerben leicht die Ränder der schwach konvexen Zwischenräume, der 10. Zwischenraum ist schmal und undeutlich, er reicht nur bis zur Mitte. Unterseite glatt, Mittelschenkel und Mitteltibien schlank, Hinterschenkel und Tibien stark verbreitert, die Enddorne der letzteren kräftig, an der Spitze rundlich, Hintertarsen stark dreieckig und sehr verkürzt, kaum länger als der Hinterrand der Tibia breit ist. — L. 2,1 bis 3,2 mm.

Birma.

22. **P. japonicus** Har. 1878 *P. j.*, Harold in: D. ent. Z., *v.* 22 p. 69.

Von schlanker, hinten leicht verbreiterter Gestalt, schwarzbraun, glänzend. Kopf deutlich und dicht bis zur vertieften Stirnlinie, die nach hinten von einem schmalen, glatten Querwulst begrenzt ist, granuliert, Clipeus leicht ausgerandet, jederseits stumpf abgerundet. Thorax mit einer Längsfurche, die weit nach vorn reicht und mit 2 Schrägeindrücken an den Seiten, der 1. liegt hinter dem Vorderwinkel und ist ziemlich tief, der andere befindet sich mehr in der Mitte, er ist flacher und kürzer, die Oberfläche ist wenig zahlreich, mittelstark punktiert, die Seiten, die stumpfen Hinterwinkel und Basis gerandet. Flügeldecken mit rundlichen Schultern und deutlichen Punktstreifen, die Zwischenräume sind leicht konvex und an den Rändern schwach gekerbt. Unterseite glatt, die Segmente an den Seiten mit je einem flachen und kurzen Eindruck, Hinterschenkel viel breiter als die mittleren, Hintertibien nicht stark verbreitert, ihr oberer Enddorn schräg abgestutzt, Metatarsus fast so lang wie 3 folgende Tarsenglieder. — L. 4 mm.

Japan.

23. **P. laevicollis** (Klug) 1845 *Psammodius l.*, Klug in: Ehrenberg, Symb. phys., Ins. *v.* 5 t. 42 f. 10 (Gesamtbild) | 1868 *Aegialia desertorum*, L. Fairmaire in: Ann. Soc. ent. France, ser 4 *v.* 8 p. 482 | 1892 *Psammodius pallidus*, Reitter in: Verh. Ver Brünn, *v.* 30 p. 161 | 1898 *Psammobius chobauti*, H. Orbigny in: Bull. Soc. ent. France, p. 148 | 1900 *P. laevicollis*, Clouët in: Ann. Soc. ent. Belgique, *v.* 44 p. 13.

Hellbraun, glänzend. Kopf nicht sehr dicht und groß bis zur dunklen Stirnlinie granuliert. Clipeus dreieckig eingeschnitten und jederseits stumpf abgerundet. Thorax mit undeutlicher Längsfurche und 2 seitlichen, tiefen, fast unpunktierten Schrägeindrücken, die Punktierung der Oberseite ist nicht groß und dicht, sie beschränkt sich hauptsächlich auf die Mitte der Scheibe, die Seiten, die abgerundeten Hinterwinkel und Basis glatt gerandet. Die Schultern der Flügeldecken sind rundlich, die Streifen wenig tief und punktiert, die Zwischenräume mehr oder weniger erhaben. Hinterschenkel und Hintertibien mehr verbreitert als die mittleren, die Hinterschenkel sind reichlich noch einmal so breit. Unterseite und Schenkel, abgesehen von der Haarpunktreihe neben der Unterkante der letzteren, sind glatt. Hintertarsen verkürzt, wenig länger als der Hinterrand der Tibia breit ist, 1. Tarsenglied deutlich dreieckig, Enddorne mit abgerundeter Spitze. — L. 2,8—3,8 mm.

Arabien, Abessinien, Bogos, Biskra, Algier, Syrien.

24. **P. indicus** Har. 1877 *P. i.*, Harold in: Ann. Mus. Genova, *v.* 10 p. 100 | 1897 *Psammodius sculpticollis*, L. Fairmaire in: Ann. Soc. ent. Belgique, *v.* 41 p. 370 | 1898 *Psammobius indicus*, Clouët in: Ann. Soc. ent. France, *v.* 67 p. 240.

Rotbraun, glänzend, etwas schlanker als vorige Art, mit derselben Skulptur des Kopfes, aber der Clipeus ist etwas breiter, aber weniger tief ausgerandet, Hinterkopf ohne vertiefte Stirnlinie. Thorax mit kurzer und deutlicher Längsfurche und 2 seitlichen tiefen Eindrücken, diese sind punktiert, auf der Scheibe sind die Punkte viel zahlreicher als bei voriger Art, die Seitenbeule ist ebenfalls glatt, die Seiten, die abgerundeten Hinterwinkel und Basis sind gerandet, die Basalfurche zeigt eine Punktreihe. Die Flügeldecken haben einen kleinen Schulterdorn, ihre Streifen sind nicht besonders tief, aber größer als bei *P. laevicollis* Klug punktiert, die Streifenpunkte greifen deutlich die Ränder der leicht konvexen Zwischenräume an. Unterseite und Schenkel wie bei voriger Art, die Enddorne der Hintertibien sind aber an der Spitze abgestutzt und die Tarsenglieder etwas länger. — L. 3—3,5 mm.

Celebes, Madagaskar.

25. **P. micros** (Bates) 1887 *Psammodius m.*, H. Bates in: Biol. Centr.-Amer., Col. *v.* 2II p. 103 | 1910 *Psammobius m.*, Ad. Schmidt in: Schenkling, Col. Cat., fasc. 20 p. 84.

Kurz, schmal, schwarzbraun, glänzend. Kopf gekörnt, Hinterkopf glatt, Clipeus tief eingeschnitten. Thorax zerstreut groß punktiert, mit einem Eindruck in den Vorderwinkeln und einem in der Mitte der Seiten, beide sind punktiert, die Längsfurche ist kurz. Flügeldecken punktiert-gestreift, die Streifenpunkte kerben die mediale Seite der Zwischenräume, diese sind flach und rauh. — L. 2 mm (ex H. Bates).

Guatemala.

26. **P. culminatus** (Bates) 1887 *Psammodius c.*, H. Bates in: Biol. Centr.-Amer., Col. *v.* 2II p. 103 | 1910 *Psammobius c.*, Ad. Schmidt in: Schenkling, Col. Cat., fasc. 20 p. 83.

Schmal, glänzend. Kopf gekörnt, hinten glatt, Clipeus schmal ausgerandet, jederseits abgerundet. Thorax granuliert, seitlich mit 5 Quereindrücken, die weder die Mitte noch die Seiten erreichen und mit breiter Längsfurche. Flügeldecken punktiert-gestreift, die Zwischenräume sind scharf konvex, an den Seiten und vor der Spitze fein granuliert. 1. Glied der Hintertarsen kurz, breit dreieckig. — L. 3,25 mm (ex H. Bates).

Mexiko.

27. **P. rotundipennis** (Reitt.) 1892 *Psammodius r.*, Reitter in: Verh. Ver. Brünn, *v.* 30 p. 159 | 1896 *Psammobius rotundicollis*, H. Orbigny in: Abeille, *v.* 28 p. 254 | 1910 *P. rotundipennis*, Ad. Schmidt in: Schenkling, Col. Cat., fasc. 20 p. 84.

Von kurzer, gedrungener Gestalt, schwarzbraun, glänzend. Kopf deutlich granuliert, am Hinterkopf mit 2 schräggestellten glänzenden Kielen, Clipeus ausgerandet, jederseits mit zahnartiger Ecke. Thorax mit 5 zum größten Teile glatten Querwülsten, die beiden hinteren sind durch eine kurze Längsfurche unterbrochen, der erste Querwulst hinter dem Vorderrande ist in der ganzen Breite durch Punkte zerstochen, die folgenden werden nur an ihrem Vorderrande von den Furchenpunkten angegriffen, die Seitenbeule ist punktiert, die Seiten, die stumpf abgerundeten Hinterwinkel und Basis sind gerandet und bewimpert. Das Schildchen liegt etwas vertieft. Die Flügeldecken haben einen kleinen Schulterdorn und tiefe Punktstreifen, die Zwischenräume sind deutlich konvex und an der Basis und den Seiten mit kleinen Tuberkeln besetzt. Unterseite glatt, Abdominalsegmente mit je einer kurzen Punktreihe. Hinterschenkel und Hintertibien nicht besonders stark verbreitert, oberer Enddorn der letzteren ist zugespitzt. Die Tarsenglieder sind länglich, das 1. Glied derselben ist nicht stark dreieckig und so lang wie 2 folgende Glieder. — L. 3 mm.

Andalusien, Algier.

28. **P. plicatulus** Fairm. 1892 *P. p.*, L. Fairmaire in: Rev. Ent. Franç., *v.* 11 p. 95.

Gelblichrot, zuweilen auch etwas dunkler, nicht vollglänzend, länglich, hinten sehr wenig verbreitert. Kopf fein, selten stärker granuliert, längs des Hinterrandes glatt, Clipeus ausgerandet und jederseits stumpfwinklig. Thorax mit 5 Querwülsten, von denen die 2 ersten wenig erhaben und dicht, die folgenden nur vereinzelt granuliert sind, die 2 letzten werden durch eine kurze Längsfurche unterbrochen, die Querfurchen und Seitenbeule sind fast glatt, die Seiten, die stumpf abgerundeten Hinterwinkel und Basis fein gerandet und dicht mit Wimperhaaren besetzt. Flügeldecken mit stumpfen Schultern und feinen, unpunktierten Streifen, die Zwischenräume sind wenig erhaben und mit flachen Tuberkeln besetzt. Hinterschenkel kurz und rundlich, viel breiter als die Mittelschenkel, vereinzelt fein und lang behaart wie das Abdomen. Hintertibien deutlich verbreitert, ihre Enddorne mit abgerundeter Spitze, das 1. Tarsenglied nur wenig überragend, dieses ist nicht so lang wie 2 folgende Glieder, alle Tarsenglieder länglich, zur Spitze nur sehr schwach verbreitert. — L. 3 mm.

Obock.

29. **P. interruptus** (Say) 1835 *Psammodius i.*, Say in: Boston J. nat. Hist., *v.* 1 p. 178 | 1887 *P. i.*, G. Horn in: Tr. Amer. ent. Soc., *v.* 14 p. 95 | 1910 *Psammobius i.*, Ad. Schmidt in: Schenkling, Col. Cat., fasc. 20 p. 83.

Länglich, fast parallelseitig, mäßig konvex, Thorax schwarzbraun, Kopf und Flügeldecken braun. Kopf nicht sehr dicht gekörnt, Clipeus breit ausgerandet, jederseits stumpf. Thorax mit stumpfen Hinterwinkeln und gerandeter Basis, oberseits gekörnt, mit 4 undeutlichen Querwülsten, die beiden vorderen sind ganz, die hinteren durch eine Längsfurche unterbrochen. Flügeldecken mit deutlichen Schultern, aber ohne Dorn, ihre Zwischenräume sind flach. die mediale Seite derselben wird von den Streifenpunkten angegriffen, die laterale trägt eine Reihe undeutlicher, länglicher Tuberkel. Abdomen mit einer Reihe grober Punkte in der Mitte jedes Segments.

Hinterschenkel länglich-oval, ihre Tibien nicht stark, die Tarsen sind ungefähr von halber Tibienlänge, das 1. Tarsenglied ist länglich-dreieckig. — L. 3,5 mm (ex G. Horn).

Ver. St. N.-Amerika (Indiana, Mittelstaaten, Dakota, Texas)

30. **P. hydropicus** (Horn) 1887 *Psammodius h.*, G. Horn in: Tr. Amer. ent. Soc., *v.* 14 p. 93, 97 | 1910 *Psammobius h.*, Ad. Schmidt in: Schenkling, Col. Cat., fasc. 20 p. 83.

Rotbraun, viel breiter hinten, konvex, glänzend. Kopf groß und dicht gekörnt, Clipeus breit, aber schwach ausgerandet, die Winkel jederseits stumpf. Thorax ohne Längsfurche und ohne Quereindrücke, nur in den Vorderwinkeln undeutlich vertieft, die Punktierung ist groß und sparsam. Flügeldecken hinten nahezu so breit wie lang, die Schultern sind breit gerundet, die Streifen breit und tief, an den Seiten aber undeutlicher, wie auch die Streifenpunkte, die Zwischenräume sind konvex und glatt. Abdomen mit Querreihe undeutlicher Haarpunkte. Hinterschenkel länglich-oval, Hintertibien stark, mit kurzem, zugespitztem Enddorn, das 1. Tarsenglied ist dreieckig. — L. 2,5 mm (ex G. Horn).

Georgia.

31. **P. generosus** (Reitt.) 1892 *Psammodius g.*, Reitter in: Verh. Ver. Brünn, *v.* 30 p. 161 | 1910 *Psammobius g.*, Ad. Schmidt in: Schenkling, Col. Cat., fasc. 20 p. 83.

Von kurzer, stark nach hinten verbreiterter Gestalt, gelbbraun, glänzend. Kopf dicht, wenig stark granuliert, Hinterkopf glatt, mit 2 undeutlichen Schrägfurchen jederseits, sie werden durch einen granulierten Kiel getrennt, Clipeus sehr leicht ausgerandet, jederseits abgerundet. Die 5 Querwülste des Halsschildes schmal, scharf erhaben und fast glatt, eine kurze Längsfurche unterbricht die beiden letzten, die Querfurchen sind groß punktiert, ihre Punkte dringen in den Vorderrand der Wülste ein, die Seitenbeule ist glatt, die Basis, die stumpfen Hinterwinkel und Seiten sind fein gerandet, letztere auch mit feinen Haaren bewimpert. Die Schultern der Flügeldecken stumpf, die Streifen der letzteren sind flach und undeutlich punktiert, die Zwischenräume leicht erhaben. Unterseite glatt und glänzend, vereinzelt fein behaart. Hinterschenkel kurz, stark verbreitert, Mittelschenkel viel schlanker, Hintertibien stark verbreitert, ihr oberer Enddorn ist an der Spitze abgestutzt, die Tarsenglieder sind stark verbreitert, das 2.—4. sehr kurz, alle 5 nicht so lang wie die Tibie am Hinterrande breit ist. — L. 2,8 mm.

Ordubad.

32. **P. convexus** (C. O. Waterh.) 1875 *Psammodius c.*, C. O. Waterhouse in: Tr. ent. Soc. London, p. 94 | 1910 *Psammobius c.*, Ad. Schmidt in: Schenkling, Col. Cat., fasc. 20 p. 83.

Von der gedrungen, nach hinten stark verbreiterten Gestalt der vorigen Art, dunkel kastanienbraun, glänzend. Kopf deutlich granuliert, am Hinterrande mit 2 winklig gestellten Querfurchen, die durch einen glatten Kiel getrennt werden, Clipeus schmal, nicht tief eingeschnitten, jederseits etwas stumpf abgerundet. Thorax deutlich breiter als die Basis der Flügeldecken, mit 5 glatten und schmalen Querwülsten, von denen die 2 hintersten durch eine Längsfurche unterbrochen sind, die Querfurchen sind sehr flach punktiert, die Seitenbeule ist glatt, die Seiten, die abgerundeten Hinterwinkel und Basis gerandet und mit gekeulten Borsten bewimpert. Flügeldecken deutlich punktiert-gestreift, Zwischenräume leicht erhaben. Die Schenkel sind vereinzelt behaart, die hinteren sowie deren Tibien sind stark verbreitert, der Hinterrand der letzteren so breit wie die Tarsen lang sind, oberer Enddorn mit abgestutzter Spitze, die 4 ersten Tarsenglieder sind stark dreieckig. — L. 3 mm.

Japan.

33. **P. nocturnus** (Reitt.) 1892 *Psammodius n.*, Reitter in: Verh. Ver. Brünn, *v.* 30 p. 160 | 1910 *Psammobius n.*, Ad. Schmidt in: Schenkling, Col. Cat., fasc. 20 p. 84

Die Gestalt der vorigen Art, hellbraun, glänzend, Thorax seitlich lang, die Basis und Seiten der Flügeldecken kürzer und fein bewimpert. Kopf deutlich granuliert, Hinterkopf jederseits mit 2 winkligen, durch einen glatten Kiel getrennten Schrägfurchen, Clipeus jederseits der Ausrandung stumpf abgerundet. Thorax mit glatter Seitenbeule und 5 scharf erhabenen glatten Querwülsten, die sie trennenden Querfurchen sind kaum punktiert. Schildchen liegt vertieft. Flügeldecken mit abgerundeten Schultern, die Streifenpunkte sind fein. Hinterschenkel und Tibien stark verbreitert, oberer Enddorn der Hintertibien breit und stumpf, die Tarsen sehr kurz, nur so lang wie der Hinterrand der Tibien breit ist, 2.—4. Glied quer. — L. 3 mm.

Beirut, Tunis, Algier

34. **P. caelatus** (T. Lec.) 1859 *Aegialia caelata*, T. Le Conte in: Rep. Expl. Railroad Pacif. Ocean, *v.* 1 app. pars 3 nr. 1 p. 42 | 1887 *Psammodius caelatus*, G. Horn in: Tr. Amer. ent. Soc., *v.* 14 p. 97 | 1910 *Psammobius c.*, Ad. Schmidt in: Schenkling, Col. Cat., fasc. 20 p. 83.

Durch die mit deutlichen Querleisten versehenen Hintertibien zeichnen diese und die folgende Art sich von den übrigen aus. Dunkel rotbraun, glänzend, Wangen, Seitenrand des Halsschildes und der Flügeldecken lang und fein bewimpert. Kopf mit deutlicher Granulierung, diese wird nach hinten nicht durch eine Schrägfurche begrenzt, Hinterkopf glatt, Clipeus mäßig ausgerandet, jederseits etwas stumpf abgerundet. Thorax mit 4 undeutlichen, schwach erhabenen Querwülsten, von denen die beiden vorderen gewöhnlich in der Mitte zusammenhängen, der letzte ist breiter, er wird durch eine undeutliche, grob punktierte Längsfurche unterbrochen, die Querfurchen sind undeutlich, die beiden ersten sind schmal und flach, die hintere ist viel breiter und stark vertieft, die Seitenbeule ist glatt, die Seiten, die stumpf abgerundeten Hinterwinkel und Basis gerandet. Flügeldecken nach hinten stark verbreitert, mit deutlichem Schulterdorn und feinen Punktstreifen. Metasternum glatt, Abdomen seitlich undeutlich punktiert oder auch schwach längsgerieft. Hinterschenkel und Hintertibien viel stärker als die mittleren, die Enddorne der Hintertibien sind schlank, am Ende abgerundet. Tarsen dreieckig verbreitert, ungefähr so lang wie die Tibien am Hinterrande breit sind. — L. 3—3,5 mm.

Kalifornien, San Francisco.

35. **P. ambiguus** Fall & Cock. 1907 *P. a.*, Fall & T. D. A. Cockerell in: Tr. Amer. ent. Soc., *v.* 33 p. 241.

Länglich, leicht oval, Kopf und Thorax rotbraun, Flügeldecken gelblich, Naht derselben dunkler. Kopf unregelmäßig, aber grob punktiert, nicht deutlich gekörnelt, Stirnnaht etwas erhaben, Clipeus tief ausgerandet, seitlich gerundet. Thorax an den Seiten bewimpert und an der Basis gerandet, Hinterwinkel gerundet, oberseits in der Mitte fein und zerstreut, an den Seiten mit größeren Punkten untermischt und dichter punktiert, in der Nähe der Hinterwinkel glatt. Flügeldecken etwas breiter als der Thorax, an den Seiten nahezu parallel, Streifen fein und ziemlich dicht punktiert, Zwischenräume schwach konvex und vereinzelt fein punktiert. Hinterschenkel und Hintertibien stark verbreitert, letztere an der Außenseite mit 2 deutlichen Querleisten, oberer Enddorn kaum so lang wie die 2 ersten Tarsenglieder, von diesen sind die 3 ersten schwach dreieckig, Metatarsus so lang wie 2 folgende Glieder. — L. 3,3 mm (ex Fall).

Texas.

36. **P. comis** G Lewis 1895 *P. c.*, G. Lewis in: Ann. nat. Hist., ser. 6 *v.* 16 p. 384.

Länglich, schwarz, glänzend. Kopf granuliert, Clipeus abgerundet, nicht ausgerandet. Thorax groß, nicht dicht punktiert, mit seitlicher Grube. Flügeldecken tief punktiert-gestreift, Zwischenräume ziemlich breit, konvex und glatt. — L. 4,5 mm (ex G. Lewis).

Nikko.

P. clypeatus (Say) ? *Aphodius c.*, Say in: Long, Second Exp., ed. Leconte, *v.* 1 p. 183.

Nach der Beschreibung könnte diese Art ein *Psammobius* Heer, aber ebensogut auch eine *Aegialia* Latr. sein. Schwarz, Flügeldecken gelbbraun. Kopf gekörnt. Thorax mit unregelmäßigen stumpfen Erhebungen, an den Seiten nicht gerundet erweitert. Flügeldecken an der Basis etwas dunkler, mit tiefen, punktierten Streifen, Zwischenräume konvex. Hinterschenkel verbreitert. — L. 4 mm (ex Say).

Nordwesten der Ver. St. N.-Amerika.

28. Gen. **Diastictus** E. Mulsant

1842 *D.* + *Pleurophorus* (part.) + *Platytomus*, E. Mulsant, Hist. nat. Col. France, Lamell. p. 318, 312, 310 | 1892 *D.*, Reitter in: Verh. Ver. Brünn, *v.* 30 p. 157, 167 | 1910 *D.*, Ad. Schmidt in: Gen. Ins., fasc. 110 p. 116, 121.

Oberseite unbehaart, glänzend, Kopf dicht gekörnt, Thorax ohne Bewimperung an den Seiten und der Basis, beide aber deutlich gerandet, mit einer Längsfurche und 2 seitlichen, schwachen Eindrücken, Tarsenglieder kürzer als die Tibien, 1. Glied der Hintertarsen schwach dreieckig, oberer Enddorn viel länger als das 1. Tarsenglied.

Körper kurz, nach hinten leicht verbreitert, nur bei *D. variolosus* Kol. schlanker, schwarzbraun, glänzend. Kopf bis zur Stirnnaht dicht, aber nicht groß granuliert, dahinter glatt, Clipeus dreieckig eingeschnitten, jederseits stumpfwinklig, Wangen gewöhnlich klein, nicht vom Kopfrande abgesetzt. Die Fühler haben 9 Glieder. Das erste Glied ist stark, die beiden folgenden sind wenig verlängert, das 4.—6. sind quer, die Keule ist 3blätterig, länglichrund und dicht behaart. Die Oberlippe ist am Vorderrande fast gerade und unbewimpert, seitlich ragen nur die Borsten, welche die Nebenlippen begrenzen, kurz hervor. Der Oberkiefer ist kräftig und verhältnismäßig lang, an der Lateralseite vereinzelt beborstet, medial bewimpert. Die Unterkiefer sind hornig, ebenso die laterale Kaulade, sie ist mediad gerichtet und endet in mehrere stumpfe Zähne, die mediale Lade ist schmal und bewimpert, von den Kiefertastern sind die 3 letzten Glieder schwach verlängert. Das hornige Kinn ist an der Unterseite länger und kürzer beborstet, die Seiten sind gerundet und der Vorderrand leicht ausgerandet. Die beiden ersten Glieder der Lippentaster sind sehr verkürzt, das letzte ist verdickt und viel länger.

Thorax quer, die Längsfurche reicht kaum bis zur Mitte, von den seitlichen Eindrücken liegt der eine in den Vorderwinkeln, der andere in der Mitte der Seiten, die Oberfläche ist selten dicht punktiert, die Seitenbeule überragt von oben gesehen immer den Seitenrand. Das Schildchen ist dreieckig, es liegt entweder in gleicher Höhe mit den Flügeldecken oder tiefer. Letztere sind bald schwächer, bald stärker punktiert-gestreift, die Zwischenräume sind immer glatt, unbehaart, mehr oder weniger erhaben. Die Unterseite ist glatt und glänzend, die Hinterschenkel sind gewöhnlich nur wenig breiter als die mittleren.

Hierher gehören 6 Arten aus Europa, Asien, Amerika.

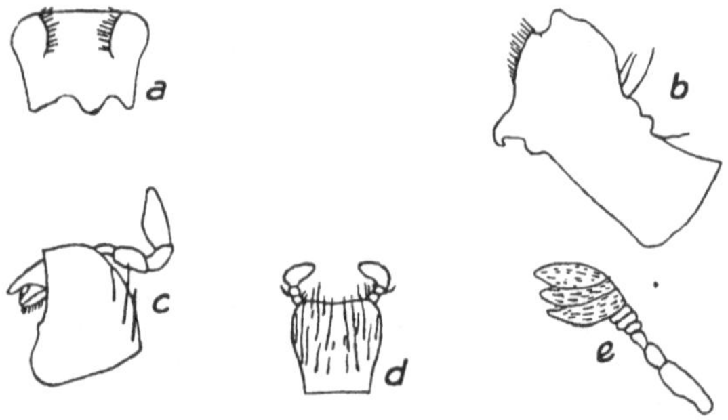

Fig 26. **Diastictus vulneratus** $(^{60}/_{1})$

Bestimmungstabelle der Arten:

1	Zwischenräume in der ganzen Länge gleichmäßig breit, vor der Spitze nicht mehr erhaben als auf dem Rücken — 2	
	Zwischenräume zur Spitze verschmälert und daselbst mehr erhaben — 3	
2	Hinterkopf granuliert, Zwischenräume scharf konvex, Thorax sehr dicht punktiert	1. **D. vulneratus**
	Hinterkopf glatt, Zwischenräume kaum gewölbt, Thorax sehr vereinzelt punktiert	2. **D. laevistriatus**
3	Streifenpunkte der Flügeldecken kerben deutlich die Ränder der Zwischenräume, Querfurchen des Halsschildes gewöhnlich schwach vertieft und groß punktiert	3. **D. tibialis**
	Flügeldecken mit feinen, nicht kerbenden Streifenpunkten — 4	
4	Quereindrücke deutlich vertieft, Thorax grob punktiert . .	4. **D. variolosus**
	Quereindrücke schwach, Thorax höchstens mittelstark punktiert	5. **D. parvulus**

1. **D. vulneratus** (Sturm)

Diese Art zerfällt in 2 Unterarten:

1a. **D. vulneratus vulneratus** (Sturm) 1805 *Aphodius v.*, Jac. Sturm, Deutschl. Fauna, Ins. Käf. *v.* 1 p. 175 t. 15 f. D | 1812 *A. semipunctatus*, Bonelli in: Mém. R. Soc. Agric. Torino, *v.* 9 p. 155 t. 1 f. 2 (Gesamtbild) | 1841 *Psammobius vulneratus*, Heer, Fauna Col. Helvet., *v.* 1 fasc. 3 p. 531 | 1842 *Diastictus sabuleti*, E. Mulsant, Hist. nat. Col. France, Lamell. p. 319 | 1892 *D. vulneratus*, Reitter in: Verh. Ver. Brünn, *v.* 30 p. 167 | 1910 *D. v.*, Ad. Schmidt in: Gen. Ins., fasc. 110 p. 122 t. 3 f. 42 (Gesamtbild).

Schwarz oder schwarzbraun, wenig glänzend. Kopf am Vorderrande rötlich, bis zur Stirnlinie größer, dahinter feiner granuliert, Clipeus schmal dreieckig, wenig tief eingeschnitten, jederseits stumpfwinklig. Thorax in den

Vorderwinkeln rötlich, dicht und etwas rauh punktiert, die Längsfurche erlischt in der Mitte, der hintere seitliche Eindruck endet an der punktierten Seitenbeule, die Hinterwinkel sind stumpf abgerundet. Flügeldecken mit scharfen Schultern und tiefen Streifen, die Streifenpunkte greifen die mediale Seite der Zwischenräume an, diese sind scharf konvex und fein chagriniert. Unterseite glatt und glänzend, Mittel- und Hinterschenkel mit ganzer Randlinie. Tarsen deutlich kürzer als die Tibien, die Glieder der Hintertarsen sind schwach dreieckig, oberer Enddorn reichlich so lang wie 2 Tarsenglieder, Metatarsus kaum so lang. — L. 3 mm (Fig. 26).

Europa.

1b. **D. vulneratus latitans** Muls. 1842 *D. sabuleti* var. *l.*, E. Mulsant, Hist. nat. Col. France, Lamell. p. 319 | 1910 *D. vulneratus* var. *l.*, Ad. Schmidt in: Schenkling, Col. Cat., fasc. 20 p. 85.

Flügeldecken rotbraun.

Vorkommen mit der Stammart.

2. **D. laevistriatus** (Perris) 1870 *Psammodius l.*, Perris in: Abeille, *v.* 7 p. 13 | 1870 *P. poricollis*, L. Fairmaire in: Ann. Soc. ent. France, ser. 4 *v.* 10 p. 374 | 1892 *Pleurophorus porcicollis*, Reitter in: Verh. Ver. Brünn, *v.* 30 p. 168 | 1910 *P. laevistriatus*, Ad. Schmidt in: Schenkling, Col. Cat., fasc. 20 p. 90.

Rotbraun, Flügeldecken heller. Kopf bis zur Stirnlinie deutlich granuliert, hinter derselben fast glatt, die Winkel neben der Ausrandung stumpf abgerundet. Oberfläche des Halsschildes ziemlich groß, nicht dicht punktiert, die Längsfurche wird nach vorn schmaler und flacher, die seitlichen Eindrücke sind sehr flach, zuweilen undeutlich, Seitenbeule glatt, Hinterwinkel gerundet. Schildchen nicht tiefer liegend. Flügeldecken deutlich gestreift, mit feinen, wenig bemerkbaren Streifenpunkten, Zwischenräume kaum erhaben. Die Randlinie der Hinterschenkel fast ganz, die Hintertibien sind schlank, zur Spitze wenig verbreitert, ihre Enddorne schlank und spitz, der obere ist so lang wie das 1. und 2. Tarsenglied, das 1. Glied ist so lang wie die 2 folgenden Glieder. — L. 3 mm.

Sardinien, Korsika, Italien, Nordafrika.

3. **D. tibialis** (F.) 1798 *Psammodius t.*, J. C. Fabricius, Ent. syst., suppl. p. 24 | 1842 *Platytomus sabulosus*, E. Mulsant, Hist. nat. Col. France, Lamell. p. 310 | 1849 *Psammodius insculptus*, Küster, Käf. Eur., *v.* 18 nr. 49 | 1884 *P. ovipennis*, Desbrochers in: Bull. Ac. Hippone, nr 19 p. 98 | 1892 *Pleurophorus sabulosus*, Reitter in: Verh. Ver. Brünn, *v.* 30 p. 168 | 1911 *Platytomus tibialis*, Bedel in: Bull. Soc. ent. France, p. 379.

Schwarzbraun, Flügeldecken zuweilen heller. Skulptur des Kopfes wie bei voriger Art. Seitliche Eindrücke des Halsschildes tiefer, Oberfläche dicht, aber nicht größer punktiert, Hinterwinkel stumpf, mit abgerundeter Spitze. Schildchen vertieft liegend. Flügeldecken tief gestreift, mit deutlich kerbenden Streifenpunkten, Zwischenräume leicht, zur Spitze stärker erhaben. Hinterschenkel breiter als die mittleren, mit kurzer Randlinie, Metatarsus fast so lang wie 2 folgende Tarsenglieder. — L. 3—3,5 mm.

Südeuropa, Canarische Inseln, Nordafrika, Syrien.

4. **D. variolosus** (Kol.) 1846 *Oxyomus v.*, Kolenati, Melet. Ent., *v.* 5 p. 20 | 1871 *Psammobius foveicollis*, Ballion in: Bull. Soc. Moscou, *v.* 43 II p. 333 | 1878 *Psammodius multipunctatus*, Marseul in: Abeille, ser. 2 *v.* 16 nr. 14, 15, Nouv. & Faits p. 58 | 1892 *Pleurophorus variolosus*, Reitter in: Verh. Ver. Brünn, *v.* 30 p. 168.

Durch schlankere Gestalt von den vorigen 3 Arten verschieden, rotbraun, Kopf und Thorax zuweilen dunkler, glänzend. Seitliche Eindrücke des Halsschildes und Längsfurche deutlich vertieft, letztere über die Mitte nach vorn reichend, Oberfläche groß punktiert, die Punkte bleiben hauptsächlich auf die Vertiefungen beschränkt, Seitenbeule glatt, Hinterwinkel stumpf, mit abgerundeter Spitze. Schildchen nicht tiefer liegend. Flügeldecken schmal gestreift, die feinen Streifenpunkte greifen sehr schwach die mediale Seite der Zwischenräume an, diese sind schmal und konvex. Hinterschenkel nicht breiter als die mittleren, sie sind mit ganzer Randlinie versehen. 1. Glied der Hintertibien so lang wie 2 Tarsenglieder. L. 2,5—3 mm.

Kaukasus, Transkaspien, Turkmenien.

5. **D. parvulus** (Chevr.) 1864 *Psammodius p.*, Chevrolat in: Ann. Soc. ent. France, ser. 4 *v.* 4 p. 415 | 1887 *P. nanus*, G. Horn in: Tr. Amer. ent. Soc., *v.* 14 p. 96.

Schwarzbraun, Flügeldecken zuweilen heller, glänzend, gewölbt. Kopf fein, nicht sehr dicht und kaum bis an die Nahtlinie granuliert, Clipeus neben der Ausrandung stumpf. Der hintere seitliche Quereindruck zuweilen sehr undeutlich, der vordere ist immer deutlich vertieft, die Scheibe ist mit mittelstarken Punkten wenig dicht besetzt, die Seiten bleiben glatt, die Hinterwinkel mit stumpf abgerundeter Spitze. Schildchen nicht tiefer liegend. Flügeldecken schmal gestreift, die feinen Streifenpunkte greifen sehr schwach die mediale Seite der Zwischenräume an, diese sind schmal und konvex. Hinterschenkel nicht breiter als die mittleren, mit ganzer Randlinie. 1. Glied der Hintertibien so lang wie 2 folgende Tarsenglieder. — L. 2,5—3 mm.

Cuba, Antillen, Mexiko, Guatemala, Südamerika, Arizona, Kalifornien, Massachusetts, Michigan, Texas.

29. Gen. Pleurophorus E. Mulsant

1842 *P.*, E. Mulsant, Hist. nat. Col. France, Lamell. p. 312 | 1848 *P.*, Erichson, Naturg. Ins. Deutschl., Col. *v.* 3 p. 913 | 1870 *P.*, E. Mulsant in: Ann. Soc. Agric. Lyon, ser. 4 *v.* 2 p. 617 | 1887 *P.*, G. Horn in: Tr. Amer. ent. Soc., *v.* 14 p. 90 | 1892 *P.*, Reitter in: Verh. Ver. Brünn, *v.* 30 p. 167.

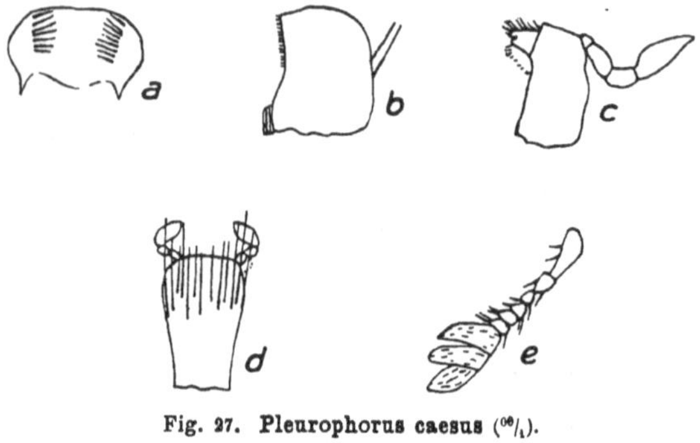

Fig. 27. Pleurophorus caesus ($^{06}/_{1}$).

Kopf gekörnt oder uneben, Thorax an den Seiten und der Basis nicht bewimpert, mit Längsfurche und Quereindrücken, letztere fehlen nur bei *P. ventralis* G. Horn und *P. natalensis* Péring., 1. Glied der Hintertibien viel länger als oberer Enddorn, Tarsen schlank, länger als die Tibien.

Körper lang und schmal, glänzend, oberseits unbehaart, auf dem Rücken wenig gewölbt, an den Seiten stärker herabgebogen. Clipeus ausgerandet.

Die Fühler sind 9gliederig. Das 1. Glied ist verlängert und wie die folgenden mit einzelnen Borsten besetzt, das 2. und 3. Glied sind wenig verlängert und die 3 folgenden mehr quer, die 3blättrige Keule ist dicht behaart. Die Oberlippe ist am unbewimperten Vorderrande fast gerade, an den Seiten stark gerundet, sie ist häutig. Der Oberkiefer ist hornig, ebenso auch zum größten Teile die nach vorn erweiterte Platte, sie wird nur nach dem kurz bewimperten Medialrande zu häutig. Die hornigen Unterkiefer sind länglich und schmal, das letzte Glied der Kiefertaster ist das längste und zugespitzt, die mediad gerichtete laterale Kaulade ist hornig und endet in mehrere stumpfe Zähne, die mediale Kaulade ist schmal und bewimpert. Das Kinn ist hornig, lang und schmal, an den Seiten und dem Vorderrande leicht gerundet und an der Unterseite lang beborstet, das letzte Glied der Lippentaster ist verlängert und verdickt, die seitlichen Zipfel der gespaltenen Zunge reichen bis zur Basis des 2. Gliedes der Taster. Thorax an den Seiten und der Basis gerandet, mit und ohne Quereindrücke, immer punktiert. Flügeldecken punktiert-gestreift. Unterseite glatt und glänzend, Mittel- und Hinterschenkel viel schmaler als die vorderen.

Hierher gehören 9 Arten aus allen Erdteilen.

Bestimmungstabelle der Arten (außer 9):

1	Thorax ohne Quereindrücke und ohne Längsfurche — 2	
	Thorax mit Quereindrücken und Längsfurche — 3	
2	Schwarzbraun, Thorax sparsam punktiert, Zwischenräume konvex, die Streifenpunkte greifen nicht die Ränder der Zwischenräume an	6. **P. ventralis**
	Rostrot, Thorax sehr dicht und fein punktiert, Zwischenräume flach, deutlich von den Streifenpunkten angegriffen	7. **P. natalensis**
3	Kopf nicht gekörnt, nur etwas uneben	8. **P. caesoides**
	Kopf gekörnt — 4	
4	Naht der Flügeldecken vor der Spitze matt, dicht punktiert und als rippenförmiger Wulst hervorstehend	4. **P. apicipennis**
	Naht vor der Spitze glatt, nicht erhaben — 5	
5	Kopf vor den Augen mit einem wulstigen Tuberkel . .	5. **P. capicola**
	Kopf ohne solchen Tuberkel — 6	
6	Hinterkopf ohne vertiefte Linie, die Granulierung des Vorderkopfes wird hier durch einen glatten, aber schwachen Wulst begrenzt	1. **P. caesus**
	Hinterkopf mit vertiefter Linie, die Granulierung reicht nicht bis an dieselbe — 7	
7	Kopf auch in der Mitte granuliert, Thorax fein punktiert, Flügeldecken schmal gestreift	2. **P. impressicollis**
	Kopf nur seitlich granuliert, Thorax groß punktiert, Flügeldecken breit gestreift	3. **P. cracens**

1. **P. caesus** (Creutz.)

Diese Art zerfällt in 3 Unterarten:

1a. **P. caesus caesus** (Creutz.) 1796 *Scarabaeus c.*, Creutzer in: Panzer, Fauna Ins. Germ., *v.* 35 nr. 2 | 1848 *Pleurophorus c.*, Erichson, Naturg. Ins. Deutschl., Col. *v.* 3 p. 913 | 1864 *Aphodius angustus*, A. & F. Philippi in: Ent. Zeit. Stettin, *v.* 25 p. 316 | 1892 *Pleurophorus caesus*, Reitter in: Verh. Ver. Brünn, *v.* 30 p. 167 | 1902 *Ataenius rugiceps*, Dury in: J. Cincinnati Soc., *v.* 20 p. 154 | 1904 *Pleurophorus caesus*, Bedel in: Abeille, *v.* 30 p. 152.

Biologie: 1894 Xambeu in: Echange, suppl. p. 107 (Beschreibung der Larve).

Schwarzbraun, glänzend, Kopf ziemlich dicht granuliert, die Granulierung wird hinten durch einen schwachen Querwulst begrenzt, Hinterkopf vereinzelt und fein punktiert, Clipeus neben der Ausrandung stumpfwinklig. Die Längsfurche des Halsschildes ist meistens deutlich vertieft, sie reicht selten über die Mitte nach vorn, von den Quereindrücken ist der vordere immer deutlich, die Oberfläche ist mittelstark punktiert, die Punkte sind wenig zahlreich und lassen die Mitte der Scheibe meistens frei, die Seitenbeule ist glatt, die Hinterwinkel sind stumpf, gewöhnlich mit abgerundeter Spitze. Flügeldecken mit kleinem Schulterdorn und tiefen Streifen, die Punkte in denselben sind wenig bemerkbar, Zwischenräume schmal und gewölbt. Unterseite glatt und glänzend, Hinterschenkel mit ganzer Randlinie, so breit wie die mittleren, aber viel schmaler als die vorderen. Metatarsus deutlich länger als oberer Enddorn, so lang wie die 3 folgenden Tarsenglieder. Der Enddorn der Vordertibien beim ♂ an der Spitze nach innen gebogen. — L. 2,5—3 mm (Fig. 27).

Europa, Nordafrika, Kleinasien, Kaukasus, Madagaskar, Chile, Vereinigte Staaten.

1b. **P. caesus elongatulus** Muls. 1842 *P. c.* var. *e.*, E. Mulsant, Hist. nat. Col. France, Lamell. p. 312.

Flügeldecken rotbraun.

Vorkommen mit der Stammart.

1c. **P. caesus opacus** Reitt. 1893 *P. o.*, Reitter in: Verh. Ver. Brünn, *v.* 31 p. 103.

Oberseite wenig glänzend, beim ♀ die Oberfläche fast matt, Thorax breiter als die Flügeldecken, Metatarsus nicht ganz so lang wie 3 folgende Tarsenglieder.

Tunis.

2. **P. impressicollis** (Boh.) 1858 *Psammodius i.*, Boheman in: Eugenies Resa, *v.* 1 p. 51 | 1910 *Pleurophorus i.*, Ad. Schmidt in: Gen. Ins., fasc. 110 p. 180 t. 8 f. 47 (Gesamtbild).

Schwarzbraun, glänzend. Kopf fein, aber nicht bis zur deutlich vertieften Stirnlinie granuliert, Hinterkopf fein punktiert, Clipeus jederseits stumpfwinklig. Thorax nicht sehr dicht, fein, der vordere Teil der Scheibe noch feiner punktiert, Hinterwinkel stumpf abgerundet. Flügeldecken ohne Schulterdorn, mit flachen, an den Seiten und vor der Spitze tiefer eingeschnittenen Streifen, die Punkte in denselben deutlich, Zwischenräume an den Seiten und an der Spitze stärker erhaben als auf dem Rücken. Unterseite und Tarsenglieder wie bei der vorigen Art. — L. 2,5 mm.

Ceylon, Java, Celebes.

3. **P. cracens** Motsch. 1863 *P. c.*, Motschulsky in: Bull. Soc. Moscou, *v.* 36II p. 464.

Länglich, wenig glänzend, schwarzbraun, Vorderkopf und Flügeldeckenränder heller. Kopf an den Seiten rauh punktiert, hinten mit vertiefter Querlinie, Clipeus ausgeschnitten und jederseits stumpfwinklig. Thorax vereinzelt groß punktiert, mit Quereindruck und Längsfurche, die Hinterwinkel sind stumpf. Schildchen unpunktiert. Flügeldecken fast schmaler als der Thorax, tief gestreift, Zwischenräume schmal, leicht erhaben. Unterseite fast glatt. — L. 2 mm (ex Motschulsky).

Ceylon.

4. **P. apicipennis** Reitt. 1892 *P. a.*, Reitter in: Verh. Ver. Brünn, *v.* 30 p. 167

Durch die Bildung des Nahtstreifens vor der Spitze ausgezeichnet. Schwarzbraun, Flügeldecken gewöhnlich heller, glänzend. Kopf bis zur vertieften Nahtlinie fein und dicht gekörnt, hinter derselben schmalwulstig erhöht und dann fein punktiert, Clipeus jederseits stumpfwinklig. Thorax ungleich, nämlich fein und mittelgroß, nicht sehr dicht punktiert, mit deutlich vertiefter Längsfurche und 2 seitlichen Eindrücken. Schildchen tiefer liegend. Flügeldecken mit stumpfen Schultern und deutlichen Streifen, ihre Punkte kerben leicht die mediale Seite der Zwischenräume, diese sind schmal, leicht gewölbt und gereiht punktiert. Der Nahtstreifen ist vor der Spitze wulstartig verdickt, dicht punktiert und matt. 1. Tarsenglied der Hinterfüße länger als oberer Enddorn, so lang wie die 3 folgenden Glieder. — L. 2,5—3 mm.

Taschkent.

5. **P. capicola** Péring. 1901 *P. c.*, Péringuey in: Tr. S. Afr. Soc., *v.* 12 p. 448.

Hell kastanienbraun, glänzend. Kopf fein, tief und sehr dicht punktiert, jederseits vor den Augen mit einer queren, tuberkelartigen Erhöhung, Clipeus breit und tief ausgerandet, jederseits mit deutlichem Winkel. Thorax fast parallelseitig, Hinterwinkel scharf, oberseits mit feinen Punkten ziemlich dicht besetzt und sehr kurz behaart, der vordere Eindruck tiefer als der hintere, die Längsfurche ist gereiht punktiert. Flügeldecken schmaler als der Thorax, mit scharfen Rippen, die so breit wie die Zwischenräume sind, letztere je mit einer Reihe breiter Punkte. 1. Glied der Hintertarsen länger als oberer Enddorn. — L. 3 mm (ex Péringuey).

Kapkolonie.

6. **P. ventralis** Horn 1887 *P. v.*, G. Horn in: Tr. Amer. ent. Soc., *v.* 14 p. 92.

Schwarzbraun, länglich, parallel. Kopf sparsam fein punktiert, Clipeus breit abgestutzt, mit stumpfem Winkel jederseits. Thorax nach vorn leicht verbreitert, an den Seiten schmal verflacht, Hinterwinkel stumpf, Basis deutlich gerandet, Oberfläche nicht stark und sparsam punktiert. Flügeldecken an der Basis schmaler als der Thorax, Schultern mit kleinem Dorn, die Streifen sind tief und breit, Zwischenräume glatt und konvex. Metasternalplatte mit einer Gruppe größerer Punkte. Die 3 ersten Abdominalsegmente sind in der Mitte gekielt, das 4. und 5. sind am Vorderrande halbkreisförmig ausgeschnitten (vielleicht nur sexuelles Unterscheidungsmerkmal). Die Schenkel sind glatt, die Tibien schlank und wenig länger als die Tarsen. 1. Tarsenglied fast so lang wie die 3 folgenden Glieder. — L. 4 mm (ex G. Horn).

Kanada, Ontario, Washington.

7. **P. natalensis** Péring. 1901 *P. n.*, Péringuey in: Tr. S. Afr. Soc., *v.* 12 p. 449.

Glänzend, hell kastanienbraun. Clipeus nicht breit ausgerandet. Thorax ohne Längsfurche, dicht und fein punktiert, die seitlichen Quereindrücke fehlen. Flügeldecken tief gestreift, die Streifenpunkte dringen deutlich in die Ränder der fast flachen Zwischenräume ein. 1. Tarsenglied der Hintertibien kürzer als der Enddorn, dieser sehr lang. — L. 3—3,75 mm (ex Péringuey).

8. **P. caesoides** (Fairm.) 1899 *Psammodius c.*, L. Fairmaire in: Ann. Soc. ent. France, *v.* 68 p. 471 | 1910 *Pleurophorus c.*, Ad. Schmidt in: Schenkling, Col. Cat., fasc. 20 p. 90.

Dem *P. caesus* Creutz. (nr. 1) sehr ähnlich, aber kleiner, viel kürzer, kastanienbraun. Kopf verhältnismäßig ein wenig breiter, etwas uneben, nicht eigentlich gekörnt. Thorax kürzer, mit gerundeten Seiten, nicht mehr punktiert aber mit tiefer Längsfurche. Flügeldecken viel kürzer, stark gestreift, mit glatten Streifen und konvexen Zwischenräumen. — L. 2 mm (ex L. Fairmaire).

Madagaskar.

9. **P. antipodum** (Fauv.) 1903 *Psammobius a.*, Fauvel in: Rev. Ent. Franç. *v.* 22 p. 366.

Dem *P. caesus* Creutz. ähnlich, aber kleiner, breiter und hauptsächlich kürzer, von ähnlicher Färbung, glänzend. Clipeus schmal und tief ausgerandet. Thorax vorn stark verschmälert, Hinterwinkel stark gerundet, vorderer Quereindruck breit und tief, unpunktiert, der hintere mit großen Punkten gefüllt, die Längsfurche ist kurz, oberseits mit größeren und kleineren Punkten sparsam besetzt. Flügeldecken viel kürzer, Zwischenräume etwas breiter, Streifen bis zur Spitze punktiert. Tibien breiter, die vorderen stärker gezähnt als bei *P. caesus* Creutz. — L. 2,7 mm (ex Fauvel).

Neu-Kaledonien.

30. Gen. **Odochilus** Harold

1877 *O.*, Harold in: Ann. Mus. Genova, *v.* 10 p. 97 | 1910 *O.*, Ad. Schmidt in: Gen. Ins., fasc. 110 p. 116, 118.

Diese Gattung zeichnet sich durch nach unten umgeschlagenen Clipeusrand, den mit Querkielen versehenen Hinterkopf und Thorax aus, die Seiten des letzteren sind verflacht, ihr Außenrand ist gebuchtet, die Basis ist an den Seiten nicht zahnartig ausgezogen.

Länglich, hinten verbreitert, konvex. Kopf sehr schwach quergewölbt, punktiert, der nach unten umgebogene Clipeusrand wird nach oben scharfkantig begrenzt, diese Kante erscheint von oben gesehen als der Vorderrand,

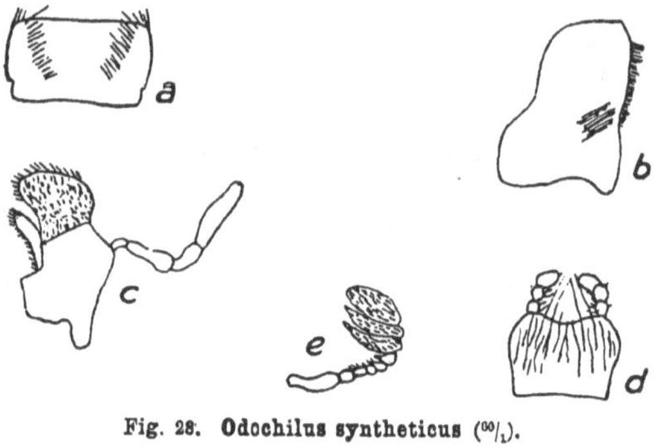

Fig. 28. **Odochilus syntheticus** ($^{90}/_{1}$).

sie geht unmittelbar in den Seitenrand über, die Wangen überragen die vom Thorax bedeckten Augen. Das 1. Glied der Fühler ist verlängert, die folgenden 5 sind fast von gleicher Länge, die Keule ist dicht behaart. Die Oberlippe ist häutig und quer, der gerade Vorderrand nur seitlich bewimpert. Die hornigen Oberkiefer sind kräftig, die laterale Seite der dünnen Platte ist gerundet, die mediale bewimpert, die Mahlfläche ist fein. Die Unterkiefer sind kurz, das 2. und 4. Glied der Kiefertaster ist verlängert, die beiden Kauladen sind mediad gerichtet. Das hornige, an der Unterseite ungleich behaarte Kinn ist an den Seiten gerundet und am nicht bewimperten Vorderrande ausgerandet, die Lippentaster sind verdickt, die Zunge ist wenig tief gespalten. Das Halsschild ist quer, mit 4 Querrippen besetzt und ist an der Basis sehr deutlich bewimpert. Das Schildchen ist sehr klein und dreieckig. Die Flügeldecken sind punktiert-gestreift, und die Zwischenräume rippenförmig, die Epipleuren sind bis zur Spitze deutlich. Die Hüften stehen zusammen, das Abdomen ist 6-gliederig, die Mittel- und Hinterschenkel sind lang und schmal, die vorderen wenig verbreitert. Die Tibien sind schlank, die vorderen haben 3 Außenzähne, die 4 hinteren sind ohne Querleisten, sie haben am Endrande eine Borstenbekleidung und 2 Enddorne. Die Tarsen sind 5-gliederig, ihre Klauen fein.

Hierher gehört 1 Art aus Asien und Australien.

1. **O. syntheticus** Har. 1877 *O. s.*, Harold in: Ann. Mus. Genova, *v.* 10 p. 99 | 1910 *O. s.*, Ad. Schmidt in: Gen. Ins., fasc. 110 p. 119 t. 3 f. 40 (Gesamtbild).

Rotbraun, wenig glänzend, oft mit einem grauen Überzuge, und dann matt erscheinend. Kopf fein rauh punktiert, am Hinterkopf befindet sich jederseits ein Querkiel, vor diesem wieder 2 andere, die schräg stehen und nach hinten winklig zusammentreffen, vor diesen 2 schwache Längsrinnen, die fast bis an den im flachen Bogen gerundeten, scheinbaren Vorderrand heranreichen. Der Thorax ist im letzten Drittel bogig verschmälert, die verflachten, aber nicht gerandeten Seiten zeigen am Rande 2 kleine Ausbuchtungen, die Oberfläche trägt 3 scharfe, ganze Rippen und längs des Hinterrandes einen stumpfen Wulst, der mit einigen unregelmäßigen Längserhöhungen besetzt ist und in der Mitte durch eine Längsgrube unterbrochen wird. Die Flügeldecken haben 10 kurz und fein behaarte Rippen, von denen die ungeraden mehr erhaben sind, sie werden durch je eine Reihe von Querpunkten unterbrochen. Die Unterseite ist chagriniert und vereinzelt beborstet. Das 1. Glied der Hintertibien ist länger als der obere Enddorn, aber kürzer als die 2 folgenden Glieder. — L. 2,5—3,5 mm.

Celebes, Borneo, Java, Sumatra, Australien.

31. Gen. **Rhyssemodes** Reitter

1892 *R.*, Reitter in: Verh. Ver. Brünn, *v.* 30 p. 156, 161 | 1901 *R.*, Clouët in: Mém. Soc. ent. Belgique, *v.* 8 p. 15, 36 | 1910 *R.*, Ad. Schmidt in: Gen. Ins., fasc. 110 p. 117, 123.

Kopf gekörnt, Thorax an den Seiten und der Basis mit Borsten bewimpert, oberseits mit 5 Querwülsten, die meistens wenig erhaben sind. Schildchen klein und dreieckig. Flügeldecken punktiert-gestreift, Zwischenräume mit mehr oder weniger deutlichen Tuberkeln besetzt. Tarsen der Hinterfüße deutlich kürzer als die Tibien, das 1. Tarsenglied ist ungefähr so lang wie die 2 folgenden Glieder, der obere Enddorn so lang wie das 1. und 2. Tarsenglied.

Länglich, gewölbt, rot- oder schwarzbraun oder gelbrot, mäßig glänzend. Kopf deutlich gekörnt, Clipeus ausgerandet. Thorax zwischen den wenig erhabenen Querwülsten punktiert oder granuliert, dieselben meistens nicht ganz glatt. Schildchen in gleicher Höhe mit den Flügeldecken. Letztere sind fein gestreift, die Zwischenräume sind flach oder erhaben, meistens mit deutlichen Tuberkelreihen besetzt. Unterseite größtenteils glatt. Vorderschenkel kaum breiter als die 4 hinteren.

Hierher gehören 6 Arten aus Asien und Afrika.

Bestimmungstabelle der Arten:

1	Zwischenräume der Flügeldecken flach, fast glatt — 2	
	Zwischenräume erhaben, rauh skulptiert — 4	
2	Die 3 letzten Querwülste des Halsschildes durch eine Längsfurche unterbrochen, Querwülste und Furchen deutlich, Kopf deutlich granuliert, Clipeus gezahnt .	1. **R. tenuisculptus**
	Nur die 2 letzten Querwülste unterbrochen, Clipeus stumpfwinklig — 3	
3	Kopf fein querrunzlig granuliert, Wülste und Furchen des Halsschildes deutlich	2. **R. opacus**
	Kopf groß granuliert, Wülste und Furchen flach, nur die 3. deutlich vertieft	3. **R. alutaceus**
4	Oberer Enddorn der Hintertibien kaum so lang wie die 2 ersten Tarsenglieder, Querwülste des Halsschildes glatt, so breit wie die Furchen	4. **R. inscitus**
	Oberer Enddorn reichlich so lang wie 2 Tarsenglieder — 5	
5	Der 2. Querwulst breiter als der erste, beide granuliert, kaum durch eine schmale Furche getrennt	5. **R. orientalis**
	Der 2. Querwulst schmaler als der erste und glatt, durch eine breitere Furche getrennt	6. **R. bouvieri**

1. **R. tenuisculptus** Reitt. 1892 *R. t.*, Reitter in: Verh. Ver. Brünn, *v.* 30 p. 162 | 1901 *R. t.*, Clouët in: Mém. Soc. ent. Belgique, *v.* 8 p. 20.

Rotbraun, Thorax und Kopf etwas dunkler, wenig glänzend. Kopf deutlich und dicht auf der ganzen Fläche, also auch hinten granuliert, der Hinterkopf zeigt 2 kleine, granulierte, schwache Querkiele, Clipeus ausgerandet, jederseits gezahnt. Thorax mit 5 Querwülsten, die 4 letzten sind deutlicher erhaben, sehr vereinzelt granuliert und breiter als die Furchen, letztere sind am Grunde rauh, die Seitenbeule ist sehr fein und vereinzelt granuliert, die Seiten, die abgerundeten Hinterwinkel und Basis fein gerandet und mit kurzen, keulenförmigen Borsten bewimpert. Flügeldecken mit sehr kleinem Schulterdorn und feinen Streifen, Zwischenräume fast flach, chagriniert, mit 2 Reihen kleiner, entfernt stehender Tuberkeln, von denen die mediale Reihe sehr wenig wahrnehmbar ist. Abdomen längs der Mitte jedes Segments mit einer vertieften Zickzacklinie. — L. 3—3,5 mm.

Margljan.

2. **R. opacus** Reitt. 1893 *R. o.*, Reitter in: Verh. Ver. Brünn, *v.* 31 p. 102 | 1901 *R. o.*, Clouët in: Mém. Soc. ent. Belgique, *v.* 8 p. 17.

Gelbrot, Kopf und Thorax dunkler, wenig glänzend. Kopf wie bei der vorigen Art skulptiert, Clipeus aber jederseits nur spitzwinklig. Die Wülste des Halsschildes sind wenig erhaben, besonders die beiden vorderen, diese sind wie auch die Seitenbeule fein granuliert, die 3 hinteren Querwülste mehr glatt und glänzend, die Querfurchen sind leicht gerunzelt, schmaler als die Wülste, die Seiten, die stumpf abgerundeten Hinterwinkel und Basis gerandet und mit sehr kurzen, schwach keulenförmigen Borsten bewimpert. Skulptur der Flügeldecken und das Abdomen wie bei voriger Art. — L. 3,5 mm.

Turkestan, Margljan.

3. **R. alutaceus** Reitt. 1892 *R. a.*, Reitter in: Verh. Ver. Brünn, *v.* 30 p. 162 | 1901 *R. a.*, Clouët in: Mém. Soc. ent. Belgique, *v.* 8 p. 19.

Schwarzbraun, matt, länglich, nach hinten deutlich verbreitert. Kopf dicht, am Hinterkopf feiner granuliert, daselbst mit 2 deutlichen Schrägkielen,

Clipeus jederseits scharfwinklig. Die ganze Oberseite des Halsschildes, auch die Wülste runzlig punktiert, letztere schwach erhaben, nur die 2. Querfurche ist deutlicher vertieft und breiter als die anderen, die Seiten, die abgerundeten Hinterwinkel und Basis gerandet und mit gleichstarken Borsten besetzt. Flügeldecken mit kleinem Schulterdorn und feinen Punktstreifen, Zwischenräume flach, ihre laterale Tuberkelreihe deutlicher als bei den 2 vorigen Arten. Abdomen mit Zickzacklinie in der Mitte jedes Segments. — L. 3,5 bis 4 mm.

Margljan.

4. **R. inscitus** (F. Walker) 1858 *Psammodius i.*, F. Walker in: Ann. nat. Hist., ser. 3 *v.* 2 p. 207.

Durch die glatten, deutlich erhabenen Querwülste auf dem Thorax von den vorigen Arten unterschieden. Schwarzbraun, glänzend. Kopf hinten punktiert, mit 2 kleinen Schrägkielen und mehreren kleinen Tuberkeln neben den Augen, Vorderkopf deutlich granuliert, Clipeus eingeschnitten, jederseits scharfwinklig. Thorax an den Seiten, den abgerundeten Hinterwinkeln und der Basis fein gerandet und mit kurzen, etwas keulenförmigen Borsten bewimpert, die Querwülste sind mit Ausnahme des vorderen glatt. Die Zwischenräume der Flügeldecken sind gewölbt, zur Spitze gekielt, ihre Oberfläche ist nicht deutlich gekörnt, sondern mehr zu Schräg- und Querrunzeln aufgelöst. Abdomen längs der Mitte der Segmente mit Zickzacklinie. Oberer Enddorn der Hintertibien etwas kürzer als 1. und 2. Tarsenglied, Metatarsus so lang wie 2 folgende Glieder. — L. 3 mm.

Ceylon.

5. **R. orientalis** (Muls. & A. Godart) 1875 *Rhyssemus o.*, E. Mulsant & A. Godart in: Ann. Soc. Linn. Lyon, ser. 2 *v.* 21 p. 411 | 1878 *R. gemmifer*, Marseul in: Abeille, ser. 2 *v.* 16 nr. 14, 16, Nouv. & Faits p. 58 | 1887 *R. obsoletus*, Reitter in: Horae Soc. ent. Ross., *v.* 21 p. 227 | 1892 *R. hybridus* + *Rhyssemodes transversus* + *R. aspericeps* (non Chevrolat 1861), Reitter in: Verh. Ver Brünn, *v.* 30 p. 167, 162, 162 | 1896 *R. reitteri*, H. Orbigny in: Abeille, *v.* 28 p. 254 | 1901 *R. orientalis*, Clouët in: Mém. Soc. ent. Belgique, *v.* 8 p. 17, 23, 119 | 1910 *R. o.*, Ad. Schmidt in: Gen. Ins., fasc. 110 p. 127 t. 3 f. 45 (Gesamtbild).

In der Skulptur der Flügeldecken mit der vorigen Art übereinstimmend, aber durch die Skulptur des Halsschildes deutlich verschieden. Schwarz- oder rotbraun, dann aber gewöhnlich Kopf und Thorax dunkler, wenig glänzend. Kopf vorn deutlich, am Hinterkopf feiner granuliert, mit 2 Schrägkielen und einigen kleinen Tuberkeln neben den Augen, Clipeus eingeschnitten, jederseits scharfwinklig. Thorax mit 5 Querwülsten, die beiden vorderen werden durch eine sehr schmale Furche getrennt, sie sind flach, granuliert, der 2. ist in der Mitte verbreitert, die 3 hinteren sind schmaler, hier und da tuberkelartig, eine schmale Längsfurche unterbricht die beiden letzten Wülste in der Mitte, die Querfurchen sind runzlig, die Seitenbeule ist entweder mehr glänzend, einzeln punktiert oder fein granuliert und dann matt, die Seiten, die abgerundeten Hinterwinkel und Basis gerandet und bewimpert. Zuweilen ist der 2. Querwulst durch eine deutlichere Furche von dem vorderen getrennt und infolgedessen in seiner Mitte nicht verbreitert. Schulterdorn klein, Zwischenräume der Flügeldecken gewölbt, nicht mit deutlichen Tuberkeln besetzt, sondern mehr in Schräg- und Querrunzeln aufgelöst. Abdomen mit Zickzacklinie und Querreihe kurzer Borsten. — L. 3—3,8 mm.

Nordafrika, Ägypten, Kaukasus, Transkaspien, Turkestan, Zentralasien.

6. **R. bouvieri** Clouët 1901 *R b.*, Clouët in: Mém. Soc. ent. Belgique, *v.* 8 p. 22.

Schwarzbraun, Vorderrand des Clipeus rötlich, wenig glänzend. Kopf mit deutlichen, glänzenden Granulen besetzt, Hinterkopf fein gerunzelt, mit 2 unbedeutenden Schrägkielen und einigen kleinen Tuberkeln neben den Augen, Clipeus dreieckig eingeschnitten, jederseits mit spitzem Winkel. Thorax an den Seiten, den stumpf abgerundeten Hinterwinkeln und der Basis gerandet und bewimpert, oberseits mit 5 schmalen Wülsten, die 4 hinteren sind glatt, der vordere ist granulös, aber am Hinterrande scharf erhaben, die Längsfurche unterbricht die beiden letzten Wülste, die Querfurchen und Seitenbeule sind rauh. Flügeldecken mit Schulterdorn und tiefen, aber schmalen Streifen, die Zwischenräume sind gewölbt und mit 2 Reihen länglicher Tuberkeln besetzt, deren äußere deutlicher ist. Metasternalplatte groß und zerstreut punktiert, Abdomen glatt, nur mit der gewöhnlichen Zickzacklinie. — L. 2,8 mm.

Nordchina.

32. Gen. **Rhyssemorphus** Clouët

1900 *R.*, Clouët in: Bull. Soc. ent. France, p. 122 | 1901 *R.*, Clouët in: Mém. Soc. ent. Belgique, *v.* 8 p. 15, 117 | 1910 *R.*, Ad. Schmidt in: Gen. Ins., fasc. 110 p. 117, 128.

Oberseite unbeborstet, Kopf gekörnt, Thorax mit 5 Querwülsten und einer Längsfurche, Schildchen dreieckig, Flügeldecken rauh skulptiert, Tarsen und Enddorne schlank, letztes Abdominalsegment ohne Quereindruck in der Vorderhälfte.

Länglich, gewölbt. Kopf am Vorderrande eingeschnitten, Wangen nicht vom Kopfrande abgesetzt, Augen unter dem Vorderrande des Halsschildes verborgen. Letzterer an den Seiten und der Basis bewimpert. Schildchen klein. Die vertieften Streifen der Flügeldecken bis zur Basis reichend, Epipleuren schmal, aber bis zur Spitze deutlich. Die Mittelschenkel stehen etwas getrennt, das Mesosternum zwischen ihnen ist gekielt. Die Vorderschenkel sind wenig breiter als die 4 hinteren, die zur Spitze verbreiterten Vordertibien haben 3 größere Lateralzähne und einen spitzen Enddorn neben den Tarsen. Mittel- und Hintertibien nur wenig verbreitert, an der Außenseite ohne Querleisten, am Endrande mit Borstenbesatz und 2 spitzen Enddornen. Tarsen so lang wie die Tibien, 1. Glied nicht dreieckig verbreitert.

Hierher gehört 1 Art aus Afrika.

1. **R. mocquerysi** Clouët 1900 *R. m.*, Clouët in: Bull. Soc. ent. France, p. 122 | 1901 *R. m.*, Clouët in: Mém. Soc. ent. Belgique, *v.* 8 p. 117.

Länglich, fast parallelseitig, schwarz, wenig glänzend. Kopf nicht sehr dicht und nach hinten nicht sehr scharf begrenzt granuliert, der Hinterkopf ist feiner gekörnt, er zeigt 2 glänzende Schrägkiele und einen kleinen Kiel neben den Augen, der Clipeus ist jederseits stumpf abgerundet. Thorax an den Seiten fein granuliert, in den Querfurchen quergerunzelt, die Querwülste sind wenig erhaben, besonders der vordere, die folgenden sind schmal und fast glatt, nur die letzten zuweilen dicht und fein gekörnt und dann sehr undeutlich, die beiden hintersten werden durch eine Längsfurche unterbrochen. Metasternalplatte vorn undeutlich punktiert. Abdominalsegmente längs der Mitte mit Querreihe dichtgestellter Punkte, letztes Segment von dem vorhergehenden nicht durch eine breite Furche getrennt. 1. Tarsenglied der Hinterfüße so lang wie oberer Enddorn und 3 folgende Glieder. — L. 3—3,8 mm.

Madagaskar.

33. Gen. **Rhyssemus** E. Mulsant

1842 *R.*, E. Mulsant, Hist. nat. Col. France, Lamell p. 314 | 1892 *R.*, Reitter in: Verh. Ver. Brünn, *v.* 30 p. 157, 163 | 1901 *R.*, Clouët in: Mém. Soc. ent. Belgique, *v.* 8 p. 15, 36 | 1910 *R.*, Ad Schmidt in: Gen. Ins., fasc. 110 p. 117, 123.

Oberseite unbehaart, Kopf gekörnt, Thorax mit 5 Querwülsten und einer Längsfurche, Schildchen dreieckig, Flügeldecken rauh skulptiert, oberer Enddorn der Hintertibien so lang wie 1. Tarsenglied, selten etwas länger, die Tarsen sind schlank, nicht dreieckig verbreitert, so lang wie die Tibien, ihr 1. Glied den 3 folgenden an Länge gleich, letztes Abdominalsegment in der Mitte mit einem breiten, gerieften Eindruck.

Länglich, mehr oder weniger gewölbt, schwarz, rotbraun, selten zweifarbig, immer wenig glänzend. Kopf stärker oder feiner gekörnt, diese Körnelung ist zuweilen nach der Mitte und hinten zu größer und gedrängter und daselbst spitzwinklig begrenzt, diese Begrenzung ist bald schwächer,

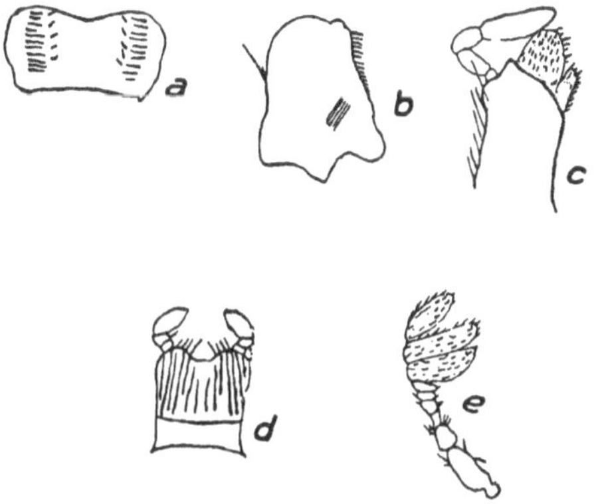

Fig. 29. **Rhyssemus germanus** ($^{60}/_{1}$).

bald schärfer, der Hinterkopf ist meistens feiner gekörnt oder runzlig punktiert, gewöhnlich befinden sich daselbst 2 Schrägkiele, die in der Mitte winklig zusammentreffen, oft auch noch ein oder zwei kleine Erhebungen neben den Augen, diese sind unter dem Vorderrande des Halsschildes verborgen, Clipeus ausgerandet, jederseits gezähnt, winklig oder ganz abgerundet. Die Fühler haben 9 Glieder, von diesen ist das 1. mehr, die beiden folgenden wenig verlängert, das 4.—6. ist quer und vereinzelt beborstet wie die übrigen, die 3blättrige Keule ist länglich-rund und dicht behaart. Die Oberlippe ist quer und häutig, am Vorderrande ausgerandet und nicht bewimpert, die Seiten sind gerundet. Die Oberkiefer sind hornig, ihre nach vorn erweiterte dünne Platte ist lateral gerundet, medial leicht ausgeschweift und nach dem Grunde zu kürzer werdend beborstet, die Mahlfläche ist klein und fein gerieft. Die Unterkiefer sind hornig, an der Lateralseite vereinzelt beborstet, die Kauladen sind häutig, die laterale ist dicht behaart, die mediale vereinzelt bewimpert, von den Kiefertastern ist das 4. Glied stark verlängert und stumpf zugespitzt. Das hornige Kinn ist auf der Unterseite lang beborstet, an den Seiten gerundet und am Vorderrande ausgeschweift, die Zipfel der gespaltenen Zunge sind medial lang bewimpert und reichen bis zur Basis des 2. Gliedes der Lippentaster, von diesen sind die beiden ersten Glieder quer, das 3. stark verlängert und zugespitzt. Der Thorax ist quer, mit 5 Querwülsten, die stärker oder schwächer erhaben, glatt, gekörnt oder tuberkulös, ganz oder in einzelne Tuberkeln aufgelöst sein können, meistens werden nur die zwei letzten, seltener alle fünf durch eine Längsfurche unterbrochen, der Seitenrand ist feiner oder stärker gekerbt, fast immer wie die Basis bewimpert, die Hinterwinkel sind meistens gerundet. Das Schildchen ist klein und dreieckig. Ein Schulterdorn fehlt selten, die Flügeldecken sind feiner oder stärker gestreift, ihre Zwischenräume flacher oder stärker gewölbt, oft auch gekielt, immer mit Tuberkeln oder kleinen, in Reihen stehenden Kielen besetzt, zuweilen sind sie auch nur auf der medialen Seite in gleichen Abständen quer eingedrückt. Die Epipleuren sind schmal, aber bis zur Spitze deutlich. Das Mesosternum ist rauh punktiert, zwischen den Mittelhüften, die allein ein wenig getrennt sind, gekielt. Die Metasternalplatte ist längsvertieft oder nur mit Mittellinie, feiner oder rauher punktiert oder glatt, selten kurz beborstet. Das Abdomen ist selten fein und dicht punktiert oder mit kleinen Börstchen bekleidet, meistens ist es glatt, nur längs der Mitte jedes Segments mit einer Zickzacklinie. Die Vorderschenkel sind breiter als die 4 hinteren, diese sind meistens schlank und die Hinterschenkel selten etwas breiter. Die Vordertibien sind nach vorn verbreitert, haben 3 Außenzähne und einen Enddorn neben den Tarsen. Den Mittel- und Hintertibien, die zur Spitze wenig verbreitert sind, fehlen an der Außenseite die Querleisten, sie sind am untern Endrande beborstet und tragen 2 schlanke, zugespitzte Enddorne. Die Tarsen sind schlank, so lang wie die Tibien und 5gliedrig, ihre Klauen sind klein und hornig.

Hierher gehören **48** sichere und 1 unsichere Art aus allen Erdteilen[1].

Bestimmungstabelle von 47 Arten (außer nr. 48, 49):

1	Zwischenräume der Flügeldecken gleichmäßig erhaben — **2**	
	Die ungeradzahligen Zwischenräume mehr erhaben als die geradzahligen — **32**	
2	Zwischenräume nicht durch Punktstreifen, sondern durch eine Tuberkelreihe getrennt	33. **R. atramentarius**
	Flügeldecken mit vertieften Punktstreifen — **3**	
3	Clipeus neben der Ausrandung ganz gerundet — **4**	
	Clipeus stumpfwinkelig, zahnartig oder gezahnt — **5**	
4	Querwülste zum Teil wenig deutlich, Unterseite glatt .	31. **R. capensis**
	Querwülste des Halsschildes gleichmäßig deutlich erhaben, Unterseite kurz beborstet	32. **R. bicolor**
5	Oberseite rotbraun — **6**	
	Oberseite schwarz — **13**	
6	Hinterkopf ohne Schrägkiele, 1. Querwulst des Halsschildes durch eine vertiefte Linie geteilt	22. **R. inermis**
	Hinterkopf mit Schrägkielen, 1 Querwulst nicht geteilt — **7**	
7	Querwülste des Halsschildes regelmäßig und fast glatt — **8**	
	Querwülste wenig erhaben und unregelmäßig — **12**	
8	Querfurchen des Halsschildes deutlich punktiert, in der Hinterhälfte mit Nabelpunkten	23. **R. vaulogeri**
	Querfurchen fein chagriniert und dazwischen punktiert	24. **R. feae**
	Querfurchen granuliert — **9**	

[1] Clouët beschreibt in: Mém. Soc. ent. Belgique 1901 *v.* 8 p. 78 ***Rhyssemus horni***, aber ohne Patria-Angabe.

9 Querwulst hinter dem Vorderrande glatt, höchstens fein punktiert . . . . 25. **R. coluber**
Querwulst hinter dem Vorderrande granuliert — **10**

10 Clipeus vorn mit breitem, glattem Längseindruck, der seitlich kielartig begrenzt ist . . . . 26. **R. rothschildi**
Clipeus ohne solchen Längseindruck — **11**

11 Kiele der Zwischenräume glatt . . . . 27. **R. rubeolus**
Kiele mit Tuberkeln besetzt . . . . 28. **R. bedeli**

12 Die Streifenpunkte der Flügeldecken durchdringen fast die ganze Breite der Zwischenräume . . . . 29. **R. crispus**
Streifenpunkte kerben nicht die Ränder der Zwischenräume . . . . 30. **R. maximus**

13 Thoraxseiten nicht gekerbt und nicht bewimpert, fast parallel . . . . 21. **R. ritsemae**
Thoraxseiten bewimpert — **14**

14 Abdomen dicht und fein punktiert, oder glatt, immer ohne Zickzacklinie — **15**
Abdomen immer mit Zickzacklinie längs der Mitte jedes Segments — **17**

15 Thorax mit einem ganzen Querwulst, Zwischenräume der Flügeldecken mit 2 Reihen fast gleich großer Tuberkeln . . . . 18. **R. sonatus**
Thorax mit mehreren ganzen Querwülsten, *R. interruptus* Reitt. und *R. granulosocostatus* Clouët ausgenommen — **16**

16 Thoraxfurchen punktiert, Zwischenräume mit glatten Kielen, der mediale Rand neben den Streifen wird von den Streifenpunkten deutlich angegriffen . . 19. **R. goudoti**
Thoraxfurchen granuliert, Kiele mit kleinen Tuberkeln, Streifenpunkte schwächer . . . . 20. **R. haroldi**

17 Querwülste des Halsschildes nur durch einzelne Tuberkeln angedeutet . . . . 12. **R. interruptus**
Querwülste ganz, glatt oder mehr oder weniger tuberkulös — **18**

18 Die Seiten des Halsschildes kurz vor der Basis, von oben gesehen, parallel und mit der letzteren einen rechten Winkel bildend — **19**
Die Seiten des Halsschildes im gleichen Bogen bis zur Basis verlaufend — **20**

19 Vorderwinkel des Halsschildes vorstehend, Schulterdorn schwach . . . . 13. **R. granosus**
Vorderwinkel nicht vorstehend, wenig deutlich, mehr anliegend, Schulterdorn stark . . . . 14. **R. gestroi**

20 Kopf auf runzligem Grunde granuliert — **21**
Kopf auf glattem Grunde granuliert — **22**

21 Querwülste des Halsschildes in Tuberkeln aufgelöst, Metasternalplatte granuliert . . . . 15. **R. granulosocostatus**
Querwülste glatt, Metasternum nur tief punktiert . . 16. **R. fairmairei**

22 Thorax zwischen den Wülsten deutlich punktiert . . 17. **R. algiricus**
Thorax zwischen den Wülsten nur granuliert oder in der Basalhälfte auch mit Punkten untermischt — **23**

23 Querwülste des Halsschildes in einzelne Tuberkeln aufgelöst — **24**
Querwülste vorn ganz, hinten tuberkulös — **25**
Querwülste ganz und glatt, oder nur fein granuliert — **27**

24	Vorderer Querwulst durch vertiefte Linie geteilt, Clipeus jederseits stumpfwinklig, Metasternalplatte uneben	10. **R. sculptilipennis**
	Vorderer Querwulst nicht geteilt, Clipeus jederseits zahnartig, Metasternalplatte fein punktiert	11. **R. verrucosus**
25	Clipeus jederseits stumpf gerundet, Kiele der Zwischenräume glatt	7. **R. exaratus**
	Clipeus jederseits zahnartig — **26**	
26	Thorax mit fast gleichbreiten, längeren Borsten bewimpert, die Kante der Kiele auf den Flügeldecken mit Tuberkeln besetzt, die bis zur Spitze reichen	8. **R. mayeti**
	Thorax mit kurzen, gekeulten Borsten bewimpert, die Kante der Kiele in der Vorderhälfte gekerbt, an der Spitze glatt	9. **R. parallelicollis**
27	Querwülste des Halsschildes fein granuliert — **28**	
	Querwülste glatt — **29**	
28	Von schlanker Gestalt, Flügeldecken an der Basis tief ausgerandet	5. **R. californicus**
	Von breiter, kürzerer Gestalt, Basalrand der Flügeldecken gerade	6. **R. scaber**
29	Metasternalplatte einzeln, Abdominalsegmente in einer Querreihe beborstet	4. **R. birmensis**
	Metasternalplatte und Abdomen ohne Borsten — **30**	
30	Thorax hinten punktiert, Clipeus jederseits stumpfwinklig, Wülste des Halsschildes breiter als die Furchen	3. **R. malasiacus**
	Thorax in den Furchen granuliert, diese sind breiter als die Wülste — **31**	
31	Clipeus gezahnt, Hinterwinkel des Halsschildes leicht ausgerandet	1. **R. germanus**
	Clipeus stumpf abgerundet, ebenso die Hinterwinkel des Halsschildes	2. **R. tarsalis**
32	Clipeus seitlich breit gerundet, alle Querwülste des Halsschildes unterbrochen	34. **R. madagassus**
	Clipeus jederseits stumpfwinklig oder zahnartig, die vorderen Querwülste gewöhnlich ganz — **33**	
33	Clipeus sehr breit und sehr leicht ausgerandet, Kopf stark konvex, fast senkrecht zum Vorderrande abfallend, Abdomen dicht punktiert, ohne Zickzacklinie	35. **R. polycolpus**
	Clipeus schmal und tief eingeschnitten, Abdomen mit Zickzacklinie, unpunktiert, ausgenommen *R. pectoralis* — **34**	
34	Metasternum und Abdomen mit kurzen Borsten bekleidet, Oberseite rotbraun	36. **R. aurivilliusi**
	Metasternum und Abdomen glatt, Oberseite fast immer schwarz, seltener die Flügeldecken rotbraun, dann aber Kopf und Thorax dunkler — **35**	
35	Thorax mit Längsfurche, die tiefer als die Querfurchen ist — **36**	
	Längsfurche nicht mehr vertieft — **37**	
36	Der 1., 3. und 5. Zwischenraum viel höher als der 2. und 4., die seitlichen in der Höhe wenig verschieden, die Querwülste des Halsschildes größtenteils in Tuberkeln aufgelöst	37. **R. sulcatus**
	Der 1., 3., 5. und 7. Zwischenraum stärker erhaben, die Querwülste scharf und ganz	38. **R. quinquecostatus**

37	Thorax dicht mit tiefen Punkten besetzt, Querwülste flach, zum Teil glatt	39 **R. plicatus**
	Thorax an den Seiten gekörnt, zwischen den Wülsten runzlig, nie mit deutlichen Punkten, Querwülste scharf erhaben — **38**	
38	Die abwechselnden Zwischenräume sehr deutlich ungleich hoch — **39**	
	Die abwechselnden Zwischenräume nur vor der Spitze wenig bemerkbar ungleich — **40**	
39	Schwarz- oder rotbraun, dann aber Thorax dunkler, der 1., 2., 3., 5., 7. und 9. Zwischenraum gekielt, der 4., 6. und 8. flach und glatt	40. **R. sexcostatus**
	Schwarz, die ungeraden Zwischenräume mehr erhaben, die geraden mit einer Tuberkelreihe	41. **R. carinatipennis**
40	Die geradzahligen Zwischenräume an der Spitze verflacht und in einzelne Tuberkeln aufgelöst, Querwülste des Halsschildes sehr undeutlich	42. **R. blackburnei**
	Die geradzahligen Zwischenräume in der ganzen Länge gleichmäßig, Querwülste deutlich — **41**	
41	Querfurchen des Halsschildes mit einer Reihe rundlicher und dicht gestellter Tuberkeln	43. **R. alluaudi**
	Querfurchen granuliert oder querrissig — **42**	
42	Querwülste und Querfurchen dicht granuliert	44. **R. berytensis**
	Querwülste glatt, die Furchen querrunzlig — **43**	
43	Kopf sehr dicht und fein granuliert, Kiele der Zwischenräume neben den Streifen schmal abgesetzt (⋀_) .	45. **R. pectoralis**
	Kopf vereinzelt granuliert, Kiele am Grunde der Seiten nicht abgesetzt (⋀) — **44**	
44	Kante der Kiele der Flügeldecken fast glatt	46 **R. biovatus**
	Obere Kante mit deutlicher Tuberkelreihe	47. **R. congolanus**

1. **R. germanus** (L.)

Diese Art zerfällt in 2 Unterarten:

1a. **R. germanus germanus** (L.) 1767 *Ptinus g.*, Linné, Syst. Nat., ed. 12 *v.* 1 II p. 566 | 1775 *Scarabaeus asper*, J. C. Fabricius, Syst. Ent., p. 20 | 1783 *S. a.*, J. F. W. Herbst in: Arch. Ins.-Gesch., *v.* 4 p. 8 t. 19 f. 10 (Gesamtbild) | 1798 *Aphodius a.*, Illiger, Verz. Käf. Preuß., p. 21 | 1842 *Rhyssemus a.*, E. Mulsant, Hist. nat. Col. France, Lamell. p. 314 | 1848 *R. a.*, Erichson, Naturg. Ins. Deutschl., Col. *v.* 3 p. 910 | 1861 *R. aspericeps*, Chevrolat in: Rev. Mag. Zool., ser. 2 *v.* 13 p. 266 | 1890 *R. geminatus*, Reitter in: D. ent. Z., p. 390 | 1890 *R. obsoletus*, Rey in: Échange, nr. 69 p. 171 | 1892 *R. parallelus*, Reitter in: Verh. Ver. Brünn, *v.* 30 p. 166 | 1901 *R. germanus*, Clouët in: Mém. Soc. ent. Belgique, *v.* 8 p. 66, 115, 121.

Länglich, parallelseitig oder nach hinten erweitert, konvex, schwarz, wenig glänzend. Kopf deutlich granuliert, am Hinterkopf fein gerunzelt, jederseits mit einem schräggestellten Kiele und 2 kleinen Erhöhungen neben den Augen, Clipeus rötlich, in der Mitte ausgerandet und jederseits gezähnt. Thorax in den Vorderwinkeln rötlich, an den Seiten und der Basis mit gekeulten, kurzen Borsten besetzt, auf der Scheibe mit 5 Querwülsten, die beiden hinteren in der Mitte durch eine kurze Längsfurche unterbrochen, der 4. Wulst biegt sich an dieser Unterbrechung nach hinten und erreicht fast die Basis, der vordere Wulst ist wenig erhaben und granuliert, die folgenden sind glatt und glänzend, die beiden letzteren oft tuberkulös, die Wülste sind ungefähr so breit wie die etwas unregelmäßig granulierten Furchen, die Seitenbeule ist auch granuliert, die Hinterwinkel sind stumpf und nach der Basis zu leicht ausgerandet. Schildchen dreieckig. Flügeldecken mit kleinem Schulterdorn und feinen Punktstreifen, die Zwischenräume sind schwach gekielt, sie tragen 2 Tuberkelreihen, von denen die laterale deutlicher ist. Metasternum an den Seiten rauh, in der Mitte glatt. Die Abdominalsegmente längs der Mitte mit Zickzacklinie. Mittel- und Hinterschenkel sind gleichstark, mit ganzer Randlinie. Oberer Enddorn der Hintertibien etwas länger als der Metatarsus. — L. 2,5—3,5 mm (Fig. 29).

Europa, Nord- und Südafrika, Madagaskar, Kaukasus, Kleinasien, Asien.

1b. **R. germanus rufipes** Muls. 1842 *R. g.* var. *r.*, E Mulsant, Hist. nat. Col. France, Lamell. p. 314.

Flügeldecken rotbraun.

Vorkommen mit der Stammart.

2. **R. tarsalis** C. O Waterh. 1876 *R. t.*, C. O. Waterhouse in: Ann. nat. Hist., ser. 4 *v.* 18 p. 115 | 1901 *R. t.*, Clouët in: Mém. Soc. ent. Belgique, *v.* 8 p. 66, 113.

Schwarzbraun, Clipeus am Vorderrande und Thorax in den Vorderwinkeln rötlich. Kopf fein, nach der Scheitelbeule zu größer granuliert, Hinterkopf auf fein runzligem Grunde mit 2 Schrägkielen und 2 kleineren neben dem Auge, Clipeus ausgerandet, jederseits stumpfwinklig. Skulptur des Halsschildes und der Flügeldecken wie bei der vorigen Art. 1. Glied der Hintertarsen reichlich so lang wie die 3 folgenden Glieder, bei *R. germanus* L. kaum so lang. Während *R. tarsalis* C. O. Waterh. schlank, nach hinten kaum erweitert ist, ändert *R. germanus* sehr in der Körperform ab, dieser ist entweder parallelseitig oder nach hinten deutlich breiter, die ostafrikanischen sind gedrungener, breiter als die europäischen Exemplare. — L. 2,8—3,5 mm.

Insel Rodriguez, Madagaskar, Neu-Kaledonien, Indien.

3. **R. malasiacus** Lansb 1886 *R. m.*, Lansberge in: Not. Leyden Mus., *v.* 8 p. 133 | 1901 *R. m.*, Clouët in: Mém. Soc. ent. Belgique, *v.* 8 p. 63, 87.

Länglich, kräftig, konvex, schwarz. Kopf stark gekörnt, die Körnelung hinten scharf begrenzt, Hinterkopf fein granuliert, mit 2 deutlichen Schrägkielen und 2 kleinen Erhöhungen neben den Augen, Clipeus ausgerandet, jederseits etwas spitzwinklig. Die Quererhöhungen des Halsschildes etwas breiter als die quergerunzelten Querfurchen, die erste derselben ist flach und granuliert, die folgenden glatt, die 4. und 5. sind durch die Längsfurche unterbrochen, die hintern Querfurchen sind zum Teil punktiert, die Seitenränder sind bewimpert. Schulterdorn schwach, Streifen der Flügeldecken fein und tief, die mediale Seite der dachförmig gewölbten Zwischenräume ist in gleichen Abständen quer eingedrückt, es entstehen dadurch 2 Reihen länglicher Kiele, eine Reihe neben dem Rande, die andere an der obern Wölbung. Metasternalplatte glatt. Abdomen mit einer Zickzacklinie in der Mitte jedes Segments. — L. 2,8—3,5 mm.

Sardang, Malakka, Bengalen, Java, Sumatra.

4. **R. birmensis** Clouët 1901 *R. b.*, Clouët in: Mém. Soc. ent. Belgique, *v.* 8 p. 61, 79.

Wenig konvex, länglich, schwarzbraun. Kopf nicht sehr gedrängt, nach hinten nicht dichter granuliert, am Hinterkopfe viel feiner, mit 2 schräggestellten, fast glatten Kielen und 2 kleinen Erhöhungen neben den Augen, Clipeus neben der Ausrandung jederseits stumpf. Thoraxseiten fein granuliert, ebenso der vordere, flache Querwulst, der durch eine vertiefte Linie geteilt ist, der 2. und 4. sind schmal und fast glatt, der letzte ist in

Tuberkel aufgelöst, Querwülste und Längsfurche sind runzlig, die Bewimperung der Seiten besteht aus keulenförmigen Borsten. Schulterdorn klein, die Streifen der Flügeldecken sind fein und glänzend, ihre Punkte durchdringen die Seitenränder der gekielten Zwischenräume und teilen sie in Längskiele, die Kante der Kiele ist fast glatt, nur sehr leicht gekerbt. Metasternum, Schenkel und Abdomen mit kurzbeborsteten Punkten, bei dem letzteren stehen die Borsten in einer Querreihe. — L. 2,9 mm.

Birma.

5. **R. californicus** Horn 1871 *R. c.*, G Horn in: Tr. Amer ent. Soc., *v.* 3 p. 290 | 1887 *R. c.*, G. Horn l. c., *v.* 14 p. 89 | 1901 *R. c.*, Clouët in: Mém. Soc. ent. Belgique, *v.* 8 p. 60, 72.

Schwarzbraun, länglich, hinten sehr schwach verbreitert, wenig glänzend. Kopf fein, hinten noch feiner granuliert, fast glatt, die Schrägkiele sind kaum angedeutet, der rötliche Clipeus ausgerandet und jederseits stumpfwinklig. Thorax fein granuliert, auch auf den Querwülsten, diese sehr schwach erhaben, besonders die beiden ersten, die Furche zwischen ihnen kaum angedeutet, die folgenden Querfurchen sind mehr vertieft und schmaler als die Wülste, die beiden letzten von diesen sind durch eine Längsfurche unterbrochen, Seiten mit gleichstarken Borsten bewimpert. Schulterdorn klein, Zwischenräume auf dem Rücken fast flach, an den Seiten und vor der Spitze gekielt, die Streifenpunkte dringen tief in den medialen, leistenförmig erhöhten Rand der Zwischenräume ein, ihn in kleine, längliche Kiele oder Tuberkel zerlegend, diese Tuberkelreihe ist schwächer als die laterale, deren Tuberkel länglichrund sind. Metasternum höchstens mit einigen Punkten. Hinter- und Mittelschenkel fast glatt. Abdomen mit Zickzacklinie. Oberer Enddorn der Hintertibien so lang wie 1. Tarsenglied, dieses fast so lang wie die 3 folgenden Glieder. — L. 3—4 mm.

Kalifornien, Arizona, Georgia, Florida.

6. **R. scaber** Hald. 1848 *R. s.*, S. S. Haldeman in: J. Ac. Philad., ser. 2 *v.* 1 p. 107 | 1887 *R. s.*, G. Horn in: Tr. Amer. ent. Soc., *v.* 14 p. 88.

Breiter und mehr konvex wie vorige Art, schwarzbraun, wenig glänzend. Kopf fein, hinten noch feiner gekörnt, hier mit deutlichen, fast glatten Schrägkielen, Clipeus eingeschnitten, jederseits scharfwinklig. Thorax fein gekörnt, auch die schmalen Querwülste, mit Ausnahme des 2. und 3., diese mehr glatt und wie die andern deutlich erhaben, Basis und Seiten sind bewimpert. Flügeldecken hinten breiter, der Schulterdorn ist spitz, die Streifen sind tief, ihre Punkte kerben undeutlich die mediale Kante der Zwischenräume und sie infolgedessen nicht in Längskiele teilend, an der lateralen Seite liegt eine Reihe glänzender, etwas entfernt stehender, länglichrunder Tuberkel. Alles übrige wie bei voriger Art. — L. 3,5—4 mm.

Mittelstaaten, östliches Küstengebiet der Vereinigten Staaten.

7. **R. exaratus** Mars.

Diese Art zerfällt in 2 Unterarten:

7a. **R. exaratus exaratus** Mars. 1878 *R. e.*, Marseul in: Abeille, ser. 2 *v.* 16 nr. 14, 15, Nouv. & Faits p. 57 | 1901 *R. e.*, Clouët in: Mém. Soc. ent. Belgique, *v.* 8 p. 64, 100.

Länglich, konvex, schwarz, Kopfrand rötlich. Kopf mäßig stark gekörnt, die Körnelung hinten nicht scharf begrenzt, Hinterkopf fein runzlig, mit glatten Schrägkielen, Clipeus jederseits stumpf. Querwülste des Halsschildes mit Ausnahme der vorderen und hintersten größtenteils glatt, der vordere ist runzlig wie die Querfurchen, die Längsfurche ist mehr punktiert, der hintere Querwulst ist in Tuberkeln aufgelöst, die Seiten sind kurz wie der Hinterrand bewimpert. Die Basis der Flügeldecken ist viel breiter als die des Halsschildes, der Schulterdorn ist klein, die Streifenpunkte durchdringen den medialen Rand der Zwischenräume, der Kiel derselben ist glatt. Hinterschenkel schlank und fast glatt. Die Zickzacklinie längs der Mitte der Segmente nicht unterbrochen. Metatarsus fast länger als 3 Glieder. — L. 3—4 mm.

Ägypten, Obock, Djibouti.

7b. **R. exaratus asperocostatus** Fairm. 1892 *R. a.*, L. Fairmaire in: Rev. Ent. Franç., *v.* 11 p. 94 | 1901 *R. exaratus* var. *a.*, Clouët in: Mém. Soc. ent. Belgique, *v.* 8 p. 60, 101 | 1903 *R. sequensi*, Reitter in: Wien. ent. Zeit., *v.* 22 p. 176.

Die Kante der Kiele ist in längliche Tuberkeln aufgelöst.

Obock, Kairo.

8. **R. mayeti** Clouët 1901 *R. m.*, Clouët in: Mém. Soc. ent. Belgique, *v.* 8 p. 66, 110.

Wenig konvex, länglich, etwas glänzend, schwarz, Vorderkopf und Vorderwinkel des Halsschildes rötlich, Kopf groß, nicht dicht granuliert, Hinterkopf feiner, mit Schrägkielen und 2 kleinen Erhöhungen neben den Augen, Clipeus ausgerandet, jederseits mit zahnartigem Winkel. Thorax an den Seiten und der Basis bewimpert, mit sehr schmalen, glatten Querwülsten, der vordere derselben ist feiner, der hinterste stärker granuliert, die Querfurchen sind fein querrunzlig. Flügeldecken mit deutlichem Schulterdorn und feinen Streifen, die dachförmigen Zwischenräume zeigen medial eine Reihe kleiner, lateral eine Reihe größerer, länglicher Tuberkeln. Mittel- und Hinterschenkel in der äußern Hälfte mit einigen Haarpunkten. Die Zickzacklinie des Abdomen in der Mitte nicht unterbrochen. 1. Glied der Hintertarsen so lang wie die 3 folgenden. — L. 3—3,8 mm.

Ägypten bis Mozambique.

9. **R. parallelicollis** Clouët 1901 *R. p.*, Clouët in: Mém. Soc. ent. Belgique, *v.* 8 p. 65, 101.

Länglich-oval, konvex, schwarz. Kopf vorn rötlich, ausgerandet, jederseits spitzwinklig, oberseits stark granuliert, Skulptur des Hinterkopfes wie bei voriger Art. Thorax in leichtem Bogen von den Vorderwinkeln bis zur Basis verlaufend, nicht bogig in der Basalhälfte verschmälert wie bei *R. exaratus* Mars., an den Seiten mit keulenförmigen Borsten bewimpert, die Querwülste sind sehr schmal und leicht tuberkulös, sie werden durch breite, gerunzelte Furchen getrennt. Die Streifen der Flügeldecken sind stark, ihre Zwischenräume nicht mit deutlichen Tuberkeln besetzt, sondern mehr in Längs- und Querrunzeln aufgelöst, der Schulterdorn ist klein. Metasternalplatte runzlig. Abdomen mit ganzer Zickzacklinie. — L. 3,3 mm (ex Clouët).

Natal.

10. **R. sculptilipennis** nom. nov. Ad. Schm. 1901 *R. reitteri* (non D. Koshantschikow 1894), Clouët in: Mém. Soc. ent. Belgique, *v.* 8 p. 64, 96

Länglich, konvex, schwarz, Kopfrand und Vorderwinkel des Halsschildes rötlich. Kopf groß, zerstreut gekörnt, neben dem Vorderrande glatt, Hinterkopf fein granuliert, mit 2 deutlichen Schrägkielen und einem oder 2 kleinen

Tuberkeln neben den Augen, Clipeus jederseits stumpfwinklig. Der 1. Querwulst neben dem Vorderrande des Halsschildes flach und granuliert, durch eine vertiefte Längslinie geteilt, die andern Wülste schmaler als die fein gekörnten Furchen und zum Teil granuliert, die Seiten sind mit kurzen Borsten bewimpert. Flügeldecken stark gestreift, ihre Streifenpunkte dringen in die kielartig gewölbten Zwischenräume ein, die Kante der Kiele ist in längliche Tuberkeln geteilt, Schulterdorn schwach. Schenkel mit einigen Reihen Haarpunkte. Metasternalplatte glatt oder leicht rauh. — L. 2,7—3 mm (ex Clouët).

Kongo, Madagaskar, Java.

11. **R. verrucosus** Muls. 1842 *R. v.*, E. Mulsant, Hist. nat. Col France, Lamell. p. 316 | 1892 *R. v.*, Reitter in: Verh Ver. Brünn, *v.* 30 p. 165 | 1901 *R. v.*, Clouët in: Mém. Soc. ent. Belgique, *v.* 8 p. 65, 106.

Durch die rauhe Skulptur des Halsschildes ausgezeichnet. Gestalt und Färbung der vorigen Art. Kopf nicht groß und dicht, am Hinterkopf viel feiner granuliert und hier mit den gewöhnlichen Schrägkielen und Tuberkeln neben den Augen, Clipeus breit ausgerandet, jederseits scharf zahnartig. Thorax auf der ganzen Oberfläche fein gekörnt, auch auf dem vorderen Querwulst, die andern Wülste sind gewöhnlich in größere Tuberkeln aufgelöst, die Seiten sind mit schwach gekeulten Borsten bewimpert. Flügeldecken fein gestreift, Zwischenräume dachförmig, mit 2 Reihen glänzender, länglichrunder Tuberkeln, die laterale Reihe ist kräftiger, Schulterdorn kurz. Metasternalplatte sehr fein und vereinzelt punktiert. Hinterschenkel schlank, fast schmaler als die mittleren. Zickzacklinie auf den Segmenten in der Mitte unterbrochen. — L. 2,7—3,2 mm.

Südfrankreich, Cannes, Nizza, Sizilien.

12. **R. interruptus** Reitt. 1892 *R. i.*, Reitter in: Verh. Ver Brünn, *v.* 30 p. 165 | 1894 *R. reitteri*, D. Koshantschikow in: Horae Soc. ent. Ross., *v.* 28 p. 117 | 1901 *R. interruptus*, Clouët in: Mém. Soc. ent. Belgique, *v.* 8 p. 62, 83.

Die Skulptur des Halsschildes zeichnet diese Art aus. Schwarz, länglich, gewölbt, mäßig glänzend. Kopf fein granuliert, seitlich und nach hinten in noch feinere Körnelung übergehend, hier mit Schrägkielen und kleinen Erhöhungen neben den Augen, Clipeus rötlich, nicht sehr tief ausgerandet und jederseits stumpfwinklig. Thorax an den Rändern bewimpert und auf der ganzen Fläche granuliert, der vordere Querwulst flach, fein gekörnt, die folgenden mehr erhaben, schmaler als die Furchen und mehr oder weniger in Tuberkeln aufgelöst, alle Querwülste mit Ausnahme des vorderen in der Mitte unterbrochen. Flügeldecken mit kurzem Schulterdorn und feinen, tiefen Streifen, die schwach erhabenen Zwischenräume tragen 2 Tuberkelreihen, die Tuberkeln der lateralen Reihe sind kräftiger. Metasternalplatte an den Rändern undeutlich punktiert. Abdomen mit deutlicher Zickzacklinie. — L. 4 mm.

Ordubad.

13. **R. granosus** (Klug & Er.) 1842 *Oxyomus g.*, Klug & Erichson, Doubl. Verz. Senegal. Ins., p. 7 | 1859 *O. g.*, Klug & Erichson in: C. A. Dohrn in: Ent. Zeit. Stettin, *v.* 20 p. 84 (Abdruck) | 1867 *Rhyssemus rugatus*, Wollaston, Col. Hesperid., p. 92 | 1901 *R. granosus*, Clouët in: Mém. Soc. ent. Belgique, *v.* 8 p. 65, 103 | 1910 *R. g.*, Ad. Schmidt in: Gen. Ins., fasc. 110 p. 126 t. 3 f. 44 (Gesamtbild).

Länglich, nach hinten leicht verbreitert, konvex, schwarz. Die Körnelung des Kopfes groß und zerstreut, Hinterkopf fein granuliert, mit einem Schrägkiel jederseits und 2 kleinen Erhebungen neben den Augen, Clipeus jederseits stumpf. Thorax vorn parallelseitig, hinten ausgerandet verengt, die Seiten bilden hier mit der Basis eine kleine Ecke, Vorderwinkel hervorgezogen und gerade, die Querwülste sind ungefähr so breit wie die Furchen, der vordere ist flach, fein granuliert, die folgenden sind mehr erhöht, der 2. und 3. ist fast glatt, die beiden folgenden, durch Längsfurche unterbrochenen, sind tuberkulös, die Furchen sind im Grunde runzlig. Schulterdorn klein, die Streifen der Flügeldecken fein und tief, ihre Zwischenräume wenig erhaben, mit 2 Reihen länglicher Tuberkeln besetzt. Metasternum glatt. Abdomen mit Zickzacklinie. — L. 3—3,5 mm.

Abessinien, Kapverdische Inseln, Senegal, Indien.

14. **R. gestroi** Clouët 1901 *R. g.*, Clouët in: Mém. Soc. ent. Belgique, *v.* 8 p. 65, 105.

Schwarz, schmaler und weniger gewölbt als vorige Art, Clipeus am Vorderrande wie gewöhnlich rötlich. Kopf groß, nicht dicht gekörnt, am Hinterkopf fein runzlig, mit einem glatten Querkiel jederseits und einigen kleinen Erhöhungen neben dem Auge, Clipeus jederseits scharf stumpfwinklig. Thorax nach vorn deutlich verschmälert, Vorderwinkel rundlich, dem Kopf anliegend, bei der vorigen Art parallel und mit den geraden, etwas hervorgezogenen Vorderwinkeln abstehend, die Querfurchen sind querrunzlig, der vordere Querwulst flach und granuliert, die folgenden etwas schmaler und glatt bis auf die 2 letzten, aber fast breiter als die Furchen, der 4. und 5. sind durch Längsfurche unterbrochen, die Seiten, die ausgerandeten Hinterwinkel und Basis bewimpert wie auch bei der vorigen Art. Schulterdorn kräftig, Zwischenräume der Flügeldecken mehr erhaben, aber ihre Skulptur und die der Unterseite wie bei *R. granosus* Klug. — L. 3—3,5 mm.

Nubien.

15. **R. granulosocostatus** Clouët 1901 *R. g.*, Clouët in: Mém. Soc. ent. Belgique, *v.* 8 p. 66, 108.

Schwarzbraun, Kopf vorn und Vorderwinkel des Halsschildes rötlich, länglich, parallelseitig, auf dem Rücken wenig konvex. Kopf zerstreut und groß granuliert, vorn fast glatt, Hinterkopf fein runzlig, mit Schrägkielen, Clipeus jederseits stumpfwinklig, dazwischen breit und flach ausgerandet. Die Querwülste des Halsschildes schmal und tuberkulös, Querfurchen runzlig, Seiten und Basis bewimpert, Hinterwinkel abgerundet. Flügeldecken mit sehr kurzem Schulterdorn und tiefen, glänzenden Streifen, die dachförmigen Zwischenräume mit 2 Reihen gedrängter Tuberkeln. Metasternalplatte runzlig. Abdomen mit Zickzacklinie. — L. 3 mm (ex Clouët).

Madagaskar.

16. **R. fairmairei** Clouët 1901 *R. f.*, Clouët in: Mém. Soc. ent. Belgique, *v.* 8 p. 66, 111.

Schwarz, wenig glänzend, Clipeus und Vorderwinkel des Halsschildes heller, nach hinten wenig verbreitert. Kopf auf rauhem Untergrunde stark gekörnt, Hinterkopf feiner gerunzelt, mit Schrägkielen, Clipeus jederseits stumpf. Die Querwülste des Halsschildes schmal und zum größten Teile glatt, nur der vordere immer granuliert wie die breiten Querfurchen, Seiten mit sehr kurzen, keulenförmigen Borsten bewimpert. Streifen der Flügeldecken fein, Zwischenräume auf dem Rücken sehr schwach dachförmig gewölbt, mit 2 Reihen Tuberkeln, die laterale Reihe derselben ist viel stärker, Schulterdorn sehr klein. Metasternalplatte runzlig punktiert. Mittel- und die etwas schmaleren Hinterschenkel mit gereihten Haarpunkten besetzt. Die Zickzacklinie des Abdomen in der Mitte erloschen. — L. 3,5 mm (ex Clouët).

Diégo Suarez.

17. **R. algiricus** Luc.

Diese Art zerfällt in 2 Unterarten:

17a. **R. algiricus algiricus** H. Luc. 1846 *R. a.*, H. Lucas in: Expl. Algérie, *v.* 2 p. 266 t. 24 f. 3 (Gesamtbild) | 1863 *R. marqueti*, Reiche in: Grenier, Cat. Col. France, p. 76 | 1870 *R. m.*, E. Mulsant in: Ann. Soc. Agric. Lyon, ser. 4 *v.* 2 p. 622 | 1890 *R. meridionalis*, Reitter in: D. ent. Z., p. 391 | 1892 *R. algiricus*, Reitter in: Verh. Ver. Brünn, *v.* 30 p. 166 | 1901 *R. a.*, Clouët in: Mém. Soc. ent. Belgique, *v.* 8 p. 63, 89, 120 | 1910 *R. a.*, Ad. Schmidt in: Gen. Ins., fasc. 110 p. 124 t. 3 f. 43 (Gesamtbild).

Von breiter, konvexer Gestalt, schwarz, wenig glänzend. Kopf fein granuliert, in der Mitte fast glatt, hinten fein runzlig punktiert, mit sehr flachen Querkielen, Clipeus jederseits neben der Ausrandung stumpfwinklig. Thoraxseiten längsrunzlig, Querfurchen deutlich punktiert, ihre Punkte greifen den Vorderrand der breiten, flachen und fast glatten Querwülste an, Seiten, Hinterwinkel und Basis bewimpert. Flügeldecken mit spitzem Schulterdorn und deutlichen Streifen, die Streifenpunkte durchdringen die mediale Seite der Zwischenräume, diese sind flach oder etwas, an der Spitze aber stärker erhaben und fast glatt. Metasternalplatte entweder nur in der Vorderhälfte oder ganz punktiert, selten ganz glatt. Abdomen mit Zickzacklinie. — L. 3,5—4,7 mm.

Durch den einfach punktierten Thorax und die fast glatten Zwischenräume ausgezeichnet.

Belgien, Südfrankreich, Spanien, Griechenland, Marokko, Algier, Kaukasus.

17b. **R. algiricus caucasicus** Clouët 1901 *R. a.* var *c.*, Clouët in: Mém. Soc. ent. Belgique, *v.* 8 p. 91.

Unterscheidet sich von der typischen Form durch schmalere, mehr parallele, weniger konvexe Gestalt, durch den mehr spitzwinkligen Clipeus, durch dichter punktierte Streifen der Flügeldecken (ex Clouët).

Kaukasus.

18. **R. sonatus** L. Lec. 1881 *R. s.*, L. Le Conte in: Tr. Kansas Ac., p. 77 | 1887 *R. s.*, G. Horn in: Tr. Amer. ent. Soc., *v.* 14 p. 89.

Länglich, mäßig konvex, schwarzbraun, Flügeldecken gewöhnlich braun, matt. Kopf dicht, fast gleichmäßig granuliert, Clipeus jederseits der Ausrandung stumpfwinklig. Thorax dicht granuliert, mit 4 undeutlichen Querwülsten, die in Tuberkeln aufgelöst sind und deren 3 letzte in der Mitte unterbrochen sind. Flügeldecken so breit wie der Thorax, mit kleinem Schulterdorn und feinen, undeutlichen Streifen, die Zwischenräume haben 2 Reihen länglicher Tuberkeln. Metasternalplatte an den Seiten rauh. Abdomen glatt, ohne deutliche Zickzacklinie. — L. 3—3,5 mm (ex G. Horn).

Chicago, Kansas, Colorado, Montana.

19. **R. goudoti** Har. 1868 *R. g.*, Harold in: Col. Hefte, *v.* 4 p. 85 | 1892 *R. g.*, Reitter in: Verh. Ver. Brünn, *v.* 30 p. 166 | 1901 *R. g.*, Clouët in: Mém. Soc. ent. Belgique, *v.* 8 p. 59, 66.

Schwarzbraun, Flügeldecken dunkel rotbraun, wenig glänzend, nach hinten nicht oder schwach verbreitert, deutlich konvex. Kopf auf der ganzen Oberseite gleichmäßig fein und dicht granuliert, am Hinterkopf nur mit schwacher Spur eines Querkiels jederseits, Clipeus breit, aber schwach ausgerandet, jederseits kurz und stumpf abgerundet. Thorax an den Seiten und der Basis bewimpert, die Seitenbeule und die beiden ersten Querwülste fein granuliert, der 3. und 4. sind schmal und fast glatt, der letzte ist mehr tuberkulös, die beiden letzten in der Mitte unterbrochen, die Querfurchen sind runzlig punktiert, die 3. ist seitlich stark vertieft. Schulterdorn deutlich, ebenso die Streifen der Flügeldecken, die Zwischenräume sind dachförmig gewölbt, ihre mediale Kante wird durch Quereindrücke in undeutliche Längskiele geteilt, die obere Kante ist fast glatt, nur fein gekerbt. Metasternum ist ziemlich dicht, Abdomen sehr dicht, aber fein punktiert. — L. 3—3,7 mm.

Madagaskar, Ägypten, Obock.

20. **R. haroldi** Clouët 1901 *R. h.*, Clouët in: Mém Soc. ent. Belgique, *v.* 8 p. 59, 68.

Länglich, schwarz, glänzend. Kopf fein und sehr dicht granuliert, Hinterkopf mit mehr oder weniger deutlichen Schrägkielen. Thorax an den Rändern bewimpert, in den Furchen granuliert, die 3. ist seitlich stärker vertieft, die Querwülste sind zum größten Teile glatt, nur der 1. ist wie gewöhnlich granuliert. Schulterdorn klein, Streifen der Flügeldecken stark, mit genäherten Punkten, der mediale Rand der dachförmig gewölbten Zwischenräume ist in kleine Kiele zerlegt, die obere Kante ist fast glatt. Metasternalplatte nur seitlich, Abdomen dicht punktiert. — L. 3,2 mm (ex Clouët).

Diégo Suarez.

Nach Clouët unterscheiden sich *R. goudoti* und *R. haroldi* in der Färbung, Skulptur der Querfurchen des Halsschildes und in der Form der Tibien. Was nun die Form der Tibien anbetrifft, möchte ich nicht behaupten, daß diese bei *R. goudoti* gebogen sind, die Skulptur der Querfurchen ist bei verschiedenen Exemplaren derselben Art nicht konstant, so bleibt also zur Differenzierung beider Arten nur noch die Färbung übrig. Ich glaube deshalb nicht, daß *R. haroldi* als eigene Art gelten kann.

21. **R. ritsemae** Clouët 1901 *R. r.* + *R. r.* var. *indica*, Clouët in: Mém. Soc. ent. Belgique, *v.* 8 p. 61, 81; 82.

Wenig konvex, besonders die Flügeldecken, länglich, hinten leicht erweitert, schwarz, wenig glänzend. Kopf etwas fein und nicht dicht gekörnt, Hinterkopf fein runzlig punktiert, mit 2 kleinen, glatten Schrägkielen und kleinen Erhöhungen neben den Augen, Clipeus jederseits mehr oder weniger scharfwinklig. Thorax in $^2/_3$ der Vorderlänge geradseitig und parallel, der Seitenrand ist nicht gekerbt und ohne Bewimperung, diese fehlt aber nicht an der Basis, die Seitenbeule ist fein gekörnt, die Querfurchen fein runzlig, die Querwülste sind ohne den ersten glatt, ungefähr so breit wie die Furchen. Schultern mit sehr schwachem Dorn, Zwischenräume der Flügeldecken scharf gekielt, die Kante der Kiele ist glatt, ihre mediale Seite in gleichen Abständen mehr oder weniger tief eingedrückt. — L. 2,2—3 mm.

Westafrika, Ostindien.

22. **R. inermis** Clouët 1901 *R. i.*, Clouët in: Mém Soc. ent. Belgique, *v.* 8 p. 98.

Schmal und länglich, konvex, leicht nach hinten verbreitert, ganz rotbraun. Kopf groß, aber wenig dicht gekörnt, Hinterkopf fein granuliert, mit einem feingekörnten Querkiel, der in der Mitte unterbrochen ist, Clipeus jederseits stumpfwinklig. Der vordere Querwulst des Halsschildes ist granuliert und durch eine vertiefte Linie geteilt, die folgenden 4 Wülste sind ungefähr von der Breite der Furchen und fast glatt, mit Ausnahme des letzten, die Furchen sind fein granuliert, die Seiten mit gekeulten Borsten bewimpert. Flügeldecken mit kleinem Schulterdorn und tiefen Streifen, Zwischenräume dachförmig, mit 2 Reihen kleiner Längskiele, die mediale liegt neben den Streifen, die laterale auf der Kante, sie ist dem lateralen Rande mehr genähert. Metasternalplatte mit einigen flachen Erhöhungen. Schenkel vereinzelt groß punktiert. Abdomen mit Zickzacklinie. — L. 2,7 mm (ex Clouët).

Madagaskar.

23. **R. vaulogeri** Clouët 1901 *R. v.*, Clouët in: Mém. Soc. ent. Belgique, *v.* 8 p. 62, 84.

Von breiterer, nach hinten erweiterter Gestalt und rotbrauner Färbung. Kopf vorn größer, hinten fein granuliert, jederseits mit starken Schrägkielen, Clipeus jederseits stumpf. Thorax an den Rändern bewimpert, in den Furchen punktiert, diese Punkte dringen zum Teil in den Vorderrand der schwach erhabenen, nicht ganz glatten Querwülste ein. Schulterdorn groß, die dachförmig gewölbten Zwischenräume mit 2 Reihen länglicher Kiele. Metasternalplatte einfach oder rauh punktiert. Abdomen mit Zickzacklinie. — L. 2,5 bis 4 mm (ex Clouët).

Tunis, Algier.

24. **R. feae** Clouët 1901 *R. f.*, Clouët in: Mém. Soc. ent. Belgique, *v.* 8 p. 63, 91.

Gestalt der vorigen Art, rötlich gefärbt, Scheibe des Kopfes und Halsschildes dunkler. Kopf breit, fein gekörnt, nach dem Scheitel zu größer und deutlich begrenzt, der fein und regelmäßig granulierte Hinterkopf mit großem Schrägkiel jederseits und einer kleinen Erhöhung neben dem Auge, Clipeus jederseits stumpf. Thorax kurz bewimpert, die Querwülste schmal, zwischen dem 2. und 3. befinden sich nach Clouët 2 Querfurchen, die vordere ist schmal, die hintere breit und nach den Seiten vertieft, die Furchen sind granuliert und punktiert. Flügeldecken mit schwachem Schulterdorn und feinen Streifen, die stumpf gewölbten Zwischenräume mit 2 Reihen Längskiele. Metasternalplatte glatt. Zickzacklinie des Abdomen in der Mitte fast erloschen. — L. 3 mm (ex Clouët).

Birma.

25. **R. coluber** Mayet 1887 *R. c.*, Mayet in: Bull. Soc. ent. France, ser. 6 *v.* 7 p. 89 | 1892 *R. laesifrons*, L. Fairmaire in: Rev. Ent. Franç., *v.* 11 p. 94 | 1894 *R. caesoides*, Reitter in: Ent. Nachr., *v.* 20 p. 184 | 1901 *R. coluber*, Clouët in: Mém. Soc. ent. Belgique, *v.* 8 p. 60, 70.

Rotbraun, Kopf und Thoraxscheibe dunkler, sehr schmal, fast parallel. Kopf mit flachen Körnchen besetzt, Scheitel unregelmäßig punktiert, mit kleinem Schrägkiel jederseits, Clipeus scharfwinklig. Thorax mit glatten, höchstens fein punktierten Querwülsten (auch der vordere derselben), sie sind breiter als die runzligen Querfurchen, die Seiten und Basis sind bewimpert. Schulterdorn fehlt. Die Streifen der Flügeldecken sehr fein, die Zwischenräume konvex, an der Spitze mehr erhaben, fast glatt, nur neben den Streifen mit einer Reihe kleiner Kiele. Abdomen mit Zickzacklinie. — L. 2,8—3,5 mm (ex Clouët).

Tunis, Algier, Obock, Arabien.

26. **R. rothschildi** Bénard 1909 *R. r.*, Bénard in: Bull. Mus. Paris, *v.* 15 p. 106 tf.

Rotbraun, Thoraxscheibe und Kopf etwas dunkler, wenig glänzend, durch die Skulptur des Kopfes von allen Arten ausgezeichnet. Kopf an den Seiten mit einzelnen, flachen Körnchen, in der Mitte mit einer breiten, stumpfkielig begrenzten Furche, die von der Scheitelbeule bis an den Vorderrand reicht, der Hinterkopf ist fein granuliert, jederseits mit einem Schrägkiel und rundlicher Erhöhung neben dem Auge, Clipeus neben der Ausrandung scharfwinklig. Thoraxränder bewimpert, an den Seiten dichter, in den Querfurchen, von denen die 3. mehr vertieft ist, vereinzelter fein granuliert, die Querwülste sind breit, flach und glatt, mit Ausnahme des vorderen, der fein gekörnt und am Hinterrande hoch begrenzt ist, die beiden letzten werden durch die Längsfurche unterbrochen. Flügeldecken mit kleinem Schulterdorn und feinen Streifen, die Zwischenräume sind stumpf dachförmig gewölbt, an der medialen Seite durch Quereindrücke uneben, die obere Kante ist glatt. Abdomen mit feiner, in der Mitte fast erloschener Zickzacklinie. — L. 3,5 bis 4 mm.

Britisch-Ostafrika.

27. **R. rubeolus** Har. 1871 *R. r.*, Harold in: Col. Hefte, *v.* 8 p. 25 | 1901 *R. r.*, Clouët in: Mém. Soc. ent. Belgique, *v.* 8 p. 64, 93.

Einfarbig rotbraun, wenig glänzend, stark konvex, länglich, nach hinten kaum verbreitert. Kopf mit großer, etwas zerstreuter, hinten deutlich begrenzter Körnelung, Schrägkiele des Hinterkopfes kräftig, Clipeus deutlich ausgerandet und jederseits scharfwinklig. Thorax seitlich mit keulenförmigen Borsten besetzt, die Seiten und der 1. Querwulst sind deutlich, der 2. mehr erloschen granuliert, die 3 folgenden sind fast glatt, die fein gerunzelten Furchen sind schmal, die 3. ist mehr vertieft. Flügeldecken mit sehr kleinem Schulterdorn und feinen Streifen, die Zwischenräume stumpf gewölbt und fast glatt, nur an der medialen Seite mit kurzen Quereindrücken. Mittel- und Hinterschenkel etwas verdickt. Abdomen mit Zickzacklinie. — L. 3,5 bis 4 mm.

Bogos, Nubien.

28. **R. bedeli** Clouët 1901 *R. b.*, Clouët in: Mém. Soc. ent. Belgique, *v.* 8 p. 64, 94.

Von etwas robuster, mehr nach hinten verbreiterter Gestalt, rotbraun, wenig glänzend. Kopf groß granuliert, die Körnelung hinten scharf begrenzt, Hinterkopf fast glatt, mit 2 kleinen Schrägkielen und einigen Erhöhungen neben den Augen, Clipeus jederseits stumpfwinklig. Thorax bewimpert, mit schmalen, runzligen Furchen, sie sind schmaler als die granulierten Querwülste. Flügeldecken mit kleinem Schulterdorn, ihre dachförmig gewölbten Zwischenräume mit 2 Reihen kleiner Kiele, die eine davon neben den Streifen, die andere auf der Kante, beide aber auf dem Rücken weniger deutlich als an den Seiten und an der Spitze. Schenkel und Abdomen wie bei der vorigen Art. — L. 3,5—3,8 mm (ex Clouët).

Algier.

29. **R. crispus** nom. nov. Ad. Schm. 1901 *R. caelatus* (non L. LeConte 1881), Péringuey in: Tr. S. Afr. Soc., *v.* 12 p. 445.

Diese Art ist nach Péringuey *R. promontorii* Péring. (nr. [49]) sehr ähnlich, aber etwas schlanker. Die Flügeldecken sind mehr gekielt und an ihrer medialen Seite in der ganzen Breite mit Quereindrücken versehen, die obere Kante ist leicht gekerbt. Die Oberseite ist rotbraun, die Querwülste des Halsschildes sehr wenig erhaben. — L. 3,75 mm (ex Péringuey).

Südafrika.

30. **R. maximus** Clouët 1901 *R. m.*, Clouët in: Mém. Soc. ent. Belgique, *v.* 8 p. 60, 74.

Von breiter, sehr konvexer, hinten leicht verbreiterter Gestalt und rotbrauner Färbung. Kopf sehr sparsam gekörnt, Hinterkopf fein granuliert, mit 2 kleinen Schrägkielen, Clipeus neben der Ausrandung stumpf. Die Querwülste des Halsschildes wenig erhaben, unregelmäßig in Tuberkeln aufgelöst, die Furchen sind granuliert, aber in der Hinterhälfte mit großen, flachen Punkten untermischt, der Seitenrand hat nur sehr kurze Wimpern. Flügeldecken mit schwachem Schulterdorn und starken Streifen, die dachförmigen Zwischenräume sind an der medialen Seite neben den Streifen und auf der Kante mit je einer Reihe Längskiele besetzt, die letzte ist aber deutlicher. Metasternalplatte zerstreut punktiert Abdomen mit Zickzacklinie. — L. 4,5 mm (ex Clouët).

Kapkolonie.

31. **R. capensis** Clouët 1901 *R. c.*, Clouët in: Mém. Soc. ent. Belgique, *v.* 8 p. 61, 75.

Von kurzer, breiter Gestalt, konvex, schwarz, fast matt. Kopf nicht dicht gekörnt, die Körnelung ist in der Mitte abgeplattet, am Hinterkopf viel feiner und hier mit 2 Schrägkielen und kleiner Erhöhung neben dem Auge, Clipeus neben der flachen Ausrandung jederseits abgerundet. Thorax an den Rändern kurz bewimpert, der 1. Querwulst ist granuliert und flach, der 2. etwas erhabener und mehr glatt, der 3. ist sehr schmal, deutlich erhöht, stark gegen die Basis gebogen und fein granuliert, die beiden folgenden sind in Tuberkeln aufgelöst, die 3. Querfurche ist seitlich stark vertieft und wie die übrigen runzlig punktiert. Flügeldecken mit 2 Reihen rundlicher Tuberkeln, die innere ist etwas feiner und undeutlicher. Metasternalplatte vorn schwach granuliert. Abdomen mit Zickzacklinie. — L. 3,5—4 mm.

Kap.

32. **R. bicolor** Clouët

Diese Art zerfällt in 3 Unterarten:

32a. **R. bicolor bicolor** Clouët 1901 *R. b.*, Clouët in: Mém. Soc. ent. Belgique, *v.* 8 p. 61, 76.

Von länglicher, etwas schmalerer Gestalt als vorige Art, glänzend, Kopf und Thorax schwarz, Flügeldecken rötlichgelb. Kopf deutlich granuliert, längs der Mitte mit schmaler, glatter Furche bis zum Vorderrande, Hinterkopf vereinzelt, sehr fein gekörnt, mit einem Schrägkiel jederseits und zwei kleinen Tuberkeln neben dem Auge, Clipeus jederseits deutlich gerundet. Seitenbeule des Halsschildes vereinzelt granuliert, in den Furchen matt und sehr fein runzlig punktiert, die Querwülste sind fast glatt, nur der 1. ist fein runzlig und der letzte in feine Tuberkeln geteilt, der 3. verläuft parallel dem Vorderrande, ist also nicht nach hinten gebogen, die 3. Querfurche ist vertieft, die Ränder sind bewimpert. Schulterdorn klein, die schwach gekielten Zwischenräume sind mit dichtgestellten Quereindrücken versehen. Metasternalplatte leicht rauh und kurz beborstet wie die Schenkel und das

Abdomen, letzteres mit größeren Punkten in unregelmäßiger Querreihe. Durch die verschieden gefärbte Oberseite auffallend. — L. 2,5—2,7 mm.

Kongo.

32b. **R. bicolor inurbanus** Ad. Schm. 1908 *R. b.* var. *i.*, Ad. Schmidt in: D. ent. Z., suppl. p. 113.

Oberseite einfarbig schwarz.

Kongo.

32c. **R. bicolor keisseri** Bénard 1910 *R. k.*, Bénard in: Bull. Mus. Paris, *v.* 16 p. 266 tf. 1.

Diese Art stimmt in der Skulptur des Kopfes, des Halsschildes und der Unterseite überein, auch die schmale Längsfurche auf dem Vorderkopfe und die großen Punkte des Abdomen fehlen nicht, nur in der Skulptur der Flügeldecken weicht sie etwas von der Stammform ab, deshalb kann sie kaum als selbständige Art gelten und ihr nur der Wert einer Varietät zugesprochen werden.

Oberseite einfarbig schwarz. Flügeldecken deutlich gekielt, der Rand neben den Streifen und die Kante der Kiele ist in deutliche Längskiele aufgelöst, während bei *R. bicolor bicolor* die Flügeldecken nur stumpf gekielt sind und die Kiele glatte Kante und fast glatten Rand neben den Streifen haben. — L. 2—3 mm.

Kulikoro (Niger).

33. **R. atramentarius** Péring 1901 *R. a.*, Peringuey in: Tr. S. Afr. Soc., *v.* 12 p. 443.

Schwarz, wenig glänzend, nach hinten verbreitert, mäßig gewölbt. Kopf wenig dicht und groß gekörnt, Hinterkopf fein granuliert, mit 2 glänzenden Schrägkielen und rundlichen Erhöhungen neben dem Auge, Clipeus jederseits scharfwinklig. Thorax an den Seiten größer, in den Furchen feiner granuliert, die Querwülste sind deutlich erhaben, so breit wie die Furchen und unregelmäßig tuberkulös. Die Flügeldecken haben deutlichen Schulterdorn, ihre Zwischenräume sind dachförmig gewölbt und mit einer Reihe länglicher Kiele auf der obern Kante besetzt, die schmalen Streifen haben eine Reihe kleiner Körner. 1. Glied der Hintertibien etwas kürzer als oberer Enddorn. — L. 3,25—3,75 mm (ex Péringuey).

Kapkolonie, Natal.

34. **R. madagassus** Har. 1879 *R. m.*, Harold in: Col. Hefte, *v.* 16 p. 228 | 1901 *R. m.*, Clouët in: Mém. Soc. ent. Belgique, *v.* 8 p. 56.

Kopf dicht und ziemlich fein granuliert, Clipeus jederseits neben der Ausrandung abgerundet. Thorax dicht und fein punktiert, die Querwülste schmal und glatt, alle in der Mitte unterbrochen. Die abwechselnd höher erhabenen Zwischenräume mit 2 Tuberkelreihen. — L. 3,7 mm (ex Harold).

Madagaskar.

35. **R. polycolpus** Fairm. 1886 *R. p.*, L. Fairmaire in: Ann. Soc. ent. France, ser. 6 *v.* 6 p. 34 | 1901 *R. p.*, Clouët in: Mém. Soc. ent. Belgique, *v.* 8 p. 39, 57.

Länglich, parallel, auf dem Rücken wenig gewölbt, schwarz, nicht vollglänzend. Kopf in der Mitte stark erhaben, vorn fast senkrecht abfallend, dicht gekörnt, Hinterkopf mit schwachem Querkiel, Clipeus ausgerandet, jederseits stumpf. Thoraxseiten kaum gekerbt, mit langen, spitzen Borsten bewimpert, 1. Querwulst wenig erhaben, sparsam granuliert, in der Vorderhälfte fast glatt, der 2. ist gewölbter und mehr oder weniger tuberkulös, der 3. dagegen etwas deutlicher und in seiner Mitte fast unterbrochen, die beiden folgenden, durch Längsfurche unterbrochenen sind tuberkulös, die Querfurchen sind groß gekörnt, die 3. ist breiter und mehr vertieft. Schulterdorn sehr klein, wenig bemerkbar, die Streifen der Flügeldecken sind glänzend, wenig tief und punktiert, die Zwischenräume sind durch Quereindrücke in eine mediale und eine laterale Reihe länglicher Kiele zerlegt, diese sind auf den mehr erhabenen ungeraden Zwischenräumen deutlicher und bilden nach der Spitze zu eine glatte Schneide. Metasternalplatte und Abdomen dicht und fein punktiert, letzteres ohne Zickzacklinie. Hinterschenkel fast schmaler als die mittleren, beide dicht punktiert. — L. 3,25 mm (ex Clouët).

Madagaskar.

36. **R. aurivilliusi** Clouët 1901 *R. a.*, Clouët in: Mém. Soc. ent. Belgique, *v.* 8 p. 39, 55.

Länglich, konvex, nach hinten verbreitert, rotbraun, matt. Kopf groß gekörnt, die Körnelung hinten scharf begrenzt, Hinterkopf mit 2 sehr deutlichen Schrägkielen und einer Erhöhung neben dem Auge, Clipeus stark ausgerandet, jederseits fast gezähnt. Thorax beinahe parallelseitig, die Seiten und Furchen gekörnt, letztere fein und sparsam, die Querwülste sind ohne den vorderen deutlich erhaben und glatt, etwas breiter als die Furchen, aber der 3. ausgenommen, die beiden letzten sind durch die Längsfurche unterbrochen. Schulterdorn sehr stark, aber kurz, Streifenpunkte der Flügeldecken groß, etwas schräg in den medialen Rand der Zwischenräume eindringend, diese sind dachförmig gewölbt, mit glatter, kaum krenelierter Schneide, die ungeraden Zwischenräume sind etwas mehr erhaben, besonders nach den Seiten zu. Mesosternum zwischen den Mittelhüften mit flachem, breitem Kiel. Metasternalplatte und Schenkel dicht punktiert und behaart. Abdomen mit Zickzacklinie und einer Querreihe von Haarpunkten. — L. 3 mm.

Kongo.

37. **R. sulcatus** (Ol.) 1789 *Trox s.*, A. G. Olivier, Ent., Col. *v.* 1 nr 4 p. 11 t. 2 f. 10 (Gesamtbild) | 1870 *Rhyssemus godarti*, E. Mulsant in: Ann. Soc. Agric. Lyon, ser. 4 *v.* 2 p. 625 | 1892 *R. corrugatulus*, Reitter in: Verh. Ver. Brünn, *v.* 30 p. 164 | 1894 *R. costipennis*, Reitter in: Ent. Nachr., *v.* 20 p. 183 | 1901 *R. godarti*, Clouët in: Mém. Soc. ent. Belgique, *v.* 8 p. 38, 41, 120 | 1911 *R. sulcatus*, Bedel in: Bull. Soc. ent. France, p. 379

Von länglicher, etwas breiter und konvexer Gestalt, schwarz, wenig glänzend. Kopf dicht gekörnt, nach vorn und hinten etwas feiner, hier mehr querrunzelig und mit 2 nicht glatten Schrägkielen und kleiner Erhöhung neben dem Auge, Clipeus ausgerandet und jederseits kurz gerundet. Thorax rauh punktiert, die Seitenbeule ist vereinzelt granuliert, die Querwülste sind deutlich erhaben und mehr oder weniger granulös, besonders die hinteren, der 3. ist seitlich nach vorn gebogen und erreicht den 2., die 3. Querfurche ist deutlich tiefer als die anderen, die breite, besonders hinten stark vertiefte Längsfurche reicht bis an die erste Querfurche, die 4 hinteren Querwülste sind also in der Mitte unterbrochen. Der Schulterdorn ist stark, die geraden Zwischenräume sind flach, mit einer Reihe rundlicher, glänzender Tuberkeln besetzt, die ungeraden sind mehr erhaben und gekielt, die Kante der Kiele ist entweder ganz glatt oder fein gekerbt. Abdomen mit Zickzacklinie. — L. 3—3,2 mm.

Frankreich, Marokko, Algier.

38. **R. quinquecostatus** Ad. Schm. 1911 *R. q.*, Ad. Schmidt in: Soc. ent., *v.* 26 p. 15.

Rotbraun, Kopf und Thorax wenig dunkler, länglich, nach hinten leicht verbreitert, wenig konvex, mäßig glänzend. Kopf flach, zerstreut gekörnt, Hinterkopf mit glatter, leicht gebogener Querleiste, Clipeus schwach eingeschnitten, jederseits stumpf abgerundet. Thorax mit 5 scharfen Querwülsten, von denen die 3 letzten durch eine kielförmig begrenzte Längsfurche unterbrochen werden, diese Kiele der Begrenzung stoßen vorn in einem spitzen Winkel zusammen, Seiten und Basis sind unbewimpert. Die ungeraden Zwischenräume sind schmal und scharf gekielt, die geraden breit, flach und glänzend, jederseits durch einen feinen Punktstreifen begrenzt. Mesosternum zwischen den Mittelhüften flach, nicht gekielt, Metasternum stark vertieft und vereinzelt punktiert wie die Schenkel. Abdominalsegmente an den Seiten eingedrückt, ohne deutliche Zickzacklinie längs der Mitte. — L. 2 mm.

Espirito-Santo.

39. **R. plicatus** (Germ.) 1817 *Aphodius p.*, Germar, Reise Dalmat., p. 184 | 1844 *Rhyssemus arenarius*, A. Costa in: Ann. Acc. Aspir., *v.* 2 p. 17 | 1859 *R. sulcigaster*, E. Mulsant in: Opusc. ent., *v.* 9 p. 174 | 1892 *R. plicatus*, Reitter in: Verh. Ver. Brünn, *v.* 30 p. 164 | 1901 *R. p.*, Clouët in: Mém. Soc. ent. Belgique, *v.* 8 p. 38, 44, 120.

Von breiter, robuster Gestalt, stark gewölbt, wenig glänzend, schwarz. Kopf ziemlich fein, nicht dicht granuliert, am Hinterkopf mit 2 schwachen Schrägkielen, Clipeus tief ausgerandet, jederseits mehr oder weniger stumpfwinklig. Thorax in den Querfurchen deutlich, aber nicht sehr dicht punktiert, die Querwülste sind wenig erhaben, der 1. ist punktiert, die folgenden mehr oder weniger glatt, die beiden hintersten durch eine flache Längsfurche in der Mitte unterbrochen. Schulterdorn kräftig, die Flügeldecken punktiertgestreift, die geradzahligen Zwischenräume flach, mit einer Reihe länglicher, entfernt stehender Tuberkeln, die ungeraden sind etwas erhaben und gekielt, die Kante der Kiele ist glatt, die seitlichen Zwischenräume sind fast gleichmäßig erhaben. Abdomen mit Zickzacklinie. — L. 3,5 mm.

Westliche Mittelmeerländer, Frankreich, Algier, Marokko.

Diese Art hat die größte Ähnlichkeit mit *R. sulcatus* Ol., ist aber breiter, stärker gewölbt, hauptsächlich unterscheiden sich beide in der Skulptur des Halsschildes. Dieses ist bei *R. plicatus* deutlich punktiert, die Querwülste sind fast glatt und nur die beiden letzten durch eine sehr flache Längsfurche unterbrochen, bei *R. sulcatus* sind die Querfurchen granuliert, die Querwülste sind sehr tuberkulös und die 4 hintersten durch eine sehr tiefe Längsfurche unterbrochen.

40. **R. sexcostatus** Ad. Schm. 1909 *R. s.*, Ad. Schmidt in: Soc. ent., *v.* 24 p. 61 | 1910 *R. chudeaui*, Bénard in: Bull. Mus. Paris, *v.* 16 p. 268.

Schlank, wenig gewölbt, hinten sehr leicht verbreitert, schwarzbraun, Flügeldecken im Grunde zuweilen rotbraun. Kopf groß und zerstreut gekörnt, die Körnelung ist hinten scharfwinklig begrenzt, Hinterkopf fein und vereinzelt gekörnt, mit 2 Schrägkielen und einer kleinen länglichen Erhöhung neben den Augen, Clipeus ausgerandet, jederseits scharfwinklig. Thorax mit 5 scharf erhabenen, glatten Querwülsten, von denen die 2 hintersten durch einen sehr schmalen Längsstrich unterbrochen sind, die Querfurchen sind fein gekörnt, der Seitenrand ist bewimpert. Schulter mit sehr kleinem Dorn, der 1., 2., 3., 5., 7. und 9. Zwischenraum sind scharf gekielt und glatt, der

4., 6., 8. und 10. sind flach, jederseits mit Punktreihe. Metasternum in der Mitte grubig vertieft, Schenkel vereinzelt punktiert und behaart. Abdomen seitlich mit kaum angedeuteter Zickzacklinie. — L. 2,75 mm.

Dar-es-Salam, Kulikoro (Niger).

41.[1]) **R. carinatipennis** Péring. 1901 *R. c.*, Péringuey in: Tr. S. Afr. Soc., *v.* 12 p. 443 | 1901[1]) *R. severini*, Clouët in: Mém. Soc. ent. Belgique, *v.* 8 p. 37, 40.

Schwarz, sehr wenig glänzend, mäßig gewölbt, von länglicher, hinten leicht verbreiterter Gestalt. Kopf zerstreut, etwas fein gekörnt, auf dem feiner und dichter gekörnten Hinterkopf befinden sich 2 Schrägkiele und eine Erhöhung neben den Augen, Clipeus jederseits scharf zahnartig. Der 1. Querwulst des Halsschildes vorn flach, granuliert, in der Hinterhälfte scharf erhaben wie die 4 folgenden Wülste, der 2. und 3. Querwulst meistens glatt, die beiden letzten, durch die Längsfurche unterbrochenen gewöhnlich auch tuberkulös, die Furchen sind fein granuliert. Schulterdorn klein, die Streifen der Flügeldecken fein, die ungeraden Zwischenräume sind erhaben und bilden glatte Rippen, die geraden sind flach, an der lateralen Seite mit einer Reihe größerer Tuberkeln, die nach der Spitze zu zerstreuter werden und endlich verschwinden, die mediale Seite hat eine Reihe kleiner Tuberkeln. Metasternalplatte vorn und seitlich unregelmäßig uneben. Mittel- und Hinterschenkel schlank, vereinzelt punktiert. Abdomen mit starker Zickzacklinie. — L. 3,5—4 mm.

Südrhodesia, Kongo.

42. **R. blackburnei** Clouët 1901 *R. b.*, Clouët in: Mém. Soc. ent. Belgique, *v.* 8 p. 39, 50.

Schwarz, wenig glänzend, von kräftiger, konvexer, leicht nach hinten verbreiterter Gestalt. Die Körnelung des Kopfes zerstreut und hinten nicht deutlich begrenzt, Hinterkopf mit Schrägkielen und Erhöhungen neben den Augen, Clipeus ausgerandet, jederseits breit gerundet. Thorax in den Querfurchen und auf den Querwülsten runzlig, von den letzteren sind die beiden ersten wenig, die 3 folgenden deutlich erhaben, die 3. Querfurche ist am deutlichsten vertieft, die Längsfurche wird nach vorn flacher und reicht bis an den 1. Querwulst. Schulterdorn klein, die Zwischenräume zeigen 2 Reihen länglicher Tuberkeln, deren laterale wie gewöhnlich kräftiger ist, die ungeraden Zwischenräume sind in der ganzen Länge etwas mehr erhaben. Schenkel vereinzelt punktiert und beborstet, die mittleren sind wenig breiter. Metasternum flach granuliert. Abdomen mit Zickzacklinie. — L. 3,2—3,8 mm.

Adelaide.

43. **R. alluaudi** Clouët 1901 *R. a.*, Clouët in: Mém. Soc. ent. Belgique, *v.* 8 p. 39, 53.

Durch die Skulptur des Halsschildes auffallend. Stark gewölbt, von kräftiger, nach hinten leicht verbreiterter Gestalt, wenig glänzend, schwarzbraun, Flügeldecken etwas heller. Kopf gleichmäßig, ziemlich dicht, nur nach vorn etwas feiner granuliert, Hinterkopf ohne Schrägkiele, aber vor den Augen mit je einem Kiel, der fast den Seitenrand erreicht, Clipeus breit ausgerandet, jederseits mit kleinem Winkel. Thorax in den Querfurchen mit je einer Reihe dichtgestellter Körnchen, die Seitenbeule ist gleichfalls gekörnt,

[1]) Der Katalog von Péringuey erschien im April 1901, während die Monographie von Clouët erst um diese Zeit in Druck gegeben wurde.

die erste Quererhöhung ist breit, vorn fein, hinten stärker gekörnt, die 4 hintern Erhöhungen sind sehr schmal und fein gekerbt, vor dem Schildchen befindet sich eine äußerst schmale, linienartige Längsfurche. Schulterdorn sehr klein, die Zwischenräume sind gekielt, die ungeraden aber etwas mehr erhaben, die Kante der Kiele ist fast glatt, ihre mediale Seite wird deutlich von den Streifenpunkten angegriffen. Metasternalplatte grob, aber flach tuberkulös. Mittel- und Hinterschenkel schlank und behaart. Abdominalsegmente am Hinterrande erhaben, in der Mitte mit starker Zickzacklinie. — L. 3,5 mm.

Madagaskar.

44. **R. berytensis** Mars.

Diese Art zerfällt in 2 Unterarten:

44a. **R. berytensis berytensis** Mars. 1878 *R. b.*, Marseul in: Abeille, ser. 2 *v.* 16 nr. 14, 15, Nouv. & Faits p. 57 | 1901 *R. b.*, Clouët in: Mém. Soc. ent. Belgique, *v.* 8 p. 38, 46.

Von konvexer, hinten leicht verbreiterter Gestalt, schwarz, wenig glänzend, Clipeusrand und zuweilen auch Flügeldeckenspitze rötlich. Kopf in der Mitte stark aufgetrieben, fein, ziemlich dicht und fast gleichmäßig granuliert, zuweilen mit undeutlichen Schrägkielen, Clipeus neben der Ausrandung jederseits gezahnt. Thorax an der Seitenbeule, auf den Wülsten und in den vorderen Furchen fein granuliert, in den hinteren mit Nabelpunkten besetzt, die Querwülste sind wenig erhaben, ungefähr von der Breite der Furchen, nur die 3. der letzteren deutlicher vertieft, die Längsfurche unterbricht die beiden letzten Querwülste. Schulterdorn kräftig, Zwischenräume der Flügeldecken dachförmig, die ungeradzahligen sind mehr erhaben, alle mit 2 Reihen länglicher Tuberkeln, von denen die laterale viel stärker ist. Metasternum in der Vorderhälfte fein punktiert, ebenso die Schenkel in der Spitzenhälfte längs des Vorderrandes und behaart. Die feine Zickzacklinie des Abdomen in der Mitte fast unterbrochen. Oberer Enddorn der Hintertibien wenig länger als 1. Tarsenglied. — L. 3,5—4 mm.

Syrien, Persien.

44b. **R. berytensis morgani** Bénard 1911 *R. b.* var. *m.*, Bénard in: Bull. Mus. Paris, *v.* 17 p. 214.

Schlanker, mehr parallel, mehr oder weniger dunkel kastanienbraun. Kopf fein rauh gekörnt, mit 2 Schrägkielen, Clipeus ohne spitze Zähne, nur mit zahnartiger Ecke. Querwülste des Halsschildes mehr erhaben, schmaler als die Furchen und mehr glatt, nur die hinteren tuberkelartig, die Querfurchen sind glatt, deutlich punktiert. Schulterdorn spitz, laterad und nach vorn gerichtet, Zwischenräume mit 2 Tuberkelreihen. Oberer Enddorn fast so lang wie 1. Tarsenglied. — L. 4—5 mm.

Persien.

45. **R. pectoralis** Clouët 1901 *R. p.*, Clouët in: Mém. Soc. ent. Belgique, *v.* 8 p. 39, 52.

Gewölbt, parallelseitig, schwarz, wenig glänzend. Kopf etwas fein und ziemlich dicht, nach den Seiten und vorn zu zerstreuter und etwas größer, am Hinterkopf feiner und dicht gekörnt, hier mit 2 Schrägkielen und kleinen Erhöhungen neben den Augen, Clipeus ausgerandet und jederseits stumpf abgerundet. Die Querfurchen des Halsschildes sind mit Ausnahme der 3. flach, fast eben und fein gekörnt, so breit wie die Querwülste, der vordere derselben ist granuliert und am Hinterrande deutlich begrenzt, die folgenden Wülste sind fast glatt, höchstens die hinteren leicht gekerbt, der 3.—5. durch Längsfurche unterbrochen. Schulterdorn klein, die Zwischenräume sind beiderseits neben den vertieften Streifen schmal abgesetzt und gekerbt, es entsteht dadurch eine Reihe kleiner Längskiele, die Mitte ist schwach kielförmig erhaben und mit schmalen, länglichen Tuberkeln besetzt, die ungeradzahligen Zwischenräume sind hauptsächlich an der Spitze etwas mehr erhaben. Metasternum vereinzelt und etwas groß, Abdomen fein punktiert und mit Zickzacklinie. — L. 3 mm.

Kongo.

46. **R. biovatus** Clouët 1901 *R. b.*, Clouët in: Mém. Soc. ent. Belgique, *v.* 8 p. 39, 48.

Von länglicher, zur Mitte der Flügeldecken verbreiterter und dann deutlich verschmälerter Gestalt, schwarz, wenig glänzend. Kopf ziemlich groß und dazwischen fein granuliert, die Körnelung ist nach hinten schlecht begrenzt, Hinterkopf fein granuliert, mit 2 Schrägkielen und kleinen Erhöhungen neben den Augen, Clipeus breit, aber flach ausgerandet, jederseits stumpf gerundet. Seitenbeule und Furchen des Halsschildes granuliert, letztere etwas breiter als die Erhöhungen, die 3. ist stark vertieft, der 1. Querwulst granuliert, der 2. und 3. fast glatt, die beiden letzten, durch Längsfurche unterbrochenen, sind tuberkulös. Schulterdorn kurz und kräftig, Flügeldecken mit deutlichen Punktstreifen, die Zwischenräume sind scharf kielförmig erhaben, neben den Streifen nicht schmal abgesetzt, ihre mediale Seite wird von den Streifenpunkten durchdrungen, die Kante der Kiele ist fein gekerbt. Der Kiel des Mesosternum zwischen den Mittelhüften hat eine eigentümliche Bildung, er ist nämlich vorn gerundet und vertieft und zeigt so die Form eines Löffels. Metasternum mit einzelnen großen Punkten, die Schenkel sind punktiert und behaart. Abdomen mit Zickzacklinie. — L. 2,5—2,7 mm.

Madagaskar.

47. **R. congolanus** Clouët 1901 *R. c.*, Clouët in: Mém. Soc. ent Belgique, *v.* 8 p. 63, 86.

Länglich, fast parallel, schwarz, wenig glänzend. Kopf groß und zerstreut, am Hinterkopfe sehr fein gekörnt, mit 2 glatten Schrägkielen und 2 oder 3 kleinen Erhöhungen neben den Augen, Clipeus jederseits der Ausrandung scharfwinklig. Thorax mit flachen, punktierten Furchen, die Punkte in der Hinterhälfte sind mehr rundlich, die der vorderen mehr quer, die Querwülste sind viel schmaler als die Furchen und ohne den 1., der leicht granuliert ist, scharf erhaben und glatt, der vorletzte jedoch seitlich, und der letzte in der ganzen Länge tuberkulös, diese beiden sind auch durch die Längsfurche unterbrochen. Flügeldecken mit kleinem, spitzem Schulterdorn und leicht kielförmigen Zwischenräumen, diese sind neben den Streifen nicht abgesetzt, die Streifenpunkte durchdringen tief den ganzen Zwischenraum und bilden 2 deutliche Tuberkelreihen, die ungeradzahligen sind vor der Spitze mehr erhaben. Metasternum glatt. Schenkel vereinzelt punktiert. Abdomen mit Zickzacklinie. — L. 3—3,5 mm.

Kongo.

48. **R. granulosus** Ball. 1863 *R. granosus* (non Klug & Erichson 1842), Motschulsky in: Bull. Soc. Moscou, *v.* 36 II p. 465 | 1871 *R. granulosus*, Ballion in: Bull. Soc. Moscou, *v.* 44 I p. 154.

Länglich, schwarz, Vorderwinkel des Halsschildes rötlich, wenig glänzend. Kopf gekörnt, nach hinten zu gedrängter und dichter, am Hinterkopf mit 4 Erhöhungen, Clipeus dreieckig eingeschnitten. Thorax mit 6 glänzenden Querwülsten, die drei letzten durch Längsfurche unterbrochen, die Furchen rauh punktiert, die Seiten bewimpert. Flügeldecken von der Breite des Halsschildes und parallelrandig, die abwechselnden Zwischenräume mehr erhaben, Unterseite in der Mitte glatt, an den Seiten rauh, Metasternum in der Mitte mit Längsvertiefung. Diese Art ist dem *R. germanus* L. (nr. 1) sehr ähnlich, aber etwas schmaler und mehr parallelseitig, die Skulptur der Flügeldecken rauher. — L. 2,5 mm (ex Ballion).

Ceylon.

R. promontorii Péring. 1901 *R. p.*, Péringuey in: Tr. S. Afr. Soc., *v.* 12 p. 444.

Die Beschreibung dieser Art besteht nur aus einigen vergleichenden Bemerkungen, die nicht geeignet sind, diese Art zu erkennen. — L. 3,75 mm (ex Péringuey).

Kapkolonie.

34. Gen. **Trichiorhyssemus** Clouët

1901 *T.*, Clouët in: Mém. Soc. ent. Belgique, *v.* 8 p. 15 | 1910 *T.*, Ad. Schmidt in: Gen. Ins., fasc. 110 p. 117, 128.

In der Skulptur der Oberseite mit *Rhyssemorphus* Clouët und *Rhyssemus* Muls. übereinstimmend, von beiden aber durch die beborstete Oberseite, von *Rhyssemorphus* durch den Quereindruck des letzten Abdominalsegments, den obige Gattung mit *Rhyssemus* gemein hat, verschieden.

Von länglicher, schlankerer oder kürzerer Gestalt und schwarzer oder rotbrauner Färbung. Kopf gekörnt, fast immer ohne Schrägkiele am Hinter-

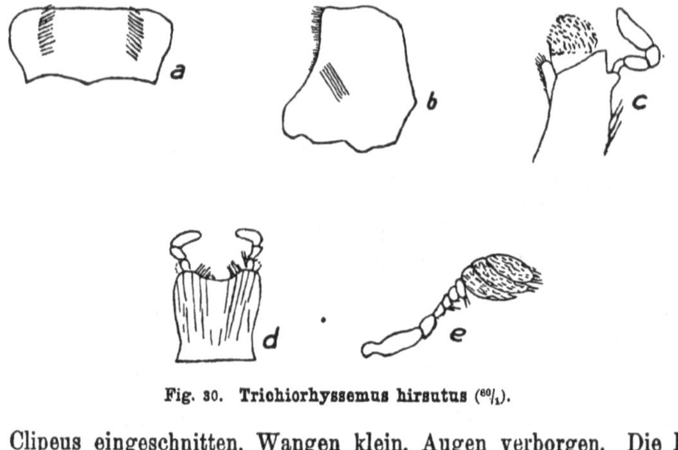

Fig. 30. **Trichiorhyssemus hirsutus** ($^{60}/_{1}$).

rande, Clipeus eingeschnitten, Wangen klein, Augen verborgen. Die Fühler bestehen aus 9 Gliedern, das 1. derselben ist verlängert und fast cylindrisch, das 2. ist nach der Spitze rundlich verengt, wenig länger als das folgende, das 4.—6. etwas quer, die 3-blättrige Keule ist rundlich und dicht behaart. Die häutige Oberlippe ist stark quer, am Vorderrande nicht bewimpert. Die Oberkiefer sind kräftig, ihre verdünnte Platte ist am Lateralrande rundlich, nach dem bewimperten Medialrande zu häutig, die Mahlfläche ist nur schmal. Die hornigen Unterkiefer haben eine dicht behaarte und nach vorn gerichtete laterale und eine etwas lang bewimperte mediale Kaulade, von den 4gliedrigen Kiefertastern ist das letzte Glied verdickt und verlängert. Das Kinn ist hornig, an der Unterseite behaart, an den Seiten leicht gerundet und vorn ausgerandet, die Zunge ist tief gespalten, ihre Zipfel überragen das 1. Lippentasterglied, das letzte derselben ist schlank. Thorax an den Seiten und der Basis bewimpert, auf der Scheibe mit Querwülsten und Längsfurche. Schildchen klein und dreieckig. Flügeldecken mit Schulterdorn und Punktstreifen, die Zwischenräume zeigen rundliche Tuberkeln oder Längskiele, Epipleuren schmal, aber bis zur Spitze deutlich. Die Mittelhüften sind nur schmal getrennt, das Mesosternum ragt als schmaler Kiel zwischen dieselben. Vorderschenkel breiter als die 4 folgenden, die gewöhnlich gleichbreit sind. Die Vordertibien werden zur Spitze breiter, sie haben 3 Lateralzähne und einen Enddorn, die Mittel- und Hintertibien sind sehr schwach verbreitert, an den Außenseiten ohne Querleisten, aber am Endrande mit Borstenbesatz und zwei spitzen und schlanken Enddornen, die Tarsen sind rundlich, normal und so lang wie die Tibien, das 1. Tarsenglied der Hintertibien ist ungefähr so lang wie die 3 folgenden Glieder, die Klauen sind klein und hornig.

Hierher gehören 6 Arten aus Europa, Asien und Amerika.

Bestimmungstabelle der Arten:

1	Abdomen ohne Zickzacklinie, auf der ganzen Oberfläche punktiert und behaart — 2	
	Abdomen mit Zickzacklinie — 3	
2	Hinterkopf mit 2 Schrägkielen, die beiden letzten Querwülste des Halsschildes durch eine Längsfurche unterbrochen, Hinterschenkel dicht punktiert	1. **T. cristatellus**
	Hinterkopf mit Schrägkielen, 3 Querwülste durch die Längsfurche unterbrochen, Hinterschenkel sparsam punktiert .	2. **T. riparius**
3	Kopf vor den Wangen leicht ausgerandet, Querwülste des Halsschildes deutlich und glatt, die Seiten bilden, von oben gesehen, mit der Basis einen geraden Winkel . . .	3. **T. setulosus**
	Kopf ohne seitliche Ausrandung, Thorax bis zur Basis gleichmäßig gebogen — 4	
4	Zwischenräume vor der Spitze nicht mehr erhaben als auf dem Rücken, Körper kurz und breit, Schulterdorn sehr stark, Enddorn der Hintertibien länger als 1 Tarsenglied .	4. **T. lasionotus**
	Zwischenräume an der Spitze kielförmig, mehr erhaben als auf dem Rücken, Enddorn nur so lang wie 1. Tarsenglied — 5	
5	Zwischenräume mit 2 Reihen glänzender Tuberkeln auf fast glattem Grunde und mit 2 Reihen kurzer Borsten . . .	5. **T. asperulus**
	Zwischenräume mit Quereindrücken, dadurch entstehen 2 Reihen länglicher, stumpfer Kiele, sie zeigen nur eine Borstenreihe	6. **T. hirsutus**

1. **T. cristatellus** (Bates) 1887 *Rhyssemus c.*, H. Bates in: Biol. Centr.-Amer., Col. *v.* 2II p. 102 | 1901 *Trichiorhyssemus c.*, Clouët in: Mém. Soc. ent. Belgique, *v.* 8 p. 27, 28.

Von länglicher, schlanker Gestalt, schwarzbraun, Kopf und Flügeldecken zuweilen dunkel rotbraun, auf dem Rücken wenig gewölbt. Kopf vorn deutlich, nach hinten feiner und ziemlich dicht granuliert, hier mit 2 Schrägkielen und kleiner Erhöhung neben den Augen, Clipeus jederseits der flachen Ausrandung mit einer spitzen Ecke. Thorax an den Seiten, in den Querfurchen und auf den Querwülsten nicht sehr dicht fein granuliert, der 1. Querwulst ist breit, wenig erhaben, die folgenden etwas deutlicher, aber schmaler, die beiden letzten werden durch die Längsfurche unterbrochen, die 3. Querfurche ist breiter und stärker vertieft wie die beiden vorderen, Hinterwinkel sehr stumpf. Schulterdorn klein und spitz, die Zwischenräume der Flügeldecken sind einreihig beborstet und schwach dachförmig, ihre mediale Seite ist mit Quereindrücken versehen, dadurch wird an der lateralen Kante eine Reihe länglicher, stumpfer Kiele gebildet, der 3. und 5. Zwischenraum sind vor der Spitze glatt. Metasternum, die schlanken Mittel- und Hinterschenkel, sowie das Abdomen ziemlich dicht punktiert und behaart. 1. Glied der Hintertarsen so lang wie oberer Enddorn, kaum so lang wie die 3 folgenden Glieder. — L. 2,3—3 mm.

Mexiko, Guatemala.

2. **T. riparius** (Horn) 1871 *Rhyssemus r.*, G. Horn in: Tr. Amer. ent. Soc., *v.* 3 p. 290 | 1881 *R. caelatus*, L. Le Conte in: Tr. Kansas Ac., p. 77 | 1887 *R. riparius*, G. Horn in: Tr. Amer. ent. Soc., *v.* 14 p. 90, 110 | 1901 *Trichiorhyssemus r.*, Clouët in: Mém. Soc. ent. Belgique, *v.* 8 p. 27.

Schwarzbraun, länglich, mäßig konvex, wenig glänzend. Kopf dicht und verhältnismäßig groß gekörnt, Hinterkopf mit Schrägkielen, Clipeus breit ausgerandet, jederseits zahnartig. Thorax deutlich granuliert, mit 5 schwach erhabenen Querwülsten, die beiden vorderen sind ganz, die 3 letzten durch die Längsfurche unterbrochen. Flügeldecken so breit wie der Thorax, mit kleinem Schulterdorn, die Zwischenräume mit 2 Reihen kleiner Tuberkeln, die laterale Reihe ist viel deutlicher und gereiht beborstet. Metasternum an den Seiten rauh. Abdomen nicht dicht punktiert und behaart. Hinterschenkel sparsam punktiert und behaart. — L. 3—3,5 mm (ex G. Horn).

Arizona.

3. **T. setulosus** (Reitt.) 1892 *Rhyssemus s.*, Reitter in: Verh. Ver. Brünn, *v.* 30 p. 163 | 1901 *Trichiorhyssemus s.*, Clouët in: Mém Soc. ent. Belgique, *v.* 8 p. 27, 30.

Schwarzbraun, wenig gewölbt, schwach glänzend, nach hinten leicht verbreitert, Kopf und Thorax sehr kurz, Flügeldecken etwas länger beborstet. Kopf gleichmäßig fein, hinten nicht feiner granuliert, ohne Schrägkiele, Clipeus neben dem Vorderrande breit glatt und glänzend, Clipeus neben der Ausrandung abgerundet. Thorax in der Basalhälfte, von oben gesehen, tief ausgerandet, dann parallelseitig bis zur Basis und mit dieser einen deutlichen Winkel bildend, die Seiten und Furchen sind granuliert, die 1. und 3. Furche breiter und letztere mehr vertieft, der vordere Querwulst ist breit, wenig erhaben und flach granuliert, der 2. und 3. glatt und glänzend, schmaler voneinander getrennt und in der Mitte unterbrochen, der 4. und 5. sind auch glänzend, durch Längsfurche unterbrochen und nach den Seiten zu in Tuberkeln aufgelöst. Flügeldecken mit kräftigem Schulterdorn, die Streifen breit, glänzend und punktiert, die Zwischenräume an der lateralen Seite mit einer Reihe länglichrunder, glänzender Tuberkeln, an der medialen Seite sind die Tuberkeln mehr kielförmig, die laterale Tuberkelreihe erlischt auf den geradzahligen Zwischenräumen vor der Spitze und es zeigen sich dann 2 Borstenreihen, die Tuberkeln der lateralen Reihe auf den ungeradzahligen Zwischenräumen stehen nach der Spitze zu dichter und bilden zuletzt eine glatte Schneide, diese sind nur einreihig beborstet. Metasternalplatte vereinzelt groß punktiert. Hinterschenkel schmaler als die mittleren, beide mit Querreihen haartragender Punkte. Abdominalsegmente in der Mitte mit Zickzacklinie. 1. Glied der Hintertibien so lang wie die 3 folgenden Glieder. — L. 4 mm.

Sizilien.

4. **T. lasionotus** Clouët 1901 *T. l.*, Clouët in: Mém. Soc. ent. Belgique, *v.* 8 p. 28, 32.

Von kurzer, kräftiger, gewölbter Gestalt, schwarzbraun, Vorderrand des Kopfes, Vorderwinkel des Halsschildes und Flügeldecken dunkel rotbraun, Thorax mit kürzeren Borsten als die Flügeldecken bekleidet. Kopf vorn etwas größer und zerstreuter, nach hinten allmählich feiner und dichter granuliert, ohne Schrägkiele, Clipeus deutlich ausgerandet, jederseits mit kleinem stumpfem Winkel, die ganze Oberseite des Halsschildes, auch die Wülste fein gekörnt, die 3. Querfurche ist breit und mehr vertieft, die Querwülste mit Ausnahme des 1. sind schmal, die beiden letzten in der Mitte durch eine kurz angedeutete Längsfurche unterbrochen. Der Schulterdorn ist kräftig, die Streifen sind im Grunde glänzend und punktiert, die einreihig behaarten Zwischenräume sind flach, an der Spitze verschmälert, aber nicht erhaben, sie zeigen an der lateralen Seite eine Reihe flacher, tuberkelartiger Erhöhungen und an der medialen Seite eine Reihe sehr undeutlicher kleiner Kiele. Metasternum glatt. Abdomen mit Zickzacklinie. — L. 2,7 mm.

Nordchina.

5. **T. asperulus** (C. O. Waterh.) 1875 *Rhyssemus a.*, C O. Waterhouse in: Tr. ent. Soc. London, p. 94 | 1901 *Trichiorhyssemus a.*, Clouët in: Mém. Soc. ent. Belgique, *v.* 8 p. 28, 33.

Von derselben Gestalt wie vorige Art, aber schwarz gefärbt, Thorax und Flügeldecken sehr kurz beborstet. Kopf dicht und fein, vorn zuweilen etwas größer und zerstreut gekörnt, Hinterkopf ohne Erhöhungen, Clipeus leicht ausgerandet, jederseits stumpf abgerundet. Thorax bis auf die fein gekörnte Seitenbeule quer gerunzelt, die Querfurchen sind eben, nur die 3. ist seitlich etwas vertieft, sie sind viel breiter als die wenig erhabenen Querwülste, deren Oberfläche größtenteils granuliert ist, die beiden letzten sind durch eine kaum vertiefte Längsfurche unterbrochen. Schulterdorn klein und spitz, Streifen der Flügeldecken fein, Zwischenräume 2-reihig beborstet, an der lateralen Seite mit einer Reihe länglich-runder Tuberkeln, an der medialen Seite mit einer Reihe Längskiele, die durch Kerbung des Medialrandes entstehen, die laterale Tuberkelreihe wird nach hinten zerstreuter und schwächer, ausgenommen auf dem 3., 5. und 7. Zwischenraume, deshalb sind diese auch vor der Spitze mehr erhaben. Schenkel hauptsächlich an der Spitze vereinzelt punktiert und behaart. Abdomen mit Zickzacklinie. — L. 3,25 mm.

Japan.

6. **T. hirsutus** Clouët 1901 *T. h.*, Clouët in: Mém. Soc. ent. Belgique, *v.* 8 p. 28, 35 | 1910 *T. h.*, Ad. Schmidt in: Gen. Ins., fasc. 110 p. 128 t. 3 f. 46 (Gesamtbild).

Kräftiger und gedrungener als vorige Art, schwarz, wenig glänzend, oberseits kurz beborstet. Kopf fein und dicht, vorn etwas zerstreuter gekörnt, ohne Schrägkiele, Clipeus neben der Ausrandung stumpfwinklig. Thorax auf der Seitenbeule und dem 1. Querwulst gekörnt, die Querfurchen sind runzlig punktiert, ungefähr so breit wie die Querwülste, nur der 3. breiter und tiefer, die Querwülste sind größtenteils glatt, nur die beiden hintersten, durch Längsfurche unterbrochenen, gewöhnlich tuberkulös. Nach Clouët sind beim ♀ die Wülste fast ganz erloschen, nur der 2. und 3. schwach angedeutet. Der Schulterdorn ist klein, die Zwischenräume der Flügeldecken sind einreihig beborstet, mehr oder weniger erhaben, immer an der Spitze gekielt, durch Quereindrücke entstehen 2 Reihen kielartiger Erhöhungen, von denen die laterale immer deutlicher ist. Metasternum und Schenkel punktiert und beborstet. Abdomen mit Zickzacklinie. — L. 3—3,3 mm..

Sunda-Inseln, Hinterindien.

35. Gen. **Phycochus** Broun

1886 *Phycochus*, Broun, Man. N Zealand Col., pars. 3, 4 p.770 | 1910 *P.*, Ad. Schmidt in: Gen. Ins., fasc. 110 p. 116, 118.

Kopf gekörnt, Augen scheinen zu fehlen, Thorax stark quer, kaum länger als der Kopf, Mittel- und Hintertibien an der Außenseite mit starken Querleisten, Tarsen kurz und 5-gliederig, ohne Klauen, Fühler 8-gliederig.

Körper gewölbt, oval, schwarz oder rotbraun, glänzend, unbehaart. Kopf gewölbt, stark herabgebogen, gekörnt, Clipeus ausgerandet. Thorax kurz, stark quer, mit Quereindruck und kurzem, mehr oder weniger deutlichem Längseindruck vor dem Schildchen, an den Seiten und der Basis gerandet. Schildchen klein und dreieckig. Flügeldecken mit gerundeten oder spitzen Schultern, deutlich gestreift oder glatt. Die Hüften stehen mit Ausnahme der mittleren zusammen, Hinterschenkel breiter als die mittleren. Vordertibien mit 3 Lateralzähnen und einem Enddorn im medialen Spitzenwinkel, Mittel- und Hintertibien, letztere aber zur Spitze stärker verbreitert, mit 2 Enddornen, die 5-gliederigen Tarsen sind vereinzelt beborstet, das 1. Glied ist nach außen dreieckig erweitert, die Klauen fehlen. Das Abdomen besteht aus 6 Gliedern, die Seiten desselben liegen wagerecht, die Mitte ist stumpfkielig erhöht. Die Fühler und Mundwerkzeuge unterscheiden sich nach Broun von denen der anderen Aphodiinen dadurch, daß die Fühler nur 8 Glieder besitzen, daß die Maxillarpalpen 3-, die Labialpalpen 2-gliederig sind, und daß das Mentum zwei dreieckige, divergierende Zipfel zeigt.

Hierher gehören 3 Arten aus Australien.

Bestimmungstabelle der Arten:

1	Flügeldecken glatt, nur der Nahtstreif vor der Spitze sichtbar	1. **P. graniceps**
	Flügeldecken deutlich gestreift — 2	
2	Jede Flügeldecke mit 5 oder 6 feinen Streifen, Thoraxrand gekerbt, vor der Basis mit Quereindruck	2. **P. lobatus**
	Jede Flügeldecke mit 10 tiefen, punktierten Streifen, Thorax am Seitenrande nicht gekerbt, mit 3 Quereindrücken in der vorderen Hälfte	3. **P. sulcipennis**

1. **P. graniceps** Broun 1886 *P. g.*, Broun, Man. N. Zealand Col., pars. 3, 4 p. 771 | 1904 *P. g.*, A. Lea in: P. Linn. Soc. N. S. Wales, *v.* 29ɪ p. 90.

Gewölbt, zur Spitze verbreitert, schwarzbraun, glänzend. Kopf gerundet verengt, dicht gekörnt, Hinterkopf glatt, jederseits mit einem breiten, flachen Eindruck, Clipeus leicht ausgerandet, jederseits etwas zahnartig, Wangen durch kleinen Einschnitt vom Kopfrande abgesetzt. Thorax stark quer, seine Mittellinie nur so lang wie die des Kopfes, unpunktiert, Vorder- und Hinterwinkel gerundet, die leicht gekerbten Seiten so wie die Basis gerandet, hinter den Vorderwinkeln jederseits mit einem kurzen, flachen Quereindruck, vor dem Schildchen mit kleinem Grübchen. Schildchen sehr klein, dreieckig, Spitze abgerundet. Flügeldecken an den Schultern abgerundet, glatt, nur der Nahtstreif vor der Spitze sichtbar, Epipleuren in der ganzen Länge deutlich. Die flach ausgebreiteten Ränder des Abdomen mehr oder weniger chagriniert und vereinzelt punktiert, die erhabene Mitte sehr glänzend, die Ränder der Segmente hier nicht sichtbar. — L. 3 mm.

Neu-Seeland.

2. **P. lobatus** Broun 1893 *P. l.*, Broun, Man. N Zealand Col., pars. 5—7 p. 1114.

Glänzend, schwarzbraun, konvex, nach hinten verbreitert. Vorderkopf wenig dicht granuliert, Hinterkopf glatt, ohne Eindruck. Thorax kurz, stark quer, an den Seiten deutlich gerundet und fein gekerbt, Hinterwinkel gerundet, Basis in der Mitte lappig hervorgezogen, längs der Basis mit Quervertiefung. Flügeldecken mit 5 oder 6 flachen Streifen. — L. 4 mm (ex Broun).

Neu-Seeland.

3. **P. sulcipennis** A. Lea 1904 *P. s.*, A. Lea in: P Linn. Soc. N. S. Wales, *v.* 29₁ p. 89 t. 4 f. 10 (Gesamtbild) | 1906 *P. s.*, A. Lea in: Tr. ent. Soc. London, 1905 p. 367.

Dunkel rotbraun, Vorderrand des Halsschildes und Flügeldecken etwas heller. Kopf nach vorn verschmälert, hier wenig ausgerandet, jederseits leicht stumpf gerundet, oberseits körnig bis zur eingedrückten Stirnlinie, Hinterkopf glatt, Wangen dicht bewimpert, stumpf, weit vorstehend. Thorax quer, nach hinten verbreitert, Seiten und Basis gerandet und bewimpert, Hinterwinkel abgerundet, auf der Oberfläche mit 3 Quereindrücken, die vereinzelt und mittelstark punktiert sind, die beiden vorderen derselben sind sehr schwach, der hintere dagegen viel stärker vertieft und in der Mitte vor dem Schildchen, wo sich ein undeutlicher, dichter punktierter Längseindruck befindet, unterbrochen und schräg nach den Vorderwinkeln gerichtet, er reicht aber nur bis zur Seitenbeule. Schildchen dreieckig, mit abgerundeter Spitze. Flügeldecken zur Mitte verbreitert, mit scharfen Schultern, an diesen sowie den Seiten, nach hinten kürzer werdend bewimpert, oberseits tief gestreift, Streifenpunkte nicht dicht stehend, der 2. Zwischenraum gewölbt, der 3. verbindet sich mit dem 7. vor der Spitze, innerhalb dieser Verbindung, weiter hinauf ist der 4. mit dem 6. vereint, beide schließen den verkürzten 5. ein. Epipleuren nur vorn sichtbar. Unterseite vereinzelt punktiert und behaart, Beine kurz und kräftig. Hinterschenkel breiter als die mittleren. Vordertibien zur Spitze verbreitert, mit 3 Außenzähnen und spitzem Enddorn. Mittel- und Hintertibien mit einzeln beborsteten, kräftigen Querleisten und 2 Enddornen, der obere Enddorn der Mitteltibien ist schlank und so lang wie 3 Tarsenglieder, Metatarsus von derselben Länge, Hintertarsen und Enddorne an den Hintertibien kürzer, letztere etwas verbreitert und stumpfspitzig, der obere so lang wie 2 Glieder, das 1. Tarsenglied ist den 3 folgenden Gliedern gleich, letztes Glied kaum so lang wie das vorhergehende, es ist stiftförmig und ohne Klauen. — L. 3—4 mm.

Tasmanien.

36. Gen. **Sicardia** Reitter

1896 *S.*, Reitter in: D. ent. Z., p. 318 | 1900 *S.*, Clouët in: Ann. Soc. ent. Belgique, *v.* 44 p. 14 | 1910 *S.*, Ad. Schmidt in: Gen. Ins., fasc. 110 p. 116, 122.

Kopf gekörnt, Thorax mit schwacher Längsfurche und Quereindruck hinter den Vorderwinkeln, die Ränder sind unbewimpert, Schildchen dreieckig, Zwischenräume der Flügeldecken glatt, Hinterschenkel und Hinterschienen stark verbreitert, Tarsen kurz, Klauen haarförmig.

Länglich, nach hinten verbreitert, unbehaart. Kopf gewölbt, ohne Erhöhungen am Hinterrande, vorn eingeschnitten, Wangen klein, Augen unter dem Vorderrande des Halsschildes verborgen. Thorax an den Seiten und der Basis gerandet, oberseits punktiert. Flügeldecken punktiert-gestreift, mit sehr kleinem Schulterdorn, Epipleuren schmal. Mittelhüften wenig voneinander entfernt, Metasternum zwischen ihnen mit schmalem Kiel, die andern Hüften stehen dicht zusammen. Hinterschenkel am breitesten. Vordertibien schmal, mit 3 Außenzähnen und einem Enddorne, Hintertibien mit Andeutung von Querleisten, am untern Endrande mit Borstenbesatz und 2 Enddornen. Die Tarsen sind 5-gliedrig.

Hierher gehört eine Art aus Tunis.

1. **S. psammodiformis** Reitt. 1896 *S. p.*, Reitter in: D. ent. Z., p. 318 | 1900 *S. psammodiiformis*, Clouët in: Ann. Soc. ent. Belgique, *v.* 44 p. 14.

Sehr glänzend, rötlichbraun, konvex. Kopf bis zur Stirnlinie gekörnt, dahinter vereinzelt und fein punktiert, Clipeus deutlich dreieckig eingeschnitten, jederseits stumpfwinklig. Thorax quer, in der Mitte rundlich erweitert, mit sehr schwacher Längsfurche (seitlich gesehen), hinter den Vorderwinkeln mit kurzem, aber deutlichem Quereindruck und in der Mitte der Seiten mit einem Punktgrübchen, oberseits fein und zerstreut punktiert. Schildchen klein. Schulterdorn sehr tief liegend, Flügeldecken deutlich gestreift, in den Streifen kaum wahrnehmbar punktiert, der 8. und 9. Streifen ist vorn und hinten stark verkürzt, die leicht gewölbten Zwischenräume äußerst fein und vereinzelt punktiert. Unterseite glatt und glänzend. Metasternalplatte mit vertiefter Grube, Analsegmente undeutlich und flach punktiert. Die stark verdickten Hintertibien sind wenig länger als die Tarsen, ihre Enddorne sind kräftig und an der Spitze schräg abgestutzt, der obere ist so lang wie 2 Tarsenglieder, das 1. Glied derselben ist deutlich dreieckig, nicht so lang wie die 2 folgenden Glieder, das letzte ist sehr schmal und nur etwas verlängert. — L. 2,6 mm.

Tunis.

4. Tribus **Rhyparina**

1910 *R.*, Ad. Schmidt in: Gen. Ins., fasc. 110 p. 9, 130.

Kopf fein punktiert, mit 6 Längskielen oder 3 Längskielen und 4 Quertuberkeln oder 2 Haarbüscheln und 2 Längskielen, nur bei *Stereomera* Arrow (Gen. 41) glatt, groß und gerundet, ein deutliches Schildchen ist nur bei *Notocaulus* Quedf. (Gen. 40) vorhanden, Thorax und Flügeldecken mit Längsrippen, Vordertibien mit einem oder zwei Außenzähnen, zuweilen auch am Vorderrande mit einem Zahne, ein Enddorn fehlt (*Notocaulus* Quedf. ausgenommen), Mittel- und Hintertibien ohne Querleisten und meistens ohne Enddorne.

Körper länglich, bald breiter, bald schmaler, gewöhnlich wenig gewölbt, oft mit einem grauen oder dunkleren, ungemein fest haftenden Überzuge, der die Punktierung der Oberseite kaum erkennen läßt. Kopf fast senkrecht herabgebogen, Hinterkopf mit Längskielen, Quertuberkeln oder Haarbüscheln, seltener ganz glatt (*Stereomera* Arrow Gen. 41), die Augen sind verborgen. Thorax mit 4 oder 6 Längskielen, bei *Termitodius* Wasm. (Gen. 38) am Vorderrande mit 6 Tuberkeln, die Längskiele sind entweder ganz, oder sie werden alle in der Mitte unterbrochen (*Stereomera* Arrow) oder nur die beiden neben den mittleren *Rhyparus* Westw. (Gen. 37) und *Sybacodes* Fairm. (Gen. 39). Nur bei *Notocaulus* Quedf. (Gen. 40) ist ein kleines, dreieckiges Schildchen vorhanden. Flügeldecken mit 6 oder 8 Längskielen, die bis zur Spitze reichen oder vor derselben abgekürzt und nach hinten durch eine große Tuberkel begrenzt sind, die Epipleuren schmal, aber bis zur Spitze sichtbar. Vorder- und Hinterhüften stehen zusammen, die mittleren sind wenig getrennt. Vorderschenkel breiter als die 4 hinteren, diese sind gewöhnlich schlank, Mittel- und Hintertibien sind wenig zur Spitze verbreitert, ohne Querleisten an der Außenseite, selten mit Enddornen. Abdomen 6-gliederig, das letzte Segment oft verbreitert. Tarsen mit 3 oder 5 Gliedern.

Hierher gehören 5 Genera aus Asien, Amerika, Afrika mit 26 Arten, von denen 1 in 2 Unterarten zerfällt.

Bestimmungstabelle der Gattungen:

1	Kopf ohne Erhebungen, Thorax in der Mitte über der ganzen Breite mit Quereindruck, Tarsen 3-gliederig .	41. Gen. **Stereomera**
	Kopf mit Erhöhungen, Thorax ohne solchen Quereindruck, Tarsen 5-gliedrig — 2	
2	Hinterkopf mit Quertuberkeln, Schildchen deutlich, Vordertibien mit Enddorn	40. Gen. **Notocaulus**
	Hinterkopf mit Längskielen oder Haarbüscheln, Schildchen unsichtbar, Vordertibien ohne Enddorn — 3	
3	Hinterkopf mit 2 Haarbüscheln, Vordertibien am Vorderrande mit einem, am Außenrande mit zwei Zähnen .	39. Gen. **Sybacodes**
	Hinterkopf mit 4 Längskielen, Vordertibien am Vorder- und Außenrande mit je einem Zahn, innerer Spitzenwinkel neben den Tarsen in einen spitzen, nach unten gebogenen Dorn ausgezogen — 4	
4	Vorderkopf mit 3 schmalen, glänzenden Längsfurchen, Thorax am Vorderrande mit 6 hohen Längstuberkeln und dahinter mit 4 Längskielen, Hinterschenkel lang und schmal, das Abdomen überragend	38. Gen. **Termitodius**
	Vorderkopf ohne solche Längsfurchen, mit 2 kurzen Längskielen, Thorax ohne Tuberkeln, Hinterschenkel das Abdomen nicht überragend	37. Gen. **Rhyparus**

37. Gen. **Rhyparus** Westwood (emend. A. Agassiz)

1843 *Ryparus,* Westwood in: P. ent. Soc. London, p. 93 | 1846 *Rhyparus*, L. Agassiz, Nomencl. zool., Index p. 326 | 1847 *Ryparus*, Westwood in: Tr. ent. Soc. London, *v.* 4 p. 240 | 1866 *Antrisis*, Pascoe in: J. Ent., *v.* 2 p. 447 | 1910 *Rhyparus*, Ad. Schmidt in: Gen. Ins., fasc. 110 p. 132, 133.

Kopf mit 6 kurzen Längskielen, 4 in einer Querreihe hinten, 2 vorn in der Mitte, Thorax mit 6, Flügeldecken mit 8 Längskielen oder Längsrippen, von denen die 3 medialen jederseits durch eine Quervertiefung von einer großen Spitzentuberkel getrennt werden, ein sichtbares Schildchen fehlt, Vorderschenkel stark verbreitert, Hinterschenkel schlank, die Spitze des Abdomen nicht überragend, Vordertibien am Vorder- und Außenrande mit je einem kleinen Zahne, die innere Spitze der Tibie ist dornförmig nach unten gebogen.

Mäßig konvex, länglich, nach hinten gewöhnlich verbreitert und dann deutlich verengt, mäßig glänzend, meistens mit einem Überzuge, der die Punktierung der Oberseite undeutlich oder kaum erkennen läßt. Kopf fast senkrecht herabgebogen, breit und kurz, am Vorderrande von vorn und unten gesehen spitzbogig gerundet, von oben gesehen erscheint er abgestutzt, schwach ausgerandet und 4-zähnig, vor den 4 Längskielen des Hinterkopfes befindet sich eine flache, kreisförmige, vertieft umgrenzte Erhöhung, in deren Mitte noch 2 kleine, oft undeutliche Längskiele stehen, Wangen laterad erweitert, Augen von oben unsichtbar. Das 1. Fühlerglied ist zylindrisch, verlängert,

das 2. länglichrund, so lang wie das schmalere 3., das 4.—6. quer, mediad etwas spitz ausgezogen, die 3 letzten bilden eine freiblättrige, dicht behaarte Keule. Die häutige Oberlippe ist stark quer, an den Seiten und um die Vorderwinkel gerundet und an letzteren bewimpert, der mittlere Teil des Vorderrandes ragt hervor und ist leicht ausgerandet. Die Oberkiefer sind kräftig und am Grunde hornig, sie erweitern sich nach vorn in eine dünne Platte, die an der Lateralseite gebogen, an der medialen, geschweiften Seite bewimpert und am Grunde mit einer Mahlfläche versehen ist. Die hornigen Unterkiefer sind schlank, die laterale Kaulade ist mediad und nach vorn gerichtet und dicht behaart, die mediale ist verhältnismäßig breit und dicht bewimpert, das 2. keulenförmige Glied der Kiefertaster ist stark verlängert,

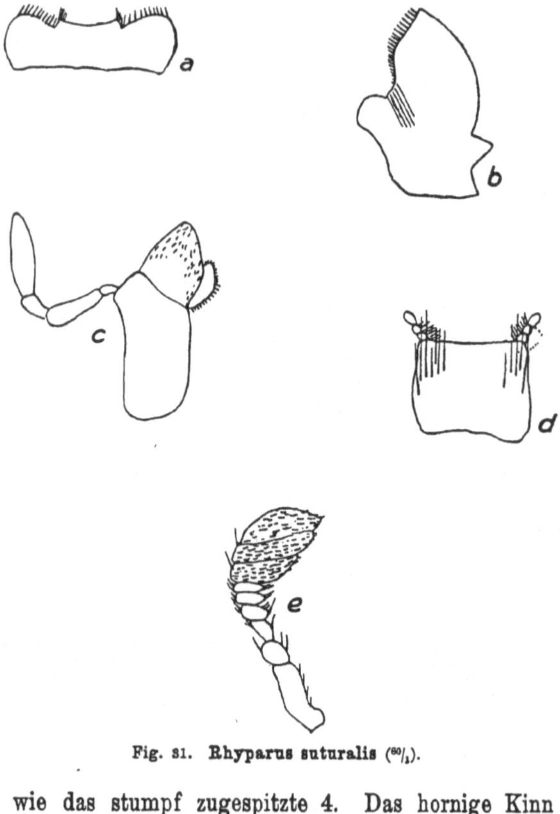

Fig. 31. **Rhyparus suturalis** ($^{60}/_{1}$).

fast so lang wie das stumpf zugespitzte 4. Das hornige Kinn ist an der Unterseite mit Borsten besetzt, die Zunge ist tief ausgerandet, ihre seitlichen Lappen sind dicht bewimpert und erreichen die Basis des 3. Gliedes der Lippentaster, diese sind schlank. Thorax quer, mit scharfem Seiten- und Basalrande, der erstere in der Vorderhälfte mit Einbuchtung, die mehr oder weniger winklig begrenzt ist, die 2. Rippe, vom Seitenrande gezählt, ist vorn durch einen Quereindruck unterbrochen, die mittelsten Längsrippen sind entweder parallel, wenigstens in ihrer Hauptrichtung oder im ersten Drittel parallel und dann nach hinten divergierend, die seitlichen Rippen sind mehr oder weniger gebuchtet, zuweilen befindet sich auch zwischen ihnen und dem Seitenrande ein kürzerer Längskiel, der Raum zwischen den Rippen ist glatt oder punktiert. Die Flügeldecken haben außer den 8 Längsrippen gewöhnlich auch die Naht kielförmig erhaben, die Rippen sind wie die des Halsschildes fein punktiert und kurz 2-reihig behaart, oft sind die beiden ersten oder nur die erste neben der Naht am Ende stark verbreitert und dann immer durch eine Vertiefung von der Apicaltuberkel getrennt, die Zwischenräume sind gereiht punktiert, der laterale Längskiel geht hinten in die Spitzentuberkel über und bildet mit ihr eine Einbuchtung von verschiedener Tiefe, die Epipleuren sind schmal, aber bis zur Spitze deutlich. Die stark verbreiterten Vorderschenkel werden durch eine schmale Lamelle getrennt, die vorn und hinten als Spitze hervorragt, die 4 hinteren Schenkel sind viel schmaler, die Mittelschenkel sind am Vorderrande stumpf gebogen und bewimpert, am Hinterrande meistens mit 1 oder 2 stumpfen Zähnchen, das Mesosternum liegt vertieft und ist rauh punktiert, das Metasternum ragt als Spitze zwischen die Mittelschenkel, seine Mitte ist schmal gefurcht oder flach vertieft, jederseits dieser Vertiefung befindet sich meistens noch je eine schmalere und flachere. Das Abdomen ist aus 6 Segmenten zusammengesetzt, von denen aber nur 5 sichtbar sind, sie sind seitlich quer eingedrückt, das letzte ist am breitesten, das Pygidium ist längsgekielt. Die Mittel- und Hintertibien sind flach gedrückt, mit schwach prismatischem Querschnitt, sie sind innen neben dem Knie verschmälert und dann gerundet oder ausgerandet zur Spitze verlaufend, ihr unterer Spitzenrand ist mit kurzen Borsten bekleidet, ohne Enddorne, am innern Winkel aber etwas dornförmig ausgezogen und gewöhnlich mit längeren Borstenhaaren besetzt. Das 1. Tarsenglied ist verlängert und fast so lang wie die 4 folgenden Glieder. Die Klauen sind klein und hornig. Bei dem Männchen sind die Mitteltibien an der Spitze in einen nach innen gebogenen Dorn ausgezogen.

Hierher gehören 17 Arten aus dem indischen und afrikanischen Gebiet.

Bestimmungstabelle von 12 Arten (außer nr. 13—17):

1	Die mittleren Längskiele nach der Basis divergierend — 2	
	Die mittleren Längskiele parallel, nur bei *R. denticollis* Fairm. (nr 9) nach vorn und hinten leicht divergierend — 6	
2	Mittelschenkel an der Unterkante mit 3 kleinen Zähnchen — 3	
	Mittelschenkel an der Unterkante mit 1 kleinen Zähnchen — 4	
	Mittelschenkel an der Unterkante ungezähnt	3. **R. philippensis**
3	Punktreihen der Flügeldecken durch sehr schmale, linienförmige Zwischenräume getrennt, 1. Dorsalrippe an der Spitze nicht sehr verdickt und hier gleichmäßig herabgewölbt	1. **R. helephoroides**
	Punktreihen so breit wie die sie trennenden Zwischenräume, 1. Dorsalrippe stark verdickt, am Ende senkrecht abfallend	2. **R. peninsularis**
4	Unterseite zerstreut punktiert, die Mittelfurche des Halsschildes etwas unregelmäßig 2-reihig, mittelstark punktiert, die seitlichen Furchen glatt	4. **R. suturalis**
	Unterseite dicht punktiert — 5	
5	Mittelfurchen des Halsschildes dicht und fein punktiert	5. **R. nilgirensis**
	Mittelfurchen des Halsschildes groß punktiert	6. **R. gracilis**
6	Mittelschenkel an der Unterkante 2-zähnig — 7	
	Mittelschenkel an der Unterkante mit 1 Zähnchen — 9	

7	Naht der Flügeldecken zwischen den Apicaltuberkeln höher als diese liegend	7. R. approximans
	Naht daselbst immer tiefer — 8	
8	Die 1. Rippe der Flügeldecken an der Spitze plötzlich und stark verbreitert, die 2. Rippe hier etwas tiefer als die erste liegend, auch noch tiefer als der obere Rand der Apicaltuberkel	8. R. magnus
	Die 1. Rippe mäßig verbreitert, wenig höher als die 2., beide aber senkrecht abfallend und viel höher als die Apicaltuberkel liegend	9. R. denticollis
9	Metasternalplatte vereinzelt punktiert, die 1 Rippe vor der Spitze allmählich, nicht sehr stark verbreitert .	10. R. sumatrensis
	Metasternalplatte sehr dicht punktiert und behaart, 1. Rippe unvermittelt und stark verbreitert — 10	
10	3. Zwischenraum der Flügeldecken mit 3 Punktreihen, der seitliche Längskiel des Halsschildes nähert sich an der Basis bogig dem Seitenrande	11. R. birmanicus
	3. Zwischenraum nur 2-reihig punktiert, der Seitenkiel verläuft mit dem Seitenrande parallel	12. R. obsoletus

1. **R. helephoroides** Fairm. 1893 *R. h.*, L. Fairmaire in: Not. Leyden Mus., *v.* 15 p. 145.

Von länglicher, schlanker Gestalt, schwarz, wenig glänzend. Kopf flach, zerstreut punktiert, die beiden mittelsten Längskiele des Hinterkopfes fast mit den beiden vorderen zusammenhängend, die 4 Clipealzähnchen untereinander in gleicher Entfernung stehend. Thorax an den Seiten mit flacher Ausrandung, die Vorderwinkel stehen stumpf hervor, die mittelsten Längskiele im vorderen Drittel parallel, von hier zur Basis divergierend, die 2 folgenden sind vorn durch einen Quereindruck unterbrochen, der Raum zwischen den Mittelrippen ziemlich dicht, aber nicht groß, der seitliche zerstreuter und undeutlich punktiert. Flügeldecken so breit wie der Thorax an der Basis, zur Mitte kaum verbreitert, die Naht und 3 Rippen sind deutlich erhaben, die 1. Rippe ist an der Spitze schwach verdickt und dann herabgebogen und daher wenig höher als die Spitzentuberkel liegend, letztere bildet mit der seitlichen Rippe (von vorn gesehen) eine sehr schwache Einbuchtung, der Raum zwischen den Rippen ist 2-reihig, wie quergefaltet punktiert, beide Punktreihen werden durch einen sehr schmalen, linienförmigen Raum getrennt. Unterseite ziemlich dicht und fein punktiert, sehr kurz behaart, letztes Bauchsegment auf der Oberseite nicht verflacht, sondern mit glänzendem Längskiel, Metasternalplatte mit schmaler, leicht ovaler Furche, die seitlichen Eindrücke sind nur angedeutet. Hinterschenkel schmaler als die mittleren, letztere am Vorderrande stumpfwinklig gebogen, an der Unterkante mit 2 kleinen Zähnchen. Die Tibien sind an der innern Seite leicht ausgerandet. — L. 3,5—4 mm.

Borneo.

2. **R. peninsularis** Arrow 1905 *R. p.*, Arrow in: Ann. nat. Hist., ser. 7 *v.* 15 p. 537.

Länglich, nach hinten verjüngt, schwarz, mäßig glänzend. Kopf vereinzelt, auf den vorderen Längskielen etwas dichter, nicht sehr groß punktiert, diese Kiele reichen nach hinten bis an die 2 mittleren des Hinterkopfes, die Zähnchen am Vorderrande sehr unbedeutend, gleichweit voneinander entfernt. Thoraxseiten mit deutlicher Ausrandung, Vorderwinkel und Mitte des Seitenrandes deutlich hervorstehend, die Längskiele sind kräftig, vorn parallel, dann zur Basis divergierend, die 2 folgenden jederseits sind vorn unterbrochen, diejenigen neben dem Seitenrande sind 2-buchtig, der mittlere Zwischenraum ist groß, aber nicht dicht, die seitlichen Zwischenräume nur sehr vereinzelt punktiert. Flügeldecken deutlich breiter als die Thoraxbasis, die Naht ist nur vor der Spitze erhaben, die erste Rippe verläuft ganz wagerecht, ist dann deutlich verbreitert und fast senkrecht abfallend am Ende, liegt aber noch höher als die Spitzentuberkel, zu der sich die 2. Rippe herabsenkt, seitliche Rippe und Spitzentuberkel bilden bei ihrer Vereinigung nur eine schmale Einbuchtung, Zwischenräume mit 2 Reihen rundlicher Punkte, der sie trennende Längsraum ist ungefähr so breit wie die Punkte. Metasternum etwas größer und zerstreuter als die kurz behaarten Schenkel punktiert, in der Mitte mit Längsfurche und seitlich davon mit je einem, mehr nach hinten gelegenen flachen Eindruck. Mittelschenkel an der Oberkante stumpfgebogen und bewimpert, an der Unterkante mit 2 deutlichen, stumpfen Zähnen. Analsegment mit glänzendem Längskiel in der Mitte. — L. 6—7 mm.

Penang, Perak.

3. **R. philippensis** Arrow 1905 *R. p*, Arrow in: Ann. nat. Hist., ser. 7 *v.* 15 p. 538.

Schwarz, wenig glänzend, länglich, parallel, etwas schlanker als *R. peninsularis* Arrow. Die vorderen Längskiele des Kopfes klein, von den mittleren des Hinterkopfes entfernt. Die Längskiele des Halsschildes verdickt, die mittleren entfernen sich nach hinten voneinander, die folgenden sind vorn unterbrochen, die letzten gebogen, die Zwischenräume sind groß punktiert. Die Naht der Flügeldecken breiter als bei der vorigen Art, vorn flach, nach hinten erhöht, die 1. Rippe ist zur Spitze verdickt, die Zwischenräume sind 2-reihig punktiert. Unterseite wie bei *R. peninsularis* Arrow, aber die Mittelschenkel ungezahnt. — L. 5—6,5 mm (ex Arrow).

Philippinen.

4. **R. suturalis** Ad. Schm. 1911 *R. s.*, Ad. Schmidt in: Tijdschr. Ent., *v.* 54 p. 135.

Länglich, schwarz, leicht glänzend. Kopf vereinzelt und fein punktiert, die Clipealzähnchen jederseits der flachen Ausrandung etwas spitz und unter sich weiter entfernt als von den stumpferen seitlichen. Thorax an den Seiten ziemlich tief ausgerandet, die Vorderwinkel und die Abrundung in der Mitte treten deutlich hervor, die Längskiele sind kräftig, die beiden mittleren am Vorderrande leicht mediad gebogen, von der Einschnürung im ersten Drittel zur Basis deutlich divergierend, der Raum zwischen beiden ist in 2 undeutlichen Längsreihen punktiert, die andern Zwischenräume sind fast glatt. Flügeldecken an der Basis so breit wie der Thorax, nach hinten in schwachem Bogen verjüngt, die Längsrippen sind stärker als die Naht erhaben, die 1. ist an der Spitze etwas verdickt, kaum höher als die Apicaltuberkel, diese bildet an der Vereinigung mit dem seitlichen Längskiel einen deutlichen Winkel, Zwischenräume mit 2 Punktreihen, die fast breiter als der sie trennende Längsraum sind. Metasternum kaum mittelstark, nicht sehr dicht punktiert, in der Mitte mit tiefer Längsfurche und seitlich mit je einem flachen Eindruck. Analsegment mit 2 rundlichen Vertiefungen und am Vorderrande mit einem dreieckigen Einschnitt, Pygidium mit Längskiel. ♂. Mittel- und Hintertibien am innern Spitzenwinkel dornförmig ausgezogen und letztere am Innenrande tief ausgerandet. ♀. Tibien ohne Dorn, Innenseite kaum ausgerandet. — L. 4 mm (Fig. 31).

Dar-es-Salaam, Kamerun, Togo.

5. **R. nilgirensis** Arrow 1909 *R. n.*, Arrow in: Ann. nat. Hist., ser. 8 *v.* 4 p. 94.

Länglich, fast parallel, zur Spitze verschmälert, schwarzbraun, wenig glänzend. Kopf mittelstark, hinten dichter punktiert, hier mit 4, davor mit 2 glänzenden, schmalen Längskielen, Clipeus in der Mitte kaum ausgerandet, mit 4 Zähnchen, von denen die beiden mittelsten deutlicher sind und weiter voneinander getrennt stehen als von den stumpferen, seitlichen. Thorax in der Mittelfurche ziemlich dicht, ein wenig größer als der Hinterkopf, nach den Seiten zu zerstreuter und feiner punktiert, die Mittelkiele nach hinten deutlich divergierend, die folgenden im ersten Drittel unterbrochen, die nächsten sind ganz und schwachbogig, der Seitenrand ist vorn deutlich ausgerandet, die Vorderwinkel aber seitlich kaum so weit hervortretend wie die Hervorragung der Seitenmitte. Flügeldecken so breit wie der Thorax, ihre 3 Längsrippen sind deutlich erhaben, die 1. ist an der Spitze stark verdickt und zur Apicaltuberkel herabgebogen und hier kaum höherliegend als letztere, dieselbe bildet mit der Seitenrippe nur eine geringe Einbuchtung, Zwischenräume mit 2 Punktreihen, die nicht bis zum Ende der Rippen reichen, der sie trennende Raum ist so breit wie die Punktreihe. Pygidium jederseits des Längskieles mit einem Grübchen. Metasternalplatte wenig dicht, mittelstark punktiert, in der Mitte mit schwacher Längsfurche und seitlich davon mit je einem schmalen, unbedeutenden Längseindruck. Schenkel und Analsegment, letzteres aber etwas größer, punktiert. Mittelschenkel breiter als die hinteren, an der Unterkante mit kleinem Zähnchen. — L. 4—5 mm.

Nilgiri Hills.

6. **R. gracilis** Arrow 1905 *R. g.*, Arrow in: Ann. nat. Hist., ser. 7 *v.* 15 p. 538.

Schwarz, wenig glänzend, länglich, parallelseitig. Kopf punktiert, Vorderrand mit sehr schwachen Zähnchen, die vorderen Kiele sehr klein, weit von den 4 hinteren getrennt. Thoraxseiten vorn und in der Mitte erweitert, die seitlichen Längskiele sind deutlich gebuchtet, die folgenden durch einen Quereindruck weit unterbrochen, die mittleren nach hinten breit divergierend, die Zwischenräume sind groß punktiert. Die Naht der Flügeldecken ist vorn flach, hinten erhaben, die 1. Rippe verbreitert sich vor der Spitze, die Apicaltuberkel sind mäßig groß, die Zwischenräume jederseits mit großer Punktreihe. Pygidium mit Längskiel. Unterseite ist dicht punktiert. Mittelschenkel mit einem Zahn an der Unterkante. — L. 6,5 mm (ex Arrow).

Luisiade-Archipel.

7. **R. approximans** Fairm. 1893 *R. a.*, L. Fairmaire in: Not. Leyden Mus., *v.* 15 p. 145.

Schwarz, wenig glänzend, Flügeldecken parallel, zur Spitze gerundet verengt. Kopf kurz und breit, die Zähne des Vorderrandes stehen in gleicher Entfernung unter sich, von den 4 hinteren Längskielen stehen die mittelsten etwas näher zusammen. Der Thorax überragt die Breite des Kopfes nur in den Vorderwinkeln, die mittelsten Längskiele sind vorn parallel, dann biegen sie sich etwas laterad und verlaufen dann wieder parallel bis zur Basis, die beiden folgenden Längskiele sind vorn unterbrochen, die seitlichen stark gebogen und ganz, die Zwischenräume sind ziemlich dicht und mittelstark punktiert. Die Naht der Flügeldecken überragt vor der Spitze (von vorn gesehen) die wagerecht liegenden Spitzentuberkel, die 1. Dorsalrippe ist hinten stark, die 2. weniger verdickt, der 1. und 3. Zwischenraum haben je 3 Punktreihen, der letztere aber nur in der Vorderhälfte, die anderen nur deren zwei. Hinterschenkel schmaler als die mittleren, diese an der Unterkante mit 2 sehr stumpfen Zähnchen. Metasternum mit schmaler tiefer Furche und hinter der Einlenkung der Mittelschenkel mit einem grübchenförmigen Punkte. Pygidium mit Längskiel und 2 seitlichen schmalen Längsgrübchen. — L. 5,5—6 mm.

Borneo.

8. **R. magnus** Ad. Schm. 1911 *R. m.*, Ad. Schmidt in: Tijdschr. Ent., *v.* 54 p. 134.

Durch die Größe auffallend. Schwarz und matt. Kopf mittelstark, am Hinterrande etwas dichter punktiert, die 2 vorderen Längskiele stehen den 4 hinteren näher als dem Vorderrande, dieser ist stumpf 4-zähnig. Thorax mit 6 sehr kräftigen Längskielen, von diesen sind die mittelsten parallel, die folgenden durch einen tiefen, schmalen Schrägeindruck vorn unterbrochen, die seitlichen vorn gebogen, der Raum zwischen den Kielen ist glatt, nur am Vorderrande und in der Nähe der Hinterwinkel mit undeutlichen größeren Punkten, die Vorderwinkel stehen als dreieckige Spitze hervor und überragen die folgende Verbreiterung des Seitenrandes. Flügeldecken so breit wie der Thorax, an der Basis leicht eingeschnürt, zur Spitze verjüngt, mit flacher Naht und 3 Längsrippen, die schwächer als die Kiele des Halsschildes sind, die 1. derselben ist an der Spitze plötzlich stark verbreitert und fällt dann senkrecht zur etwas tiefer liegenden Apicaltuberkel ab, die bei ihrer Vereinigung mit der seitlichen Längsrippe einen deutlichen Winkel bildet, der 1. und 4. Zwischenraum sind 2-reihig punktiert, die Punkte sind breiter als der sie trennende Raum, der 2. und 3. haben 3 Punktreihen, von ihnen ist die mittelste zuweilen undeutlicher. Metasternum ziemlich dicht und größer als die Schenkel punktiert und behaart, die Mitte des ersteren zeigt eine schmale Längsfurche und 2 seitliche Eindrücke. Die etwas stärkeren Mittelschenkel haben an der Unterkante 2 stumpfe Zähne, der obere (äußere) derselben ist sehr klein. — L. 8—8,5 mm.

Java.

9. **R. denticollis** Fairm. 1893 *R. d.*, L. Fairmaire in: Not. Leyden Mus., *v.* 15 p. 144.

Schwarz, wenig glänzend. Kopf fein rauh und matt, die vorderen Längskiele wenig deutlich, Clipeus in der Mitte leicht ausgerandet, mit 4 deutlichen Zähnchen, die in gleicher Entfernung untereinander stehen. Thorax etwas runzlig punktiert, mit glänzenden Längskielen, die beiden mittelsten vorn und vor der Basis schwach divergierend, die folgenden deutlich, die seitlichen, (von oben gesehen) scheinbar unterbrochen, weil sie am Quereindruck stark herabgebogen sind, die Vorderwinkel stehen deutlich hervor, sie überragen die Verbreiterung der Mitte. Flügeldecken zur Mitte leicht erweitert, mit erhabener Naht und 4 deutlichen Längsrippen jederseits, die 1. Längsrippe ist nach hinten nur wenig verdickt, am Ende wie die 2. senkrecht abfallend, der Raum zwischen den Rippen ist 2reihig groß punktiert, bei gewisser seitlicher Betrachtung wie quergefaltet erscheinend, Apicaltuberkel breit, wenig erhaben, mit dem Seitenkiel eine kleine Einbuchtung bildend. Metasternum ziemlich dicht punktiert, mit schmaler Längsfurche und einem rundlichen Grübchen hinter den Mittelschenkeln, diese an der Unterkante mit 2 sehr deutlichen, stumpfen Zähnen. — L. 5—6 mm.

Java.

10. **R. sumatrensis** Fairm. 1893 *R. s.*, L. Fairmaire in: Not. Leyden Mus., *v.* 15 p. 17.

Von länglicher, zur Spitze verjüngter Gestalt, schwarz, wenig glänzend. Kopf kurz und breit, undeutlich und flach punktiert, die beiden mittleren Zähnchen des Vorderrandes unter sich weiter entfernt als von den seitlichen, die vorderen Längskiele kurz und undeutlich, die 4 hinteren kräftig. Thoraxseiten vorn ausgerandet, die Vorderwinkel wenig hervorstehend, die Mittelkiele sind parallel, die beiden folgenden vorn unterbrochen, die seitlichen ganz und nur leicht gebogen, der Grund zwischen den Kielen ist fein runzlig. Flügeldecken von der Basis zur Spitze verengt, die Rippen und die erhabene Naht glänzend, die 1. Rippe allmählich und nicht stark zur Spitze verbreitert und dann flach herabgebogen, wenig höher liegend als die stark erhabene, an den Seiten abgeschrägte Apicaltuberkel, sie bildet mit der Seitenrippe nur eine unbedeutende Einbuchtung, die Zwischenräume haben 2 Punktreihen, diese sind schmaler als der sie trennende, flache Längsraum. Metasternalplatte nicht dicht punktiert, leicht verflacht und in der Mitte mit undeutlicher Längsfurche. Mittelschenkel mit stumpfem Zähnchen an der Unterkante, sehr fein und wenig dicht punktiert wie die Hinterschenkel. — L. 5—7 mm.

Sumatra.

11. **R. birmanicus** Fairm. 1897 *R. b.*, L. Fairmaire in: Not. Leyden Mus., *v.* 19 p. 210.

Länglich, nach hinten leicht erweitert, schwarz, wenig glänzend. Kopf undeutlich punktiert, mit schwachen Längskielen, die Zähnchen des Vorderrandes stehen in ziemlich gleicher Entfernung. Thorax deutlich punktiert, die Vorderwinkel ragen seitlich etwas weiter hervor als die folgende Verbreiterung der Mitte, die seitlichen Längskiele biegen sich nach hinten in flachem Bogen den Hinterwinkeln zu, die folgenden sind vorn breit unterbrochen, die mittelsten parallel, der Raum zwischen den Längskielen ist mittelstark punktiert. Die Naht der Flügeldecken ist erhaben, die Verbreiterung der ersten Rippe matt und fein punktiert, der 1. und 2. Zwischenraum haben je zwei, der 3. drei Punktreihen, die Spitzentuberkel liegt wenig tiefer als die 1. Längsrippe, sie bildet mit der 4. Rippe eine sehr kleine Einbuchtung. Metasternalplatte mediad verflacht, in der Mitte mit schmaler Längsfurche, sehr dicht punktiert und behaart wie die Schenkel. — L. 5—6 mm.

Birma.

12. **R. obsoletus** Fairm. 1893 *R. o.*, L. Fairmaire in: Not. Leyden Mus., *v.* 15 p. 145.

Gestalt und Färbung wie bei der vorigen Art. Kopf fein, wenig deutlich punktiert, die 4 Längskiele am Hinterkopfe kräftig, die beiden vorderen schwächer, die Zähne am Vorderrande ziemlich gleichweit voneinander entfernt und wenig deutlich. Thorax fein, undeutlich punktiert, Vorderwinkel wenig vorstehend, die seitlichen Längskiele mit dem Seitenrande in der Basalhälfte parallel. Naht und Längsrippen der Flügeldecken gleichmäßig, aber wenig stark erhaben, die Verbreiterung am Ende der 1. Rippe nicht matt, aber fein punktiert, sie liegt etwas höher als die Spitzentuberkel, diese ist seitlich abgerundet und bildet mit der Seitenrippe eine sehr geringe Einbuchtung. Metasternalplatte matt, feiner und stärker dicht punktiert und behaart, die Längsfurche ist schmal und wenig vertieft. Mittelschenkel an der Unterkante mit einem Zähnchen, sie sind wie die schmaleren Hinterschenkel dicht punktiert und behaart. — L. 5 mm.

Sumatra.

Die Original-Beschreibungen der folgenden Arten enthalten entweder nur vergleichende Bemerkungen oder Angaben, die für jede der vorstehenden Arten auch zutreffen, deshalb konnten sie in der Bestimmungstabelle nicht untergebracht werden.

13. **R. comorianus** Fairm 1896 *R. c.*, L. Fairmaire in: Ann. Soc. ent. Belgique, *v.* 40 p. 452.

Ähnelt sehr dem *R. helephoroides* Fairm. (nr. 1), ist aber etwas größer und breiter, der Kopf ist zahlreicher punktiert, die Längskiele sind schwächer. Der Thorax ist weniger kurz, mehr punktiert, und die Vorderwinkel mehr hervorstehend. Seiten der Flügeldecken weniger parallel, stärker punktiert, die Rippen weniger erhaben, die Apicaltuberkel medial höher. — L. 4 mm (ex L. Fairmaire).

Comoren.

14. **R. dentatus** Fairm. 1896 *R. d.*, L. Fairmaire in: Not. Leyden Mus., *v.* 18 p. 83.

Dem *R. sumatrensis* Fairm. (nr. 10) ähnlich, unterscheidet sich aber von ihm durch weniger kurzes Halsschild, dessen Seiten vor der Basis mehr gerade, und dessen Vorderwinkel mehr hervorstehen. Die Flügeldecken sind etwas mehr konvex, nach der Mitte leicht verbreitert, die Seitenrippe bildet mit der konischen Apicaltuberkel einen deutlichen Winkel. — L. 5,5 mm (ex L. Fairmaire).

Borneo.

15. **R. desjardinsi** Westw. 1847 *R. d.*, Westwood in: Tr. ent. Soc. London, *v.* 4 p. 241 t. 17 f. 5 (Gesamtbild).

Schwarz, wenig glänzend, punktiert. Thorax mit 6 Längsrippen, von denen die in der Mitte der Seiten gelegenen vorn unterbrochen sind. Jede Flügeldecke mit 4 beiderseits punktierten Längsrippen. — L. 4,5 mm (ex Westwood).

Réunion, Mauritius.

16. **R. saundersi** (Pasc.) 1866 *Antrisis s.*, Pascoe in: J. Ent., *v.* 2 p. 448 t. 18 f. 5 (Gesamtbild) | 1896 *Rhyparus s.*, L. Fairmaire in: Not. Leyden Mus., *v.* 18 p. 84.

Oberseite mit einem graubraunen Überzuge. Kopf mit 8 deutlichen Längskielen (der erhöhte Wangenrand mitgezählt). Thorax mit 8 Längskielen einschließlich des Seitenrandes, der 2. Längskiel von der Mitte gezählt vorn unterbrochen, die Zwischenräume sind unregelmäßig punktiert. Flügeldecken mit erhöhter Naht und 4 Längsrippen jederseits, von denen die 3 medialen vor der Spitzentuberkel unterbrochen sind, jeder Zwischenraum mit 2 Punktreihen. Unterseite ziemlich rauh punktiert. — L. 5 mm (ex Pascoe).

Sarawak.

17. **R. xanthi** (J. Friv.) 1883 *Antrisis x.*, J. Frivaldszky in: Term. Füzetek, *v.* 6 p. 138 | 1908 *Rhyparus x.*, Ad. Schmidt in: D. ent. Z., suppl. p. 111.

Schwärzlich, mäßig glänzend. Kopf rauh punktiert, mit 4 stumpfen Zähnchen am Vorderrande, die erhabene Mitte mit 2, der Hinterkopf mit 2 (?) kurzen Längskielen. Thoraxseiten vorn ausgerandet, die Vorderwinkel und die Mitte infolgedessen rundlich hervortretend, zur Basis verschmälert, oberseits dicht punktiert, mit 6 Längskielen, die seitlichen sind vorn unterbrochen. Flügeldecken wenig konvex, die 3 Dorsalrippen vor der Spitzentuberkel abgekürzt, durch eine Vertiefung von ihr geschieden, Zwischenräume eben und 2-reihig punktiert. Unterseite dicht rauh punktiert. — L. 4 mm.

Borneo.

38. Gen. **Termitodius** Wasmann

1894 *T.*, Wasmann, Krit. Verz. myrmecoph. Arthrop., p. 220 | 1910 *T.*, Ad Schmidt in: Gen. Ins., fasc. 110 p. 132, 133.

Kopf vorn mit 3 schmalen Längsfurchen, am Hinterrande mit 4 Längskielen, Thorax am Vorderrande mit 6 Längstuberkeln und dahinter mit 4 Längskielen, Flügeldecken mit 6 Rippen, Hinterschenkel schmal, gebogen, die Abdomenspitze überragend.

Länglich, konvex. Kopf stark herabgebogen, am Vorderrande mit 4 Zähnchen, Augen groß, fast ganz auf die Unterseite gerückt. Die beiden mittleren und die beiden seitlichen Tuberkeln am Vorderrande des Halsschildes setzen sich nach der Basis zu in je einen Längskiel fort. Die Flügeldecken haben außer der erhabenen Naht jederseits noch 3 Längsrippen und vor der Spitze eine rundliche Tuberkel. Die Vorderhüften werden durch eine schmale Leiste getrennt, die nach hinten als dreieckige Spitze hervorragt, Mittelhüften etwas weiter entfernt stehend, Metasternalplatte in der Mitte und seitlich davon mit je einer länglichen Vertiefung, das 2.—5. Abdominalsegment schmal, das 6. breit, in der Mitte desselben befinden sich 2 rundliche Vertiefungen. Vordertibien am Vorder- und Seitenrande mit je einem Zahn, die innere Spitzenecke ist kurz und zahnförmig ausgezogen, ohne Enddorn, Mittel- und Hintertibien flach, am Endrande kurz beborstet und nach innen zu kurz dornförmig verlängert. Tarsen kurz, 5-gliederig, mit hornigen, kleinen Klauen. Nach Wasmann, (1894 Krit. Verz. myrmecoph. Arthrop. p. 220) sind die Fühler 9-gliederig, mit schmaler, kleiner, 3-blättriger Keule, die Zunge ist groß, an der Spitze wenig ausgerandet, die Nebenzungen bewimpert, die Lippentaster und die häutigen Unterkiefer kurz, die Oberkiefer sind an der Basis hornig, die nach vorn verlängerte Platte häutig.

Hierher gehört eine Art aus Südamerika.

1. **T. coronatus** Wasm. 1894 *T. c.*, Wasmann, Krit. Verz. myrmecoph. Arthrop., p. 220.

Schwarzbraun, wenig glänzend. Die Längskiele des Hinterkopfes rauh und matt, die 3 glänzenden Längsfurchen werden durch schmale Langskiele getrennt, Vorderrand mit 4 Zähnchen. Thorax nach hinten verschmälert, Seitenrand vorn leicht ausgerandet, die Vorderwinkel deshalb seitlich etwas hervortretend, die beiden mittelsten, stärker erhöhten und die seitlichen Tuberkeln verlängern sich nach hinten zu Längskielen, die die Basis erreichen, jederseits von dieser befindet sich noch ein kurzer Längskiel, die Tuberkeln und Längskiele sind ziemlich dicht punktiert und kurz hell behaart, der Raum zwischen ihnen ist glänzend. Die Längsrippen der Flügeldecken sind von den beiden rundlichen Apicaltuberkeln durch eine Vertiefung getrennt. Das 1. Glied der Hintertarsen nur so lang wie die 2 folgenden, das 2.—4. ist rundlich und quer, das 5. kürzer als das 1. Lebt in Termitennestern (Eutermes meinerti Wasm.).

Venezuela.

39. Gen. **Sybacodes** L. Fairmaire

1896 *S.*, L. Fairmaire in: Not. Leyden Mus., *v.* 18 p. 84 | 1910 *S.*, Ad. Schmidt in: Gen. Ins., fasc. 110 p. 132, 135.

Kopf mit 2 Haarbüscheln, Thorax und Flügeldecken mit Längsrippen, fein gelb und kurz behaart, Schildchen fehlt,

Vordertibien ohne Enddorn, mit 1 Zahn am Vorder- und 2 Zähnen am Außenrande, Hintertibien ohne Enddorne.

Körper länglich-oval, mit oder ohne Toment, wenig glänzend. Kopf stark herabgebogen, von vorn gesehen ist er spitz ausgezogen, bei oberer Ansicht leicht ausgerandet und vierzähnig, der Hinterkopf zeigt 2 Haarbüschel, die Wangen sind groß und abgerundet, die Augen verborgen. Das 1. Glied der Fühler ist stark, die beiden folgenden sind weniger verlängert, das 4.—6. Glied quer, die 3blättrige Keule ist dicht behaart. Die häutige Oberlippe ist quer, an den Seiten gerundet, vorn ausgerandet und bewimpert. Der hornige Oberkiefer erweitert sich nach vorn in eine dünne Platte, die am Medialrande bewimpert und am Grunde desselben mit einer feinen

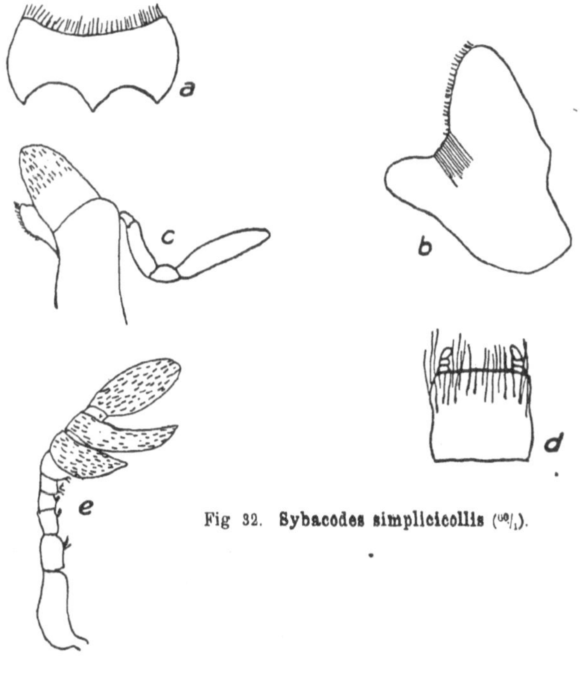

Fig 32. **Sybacodes simplicicollis** (40/1).

Mahlfläche versehen ist. Die Unterkiefer sind hornig und schmal, das 2. und 4. Glied der Kiefertaster, besonders das letztere, stark verlängert, die laterale Kaulade ist gut entwickelt und dicht behaart, die mediale verhältnismäßig breit und bewimpert. Das Kinn ist hornig und fast viereckig, es ist in der Vorderhälfte lang behaart, die Lippentaster sind klein, ihre beiden ersten Glieder quer. Thorax quer, unbewimpert, die mittleren Längsrippen immer ganz. Die Rippen der Flügeldecken bis zur Spitze verlängert, letztere ohne Tuberkeln. Die Vorderhüften werden durch einen schmalen Kiel, der vorn und hinten spitz hervorragt, getrennt. Das Mesosternum liegt vertieft. Das Metasternum ragt als hervorstehende Spitze zwischen die Mittelhüften, die Hinterhüften sind nicht getrennt. Das Abdomen besteht aus 6 Segmenten, das letzte ist verbreitert. Mittel- und Hinterschenkel sind schmaler als die vorderen. Statt der fehlenden Enddorne haben die 4 hinteren Tibien am innern Spitzenwinkel mehrere längere Borsten. Beim ♂ sind die Mitteltibien dornförmig nach innen ausgezogen. Das 1. Glied der 5-gliederigen Tarsen ist fast so lang wie der übrige Fuß. Die Klauen sind hornig.

Hierher gehören 2 Arten aus Ostindien.

Bestimmungstabelle der Arten:

- Alle Rippen des Halsschildes ganz, die geradzahligen Zwischenräume der Flügeldecken gewölbt, aber weniger erhaben als die ungeradzahligen . . . . 1. **S. lutulentus**
- Die 2. Rippe vor der Mitte unterbrochen, die geradzahligen Zwischenräume flach . . . . 2 **S. simplicicollis**

1. **S. lutulentus** Fairm.

Diese Art zerfällt in 2 Unterarten:

1a. **S. lutulentus lutulentus** Fairm 1896 *S. l.*, L Fairmaire in: Not. Leyden Mus., *v.* 18 p. 85 | 1905 *S. l.*, Arrow in: Ann. nat. Hist., ser 7 *v.* 15 p 539.

Länglich-oval, gewölbt, mit einem graubraunen Überzuge. Kopf mit vertiefter Nahtlinie, davor beulig erhöht, an den Seiten des Hinterkopfes mit 2 kurzen, unbedeutenden Längskielen, in der Mitte mit 2 Haarbüscheln, Vorderrand mit 4 stumpfen Zähnchen, Wangen rundlich erweitert. Thorax vor der Basis deutlich gerundet verengt, hinter den Vorderwinkeln mit schwacher Ausrandung (von oben gesehen), die 2 seitlichen Rippen sind nicht gerade, ungefähr in der Mitte stark herabgewölbt, sie erscheinen deshalb hier wie unterbrochen, die Mittelrippen sind parallel und gerade, der Raum zwischen den Rippen ist deutlich und dicht, der Kopf dagegen vereinzelt und fein punktiert, die Langsrippen sind dicht 2-reihig behaart, die Hinterwinkel herabgebogen. Flügeldecken an der Basis breiter als der Thorax, zur Mitte leicht erweitert und dann verengt abgerundet, der Basalrand ist scharf, die ungeradzahligen Zwischenräume sind rippenförmig erhaben, zum Teil glänzend, kurz behaart und jederseits durch Punktreihe begrenzt, die geradzahligen sind nur leicht erhaben. Das Metasternum ist in der Mitte längsvertieft, es überragt als Spitze das Mesosternum. Der Längskiel des Pygidium ist lang bewimpert, das Analsegment ist viel breiter und mit dem 5., sich mediad stark verschmälernden fest verwachsen, die andern Segmente sind gleichbreit. Die Hinterschenkel sind schmaler als die mittleren. — L. 6—7 mm.

Birma, Indien, Siam.

1b. **S. lutulentus alternatus** Fairm. 1897 *S. l.* var. *a.*, L. Fairmaire in: Not. Leyden Mus., *v.* 19 p. 211.

Viel kleiner, auf den Rippen kaum behaart, alle Zwischenräume fast gleich hoch (ex L. Fairmaire).

Malabar.

2. **S. simplicicollis** (Fairm.) 1896 *Rhyparus s.*, L. Fairmaire in: Not. Leyden Mus., *v.* 18 p. 84 | 1909 *Sybacodes aureopilosus*, Ad. Schmidt in: Soc. ent., *v.* 24 p. 60 | 1910 *S. a.*, Ad. Schmidt in: Gen. Ins., fasc. 110 p. 136 t. 3 f. 48 (Gesamtbild).

Schwarzbraun, länglich, leicht verbreitert, wenig glänzend, ohne Überzug. Kopf fein, nicht dicht punktiert, mit eingedrückter Stirnlinie, hinten mit 2 Haarbüscheln, seitlich ohne Längskiel, Vorderrand mit 4 stumpfen Zähnen, Wangen rundlich erweitert. Thorax quer, die Seiten sind vorn kaum, vor der Basis sehr leicht ausgerandet, viel weniger aber als bei voriger Art, die mittleren Kiele stehen wenig voneinander, sie divergieren schwach nach hinten, die folgenden sind vorn durch einen leichten Quereindruck schmal unterbrochen, die seitlichen sind ganz, die Oberseite ist deutlicher und dichter als der Kopf punktiert und sehr fein behaart, auf den Rippen, auch auf denen der Flügeldecken stehen die Härchen in 2 Reihen, die Hinterwinkel sind nicht herabgebogen. Die Flügeldecken sind an der Basis leicht eingeschnürt, sie haben außer der erhabenen Naht 3 glänzende, kielförmige Längsrippen, der Raum zwischen diesen ist flach und jederseits mit Punktreihe. Das nach vorn in eine freistehende Spitze ausgezogene Metasternum ist fein punktiert, in der Mitte mit schmaler, tiefer Längsfurche und fein behaart wie das Abdomen, das letzte Segment ist deutlicher und dicht, das Pygidium zerstreuter punktiert, es ist stark bauchwärts gerichtet und hat einen stumpfen, lang behaarten Längskiel in der Mitte. Das Verhältnis der Segmente untereinander ist wie bei der vorigen Art. — L. 3,5—4 mm (Fig. 32).

Sumatra, Yünnan.

40. Gen. **Notocaulus** G. Quedenfeldt

1884 *N.*, G. Quedenfeldt in: Berlin. ent. Z., *v.* 28 p. 285 | 1888 *Fåhraea*, Bergroth in. D. ent. Z., *v.* 32 p. 221.

Kopf mit 4 Quertuberkeln und 3 Längskielen, Schildchen deutlich, Thorax mit 5, Flügeldecken mit 8 Längskielen, Vordertibien mit einem Enddorn und 2 Lateralzähnen.

Körper länglich, gewölbt, wenig glänzend. Die 4 Tuberkeln des Hinterkopfes, die nur bei *N. neumanni* Felsche fehlen, stehen in einer bogigen Querreihe, von den beiden seitlichen und den mittelsten Tuberkeln geht je 1 Längskiel nach dem Vorderrande, der mittelste von ihnen teilt sich vorn

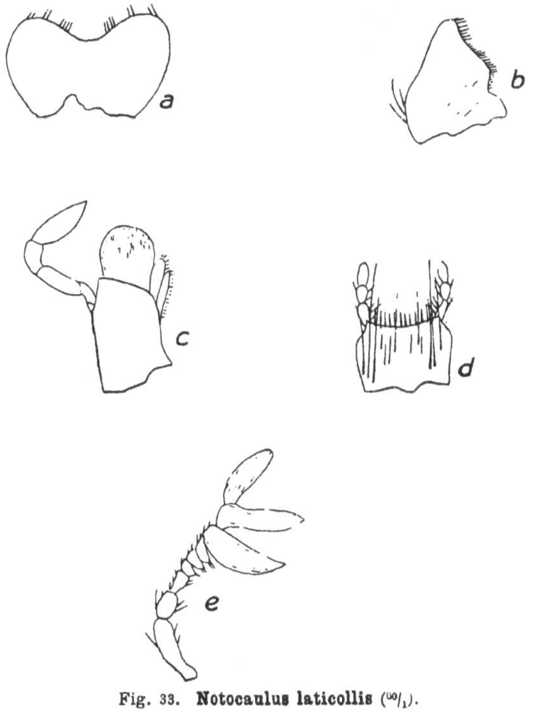

Fig. 33. **Notocaulus laticollis** (60/1).

in 2 schwache divergierende Seitenäste, der Raum zwischen den Kielen ist konkav und fein, der Hinterkopf sehr dicht und stärker punktiert, Clipeus in der Mitte etwas spitz nach unten ausgezogen, von oben gesehen mit 2 mehr oder weniger deutlichen Zähnchen. Das 1. Glied der Fühler ist keulenförmig und stärker verlängert als das 2. und 3., das 4.—6. ist quer, die 3 letzten bilden eine länglich-runde und dicht behaarte Keule. Die häutige Oberlippe ist wenig quer, an den Seiten stark gerundet, am Vorderrande in der Mitte schmal, aber tief ausgerandet und gruppenweise beborstet. Die hornigen Oberkiefer bilden nach vorn eine dreieckige, dünne Platte, deren medialer häutiger Saum gebuchtet und abwechselnd länger und kürzer bewimpert ist. Die laterale Kaulade der Unterkiefer ist rundlich, nach vorn gerichtet und behaart, die mediale scheint 2-teilig zu sein, das 2. und 4. Glied der Kiefertaster ist verlängert. Das hornige Kinn ist quer, an der Unterseite länger und kürzer behaart, die Zipfel der gespaltenen Zunge überragen fast das 1. Glied der verlängerten Lippentaster. Der Vorderrand des Halsschildes ist hinter den Augen verdickt und bildet einen Querkiel, der an seinem medialen Ende leicht nach hinten gebogen ist, der Seitenrand ist meistens von oben in seiner größten Länge sichtbar, die Oberfläche ist punktiert und zeigt 5 Längskiele, die 3 mittleren gehen vom Vorderrande, die beiden seitlichen von dem Querkiele aus, alle enden an der Basis. Schildchen zugespitzt, schmal dreieckig. Flügeldecken nach hinten leicht verbreitert, die Längsrippen sind gewöhnlich stumpfkielig. Die Unterseite ist ziemlich dicht und sehr deutlich punktiert, das Mesosternum ist in der Mitte längsgekielt, und das verhältnismäßig lange Metasternum in der Mitte längsvertieft, die Abdominalsegmente haben fast immer an dem Vorderrande kurze Riefen. Die Vorderschenkel sind verbreitert, die 4 folgenden sind schwächer, Mittel- und Hintertibien außen ohne Querleisten, am Endrande mit Borstenbesatz und 2 spitzen Enddornen, der obere derselben kürzer als das 1. Tarsenglied, dieses gewöhnlich so lang wie die 3 folgenden Glieder.

Hierher gehören 5 Arten aus Afrika.

Bestimmungstabelle der Arten:

1	Seitenrand des Halsschildes bei oberer Ansicht nicht hervortretend, Thoraxseiten kaum punktiert, Furchen der Flügeldecken jederseits mit feiner Punktreihe	1 N. nigropiceus
	Seitenrand deutlich hervorstehend, Seiten des Halsschildes deutlich punktiert, Punktreihen der Flügeldecken feiner oder stärker — 2	
2	Quertuberkeln des Kopfes fehlend	2. N. neumanni
	Quertuberkeln des Kopfes deutlich — 3	
3	Die flachen Zwischenräume der Flügeldecken reichlich doppelt so breit wie die Punktreihen	3. N. felschei
	Die flachen Zwischenräume nur so breit oder wenig breiter als die Punkte — 4	
4	Clipeus in der Mitte scharfspitzig nach unten gezogen, von oben gesehen jederseits der Ausrandung mit spitzem, aufgebogenem Zähnchen	4. N. laticollis
	Clipeus nicht scharfspitzig, jederseits der Ausrandung mit abgerundeter Ecke	5 N. sculpturatus

1. **N. nigropiceus** Quedf. 1884 *N. n.*, G. Quedenfeldt in: Berlin. ent. Z., *v.* 28 p. 286 t. 8 f. 6 (Gesamtbild).

Gewölbt, schwarzbraun, fast matt, Seiten parallel. Kopf fast senkrecht herabgebogen, mit 4 Quertuberkeln, die gebogen sind und mit 3 Längskielen, die beiden seitlichen Kiele gehen von den Seitentuberkeln bis zum Vorderrande in etwas schräger Richtung, der mittlere geht gerade nach vorn und teilt sich in 2 schwächere Leisten, die den Vorderrand erreichen und hier 2 stumpfe Zähnchen bilden, der Raum hinter diesen sowie zwischen den Kielen ist vertieft und fein chagriniert, Hinterkopf sehr dicht und deutlich punktiert, der Clipeus erscheint von oben gesehen leicht ausgerandet, in Wirklichkeit ist er etwas stumpfspitzig nach unten gezogen. Der Vorderrand des Halsschildes bildet seitlich einen Querkiel, der bis zum Seitenrande herabreicht, letzterer ist hinter den rundlichen Vorderwinkeln leicht ausgerandet, er biegt sich vor der Basis nach unten und dann wieder nach oben, längs der Mitte des Halsschildes sind 3 gerade Längskiele, deren Zwischenräume nicht sehr dicht punktiert sind, die beiden Seitenkiele gehen von dem Querkiel am Vorderrande aus, sie liegen senkrecht über dem Seitenrande, so daß dieser bei Ansicht von oben kaum sichtbar ist, der seitliche Zwischenraum ist unpunktiert und schwach konkav, die Basis ist vereinzelt bewimpert. Jede Flügeldecke mit 4 kräftigen Längsrippen, die beiden medialen Furchen haben je 2 feine Punktreihen, die durch einen doppelt so breiten flachen Längsraum getrennt werden, die 3. Furche hat drei, die 4. wieder nur zwei, aber sehr undeutliche Punktreihen. Unterseite ziemlich dicht punktiert, Mesosternum mit schwachem Längskiel, Metasternum in der Mitte längsvertieft, Abdomen am Vorderrande gerieft. — L. 3,3 mm.

Angola.

2. **N. neumanni** (Felsche) 1909 *Rhyparus n.*, Felsche in: D. ent. Z., p. 451 | 1911 *Notocaulus n.*, Ad. Schmidt in: Ent. Zeit. Stettin, *v.* 72 p. 49.

Dunkel rotbraun, wenig glänzend, nach hinten leicht erweitert. Kopf vorn fein und zerstreut, hinten größer und dicht punktiert, aber ohne Querkiele. nur mit 3 Längskielen wie bei der vorigen Art, der Raum zwischen ihnen ist schwach vertieft, Clipeus jederseits der scheinbaren Ausrandung stumpfzahnig, der wirkliche Vorderrand ist in eine kleine, scharfe, nach unten und hinten gerichtete Spitze ausgezogen. Thorax wie bei der vorigen Art skulptiert, aber die ganze Oberfläche ist dicht und sehr deutlich punktiert, und der leicht ausgerandete Seitenrand in zwei Drittel der Länge deutlich von oben sichtbar. Jede Flügeldecke mit 4 kielförmigen Rippen, die beiden ersten und die 4. Längsfurche haben je 2, die 3. aber drei Punktreihen, der Zwischenraum der dorsalen Furchen ist nicht zweimal so breit wie die Punktreihen. Metasternum an den Seiten grob, in der vertieften Mitte feiner, aber ziemlich dicht punktiert. Die 5 sichtbaren Abdominalsegmente am Vorderrande mit einer Querreihe großer, länglicher Punkte, er erscheint deshalb wie gerieft, die übrigen Teile sind etwas kleiner, das letzte Segment ist sehr dicht punktiert. — L. 3,5—4 mm.

Abessinien.

3. **N. felschei** Ad. Schm. 1911 *N. f.*, Ad. Schmidt in: Soc. ent., *v.* 26 p. 56.

Schwarzbraun, Thorax in den Vorderwinkeln und die Kiele der Flügeldecken heller, wenig glänzend. Kopf mit 4 queren Tuberkeln und 3 Längskielen wie *N. nigropiceus* Quedf., Hinterkopf deutlich und dicht, der übrige Teil äußerst fein und zerstreut punktiert, glänzend, Clipealzähnchen sehr stumpf. Thorax ziemlich dicht, in der Mittelfurche etwas größer als seitlich punktiert, der Seitenrand in zwei Drittel der Länge deutlich hervorstehend, nicht ausgerandet. Flügeldecken breiter als der Thorax, mit 4 stumpfen Kielen jederseits, die beiden ersten Furchen und die vierte haben je 2, die dritte 3 Punktreihen, der Raum zwischen den Punktreihen ist flach und in den dorsalen Furchen reichlich zweimal so breit wie die Punkte. Mesosternum in der ganzen Länge fein gekielt. Metasternum wenig dicht, in der längsvertieften Mitte feiner, Abdomen viel stärker punktiert, letzteres am Vorderrande der Segmente ohne große Punktreihe. — L. 4 mm.

Deutsch-Ostafrika.

4. **N. laticollis** Arrow 1906 *N. l.*, Arrow in: Ann. nat. Hist., ser. 7 *v.* 18 p. 130.

Schwarzbraun. Skulptur des Kopfes wie bei voriger Art, nur der Vorderkopf ist etwas deutlicher punktiert, die Clipealzähnchen sind spitz und aufgebogen. Die Punktierung des Halsschildes seitlich etwas dicht, der hervorstehende Seitenrand in der Mitte leicht ausgebuchtet. Die Anzahl der Rippen und Punktreihen der Flügeldecken wie bei *N. felschei* Ad. Schm., aber der die Punktreihen trennende Raum schmaler, etwas erhaben, besonders in der 3. Furche, hier sind die beiden Zwischenräume fast rippenförmig. Mesosternum mit feinem Längskiel. Metasternum auch in der längsvertieften Mitte deutlicher punktiert. Abdominalsegmente längs des Vorderrandes gerieft und außerdem sehr deutlich punktiert. — L. 4—4,5 mm (Fig. 33).

Angola.

5. **N. sculpturatus** (Boh.) 1848 *Helophorus s.*, Boheman, Ins. Caffr., *v.* 1 p. 586 | 1884 *Notocaulus auriculatus*, G. Quedenfeldt in: Berlin. ent. Z., *v.* 28 p 287 | 1888 *Fåhraea sculpturata*, Bergroth in: D. ent. Z., *v.* 32 p 221 | 1912 *Notocaulus sculpturatus*, Orchymont in. Rev. zool. Afr., *v.* 2 p. 45.

Gelbrot (? immaturus), Hinterkopf dunkler. Unterscheidet sich von der vorigen Art durch das Fehlen der Clipealzähnchen, die Ecken sind hier sehr stumpf gerundet, auch die Mitte des Vorderrandes ist nicht scharfspitzig ausgezogen, die Quertuberkeln sind am Ende stark verdickt. Der Seitenrand des Halsschildes ist nicht ausgebuchtet und geht im flachen Bogen zur Basis, bei *N. laticollis* Arrow ist der Seitenrand vor der Basis plötzlich unter den Seitenkiel gebogen, der Seitenrand ist auch bei dieser Art kürzer und reicht wenig über die Mitte nach hinten, bei *N. sculpturatus* Boh. erstreckt er sich bis $^2/_3$ der Länge, die Oberfläche ist auch dichter punktiert. Die Längsrippen der Flügeldecken sind bei *N. laticollis* Arrow kielförmig, bei *N. sculpturatus* abgerundet und nicht viel höher als die gewölbten geraden Zwischenräume, die auch nur so breit wie die Punktreihen sind. Die Anzahl und Verteilung der letzteren wie bei der vorigen Art, ebenso stimmen beide in der Punktierung der Unterseite überein. Mitteltarsen stark verdickt, die äußere breitere Klaue am Grunde mit einem Zahn (jedenfalls sexueller Unterschied). — L. 4 mm.

Port Natal, Gariep-Fluß.

41. Gen. **Stereomera** Arrow

1905 *S.*, Arrow in: Ann. nat. Hist., ser. 7 *v.* 15 p. 534.

Körper flach, Kopf groß und glatt, Thorax und Flügeldecken mit Längsrippen, Beine kurz, Tarsen 3gliederig.

Körper kurz, wenig gewölbt, unbehaart. Kopf groß, abgerundet und glatt, die länglichen Augen von oben nicht sichtbar. Thorax kurz und breit, in der Mitte mit einem Quereindruck. Flügeldecken seitlich stark herabgewölbt, an der Naht verwachsen, Epipleuren breit. Vorder- und Mittelschenkel wenig getrennt, die hintern stehen zusammen. Die Bauchsegmente sind in der Mitte verwachsen und sehr verkürzt. Das Pygidium ist von oben nicht sichtbar. Die Fühler sind 9gliederig, das 1. Glied ist verlängert und gebogen, in einer Vertiefung liegend, das 2. ist kurz und cylindrisch, das 3. ist von der Länge der drei folgenden, die unter sich gleichlang sind, die von den 3 letzten Gliedern gebildete Keule ist klein. Die Kiefertaster sind lang und dünn.

Hierher gehört eine Art aus Hinterindien.

1. **S. pusilla** Arrow 1905 *S. p.*, Arrow in Ann. nat. Hist., ser. 7 *v.* 15 p. 535.

Rotbraun. Kopf kaum gewölbt, groß, vorn abgerundet, ohne Höcker oder sonstige Erhebungen. Thorax vorn etwas verschmälert, mit Längskielen, die ungefähr in der Mitte durch einen Quereindruck unterbrochen werden, dadurch erscheint die Scheibe vorn und hinten stark erhaben gewölbt. Flügeldecken von der Breite des Halsschildes, jederseits mit 3 Längsrippen, der seitliche Zwischenraum ist ungefähr zweimal so breit wie die anderen, sie sind mit feinen Quereindrücken versehen. Abdomen groß punktiert. Mittel- und Hintertibien ohne Querleisten. Alle Tarsen sind 3-gliederig, die Glieder sind kurz und verdickt. — L. 2,5 mm (ex Arrow).

Singapur.

5. Tribus **Corythoderina**

1910 *C.*, Ad Schmidt in: Gen. Ins., fasc. 110 p. 9, 137.

Kopf ohne Erhöhungen, nach vorn mehr oder weniger dreieckig zugespitzt. Thorax mit Mittelfurche, die nach hinten tuberkelartig begrenzt ist und mit Aushöhlung längs der Seiten und Basis, ein Schildchen fehlt, Flügeldecken mit 2—5 meistens sehr flachen Längsrippen, Beine lang und schlank, Mittel- und Hinterschenkel schmal und gebogen, letztere überragen das Abdomen, Vordertibien mit 2 Randzähnen, Tarsen 5-gliederig, mit 2 Klauen.

Körper gedrungener oder schlanker, stark glänzend, meistens nur fein punktiert und vereinzelt aufstehend behaart. Kopf nur geneigt, kaum gewölbt und glatt, Augen flach, von oben sichtbar, Wangen klein. Die seitliche Begrenzung der Mittelfurche gewöhnlich nach hinten kegelförmig zugespitzt, manchmal befindet sich auch noch eine grubenförmige Vertiefung vor der Basis, die zwischen der Seiten- und Mittelfurche liegt, die Mitte der Basis erhebt sich zuweilen als dreieckige Platte zwischen den Längstuberkeln, welche die Mittelfurche begrenzen (*Corythoderus* Klug), die Vertiefung vor der Basis ist fein und dicht, oft büschelförmig behaart. Flügeldecken bald länger, bald kürzer, nach hinten mehr oder weniger verbreitert, immer mit Längsrippen, die meistens sehr flach sind, sich nach hinten verbreitern und gewöhnlich vor der Spitze verschwinden, letztere ist zuweilen bei *Chaetopisthes* Westw. mit 2 rötlichen Haarbüscheln geziert. Vorderschenkel verbreitert, an der Unterkante leicht ausgerandet und mit stumpfem Zahn an der Basis, gewöhnlich auch mit kleinerem an der Spitze. Der obere Zahn der Vordertibien sehr klein, der innere Spitzenwinkel mit und ohne Enddorn, Mittel- und Hintertibien seitwärts gesehen, gleichbreit oder schwach verjüngt, im Kniegelenk meistens mit durchsichtiger Membran, meistens ohne Enddorne und seitlich zusammengedrückt. Abdomen 6-gliederig, von den 5 sichtbaren Segmenten sind die 4 ersten in der Mitte stark verkürzt, das Pygidium ist bauchwärts gerichtet. Die Mundwerkzeuge sind zum Teil verkümmert, die Oberlippe, Oberkiefer, Zunge und Lippentaster scheinen ganz zu fehlen.

Hierher gehören 2 Gattungen aus Indien und Afrika mit 10 Arten.

Bestimmungstabelle der beiden Gattungen:

Körper kürzer, Flügeldecken nicht viel länger als der Thorax, hinter der Mitte erhaben und dann stark gerundet herabgewölbt, die Mitte der Basis des Halsschildes als dreieckige Spitze hervorstehend, Flügeldecken an der Basis mit kielförmiger Quererhöhung . 1 Gen. **Corythoderus**

Körper länglich, Flügeldecken reichlich zweimal so lang wie der Thorax, zur Spitze nicht höher gewölbt und deshalb nur allmählich abfallend, Basis des Halsschildes in der Mitte nicht erhaben und vorstehend, Flügeldecken ohne Quererhöhung . . . . 2. Gen. **Chaetopisthes**

42. Gen. **Corythoderus** Klug

1845 *C.*, Klug in: Ehrenberg, Symb. phys., Ins. *v.* 5 t. 42 f. 11 (Gesamtbild) | 1910 *C.*, Ad. Schmidt in: Gen. Ins., fasc. 110 p. 138.

Körper von kurzer, gedrungener Gestalt, aufstehend behaart. Kopf unbewaffnet, mehr oder weniger dreieckig zugespitzt. Thorax mit Längsfurche, deren seitliche Begrenzung nach hinten kielförmig wird und in 2 Spitzen oder horizontalen Tuberkeln hervorragt, neben dem Seitenrande befindet sich ebenfalls eine schmale Furche, die bis zur Basis reicht, vor dieser und zwischen Seiten- und Mittelfurche liegt ein länglichrunder tiefer Eindruck, der die Scheibe fast zur Hälfte nach vorn durchdringt und hinten von dem wulstigen Basalrande begrenzt wird. Flügeldecken zur Mitte leicht verbreitert, vor der Spitze immer ohne Haarbüschel. Mittel- und Hintertibien mit und ohne Enddorne, seitlich gesehen sind sie fast gleichbreit, von hinten betrachtet in der Basalhälfte in größerer oder geringerer Ausdehnung stark zusammengedrückt.

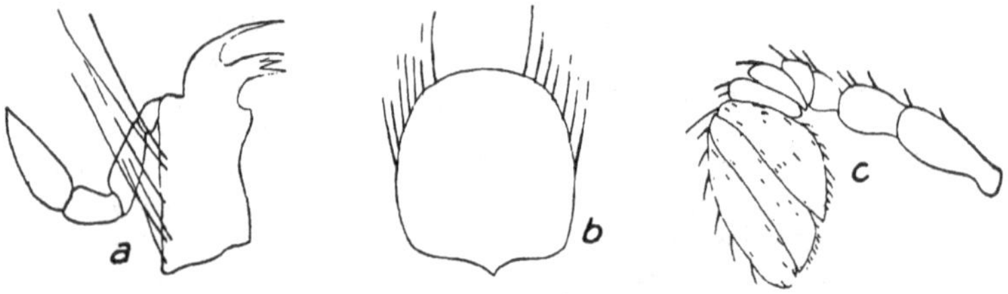

Fig. 34. **Corythoderus loripes** (115/1).
a Unterkiefer mit Taster, b Kinn, c Fühler.

Das 1. Glied der Fühler ist keulenförmig und verlängert, länger als das 2. und 3., das 4.—6. ist quer, spitz mediad ausgezogen, die 3 letzten Glieder bilden eine behaarte Keule. Die Unterkiefer sind hornig, an der Lateralseite lang beborstet, ihre Spitze endet in 4 mediad gerichtete Zähne von verschiedener Länge und Anordnung, die Kauladen fehlen, von den Kiefertastern sind das 2. und 4. Glied verlängert, das hornige Kinn ist vorn gerundet und bewimpert.

Hierher gehören 4 Arten aus Indien und Afrika.

Bestimmungstabelle der Arten:

1	Kopf deutlich dreieckig zugespitzt, Vorderwinkel des Halsschildes von oben gesehen abgerundet, Flügeldecken vorn neben der Naht nicht vertieft, und letztere daselbst nicht erhaben, aber die 2. Rippe hier spitzwinklig erhöht — 2	
	Kopf mehr rundlich dreieckig, Vorderwinkel von oben gesehen spitz hervorgezogen, Naht an der Basis erhöht, Flügeldecken vorn neben der Naht vertieft — 3	
2	Kopf in der Vorderhälfte vertieft und hier längsrunzlig, Mittelfurche des Halsschildes deutlich vertieft, kaum über die Mitte nach vorn reichend, Hintertibien zur Spitze nicht verschmälert	1 C. loripes
	Kopf nur neben dem Vorderrande sehr schmal verflacht, in der Mitte mit kleinem Grübchen, Mittelfurche fast bis an den Vorderrand reichend und sehr flach, nur an der Basis deutlich vertieft, Hintertibien zur Spitze verjüngt .	2 C. gibbiger
3	Die an der Basis erhöhte Naht verbindet sich spitzwinklig mit der hier erhöhten 3. Rippe, es entsteht dadurch eine ausgehöhlte Spitze, 2. und 4. Rippe der Flügeldecken bis gegen die Basis reichend	3. C. marshalli
	Die erhöhte Naht verbindet sich geradlinig mit der erhöhten 3. Rippe, die 2. Rippe der Flügeldecken schon in der Mitte, die 4. im oberen Drittel abgekürzt	4. C. casperi

1 **C. loripes** Klug 1845 *C. l.*, Klug in: Ehrenberg, Symb. phys., Ins. *v.* 5 t. 42 f 11 (Gesamtbild).

Rotbraun, glänzend, vereinzelt aufstehend behaart. Kopf dreieckig zugespitzt, in der Vorderhälfte quer eingedrückt und daselbst leicht längsrunzlig punktiert. Thorax der Länge nach schwach gewölbt, an den Seiten stark herabgebogen, vorn fast parallelseitig, in der Hinterhälfte tritt, von oben gesehen, der verdickte Seitenrand schwach hervor, die Oberseite ist wie die des Hinterkopfes vereinzelt fein punktiert, die Mittelfurche ist breit und tief, in der Hinterhälfte gelegen, ihre stumpfkielige Begrenzung ragt nach hinten jederseits als kleine Spitze hervor, zwischen diese Spitzen erhebt sich die Mitte der Basis in Form einer dreieckigen Platte, seitlich von derselben ist die Basis wulstig oder quertuberkelartig erhöht, vor ihr befindet sich ein länglichrunder, tiefer Eindruck, der mit der schmalen Seitenfurche in Verbindung steht. Die Flügeldecken sind zur Mitte leicht verbreitert und dann rundlich verengt, ihre Oberseite ist mit zerstreuten, feinen Punkten und 2 deutlichen Längsrippen versehen, letztere verbreitern sich von der Basis nach hinten und verschwinden schon weit vor der Spitze, die 2. Rippe ist an der Basis spitzwinklig erhöht, seitlich davon liegt eine quere, stumpfspitzige Tuberkel. Metasternalplatte sehr flach vertieft. Abdomen mit 5 sichtbaren Segmenten, von denen die 4 ersten schmal, das 5. wenig breiter ist, Pygidium von oben nicht sichtbar. Vordertibien zur Spitze schwach dreieckig verbreitert, ohne Enddorn, der untere Lateralzahn ist deutlich zugespitzt, der obere, viel kleinere ist stumpf. Mittel- und Hintertibien mit 2 Enddornen, seitlich gesehen erscheinen sie ziemlich gleichbreit, nur der innere Rand ist an der Basis verengt, von hinten gesehen sind sie in der Basalhälfte stark zusammengedrückt und dann gerundet verbreitert. Tarsen seitlich stark zusammengedrückt, Metatarsus kaum so lang wie 2 folgende Glieder. Klauen normal. — L. 2—2,5 mm (Fig. 34).

Dongola, Nubien.

2. **C. gibbiger** (Wasm.) 1899 *Chaetopisthes g.*, Wasmann in: Zool., *v.* 11 fasc. 26 p. 123 nota 1 | 1899 *Corythoderus g.*, Wasmann in: D. ent. Z., p. 153 t. 1 f. 4 (Gesamtbild), 4a (Fühler), 4b (Mundwerkzeuge), 4c (Kopf).

Hellbraun, glänzend, aufstehend behaart. Kopf dreieckig zugespitzt, fein und vereinzelt wie der Thorax punktiert. Letzterer in der Längsrichtung nicht gewölbt, die Längsfurche reicht fast bis an den Vorderrand, sie ist sehr flach und nur hinten deutlich vertieft, die seitliche Begrenzung derselben wird nach der Basis zu rundlich und ragt als 2 stumpfe Höcker hervor, zwischen diese erhebt sich die Mitte der Halsschildbasis in Form einer dreieckigen Platte, seitlich von der Mittelfurche und vor der Basis ist der Thorax tief grubig eingedrückt, diese Vertiefung steht mit der Seitenfurche in Verbindung, die Basalfurche ist mit Haarbüscheln geschmückt. Flügeldecken nach hinten verbreitert, an der Spitze stark gerundet herabgewölbt, mit 2 Längsrippen, von denen die 2. an der Basis spitzwinklig erhöht ist, seitlich davon, nach der Schulter zu befindet sich eine Quererhöhung mit laterad gerichteter Spitze, der Raum hinter derselben, also nach der Spitze zu, ist längsvertieft. Unterseite wie bei voriger Art. Vordertibien ohne Enddorn, Mittel- und Hintertibien an der Basis schwach stumpfwinklig erweitert und dann längs des Innenrandes leicht ausgebogen, bei Ansicht von hinten sind dieselben nur in sehr kurzer Ausdehnung an der Basis stark flach gedrückt, dann schwach verbreitert und parallel bis zur Spitze verlaufend. Die Enddorne sind rudimentär, von dem übrigen Borstenbesatz nicht zu unterscheiden. 1. Glied der Hintertarsen etwas länger als das 2. Glied. — L. 2,5 mm.

Vorderindien. In den Nestern von *Termes obesus* Ramb.

3. **C. marshalli** Brauns 1900 *C. m.*, Brauns in: Ann. Hofmus. Wien, *v.* 15 p. 164 t. 9 f. 1 (Gesamtbild).

Rotbraun, etwas breiter als *C. loripes* Klug. Kopf gerundet zugespitzt, vorn längsrunzlig, dahinter fein und etwas größer punktiert. Thorax mit etwas größeren Punkten als bei den 2 vorigen Arten besetzt, die flache Mittelfurche liegt in der Hinterhälfte, ihre seitliche Begrenzung ist schmal, sie ragt als stumpfspitzige Höcker hervor, zwischen diese Spitzen ragt die Mitte der Basis als dreieckige Platte hervor, seitlich davon ist die Basis büschelig behaart, der vertiefte Seitenrand endet nach hinten in eine Vertiefung, die zwischen Seiten- und Mittelfurche und vor der Basis liegt. Flügeldecken mit 4 nach hinten sich verbreiternden Rippen, die Naht und die 3. Rippe sind an der Basis hoch erhaben, sie vereinigen sich hier und bilden eine ausgehöhlte dreieckige Spitze, seitlich von dieser liegt eine quere, etwas dreieckig geformte Tuberkel. Vordertibien mit einem Enddorn, das Klauenglied der Vordertarsen ist verdickt. Mittel- und Hintertibien mit gleichbreitem Hinterrande, der Innenrand ist an der Basis leicht verdickt und dann in der ganzen Länge ausgeschweift, am Endrande befinden sich 2 Enddorne. Tarsen seitlich zusammengedrückt, das 1. Glied der Hintertarsen reichlich so lang wie die 2 folgenden Glieder. — L. 3—3,3 mm. In den Nestern von *Termes tubicola* Wasm.

Bothaville, Orangefluß-Kolonie.

4. **C. casperi** Kolbe 1909 *C. c.*, H. Kolbe in: Berlin. ent. Z., *v.* 54 p. 59.

Hell rotbraun. Kopf rundlich zugespitzt, in der Vorderhälfte dicht, leicht runzlig punktiert, dahinter mit sehr vereinzelten, nicht sehr feinen Punkten besetzt. Thorax in der Längsrichtung nach hinten gewölbt, vorn mittelstark, ziemlich dicht punktiert, in der Hinterhälfte mit deutlich tiefer Längsfurche, die schmale Begrenzung derselben wird nach hinten rundlich und ragt jederseits als Spitze hervor, zwischen diese Spitzen ragt die Mitte der Basis als dreieckige Platte hinein, seitlich davon ist der Thorax grubig eingedrückt, auch neben den Seiten wie bei den vorigen Arten. Die leicht nach hinten verbreiterten Flügeldecken haben 5 Rippen, die Naht und die 3. Rippe sind an der Basis erhaben und beide geradlinig verbunden, seitlich davon liegt eine stumpfe, quere Tuberkel. Unterseite und Abdomen wie bei den vorigen Arten. Vordertibien mit einem, die 4 hinteren mit je zwei spitzen Enddornen. Seiten der Hintertibien seitlich gesehen parallel, der Hinterrand ist im oberen Drittel zusammengedrückt und leicht nach innen gebogen, dann zur Spitze schwach verbreitert. Das 1. Glied der Hintertarsen länger als 2 folgende Glieder. — L. 2,8—3,1 mm.

Südwest-Afrika.

Diese Art ist *C. marshalli* Brauns sehr ähnlich, aber die Vordertibien haben bei *C. casperi* 2 deutliche Zähne, obgleich der obere klein ist, bei *C. marshalli* nur einen und darüber höchstens eine kleine Kerbe. Die Mittelfurche des Halsschildes ist in der ganzen Länge deutlich vertieft, bei *C. marshalli* nur hinten, die sie begrenzenden Höcker sind so lang wie der halbe Thorax, *C. marshalli* höchstens ein Drittel so lang, bei *C. casperi* sind die Rippen der Flügeldecken mehr erhaben, die 2. Rippe beginnt erst in der Mitte, die 4. im oberen Drittel, bei *C. marshalli* dagegen ist die 2. und 4. Rippe bis in die Basalgegend zu verfolgen.

43. Gen. **Chaetopisthes** Westwood

1847 *C.*, Westwood in: Tr. ent. Soc. London, *v.* 4 p. 242 | 1910 *C.*, Ad. Schmidt in: Gen. Ins., fasc. 110 p. 138, 139.

Körper länglich, glänzend, aufstehend behaart. Kopf unbewaffnet, mehr oder weniger dreieckig zugespitzt. Thorax mit Längsfurche, ihre seitliche Begrenzung nur zuweilen nach hinten verengt und zugespitzt, ein Längseindruck auf der Scheibe, vor der Basis und zwischen Seiten- und Mittelfurche fehlt oft, die Mitte der Basis ist nicht dreieckig hervorstehend. Flügeldecken nach hinten deutlich verbreitert, mit Längsrippen, an der Basis ohne Quertuberkel, vor der Spitze mit und ohne Haarbüschel, die 4 hinteren Tibien ohne Enddorne, seitlich stark zusammengedrückt.

Hierher gehören 5 sichere und eine unsichere Art aus Indien.

Bestimmungstabelle für 5 Arten:

1 { Kopf der Länge nach in der Mitte flach vertieft, zuweilen nur in der Quervertiefung neben dem Vorderrande mit einzelnen größeren Punkten, Flügeldecken mit Haarbüscheln vor der Spitze, Tibien breit, seitlich stark zusammengedrückt — 2
Kopf nicht längsvertieft, hinter dem Vorderrande in größerer Ausdehnung dicht und stark punktiert, Flügeldecken ohne Haarbüschel, Tibien schmaler, nicht stark zusammengedrückt — 4

2	Die Wülste, welche die fast gleichbreite Mittelfurche des Halsschildes begrenzen, nach hinten nicht verschmälert, Thorax zwischen Seiten- und Mittelfurche nicht grubig vertieft, Vorderwinkel seitlich nicht hervorragend . . .	1. C. **fulvus**
	Die Wülste, welche die Mittelfurche begrenzen, sind nach hinten zugespitzt, zwischen Seiten- und Mittelfurche ist die Thoraxscheibe in der Basalhälfte grubig vertieft — 3	
3	Vorderwinkel des Halsschildes seitlich nicht hervorragend, Mittelfurche hinten verbreitert, Seitenwülste in der Mitte stark hervortretend — von oben gesehen —, 1 Glied der Hintertarsen kaum breiter als die folgenden Glieder .	2. C. **heimi**
	Vorderwinkel stark hervortretend, Mittelfurche nicht verbreitert, Seitenwülste nur schwach hervortretend, Metatarsus sehr viel breiter als die folgenden Glieder . . .	3 C. **sulciger**
4	Kopf rundlich zugespitzt, Thorax und Flügeldecken vereinzelt fein punktiert, Seitenfurche des Halsschildes vorn mit einem dunklen Punkte, zwischen Seiten- und Mittelfurche mit Eindruck, die 2. Rippe an der Basis stärker erhaben als die dritte	4 C. **wasmanni**
	Kopf am Vorderrande mit 3 Spitzen, Thorax und Flügeldecken stark und dicht punktiert, Seitenfurche des Halsschildes mit 2 dunklen Punkten, Thorax vor der Basis (zwischen Seiten- und Mittelfurche) ohne Eindruck, die 2. Rippe nicht mehr erhaben	5. C. **termiticola**

1. C. **fulvus** Westw 1847 *C. f.*, Westwood in: Tr. ent. Soc London, *v.* 4 p. 242 t. 17 f. 6 (Gesamtbild), f. 6a (Unterseite des Kopfes), 6b—6d (Fühler und Mundwerkzeuge), 6e und 6f (Beine)

Länglich, nach hinten verbreitert, sehr glänzend, hellbraun, Kopf und Thorax etwas dunkler. Kopf vor den Wangen nicht ausgerandet, nach vorn dreieckig zugespitzt, hinter dem dunklen Vorderrande mit einzelnen groben Längspunkten, er erscheint hier deshalb wie gerieft, der übrige Teil ist sehr fein punktiert. Thorax in der Vorderhälfte parallelseitig, dann verbreitert er sich plötzlich — von oben gesehen — infolge der wulstartigen Verdickung des Seitenrandes, Seiten und Basis sind dicht neben dem Rande vertieft und dicht tomentiert, der Vorderrand ist leicht angedunkelt und dahinter linienartig vertieft, er erscheint deshalb von hinten gesehen leicht wulstartig, die Mittelfurche reicht fast an denselben heran, sie ist nach hinten nur schwach verbreitert, im Grunde dunkel gefärbt und wird seitlich von breiten, flachen Wülsten begrenzt, die sich nach hinten nicht konisch zuspitzen, weil eine Vertiefung zwischen Mittel- und Seitenfurche fehlt. Flügeldecken nach hinten verbreitert, vor der Spitze mit Haarbüscheln, oberseits mit 5 flachen Rippen. Vorderschenkel am Knie mit einem kleinen Zahne. Mittel- und Hintertibien seitlich stark zusammengedrückt. 1. Glied der Hintertarsen wenig verlängert. Pygidium ist dreieckig zugespitzt und reicht bis zum 1. sichtbaren Abdominalsegment. — L. 2,5 mm.

Zentralindien.

2. C. **heimi** Wasm. 1902 *C. h.*, Wasmann in: Zool. Jahrb., Syst. *v.* 17 p. 149 t. 5 f. 3 (Gesamtbild) | 1903 *C. h.*, Wasmann in: Biol. Centralbl., *v.* 23 p. 261.

Länglich, Flügeldecken nach hinten deutlich verbreitert, gleichmäßig hellbraun, vereinzelt, aufstehend behaart. Kopf gerundet zugespitzt, neben dem Vorderrande schmal verflacht und hier mit einer Punktreihe besetzt, die Oberfläche fein und sehr vereinzelt punktiert wie der Thorax. Letzterer in seiner Längsrichtung nach hinten gewölbt, die Mittelfurche erreicht sich verflachend fast den Vorderrand, ihre Begrenzung ragt nach hinten stumpfspitzig hervor, seitlich davon befindet sich je ein querer Eindruck und neben dem Seitenrande ein anderer, der wulstig verdickte Seitenrand tritt von oben gesehen seitlich stark hervor, die Basis ist tomentiert. Flügeldecken vor der Spitze mit je einem Haarbüschel und 5 Längsrippen, sie sind deutlich erhaben, gehen von der Basis aus und tragen je eine Reihe undeutlicher, punktartiger Eindrücke. Unterseite glatt und glänzend. Metasternalplatte leicht gewölbt. Letztes Bauchsegment nach vorn dreieckig erweitert und bis zum ersten sichtbaren reichend. Vordertibien mit 2 kleinen Lateralzähnen. Die 4 hinteren Tibien sind seitlich stark zusammengedrückt, seitlich gesehen breit und nach der Spitze leicht verjüngt, der Innenrand ist an der Basis bogig verengt und mit durchsichtiger Membran bekleidet. 1. Glied der Hintertarsen den 3 folgenden an Länge gleich. Nach Wasmann zeichnet sich das ♂ durch etwas geringere Größe (3 mm) und mehr parallelseitige Gestalt aus. — ♀ 3,5 mm.

Vorderindien. In den Nestern von *Termes obesus wallonensis* Wasm.

3. **C. sulciger** Wasm 1899 *C s.*, Wasmann in: D. ent. Z., p. 152 t. 1 f. 3 (Gesamtbild), 3a und 3b (Fühler und Mundwerkzeuge).

Länglich, nach hinten stark verbreitert, gelbbraun. Kopf dreieckig zugespitzt, jederseits vor den Wangen leicht ausgerandet, Vorderkopf fein punktiert, mit einzelnen größeren Punkten untermischt. Thorax vorn am breitesten, weil die Vorderwinkel deutlich hervortreten, dahinter befindet sich eine kleine Einbuchtung, der dann der wulstig verdickte und schwach hervortretende Seitenrand folgt, die Oberfläche ist sehr fein, etwas dicht punktiert, die Mittelfurche ist schmal, mit dunklem Grunde, vorn fast bis an den Vorderrand reichend, sie wird jederseits von einem schwachen Wulst begleitet, der hinten in eine kleine dunkle Spitze endet, der Basalrand ist mit Toment bekleidet, davor stehen einzelne längere Haare, zwischen Seiten- und Mittelfurche befindet sich vor der Basis kein Eindruck. Flügeldecken an der Basis nicht breiter als der Thorax, vor der Spitze jederseits mit gelbrotem Haarbüschel, die 5 Längsrippen reichen bis zur Basis, sie sind stumpf und nach hinten verbreitert. Enddorne an Mittel- und Hintertibien scheinbar fehlend, letztere sind stark zusammengedrückt und am Knie mit durchsichtiger Membran bekleidet. Das 1. Tarsenglied der Hintertibien fast so lang wie der übrige Fuß. — L. 4 mm.

Vorderindien. In den Nestern von *Termes obesus* Ramb.

Diese Art unterscheidet sich von *C. heimi* Wasm. dadurch, daß bei *C. sulciger* Wasm. der Thorax etwas länger als breit ist, daß die Vorderwinkel seitlich stark hervortreten und der Seitenwulst, von oben gesehen, weniger hervorspringt, bei *C. heimi* ist der Thorax breiter als lang, Vorderwinkel treten wenig und Seitenwulst stärker hervor, die Mittelfurche ist bei *C. sulciger* schmal, zur Basis nicht, bei *C. heimi* dagegen deutlich erweitert, bei *C. sulciger* sind die Flügeldecken fast dreimal, bei *C. heimi* kaum $2^1/_2$ mal so lang wie der Thorax, das 1. Tarsenglied der Hintertibien ist bei *C. sulciger* stark verbreitert und länger als das nicht verbreiterte 1. Glied bei *C. heimi.*

4. **C. wasmanni** Ad. Schm. 1911 *C. w*, Ad. Schmidt in: Ent. Zeit. Stettin, *v.* 72 p. 33.

Diese und die folgende Art unterscheiden sich von den vorhergehenden Arten durch das Fehlen der Haarbüschel an der Spitze der Flügeldecken.

Gelbbraun, vereinzelt aufstehend behaart, nach hinten wenig verbreitert. Kopf gerundet zugespitzt, vorn sehr deutlich und dicht, hinten vereinzelt und fein punktiert. Thorax in der Längsrichtung nicht gewölbt, ganz eben, mit vereinzelten, feinen Punkten besetzt, die Längsfurche reicht linienförmig bis an den Vorderrand, sie ist nach hinten stark vertieft und verbreitert und wird hier jederseits von einem konischen Längshöcker begrenzt, eine 2. Vertiefung befindet sich längs des Seitenrandes, die in der Hinterhälfte von dem wulstig verdickten, und seitlich hervortretenden Seitenrande begrenzt wird, eine 3. Vertiefung befindet sich vor der Basis und zwischen Seiten- und Mittelfurche, dieselbe ist schräg nach vorn gerichtet, die Basis ist wulstig verdickt und dicht behaart, sie ragt an den Seiten als gerundeter Lappen hervor. Flügeldecken mit 4 flachen Rippen, die weit vor der Spitze enden und von denen die beiden medialen am breitesten sind, die 2. Rippe ist an der Basis hoch und spitz erhaben. Metasternalplatte leicht vertieft und fein punktiert. Analsegment nach vorn gerundet erweitert. Vordertibien mit 2 nach außen gerichteten Zähnen. Mittel- und Hintertibien wenig zusammengedrückt, die Enddorne scheinen zu fehlen. 1. Glied der Hintertarsen wenig länger als das folgende Glied. — L. 2,5—3 mm.

Chota Nagpore.

5. **C. termiticola** Gestro 1891 *C. t.*, Gestro in: Ann. Mus. Genova, *v.* 30 (ser. 2 *v.* 10) p. 904.

Gelbbraun, ziemlich dicht, kurz behaart, Flügeldecken nach hinten leicht verbreitert. Kopf am Vorderrande mit 3 stumpfen Spitzen, vorn dicht und deutlich, hinten zerstreuter punktiert. Thorax auf der Scheibe flach, dicht und stark, nach den Seiten verschwindend punktiert, nur mit Seiten- und Mittelfurche, der verdickte Seitenrand in der Mitte wenig hervortretend, die dicht behaarte Basis ragt jederseits etwas spitzwinklig laterad. Flügeldecken mit 4 abgeflachten, vor der Spitze endenden Längsrippen, die 2. ist vorn ziemlich erhaben, alle sind deutlich und zahlreich punktiert. Analsegment dreieckig nach vorn verlängert. Vordertibien mit 2 kleinen Lateralzähnen. 1. Glied der Hintertarsen so lang wie die 2 folgenden. — L. 3,3 mm.

Pegu (Birma).

C. simplicipes Gestro 1891 *C. s.*, Gestro in: Ann. Mus. Genova, *v.* 30 (ser. 2 *v.* 10) p. 907.

Diese Art wurde von Gestro, weil sie ihm nur in einem schlecht erhaltenem Exemplar vorlag, nicht beschrieben. Er bemerkt nur von ihr, daß sie in den Füßen dem *C. termiticola* Gestro, in der Skulptur des Halsschildes und der Flügeldecken *C. fulvus* Westw. ähnlich sei.

Nachtrag.

1. *A. (Aphodinus) castanicolor* Motsch. (nr. 624), *A. (Aphodinus) cancelliventris* Motsch. (nr. 625) sind = *A. (Pseudammoecius) australasiae* Boh. (nr. 514).

2. *A. (Aphodinus) compacticollis* Motsch. (nr 626), *Aphodius deplorandus* Ad. Schm. (nr. 643), *A. (Liothorax) piceoniger* Motsch. (nr 645) sind = *A. (Aganocrossus) urostigma* Har. (nr. 221).

3. *A. (Strongylothorax) carinipennis* Motsch. (nr. 642) = *A. (Trichaphodius) reichei* Har. (nr 237).

4. *Oxyomus interstitialis* Fairm. (nr 17) gehört zur Gatt. *Ataenius* Har. (22. Gen.). Eine Neubeschreibung dieser Art wurde im Arch. Naturg., *v.* 86 1920 A fasc. 9 p. 145 gegeben.

5. *A. (Volinus) sticticus* var. *striolatus* Muls 1842 (nr 296c) mußte wegen *A. (Colobopterus) erraticus striolatus* Gebl. 1832 (nr. 7b) geändert werden. *A. (V.) sticticus prolongatus* konnte wegen *A. (Emadus) quadrimaculatus prolongatus* Muls. (nr. 293 c) nicht verwendet werden, so daß *A. (V.) sticticus* var *occellatus* Muls. gültig wird.

6. *A. (Orodalus) pusillus coenosus* Ahr. (nr 486b) 1812 wurde wegen *A. (Orodalus) tristis coenosus* Panz. (nr 494 b) 1798 in *A. (Orodalus) pusillus coeni* Ad. Schm. (nr. 486 b) geändert.

7. Wegen der in vorliegender, 1914 abgeschlossenen Arbeit neuauftretenden Namen verweise ich auf meine spätere, 1916 im Arch. Naturg., *v.* 82 A fasc. 1 p. 95—99 erschienene Arbeit. Sie bezieht sich auf folgende Spezies:

A. (Teuchestes) haemorrhoidalis crudus Ad. Schm. (nr 20d p. 30).
A. (Stenobronchus) cribratulus Ad. Schm. (nr. 45 p. 42).
A. (Stenobronchus) tragicus Ad. Schm. (nr. 50 p. 43).
A. (Mendidaphodius) peculiosus Ad Schm. (nr. 149 p. 87).
A. (Acrossus) luridus pellitus Ad. Schm. (nr. 168i p. 99 [*pellidus* err. Arch. p. 97]).
A. (Acrossus) luridus hilleri Schilsky (nr. 168l p. 100).
A. (Acrossus) depressus caminarius Fald (nr. 170b p. 101).
A. (Acrossus) depressus circumlineatus Ad. Schm. (nr. 170e p. 101).
A. (Acrossus) depressus kolbeanus Ad. Schm. (nr. 170f p. 101).
A. (Acrossus) rufipes juvenilis Muls (nr 174b p. 103).
A. (Agolius) mixtus commaculatus Ad. Schm. (nr 187b p. 110).
A. (Agolius) mixtus protectus Ad. Schm (nr. 187d p. 110).
A. (Agolius) suffertus Ad. Schm. (nr. 188 p. 111).
A. (Neagolius) montivagus cingulatus Ad. Schm. (nr. 197b p. 117).
A. (Trichaphodius) copulatus Ad. Schm. (nr. 229 p. 134).
A. (Limarus) maculatus involutus Ad. Schm. (nr. 274b p. 153).
A. (Limarus) maculatus brevifascia Ad Schm (nr. 274c p. 153).
A. (Emadus) biguttatus petulans Ad. Schm. (nr. 291b p. 162).
A. (Emadus) biguttatus discoloratus Ad. Schm. (nr 291c p. 162).
A. (Volinus) lineolatus virgatus Ad. Schm. (nr 320e p. 181).
A. (Volinus) melanostictus circumclusus Ad. Schm. (nr. 335h p. 189).
A. (Melinopterus) circumcinctus W. Schm. (nr. 368 p. 206).
A. (Phaeaphodius) frenchi Blackb (nr 379 p. 211).
A. (Nobius) costatellus Ad. Schm. (nr. 393 p. 217).
A. (Amidorus) obscurus purpureus Ad. Schm. (nr. 395c p. 220).

A. (Amidorus) atratellus Ad Schm. (nr 397 p. 221).
A. (Koshantschikovius) fucosus Ad. Schm. (nr 423 p 230)
A. (Pseudacrossus) tenebricosus Ad. Schm. (nr. 441 p. 239)
A. (Orodaliscus) angulatulus Ad Schm (nr 456 p 245).
A. (Esymus) suturinigra Ad Schm (nr 470 p. 252).
A (Esymus) finitimus Ad Schm. (nr 473 p. 252).
A. (Orodalus) longevittatus Ad. Schm. (nr 492 p. 261).
A. (Parammoecius) intactus Ad Schm (nr. 513 p. 269).
A. (Aphodius) fimetarius bicolorellus Ad. Schm. (nr. 515h p. 273 [*bicoloratus* err. Arch p. 96]).
A. (Aphodius) aestivalis obscuricollis Ad. Schm. (nr. 516c p. 274).
A. (Aphodius) conjugatus angustifasciatus D T. (nr. 526b p. 278).
A. (Agrilinus) ater mediocris Ad Schm (nr 541c p. 288).
A. (Agrilinus) putridus uliginosus Hardy (nr 553b p. 292).
A. (Agrilinus) nemoralis ferrugineus Ad. Schm (nr. 554b p. 293).
A. (Bodilus) languidulus Ad Schm (nr. 575 p 303).
A. (Bodilus) noxius Ad. Schm. (nr 583 p. 305)
A. (Nialus) plagiatus discoides Ad Schm. (nr 593d p. 312).
A. (Calamosternus) granarius concolor Muls (nr 615f p. 322).
A (Calamosternus) granarius signatus Ad Schm. (nr. 615g p. 322).
A. (Chilothorax) variipennis Ad Schm. (nr 640 p. 328).
Aphodius spadix Ad. Schm. (nr 653 p. 330)
Aphodius alienus Ad Schm. (nr 659 p. 331).
Aphodius ignotus Ad Schm. (nr. 668 p. 333).
Lorditomaeus opatroides Klug (Gen. 9 nr. 1 p. 351)
Heptaulacus carinatus Germ (Gen 16 nr. 1 p 371).
Rhyssemus sculptilipennis Ad. Schm (Gen. 33 nr 10 p. 504).
Rhyssemus crispus Ad. Schm. (Gen. 33 nr 29 p. 510).

Alphabetisches Register

Nomenclator generum et subgenerum

Acanthaphodius Ad. Schmidt in: Soc. ent., *v.* 24 p. 67. 1909. Sp.: *A. Bruchi.*

Acrossidius Subgen. Ad. Schmidt in: Arch. Naturg., *v.* 79 A fasc 11 p. 135. 1913. Sp.: *Aphodius (Acrossidius) tasmaniae, A. (A.) Howitti, A. (A.) Andersoni.*

Acrossoides Subgen. Ad. Schmidt in: Arch. Naturg., *v.* 79 A fasc. 11 p. 145. 1913. Sp: *Aphodius (Acrossoides) yorkensis.*

Acrossus E. Mulsant, Hist. nat. Col. France, Lamell. p. 164, 269. 1842. Sp.: *A. discus, A. rufipes, A. luridus, A depressus, A. Pesari.*

Adeloparius Subgen. Ad. Schmidt in: Arch. Naturg., *v.* 79 A fasc. 11 p. 134. 1913. Sp.: *Aphodius (Adeloparius) trimaculatus, A. (A.) circumdatus, A. (A.) luridipes, A. (A.) nobilis, A. (A.) pulcherrimus, A. (A.) Wahlbergi, A. (A.) Holubi, A. (A.) Vethi.*

Aegialia Latreille, Gen. Crust. Ins., *v.* 2 p. 96. 1807. Sp.: *A. globosa.*

Aganocrossus Subgen. Reitter in: Wien. ent. Zeit., *v.* 14 p. 208. 1895. Sp.: *Aphodius (Aganocrossus) postpilosus.*

Agoliinus Subgen. Ad Schmidt in: Arch. Naturg, *v.* 79 A fasc. 11 p. 162. 1913. Sp.: *Aphodius (Agoliinus) congregatus, A. (A.) guttatus, A. (A.) satyrus, A. (A.) pyrenaeus, A. (A.) piceus, A. (A.) aleutus, A. (A.) lapponum, A. (A)? sobrinus.*

Agolius („fraction" Subgen *Acrossus*) E. Mulsant in: Ann. Soc. Agric. Lyon, ser. 4 *v.* 2 p. 472. 1870. Sp.: *A. mixtus, A. pollicatus, A. montivagus.*

Agrilinus Subgen. E. Mulsant in: Ann. Soc. Agric. Lyon, ser. 4 *v.* 3 p. 474. 1871. (*v.* 2 p. 419. 1870.) Sp.: *Aphodius (Agrilinus) ater, A. (A.) ascendens, A. (A.) vernus.*

Agrinilus [pro: *Agrilinus* E. Mulsant 1871] Seydlitz in: Arch. Naturg, *v.* 63 II fasc. 2 p. 192. 1899.

Ahermes Reitter in: Wien. ent. Zeit., *v.* 10 p. 254. 1891. Sp.: *A. rufescens.*

Alocoderus Subgen. Ad. Schmidt in: Arch. Naturg., *v.* 79 A fasc. 11 p. 127. 1913. Sp.: *Aphodius (Alocoderus) Semenowi, A. (A.) digitalis, A. (A.) hydrochoeris, A. (A.) Holdereri, A. (A.) carinifrons, A (A.) strigimargo, A. (A.) luneimargo, A. (A.) procerus, A. (A.) Gilleti, A. (A.)? Segonzaci.*

Amidorinus Subgen. W. Koshantschikov in: Rev. Ent. Russe, *v.* 12 p. 519. 1912. Sp.: *Aphodius (A.) rosti.*

Amidorus Subgen. E. Mulsant in: Ann. Soc. Agric. Lyon, ser. 4 *v.* 2 p. 488. 1870. Sp.: *Aphodius (Amidorus) sericatus, A. (A.) thermicola, A. (A.) porcus, A. (A.) lutarius, A. (A.) cinereus, A. (A.) scrofa.*

Ammoecius E. Mulsant, Hist. nat. Col. France, Lamell. p. 302. 1842. Sp.: *A. elevatus.*

Anomius Subgen. E. Mulsant in: Ann. Soc. Agric. Lyon, ser. 4 *v.* 2 p. 506. 1870. Sp.: *Aphodius (Anomius) castaneus, A. (A.) Solieri, A. (A.) baeticus, A. (A.) Illigeri, A. (A) brunneus, A. (A.) ferrugineus.*

Antrisis Pascoe in: Z. Ent., *v.* 2 p. 447. 1866. Sp.: *A. Saundersii.*

Aphodaulacus Subgen. W. Koshantschikov in: Rev. Ent. Russe, *v.* 11 p. 209. 1911. Sp.: *Aphodius (Aphodaulacus) ignobilis, A. (A.) turkestanicus, A. (A.) Koltzei.*

Aphodiellus Subgen. Ad. Schmidt in: Arch. Naturg., *v.* 79 A fasc. 11 p. 140. 1913 Sp: *Aphodius (Aphodiellus) impunctatus, A. (A) genialis.*

Aphodinus Motschulsky in: Études ent., *v.* 11 p. 55. 1862. Sp.: *A. cancelliventris, A. castanicolor, A. compacticollis.*

Aphodius Illiger, Verz. Käf. Preuss., p. 15. 1798. Sp.: *A. bipunctatus, A. oblongus, A. Fossor, A. ater, A. subterraneus, A. globosus, A. Sabuleti, A. asper, A. porcatus, A arenarius, A. haemorrhoidalis, A. terrestris, A. niger, A. conspurcatus, A. contaminatus, A. Sus, A. rufipes, A. depressus, A. Pecari, A. foetidus, A. Porcus, A. fimetarius, A. foetens, A. sordidus, A. scybalarius, A. erraticus, A. merdarius, A. Scrofa, A. testudinarius, A. quadriguttatus, A. quadrimaculatus.*

Aphodius Subgen. E. Mulsant in: Ann. Soc. Agric. Lyon, ser. 4 *v.* 2 p. 407. 1870. Sp.: *Aphodius (Aphodius) conjugatus, A. (A.) scybalarius, A. (A.) foetens, A. (A.) fimetarius, A. (A.) sulcatus, A. (A.) ater, A. (A.) convexus, A. (A.) ascendens, A. (A.) vernus, A. (A.) piceus, A. (A.) nemoralis, A. (A.) borealis, A. (A.) foetidus, A. (A.) putridus, A. (A.) rubens, A. (A.) corvinus, A. (A.) pusillus, A. (A.) granarius, A. (A.) tristis, A. (A.) hypocrita, A. (A.) quadrimaculatus, A. (A.) quadrisignatus, A. (A.) sanguinolentus, A. (A.) biguttatus, A. (A.) cylindricus, A. (A.) varians, A. (A.) plagiatus, A. (A.) parallelus*

Aphodobius Péringuey in: Tr. S. Afr. Soc., *v.* 12 p. 369, 420. 1901. Sp.: *A. misellus, A. villosus.*

Apsteiniella Ad. Schmidt: in Arch. Naturg., *v.* 82 A fasc. 1 p. 99. 1916.

Ataenius Harold in: Col. Hefte, *v.* 2 p. 100. 1867. Sp.: *A. opacus.*

Aulonocnemis Klug in: Arch. Naturg., *v.* 4I p. 70. 1838. Sp.: *A. opatrina, A. exarata.*

Auperia Jaquelin-Duval in: Ramon, Hist. Cuba, *v.* 7 p. 50. 1857. Sp.: *A. stercorator.*

Biralus „fraction" E. Mulsant in: Ann. Soc. Agric. Lyon, ser. 4 *v.* 2 p. 467. 1870. Sp.: *Aphodius (Eudolus)* „fraction" *Biralus satellitius.*

Biralus Subgen. E. Mulsant in: Reitter in: Verh. Ver. Brünn, *v.* 30 p. 243. 1892. Sp.: *Aphodius (B.) satellitius, A. (B.) equinus, A. (B.) Menetriesi, A. (B.) Edgardi.*

Blackburneus Subgen. Ad. Schmidt in: Arch. Naturg., *v.* 79 A fasc. 11 p. 137. 1913. Sp.: *Aphodius (B.) furcatus, A. (B.) laxepunctatus, A. (B.) calvus, A. (B.) diminutus, A. (B.) minutissimus, A. (B.) novus, A. (B.) levis, A. (B.) Richteri, A. (B.) detruncatus, A. (B.) inornatus, A. (B.) argentinensis, A. (B.) Albertisi, A. (B.) erythrinus, A. (B.) xanthus.*

Bodilus Subgen. E. Mulsant in: Ann. Soc. Agric. Lyon, ser. 4 *v.* 2 p. 518. 1870. Sp.: *Aphodius (B.) hydrochoeris, A. (B.) sordidus, A (B.) rufus, A. (B.) lugens, A. (B.) nitidulus, A. (B.) immundus, A. (B.) merdarius, A. (B.) tersus.*

Caelius G. Lewis in: Ann. nat. Hist., ser. 6 *v.* 16 p. 381. 1895. Sp.: *C. denticollis.*

Calamosternus Motschulsky in: Études ent., *v.* 8 p. 156. 1859. Sp.: *Aphodius (C.) granarius.*

Calaphodius Subgen. Reitter in: Verh. Ver. Brünn, *v.* 30 p. 176, 228. 1892. Sp.: *Aphodius (C.) Bonvouloiri, A. (C.) Koltzei, A. (C.) Makowskyi, A. (C.) ignobilis, A. (C.) fundator.*

Chaetopisthes Westwood in: Tr. ent. Soc. London, *v.* 4 p. 242. 1847. Sp.: *C. fulvus.*

Chilothorax Motschulsky in: Études ent., *v.* 8 p. 156 nota, 157. 1859. Sp.: *C. conspurcatus, C. inquinatus.*

Cinacanthus Subgen. Ad. Schmidt in: Arch. Naturg., *v.* 79 A fasc. 11 p. 121. 1913. Sp.: *Aphodius (C.) militaris, A. (C.) lunifer, A. (C.) bicolor, A. (C.) penetrans, A. (C.) Edgardi, A. (C.) hastatus, A. (C.) gregarius, A. (C.) pallididorsis, A. (C.) sordescens, A. (C.) anomalipus, A. (C.) tibialis.*

Cnemargulus A. Semenow in: Rev. Ent. Russe, *v.* 3 p. 354. 1903. Sp.: *C. Krulikovskii, C. pusio.*

Cnemargus Schönherr, Gen. Curc., *v.* 4 p. 191. 1837. Sp.: *C. Chamaeleon.* (Col. Curcul.)

Cnemargus Motschulsky in: Bull. Soc. Moscou, *v.* 18I p. 56. 1845. Sp.: *C. rufescens.*

Cnematoplatys Ad. Schmidt in: Arch. Naturg., *v.* 79 A fasc. 11 p. 173. 1913. Sp.: *C. Benardi.*

Cnemisus Motschulsky in: Horae Soc. ent. Ross., *v.* 6 suppl. p. 63 1868 Sp.: *C. rufescens.*

Coelotrachelus Subgen. Ad Schmidt in: Arch. Naturg., *v.* 79 A fasc. 11 p. 140. 1913. Sp.: *Aphodius (C.) venustus, A. (C.) Kuntzeni.*

Colobapterus [pro: *Colobopterus* E. Mulsant 1892] W. Koshantschikov in: Rev. Ent. Russe, *v.* 13 p. 258. 1913.

Colobopterus E. Mulsant, Hist. nat. Col. France, Lamell. p. 164, 165. 1842. Sp.: *C. erraticus.*

Coprimorphus E. Mulsant, Hist. nat. Col. France, Lamell. p. 164, 168. 1842. Sp.: *C. scrutator.*

Coptochirus Harold in: Berlin. ent. Z., *v.* 3 p. 202. 1859 Sp.: *C. pteropus, C. emarginatus.*

Corythoderus Klug in Ehrenberg, Symb. phys., Ins. *v.* 5 t. 42 f 11 1845 Sp: *C. loripes.*

Craterocyphus Subgen. Ad Schmidt in: Arch. Naturg., *v.* 79 A fasc. 11 p. 129. 1913. Sp.: *Aphodius (C.) magnificus, A. (C.) rhinocerus, A. (C.) forticornis.*

Cylindropterus Motschulsky in: Bull. Soc. Moscou, *v.* 36 I p. 463. 1863. Sp.: *C. pleurophoroides.*

Dialytes Harold in: Col. Hefte, *v.* 5 p. 101 1869 Sp: *D. striatulus, D. truncatus.*

Diapterna Subgen. G. Horn in Tr Amer. ent. Soc., *v.* 14 p. 4. 1887 Sp.. *Aphodius (D.) validus, A. (D.) hamatus*

Diastictus E. Mulsant, Hist. nat. Col. France, Lamell. p. 318 1842 Sp: *D. sabuleti.*

Didactylia H. Orbigny in: Abeille, *v.* 28 p. 247 1896 Sp.: *D. pallicolor.*

Drepanocanthoides Subgen. Ad. Schmidt in: Arch. Naturg., *v.* 79 A fasc. 11 p. 139. 1913 Sp.: *Aphodius (D.) neglectus, A. (D.) Walshi.*

Drepanocanthus Péringuey in: Tr. S. Afr Soc., *v.* 12 p. 431. 1901 Sp.: *D acanthotarsis, D. eximius, D spinitarsis, D. connexus, D. intrusus.*

Elophorus J. C. Fabricius, Syst. Ent., p. 66. 1775. Sp.: *E. aquaticus, E. minutus.*

Emadiellus Subgen. Ad Schmidt in: Arch Naturg., *v.* 79 A fasc 11 p. 138. 1913 Sp.: *Aphodius (E.) rufopustulatus, A. (E.) cruentus, A. (E.) guatemalensis*

Emadus Subgen. E. Mulsant in: Ann. Soc. Agric. Lyon, ser. 4 *v.* 3 p. 474. 1871 (*v.* 2 p. 449. 1870). Sp.: *Aphodius (E.) hypocrita, A. (E.) quadrimaculatus, A. (E.) biguttatus.*

Eryptus Subgen pro: *Erytus* E. Mulsant 1870 E. Mulsant in: Ann. Soc. Agric. Lyon, ser. 4 *v.* 3 p. 474. 1871. Sp.: *Aphodius (E.) ferrugineus.*

Erytodes Subgen. Ad Schmidt in: Arch. Naturg., *v.* 82 A fasc. 1 p 115. 1916. Sp. *Aphodius (E.) confirmatus*

Erytus Subgen. E. Mulsant in: Ann. Soc. Agric Lyon, ser 4 *v.* 2 p. 513. 1870.

Esimaphodius Subgen Reitter in: Verh. Ver. Brünn, *v.* 30 p. 175, 208. 1892. Sp.: *Aphodius (E.) lepidulus, A. (E.) leucopterus, A. (E.) mendidioides*

Esimus Subgen [pro: *Esymus* („groupe") E. Mulsant 1870] Reitter in: Verh. Ver. Brünn, *v.* 30 p. 206. 1892.

Esymus [„groupe"] E. Mulsant in: Ann. Soc. Agric. Lyon, ser. 4 *v.* 2 p. 519 1870. Sp.: *Aphodius (Bodilus [„groupe"] Esymus) merdarius.*

Eudolus Subgen E. Mulsant in Ann. Soc Agric. Lyon, ser 4 *v.* 2 p. 467. 1870. Sp.: *Aphodius (E.) quadriguttatus, A. (E.) satellitius.*

Euparia Lepeletier & Serville in: Enc. méth., *v.* 10 p. 357 1828. Sp.: *E. castanea.*

Euparia Erichson in: Arch. Naturg, *v.* 13 I p. 110. 1847. Sp.: *E. atramentaria, E. catenulata.*

Eupleurus E. Mulsant, Hist. nat. Col France, Lamell. p. 164, 170. 1842. Sp.: *E. subterraneus.*

Fåhraea Bergroth in: D ent. Z., *v.* 32 p. 221. 1888. Sp.: *F. sculpturata.*

Gonaphodiellus Subgen. Ad. Schmidt in: Arch. Naturg, *v.* 79 A fasc. 11 p. 133.

1913 Sp.: *Aphodius (G.) pacatus, A. (G.) bimaculatus, A. (G.) fastigatus, A. (G.) columbicus.*

Gonaphodius Subgen. Reitter in: Verh. Ver. Brünn, *v.* 30 p. 176, 240. 1892. Sp.: *Aphodius (G.) postangulus, A. (G.) Przewalskyi.*

Harmodactylus Péringuey in: Tr S. Afr. Soc., *v.* 12 p. 370. 1901 Sp: *H. oscitans*

Harmogaster Harold in: Berlin ent. Z., *v.* 5 p. 112. 1861 Sp: *H exarata.*

Helophorus pro: *Elephorus* J C. Fabricius 1775. Illiger in: Mag. Insektenk., *v.* 1 p. 136, 138. 1802

Hemicyclium Subgen. Ad Schmidt in: Arch. Naturg., *v.* 79 A fasc. 11 p. 129 1913. Sp.: *Aphodius (H.) unicornutum, A. (H.) planatum.*

Heptaulacus E. Mulsant, Hist. nat. Col. France, Lamell. p. 164, 296 1842. Sp.: *H. sus, H. nivalis, H. testudinarius.*

Hexalus E. Mulsant & Rey in: Opusc ent., *v.* 14 p. 200. 1870.

Hypoplatys Harold in: Berlin. ent. Z., *v.* 3 p. 221. 1859. Sp. *H. helophoroides.*

„Isochire“ Leach in: Dict. Sci. nat., *v.* 12 p. 74. 1818. (Crust.)

Isochirus pro: *Isochire* Leach 1818. L. Agassiz, Nomencl zool. Crust. p. 15. 1843. (Crust.)

Isochirus Reitter in: Verh Ver. Brünn, *v.* 30 p 158, 171. 1892. Sp. *I. latevittis.*

Jacobsonia Berlese in: Redia, *v.* 6 p. 373. 1910 Sp: *J. minor.* (Arach.)

Jacobsonia W. Koshantschikov in: Rev. Ent. Russe, *v.* 12 p. 511. 1912 Sp.: *J. georgii.*

Koshantschikovius Subgen Ad. Schmidt in: Arch. Naturg., *v.* 79 A fasc. 11 p. 149. 1913. Sp: *Aphodius (K.) substriatus, A (K.) rubeolus, A. (K.) Andrewesi, A. (K.) rubidus, A. (K.) concavus, A. (K.) stercorosus., A. (K.)? rubiginosus, A. (K.) anceps, A (K.) haematicus.*

Labarrus Subgen. E. Mulsant in: Ann. Soc. Agric. Lyon, ser 4 *v.* 2 p 516. 1870. Sp: *Aphodius (L.) lividus*

Limanus Subgen. [pro: *Limarus* E. Mulsant 1870] E. Mulsant in. Ann. Soc. Agric. Lyon, ser. 4 *v.* 3 p. 474. 1871.

Limarus Subgen. E. Mulsant in: Ann. Soc. Agric. Lyon, ser 4 *v.* 2 p. 504. 1870. Sp.: *Aphodius (L.) Zenkeri.*

Liothorax Motschulsky in: Bull. Soc. Moscou, *v.* 36 I p. 461. 1863. Sp.: *L. piceoniger.*

Liparochirus Péringuey in: Tr. S. Afr. Soc., *v.* 12 p. 370, 435. 1901 Sp.: *L. simplex.*

Loboparius Subgen. Ad. Schmidt in: Arch. Naturg., *v.* 79 A fasc. 11 p. 123. 1913. Sp: *Aphodius (L.) globulus, A. (L.) auriculatus.*

Loraphodius Subgen. Reitter in: Verh. Ver. Brünn, *v.* 30 p. 173, 187. 1892. Sp.: *Aphodius (L.) latisulcus, A. (L.) suarius.*

„Loraspis“ [groupe?] E. Mulsant in: Ann. Soc Agric. Lyon, ser. 4 *v.* 2 p. 407. 1870.

Lorditomaeus Péringuey in: Tr. S. Afr. Soc., *v.* 12 p. 370, 436. 1901. Sp.: *L. deplanatus.*

Macroretrus Péringuey in: Tr S. Afr. Soc., *v.* 13 p. 632. 1908. Sp.: *M. singularis.*

Mecynodes Subgen. E. Mulsant in: Ann. Soc. Agric. Lyon, ser. 4 *v.* 3 p. 474. 1871. (*v.* 2 p. 465. 1870.) Sp.: *Aphodius (M.) parallelus.*

Megatelus Subgen. Reitter in: Verh. Ver Brünn, *v.* 30 p. 172, 179. 1892. Sp.: *Aphodius (M.) scolytiformis, A. (M.) contractus, A. (M.) scolytoides, A. (M.) bostrichoides, A. (M.) dimidiatus.*

Melaphodius Reitter in: Verh. Ver. Brünn, *v.* 30 p. 176, 238. 1892. Sp.: *Aphodius (M.) lunifer, A. (M.) irritans, A. (M.) limbatus, A. (M.) caspius.*

Melinopterus E. Mulsant, Hist. nat. Col. France, Lamell. p. 164, 282. 1842. Sp.: *M prodromus, M. obliteratus, M. contaminatus.*

Mendidaphodius Subgen. Reitter in: D. ent. Z., p. 73. 1901. Sp.: *Aphodius (M.) spinifrontis.*

Mendidius Harold in: Col. Hefte, *v.* 3 p. 86. 1868.

Meraphodius Subgen. D. Koshantschikov in: Horae Soc. ent. Ross., *v.* 28 p. 112. 1894. Sp.: *Aphodius (M.) nodulifer, A. (M.) Kisilkumi, A. (M.) selenocarus.*

Mesontoplapys Motschulsky in: Études ent., *v.* 9 p. [42]. 1860

Mesontoplatys Motschulsky in: Bull. Soc. Moscou, *v.* 36I p. 462. 1863. Sp.: *M. rufolaterus.*

Neagolius Subgen. W. Koshantschikov in: Rev. Ent. Russe, *v.* 12 p. 517 1912. Sp.: *Aphodius (N.) falcispinis.*

Nialaphodius H. Kolbe in: Denk. Ges. Jena, *v.* 13 p. 128. 1908 Sp.: *N. nigrita.*

Nialus Subgen. E. Mulsant in: Ann. Soc Agric. Lyon, ser 4 *v.* 3 p. 474. 1871. (*v.* 2 p. 456. 1870.) Sp.: *Aphodius (N.) cylindricus, A. (N.) varians, A (N.) plagiatus.*

Nimbus Subgen. E. Mulsant in: Ann. Soc. Agric. Lyon, ser. 4 *v.* 3 p. 475. 1871 (*v.* 2 p. 569, 578. 1870.) Sp : *Aphodius (N.) obliteratus, A. (N.) contaminatus.*

Nobius Subgen. E. Mulsant in: Ann. Soc. Agric. Lyon, ser 4 *v.* 2 p. 563. 1870. Sp.: *Aphodius (N.) consputus, A. (N.) serotinus.*

Notocaulus G Quedenfeldt in: Berlin. ent. Z., *v.* 28 p. 285 1884 Sp.: *N. nigropiceus, N auriculatus.*

Odochilus Harold in: Ann. Mus. Genova, *v.* 10 p. 97. 1877. Sp.: *O. syntheticus.*

Odontaphodius Ad. Schmidt in: D. ent. Z., p. 249. 1907. Sp.: *O. tenebrioides.*

Odontoderus O. Schwarz in: D. ent. Z., p. 149. 1894. Sp.: *O. spinicollis.* (Col. Elat.)

Odontoderus Clouët in: Ann. Soc. ent. Belgique, *v.* 44 p. 248. 1900. Sp.: *O. Gestroi, O. spinicollis, O. Oberthuri.*

Odontolochus Ad. Schmidt in: Arch. Naturg, *v.* 82 A fasc. 1 p. 99. 1916.

Orodaliscoides Subgen. Ad. Schmidt in: Arch Naturg., *v.* 79 A fasc. 11 p. 145. 1913. Sp.: *Aphodius (O.) rugosiceps, A. (O.) reflexus.*

Orodaliscus Subgen. Reitter in: D ent. Z., p. 84. 1900 Sp.: *Aphodius (O.) rotundangulus.*

Orodalus Subgen. E. Mulsant in: Ann. Soc. Agric. Lyon, ser. 4 *v.* 3 p. 474 1871. (*v.* 2 p. 439 1870.) Sp : *Aphodius (O.) pusillus.*

Oromus Subgen. E. Mulsant in: Ann. Soc. Agric. Lyon, ser 4 *v.* 3 p. 474 1871. (*v.* 2 p. 435. 1870.) Sp : *Aphodius (O.) rubens, A. (O.) corvinus.*

Otophorus E. Mulsant, Hist. nat. Col. France, Lamell. p. 164, 172. 1842. Sp.: *O. haemorrhoidalis.*

Oxycorythus Solsky in: Fedtschenko, Turkestan, *v.* 2 fasc. 11 p. 395. 1876. Sp.: *O. Morawitzi*

Oxyomus Eschscholtz MS in: J F. Stephens, Man. Brit. Col., p. 159, 165. 1839. Sp.: *O. elongatus, O. caesus, O. porcatus, O. Sabuleti.*

Parammoecius Subgen. Seidlitz, Fauna Balt., ed. 2 p. 133, 143. 1891. Sp.: *Aphodius (P.) gibbus, A (P) corvinus, A. (P.) pyrenaeus, A. (P.) monticola (?).*

Paranimbus Subgen. Ad. Schmidt in: Arch. Naturg., *v.* 79 A fasc. 11, p. 145. 1913. Sp.: *Aphodius (P.) peruanus.*

Paraphodius Subgen. [pro: *Pharaphodius* Reitter 1892] Ad. Schmidt in: Arch. Naturg., *v.* 79 A fasc. 11 p. 123. 1913.

Phaeaphodius Subgen. Reitter in: Verh. Ver. Brünn, *v.* 30 p. 174, 205. 1892. Sp.: *Aphodius (P.) Solskyi, A. (P.) albociliatus, A. (P.) acutangulus, A. (P.) fuscatus.*

Phalacronothus Subgen. Motschulsky in: Études ent., *v.* 8 p. 156, 157. 1859. Sp.: *Aphodius (P.) quadrimaculatus.*

Pharaphodius Subgen. Reitter in: Verh. Ver. Brünn, *v.* 30 p. 172 nota. 1892.

Phycochus Broun, Man. N. Zealand Col., pars 3/4 p. 770. 1886. Sp.: *P. graniceps.*

Plagiogonus E. Mulsant, Hist. nat. Col. France, Lamell. p. 305, 306 1842 Sp.: *P. arenarius.*

Planolinus Subgen. E. Mulsant in: Ann. Soc. Agric. Lyon, ser 4 *v.* 3 p. 474. 1871 (*v.* 2 p. 426. 1870.) Sp : *Aphodius (P.) piceus, A. (P.) foetidus, A (P) putridus.*

Platyderides Subgen Ad. Schmidt in: Arch. Naturg, *v.* 82 A fasc. 1 p. 99. 1916.

Platyderus J F. Stephens, Ill. Brit. Ent. Mand. *v.* 1 p. 101. 1828. Sp.: *P. ruficollis.* (Col. Carab.)

Platyderus Dejean, Cat. Col., ed. 2 p. 125 1834. Sp.: *P. loricatus.* (Col. Thorict.)

Platyderus Subgen. Ad. Schmidt in: Arch. Naturg., *v.* 79 A fasc. 11 p. 122. 1913. Sp.: *Aphodius (P.) explanatus, A. (P.) phaeopterus, A. (P.) ochreipennis, A. (P.) Arrowi, A. (P.) pullatus, A. (P.) depressiusculus, A. (P.) villosipes, A. (P.) puncticeps, A. (P.) rudis, A. (P.) fuliginosus, A. (P.) Haldemani, A. (P.) brevicollis, A. (P) luridiventris, A (P.) luteolus, A. (P.) Högei, A. (P) mexicanus, A. (P.) gravidus.*

Platytomus E. Mulsant, Hist. nat. Col. France, Lamell. p. 305, 310 1842 Sp.: *P. sabulosus.*

Pleuraphodius Subgen. Ad. Schmidt in: Arch. Naturg., *v.* 79 A fasc. 11 p. 121. 1913. Sp.: *Aphodius (P) mutilus, A. (P) montuosus, A. (P.) confinis, A. (P) sulcipennis, A. (P.) tectoformibus, A. (P.) Lewisi.*

Pleurophorus E Mulsant, Hist nat. Col. France, Lamell p. 305, 312 1842. Sp.: *P. coecus.*

Podotenus Subgen. Ad. Schmidt in: Arch. Naturg., *v.* 79 A fasc. 11 p. 137. 1913. Sp.: *Aphodius (P.) fulviventris, A. (P.) gracilipes, A. (P.) Victoriae, A. (P.) erosus, A. (P.) suberosus, A. (P.) insignior, A. (P.) ? baldiensis, A. (P.) ? callabonensis, A. (P.) ? Lindensis.*

Proctammodes Blackburn in: Tr R. Soc. S. Austral., *v.* 15 p. 37. 1892.

Proctophanes Harold in: Berlin ent. Z., *v.* 5 p. 111. 1861 Sp : *P. sculptus.*

Psammobius Heer, Fauna Col Helvet., *v.* 1 fasc. 3 p. 531. 1841 Sp : *P. sulcicollis, P vulneratus*

Psammodius Gyllenhal, Ins Suec., *v.* 1 p. 6. 1808. Sp.: *P arenarius, P elevatus, P. sabuleti, P porcatus, P. asper, P sulcicollis.*

Pseudacrossus Subgen Reitter in: Verh. Ver Brünn, *v.* 30 p. 175, 218. 1892. Sp.: *Aphodius (P.) Grombczewskyi, A. (P.) caminarius.*

Pseudagolius Subgen. Ad. Schmidt in: Arch. Naturg, *v.* 79 A fasc. 11 p. 150. 1913. Sp : *Aphodius (P.) coloradensis, A. (P.) dentiger, A (P) nasutus, A. (P.) terminalis, A. (P.) Przewalskyi. A. (P.) cruentatus, A. (P.) cireassicus, A. (P.) castaneus, A. (P.) Jakovlevi, A (P.) ? Solieri, A. (P) ? baeticus. A. (P.) ? aemulus, A. (P.) ? anthracinus.*

Pseudammoecius Subgen Ad Schmidt in: Arch. Naturg, *v.* 79 A fasc 11 p. 160. 1913 Sp : *Aphodius (P) australasiae.*

Pseudesymus Subgen. H Orbigny in: Abeille, *v.* 28 p. 218. 1896 Sp.: *Aphodius (P.) lucidus.*

Ptinus Linné, Syst. Nat, ed 12 p. 565. 1767 Sp : *P. pectinicornis, pertinax mollis, imperialis, fur, germanus.*

Pubinus Subgen. E. Mulsant in: Ann. Soc. Agric. Lyon, ser 4 *v.* 3 p. 474. 1871 (*v.* 2 p. 497 1870) Sp : *Aphodius (P.) lutarius.*

Rhyparus pro: *Ryparus* Westwood 1843. L. Agassiz, Nomencl zool., Index p. 326. 1846.

Rhyssemodes Reitter in: Verh. Ver. Brünn, *v.* 30 p. 156, 161 1892 Sp.: *R. alutaceus, R. tenuisculptus, R. transversus, R. aspericeps, R. obsoletus.*

Rhyssemorphus Clouët in: Bull. Soc. ent. France, p. 122. 1900 Sp.: *R. Mocquerysi.*

Rhyssemus E. Mulsant, Hist. nat. Col. France, Lamell. p 305, 314 1842. Sp.: *R. asper, R. verrucosus.*

Ryparus Westwood in: P. ent. Soc. London, p. 93. 1843.

Saprosites L. Redtenbacher, Fauna Austr., ed. 2 p. 436. 1857 Sp.: *S. peregrinus.*

Saprus Blackburn in: P. R. Soc. Victoria, ser 2 *v.* 17 p. 178. 1904. Sp.: *S. griffithi.*

Scarabaeus Linné, Syst. Nat., ed. 10 p. 345. 1758. Sp.: *S. Hercules, S. Actaeon, S. Simson, S. Atlas, S. Aloëus, S. Typhoeus, S. nasicornis, S. lunaris, S. cylindricus, S. Carnifex, S. Rhinoceros, S. Molossus, S. Mimas, S. sacer, S. didymus, S. valgus, S. nuchicornis, S. subterraneus, S. erraticus, S. maurus, S. Fossor, S. fimetarius, S. haemorrhoidalis, S. conspurcatus, S. Gigas, S. scaber, S. longimanus, S. pilularius, S. Schaefferi, S. stercorarius, S. vernalis, S. calcaratus, S. sabulosus, S. Chrysis, S. nitidus, S. lanigerus, S. festivus, S. lineola, S. punctatus, S. Sepicola, S. syriacus, S. Horticola, S. Melolontha, S. solstitialis, S. hemipterus, S. Fullo, S. fasciatus, S. indus, S. brunnus, S. capensis, S. Lanius, S. auratus, S. variabilis, S. nobilis, S. rufipes, S. aquaticus, S. Ceratoniae, S. Cervus, S. interruptus, S. carinatus, S. tridentatus, S. parallelipipedus, S. Caraboides.*

Sicardia Reitter in: D. ent. Z., p. 318. 1896. Sp.: *S. psammodiformis.*

Sigorus Subgen. E. Mulsant in: Ann. Soc. Agric. Lyon, ser. 4 *v.* 3 p. 474. 1871. (*v.* 2 p. 495. 1870.) Sp.: *Aphodius (S.) purcus.*

Simogonius Harold in: Col. Hefte, *v.* 8 p. 22. 1871. Sp.: *S. beccarii.*

Sitiphus L. Fairmaire in: Ann. Soc. ent. Belgique, *v.* 38 p. 313. 1894. Sp.: *S. Brisonti.*

Stenobronchus Subgen. Ad. Schmidt in: Arch. Naturg., *v.* 82 A fasc. 1 p. 99. 1916.

Stenothorax pro: *Thorasema* Macquardt 1838. S. H. Scudder, Nomencl. zool., pars 2 p. 302. 1882. (Dipt.)

Stenotothorax Subgen. Ad. Schmidt in: Arch. Naturg., *v.* 79 A fasc. 11 p. 122. 1913. Sp.: *Aphodius (S.) nevadensis, A. (S.) gentilis, A. (S.) cribratus, A. (S.) cadaverinus, A. (S.) oblongus, A. (S.) sparsus, A. (S.) ovipennis, A. (S.) humeralis.*

Stereomera Arrow in: Ann. nat. Hist., ser. 7 *v.* 15 p. 534. 1905. Sp.: *S. pusilla.*

Strongylothorax Motschulsky in: Études ent., *v.* 8 p. 156 nota. 1859.

Subrinus Subgen. E. Mulsant in: Ann. Soc. Agric. Lyon, ser. 4 *v.* 3 p. 474. 1871. (*v.* 2 p. 511. 1870.) Sp.: *Aphodius (S.) Illigeri.*

Sugrames Reitter in: Ent. Nachr., *v.* 20 p. 184. 1894. Sp.: *S. auriculatus, S. Hauseri.*

Sybacodes L. Fairmaire in: Notes Leyden Mus., *v.* 18 p. 84. 1896. Sp.: *S. lutulentus.*

Sybax Boheman, Ins. Caffr., *v.* 2 p. 365. 1857. Sp.: *S. sulcicollis, S. impressicollis.*

Symphodon Subgen. Ad. Schmidt in: Arch. Naturg., *v.* 79 A fasc. 11 p. 128. 1913. Sp.: *Aphodius (S.) anomalus.*

Termitodius Wasmann, Krit. Verz. Arthr., p. 220. 1894. Sp.: *T. coronatus.*

Tetraclipeoides Subgen. Ad. Schmidt in: Arch. Naturg., *v.* 79 A fasc. 11 p. 139. 1913. Sp.: *Aphodius (T.) denticulatus, A. (T.) moquinus, A. (T.) conspersus, A. (T.) quadridentatus, A. (T.) quadridentatulus.*

Teuchestes E. Mulsant, Hist. nat. Col. France, Lamell. p. 164, 176. 1842. Sp.: *T. fossor.*

Trichaphodiellus Subgen. Ad. Schmidt in: Arch. Naturg., *v.* 79 A fasc. 11 p. 167. 1913. Sp.: *Aphodius (T.) brasiliensis.*

Trichaphodius Subgen. Ad. Schmidt in: Arch. Naturg., *v.* 79 A fasc. 11 p. 135. 1913. Sp.: *Aphodius (T.) humilis, A. (T.) opisthinus, A. (T.) serrulatus, A. (T.) costatulus, A. (T.) foveiventris, A. (T.) Volxemi, A. (T.) connexus, A. (T.) calcaratus, A. (T.) divisus, A. (T.) nigrovirginatus, A. (T.) manifestus, A.*

(T.) imperiosus, A. (T.) cinerascens, A. (T.) leoninus, A. (T.) Reichei, A. (T.) segmentaroides, A. (T.) segmentarius, A. (T.) sinuatus, A. (T.) pilosus, A. (T.)? seminitidus, A. (T.)? hepaticolor.

Trichiorhyssemus Clouët in: Mém. Soc. ent. Belgique, v. 8 p. 15, 27. 1901. Sp.: *T. cristatellus, T. setulosus, T. lasionotus, T. asperulus, T. hirsutus.*

Trichonotulus Bedel in: Bull. Soc. ent. France, p. 378. 1911.

Trichonotus Bloch & Schneider, Syst. Ichthyol., p. 179 1801. Sp.: *T. setiger.* (Pisc.)

Trichonotus E. Mulsant, Hist. nat. Col. France, Lamell. p. 164, 294. 1842 Sp.: *T. scropha.*

Trox J. C. Fabricius, Syst. Ent., p. 31. 1775 Sp.: *T. sabulosus, T. suberosus, T spinicornis*

Turanella A. Semenow in: Rev Ent. Russe, v. 5 p. 140. 1905. Sp.: *T. lativittis.*

Volinus Subgen. E. Mulsant in: Ann. Soc. Agric. Lyon, ser. 4 v. 2 p. 587. 1870. Sp.: *Aphodius (V.) lineolatus, A. (V.) melanostictus, A. (V.) conspurcatus, A. (V.) inquinatus, A. (V.) sticticus, A. (V.) pictus, A. (V.) tessulatus, A. (V.) maculatus.*

Yakobsonia [pro: *Jacobsonia* W. Koshantschikov 1912] D. Sharp in: Zool. Rec., v. 49 Ins. p. 221. 1913.

FSC
www.fsc.org
MIX
Papier | Fördert
gute Waldnutzung
FSC® C083411

Kolibri 360 GmbH
Ferdinand-Jühlke-Straße 7
99095 Erfurt, Deutschland
produktsicherheit@kolibri360.de